ICT认证系列丛书

HCIE 路由交换学习指南

泰克教育集团◎主编

刘大伟　陈亮　丁琳琦◎编著

人民邮电出版社

北京

图书在版编目（CIP）数据

HCIE路由交换学习指南 / 泰克教育集团主编 ; 刘大伟, 陈亮, 丁琳琦编著. -- 北京 : 人民邮电出版社, 2017.8
（ICT认证系列丛书）
ISBN 978-7-115-45000-5

Ⅰ. ①H… Ⅱ. ①泰… ②刘… ③陈… ④丁… Ⅲ. ①计算机网络－路由选择 Ⅳ. ①TN915.05

中国版本图书馆CIP数据核字(2017)第045860号

内 容 提 要

本书是专注于讲解 HCIE 路由交换技术的学习指导书，书中对路由交换技术涉及的大部分协议都做了全面细致的讲解，针对重要协议原理及实现细节都结合实例加以系统的分析和归纳总结，通过学习本书读者能全面掌握路由交换理论中的知识。

本书共分十章，第一章从路由基础讲起，涉及 IPv4 和 IPv6 的基本概念；其后第二章到第五章分别阐述 RIP、OSPF、IS-IS 及路由控制技术；第六章和第七章重点阐述大型网络中 BGP 协议、组播路由协议（IGMP 及 PIM 等）原理；第八章对 MPLS 及 MPLS VPN 技术做了深入阐述；第九章则对交换技术，包括 VLAN 技术、生成树技术及 WAN 技术加以阐述；第十章对华为的 QoS 实现做了探讨。

本书适合准备参加 HCIE 路由交换考试的考生或希望深入了解华为路由交换技术的工程技术人员学习使用，同时也适合对网络技术感兴趣的人员作参考学习之用。

♦ 主　　编　泰克教育集团
编　　著　刘大伟　陈　亮　丁琳琦
责任编辑　李　静
执行编辑　王国霞
责任印制　彭志环
♦ 人民邮电出版社出版发行　　北京市丰台区成寿寺路 11 号
邮编　100164　　电子邮件　315@ptpress.com.cn
网址　https://www.ptpress.com.cn
北京盛通印刷股份有限公司印刷
♦ 开本：787×1092　1/16
印张：50　　　　2017 年 8 月第 1 版
字数：1 167 千字　　　　2024 年 12 月北京第 34 次印刷

定价：128.00 元

读者服务热线：(010)53913866　印装质量热线：(010)81055316
反盗版热线：(010)81055315

序　一

斗转星移，物是人非，多少英雄尘与土，IT 江湖代有才人出！

都说“IT”就是“挨踢”的代名词，“网管员”已经成“网吧小伙计”的专属称谓。

倒退 30 年，如果你说是搞计算机的，在女孩儿的心目中，那你可是“搞高科技”的优质男。

倒退 20 年，如果你说是搞互联网的，在女孩儿的心目中，你俨然又成了“无所不能”的神秘男。

倒退 10 年，如果你说是搞云计算的，在女孩儿的心目中，你依然可以得到“高看一眼”的待遇。

这曾经是几代 IT 男赖以“显摆”的经典招数之一，可当时间定格到 2017 年，新一代的 IT 男还能有类似的金字招牌招摇吗？

要回答这个问题，让我们看看现在的市场环境，“自主可控”上升到国家战略这几年，国内 IT 品牌市场份额不断刷新历史记录，“一带一路”更将为国内品牌走向世界强力助推。伴随着这种趋势，需要大量的 IT 人才满足各方面的信息化建设与使用需求，作为早就国际化的国内优秀 IT 认证品牌，华为 HCIE 认证越来越得到广大客户和学员的青睐，有望扛起这个大旗。

因业务机缘，自己有幸参与过华为企业业务 IT 认证体系设计的初期调研，知道为什么要在传统的笔试、实验的基础上，特别加上答辩的环节。几年的实践证明，这个决策是非常正确的，正是这个环节的严格把关，避免了简单的“啃教材、背版本、拼机时”套路，成为真金不怕火炼的试金石。

这种严苛，就得靠自学、自悟，很难提高学员的通过率，于是我们看到有的学员因不得要领而折戟，有的学员为得到某个高师的指点而四处求教，有的学员干脆放弃了努力……

确实，要靠真本事，就要学到真经，一本融理论与实践精华，深入浅出的 HCIE 辅导教材就成为学员们学习的关键。这里，非常感谢刘大伟、陈亮、丁琳琦三位老师的辛勤努力，终于给大家烹煮出了这道教学知识大餐！这三位老师都是业界教学的大拿，培训、培养了大量的 HCIE 人才，现在能够把多年的实践经验贡献出来，实属难能可贵，相信每个学员都能从中找到茅塞顿开的感觉。

如果你是新一代的 IT 男，那么就以此书为利剑，在 HCIE 的比武台上，一展英姿吧！

高洪福

华为本部技术中心总经理

神州数码集团股份有限公司

2017-5-18

序　二

2012 年 12 月，华为公司推出了一项新的职业认证计划——HCIE（华为认证互联网专家）认证，该认证是为了适应全球对更多的 ICT（信息与通信技术）技术专家的需求而推出的，是目前业界最权威的技术认证之一，同时该认证也是业界考取难度超大、含金量超高的认证。

《HCIE 路由交换学习指南》由华为公司核心教育合作伙伴——泰克教育集团主编，由刘大伟、陈亮、丁琳琦三位泰克专家讲师基于上千名 HCIE 人才的培养经验编写而成。

本书编写的主要目的是帮助读者通过 HCIE 认证。本书覆盖了 HCIE 所有重要知识，无论你是要成为 HCIE，还是为了对数据网络设计、故障诊断等有更深入的了解，阅读本书都会使你获益匪浅。

本书为泰克教育集团计划出版 ICT 系列教程中的其中一本，泰克将通过推出现有和未来的教科书的方式，来助力实现华为全球培训认证部的主要目标：培训华为用户群体 ICT 专业知识，使得该群体能够构建和维护可靠、弹性的数据信息网络，并通过严格培训来满足更多用户的学习需求。

最后希望本书对您开卷有益。

林康平

泰克教育集团 CEO

2017 年 5 月

前　言

华为 HCIE 认证是目前 IT 界最为权威的认证考试之一，该认证考试包含 Lab 考试和面试考试两部分，其中的面试考试因考核的内容多、追问细而使 HCIE 认证成为目前 IT 界较难通过的考试，其含金量不言而喻。

华为 HCIE 路由交换方向的考试认证包含多种路由技术及交换技术，协议较多，原理较复杂，为了帮助考生丰富其理论知识并准备面试，泰克网络实验室的老师集中精力编写了这本《HCIE 路由交换学习指南》指导书，希望能助在准备 HCIE 路由交换认证的考生一臂之力，更重要的是，我们也希望考生通过本书的学习，能增进理论知识，提高分析问题及解决问题的能力，当然这也是华为推出 HCIE 路由交换认证考试的目的。

近些年来，网络技术更新的速度非常快，新的协议、新的技术层出不穷，但任何协议技术都是以路由交换技术为基础的，很多协议甚至在设计开发时都是相互借鉴，原理都彼此相通，所以学好路由交换技术除了能帮助我们提高理解能力之外，还有助于我们掌握其他新技术。

华为 HCIE 路由交换技术所涉及的内容非常多，本书在内容选择上，仅选取了一些较为重要的知识模块加以阐述，并没有覆盖到路由交换的全部内容，选取的内容包括 IGP、BGP、组播、MPLS L3VPN、交换及 QoS 技术。

书中内容按照如下顺序来组织。

第一章：IP 路由基础，包含 IPv4 及 IPv6 路由的基本概念。

第二章：RIP 及 RIPng 的协议原理。

第三章：阐述 OSPF 协议原理及 OSPF 与 OSPFv3 协议的区别。

第四章：IS-IS 路由协议原理及其对 IPv6 的支持。

第五章：Route-control 技术，列举各种路由控制技术。

第六章：BGP 协议原理。

第七章：IP 骨干网络中组播路由协议，包括 IGMP、PIM、MSDP 及 mBGP。

第八章：域内及域间 MPLS L3VPN 技术。

第九章：交换技术，包括 VLAN、STP 及 WAN 技术。

第十章：QoS 实现，包括标记、队列、整形、监管及限速等。

本书在原理阐述过程中尽量结合实例或场景加以分析，力图透彻详尽地把概念阐述清楚。

本书在编写过程中，得到各地泰克老师的大力支持，在此一并表示诚挚的感谢。由于作者水平所限及时间仓促，书中难免存在一些谬误和不足之处，敬请读者批评指正，也欢迎读者或考生直接到泰克和我们一起探讨，我们会在本书的后续版本中对其加以更新。

本书适合于准备华为 HCIE 路由交换认证的考生参考学习之用，本书同样适合于已通过 HCIE 认证的考生及对路由交换技术感兴趣的工程师学习使用，也可作为其他厂商的技术工程师熟悉华为技术的一本技术参考书籍。

作者

2017 年 5 月

目　录

第一章

IP 路由基础

本章对 IPv4 和 IPv6 协议做了简单介绍，同时，添加了路由协议基础知识的介绍。

本章包含以下内容：

- 了解 IPv4 协议栈和 IPv6 协议栈
- 了解路由表和 FIB 的内容
- 对比矢量和链路状态路由协议
- 了解静态路由和动态路由协议

1.1 IPv4 地址规划

1.1.1 IPv4 地址

IPv4 地址分成网络部分和主机部分，在现实网络设计中，普遍采用的地址规划是在主机部分继续划分子网，以满足企业需要更多网段的需求，同时解决 IP 地址空间利用率较低的问题。

IPv4 的地址根据定义可分为：A 类地址，B 类地址和 C 类地址。

A 类地址是第一字节的第一位为 0 的 IP 地址，第一字节的数值范围为 1～126。

注意：数字 0 和 127 不作为 A 类地址，数字 127 保留给内部回环地址。

B 类地址是第一字节的第一和第二位为 10 的一组地址，第一字节的数值范围为 128～191。

C 类地址是第一字节的第一、第二和第三位为 110 的一组地址，第一字节的数值范围为 192～223。

1.1.2 主网及子网划分

主网段采用自然掩码，即 A 类网络中使用 8 位掩码，B 类网络中使用 16 位掩码，C 类网络中使用 24 位掩码。在相应自然掩码的后面继续添加掩码位所定义出来的网络是主网的子网，其掩码称为子网掩码。

子网掩码用来和 IP 地址“与”运算后计算出网络地址，子网掩码的形式是一串 1 后跟随一串 0 组成，其中，1 对应着 IP 地址中的网络位，而 0 在 IP 地址对应的是主机位。

A 类网络（1～126） 默认子网掩码： 255.0.0.0

B 类网络（128～191） 默认子网掩码：255.255.0.0

C 类网络（192～223） 默认子网掩码：255.255.255.0

子网划分是把整个主类网络地址继续划分成更多的子网络地址，属于在主网内部重新规划不同子网的行为。从外部来看，整个网络只有一个网络号码，所有划分出来的子网共用同样的主网前缀，只有当外面的报文进入到主网络范围后，内部的路由设备才根据子网号码再进行选路，找到目的主机。

如图 1-1 所示，把一个 B 类地址的 Host-id 的高 5 位拿出来用来划分子网，Subnet-id 值的范围是 00000～11111，总共可以划分出来 32 个子网。对应的子网掩码也会相应地发生变化，如 Subnet-id 为 11111 的子网掩码就是 255.255.248.0，将 IP 地址与其相应掩码位执行与运算的结果就是网络地址。

根据以上子网划分的方法，地址规划设计可按以下要求执行。

1. *层次性*

实现网络的层次性划分，需要综合考虑地域和业务因素，采用自顶向下的方法划分，达到有效管理网络、简化路由表的目的，一般情况下：

- 对于大骨干网络和大城域网络相结合的网络，采用层次性划分方式；
- 对于行政区类型的网络，采用多级网络分配方式。

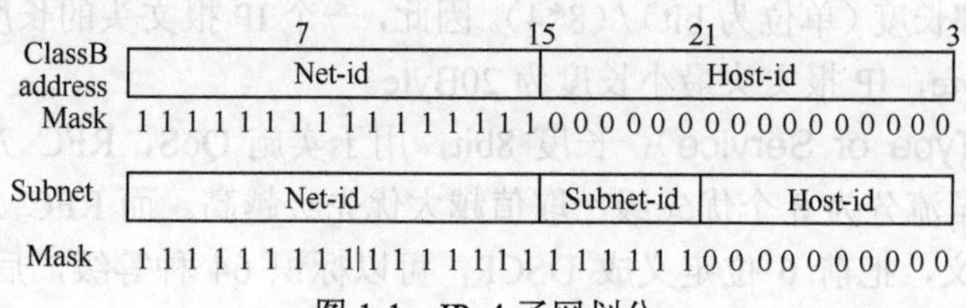

图 1-1 IPv4 子网划分

2. 连续性

连续地址在层次结构的网络中易于进行路由聚合，大大缩减路由表数量，提高路由查找的效率。尽量为每个区域分配连续的 IP 地址空间。尽量为具有相同业务和功能的设备分配连续的 IP 地址。

3. 扩展性

分配地址时，在每一层次上都要留有余量。当网络规模扩展时能保证地址分配的连续性，实现网络的长远规划。骨干网络应有足够的连续地址组成独立的自治域，并为今后的扩展留有余地。

4. 高效性

划分子网时，要保证充分利用地址资源，使子网的划分满足主机个数的要求。

利用可变长子网掩码 VLSM（Variable Length Subnet Mask）技术分配 IP 地址，充分合理地利用地址资源。

与网络的路由机制设计相结合，合理使用已划分的地址空间，提高地址的利用率。

1.1.3 IPv4 报文

IPv4 头的长度至少为 20Byte，最多为 60Byte。报文格式如图 1-2 所示。

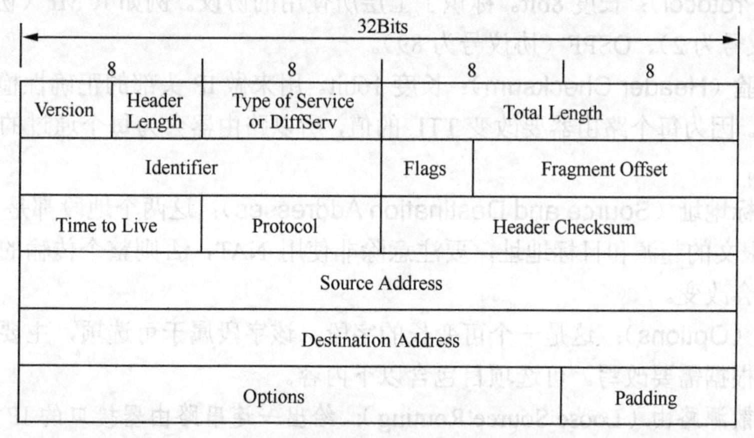

图 1-2 IP 报文头

版本号（Version）：长度 4bit。标识目前采用的 IP 协议的版本号，二进制为 0100 代表 IPv4，二进制为 0110 代表 IPv6。

报文头长度（Header Length）：长度 4bit。这个字段的作用是为了描述 IP 报文头的长度，因为在 IP 报文头中有变长的可选部分。该部分占 4 位，取值范围从 5 到 15，即本区域值=IP 头部长度（单位为 bit）/（8*4）。因此，一个 IP 报文头的长度最长为“1111”，即 15*4=60 个 Byte，IP 报文头最小长度为 20Byte。

服务类型（Type of Service）：长度 8bit，用于实施 QoS，RFC 791 中 TOS 的 IP Precedence 将数据流分为 8 个优先级，取值越大优先级越高。而 RFC 2474 中又对 TOS 进行了重新的定义，把前 6 位定义成 DSCP，可以标识 64 种等级，后两位保留，参考 QoS 章节。

报文总长度（Total Length）：长度 16bit。以 Byte 为单位计算的 IP 报文的长度（包括报文头部和数据），所以 IP 报文最大长度为 65535Byte。

标识符（Identifier）：长度 16bit。该字段与 Flags 和 Fragment Offest 字段联合使用，对较大的上层数据包进行分段（fragment）操作。路由器将一个包拆分后，所有拆分开的小包被标记相同的值，以便目的端设备能够区分哪个包属于被拆分开的包的一部分。

标记（Flags）：长度 3bit。该字段第 1 位不使用。第 2 位是 DF（Don’t Fragment）位，DF 位设为 1 时表明路由器不能对该上层数据包分段。如果一个上层数据包无法在不分段的情况下进行转发，则路由器会丢弃该上层数据包并返回一个 ICMP 错误信息。第 3 位是 MF（More Fragments）位，当路由器对一个上层数据包分段，则路由器会在除了最后一个分段的 IP 报文的头中将 MF 位设为 1。

片偏移（Fragment Offset）：长度 13bit。表示该 IP 报文在该组分片中的位置，接收端靠此来组装还原 IP 报文。

生存时间（TTL）：长度 8bit。当 IP 报文进行传送时，先会对该字段赋予某个特定的值，当 IP 报文经过每一个沿途的路由器的时候，每个沿途的路由器会将 IP 报文的 TTL 值减少 1，如果 TTL 减少为 0，则该 IP 报文会被丢弃，这个字段可以防止由于路由环路而导致 IP 报文在网络中不停被转发。

协议（Protocol）：长度 8bit。标识了上层所使用的协议。例如 ICMP（协议号为 1）、IGMP（协议号为 2）、OSPF（协议号为 89）。

头部校验（Header Checksum）：长度 16bit。用来做 IP 头部的正确性检测，但不包含数据部分。因为每个路由器要改变 TTL 的值，所以路由器会为每个通过的数据包重新计算这个值。

源和目标地址（Source and Destination Addresses）：这两个地段都是 32bit。标识了这个 IP 报文的起源和目标地址，要注意除非使用 NAT，否则整个传输的过程中，这两个地址不会改变。

可选项（Options）：这是一个可变长的字段。该字段属于可选项，主要用于测试，由起源设备根据需要改写。可选项目包含以下内容。

- 松散源路由（Loose Source Routing）：给出一连串路由器接口的 IP 地址。IP 包必须沿着这些 IP 地址传送，但是允许在相继的两个 IP 地址之间跳过多个路由器。
- 严格源路由（Strict Source Routing）：给出一连串路由器接口的 IP 地址。IP 包必须沿着这些 IP 地址传送，如果下一跳不在 IP 地址表中则表示发生错误。
- 路由记录（Record Route）：当 IP 包离开每个路由器的时候记录路由器的出站接

口的 IP 地址。

◆ 时间戳（Timestamps）：当 IP 包离开每个路由器的时候记录时间。

填充（Padding）：因为 IP 报文头长度（Header Length）部分的单位为 32bit，所以 IP 报文头长度必须为 32bit 的整数倍。因此，在可选项后面，IP 协议会填充若干个 0，以达到 32bit 的整数倍。

1.2 IP 路由表和 FIB

1.2.1 IP 路由转发和标签交换

IP 转发又称 IP 路由，是指三层网络设备收到 IP 报文，根据本设备的路由表做决策，选择某个转发出口的过程。通过对 IP 转发过程的优化，可以提升转发效率，降低转发延时，减小系统资源消耗，转发更多的数据报文。

优化三层路由转发方式为交换方式，如标签交换，或构建快速转发表（FIB），把报文转发所需要的下一跳及出口的链路层封装缓存到快速转发表中，并下发到硬件板卡上，以实现快速转发。

传统转发方式转发是根据 IP 报文的目标地址，查找 IP 路由表中所有路由条目，做最长的匹配后确定转发接口。因其对路由表做逐行扫描，这种 IP 转发方式消耗较大 CPU 资源。

华为克服了传统转发方式的缺点，优化了路由查表过程，具体实现方式是在设备内部，构建一张转发表 Forwarding Information Base（FIB），FIB 包含所有已知路由表中的全部路由，只要路由表里有新的路由出现，就一定出现在 FIB 表中，它是由路由表中的路由条目的变化驱动的。进入 FIB 中的转发条目并不会超时消失，所以任何时候数据包都可以根据 FIB 做路由转发，而不需要使用 RIB 表。大部分厂商把 FIB 表中的路由按树形方式组织，这可降低根据目标 IP 地址查表的时间。

FIB 表中包含的内容有路由条目，同时每个条目都有对应的隧道接口和指针或者标签，指针或者标签将指向两层交换表中的封装结构，三层路由查找和转发后二层地址封装同时完成，实现快速转发。

1.2.2 IP 路由表和 FIB 表

路由器转发数据包的关键是路由表和 FIB 表，每个路由器都至少保存着一张路由表（RIB）和一张 FIB 表。路由器通过路由表选择路由，并通过 FIB 表指导报文进行转发，所以 FIB 表处于数据平面，而 RIB 则处于控制平面。

1.2.2.1 路由表

每台路由器中都有一个全局 IP 路由表，而全局运行的各个路由协议也维护着各自的协议路由表。

- IP 路由表

路由器使用 IP 路由表来保存各路由协议的最佳路由和决策优选路由，并负责把优选路由下发到 FIB 表，通过 FIB 表指导报文进行转发。IP 路由表依据各种路由协议的优先级和度量值来选取路由。

说明：

如果路由器上定义了 VPN-Instance，则每个 VPN-Instance 中仅包含一个 IP 路由表和一个 FIB 表。

- 协议路由表

协议路由表中存放着该路由协议发现的路由信息。

路由协议可以引入并发布其他协议生成的路由。例如，在路由器上运行 OSPF 协议，需要使用 OSPF 协议通告直连路由、静态路由或者 IS-IS 路由时，要将这些路由引入到 OSPF 协议的路由表中。

在路由器中，执行命令 display ip routing-table 时，可以查看路由器的路由表概要信息，其中包含默认路由和精确路由，如下所示：

```
<Huawei> display ip routing-table
Route Flags: R - relay, D - download to fib
------------------------------------------------------------------------------
Routing Tables: Public
         Destinations : 14          Routes : 14

Destination/Mask    Proto   Pre  Cost      Flags NextHop         Interface

        0.0.0.0/0   Static  60   0           RD   10.137.216.1    GigabitEthernet
2/0/0
     10.10.10.0/24  Direct  0    0           D    10.10.10.10     GigabitEthernet
1/0/0
    10.10.10.10/32  Direct  0    0           D    127.0.0.1       InLoopBack0
   10.10.10.255/32  Direct  0    0           D    127.0.0.1       InLoopBack0
     10.10.11.0/24  Direct  0    0           D    10.10.11.1      LoopBack0
     10.10.11.1/32  Direct  0    0           D    127.0.0.1       InLoopBack0
   10.10.11.255/32  Direct  0    0           D    127.0.0.1       InLoopBack0
    10.137.216.0/23 Direct  0    0           D    10.137.217.208  GigabitEthernet
2/0/0
 10.137.217.208/32  Direct  0    0           D    127.0.0.1       InLoopBack0
 10.137.217.255/32  Direct  0    0           D    127.0.0.1       InLoopBack0
       127.0.0.0/8  Direct  0    0           D    127.0.0.1       InLoopBack0
       127.0.0.1/32 Direct  0    0           D    127.0.0.1       InLoopBack0
127.255.255.255/32  Direct  0    0           D    127.0.0.1       InLoopBack0
255.255.255.255/32  Direct  0    0           D    127.0.0.1       InLoopBack0
```

路由表中包含了下列关键项。

- Destination：表示此路由的目的地址。用来标识 IP 包的目的地址或目的网络。
- Mask：表示此目的地址的子网掩码长度。与目的地址一起来标识目的主机或路由器所在的网段的地址。将目的地址和子网掩码“逻辑与”后可得到目的主机或路由器所在网段的地址。例如：目的地址为 1.1.1.1，掩码为 255.255.255.0 的主机或路由器所在网段的地址为 1.1.1.0。掩码由若干个连续“1”构成，既可以用点分十进制表示，也可以用掩码中连续“1”的个数来表示。例如，掩码 255.255.255.0 长度为 24，即可以表示为 24。

- Proto：表示学习此路由的路由协议。
- Pre：表示此路由的路由协议优先级。针对同一目的地，可能存在不同下一跳、出接口等多条路由，这些不同的路由可能是由不同的路由协议发现的，也可以是手工配置的静态路由。优先级高（数值小）者将成为当前的最优路由。
- Cost：路由开销。当到达同一目的地的多条路由具有相同的路由优先级时，路由开销最小的将成为当前的最优路由。

说明：

Preference 用于不同路由协议间路由优先级的比较，Cost 用于同一种路由协议的不同路由条目的比较。

- NextHop：表示此路由的下一跳地址，指明数据转发的下一个设备。
- Interface：表示此路由的出接口，指明数据将从本地路由器哪个接口转发出去。

说明：

无论是动态还是静态生成的路由表项，只有在出接口状态是 Up 的情况下，才能通过命令 display ip routing-table 查到相应的路由信息，否则该路由为非激活状态。可以通过命令 display ip routing-table protocol 查询路由是否为激活状态。

1.2.2.2 FIB 的工作机制

在路由表选择出路由后，路由表会将激活路由下发到 FIB 表中。当报文到达路由器时，会通过查找 FIB 表进行转发。

FIB 表中每条转发项都指明到达某网段或某主机的报文应通过路由器的哪个物理接口或逻辑接口发送，然后就可到达该路径的下一个路由器，或者不再经过别的路由器而传送到直接相连的网络中的目的主机。

FIB 的操作包括两个单独的部分：控制平面和转发平面。

控制平面负责在创建 FIB 表前与路由管理的接口工作，将 FIB 下载到转发引擎，对于分布式系统，还需要将 FIB 下载到 I/O 板。转发平面则是直接查找 FIB 表项，然后根据查找的结果转发数据。每个 FIB 表项中都指明报文到某网段或者某主机的出接口，及下一跳地址或者目的主机地址。

FIB 中包含了路由器在转发报文时所必需的一组最小信息。一个 FIB 条目中一般包括目的地址、前缀长度、传输端口、下一跳地址、标明路由特征的标志以及时间戳。路由器使用 FIB 的各项来转发报文。

首先，为了连接不同的网络拓扑需要运行不同的路由协议，这样就产生了 RIB（Routing Information Base）。RIB 是创建 FIB 的基础，路由器会根据路由管理策略，从 RIB 中提取出最小转发信息并放入 FIB。用户还可通过路由管理向 FIB 中增加静态路由。

在路由表选择出路由后，路由表会将激活路由下发到 FIB 表中。当报文到达路由器时，会通过查找 FIB 表进行转发。FIB 可下发到各个板卡，数据报文在板卡上执行硬件交换，无需经过 CPU，一旦在 FIB 中找不到对应的条目，报文继续送给 CPU 去处理。这样的设计可以提高数据报文的转发速度。

FIB 表中每条转发项都指明到达某网段或某主机的报文应通过路由器的哪个物理接

口或逻辑接口发送，然后就可到达该路径的下一个路由器，或者不再经过别的路由器而传送到直接相连的网络中的目的主机。

FIB 表的匹配遵循最长匹配原则，查找 FIB 表时，报文的目的地址和 FIB 中各表项的掩码进行按位“逻辑与”，得到的地址符合 FIB 表项中的网络地址则匹配。最终选择一个最长匹配的 FIB 表项转发报文。

例如，一台路由器上的路由表如下：

```
Routing Tables:
Destination/Mask   Proto   Pre  Cost   Flags   NextHop     Interface
 0.0.0.0/0         Static  60    0      D      120.0.0.2   GigabitEthernet1/0/0
 8.0.0.0/8         RIP     100   3      D      120.0.0.2   GigabitEthernet1/0/0
 9.0.0.0/8         OSPF    10    50     D      20.0.0.2    GigabitEthernet3/0/0
 9.1.0.0/16        RIP     100   4      D      120.0.0.2   GigabitEthernet2/0/0
 20.0.0.0/8        Direct  0     0      D      20.0.0.1    GigabitEthernet4/0/0
```

当一个目的地址是 9.1.2.1 的报文进入路由器时，查找对应的 FIB 表。

display FIB 命令用来查看转发信息表的信息。

```
FIB Table:
 Total number of Routes : 5
Destination/Mask   Nexthop          Flag TimeStamp   Interface              TunnelID
0.0.0.0/0          120.0.0.2   SU   t[37]       GigabitEthernet1/0/0   0x0
8.0.0.0/8          120.0.0.2   DU   t[37]       GigabitEthernet1/0/0   0x0
9.0.0.0/8          20.0.0.2    DU   t[9992]     GigabitEthernet3/0/0   0x0
9.1.0.0/16         120.0.0.2   DU   t[9992]     GigabitEthernet2/0/0   0x0
20.0.0.0/8         20.0.0.1    U    t[9992]     GigabitEthernet4/0/0   0x0
```

首先，目的地址 9.1.2.1 与 FIB 表（见表 1-1）中各表项的掩码“0、8、16”做“逻辑与”运算，得到下面的网段地址：0.0.0.0/0、9.0.0.0/8、9.1.0.0/16。这三个结果可以匹配到 FIB 表中对应的三个表项。最终，路由器会选择最长匹配 9.1.0.0/16 表项，从接口 GE2/0/0 转发这条目的地址是 9.1.2.1 的报文。

表 1-1　display fib 输出解释

项目	描述
FIB Table	FIB 表
Total number of Routes	路由表总数
Destination/Mask	目的地址/掩码长度
Nexthop	下一跳
Flag	当前标志，G、H、U、S、D、B 的组合。 • G（Gateway 网关路由）：表示下一跳是网关； • H（Host 主机路由）：表示该路由为主机路由； • U（Up 可用路由）：表示该路由状态是 Up； • S（Static 静态路由） • D（Dynamic 动态路由） • B（Black Hole 黑洞路由）：表示下一跳是空接口； • L（Vlink Route）：表示 Vlink 类型路由
TimeStamp	时间戳，表示该表项存在的时间，单位是秒
Interface	到目的地址的出接口
TunnelID	隧道标识符。如果报文到下一跳需通过 MPLS 转发，其 Tunnel ID 不为 0；如果报文通过 IP 转发，其 Tunnel ID 为 0

1.2.3 路径选择

1.2.3.1 选路规则

路由设备上多个协议同时提供到同一目标网络的路由，仅最佳路由进入路由表。最佳路由的选择依据如下规则：

规则 1：首先，选择 Preference 高的路由（数值越小表明优先级越高），若未能抉择，进入规则 2；

规则 2：如果路由具有相同的 Preference，再选择协议内部优先级高的路由，若未能抉择，进入规则 3；

规则 3：如果路由具有相同优先级又属于同一协议，则优选 cost 值低的路由，如果路由 cost 值相同则有条件形成负载分担，如果形成负载分担的路由条数超出系统限定的最大值 m，则只选取前 m 条作为活跃路由。

1.2.3.2 负载分担转发

负载分担（Load Balance），指的是网络节点在转发流量时，将负载（流量）分摊到多条链路上进行转发，包括路由负载分担、隧道负载分担和 Eth-Trunk 负载分担。

优点：

- 负载分担将流量分担到多条链路上，可以增加链路总带宽，并减少由于某些链路负担过重造成的阻塞状况；
- 由于负载分担的链路之间相互形成备份关系，其中一条链路故障时，流量可以自动切换到其他可用的链路上继续转发，从而提高链路可靠性。

缺点：

由于流量转发具有一定的随机性，因此负载分担可能不利于对业务流量的管理。

负载分担依对接收的连续数据包的处理又分为：逐包负载分担和逐流负载分担。

1. 逐包负载分担

当配置负载分担的方式为逐包负载分担时，路由器在转发去往同一目的地的连续多个报文时，根据路由表的路径，在 IP 层依次通过各条路径发送，也就是总是选择与上一次不同的下一跳地址发送报文，即逐包地负载分担。

2. 逐流负载分担

当配置负载分担的方式为逐流负载分担时，路由器根据 IP 报文中五元组信息（源地址、目的地址、源端口、目的端口、协议）进行路由转发。当发现五元组信息相同时，路由器总是选择与上一次相同的下一跳地址发送报文。当发现五元组信息不同时，路由器会根据 Hash 计算的散列值选取路径进行转发。所以很多时候我们都把五元组相同的报文称为流。实际中，FIB 的转发都是基于流完成的，即使流量负载分担，也是基于流的负载分担，一条流走这条路径，另外一条流走其他路径，但这种负载分担并不是流量均衡分配的。

说明：

（1）默认情况下，VRP 使用基于流的负载分担，可以通过命令 load-balance packet 改变负载分担方式为逐包方式。目前，支持负载分担的路由协议为 RIP、OSPF、BGP 和 IS-IS，静态路由也支持负载分担，最多支持 8 条路由。路由协议可自定义最大可支持的等价路由的数量，使用命令 maximum load-balancing [number]，Number 最大值为 8。

（2）数据流是指一组具有某个或某些相同属性的数据包。这些属性有源 MAC 地址、目的 MAC 地址、源 IP 地址、目的 IP 地址、TCP/UDP 的源端口号、TCP/UDP 的目的端口号等，逐流负载分担基于五元组。

例如，如图 1-3 所示，R1 转发报文到目的地 10.1.1.0/24，待发送的报文为 P1、P2、P3、P4、P5、P6。报文发送的过程是：

如果 R1 是逐包负载分担的，报文转发是第一份报文 P1 经 R2 转发，第二份报文 P2 经 R3 转发。同理，第三份报文 P3 经 R2 转发，P4 经 R3 转发，P5 经 R2 转发，P6 经 R3 转发。

例如，如图 1-4 所示，R1 已经通过接口 GE1/0/0 转发到目的地址 10.1.1.0/24 的第 1 个报文 P1，随后又需要分别转发报文到目的地址 10.1.1.0/24 和 10.2.1.0/24。其转发过程如下。

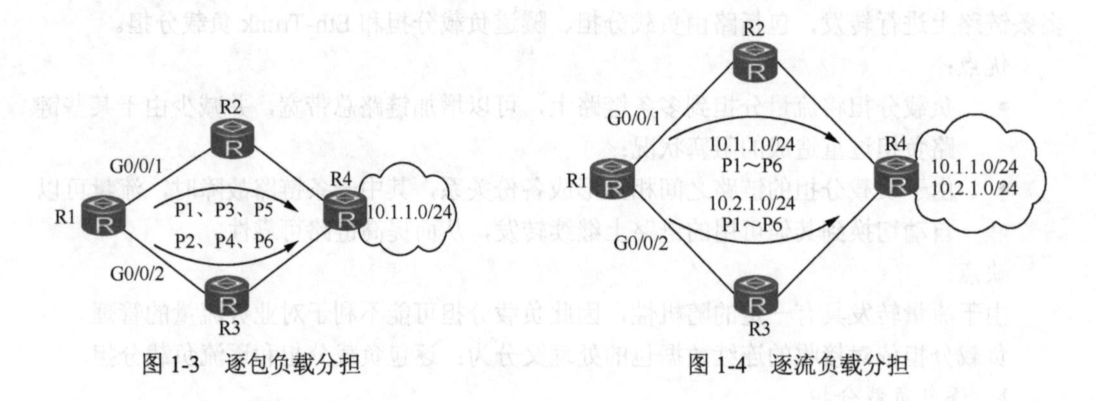

图 1-3　逐包负载分担　　图 1-4　逐流负载分担

当转发到达 10.1.1.0/24 的第 2 个报文 P2 时，发现此报文与到达 10.1.1.0/24 的第 1 个报文 P1 的五元组一致。所以之后到达该目的地的报文都从 G0/0/1 转发。

当转发到达 10.2.1.0/24 的第 1 个报文 P1 时，发现此报文与到达 10.1.1.0/24 的第 1 个报文 P1 的五元组不一致。根据 Hash 计算选取从 G0/0/2 转发，并且之后到达该目的地的报文都从 G0/0/2 转发。

1.2.3.3　负载分担算法

逐包负载分担，设备启用了一个定时器，每来一个包，计数器加 1，根据计数器的值选择出接口。

逐流负载分担采用哈希算法，因逐流负载分担应用较为广泛，本文重点介绍逐流负载分担的哈希算法。

（1）哈希算法

哈希算法将任意长度的二进制值按某种哈希函数映射为固定长度的较小二进制值，这个小的二进制值称为哈希值。计算出哈希值后，设备再根据哈希值按某种算法映射到出接口，并将报文从对应的出接口发送。逐流负载分担就是采用哈希算法。

（2）哈希因子

哈希算法的输入是各报文的特征值，被称为“哈希因子”。可作为哈希因子的报文特征值包括但不限于：

- 以太帧头：源 MAC、目的 MAC；
- IP 首部：源 IP、目的 IP、协议号；
- TCP/UDP 首部：源端口号、目的端口号；
- MPLS 首部：MPLS 标签、报文负载的某些比特位；
- L2TP 报文：Tunnel ID 和 Session ID。

（3）哈希因子与负载分担效果

如果哈希因子散列性较好，则哈希算法得出的负载分担将会更均匀。如果网络流量类型过于复杂，单纯依靠上述哈希因子进行散列，有时不能取得最佳的分担效果。

为了得到更好的负载分担效果，设备允许用户根据流量类型人为选择最佳的哈希因子。如果选择了最适合的哈希因子仍然不能得到较满意的负载分担效果，可以设置哈希加扰值，增强哈希因子的散列性，从而取得更好的负载分担效果。

逐流和逐包的比较：

逐包比逐流的负载均衡程度好。逐流的均衡程度取决于负载分担的规则和业务流量特征。

逐包的缺点是可能导致报文乱序。

在逐包场景下，以下因素的影响会导致报文乱序。

- 链路质量差导致报文乱序。当链路质量较差时，会存在不同延时，链路丢包、错包，因此导致报文到达对端后乱序。
- 数据包大小不均，被混合发送时，在链路传输速率一定的情况下，长度较小的数据包即使晚于长度较大的数据包被送到链路上，也可能会先到达对端。因此采用逐包负载分担时，需要考虑现网业务是否容忍乱序，所在链路是否有保序的功能。
- 由于逐包方式可能导致报文乱序，对报文顺序非常敏感的语音、视频等关键业务不建议使用逐包方式。

华为路由器默认使用逐流方式的负载分担。

负载分担有两种，“等成本”负载分担和“不等成本”负载分担。

1. 等成本的负载分担

等成本负载分担 ECMP（Equal-Cost Multiple Path），是指到达同一目的地有多条等价链路，流量在这些等价链路上平均分配，不会考虑链路带宽的差异。等价链路是指到达目的地的 cost 值相等的链路/路径。

ECMP 的缺点是在路径间带宽差异大时，带宽利用率低。如图 1-5 所示，流量在三条路径上负载分担，其中路径的带宽分别是 10Mbit/s、20Mbit/s 和 30Mbit/s，如果部署 ECMP，则总带宽只能达到 30Mbit/s，利用率最多只能到 50%。

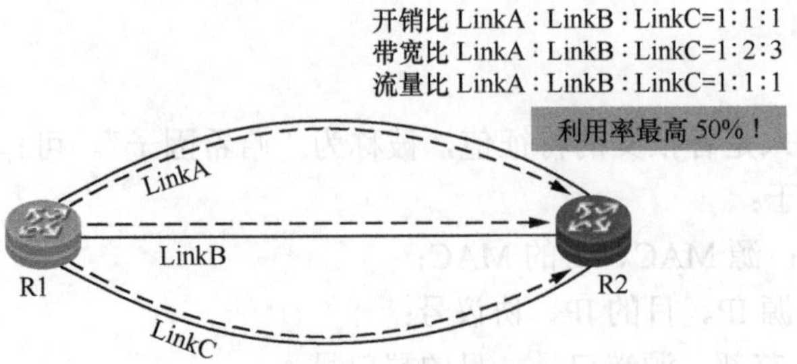

开销比 LinkA : LinkB : LinkC=1:1:1
带宽比 LinkA : LinkB : LinkC=1:2:3
流量比 LinkA : LinkB : LinkC=1:1:1
利用率最高 50%！
LinkA
LinkB
LinkC
R1
R2

图 1-5 ECMP 示意图

说明：

- 当多条路由的路由优先级和路由度量都相同时，这几条路由就称为等价路由，多条等价路由可以同时出现在路由表中实现流量负载分担。当这几条路由为非等价路由时，就可以实现路由备份。
- 路由器支持多路由模式，即允许配置多条目的地相同且优先级也相同的路由。当到达同一目的地存在同一路由协议发现的多条路由，且这几条路由的开销值也相同时，那么就满足负载分担的条件。这种方式可以提高网络中链路的利用率及减少因某些链路负担过重而出现数据报文阻塞的情况。到同一目的地的多个协议若有多条路由，华为设备是无法做到在多协议间负载分担的。
- Maximum load-balancing [number]：参数 number，可以限制进行负载分担的等价路由数。

2. 非等成本负载分担

非等成本负载分担 UCMP（Unequal-Cost Multiple Path），是指到达同一目的地有多条带宽不同的等价链路，流量根据带宽按比例分担到各条链路上。这样所有链路可根据带宽比例分担流量，提高链路带宽利用率，如图 1-6 所示。

开销比 LinkA : LinkB : LinkC=1:1:1
带宽比 LinkA : LinkB : LinkC=1:2:3
流量比 LinkA : LinkB : LinkC=1:2:3
利用率可达 100%！
LinkA
LinkB
LinkC
R1
R2

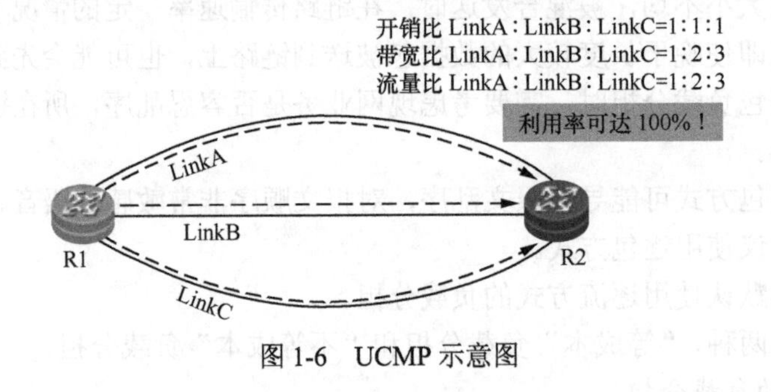

图 1-6 UCMP 示意图

说明：

对于 Trunk 接口负载分担，没有 ECMP 和 UCMP 的概念，但是也有类似的功能。例如，将不同速率的接口（如千兆以太网接口和快速以太网接口）捆绑到同一个 Trunk 接口，并为各成员口配置权重，则流量按权重分担到各成员链路上，类似于 UCMP。默认情况下，Trunk 成员口的权重值都类似于 ECMP，但每个成员接口的转发能力只能达到能力最低的接口的水平。

在使用 Eth-Trunk 转发数据时，由于聚合组两端设备之间有多条物理链路，就会产生同一数据流的第一个数据帧在一条物理链路上传输，而第二个数据帧在另外一条物理链路上传输的情况。这样一来，同一数据流的第二个数据帧就有可能比第一个数据帧先到达对端设备，从而产生接收数据包乱序的情况。

为了避免这种情况的发生，Eth-Trunk 采用逐流负载分担的机制，这种机制把数据帧中的地址通过 Hash 算法生成 Hash-Key 值，然后根据这个数值在 Eth-Trunk 转发表中寻找对应的出接口，不同的 MAC 或 IP 地址 Hash 得出的 Hash-Key 值不同，从而出接口也就不同。这样既保证了同一数据流的帧在同一条物理链路转发，又实现了流量在聚合组内各物理链路上的负载分担，即逐流的负载分担。逐流负载分担能保证包的顺序，但不能保证带宽利用率。

对非等成本负载分担的特别说明如下。

- UCMP 目前只支持逐流方式。如果同时配置 UCMP 和逐包方式，则采用逐包方式的等成本负载分担，UCMP 不生效。
- 在各条非等价负载分担路径中，任一条链路的带宽不能小于总带宽的 1/16。否则该链路不参与非等价负载分担。
- 目前，支持非等成本负载分担功能的接口包括 Ethernet 接口、ATM 接口、Serial 接口、MP 接口、GE 接口、POS 接口、IP-Trunk 接口、Eth-Trunk 接口、TE Tunnel 接口。

1.2.3.4 华为负载分担实现

1. 华为的 ECMP 实现

在目前华为路由器的实现中，支持负载分担的路由协议包括 RIP、RIPng、OSPF、OSPFv3、IS-IS 和 BGP。此外，静态路由也支持负载分担。

在路由选路时，多条路由要形成负载分担，要求这些路由必须是等价路由。而不同协议的路由，无法评价其是等价还是不等价。因此，参与路由负载分担的多条路由必定是属于同一个路由协议；不同路由协议的路由无法形成负载分担。其他 IGP 路由协议及 BGP 协议的负载分担请参考相应章节。此处仅介绍华为静态路由的负载分担实现。

- 如果存在相同前缀的多条静态路由，则其中有几条活跃的静态路由，就形成几路负载分担，静态路由负载分担不要求 cost 值相等。
- 对于一条静态路由，如果它是活跃的，且存在多个迭代下一跳，则有几个迭代下一跳，就形成几路负载分担。这种情况称为迭代负载分担。

示例：

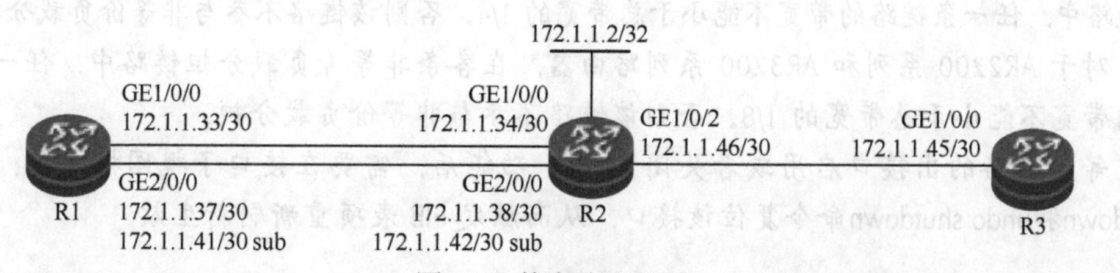

图 1-7 静态路由配置

- 如果在R1上配置如下一条静态路由：

ip route-static 172.1.1.44 30 172.1.1.2 inherit-cost

虽然只配置了一条路由，但存在两个迭代下一跳（172.1.1.34和172.1.1.38），因此这条静态路由是负载分担的（此静态路由的路由表项计数为1，但FIB转发表项计数为2）。

- 如果在R1上新增一条静态路由：

ip route-static 172.1.1.44 30 172.1.1.42

则形成了三路负载分担，尽管三条路径的cost值不一样。

- 如果将新增的静态路由改为

ip route-static 172.1.1.44 30 172.1.1.42 preference 1

则R1优选下一跳为172.1.1.42的静态路由，其他静态路由变为非活跃路由，不再是负载分担。

2. 华为的UCMP实现

华为提供基于接口的UCMP功能，使等价路由可根据出接口带宽不同而分担不同比例的流量，这种在出接口上实现的UCMP功能和路由协议无关，可应用在任何场景下。

在设备的路由表中，如果关于数据报文目的网段存在多条等价路由，则这些等价路由链路可以形成等价链路。但是若这些等价链路带宽不同，同时存在高速链路和低速链路，某些路由协议默认不考虑链路带宽的差异，将在这些等价链路上平均分配流量，这种情况容易造成低速链路流量阻塞以及高速链路的带宽不能得到有效利用的问题，静态路由和RIP就是典型的例子。为了解决这个问题，用户可以在出接口配置非等价负载分担UCMP功能，开启UCMP功能需在出接口子视图模式下键入load-balance unequal-cost enable，这样等价链路可根据带宽不同而分担不同比例的流量，使负载分担更合理。对于逻辑接口，也可以使能UCMP功能，但必须先执行load-balance bandwidth命令手动配置带宽，此命令仅支持在三层接口下进行配置。针对子接口，仅以太网子接口（Dot1q终结子接口和QinQ终结子接口）和Eth-trunk子接口（Dot1q终结子接口）支持配置非等价负载分担功能。

说明：

只有当所有等价链路的出接口都使能UCMP功能，且触发了FIB表项重新下发后，各等价链路才在设备上进行非等价负载分担。如果其中任一接口没有使能UCMP功能，即使触发了FIB表项重新下发，各等价链路仍进行等价负载分担。

对于AR150系列、AR160系列、AR200系列和AR1200系列路由器，在各条非等价负载分担链路中，任一条链路的带宽不能小于总带宽的1/4。否则该链路不参与非等价负载分担。

对于AR2200系列和AR3200系列路由器，在各条非等价负载分担链路中，任一条链路的带宽不能小于总带宽的1/8。否则该链路不参与非等价负载分担。

等价链路的出接口启用或者关闭UCMP功能后，需要在接口子视图模式下，使用shutdown和undo shutdown命令复位该接口，从而触发FIB表项重新刷新生效。

配置示例：

图1-8中，R1到10.1.1.0/24是等价链路，F0/0/1和F0/0/2捆绑成ETH-TRUNK 1和

G0/0/2 接口都转发报文，R1 使能不等成本负载分担。使流量按比例在两个方向转发。

```
<R1> system-view
[R1] interface eth-trunk 1
[R1-Eth-Trunk1]quit
[R1] interface fastethernet 0/0/1
[R1-Fastethernet0/0/1] eth-trunk 1
[R1-Fastethernet0/0/1] quit
[R1] interface fastethernet 0/0/2
[R1-Fastethernet0/0/2] eth-trunk 1
[R1-Fastethernet0/0/2]quit
[R1] interface eth-trunk 1
[R1-Eth-Trunk1] undo portswitch
[R1-Eth-Trunk1] load-balance bandwidth 200000
 Warning: The configuration succeeded. Please shutdown/undo shutdown the interface to make changes take effect.
[R1-Eth-Trunk1] load-balance unequal-cost enable
Warning: The configuration succeeded. Please shutdown/undo shutdown the interface to make changes take effect.
[R1-Eth-Trunk1] shutdown
[R1-Eth-Trunk1] undo shutdown
[R1-Eth-Trunk1] q
[R1]interface gigabitethernet 0/0/2
[R1-GigabitEthernet0/0/2] load-balance unequal-cost enable
Warning: The configuration succeeded. Please shutdown/undo shutdown the interface to make changes take effect.
[R1-GigabitEthernet0/0/2] shutdown
[R1-GigabitEthernet0/0/2] undo shutdown
#以下是 R2 的配置
[R2] interface eth-trunk 1
[R2-Eth-Trunk1]quit
[R2] interface fastethernet 0/0/1
[R2-Fastethernet0/0/1] eth-trunk 1
[R2-Fastethernet0/0/1] quit
[R2] interface fastethernet 0/0/2
[R2-Fastethernet0/0/2] eth-trunk 1
    [R2-Fastethernet0/0/2]quit
```

未启用上述配置时，路由表中到 10.1.1.0/24 是等成本负载分担，完成上述配置后，R1 访问 10.1.1.0/24，流量按 1:5 比例转发给 Eth-trunk1 和 G0/0/2。

1.2.3.5 路由备份

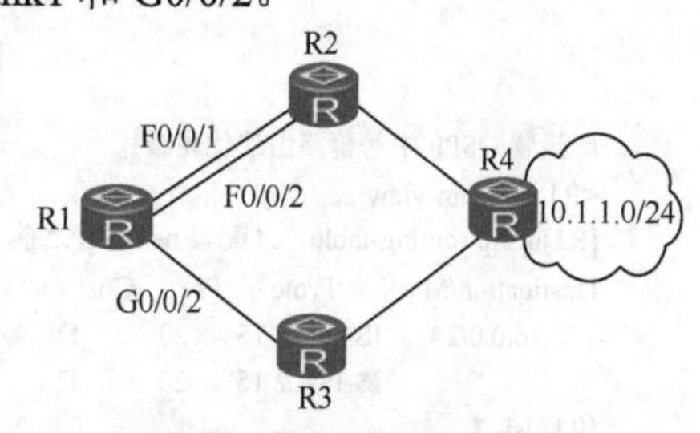

图 1-8 非等成本负载分担

在网络设计过程中，需要考虑到网络的可靠性，可以根据实际情况，设计到同一目的地的多条路由，其中一条路由的优先级最高，作为主路由；其余的路由优先级较低，作为备份路由。主路由会出现在路由表中，而备份路由不会出现在 IP 路由表中，仅仅存放在协议路由表中，当路由表中主路由由于故障原因在路由表中被删除后，最优的备份路由将进入路由表，实现路由备份功能。

正常情况下，路由器采用路由表中主路由的接口链路路径转发数据。当该接口出现故障时，主路由变为非激活状态，路由器选择备份路由中优先级最高的路由转发数据。这样，也就实现了主路由到备份路由的切换。当主链路恢复正常时，由于主路由的优先级最高，路由器重新选择主路由来发送数据。这样，就实现了从备份路由回切到主路由。

路由备份可以有 3 种实现方式。

（1）通过 Preference 的优先级别实现。preference 值小的路由协议的路由会出现在 IP 路由表中，preference 值大的其他协议路由虽不出现在 IP 路由表中，但可以出现在各自协议的路由表里。

（2）调整 Cost，同一路由协议的多条路由中，cost 成本小的是主路由。

（3）等价多路径情况下，华为提供通过 nexthop 命令实现的一种主/备份路由的方案。

Nexthop 命令在路由协议计算出多条等价路由时，通过调整某条路由的 weight 来影响进路由表的路由。该命令目前仅支持在 IS-IS、OSPF 路由协议下使用。

Nexthop 命令示例：

Nexthop 命令用来设置等价路由的优先级，在 OSPF 算出等价路由后，再根据 weight 的权重值从这些等价路由中选择下一跳，值越小，优先级越高。当网络中存在的等价路由数量大于maximum load-balancing命令配置的等价路由数量时，可以通过 nexthop 命令配置路由的优先级来灵活控制放入 IP 路由表中的条目。

配置命令：

```
Nexthop  ip-address  weight  value
```

说明：

指定下一跳权重，取值范围是 1 ~ 254，该值越小，路由优先级越高。默认情况下，未配置 weight 的下一跳其权值为 255，级别最低。

如图 1-9 所示，R1 到达 R4 的 10.1.1.0/24 网段有两条路径可达，下一跳分别为 R2 和 R3，由于 cost 值相同，在路由表中是等价负载分担的。通过 nexthop 命令来优先选择一条路由放进路由表。

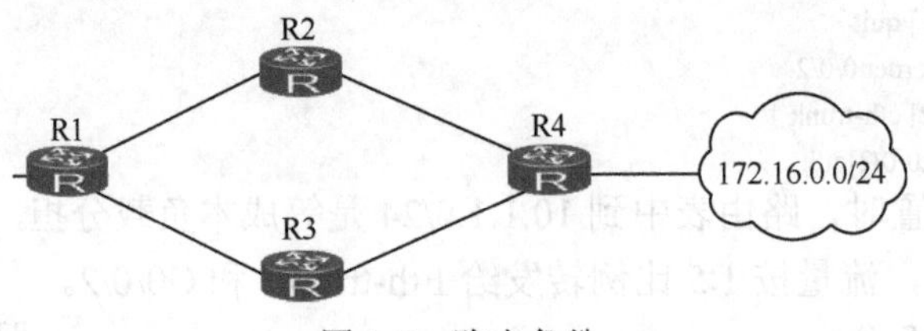

图 1-9　路由备份

```
# 设置 OSPF 中等价路由的优先级
<R1> system-view
[R1]dis ip routing-table  （配置 nexthop 之前）
Destination/Mask    Proto     Pre   Cost      Flags NextHop       Interface
172.16.0.0/24    IS-IS-L2 15    20      D       10.1.12.2        GigabitEthernet0/0/1
                 IS-IS-L2 15    20      D       10.1.13.3        GigabitEthernet0/0/2
[R1] isis 1
[R1-isis-1] nexthop 10.1.12.2 weight 1
[R1-isis-1]q
[R1]dis ip routing-table  （配置 nexthop 之后）
Destination/Mask    Proto     Pre   Cost      Flags NextHop       Interface
 172.16.0.0/24    IS-IS-L2 15    20      D       10.1.12.2        GigabitEthernet0/0/1
```

说明：

在 OSPF 进程中设置下一跳为 R2 的地址 10.1.12.2，将 weight 值改为 1，比 R3 更优（默认 255），那么 R1 将只会放置一条路由仅 RIB 和 FIB，下一跳指向 R2。

1.2.4 路由的度量

路由的度量（metric）标示出了这条路由到达指定的目的地址的代价，通常以下因素会影响到路由的度量。

1. 路径长度

路径长度是最常见的影响路由度量的因素。链路状态路由协议可以为每一条链路设置一个链路开销来标示此链路的路径长度。在这种情况下，路径长度是指经过的所有链路的链路开销的总和。距离矢量路由协议使用跳数来标示路径长度。跳数是指数据从源端到目的端所经过的设备数量。例如，路由器到与它直接相连网络的跳数为 0，通过一台路由器可达的网络的跳数为 1，其余以此类推。

2. 网络带宽

网络带宽是一个链路实际的传输能力。例如，一个 10 千兆的链路要比 1 千兆的链路更优越。虽然带宽是指一个链路能达到的最大传输速率，但这不能说明在高带宽链路上路由要比低带宽链路上更优越。比如说，一个高带宽的链路正处于拥塞的状态下，那报文在这条链路上转发时将会花费更多的时间。

3. 负载

负载是一个网络资源的使用程度。计算负载方法包括 CPU 的利用率和它每秒处理数据包的数量。持续监测这些参数可以及时了解网络的使用情况。

4. 通信开销

通信开销衡量了一条链路的运营成本。尤其是只注重运营成本而不在乎网络性能的时候，通信开销则就成了一个重要的指标。

RIP 的 metric 由跳数来表示，不超过 15 跳，16 跳则代表目的网络不可达。而 OSPF 和 IS-IS 等高级路由协议都可使用和接口带宽有关系的度量来表示，metric 应该和接口的带宽和延迟都有直接关系，但目前标准的动态协议只考虑接口带宽生成相应的 metric 值。

1.2.5 下一跳

路由表中任何条目都需要直连的下一跳，下一跳即是控制平面的路由通告设备，同时也是数据报文转发的路由器。

直连下一跳和非直连下一跳

- 直连下一跳是在 IGP 路由协议中，由直连邻居通告的路由，下一跳是通告路由器。数据报文转发直接给通告路由的下一跳路由器。
- 非直连下一跳出现在静态路由和 BGP 场景下。
  - ♦ RIB 表把路由表的路由向 FIB 下放时，迭代下一跳为直连的下一跳或接口。
  - ♦ FIB 表中任何路由都会关联直连接口和直连的下一跳。

路由指向出口或指向下一跳

在路由需要迭代的场景中，当 IGP 路由或隧道发生切换时，快速刷新 FIB 转发路径，实现流量的快速收敛，降低对业务的目的影响。

1.3 有类和无类路由

1.3.1 有类路由协议与无类路由协议

有类路由协议在产生路由更新时，并没有包含路由所对应的子网掩码。接收路由器要根据该路由是在主网内还是主网外来判定是否为掩码。

无类路由协议会在通告的路由中携带子网掩码。

RIPv1 属于有类路由协议，而 RIPv2、OSPF 及 IS-IS、BGP 则属于无类路由协议。

1.3.2 有类查找方式和无类查找方式

有类别的路由器以主类别网络以及这些子网的方式来记录目的地址。当执行路由查找时首先查找主类别路由，如果存在或匹配到了，再查找主类别网络中对应的子网路由条目。而无类别的路由器查找时会忽略掉地址类别，直接按照掩码“最长匹配”原则进行查找。

例如：如果路由器收到一个目标地址为 192.168.1.76 的数据包，在路由表中有以下几条路由可进行匹配：192.168.0.0/16、192.168.1.0/24、192.168.1.0/25、192.168.1.64/26、0.0.00/0。我们来看看有类别路由选择和无类路由选择该如何查找。

- 有类路由器查找方式

第 1 步：首先查看路由表或 FIB 表，是否有对应的 A 类或 B 类或 C 类主网路由条目。如果有对应的主网路由，则继续判断是否该主网中有对应的子网。如果没有匹配的子网，则报文丢弃。即使路由表中有缺省路由，也不会去匹配到该路由。

第 2 步：如果没有主网路由条目，则可以查找是否有缺省路由条目，如果有，则按缺省路由来转发报文。如果没有缺省路由，则报文丢弃。

这种路由查找方式先在路由表中查找主网路由，再查找子网路由，并非按掩码长度查找最佳路由。

示例：

如果一个数据包目标地址为 192.168.1.76，路由器首先查找到主网条目为 192.168.1.0/24，接着查找到主网下的子网 192.168.1.64/26，该地址可以匹配到该子网，因此可以转发。如果一个数据包目标地址为 192.168.1.130，路由器首先也能够匹配到主网，但是没有查找到该子网条目，最终该数据包将会被丢弃掉。

- 无类路由器查找方式

如果收到一个数据包目标地址为 192.168.1.76，参考最长的匹配原则，按照上述的例子将会匹配到 192.168.1.64/26 条目。如果路由表中最长匹配都没有找到路由，那么将会匹配到最不精确的缺省路由。

华为路由器采用无类路由器查找方式。

1.4 静态路由

1.4.1 概述

路由器不仅支持静态路由，同时也支持 RIP（Routing Information Protocol）、OSPF（Open Shortest Path First）、IS-IS（Intermedia System-Intermedia System）和 BGP（Border Gateway Protocol）等动态路由协议。

路由协议是路由器之间维护路由表的规则，用于发现路由，生成路由表，并指导报文转发。依据来源的不同，路由可以分为三类。

- 通过链路层协议发现的路由称为直连路由。
- 通过网络管理员手动配置的路由称为静态路由。
- 通过动态路由协议发现的路由称为动态路由。

1.4.2 静态路由与动态路由的区别

静态路由配置方便，对系统要求低，适用于拓扑结构简单并且稳定的小型网络。缺点是不能自动适应网络拓扑的变化，需要人工干预。

动态路由协议有自己的路由算法，能够自动适应网络拓扑的变化，适用于具有一定数量三层设备的网络。缺点是配置对用户要求比较高，对系统的要求高于静态路由，并将占用一定的网络资源和系统资源。

1.4.3 静态路由

静态路由是一种需要管理员手工配置的特殊路由。

静态路由在不同网络环境中有不同的目的。

- 当网络结构比较简单时，只需配置静态路由就可以使网络正常工作。
- 在复杂网络环境中，配置静态路由可以减少不必要的动态路由协议更新报文开销，可以改进网络的性能，并可为重要的应用保证带宽。静态路由可增加网络的稳定性。
- 静态路由比动态路由使用更少的带宽，并且不占用 CPU 资源来计算和分析路由更新。但是当网络发生故障或者拓扑发生变化后，静态路由不会自动更新，必须手动重新配置，它不能随拓扑的变化而自动调整。

静态路由有 5 个主要的参数：目的地址和掩码、出接口和下一跳、优先级。

（1）目的地址和掩码

IPv4 的目的地址为点分十进制格式，掩码可以用点分十进制表示，也可用掩码长度（即掩码中连续“1”的位数）表示。当目的地址和掩码都为零时，表示静态缺省路由。静态缺省路由是较为常见的一种静态路由。

（2）出接口和下一跳地址

在配置静态路由时，根据不同的出接口类型，指定出接口和下一跳地址。

对于点到点类型的接口，只需指定出接口。因为点到点协议即使不需要知道下一跳地址报文也能发给对方节点。例如，PPP 或 HDLC 协议的链路上，可以不指定下一跳地址。这样，即使对端地址发生了改变也无需改变该路由器的配置。

对于 NBMA（Non Broadcast Multiple Access）类型的接口（如 FR 接口），只需配置下一跳。因为除了配置 IP 路由外，还需在链路层建立 IP 地址到链路层地址的映射。

对于广播类型的接口（如以太网接口）和 VT（Virtual-Template）接口，必须指定通过该接口转发报文时对应的下一跳地址。因为以太网接口是广播类型的多路访问网络接口，而 VT 接口下可以关联多个虚拟访问接口（Virtual Access Interface），这都会导致出现多个下一跳，如果不配置下一跳，设备将无法唯一确定下一跳地址。

说明：

下一跳地址一定是直连的下一跳地址，否则会引入迭代过程，增加查表延迟和 CPU 负荷。

（3）静态路由优先级

对于不同的静态路由，可以为它们配置不同的优先级，优先级数字越小，优先级越高。配置到达相同目的地的多条静态路由，如果指定相同优先级，则可实现负载分担；如果指定不同优先级，则可实现路由备份。

华为设备静态路由如果不配置优先级，默认优先级为 60。

例如，修改下一跳是 10.1.12.1 的静态路由 100.1.1.0/24 的 Preference 为最优。

```
[Huawei]ip route-static 100.1.1.0 24 10.1.12.2 preference 1
```

1.5 动态路由协议

1.5.1 概述

静态路由是通过手动添加路由信息进入路由表，但是静态路由不能感知到非直连的网络故障，一旦拓扑发生变化，路由表也不会进行自动更新，容易造成路由黑洞。而动态路由协议能够进行自动学习并构建路由表，它能实时地适应网络发生的变化。如果拓扑发生了改变，路由协议会通过各自的算法重新计算路径并生成新的路由信息。动态路由协议更适用于网络规模大及复杂的网络。

1.5.2 动态路由协议的分类

网络中用到的路由协议有很多种，如 RIP、OSPF、IS-IS、BGP 等，下面根据每个协议不同的特点进行区分。

（1）按照应用范围可以分为：

- IGP（内部网关协议）；
- EGP（外部网关协议）。

IGP（Interior Gateway Protocol，内部网关协议）工作在一个自治系统以内的路由协议，比如：RIP、OSPF、IS-IS。

工作在不同的自治系统之间的路由协议，如 BGPv4 协议。

（2）按照类别可以分为：

- 有类路由协议；
- 无类路由协议。

有类路由协议：规定路由协议按照 IP 地址类别的方式来通告路由，IP 地址分为 A/B/C/D/E 5 个类别，在路由更新时只有 IP 前缀而不携带 IP 子网掩码信息，因此该类型的路由协议在路由传递时会带来一些问题，目前很少使用该类型的协议来设计网络。有类路由协议的代表是 RIPv1。

无类路由协议：与有类路由协议最大的不同是，该类型的协议在路由更新时不仅有 IP 前缀也有网络掩码，而掩码可以更加精细划分出网络 ID 和主机 ID，使网络规划更加灵活。无类路由协议包含 RIPv2、OSPF、IS-IS、BGPv4 等。

（3）按照算法可以分为：

- 距离矢量协议；
- 路径矢量协议；
- 链路状态协议。

1.5.3 矢量路由协议

距离矢量路由协议

所有的路由信息都是经过邻居路由器来通告的。每台路由器收到路由后首先计算出最优路径放入路由表，然后再将路由表所有条目通告给其他邻居设备，收敛相对比较慢。例如：RIP，使用距离矢量路由协议的路由器并不了解到达目标网络的整条路径，该路由器只知道到达邻居的路径，邻居以外的拓扑并不知晓。所以通过某个邻居收到的路由无法断定其是否是自己通过其他邻居通告出去的，易发生环路。

距离适量协议的工作特点：

a）路由器之间不需要维持整个网络拓扑的信息，所有路由条目都是来自邻居路由器所通告的路由；

b）报文简单，通过周期性地发送更新报文来更新路由；

c）每台设备收到邻居的更新后，首先自己先计算路由，然后再通告给其他的邻居，收敛速度慢；

d）邻居通告有问题的路由（可能是自己在其他方向通告出去的路由，被邻居路由器通告回来），当前路由器按正常路由接收，容易形成环路。

路径矢量协议

只有 BGP 协议属于该类型，所有的路由信息中包含了路径信息，以 AS（自治系统）作为一个节点，例如：一条路由 100.1.1.0/24，经过的 AS_PATH 路径为 100 200，说明该路由经过了两个 AS 才能到达，而每个 AS 之内可能存在多个路由器，但是 BGP 只会记录 AS 号。BGP 通过 AS 号来判断距离，也可以通过其防止环路的发生。

1.5.4 链路状态路由协议

链路状态路由选择协议又称为最短路径优先协议，如 OSPF、IS-IS，它基于 Edsger

Dijkstra 的最短路径优先（SPF）算法。路由器的链路信息称为链路状态，包括：接口的 IP 网段及掩码、链路的开销、链路上相邻的路由器等。链路状态路由器间并不传递“路由”，而是通告这些链路状态信息，这些链路状态信息泛洪到每一台路由器，最终，每台路由器都有一致且完整的链路状态数据库，此时再使用该数据库和最短路径优先（SPF）算法来计算通向每个网络的首选（即最短）路径。在全网拓扑可知的情况下计算路由，所以链路状态路由协议在区域内绝对无环。

链路状态路由协议的工作特点：

a）每台路由器都要描述直连接口的网络及拓扑信息，并把这些所谓的“链路”状态使用 LSU（链路状态更新）沿所有链路通告给邻居，采用非周期的方式更新；

b）每台设备收到 LSU 后，回送确认并把它复制到 LSDB，并向其他非入口邻居以外的其他邻居通告，收到新 LSA 的路由器快速收敛到全网；

c）每台路由器周期或当拓扑变化时根据 LSDB 中的信息执行 SPF 计算；

d）当拓扑变化时，全网所有路由器都在执行同样的 SPF 计算，不易形成环路。

图 1-10 说明矢量路由通告和链路状态协议的泛洪区别。

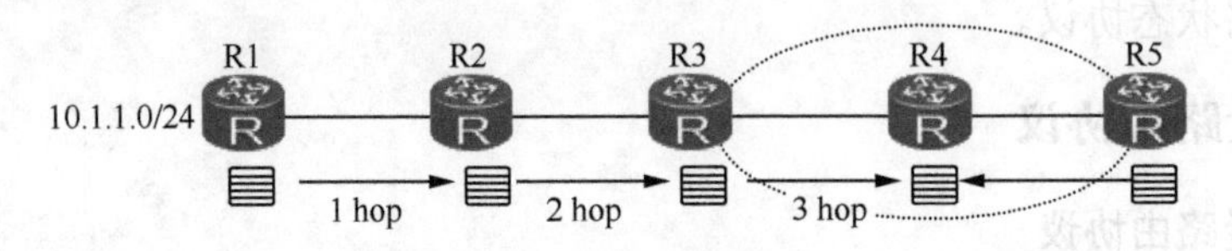

DV：Receive->calculate->advertise

（a）

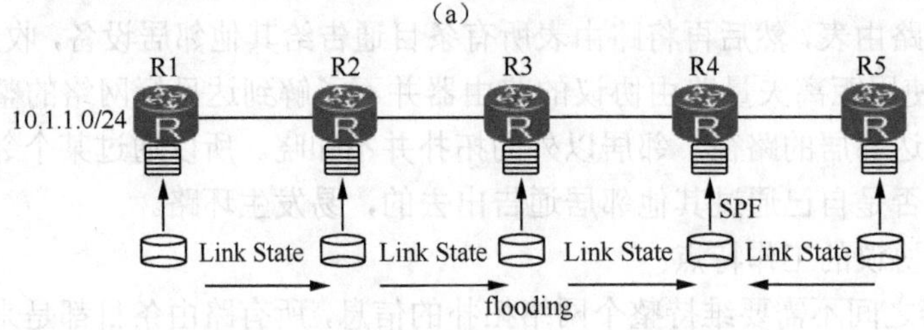

LS：Receive->forward->calculate

（b）

图 1-10　矢量路由协议和链路状态路由协议路由通告

图 1-10（a）：矢量路由被路由器收到，计算后，传递给邻居路由器。

图 1-10（b）：路由器收到泛洪的 LS 报文，接收并继续泛洪，本地开始计算路由。

表 1-2 是链路状态和矢量路由协议优、缺点及应用场景的对照表。

表 1-2　　链路状态和矢量路由协议对照表

	链路状态路由协议	距离矢量路由协议
优点	路由收敛快 不易于出现环路	原理简单，易部署 路由过滤及汇总灵活
缺点	对系统要求高，路由计算开销大 Flooding 对带宽要求高 路由控制及过滤不灵活	易于出现环路 路由收敛慢

（续表）

	链路状态路由协议	距离矢量路由协议
适用场景	适合中大型网络 要求收敛时间快 对开销无要求的场合	小型网络 对收敛时间无要求 路由控制要求高的场合

1.6 IPv6

1.6.1 IPv6 概述

1.6.1.1 IPv6 产生的背景

IPv4 是目前广泛部署的互联网协议，它经过了多年的发展，已经非常成熟，易于实现，得到了所有厂商和设备的支持，但也有一些不足之处。

1. 能够提供的地址空间不足且分配不均

互联网起源于 20 世纪 60 年代的美国国防部，每台连上网的设备都需要一个 IP 地址，初期只有上千台设备联网，使得采用 32 位长度的 IP 地址看来几乎不可能被耗尽。但随着互联网的发展，用户数量大量增加，尤其随着互联网的商业化后，用户呈现几何倍数的增长，IPv4 地址资源即将耗尽，IPv4 可以提供的 2^{32} 个地址，由于协议设计初的规划问题，部分地址不能被分配使用，如 D 类地址（组播地址）和 E 类地址（实验保留），造成整个地址空间进一步缩小。

另外，在初期看来是不可能被耗尽的 IP 地址，在具体数量的分配上也是非常不均匀的，美国占了一半以上的 IP 地址数量，特别是一些大型公司比如 IBM，申请并获得了 1000 万个以上的 IP 地址，但实际上往往用不了，形成非常大的浪费。另一方面，亚洲人口众多，但获得的地址却非常有限。据统计，中国拥有的 IP 地址数量甚至比不上美国某所大学。在亚洲地区，由于人口众多，互联网发展起步较晚，地址不足这个问题显得更加突出，进一步地限制了互联网的发展和壮大。

2. 互联网骨干路由器的路由表非常庞大

由于 IPv4 发展初期缺乏合理的地址规划，造成地址分配的不连续，导致当今互联网骨干设备的 BGP 路由表非常庞大，已经达到数十万条的规模，并且还在持续增长中。由于缺乏合理的规划，也导致无法实现进一步的路由汇总，这样对骨干设备的处理能力和内存空间带来较大压力，影响了数据包的转发效率。

1.6.1.2 IPv4 地址短缺的解决方案

针对地址不够的问题，IPv4 使用了以下 2 种方案解决。

1. CIDR（无类域间路由）

IPv4 早期分配地址时遵循 A 类（8 位），B 类（16 位），C 类（24 位）分配的原则，比如申请 B 类地址会分配到 65 535 个地址，这样的分配方式会造成大量地址闲置浪费，使用效率低下。CIDR 可以支持任意变长子网掩码，使得 ISP 能够根据用户的需求数量分配相应的地址，从而提高了地址空间的利用率。

2. NAT（网络地址转换）

设计思想是在企业内部使用私有 IP 段，实现企业内部组网和通信互访，在需要访问互联网的时候，在企业出口通过 NAT 设备对 IP 报文实现私有地址到公网地址的翻译，这样可以节约大量公网地址的使用。

NAT 在实际环境中已经大量部署，可以缓解 IP 地址缺乏的问题，但也存在一些问题。

破坏了端到端的模型，NAT 设备需要建立和维护一张 NAT 的状态表，增加了网络的复杂性，一些需要从外部发起连接的应用将无法实现。部分应用比如 FTP，在数据部分会携带 IP 层的地址信息，针对这些应用需要单独设计 ALG，实现对数据部分的修改，这样便增加了复杂程度，且不便于扩展。

不支持端到端安全，由于 NAT 设备会对 IP 头甚至数据部分进行修改，如果需要对数据包进行完整性验证将会出错。

网络重新部署或扩容困难，由于可能使用相同的私有地址段，在网络合并时容易出现冲突，需要重新划分地址或者使用 2 次 NAT 实现互访，增加了维护的复杂性和难度。

1.6.1.3 IPv6 的优势

1. 地址空间巨大

相比 IPv4 的地址空间而言，IPv6 可以提供 2^{128} 个地址空间，几乎不会被耗尽，可以满足未来网络的任何应用，比如物联网等新应用。

2. 层次化的路由设计

IPv6 地址规划设计时，吸取了 IPv4 地址分配不连续带来的问题，采用了层次化的设计方法，前 3 位固定，第 4～16 位是顶级聚合，理论上，互联网骨干设备上的 IPv6 路由表只有 2^{13}=8192 条路由信息。

3. 效率高，扩展灵活

相对于 IPv4 报头大小的可变成 20～60Byte，IPv6 报头采用定长设计，大小固定为 40Byte。相对 IPv4 报头中数量多达 12 个的选项，IPv6 把报头分为基本头和扩展头，基本头中只包含选路所需要的 8 个基本选项，很多其他的功能都设计为扩展头，这样有利于路由器的转发效率，同时可以根据新的需求设计出新的扩展头，具有良好的扩展性。

4. 支持即插即用

设备连接到网络中，可以通过自动配置的方式获取网络前缀和参数，并自动结合设备自身的链路地址生成 IP 地址，简化了网络管理。

5. 更好的安全性保障

由于 IPv6 协议通过扩展头的形式支持 IPSEC 协议，无需借助其他安全加密设备，可以直接为上层数据提供加密和身份验证，保障数据传输的安全。

6. 引入了流标签的概念

使用 IPv6 新增加的 FLOW LABEL 字段，加上相同的源地址和目的地址，可以标记数据包同属于某个相同的流量，业务可以根据不同的数据流进行更细的分类，实现优先级控制，比如基于流的 QOS 等应用，适合于对连接的服务质量有特殊要求的通信，诸如音频或视频等实时数据传输。

1.6.2 IPv6 地址

1.6.2.1 IPv6 的地址表示

对于 IPv4 的 32 位地址，我们习惯分成 4 块，每块有 8 位，中间用“.”号相隔，为了方便书写和记忆，一般换算成十进制表示，比如 11000000.10101000.00000001.00000001，可以表示为 192.168.1.1。这种表达方法可以称为点分十进制。

对于 IPv6 来说，我们把 16 位分成 1 块，一共分为 8 块，每块用“:”相隔。下面就是一个 IPv6 地址的完整表达：

2001:0fe4:0001:2c00:0000:0000:0001:0ba1

显然这样的地址是非常不便于书写和记忆，所以在这个基础上可以对 IPv6 的地址表达方法做一些简化。

- 简化规则 1：每一个地址块的起始部分的 0 可以省略掉。

比如上述地址可以简化表达为：

2001:fe4:1:2c00:0:0:1:ba1

需要注意：只有每个地址块的前面部分的 0 可以被省略掉，但中间和后面部分的 0 是不能被省略的，因为将无法确定到底是哪些位置的 0 被省略掉。在上述例子中，第 5 和第 6 块地址都是由 4 个 0 组成的，可以简化为 1 个 0。

- 简化规则 2：有 1 个或连续多个 0 组成的地址块可以用“::”取代。

上述地址又可以简化表达为：2001:fe4:1:2c00::1:ba1

需要注意：在整个地址中，只能出现一次“::”，比如以下完整的 IPv6 地址：

2001:0000:0000:0001:0000:0000:0000:0001

错误的简化表达：2001::1::1，由于上述表达方式中出现了 2 次“::”将导致无法判断具体哪几块地址被省略，会引起歧义。

可以正确表示为以下 2 种表达方式。

表达方式 1：2001::1:0:0:0:1

表达方式 2：2001:0:0:1::1

IPv6 地址也分为 2 部分：网络位和主机位，为了区分这两部分，在 IPv6 地址后面加上“：/数字（十进制）”的组合，数字用来确定从头开始的几位是网络位。

例：2001::1/64。

1.6.2.2 IPv6 地址结构

IPv6 的地址是接口的 128bit 标识，每个 IPv6 地址由以下 2 部分构成。

- 网络前缀：相当于 IPv4 中的网络位。
- 接口 ID：相当于 IPv4 中的主机位。

IPv6 的地址构成如图 1-11 所示。

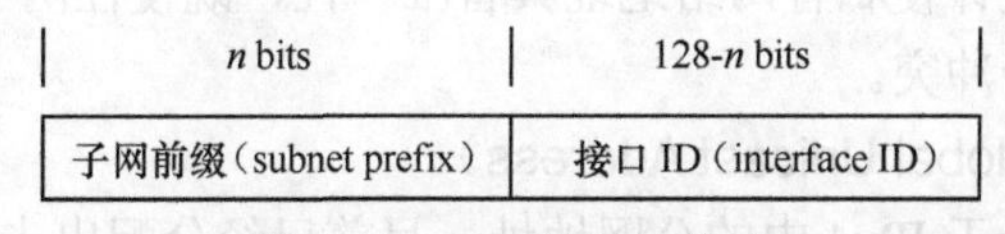

图 1-11 IPv6 的地址构成

IPv6 中较常用的网络大小是 64 位前缀长度的网络。

1.6.2.3 EUI-64

接口ID可以由EUI-64方式获得，配合无状态自动配置一起自动生成IPv6地址，或者接口启用IPv6并配置了IPv6地址后会自动生成link-local地址时，EUI-64自动生成方法如下。

48位MAC地址的前24位为公司标识，后24位为扩展标识符。高7位是0表示了MAC地址本地唯一。第一步将FFFE插入MAC地址的公司标识和扩展标识符之间，第二步将高7位的0改为1，表示此接口标识全球唯一。

例：MAC地址为F8-A9-63-1E-A1-07

先拆分为2部分F8A963 1EA107，中间加上FFFE变成F8A963 FFFE 1EA107。

第7位由0反转为1：FAA963 FFFE 1EA107。

EUI-64计算得出的接口ID：FAA9:63FF:FE1E:A107。

1.6.2.4 单播 Unicast

唯一标识一个接口，类似于IPv4的单播地址。发送到单播地址的数据包将被传输到此地址所标识的唯一接口，一个单播地址只能标识一个接口，但一个接口可以有多个单播地址。

单播地址可细分为以下几类。

链路本地地址（Link Local Address）

链路本地地址的引入是IPv6地址的一个非常方便的地方，它可以在节点未配置全球单播地址的前提下，仍然互相通信。

链路本地地址只在同一链路上的节点之间有效，在IPv6启动后就自动生成，使用了特定的前缀FE80::/10，接口ID使用EUI-64自动生成，也可以使用手动配置。链路本地地址用作实现无状态自动配置、邻居发现等应用。同时，OSPFv3、RIPng等协议都工作在该地址上。eBGP邻居也可以使用该地址来建立邻居关系。路由表中路由的下一跳或主机的默认网关都是链路本地地址。

唯一本地地址（Unique Local Address）

唯一本地地址是IPv6网络中可以自己随意使用的私有网络地址（见表1-3），用来取代已作废的RFC3879定义的站点本地地址（Site-local地址），使用特定的前缀FC00/7。

表1-3 IPv6唯一本地地址的格式

Prefix/L/Global ID/Subnet ID/Interface ID	Global ID	Subnet ID	Interface ID

Prefix：前缀，固定为7bit，FC00/7。

L：L标志位，值为1时代表该地址在本地网络范围内使用的地址；值为0，被保留用作以后扩展。

Global ID：40bit，全球唯一前缀；通过伪随机方式产生。

Subnet ID：16bit，工程师根据网络规划自定义的子网ID。

Interface ID：64bit，相当于IPv4中的主机位。

唯一本地地址的设计使私有网络地址具备唯一性，既使任两个使用私有地址的Site互联也不用担心地址会冲突。

全球单播地址（Global Unicast Address）

全球单播地址相当于IPv4中的公网地址，目前已经分配出去的前3位固定是001，所以已分配的地址范围是2000::/3（见表1-4）。

表 1-4 全球单播地址的格式

001	TLA	RES	NLA	SLA	Interface ID

001：3bit，目前已分配的固定前缀为 001。

TLA（Top Level Aggregation）顶级聚合：13bit，IPv6 的管理机构根据 TLA 分配不同的地址给某些骨干网的 ISP，最大可以得到 8192 个顶级路由。

RES：8bit，保留使用，为未来扩充 TLA 或者 NLA 预留。

NLA（Next Level Aggregation）次级聚合：24bit，骨干网 ISP 根据 NLA 为各个中小 ISP 分配不同的地址段，中小 ISP 也可以针对 NLA 进一步分割不同地址段，分配给不同用户。

SLA（Site Level Aggregation）站点级聚合：16bit，公司或企业内部根据 SLA 把同一大块地址分成不同的网段，分配给各站点使用，一般用作公司内部网络规划，最大可以有 65536 个子网。

嵌入 IPv4 地址的 IPv6 地址

1. 兼容 IPv4 的 IPv6 地址

这种 IPv6 地址的低 32 位携带一个 IPv4 的单播地址，一般主要使用于 IPv4 兼容 IPv6 自动隧道，但由于每个主机都需要一个单播 IPv4 地址，扩展性差，基本已经被 6to4 隧道取代。如图 1-12 所示。

图 1-12 兼容 IPv4 的 IPv6 地址格式

2. 映射 IPv4 的 IPv6 地址

这种地址的最前 80bit 全为 0，后面 16bit 全为 1，最后 32bit 是 IPv4 地址。这种地址是把 IPv4 地址用 IPv6 表示。如图 1-13 所示。

图 1-13 映射 IPv4 的 IPv6 地址格式

3. 6to4 地址

6to4 地址用在 6to4 隧道中，它使用 IANA 指定的 2002::/16 为前缀，其后是 32 位的 IPv4 地址，6to4 地址中后 80 位由用户自己定义，可对其中前 16 位划分，定义多个 IPv6 子网。不同的 6to4 网络使用不同的 48 位前缀，彼此之间使用其中内嵌的 32 位 IPv4 地址的自动隧道来连接。IPv6 单播地址分类见表 1-5。

表 1-5 IPv6 单播地址分类

地址类型	高位二进制	十六进制
链路本地地址	1111111010	FE80::/10
站点本地地址（已废除）	1111111011	FEC0::/10
唯一本地地址	11111101	FC00::/7
全球单播地址（已分配）	001	2000::/4 或者 3000::/4
全球单播地址（未分配）	其余所有地址	

1.6.2.5 任播 Anycast

任播的概念最初是在 RFC1546（Host Anycasting Service）中提出并定义的，主要为 DNS 和 HTTP 提供服务。IPv6 中没有为任播规定单独的地址空间，任播地址和单播地址使用相同的地址空间。IPv6 任播地址可以同时被分配给多个设备，也就是说多台设备可以有相同的任播地址，以任播地址为目标的数据包会通过路由器的路由表被路由到离源设备最近的拥有该目标地址的设备。

如图 1-14 所示，服务器 A、B 和 C 的接口配置的是同一个任播地址，根据路径的开销，用户访问该任播地址选择的是开销为 3 的路径。

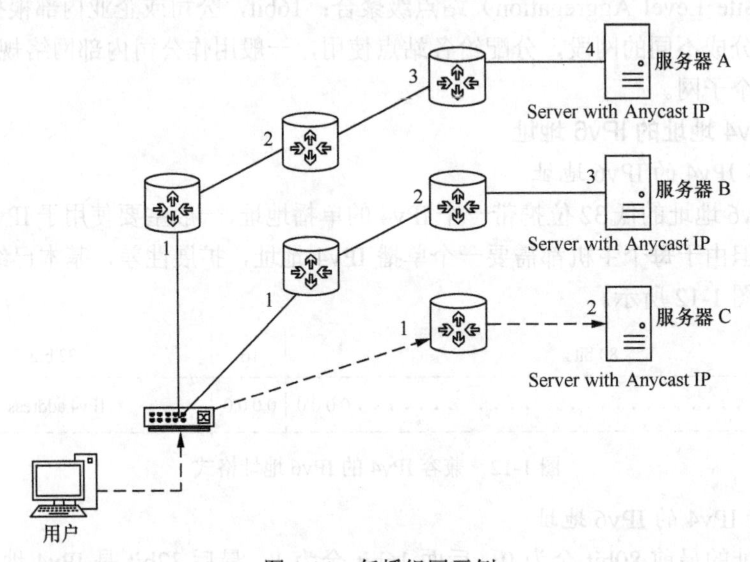

图 1-14 任播组网示例

如图 1-14 所示，任播技术的优势在于源节点不需要了解为其提供服务的具体节点，而可以接收特定服务，当一个节点无法工作时，带有任播地址的数据包又被发往其他两个主机节点，从任播成员中选择合适的目的地节点取决于路由协议重新收敛后的路由表情况。

任播可以分为基于网络层的任播和基于应用层的任播。两者主要的区别是网络层的任播仅仅依靠网络本身（比如路由表）来选择目标服务器节点，而应用层任播是基于一定的探测手段和算法来选择性能最好的目标服务器节点。RFC2491 和 RFC2526 定义了一些保留的任播地址格式，如子网路由器任播地址，用来满足不同的任播应用访问需求。由于 IPv6 任播目前还处于试用阶段，其详细内容可以参阅相关的 RFC 和书籍。

1.6.2.6 组播 Multicast

在 IPv6 中不存在广播报文，部分广播的应用使用组播来实现，广播本身就是组播的一种应用。

组播地址构成

组播地址标识一组接口，目的地址是组播地址的数据包会被属于该组的所有接口所接收。组播地址构成见表 1-6。

表 1-6 IPv6 组播地址构成

FF	Left time	Scope	Group id

- FF：8bit，IPv6 组播地址前 8 位都是 FF/8，以 FF::/8 开头。
- Left time：4bit，第 1 位都是 0，格式|0|r|p|t|。

  r 位：取 0 表示非内嵌 RP，取 1 表示内嵌 RP。

  p 位：取 0 表示非基于单播前缀的组播地址，取 1 表示基于单播前缀的组播地址，p 位取 1，则 t 位必须为 1。

  t 位：取 0 表示永久分配组播地址，取 1 表示临时分配组播地址。
- Scope：4bit，标识传播范围。

  0001 node（节点）

  0010 link（链路）

  0101 Site（站点）

  1000 organization（组织）

  1110 global（全球）
- Group id：112bit，组播组标识号。

IPv6 固定的组播地址

所有节点的组播地址：FF02::1（相当于 IPv4 中的广播）

所有路由器的组播地址：FF02::2（相当于 224.0.0.2）

所有 OSPFV3 路由器地址：FF02::5（相当于 224.0.0.5）

所有 OSPFV3 DR 和 BDR：FF02::6（相当于 224.0.0.6）

所有 RIP 路由器：FF02::9（相当于 224.0.0.9）

所有 PIM 路由器：FF02::D（相当于 224.0.0.13）

被请求节点组播地址：由固定前缀 FF02::1:FF00:0/104 和单播地址的最后 24 位组成。

特殊地址

0:0:0:0:0:0:0:0（简化为::）未指定地址：它不能分配给任何节点，表示当前状态下没有地址，如当设备刚接入网络后，本身没有地址，则发送数据包的源地址使用该地址，比如发送 RA 消息，DAD（重复地址检测）。该地址不能用作目的地址。

0:0:0:0:0:0:0:1（简化为::1）环回地址：节点用它作为发送后返回给自己的 IPv6 报文，不能分配给任何物理接口，它被看作属于链路本地范围，可以被当作虚拟接口的链路本地单播地址，这个虚拟接口通向一个假象的链路，该链路不和任何设备连接。如果一个应用程序将数据包送到此地址，IPv6 协议栈会转送这些数据包绕回到自己（相当于 IPv4 中的 127.0.0.1）。环回接口不能被用作报文的源 IP，以环回接口为目的的报文不能转发出单一节点，不能被路由器转发，接口收到目的地址为环回接口的报文必须将其丢弃。

1.6.3 IPv6 的报文格式

由于 IPv4 中的包头功能字段过多，路由器查找选路的时候需要读取每一个字段，但往往很多字段都是空的，这样会导致转发效率低下。所以在 IPv6 中把报文的报头分为基本头和扩展头 2 部分，基本头中只包含基本的必要属性比如源目 IP 等，扩展功能用扩展头添加在基本头的后面。

1.6.3.1 IPv6 基本报头

不同于 IPv4 报头的可变长 20～60Byte，IPv6 基本头是定长 40 Byte，其中包含 8 个字段，相比 IPv4 报头，减掉了 6 个字段，新增加 1 个字段。如图 1-15 所示。

```
+-+-+-+-+-+-+-+-+-+-+-+-+-+-+-+-+-+-+-+-+-+-+-+-+-+-+-+-+-+-+-+-+
| Version |   Traffic Class   |             Flow Label            |
+-+-+-+-+-+-+-+-+-+-+-+-+-+-+-+-+-+-+-+-+-+-+-+-+-+-+-+-+-+-+-+-+
|      Payload Length         |   Next Header   |    Hop Limit    |
+-+-+-+-+-+-+-+-+-+-+-+-+-+-+-+-+-+-+-+-+-+-+-+-+-+-+-+-+-+-+-+-+
|                                                                 |
+                                                                 +
|                                                                 |
+                        Source Address                           +
|                                                                 |
+                                                                 +
|                                                                 |
+-+-+-+-+-+-+-+-+-+-+-+-+-+-+-+-+-+-+-+-+-+-+-+-+-+-+-+-+-+-+-+-+
|                                                                 |
+                                                                 +
|                                                                 |
+                      Destination Address                        +
|                                                                 |
+                                                                 +
|                                                                 |
+-+-+-+-+-+-+-+-+-+-+-+-+-+-+-+-+-+-+-+-+-+-+-+-+-+-+-+-+-+-+-+-+
```

图 1-15　IPv6 基本头结构

Version：4bit，指定 IPv6，数值=6。

Traffic Class：8bit，流量类别字段的功能跟 IPv4 中的 TOS 字段类似，用来区分不同类型或优先级的 IPv6 数据包，该字段根据 RFC2647 中定义的差分服务技术，使用了 6 bit 作为 DSCP，可以表示的 DSCP 值的范围为 0～63。关于 DSCP 的更多内容可参阅本书 QoS 章节。

Flow Label：20bit，用作标识同一个数据流，此字段为 IPv6 新增字段。由于可以标记一个流中的所有数据包，所以路由器可以利用该字段来辨别一个流，而不用处理流中每个数据包头，提高了处理效率。目前该字段的使用还在试用阶段。

Payload Length：16bit，数据包的有效载荷，指报头后的数据内容长度，单位是 Byte，最大数值为 65535，指 IPv6 基本头后面的长度，包含扩展头部分。该字段和 IPv4 报文头部中的总长度字段不同点在于，IPv4 报头中总长度字段是指报头和数据两部分的长度，而 IPv6 的有效载荷字段只是指数据部分的长度，不包括 IPv6 基本报头。

Next Header：8bit，指明跟在基本头后面是哪种扩展头或者上层协议中的协议类型。如果只有基本报头而无扩展报头，那么该字段的值指示的是数据部分所承载的协议类型，这一点类似于 IPv4 报头中的协议字段，而且与 IPv4 的协议字段使用相同的协议值，比如 UDP 为 6，TCP 为 17。表 1-7 列出了常用的上层协议及对应的 Next Header 值。

表 1-7　　Next header 值所对应的类型

Next header 值	对应的扩展头或高层协议类型
0	逐跳选项扩展头
6	TCP
17	UDP
43	路由选择扩展头
44	分段扩展头

（续表）

Next header 值	对应的扩展头或高层协议类型
50	ESP 扩展头
51	AH 扩展头
58	ICMPv6
60	目的选项扩展头
89	OSPFv3

Hop Limit：8bit，功能类似于 IPv4 中的 TTL 字段，最大值为 255，报文每经过一跳，该字段值会减 1，减到 0 后数据包被丢弃。对于 IPv6 来说，此时会发送一条 ICMPv6 超时消息，以通知数据包的源端数据已经被丢弃。

Source Address：128bit，数据包的源 IPv6 地址，必须是单播地址。

Destination Address：128bit，数据包的目标 IPv6 地址，可以是单播或组播地址。

图 1-16 显示了一份通过 WireShark 抓取的 IPv6 报文。

```
⊟ Internet Protocol Version 6, Src: 2001::2 (2001::2), Dst: 2001::1 (2001::1)
  ⊟ 0110 .... = Version: 6   1
      [0110 .... = This field makes the filter "ip.version == 6" possible: 6]
  ⊟ .... 0000 0000 .... .... .... .... .... = Traffic class: 0x00000000   2
      .... 0000 00.. .... .... .... .... .... = Differentiated Services Field: Default (0x00000000)
      .... .... ..0. .... .... .... .... .... = ECN-Capable Transport (ECT): Not set
      .... .... ...0 .... .... .... .... .... = ECN-CE: Not set
    .... .... .... 0000 0000 0000 0000 0000 = Flowlabel: 0x00000000   3
    Payload length: 64   4
    Next header: ICMPv6 (0x3a)   5
    Hop limit: 64   6
    Source: 2001::2 (2001::2)   7
    [Source Teredo Server IPv4: 0.0.0.0 (0.0.0.0)]
    [Source Teredo Port: 65535]
    [Source Teredo Client IPv4: 255.255.255.253 (255.255.255.253)]
    Destination: 2001::1 (2001::1)   8
    [Destination Teredo Server IPv4: 0.0.0.0 (0.0.0.0)]
    [Destination Teredo Port: 65535]
    [Destination Teredo Client IPv4: 255.255.255.254 (255.255.255.254)]
```

图 1-16　IPv6 报文示例

1.6.3.2　与 IPv4 报头的比较

IPv4 报头中包含 13 个字段，如图 1-17 所示，其中 IHL、标识、Flags、分段偏移、首部校验和及选项字段在 IPv6 中被去除。

版本	IHL	服务类型	总长度	
标识			Flags	分段偏移
生存期		协议类型	首部校验	
源地址				
目的地地址				
选项				填充

图 1-17　IPv4 报头格式

由于 IPv6 采用头部定长 40Byte 设计，所以去除了 IHL（头部长度）字段。分段功能由 IPv6 分段扩展头实现，所以去除了标识、FLAGS、分段偏移这 3 个字段。去除首部校验和的原因有 3 个，一是由于数据链路层大部分都已经对数据进行了校验，保证了三层不需要再对数据包进行校验，二是由于四层协议也有类似的校验功能，三是由于 TTL 值每跳都在改变，路由器要频繁进行校验和的重新计算，影响了数据包的转发效率。

1.6.3.3　IPv6 扩展头结构

IPv6 扩展头是可选报头，跟在 IPv6 基本头后，其作用是取代 IPv4 报头中的选项字段，这样可以使得 IPv6 的基本头采用定长设计（40Byte），并把 IPv4 中的部分字段如分段字段独立出来，设计为 IPv6 分段扩展头，这样做的好处是大大提高了中间节点对 IPv6

数据包的转发效率。每个 IPv6 数据包都可以有 0 个或者多个扩展头，每个扩展头长度都是 8Byte 的整数倍。IPv6 基本头和扩展头的 Next header 字段表明了紧跟在本报头后面的是什么内容，可能是另一个扩展头或者是高层协议。

IPv6 的扩展头被当作 IPv6 静载荷的一部分，计算在 IPv6 基本头的 Palyload Length 字段内。

IPv6 的报文结构举例如图 1-18 所示。

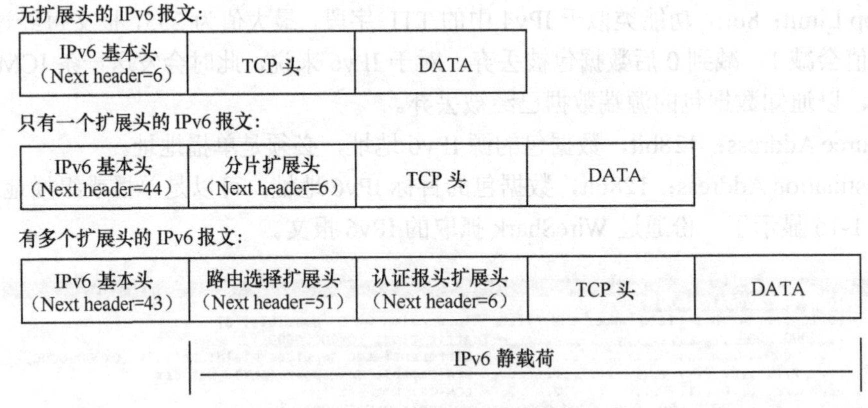

图 1-18　IPv6 报文结构举例

目前，RFC 2460 中定义了 6 个 IPv6 扩展头：逐跳选项报头、目的选项报头、路由报头、分段报头、认证报头、封装安全净载报头。

逐跳选项扩展头和目的选项扩展头的数据部分都采用类型-长度-值（TLV）的选项设计。如图 1-19 所示。

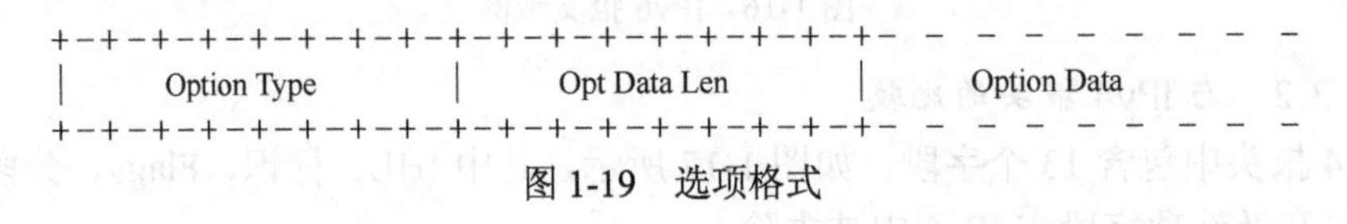

图 1-19　选项格式

Option Type：8bit，标识类型，最高 2 位表示当设备部识别此扩展头时的处理方法。

- 00：跳过这个选项 。
- 01：丢弃数据包，不通知发送方。
- 10：丢弃数据包，不论目的地址是否为组播，向发送方发 1 个 ICMPv6 的错误信息报文。
- 11：丢弃数据包，当目的地址不是组播时，向发送方发 1 个 ICMPv6 的错误信息报文。

第 3 位表示在选路过程中，Data 部分是否可以被改变。

- 0：表示 Option 不能被改变。
- 1：表示 Option 可以被改变。

值得注意的是：如果存在认证扩展头，在计算数据包的校验值时，可变化 Data 部分需要被当成 8bit 的全 0 处理。

Opt Data Len：8bit，标识 Option Data 部分的长度，最大为 255，单位是 Byte，不包

含 Option Type 和 Opt Data Len 部分的长度。

Option Data：长度可变，最大为 255Byte，包含选项的具体数据内容。

1.6.3.4 IPv6 已定义的扩展头

逐跳选项扩展头

Next Header 值=0

作用：用于携带在报文发送路径上必须被每一跳路由器检查和处理的可选信息，类似 IPv4 中的 ROUTER ALERT 选项。到目前为止，只定义了一个逐跳选项——巨型净荷选项。通过这个选项，允许 IPv6 报文的有效净荷超过 65535Byte。

逐跳选项扩展头格式如图 1-20 所示。

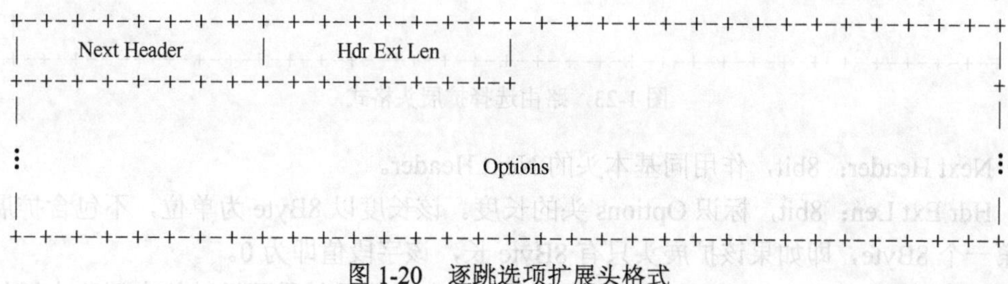

图 1-20 逐跳选项扩展头格式

Next Header：8bit，作用同基本头的 Next Header 相同。

Hdr Ext Len：8bit，标识 Options 头的长度。该长度以 8Byte 为单位，不包含扩展头的第一个 8Byte，即如果该扩展头只有 8Byte 长，该字段值即为 0。

Options：可以携带不定数量采用 TLV 格式的选项，目前唯一定义的选项是巨型静载荷选项。使用巨型静载荷选项，要求 IPv6 头的 16 位净荷长度字段值必须为 0，扩展头中的巨型净荷长度字段值不小于 65535。此外还有一个限制：如果包中有分段扩展头，就不能同时使用巨型净荷选项，因为使用巨型净荷选项时不能对包进行分段。

巨型静载荷选项的选项类型为 194，如图 1-21 所示，由于整个选项扩展头只有 8Byte，所以扩展头长度为 0，选项数据长度为 4，表示巨型静载荷长度是 32bit，所以使用巨型静载荷选项，IPv6 数据包的静载荷最大可以达到 2^{32}-1Byte。IPv6 基本头不包括在内。

下一个头	扩展头长度 =0	选项类型 =194	选项数据长度 =4
巨型静荷长度			

图 1-21 巨型静载荷选项格式

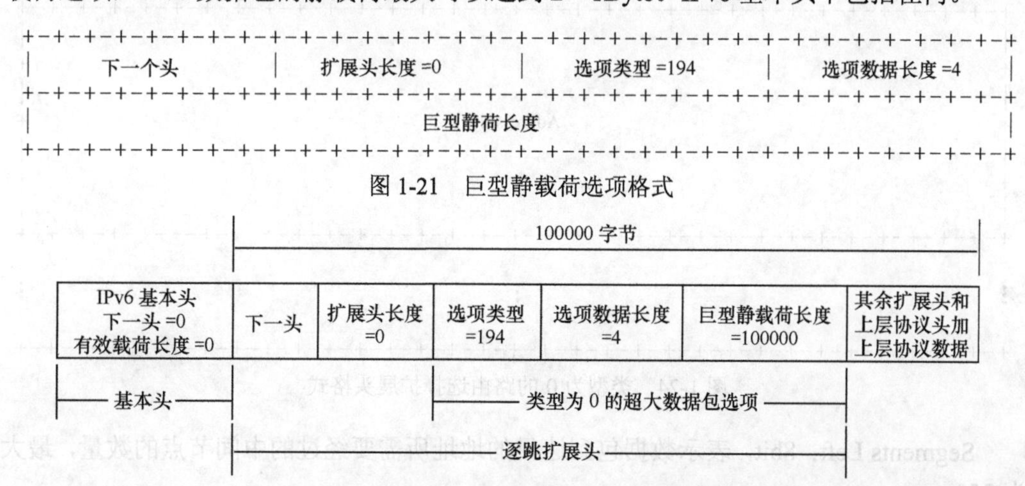

图 1-22 静载荷=100000Byte 的 IPv6 数据包

路由选择扩展头

Next Header 值=43

作用：包含 IPv6 数据包到达目的地所要经过的中间节点，使源端可以强制数据包经过哪些节点，类似 IPv4 中的宽松源站选路。

路由选择扩展头格式如图 1-23 所示。

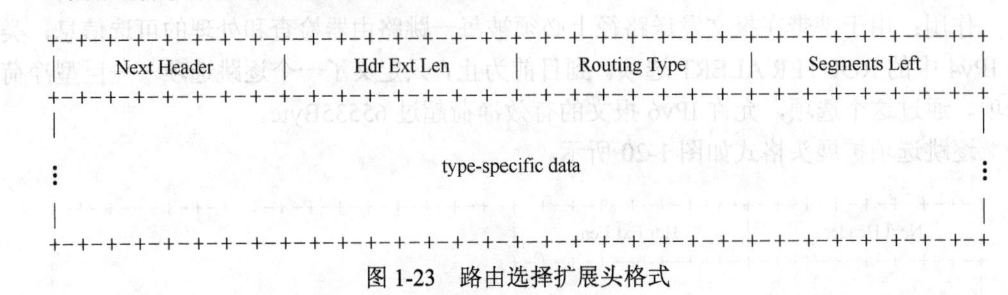

图 1-23　路由选择扩展头格式

Next Header：8bit，作用同基本头的 Next Header。

Hdr Ext Len：8bit，标识 Options 头的长度。该长度以 8Byte 为单位，不包含扩展头的第一个 8Byte，即如果该扩展头只有 8Byte 长，该字段值即为 0。

Routing Type：8bit，目前只定义了类型 0，表示数据包需要经过的中间路由器的地址。如图 1-24 所示。

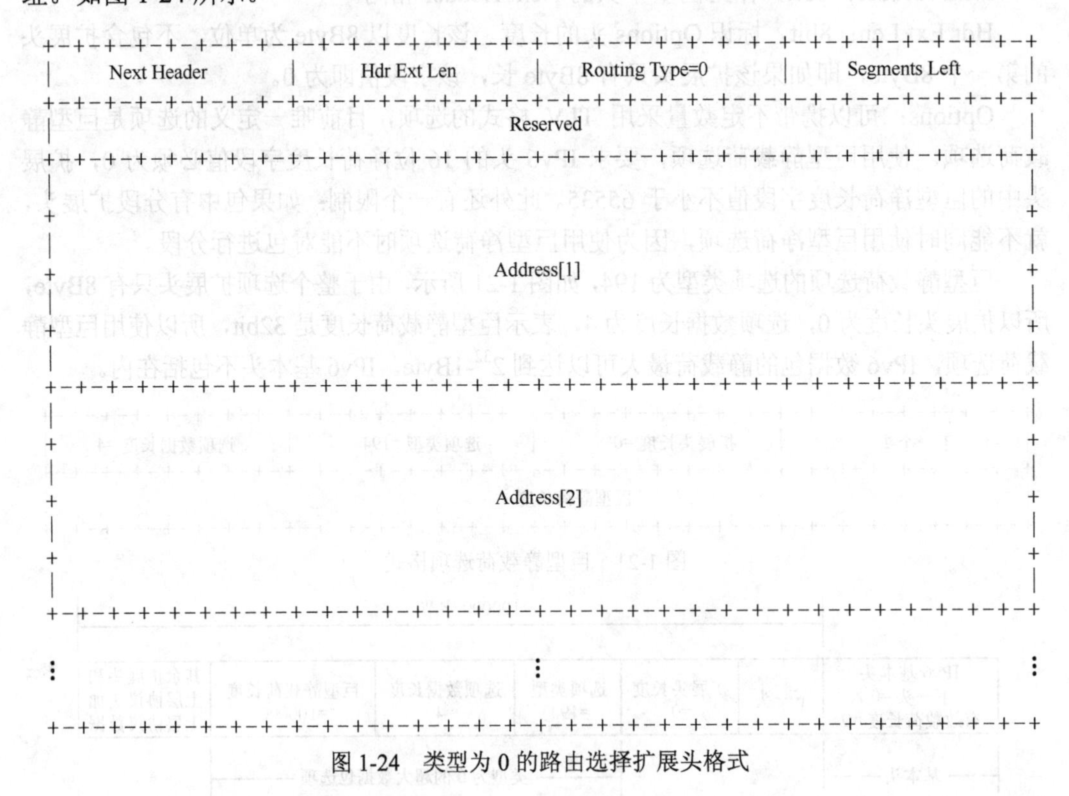

图 1-24　类型为 0 的路由选择扩展头格式

Segments Left：8bit，表示数据包到达目的地址所需要经过的中间节点的数量，最大为 255。

type-specific data：内容由 Routing Type 决定。

Reserverd 保留部分为 32bit，Address[1]、Address[2]等表示数据包需要经过的中间节点。

因为 Hdr Ext Len 字段的单位是 8Byte（64bit），所以 Hdr Ext Len 字段部分的数值等于需要经过的节点数 X2。

使用路由选择扩展头时，初始状态源端主机发出的数据包目的地址并非是实际的最终目的地址，而是需要经过的第一个中间节点，其 Segments Left 等于需要经过的节点数量，中间的其他路由器忽略路由选择扩展头，然后数据包到达第一个指定经过路由器才处理此路由选择扩展头。数据包的目的地址替换为指定经过的第二个中间节点，Segments Left 字段值减 1，以此类推，数据包到达最终目的地址。Segments Left 字段为 0 表示此路由器节点就是最终目的地址。

如图 1-25 所示，IP1 和 IP2 是数据包转发过程中要求经过的节点，则源主机发送的数据包源 IP 是 S，目的 IP 是第一个节点 IP1，在路由选择头中有 2 个 IP 地址，分别是需要经过的第二个节点 IP2 和最终目的地址 D。数据包达到 IP1 后，数据包的目的地址被替换为 IP2，同时 Segment left 字段减 1。依次类推，数据包到达 IP2 时也重复上述操作，一直到数据包到达最终目的地址 D。

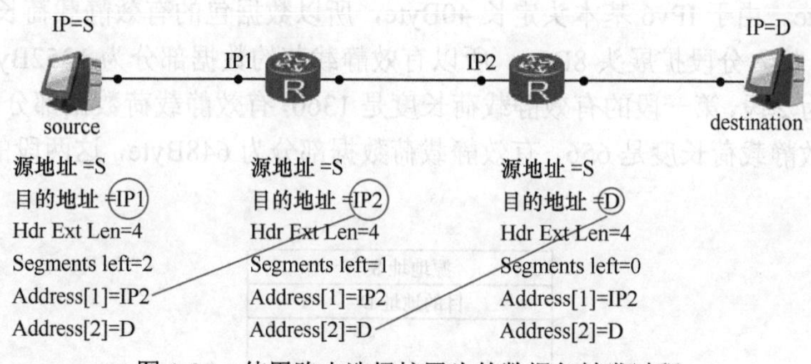

图 1-25 使用路由选择扩展头的数据包转发过程

分段扩展头

Next Header 值=44

作用：如果源端需要发送的数据包超过 Path MTU 的大小，源端在发送前需要将数据包先分段。在 IPv4 中，数据包超过接口 MTU 值，中间节点路由器将对数据包进行分段处理；而在 IPv6 中，中间路由器不能对数据包分段，如果中间路由器需要发送的报文超过本接口的 MTU 值，数据包将被丢弃，同时路由器会发送一个 ICMPv6 的错误信息报文给源端。IPv6 分段扩展头如图 1-26 所示。

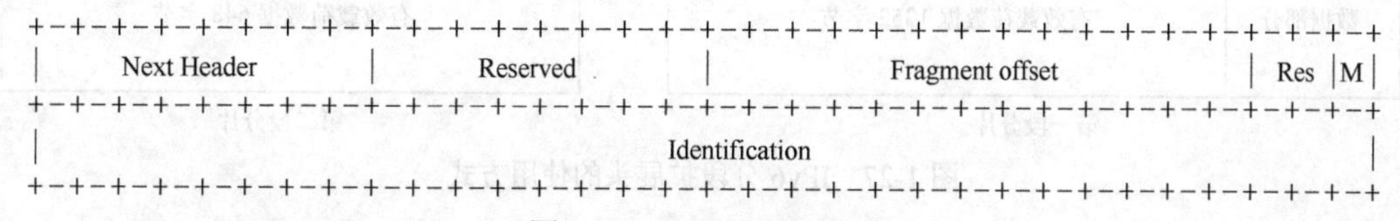

图 1-26 IPv6 分段扩展头

Next Header：8bit，作用同基本头的 Next Header。

Reserved：8bit，保留目前未用为 0。

Fragment Offset：13bit，等同于 IPv4 中的分段偏移字段，以 8Byte 为单位。如该值为 150，表示该报文的数据是位于原报文的 1200Byte 处后。

Res：2bit，保留目前未用为 0。

M：1bit，表示后续是否还有分段，如为 1 表示后续还有分段报文，为 0 表示该报文是最后一个分段报文。

Identification：32bit，该字段等同于 IPv4 的标识字段，为 32 位。源节点为每个被分段的 IPv6 包都分配一个标识符，用来唯一标识同一组分段的报文，便于接收端根据相同标识重组报文。

由于分段扩展头采用定长 8Byte 的设计，所以扩展头长度这一字段无任何意思，8bit 保留为 0。

在 IPv4 中，中间路由器对于超过接口 MTU 的数据包可以进行分段处理，这样操作会降低数据包的转发效率，而且数据包在转发过程中可能被多次分段。而在 IPv6 中，只有源端数据包发送方才能对数据包进行分段处理，如果中间路由器转发的数据包大于 MTU 将被丢弃掉，并向源端发送一个 ICMPv6 的错误信息报文。

如图 1-27 所示，假设源端要发送 2000Byte 的 IP 报文数据，分段标识为 1111，MTU 值为 1400Byte。由于 IPv6 基本头定长 40Byte，所以数据包的有效静载荷长度为 1360，由于要分段，加入分段扩展头 8Byte，所以有效静载荷的数据部分为 1352Byte，2000Byte 的数据被分为 2 段，第一段的有效静载荷长度是 1360，有效静载荷数据部分是 1352Byte；第二段的有效静载荷长度是 656，有效静载荷数据部分为 648Byte，这两段的分段标识同为 1111。

源地址 S
目的地址 D
有效载荷数据 2000 字节

第一段分片

IPv6 基本头	下一头 =44				
	有效载荷长度 1360				
	源地址 S				
	目的地址 D				
分段扩展头	下一头 =6	保留 =0	分段偏移 =0	保留 =0	M=1
	分段标识 =1111				
数据部分	有效载荷数据 1352 字节				

第二段分片

下一头 =44				
有效载荷长度 656				
源地址 S				
目的地址 D				
下一头 =6	保留 =0	分段偏移 =169	保留 =0	M=0
分段标识 =1111				
有效载荷数据 648 字节				

图 1-27　IPv6 分段扩展头的使用方式

ESP 扩展头（Encapsulating Security Payload）

Next Header 值=50

作用：提供对数据包的完整性验证和加密，ESP 将需要加密保护的字段加密后放入 ESP 头的数据部分，ESP 与 AH 联合使用，用来提供认证和加密。ESP 扩展头的格式如图 1-28 所示。

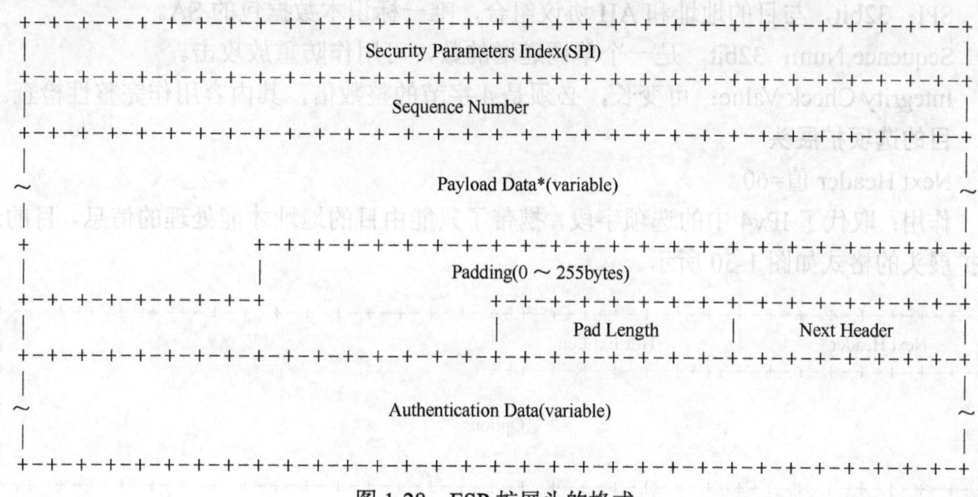

图 1-28　ESP 扩展头的格式

SPI：32bit，与目的地址和 AH 协议组合，唯一标识本数据包的 SA。

Sequence Num：32bit，是一个单调递增的数，可用作防重放攻击。

Payload Data：可变长，加密数据。

Padding：填充，由于加密数据必须是 4Byte 的整数倍，所以有时候需要填充，内容依据加密算法，最大为 255Byte。

Pad Length：8bit，标识 Padding 部分长度，0 表示无填充。

Next Header：8bit，作用同基本头的 Next header。

Authentication Data：可变长，身份验证。

认证报头扩展头（Authentication Header）

Next Header 值=51

作用：为报文提供完整性验证，在传输过程中不被改变的字段会被用作认证信息的计算，在传输过程中可能改变的字段如 Hop limit 字段，作为 0 处理。如果有多个扩展头，必须置于由中间节点路由器处理的扩展头之后，以及由目的地址处理的扩展头之前。认证报头扩展头的格式如图 1-29 所示。

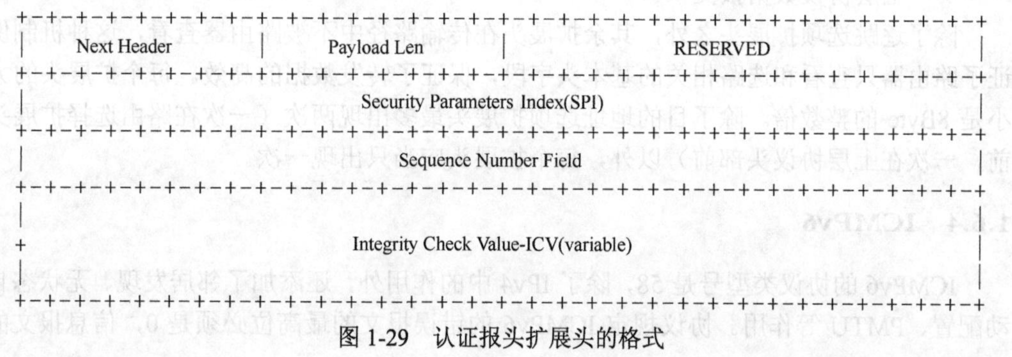

图 1-29　认证报头扩展头的格式

Next Header：8bit，作用同基本头的 Next Header。

Payload Len：8bit，标识认证报头的总长度，单位是 4Byte，最大为 255。

RESERVED：16bit，保留，填充为 0。

SPI：32bit，与目的地址和 AH 协议组合，唯一标识本数据包的 SA。

Sequence Num：32bit，是一个单调递增的数，可用作防重放攻击。

Integrity Check Value：可变长，必须是 4 字节的整数倍，其内容用作完整性检查。

目的选项扩展头

Next Header 值=60

作用：取代了 IPv4 中的选项字段，携带了只能由目的地址才能处理的信息。目的选项扩展头的格式如图 1-30 所示。

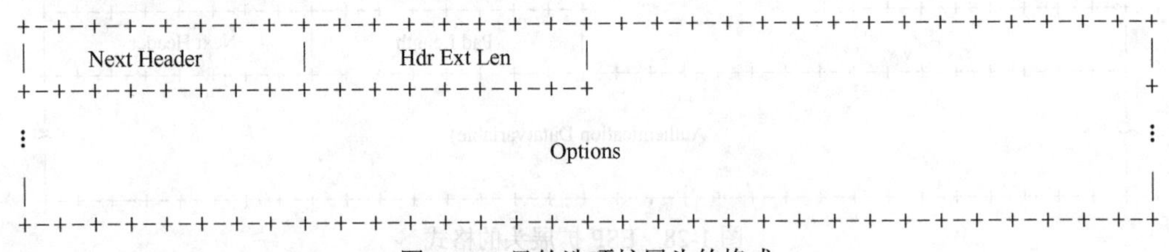

图 1-30　目的选项扩展头的格式

Next Header：8bit，作用同基本头的 Next Header。

Hdr Ext Len：8bit，标识 Options 头的长度。该长度以 8Byte 为单位，不包含扩展头的第一个 8Byte，即如果该扩展头只有 8Byte 长，该字段值即为 0。

Options：包含一个或多个以 TLV 格式编码的选项。

如果有多个扩展头，必须按照以下顺序出现：

- IPv6 基本报头
- 逐跳选项扩展报头
- 目的选项扩展报头
- 路由选择扩展报头
- 分段扩展报头
- 认证扩展报头
- 封装安全有效载荷扩展报头
- 目的选项扩展报头（指那些将被分组报文的最终目的地处理的选项）
- 上层协议数据报文

除了逐跳选项扩展头之外，其余扩展头在传输路径中不被路由器查看，这种机制保证了路由器只查看和选路相关的基本头字段，保证了转发数据的高效。每个扩展头的大小是 8Byte 的整数倍。除了目的地址选项扩展头最多出现两次（一次在路由选择扩展头前，一次在上层协议头部前）以外，每个扩展头应当只出现一次。

1.6.4　ICMPv6

ICMPv6 的协议类型号是 58，除了 IPv4 中的作用外，还添加了邻居发现、无状态自动配置、PMTU 等作用。协议规定 ICMPv6 的错误报文的最高位必须是 0，信息报文的最高位必须是 1。ICMPv6 的报文格式如图 1-31 所示。

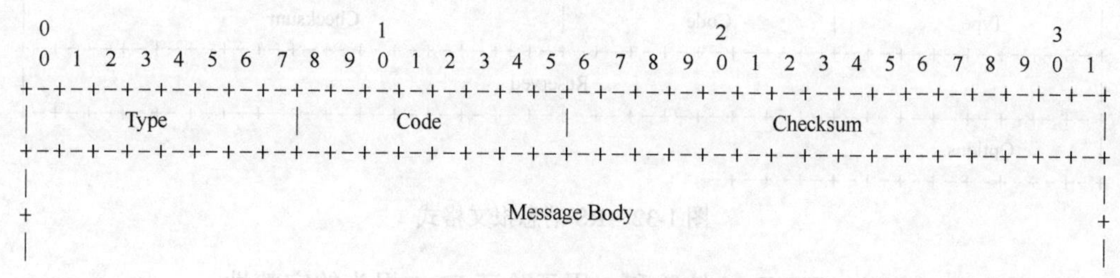

图 1-31　ICMPv6 的报文格式

Type：8bit，表明消息的类型 0～127 是错误报文；128～255 是消息报文。

Code：8bit，表明具体的原因。

Checksum：16bit，校验和。

Message Body：可变长，数据部分。

ICMPv6 部分消息的 Type 和 Code 值见表 1-8。

表 1-8　　ICMPv6 部分消息的 Type 和 Code 值

Type	Code	备注
1（目的地不可达）	0	没有去往目的地的路由
	1	与目的地的通信被管理员禁止
	2	超出源地址范围
	3	地址不可达
	4	端口不可达
	5	源地址在进出策略中拒绝
	6	拒绝去目的地的路由
2（数据包过大）	0	此报文必须由路由器发送，用于响应数据包大于出接口的 MTU 值不能被转发，此报文会携带本接口的 MTU 发给源端，是 PMTU 发现的基础
3（超时）	0	超出 TTL 限制
	1	分片重组超时
4（参数错误）	1	基本头或者扩展头有错误的字段
	2	有不可识别的 next header 字段
	3	扩展头中有未知的选项
128	0	ECHO REQUEST
129	0	ECHO REPLY

1.6.4.1　RS 消息

当主机刚刚接入网络并被配置为自动获取地址，主机需要自动获得前缀、前缀长度、默认网关等信息时，就会发送 RS 消息。源 IP 是发送接口的 Link Local 地址或者未指定地址，目的地址是 FF02::1 或 FF02::2，路由器收到 RS 消息后立刻回送 RA 消息给主机，在 RA 消息中有主机想要的单播地址的前缀及前缀长度等信息。图 1-32 显示了 RS 消息的详细格式。

Type：8bit，值为 133。

Code：8bit，值为 0。

```
 0 1 2 3 4 5 6 7 8 9 0 1 2 3 4 5 6 7 8 9 0 1 2 3 4 5 6 7 8 9 0 1
+-+-+-+-+-+-+-+-+-+-+-+-+-+-+-+-+-+-+-+-+-+-+-+-+-+-+-+-+-+-+-+-+
|     Type      |     Code      |          Checksum             |
+-+-+-+-+-+-+-+-+-+-+-+-+-+-+-+-+-+-+-+-+-+-+-+-+-+-+-+-+-+-+-+-+
|                            Reserved                           |
+-+-+-+-+-+-+-+-+-+-+-+-+-+-+-+-+-+-+-+-+-+-+-+-+-+-+-+-+-+-+-+-+
|   Options...
+-+-+-+-+-+-+-+-+-+-+-+-
```

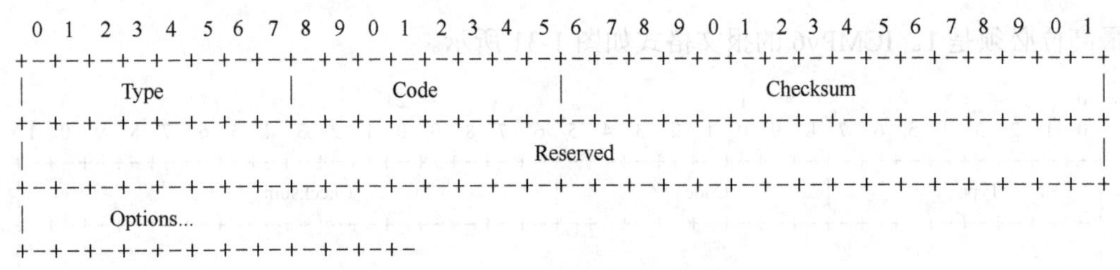

图 1-32　RS 消息报文格式

Checksum：16bit，ICMPv6 校验和，用于验证 IPv6 报头的完整性。

Reserved：32bit，保留为 0。

Options：选项，目前只定义了一个，包含发送者的链路层地址，如果源地址为未指定地址，则 RS 消息中不能包含此选项。

图 1-33 显示了通过 Wireshark 抓取的 RS 消息的详细格式。

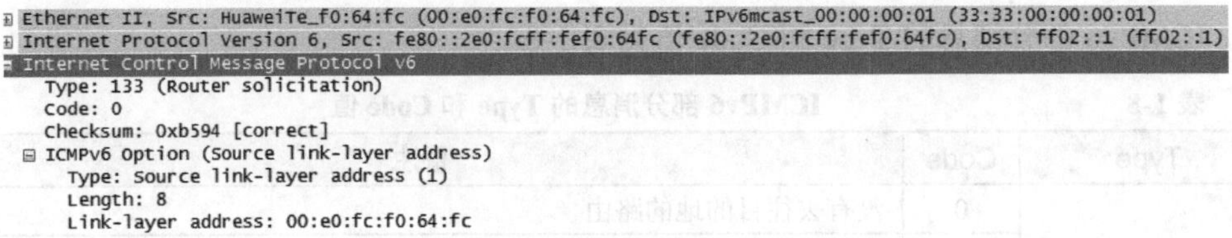

Ethernet II, Src: HuaweiTe_f0:64:fc (00:e0:fc:f0:64:fc), Dst: IPv6mcast_00:00:00:01 (33:33:00:00:00:01)
Internet Protocol Version 6, Src: fe80::2e0:fcff:fef0:64fc (fe80::2e0:fcff:fef0:64fc), Dst: ff02::1 (ff02::1)
Internet Control Message Protocol v6
Type: 133 (Router solicitation)
Code: 0
Checksum: 0xb594 [correct]
ICMPv6 Option (Source link-layer address)
Type: Source link-layer address (1)
Length: 8
Link-layer address: 00:e0:fc:f0:64:fc

图 1-33　RS 消息范例

1.6.4.2　RA 消息

RA 消息由路由器周期性地发送，或者在收到主机发送的 RS 消息后立刻发送，主要为主机提供编址信息以及其他配置信息。该消息的源 IP 是发出消息接口的 Link Local 地址，目的地址是 FF02::1 或者为收到的 RS 消息中的源地址。消息格式如图 1-34 所示。

```
 0 1 2 3 4 5 6 7 8 9 0 1 2 3 4 5 6 7 8 9 0 1 2 3 4 5 6 7 8 9 0 1
+-+-+-+-+-+-+-+-+-+-+-+-+-+-+-+-+-+-+-+-+-+-+-+-+-+-+-+-+-+-+-+-+
|     Type      |     Code      |          Checksum             |
+-+-+-+-+-+-+-+-+-+-+-+-+-+-+-+-+-+-+-+-+-+-+-+-+-+-+-+-+-+-+-+-+
| Cur Hop Limit |M|O|  Reserved |       Router Lifetime         |
+-+-+-+-+-+-+-+-+-+-+-+-+-+-+-+-+-+-+-+-+-+-+-+-+-+-+-+-+-+-+-+-+
|                         Reachable Time                        |
+-+-+-+-+-+-+-+-+-+-+-+-+-+-+-+-+-+-+-+-+-+-+-+-+-+-+-+-+-+-+-+-+
|                          Retrans Timer                        |
+-+-+-+-+-+-+-+-+-+-+-+-+-+-+-+-+-+-+-+-+-+-+-+-+-+-+-+-+-+-+-+-+
|   Options...
+-+-+-+-+-+-+-+-+-+-+-+-
```

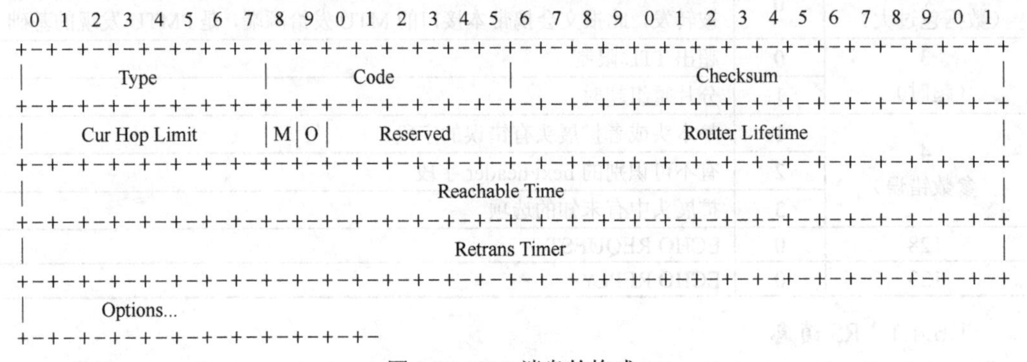

图 1-34　RA 消息的格式

Type：8bit，值为 134。

Code：8bit，值为 0。

Checksum：16bit，ICMPv6 校验和，用于验证 ICMPv6 报头。

Cur Hop Limit：8bit，表示主机跳数限制，路由器建议采用无状态自动配置的主机在 IP 包的跳数限制在该字段中的值，该值为 0 时表示路由器不推荐跳数限制值，由主机自己设置各自的跳数限制值。

M 位：1bit，管理地址配置位，该位置 0 表示使用无状态自动配置；置 1 表示告诉主机使用 DHCPv6 服务器来获取配置信息，当置 1 时 O 位无意义，因为所有参数都可以通过 DHCPv6 获得。

O 位：1bit，表示其他配置标志位，该位置 0 表示 DHCPv6 服务器没有其他可用信息。该位置 1 时，其他参数使用 DHCPV6 服务器获得，包括路由器生存时间、邻居可达时间、邻居的重传时间、链路的 MTU 信息和 DNS 相关信息等。

说明：

如果两个标记位不设置，那么就表示无法通过 DHCPv6 服务器获取配置信息。

Reserverd：保留字段，6bit，该字段未使用。

Router Lifetime：16bit，与默认路由器关联的生存时间，以秒为单位，最大为 65535。华为缺省情况下为 1800s。该值表示主机把该路由器作为默认网关的有效时间。收到等于 0 的 RA 消息时，主机不会将通告该 RA 消息的源路由器配置为自己的默认网关。主机在每次收到 RA 消息时，都会刷新此计时器。

Reachable Time：32bit，以毫秒为单位，表示通告邻居的可达时间，用作邻居不可达检测，为 0 表示未指定。

Retrans Timer：32bit，重传计时器，以毫秒为单位，表示主机在重传邻居请求消息前应该等待的时间，为 0 表示未指定。该字段一般用作地址解释和邻居不可性检测。

Options：可能包含的选项有发送 RA 消息的路由器的链路层地址、MTU、前缀信息。

图 1-35 显示了通过 Wireshark 抓取的由华为 AR 路由器发出的 RA 消息的详细格式。

```
⊟ Internet Control Message Protocol v6
    Type: 134 (Router advertisement)
    Code: 0
    Checksum: 0x38a0 [correct]
    Cur hop limit: 64
  ⊟ Flags: 0x00
      0... .... = Not managed
      .0.. .... = Not other
      ..0. .... = Not Home Agent
      ...0 0... = Router preference: Medium
      .... .0.. = Not Proxied
    Router lifetime: 1800
    Reachable time: 0
    Retrans timer: 0
  ⊟ ICMPv6 Option (Source link-layer address)
      Type: Source link-layer address (1)
      Length: 8
      Link-layer address: 00:e0:fc:c0:69:d3
  ⊟ ICMPv6 Option (Prefix information)
      Type: Prefix information (3)
      Length: 32
      Prefix Length: 64
    ⊞ Flags: 0xc0
      Valid lifetime: 2592000
      Preferred lifetime: 604800
      Reserved
      Prefix: 2001::
```

图 1-35 RA 消息范例

IPv6 设备可以利用 RS 和 RA 消息完成以下功能：无状态自动配置和路由器发现。

1.6.4.3 NS 消息

当节点不知道目标地址的链路层地址时，将发送 NS 消息。此时 NS 消息的源地址是发送接口的 global 地址，目标地址是被访问的地址所对应的被请求节点组播地址。此消息中包含发送端的链路层地址，作用类似于ARP请求，这里的链路层地址一般是指以太网的MAC地址。此外，NS还可以用来检测邻居的可达性和进行地址冲突检测，当节点需要验证邻居的可达性时，将发送单播的NS消息；在DAD（重复地址检测）过程中，源地址为未指定地址。NS的消息格式如图1-36所示。

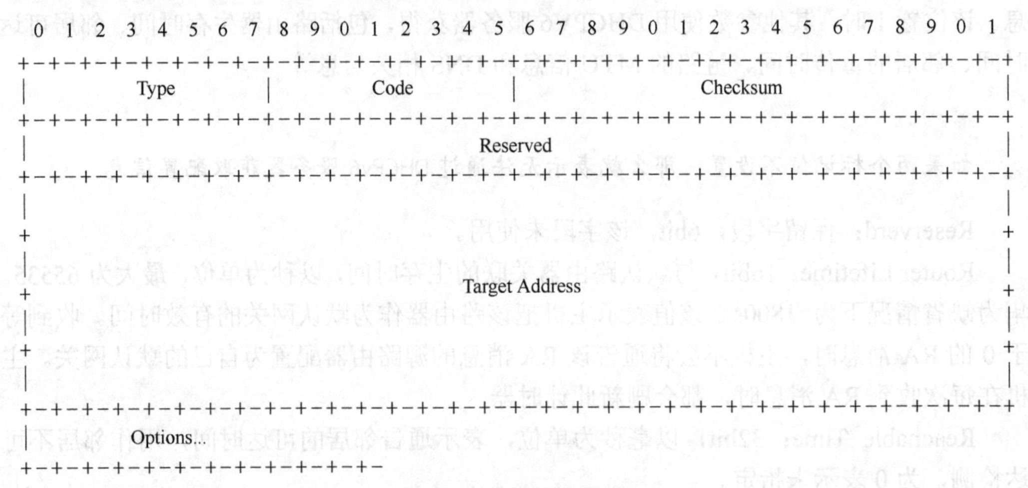

图1-36　NS消息格式

Type：8bit，值为135。

Code：8bit，值为0。

Checksum：16bit，ICMPv6校验和，用来验证ICMPv6报头。

Reserved：32bit，该字段未使用，保留为0。

Target Address：128bit，请求的目标设备的IPv6地址，该字段不能使用组播地址。

Options：选项，发送者的链路层地址。当源IP地址是未指定地址时不能包括此选项。在有IPv6地址的链路层上，必须包含此选项。

图1-37是NS的消息范例。

```
⊞ Ethernet II, Src: HuaweiTe_9a:4c:44 (00:e0:fc:9a:4c:44), Dst: IPv6mcast_ff:00:00:02 (33:33:ff:00:00:02)
⊞ Internet Protocol Version 6, Src: 2000::1 (2000::1), Dst: ff02::1:ff00:2 (ff02::1:ff00:2)
⊟ Internet Control Message Protocol v6
    Type: 135 (Neighbor solicitation)
    Code: 0
    Checksum: 0xefda [correct]
    Reserved: 0 (Should always be zero)
    Target: 2000::2 (2000::2)
  ⊟ ICMPv6 Option (Source link-layer address)
      Type: Source link-layer address (1)
      Length: 8
      Link-layer address: 00:e0:fc:9a:4c:44
```

图1-37　NS消息范例

1.6.4.4　NA消息

当节点接受到NS消息后，会快速响应NA消息，或者当节点需要快速传播新的信息（非请求）时，也会发送NA消息。对于收到NS后回复的NA消息是以单播的形式发送的，源IP是被访问的IP地址，目的IP是NS消息中的源地址；如果收到的NS消息中的源地址是未指定地址，则NA消息的目的地址为所有节点的组播地址，作用类似于ARP响应。对于非请求的NA消息，目的地址为所有节点的组播地址。NA的消息格式如图1-38所示。

```
 0 1 2 3 4 5 6 7 8 9 0 1 2 3 4 5 6 7 8 9 0 1 2 3 4 5 6 7 8 9 0 1
+-+-+-+-+-+-+-+-+-+-+-+-+-+-+-+-+-+-+-+-+-+-+-+-+-+-+-+-+-+-+-+-+
|     Type      |     Code      |          Checksum             |
+-+-+-+-+-+-+-+-+-+-+-+-+-+-+-+-+-+-+-+-+-+-+-+-+-+-+-+-+-+-+-+-+
|R|S|O|                     Reserved                            |
+-+-+-+-+-+-+-+-+-+-+-+-+-+-+-+-+-+-+-+-+-+-+-+-+-+-+-+-+-+-+-+-+
|                                                               |
+                                                               +
|                                                               |
+                       Target Address                          +
|                                                               |
+                                                               +
|                                                               |
+-+-+-+-+-+-+-+-+-+-+-+-+-+-+-+-+-+-+-+-+-+-+-+-+-+-+-+-+-+-+-+-+
|   Options...
+-+-+-+-+-+-+-+-+-+-+-+-
```

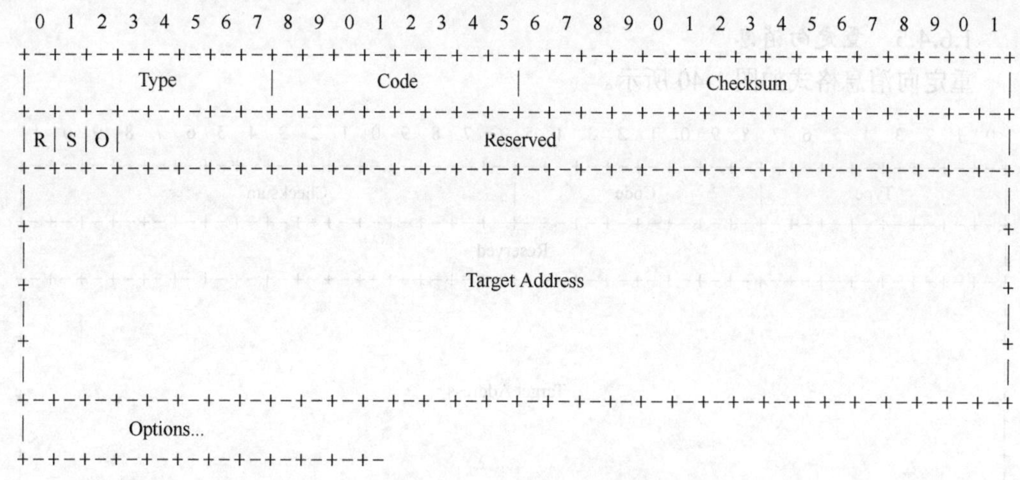

图 1-38 NA 消息的格式

Type：8bit，值为 136。

Code：8bit，值为 0。

Checksum：16bit，ICMPv6 校验和，用于验证 ICMPv6 的报头。

R 位：1bit，路由器标记位，置 1 表示该节点为路由器，在邻居不可达检测中检测路由器是否变成主机。

S 位：1bit，请求标记位，置 1 表示该 NA 消息是收到 NS 消息后的回应。S 位在邻居可达性检测时被用作可达性确认。

O 位：1bit，替代标记位，置 1 表示需要替代当前已缓存的 IPv6 地址的链路层地址，从而更新邻居缓存表项。如果置 0，则表示该 NA 消息不更新现有的链路层地址，如果没有相应的链路层地址，则添加新的表项。

Reserved：29bit，该字段未使用，保留为 0。

Target Address：128bit，如果用作 NS 回应的 NA 消息，此字段应该是收到 NS 消息中的 Target Address 字段的值，对于非响应的 NA 消息，此字段应该是链路层地址发生变化的 IPv6 地址。

Options：选项，包含此 NA 消息发送者的链路层地址，对于回应组播 NS 请求的 NA 消息必须包含此选项，对于回应单播 NS 请求的 NA 消息可以不包含此选项，因为单播 NS 请求的发送者有正确的链路层地址。

NA 的消息范例如图 1-39 所示。

```
⊞ Ethernet II, Src: HuaweiTe_19:54:af (00:e0:fc:19:54:af), Dst: HuaweiTe_4c:66:47 (00:e0:fc:4c:66:47)
⊞ Internet Protocol Version 6, Src: 2000::2 (2000::2), Dst: 2000::1 (2000::1)
⊟ Internet Control Message Protocol v6
    Type: 136 (Neighbor advertisement)
    Code: 0
    Checksum: 0xe3f4 [correct]
  ⊟ Flags: 0xe0000000
      1... .... .... .... .... .... .... .... = Router
      .1.. .... .... .... .... .... .... .... = Solicited
      ..1. .... .... .... .... .... .... .... = Override
    Target: 2000::2 (2000::2)
  ⊟ ICMPv6 Option (Target link-layer address)
      Type: Target link-layer address (2)
      Length: 8
      Link-layer address: 00:e0:fc:19:54:af
```

图 1-39 NA 消息范例

1.6.4.5 重定向消息

重定向消息格式如图1-40所示。

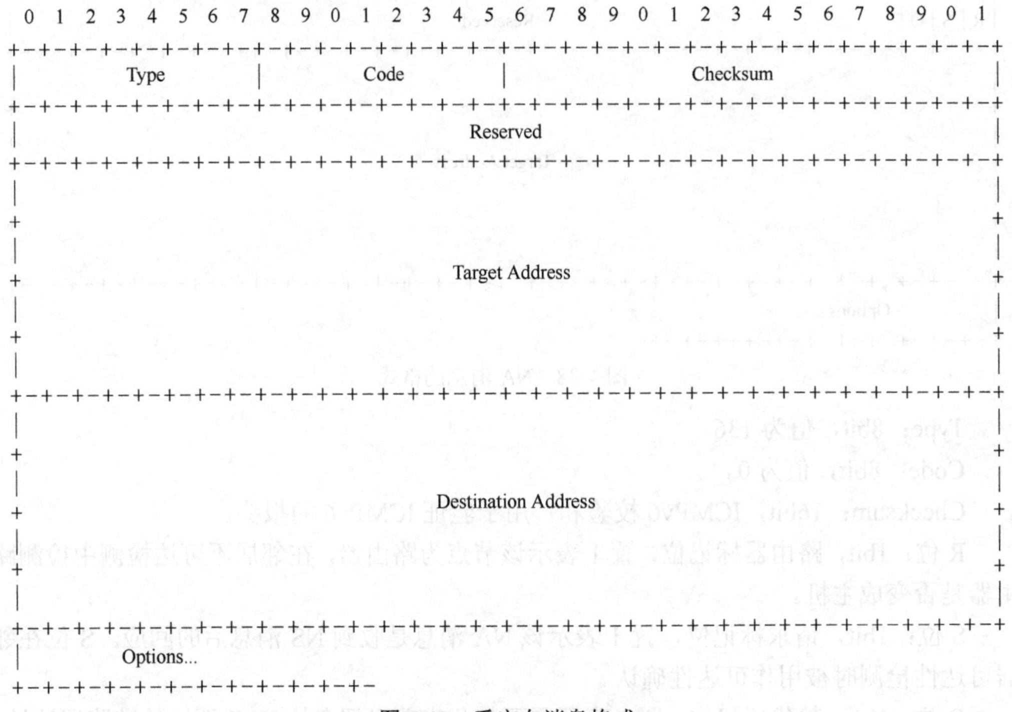

图1-40 重定向消息格式

Type：8bit，值为137。

Code：8bit，值为0。

Checksum：16bit，ICMPv6校验和，用于验证ICMPv6报头。

Reserved：32bit，该字段未使用，保留为0。

Target Address：是通知到主机的最优下一跳路由器，必须是该下一跳路由器的link local地址；当目的地是邻居时，Target Address必须是Destination Address，否则是重定向后的下一跳路由器地址。

Destination Address：需要被重定向的目的地址。

Options：选项，包含目标地址（重定向后使用的下一跳路由器）的链路层地址。

路由器可以通过ICMPv6重定向消息通知主机，在去往目的地址的路径上有更优的下一跳，主机发出的数据包能被重定向到更好的下一跳路由器，也可以用于通知目标地址就是邻居。重定向消息只对主机有效，对路由器无效。消息的源地址是发送接口的链路本地地址，目的地址是触发此重定向报文的源地址。ICMPv6重定向报文范例如图1-41所示。

```
Type: Redirect (137)
Code: 0
Checksum: 0xcb00 [correct]
Reserved: 00000000
Target Address: fe80::3 (fe80::3)
Destination Address: 2001::3 (2001::3)
```

图1-41 ICMPv6重定向报文范例

1.7 NDP

1.7.1 NDP 概述

节点使用 ND，可以确定连接在同一链路上的邻居的链路层地址，快速清除已经变成无效的缓存值。主机也使用 ND 发现能为其转发报文的路由器。最后，节点使用此协议主动跟踪哪一个邻居可达，哪一个邻居不可达，以及侦听邻居们改变的链路层地址。当路由器或到路由器的路径出现故障时，主机主动搜索正常运行的替代者。同时 IPv6 支持即插即用，主机除了可以使用传统的 DHCP 获取地址之外，还可以完成 IPv6 地址的自动配置等。

IPv6 的 NDP（邻居发现协议）可以解决以下问题。

- 路由器发现：主机如何找到连接在同一链路上的路由器。
- 前缀发现：主机如何发现前缀集合。
- 参数发现：节点如何发现链路上的参数（如链路 MTU），以及互联网参数（如 TTL 跳数）。
- 地址自动配置：一种新的机制，允许节点采用无状态方式自动配置接口所需要的 IP 地址。
- 地址解析：仅知道目的地 IP 地址时，如何获得目的地的链路层地址，类似 ARP。
- 下一跳确定：映射目的地 IP 地址到邻居地址的算法，发送给该目的地的流量将会发送给该邻居地址（下一跳），下一跳可以是路由器或者目的地本身。
- 邻居不可达检测：节点如何确定邻居不再可达。如果邻居被用作路由器，其不可达时需要尝试替代默认路由器。
- 重复地址检测：用作节点确定自己想使用的地址是否已经被另一个节点所使用。
- 重定向：路由器如何通知主机有到达目的地更好的下一跳。

NDP 整合了 IPv4 中的 ARP、ICMP 重定向、ICMP 路由器发现，并且进行了改进。

NDP 协议工作会使用如下几个地址。

- 未指定地址：表示发送者暂时无地址。
- 链路本地地址：只在链路范围内的单播地址。
- FF02::1（所有节点组播地址）：到本链路范围内的所有节点地址。
- （FF02::2（所有路由器多播地址）：到本链路范围内的所有路由器地址。
- 被请求节点组播地址：由固定前缀 FF02::1:FF00:0/104 和单播地址的最后 24 位组成。

NDP 主要消息及工作原理

NDP 协议的工作主要依靠以下 5 种 ICMPv6 的报文来实现。

- 路由器请求（RS）消息。
- 路由器通告（RA）消息。
- 邻居请求（NS）消息。

- 邻居通告（NA）消息。
- 重定向消息。

1.7.2 无状态自动配置

如图 1-42 所示，在一个 IPv6 的局域网中，主机通过无状态自动配置地址信息的场景。

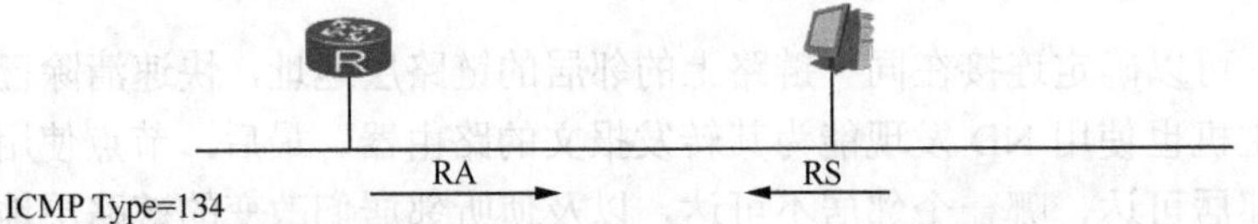

图 1-42　RA 和 RS 消息的处理过程

当 PC 接入网络并加电后，会发出 RS 消息，路由器收到 RS 消息会回应 RA 消息，具体步骤如下。

第 1 步：PC 发出 RS 消息，向路由器进行请求。RS 消息是通过类型为 133 的 ICMPv6 报文来发送的，发送到目标地址 FF02::2。

第 2 步：路由器以 RA 消息作为回应。该消息包括 PC 所需要的前缀、前缀长度等信息；该消息发送到所有主机地址 FF02::1。

第 3 步：PC 接收到 RA 消息后，使用其中的前缀和前缀长度信息完成地址的自动配置；PC 还会将 RA 消息中宣告的链路本地地址添加到本地的默认路由器列表中，并将该路由器作为默认网关。

第 4 步：PC 完成地址的自动生成过程后，在使用该地址前还会进行 DAD（重复地址检测）的过程以确认该地址是否被其他设备使用。关于 DAD 下一节会详细介绍。

1.7.3 路由器发现

如果该局域网中有两台路由器同时为主机提供 RA 消息，如图 1-43 所示。

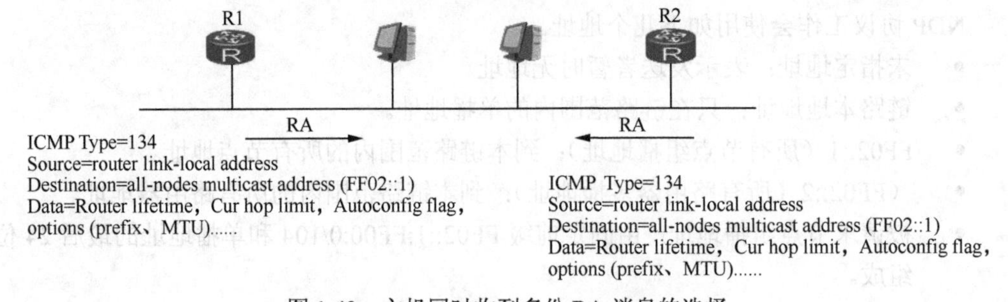

图 1-43　主机同时收到多份 RA 消息的选择

RA 消息的格式中在 Flag 字段中有一个 Router preference 的标志位，该标记位用于主机选择默认网关，如图 1-44 所示。

主机根据路由器在各自 RA 消息中通告的优先级选择默认网关，共有 3 个优先等级：

low、medium、high。华为路由器发出的 RA 消息中的默认级别为中级，主机最终会在所有路由器中间选择优先级最高的路由器作为默认网关。如果所有路由器的优先级都一样，那么主机将这些路由器都用作默认网关，也就是使用负载分担的方式。

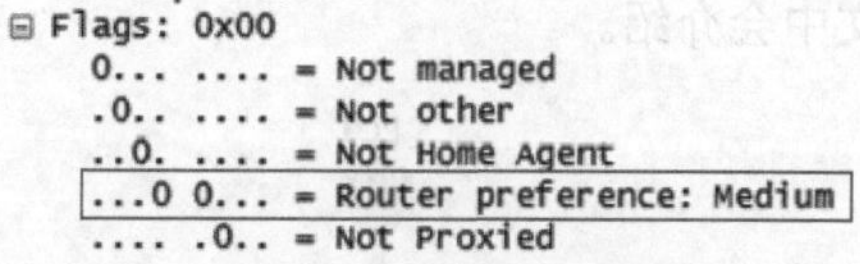

⊟ Flags: 0x00
0... .... = Not managed
.0.. .... = Not other
..0. .... = Not Home Agent
...0 0... = Router preference: Medium
.... .0.. = Not Proxied

图 1-44 RA 中 Flag 字域

路由器每隔一段周期向网络中发送 RA 消息，华为路由器默认间隔是 200～600s 之间的一个随机值。以此通告 IPv6 的前缀，华为路由器默认不开启 RA 通告，使用命令：undo ipv6 nd ra halt 可以开启 IPv6 RA 通告功能。

在图 1-45 显示的 RA 消息选项中，还有两个字段需要介绍一下：优选生存期（Preferered Lifetime）和有效生存期（Valid Lifetime）。当一个 IPv6 地址刚被配置在接口上时，这个地址叫试验地址，这个地址还不能立刻被用于通信，必须先进行 DAD（地址冲突检测）；如果通过地址冲突检测并且无冲突后，即可被视为优选地址。

优选生存期就是指主机将以无状态自动配置方式生成的地址视为优选地址的时间（以 s 为单位）。主机可以使用优选地址跟其他设备进行通信。如果优选生存期到期，设备不再使用该地址创建新的通信连接。有效生存期是指主机收到的来自路由器 RA 消息中的前缀可以使用的时间（以 s 为单位），有效生存期必须大于优选生存期，在优选生存期到期后，有效生存期到期前，主机通过该地址已建立的连接还是继续可以用的，直到该地址的有效生存期到期。图 1-45 显示了这两个时间的关系。

Valid lifetime
Preferred lifetime
DAD
Tentative
Preferred
Deprecated
Invalid

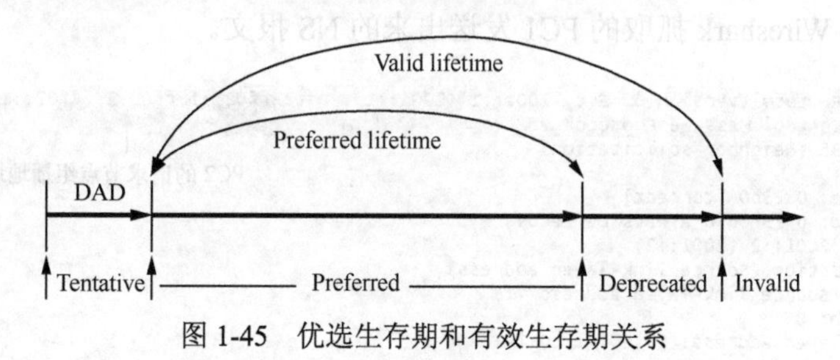

图 1-45 优选生存期和有效生存期关系

IPv6 的 NDP 可以利用 NS 和 NA 消息完成以下三个功能。

- 地址解析
- DAD（重复地址检测）
- NUD（邻居不可达性检测）

1.7.4 地址解析

地址解析是指使用 NS 和 NA 消息来完成 IPv6 地址到链路层地址映射的过程，该过程类似于 IPv4 中的 ARP，如图 1-46 所示。

如图 1-47 所示，PC1 准备访问 PC2 之前，首先在本地邻居表中查找 PC2 IPv6 地址对应的以太网 MAC 地址，如果查找到相关表项，则将发往 PC2 的数据包封装在以太数据帧中然后发出；如果没有找到 PC2 的 MAC 地址，则发送 NS 消息用来请求其链路层地址。具体的步骤如下。

第 1 步：PC1 向 PC2 的请求节点的组播地址发送 NS 消息，该消息是通过类型为 135

的 ICMPv6 报文来承载，目标地址是 PC2 的 IPv6 单播地址。请求节点的组播地址在后文中会介绍。

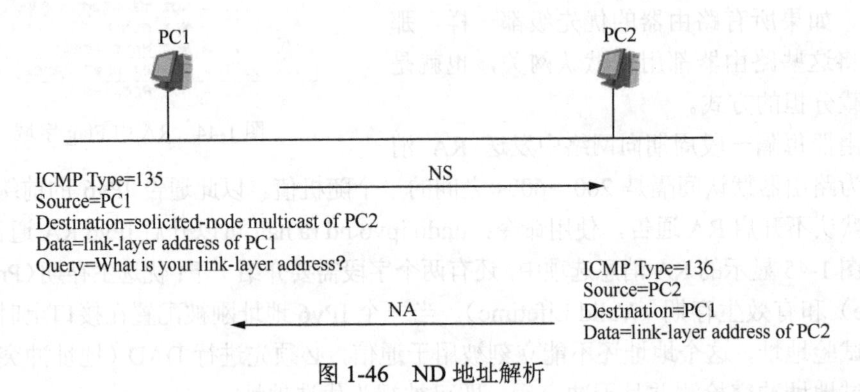

图 1-46 ND 地址解析

第 2 步：PC2 收到 NS 消息后，以单播的方式向 PC1 回应 NA 消息，该消息中包含了 PC2 的 MAC 地址。PC2 还会将 PC1 的 IPv6 地址和 MAC 地址添加至本地的邻居缓存表中。

第 3 步：PC1 收到来自 PC2 的 NA 消息后，将 PC2 的 IPv6 地址以及它的 MAC 地址添加至本地的邻居缓存表中。

假设图 1-46 中 PC1 的 IPv6 地址为 2001::1/64，PC2 的 IPv6 地址为 2001::2/64。图 1-47 是通过 Wireshark 抓取的 PC1 发送出来的 NS 报文。

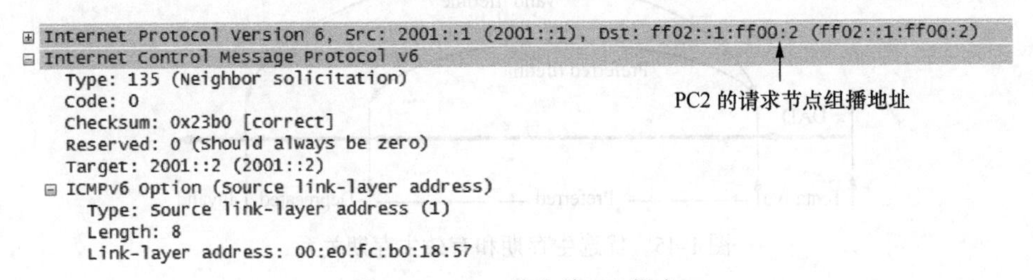

图 1-47 PC1 发出的 NS 报文

如图 1-47 所示，PC1 的 NS 报文是发送到一个组播 IPv6 地址，这个地址我们称为请求节点组播地址。一个 IPv6 接口会通过自动映射技术为自己的每个单播地址（包括链路本地地址）创建一个请求节点组播地址。该地址由固定的前缀加上 IPv6 单播地址的最后 24bit 位构成，前缀是 FF02:0:0:0:0:1:FF00::/104。在图 1-46 中，PC2 的 IPv6 地址是 2001::2/64，它的最后 24 位为 00:0002，加上前缀，它的请求组播地址为 FF02:0:0:0:0:1:FF00::2。当 PC2 接收到这份 NS 报文后，识别目标地址自己接口的请求组播地址，因此会接收和处理该数据包，并且给予 NA 报文响应。

在图 1-46 中的网络中，有可能存在 IPv6 地址最后 24 比特和 PC2 相同的的设备，当这些设备接收到 PC1 的 NS 报文时，根据 ICMPv6 报文中的目标地址来辨别该报文是否是发给自己的。也就是说，即使同个局域网中有多台设备的单播 IPv6 地址最后 24 比特位相同，也不会影响地址解析的进程。至于 NS 报文为什么会以组播方式而不以单播方式发送，有兴趣的读者可以参阅 RFC 2461 和 RFC 4861，这两个 RFC 详细解释了这个问题。

1.7.5 DAD（重复地址检测）

网络中的设备可以使用 DAD 机制来确认自己用的 IPv6 地址是否被其他设备使用。如果一个接口配置了多个 IPv6 单播地址（包括链路本地地址或全局单播地址），每个地址在使用之前，都需要执行 DAD 的过程。如果通过 DAD 过程发现了重复地址，那么接口就不能使用该地址。如图 1-48 所示，PC1 配置了地址 2001::1（通过手工或无状态自动配置或通过 DHCPv6 自动获取），PC1 在使用该地址前必须进行 DAD，具体步骤如下。

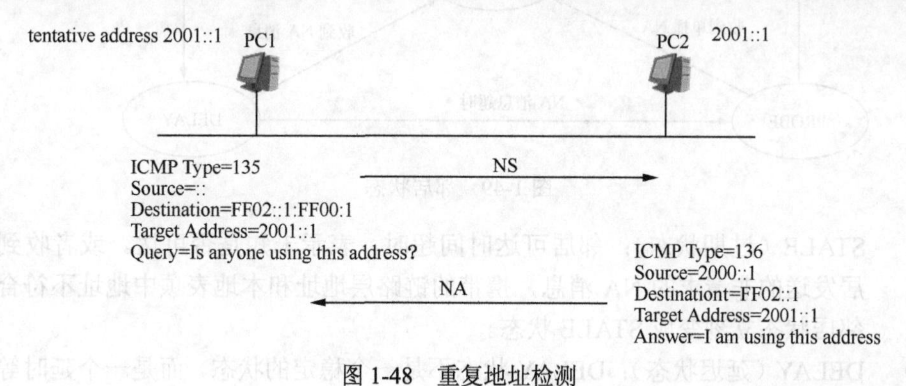

图 1-48 重复地址检测

第 1 步：PC1 配置了地址 2001::1，该地址在进行 DAD 过程之前称为试验（tentative）地址。

第 2 步：PC1 发出 NS 消息以确定网络中是否还有其他设备使用该 IPv6 地址。如图 1-48 所示，PC1 发出 NS 消息，目标 IPv6 地址是 2001::1 对应的请求组播地址。

第 3 步：如果这时 PC2 的 IPv6 地址是 2001::1，那么它在收到 PC1 的 NS 消息后，会用 NA 消息进行响应，告诉 PC1 它也在使用该地址；否则不会响应。

第 4 步：PC1 在发送出 NS 消息后会设置一个定时器，如果在定时器内接收到了 NA 响应，说明该试验地址已经被其他设备占用，PC1 会停止使用该地址；如果在定时器内，没有收到 NA 响应，说明该地址可以使用，那么该地址会从试验状态切换到已分配（assigned）状态。

NUD（邻居不可达性检测）

对于 NDP 来说，它会将已发现的邻居设备放在邻居缓存表，该表中包含了邻居 IPv6 地址及其对应的二层地址（通常是以太网 MAC 地址），相当于 IPv4 的 ARP 缓存表。NDP 为维护邻居缓存表，会定期跟踪邻居的状态。NUD 就是用来检测邻居状态的进程，通过定期发送 NS 以确定邻居的状态。RFC4861 中定义了 5 种邻居状态，图 1-49 解释了这些状态以及在这些状态之间的事件。NUD 利用这些状态以及状态之间的切换过程来检测和解析邻居的可达性问题。

如图 1-49 所示，各状态的解析如下。

- INCOMPLETE（未完成状态）：此状态表示地址解析还在进行，本机已经发送 NS 消息，但还没有收到 NA 消息。
- REACHABLE（可达状态）：此状态表示已经收到了对方发送的 NA 消息，获得了对方的链路层地址。

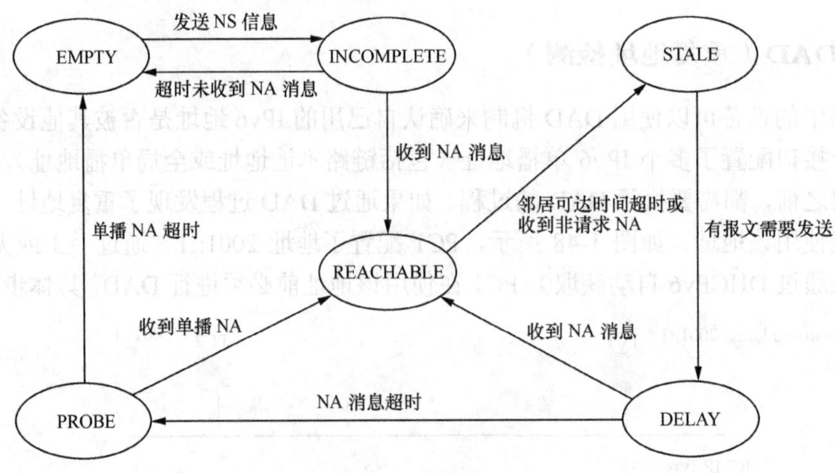

图 1-49　邻居状态

- STALE（过期状态）：邻居可达时间超时，表示未知是否可达。或者收到了邻居发送的非请求的NA消息，携带的链路层地址和本地表项中地址不符合，该邻居状态立刻变成STALE状态。
- DELAY（延迟状态）：DELAY状态不是一个稳定的状态，而是一个延时等待状态。当向处于STALE状态的邻居发送报文时，该邻居状态变成DELAY状态，并发送NS消息。
- PROBE（探测状态）：节点会向处于PROBE状态的邻居持续发送单播NS报文，如持续收不到NA回应，将删除表项，如收到NA回应，邻居状态变为REACHABLE。
- EMPTY（空闲状态）：表示节点上没有相关邻接点的邻居缓存表项。

邻居状态跟踪与地址解析的区别

地址解析的NS消息目的地址是被请求节点组播地址，而邻居状态跟踪的NS消息目标地址是单播。

邻居状态跟踪的NS消息中S位必须置位。

可以使用命令display ipv6 neighbors来查看路由器的邻居表，如下例显示了路由器R1的邻居缓存表中其中一个邻居路由器的表项信息，该邻居的IPv6地址是2001::2，邻居状态是可达的。

```
[R1]display ipv6 neighbors
------------------------------------------------------------
IPv6 Address : 2001::2
Link-layer    : 00e0-fc66-71a8                    State : REACH
Interface     : GE0/0/0                           Age   : 0
VLAN          :-                                  CEVLAN:-
VPN name      :                                   Is Router: TRUE
Secure FLAG   : UN-SECURE

IPv6 Address : FE80::2E0:FCFF:FE66:71A8
Link-layer    : 00e0-fc66-71a8                    State : DELAY
Interface     : GE0/0/0                           Age   : 19
VLAN          :-                                  CEVLAN:-
VPN name      :                                   Is Router: TRUE
Secure FLAG   : UN-SECURE
```

```
--------------------------------------------------------------------
Total: 2          Dynamic: 2          Static: 0
```

1.7.6 重定向原理

路由器发送重定向消息需要满足以下规则：

- 检查收到数据包的源地址，是本设备的邻居表中的邻居；
- 下一跳的接口等于收到数据包的接口；
- 数据包的目的地址不是一个组播地址。

主机接收到的重定向消息必须满足以下条件，否则将被丢弃。

- 报文的源地址必须是一个 link local 地址。路由器必须使用它们的 link local 地址作为 RA 消息以及重定向消息的源地址，以便主机能唯一识别路由器。
- HOP LIMIT 字段必须等于 255，报文不可能被路由器转发。
- ICMP 校验和有效。
- ICMP Code 必须是 0。
- ICMP 报文的长度必须是 40Byte 或以上。
- 所有包含的选项长度必须大于 0。

如图 1-50 所示，PC1 要访问目标地址 2001::3，查找路由表，下一跳地址是 2000::2（R2），PC1 会把数据包给到 R2，当 R2 收到数据包后，发现去往 2001::3 的下一跳是 fe80::3（R3），并且数据包的进接口等于出接口，则向原报文的源 IP 2000::1 发送单播的重定向报文，告诉 PC1 去往 2001::3 的最优下一跳是 FE80::3。以后 PC1 访问 2001::3 报文直接发给 R3，而不会再发给 R2。

图 1-51 是 R2 发送的重定向报文，其中，Destination Address 表示需要被重定向的目的地址，Target Address 表示去往目的地址的最优下一跳。

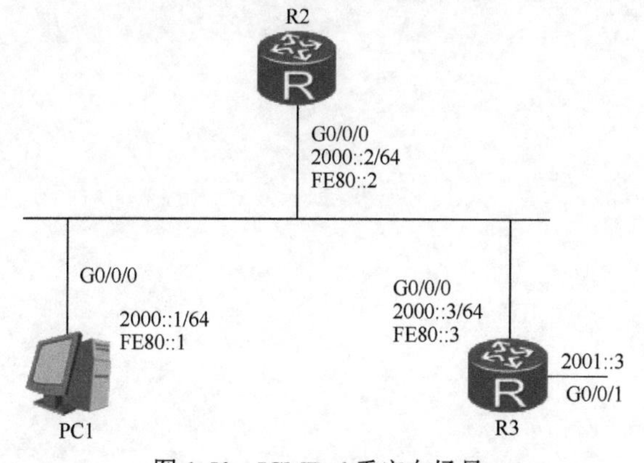

图 1-50 ICMPv6 重定向场景

```
Type: Redirect (137)
Code: 0
Checksum: 0xcb00 [correct]
Reserved: 00000000
Target Address: fe80::3 (fe80::3)
Destination Address: 2001::3 (2001::3)
```

图 1-51 R2 发送的重定向报文

1.8 思考题

1. 查 RIB 和查 FIB 有什么区别？数据报文的查表过程。

2．是否矢量路由协议就出环，而链路状态路由协议没有环路？请解释一下。

3．链路状态路由协议是如何做到 ECMP 的？

4．IPv6 的 NDP 协议中，DAD 功能是否在 IPv4 中有类似的功能？

5．IPv4 的地址的自动配置和 IPv6 有什么不同？

6．ICMPv6 在 IPv6 中的作用有哪些？

7．IPv6 协议较 IPv4 协议的优点有哪些？

8．IPv6 中请求节点组播地址（solicited-node multicast address）可以用来替代广播地址吗？

第二章

路由信息协议

本章详细介绍了路由信息协议（RIP）的工作原理及防环机制，通过案例阐述了 RIPv1 与 RIPv2 的不同之处，并通过对一些高级特性的分析，让读者更加清楚有类路由协议与无类路由协议之间的区别。RIP 是一个比较早期的协议，在实际部署中较少使用，但 RIP 协议的机制是所有矢量路由协议的基础，因此，掌握 RIP 协议的工作原理对研究矢量路由协议有重要的价值。

本章主要内容：

- RIPv1/v2 协议的工作原理及对比
- RIP 的防环机制
- RIP 的路由控制
- RIP 的高级特性分析
- RIP 的案例分析
- RIPng 的原理及配置示例

2.1 RIP 的基本知识

RIP（Routing Information Protocol，路由信息协议）是一种较为简单的、基于距离矢量（Distance-Vector）算法的内部网关协议（Interior Gateway Protocol），它采用跳数（Hop Count）作为度量来衡量到达目的网络的距离。距离矢量算法最早是由 Ford 和 Fulkerson 这两个人提出的，正因为如此，在早期，距离矢量算法被称为 Ford-Fulkerson 算法，而现在也有人把它称为 Bellman-Ford 算法。RIP 包括 RIPv1 和 RIPv2 两个版本，RIPv1 版本在 RFC1508 文档中定义，是最初的版本，但是该版本具有明显的缺陷。RIPv2 版本是 1998 年在 RFC2453 文档中定义，该版本对最初的版本做了部分改进，成为一种常用的版本。

2.1.1 RIP 的基本原理

RIP 是一种基于距离矢量算法的协议，距离矢量算法可以很简单地概括为一句话，即：使用距离矢量路由器泛洪自己整个路由表给邻居路由器。因此，典型的距离矢量路由协议都会有一些通用的属性，如定期更新、邻居、广播更新和泛洪路由表等。RIP 协议有以下几个通用属性。

邻居：在距离矢量路由协议中，可以理解为与其直接相连的路由器。

周期更新：路由器每经过一个特定的时间周期后，向它的邻居发送更新信息，因此，距离矢量路由协议的更新方式也被称为"逐跳"更新，在 RFC2453 文档中把 RIP 的更新时间定义为 30s。

Metric：也称为度量值，RIP 协议以 Hop（跳数）作为度量值，每经过一台设备被视为 1 跳，RIP 协议的最大值被限定为 15 跳。而 16 跳是一个无穷大的值，如果为该值，即表示路由不可达。

广播更新：路由器向目标为 255.255.255.255 的地址发送报文，网络中所有设备都会监听该地址，RIPv1 默认就是采用广播更新，由于所有设备收到该报文以后都需要处理，因此该方式将会造成较大的负担。

组播更新：路由器向目标为 224.0.0.9 的地址发送报文，网络中只有监听该组播地址的设备才能够接收到，RIPv2 默认采用的就是组播更新，该方式可以大大节省设备的性能开销，不需要将报文发送给不必要的设备。

泛洪路由表：路由器将从邻居学习到的路由放进自己的路由表中，然后将路由表所有的路由信息再通告给其他路由器，直到整个网络全部学习到。

2.1.2 RIP 的定时器

根据 RFC2453，RIP 协议一共定义了 3 种定时器，分别是：

- **更新定时器**（Update Timer）
- **老化定时器**（Age Timer）
- **垃圾收集定时器**（Garbage-collect Timer）

更新定时器：主要用于触发更新报文的发送，若定时器超时，将会发送 response 报文，时间为 30s。

老化定时器：RIP 设备如果在老化时间内没有收到邻居发送过来的 response 报文，则认为该路由不可达，时间为 180s。超时后，这条路由不再出现在路由表中，但在 RIP 数据库中继续存在，并启动垃圾收集定时器。

垃圾收集定时器：如果在垃圾收集时间内仍然没有从同一邻居收到该条不可达路由更新，则该路由将从 RIP 数据库中彻底删除，时间为 120s。

RIP 的更新信息发布是由更新定时器控制的，默认为每 30s 发送一次，每一个路由表项对应两个定时器：老化定时器和垃圾收集定时器。当学到一条路由并添加到路由表中时，老化定时器启动。如果老化定时器超时，设备仍没有收到邻居发来的更新报文，则把该路由的度量值置为 16（表示路由不可达），并启动垃圾收集定时器。如果垃圾收集定时器超时，设备仍然没有收到更新报文，则删除该条目。因此在华为 VRP 平台，一条路由失效以后直到从 RIP 数据库中清除将会经过 300s（180+120）。前 180s，路由出现在路由表中，转发数据报文，但在后 120s，路由仅在 RIP 数据库中存在，不转发数据报文，此期间 RIP 会向邻居路由器发送 RIP 毒化路由更新（Metric 为 16 的路由更新），让网络撤销该路由。任何接收到该毒化路由的 RIP 路由器，从路由表中撤销该路由，并在 RIP 数据库中为该路由启动垃圾收集定时器，开始扩散毒化路由。

建议：

可以根据需要修改定时器的值，命令：timers rip *update age garbage-collect*。但是修改定时器时，注意修改的值不能过小或过大，过小容易导致浪费链路带宽，过大会影响到路由的收敛速度。

2.1.3 距离矢量协议的问题

距离矢量协议有时被称为“谣言式的路由协议”，因为所有的路由信息都是通过邻居路由器传递过来的。如果这个信息是真实的，当然万事大吉，但如果这个信息是错误的，该设备也无法判断其真实性，将会给网络带来比较大的问题。比如某条路由已经失效了，但是其他路由器的路由表中还存在该路由，那么很有可能这条路由被其他的路由器又重新通告过来，而该设备重新放进路由表。接着，它也会把这条路由再次通告给其他的邻居。可想而知，一旦这条错误路由被泛洪到所有的路由器，将会造成大的路由黑洞，最严重时会引起路由环路的问题。

RIP 协议是一个早期开发的协议，当时网络环境还是相对较简单的，并没有预计到会这么快发展到如今如此庞大的互联网，因此，这种协议面临的另外一个问题就是可扩展性的问题，RIP 受到最大跳数的限制，在互联网中仅允许路由器的直径不能超过 15 跳，否则路由是无法学习到的。

此外，早期版本 RIP 的收敛非常慢，如果网络发生拓扑的变化，也必须等待 30s 才能发布路由；同时，每次更新时间到期，RIP 协议将会发布整个路由表，并不能够像其他协议只发布更新后的路由表，因此极大地占用了链路带宽。

当然，RIP 协议虽然是一个比较早期的协议，不适合大型网络的发展需要，但是其原理简单、配置容易，仍然适合一些小型公司网络的部署，目前有少数企业仍然在使用它。

2.2 RIP的报文及版本

RIP 协议采用 UDP 传输层协议，端口号为 520，一共有两种报文类型：请求报文（request）和响应报文（response）。

request 请求报文：当 RIP 进程启动以后，路由器会向外发送请求报文，请求自身没有的路由，对方将以 response 报文包含整个路由表的内容来进行响应，可以加快路由的学习。

request 请求报文在以下场景下发送：RIP 在进程初次启动后，或接口初次加入 RIP 进程，或 RIP 接口重置后，都会触发发送 request 请求，收到 RIP 请求后，RIP 邻居会立即回应 response 报文。

response 响应报文：RIP 将会定期地发送该报文，RIP 的路由信息被封装在该报文中发送，每隔 30s 发送一次。

2.2.1 RIP 的工作过程

以下简述 RIP 协议的工作过程，R1 与 R2 各自网段如图 2-1 所示，工作过程如下。

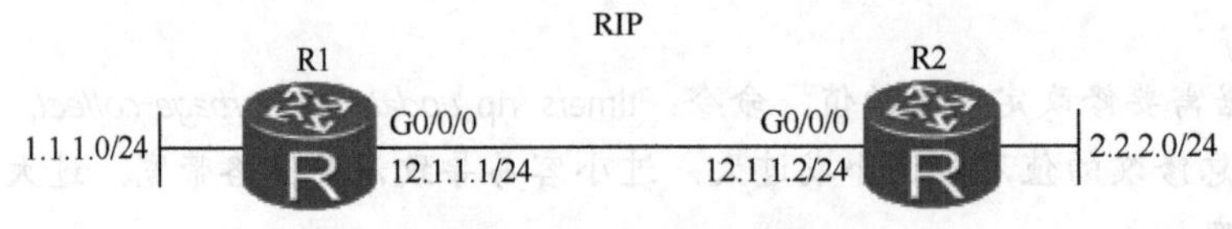

图 2-1 RIP 协议工作过程

（1）R1 启动 RIP 进程，向 G0/0/0 接口发送 request 报文和 response 报文，request 报文用来向邻居请求路由，response 报文用于向邻居通告路由，通告的路由中包括环回接口路由和直连路由：12.1.1.0/24 和 1.1.1.0/24，且 metric 都为 1。

（2）R2 启动 RIP 进程，向 G0/0/0 接口同时发送 request 和 response 报文，也将直连网段 12.1.1.0/24 和环回路由 2.2.2.0/24 通告给 R1，metric 也为 1。

（3）R1 收到 R2 的 response 报文后对比自己的数据库，发现本地有直连网段 12.1.1.0/24 的路由，R1 在通告给 R2 的 response 报文中，除包含其他路由外，还将直连路由 12.1.1.0/24 的跳数置为 16 发送出去，通过这种“毒化”方式避免 R2 接收该路由而形成环路。同理，R2 收到 R1 的 response 报文后，会在之后向 R1 通告的 response 报文中携带跳数为 16 的直连路由（12.1.1.0/24）和其他路由。

（4）R1 和 R2 在彼此通告的 response 报文中包含其他路由（此处为环回路由）和跳数为 16 的直连路由，整个过程持续 120s。

（5）120s 后，R1 和 R2 间将不再通告 16 跳的直连网段路由，仅通告环回路由。

2.2.2 RIPv1 的报文格式

RIPv1 报文由两个部分组成：RIP 头部（Header）和 RIP 路由表项（Route Entries）

图 2-2 所示为 RIPv1 的报文格式。

0	7	15	31
Command	Version	Must be zero	
Address family identifier		Must be zero	
IP Address			
Must be zero			
Must be zero			
Metric			

图 2-2　RIPv1 的报文格式

RIP 头部是指 RIP 报文的前 32bit，即 8bit 的 Command 字段，8bit 的 Version 字段和 16bit 的 Must be zero 字段，这些字段都是用二进制数 0 来表示的。剩下的部分就是 RIP 报文中的路由表项，每条前缀一个表项，因此可以有多个表项，定义如下。

Command：8bit，标识报文的类型，1 表示 request 报文，2 表示 response 报文。

Version：8bit，RIP 的版本，1 表示 RIPv1，2 表示 RIPv2。

Must be zero：16/32bit，该字段永远为 0。RIP 版本 1 这个字段分为两个部分，第 1 部分的 16bit 在 RIP 报文的头部中。第 2 部分的 32bit 在 RIP 报文的路由表项中。

Address family identifier：16bit，地址族标识字段，用于支持携带不同协议的路由信息，每个项都有地址族标志来表明使用的地址类型，IPv4 地址的 AFI 值为 2。

IP Address：32bit，网络前缀，可以为子网地址或主机地址。

Metric：32bit，路由的开销值。对于 request 报文，此字段为 16。

2.2.3　RIPv2 的报文格式

RIPv2 的报文格式类似于 RIPv1，但相比 RIPv1 增加了部分字段，如子网信息、下一跳、路由标记等，具体格式如图 2-3 所示。

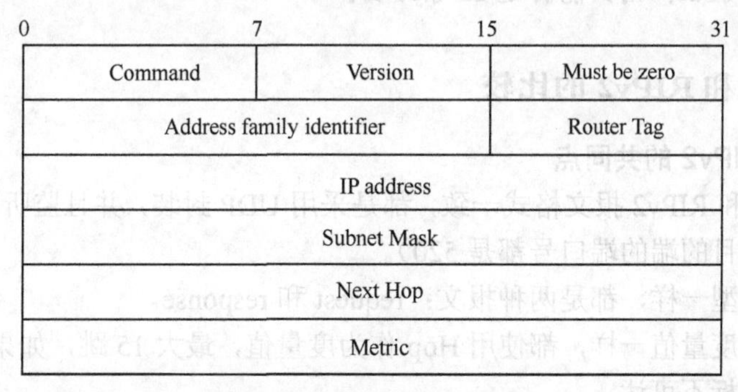

图 2-3　RIPv2 的报文格式

RIPv1 和 RIPv2 都有 Must be zero 字段，这些字段是必须为 0 的字段。因此，Must be zero 字段也称为零域。如果有人恶意篡改了其中的一些字段，可能会使网络出现一些问题。为了保证 RIP 的安全性，需要对 RIP 的报文进行有效性的检查。

RIP 报文的有效性检查一共分为两种：RIPv1 报文的零域检查和 RIP 更新报文的源地址检查。

（1）RIPv1 报文的零域检查：指 RIPv1 在接收报文时对零域进行检查。如果该值不为 0，该报文将被丢弃，在 RIP 进程下使用 checkzero 命令可以完成此操作。此配置针对 RIPv2 是无效的。

（2）RIP 更新报文的源地址检查：检查发送报文的接口 IP 地址与接收报文接口的 IP 地址是否在同一网段。如果不在同一个网段，那么报文将被丢弃。在 RIP 进程下使用 verify-source 命令可以完成此操作。

RIPv2 与 RIPv1 不同的报文字段注释

Router Tag：16bit，路由标记字段，用于将外部路由引入 RIP 协议中时进行标记，默认为 0。

Subnet Mask：32bit，目标网段的子网掩码，RIPv2 为无类路由协议，传递路由时可以携带子网掩码。

Next Hop：32bit，到达目标网段的下一跳地址，如果是 0.0.0.0，这表示发布此路由的路由器地址为最优的下一跳。

Authentication：当 RIP 配置认证时，RIPv2 会对第一条路由表项做出修改，具体修改如下：将 Address Family Identity 字段改为 0XFFFF；Route Tag 字段改为 Authentication Type 字段；IP Address、Subnet Mask、Next Hop 和 Metric 会变为口令字段。如果使用明文认证是能够在报文中看到密码的，如果使用的是 MD5 认证，后面的 IP 地址、子网掩码等信息由 hash 值替代，无法看到。

说明：

RIP 报文使用 UDP 传输，每个 UDP 报文最大传输 512Byte，从而 RIP 的报文是由头部（header）和路由表项（router entries）组成的，一个路由表项有 20Byte，因此一个 RIP 报文总共能包含 25 个路由表项，也就是最多传递 25 条路由条目。但如果 RIP 进程中配置了认证，那么是无法传递 25 条路由，如果配置了明文认证，每个报文最多传递 24 条路由，如果配置了 MD5 认证，则只能传递 23 条路由。

2.2.4 RIPv1 和 RIPv2 的比较

RIPv1 和 RIPv2 的共同点

- RIPv1 和 RIPv2 报文格式一致，都是采用 UDP 封装，并且监听 520 端口号（源端口和目的端的端口号都是 520）。
- 报文类型一样，都是两种报文：request 和 response。
- 采用的度量值一样，都使用 Hop 作为度量值，最大 15 跳，如果达到 16 跳，则认为目标不可达。
- 定时器是一致的。

RIPv1 和 RIPv2 的不同点

- RIPv1 采用的是广播更新报文，RIPv2 默认采用组播更新，不过也可以将 RIPv2 更改为使用广播更新。通过组播方式替代广播方式的更新可以降低设备的负担，从而提高了效率。

- RIPv1 是有类的路由协议，因此，传递路由时不能携带子网掩码，当路由器收到路由后，子网掩码是采取猜测的方式获取的，以至于路由表存在错误路由的可能性。而 RIPv2 是无类的路由协议，路由传递时携带子网掩码，而 RIPv2 不会出现上述问题。
- RIPv1 不支持 VLSM、CIDR，而 RIPv2 可以支持，因此可以更加灵活地部署网络。
- RIPv1 无法关闭自动汇总，且不支持手动汇总，将会带来不连续子网的问题，该问题将在后面章节中讨论。而 RIPv2 可以关闭自动汇总，并且能够在网络的任意地方进行手动汇总，可以减少路由表的大小，降低网络不稳定所带来的影响。
- RIPv1 不支持路由标记，而 RIPv2 支持路由标记。通过设置路由标记可以为来自外部的路由统一实施路由策略，使用路由标记可以有效地防止多协议之间相互引入造成的环路问题。
- RIPv1 报文中不含 Next-hop 属性，而 RIPv2 支持 Next-hop 属性，该属性可以解决 RIP 的次优路径问题，有全 0（0.0.0.0）和非全 0（如 1.2.3.4）的两种形式。如果 Next-hop 字段为全 0 地址，那么在路由表中，到达该目标网络的下一跳地址即为发送响应报文的源 IP 地址，到达该目标网段的数据包将会发往该接口地址。如果 Next-hop 字段为非全 0 地址（多出现在一个广播多址网络中），则发往目标网段的数据包会被路由器直接发往这个非全 0 的接口地址，因为这个地址一定是最优的下一跳（该案例将在后面详细讨论）。
- RIPv2 增加了对认证的支持，可以提供明文和 MD5 两种方式认证，增强安全性，而 RIPv1 不支持认证。

2.2.5　RIP 的兼容版本

为了更好地支持实际环境中路由器对 RIP 的支持，华为 VRP 平台还具有一个兼容版本，默认情况下启动 RIP 进程后，如果没有配置 RIP 版本，该版本就为兼容版本。以下是 RIP 兼容版本、RIPv1、RIPv2 在收和发 RIP 报文时候的区别。

- 如果配置为兼容版本，则以广播形式发送 RIPv1 报文，接收广播的 RIPv1 和 RIPv2 报文。
- 如果配置为 RIPv1 版本，则只广播发送 RIPv1 报文，接收广播的 RIPv1 报文。
- 如果配置为 RIPv2 版本，则只组播发送 RIPv2 报文，接收组播或广播的 RIPv2 报文。
- 如果配置为 RIPv2 版本，且使用组播方式（Multicast），则发送和接收的都是组播 RIPv2 报文。
- 如果配置为 RIPv2 版本，且使用广播方式（Broadcast），则以广播的形式发送 RIPv2 报文，接收 RIPv1 和 RIPv2 的报文。

说明：

在配置 RIP 时，可以在进程中或者接口下修改 RIP 的版本，但是接口下的配置要优于进程中。配置命令：rip version { 1 | 2 [broadcast | multicast] }。

2.2.6 RIPv1 路由收发规则

RIPv1 是有类的路由协议，有类路由协议的最大特点是发送路由时不携带子网掩码信息，而路由表中每条路由条目都必须有网络号及前缀长度（也就是子网掩码位数），因此，如果网络中通过 RIPv1 来传递路由，那么路由条目将如何呈现在路由表中，又将如何得到子网掩码，这是有类路由协议要解决的最大的问题。

华为 VRP 平台针对 RIPv1 协议定义了路由的发送和接收规则，具体规则如下。

路由发送规则

将要发送的前缀网段和出接口网段进行匹配，有以下情况。

- 如果不在同一主网，那么此为主网边界，将前缀网段自动汇总为有类网络号，并且发送前缀到出接口。
- 如果在同一主网，检查要发送的前缀是否为 32 位掩码。
  - ◆ 如果是，发送 32 位前缀到出接口。
  - ◆ 如果不是，检查前缀和出口掩码是否相同。
    - ○ 如果不同，抑制发送或者汇总为主网络号。
    - ○ 如果相同，没有边界，发送正确前缀到出口。

路由接收规则

当路由器从某个接口接收到一个前缀后，有以下情况。

- 如果发现是主网络号，直接放入路由表，掩码是 8/16/24。
- 如果不是主网络号，将收到的目标前缀与接口网段进行匹配。
  - ◆ 如果不在同一主网，生成有类路由，掩码按有类路由计算，放入路由表。
  - ◆ 如果在同一主网，使用该接口的掩码与路由前缀做“与”运算，然后检查该前缀是网段地址还是主机地址。
    - ○ 如果是网段地址，生成路由，掩码等于自己的接口掩码，放入路由表。
    - ○ 如果不是网段地址，就默认是主机，生成 32 位主机路由，放入路由表。

2.2.7 案例研究：运行不同版本能否正常收发路由

如果在网络中同时运行了 RIPv1、RIPv2 以及兼容版本，如图 2-4 所示，R1 运行了 RIPv1 版本，R2 运行了兼容版本，R3 运行了 RIPv2，那么 R1、R2、R3 是否能正常学习到各自网段路由？

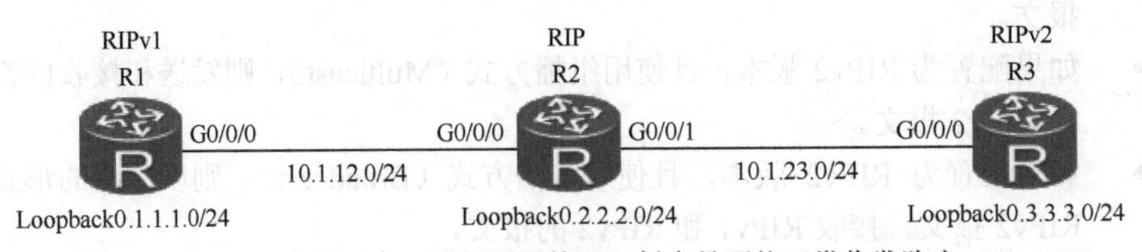

图 2-4 案例研究：运行不同的 RIP 版本是否能正常收发路由

分析：

由于 R1 运行了 RIPv1 版本，那么将会广播发送及接收 v1 报文，R1 的 1.1.1.0 网段将会以广播形式发送出去。而R2运行的是兼容版本，可以接收v1和v2的报文，所以R2是可以将可接收到1.1.1.0网段路由，同时通过广播发送v1的报文，因此R1能够接收来自R2的报文。而R3运行的是RIPv2版本，缺省情况下是以组播的形式发送和接收v2的报文，因此R2也能够接收到R3的报文，但是R3无法接收来自R2的广播v1报文。所以，最终R1/R2/R3的路由表中分别为：

R1的路由表中有R2与R3的环回口路由；

R2的路由表中有R1与R3的环回口路由；

R3的路由表中没有R1与R2的环回口路由。

通过查看各个设备的路由表来验证以上分析。

```
<R1>display ip routing-table
Route Flags: R-relay, D-download to fib
Routing Tables: Public
        Destinations : 13        Routes : 13
Destination/Mask    Proto   Pre  Cost      Flags NextHop       Interface
      1.1.1.0/24    Direct  0    0           D   1.1.1.1       LoopBack0
      1.1.1.1/32    Direct  0    0           D   127.0.0.1     LoopBack0
    1.1.1.255/32    Direct  0    0           D   127.0.0.1     LoopBack0
      2.0.0.0/8     RIP     100  1           D   10.1.12.2     GigabitEthernet0/0/0
      3.0.0.0/8     RIP     100  2           D   10.1.12.2     GigabitEthernet0/0/0
     10.1.12.0/24   Direct  0    0           D   10.1.12.1     GigabitEthernet0/0/0
     10.1.12.1/32   Direct  0    0           D   127.0.0.1     GigabitEthernet0/0/0
   10.1.12.255/32   Direct  0    0           D   127.0.0.1     GigabitEthernet0/0/0
     10.1.23.0/24   RIP     100  1           D   10.1.12.2     GigabitEthernet0/0/0
     127.0.0.0/8    Direct  0    0           D   127.0.0.1     InLoopBack0
     127.0.0.1/32   Direct  0    0           D   127.0.0.1     InLoopBack0
127.255.255.255/32  Direct  0    0           D   127.0.0.1     InLoopBack0
255.255.255.255/32  Direct  0    0           D   127.0.0.1     InLoopBack0
------------------------------------------------------------------------------
<R2>display ip routing-table
Route Flags: R-relay, D-download to fib
Routing Tables: Public
        Destinations : 15        Routes : 15
Destination/Mask    Proto   Pre  Cost      Flags NextHop       Interface
      1.0.0.0/8     RIP     100  1           D   10.1.12.1     GigabitEthernet0/0/0
      2.2.2.0/24    Direct  0    0           D   2.2.2.2       LoopBack0
      2.2.2.2/32    Direct  0    0           D   127.0.0.1     LoopBack0
    2.2.2.255/32    Direct  0    0           D   127.0.0.1     LoopBack0
      3.3.3.0/24    RIP     100  1           D   10.1.23.3     GigabitEthernet0/0/1
     10.1.12.0/24   Direct  0    0           D   10.1.12.2     GigabitEthernet0/0/0
     10.1.12.2/32   Direct  0    0           D   127.0.0.1     GigabitEthernet0/0/0
   10.1.12.255/32   Direct  0    0           D   127.0.0.1     GigabitEthernet0/0/0
     10.1.23.0/24   Direct  0    0           D   10.1.23.2     GigabitEthernet0/0/1
     10.1.23.2/32   Direct  0    0           D   127.0.0.1     GigabitEthernet0/0/1
   10.1.23.255/32   Direct  0    0           D   127.0.0.1     GigabitEthernet0/0/1
     127.0.0.0/8    Direct  0    0           D   127.0.0.1     InLoopBack0
     127.0.0.1/32   Direct  0    0           D   127.0.0.1     InLoopBack0
127.255.255.255/32  Direct  0    0           D   127.0.0.1     InLoopBack0
255.255.255.255/32  Direct  0    0           D   127.0.0.1     InLoopBack0
------------------------------------------------------------------------------
<R3>display ip routing-table
Route Flags: R-relay, D-download to fib
```

```
Routing Tables: Public
         Destinations : 10        Routes : 10
Destination/Mask    Proto   Pre  Cost      Flags NextHop         Interface
      3.3.3.0/24    Direct  0    0           D   3.3.3.3         LoopBack0
      3.3.3.3/32    Direct  0    0           D   127.0.0.1       LoopBack0
    3.3.3.255/32    Direct  0    0           D   127.0.0.1       LoopBack0
     10.1.23.0/24   Direct  0    0           D   10.1.23.3       GigabitEthernet0/0/0
     10.1.23.3/32   Direct  0    0           D   127.0.0.1       GigabitEthernet0/0/0
   10.1.23.255/32   Direct  0    0           D   127.0.0.1       GigabitEthernet0/0/0
     127.0.0.0/8    Direct  0    0           D   127.0.0.1       InLoopBack0
     127.0.0.1/32   Direct  0    0           D   127.0.0.1       InLoopBack0
127.255.255.255/32  Direct  0    0           D   127.0.0.1       InLoopBack0
255.255.255.255/32  Direct  0    0           D   127.0.0.1       InLoopBack0
```

注意：

一般情况下，建议所有路由器均配置相同的版本，以免导致路由器之间无法相互学习到路由。如果由于版本不一致导致无法学习路由，可以在进程中或者接口下通过修改版本的方式来解决这个问题，比如在这个例子中，可以在 R3 的 G0/0/0 接口下配置：rip version 1，接收 RIPv1 的报文。也可以在 R2 的 G0/0/1 接口配置：rip version 2 multicast，发送 RIPv2 的报文。

2.2.8 案例研究：运行 RIPv1 路由能否正常收发路由

前面提到了 RIPv1 协议的路由收发规则，下面结合一个案例来看看使用 RIPv1 协议能否正常传递路由，并且观察路由表中路由条目是如何呈现的，如图 2-5 所示，R1 和 R2 都运行 RIPv1，两台设备直连网段为 10.1.1.0/24，R1 上分别有 5 个环回接口被通告进 RIP 进程。

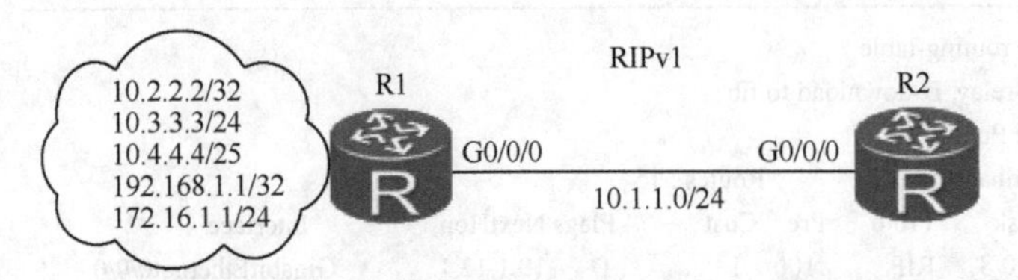

图 2-5 案例研究：RIPv1 的路由接收及发送问题

配置 RIPv1 以后，利用 debugging 工具查看 R1 所发送的路由：

```
Nov 26 2015 09:09:13.175.1-05:13 r1 RIP/7/DBG: 6: 13456: RIP 1: Sending response on interface GigabitEthernet0/0/0
from 10.1.1.1 to 255.255.255.255
Nov 26 2015 09:09:13.175.2-05:13 r1 RIP/7/DBG: 6: 13476: Packet: Version 1, Cmd response, Length 124
Nov 26 2015 09:09:13.175.3-05:13 r1 RIP/7/DBG: 6: 13527: Dest 10.1.1.0, Cost 1
Nov 26 2015 09:09:13.175.4-05:13 r1 RIP/7/DBG: 6: 13527: Dest 10.2.2.2, Cost 1
Nov 26 2015 09:09:13.175.5-05:13 r1 RIP/7/DBG: 6: 13527: Dest 10.3.3.0, Cost 1
Nov 26 2015 09:09:13.175.6-05:13 r1 RIP/7/DBG: 6: 13527: Dest 10.0.0.0, Cost 1
Nov 26 2015 09:09:13.175.7-05:13 r1 RIP/7/DBG: 6: 13527: Dest 172.16.0.0, Cost 1
Nov 26 2015 09:09:13.175.8-05:13 r1 RIP/7/DBG: 6: 13527: Dest 192.168.1.0, Cost 1
```

分析：

通过观察发现，R1 将 5 个环回接口的网段以及直连网段都从 G0/0/0 接口发送出去。

由于 RIPv1 是有类协议，因此发送的路由是不携带子网掩码的，只包含路由前缀及 Cost 信息，接下来分别来看看这些环回接口的网段是如何发送出去的。

10.2.2.2/32：该网段是一个 32 位的主机路由，并且与接口同一主网，根据发送规则，这条路由将被直接发送到出接口，所要发送的网段为 10.2.2.2。

10.3.3.3/24：该网段接口为同一主网，并且掩码都是 24 位，因此被认为没有边界，直接发送到出接口，所要发送的网段为 10.3.3.0。

10.4.4.4/25：该网段与接口为同一主网，但是掩码与接口不同，因此会被汇总成有类的网络并且送到出接口，所要发送的网段为 10.0.0.0。

192.168.1.1/32：该网段虽然也是 32 位的主机，但是与接口不在同一主网，那么此路由器将为主网的边界设备，所有网段都将被有类汇总，所要发送的网段为 192.168.1.0。

172.16.1.1/24：该网段与接口不在同一主网，同样被有类汇总，所要发送的网段为 172.16.0.0。

配置以后观察 R2 的路由表，如下所示。

```
[R2]display ip routing-table
Route Flags: R-relay, D-download to fib
------------------------------------------------------------------------------
Routing Tables: Public
         Destinations : 12        Routes : 12

Destination/Mask    Proto   Pre  Cost      Flags NextHop         Interface

       10.0.0.0/8   RIP     100  1           D   10.1.1.1        GigabitEthernet0/0/0
      10.1.1.0/24   Direct  0    0           D   10.1.1.2        GigabitEthernet0/0/0
      10.1.1.2/32   Direct  0    0           D   127.0.0.1       GigabitEthernet0/0/0
    10.1.1.255/32   Direct  0    0           D   127.0.0.1       GigabitEthernet0/0/0
      10.2.2.2/32   RIP     100  1           D   10.1.1.1        GigabitEthernet0/0/0
      10.3.3.0/24   RIP     100  1           D   10.1.1.1        GigabitEthernet0/0/0
      127.0.0.0/8   Direct  0    0           D   127.0.0.1       InLoopBack0
     127.0.0.1/32   Direct  0    0           D   127.0.0.1       InLoopBack0
127.255.255.255/32  Direct  0    0           D   127.0.0.1       InLoopBack0
    172.16.0.0/16   RIP     100  1           D   10.1.1.1        GigabitEthernet0/0/0
   192.168.1.0/24   RIP     100  1           D   10.1.1.1        GigabitEthernet0/0/0
255.255.255.255/32  Direct  0    0           D   127.0.0.1       InLoopBack0
```

分析：

通过观察 R2 从 G0/0/0 接口接收到路由，可以看到路由都能够接收到，并且每条路由都有自然掩码或者子网掩码，下面来看看路由的掩码是如何获取的。

10.2.2.2/32：从 R1 收到的网段为 10.2.2.2，不是主网络号，且与接口为同一主网，再判断该地址为 32 位的主机地址，因此生成 32 位的主机路由，在路由表中，该路由条目为 10.2.2.2/32。

10.3.3.3/24：从 R1 收到的网段为 10.3.3.0，不是主网络号，且与接口为同一主网，再用接口掩码做“与”运算，发现是网段地址，那么将 R2 的 G0/0/0 接口的掩码给予该条目。因此在路由表中，该路由条目为 10.3.3.0/24。

10.4.4.4/25：从 R1 收到的网段为 10.0.0.0，是主网络号，将给予该路由一个主类网络掩码，由于是 A 类地址，掩码长度为 8 位，因此在路由表中，该路由条目为 10.0.0.0/8。

192.168.1.1/32：从 R1 收到的网段为 192.168.1.0，是主网络号，因此给予一个主类网络掩码，由于是 C 类地址，掩码长度为 24 位，因此在路由表中，该路由条目为 192.168.1.0/24。

172.16.1.1/24：从 R1 收到的网段为 172.16.0.0，是主网络号，因此给予一个主类网络掩码，由于是 B 类地址，掩码长度为 16，因此在路由表中，该路由条目为 172.16.0.0/16。

2.2.9 案例研究：运行 RIPv1 传递路由的问题

如图 2-6 所示，R1/R2/R3 分别运行 RIPv1，路由器之间的直连接口采用一个 C 类网段地址：192.168.1.0/24，R1 接口为 192.168.1.1/24，R2 的 G0/0/0 接口地址为 192.168.1.2/27，G0/0/1 接口地址为 192.168.1.33/27，R3 的接口地址为 192.168.1.34/27，分别将接口通告进 RIPv1 进程。

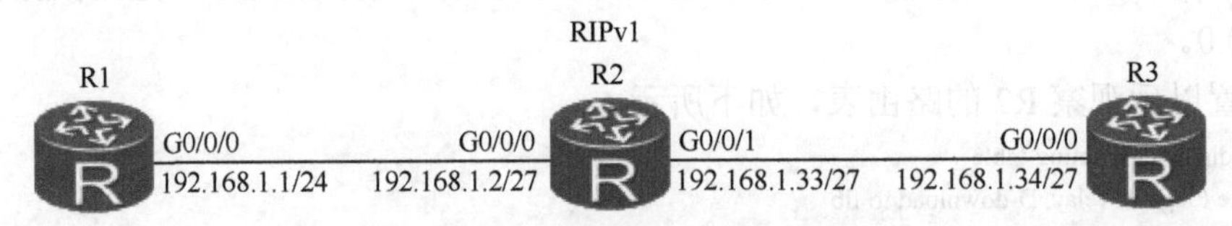

图 2-6 运行 RIPv1 的路由传递问题

问题描述如下。

- R1 和 R3 的路由表是否能够接收到各自直连网段路由？
- R1 能否与 R3 正常通信？

问题一分析：由于 R2 分别与 R1 和 R3 相连，并且在该网络中只有直连网段，没有其他地址，R2 的路由表中仅仅只有两条直连路由，分别为 192.168.1.0/27 和 192.168.1.32/27。而 R1 和 R3 的路由表都是通过 R2 传递过来的；R2 会将直连网段 192.168.1.32/27 传递给 R1，将直连网段 192.168.1.0/27 传递给 R3。注意，由于运行的是 RIPv1，因此路由传递的时候不携带子网掩码，接下来分别观察一下 R1 和 R3 能否接收到路由。

R2 将 192.168.1.32 网段不带子网掩码从 G0/0/0 接口发送出去，根据发送规则判断，该网段与接口为同一主网，且掩码也是一致的，因此能够发送出去。R1 接收到路由以后，根据接收规则判断，该网段不是主网络号，但是与接收的接口为同一主网，经过与接口的掩码做"与"运算，发现该地址不是一个网段地址，那么 R1 会把该地址当作一个主机地址放进路由表，给予一个 32 位的掩码，最终 R1 的路由表中条目为 192.168.1.32/32。

R2 将 192.168.1.0 网段不带子网掩码从 G0/0/1 接口发送出去，根据发送规则判断，该网段与接口为同一主网，且掩码也是一致的，因此能够发送出去。R3 接收到路由以后，根据接收规则判断，该网段是主网络号，将直接给予该条目一个有类的网络掩码，由于是 C 类地址，掩码为 24 位，最终 R3 的路由表中条目为 192.168.1.0/24。

查看 R1 和 R3 的路由表：

```
<R1>display ip routing-table
Route Flags: R-relay, D-download to fib
Routing Tables: Public
         Destinations : 8        Routes : 8
Destination/Mask    Proto   Pre  Cost      Flags NextHop         Interface
```

```
       127.0.0.0/8    Direct  0    0      D   127.0.0.1       InLoopBack0
       127.0.0.1/32   Direct  0    0      D   127.0.0.1       InLoopBack0
 127.255.255.255/32   Direct  0    0      D   127.0.0.1       InLoopBack0
     192.168.1.0/24   Direct  0    0      D   192.168.1.1     GigabitEthernet0/0/0
     192.168.1.1/32   Direct  0    0      D   127.0.0.1       GigabitEthernet0/0/0
    192.168.1.32/32   RIP     100  1      D   192.168.1.2     GigabitEthernet0/0/0
   192.168.1.255/32   Direct  0    0      D   127.0.0.1       GigabitEthernet0/0/0
 255.255.255.255/32   Direct  0    0      D   127.0.0.1       InLoopBack0
------------------------------------------------------------------------------
<R3>display ip routing-table
Route Flags: R-relay, D-download to fib
Routing Tables: Public
         Destinations : 8        Routes : 8
Destination/Mask   Proto   Pre  Cost      Flags NextHop         Interface
       127.0.0.0/8    Direct  0    0      D   127.0.0.1       InLoopBack0
       127.0.0.1/32   Direct  0    0      D   127.0.0.1       InLoopBack0
 127.255.255.255/32   Direct  0    0      D   127.0.0.1       InLoopBack0
     192.168.1.0/24   RIP     100  1      D   192.168.1.33    GigabitEthernet0/0/0
    192.168.1.32/27   Direct  0    0      D   192.168.1.34    GigabitEthernet0/0/0
    192.168.1.34/32   Direct  0    0      D   127.0.0.1       GigabitEthernet0/0/0
    192.168.1.63/32   Direct  0    0      D   127.0.0.1       GigabitEthernet0/0/0
 255.255.255.255/32   Direct  0    0      D   127.0.0.1       InLoopBack0
```

问题二分析：从上述分析过程可以看出，R1 和 R3 都能够接收到各自的网段路由，但是 R1 和 R3 若想互相访问各自的接口地址，看看能否正常匹配到路由。

R1 访问 192.168.1.34，查找路由表，发现从 R2 学习的 192.168.1.32/32 是无法匹配的，这是一个主机地址。那么 R2 是否就会将数据包丢弃掉呢？实际是不会的，通过"与"运算计算出目标地址与自己的接口为同一主网，最终 R1 将会匹配到路由表中直连网段 192.168.1.0/24，数据包可以发送出去。

而访问直连网段，需要通过 ARP 获取到对方的 MAC 地址与 IP 地址的映射信息，因此 R1 将会广播一个 ARP 请求，而请求的地址为 R3 的接口地址：192.168.1.34。该请求信息被 R2 收到，关键是 R2 收到以后能不能响应该请求，这里需要注意的是，该 ARP 请求报文中需要请求的 IP 地址并不是 R2 自己的接口地址，而是 R3 的物理接口地址。华为 VRP 平台接口默认未启用 arp-proxy（代理 ARP）功能，将会导致 R2 直接丢弃掉该报文，最终数据包是无法 PING 通的。

在 R1 上 PING 192.168.1.34，发现是无法 PING 通的。

```
<R1>ping 192.168.1.34
  PING 192.168.1.34: 56   data bytes, press CTRL_C to break
    Request time out
    Request time out
    Request time out
    Request time out
    Request time out
  --- 192.168.1.34 ping statistics ---
    5 packet(s) transmitted
    0 packet(s) received
    100.00% packet loss
```

查看 R1 的 ARP 信息，也无法看到 192.168.1.34 的映射信息。

```
<R1>display arp
IP ADDRESS      MAC ADDRESS     EXPIRE(M) TYPE        INTERFACE    VPN-INSTANCE
```

```
VLAN/CEVLAN PVC
------------------------------------------------------------------------------------------------
192.168.1.1      00e0-fc5f-771e             I-         GE0/0/0
------------------------------------------------------------------------------------------------
Total:1          Dynamic:0        Static:0       Interface:1
```

开启 R2 的代理 ARP。

```
interface GigabitEthernet0/0/0
 ip address 192.168.1.2 255.255.255.224
 arp-proxy enable
```

在 R1 上面再次 PING 该地址，发现可以 PING 通。

```
<R1>ping 192.168.1.34
  PING 192.168.1.34: 56  data bytes, press CTRL_C to break
    Request time out
    Request time out
    Reply from 192.168.1.34: bytes=56 Sequence=3 ttl=254 time=20 ms
    Reply from 192.168.1.34: bytes=56 Sequence=4 ttl=254 time=20 ms
    Reply from 192.168.1.34: bytes=56 Sequence=5 ttl=254 time=20 ms
  --- 192.168.1.34 ping statistics ---
    5 packet(s) transmitted
    3 packet(s) received
    40.00% packet loss
    round-trip min/avg/max = 20/20/20 ms
```

查看 R1 的 ARP 表，可以看到接口的映射信息，实际上与 R2 的接口一致。

```
<R1>display arp
IP ADDRESS      MAC ADDRESS     EXPIRE(M) TYPE        INTERFACE   VPN-INSTANCE
VLAN/CEVLAN PVC
------------------------------------------------------------------------------------------------
192.168.1.1     00e0-fc5f-771e              I-         GE0/0/0
192.168.1.34    00e0-fc20-7909   19         D-0        GE0/0/0
192.168.1.2     00e0-fc20-7909   19         D-0        GE0/0/0
------------------------------------------------------------------------------------------------
Total:3         Dynamic:2        Static:0       Interface:1
```

由于 R3 的路由表能够正常地匹配到源地址 192.168.1.1，因此可以正常地响应 ICMP 消息。

小结：

本案例介绍了 RIPv1 协议通告路由的特点，在某些方面 RIPv1 的使用可能比 RIPv2 更加困难，归根到底还是因为有类路由协议不能携带子网掩码，而路由器收到路由后，掩码需要通过猜测的方式来获取，这样就会造成路由表的错误，特别是本例中 R1 的路由表，接收到一条多余的路由，R1 根本无法匹配到该路由。因此，建议在部署网络的时候尽量选择 RIPv2。

2.3 RIP 的防环机制

距离矢量路由协议面临最大的问题就是路由环路，如图 2-7 所示，R3 的 100.1.1.0/24 网段出现故障，会将该网络标记为不可达，并在下一更新周期通知 R2。但是意想不到的是，在 R3 发送更新给 R2 之前，R2 先把更新报文发送给了 R3，在没有水平分割的情况下，R3 重新从 R2 学习到该路由，并且下一跳地址为 R2，跳数变为 2 跳。而 R3 的更新周期到期后，又将该路由发送给 R2，R2 学习到的路由将路由表的跳数由之前的 1 跳改为 3 跳。如此重复，路由表中的跳数将会不断增加，直到最大。假设 R2 有个数据包需要发往 100.1.1.0/24 网段，那么将会在 R2 和 R3 之间不停地转发，形成环路。

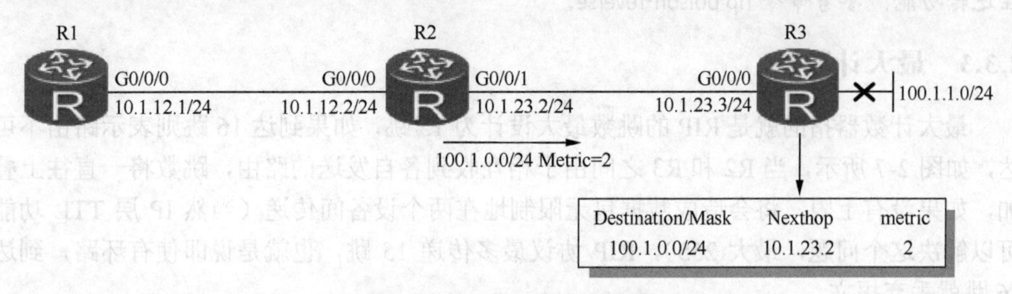

图 2-7　RIP 协议的环路现象

RIP 协议本身的算法不具备解决环路的能力，但是 RIP 协议中提供了 4 种机制来解决：水平分割、毒性逆转、最大计数器、触发更新。

2.3.1　水平分割

水平分割指的是一条路由从某一个接口学习到，不会从该接口再次转发出去，这样既可以减少链路带宽的浪费，同时也可以避免环路。如图 2-7 所示，100.1.1.0 网段原本是 R3 通告给 R2 的，而 R2 也只能通过 R3 到达该网段，但是当该网段失效以后，R2 实际通告了一条错误的信息给 R3，而且这条信息也是没有意义的。因此，水平分割机制阻止了 R2 从收到路由的源接口再次发送出去，避免 R3 收到一条错误信息而形成环路。

华为 VRP 平台下，RIP 的水平分割需要注意以下几点。

- 在广播型 BMA（Broadcast Multiple Access）网络中，接口默认都是启用水平分割的。
- 在非广播型 NBMA（Non-Broadcast Multiple Access）网络中，如帧中继或 X.25 的网络中，接口默认是关闭水平分割的。

注意：

在广播多址网络中，假如是一个 Hub-Spoke 结构网络，使用单播方式互相通告路由时，需要注意两个 Spoke 之间的路由学习，由于都是通过 Hub 点学习的，但是在广播多址网络下，水平分割默认开启，会导致路由学习不到，此时需要关闭水平分割，可以通过在接口下配置命令 undo rip split-horizon 关闭水平分割。

2.3.2　毒性逆转

毒性逆转与水平分割正好相反，水平分割不从原接收路由接口发送出去，毒性逆转仍然会将路由发送出去，但是此路由将会是一条带有“毒”的路由，该路由被置为 16 跳，是一条不可达的路由。目的也是为了告诉对方，该路由从本设备发出是无法到达目的地址的。利用该方式也能够清除对方路由表中无用的路由。如图 2-7 所示，如果毒性逆转开启，那么 R2 仍然会将 100.1.1.0 网段通告出去，只不过该路由的跳数为 16，这样

R3 从 R2 收到的就是一个 16 跳的路由，避免了环路产生。

说明：

缺省情况下，毒性逆转都是禁用的，如果同时开启毒性逆转和水平分割，则只使用毒性逆转功能，参考命令 rip poison-reverse。

2.3.3 最大计数器

最大计数器指的就是 RIP 的跳数最大设计为 15 跳，如果到达 16 跳则表示路由不可达，如图 2-7 所示，当 R2 和 R3 之间由于相互收到各自发送的路由，跳数将一直往上叠加，如果没有上限，将会造成数据包无限制地在两个设备间传递（当然 IP 层 TTL 功能可以解决这个问题，最大 255），RIP 协议最多传递 15 跳，也就是说即使有环路，到达 16 跳就丢弃报文。

在网络中，跳数为 16 的路由也被称为毒化路由，如果设备收到该路由，应该立刻从路由表中清除该路由。

2.3.4 触发更新

触发更新指的是路由表中的某条路由发生变化时（如度量值变好或者变坏、学习到或删除了某条路由等），路由器会立刻发送更新报文，不等 RIP 定时器超时。这样做虽然不能解决路由环路，但是可以有效地避免路由环路的产生。而且当网络的拓扑发生变化后，还可以加快网络的收敛速度，从而减少了处理时间上对网络带宽的影响。

触发更新机制的方式可以分为以下两种。

（1）当路由信息发生变化时，立刻向邻居路由器发送更新报文，通知变化的路由信息。

（2）当路由的下一跳不可达时，立刻会把此路由的度量值标记为 16 跳，并通告给邻居。

通常情况下，RIP 协议每 30s 会产生一个更新报文。如果在快速以太网上，这也许并不会对整个网络产生什么影响。但是，如果在低速的串行链路上，周期性地发送更新报文只会造成网络更加拥堵。为解决这种情况，就需要配置触发更新机制来消除 RIP 的周期性更新。

2.4 RIP 的高级特性

2.4.1 silent-interface 和 peer ip-address

silent-interface 也称为静默接口，主要用来抑制该接口发送 RIP 报文，但是不会影响报文的接收。通常情况下用作与其他路由协议相连或者是环回的接口，此接口没有必要再向外发送 RIP 报文，因此可以配置静默接口来减少链路带宽的浪费。

peer ip-address 用来指定向某一个邻居设备发送更新，通常情况下，管理员为了减少网络中RIP报文泛洪的范围，可以将其和Silent-interface联合使用，来实现RIP的单播更新，起到优化作用。

说明：

除了通过silent-interface阻止报文的发送，还可以利用undo rip output来实现这一目的，该命令用来阻止该接口发送RIP报文，但是其优先级不如silent-interface，也可以利用undo rip input来实现对报文的接收。

2.4.2 metricin和metricout

在网络中，如果有多条路径到达同一目标，RIP将会根据跳数来决定优选路由，可能优选的路径达到目标网络的跳数较少，但是带宽非常低。而另外的路径虽然跳数较多，但是带宽非常高，而RIP无法根据带宽来计算，这样将会导致次优路径的产生。RIP提供了metricin和metricout工具来修改度量值，从而影响路由器的选路。

rip metricin：当接收到一条路由时，RIP将接口设置的度量值附加到该路由上，再加入路由表中。例如：一条路由携带的度量值为3，在接口上附加了一个度量值2，那么总共相加就为5。

配置命令：

```
rip metricin { value | { acl-number | acl-name acl-name | ip-prefix ip-prefix-name } value1 }
```

rip metricout：当发布一条路由时，发送度量值会在发布该路由之前附加在这条路由上。因此，增加一个接口的发送度量值，该接口发送的RIP路由权值也会相应增加，但路由表中的度量值不会发生改变。例如：一条路由携带的度量值为2，而接口附加的度量值为2，那么发送出去的时候度量值为4。

配置命令：

```
rip metricout { value | { acl-number | acl-name acl-name | ip-prefix ip-prefix-name } value1 }
```

提示：

在配置附加度量值时，要注意网络拓扑，RIP最大的网络直径是15跳，因此值不能大于15，否则将会影响其他路由器无法学习到路由。

2.4.3 RIPv2的认证

RIPv2支持两种认证，分别是明文认证和MD5认证，明文认证是指密码在网络中是以明文形式传输的，通过报文分析工具可以很轻易地获取明文密码。MD5认证是指密码在网络上以一个128bit的散列值传输，但是该值是不可逆的，用户即使截取到数据包，也无法获取到其中的密码。针对MD5认证，华为除了可以使用传统的MD5加密方式，还可以使用它自己私有的加密方式。

在华为VRP平台上，针对明文认证只能是基于链路的这一情况，只需要在其接口下使用命令rip authentication-mode simple cipher *password* 即可完成对链路的明文认证。

针对MD5认证，既可以配置基于链路的认证，也可以配置基于密钥链的认证。

基于链路的认证，可以使用基于MD5的以下两种加密方式。

- 输入参数 nonstandard，使用基于 IETF 国际标准的 MD5 加密方式。参考命令为 rip authentication-mode md5 nonstandard *password key-id*。
- 输入参数 usual，使用基于华为私有的 MD5 加密方式。如果使用了该加密模式，则无法使用基于密钥链的认证。参考命令为 rip authentication-mode md5 usual *password*。

企业在使用 RIP 认证的时候，出于安全考虑，有可能需要定期地修改认证密码，这种情况下，无论是使用 MD5 认证的哪一种方式，在更换密钥的过程中，都会导致 RIP 的工作中断，影响公司正常的业务流程。因此，在有这样需求的企业网中部署 RIP 认证时，应该使用密钥链的认证方式，使用这种方式可以把更换 RIP 认证密码对企业业务的影响降到最低。

密钥链（Keychain）通过定期动态更改认证算法和密钥的方法，保证协议报文传输的安全性，同时能减少人工更改算法和密钥的工作量。Keychain 认证算法的动态切换是通过 key-id 来实现的，每个 Keychain 由多个 key 组成，每个 key-id 需要对应配置一个认证算法，不同的 key 在不同时间段活跃，实现动态切换认证算法。

Keychain 有两种时间生效的模式，分别是绝对时间生效（absolute）和周期形式生效（periodic），它们的区别如下。

- absolute：绝对时间生效，不会周期性地生效。指 key-id 在一个发送时间段内只生效一次，超过这个时间段则永远不会再生效。
- periodic：在一个时间段内周期性地生效，如果超过该时间段，则在下一个周期的该时间段内生效。

这里需要注意的是，key-id 的发送时间模式一定要和 Keychain 配置的时间模式一样，示例如下。

Keychain 模式为 absolute，则 key-id 的发生模式也必须为 utc。

```
[Huawei] keychain huawei1 mode absolute
[Huawei-keychain] key-id 1
[Huawei-keychain-keyid-1] send-time utc 14:52 2013-10-1 to 14:52 2020-10-1
```

Keychain 模式为 periodic 中的 daily，则 key-id 的发生模式也必须为 daily，当然可以以日（daily）的方式周期性生效，还可以以星期（weekly）、月份（monthly）和年份（yearly）方式周期性生效，实例如下。

```
[Huawei] keychain huawei2 mode periodic daily
[Huawei-keychain] key-id 1
[Huawei-keychain-keyid-1] send-time daily 14:52 to 18:10
```

Keychain 的配置参考命令如下。

- ◆ 用 algorithm 命令来配置 key-id 的认证算法。
- ◆ 用 key-string 命令来配置 key-id 的密钥。
- ◆ 用 send-time 命令来配置 key-id 的发送时间。
- ◆ 用 receive-time 命令来配置 key-id 的接收时间。

注意：

- ◆ 一个 Keychain 中最多配置 64 个 key-id，但同时只能有一个发送 key-id 生效。
- ◆ 华为的设备中，如 key-id 中没有配置发送时间，那么该 key-id 是不会生效的。

◆ 为了避免各个 key 间隔时间内没有活跃的 key 对协议报文进行认证和加密，建议配置 key 时，通过命令 *default send-key-id* 指定其中一个为缺省的发送 key。
◆ 配置 key 的发送和接收时间时，key 的时间模式必须和创建 Keychain 时的模式一致。

RIPv2 验证报文的格式和一般的 RIP 也有些不同。RIPv2 使用第一个表项作为认证项，并且把 AFI（Address Family Identifier）位标记为 0xFFFF 作为标识。如表 2-1 和表 2-2 所示。

表 2-1　RIP 验证报文格式

0	7	15	31
Command	Version	Must be zero	
Address Family Identifier		Authentication type	
Authentication（16 octets）			

表 2-2　RIP 验证报文格式详解

字段名	长　度	含　义
Command	8bit	标识报文的类型： 1 表示 request 报文； 2 表示 response 报文
Version	8bit	RIP 的版本： 1 表示 RIPv1； 2 表示 RIPv2
Must be zero	16bit	该字段必须为 0， RIPv2 中只有 RIP 头中有该字段
0xFFFF	16bit	认证项标识，表示整个 RIP 报文需要认证
Authentication type	16bit	验证类型： 2 表示明文验证； 3 表示 MD5 验证
Authentication	16Byte	包含验证的信息

2.4.4　路由聚合

当网络规模很大时，路由表会变得十分庞大，存储路由信息将会占用大量的设备内存资源，传输和处理路由信息需要占用大量的网络带宽，尤其是 RIP 每次更新都发送整个路由表信息，使用路由聚合可以大大减小路由表的规模。另外，通过对路由进行聚合，隐藏一些具体的路由，可以减少路由震荡给网络带来的影响。

RIP 分为两种聚合方式：自动路由聚合和手动路由聚合。RIPv1 和 RIPv2 都能够支持自动聚合功能，当路由器处于主网边界时，会将路由有类聚合并发布出去。而只有 RIPv2 才可以支持手动聚合，手动聚合的好处在于可以更加灵活地聚合地址。

- RIP 自动路由聚合

缺省情况下，RIPv1 和 RIPv2 都会在主网边界进行自动聚合，聚合成有类网络。但不同的是，RIPv1 不能关闭自动聚合，这样将会造成不连续子网的问题（后面将会讨论），而 RIPv2 可以关闭。

说明：

如果配置了水平分割或毒性逆转，有类聚合将失效，而水平分割是默认开启的，因此，运行 RIPv2 的路由器不会自动聚合。另外一种方式可以在 RIPv2 进程中使用命令 summary always 来开启自动聚合，此时不论水平分割或毒性逆转是否启用。

- RIP 手动路由聚合

说明：

只有 RIPv2 可以支持手动聚合，手动路由聚合的路由优先级要高于自动聚合的路由优先级，手动聚合比自动聚合部署起来更加灵活，更加适合用于规划网络，手动路由聚合通过在接口下的命令 rip summary-address 来实现。

2.4.5 案例研究：自动路由聚合造成不连续子网问题

所谓不连续子网，指的是同一主类网络的子网被其他主类网络或其他主类网络的子网分隔，造成子网的不连续。而 RIPv1 会带来不连续子网的问题，具体情况如图 2-8 所示，R1 通告了一条网段 172.16.1.0/24，R3 通告了一条网段 172.16.2.0/24，这两条网段属于同一主网，而中间被另外一个主网 10.1.12.0/24、10.1.23.0/24 隔开，造成不连续的网络。

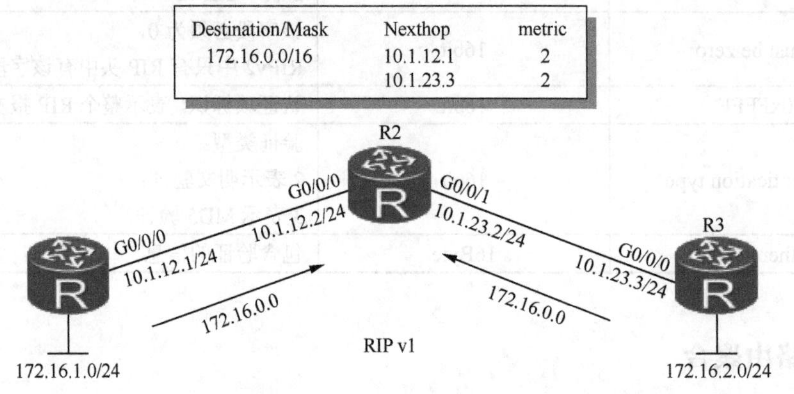

图 2-8 案例研究：自动聚合造成的不连续子网问题

问题分析：R1、R2、R3 同时运行 RIPv1，R2 将会从 R1 和 R3 同时学习到两个网段，由于 R1 和 R3 都连接着两个不同的主网，这两台设备都是主网的边界设备，当 R1 从 G0/0/0 接口通告 172.16.1.0 网段给 R2 时，被自动汇总为 172.16.0.0，而 R2 收到后将会给予一个有类的网络掩码/16。R3 同样也会通告一条 172.16.0.0 的路由给 R2，此时在 R2 的路由表中将会有两条同样的路由，都是 172.16.0.0/16，且这两条路由的 Cost 值相同，那么 R2 将会同时将它们放进路由表中，负载分担。如果此时 R2 要去访问 172.16.1.0 网段，那么会同时匹配到 172.16.0.0/16 这条路由，该路由有两个下一跳，一个是 R1，一个是 R3，如果基于每数据包的负载均衡方式，那么数据包将会一部分发往 R1，一部分发往 R3，这样会导致有一半的流量正常，一半的流量会丢弃。

解决办法如下：

（1）升级网络为 RIPv2，并且将自动汇总关闭，使 R2 收到的是明细路由；

（2）重新规划网络，将网络设计为连续的子网；

（3）通过 GRE 隧道的方式使其连续；

（4）配置辅助地址使子网连续。

2.4.6 案例研究：手动聚合造成的路由环路问题

问题描述：如图 2-9 所示，在 R2 有 3 个网段，为了减少路由表的路由数量，在 G0/0/0 接口下做了手动聚合，将聚合路由 172.16.0.0/16 发送给 R1。此时，如果 R1 的接口将水平分割关闭了，那么将会从该接口重新把聚合路由发送出去，R2 又会从原接口收到这条聚合路由，下一跳地址指向 R1。如果 R1 需要访问 R2 中所没有的明细路由 172.16.4.0，那么将会匹配到该聚合路由，数据包将会发给 R2，而 R2 路由表中没有明细路由，最终再次匹配到该聚合路由，数据包再次发给 R1，这样将会造成环路。

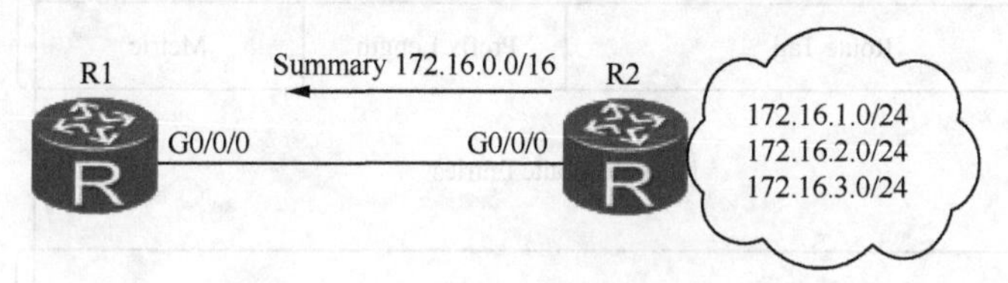

图 2-9 手动聚合造成的路由环路问题

解决办法如下。

（1）在 R2 的路由表中增加一条静态路由，出接口指向 NULL 0（所谓 NULL0，是指空接口匹配到该路由后直接丢弃数据包），防止 R2 使用这条聚合路由。使用命令：ip route-static 172.16.0.0 16 null 0。

（2）保持水平分割的启用，避免 R2 重新收到这条聚合路由。

（3）配置手动路由聚合时，在命令后面添加 avoid-feedback 参数，防止从该接口再次接收到聚合路由，避免造成环路。

2.5 RIPng 协议

2.5.1 RIPng 协议介绍

RIPng 是一种较为简单的内部网关协议，是 RIP 在 IPv6 网络中的应用。RIPng 主要用于规模较小的网络中，比如校园网以及结构较简单的地区性网络。由于 RIPng 的实现较为简单，在配置和维护管理方面也远比 OSPFv3 和 IS-IS for IPv6 容易，因此在实际组网中仍有广泛的应用。

在 IPv6 网络中同样需要动态路由协议为 IPv6 报文的转发提供准确有效的路由信息。

因此，IETF 在保留了 RIP 优点的基础上，针对 IPv6 网络特点修改形成了 RIPng（RIP Next Generation，下一代 RIP 协议）。RIPng 主要用于在 IPv6 网络中提供路由功能，是 IPv6 网络中路由技术的一个重要组成协议，它具备与 RIP 一致的协议机制，但仍存在几点不同。

2.5.2 RIPng 报文格式

相比于 RIP 报文的固定 500 字节大小的 UDP 载荷，RIPng 则无此限制，每个路由块的大小为 20 字节。RIPng 报文头同 RIP 报文头大小一致，为 4Byte，如图 2-10 所示。

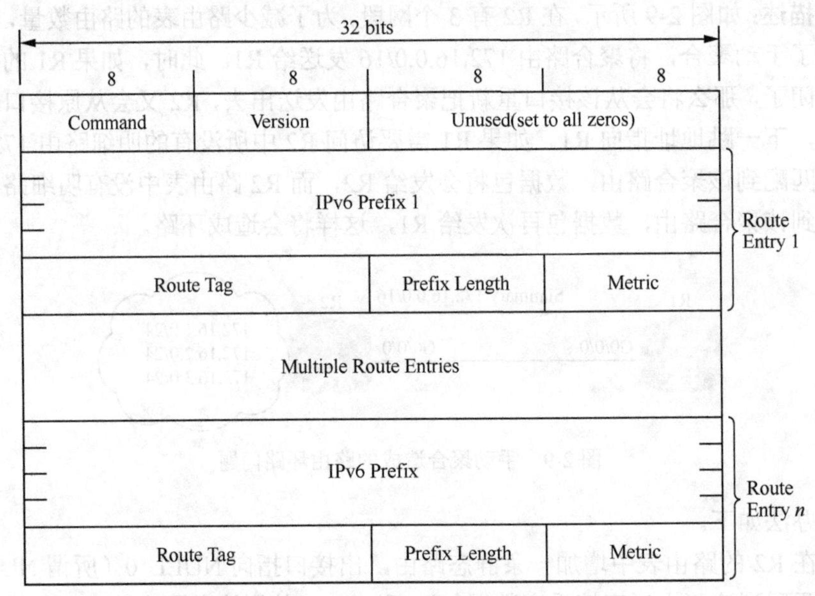

图 2-10　RIPng 报文格式

RIPng 报文内容如下。

- **Command**：包含请求报文（request）和响应报文（response）。
- **Version**：版本号为 1。
- **IPv6 Prefix**：16Byte 大小，记录 IPv6 前缀。
- **RouteTag**：标记 IPv6 前缀的标记，同 IPv4 用法一样，字域长度为 8bit。
- **PrefixLength**:IPv6 前缀的长度，即掩码长度。
- **Metric**:RIPng 跳数，最大 15 跳。

说明：

明显区别于 IPv4 的是，在上述的 RTE（Route Table Entry）中没有看到路由的下一跳地址。这可参考下一跳部分。

2.5.3 RIPng 协议特性

RIPng 是工作在 IPv6 上的直连路由器之间的一个协议，它使用和 RIP 一样的工作机制。RIPng 和 RIP 的相同之处如下。

- RIPng 使用和 RIP 一样的报文类型，包含 request 和 response。
- RIPng 使用和 RIP 一样的计时器。
- RIPng 和 RIP 一样有水平分割和毒性逆转机制。
- RIPng 和 RIP 一样有 filter-policy、metricin 及 metricout、import-route 等路由控制命令。
- RIPng 使用和 RIP 一样的算法及防环解决方案。

RIPng 和 RIP 的不同之处如下。

- RIPng 使用 UDP 的 521 端口（RIP 使用 520 端口）发送和接收路由信息。
- RIPng 通告和接收的是 128bit 的 IPv6 前缀长度（掩码长度）。
- RIPng 使用链路本地地址 FE80::/10 作为源地址发送 RIPng 路由信息更新报文。或者说 RIPng 是工作在 Link-Local 地址之上的路由协议。
- RIPng 的路由在路由表中的下一跳地址一定是 IPv6 Link-local 地址。
- RIPng 使用组播方式周期性地发送路由信息，使用 FF02::9 作为链路本地范围内的路由器组播地址。
- RIPng 报文由头部（Header）和多个路由表项 RTE 组成。在同一个 RIPng 报文中，RTE 的最大数目根据接口的 MTU 值来确定，没有 RIP 的 25 条路由的限制。
- RIPng 协议本身没有提供验证功能。若需要做路由器间的验证，使用 IPv6 协议的验证功能。
- 使用 display ipv6 routing-table 等命令查看 IPv6 的路由信息。

2.5.4 RIPng 下一跳

RIPng 使用和 RIPv2 一样的下一跳机制，可使路由的下一跳不同于通告路由的路由器。但 IPv6 下的 RIPng 为节省更新开销，在 RIPng 报文中对下一跳地址的传递做如下定义。

RIPng 下一跳和 RIPv2 一样，如果没有说明，使用报文的源地址。IPv6 在设计 RIPng 报文结构时，考虑到有些路由需要有不同于其他路由的下一跳，所以 RIPng 为控制 RTE 的大小，并没有在每个 RTE 中定义下一跳地址，而是单独使用一个 RTE 来表示下一跳，把使用该下一跳的那些 RTE 路由前缀紧随其后放置。

代表下一跳的 RTE 的格式如图 2-11 所示。

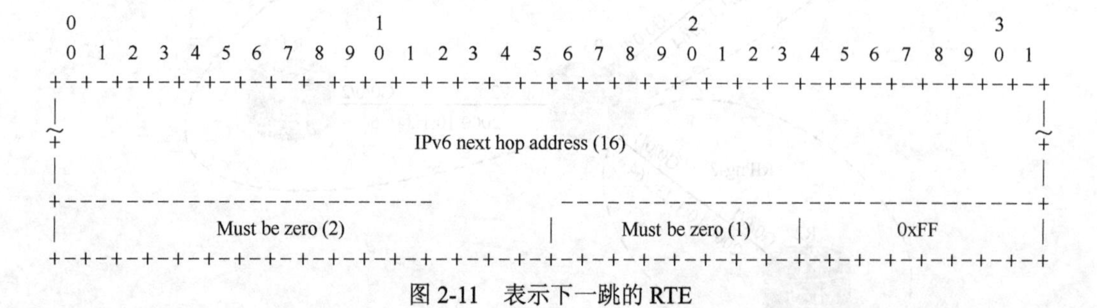

图 2-11 表示下一跳的 RTE

RTE 中的 Tag 字域必须为 0，前缀长度必须为 0，Metric 必须为 0xff，该 RTE 中的

IPv6 前缀字域代表 IPv6 路由前缀的下一跳。

示例：如图 2-12 所示，共有 6 个 RTE，前两个 RTE 是 2000:29:29:48::/64 和 2000:29:29:200::/64 路由前缀。这两条路由的下一跳地址是报文的源地址 fe80::4e1f:ccff:fe06:5bf4。第四个 RTE 的路由 2000:29:29:148::148/128 的下一跳是 RTE 的下一跳地址 fe80::4e1f:ccff:fe8d::2208/0。第六个 RTE 的路由 2000:29:29:148::148/128 的下一跳是 RTE 中的下一跳地址 fe80:：8。

```
⊞ Ethernet II, Src: HuaweiTe_06:5b:f4 (4c:1f:cc:06:5b:f4), Dst: IPv6mcast_00:00:00:09 (33:33:00:00:00:09)
⊞ Internet Protocol Version 6, Src: fe80::4e1f:ccff:fe06:5bf4 (fe80::4e1f:ccff:fe06:5bf4), Dst: ff02::9 (ff02::9)
⊞ User Datagram Protocol, Src Port: ripng (521), Dst Port: ripng (521)
⊟ RIPng
    Command: Response (2)
    Version: 1
  ⊞ IP Address: 2000:29:29:48::/64, Metric: 1
  ⊟ IP Address: 2000:29:29:200::/64, Metric: 1
      IP Address: 2000:29:29:200::
      Tag: 0x0000
      Prefix length: 64
      Metric: 1
  ⊟ IP Address: fe80::4e1f:ccff:fe8d:2208/0, Metric: 255
      IP Address: fe80::4e1f:ccff:fe8d:2208
      Tag: 0x0000
      Prefix length: 0
      Metric: 255
  ⊟ IP Address: 2000:29:29:148::148/128, Metric: 16, tag: 0x0001
      IP Address: 2000:29:29:148::148
      Tag: 0x0001
      Prefix length: 128
      Metric: 16
  ⊞ IP Address: fe80::8/0, Metric: 255
  ⊞ IP Address: 2000:29:29:148::148/128, Metric: 1, tag: 0x0001
```

图 2-12　RIPng 报文的截图

2.5.5　RIPng 配置实例

场景描述：如图 2-13 所示，地址规划是 2000:10:1:XY::Z/64，X 和 Y 是路由器编号，而 Z 是接口所在路由器的编号。R1、R3、R4 处于 RIPng 进程 1 中，R2 和 R3 处在 RIPng 进程 2 中。

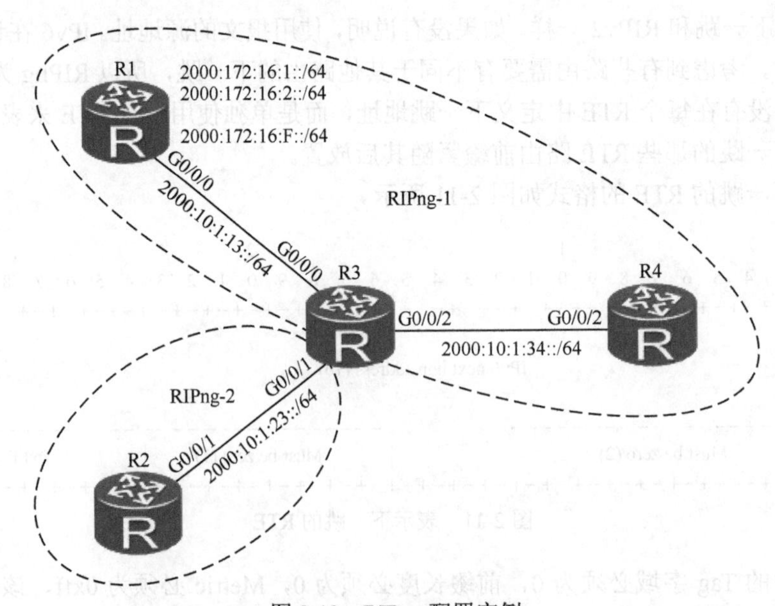

图 2-13　RIPng 配置实例

需求如下。

- R1 上有直连网络 2000:172:16:1::/64～2000:172:16:F::/64，需要通告到全网。为减少 R1 通告的路由数量，对 R1 通告的路由做最精确的聚合。
- R4 和 R2 通告相同网段 2000:172:16:24AB::/64，希望 R1 优选经过 R2 访问，次选经过 R4 访问。
- 要求 R2 有最少的路由，且能访问到其他全部网络。
- 保证 R4 不能接收 R2 所通告的 2000:172:17::/48 的路由。

需求 1：R1 上有直连网络 2000:172:16:1::/64～2000:172:16:F::/64，需要通告到全网。为减少 R1 通告的路由数量，对 R1 通告的路由做最精确的聚合。

分析思路：R1 上发布所有接口到 RIPng-1 中，并在 R1 出口 G0/0/0 对 2000：172：16 范围的路由做汇总。

解决方法：在 R1 上完成以下基本配置，通告 2000:172:16:1::/64～2000:172:16:F::/64 到网络，配置如下。

```
[R1]ipv6
[R1]interface g0/0/0
[R1-GigabitEthernet0/0/0]ripng 1 enable
#其他配置如下，此处仅输出部分配置，其他配置略。
interface LoopBack0
 ipv6 enable
 ip address 1.1.1.1 255.255.255.0
 ipv6 address 2000:10:1:1::1/128
 ripng 1 enable
#
interface LoopBack101
 ipv6 enable
 ipv6 address 2000:172:16:1::1/64
 ipv6 address 2000:172:16::1/64
 ripng 1 enable
#
interface LoopBack102
 ipv6 enable
 ipv6 address 2000:172:16:2::1/64
 ripng 1 enable
#
interface LoopBack103
 ipv6 enable
 ipv6 address 2000:172:16:3::1/64
 ripng 1 enable
#
interface LoopBack104
 ipv6 enable
 ipv6 address 2000:172:16:4::1/64
 ripng 1 enable
#
interface LoopBack105
 ipv6 enable
 ipv6 address 2000:172:16:5::1/64
 ripng 1 enable
#
```

```
interface LoopBack106
 ipv6 enable
 ipv6 address 2000:172:16:6::1/64
 ripng 1 enable
#
interface LoopBack107
 ipv6 enable
 ipv6 address 2000:172:16:7::1/64
 ripng 1 enable
#
interface LoopBack108
 ipv6 enable
 ipv6 address 2000:172:16:8::1/64
 ripng 1 enable
#
interface LoopBack109
 ipv6 enable
 ipv6 address 2000:172:16:9::1/64
 ripng 1 enable
#
interface LoopBack1010
 ipv6 enable
 ipv6 address 2000:172:16:A::1/64
 ripng 1 enable
#
interface LoopBack1011
 ipv6 enable
 ipv6 address 2000:172:16:B::1/64
 ripng 1 enable
#
interface LoopBack1012
 ipv6 enable
 ipv6 address 2000:172:16:C::1/64
 ripng 1 enable
#
interface LoopBack1013
 ipv6 enable
 ipv6 address 2000:172:16:D::1/64
 ripng 1 enable
#
interface LoopBack1014
 ipv6 enable
 ipv6 address 2000:172:16:E::1/64
 ripng 1 enable
#
interface LoopBack1015
 ipv6 enable
 ipv6 address 2000:172:16:F::1/64
 ripng 1 enable
#
ripng 1
#
```

为保证全网路由可达，其他路由器的配置和 R1 相似，此处省略其他路由器的基本配置过程。

在 R1 的 G0/0/0 接口做路由聚合。

```
interface GigabitEthernet0/0/0
 ipv6 enable
 ip address 13.1.1.1 255.255.255.0
 ipv6 address 2000:10:1:13::1/64
 ripng 1 enable
 ripng summary-address 2000:172:16:: 60 avoid-feedback
```

需求 2：R4 和 R2 通告相同网段 2000:172:16:24AB::/64，希望 R1 优选经过 R2 访问，次选经过 R4 访问。

分析思路：R2 和 R4 通告相同的路由到网络，在 R3 上，学到 R4 在 RIPng 进程 1 中的 2000:172:16:24AB::/64，同时也学到 R2 在 RIPng 进程 2 中的 2000:172:16:24AB::/64 路由，二者的 preference 数值一致，同时出现在 R3 路由表中。

解决方法：可在 R3 上调整从 R4 收到的路由，在 R3 的 G0/0/2 接口对收到的路由的入方向 metric 做调整，增加 1。

未调整 metric 前，R3 路由表中有两条到达 2000:172:16:24AB::/64 的路由，由于 Cost 值相等，因此负载分担。

```
<R3>display ipv6 routing-table
Routing Table : Public
 Destinations : 13     Routes : 14

 Destination    : 2000:172:16:24AB::                 PrefixLength : 64
 NextHop        : FE80::2E0:FCFF:FE5A:53E0           Preference   : 100
 Cost           : 1                                  Protocol     : RIPng
 RelayNextHop : ::                                   TunnelID     : 0x0
 Interface      : GigabitEthernet0/0/1               Flags        : D

 Destination    : 2000:172:16:24AB::                 PrefixLength : 64
 NextHop        : FE80::2E0:FCFF:FEAA:360B           Preference   : 100
 Cost           : 1                                  Protocol     : RIPng
 RelayNextHop : ::                                   TunnelID     : 0x0
 Interface      : GigabitEthernet0/0/2               Flags        : D

Destination    : FE80::                              PrefixLength : 10
 NextHop        : ::                                 Preference   : 0
 Cost           : 0                                  Protocol     : Direct
 RelayNextHop : ::                                   TunnelID     : 0x0
 Interface      : NULL0                              Flags
为方便查看，只显示部分路由信息，其他省略…
```

在 R3 的 G0/0/2 使用 metricin 工具将 Cost 值增加 1，然后查看路由表。

```
[R3]interface GigabitEthernet0/0/2
[R3-GigabitEthernet0/0/2] ripng metricin 1
------------------------------------------------------------------------------------------
<R3>display ipv6 routing-table
Routing Table : Public
 Destinations : 13    Routes : 13
 Destination    : 2000:172:16:24AB::                 PrefixLength : 64
 NextHop        : FE80::2E0:FCFF:FE5A:53E0           Preference   : 100
 Cost           : 1                                  Protocol     : RIPng
 RelayNextHop : ::                                   TunnelID     : 0x0
 Interface      : GigabitEthernet0/0/1               Flags        : D
```

```
Destination    : FE80::                          PrefixLength  : 10
 NextHop        : ::                             Preference    : 0
 Cost           : 0                              Protocol      : Direct
 RelayNextHop : ::                               TunnelID      : 0x0
 Interface      : NULL0                          Flags         : D
为方便查看，只显示部分路由信息，其他省略…
```

在调整 Cost 值以后，R3 去往 2000:172:16:24AB::/64 网段将会优先选择 R2 为目的地。

需求 3：要求 R2 有最少的路由，且能访问到其他全部网络。

分析思路：需要在 R3 上 RIPng 进程 2 下向 G0/0/2 方向通告一条默认路由。

解决方法：在 R3 的 G0/0/1 接口下使用命令 ripng default-route originate 发布默认路由。

```
[R3] interface GigabitEthernet0/0/1
[R3-GigabitEthernet0/0/1]ripng default-route originate
```

查看 R2 的路由表，可以看到一条默认路由。

```
<R2>display ipv6 routing-table
Routing Table : Public
 Destinations : 8      Routes : 8
 Destination    : ::                             PrefixLength  : 0
 NextHop        : FE80::2E0:FCFF:FE0D:4DEB       Preference    : 100
 Cost           : 1                              Protocol      : RIPng
 RelayNextHop : ::                               TunnelID      : 0x0
 Interface      : GigabitEthernet0/0/1           Flags         : D
为方便查看，只显示部分路由信息，其他省略……
```

需求 4：保证 R4 不能接收 R2 所通告的 2000:10:1:23::/64 的路由。

分析思路：首先将 RIPng 进程 2 中的路由引入到 RIPng 进程 1 中，在 R4 上对收到的路由进行过滤，仅过滤 2000:10:1:23::/64。可以使用 filter-policy，也可以使用 metricin 命令对收到的路由添加 metric，使其超过 15，但 metricin 命令会影响其他路由的学习。

解决方法：在 R3 上将 RIP 进程 2 引入到进程 1 中。

```
[R3]ripng 1
[R3-ripng-1]import-route ripng 2
```

在 R4 上配置 filter-policy 来做路由过滤。

```
[R4]acl ipv6 2000
[R4-acl6-basic-2000]rule 1 deny source 2000:10:1:23:: 64
[R4-acl6-basic-2000]rule 2 permit source any
[R4-acl6-basic-2000]quit
#
[R4]ripng 1
[R4-ripng-1]filter-policy 2000 import
```

查看 R4 的路由表，观察到已经将路由 2000:10:1:23::/64 过滤掉了。

```
[R4]display ipv6 routing-table
Routing Table : Public
      Destinations : 11      Routes : 11
 Destination    : ::1                            PrefixLength  : 128
 NextHop        : ::1                            Preference    : 0
 Cost           : 0                              Protocol      : Direct
 RelayNextHop : ::                               TunnelID      : 0x0
 Interface      : InLoopBack0                    Flags         : D
```

```
Destination   : 2000:10:1:1::1                  PrefixLength  : 128
NextHop       : FE80::2E0:FCFF:FE0D:4DEC        Preference    : 100
Cost          : 2                               Protocol      : RIPng
RelayNextHop : ::                               TunnelID      : 0x0
Interface     : GigabitEthernet0/0/2            Flags         : D

Destination   : 2000:10:1:2::2                  PrefixLength  : 128
NextHop       : FE80::2E0:FCFF:FE0D:4DEC        Preference    : 100
Cost          : 1                               Protocol      : RIPng
RelayNextHop : ::                               TunnelID      : 0x0
Interface     : GigabitEthernet0/0/2            Flags         : D

Destination   : 2000:10:1:4::4                  PrefixLength  : 128
NextHop       : ::1                             Preference    : 0
Cost          : 0                               Protocol      : Direct
RelayNextHop : ::                               TunnelID      : 0x0
Interface     : LoopBack0                       Flags         : D

Destination   : 2000:10:1:13::                  PrefixLength  : 64
NextHop       : FE80::2E0:FCFF:FE0D:4DEC        Preference    : 100
Cost          : 1                               Protocol      : RIPng
RelayNextHop : ::                               TunnelID      : 0x0
Interface     : GigabitEthernet0/0/2            Flags         : D

Destination   : 2000:10:1:34::                  PrefixLength  : 64
NextHop       : 2000:10:1:34::4                 Preference    : 0
Cost          : 0                               Protocol      : Direct
RelayNextHop : ::                               TunnelID      : 0x0
Interface     : GigabitEthernet0/0/2            Flags         : D

Destination   : 2000:10:1:34::4                 PrefixLength  : 128
NextHop       : ::1                             Preference    : 0
Cost          : 0                               Protocol      : Direct
RelayNextHop : ::                               TunnelID      : 0x0
Interface     : GigabitEthernet0/0/2            Flags         : D

Destination   : 2000:172:16::                   PrefixLength  : 60
NextHop       : FE80::2E0:FCFF:FE0D:4DEC        Preference    : 100
Cost          : 2                               Protocol      : RIPng
RelayNextHop : ::                               TunnelID      : 0x0
Interface     : GigabitEthernet0/0/2            Flags         : D

Destination   : 2000:172:16:24AB::              PrefixLength  : 64
NextHop       : 2000:172:16:24AB::4             Preference    : 0
Cost          : 0                               Protocol      : Direct
RelayNextHop : ::                               TunnelID      : 0x0
Interface     : LoopBack200                     Flags         : D

Destination   : 2000:172:16:24AB::4             PrefixLength  : 128
NextHop       : ::1                             Preference    : 0
Cost          : 0                               Protocol      : Direct
RelayNextHop : ::                               TunnelID      : 0x0
Interface     : LoopBack200                     Flags         : D

Destination   : FE80::                          PrefixLength  : 10
```

```
NextHop        : ::                    Preference  : 0
Cost           : 0                     Protocol    : Direct
RelayNextHop : ::                      TunnelID    : 0x0
Interface      : NULL0                 Flags       : D
```

小结：

通过该实例，了解了 RIPng 的相关配置，如 RIPng 进程的启用、默认路由的发布、路由的聚合、路由的控制等，具体思路其实与 IPv4 的 RIP 相似，只不过 RIPng 针对的是 IPv6 的路由。

2.6 案例分析

2.6.1 案例 1：接口故障造成的 RIP 收敛问题

场景以及问题描述：如图 2-14 所示，R1/R2/R3/R4/R5 都运行 RIPv2，且都关闭了自动汇总，R5 有一个网络 10.1.5.0 通告到 RIP 进程，观察如下两个问题。

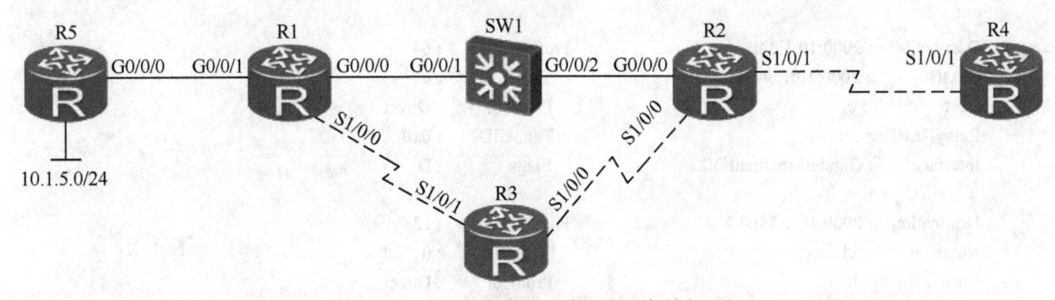

图 2-14 接口故障造成的 RIP 收敛问题

（1）如果 SW1 的 G0/0/1 接口出现了故障，观察 R2 路由表以及计时器的变化。

（2）如果 SW1 的 G0/0/2 接口出现了故障，观察 R2 路由表以及计时器的变化。

分析一：当网络正常的情况下，R2 去往 10.1.5.0 /24 的路由的下一跳地址一定是 R1，且跳数为 2 跳。如果 SW1 的 G0/0/1 接口出现故障，那么 R2 就收不到 R1 发给它的更新报文，路由表的变化和定时器的变化如下。

在 180s 内，R2 还认为 10.1.5.0 是可达的，路由表中还会有该路由，如果这时有去往 10.1.5.5 的报文，就会出现丢包的现象。

超过 180s 后，R2 还没有收到 R1 给它的更新报文，那么会启用 120s 的垃圾收集定时器，同时会把它路由表中的 10.1.5.0 /24 下一跳为 R1 的路由的跳数设置为 16 跳。这时候 R2 会执行两个操作。

（1）当跳数为 16 的时候，R2 会把该路由从路由表中删除，但是 R2 的 RIP 数据库中还会保留该路由，跳数为 16 跳。

（2）R2 会去询问它的邻居路由器，是否还有其他去往 10.1.5.0/24 且跳数小于 16 跳的路由。这时 R2 会找到一条下一跳为 R3 且跳数为 3 的 10.1.5.0/24 的路由，并把它放到

RIP 路由表和 RIP 数据库中。

当 SW1 的 G0/0/1 接口恢复了以后，R1 会在 30s 内发送更新报文给 R2，R2 收到了去往 10.1.5.0 下一跳更优的路由时，会把更优的下一跳地址加入它的 RIP 路由表和数据库中。

具体情况如下所示。

在 180s 内，查看 R2 的 RIP 的数据库，仍然存在 10.1.5.0/24 网段路由。

```
<R2>display rip 1 database
 ---------------------------------------------------------------------
 Advertisement State : [A]-Advertised
                       [I]-Not Advertised/Withdraw
 ---------------------------------------------------------------------
   10.0.0.0/8, cost 0, ClassfulSumm
       10.1.5.0/24, cost 2, [A], nexthop 10.1.12.1
       10.1.12.0/24, cost 0, [A], Rip-interface
       10.1.13.0/24, cost 1, [A], nexthop 10.1.12.1
       10.1.13.0/24, cost 1, [A], nexthop 10.1.23.3
       10.1.15.0/24, cost 1, [A], nexthop 10.1.12.1
       10.1.23.0/24, cost 0, [A], Rip-interface
       10.1.24.0/24, cost 0, [A], Rip-interface
```

超过 180s 以后，启动 120s 的垃圾收集定时器，查看 R2 的 RIP 数据库，已经被标记为 I（路由失效）。

```
<R2>display rip 1 database
 ---------------------------------------------------------------------
 Advertisement State : [A]-Advertised
                       [I]-Not Advertised/Withdraw
 ---------------------------------------------------------------------
   10.0.0.0/8, cost 0, ClassfulSumm
       10.1.5.0/24, cost 16, [I], nexthop 10.1.12.1
       10.1.5.0/24, cost 3, [A], nexthop 10.1.23.3
       10.1.12.0/24, cost 0, [A], Rip-interface
       10.1.13.0/24, cost 16, [I], nexthop 10.1.12.1
       10.1.13.0/24, cost 1, [A], nexthop 10.1.23.3
       10.1.15.0/24, cost 16, [I], nexthop 10.1.12.1
       10.1.15.0/24, cost 2, [A], nexthop 10.1.23.3
       10.1.23.0/24, cost 0, [A], Rip-interface
       10.1.24.0/24, cost 0, [A], Rip-interface
```

重新收敛完成后，查看 R2 上 RIP 的数据库，重新收到了路由，下一跳为 R3。

```
<R2>display rip 1 database
 ---------------------------------------------------------------------
 Advertisement State : [A]-Advertised
                       [I]-Not Advertised/Withdraw
 ---------------------------------------------------------------------
   10.0.0.0/8, cost 0, ClassfulSumm
       10.1.5.0/24, cost 3, [A], nexthop 10.1.23.3
       10.1.12.0/24, cost 0, [A], Rip-interface
       10.1.13.0/24, cost 1, [A], nexthop 10.1.23.3
       10.1.15.0/24, cost 2, [A], nexthop 10.1.23.3
       10.1.23.0/24, cost 0, [A], Rip-interface
       10.1.24.0/24, cost 0, [A], Rip-interface
```

分析二：在网络正常的情况下，R2 去 10.1.5.0 /24 的路由的下一跳地址一定是 R1，且跳数为 2 跳。如果 SW1 的 G0/0/2 接口出现了故障，那么 R2 就会立刻知道去往

10.1.5.0/24 的下一跳是 R1 的链路出现了故障，因此 R2 会执行如下操作。

- 当 R2 知道了去往 10.1.5.0/24 的下一跳是 R1 的链路出现了故障，立刻会触发路由毒化机制，把该路由置为 16 跳，并将其从路由表中删除。
- 同时在 R2 的 RIP 数据库中会把 10.1.5.0/24 的下一跳是 R1 的路由置为 16 跳，并且启用 120s 的垃圾收集定时器。
- R2 还会去询问它的邻居路由器，是否还有其他去往 10.1.5.0/24 且跳数小于 16 跳的路由。这时 R2 会找到一条下一跳为 R3 且跳数为 3 跳的 10.1.5.0/24 路由，并把它放到 RIP 路由表和 RIP 数据库中。

2.6.2 案例 2：RIPv2 中 Next-hop 的作用

场景描述：如图 2-15 所示，R1 与 R2 运行 OSPF 协议，R1 和 R3 运行 RIPv2 路由协议，R2 将 100.1.1.0/24 通告进 OSPF，R1 将 OSPF 引入 RIP，观察一下 R3 的路由到达目标网段 100.1.1.0 的下一跳（Next-hop）是哪个地址？

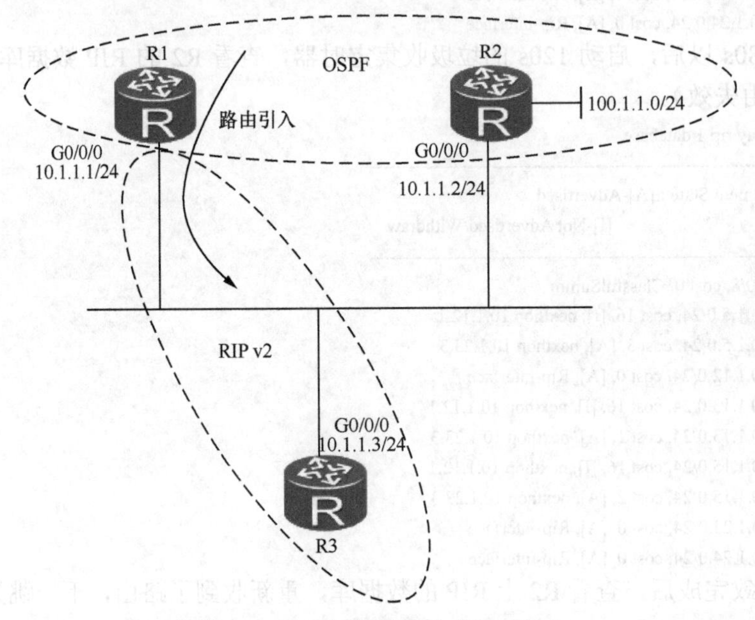

图 2-15 RIPv2 案例研究（Next-hop）

分析：

R1 通过 OSPF 学到路由 100.1.1.0/24，且将路由引入 RIP 协议，R3 通过 R1 学到该外部路由。R3 要去往该目的地址，下一跳理所当然应该选择 R1（10.1.1.1），而 R1 与 R2 和 R3 都属于同一个广播多址网络。R1 从 G0/0/0 接口接收到报文，又需要从该接口将报文发送给 R2，这样将会带来次优路径。

在 RIPv1 协议中没有 Next-hop 字段，因此 R3 收到的路由的下一跳地址应该为 10.1.1.1，而在 RIPv2 协议的报文中有个 Next-hop 字段，该字段可以用于解决次优路径，R1 将外部路由引入 RIP 协议中时，R3 收到的报文中 100.1.1.0/24 的 Next-hop 地址实际上为 10.1.1.2，该地址实际与 R3 的直连接口在同一网段，那么 R3 发送数据包到 100.1.1.0

网段时可以直接经由 R2 到达，而无需发送给 R1。

配置 RIP 协议为 v1 版本时，观察 R3 的路由表，下一跳地址为 10.1.1.1。

```
<R3>display ip routing-table
Route Flags: R-relay, D-download to fib
------------------------------------------------------------------------------
Routing Tables: Public
         Destinations : 8        Routes : 8
Destination/Mask    Proto   Pre  Cost      Flags NextHop         Interface
      10.1.1.0/24   Direct  0    0           D   10.1.1.3        GigabitEthernet0/0/0
      10.1.1.3/32   Direct  0    0           D   127.0.0.1       GigabitEthernet0/0/0
    10.1.1.255/32   Direct  0    0           D   127.0.0.1       GigabitEthernet0/0/0
     100.0.0.0/8    RIP     100  1           D   10.1.1.1        GigabitEthernet0/0/0
     127.0.0.0/8    Direct  0    0           D   127.0.0.1       InLoopBack0
     127.0.0.1/32   Direct  0    0           D   127.0.0.1       InLoopBack0
127.255.255.255/32  Direct  0    0           D   127.0.0.1       InLoopBack0
255.255.255.255/32  Direct  0    0           D   127.0.0.1       InLoopBack0
```

改为 RIPv2 时，再观察一下 R3 的路由表，下一跳地址改为了 10.1.1.2。

```
<R3>display ip routing-table
Route Flags: R-relay, D-download to fib
------------------------------------------------------------------------------
Routing Tables: Public
         Destinations : 8        Routes : 8
Destination/Mask    Proto   Pre  Cost      Flags NextHop         Interface
      10.1.1.0/24   Direct  0    0           D   10.1.1.3        GigabitEthernet0/0/0
      10.1.1.3/32   Direct  0    0           D   127.0.0.1       GigabitEthernet0/0/0
    10.1.1.255/32   Direct  0    0           D   127.0.0.1       GigabitEthernet0/0/0
     100.1.1.0/24   RIP     100  1           D   10.1.1.2        GigabitEthernet0/0/0
     127.0.0.0/8    Direct  0    0           D   127.0.0.1       InLoopBack0
     127.0.0.1/32   Direct  0    0           D   127.0.0.1       InLoopBack0
127.255.255.255/32  Direct  0    0           D   127.0.0.1       InLoopBack0
255.255.255.255/32  Direct  0    0           D   127.0.0.1       InLoopBack0
```

在 R1 的 G0/0/0 接口抓取数据报文如图 2-16 所示，由 R1 发送给 R3 的 Response 报文中的 Next-hop 字段，下一跳地址为 R2 的 10.1.1.2。因此，R3 到达 100.1.1.0 网段时将直接使用该下一跳地址，从而解决了次优路径的问题。

```
> Frame 1670: 86 bytes on wire (688 bits), 86 bytes captured (688 bits) on interface 0
> Ethernet II, Src: HuaweiTe_17:5f:18 (00:e0:fc:17:5f:18), Dst: IPv4mcast_09 (01:00:5e:00:00:09)
> Internet Protocol Version 4, Src: 10.1.1.1, Dst: 224.0.0.9
> User Datagram Protocol, Src Port: 520 (520), Dst Port: 520 (520)
v Routing Information Protocol
    Command: Response (2)
    Version: RIPv2 (2)
  > IP Address: 10.1.1.0, Metric: 1
  v IP Address: 100.1.1.0, Metric: 1
      Address Family: IP (2)
      Route Tag: 0
      IP Address: 100.1.1.0
      Netmask: 255.255.255.0
      Next hop: 10.1.1.2          下一跳地址为R2的物理接口地址
      Metric: 1
```

图 2-16 在 R1 接口抓取数据包的截图

注意：

Next-hop 有两种地址形式，一种为全 0 地址形式（如 0.0.0.0），另外一种为非全 0 地址形式（如 10.1.1.2）。如果为全 0 的地址时，路由表中的目标网段下一跳地址应该是发送 Response 报文的源 IP 地址；如果为非全 0 的地址时，路由表中的目标网段下一跳地址则为该地址。

思考：

如图 2-15 所示，R1 与 R2 不运行任何 IGP 协议，R1 的路由表中有一条静态路由到达 100.1.1.0，下一跳地址为 10.1.1.2，如果将该静态路由引入 RIP 协议中，那么 R3 的路由表中下一跳地址是哪个地址？

2.7 思考题

1. 如果非直连的网络不可达了，请结合 RIP 计时器分析 RIP 协议的工作过程。
2. RIP 为什么需要在主类网络的边界自动汇总？RIPv1 和 RIPv2 有什么区别？
3. 如何配置路由器，使其互连 RIPv1 和 RIPv2 的网络来保证全网路由可达？
4. RIPv1 是如何产生 32 位主机路由的？解释原因。
5. RIPng 与 RIP 的区别是什么？
6. 在 2.6.2 节中，R3 的路由表中下一跳地址是什么？

第三章 OSPFv2 及 OSPFv3

本章阐述了 OSPF 协议的工作机制，并针对 LSA 各种类型结合具体场景做了分析，包括 OSPF 的区域结构防环等问题。OSPFv3 是 OSPF 的升级版本，工作在 IPv6 下，它解决了 OSPFv2 协议设计中的部分不足。本章从 OSPFv2 开始阐述，在章节末尾介绍了 OSPFv3，并将其和 OSPFv2 做了对比。

本章包含以下内容：

- OSPF 邻居关系的建立和数据库同步
- LSA 类型 1/2/3/4/5/7
- 区域结构分析和 Vlink 解决方案
- OSPF 的多种区域类型
- OSPF 的路由控制方法
- OSPFv3 和 OSPF 的区别
- OSPFv3 配置

3.1 OSPF 邻居关系的建立及握手过程

3.1.1 概述

OSPF（Open Shortest Path First）是由 IETF 开发的广泛使用的链路状态路由协议，它使用 Dijkstra 算法计算路由，快速收敛，层次化多区域结构设计，多部署在中大型园区、企业或城域网络中。目前，OSPF 虽比其他 IGP 协议复杂，但因其成熟性而广为使用。

OSPF 当前版本是 v2，主要标准是 RFC1583 和 RFC2328。OSPFv3 主要用在 IPv6 协议中，参考标准主要是 RFC5340。

3.1.2 邻居发现

OSPF 通过 Hello 报文发现和维持邻居关系。邻居关系不同于邻接关系，只有达到 2-Way 状态的路由器才算邻居关系（双向邻居关系）建立起来。OSPF 在所有启用 OSPF 协议的接口发送 Hello 报文，不同的网络上，OSPF 发送 Hello 报文的间隔和目的地址不同。

- 在广播和点到点网络中，Hello 是每 10s 发送一次，在 NBMA 和 P2MP 网络中每 30s 发送一次。
- 在广播、点到点和点到多点的网络中，OSPF 通过组播的 Hello 报文自动发现邻居，组播目的地址：224.0.0.5（所有 OSPF 路由器）。而在 NBMA 网络中，需手工指定邻居。

说明：

目前网络很多都是 Ethernet，默认的 OSPF 网络类型是 Broadcast，而 PPP/HDLC/FrameRelay 点到点子口则被看成是 OSPF P2P 类型网络，非广播的 FrameRelay（物理或多点类型子口）、X.25、ATM 等可以配置为 OSPF NBMA 或 P2MP 网络类型。

在建立邻居关系时，路由器必须对 Hello 报文中携带的“参数”达成一致，对收到的 Hello 报文中的“参数”进行检查比对，以下是比对内容。

- Hello/Dead 发送时间间隔：时间一致才能建立邻居关系。若 Hello 间隔为 10s，而 Dead 间隔默认是 Hello 间隔的 4 倍。
- 区域 ID：相邻的路由器在同一区域才能建立邻居关系，检查 OSPF 头中的 Area ID，Area ID 出现在所有 OSPF 报文的头部而非 Hello 报文中。图 3-1 是 OSPF 头及其载荷的内容。
- 区域类型：区域类型要一致。判断区域类型是否一致要参考 Hello 报文中的 Option 位，其中，E 和 N/P 置位代表的含义不同。参考表 3-1，不同的 Option 置位决定了不同的区域类型。

```
⊞ Internet Protocol Version 4, Src: 12.1.1.1 (12.1.1.1), Dst: 224.0.0.5 (224.0.0.5)
⊟ Open Shortest Path First
  ⊟ OSPF Header
      Version: 2
      Message Type: Hello Packet (1)
      Packet Length: 48
      Source OSPF Router: 1.1.1.1 (1.1.1.1)
      Area ID: 0.0.0.1 (0.0.0.1)
      Checksum: 0xe693 [correct]
      Auth Type: Null (0)
      Auth Data (none): 0000000000000000
  ⊟ OSPF Hello Packet
      Network Mask: 255.255.255.0 (255.255.255.0)
      Hello Interval [sec]: 10
    ⊞ Options: 0x12 (E)
      Router Priority: 1
      Router Dead Interval [sec]: 40
      Designated Router: 0.0.0.0 (0.0.0.0)
      Backup Designated Router: 0.0.0.0 (0.0.0.0)
      Active Neighbor: 2.2.2.2 (2.2.2.2)
```

图 3-1 Hello 报文

表 3-1 **Option** 置位决定的区域类型

Option 位	Stub 区域	NSSA 区域	Normal 区域/Backbone 区域
E-bit	0	0	1
N/P-bit	0	1	0

说明：

Stub 和 Totally Stub 类型区域置位相同，同理，NSSA 和 Totally NSSA 类型区域置位相同。

- 认证类型和密钥一致：只有验证通过才能建立邻居关系，认证参考后面章节。
- Router ID 无冲突：OSPF Router ID 是可以手工指定或系统自动选定的，优选 Loopback 接口。直连路由器要建立邻居关系时，彼此间 Router ID 一定要不一样。

说明：

Router ID、Area ID 验证信息均出现在 OSPF 头中，而 Hello 间隔、Dead 间隔和网络掩码则出现在 Hello 报文中。网络掩码及 MTU 在邻居间不一致对 OSPF 邻居关系的影响在后文再单独阐述。

影响 OSPF 邻居关系建立的原因可包括：Hello/Dead 间隔不一致，直连路由器 Router ID 冲突，验证未通过，区域类型不匹配，区域 ID 不一致，其他原因可参考 3.1.5 节。

3.1.3 邻居关系建立过程

OSPF 邻居的建立过程：

- 三步握手
- Down、Init、Two-way 状态

图 3-2 中 2-Way Received 代表收到含自己 Router ID 的 Hello 报文。

场景：A—B 两台路由器，初始化邻居关系建立过程。

A 接收 B 的 Hello 报文过程中，状态变化过程如下。

Down 状态：邻居的初始状态。但初始时，邻居的 Router ID 2.2.2.2 还没有出现在

OSPF 邻居列表里。

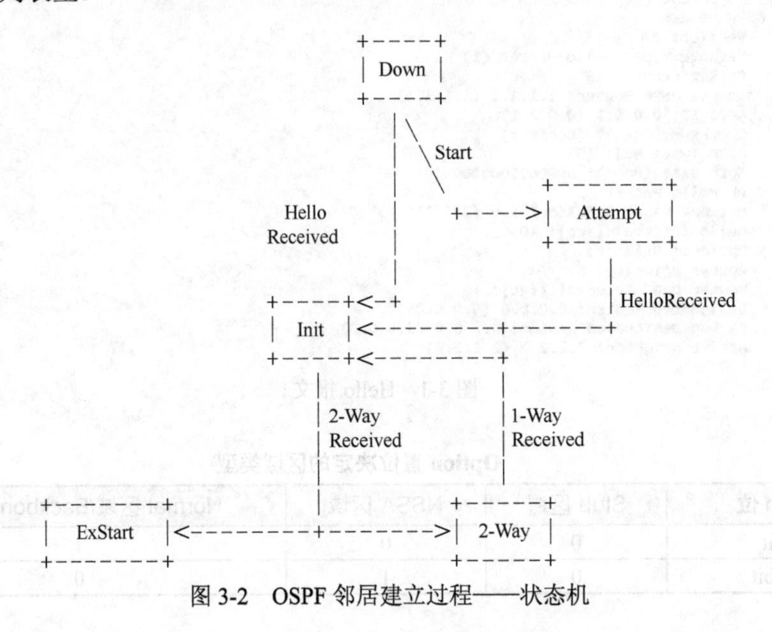

图 3-2 OSPF 邻居建立过程——状态机

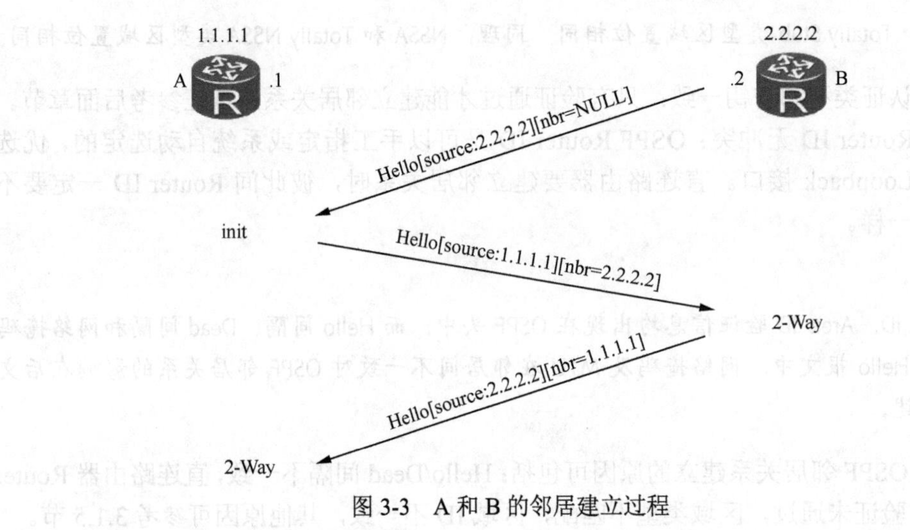

图 3-3 A 和 B 的邻居建立过程

Init 状态：A 收到邻居的 Hello 报文时，若该 Hello 报文中的 Active Neighbor 字域没有包含当前路由器的 Router ID 1.1.1.1，则 A 中邻居的状态为 Init。

说明：

ActiveNeighbor 字域请参考图 3-1。

2-way 状态：A 再次收到 Hello 报文时，此次 Hello 报文中的 Active Neighbor 字域中有自己的 Router ID 1.1.1.1，如图 3-2 所示，这时路由器进入 2-Way 状态。只有 A 及 B 的邻居都进入 2-Way 状态，才代表彼此间双向邻居建立起来。

说明：

邻居表中邻居处于 Init 状态仅代表单向邻居建立起来，2-Way 代表双向邻居已建立起来。

3.1.4 邻接关系建立过程

OSPF 路由器在双向邻居关系建立完成后，开始建立邻接关系。在广播和非广播（NBMA）网络中，邻接关系发生在 DR 和 BDR 选举之后，在其他网络类型中没有 DR/BDR 选举过程，邻居关系建立完成后即开始建立邻接关系。邻接建立过程如图 3-4 所示。

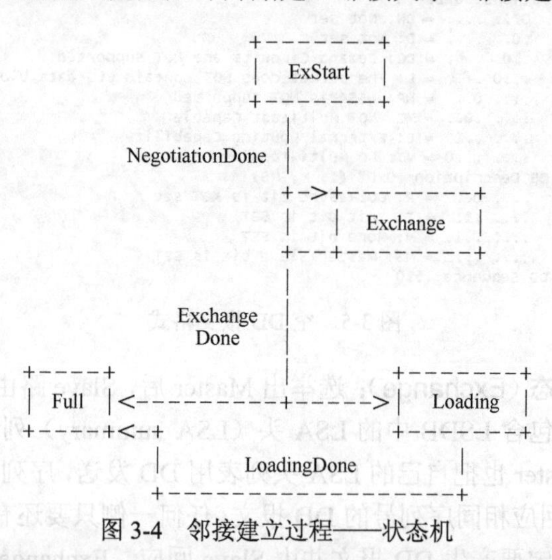

图 3-4 邻接建立过程——状态机

邻接关系是邻居路由器间为完成 LSDB 同步而发生的 LSA 交互过程，也是邻居路由器间初次通告 LSA、快速同步的过程。它是 LSA 泛洪的一种方式，同步完成之后，邻居路由器间最终是 FULL 状态。但不是 OSPF 网络中的每一对邻居路由器间都会形成邻接关系。在广播或非广播（NBMA）网络上，DRother 路由器彼此间会一直保持在 2-Way 的状态，而它们同 DR/BDR 间是 FULL 邻接关系。在其他 OSPF 类型的网络上，不需要 DR/BDR，邻接关系发生在 2-Way 状态后。

邻接关系状态迁移过程如下。

- 信息交换初始状态（ExStart）：在这一状态下，本地路由器和邻居路由器间互传空 DD 报文。
  - ◆ 确定主/从关系
  - ◆ 确定 DD 的初始序列号
  - ◆ 比较接口 MTU（可选）

在 ExStart 状态下，路由器互相发送的空 DD 报文中置 I（Initialize），M（More）及 MS（Master/Slave）位。

I 位：初始化位，仅头两份 DD 报文中置该位，代表同步过程开始。

M 位：如果 M 位=0，则代表后续 DD 报文中没有 LSA Summary 要传。任何一方 M 位不为 0，Master 就要继续发送 DD 报文，Slave 收到之后，不论是否还有 LSA Summary 要传递，一定要回应 DD 报文。

M/S：初始双方均认定自己是 Master，所以 M/S 均置位。双方收到对方的 DD，Router ID 高的一方为 Master，其后续 DD 报文中，M/S 会一直置位。Master 会一直发送 DD 报文，Slave 回应 DD 报文，Slave 回应的 DD 报文是对 Master 发送的 DD 报文的确认。此过程持续到双方的 LSA 头都交换完成。

图 3-5 中，I 位、M 位及 M/S 位均置位。图中不协商 MTU，所以 MTU 默认为 0。

```
⊟ Open Shortest Path First
 ⊞ OSPF Header
 ⊟ OSPF DB Description
     Interface MTU: 0
   ⊟ Options: 0x02 (E)
       0... .... = DN: Not set
       .0.. .... = O: Not set
       ..0. .... = DC: Demand Circuits are NOT supported
       ...0 .... = L: The packet does NOT contain LLS data block
       .... 0... = NP: NSSA is NOT supported
       .... .0.. = MC: NOT Multicast Capable
       .... ..1. = E: External Routing Capability
       .... ...0 = MT: NO Multi-Topology Routing
   ⊟ DB Description: 0x07 (I, M, MS)
       .... 0... = R: OOBResync bit is NOT set
       .... .1.. = I: Init bit is SET
       .... ..1. = M: More bit is SET
       .... ...1 = MS: Master/Slave bit is SET
     DD Sequence: 510
```

图 3-5　空 DD 报文格式

- **信息交换状态（Exchange）**：选举出 Master 后，Slave 路由器向 Master 回送 DD 报文，其中包含 LSDB 中的 LSA 头（LSA summary）列表，并使用 Master 的序列号。Master 也把自己的 LSA 头列表用 DD 发送，序列号增加 1，同时，Slave 收到后，会回应相同序列号的 DD 报文。任何一侧只要还有未传递完的 LSA 头，Master 就一定要产生 DD 报文并由 Slave 回应。Exchange 阶段通过这种可靠的 DD 交互，完成快速交换 LSA 头。

说明：
Master 和 Slave 的角色分工不同，Master 是由 RID 高的路由器充当，负责发送序列号递增的 DD 报文，如果 Master 没能收到回应，则 Master 间隔 5s 重传该 DD 报文，直至收到 Slave 的 DD 报文。

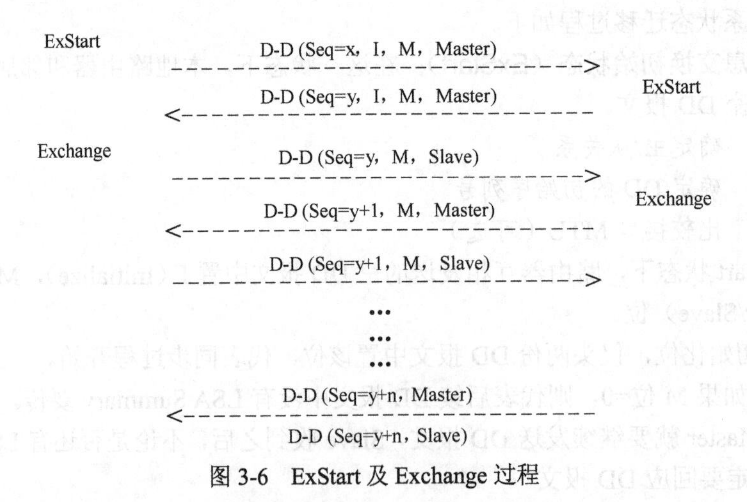

图 3-6　ExStart 及 Exchange 过程

图 3-6 中，可知 Exchange 过程中，DD 交互过程是可靠的。Master 发送 seq=y+n 的报文，Slave 回应 seq=y+n 的报文，Master 和 Slave 的 DD 报文中 M 都不置位，Exchange 过程才结束。

Loading
LS Request
Full
LS Update
LS Request
LS Update
Full

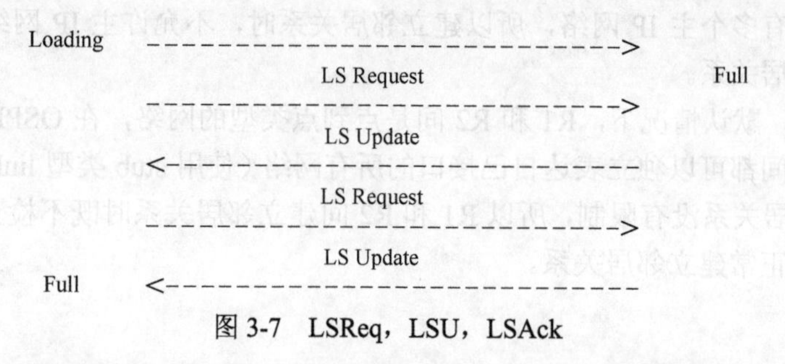

图 3-7　LSReq，LSU，LSAck

- 信息加载状态（Loading）：在这一状态下，本地路由器将会向它的邻居路由器发送链路状态请求数据包 LSReq，以请求本地 LSDB 中没有的 LSA。收到 LSReq 的报文，路由器会用包含完整的被请求的 LSA 的 LSU 做回应。请求方收到 LSU 后，如果无误，则 LSAck 确认该 LSU。一份 LSAck 可同时为多份 LSUpdate 做确认。
- 完全邻接状态（Full）：在 FULL 状态下，邻居路由器之间已完成同步过程，建立起完全邻接关系。

3.1.5　影响邻居关系及邻接关系建立的问题

以下几种原因可能影响到邻居关系的建立，也可能影响到邻接关系的建立。

1. 主 IP 网络和掩码

Hello 报文中，携带有接口主 IP 网络的掩码，Hello 报文中通过掩码和报文的源 IP 地址，可判定邻居双方是否在同一个主 IP 网络，主 IP 网络是接口配置的第一个 IP 地址网络。图 3-8 中，R1 通告的 OSPF 报文的源 IP 地址是 13.1.1.1，掩码是 24，主 IP 网络是 13.1.1.0/24，同理 R2 的主 IP 网络是 12.1.1.0/24。如果这条链路是点到点链路，则 R1 和 R2 能建立邻居关系。如果是广播网络类型，则不能建立邻居关系。报文如图 3-9 所示。

R1
R2
13.1.1.1/24
12.1.1.1/24 sub
12.1.1.2/24
13.1.1.2/24 sub

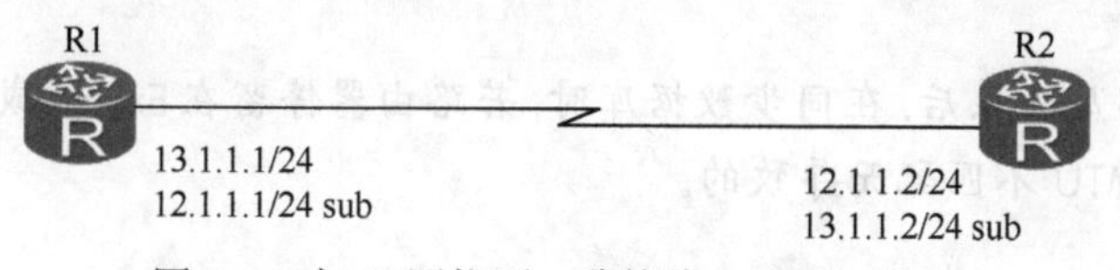

图 3-8　主 IP 网络不一致的路由器 R1 和 R2

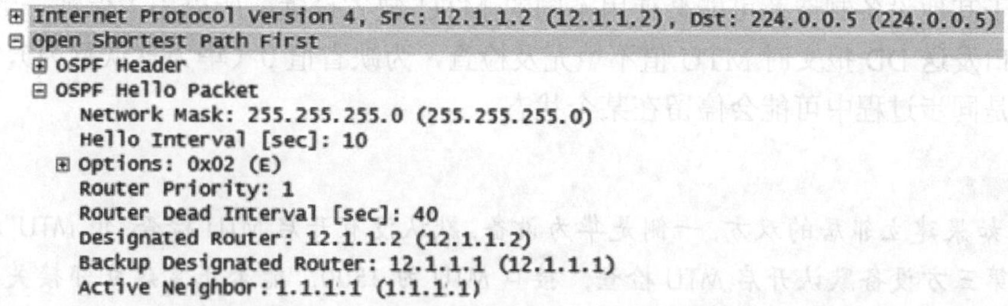

⊞ Internet Protocol Version 4, Src: 12.1.1.2 (12.1.1.2), Dst: 224.0.0.5 (224.0.0.5)
⊟ Open Shortest Path First
⊞ OSPF Header
⊟ OSPF Hello Packet
Network Mask: 255.255.255.0 (255.255.255.0)
Hello Interval [sec]: 10
⊞ Options: 0x02 (E)
Router Priority: 1
Router Dead Interval [sec]: 40
Designated Router: 12.1.1.2 (12.1.1.2)
Backup Designated Router: 12.1.1.1 (12.1.1.1)
Active Neighbor: 1.1.1.1 (1.1.1.1)

图 3-9　Hello 报文

图3-8中，如果直连链路是以太网，当R1收到R2的Hello报文后，根据报文的源IP地址和Hello中的接口掩码，可算出R2的主IP网络和R1的主IP网络二者不一致，由于OSPF设计要求接在同一个广播网络上的节点的主IP网络由虚节点来表达，虚节点不允许网络上有多个主IP网络，所以建立邻居关系时，不允许主IP网络不一致的网络节点间建立邻居关系。

图3-8中，默认情况下，R1和R2间是点到点类型的网络，在OSPF中，点到点网络类型的节点间都可以独立表达自己接口的所有网络（使用stub类型link），彼此间没有关系，建立邻居关系没有限制，所以R1和R2间建立邻居关系时既不检查掩码，也不检查源地址，能正常建立邻居关系。

结论：

OSPF网络类型，如果是广播或非广播（NBMA）网络，则接在该网络上的所有节点上的主IP网络必须一致才能建立邻居关系。如果网络类型是P2P或P2MP，则没有此要求。

2. MTU不一致

OSPF在ExStart状态下会检查邻居彼此的接口MTU，MTU决定了发送的OSPF报文大小，同时也决定了可接收的OSPF报文大小。

OSPF在邻接关系处在ExStart/Exchange态时，缺省情况下DD报文中Interface MTU为0，OSPF既不填充接口实际MTU值，也不执行MTU一致性检查。如果通信双方接口配置的MTU不一致，OSPF在同步LSDB时可能因MTU不一致而无法进入FULL状态。

在图3-8中，如果R1和R2的接口MTU不一致，R1接口MTU=1490，R2接口MTU=1500，并且OSPF接口MTU填充及检查功能被开启，在数据库同步过程中，若R1收到大小为1500Byte的DD或LSU或LSReq报文，OSPF在任一状态下都将无法处理超出其接收能力的报文。例如，若收到是DD报文，则R1忽略该报文（如果R2是Master），R1不会回应DD报文，R2会因超时收不到Slave R1的DD报文而停留在该状态（Exchange状态）。

当然，OSPF也可能基于同样的原因而停留在Loading状态。

结论：

OSPF在建立邻居关系后，在同步数据库时，若路由器停留在ExStart或Exchange或Loading状态，多是由于MTU不匹配而导致的。

华为使用ospf mtu-enable命令可开启接口填充及检查MTU。

由于其他设备制造商可能会使用不同的MTU缺省设置，所以为了保证一致，可以设置接口发送DD报文时MTU值不填充及检查，为缺省值0（华为默认行为），但带来的风险是同步过程中可能会停留在某个状态。

思考：

(1) 如果建立邻居的双方，一侧是华为设备，默认没有开启MTU检查，但MTU为1500；一侧是第三方设备默认开启MTU检查，接口MTU为1500，能否正常建立邻接关系？

(2) 如果华为设备接口MTU值为1400，同时没有开启MTU检查，而对方开启MTU检查，接口MTU为1500，邻接关系能否建立起来？

3.1.6 OSPF 网络类型

3.1.6.1 网络类型分类

OSPF 接口根据链路类型可分成 4 种网络类型：

- Point-to-point networks
- Broadcast networks
- NonBroadcast Multi-Access（NBMA）networks
- Point-to-Multipoint networks

不同的网络类型，可使 OSPF 按不同方式来工作，具体见表 3-2 所示。

表 3-2 网络类型分类

广播类型	当链路层协议是 Ethernet 时，缺省情况下，OSPF 认为网络类型是 Broadcast。 在该类型的网络中： 通常以组播形式发送 Hello 报文、LSU 报文和 LSAck 报文。其中，224.0.0.5 的组播地址为 OSPF 设备的预留 IP 组播地址；224.0.0.6 的组播地址为 OSPF DR/BDR（Backup Designated Router）的预留 IP 组播地址。以单播形式发送 DD 报文和 LSR 报文
NBMA 类型	当链路层协议是帧中继、ATM 时，缺省情况下，OSPF 认为网络类型是 NBMA。 在该类型的网络中，以单播形式发送协议报文（Hello 报文、DD 报文、LSR 报文、LSU 报文、LSAck 报文）
点到多点 P2MP 类型	没有一种链路层协议会被缺省地认为是 Point-to-Multipoint 类型。点到多点必须是由其他的网络类型强制更改的，常用做法是将非全连通的 NBMA 改为点到多点的网络。 在该类型的网络中： 以组播形式（224.0.0.5）发送 Hello 报文。 以单播形式发送其他协议报文（DD 报文、LSR 报文、LSU 报文、LSAck 报文）
点到点 P2P 类型	当链路层协议是 PPP、HDLC 和 FrameRelay（仅 P2P 类型子接口）时，缺省情况下，OSPF 认为网络类型是 P2P。 在该类型的网络中，以组播形式（224.0.0.5）发送协议报文（Hello 报文、DD 报文、LSR 报文、LSU 报文、LSAck 报文）

（1）Broadcast 网络是以太网等网络上的默认网络类型，它对网络的要求是接在网络上的所有节点直接建立全互联的邻居，并自动选举 DR，完成和 DR 的同步。选举 DR 需要引入 Wait 时间，所以 Broadcast 网络上的邻居震荡时网络收敛时间较长。故很多园区网络中，如果网段只有两个 OSPF 节点，则使用 Point-to-Point 网络类型去替换需要选择 DR 的 Broadcast 网络类型，以提高收敛速度。

（2）Point-to-Point 这种网络类型需要工作在只有两个节点的环境中，彼此之间不需要选择 DR，建立邻居关系后，直接开始数据库同步，收敛较快。在生产网络中，园区网中的核心层和汇聚层之间往往使用多个点到点类型链路来取代 VLAN 中的 Broadcast 类型的以太网链路。

（3）NBMA 这种网络类型是 OSPF 在 FR/ATM 网络上的默认网络类型。虽然 FR 和 ATM 网络也是一种多点网络，但却无法像以太网一样，使用组播/广播地址发单份报文给所有其他节点，所以被称为 NBMA 网络。这种网络需要使用手工方式来指定邻居，不能使用组播自动发现邻居。使用 Peer 命令相互指定邻居的接口 IP 以建立邻居关系，并仅以单播的形式接收和发送报文（所有报文都是单播）。NBMA 和 Broadcast 类型网络之间的区别只是发现邻居的方式不一样，LSDB 及计算拓扑的方式是一样的，甚至计算出的路由都是一样的。图 3-10 中，如果 DR 在 R1，无 BDR，FR 网络上的 OSPF 网络类型是 NBMA 和 Broadcast，在路由计算上没有什么区别，路由表及拓扑表达都一样。R2 和 R3 间没有直连 PVC，所以 R2 和 R3 间没有 OSPF 邻居关系（OSPF 不能跨路由器建立 OSPF 邻居关系），但 R2 执行路由计算时，计算出到 10.1.3.0/24 网络，其下一跳是 10.1.123.3，这和广播型网络结果一样。

NBMA 这种网络类型不适宜不规整的非广播网络拓扑，例如，在部分互联网络或不规则网络拓扑中，DR 的位置难于指定。如图 3-11 所示的场景，R1 到 R5 的所有路由器都通过 PVC 互联，并处在同一个 IP 网段内。如果网络类型是 NBMA，需要手工指定邻居及 DR。DR 应设在所有 DRother 可直接同其建立邻居关系的位置，图中任何路由器成为 DR 都不合适，除非重新设计网络，使用子接口并划分出多个 IP 网络。

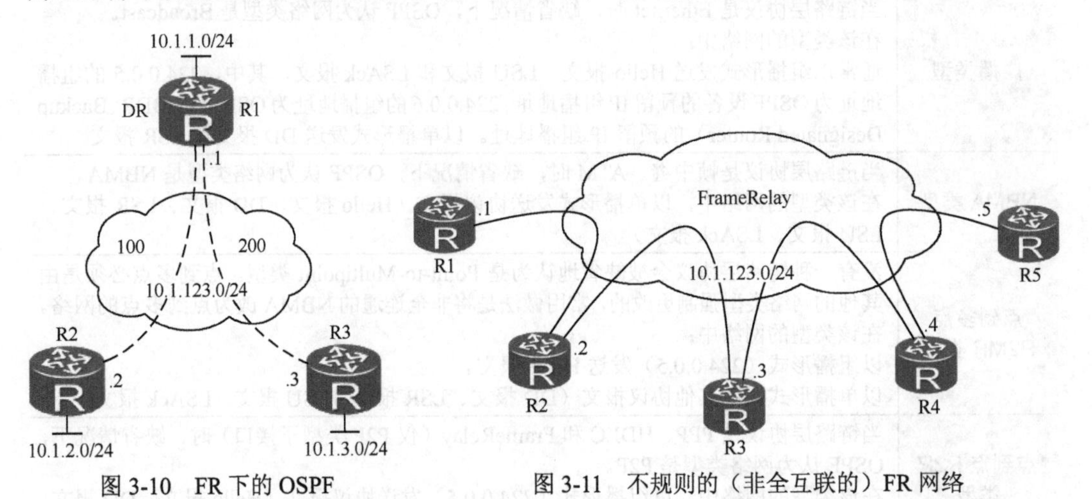

图 3-10 FR 下的 OSPF　　图 3-11 不规则的（非全互联的）FR 网络

（4）P2MP 网络类型同样是为多点的网络而设计的一种网络类型。它的最大好处就是它可适用于任何不规则的网络，图 3-11 网络可以使用 P2MP 网络类型，它不用考虑 DR 的位置，因为 P2MP 不需要 DR，它把网络看成任意多个点到点的链路。所以图 3-11 中，FR 网络有 4 条 PVC，OSPF P2MP 也把上述的 IP 网络看成由 4 个 OSPF 链路构成的，图中有 4 个 OSPF 邻居。

OSPF 认为使用 P2MP 的多点类型网络是由多个点到点的链路构成，所以 OSPF 画出的逻辑拓扑等同于两层虚连接（PVC）的拓扑，它使 OSPF 的 3 层拓扑等同于 2 层的 FR 拓扑。这明显区别于 OSPF 在 FR 上的其他网络类型 NBMA。NBMA 按广播网络来计算路由，而 P2MP 像对待 P2P 网络一样来计算路由，其不选择 DR，所以建立邻接时速度会快些。图 3-10 场景中，如果网络类型被改成 P2MP，R2 上看到 R3 后面的网络 10.1.3.0/24，路由表中的下一跳是 HUB 点，Next-hop 为 10.1.123.1。因为中间的 FR 网络被 P2MP 理解成两个 P2P 链路。逻辑拓扑是 R2 连接 R1，R1 连接 R3。R2 访问 R3，一定要经过 R1。

3.1.6.2 各种网络类型互连

OSPF 下不同网络类型的接口间通过 Hello 报文建立邻居关系，由于 Hello 报文中没有网络类型相应的参数，不同接口网络类型的邻居间是可以正常建立邻居关系的，但需要注意的是调整 Hello 和 Dead 间隔为一致才可以。默认 NBMA 和 P2MP 的 Hello 时间都为 30s，P2P 和 Broadcast 的 Hello 时间都为 10s。

NBMA 这种网络类型是个例外，它不能同其他几种网络类型来建立邻居关系，原因是 NBMA 这种网络只支持单播形式的报文，而其他几种网络类型的 Hello 报文全是以组播方式工作的。

Broadcast 和 P2P 这两种网络类型可以相互建立邻居关系，可以完成数据库同步，但却无法计算出对方的路由，原因是网络类型不一致，OSPF 在画二者逻辑拓扑时，Broadcast 需要连接到虚节点，而 P2P 网络需要和邻居节点直连，在逻辑拓扑上，二者无法连接到一起，所以计算路由时，互相都无法算出各自节点后面的路由。

例如，图 3-10 中，假如 R1 网络类型为 P2MP，R2 和 R3 都为 P2P，调整计时器后，可以建立 OSPF 邻居关系，网络上可以互相看到彼此的路由。因为二者在逻辑拓扑的表达上都视网络为点到点链路。各种网络互联的类型见表 3-3 所示。

表 3-3　OSPF 网络类型互联

网络类型组合	邻居建立	邻接同步	路由计算	补充说明
NBMA+其他网络类型	不可以	—	—	NBMA 只能和同类型的节点建立邻居关系
P2MP+Broadcast	调整间隔后可以*	可以	无法计算出对方路由	
P2MP+P2P	调整间隔后可以	可以	可以	
Broadcast+P2P	可以	可以	无法计算出对方路由	

注：*Hello 和 Dead 间隔一致即可。

3.2 数据库同步及泛洪机制

3.2.1 OSPF 报文结构

3.2.1.1 报文类型

OSPF 共有 5 种类型的协议报文。

Hello 报文：周期性发送，用来发现和维持 OSPF 邻居关系。

DD 报文（DataBase Description Packet）：描述了本地 LSDB 的摘要信息，用于两台路由器进行数据库同步。

LSR 报文（Link State Request Packet）：向对方请求所需的 LSA，只有在双方成功开始交换 DD 报文后才会向对方发出 LSR 报文。

LSU 报文（Link State Update Packet）：向对方发送其所需要的 LSA 或者泛洪自己更新的 LSA。

LSAck 报文（Link State Acknowledgment Packet）：用来对收到的 LSA 进行确认。

OSPF 工作在 IP 层，是个可靠的协议，协议内部包含确认机制。OSPF 报文中不需要确认的报文有 Hello 和 LSAck 报文。

3.2.1.2　OSPF 报文头

OSPF 报文头格式如图 3-12 所示。

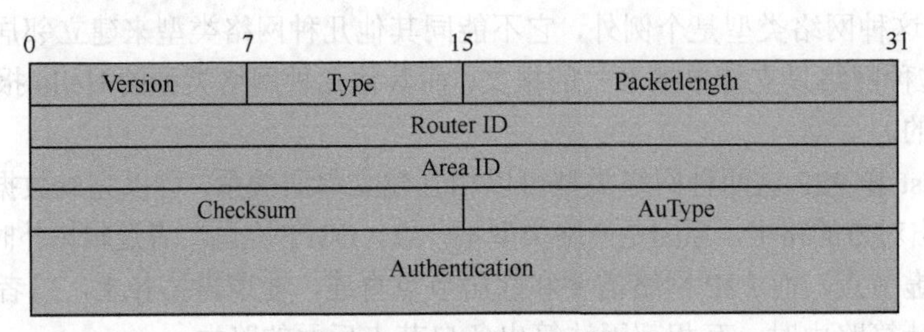

图 3-12　OSPF 报文头格式

Version：8 位 OSPF 的版本号。对于 OSPFv2 来说，其值为 2；对 OSPFv3 来说，其值为 3。

Type：8 位 OSPF 报文的类型。

1：Hello 报文；

2：DD 报文；

3：LSR 报文；

4：LSU 报文；

5：LSAck 报文。

Packet length：16 位，OSPF 报文的总长度，包括报文头在内，单位为 Byte。

Router ID：32 位，发送该报文的路由器标识。

Area ID：32 位，发送该报文的路由器所属区域。

Checksum：16 位，包含除了认证字段的整个报文的校验和。

AuType：16 位，验证类型如下。

0：不验证；

1：简单明文认证；

2：MD5 认证。

Authentication：64 位，其数值根据验证类型而定。

0：不含验证信息。

1：此字段为明文密码；

2：此字段包括 Key ID、MD5 或 SHA256 的验证数据长度和序列号的信息。Hash 验证数据添加在 OSPF 报文末尾，不包含在 OSPF 头中的 Authentication 字段中。

3.2.1.3　Hello 报文

Hello 报文格式如图 3-13 所示。

- Network Mask：32 位，发送 Hello 报文的接口所在网络的掩码。
- Hello Interval：16 位，发送 Hello 报文的时间间隔。
- Options：8 位，可选项，含义同 OSPF 头中一致。
- Rtr Pri：8 位，DR 优先级，默认为 1，如果为 0，则路由器不能参与 DR 或 BDR 的选举。

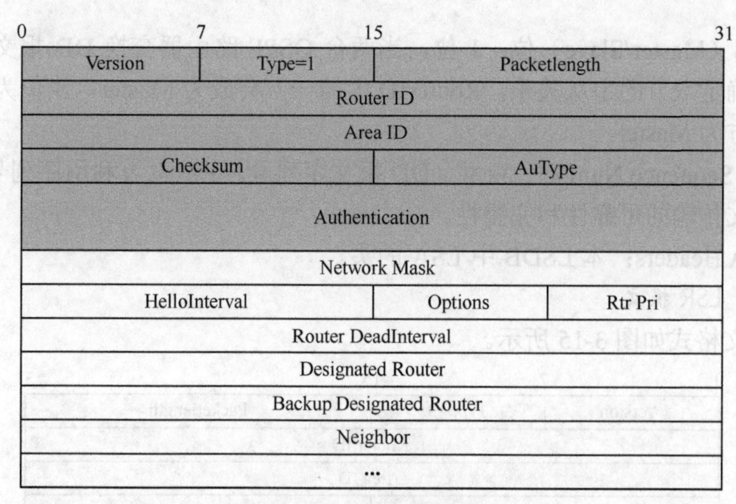

图 3-13 Hello 报文格式

- RouterDeadInterval：32 位，邻居失效时间。如果在此时间内未收到邻居发来的 Hello 报文，则认为邻居失效，并从邻居表里移除该邻居，从路由表里撤销指向其的路由。
- Designated Router：32 位，本网段上 DR 路由器的接口 IP 地址。
- Backup DesignatedRouter：32 位，本网段上 BDR 路由器的接口 IP 地址。
- Neighbor：32 位，邻居列表，用 Router ID 标识。记录当前路由器已知的链路上所有邻居的 RID。

3.2.1.4 DD 报文

DD 报文格式如图 3-14 所示。

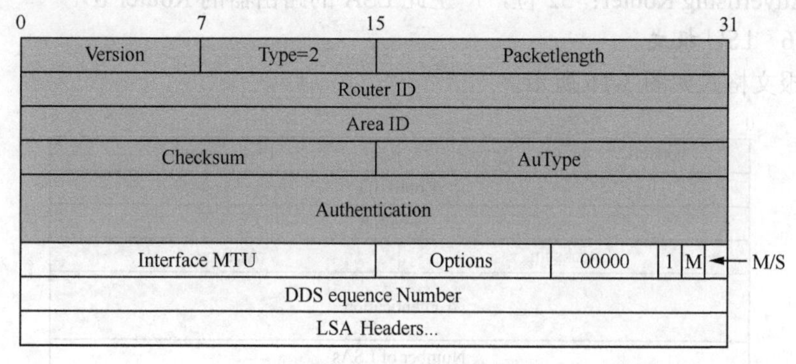

图 3-14 DD 报文格式

- Interface MTU：16 位，表示在不分片的情况下，此接口最大可发出的 IP 报文长度。华为默认不填充接口实际 MTU 值，所以值为 0。
- Options：含义同 OSPF 头中一致。
- I（Initialization）位：1 位，当发送连续多个 DD 报文时，如果这是第一个 DD 报文，则置为 1，否则置为 0。
- M（More）位：1 位，当发送连续多个 DD 报文时，如果后续的 DD 报文中不再有 LSA 头，则置为 0。

- M/S（Master/Slave）位：1 位，当两台 OSPF 路由器交换 DD 报文时，首先需要确定双方的主从关系，RouterID 大的一方会成为 Master，当值为 1 时表示发送方为 Master。
- DD Sequence Number：32 位，DD 报文序列号。主从双方利用序列号来保证 DD 报文传输的可靠性和完整性。
- LSA Headers：本 LSDB 中 LSA 的头。

3.2.1.5 LSR 报文

LSR 报文格式如图 3-15 所示。

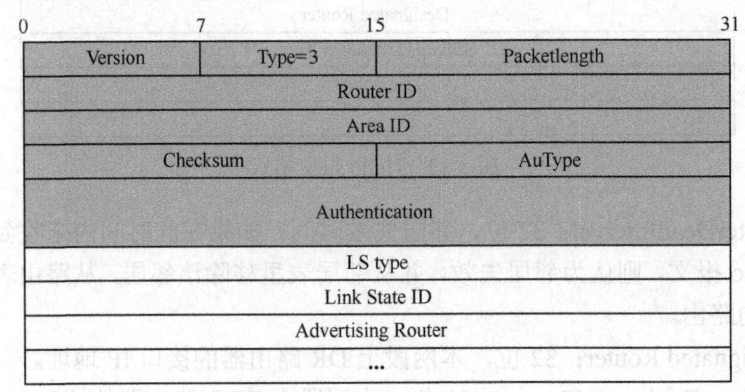

图 3-15 LSRequest 报文

- LS type：32 位，LSA 的类型号。
- Link State ID：32 位，根据 LSA 中的 LS Type 和 LSA Description 在路由域中描述一个 LSA。
- Advertising Router：32 位，产生此 LSA 的路由器的 Router ID。

3.2.1.6 LSU 报文

LSU 报文格式如图 3-16 所示。

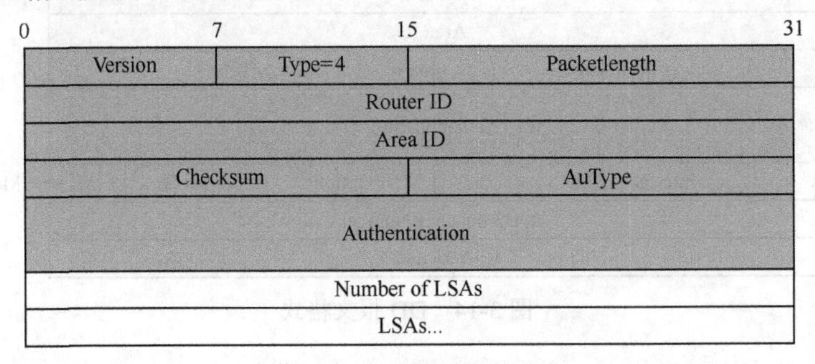

图 3-16 LSU 报文格式

Number of LSAs：32 位，表示此 Update 中所包含的 LSA 的数量。

LSAs：多个完整 LSA 的内容。

3.2.1.7 LSAck 报文

LSAck 报文格式如图 3-17 所示。

LSA Headers：LSA 头列表，OSPF 通过 LSA 头对收到的完整 LSA 做确认。一份 LSAck 可以对多份 LSU 中的 LSA 做确认。

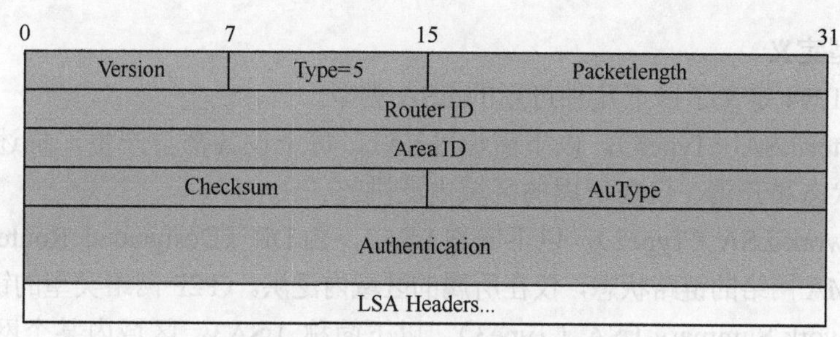

图 3-17　LSAck 报文格式

3.2.2　LSA 格式及类型

在 AS 内的每台路由器，根据路由器的分类产生一种或多种 LSA。收到的 LSA 的集合形成了 LSDB（Link-state Database）。OSPF 中对路由信息的描述都是封装在 LSA 中发布出去的。常用的 LSA 共有 6 种，分别为：Router-LSA、Network-LSA、Network-Summary LSA、ASBR-Summary-LSA、AS-External-LSA 及 NSSA-External LSA。LSA 头格式如图 3-18 所示。

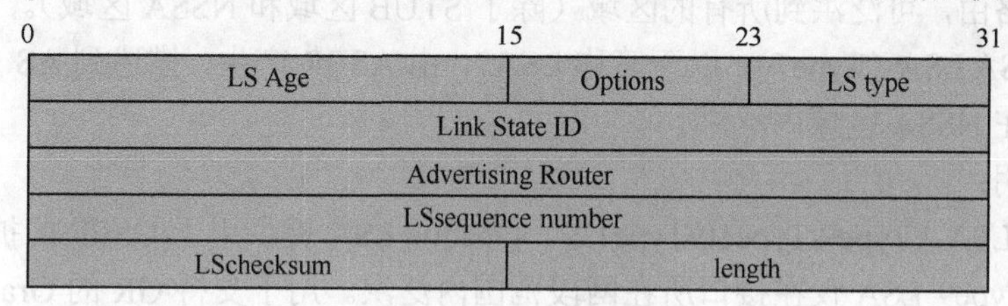

图 3-18　LSA 头格式

说明：

LS Age：16 位，LSA 产生后所经过的时间，以 s 为单位。

说明：

无论 LSA 是在链路上传送，还是保存在 LSDB 中，LS age 值都会不停地增长。默认下，泛洪时每经过一台路由器其 Age 增加 1。LSA age 如果高位置 1，代表该 LSA 在进入 LSDB 后不再老化。此场景仅发生在 DemandCircuit 类型链路上。

- Options：8 位，E、MC 及 DC 位同 OSPF 头中选项位一致，此处 N/P 位的含义代表能处理 Type-7 LSA；P（Propagate）通告位，代表置了该位的 LSA7 可以被 7/5 转换器翻译成为 LSA5。
- LS type：8 位，代表不同 LSA 类型。
- Link State ID：32 位，与 LSA 中的 LS Type 和 Advertising Router 一起用来在 OSPF 中唯一标识一个 LSA。
- Advertising Router：32 位，记录产生此 LSA 的路由器的 Router ID。
- LS sequence number：32 位 LSA 的序列号。序列号越大代表该 LSA 越新，其他路由器根据这个值可以判断哪个 LSA 是最新的。
- LS checksum：16 位，除了 LS age 外其他各域的校验和。可用于校验 LSA 的内容及用来确定该 LSA 是否最新。
- Length：16 位，LSA 的总长度，包括 LSA Header，以字节为单位。

LSA 类型定义

IETF 为 IPv4 定义了以下几种可用的 LSA 类型。

- Router-LSA（Type1），以下简称 LSA1，每个设备都会产生，描述了设备的链路状态和开销，仅在所属的区域内泛洪。
- Network-LSA（Type2），以下简称 LSA2，由 DR（Designated Router）产生，描述 MA 网络的链路状态，仅在所属的区域内泛洪。（P2P 网络类型的链路上没有。）
- Network-Summary-LSA（Type3），以下简称 LSA3，区域内某个网段的路由，由 ABR 产生 LSA3 向其他区域通告。LSA3 在区域间传递路由，但该 LSA3 泛洪范围仅在一个区域内。
- ASBR-Summary-LSA（Type4），以下简称 LSA4，由 ABR 产生，描述到 ASBR 的距离，通告给除 ASBR 所在区域的其他相关区域，该 LSA4 的泛洪范围仅在一个区域。ABR 会在区域边界为其他区域再产生 LSA4 并继续泛洪。
- AS-external-LSA（Type5），以下简称 LSA5，由 ASBR 产生，描述到 AS 外部的路由，可泛洪到所有的区域（除了 STUB 区域和 NSSA 区域）。
- NSSA LSA（Type7），以下简称 LSA7，由 ASBR 产生，描述到 AS 外部的路由，仅在 NSSA 区域内泛洪。

补充说明：

Opaque LSA（Type9/Type10/Type11），Opaque LSA 提供用于 OSPF 的扩展的通用机制。其中，Type9 LSA 仅在接口所在网段范围内泛洪。用于支持 GR 的 Grace LSA 就是 Type9 LSA 的一种。

Type10 LSA 在区域内泛洪，用于支持 TE 的 LSA 就是 Type10 LSA 的一种。

Type11 LSA 在 AS 内泛洪，目前还没有实际应用的例子。LSA9/10/11 在 MPLS TE 中有涉及，此处不对其做分析。

3.2.3 泛洪机制

1. 泛洪机制

OSPF 不同于矢量路由协议在于其路由是根据 LSDB 中的 LSA 计算出来的，所以 LSDB 的一致性及快速同步直接影响 OSPF 路由的收敛性能。

Area 中所有 OSPF 路由器要有一个相同的 LSDB，LSDB 是 LSA 的集合，这些 LSA 在 Area 内泛洪给每台路由器，泛洪的过程是路由器把自己产生或学来的 LSA 向所有其他邻居或路由器通告的过程。

数据库包含所有 LSA，数据库中任何 LSA 的变化都会触发当前路由器通告该变化给邻居路由器并泛洪至所属区域，为了确保 LSDB 被及时更新且保证其内容的一致性，OSPF 泛洪使用 LSU 和 LSAck 来保证泛洪的可靠性。

OSPF 的 Update/LSAck 可以携带多份 LSA，通过在邻居之间泛洪 LSU/LSAck，最终通告到全网络。在点到点网络，更新以组播方式发送到 224.0.0.5，在点到多点（NBMA）类型和 Vlink 类型链路上则以单播方式泛洪给邻居。

每台路由器在一个接口收到泛洪的 LSA 报文，会继续向其他接口泛洪。例如，在 MA 网段上，若 DRother 向 DR/BDR 泛洪，则 DR 会以组播方式将 LSU（包含 LSA）向其他 DRother 泛洪。

NBMA 网络上 DRother 单播给 DR/BDR，DR 再单播给 DRother。

泛洪过程是个可靠过程，有确认机制。其中每份泛洪的 LSA 都必须被确认，确认包括显式（ExplicitAck）或隐含确认（ImplicitAck），使用 Update 做确认的就是隐含确认，而使用 LSAck 做确认的就是显式确认。例如，如果接收者同样需要发送 LSU 给发送方，可显示包含需要被确认的 LSA 头来完成的确认，这样可以减少单独确认 LSAck 的过程。

说明：

LSU 和 LSAck 报文都可包含多个 LSA 的信息，但 LSU 携带完整的 LSA，而 LSAck 仅包含用来做确认的 LSA 头。

当一份 LSA 被泛洪出去，当前路由器会记录在该接口的所有邻居数量并为之维护重传列表，没有收到显示或隐含确认的 LSA 会在 5s 后单播重传更新（不管网络类型是什么）。

2. 路由器的泛洪行为

每台路由器都有相似的工作行为以生成一致的 LSDB。

（1）一个接口收到 LSA，存放到 LSDB 后，再从“其他接口”重新泛洪出去，泛洪也有“水平分割”的行为，例外是 DR 会把从一个 DRother 收到的 LSA 通过原接口重新通告给其他 DRother 路由器。

（2）重新通告的 LSA 和收到的 LSA 除 Age 增加 1 外，其他内容一致，如 checksum 等。

（3）LSA 会泛洪到区域的边界。

（4）每台接收路由器先判断 LSDB 中是否已有该 LSA，没有则存储且转发，否则忽略。

（5）如果接收时没有判断是否已拥有该 LSA，或路由器没有停止转发，则会致 LSA 在 Area 内无休止地传递。

“泛洪”、“数据库同步”及“LSU 更新”这些名词作用相同，数据库同步是指邻居路由器之间在刚建立邻居关系后，彼此初次交换 LSDB 中 LSA 的过程。LSU 更新是传递 LSA 的 OSPF 报文。不论是周期的、触发的，还是初始同步过程中，LSU 都属于泛洪的范畴。（完整的 LSA 仅能使用 LSU 来传递。）

3. LSDB

LSDB 中每份 LSA 都有唯一的身份证 ID，由三个参数构成：

- LSA 类型
- 链路状态 ID（Link State ID）
- 通告路由器的 RouterID

例如：R1 产生的 LSA1，它的类型为 RouterLSA，LinkStateID 为 1.1.1.1，通告路由器 1.1.1.1。LSDB 中的每份 LSA 都靠这个“身份证 ID”来唯一标识。

- 泛洪是可靠的、周期性（30min）或触发产生的 LSA 通告过程。
- 泛洪是把 LSA 向区域中的每条链路复制并通告的过程。
- 全区域的泛洪会致路由器收到多份相同的 LSA，LSDB 中仅保留最新的。
- 路由器仅泛洪最新的 LSA，相同 ID 的“旧的”LSA 会被“新的”LSA 所覆盖。
- 一旦最新的 LSA 被所有路由器收到，泛洪就结束了。
- 区域中会有周期产生的新的 LSA 所致的泛洪或触发产生的新的 LSA 导致的泛

洪行为。

判断相同ID的"新的"LSA要依次比较以下内容:

- LSA序列号(Sequence Number)
- LSA报文校验和(Checksum)
- LSA年龄(LSA Age)

说明如下。

- 序列号:有符号32位整数,采用线性递增的序列号,初始序列号从0x80000001到最大值0x7FFFFFFF,序列号越大代表越新,LSA会周期(30min)产生新的LSA,每次产生的LSA序列号都会增加1。
- Checksum:16位数,对刚收到的LSA做计算,Age字域不在计算内。即使LSA存放在LSDB中,路由器也会每5分钟重新计算一次。
- Age:16位无符号整数。LSA的最大年龄是3600s,LSA在路由器间泛洪时每经过一跳年龄增加1,在LSDB中存放时年龄也增加1。若LSA的年龄达到3600s(即Maxage),路由器会从LSDB中清除该LSA。在拓扑稳定的场合下,每份存放在LSDB中的LSA间隔30min都会被周期产生的新LSA刷新。

泛洪机制把LSA向区域中的每条链路通告,不论LSA从哪条链路泛洪到当前路由器,在路由器的LSDB中仅保存一份最新的LSA。若路由器收到多份相同"ID"的LSA,则依次比较序列号、Checksum及LSA Age,来判定是否继续泛洪该LSA,还是终止泛洪。

- 如果收到的LSA本地数据库中没有,则接收该LSA并继续泛洪。
- 如果收到的LSA本地有,但收到的LSA比自己当前已有的LSA要新,则更新LSDB并泛洪新的LSA。
- 如果收到的LSA比自己已有的LSA旧,则不接收该LSA。
- 如果收到的LSA和自己路由器的LSA一样新,则忽略,并终止泛洪。
- 如果收到的LSA损坏,比如Checksum错误,则不接收该LSA。

说明1:

判断LSA新旧的规则如下。

(1) 序列号越大代表越新。

(2) 若序列号相同,则Checksum数值越大代表越新。

(3) 上述一致的情况下,继续比较Age。

- 若LSA的Age为MaxAge,即3600s,则该LSA被认定更"新"。
- 若LSA间Age差额超过15min,则Age小的LSA被认定更"新"。
- 若LSA Age差额在15min以内,则二者视为相同"新"的LSA,只保留先收到的一份LSA。

说明2:

LSDB中LSA的超时机制。

LSDB中LSA都有Age,最大是3600s,超过该值,则该LSA会从LSDB中被清除。LSDB中LSA被清除的场景:

(1) 超过MaxAge被路由器自动清除;

(2) LSA 起源路由器产生 MaxAge 的 LSA 并向区域中泛洪，收到的路由器用其更新自己 LSDB 中的 LSA。泛洪 MaxAge 的 LSA，其作用相当于“毒化”路由。

说明3：

可靠泛洪。

泛洪的过程是可靠的过程，每份 LSA 都要在 LSU 中通告给邻居，邻居要对收到的每份 LSA 做确认，如果没有收到用于确认的 LSAck，则 LSU 要 5s 后重传。可靠泛洪的结果使整个 Area 中的每台路由器都有完全一样的 LSDB。

X 路由器泛洪示意图如图 3-19 所示。

例如：X 路由器泛洪自己的 RouterLSA，其序列号为 8000000B，当网络稳定后，所有路由器 LSDB 中都有 X 的 LSA。某一时刻，X 路由器突然故障，修复上线后，网络有什么变化？

答：

网络稳定之后，X 突然故障并离线。8000000B 的 LSA 在其他路由器的 LSDB 中继续存活到 3600s，此期间因同 A 和 C 设备相连的拓扑变化，会致 A 和 C 泛洪“新”LSA。其他路由器重新计算路由后，网络中不再有 X 的路由。

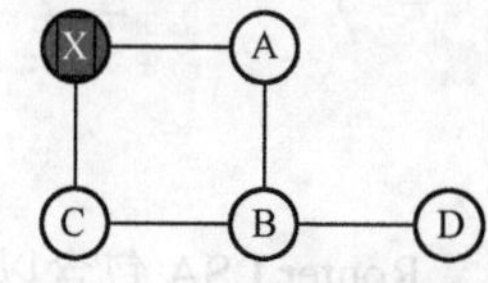

图 3-19 X 路由器泛洪

X 上线后，由于初次启动，X 会产生序列号为 80000001 的 LSA，其他相邻的路由器收到序号为 80000001 的 LSA，而 A 和 C 的 LSDB 中有 8000000B 的 LSA，同步后，X 会从 A 或 C 收到序列号 8000000B 的 X 曾经产生的 LSA。但 X 没有任何产生过该 LSA 的记录，所以 X 会立即产生一份更新的 LSA，序列号为 0x8000000C，去覆盖网络中的旧 LSA。此后序列号就从 0x8000000C 继续开始。

结论：

路由器如果收到比自己新的 LSA，路由器要有动作，表明可能重启过，这种情况下，路由器必须“加速”LSA 老化，序列号+1 以超过“新”LSA 序列号，并立即泛洪。同样的机制在 RouterID 冲突的场景下也会出现。如区域内非直连路由器的 RID 一致，也会彼此收到非自己产生的 LSA，但标识又是自己的 RID 的 LSA，接收路由器的做法是立即产生更高序列号的 LSA 并向外泛洪。重复的行为在网络一直发生，序列号一直递增，直至其中一台设备自动调整自己的 RID，RID 不再冲突为止。

3.3 拓扑描述及路由计算

3.3.1 LSA 1 和 LSA 2 内容分析

3.3.1.1 LSA1

LSA1 报文内容

每台路由器会为自己所处的每个区域产生一份 Router LSA，该 Router LSA 包含属于该区域的所有链路的链路状态信息。

Router-LSA 报文格式如图 3-20 所示。

```
⊟ Router-LSA
   .000 0000 0000 0111 = LS Age (seconds): 7
   0... .... .... .... = Do Not Age Flag: 0
  ⊟ Options: 0x02 (E)
     0... .... = DN: Not set
     .0.. .... = O: Not set
     ..0. .... = DC: Demand Circuits are NOT supported
     ...0 .... = L: The packet does NOT contain LLS data block
     .... 0... = NP: NSSA is NOT supported
     .... .0.. = MC: NOT Multicast Capable
     .... ..1. = E: External Routing Capability
     .... ...0 = MT: NO Multi-Topology Routing
   LS Type: Router-LSA (1)
   Link State ID: 4.4.4.4 (4.4.4.4)
   Advertising Router: 4.4.4.4 (4.4.4.4)
   Sequence Number: 0x80000006
   Checksum: 0x709c
   Length: 48
  ⊟ Flags: 0x00
     .... .0.. = V: NO Virtual link endpoint
     .... ..0. = E: NO AS boundary router
     .... ...0 = B: NO Area border router
   Number of Links: 2
  ⊞ Type: Transit   ID: 123.1.1.2      Data: 123.1.1.4       Metric: 1
  ⊞ Type: Stub      ID: 4.4.4.4        Data: 255.255.255.255 Metric: 0
```

图 3-20 Router-LSA 报文格式

Router LSA 包含以下几项。

- LS Age：16 位数，后 15 位数用来表示 age，LSA 初始产生时，age 数值为 0；最高位有特殊含义，置位则代表该 LSA 在 LSDB 中年龄不老化过期（DoNotAge）；若没有置位，则 age 正常老化，即在 LSDB 中年龄老化。
- Options 位：参考前面章节。
- LS Type：LSA 的类型，Type=1。
- Link State ID：路由器的 RouterID。
- Advertising Router：产生该 LSA 的路由器 RouterID。。
- SequenceNumber：线性的序列号，初始值从 0x80000001 开始递增。新的 LSA 序列号会增加。
- Checksum：对整个 LSA 做 CheckSum（除去 Age 字域）。
- Flags：V 若置位，代表是 Vlink endpoint；B 若置位，代表是 ABR；E 若置位代表是 ASBR。
- Number of Links: Link 的数量，代表 OSPF 画出的有向图上的 Link 的数量，而非物理路由器接口的数量。

Link 类型及描述

OSPF 定义了 4 种类型 Link，路由器接口的 OSPF 网络类型不同，产生的 Link 也不同，路由器把所有接口的 Link 放到 RouterLSA 中在区域内泛洪。RFC2328 定义 OSPF Router LSA 只用 4 种类型的 Link 来描述各种类型的网络，每种 Link 的含义及构成见表 3-4 所示。

表 3-4　Router-LSA 所定义的四种 Link 类型

Type	描述	Link ID	Link Data
Point-to-point	点到点类型链路	邻居路由器的 RID	自己的接口 IP 地址
TransNetwork	MA 类型链路	DR 的接口 IP 地址	自己的接口 IP 地址
StubNetwork	末节类型链路（网络）	网络号	网络掩码
Virtual Link	虚拟点到点链路	Vlink 对端 ABR 的 RID	本地 Vlink 的 IP 地址

Link 类型 1：Point-to-Point 类型

OSPF 节点间为点到点链路，如 PPP 或 HDLC 链路，OSPF 默认的网络类型为 ospf network point-to-point，则节点在表述拓扑关系时，使用 Point-to-Point 类型 Link。

逻辑拓扑图示如图 3-21 所示。

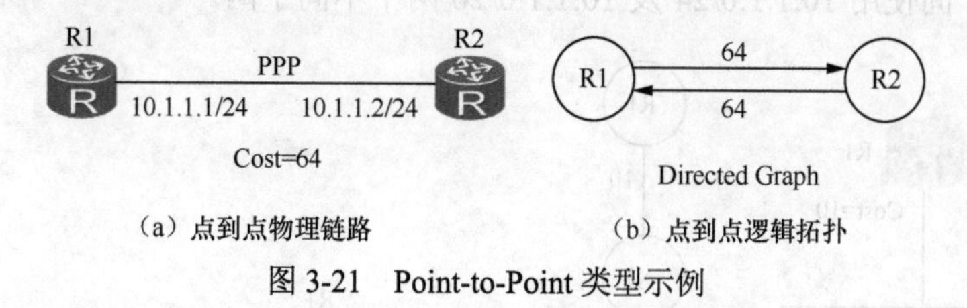

图 3-21　Point-to-Point 类型示例

Link 类型 2：TransNet 类型

在 OSPF 中，多路访问网络上如果有多个 OSPF 节点，彼此之间会形成全互联的邻居关系。如图 3-22（a）所示，R1、R2、R3 和 R4 接在共同的以太网络上，OSPF 将其表达成逻辑拓扑时，使用图 3-22（b）所示的逻辑连接关系。图中，N1 是个虚出来的节点，代表 R1、R2、R3 和 R4 之间的网络。而 R1 到 N1 的连接关系由 R1 的 TransNet 类型 Link 来表示。

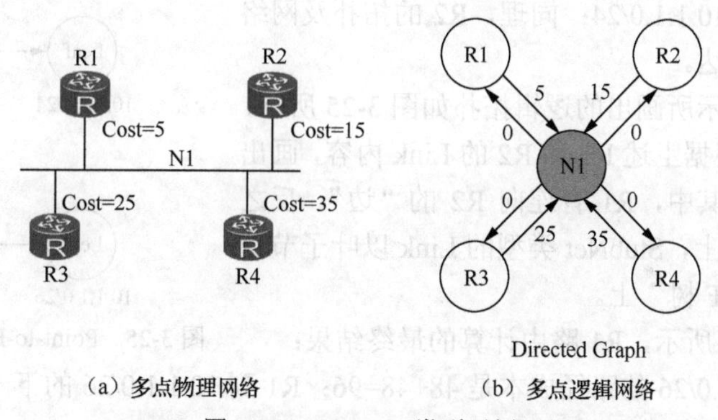

图 3-22　TransNet 类型示例

说明：

（1）逻辑图中，R1 指向 N1 的边上成本是 5，而 N1 指向 R1 的边上成本是 0，逻辑图是有向图。

（2）虚节点 N1 到周边其他节点 R1、R2、R3 及 R4 的距离为 0。从逻辑图上可知经过虚节点不会引入额外的成本。

Link 类型 3：StubNetwork

StubNet 代表一个网络，用末节节点来表示，附着（挂在）在实节点上，不表示任何连接关系，其实是实节点上的网络。在 OSPF 逻辑图上，StubNet 类型 Link 可以表示挂在实节点上的叶子节点。

图 3-23（a）表示 R1 上有个 N1 网络，在 OSPF 中，图 3-23（b）是图（a）中路由器内部的逻辑图。N1 是代表网络的叶子节点，挂在 R1 上。

说明：

逻辑图中的箭头代表 R1 连接 N1。

例：请把图 3-24 中网络所对应的逻辑拓扑画出来。

R1 和 R2 间使用 10.1.1.0/24 及 10.1.1.0/26 两个不同子网。

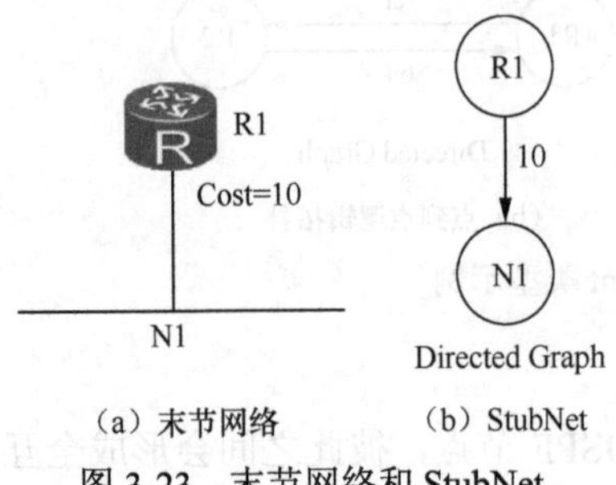

图 3-23　末节网络和 StubNet

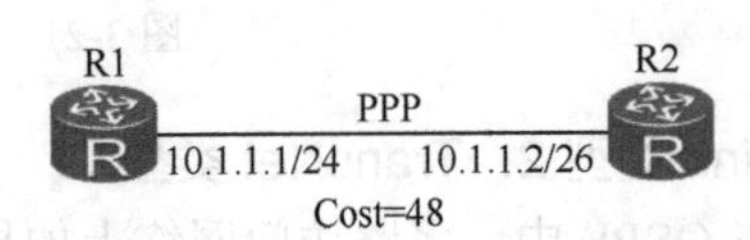

图 3-24　R1 和 R2 间点到点网络

答：

有 IP 地址的点到点的链路需要使用两个 Link，一个是 Point-to-Point 类型的 Link，描述直连的邻居，即 R1 连到 R2；一个是 StubNet 类型的 Link，用来描述节点上的网络，即 R1 上有网络 10.1.1.0/24；同理，R2 的拓扑及网络也使用相似的表达。

根据上述表示所画出的逻辑拓扑如图 3-25 所示，以 R1 为树根，根据上述 R1 和 R2 的 Link 内容，画出上述逻辑拓扑。其中，R1 有连向 R2 的“边”。反之亦然。在 SPF 树上，StubNet 类型的 Link 以叶子节点的方式挂在“SPF 树”上。

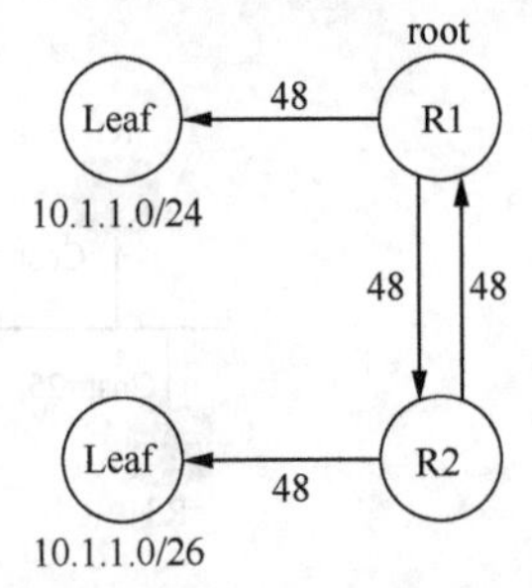

图 3-25　Point-to-Point 网络逻辑拓扑

根据图 3-25 所示，R1 路由计算的最终结果：

R1 到 10.1.1.0/26 的路径成本是 48+48=96；R1 到 10.1.1.0/26 的下一跳是 R2。

```
#
<R1>display ospf  routing
       OSPF Process 1 with Router ID 1.1.1.1
               Routing Tables
 Routing for Network
 Destination        Cost   Type        NextHop        AdvRouter        Area
 10.1.1.0/24        48     Stub        10.1.1.1       1.1.1.1          0.0.0.0
 10.1.1.0/26        96     Stub        10.1.1.2       2.2.2.2          0.0.0.0
 Total Nets: 2
 Intra Area: 2   Inter Area: 0   ASE: 0   NSSA: 0
#
<R1>display ip routing-table
Route Flags: R-relay, D-download to fib
------------------------------------------------------------------------------
Routing Tables: Public
         Destinations : 9          Routes : 9
Destination/Mask    Proto    Pre   Cost       Flags NextHop         Interface
     10.1.12.0/24   Direct   0     0            D   10.1.12.1       Serial1/0/0
       10.1.12.0/28 OSPF     10    96           D   10.1.12.2       Serial1/0/0
```

```
10.1.12.1/32    Direct  0    0       D    127.0.0.1        Serial1/0/0
10.1.12.2/32    Direct  0    0       D    10.1.12.2        Serial1/0/0
10.1.12.255/32  Direct  0    0       D    127.0.0.1        Serial1/0/0
#
```

根据有向图及最终的树计算 OSPF 路由：display ospf routing。

说明：

(1) 在 OSPF 的逻辑拓扑中，表达拓扑的点有代表路由器的实节点和代表 TransNet 网络的虚节点。如果把代表路由器的节点叫作实节点（Node），则把代表 TransNet 网络的节点用虚节点（Pseduonode）代表。

(2) 一张描述全网络的图上仅包含点和边。路由器和中间的多点网络在图中由点所表示。网段信息也以叶子节点的方式出现在图中。二者的区别是叶子节点要挂在树的末端。但要等 SPF 计算结束之后，才挂在 SPF 树上。由树根访问图中的任何一个叶子节点，就是计算路由的过程。

(3) 网络分 TransNet 网络和 Stub 网络，二者的区别是 TransNet 网络上有至少两个节点，流量可以经过 TransNet 网络在节点间传递，而 Stub 网络仅代表连在一个节点（路由器）上的网络，流量只能进或者出该网络。Stub 网络包含如下类型：Loopback 接口的网络、Secondary 地址网络、无邻居的以太网接口网络及点到点链路上每个节点（路由器）所连的网络。

(4) TransNet 网络要表达 4 个节点间全互联可达的关系，在数学模型的描述中，把中间的 Network 表述成一个节点，并连接每个节点。

(5) 叶子节点尽管代表网络，本身也有成本，其成本就是所在链路的成本。

3.3.1.2 LSA2 内容

Network LSA，简称为 LSA2，用来描述多点网络上的拓扑关系。

Network LSA 仅会出现在网络类型是 Broadcast 或 NBMA 的网络上。Broadcast 和 NBMA 网络上会选举 DR，选举出来的 DR 除用于数据库同步外，DR 也负责产生 LSA2。LSA2 用于描述“虚节点”周边的连接关系。这个 LSA2 用 DR 路由器的接口 IP 来标识。

```
⊟ Network-LSA
    .000 0000 0000 0001 = LS Age (seconds): 1
    0... .... .... .... = Do Not Age Flag: 0
  ⊟ Options: 0x02 (E)
      0... .... = DN: Not set
      .0.. .... = O: Not set
      ..0. .... = DC: Demand Circuits are NOT supported
      ...0 .... = L: The packet does NOT contain LLS data block
      .... 0... = NP: NSSA is NOT supported
      .... .0.. = MC: NOT Multicast Capable
      .... ..1. = E: External Routing Capability
      .... ...0 = MT: NO Multi-Topology Routing
  LS Type: Network-LSA (2)
  Link State ID: 123.1.1.2 (123.1.1.2)
  Advertising Router: 2.2.2.2 (2.2.2.2)
  Sequence Number: 0x80000001
  Checksum: 0x642e
  Length: 40
  Netmask: 255.255.255.0 (255.255.255.0)
  Attached Router: 2.2.2.2 (2.2.2.2)
  Attached Router: 3.3.3.3 (3.3.3.3)
  Attached Router: 4.4.4.4 (4.4.4.4)
  Attached Router: 5.5.5.5 (5.5.5.5)
```

图 3-26 Network LSA 报文结构

Network LSA 包含内容如下。

- LS Age：同 LSA1。
- Option 选项位：（略）
- LS Type：type=2。
- Link State ID：DR 的接口 IP 地址。
- Advertising Router：产生 LSA2 的通告路由器。
- SequenceNumber：第一份 SequenceNumber 为 0x8000001，每次更新 Sequence Number 增 1。
- Checksum：对除 Age 外的 LSA 内容做计算。
- Netmask：和 Link State ID 执行“与”运算，得出 LSA2 所代表的网络号。
- Attached Router：连接到本网络的所有邻居路由器的 RouterID。

根据图 3-26 中的 LinkStateID 和 Netmask，可计算出 LSA2 代表网络 123.1.1.0/24，并根据 Attached Router 的表述，得知该网络同时连接四台路由器——R2、R3、R4 及 R5。所以 LSA2 作用是通告 TransNet 网络号及描述该网络和路由器的连接关系。

因为该 LSA2 中既包含拓扑连接的信息，又包含网络信息。所以，当网络变化时，即使物理拓扑没有变化，同样会触发重新产生 LSA2，并致每台路由器都重新发生 SPF 计算。

3.3.1.3 LSA2 的作用

LSA2 是由 MA 网络上的 DR 路由器产生的，使用 DR 接口 IP 地址作为 LSA2 的 Link State ID。相比于 LSA1 是由实节点产生并描述实节点的周边的连接关系和网络，LSA2 是由 DR 为虚节点产生，描述虚节点周边的连接关系和网络信息。

图 3-22（b）中，虚节点是 N1，代表网络，连接 R1、R2、R3 和 R4。图（a）是物理网络，图（b）是 OSPF 根据 LSA1/LSA2 画出的有向图，从图中可看出，N1 虚节点连着多个实节点。

每个节点（除虚节点外）外出方向的链路成本为接口成本（可使用 OSPF Cost 修改），而虚节点 N1 是代表中间网络虚拟出来的节点，处在拓扑中间，不能引入额外成本，所以由其向外延伸的链路成本为 0。

3.3.2 DR 及虚节点作用

只要网络类型是 Broadcast 或 NBMA，且这个网络上有多于一台路由器，则此网络需要且必定要选举 DR。

DR 的作用：一是用于数据库同步，二是为代表网络的虚节点产生 LSA2。

DR 是 MA 网络上负责数据库同步的路由器，网络上所有路由器都和 DR 有邻接关系。

路由器优先级在 1～255 之间都有资格成为 DR。

每台路由器根据收到的 Hello 看是否有路由器已声称为 DR。

在 Wait 时间后，开始选举 DR，优先级高的路由器成为 DR，否则 RouterID 高的路由器成为 DR。

DR 不能被抢占，一旦选举结束，即使有更高优先级的路由器接到网络中来，也不能抢占成为 DR，同样也不会抢占成为 BDR。这是为了保持网络稳定，避免震荡。

当 DR 选举完成后，如果当前 DR 失效，则 BDR 成为 DR，并重新选举 BDR。

3.3.2.1 DR 的选举机制

MA 网络上要同时选举 DR 和 BDR，MA 网络上路由器都要与 DR 和 BDR 形成 FULL 的邻接关系。其中，DR 与 BDR 之间也是 FULL 的邻接关系，DRother 与 DRother 之间则只存在邻居关系，状态为 2-Way。

MA 网络可以没有 BDR，但不能没有 DR。

DR 的选举依靠 Hello 报文，在 two-way 之后，交互 Hello 报文完成 DR/BDR 的选举。

每台路由器根据“听到”的所有邻居的 Hello 报文，构建自己接口的数据结构，并按照以下算法，计算出 DR 和 BDR。

选举 DR/BDR 算法

（1）路由器接口数据结构中维持三个集合，分别是：

- DR 集合：通过 Hello 学习到的所有 DR 路由器；
- BDR 集合：通过 Hello 学习到的所有 BDR 路由器；
- DRother 集合：没有被选举为 DR/BDR 的路由器（优先级不为 0）。

（2）算法工作时，在 DR 集合中选择最好的路由器，使其成为 DR。在 BDR 集合中选择最好的路由器，使其成为 BDR。

DR 的选举

在 DR 的集合中应用以下规则：

如果 DR 集合为非空，则从中选择最好的路由器成为 DR；

如果 DR 集合为空，则把当前 BDR 提升为 DR；而如果 BDR 集合为空，则要先从 DRother 集合中选出 BDR，再将其提升为 DR。

BDR 的选举

在 BDR 的集合中应用以下规则：

如果 BDR 集合为非空，则从中选择最好的路由器为 BDR；

如果 BDR 集合为空，则从 DRother 集合中选择最好的路由器成为 BDR 路由器。

DR 和 BDR 选举的过程

OSPF 路由器在 DR/BDR 未选举出来之前，Hello 报文中关于 DR 和 BDR 的字段为全 0，即为 0.0.0.0。选举完成后，DR 和 BDR 的字段记录已知的 DR 和 BDR 的 RouterID。

路由器接口根据听到的 Hello 报文，生成邻居表并在接口维持三个集合：

- DR 集合{ }
- BDR 集合{ }
- DRother（非 DR 非 BDR 但是有资格成为 DR 和 BDR 的路由器）集合{ }

过程如下。

- 当 OSPF 接口开启后，在 Hello 报文中设置 DR/BDR 字域为全 0，此时 DR/BDR 未知。同时，Wait timer 启动，时长为 4 倍的 Hello 间隔。
- 如果收到的 Hello 报文中 DR 及 BDR 字域为非空，则 Wait 计时器停止，接受当前 DR/BDR 的选择。
- 如果在 Wait 计时器超时后，仍未学习到 DR/BDR，则开始 DR/BDR 选举。
- 如果 BDR 集合为空，则从 DRother 集合选举 BDR；如果 DR 集合为空，则从

BDR 集合选举 DR。

- 据此，如果在没有 DR/BDR 的网络上，Wait 计时器超时后，网络上的每台路由器都会先从 DRother 集合选择 BDR，再把 BDR 提升为 DR；再重新从 DRother 集合选择 BDR。至此，选举结束，开始邻接建立。

3.3.2.2　DR/BDR 计算示例

图 3-27 为广播网络，以此拓扑为例，讲解 DR 和 BDR 的选举过程。

场景描述：

六台主机接在共同的 IP 网络上，R1 主机的 RouterID 为 1.1.1.1，同理，图中 R2、R3、R4、R5 及 R6 都分别使用自己的路由器编号作为 RouterID。

问：此时 BDR 及 DR 分别是哪台路由器？

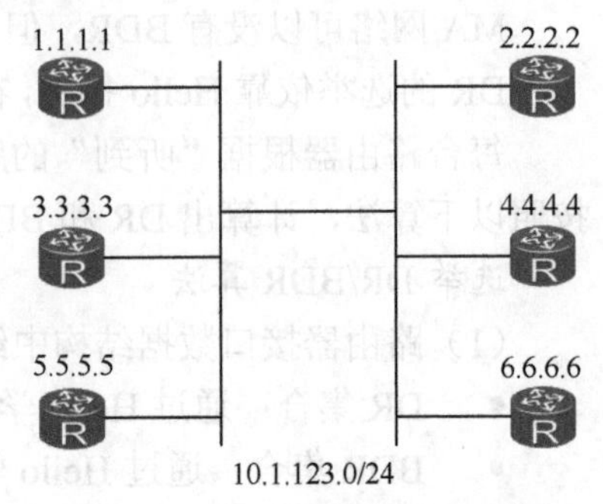

图 3-27　多点网络的 DR 选举

过程如下。

1．所有的路由器在 DR/BDR 选举出来之前通告的 Hello 报文中 DR/BDR 字段为：0.0.0.0。

2．Wait 计时器超时后，路由器开始选举 DR 及 BDR。

3．以 R5 的选举过程为例，R5 的路由器根据听到的邻居的 Hello 报文，创建了三个集合：

DR 集合　{ 空 }

BDR 集合 { 空 }

DRother　{R1，R2，R3，R4，R5，R6}（假设优先级都为默认值 1）

初始，DR 集合为空，BDR 集合也为空的情况下，路由器会先在 DRother 集合内选举出 BDR，BDR 为 R6（6.6.6.6）；之后在 DR 集合为空、BDR 集合不为空的情况下，把 BDR 提升为 DR，所以 DR 为 6.6.6.6；现在由于没有 BDR，再从 DRother 集合中选举 BDR，所以 BDR 为 5.5.5.5。其他路由器使用同样的选举算法，所以选出同样的 DR 和 BDR。

3.3.3　SPF 路由计算

3.3.3.1　OSPF 路由计算

执行 SPF 计算包含三步。

（1）路由器根据 LSDB 中的 LSA 画出网络图（Graph），在这个 Graph 上包含 OSPF 网络拓扑中所有“点”和“边”，画图需要使用 LSA1 中 Point-to-Point、TransNet 和 Vlink 类型的 link 及 LSA2 来描述拓扑。

说明：

由于每台路由器的 LSDB 内容一样，所以在每台路由器上根据 LSDB 中 LSA 画出的区域内的 Graph 也是一样的。区别是最先画起的路由器（起点路由器）不一样，每台路由器都是以自己为起点开始画 Graph 的。

（2）路由器以自己为树根，对图（Graph）执行 SPF 计算（即 Dijsktra 算法）。画出一棵由树根到图中每个节点的最短成本路径树，从树根到树上任何其他节点的成本是最小的。

（3）在树的节点上添加网络信息，并计算由树根到这些网络的成本及下一跳，并把计算结果加入到路由表中。把 SPF 树上添加的网络，称为叶子节点。SPF 已计算出树根到任何节点的最小距离，再把代表网络的“叶子”节点挂在 SPF 树的相应网络节点上。树根到网络的路由成本=树根到网络节点的距离+网络节点到叶子节点的成本。叶子节点可以是 LSA1 中的 StubNet、LSA2 中的网络、LSA3 的网络、LSA5/7 的网络。

说明：

Stub 网络挂在路由器节点（实节点）上，LSA2 中网络挂在虚节点上，LSA3 的网络挂在 ABR 节点上，LSA7 挂在 ASBR 节点上，而 LSA5 则可能挂在 ASBR 或 ABR 上，这要依 ASBR 路由器是否在当前区域内而定。

3.3.3.2 iSPF（Incremental SPF）

在路由计算方面，优化网络中的 SPF 计算过程，可降低计算负荷和收敛时间。iSPF 其主要思想就是“增量计算”（即只计算变化的部分，而不是全部计算）。SPF 算法将整个网络信息分为两个部分，如图 3-28 所示，一个部分是网络的节点（对应于网络中的路由器、共享网段）和边（路由器以及共享网段之间的链路）组成的网络拓扑；另一个部分是挂在节点上的叶子（网段路由、主机路由等）。执行路由计算的路由器为“树根（Root）”。

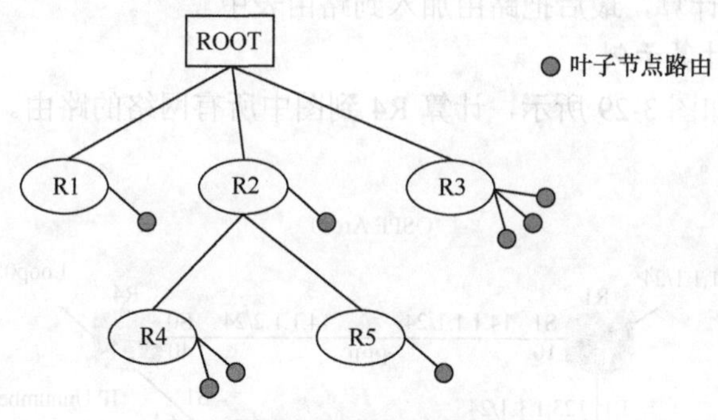

图 3-28 最短路径树

仅对最短路径树上拓扑变化的部分所引入的局部节点的计算，称为增量计算（iSPF）；而针对叶子节点（路由）的计算则称为 PRC（Partial Route Calculate）。“增量计算”相比于 Full SPF 计算能够极大地提高路由器的计算性能，降低 CPU 负荷。

在 SPF 计算中，网络是由节点以及边构成的，最终形成一棵以计算路由器为根的最短路径树；而路由则是附着在树的节点上的叶子（节点）。

OSPF 以及 IS-IS 协议在数据库中存储的是自己特定格式的链路信息，这些信息并不能直接反映出拓扑的情况以及路由与拓扑的关系，因此 SPF 必须通过全部的计算过程来确定最短路径树，并计算出路由。但是，SPF 并不保存这个计算结果；这样当有信息发生变化时，SPF 只能再次全部重新计算一遍，这浪费时间及系统资源。

iSPF 是拓扑计算的一种，它只处理网络拓扑的信息，即只负责计算出最短路径树。通过重新组织链路状态信息，iSPF 形成了一个直接反映网络拓扑的“图”（Graph）；而计算出的最短路径树则保存在这个“图”中。

当网络链路状态发生变化时，iSPF 会判断出哪部分网络拓扑受到了影响，从而只计算那些受到了影响的部分，而不是全部网络拓扑。

网络拓扑变化的位置不同，受到影响的范围就不同，iSPF 计算所消耗的时间就不同，所以，iSPF 计算所消耗的时间是不确定的，即使是在相同的网络结构中。当然，如果发生变化的是根节点的边，那么受影响的范围就包括了整个拓扑，在这种情况下，iSPF 相当于进行了全部重新计算（Full SPF）。

3.3.3.3　PRC

任何一条路由都是网络节点上的“一片树叶”，即叶子节点，从根节点看，只要到树中任何实（或虚）节点的最短路径确定了，到叶子节点的最短路径也就确定了，那么到节点发布的路由的最短路径也就确定了。因此，PRC 就是在 iSPF 计算出的最短路径树基础上再来计算叶子节点代表的路由。当有路由信息改变，PRC 直接判断在哪条链路上的节点的哪个叶子出现变化，之后直接进行路由的计算与更新。

OSPF 是链路状态路由协议，如果网络规模较大，路由数量众多，链路的抖动或路由的变化对网络的影响都很大，所以要提高网络收敛速度，并降低网络负荷。

Full SPF 和 iSPF 计算过程相比，iSPF 更优，所以华为采用初次计算过程执行涉及全部节点的 Full SPF，而此后不论发生什么变化，只把故障点及其周边的连接关系重画，执行 iSPF 计算，只计算变化的部分，而不是全部计算。如果 SPF 计算完毕后，再对变化节点上执行 PRC 计算，最后把路由加入到路由表中。

3.3.3.4　**路由计算示例**

例：物理网络如图 3-29 所示，计算 R4 到图中所有网络的路由。图中，Loop0 接口的 OSPF 成本设为 1。

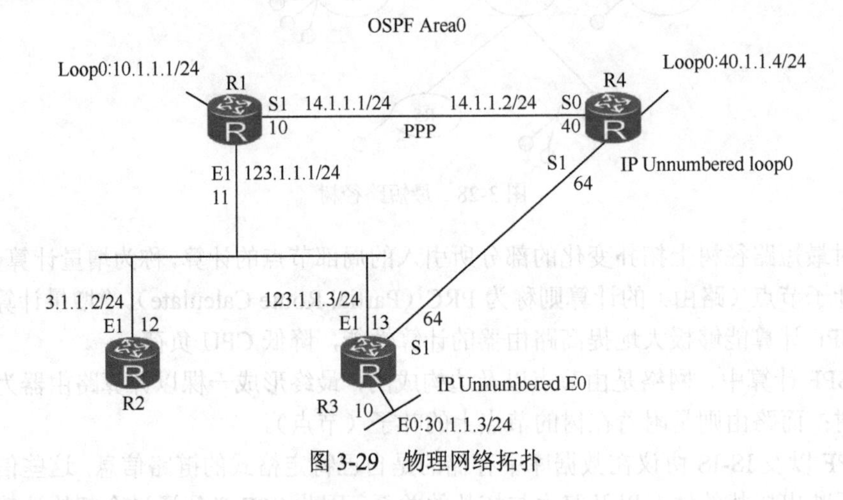

图 3-29　物理网络拓扑

计算过程如下。

第 1 步，画图。

逻辑拓扑图如图 3-30 所示，图是有向图，任何路由器上画出的图都一样。

第 2 步，执行 SPF 计算。

计算以 R4 为树根的 SPF 树，如图 3-31 所示。

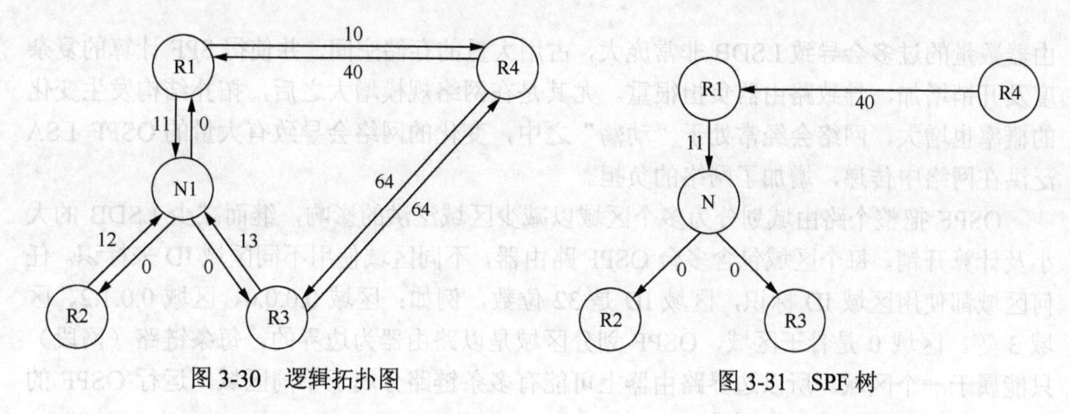

图 3-30　逻辑拓扑图　　　　　　　　图 3-31　SPF 树

第 3 步，添加叶子节点并计算路由。

从图 3-32 中可以看出，R4 路由器到网络 30.1.1.0/24，下一跳是 R1，路径成本是 40+11+0+10=61。

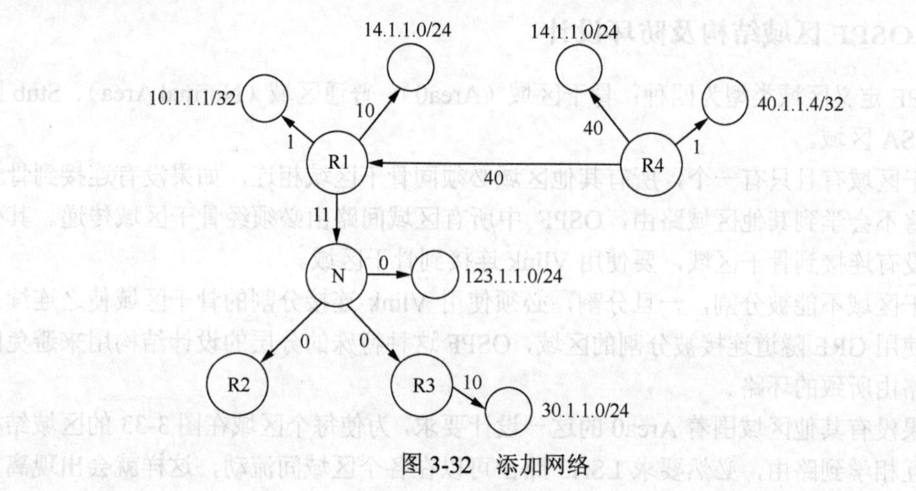

图 3-32　添加网络

到 14.1.1.0/24，R4 在树上有两条路都能到达 14.1.1.0/24，选择成本最小的一条放到路由表里，在 OSPF 路由表（Display Ospf Routing）中，到 14.1.1.0/24 成本是 40。但 IP 路由表中，由于有直连路由 14.1.1.0/24 存在，所以路由表中看不到 OSPF 的 14.1.1.0/24 路由。

123.1.1.0/24 这条路由是图中的多点网络，由虚节点 N 所代表，可把 123.1.1.0/24 表示成挂在虚节点后面的叶子节点，虚节点不引入额外成本，故向外延伸的方向的成本都是 0，成本是 40+11+0=51。

说明：

上述的计算过程会根据节点的数量而加重 CPU 及系统的负荷。

3.4　区域结构设计

随着网络规模日益扩大，当一个大型网络中的路由器都运行 OSPF 路由协议时，路由器数量的过多会导致 LSDB 非常庞大，占用大量的存储空间，并使得 SPF 计算的复杂度及开销增加，导致路由器负担很重。尤其是在网络规模增大之后，拓扑结构发生变化的概率也增大，网络会经常处于“动荡”之中，变化的网络会导致有大量的 OSPF LSA 泛洪在网络中传递，增加了网络的负担。

OSPF 把整个路由域划分为多个区域以减少区域泛洪的影响，继而减少 LSDB 的大小及计算开销。每个区域包含多台 OSPF 路由器，不同区域使用不同区域 ID 来标识。任何区域都使用区域 ID 标识，区域 ID 是 32 位数，例如：区域 0.0.0.0、区域 0.0.1.2、区域 3 等。区域 0 是骨干区域，OSPF 划分区域是以路由器为边界的，每条链路（网段）只能属于一个区域。所以边界路由器上可能有多条链路分属于不同区域，运行 OSPF 的接口必须指明属于哪一个区域。

OSPF 网络中每区域 OSPF 路由器可以有 40～50 台，理论上每个区域内最多能部署的路由器数量没有限制，完全取决于物理路由器的性能，但建议不要超过 100 台。

3.4.1 OSPF 区域结构及防环设计

OSPF 定义区域类型为四种：骨干区域（Area0）、普通区域（Normal Area）、Stub 区域及 NSSA 区域。

骨干区域有且只有一个，所有其他区域必须同骨干区域相连，如果没有连接到骨干区域，将不会学到其他区域路由，OSPF 中所有区域间路由必须经骨干区域传递。其他区域若没有连接到骨干区域，要使用 Vlink 连接到骨干区域。

骨干区域不能被分割，一旦分割，必须使用 Vlink 连接分割的骨干区域使之连续。也可以使用 GRE 隧道连接被分割的区域，OSPF 这种特殊的分层的设计结构用来避免区域间的路由所致的环路。

如果没有其他区域围着 Area0 的这一设计要求，为使每个区域在图 3-33 的区域结构中可以互相学到路由，必然要求 LSA3 路由可以在各个区域间流动，这样就会出现离开一个区域的 LSA3 路由，经过其他区域再流回来的可能性。如图 3-33 所示，Area1 中 100.1.1.0/24 的路由，进入 Area0，并由 R7 继续以 LSA3 通告到其他区域。最终，R7 除收到经 Area1 方向学来的 100.1.1.0/24 路由，也可能收到经 Area2-Area3-Area4-Area5 方向学到的路由，如果 R7 选择 R6 通告的路由，则路由环路出现。

为了避免上述环路，限定 LSA3 路由的流动规则：不允许非 ABR 产生 LSA3。所以，Area3、Area4 无法学到其他区域 Area0、Area1 的路由，只能把 Area3 和 Area4 直接连接到 Area0 才可以。基于这样的 LSA3 的设计，路由只能通过图 3-33 中的 R2 和 R6 在区域间传递。图中 R3、R4 和 R5 不是 ABR（同 Area0 无连接），无法在区域间相互传递路由。

OSPF 的这种区域结构设计用于避免区域间环路。

3.4.2 LSA3 及区域间路由通告

3.4.2.1 LSA3

图 3-34 为区域间路由示意图，在 Area3 中，区域内的网络通过 LSA1（StubNet 类型 Link）和 LSA2 在区域内泛洪。ABR R1 产生 LSA3 向 Area0 通告 Area3 的路由，R2 和 R3 产生 LSA3，把各自学到的 Area0 里的区域间路由继续向区域 Area1 和 Area2 通告。

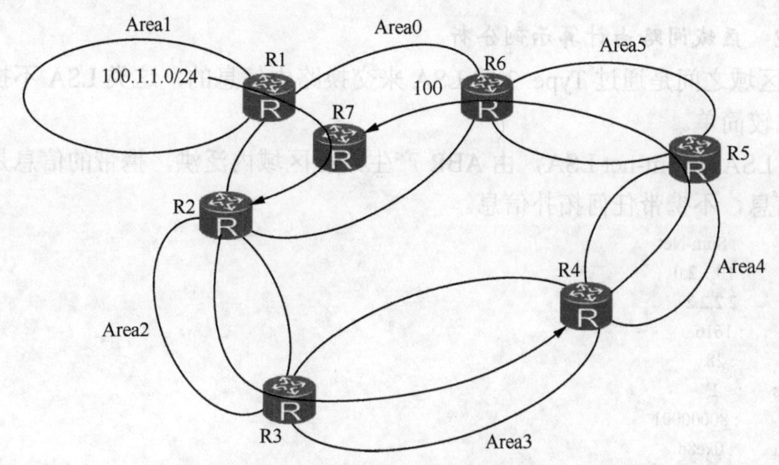

图 3-33 形成环路的区域结构设计

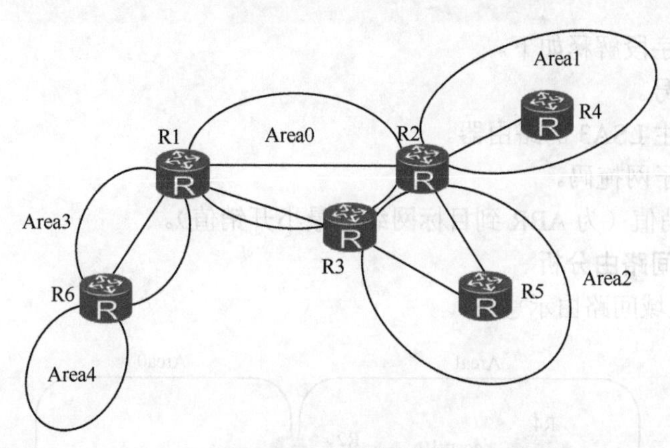

图 3-34 区域间路由

LSA3 特性如下。

（1）边界路由器 ABR 为区域内的每条 OSPF 路由各产生一份 LSA3 并向其他区域通告。

（2）边界若有多个 ABR，则每个 ABR 都产生 LSA3 来通告区域间路由。图 3-34 中 R2 和 R3 是 Area0 和 Area2 的 ABR，两个 ABR 都产生 LSA3 通告路由进入 Area2，所以在 Area2 中每条区域间路由在 LSDB 中都有两份 LSA3，分别由两个 ABR 产生。这两份 LSA3 通过 Adveritsing Router 字域来区分。

（3）区域间传递的是路由，LSA3 是由每个区域的 ABR 产生的、并仅在该区域内泛洪的一类 LSA。路由进入其他区域后，再由该区域的 ABR 产生 LSA3 继续泛洪。

（4）OSPF 在区域边界上具备矢量特性，只有出现在 ABR 路由表里的路由才会被通告给邻居区域。

（5）计算路由时，路由器计算自己区域内到 ABR 的成本加上 LSA3 传递的区域间成本，得到的是当前路由器到目标网络端到端的成本。

（6）如果 ABR 路由器上路由表中的某条 OSPF 路由不再可达，则 ABR 会立即产生一份 Age 为 3600s 的 LSA3 向区域内泛洪，用于在区域内撤销该网络。

3.4.2.2 区域间路由计算示例分析

OSPF 区域之间是通过 Type 3 的 LSA 来交换路由信息的，这类 LSA 不携带拓扑信息，结构比较简单。

Type 3 LSA：Sum-net LSA，由 ABR 产生，在区域内泛洪，携带的信息是到其他区域的网络信息，不携带任何拓扑信息。

```
Type          : Sum-Net
Ls id         : 10.1.2.0
Adv rtr       : 2.2.2.2
Ls age        : 1616
Len           : 28
Options       :   E
seq#          : 80000001
chksum        : 0xe8c
Net mask      : 255.255.255.0
Tos 0    metric: 100
Priority      : Low
```

其中的重要字段解释如下。

Ls id：网络号。

Adv rtr：产生 LSA3 的路由器。

Net Mask：子网掩码。

Metric：开销值（为 ABR 到目标网络的最小开销值）。

示例：区域间路由分析

图 3-35 为区域间路由示意图。

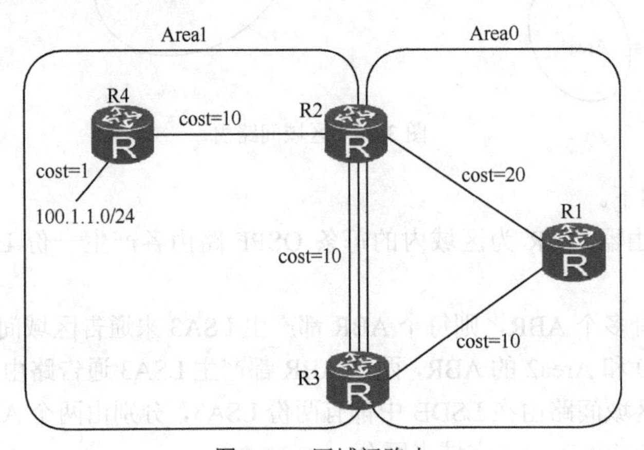

图 3-35 区域间路由

问：R1 如何访问 100.1.1.0/24 网络？

答：

R2 和 R3 在这个网络中属于 ABR，R1 会收到 R2 和 R3 产生的 LSA3，R2 上产生的 LSA3 开销值为 11，R3 上产生的 LSA3 开销值为 21。R1 做路由计算时，把 ABR 产生的 LSA3 的路由当作节点 R2 和 R3 上的“叶子”路由，所以 Area0 中 R1 计算去往 100.1.1.0/24 这个网段的路径是两条路径进行负载分担，下一跳分别是 R2 和 R3，路径开销是 31。

结论：

R1 计算其他区域的 LSA3 路由，是把 LSA3 路由直接挂在通告路由器 ABR 上，当成 ABR 节点上的叶子节点，所以区域间路由的任何变化，如成本变化或路由出现、消失都是 ABR 节点上所挂的叶子节点的变化，并没有影响到 Area0 内 SPF 树形拓扑的变化。仅叶子节点的变化所引起的计算称为 PRC（Partial Route Calculate），这种变化对网络的影响比较小。

3.4.3 ABR 定义及其路由通告

如图 3-36 所示，区域间的路由器 R4，处于 Area2 和 Area0 之间，是 ABR，R5 虽处于 Area1 和 Area2 之间，但 R5 不是 ABR。

从定义上，至少有一个接口连接 Area0，这样的区域间路由器称为 ABR。其他位置的路由器，如图 3-36 中，R5 虽在其 Router LSA 中置 ABR 位，但 R5 并未在区域间转发路由，所以它不是一台真正意义上的 ABR。按上面的定义，区域间路由器可分为三类。

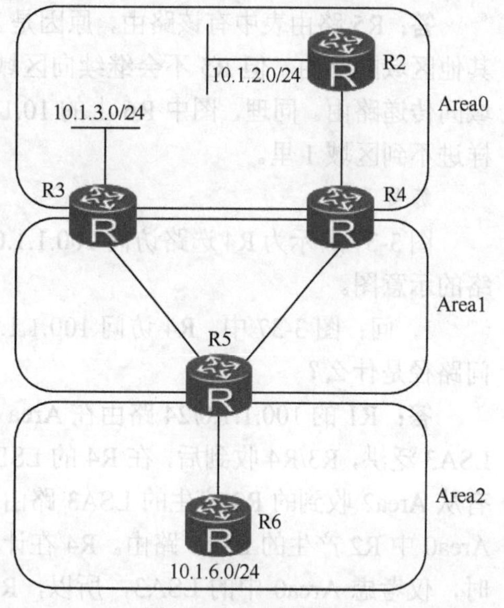

图 3-36 区域结构图

- 区域间路由器——处在 Area 1 和 Area2 间的路由器，如 R5。
- 区域间路由器——在 Area 0 中有接口，但没有邻居的路由器，如 R3。
- 区域间路由器——在 Area 0 中有邻居的路由器，如 R4，R4 可以称得上为 ABR。

ABR 的定义及作用（RFC 3509）如下。

定义：ABR 处于区域边界间，限制 LSA 泛洪的范围。

作用：为本区域通告描述其他区域的网络，即执行区域间路由通告、过滤、聚合等。

ABR 上有如下规则：

规则 1，通过 ABR1 进入非骨干区域的 LSA3 路由，若 ABR2 在骨干区域有 OSPF 邻居，则该 LSA3 路由不进 ABR2 的路由表。此处 ABR1 和 ABR2 是处在骨干区域 0 和非骨干区域 1 间的两台边界路由器。

规则 2，若 ABR2 在骨干区域没有邻居，仅有一个网络出现在骨干区域，则 ABR1 所通告的 LSA3 路由可以进入其路由表；

规则 3，没有出现在 ABR 路由表的路由是不会通告到其他区域的，这是边界上的矢量特性。

区域间的上述规则，是为了避免区域间的环路（避免经一个 ABR 进入普通区域的路由再经其他 ABR 进入其他区域），这就是区域间的水平分割规则。

需要说明的是，上述规则对 LSA3 起作用，同样适用于 LSA4，但不适用于 LSA5。

练习 1：

1. 图 3-36 场景中，Area0 中 10.1.2.0/24 网络能否出现在 R3 的路由表中？为什么？

答： 10.1.2.0/24 的路由可以进入 R3 的路由表，根据规则 2 得到。因为 R3 不算上 ABR。

2．图 3-36 场景中，R3 在 Area0 中 10.1.3.0/24 网络能否出现在 R2 及 R4 的路由表中？为什么？

答：R4 的路由表中没有该路由，根据规则 1。原因是 R3 通告 LSA3（10.1.3.0/24）到 R4，R4 是 ABR，且 R4 在骨干区域中有 OSPF 邻居，R4 只接收骨干区域的 LSA3 路由，所以不会计算出一条经过 Area1 访问骨干区域的路由。

R2 的路由表中，也不会有该路由，根据规则 3，由于矢量特性，R4 没有该路由，R2 也不会有该路由，骨干区域内没有对应的 LSA3 的泛洪。

3．图 3-36 场景中，R5 路由表中是否有 10.1.2.0/24 网络？

答：R5 路由表中有该路由，原因是 R5 不是真正意义上的 ABR。所以可以接收源自其他区域的路由。但 R5 不会继续向区域 2 通告该路由，原因是 R5 不是 ABR，不在区域间传递路由。同理，图中 R6 上的 10.1.6.0/24 的路由虽能出现在 R5 的路由表里，但同样进不到区域 1 里。

练习 2：

图 3-37 所示为 R4 选路访问 100.1.1.0/24 网络的示意图。

1．问：图 3-37 中，R4 访问 100.1.1.0 的访问路径是什么？

答：R1 的 100.1.1.0/24 路由在 Area 0 中以 LSA3 泛洪，R3/R4 收到后，在 R4 的 LSDB 中，有从 Area2 收到的 R3 产生的 LSA3 路由，还有 Area0 中 R2 产生的 LSA3 路由。R4 在计算路由时，仅考虑 Area0 中的 LSA3，所以，R4 访问 100.1.1.0/24 网络，路由下一跳是 R2；这根据规则 1 得到。原因是 R4 是 ABR，直接连着骨干区域，不会考虑经过 Area2 访问骨干区域的路由。

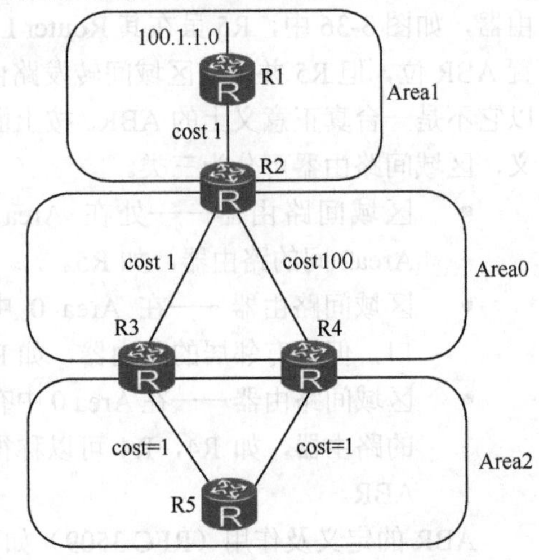

图 3-37　R4 选路访问 100.1.1.0/24 网络

2．问：图 3-37 中，R4 访问 100.1.1.0/24 网络是否有明显的次优路径问题？在不改动物理拓扑的情况下，如何解决次优路径问题？

答：存在次优路径，为使 R4 访问 100.1.1.0/24 的流量经过 R3 进入骨干区域，在 R3 和 R4 间添加 Vlink，Vlink 是处在两个 ABR R3 和 R4 间、经过 Area2 的一条属于 Area0 的逻辑链路。Vlink 建好后，数据报文将按 Area0 中 Vlink 链路学来的路由经 R3 进入骨干区域，这是 Area0 中成本最小的路径。

3.4.4　Area 类型及特殊类型区域

3.4.4.1　Area 分类

Area 类型分为四种，普通（Normal）区域、骨干区域、Stub 区域及 NSSA 区域。

骨干区域就一个，Area0，其他区域连接该骨干区域。在其他区域间传递路由和数据。

普通区域，Area 号不等于 0，承载 Vlink，是最通用的区域，它传输区域内路由、区域间路由和外部路由。

Stub 是一类特殊的区域，这个区域 LSA4/5 不能接收。访问 OSPF 外部网络仅能通过 ABR，所有的流量及路由通过 ABR 进入 Stub 区域。

Stub 区域有一个变体，Totally Stub 区域，比 Stub 区域添加了对区域间 LSA3 的过滤，Stub 区域仅可通过 ABR 访问区域外任何目的地，不支持 Vlink。

NSSA 区域可以有 LSA7，可以有 ASBR，访问任何外部 OSPF 区域可以通过本区域 ASBR，也可通过 ABR 访问。

Totally NSSA 在上述机制的基础之上，在 ABR 上过滤区域间 LSA3。

表 3-5 列出了各种特殊类型区域内产生的 LSA 及区域的配置命令。图 3-38 同样列出了特殊区域和普通区域内可能有的各种 LSA。图中，Area5 是普通区域，其他非 0 区域是特殊类型区域。

表 3-5　　特殊类型区域之间的区别

特殊区域类型	Stub	Totally Stub	NSSA	Totally NSSA
区域中 LSA 类型	LSA1/2/3 ABR 产生 LSA3(0.0.0.0)	LSA1/2 ABR 产生 LSA3(0.0.0.0)	LSA1/2/3/7 - ABR(ASBR)产生 LSA7(0.0.0.0)	LSA1/2/7 LSA3(0.0.0.0) ABR(ASBR)产生 LSA7(0.0.0.0)
ABR/ASBR	区域内不允许 ASBR	区域内不允许 ASBR	区域内允许部署 ASBR 区域边界路由是即是 ABR 也是 ASBR	区域内允许部署 ASBR 区域边界路由是即是 ABR 也是 ASBR
配置命令	Area Stub	Area Stub no-suummary	Area nssa	Area Nssa no-summary

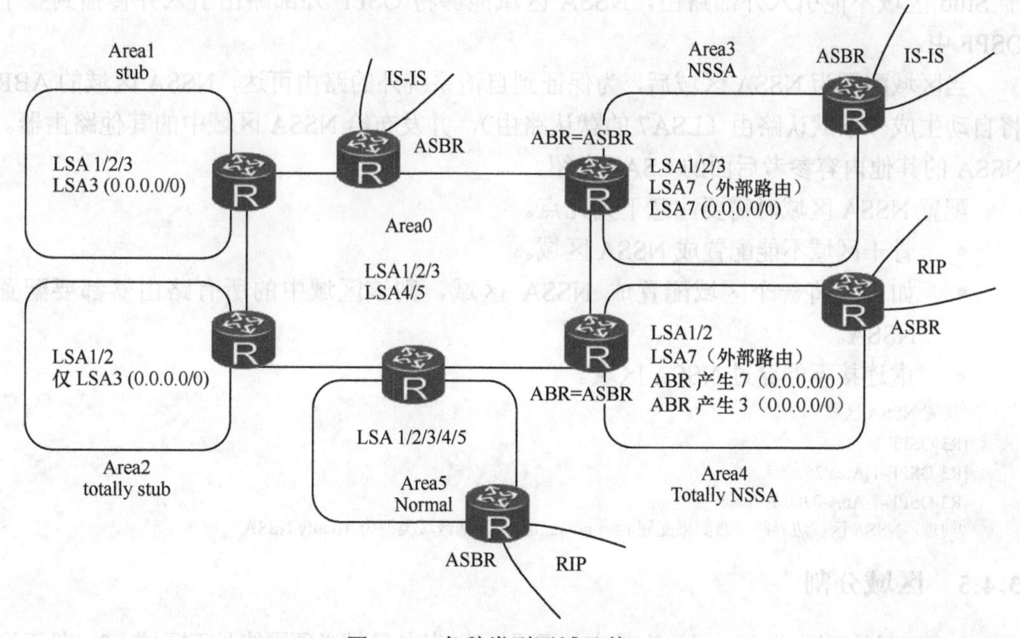

图 3-38　各种类型区域及其 LSA

3.4.4.2　Stub 区域

Stub 区域是一些特定的区域，Stub 区域的 ABR 不传播它们接收到的自治系统外部路由，在这些区域中路由器的路由表规模以及路由信息传递的数量都会大大减少。

Stub 区域是一种可选的配置属性，但并不是每个区域都符合配置的条件。通常来说，Stub 区域位于自治系统的边界，是那些只有一个 ABR 的非骨干区域。

为保证到自治系统外的路由依旧可达，该区域的 ABR 将生成一条默认路由，并发布给 Stub 区域中的其他非 ABR 路由器。

配置 Stub 区域时需要注意下列几点。

- 骨干区域不能配置成 Stub 区域。
- 如果要将一个区域配置成 Stub 区域，则该区域中的所有路由器都要配置 Stub 区域属性。
- Stub 区域内不能存在 ASBR，即自治系统外部的路由不能在本区域内传播。
- 虚连接不能穿过 Stub 区域。

```
#配置 Stub 区域
[R3]OSPF 1
[R3-OSPF-1]Area 25
[R3-OSPF-1-Area-0.0.0.25]Stub ?
  no-summary   Do not send summary LSA into Stub Area
  <cr>         Please press ENTER to execute command
[R3-OSPF-1-Area-0.0.0.25]Stub
#边界路由器 ABR 配置 Stub no-summary 会将区域类型改为 totally Stub
```

3.4.4.3 NSSA 区域

NSSA（Not-So-Stubby Area）区域是 OSPF 特殊的区域类型。NSSA 区域与 Stub 区域有许多相似的地方，两者都不传播来自 OSPF 网络其他区域的外部路由。差别在于 Stub 区域不能引入外部路由，NSSA 区域能够将 OSPF 外部路由引入并传播到整个 OSPF 中。

当区域配置为 NSSA 区域后，为保证到自治系统外的路由可达，NSSA 区域的 ABR 将自动生成一条默认路由（LSA7 的默认路由），并发布给 NSSA 区域中的其他路由器。NSSA 的其他内容参考后面的 LSA7 介绍。

配置 NSSA 区域时需要注意下列几点。

- 骨干区域不能配置成 NSSA 区域。
- 如果要将一个区域配置成 NSSA 区域，则该区域中的所有路由器都要配置 NSSA。
- 虚连接不能穿过 NSSA 区域。

```
#配置 NSSA 区域
[R3]OSPF 1
[R3-OSPF-1]Area 25
[R3-OSPF-1-Area-0.0.0.25]nssa
#同理，NSSA 区域边界路由器如果配置 nssa no-summary，则区域类型为 Totally NSSA
```

3.4.5 区域分割

OSPF 对骨干区域（Area0）有特定的要求：1，其他区域必须围绕骨干区域；2，骨干区域有且仅有一个，即不能分割；3，所有非骨干区域间的路由及数据流量互访，必须经过骨干区域。

区域分割主要分为普通区域分割和骨干区域分割。

1. 普通区域分割

普通区域如果出现分割或断裂而成为两个独立的区域，这种场景下，路由是可以正常在区域间传递且全网可达的。图 3-39 所示为相同 Area 号的多个区域互连示意图。

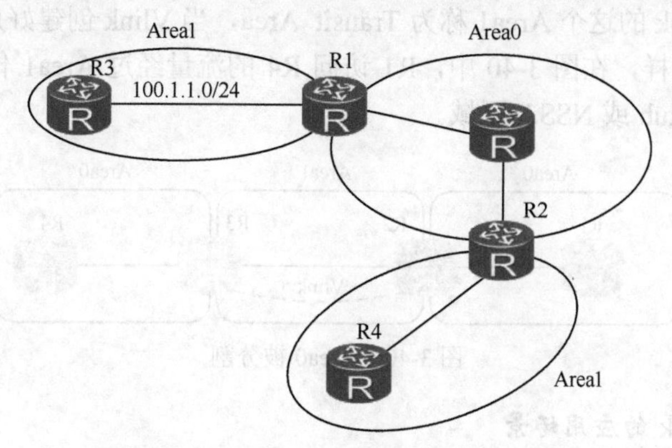

图 3-39 相同 Area 号的多个区域互连

图 3-39 中，Area1 间可以互相学到对方的路由。如 R3 上 100.1.1.0/24 出现在 Area1 R4 的路由表，R4 经 R2 访问 R3；原因是 Area0 在区域间传递路由，且携带 100.1.1.0/24 的 LSA3 上没有起源区域号的标识，经 Area0 进入 Area1 符合区域结构设计。

尽管此种设计可以工作，但实际中不要设计多个相同 ID 的普通区域，即使要配置，也要通过 GRE 等方案把相同 ID 的普通区域连接起来，使其看起来是一个完整的区域。

说明：

- Vlink 是用于连接分割的骨干区域的，不能用于普通区域分割的场景；
- GRE 隧道方案可以适用于任何场景，但设计不善，易于出现环路及次优路径，且 GRE 隧道具备承载数据的能力，使区域设计复杂。同时，GRE 因封装解封装会导致开销较大，加重边界路由器负荷。

2. 骨干区域分割

如果是骨干区域断开，仍可以使用 GRE 隧道来连通断开的骨干区域，以下是 Vlink 解决方案。

3.4.6 Vlink 原理

Vlink 是用来修复骨干区域分割的一种临时的解决方案。在企业环境中，Vlink 往往能解决因区域结构设计不合理而致骨干区域断开的场景。

3.4.6.1 Vlink

如果骨干区域被分割，修复被分割的骨干区域，要在非骨干区域上创建 Vlink 来维持骨干区域的连通性。

- Vlink 被看作骨干区域的点到点的链路，其配置在两个 ABR 间，即图 3-40 中 R2 和 R3 之间。

- Vlink在两个ABR间创建属于骨干区域的邻居关系。这个邻居关系是单播的，穿过区域1，其单播地址是根据区域1中的R2和R3的Router LSA计算出来的。Router LSA中用于描述拓扑的Link中，Link Data是路由器自身的接口IP，这个IP地址就是Vlink使用的单播地址。
- 承载Vlink的这个Area1称为Transit Area，当Vlink创建好后，该区域也像骨干区域一样，在图3-40中，R1访问R4的流量经过Area1传递。Transit Area不能是Stub或NSSA区域。

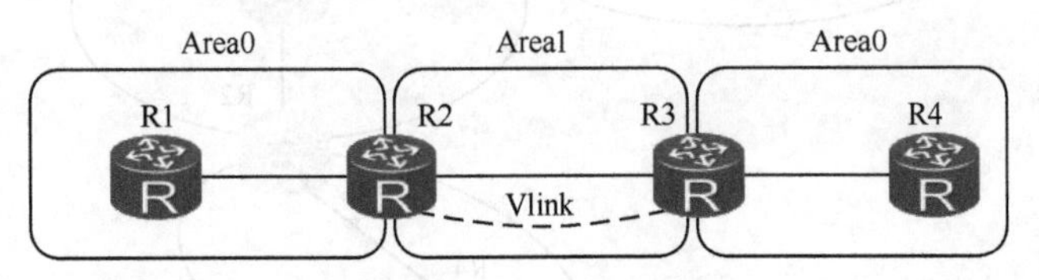

图3-40 Area0被分割

3.4.6.2 Vlink的应用场景

Vlink的应用场景依次如下。

1. 连接断开的Area0

场景1，Area0分割，如图3-40所示，其需要Vlink连接两个断开的Area0，在Area1上创建连接Area0的逻辑链路Vlink。

2. 修复Area2未连接到Area0

场景2，在图3-41中，Area2没有直接连接到Area0，在Area1中创建Area0的逻辑链路Vlink。

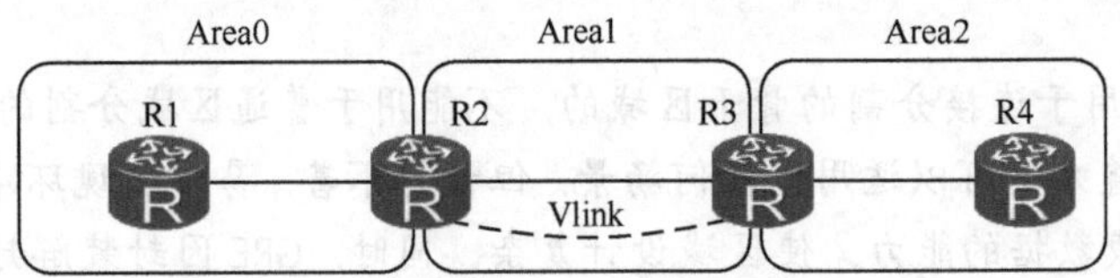

图3-41 普通区域没有连接到骨干区域

3. 解决次优路径问题及增加骨干区域的可靠性

场景3，图3-42中，存在次优路径及骨干区域不健壮的问题。

图3-42中，R3和R4间在Area1上创建Vlink，作用有两个，一个作用是可以用于提高Area0的健壮性，避免R1和R2之间链路断开而导致的Area0分裂。另一个作用在于，若R4访问R3的G0/0/0接口，如果不做Vlink，需要经过Area0中的R2和R1，而做了Vlink后，R4访问G0/0/0经过R5到R3，这可解决次优路径问题。即R4访问G0/0/0接口，路径R4-R5-R3优于R4-R2-R1-R3。

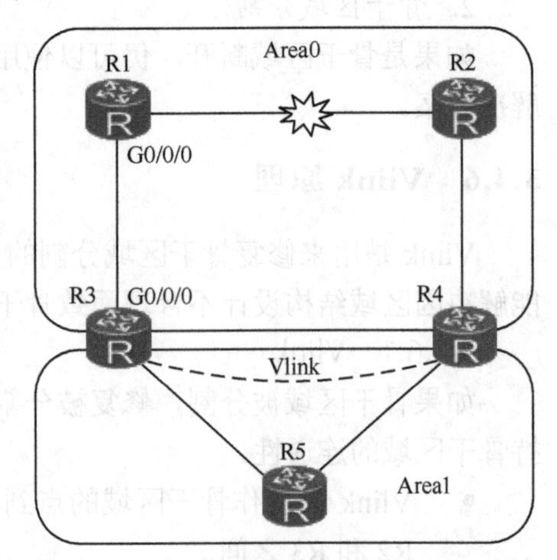

图3-42 Area0断开后的Vlink解决方案

3.4.6.3 Vlink特性

- Vlink上可传递LSA1/2/3/4类型的LSA，

其他类型不传递。LSA5 是在整个 OSPF 路由域中泛洪的 LSA，它可以直接在区域间泛洪，Vlink 不传递 LSA5。图 3-40 和图 3-41 中，若 Area0 中有 LSA5，其可以直接经 Area1 泛洪到 R4，没必要再经 Vlink 泛洪一次。

- Vlink 是工作在 Transit Area 上的连接两个 ABR 的虚拟链路，该虚链路属于区域 0，其 OSPF 链路成本为 Transit Area 内两个 ABR 节点间的最优路径的成本。
- Vlink 的单播地址仅根据 Transit Area 内两个 ABR 产生的 Router LSA 决定，并不根据其他 LSA 产生。如果根据 Router LSA 中无法找到可用 IP 地址，则 Vlink 无法建立起来；或如果找到多个 IP 地址，则成本最小的将是目标 IP，如果负载分担的话，选择随意或第一个地址。
- Vlink 有正常的 OSPF 邻居关系，周期性发送 Hello 及 LSA 刷新，如果连续失去四个 Hello 报文，则 Vlink 邻居关系 Down，这和直连链路上判定邻居失效的方式一致。但若两个 ABR 路由器物理直连，Vlink 建立后，物理链路断开或邻居断开，都会致 Vlink 立即中断。
- Vlink 仅用来传递 LSA，Vlink 并不传递数据。区域间的数据传输要经过 Transit Area 内的最优路径，这个路径由 ABR 根据 Transit Area 中的 LSA3 计算决定，ABR 先通过 Vlink 了解到 Area0 中的网络，再根据 Transit Area（Area1）中的通告相应网络的 LSA3 确定访问 Area0 中该网络的路径。
- 图 3-43 中，Vlink 邻居建立起来后，R3 也是连接 Area0 的 ABR，R2 和 R3 会在其 Area0 中的 Router LSA 中添加 Type4 类型的 Link。

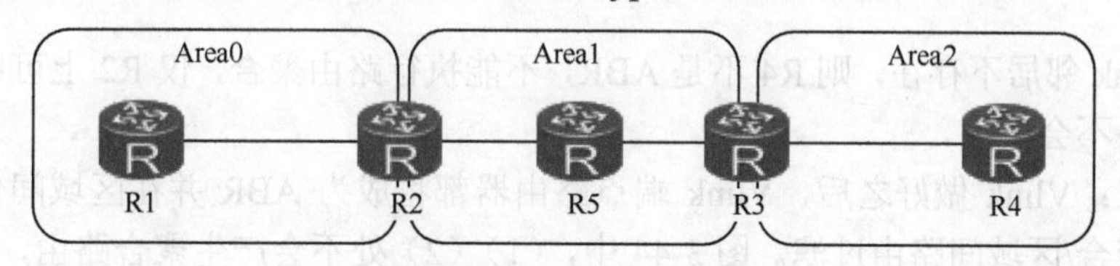

图 3-43 Vlink 拓扑

R2 上 Area0 中 LSA1 中有以下链路状态：

```
* Link ID: 3.3.3.3        # Link ID 内容是 Vlink 对端的路由器的 RouterID
  Data : 10.1.23.2        #Link Data 内容是自己的 Vlink 的 IP
  Link Type: Virtual
  Metric : 2              # Transit Area 内到对方 ABR 的最优路径的成本
```

R3 上归属 Area0 的 LSA1 中有以下链路状态：

```
* Link ID: 2.2.2.2        # Link ID 内容是 Vlink 对端的路由器的 RouterID
  Data : 10.1.35.3        # Link Data 内容是自己的 Vlink 的 IP
  Link Type: Virtual
  Metric : 2              # Transit Area 内到对方 ABR 的最优路径成本
```

Vlink 的两个内容：Link ID 代表 Vlink 连接的邻居路由器的 RouterID；Link Data 为 Vlink 使用的单播 IP 地址。根据上述 Virtual 类型链路状态的内容可知，Area0 的区域通过 Vlink 延伸至 R3。

3.4.6.4 Vlink 的不足

1. Vlink 使 Transit Area 不能对 Area0 路由做聚合

场景说明：

图 3-44 中，Area 0 中的路由通过 ABR R2 通告到 Area1 中，为减少 Area 1 中路由的

数量，在边界 ABR R2 上做路由的聚合。

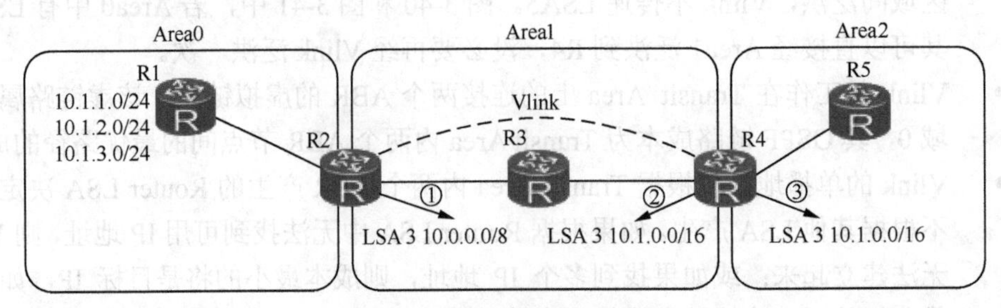

图 3-44 Area0 向 Area1 聚合

但由于在 Area1（Transit Area）上创建 Vlink 后，R2 无法再对骨干区域路由做聚合，原因是为了避免在 Transit Area 内出现路由环路。

原因说明：

如果能聚合成功的话，在图 3-44 中，Area1 的边界路由器 R2 执行聚合，产生 LSA3（包含路由 10.0.0.0/8），R4 执行路由聚合，产生 LSA3（包含路由 10.1.0.0/16），Area1 的网络结构是一个线性的网络，R3 上会收到 R2 和 R4 通告的聚合路由，所以 R3 上 10.0.0.0/8 路由下一跳指向 R2，而 10.1.0.0/16 路由下一跳指向 R4；若 R3 收到访问 10.1.3.1 的数据包，R3 路由报文到 R4，R4 上有 Vlink，所以路由表中有到达 10.1.1.0/24、10.1.2.0/24、10.1.3.0/24 的 Area0 的路由并指向 R3，R4 会送流量到 R3，R3 会送流量到 R4，路由环路出现。

若 Vlink 邻居不存在，则 R4 不是 ABR，不能执行路由聚合，仅 R2 上可以执行路由聚合，环路不会发生。

知识点：Vlink 做好之后，Vlink 端点路由器都将成为 ABR 并在区域间传递路由，可以执行聚合/区域间路由过滤。图 3-44 中，（1）（2）处不会产生聚合路由，Area0 中明细路由仍会通告到 Area1，图中仅（3）处会产生聚合路由。

2. Vlink 设计不当，会致网络出现环路

场景说明：请分析图 3-45 中 R1 和 R7 间流量互访所使用的路径，R3 和 R6 间建立 Vlink。

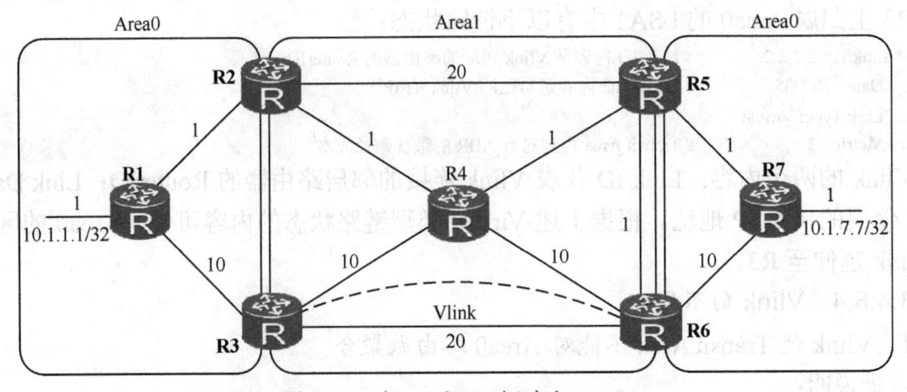

图 3-45 在 R3 和 R6 间建立 Vlink

（1）在没有创建 Vlink 连接之前

OSPF 区域结构要求非 0 区域必须连接骨干区域，图 3-45 中，Area0 被分割为两处，10.1.1.1/32 路由经 ABR 路由器（R2 和 R3）进入 Area1，R5 和 R6 连接 Area0，根据规则，R5 和 R6 由于有 Area0 的 OSPF 邻居，所以不接收非骨干区域学到的 LSA3 路由 10.1.1.1/32。区域间的 LSA3 不会流向右侧 Area0，所以右侧 Area0 中没有该路由。如果不做 Vlink，全网左右两侧的 Area0 不能互访。

R5 和 R6 不接收非骨干区域的 LSA3 路由，若在 R5 和/或 R6 上配置 Vlink 后，R5/R6 可以通过 Vlink 学到骨干区域泛洪过来的路由，再根据 Area1 中泛洪的 LSA3 路由计算访问路径。

（2）在 R3 和 R6 间建立 Vlink 连接后

R1 访问 R7 的去程流量（10.1.1.1→10.1.7.7）：

- R1 通过 R3 通告的置 V-bit 的 RouterLSA，R1 把访问远端 Area0 的数据包路由到 R3。

说明：

左侧 Area0 访问右侧 Area0，左侧 Area0 内路由节点必须把数据包路由到置 V 的边界路由器，由其再经过 TransitArea 至目标 Area。在 R1 上 SPF 计算得出的 Area0 路径是 R1-R3-R6-R7，图 3-45 中，R1 访问 R7 上网络，数据包仍然要路由到下一跳 R3。

- R3 是 ABR，它有 Area0（R1 所在 Area0 和 R7 所在 Area）的全部 LSA 及 TransitArea（Area1）的 LSA，所以它在计算访问路径时考虑 Area0 和 Area1 中 LSA，R3 根据 R5 和 R6 通告的 LSA3（10.1.7.7），其路由成本分别是 2 和 11，再结合 Area1 中的拓扑计算，R3 得知到 10.1.7.7 的端到端最优路径是经 R5 的 R3-R4-R5-R7，这样数据包被 R3 路由到 R4。
- R4 选路根据区域间的到 10.1.7.7/32 的 LSA3，根据最小成本选择 R5 作为下一跳。

综上，R1 访问 R7 数据包的转发路径是 R1-R3-R4-R5-R7。

思考：R2 访问 10.1.7.7 的访问路径是什么？

R7 访问 R1 的回程流量（10.1.7.7→10.1.1.1）：

- R6 是 ABR，通过 Vlink 学到包含 10.1.1.1/32 的 LSA1，R6 到达这个目的路由必然通过 Transit Area（Area1），所以同上面去程的分析过程类似，R6 计算路径，同时考虑 Area0 和 Area1，数据转发路径是成本最小的路径，得出的回程路径是成本最小的端到端路径 R6-R5-R4-R2-R1。
- R7 处在 Area0 内，计算到 Area0 中 R1 上的网络，路由指向 V 置位的 ABR R6。
- R5 是 ABR，没配置 Vlink，访问 R1 走骨干区域路径，送给 Vlink 所在的路由器 R6，所以 R5 访问 10.1.1.1/32 下一跳是 R7。

综上，回程流量的路径是 R7-R6-R5-R7，在 R5/R6/R7 路由器之间形成路由环路。

通过上面的场景分析，结论如下。

① Vlink 设计不当会形成环路。

② ABR 只要在 Area0 有邻接，其不收 Area1 中的 LSA3 路由，使用 Area0 中置 V 的路由器作为访问其他非直连区域的出口。但如果 ABR 是 Vlink 的端点，则其可以根据 Area1 中的 LSA3 计算到骨干区域路由。

③ Vlink 在 R3 和 R6 间建立，但数据转发不代表一定要经过 R3 和 R6 路径，控制平面和数据平面是分开的。

思考题：如果 Vlink 在 R2 和 R6 之间建立会有什么问题？

（3）配置命令

在图 3-45 中，R3 的 router-id 是 3.3.3.3，R6 的 router-id 是 6.6.6.6。

```
#R3
ospf 1 router-id 3.3.3.3
 area 0.0.0.1
  Vlink-peer 6.6.6.6

#R6
ospf 1 router-id 6.6.6.6
  area 0.0.0.1
  Vlink-peer 3.3.3.3
```

在 Transit Area 1 中，R3 和 R6 互相知道对方的 Router LSA。

```
#Area 1 中 R6 的 Router LSA
Type         : Router
  Ls id        : 6.6.6.6
  Adv rtr      : 6.6.6.6
  Ls age       : 1457
  Len          : 60
  Options      :  ABR   VIRTUAL   E
  seq#         : 80000015
  chksum       : 0xe9d2
  Link count: 3
   * Link ID: 4.4.4.4
     Data      : 10.1.46.6     # R6 上的可达性 IP
     Link Type: P-2-P
     Metric : 10
   * Link ID: 10.1.46.0
     Data      : 255.255.255.0
     Link Type: StubNet
     Metric : 10
     Priority : Low
   * Link ID: 10.1.56.6
     Data      : 10.1.56.6     # R6 上的可达性 IP
     Link Type: TransNet
     Metric : 1

 #Area 1 中 R3 的 Router LSA：
   Type          : Router
   Ls id         : 3.3.3.3
   Adv rtr       : 3.3.3.3
   Ls age        : 1224
   Len           : 48
   Options       :  ABR   VIRTUAL   E
```

```
seq#          : 80000010
chksum        : 0x9205
Link count: 2
 * Link ID: 4.4.4.4
   Data      : 10.1.34.3       # R3 上可达性 IP
   Link Type: P-2-P
   Metric : 10
 * Link ID: 10.1.34.0
   Data      : 255.255.255.0
   Link Type: StubNet
   Metric : 10
   Priority : Low
```

从上面的输出中，可以看到 R3 和 R6 上有可达性的 IP，可以知道 Vlink 的连接使用的单播地址将在上述的地址组合中找到，具体使用哪对地址将根据在 Area 1 中的最小成本而定。

3.5 LSA4 和 LSA5

3.5.1 LSA4

LSA4（ABR summary）像 LSA3 一样都是由 ABR 产生的、并在 Area 内泛洪的一类 LSA。LSA4 和 LSA3 使用相同的报文格式，区别是 Type 字域是 4，Link State ID 字域是 ASBR 路由器的 RouterID，LSA4 的内容是 ASBR 到 ABR 的成本。

LSA4 报文：

```
Type          : Sum-ASBR              # type 4
  Ls id       : 1.1.1.1               # ASBR 的 RouterID
  Adv rtr     : 6.6.6.6               # ABR
  Ls age      : 1643
  Len         : 28
  Options     : E                     # 仅 E-bit 置位
  seq#        : 80000001
  chksum      : 0x5cb3
  Tos 0   metric: 48                  # ABR 到 ASBR 的成本
```

图 3-46 中，在 Area1 中，R1 是 ASBR，R2 和 R3 为 ABR，产生 LSA4，通告各自到 ASBR 的最小成本。R4 和 R5 为 ABR，产生 LSA4，向 Area2 通告到 ASBR 的最小成本。LSA4 仅当网络中有 ASBR 时，才在区域间由 ABR 产生并泛洪，每个区域可通过 LSA4 计算出到 ASBR 的距离。

例：图 3-46 中，R1 是 ASBR，R2 产生的 LSA4 通告到 ASBR 的成本是 100；R3 产生的 LSA4 通告到 ASBR 的成本是 200；R4 产生的 LSA4 中的成本是 373；R5 产生的 LSA4 中的成本是 384。据此可知 R6 到 R1 路径的负载分担，下一跳分别是 R2 和 R3；R7 到 R1 选择下一跳是 R4，端到端成本是 387。

LSA4 的作用是在区域间计算到 ASBR 产生的外部路由的距离。

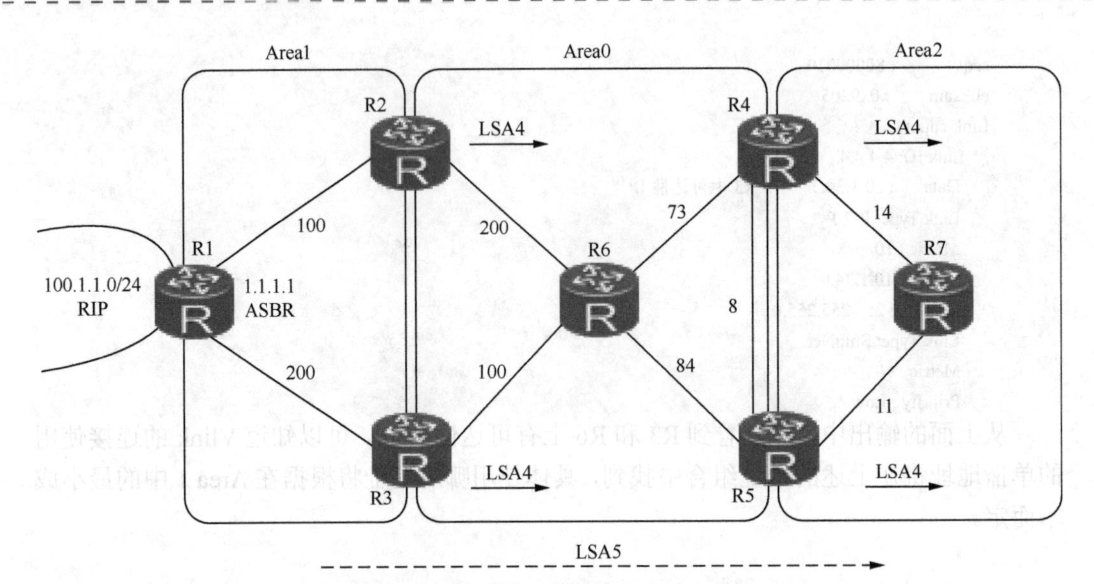

图 3-46 LSA4 是 ABR 为非 ASBR 所在区域产生

3.5.2 LSA5

LSA5 报文

```
Type        : External
  Ls id       : 100.1.1.0
  Adv rtr     : 1.1.1.1
  Ls age      : 1681
  Len         : 36
  Options     :   E
  seq#        : 80000001
  chksum      : 0x6406
  Net mask    : 255.255.255.0
  TOS 0    Metric: 1
  E type      : 2
  Forwarding Address : 0.0.0.0
  Tag         : 4800
  Priority    : Low
```

Ls id：引入的外部路由的网络号。

Adv rtr：Advertising Router，产生的 LSA5 的路由器 RouterID。

Net mask：引入的外部路由的掩码。

Forwarding Address：可以是 0.0.0.0，也可以是非 0；如果是 0.0.0.0，访问外部网络的报文转发给 ASBR，如果是非 0，报文转发给该非 0 地址。

Tag：用于标记外部路由的标签，在路由引入时配置给外部路由，默认值是 1。

Metric：ASBR 到外部网络的成本。

Etype：Metric-type 可以是 1，也可以是 2，默认是 2。Type1 和 Type2 的区别在路由表中可以看出来，Type2 路由仅考虑外部成本，Type1 路由考虑的是端到端的成本（内外成本之和）。Type1 和 Type2 的另外一个区别是在外部路由的选路上的差别，这可参考后面的 OSPF 选路规则章节。

LSA5 作用

LSA5 区别于 LSA3/LSA4，LSA5 仅负责通告 OSPF 路由域外其他协议的路由，如 RIP、BGP 等。引入到 OSPF 后，这些外部路由靠 LSA5 将其泛洪到 OSPF 路由域。

LSA5 具有其他 LSA 所没有的泛洪范围，LSA5 能够泛洪到所有 Area，除了特殊类型区域（Stub 及 NSSA）。图 3-46 中，LSA5 由 R1 产生，在区域间泛洪至 Area2，泛洪期间仅 Age 会增加，其他都没有变化。

LSA5 的作用是除了向路由域中路由器通告外部路由外，还告知其他路由器如何访问该外部网络。根据 LSA5 中的 FA（Forwarding Address）地址决定访问外部网络是经过 ASBR 还是经过拥有 FA 地址（非 0）的路由器。

3.5.3 Forwarding-Address 作用

Forwarding-Address，简称 FA，仅出现在 LSA5 或 LSA7 中，它是数据包访问外部网络时，在数据报文离开 OSPF 路由域时必须经过的设备地址。

本小节仅介绍 LSA5 中的 FA，LSA7 中的 FA 放到其他章节介绍。LSA5 携带外部路由，该外部路由一定要出现在路由表中，数据包才能访问到该外部目的地。而外部路由能否出现在路由表中，则要依赖于 LSA5 的 FA 的可达性，如果 FA 不可达，则 LSA5 所通告的外部路由不进路由表（FA 不可达，LSA5 路由进路由表没有意义）。FA 地址可以是全 0，也可以是非 0。

若 FA=0，数据包要经过 ASBR 访问外部网络。如果 FA！=0，数据包要转发至拥有 FA 地址的路由设备，再由其转发到外部网络。

华为实现中，如果 FA=0，LSA5 要判断如何到 ASBR，继而决定该外部路由能否进 IP 路由表。如果 ASBR 在其他区域，则依赖于 LSA4 来决定如何到达 ASBR。如果 ABSR 在当前区域，则依赖于 LSA1/LSA2 计算到 ASBR 的路径。

如果 FA！=0，则要根据 OSPF 路由表（Display OSPF Routing）中是否有 FA 地址所对应的路由来判断可达性。若不可达，则该外部路由不进 IP 路由表。

练习 1：Forwarding Address 是非 0 地址的场景

场景描述：

图 3-47 中，R1 和 R3 处在两个 AS 中，R1 和 R3 都运行 BGP 协议，AS200 向 AS100 通告 100.1.1.0/24 的 BGP 路由。

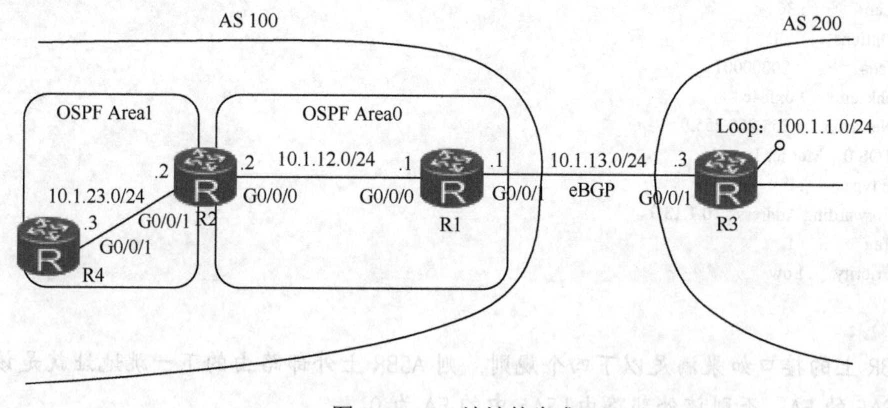

图 3-47　FA 地址的生成

R1 收到该 BGP 路由，并把它放到路由表中，为使 OSPF 路由域中其他路由器能访问该外部网络，把这条 BGP 路由引入到 OSPF 中。

```
[R1]display ip routing-table | include 100.1.1.0
Route Flags: R-relay, D-download to fib
------------------------------------------------------------------------------
Routing Tables: Public
         Destinations : 16        Routes : 16
Destination/Mask    Proto   Pre  Cost      Flags  NextHop          Interface
100.1.1.0/24   eBGP    255   0       D        10.1.13.3       GigabitEthernet0/0/1
# 出现在 R1 路由表中的这条 BGP 路由的下一跳是 10.1.13.3
[R1]ospf 1
[R1-ospf-1]import-route bgp
[R1-ospf-1]area 0
[R1-ospf-1-area-0.0.0.0]network 10.1.0.0 0.0.255.255
# 在 R1 上引入该外部路由，观察 R1 产生的 LSA5
 [R1]display ospf lsdb
      OSPF Process 1 with Router ID 1.1.1.1
           Link State Database
                 Area: 0.0.0.0
 Type       LinkState ID      AdvRouter           Age  Len    Sequence    Metric
 Router     4.4.4.4           4.4.4.4             445  36     80000003      1
 Router     2.2.2.2           2.2.2.2             443  60     8000000B      1
 Router     1.1.1.1           1.1.1.1             315  60     80000008      1
 Network    10.1.24.2         2.2.2.2             444  32     80000001      0
 Network    10.1.12.2         2.2.2.2             888  32     80000002      0


           AS External Database
 Type       LinkState ID      AdvRouter           Age  Len    Sequence    Metric
 External   100.1.1.0         1.1.1.1             315  36     80000001      1
[R1]
#观察 LSA5 中的 FA 地址为 BGP 路由的下一跳地址
[R2]dis ospf lsdb ase 100.1.1.0
      OSPF Process 1 with Router ID 1.1.1.1
           Link State Database
  Type       : External
  Ls id      : 100.1.1.0
  Adv rtr    : 1.1.1.1
  Ls age     : 321
  Len        : 36
  Options    :  E
  seq#       : 80000001
  chksum     : 0xfe4c
  Net mask   : 255.255.255.0
  TOS 0  Metric: 1
  E type     : 2
  Forwarding Address : 10.1.13.3
  Tag        : 1
  Priority   : Low
```

结论：

ASBR 上的接口如果满足以下四个规则，则 ASBR 上外部路由的下一跳地址就是该外部路由 LSA5 的 FA，否则该外部路由 LSA5 中的 FA 为 0。

1. 该外部路由的下一跳地址所在网段的接口要发布到 OSPF 中。
2. 该外部路由的下一跳地址所在网段的接口没有被设置成 silent 接口。
3. 下一跳地址所在网段的接口 OSPF 网络类型不是 Point-to-Point 网络类型。
4. 下一跳地址所在网段的接口 OSPF 网络类型不是 Point-to-Multipoint 网络类型。

根据上述规则，图 3-47 中，R1 上 BGP 路由是 100.1.1.0/24，其下一跳为 10.1.13.3，该下一跳地址所在网段的 ASBR 的接口是图中的 G0/0/1 接口，该接口已被发布到 OSPF 中；该接口没有被 Silent 掉，默认的 OSPF 网络类型为 Broadcast 类型，满足 FA 非 0 的条件，所以 R1 产生 LSA5 时把该 BGP 路由的下一跳地址作为 FA 地址。

路由被引入到 OSPF 后，R2 和 R4 收到该 LSA5，根据其中的 FA，查各自的 OSPF 路由表（Display OSPF Routing），来判定 LSA5 的 FA 是否可达。

```
[R4]display ospf routing

     OSPF Process 1 with Router ID 4.4.4.4
          Routing Tables

 Routing for Network
 Destination        Cost    Type        NextHop       AdvRouter        Area
 10.1.24.0/24        1      Transit     10.1.24.4      4.4.4.4         0.0.0.1
 10.1.1.1/32         2      Inter-area  10.1.24.2      2.2.2.2         0.0.0.1
 10.1.2.2/32         1      Inter-area  10.1.24.2      2.2.2.2         0.0.0.1
 10.1.12.0/24        2      Inter-area  10.1.24.2      2.2.2.2         0.0.0.1
 10.1.13.0/24        3      Inter-area  10.1.24.2      2.2.2.2         0.0.0.1
#在 OSPF 路由表中，看到 10.1.13.0/24 路由，FA 地址可达。
 Routing for ASEs
 Destination        Cost      Type       Tag         NextHop        AdvRouter
 100.1.1.0/24        1        Type2      1           10.1.24.2       1.1.1.1

 Total Nets: 6
 Intra Area: 1   Inter Area: 4   ASE: 1   NSSA: 0


[R4]display ip routing-table
Route Flags: R-relay, D-download to fib
------------------------------------------------------------------------------
Routing Tables: Public
      Destinations : 12         Routes : 12
Destination/Mask      Proto     Pre  Cost       Flags NextHop        Interface
     10.1.1.1/32  OSPF       10    2           D   10.1.24.2      GigabitEthernet0/0/1
     10.1.2.2/32  OSPF       10    1           D   10.1.24.2      GigabitEthernet0/0/1
      10.1.12.0/24  OSPF     10    2           D   10.1.24.2      GigabitEthernet0/0/1
      10.1.13.0/24  OSPF     10    3           D   10.1.24.2      GigabitEthernet0/0/1
      10.1.24.0/24  Direct   0     0           D   10.1.24.4      GigabitEthernet0/0/1
      10.1.24.4/32  Direct   0     0           D   127.0.0.1      GigabitEthernet0/0/1
      10.1.24.255/32  Direct 0     0           D   127.0.0.1      GigabitEthernet0/0/1
      100.1.1.0/24  O_ASE    150   1           D   10.1.24.2      GigabitEthernet0/0/1
      127.0.0.0/8   Direct   0     0           D   127.0.0.1      InLoopBack0
      127.0.0.1/32  Direct   0     0           D   127.0.0.1      InLoopBack0
127.255.255.255/32  Direct   0     0           D   127.0.0.1      InLoopBack0
255.255.255.255/32  Direct   0     0           D   127.0.0.1      InLoopBack0
#外部路由也出现在路由表中
```

只要 Display OSPF Routing 中能看到 FA 地址所对应的路由，则：

- 该外部路由能进入路由表；
- 访问该外部网络的数据将根据 FA 路由来转发；
- 当前路由器在 OSPF 路由域中的成本是根据该 FA 路由计算出来的；
- FA 地址所对应路由一定要是 OSPF 区域内（Intra-Area）或区域间（Inter-Area）路由，FA 路由不能是其他外部路由，LSA5 不会靠 OSPF 外部路由和非 OSPF 协议路由决定 FA 地址可达性。

练习 2：ForwardingAddress=0.0.0.0 场景

根据图 3-47，R1 上 BGP 路由是 100.1.1.0/24，其下一跳为 10.1.13.3，该下一跳地址所对应的 ASBR 接口为图中 G0/0/1 接口。

```
[R1]ospf 1
[R1-ospf-1]import-route bgp
[R1-ospf-1]area 0
[R1-ospf-1-area-0.0.0.0]network 10.1.12.0 0.0.255.255
#此处并没有发布下一跳地址所对应的网段到 OSPF 中，10.1.13.0/24 路由在 OSPF 中不可达
```

OSPF 不会把 LSA5 中 FA 地址置为路由不可达的 10.1.13.3，所以，此场景无法满足 FA！=0 的规则。以下输出是当 10.1.13.0/24 没有发布到 OSPF 时的命令输出，可看到 FA=0。

```
<R4>display ospf routing
     OSPF Process 1 with Router ID 4.4.4.4
          Routing Tables
 Routing for Network
 Destination       Cost   Type        NextHop        AdvRouter      Area
#OSPF 域中没有 10.1.13.0/24 路由
 10.1.24.0/24      1      Transit     10.1.24.4      4.4.4.4        0.0.0.1
 10.1.1.1/32       2      Inter-area  10.1.24.2      2.2.2.2        0.0.0.1
 10.1.2.2/32       1      Inter-area  10.1.24.2      2.2.2.2        0.0.0.1
 10.1.12.0/24      2      Inter-area  10.1.24.2      2.2.2.2        0.0.0.1
Routing for ASEs
 Destination       Cost      Type      Tag     NextHop        AdvRouter
 100.1.1.0/24      1         Type2     1       10.1.24.2      1.1.1.1

 Total Nets: 5
 Intra Area: 1   Inter Area: 3   ASE: 1   NSSA: 0
#
<R4>display ospf lsdb ase
     OSPF Process 1 with Router ID 4.4.4.4
          Link State Database
  Type       : External
  Ls id      : 100.1.1.0
  Adv rtr    : 1.1.1.1
  Ls age     : 22
  Len        : 36
  Options    :  E
  seq#       : 80000002
  chksum     : 0xaeb6
  Net mask   : 255.255.255.0
  TOS 0   Metric: 1
  E type     : 2
```

```
  Forwarding Address : 0.0.0.0
#FA 地址为 0.0.0.0
  Tag          : 1
  Priority     : Low
```

在 FA 为 0 的场景下，外部路由是否进路由表要依赖于产生 LSA5 的通告路由器（ASBR）是否可达。上述 FA！=0 的 4 条规则中，只要有任何一条不满足，则 FA 地址就是 0.0.0.0；这时数据包要经过 ASBR 访问外部目标网络，如何到 ASBR 则依赖于 LSA1/2 或 LSA4。

总结：

FA 为 0，访问外部路由的数据包转发给 ASBR。如果 FA 不为 0，则访问该外部路由的数据包将被转发给该 FA 地址。

- LSA5 中的 FA 决定外部路由能否进路由表，及转发路径。
- LSA5 中的 FA 的内容。
  - 如果 FA=0，区域内根据 LSA1/2 计算路由，区域间根据 LSA4 计算路由。
  - 如果 FA！=0，区域内根据 LSA1/2 计算路由，区域间根据 LSA3 计算路由。

LSA5 泛洪：

- LSA5 可以在区域间泛洪，这与 LSA3 和 LSA4 不同。
- 在骨干区域分割或普通区域不连接骨干区域的场景下，LSA5 依然可以不经 Virtual Link，直接经 Transit 区域流入其他区域。这与 LSA1/2/3/4 需要经 Vlink 传递到其他区域不同，这是因为 LSA5 和其他类型 LSA 的泛洪范围不一致，LSA5 没有必要在 Vlink 和 TransitArea1 中重复泛洪。图 3-48 中，LSA5 不在 Vlink 上传递。
- 图 3-48 中，LSA5 在没有 Vlink 的情况下，R5 引入的外部路由依然可以进入 Area2，但却无法进入路由表。

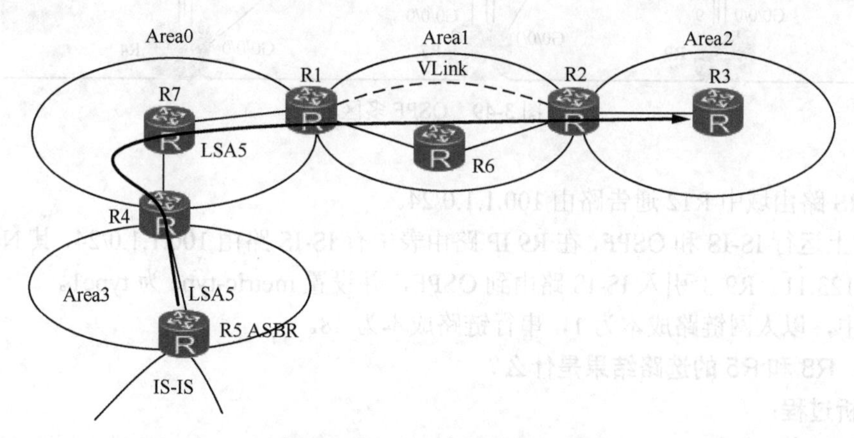

图 3-48 LSA5 在区域间泛洪

思考题：

图 3-48 中，R1 和 R2 如果没有 Vlink，Area3 中 ASBR R5 产生的 LSA5 可以流入 Area2，在 R3 的 LSDB 中可以看到 LSA5。但在 R3 的路由表中看不到这条外部路由。

问：为什么LSA5所通告的路由不出现在R3的路由表中？

答：LSA5虽可以直接流入Area2，但LSA5所通告路由能否进入路由表则依赖于LSA5中FA地址的可达性。如果FA=0.0.0.0，则LSA5依赖于LSA4；如果FA！=0，则依赖于FA地址路由（使用LSA3通告），由于区域分割，LSA3/LSA4都不能流入Area2，所以LSA5的路由无法进入路由表。

结论：

LSA5依赖于LSA4或LSA3来计算OSPF路由域内的访问路径。LSA3/LSA4在区域间有水平分割规则能避免区域间路由所致的环路，LSA3/LSA4无环，则依赖LSA3/4的LSA5也无环。这就解释了为什么LSA5没有像LSA3一样对区域结构有要求，还可以经ABR泛洪到任何区域，却不易出现环路的原因。

3.5.4 场景分析1：外部路由的访问路径

场景描述：

R9、R11和R12处在IS-IS路由域中，R9及其他路由器处在OSPF路由域中。R9和R11有IS-IS邻居关系，同时和R8有OSPF邻居关系。R8、R9和R11接在同一个以太网络上。接口IP地址分别为10.1.123.8、10.1.123.9及10.1.123.11。

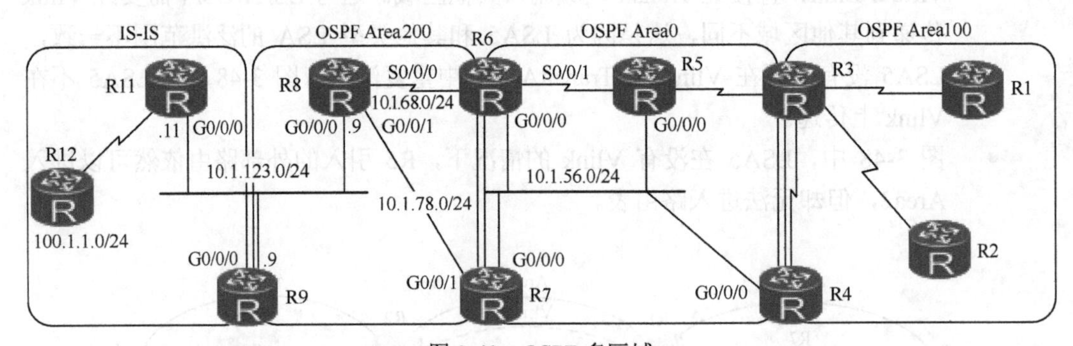

图3-49 OSPF多区域

IS-IS路由域中R12通告路由100.1.1.0/24。

R9上运行IS-IS和OSPF，在R9 IP路由表中有IS-IS路由100.1.1.0/24，其Next-Hop是10.1.123.11。R9上引入IS-IS路由到OSPF，并设置metric-type为type1。

图中，以太网链路成本为1，串行链路成本为48。

问：R8和R5的选路结果是什么？

分析过程：

1. R8选路分析

R9是ASBR，引入IS-IS路由后，产生LSA5（100.1.1.0/24）。根据FA非0的规则：路由表中外部路由下一跳地址10.1.123.11，ASBR所在接口G0/0/0已发布到OSPF中，接口G0/0/0网络类型为Broadcast类型，且没有被配置为silent接口，所以LSA5中FA地址是外部路由的下一跳地址10.1.123.11。

R8 路由器收到 LSA5 后，FA 为 10.1.123.11，该地址对 R8 而言是直连网段上可达地址。所以 R8 把外部路由 100.1.1.0/24 路由加到路由表，设置其下一跳地址为 10.1.123.11，此处需要说明的是，下一跳地址并不是通告 LSA5 的 ASBR，而是 10.1.123.11，是图 3-49 中的 R11。

此处的下一跳行为可使 OSPF 在最后一跳网段上避免次优路径，减少额外不必要的一跳。另外，通过本例也可得出：如果 FA！=0，该 FA 地址一定不在 ASBR 上。

2. R5 选路分析

图 3-49 中，Area 200 和 Area 0 是双 ABR 相连，R6 和 R7 是 ABR，R5 上 FA 地址所对应的路由为 10.1.123.0/24，R5 上 Display OSPF Routing 中，10.1.123.0/24 的下一跳地址是 10.1.56.7。

R5 路由表中：

- 10.1.123.0/24 [150/3] 10.1.56.7，此处成本 3 是外部路由在 OSPF 内部的成本。
- 100.1.1.0/24 若 metric-type=2，路由表显示：
  100.1.1.0/24 [150/1]，next-hop 10.1.56.7。
  #metric=1 是外部成本。
- 100.1.1.0/24 若 metric-type=1，路由表显示：
  100.1.1.0/24 [150/4]，next-hop 10.1.56.7。
  #端到端成本是内部成本 3+外部成本 1。

说明：

不论 LSA5 是以 metric-type=1 或 2 的方式导入路由，其出现在路由表中的下一跳使用 10.1.123.0/24 路由的下一跳。OSPF 路由域内部的成本使用的是 10.1.123.0/24 的成本。

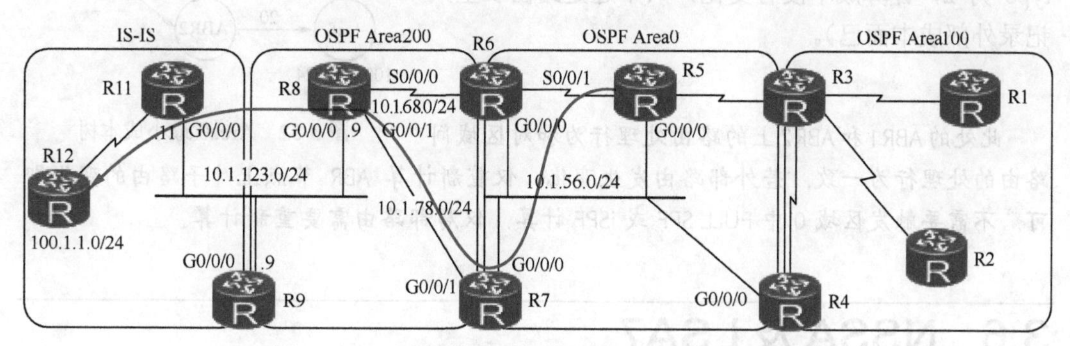

图 3-50 R5 访问外部网络的路径 R5-R7-R8-R11-R12

3.5.5 场景分析 2：外部路由计算

外部路由是由 ASBR 通过 LSA 5 在 OSPF 路由域内泛洪的，LSA 5 会在整个路由域泛洪。以 Area0 为例，请分析 Area0 内外部路由的选路计算过程。

分析过程如下。

OSPF 域内的路由器在计算外部路由时，还需要用到 LSA 4 或 LSA3，此场景假设 FA=0，如图 3-51 所示。

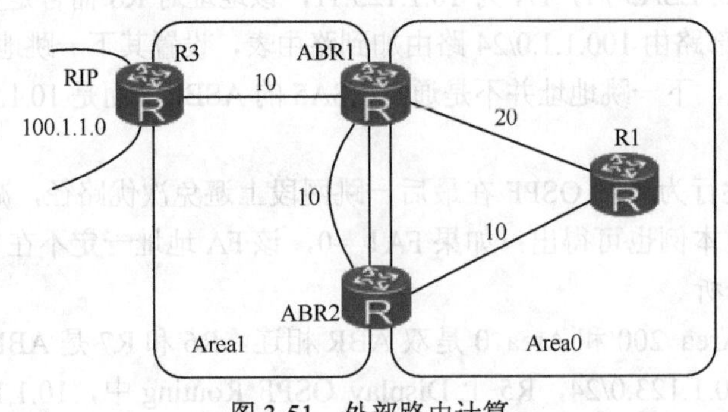

图 3-51　外部路由计算

ABR1 和 ABR2 会各产生 LSA4，用于通告 ASBR 的位置，ABR1 产生 LSA4（Cost=10），ABR2 产生 LSA4（Cost=20）。

LSA5 在 Area1 和 Area0 之间直接泛洪，不修改。在 Area0，R1 在做路由计算时，先执行 SPF 计算，计算所得到的最小成本路径树拓扑以 R1 自己作为树根，ABR1 和 ABR2 是树上的两个节点。

LSA5 路由作为叶子节点直接挂在 ABR1 和 ABR2 上，成本如图 3-52 所示。

R1 计算到外部路由 100.1.1.0/24 的路由，一条路是经 ABR1，成本是 20+10+1；另外一条路是经 ABR2，成本是 10+20+1。

所以 R1 访问 100.1.1.0/24，负载分担，成本是 31（注：此处假设外部路由 metric-type 为 1，如果 metric-type 为 2，计算成本没有变化，只不过是路由表里只记录外部成本而已）。

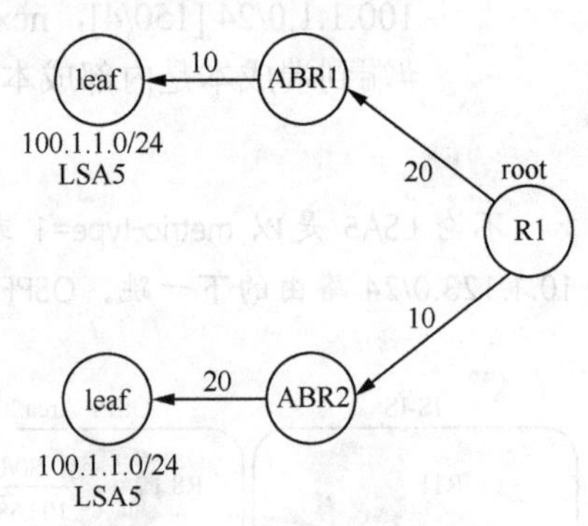

图 3-52　Area0 最小成本树

说明：

此处的 ABR1 和 ABR2 上的路由处理行为和对区域间路由的处理行为一致，若外部路由发生变化，仅重新计算 ABR 节点上叶子路由的变化即可，不需要触发区域 0 中 FULL SPF 或 iSPF 计算，仅局部路由需要重新计算。

3.6　NSSA 及 LSA7

3.6.1　NSSA 区域

NSSA（Not So Stubby Area）是一类特殊的区域，区别于 Stub 区域，可以在 NSSA 中部署 ASBR，并引入外部路由，不需要经过 Area 0 访问外部目标网络，NSSA 区域如图 3-53 所示。

NSSA 区域：

"OSPF 规定 Stub 区域是不能引入外部路由的，这样可以避免大量外部路由对 Stub

区域路由器带宽和存储资源的消耗。对于既需要引入外部路由又要避免外部路由带来的资源消耗的场景，Stub 区域就不再满足需求了，因此产生了 NSSA 区域。”

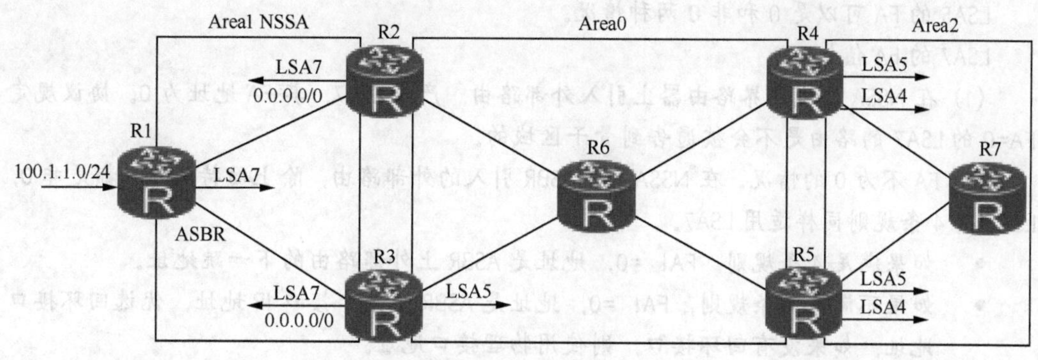

图 3-53 NSSA 区域

OSPF NSSA 区域（Not-So-Stubby Area）是 OSPF 新增的一类特殊的区域类型。NSSA 区域和 Stub 区域有许多相似的地方。两者的差别在于，NSSA 区域能够将外部路由引入并传播到整个 OSPF 路由域中，同时又不会学习来自 OSPF 网络其他区域的外部路由。

3.6.2 NSSA ABR=ASBR

NSSA 区域连接骨干区域，其区域边界路由器是 ABR，同时也是 ASBR。华为的 NSSA 区域边界路由器默认向 NSSA 区域内泛洪 LSA7 默认路由，如图 3-53 所示。

1. NSSA 区域边界路由器 ABR 的特性

- ABR 在 Area1 和 Area0 间传递区域间路由。
- LSA7（置 P 位）经 ABR 7/5 翻译后，产生 LSA5 泛洪到 Area0 及其他区域。
- 默认情况下，向 NSSA 区域通告 LSA7 默认路由。
- 如果区域类型为 Totally NSSA，ABR 也可以向 NSSA 区域产生 LSA3 的默认路由。

2. LSA7 作用

- Type7 LSA 是为了支持 NSSA 区域而新增的一种 LSA 类型，用于通告引入的外部路由信息。
- Type7 LSA 由 NSSA 区域的自治域边界路由器（ASBR）产生，其扩散范围仅限于 ASBR 所在的 NSSA 区域。
- NSSA 区域的区域边界路由器（ABR）收到 Type7 LSA 时，会有选择地将其转化为 Type5 LSA，以便将外部路由信息通告到 OSPF 网络的其他区域。
- LSA5/LSA4 不会流入 NSSA 区域，所以 Area1 的 ABR 会各自注入 LSA7 的默认路由到 Area1，这样区域内路由器可以通过默认路由访问外部网络，ABR 同时也是 ASBR。
- LSA7 的 FA 一定要为非 0，用于在区域间选路。

说明：

FA 的构成。

需要强调的一点是 LSA7 的 FA 地址和 LSA5 的 FA 内容上有如下区别。

LSA5 的 FA 可以是 0 和非 0 两种情况。

LSA7 的 FA 值如下。

(1) 在 NSSA 区域边界路由器上引入外部路由，产生 LSA7，其 FA 地址为 0。协议规定 FA=0 的 LSA7 的路由是不会被通告到骨干区域的。

(2) FA 不为 0 的情况。在 NSSA 中，ASBR 引入的外部路由，除上面特例外，都是非 0，LSA5 的 4 条规则同样适用 LSA7。

- 如果满足 4 条规则，FA！=0，地址是 ASBR 上外部路由的下一跳地址。
- 如果不满足某条规则，FA！=0，地址是 ASBR 上某个接口 IP 地址，优选回环接口地址，如果没有回环接口，则使用物理接口地址。

3.6.3 LSA7 翻译

在 Area1 中 LSA7 作用和 LSA5 一致，有相同的格式，包括外部路由及掩码、Forwarding-Address Tag、Cost-Type 及 Cost。

LSA7 与 LSA5 的不同之处：

- LSA7 仅在 NSSA 区域里泛洪；
- LSA7 的 FA 为非 0； 如果为 0，则不会被 ABR 翻译为 LSA5。
- 外部路由在 NSSA 区域里使用 LSA7 来传递，在其他区域由 LSA5 来传递，ABR 负责做 7/5 翻译。
- LSA7 中选项位 P-bit（Propagate bit）用于告知翻译路由器该条 Type7 LSA 是否需要翻译。
- 缺省情况下，转换路由器是 NSSA 区域中 Router ID 最大的区域边界路由器。
- 只有 P-bit 置位并且 FA（Forwarding Address）不为 0 的 Type7 LSA 才能转化为 Type5 LSA。
- 若在 ABR 上引入外部路由，产生的 Type7 LSA 不会置 P-bit，所以不会再被通告到 Area0。

华为 NSSA 区域中路由器可以使用如下命令：

```
nssa [ default-route-advertise | flush-Waiting-timer interval-value | no-import-route | no-summary | set-n-bit | suppress-forwarding-address | translator-always
```

nssa translator-always 可以指定 7/5 转换器。

nssa suppress-forwarding-address 命令可以指定在 7/5 转换器翻译时，修改默认的 FA 地址为 0。

nssa default-route-advertise 可以指定 ABR 或任何 NSSA 区域中路由器产生 LSA7 默认路由。

说明：

当 NSSA 区域中有多个 ABR 时，系统会根据规则自动选择一个 ABR 作为转换器，缺省情况下NSSA区域选择Router ID最大的设备。通过在ABR上配置translator-always参数，可以将任意一个ABR指定为转换器。也可以同时指定两个ABR为转换器，可以通过配置translator-always来指定两个转换器同时工作。也可用于固定一台路由器为转换器，防止由于转换器变动而引起的LSA重新泛洪。

3.6.4　场景分析1：负载分担及次优路径

场景描述

如图3-54所示，区域1是NSSA区域，R2和R3都是ABR，如果在R1上引入外部路由100.1.1.0/24，其产生的LSA7将在区域1中泛洪。

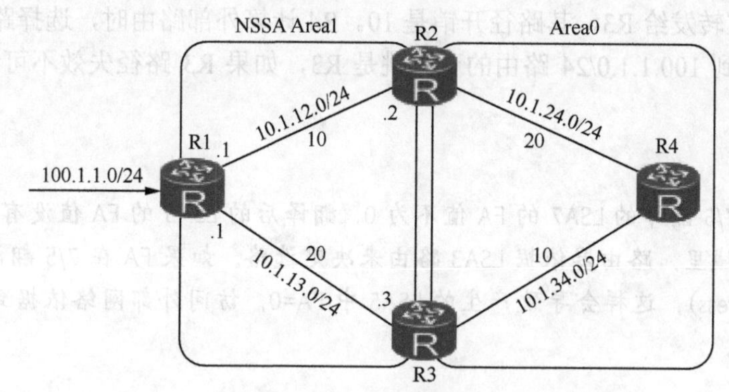

图3-54　NSSA区域中的负载分担及次优路径问题

需求

（1）如果R1上有回环接口Loopback0，其地址为10.1.1.1/32，并引入到OSPF中。请问，Area0中，R4如何访问100.1.1.0/24？

（2）如果使用nssa translator-always命令，同时置R2和R3为7/5转换器，二者都产生LSA5。请问，Area0中R4如何访问100.1.1.0/24的网络？

（3）如果R1上没有回环接口，引入外部路由100.1.1.0/24后，若LSA7中FA=10.1.12.1，请问，R4访问100.1.1.0/24时，访问路径是怎样的？

分析过程

（1）如果R1上引入外部路由100.1.1.0/24，其产生的LSA7中FA!=0，华为设备优选回环地址作为FA（FA=10.1.1.1）。图中，R4根据链路成本，计算出到10.1.1.1/32路由的路径是负载分担，由于OSPF访问外部路由100.1.1.0/24根据FA地址来选择路径，所以R4到100.1.1.0/24的路由在R4上是负载分担的。

（2）使用nssa translator-always命令后，R2和R3同时执行7/5转换，二者都向Area0通告LSA5，两份生成的LSA5都没有修改LSA7的内容，仅AdvertisingRouter是R2和R3，被修改成R2和R3的RouterID。两份产生的LSA5中，FA地址是一样的内容，Area0中R4根据FA地址执行选路。

所以R4选路结果依然是负载分担，但由于Area0中每条路由有两份LSA5，所以系统开销有所增加。

（3）修改图中的环境，去掉回环接口后，重新引入外部路由，此时，R1 会选择物理接口的 IP 地址充当 FA。如果 FA=10.1.12.1，从图 3-54 可知，R4 访问 10.1.12.1 选路经过 R2。如果 ASBR R1 引入大量外部路由，FA 地址都一样，访问任何外部网络都要经过 R2，如果 R2 是性能较低的设备，则会有次优路径或瓶颈。

如何解决这种次优路径问题呢？

解决方法

图 3-54 中，在区域边界路由器 R2/R3 上，配置 NSSA Translator-always 后，在 7/5 转换时，强制 R3 在产生 LSA5 时，抑制其中的 FA，则在 Area0 的 LSDB 中，出现两份 LSA5，一份经 R2 产生，FA=12.1.1.1；一份经 R3 产生，FA=0.0.0.0。根据 FA 的内容可知，若转发数据报文到 100.1.1.0/24，报文若转发给 10.1.12.1，开销是 30；R3 产生的 LSA5，其 FA=0，报文转发给 R3，其路径开销是 10。R4 计算外部路由时，选择路由成本小的，所以路由表里到 100.1.1.0/24 路由的下一跳是 R3，如果 R3 路径失效不可达，则备份路径是 R2。

结论：

由于执行 7/5 翻译的 LSA7 的 FA 值不为 0，翻译后的 LSA5 的 FA 值没有变化，在骨干或其它普通区域里，路由器依据 LSA3 路由来决定选路。如果 FA 在 7/5 翻译时，执行 FA 抑制（FA Suppress），这样会导致产生的 LSA5 中 FA=0，访问外部网络依据到 NSSA ABR 的距离远近决定。

3.6.5 场景分析 2：OSPF 外部路由所引起的环路

场景描述：

图 3-55 中，Area1 是 NSSA 区域，R1 是 ASBR，在其上引入外部路由 100.1.1.0/24。

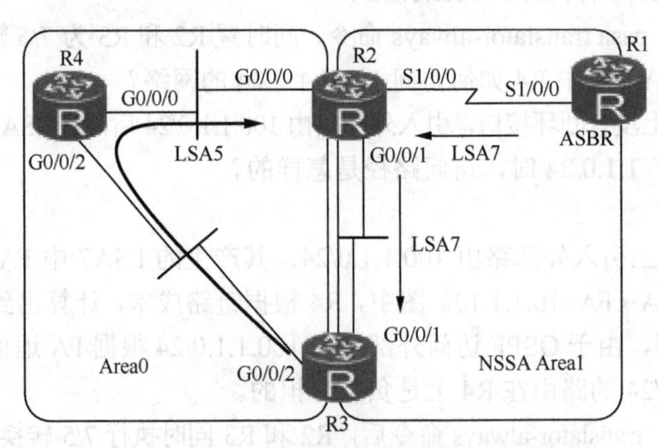

图 3-55 外部路由在区域间所致的路由环路问题

R1 产生的 LSA7 中，FA=10.1.1.1（10.1.1.1 是 R1 的 Loopback0 接口 IP），Cost-type=2，External-cost=1。

边界路由器 R2 的 RouterID=2.2.2.2，R3 的 RouterID=3.3.3.3。

需求：请分析 R2 访问外部网络 100.1.1.0/24 的路径。

分析过程：

NSSA 区域中，R2 和 R3 是 ABR，同时也是 ASBR。其中，R3 的 RouterID 高，OSPF 默认使用 R3 当 LSA 7/5 翻译器。

R2 和 R3 都收到 Area 1 中泛洪的 LSA7，经计算后，100.1.1.0/24 路由出现在 R2 和 R3 的路由表里，R2 中路由下一跳指向 R1，R3 中 100.1.1.0/24 路由下一跳指向 R2。

边界路由器 R3 由于 RouterID 高，执行 LSA7/5 翻译，把出现在路由表里的 100.1.1.0/24 路由向 Area0 使用 LSA5 通告。

Area0 中 R3 产生 LSA5，其内容中，通告路由器是 3.3.3.3，FA=10.1.1.1；cost-type 和 cost 值都和 LSA7 一致。

边界路由器 R2 从 Area0 收到 LSA5（内容为 100.1.1.0/24，Cost-type=2，FA=10.1.1.1，External-cost=1）；同时，在 Area1 中收到 LSA7（内容为 100.1.1.0/24，Cost-type=2，FA=10.1.1.1，External-cost=1）。

方案 1：默认场景下选路，根据 FA 选路。

默认情况下，R2 OSPF 路由表（Display OSPF Routing）中，FA 路由（10.1.1.1/32）下一跳地址指向 R1。

R2 收到 LSA5 和 LSA7，根据以下内容比较：

LSA5（FA=10.1.1.1，cost-type=2，cost=1）advRtr=3.3.3.3

LSA7（FA=10.1.1.1，cost-type=2，cost=1）advRtr=1.1.1.1

选路规则根据章节 3.7.1 可知，在外部成本（cost=1）一致的情况下，根据内部成本比较，LSA5 的内部成本是 R2 经 Area0 到 FA（10.1.1.1）的成本，LSA7 的内部成本是 R2 经 Area1 到 FA（10.1.1.1）的成本。从图中可知，LSA7 路由优于 LSA5，R2 的路由表里 100.1.1.0/24 是根据 LSA7 生成，下一跳指向 R1。

说明：

即使 R2 选择 LSA5 的路由，其下一跳仍然指向 R1，因为它使用 FA 路由的选路结果。

Area0 中 R4 收到 LSA5，根据其中的 FA 地址决定访问路径，R4 上访问 10.1.1.1/32，OSPF 路由下一跳地址是 R2。所以 R4 访问 100.1.1.0/24，使用路径 R4-R2-R1。

方案 2：在 R3 做 7/5 翻译时，强制翻译外部 FA 地址，选路结果出现环路。

图 3-55 中，Area0 中 R4 访问外部网络根据 FA 地址来选路，如果场景要求 Area0 中路由器访问外部网络只能经过 R3，实现这样的需求可以有两种方法，一种是修改 IGP Cost，使 R4 上 FA 路由的下一跳指向 R3；另外一种方法是改 LSA5 中 FA 地址为 0.0.0.0。下面解释一下修改 FA 地址在此种场景中所带来的 OSPF 环路问题。

在 R3 执行 LSA7/5 翻译时，使用如下命令：nssa suppress-forwarding-address 抑制 FA 地址，该命令将经 NSSA ABR 转换后生成的 Type 5 LSA 中的 FA 设置为 0.0.0.0。

R2 收到 LSA5 和 LSA7，内容如下：

LSA5（FA=0.0.0.0，cost-type=2，cost=1）advRtr=3.3.3.3

LSA7（FA=10.1.1.1，cost-type=2，cost=1）advRtr=1.1.1.1

对二者进行比较，R2 在 LSA5 和 LSA7 路由外部成本一致的情况下，根据 FA 选路，所以 R2 到 LSA5 的通告路由器 3.3.3.3 的成本低于 LSA7 FA 路由 10.1.1.1 的成本。R2 最终选择 LSA5 路由，使用 Area0 的转发路径，R2 路由表中 100.1.1.0/24 路由的下一跳指向 R4，而 R4 到 100.1.1.0/24 的下一跳选择 ASBR R3，R3 上 100.1.1.0/24 路由的下一跳指向 R2。

根据上面的分析结果，数据的转发环路出现：R3-R2-R4-R3。

总结：

OSPF 在 Area 内是无环的，在区域间若是 LSA3 路由，则可以靠区域结构及水平分割规则来避免环路，但如果是 LSA5/7 路由，则要靠 FA 路由来避免环路，但由于 FA 地址会在 LSA7 传递过程中被修改，丢失掉原始路径信息，因此可能导致环路出现。

3.7 选路规则及路由控制

3.7.1 OSPF 选路规则

1. OSPF 选路规则标准

OSPF 有 RFC1583 与 RFC2328 定义的两种路由选路规则，二者机制不同，华为设备默认情况下使用 RFC1583 选路规则，如果 OSPF 域中某些设备使用 RFC2328 选路规则，则要使用 undo rfc1583 compatible 命令配置其他设备，使其用 RFC2328 定义的选路规则，以保证全网 OSPF 设备的选路规则一致。RFC1583 和 RFC2328 的路由计算规则的区别主要在于计算外部路由时规则不一致，如果网络中设备使用不同的计算规则可能会导致路由环路，为了避免路由环路的发生，使能 OSPF 时，建议使用一致的 OSPF 域的路由选路规则。

为了解决这两种规则带来的问题，RFC2328 中提出了 RFC1583 兼容特性，即允许 OSPF 路由器使用 OSPF RFC1583 兼容规则执行路由计算。

2. RFC 1583 兼容规则

RFC1583 兼容特性主要是指路由器对收到的 LSA5 如何计算路由，如何在多条外部路由间选择最佳路由。

选路规则如下：

（1）OSPF 区域内路由优于区域间；

（2）OSPF 的域间路由又优于外部路由；

（3）OSPF 外部路由中 Metric-type1 的路由优于 Metric-type2 的路由；

（4）同为 Type1 的外部路由中，优选内部成本和外部成本之和后成本最小的路由，如果路由的成本一样，则负载分担；

（5）同为 Type2 的外部路由中，优选外部成本花销小的路由；如果外部成本一致，则优选内部成本小的路由，否则路由负载分担。

说明：

(1) OSPF 的路由计算是把出现在 SPF 树上的叶子路由添加到路由表的过程，区域间的 LSA3 路由作为挂在 ABR 节点上的叶子路由，ASBR 上的 LSA5 或 LSA7 路由，如果 Root 节点和 ASBR 在同一区域内，外部路由是 ASBR 上的叶子节点。反之，如果 Root 节点和 ASBR 不在同一个区域内，则 Root 在计算 ASBR 的外部路由时，把外部路由作为 ABR 上的叶子路由而执行，这个计算 ABR 上或 ASBR 上叶子路由的过程，称为 PRC。叶子路由的增减或 Cost 的变化，并没有触发拓扑的重新计算，执行的计算过程不会消耗太多 CPU 资源。

(2) OSPF 外部路由的 Cost 类型有两种，一种是 type1，一种是 type2，这两种类型的不同除体现在计算外部路由时选路的不同，还在于路由表中外部路由 Cost 值的不同，使用 type1 时，路由表中使用内部与外部 Cost 之和；使用 type2 时，路由表中使用外部 Cost。

- **练习 1：以下两种路由，哪条路由更优？**

路由 1：LSA3 类型路由 10.1.1.0/24，成本是 10。

路由 2：LSA2 所通告的路由 10.1.1.0/24，计算后的成本为 1。

计算结果及分析过程：

无论计算结果是多少，只要是 LSA1 或 LSA2 所通告的路由，都优于 LSA3 所通告的路由。

- **练习 2：以下两条路由，哪条路由更优？**

路由 1：外部路由 LSA5，外部成本是 20，内部成本是 100，cost-type 1。

路由 2：外部路由 LSA7，外部成本是 10，内部成本是 110，cost-type 1。

计算结果及分析过程：

两条路由 Cost-type 都是 type1，根据选路规则，比较两条路由的端到端开销之和，内外开销之和都是 120，两条路由负载分担出现在路由表中。

- **练习 3：以下两条路由，哪条路由更优？**

路由 1：外部路由 LSA5，外部成本 20，内部成本是 100，Cost-type 2。

路由 2：外部路由 LSA7，外部成本 20，内部成本是 120，Cost-type 2。

计算结果及分析过程：

两条路由 Cost-type 都是 type2，依据规则先比较外部成本，值最小者优先。两条路由的外部成本一致，都为 20，根据内部成本选择最优路由。路由 1 因其内部成本小而最优。需要说明的是，虽在选路时比较内部成本，但在路由表中看到该外部路由的 cost 为 20。这是因为 cost-type 为 2 的外部路由，在路由表里仅考虑外部成本。

- **练习 4：以下两条路由，哪条路由更优？**

路由 1：外部路由 LSA5，外部成本 1，内部成本是 100，Cost-type 2。

路由 2：外部路由 LSA7，外部成本 20，内部成本是 80，Cost-type 1。

计算结果及分析过程：

两条路由都是外部路由，但路由 1 属于类型 2，路由 2 属于类型 1。外部路由 Cost-type 1 优于外部路由 Cost-type2 的路由。

3.7.2 OSPF 矢量特性

OSPF 在区域内不具备矢量特性，仅在边界 ABR 或 ASBR 上具备“矢量”特性。矢量特性是指在边界路由器上，LSA 的产生依赖路由表里相应路由是否存在，如果路由不存在，则不会产生相应的 LSA。（通过过滤 ABR 或 ASBR 路由表里的路由，就可以控制向其他区域通告路由）

例：ABR 上的矢量特性

图 3-56 中，R1 上 100.1.1.0/24 出现在 Area1 区域内，该路由同样会出现在 R2 的路由表中，如果在 ABR R2 上使用 filter-policy import 命令过滤 100.1.1.0/24 路由，使 R2 路由表中没有 100.1.1.0，则 R2 不为 Area0 产生 LSA3。

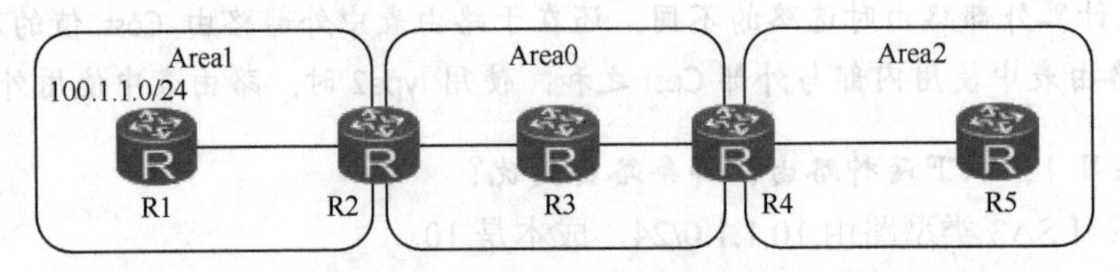

图 3-56　边界路由器上的矢量行为

同理，若不在 R2 上过滤 100.1.1.0/24 路由，使 LSA3 泛洪到 Area0，R3 和 R4 路由表里都有 100.1.1.0/24 的路由。这时，如果在 R4 上同样使用 filter-policy import 命令过滤 100.1.1.0/24 路由，根据边界路由器上的矢量特性，Area2 中同样没有通告 100.1.1.0/24 路由的 LSA3。

例：ASBR 上的矢量行为

图 3-57 中，Area1 为 NSSA，引入外部路由 100.1.1.0/24，边界路由器 R2 既是 ABR 也是 ASBR，R2 会计算出外部路由 100.1.1.0/24 并添加进路由表。R2 是 7/5 转换器，将出现在路由表里的 LSA7 路由，转换为 LSA5 并向 Area0 通告。如果在 R2 上，过滤掉路由表里的 100.1.1.0/24 路由，则 Area0 里不再产生相应的 LSA5。所以，图 3-57 中外部路由矢量特性仅会发生在 R1 和 R2 处。

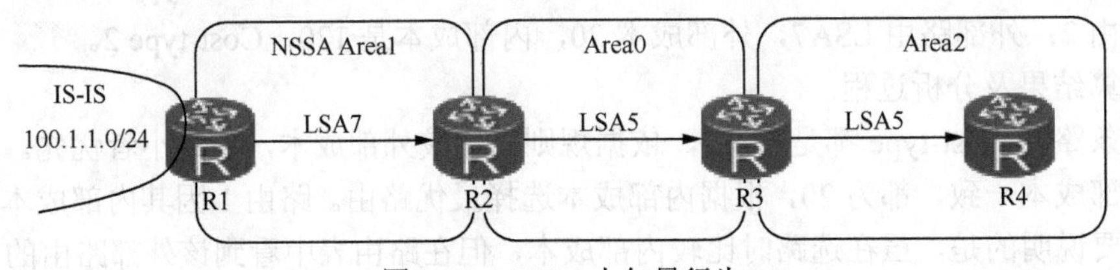

图 3-57　ASBR 上矢量行为

说明：

如果在 R1 的路由表里过滤掉相应的外部路由，则不再产生相应的 LSA5。这是外部路由引入时的矢量行为。

链路状态路由协议在边界上都存在矢量特性，所以 OSPF 的环路问题多是路由在边界路由器上产生的。

3.7.3　OSPF 路由控制

OSPF 路由协议在企业中应用较多，作为使用最广泛的链路状态协议，OSPF 虽没有矢量路由协议控制路由那么灵活，但华为仍提供一些过滤或控制路由的工具，参考表 3-6。

表 3-6 **OSPF 控制路由的技术**

命　令	作　用
filter-policy import	在任何路由器上，对进路由表的路由做过滤
filter-policy export	在 ASBR 上，对引入的路由做过滤
filter export	ABR 上，对离开 Area 的 LSA3 路由过滤
filter import	ABR 上，对进入 Area 的 LSA3 路由过滤
filter-LSA-out	接口下，对泛洪的全部 LSA 或 LSA3/5/7 做过滤
ABR-Summary not-advertise	ABR 上对聚合路由范围内的所有明细路由过滤
ASBR-Summary not-advertise	ASBR 上对聚合路由范围内的所有明细路由过滤

1. filter-policy import 命令可在任何路由设备上使用，控制进入路由表的路由。

OSPF 路由设备通过 filter-policy import 命令对本地计算出来的路由执行过滤，只有被过滤策略允许的路由才能最终被添加到路由表中，没有通过过滤策略的路由不会被添加进路由表中，此命令不影响路由器之间通告和接收 LSA。

该命令若应用在 ABR 上，由于 OSPF 在区域边界的矢量特性，路由表里过滤掉的路由，ABR 不会为之产生 LSA3。如果该命令应用在区域内部的某台路由器上，则仅该路由器的路由表受到影响，区域中其他路由器的路由表没有变化。

例：使用 filter-policy import 执行路由过滤

场景描述：

图 3-58 中，R6 上路由 10.1.6.6/32、10.1.6.7/32、10.1.6.8/32 出现在 Area3 中，已发布到 OSPF。路由器接口 IP 地址：10.1.XY.Z/24，XYZ 是路由器编号。例，R1 和 R6 间网段是 10.1.16.0/24，R1 接口 IP 为 10.1.16.1/24，R6 接口 IP 为 10.1.16.6/24，其他地址类推。

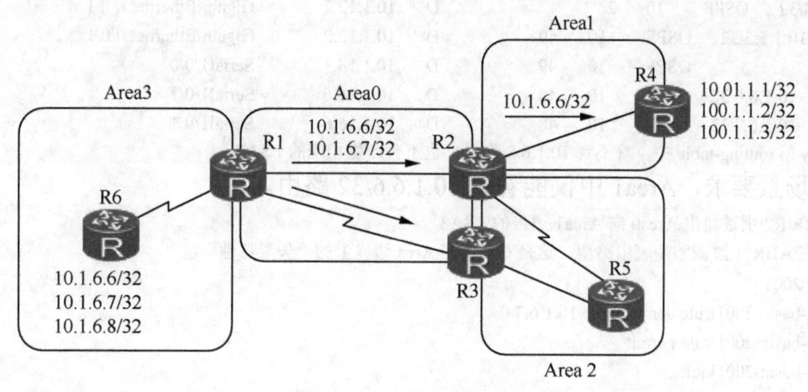

图 3-58　OSPF 路由过滤

需求：

Area0 路由器 R2 和 R3 能访问 10.1.6.6/32 及 10.1.6.7/32。Area1 中 R4 仅能访问 10.1.6.6/32。

实现过程：

在 R1 上 display ip routing-table 能看到 10.1.6.6/32，10.1.6.7/32 及 10.1.6.8/32 路由。

```
<R1>display ip routing-table
Route Flags: R-relay, D-download to fib
```

```
------------------------------------------------------------------------------
Routing Tables: Public
        Destinations : 23        Routes : 24

Destination/Mask    Proto   Pre  Cost      Flags NextHop         Interface

      10.1.4.4/32   OSPF    10   2           D   10.1.12.2       GigabitEthernet 0/0/1
      10.1.5.5/32   OSPF    10   49          D   10.1.12.2       GigabitEthernet 0/0/1
                    OSPF    10   49          D   10.1.13.3       Serial1/0/0
      10.1.6.6/32   OSPF    10   48          D   10.1.16.6       Serial1/0/1
      10.1.6.7/32   OSPF    10   48          D   10.1.16.6       Serial1/0/1
      10.1.6.8/32   OSPF    10   48          D   10.1.16.6       Serial1/0/1
```

控制进入 Area0 的 OSPF 路由。

```
#在 ABR R1 上过滤 ABR 向 Area1 通告的 LSA3（10.1.6.8/32）
#通过在 ABR 上过滤路由表中路由，这是 OSPF 在 Area 边界上的“矢量特性”
[R1]acl 2001
[R1-acl-basic-2001]rule deny source 10.1.6.8 0
[R1-acl-basic-2001]rule permit
[R1-acl-basic-2001]quit
[R1]OSPF 1
[R1-OSPF-1]filter-policy 2001 import
#
[R1]display ip routing-table
Route Flags: R-relay, D-download to fib
------------------------------------------------------------------------------
Routing Tables: Public
        Destinations : 22        Routes : 23

Destination/Mask    Proto   Pre  Cost      Flags NextHop         Interface
10.1.4.4/32    OSPF    10   2              D   10.1.12.2       GigabitEthernet 0/0/1
      10.1.5.5/32   OSPF    10   49          D   10.1.12.2       GigabitEthernet 0/0/1
                    OSPF    10   49          D   10.1.13.3       Serial1/0/0
      10.1.6.6/32   OSPF    10   48          D   10.1.16.6       Serial1/0/1
      10.1.6.7/32   OSPF    10   48          D   10.1.16.6       Serial1/0/1
#display ip routing-table 中，看不到 10.1.6.8 路由，也不会产生相应的 LSA3
```

根据场景要求，Area1 中仅能看到 10.1.6.6/32 路由。

```
#在 ABR R2 上过滤由 Area0 向 Area1 通告的 LSA3
#通过在 ABR 上过滤路由表中路由，这是 OSPF 在 Area 边界上的“矢量特性”
[R2]acl 2001
[R2-acl-basic-2001]rule deny source 10.1.6.7 0
[R2-acl-basic-2001]rule permit
[R2-acl-basic-2001]quit
[R2]OSPF 1
[R2-OSPF-1]filter-policy 2001 import
[R2-OSPF-1]quit
#在路由表中过滤
[R2]display ip routing-table
Route Flags: R-relay, D-download to fib
------------------------------------------------------------------------------
Routing Tables: Public
        Destinations : 20        Routes : 20

Destination/Mask    Proto   Pre  Cost      Flags NextHop         Interface
```

```
        10.1.4.4/32  OSPF    10   1        D   10.1.24.4       GigabitEthernet0/0/0
        10.1.5.5/32  OSPF    10   48       D   10.1.25.5       Serial1/0/0
        10.1.6.6/32  OSPF    10   49       D   10.1.12.1       GigabitEthernet0/0/1
       10.1.12.0/24  Direct  0    0        D   10.1.12.2       GigabitEthernet0/0/1
       10.1.12.2/32  Direct  0    0        D   127.0.0.1       GigabitEthernet0/0/1
     10.1.12.255/32  Direct  0    0        D   127.0.0.1       GigabitEthernet0/0/1

#使用 display OSPF lsdb 去验证 Area1 中是否有 ABR 产生的 LSA3，看到 10.1.6.6/32，其他路由由被 filter-policy 过滤掉了
#ABR 上矢量行为，过滤路由表，会影响 LSA3 的产生
[R2]display ospf lsdb

         OSPF Process 1 with Router ID 2.2.2.2
                 Link State Database

                         Area: 0.0.0.0
 Type      LinkState ID    AdvRouter          Age  Len   Sequence   Metric
 Router    2.2.2.2         2.2.2.2           1015  36    80000008       1
 Router    1.1.1.1         1.1.1.1           1008  60    80000009       1
 Router    3.3.3.3         3.3.3.3            566  48    80000007      48
 Network   10.1.12.2       2.2.2.2           1015  32    80000005       0
 Sum-Net   10.1.35.0       3.3.3.3            558  28    80000004       1
 Sum-Net   10.1.35.0       2.2.2.2             47  28    80000001      49
 Sum-Net   10.1.25.0       3.3.3.3            558  28    80000004      49
 Sum-Net   10.1.25.0       2.2.2.2             47  28    80000001      48
 Sum-Net   10.1.24.0       2.2.2.2             47  28    80000001       1
 Sum-Net   10.1.6.7        1.1.1.1            777  28    80000001      48
 Sum-Net   10.1.6.6        1.1.1.1            769  28    80000003      48
 Sum-Net   10.1.5.5        3.3.3.3            558  28    80000004       1
 Sum-Net   10.1.5.5        2.2.2.2             47  28    80000001      48
 Sum-Net   10.1.16.0       1.1.1.1            976  28    80000004      48
 Sum-Net   10.1.4.4        2.2.2.2             47  28    80000001       1

                         Area: 0.0.0.24
 Type      LinkState ID    AdvRouter          Age  Len   Sequence   Metric
 Router    4.4.4.4         4.4.4.4           1241  48    80000008       1
 Router    2.2.2.2         2.2.2.2           1230  36    80000007       1
 Network   10.1.24.4       4.4.4.4           1241  32    80000005       0
 Sum-Net   10.1.35.0       2.2.2.2             47  28    80000001      49
 Sum-Net   10.1.25.0       2.2.2.2             47  28    80000001      48
 Sum-Net   10.1.13.0       2.2.2.2             47  28    80000001      49
 Sum-Net   10.1.12.0       2.2.2.2             47  28    80000001       1
 Sum-Net   10.1.6.6        2.2.2.2             47  28    80000001      49
 Sum-Net   10.1.5.5        2.2.2.2             47  28    80000001      48
 Sum-Net   10.1.16.0       2.2.2.2             47  28    80000001      49
#Area24 中看不到 10.1.6.7/32 LSA3
```

2. OSPF 下对引入的外部路由做过滤，如限制 LSA5 或 LSA7 的产生，使用命令 filter-policy export。

filter-policy export 命令对引入的外部路由进行过滤控制。

OSPF 通过命令 import-route 引入外部路由后，再通过 filter-policy export 命令对引入的外部路由进行过滤，只将满足条件的外部路由引入 OSPF，此命令仅在 ASBR 上配置。

示例：filter-policy export 配置。

```
<Huawei> system-view
[Huawei]acl 2001
[Huawei -acl-basic-2001]rule deny source 100.1.1.3 0
[Huawei -acl-basic-2001]rule permit
[Huawei -acl-basic-2001]quit
[Huawei]OSPF 1
[Huawei-OSPF-1] import-route rip
[Huawei-OSPF-1] filter-policy 2001 export
```

配置 OSPF 对引入的 RIP 协议的路由在发布时进行过滤，执行过滤前，一定要先使用 import-route rip 命令引入 RIP 路由。在 OSPF 下，filter-policy export 命令仅用在 ASBR 下对引入到 OSPF 的外部路由做过滤。上述命令还可以修改为：

```
<Huawei> system-view
[Huawei] OSPF 1
[Huawei-OSPF-1] import-route rip
[Huawei-OSPF-1] filter-policy 2001 export rip
```

export 后面接协议进程名字，表示 filter-policy 是对从 RIP 引入的路由执行过滤。如果未加协议进程名字，则代表对 ASBR 上任何协议进程引入的路由都执行过滤。

上述两种过滤命令的效果等价于下面命令的过滤效果。

```
[Huawei]route-policy abc permit node 10
[Huawei-route-policy] if-match acl 2000
[Huawei-route-policy]quit
[Huawei] OSPF 1
[Huawei-OSPF-1] import-route rip route-policy abc
```

import-route rip route-policy abc 命令是在引入外部路由的同时执行过滤功能。而 filter-policy export 命令是在引入外部路由后，再执行过滤。两种命令有同样的过滤结果，但过滤逻辑发生时间不同。亦可同时使用两种过滤命令。

```
[Huawei] OSPF 1
[Huawei-OSPF-1] import-route rip route-policy abc
[Huawei-OSPF-1] filter-policy 2001 export
```

根据上面的描述，filter-policy export 仅能用在 ASBR 上，用来过滤从其他协议进程进入 OSPF 的路由，此处依然是矢量行为，只有被引入的路由表里的路由才能被 filter-policy export 过滤。

例：使用 filter-policy export 执行路由过滤

需求：

图 3-58 中，R4 上引入外部直连路由，即 100.1.1.1/32、100.1.1.2/32、100.1.1.3/32 路由。要求使用 filter-policy 过滤引入路由，使 Area1 中仅能看到 100.1.1.1/32 及 100.1.1.2/32 的路由。

实现过程：

```
#
[R4]acl 2001
[R4-acl-basic-2001]rule deny source 100.1.1.3 0
[R4-acl-basic-2001]rule permit
[R4-acl-basic-2001]quit
#
[R4]OSPF 1
[R4-OSPF-1]import-route direct
[R4-OSPF-1]filter-policy 2001 export direct
```

```
[R4-OSPF-1]quit
#
#
[R4]display ip routing-table
Route Flags: R-relay, D-download to fib
------------------------------------------------------------------------------
Routing Tables: Public
         Destinations : 20          Routes : 20
Destination/Mask    Proto   Pre  Cost      Flags NextHop         Interface
        100.1.1.1/32  Direct  0    0         D   127.0.0.1       LoopBack100
        100.1.1.2/32  Direct  0    0         D   127.0.0.1       LoopBack101
        100.1.1.3/32  Direct  0    0         D   127.0.0.1       LoopBack102
#
#display ospf lsdb 观察引入的外部路由，可看到两条外部路由
[R4]display ospf lsdb
      OSPF Process 1 with Router ID 4.4.4.4
            Link State Database
            AS External Database
 Type       LinkState ID    AdvRouter          Age  Len   Sequence   Metric
 External   10.1.24.0       4.4.4.4            59   36    80000001     1
 External   10.1.4.0        4.4.4.4            59   36    80000001     1
 External   100.1.1.1       4.4.4.4            59   36    80000001     1
 External   100.1.1.2       4.4.4.4            59   36    80000001     1
# 其他不相关信息省略
#也可以使用以下配置过程来实现上述场景需求
#
[R4]acl 2000
[R4-acl-basic-2000]rule permit source 100.1.1.1 0
[R4-acl-basic-2000]rule permit source 100.1.1.2 0
[R4-acl-basic-2000]rule permit source 100.1.1.3 0
[R4-acl-basic-2000]quit
#
[R4]acl 2001
[R4-acl-basic-2001]rule deny source 100.1.1.3 0
[R4-acl-basic-2001]rule permit
[R4-acl-basic-2001]quit
#
[Huawei]route-policy abc permit node 10
[Huawei-route-policy] if-match acl 2000
[Huawei-route-policy]quit
#
[R4]OSPF 1
[R4-OSPF-1]import-route direct route-policy abc
[R4-OSPF-1]filter-policy 2001 export direct
[R4-OSPF-1]quit
#
#先使用 route-policy 过滤路由，再使用 filter-policy 过滤路由；
#route-policy 过滤路由无法区分协议，filter-policy 可基于协议过滤控制路由
```

3. 在 ABR 上使用 filter ip-prefix import/export 过滤 LSA3。filter export 命令用来对从本区域通告出去的 Type3 LSA 路由进行过滤；filter import 命令对进入本区域的 Type3 LSA 路由执行过滤。

默认情况下，ABR 不对区域间路由做任何过滤，所有出现在 ABR 路由表里面的 Area3 路由都将被 R1 通过 LSA3 通告到 Area0，但可以使用 filter import/export 对其进行

过滤。

场景需求：

图 3-59 中，要求使用 filter 实现过滤，使 Area0 路由器 R2 和 R3 能访问 10.1.6.6/32 及 10.1.6.7/32，Area1 中 R4 仅能访问 10.1.6.6/32。

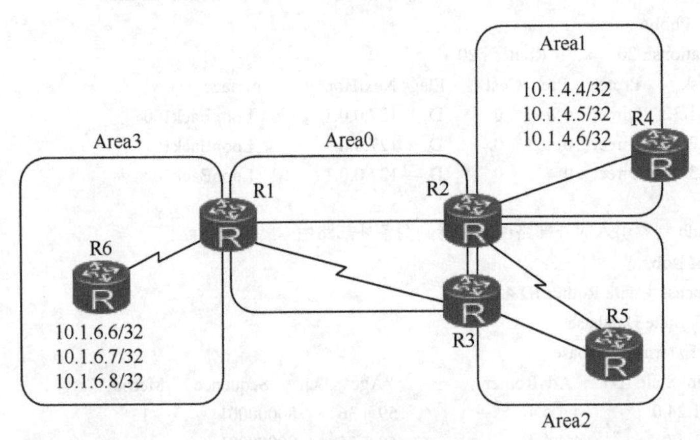

图 3-59　区域间过滤路由

在 R1 做法如下：

```
[R1]ip ip-prefix deny-8 deny 10.1.6.8 32
[R1]ip ip-prefix deny-8 permit 0.0.0.0 0 less-equal 32
[R1]ip ip-prefix deny-7 deny 10.1.6.7 32
[R1]ip ip-prefix deny-7 permit 0.0.0.0 0 less-equal 32
#
[R1]OSPF 1
[R1-OSPF-1]Area 0
[R1-OSPF-1-Area-0.0.0.0]filter ip-prefix deny-8 import
#过滤进入到 Area0 的 LSA3 路由
#
[R2]OSPF 1
[R2-OSPF-1]Area 0
[R2-OSPF-1-Area-0.0.0.0]filter ip-prefix deny-7 export
#过滤离开 Area0，进入 Area1 的 LSA3 路由
```

练习：filter import 过滤和 filter export 过滤的区别

场景需求：

图 3-59 中，使 ABR R2 仅向其他区域通告 10.1.4.4/32 和 10.1.4.5/32 路由。

```
[R2]ip ip-prefix deny-6 deny 10.1.4.6 32
[R2]ip ip-prefix deny-6 permit 0.0.0.0 0 less-equal 32
[R2]OSPF 1
[R2-OSPF-1]Area 0
[R2-OSPF-1-Area-0.0.0.0]filter ip-prefix deny-6 import
# filter import 是过滤进入到 Area0 的 LSA3 路由，并没有过滤进入 Area2 的路由
[R2]display ospf lsdb
     OSPF Process 1 with Router ID 2.2.2.2
          Link State Database
               Area: 0.0.0.0
 Type      LinkState ID     AdvRouter          Age  Len   Sequence   Metric

 Sum-Net   10.1.4.5         2.2.2.2            157  28    80000001   1
```

```
Sum-Net     10.1.4.4         2.2.2.2            162   28     80000003         1

                  Area: 0.0.0.2
 Type        LinkState ID      AdvRouter              Age    Len      Sequence     Metric
 Sum-Net     10.1.4.5          2.2.2.2            158    28      80000001         1
 Sum-Net     10.1.4.5          3.3.3.3            160    28      80000001        50
 Sum-Net     10.1.4.4          2.2.2.2            163    28      80000003         1
 Sum-Net     10.1.4.4          3.3.3.3            165    28      80000001        50
 Sum-Net     10.1.4.6          2.2.2.2            152    28      80000001         1
#Area0 内 10.1.4.6 被过滤掉，而进入 Area2 的路由没有执行过滤
#修改上述命令，改为由 Area1 向其他区域通告时过滤路由
[R2]OSPF 1
[R2-OSPF-1]Area 1
[R2-OSPF-1-Area-0.0.0.0]filter ip-prefix deny-6 export
[R2-OSPF-1-Area-0.0.0.0]quit
#过滤离开 Area1 的 LSA3 路由
[R2]display ospf lsdb
       OSPF Process 1 with Router ID 2.2.2.2
              Link State Database
                  Area: 0.0.0.0
 Type        LinkState ID      AdvRouter          Age    Len      Sequence     Metric
 Sum-Net     10.1.4.5          2.2.2.2            465    28      80000001         1
 Sum-Net     10.1.4.4          2.2.2.2            470    28      80000003         1

                  Area: 0.0.0.2
 Type        LinkState ID      AdvRouter          Age    Len      Sequence     Metric
 Sum-Net     10.1.4.5          2.2.2.2            465    28      80000001         1
 Sum-Net     10.1.4.5          3.3.3.3            467    28      80000001        50
 Sum-Net     10.1.4.4          2.2.2.2            470    28      80000003         1
 Sum-Net     10.1.4.4          3.3.3.3            472    28      80000001        50
#
#在离开 Area1 时过滤，过滤的结果是 Area0 和 Area2 都没有 10.1.4.6/32
```

filter import 和 export 的区别在于，import 在路由进入某区域时执行过滤，不影响其他区域路由的学习。export 在路由离开某区域时执行路由过滤，导致所有其他区域都学不到该路由。二者都仅对 LSA3 做过滤。

4. OSPF filter-LSA-out 命令可以对 LSA 做过滤，可以应用在任何接口下，它对泛洪的 LSA 起抑制作用，命令 OSPF filter-LSA-out { all | { summary|ase | nssa }。

对 OSPF 接口出方向的 LSA 进行过滤，可以过滤向邻居发送的无用 LSA，从而减少邻居 LSDB 的大小或避免向指定邻居做不必要的泛洪，优化网络性能。

说明：

在某接口配置 OSPF filter-LSA-out 命令后，该接口的 OSPF 邻居关系会自动重建。

例：路由器间过滤 LSA。

图 3-60 中，R6 是 Stub 路由器，仅有一条上连链路，区域内 OSPF 路由器拥有一样的 LSDB，为降低 R6 的计算负荷及泛洪开销，R4 在 G0/0/0 接口开启 filter-LSA-out all 命令，这条命令过滤全部 LSA，R4 不向 R6 通告任何 LSA，减少 R6 的 LSDB 的大小。R6 要访问所有其他网段，需要手工在路由表里添加一条指向 R4 的默认路由。

图 3-60 中，R2 会泛洪 Core 中的 LSA，LSA 分别经 R1、R3 及 R5 继续泛洪。同样

的 LSA，R4 会收到多份，R4 会选择其中一份，并计算路由。图中，根据链路成本，R4 路由表里到 100.1.1.0/24 路由的下一跳是 R5。

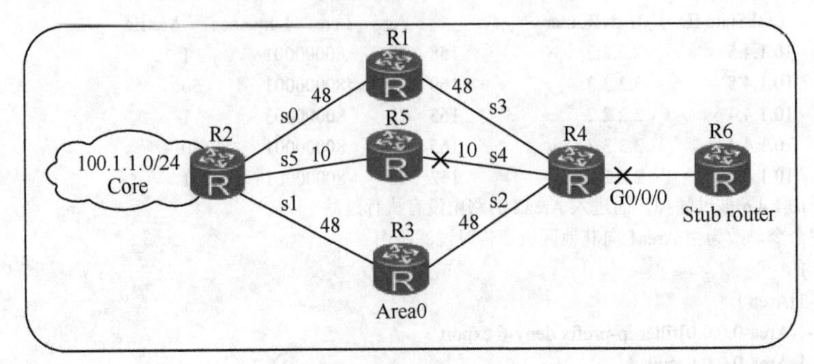

图 3-60　过滤 LSA

现在为优化网络性能，降低过量泛洪所致的开销，在 R5 的出口过滤 LSA 通告，尽管 R5 不通告 LSA 给下游路由器 R4，但 R1 和 R3 仍能继续泛洪，不影响 R4 LSDB 的完整性。R4 最终计算路由是根据 LSDB 执行计算的，所以 R4 访问 100.1.1.0/24，路由下一跳仍使用 R5，R5 抑制泛洪，只是改变了泛洪的路径，但并没有影响路由计算。

```
# 设置接口 G0/0/0 对出方向的所有 LSA 进行过滤（Grace LSA 例外）
<Huawei> system-view
[Huawei] interface gigabitethernet 0/0/0
[Huawei-GigabitEthernet0/0/0] OSPF filter-LSA-out all
#
```

OSPF filter-LSA-out { all | { summary|ase | nssa }命令同样可以对泛洪的 LSA3/LSA5 或 LSA7 执行过滤。如果是应用到 ABR 或 ASBR 的外出链路上，可起到 filter-policy 过滤路由的效果。

5. ABR-summary not-adverise 和 ASBR-summary not-advertise 这一对命令分别可用于过滤 LSA3 或 LSA5/7 的路由。

ABR-summary not-advertise 命令（如图 3-61 所示），仅对处在聚合路由范围内的明细路由做过滤。该命令利用聚合自动抑制明细成员路由的能力，再添加 not-advertise 关键词后，使聚合路由不再产生。

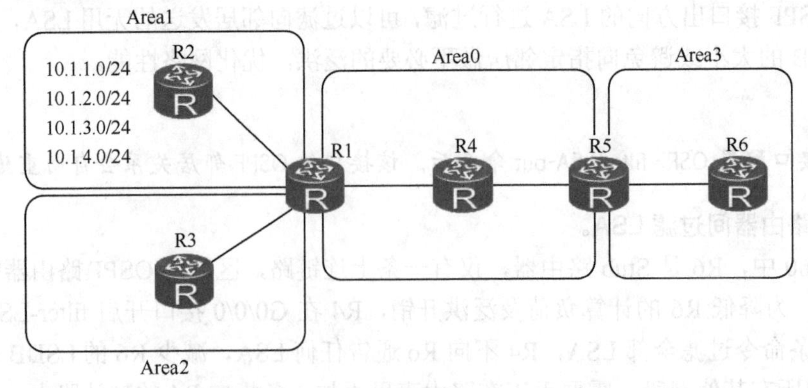

图 3-61　ABR-Summary not-advertise 命令

例：使用 ABR-summary not-advertise 命令执行路由过滤

场景需求：

使用 ABR-summary 命令在图 3-61 中过滤 10.1.1.0/24、10.1.2.0/24 和 10.1.3.0/24 路由。

```
[R1]OSPF 1
[R1-OSPF-1]Area 1
[R1-OSPF-1-Area-0.0.0.1]ABR-summary 10.1.0.0 255.255.252.0 ?
  advertise        Advertise this summary (default)
  cost             Set cost
  not-advertise    Do not advertise this summary
  <cr>             Please press ENTER to execute command

[R1-OSPF-1-Area-0.0.0.1]ABR-summary 10.1.0.0 255.255.0.0 not-advertise
#在 R1 上观察 Area 0 LSDB
[R1]display OSPF lsdb

     OSPF Process 1 with Router ID 1.1.1.1
         Link State Database

                 Area: 0.0.0.0
 Type      LinkState ID    AdvRouter          Age  Len   Sequence   Metric
 Sum-Net   10.1.4.0        1.1.1.1            467  28    80000001       1
#在 Area0 没有看到其他路由，都被 ABR-summary not-advertise 过滤掉了
```

需要说明的是：

- ABR-summary 对出现在此范围内的路由做过滤。例如，如果要过滤 10.1.4.0/24，使用 ABR-summary 10.1.4.0 255.255.255.0 not-advertise 不起作用；
- ABR-summary not-advertise 过滤命令不如其他过滤命令强大，如 filter export/import 命令，ABR-summary not-advertise 只能对可聚合的路由做过滤，如果要实现仅过滤 10.1.1.0/24 和 10.1.3.0/24，并不过滤 10.1.2.0/24，ABR-summary 命令则无法实现；
- 另外，ABR-summary 命令只能在图中的 R1 处（LSA3 路由起源的位置）执行过滤，无法在 R5 处对 10.1.4.0/24 做过滤。

ASBR-summary not-advertise 命令

ASBR-summary not-advertise（如图 3-62 所示）命令应用在 ASBR 上，效果同 ABR-summary not-advertise 命令，仅对处在聚合范围内的路由做过滤。

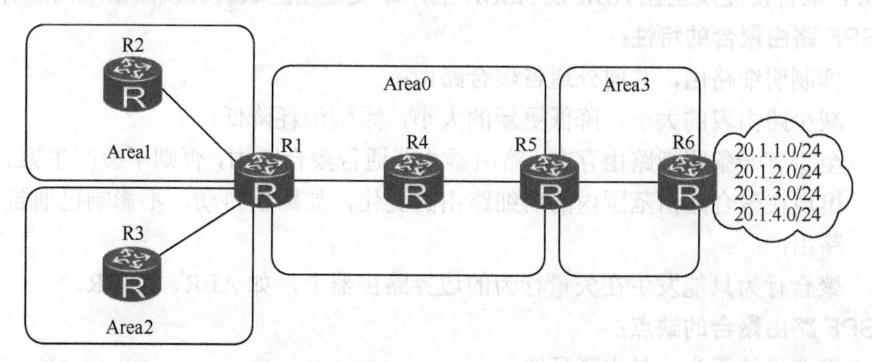

图 3-62　ASBR-summary not-advertise

这条命令利用聚合路由自动抑制成员路由的能力，添加 not-advertise 关键词，使聚

合路由不再产生。

例：使用 ASBR-summary not-advertise 执行路由过滤

场景需求：图 3-62 中，对 20.1.1.0/24、20.1.2.0/24 和 20.1.3.0/24 路由做过滤。

```
[R6]OSPF 1
[R6-OSPF-1]ASBR-summary 20.1.0.0 255.255.252.0 ?
  advertise         Advertise this summary (default)
  cost              Set cost
  not-advertise     Do not advertise this summary
  <cr>              Please press ENTER to execute command

[R6-OSPF-1]ASBR-summary 20.1.0.0 255.255.0.0 not-advertise
#在 R6 上观察 Area 0 LSDB
[R6]display ospf lsdb

     OSPF Process 1 with Router ID 6.6.6.6
         Link State Database

         AS External Database
Type      LinkState ID     AdvRouter         Age   Len     Sequence     Metric
External  20.1.4.0         4.4.4.4           1293  36      80000005     1
#在 Area3 没有看到其他外部路由，都被 ASBR-summary not-advertise 过滤掉了
```

说明：

该命令只能对 ASBR 产生的 LSA5 或 LSA7 的外部路由做过滤，执行过滤可以在任何一个 ASBR，甚至是 NSSA 区域边界上的 7/5 转换器，其向骨干区域通告路由时，同样可以使用该命令做明细路由的过滤。

3.7.4 路由聚合

3.7.4.1 聚合

路由聚合是指将多条具有相同 IP 前缀的路由聚合成一条路由。如果被聚合的 IP 地址范围内的某条链路频繁 Up 和 Down，该变化并不会通告到被聚合的 IP 地址范围外的设备。因此，可以避免网络中的路由振荡，在一定程度上提高了网络的稳定性。

OSPF 聚合仅能发生在 ABR 及 ASBR 上，即发生在区域边界或路由域的边界上。

OSPF 路由聚合的特性：

- 抑制明细路由，并向外通告聚合路由；
- 减少路由表的大小，降低更新的大小，系统消耗降低；
- 至少有一条明细路由存在，路由器才能通告聚合路由，否则不会产生聚合路由；
- 出现在聚合路由范围内的明细路由的变化，如路由抖动，不影响已通告的聚合路由；
- 聚合行为只能发生在矢量行为的边界路由器上，如 ABR、ASBR。

OSPF 路由聚合的缺点：

路由聚合设计不当，易出现环路。

3.7.4.2 区域间路由聚合

ABR-summary 命令用来设置 ABR 对区域内明细路由进行聚合。ABR 向其他区域发

送路由信息时，会通告明细路由。当区域中存在连续的明细路由网络（具有相同前缀的路由信息）时，可以通过 ABR-summary 命令将这些网络聚合成一个大网络，ABR 只向其他区域发送一条聚合后的大网络，不再通告明细网络路由，从而减小路由表的规模，提高路由器的性能。

例：ABR 上做聚合

场景需求：

图 3-63 将 OSPF 1 的 Area1 中网段 10.1.1.0/24、10.1.2.0/24、10.1.3.0/24 的路由聚合成一条聚合路由 10.1.0.0/22 向其他区域发布。

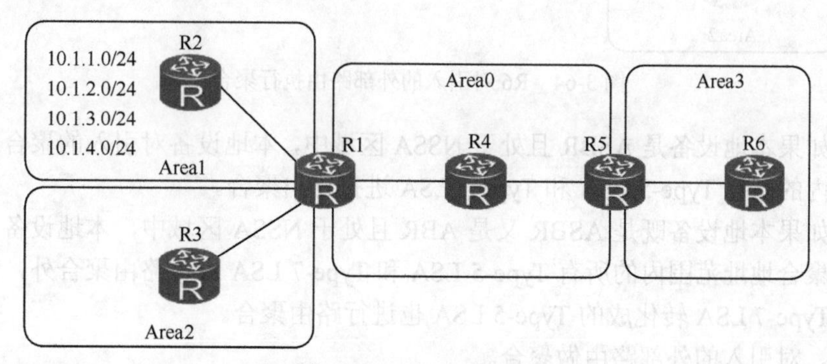

图 3-63 ABR-summary

```
<R1> system-view
[R1] OSPF 1
[R1-OSPF-1] area 1
[R1-OSPF-1-Area-0.0.0.1] ABR-summary 10.1.0.0 255.255.252.0
#未作聚合前，R1 向 Area0 及 Area2 通告 10.1.1.0/24-10.1.4.0/24 四条路由，产生四份 LSA3 路由
#执行完聚合后，R1 向 Area0 及 Area2 通告 10.1.4.0/24 及聚合路由 10.1.0.0/22，产生两份 LSA3 路由
```

（1）OSPF 对区域 Area1 通告的路由做聚合，仅发生在 ABR R1 上。ABR-summary 命令只能在路由起源的 Area 边界上做聚合。图中路由起源于 Area1，聚合 ABR-summary 命令只能在 R1 上发生，其他位置都无法对 10.1.X.0/24 路由做聚合。例如，R5 无法对 10.1.X.0/24 路由做聚合。

（2）华为在执行聚合时，并不会自动在路由表中添加一条避免环路的指向 Null0 接口的路由。

（3）设置聚合路由的开销，当此 cost 参数缺省时，则取所有被聚合的路由中最大的那个开销值作为聚合路由的开销。

3.7.4.3 外部路由聚合

ASBR-summary 命令用来设置自治系统边界路由器（ASBR）对 OSPF 引入的路由进行路由聚合。如图 3-64 所示。

当引入的路由具有相同前缀的路由信息时，可以通过 ASBR-summary 命令将这些引入的路由聚合并发布成一条聚合路由。通过配置路由聚合，可以减少路由信息，减小路由表的规模，提高设备的性能。

对引入的路由进行路由聚合后，有以下几种情况。

- 如果本地设备是 ASBR 且处于普通区域中，本地设备将对引入的聚合地址范围内的所有 Type-5 LSA 进行路由聚合。

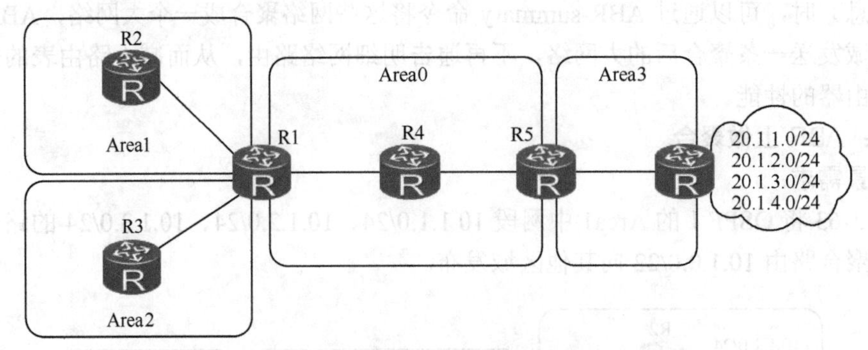

图 3-64 R6 对引入的外部路由执行聚合

- 如果本地设备是 ASBR 且处于 NSSA 区域中，本地设备对引入的聚合地址范围内的所有 Type-5 LSA 和 Type-7 LSA 进行路由聚合。
- 如果本地设备既是 ASBR 又是 ABR 且处于 NSSA 区域中，本地设备对引入的聚合地址范围内的所有 Type-5 LSA 和 Type-7 LSA 进行路由聚合外，还将对由 Type-7 LSA 转化成的 Type-5 LSA 也进行路由聚合。

例如，对引入的外部路由做聚合。

```
<Huawei> system-view
[Huawei] OSPF 1
[Huawei-OSPF-1] ASBR-summary 20.1.0.0 255.255.0.0
```

说明：

(1) 只要是 ASBR，无论是 NSSA 还是普通区域，只要引入外部路由成功，都可以使用上述命令对其聚合，在聚合路由范围内的路由都将被抑制。同样适用于执行 7/5 翻译的 NSSA ABR（ABR=ASBR）。

(2) 设置聚合路由的开销 (cost)。当此 cost 参数缺省时，对于 Type1 外部路由，取所有被聚合路由中的最大开销值作为聚合路由的开销；对于 Type2 外部路由，则取所有被聚合路由中的最大开销值再加上 1 作为聚合路由的开销。

例：ASBR 执行路由聚合

场景需求：

图 3-65 中，R6 是 ASBR，引入外部路由 20.1.1.0/24、20.1.2.0/24、20.1.3.0/24、20.1.4.0/24。

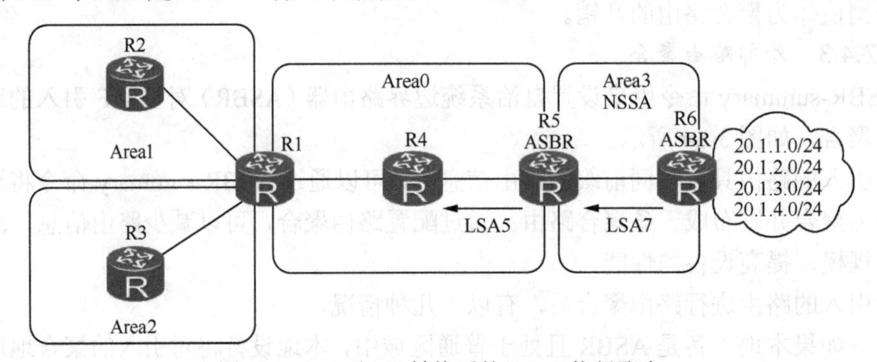

图 3-65 R5 对 7/5 转换后的 LSA5 执行聚合

R5 是 NSSA 区域 ABR/ASBR，执行 7/5 转换，可在 R5 上对进入 Area0 的路由做聚合。

```
[R5] OSPF 1
[R5-OSPF-1] ASBR-summary 20.1.0.0 255.255.248.0
```

3.7.4.4　**场景分析：聚合时没有产生 Null0 接口所致环路**

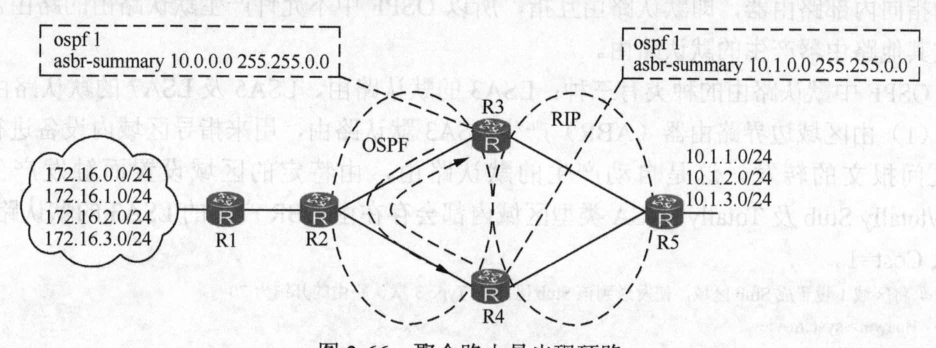

图 3-66　聚合路由易出现环路

例：如何避免路由环路

R3 和 R4 分别引入外部 RIP 路由 10.1.1.0/24—10.1.3.0/24 到 OSPF，在 R3 和 R4 上分别对其做聚合，聚合路由 ASBR-summary 10.1.0.0/16，做完聚合后，会有什么问题？

答：R3 和 R4 互相学到对方的聚合路由，R3 上看到 R4 的聚合路由，R4 上看到 R3 的聚合路由，路由均指向 R2，而 R2 看到源自 R3 和 R4 的聚合路由 10.1.0.0/16 是负载分担的，R2 和 R3/R4 的路由互指而形成环路。访问 10.1.4.1 这个未知目的地时，报文转发形成环路。

华为 OSPF 解决聚合路由环路的问题有两种办法。

（1）使用 filter-policy import 过滤对方路由器通告的聚合路由。

图中，R3 和 R4 上使用 filter-policy import 命令手工过滤从彼此收到的聚合路由。

（2）在 R3 和 R4 的路由表中手工插入 preference 值低于 10 的指向 NULL 0 接口的路由。

```
ip route-static 10.1.0.0 16 NULL 0 preference 9
```

此种方法实现简单，因为这条 NULL0 路由的 preference 值低，所以 R3 不再接收 R4 通告的 10.1.0.0/16 的聚合路由。同理，R4 也不再接收 R3 通告的聚合路由，如果 R2 访问 10.1.4.1，数据报文到 R3 后，匹配 NULL0 接口的路由而被丢弃，实现了环路避免。此种方法是推荐的方法。

思考题：

图 3-66 中，若 R3 上执行聚合，掩码为 16 位，生成的聚合路由为 10.1.0.0/16。R4 上执行聚合，掩码为 20 位，聚合路由为 10.1.0.0/20。此种场景下，能否出现环路及可能的解决办法？

3.7.5　默认路由

默认路由是指目的地址和掩码都是 0 的路由。当设备无精确匹配的路由时，就可以通过默认路由进行报文转发。一般多用于网络边界路由器访问互联网所需要的一条路由。

同时，企业内，在精确的内部路由基础上，边界路由器通告一条默认路由，使所有访问未知目的地的数据报文都送至边界路由器。但如果流量流至边界路由器后，又从边界路由器流回内部路由器，则环路出现。

所以不允许出现内部路由器有默认路由指向边界路由器，而边界路由器也有条默认路由指向内部路由器，即默认路由互指，所以 OSPF 中不允许产生默认路由的路由器也接收其他路由器产生的默认路由。

OSPF 中默认路由的种类有三种：LSA3 的默认路由、LSA5 及 LSA7 的默认路由。

（1）由区域边界路由器（ABR）产生 LSA3 默认路由，用来指导区域内设备进行区域之间报文的转发。这是自动产生的默认路由，由特定的区域设置而触发产生。Stub/totally Stub 及 Totally NSSA 类型区域内都会存在由 ABR 产生的 LSA3 的默认路由，默认 Cost=1。

```
# 将区域 1 设置成 Stub 区域，使发送到该 Stub 区域的 Type 3 默认路由的开销为 20
<Huawei> system-view
[Huawei] OSPF 1
[Huawei-OSPF-1] Area 1
[Huawei-OSPF-1-Area-0.0.0.1] Stub
[Huawei-OSPF-1-Area-0.0.0.1] default-cost 20
#修改缺省开销 1 为 20
```

说明：

区域类型为 Stub no-summary 或 nssa no-summary 会触发产生 LSA3 默认路由。

（2）ASBR 能引入外部路由，ASBR 同样也能产生默认路由，类型为 LSA5 或 LSA7。普通或骨干区域产生 LSA5 外部默认路由，而 NSSA 区域产生 LSA7 外部默认 NSSA 路由，用来指导自治系统（AS）内设备进行自治系统外报文的转发。

OSPF 默认路由的发布原则如下。

- OSPF 路由器只具有对区域外的出口时，才能够发布默认路由 LSA。
- 如果 OSPF 路由器已经发布了默认路由 LSA，那么不再学习其他路由器发布的相同类型默认路由。即路由计算时不再计算其他路由器发布的相同类型的默认路由 LSA，但数据库中存有对应的 LSA。
- 外部默认路由的发布如果要依赖于其他路由，那么被依赖的路由不能是本 OSPF 路由域内的路由，即不是本进程 OSPF 学习到的路由。因为外部默认路由的作用是用于指导报文的域外转发，而本 OSPF 路由域的路由的下一跳都指向了域内，不能满足指导报文域外转发的要求。
- 如果一台路由器同时收到多种类型默认路由，则根据选路规则，Type3 默认路由的优先级高于 Type5 或 Type7 路由。

（3）骨干及普通区域中的默认路由。

缺省情况下，在普通 OSPF 区域内的 OSPF 路由器是不会产生默认路由的，即使它有默认路由。当网络中默认路由通过其他路由进程产生时，必须能够将默认路由通告到整个 OSPF 域中。这个时候要想产生默认路由必须在 ASBR 上手动通过命令进行配置。使用了该命令后会产生一个 Link State ID 为 0.0.0.0、网络掩码为 0.0.0.0 的 LSA5，并且通告到整个 OSPF 域中。

```
#命令格式，用来将默认路由通告到普通 OSPF 区域
default-route-advertise [ [ always | permit-calculate-other ] | cost cost | type type | route-policy route-policy-name [ match-any ] ] *
default-route-advertise summary cost cost

# 将产生的默认路由的 LSA5 通告到 OSPF 路由区域，本地设备没有默认路由
<Huawei> system-view
[Huawei] OSPF 1
[Huawei-OSPF-1] default-route-advertise always
#无条件产生一条默认路由
```

说明：

骨干区域和普通区域产生LSA5默认路由使用default-route-advertise命令，如果加always参数，则无条件产生默认路由，如果没有加always参数，则是有条件的，仅当路由表里有条默认路由（其他协议或外部默认路由）才可以产生LSA5的默认路由。

如果一台路由器产生默认路由，若再接收其他路由器产生的默认路由，容易出现路由互指的环路问题。

（4）NSSA区域中的默认路由。

NSSA命令用来配置OSPF区域为NSSA区域。

NSSA default-route-advertise用来在ASBR上配置产生LSA7默认路由到NSSA区域。华为实现会在NSSA及Totally NSSA边界路由器ABR上自动产生LSA7默认路由。ABR既然能产生LSA7默认路由，所以NSSA区域的ABR同时也是ASBR。

- 在ABR上无论路由表中是否存在默认路由0.0.0.0/0，都会产生LSA7默认路由。
- 在ASBR上只有当路由表中存在默认路由0.0.0.0/0，才会产生Type7 LSA默认路由。

如果希望到达自治系统外部网络是通过本区域的ASBR出去，而访问其他外部网络则是通过骨干区域出去。此时，可在ABR上产生一条LSA7的默认路由，通告到NSSA区域内。这样，访问明细路由所对应的外部网络通过NSSA ASBR，而其他路由都可通过NSSA ABR产生的LSA7类型默认路由到达其他区域的ASBR出去。

如果希望访问所有的外部网络只通过本区域ASBR出去，则必须在ASBR上手动配置，使ASBR产生一条LSA7类型默认路由并通告到整个NSSA区域。这样，所有的外部路由就只能通过本区域NSSA的ASBR到达。

NSSA区域产生默认路由，因为LSA7默认路由只在NSSA区域内泛洪，并没有泛洪到整个OSPF域中，所以本NSSA区域内的路由器在找不到明细路由之后可以按默认路由离开本区域。LSA7默认路由不会在ABR上转换成LSA5默认路由。

3.8 OSPFv3

OSPFv3是基于IPv6的OSPF协议，它工作在IPv6上，类似于MP-BGP，它可支持多协议，如IPv4及IPv6，华为目前的OSPFv3实现仅支持IPv6。IETF RFC 5340及5838定义了OSPFv3对多协议的支持。

OSPFv3 在 OSPFv2 基础上进行了改进，是一个独立的路由协议。在华为设备上如果要支持 IPv4 和 IPv6，需要同时配置 OSPFv2 及 OSPFv3 两个路由进程。

OSPFv3 设计时基于 OSPFv2，但又区别于 OSPFv2，其改进了 OSPFv2 协议的缺点，增强了协议的扩展性及灵活性。以下从 OSPFv3 和 OSPFv2 对比的角度对 OSPFv3 加以阐述。

3.8.1 OSPFv3 与 OSPFv2 的相同点

OSPFv3 基于 OSPFv2，所以有很多相同点：

- 网络类型和接口类型
- 接口状态机和邻居状态机
- 链路状态数据库（LSDB）
- 洪泛机制
- 相同类型的报文：Hello 报文、DD 报文、LSR 报文、LSU 报文和 LSAck 报文
- 算法及路由计算过程

3.8.2 OSPFv3 与 OSPFv2 的不同点

OSPFv3 工作在 IPv6 上，而 OSPFv2 工作在 IPv4 上，其他细节如下。

1. OSPFv3 基于链路，而不是网段

OSPFv3 运行在 IPv6 协议上，IPv6 是基于链路而不是网段的，即不论接口是否配置 ULA（Unique Local Address）/GUA（Global Unicast Address）的地址，也不论路由器间接口地址是否在同一个网段，只要彼此接在同一个链路上，即可建立 OSPF 邻居关系。

2. OSPFv3 利用 IPv6 链路本地地址

OSPFv3 使用链路本地地址（link-local）来维持邻居，同步 LSDB。链路上的报文，除 Vlink 外的所有 OSPFv3 接口都使用链路本地地址作为报文源地址。

这样的好处是：

- 不需要配置 IPv6 全局地址，就可以得到 OSPFv3 拓扑，实现拓扑与地址分离；
- 在链路本地地址上泛洪的报文不会传到其他链路上，可减少报文不必要的泛洪。

说明：

- IPv6 的链路本地（link-local）地址用于在同一链路上发现邻居及自动配置等；
- 运行 IPv6 的路由器不转发目的地址为链路本地地址的 IPv6 报文，此类报文只在本地链路有效；
- 链路本地单播地址的前缀是 FE80::/10。

3. OSPFv3 协议报文上移除了“协议地址，即 IPv4 地址”的语义

OSPFv2 的 LSA1/LSA2 中含有太多和 IPv4 协议地址相关的信息，如 LSA1 中的任何一种类型的 Link（除 StubNet 外），其 Link Data 是设备本地接口的 IPv4 地址，LinkID 是 DR 的接口 IP 或邻居的 RID 等。通过观察 LSA1/LSA2 的内容就可知 OSPF 传递的 IPv4 协议。

如果 IPv6 OSPFv3 依然使用这种方式，IPv6 协议地址会占用 LSA 中过多字节空间，若将来扩展 OSPFv3 使其支持新的协议地址，也需要重新改写协议报文，所以 OSPFv3

在设计现有的协议报文时，从 LSA 中“移除”对协议地址的依赖性。

表 3-7　**OSPFv2 和 OSPFv3 中 LSA1/2 内容对比**

OSPFv2 Router LSA	OSPFv3 Router LSA
IPv4 下 OSPFv2	IPv6 下 OSPFv3
LinkID 是邻居的 RID，标识邻居节点 LinkData 使用自己的接口 IP 来标识互联接口	使用接口 ID，如 0x3，标识自己的接口 使用 NeighborRID 及邻居接口 ID 来表明邻居及其接口标识
例：TransNet 类型 Link *Link ID:10.1.123.3 Data:10.1.123.2 Link Type: TransNet Metric: 1	例：TransNet 类型 link Link connected to: TransitNetwork Metric: 1 Interface ID:0x3 Neighbor Interface ID:0x3 Neighbor Router ID:3.3.3.3 #DR 的 RID 为 3.3.3.3 #邻居的接口 ID：0x3 #自己互联的接口 ID:0x3
例：P2P 类型 Link *Link ID: 4.4.4.4 Data : 10.1.24.2 #自己的接口 IP 及邻居的 RID Link Type: P-2-P Metric : 48	例：P2P 类型 Link Link connected to: another Router (point-to-point) Metric: 48 Interface ID: 0x8 Neighbor Interface ID: 0x8 Neighbor Router ID: 4.4.4.4 # 自己的接口 ID:0x8 # 邻居的 RID 及邻居的接口 ID
OSPFv2 Network LSA	**OSPFv3 Network LSA**
Type : Network Ls id : 10.1.123.3 Adv rtr : 3.3.3.3 Ls age : 1598 Len : 36 Options : E seq# : 80000004 chksum : 0x9317 Netmask :255.255.255.0 Priority : Low Attached Router 3.3.3.3 Attached Router 1.1.1.1 Attached Router 2.2.2.2	Network-LSA (Area 0.0.0.0) LS Age: 613 LS Type: Network-LSA Link State ID: 0.0.0.3 Originating Router: 3.3.3.3 LS Seq Number: 0x80000003 Retransmit Count: 0 Checksum: 0xD823 Length: 36 Options: 0x000013 (-|R|-|-|E|V6) Attached Router: 3.3.3.3 Attached Router: 1.1.1.1 Attached Router: 2.2.2.2 #Link State ID 是 DR 的接口 ID

经过上述对比，可知 OSPFv3 LSA1/2 中用于表述拓扑时，用二元组[RID，接口 ID]来取代 OSPFv2 中针对对方节点的表示，用接口 ID 来取代本地接口的 IP 地址；LSA1/2 中没有使用任何协议地址，这样做的结果是 LSA1/2 中“拓扑与协议地址分离了”，不再依赖于协议地址，这意味着 LSA1/LSA2 描述的拓扑可以为任何协议簇服务，RFC 5838 已经设计 OSPFv3 成为可支持 IPv4 及 IPv6 等协议的路由协议，不需要为每个协议单独创建协议进程，但目前华为尚不支持。在 IPv4 和 IPv6 双栈的环境中仍需同时运行 OSPFv2

和 OSPFv3 的双进程。

例外是 OSPFv3 下的 Vlink 场景，非直连的邻居需要靠 Global Unicast 地址来标识。IPv6 全局地址仅出现在 Vlink 接口及报文的转发的场合。

4. 链路间的泛洪范围

OSPFv3 添加了链路间的泛洪范围，新的 LSA8（Link LSA）类型仅可以在邻居之间通告，其 LSA 不会被泛洪到其他链路。LSA8 所承载的内容仅在直连的邻居之间有用，用于通告该 link 上的前缀及 link-local 地址。

5. OSPFv3 支持一个链路上多个进程

OSPFv3 在 OSPF 报文头添加了一个新的字域：Instance ID，它是定义在接口的标识 OSPF 实例的 0～255 的数。OSPFv2 下，一个接口上只能有一个 OSPF 实例运行，现在可以让一个接口同时运行多个 OSPF 实例，彼此使用不同的 Instance ID 区分。这些运行在同一条物理链路上的多个 OSPFv3 实例分别与同链路上多个相同实例 ID 的邻居建立邻居关系，这可使一个网段上同时出现多个 OSPF 路由域，彼此互不干扰，可以充分共享同一链路资源。

如果 OSPFv3 报文收到实例号不同的 Hello 报文，则忽略，邻居关系建立不起来。

```
<R2>display OSPFv3 int   G0/0/0
GigabitEthernet0/0/0 is up, line protocol is up
  Interface ID 0x3
  Interface MTU 1500
  IPv6 Prefixes
    FE80::2E0:FCFF:FE60:3484 (Link-Local Address)
    2000:1:2:123::2/64
  OSPFv3 Process (1), Area 0.0.0.0, Instance ID 0
#G0/0/0 接口 OSPF 接口的实例号为 0
    Router ID 2.2.2.2, Network Type BROADCAST, Cost: 1
    Transmit Delay is 1 sec, State Backup, Priority 1
    Designated Router (ID) 3.3.3.3
    Interface Address FE80::2E0:FCFF:FEB7:1A5
    Backup Designated Router (ID) 2.2.2.2
    Interface Address FE80::2E0:FCFF:FE60:3484
    Timer interval configured, Hello 10, Dead 40, Wait 40, Retransmit 5
       Hello due in 00:00:10
    Neighbor Count is 2, Adjacent neighbor count is 2
    Interface Event 3, LSA Count 3, LSA Checksum 0x105f0
Interface Physical BandwidthHigh 0, BandwidthLow 1000000000
#接口默认的实例 ID 为 0
```

```
⊟ Open Shortest Path First
  ⊟ OSPF Header
      Version: 3
      Message Type: Hello Packet (1)
      Packet Length: 44
      Source OSPF Router: 2.2.2.2 (2.2.2.2)
      Area ID: 0.0.0.0 (0.0.0.0) (Backbone)
      Checksum: 0xb4a1 [correct]
      Instance ID: IPv6 unicast AF (0)
      Reserved: 00
  ⊞ OSPF Hello Packet
```

图 3-67　OSPF Hello

实例号出现在 OSPFv3 头中，通过定义不同的值实现 OSPF 实例隔离。

6. OSPFv3 移除所有认证字段

OSPFv3 移除 OSPFv2 的接口或区域下的验证，原因是 OSPFv3 可直接使用 IPv6 扩展报文头的认证及安全机制，不需要再重复提供认证，使用协议时只需关注协议本身即可，降低协议的复杂性。

7. OSPFv3 只通过 Router ID 来标识邻居

OSPFv3 只通过 Router ID 来标识邻居，这样即使没有配置 IPv6 全局地址，或是 IPv6 全局地址配置都不在同一网段，OSPFv3 的邻居仍可以建立起来。OSPFv3 中 Router ID 和 OSPFv2 中一样，是 32 位的数，在 OSPFv3 中，可手工为 OSPFv3 路由器设置 Router ID。

8. 新增两种 LSA

Link LSA：用于宣告链路上的 Link-local 地址及 IPv6 Prefix 地址，其仅在本地链路上洪泛。

Intra Area Prefix LSA：用于向其他路由器宣告本路由器或本网络（广播网及 NBMA）的 IPv6 全局地址信息，在区域内洪泛。

3.8.3 OSPFv3 中 LSA 的定义

3.8.3.1 类型分类

表 3-8 列出新的 LSA 及其对应类型，OSPFv3 添加新的类型 Link LSA 和 Intra Area Prefix LSA。

表 3-8 **OSPFv3 与 OSPFv2 LSA 对比**

OSPFv3 LSAs		OSPFv2 LSAs	
LS Type	Name	Type	Name
0x2001	Router LSA	1	Router LSA
0x2002	Network LSA	2	Network LSA
0x2003	Inter-Area Prefix LSA	3	Network Summary LSA
0x2004	Inter-Area Router LSA	4	ASBR Summary LSA
0x4005	AS-External LSA	5	AS-External LSA
0x2006	Group Membership LSA	6	Group Membership LSA
0x2007	Type-7 LSA	7	NSSA External LSA
0x0008	Link LSA		No Corresponding LSA
0x2009	Intra-Area Prefix LSA		No Corresponding LSA

3.8.3.2 泛洪范围

OSPFv3 LSA 头中没有 Options 字域，图 3-68 中，Link State Type 是 16 位字域，不同于 OSPFv2 的 8 位字域，OSPFv3 对 LinkStateType 的高 3 位做了定义，代表泛洪范围。

- U 位：图 3-69 中，U 代表如果路由器并不识别该 LSA 的时候该怎么做。如果 U 位没有置位，对未知的 LSA 仅在直连链路间泛洪。如果 U 位置位，对未知的 LSA 像已知的 LSA 一样，存储并泛洪，默认为 0。

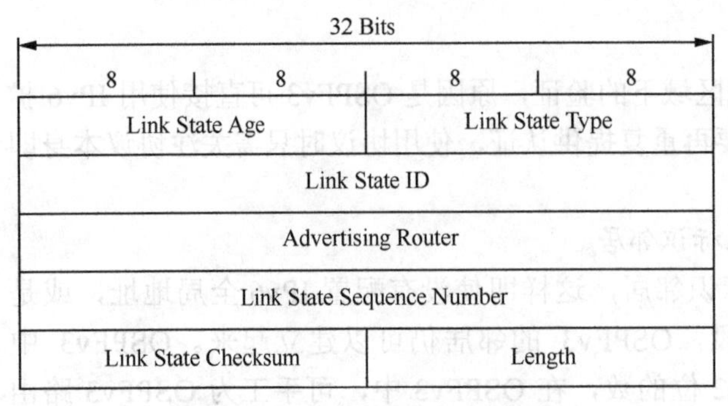

图 3-68 OSPFv3 LSA 头格式

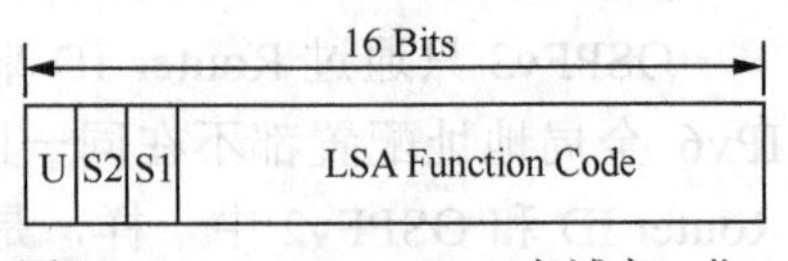

图 3-69 Link State Type 字域高三位

- S2 和 S1 位：S2 和 S1 组合定义了 LSA 的泛洪范围，表 3-8 中，高 4 位所确定的数值 0x0 代表 Link-local 范围，0x2 代表区域内泛洪，0x4 代表整个路由域泛洪，其 Link-local 泛洪范围是 OSPFv3 新添加的一类范围。
- 其他位的 LSA function code，不同数值代表不同类型的 LSA。

表 3-9　　S2、S1 定义的泛洪范围

S2	S1	Flooding Scope
0	0	Link-Local
0	1	Area
1	0	AS (Routing Domain)
1	1	Reserved

3.8.4 OSPFv3 中新 LSA 及其对收敛的影响

Link LSA

Link LSA 用于通告在本链路上直连的路由器间有用的信息，接在本链路上的每台路由器都通告自己的 Link LSA 到直连链路。当然，路由器也会从该接口收到所有接在这条链路上的其他路由器的 Link LSA。Link LSA 中包含以下内容。

- 向链路上的其他路由器通告本地 Link-local 地址。

由于 OSPFv3 Router LSA 中 Link Data 中移除了协议地址，代之以接口 ID，拓扑在表达连接关系时多用接口 ID 来描述。但在路由计算时，如果计算经过邻居的接口 0x3 要访问目标网络的路由时，需在当前路由表里添加邻居的 0x3 接口所对应的 IPv6 地址来充当下一跳。OSPFv3 路由的下一跳地址一律是 Link-local 地址，当前路由器知道 0x3 接口的 Link-local 地址需要用到邻居通告的 Link LSA，其中包含 0x3 和 Link-local 地址的对应关系。

- 通告关联在路由器上且出现在该链路上的所有 IPv6 前缀信息。

在 OSPFv3 中，区域内的每个节点上的所有前缀都包含在 Intra-Area Prefix LSA 中，但 Intra-Area Prefix LSA 中并没有清楚说明哪些前缀各自对应着哪条链路，而 Link LSA 负责通告指定链路上的前缀信息。

- 如果是 MA 网络，通告 LSA2 中选项位的置位情况。

Intra-Area Prefix LSA

OSPFv2 的主要缺点除了不能支持 IPv6 外，还在于其 LSA1/LSA2 会承载和拓扑结构无关的网络信息，所以重新设计 OSPFv3 时，将 LSA1/LSA2 中的网络信息移除至 Intra-Area Prefix LSA 中，此处简称 LSA9。LSA9 的作用是携带区域内的网络信息，即原 OSPFv2 的 RouterLSA 中的 Stub 网络信息和 LSA2 中的网络信息，放到 OSPFv3 的 LSA9。这样，实现拓扑信息和网络信息分别使用不同的 LSA 来携带。

在 OSPFv3 中，接口上 GUA/ULA 地址配置错误及不一致都不会影响 OSPFv3 的邻居关系。GUA 及 ULA 前缀相对于节点本身而言，就相当于树节点上挂的叶子节点。所以接口的前缀发生变化不影响网络拓扑，不会触发 SPF 计算。

LSA8 实现拓扑和协议地址分离

LSA1/LSA2 移除了对协议地址的依赖，不再包含接口的协议地址，而换之以接口 ID，这实现了拓扑和协议地址的分离。但计算路由时，仍需要接口 IPv4 或 IPv6 地址作为下一跳，所以分离后的接口协议地址由 LSA8 提供。同时，LSA9 虽通告区域内的前缀，但由于 LSA1/2 的接口用 ID 表示，无法说明 LSA9 中所包含的前缀属于哪个具体的接口，所以 LSA8 在完成接口 ID 和接口 Link-local 地址对应的同时，还包含接口上所拥有的前缀。

通告 Link-local 地址、前缀、接口 ID 的 LSA8 仅在直连路由器之间知道即可，没必要在全网泛洪，所以限定 LSA8 仅在直连链路上泛洪。

LSA9 实现拓扑和网络信息的分离

Link9 通告每个节点（包含虚节点和实节点）的网络信息，其内容是原 LSA1 中的 StubNet 和 LSA2 中的网络信息。设计 LSA9 后，LSA1 和 LSA2 中仅包含用于拓扑计算的拓扑信息，区域内的网络信息使用 LSA9（正确的说是 LSA 2009）来携带。这样网络信息的变化仅影响 LSA9，而不会导致拓扑的重新计算，所以 LSA9 的设计实现了拓扑和网络信息的解耦。

定义 LSA9 使得接口前缀变化，不会触发拓扑的计算。这使 OSPFv3 更适宜支持更多的协议，不论是支持何种协议，OSPFv3 仅需要改造 LSA8 及 LSA9 即可，LSA1/2 不做任何改动。这使 OSPFv3 具备很强的扩展性和支持多协议的能力，IETF RFC5340 和 RFC 5838 定义了 OSPFv3 可支持多协议地址簇，如使 OSPFv3 承载 IPv4 路由、承载 IPv6 路由等，目前华为尚没有实现。

对收敛的影响

Router LSA 和 Network LSA 在 OSPFv3 中，不再负责通告前缀。所以，在 LSA1 中，看不到描述前缀的 Stub，在 LSA2 中，也看不到定义网络的掩码。这对 OSPFv3 是个改进，它使协议可以使用单独的一类 LSA 去做前缀通告，在区域内，设计了 Intra-Area Prefix LSA。

之所以会有这种变化（或者其变化的必然性在于），OSPFv2 中 LSA1/LSA2 含有拓扑和网络信息，当网络发生变化时，OSPFv2 路由器会更新 LSA 通告这些变化，若 LSA 中含有的拓扑信息发生变化，则新的 LSA 会触发 FULL SPF 或 iSPF 计算，如果仅 Stub 网络变化了，新的 LSA 触发 SPF 计算，拓扑计算前后的结果一样，浪费资源。OSPFv3 把网络放在 LSA9 中，只有 LSA1/2 才会触发 SPF 执行拓扑计算，所以 LSA9 的变化或产生，不会触发 SPF 计算，节省计算资源的同时，计算时间也很短。

OSPFv3 相比 OSPFv2 在收敛时间上会快很多。

原因是由于相比于 OSPFv2，OSPFv3 中，Intra-Area Prefix、Inter-Area Prefix、Inter-Area Router、as-external LSA 及 type-7 LSA，这些是 OSPF 中传递网络前缀或成本信息的 LSA。它们的任何变化，只要拓扑没有同时发生变化，只会触发局部路由计算。

3.8.5 OSPFv3 配置实例

所有的路由器都运行 OSPFv3，整个自治系统划分为三个区域。其中，R4 和 R5 处在区域之间，地址规划是 2000:1:2:XY::Z/64，X 和 Y 是路由器编号，而 Z 是接口，使用相应路由器的编号，每台路由器的 RID 为 X.X.X.X，X 是路由器编号，如图 3-70 所示。

需求 1：

（1）保证全网连通性，要求 R1 能访问 R6 的回环接口 2000:1:2:6::6；

（2）在不影响路由的可达性的前提下，尽量减少 Area2 区域内的路由数量。

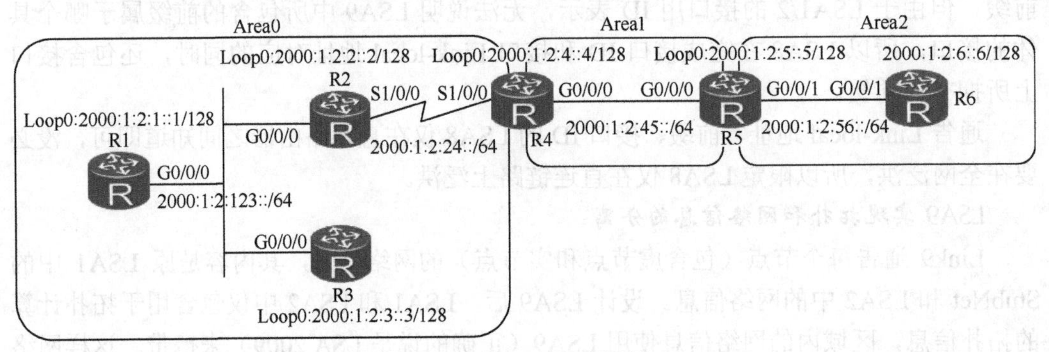

图 3-70 OSPFv3 多区域

配置过程：

（1）完成 OSPFv3 基本配置，包括 Vlink 配置；

（2）R5 向 R6 通告 Area0 路由时，可在区域边界聚合，抑制 Area0 中的明细网络。

完成基本配置。

从图中可以看出，R4 和 R5 间需要配置 Vlink。

```
#R1 配置
IPv6
#
interface GigabitEthernet0/0/0
 IPv6 enable
 IPv6 address 2000:1:2:123::1/64
 ospfv3 1 area 0.0.0.0
#
interface LoopBack0
 IPv6 enable
 IPv6 address 2000:1:2:1::1/64
 ospfv3 1 area 0.0.0.0
#
ospfv3 1
 router-id 1.1.1.1
#
#
R2 的配置
```

```
IPv6
#
ospfv3 1
 router-id 2.2.2.2
#
interface Serial1/0/0
 link-protocol ppp
 IPv6 enable
 IPv6 address 2000:1:2:24::2/64
 ospfv3 1 area 0.0.0.0
#
interface GigabitEthernet0/0/0
 IPv6 enable
 IPv6 address 2000:1:2:123::2/64
 ospfv3 1 area 0.0.0.0
#
interface LoopBack0
 IPv6 enable
 IPv6 address 2000:1:2:2::2/64
 ospfv3 1 area 0.0.0.0
#
#
#R3
IPv6
#
ospfv3 1
 router-id 3.3.3.3
#
interface GigabitEthernet0/0/0
 IPv6 enable
 IPv6 address 2000:1:2:123::3/64
 ospfv3 1 area 0.0.0.0
#
interface LoopBack0
 IPv6 enable
 IPv6 address 2000:1:2:3::3/64
 ospfv3 1 area 0.0.0.0
#
#
#R4
#
IPv6
#
ospfv3 1
 router-id 4.4.4.4
 area 0.0.0.1
  Vlink-peer 5.5.5.5
#
interface Serial1/0/0
 link-protocol ppp
 IPv6 enable
 IPv6 address 2000:1:2:24::4/64
 ospfv3 1 area 0.0.0.0
#
interface GigabitEthernet0/0/0
```

```
 IPv6 enable
 IPv6 address 2000:1:2:45::4/64
 ospfv3 1 area 0.0.0.1
#
interface LoopBack0
 IPv6 enable
 IPv6 address 2000:1:2:4::4/64
 ospfv3 1 area 0.0.0.0
#
#
#R5
IPv6
#
ospfv3 1
 router-id 5.5.5.5
 area 0.0.0.1
  Vlink-peer 4.4.4.4
#
interface GigabitEthernet0/0/0
 IPv6 enable
 IPv6 address 2000:1:2:45::5/64
 ospfv3 1 area 0.0.0.1
#
interface GigabitEthernet0/0/1
 IPv6 enable
 IPv6 address 2000:1:2:56::5/64
 ospfv3 1 area 0.0.0.2
#
interface LoopBack0
 IPv6 enable
 IPv6 address 2000:1:2:5::5/64
 ospfv3 1 area 0.0.0.1
#
#
#R6
IPv6
#
ospfv3 1
 router-id 6.6.6.6
#
interface GigabitEthernet0/0/1
 IPv6 enable
 IPv6 address 2000:1:2:56::6/64
 ospfv3 1 area 0.0.0.2
#
interface LoopBack0
 IPv6 enable
 IPv6 address 2000:1:2:6::6/64
 ospfv3 1 area 0.0.0.2
#
```

```
#
<R4>display ospfv3 Vlink
OSPFv3 Process (1)
```

```
Virtual Link VLINK1 to router 5.5.5.5 is up
 Transit area 0.0.0.1 via interface gigabitEthernet0/0/0, instance ID 0
  Local address 2000:1:2:45::4
  Remote address 2000:1:2:45::5
  Interface ID 0x80000001
  VirtualInterface Event: 5
  VirtualInterface LsaCount: 0
  VirtualInterface Lsa Checksum: 0x0
  Transmit Delay is 1 sec, State Point-To-Point, Cost 1
  Timer intervals configured, Hello 10, Dead 40, Wait 40, Retransmit 5    Hello due in 00:00:07
    Adjacency state Full
#R4 和 R5 Vlink 邻居关系正常
```

测试：

```
<R1>display IPv6 routing-table | include Destination
Routing Table : Public
     Destinations : 16 Routes : 16

 Destination    : ::1                 PrefixLength : 128
 Destination    : 2000:1:2:1::        PrefixLength : 64
 Destination    : 2000:1:2:1::1       PrefixLength : 128
 Destination    : 2000:1:2:2::2       PrefixLength : 128
 Destination    : 2000:1:2:3::3       PrefixLength : 128
 Destination    : 2000:1:2:4::4       PrefixLength : 128
 Destination    : 2000:1:2:5::5       PrefixLength : 128
 Destination    : 2000:1:2:6::6       PrefixLength : 128
 Destination    : 2000:1:2:24::       PrefixLength : 64
 Destination    : 2000:1:2:45::       PrefixLength : 64
 Destination    : 2000:1:2:45::4      PrefixLength : 128
 Destination    : 2000:1:2:45::5      PrefixLength : 128
 Destination    : 2000:1:2:56::       PrefixLength : 64
 Destination    : 2000:1:2:123::      PrefixLength : 64
 Destination    : 2000:1:2:123::1     PrefixLength : 128
 Destination :   FE80::               PrefixLength : 10
```

在 R1 上 tracert 目标地址为 2000:1:2:6::6。

```
<R1>tracert IPv6 2000:1:2:6::6
 traceroute to 2000:1:2:6::6   30 hops max,60 bytes packet
 1 2000:1:2:123::2 40 ms    50 ms    40 ms    #R2
 2 2000:1:2:24::4 40 ms    50 ms    40 ms    #R4
 3 2000:1:2:45::5 50 ms    50 ms    40 ms    #R5
 4 2000:1:2:6::6 100 ms    40 ms    60 ms    #R6
```

需求 2：减少 Area2 里路由表的大小。

```
# R6 上 IPv6 路由表（未作聚合前）
<R6>dis IPv6 routing-table | include Destination
Routing Table : Public
     Destinations : 16 Routes : 16

 Destination    : ::1               PrefixLength : 128
 Destination    : 2000:1:2:1::1     PrefixLength : 128
 Destination    : 2000:1:2:2::2     PrefixLength : 128
 Destination    : 2000:1:2:3::3     PrefixLength : 128
 Destination    : 2000:1:2:4::4     PrefixLength : 128
 Destination    : 2000:1:2:5::5     PrefixLength : 128
 Destination    : 2000:1:2:6::      PrefixLength : 64
```

```
Destination    : 2000:1:2:6::6    PrefixLength : 128
Destination    : 2000:1:2:24::    PrefixLength : 64
Destination    : 2000:1:2:45::    PrefixLength : 64
Destination    : 2000:1:2:45::4    PrefixLength : 128
Destination    : 2000:1:2:45::5    PrefixLength : 128
Destination    : 2000:1:2:56::    PrefixLength : 64
Destination    : 2000:1:2:56::6    PrefixLength : 128
Destination    : 2000:1:2:123::    PrefixLength : 64
Destination    : FE80::            PrefixLength : 10
```

```
#R5 上执行路由聚合
IPv6
#
ospfv3 1
 router-id 5.5.5.5
 area 0.0.0.1
  Vlink-peer 4.4.4.4
  ABR-summary 2000:1:2:: 48
#
<R6>display IPv6 routing-table | include Destination
Routing Table : Public
     Destinations : 11 Routes : 11
 Destination    : ::1              PrefixLength : 128
 Destination    : 2000:1:2::       PrefixLength : 48
 Destination    : 2000:1:2:5::5    PrefixLength : 128
 Destination    : 2000:1:2:6::     PrefixLength : 64
 Destination    : 2000:1:2:6::6    PrefixLength : 128
 Destination    : 2000:1:2:45::    PrefixLength : 64
 Destination    : 2000:1:2:45::4   PrefixLength : 128
 Destination    : 2000:1:2:45::5   PrefixLength : 128
 Destination    : 2000:1:2:56::    PrefixLength : 64
 Destination    : 2000:1:2:56::6   PrefixLength : 128
 Destination    : FE80::           PrefixLength : 10
```

观察 LSA1、LSA2、LSA8 及 LSA9。

```
<R1>display ospfv3 lsdb
* indicates STALE LSA
          OSPFv3 Router with ID (1.1.1.1) (Process 1)
               Link-LSA (Interface GigabitEthernet0/0/0)
Link State ID   Origin Router    Age    Seq#       CkSum   Prefix
0.0.0.3         1.1.1.1          0831   0x80000004 0x0446      1
0.0.0.3         2.2.2.2          0676   0x80000003 0xc2a2      1
0.0.0.3         3.3.3.3          0166   0x80000003 0x0ef7      1

               Router-LSA (Area 0.0.0.0)
Link State ID   Origin Router    Age    Seq#       CkSum     Link
0.0.0.0         1.1.1.1          0159   0x80000009 0xea1e      1
0.0.0.0         2.2.2.2          0045   0x80000011 0xe0ba      2
0.0.0.0         3.3.3.3          0090   0x80000018 0x9061      1
0.0.0.0         4.4.4.4          0494   0x8000000c 0x226e      2
0.0.0.0         5.5.5.5          0496   0x80000007 0x4ba3      1

               Network-LSA (Area 0.0.0.0)
Link State ID   Origin Router    Age    Seq#       CkSum
```

```
0.0.0.3          1.1.1.1          0159  0x80000004 0x43bf

                 Inter-Area-Prefix-LSA (Area 0.0.0.0)
Link State ID    Origin Router    Age   Seq#       CkSum
0.0.0.1          4.4.4.4          0109  0x80000003 0x9b93
0.0.0.2          4.4.4.4          0104  0x80000003 0x5d1c
0.0.0.3          4.4.4.4          0502  0x80000001 0xab81
0.0.0.4          4.4.4.4          0502  0x80000001 0x1d4f
0.0.0.1          5.5.5.5          0496  0x80000003 0x1357
0.0.0.2          5.5.5.5          0496  0x80000003 0x3b2b
0.0.0.3          5.5.5.5          0496  0x80000003 0x353f
0.0.0.4          5.5.5.5          0496  0x80000003 0x65c1
0.0.0.5          5.5.5.5          0496  0x80000003 0x6fb6
0.0.0.6          5.5.5.5          0496  0x80000003 0x4a16

                 Intra-Area-Prefix-LSA (Area 0.0.0.0)
Link State ID    Origin Router    Age   Seq#       CkSum  Prefix  Reference
0.0.0.1          1.1.1.1          0159  0x8000000d 0xac95    1    Router-LSA
0.0.0.2          1.1.1.1          0158  0x80000005 0x511c    1    Network-LSA
0.0.0.1          2.2.2.2          0039  0x80000017 0xda8e    2    Router-LSA
0.0.0.1          3.3.3.3          0090  0x8000001d 0x2df0    1    Router-LSA
0.0.0.1          4.4.4.4          0492  0x8000000d 0x8fcf    2    Router-LSA
```

以下是 OSPFv3 下 R1 中所看到的 LSA 的内容。

```
#R1、R2 和 R3 的 Router LSA
              Router-LSA (Area 0.0.0.0)
  LS Age: 316
  LS Type: Router-LSA
  Link State ID: 0.0.0.0
  Originating Router: 1.1.1.1
  LS Seq Number: 0x80000009
  Retransmit Count: 0
  Checksum: 0xEA1E
  Length: 40
  Flags: 0x00 (-|-|-|-|-)
  Options: 0x000013 (-|R|-|-|E|V6)

    Link connected to: a Transit Network
      Metric: 1
      Interface ID: 0x3
      Neighbor Interface ID: 0x3
      Neighbor Router ID: 1.1.1.1

  LS Age: 202
  LS Type: Router-LSA
  Link State ID: 0.0.0.0
  Originating Router: 2.2.2.2
  LS Seq Number: 0x80000011
  Retransmit Count: 0
  Checksum: 0xE0BA
  Length: 56
  Flags: 0x00 (-|-|-|-|-)
  Options: 0x000013 (-|R|-|-|E|V6)
```

```
    Link connected to: another Router (point-to-point)
      Metric: 48
      Interface ID: 0x8
      Neighbor Interface ID: 0x8
      Neighbor Router ID: 4.4.4.4

    Link connected to: a Transit Network
      Metric: 1
      Interface ID: 0x3
      Neighbor Interface ID: 0x3
      Neighbor Router ID: 1.1.1.1

  LS Age: 280
  LS Type: Router-LSA
  Link State ID: 0.0.0.0
  Originating Router: 3.3.3.3
  LS Seq Number: 0x80000018
  Retransmit Count: 0
  Checksum: 0x9061
  Length: 40
  Flags: 0x00 (-|-|-|-|-)
  Options: 0x000013 (-|R|-|-|E|V6)

    Link connected to: a Transit Network
      Metric: 1
      Interface ID: 0x3
      Neighbor Interface ID: 0x3
      Neighbor Router ID: 1.1.1.1

#
#R1 的 network LSA
<R1>display ospfv3 lsdb network

          OSPFv3 Router with ID (1.1.1.1) (Process 1)
              Network-LSA (Area 0.0.0.0)
  LS Age: 376
  LS Type: Network-LSA
  Link State ID: 0.0.0.3
  Originating Router: 1.1.1.1
  LS Seq Number: 0x80000004
  Retransmit Count: 0
  Checksum: 0x43BF
  Length: 36
  Options: 0x000013 (-|R|-|-|E|V6)
    Attached Router: 1.1.1.1
    Attached Router: 2.2.2.2
    Attached Router: 3.3.3.3
```

```
#R1 上产生的 LSA9
<R1>display ospfv3 lsdb intra-prefix

          OSPFv3 Router with ID (1.1.1.1) (Process 1)
              Intra-Area-Prefix-LSA (Area 0.0.0.0)
```

```
   LS Age: 685
   LS Type: Intra-Area-Prefix-LSA
   Link State ID: 0.0.0.1
   Originating Router: 1.1.1.1
   LS Seq Number: 0x8000000D
   Retransmit Count: 0
   Checksum: 0xAC95
   Length: 52
   Number of Prefixes: 1
   Referenced LS Type: 0x2001
   Referenced Link State ID: 0.0.0.0
   Referenced Originating Router: 1.1.1.1

     Prefix: 2000:1:2:1::1/128
       Prefix Options: 2 (-|-|-|LA|-)
          Metric: 0
#携带 LSA1 中的网络信息
#
#
   LS Age: 684
   LS Type: Intra-Area-Prefix-LSA
   Link State ID: 0.0.0.2
   Originating Router: 1.1.1.1
   LS Seq Number: 0x80000005
   Retransmit Count: 0
   Checksum: 0x511C
   Length: 44
   Number of Prefixes: 1
   Referenced LS Type: 0x2002
   Referenced Link State ID: 0.0.0.3
   Referenced Originating Router: 1.1.1.1

     Prefix: 2000:1:2:123::/64
       Prefix Options: 0 (-|-|-|-|-)
          Metric: 0
#携带 LSA2 中的网络信息
#R1、R2 和 R3 网段上的 Link LSA
<R1>display ospfv3 lsdb link

          OSPFv3 Router with ID (1.1.1.1) (Process 1)
                Link-LSA (Interface GigabitEthernet0/0/0)

   LS Age: 1674
   LS Type: Link-LSA
   Link State ID: 0.0.0.3
   Originating Router: 1.1.1.1
   LS Seq Number: 0x80000004
   Retransmit Count: 0
   Checksum: 0x0446
   Length: 56
   Priority: 1
   Options: 0x000013 (-|R|-|-|E|V6)
   Link-Local Address: FE80::2E0:FCFF:FE50:19D
   Number of Prefixes: 1
```

```
   Prefix: 2000:1:2:123::/64
     Prefix Options: 0 (-|-|-|-|-)


  LS Age: 1519
  LS Type: Link-LSA
  Link State ID: 0.0.0.3
  Originating Router: 2.2.2.2
  LS Seq Number: 0x80000003
  Retransmit Count: 0
  Checksum: 0xC2A2
  Length: 56
  Priority: 1
  Options: 0x000013 (-|R|-|-|E|V6)
  Link-Local Address: FE80::2E0:FCFF:FEDA:7A7B
  Number of Prefixes: 1

   Prefix: 2000:1:2:123::/64
     Prefix Options: 0 (-|-|-|-|-)


  LS Age: 1009
  LS Type: Link-LSA
  Link State ID: 0.0.0.3
  Originating Router: 3.3.3.3
  LS Seq Number: 0x80000003
  Retransmit Count: 0
  Checksum: 0x0EF7
  Length: 56
  Priority: 1
  Options: 0x000013 (-|R|-|-|E|V6)
  Link-Local Address: FE80::2E0:FCFF:FEAF:413B
  Number of Prefixes: 1

   Prefix: 2000:1:2:123::/64
     Prefix Options: 0 (-|-|-|-|-)
```

3.9 思考题

1．请解释什么是 OSPF 的可靠泛洪？OSPF 在泛洪 LSA 时能否形成环路？

2．LSA1 和 LSA2 是如何构建出区域内的拓扑的？

3．LSA3 和 LSA4 是由什么设备产生的？设备为什么要产生这几种 LSA？

4．Vlink 是如何计算链路成本的？它的成本和 Vlink 的单播 IP 是否有关系？

5．区域 1 里的 ASBR 通告外部路由 100.1.1.0/24，该 LSA5 泛洪到区域 0，请问骨干区域中的路由器是如何计算出该路由的成本及下一跳的？

6．骨干区域中的路由器是如何知道区域 1 中的某台路由器消失了？如果区域 1 中的路由器都正常，而一台路由器上的某条链路断开了，请问，骨干区域路由器是如何检测到故障的？

7．过滤 LSA 和过滤路由是有区别的，请问：什么场景下需要过滤 LSA？什么场景下需要过滤路由？

8．华为在 NSSA 区域的 ABR 上会产生 LSA7 类型的默认路由，如果 NSSA 区域是在双 ABR 的场景下，请问一台 ABR 上的默认路由能否通过另外一台 ABR 流入骨干区域？

9．如图 3-71 所示，R2 和 R3 路由器都通过命令同时配置为 7/5 翻译器，请分析，NSSA 区域中的 R4 引入的外部路由（100.1.1.0）是如何通告到骨干区域以及 R1 骨干区域路由器是如何访问网络 100.1.1.0/24 的？

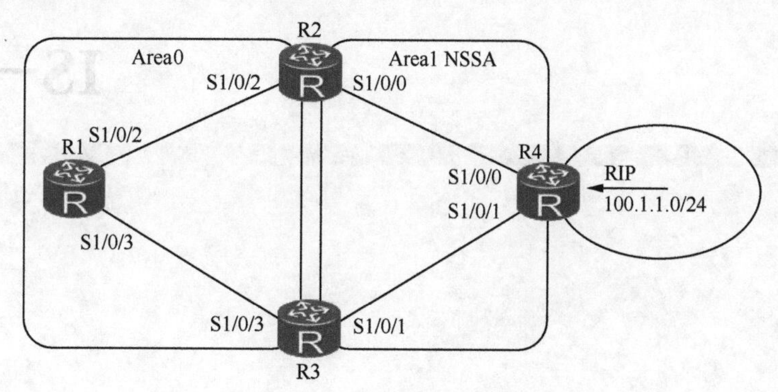

图 3-71　OSPF 区域间互访

10．图 3-72 中，R2 的 LSDB 中，Link8 LSA 共有多少份？LSA9 有多少份？R1 和 R2 间的网络现在由哪份 LSA 来通告？

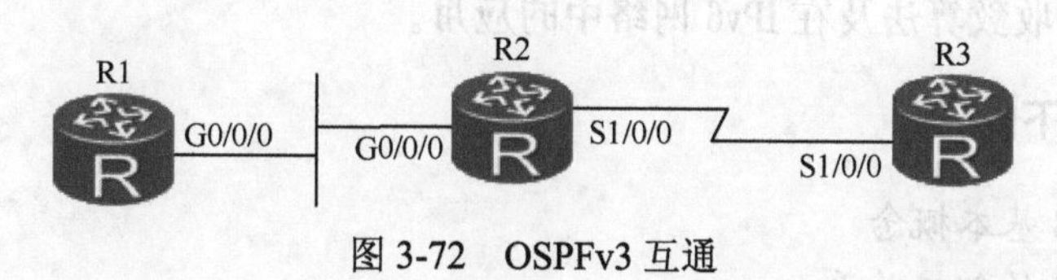

图 3-72　OSPFv3 互通

11．OSPF 在 Hub-and-Spoke 的 FrameRelay 环境上运行时，如果 Spoke 之间使用 peer 单播命令建立 OSPF 邻居关系，请问能否建立起来，为什么？

第四章

IS-IS

本章阐述了集成IS-IS协议的网络结构、IS-IS报文的具体内容及作用，描述了IS-IS协议作为一种链路状态协议是如何使用泛洪机制来实现链路状态数据库同步的，解释了IS-IS协议的快速收敛算法及在IPv6网络中的应用。

本章包含以下内容：

- IS-IS基本概念
- IS-IS的邻接关系
- IS-IS的报文
- IS-IS链路状态数据库的同步
- IS-IS网络故障排除
- IS-IS For IPv6

4.1 IS-IS 基础

4.1.1 历史及 OSI 模型

IS-IS 最初起源于 DEC 公司的 PhaseV 网络协议，后来 ITU 将其标准化为 OSI 协议栈中的路由协议，命名为 IntermediateSystem-IntermediateSystem。由于 IS-IS 取自于仅工作在 DataLinkLayer 的 DEC PhaseV 协议，所以 IS-IS 也仅被设计为并仅工作在 OSI 协议栈的数据链路层中，而不能工作在 IP 协议栈中。20 世纪 80 年代，由于美国政府要求所有系统都要安装 OSI 协议套件而被广泛使用。

由于 IP 协议栈的广泛使用，IETF 开始开发可为 IP 工作的 IS-IS，RFC 1195 对 IS-IS 进行了扩充和修改，使它能够同时应用在 TCP/IP 和 OSI（Open System Interconnection）环境中，称为集成 IS-IS（Integrated IS-IS 或 Dual IS-IS）。IETF 工作组定义了大量 TLV 结构，使其可以携带 IP 路由信息，但协议的本身仍是 OSI 协议。所以，运行集成 IS-IS 的路由器必是双栈，既含有 OSI 协议栈，又含有 IP 协议的设备。

20 世纪 90 年代初，美国运营商大量使用友商的网络设备，但由于其开发的 OSPF 不成熟，导致运营商转而开始使用集成 IS-IS 作为运营商内部骨干网协议。由于集成 IS-IS 稳定，收敛快，支持大量路由设备的能力，因此 ISP 都相继选用 IS-IS 作为内部骨干 IGP 协议。

本资料中所指的 IS-IS，如不加特殊说明，均指集成 IS-IS。

随着 IPv6 网络的建设，IETF 已定义 RFC5038 为 IS-IS 添加了对 IPv6 的支持。

4.1.2 IS-IS 地址

网络服务访问点 NSAP（Network Service Access Point）是 OSI 协议中用于定位资源的地址。如图 4-1 所示，它由 IDP（Initial Domain PRt）和 DSP（Domain Specific PRt）组成。IDP 和 DSP 的长度都是可变的，NSAP 总长最多是 20 个 Byte，最少是 8 个 Byte。

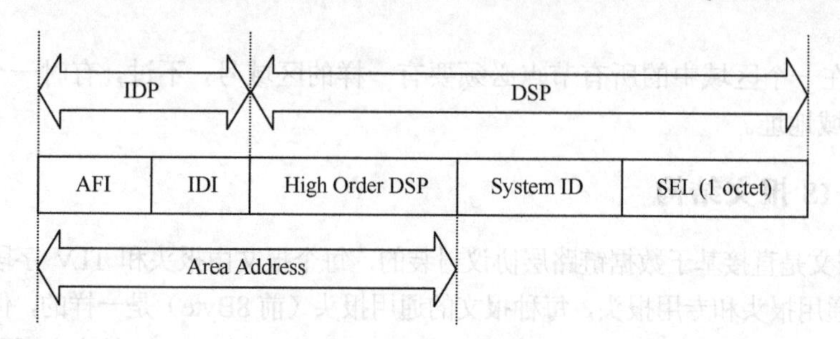

图 4-1 IS-IS 协议地址结构

IDP 相当于 IP 地址中的主网络号。它是由 ISO 规定，并由 AFI（Authority and Format Identifier）与 IDI（Initial Domain Identifier）两部分组成的。AFI 表示地址分配机构和地址格式，IDI 用来标识域。

DSP 相当于 IP 地址中的子网号和主机地址。它由 High Order DSP、System ID 和 SEL3

个部分组成。High Order DSP 用来分割区域，相当于子网号。而 System ID 用来在区域中唯一区分主机，在一个区域中，不存在一致的 System ID 的主机。SEL（NSAP Selector）用来代表每个主机上的特定服务类型，相当于协议号。

所以访问某个目标主机上的特定服务，先根据 Area 路由到相应区域边界，由区域边界路由器再根据主机路由表，定位到特定 SysID 的主机。

1. 区域地址

IDP 和 DSP 中的 High Order DSP 组合在一起，作为节点所在区域的标识。既能够标识路由域，也能够标识路由域中的区域，因此，它们一起被称为区域地址（Area Address），相当于 OSPF 中的区域编号。同一 Level-1 区域内的所有路由器必须具有相同的区域地址，Level-2 区域内的路由器可以具有不同的区域地址。

一般情况下，一个路由器只需要配置一个区域地址，且同一区域中所有节点的区域地址都要相同。为了支持区域的平滑合并、分割及转换，在设备的实现中，一个 IS-IS 进程下最多可配置 3 个区域地址。

2. System ID

System ID 用来在一个区域内唯一标识一台主机或路由器。在华为的实现中，它的长度固定为 6Byte。不同于 IP 网络中协议地址的定义，IS-IS 并没有为每个接口定义地址，即每一个接口是没有地址的，全局一个 SysID。

在实际应用中，一般使用 Router ID 与 System ID 进行对应。假设一台路由器使用接口 Loopback0 的 IP 地址 168.10.1.1 作为 Router ID，则它在 IS-IS 中使用的 System ID 可通过如下方法转换得到。

将 IP 地址 168.10.1.1 的每个十进制数都扩展为 3 位，不足 3 位的在前面补 0，得到 168.010.001.001。将扩展后的地址分为 3 部分，每部分由 4 位数字组成，得到 1680.1000.1001。重新组合的 1680.1000.1001 就是 System ID。

实际 System ID 的指定可以有不同的方法，但要保证能够唯一标识主机或路由器。

3. SEL

SEL 的作用类似 IP 中的“协议标识符”，不同的传输协议对应不同的 SEL。在 IP 上 SEL 均为 00。

通常，在一个区域中的所有节点必须要有一样的区域号，不过，有时一个 Area 可能会有多个区域地址。

4.1.3 IS-IS 报文结构

IS-IS 报文是直接基于数据链路层协议封装的，每个报文由报头和 TLV 字段组成，其中报头又分为通用报头和专用报头，每种报文的通用报头（前 8Byte）是一样的，但是专用报头根据报文的不同而不同，并且每种报文所支持的 TLV 不同（关于 TLV 的内容后面再介绍）。

IS-IS 报文结构如图 4-2 所示。

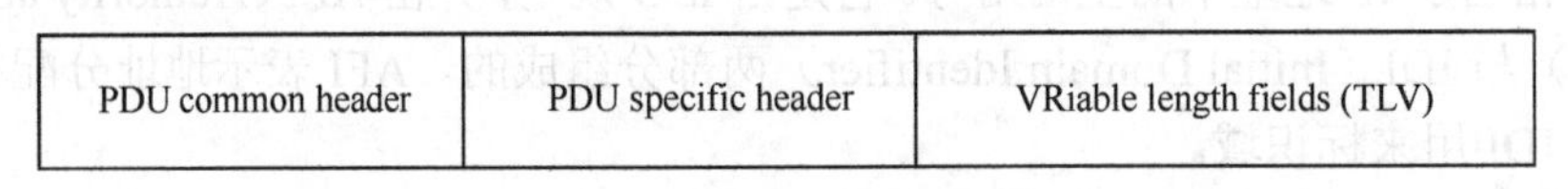

图 4-2 IS-IS 报文格式

IS-IS 的 Hello 包格式：

```
⊞ IEEE 802.3 Ethernet
⊞ Logical-Link Control
⊟ ISO 10589 ISIS InTRA Domain Routeing Information Exchange Protocol
    Intra Domain Routing Protocol Discriminator: ISIS (0x83)
    PDU Header Length: 27
    Version (==1): 1
    System ID Length: 6
    PDU Type            : L1 HELLO (R:000)                         ISIS Header
    Version2 (==1): 1
    Reserved (==0): 0
    Max.AREAs: (0==3): 3
  ⊟ ISIS HELLO
      Circuit type              : Level 1 only, reserved(0x00 == 0)
      System-ID {Sender of PDU} : 0000.0000.0001
      Holding timer: 30
      PDU length: 1497                                             Hello Header
      Priority                  : 64, reserved(0x00 == 0)
      System-ID {Designated IS} : 0000.0000.0002.01
    ⊞ Area address(es) (2)
    ⊟ IS Neighbor(s) (6)
        IS Neighbor: HuaweiTe_c3:78:57
    ⊟ IP Interface address(es) (4)
        IPv4 interface address: 10.1.1.1 (10.1.1.1)
    ⊟ Protocols Supported (1)                                      TLV
        NLPID(s): IP (0xcc)
    ⊞ Restart Signaling (3)
    ⊟ Multi Topology (2)
        IPv4 unicast Topology (0x000), no sub-TLVs present
      Padding (255)
      Padding (255)
      Padding (255)
      Padding (255)
      Padding (255)
      Padding (153)
```

其中对通用报头中主要字段的解释如下。

- 域内路由协议鉴别符：IS-IS 的网络层标识，值为 0x83。
- 头长度：数据包报头的字节数。
- 版本或协议号扩展名：当前设置为 1。
- System-ID 长度：标识源路由器的 System-ID 长度，值为 0 表示长度为 6Byte，值为 255 表示长度为 0Byte。System-ID 长度的范围为 1～8Byte，华为的 VRP 系统使用 6Byte。
- PDU 类型：表示 IS-IS 报文类型，IS-IS 有 3 种数据包：Hello、LSP（链路状态数据包）、SNP（序列号报文），其中，SNP 包括 PSNP（部分序列号报文）和 CSNP（完全序列号报文）。
- 版本：当前值为 1。
- 预留位：没有使用的比特位，值为 0。
- 最多区域地址数：支持的最多区域地址数量，值为 0 表示最多支持的区域地址数量为 3。

专用报头会在介绍 IS-IS 具体每种报文结构时再详细说明。除了专用报头，每种 IS-IS 报文仅支持特定的 TLV 字段，这些 TLV 字段在数据包中是可选的，IS-IS 协议正因为起初是基于 TLV 设计的，所以很方便日后的功能扩展，表 4-1 中包括了一些常用的 TLV

字段及功能介绍。

表 4-1 常用的 TLV 字段及功能

TLV	类型值	功能	所应用的报文
Area address（区域地址）	1	携带源路由器的区域地址	IIH、LSP
IS Neighbors（IS-IS 邻居）	2	标识邻居路由器和伪节点	LSP
IS Neighbors（mac 地址）	6	标识邻居路由器的 mac 地址	LAN IIH
IS Neighbors（System-id）	7	标识邻居路由器的 System-id	P2P IIH
Padding（填充）	8	将 Hello 包填充至 MTU 大小	IIH
Authentication（认证信息）	10	报文的认证信息	IIH、LSP、SNP
IP Areachability（IP 可达性信息）	128	描述域内部路由	LSP
Protocols Supported（支持的协议）	129	描述支持的上层协议（IP 或 CLNP）	IIH、LSP
IP Areachability（IP 可达性信息）	130	描述域外路由	L2 LSP
IP interface addresses（IP 接口地址）	132	描述启用了 IS-IS 进程的接口 IP 地址信息	IIH、LSP

更多关于 TLV 的信息会在介绍 IS-IS 每种报文时说明。

4.1.4 IS−IS 区域及路由器角色

为支持大规模网络，IS-IS 跟 OSPF 一样，可以将网络分层。IS-IS 也支持 2 层的分层体系（Level-1，Level-2），Level-1 为普通区域（L1），Level-2 为骨干区域（L2），Level 区域由 L1 或 L1/2 路由器构成，Level-2 区域由所有的 L2 或 L1/2 路由器构成，图 4-3 显示了一个运行 IS-IS 的网络结构。

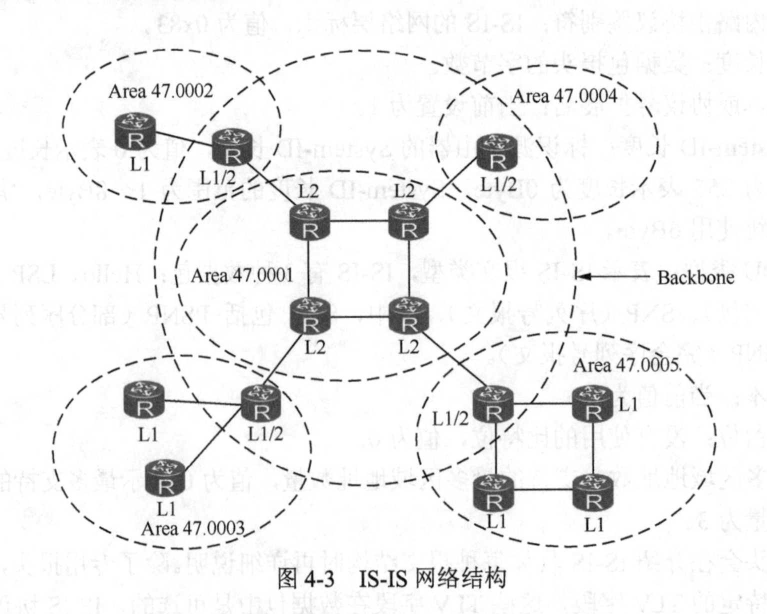

图 4-3 IS-IS 网络结构

在图 4-3 中，Area 47.0001 中所有 L2 路由器及其他普通区域的 L1/2 路由器一起组成了 Level-2 区域。与 Level-2 区域相连的四个其他 Area 都是 Level-1 区域，Level-1 区域内包含了 L1 路由器和 L1/2 路由器（区域边界），这四个 Level-1 区域需要通过 Area 47.0001 相互通信。网络整体结构上是以骨干区域为中心的，其他普通区域都是以骨干区域为核心来建设的星型结构。

由图 4-3 还可以看出，IS-IS 的区域层次结构虽然和 OSPF 是一样的，但是它们定义区域的边界的方法是不同的，OSPF 区域的边界是通过路由器来划分的，一台路由器的所有接口可以划分到不同的区域（比如 ABR），如图 4-4 所示；然而，根据图 4-4 可知，一台 IS-IS 路由器的所有接口都属于同一个区域，导致区域的边界是在链路上，而不是在路由器上。IS-IS 的骨干区域根据逻辑上的范围来定界（所有具备 Level-2 数据库的路由器），而 OSPF 的骨干区域可根据物理范围定界。

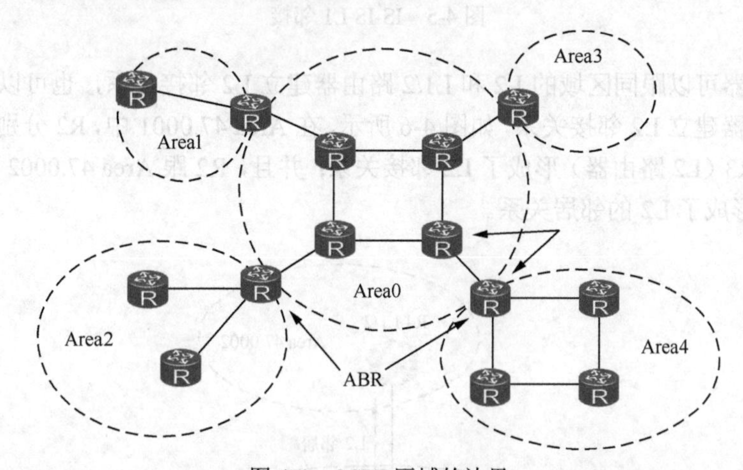

图 4-4　OSPF 区域的边界

IS-IS 路由器有 L1、L2 和 L1/2 三种角色，华为路由器默认情况下是 L1/2。三种路由器的特点如下。

1. L1 路由器的特点

- 只有本区域（L1 区域）的链路状态信息。
- 默认情况下，只能通过离自己最近的 L1/2 路由器访问其他区域。
- 通过接收到带有 ATT 位的 LSP 来生成一条指向离自己最近的 L1/2 路由器的默认路由，用于访问其他区域。

2. L2 路由器的特点

- 拥有骨干区域（L2 区域）的链路状态数据库信息。
- 跟其他 L2 或 L1/2 路由器一起构成骨干区域。
- 拥有整个路由域的路由信息。

3. L1/2 路由器的特点

- 连接了骨干区域和普通区域，相当于 OSPF 的 ABR，必须维护两张链路状态数据库（L1 和 L2）。
- 与其他的 L2 或 L1/2 路由器构成骨干区域。
- 会在自己生成的 L1 的 LSP 中设置 ATT 位。

- 拥有整个路由域的路由信息。

L1 路由器可以和同一区域的其他 L1、L1/2 路由器建立 L1 的邻接关系，所有的 L1 邻接关系构成了一个 L1 区域，如图 4-5 所示，在 Area 47.0001 中，R2 与同区域中的 R1（L1 路由器）和 R3（L1/2 路由器）形成了 L1 邻接关系。

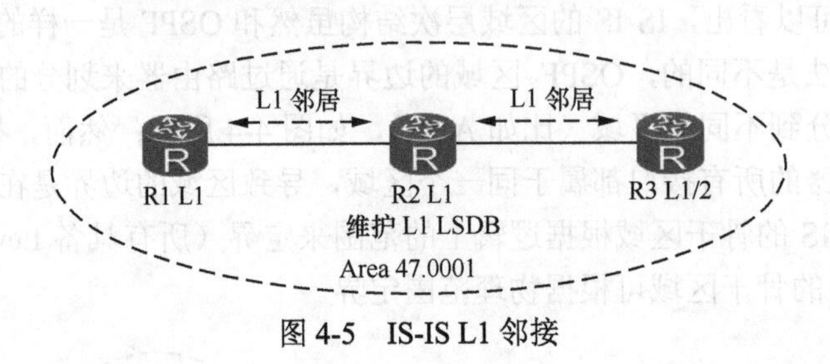

图 4-5　IS-IS L1 邻接

L2 路由器可以跟同区域的 L2 和 L1/2 路由器建立 L2 邻接关系，也可以和其他区域的 L1/2 路由器建立 L2 邻接关系，如图 4-6 所示，在 Area 47.0001 中，R2 分别与 R1（L1/2 路由器）和 R3（L2 路由器）形成了 L2 邻接关系；并且，R2 跟 Area 47.0002 的 R4（L1/2 路由器）也形成了 L2 的邻居关系。

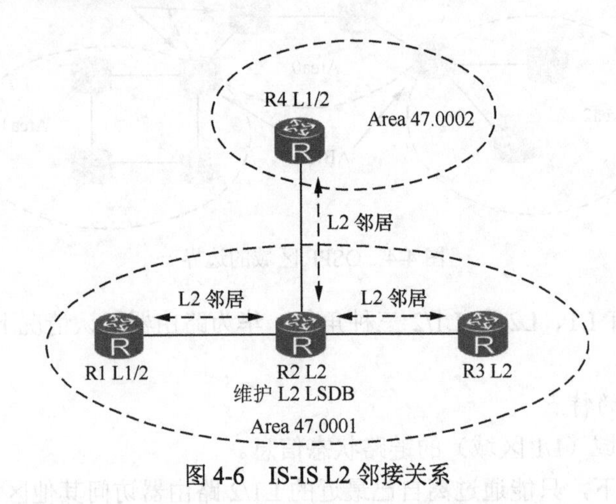

图 4-6　IS-IS L2 邻接关系

由前面的内容可知，L1 或 L2 路由器都只能建立相应层级的邻接关系，只维护一张链路状态数据库；而作为 L1/2 路由器，需要维护两张数据库（L1 和 L2），也就是说它既要建立 L1 邻接关系，也要建立 L2 邻接关系。所以，L1/2 路由器虽然位于 L1 区域内，但它能建立两种邻接关系。

在同一区域内，L1/2 路由器既能跟 L1 路由器建立 L1 邻接关系，也能和 L2 或 L1/2 路由器建立 L2 邻接关系；在不同区域间，L1/2 路由器可跟其他区域的 L2 建立 L2 邻接关系。L1/2 共维护了两张链路状态数据库，用于在不同区域间交换路由信息，如图 4-7 所示，在 Area 47.0001 中，R1 与 R2（L1 路由器）、R3（L2 路由器）、R4（L1/2 路由器）都形成了 L1 的邻接关系，值得注意的是，R1 与 R4 同时也形成了 L2 邻居关系。不同区域之间，R1 分别与 Area 47.0002 的 R5（L1/2 路由器）和 Area 47.0003 的 R6（L2 路由器）形成了 L2 邻接关系。

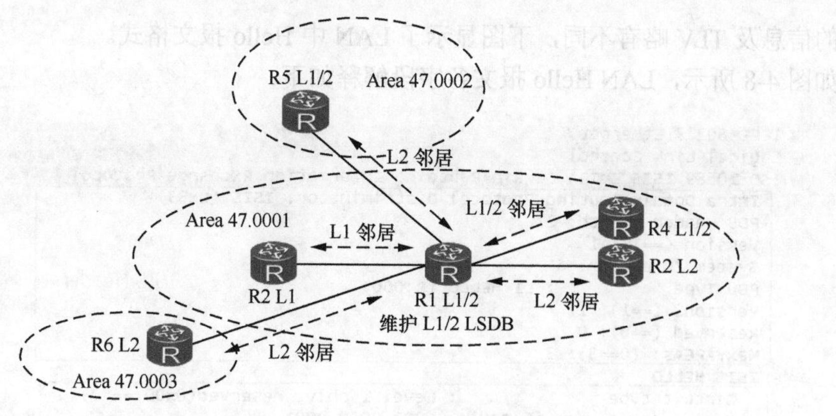

图 4-7 IS-IS L1 和 L2 邻接关系

4.1.5 IS-IS 网络类型

相比于 OSPF 支持的四种网络类型，IS-IS 仅支持两种网络类型：

- 广播网络；
- P2P 网络。

默认情况下，物理介质如果是以太网链路，对应的 IS-IS 网络类型为广播网络；物理介质如果是串行链路（比如 PPP、HDLC），对应的 IS-IS 网络类型为 P2P 网络。IS-IS 协议在这两种网络下的工作机制不一样，例如：广播网络中有选举 DIS，而 P2P 网络中不用选举（关于 DIS 的内容下一节会介绍），此外，两种网络的链路状态数据库的同步过程也有些区别（链路状态数据库的同步过程在第 3 章介绍）。对于 NBMA 网络（比如 ATM，帧中继），需要配置子接口，并且是点对点的子接口才能支持 IS-IS 协议，IS-IS 协议是不支持点对多点子接口的。

4.2 IS-IS 邻接关系

4.2.1 握手报文

路由器的接口一旦启动 IS-IS 进程，就会发出 Hello 报文，用以发现邻居并形成邻接关系。Hello 报文中除了包含发送路由器的 System-ID 之外，还包含了发送端全局和接口的一系列参数，这些参数如果被邻居路由器接受了，那么就能形成邻接关系，否则不建立邻接关系。

在 LAN（广播网络）和 P2P（点对点网络）中形成邻接关系的过程稍有不同，使用的 Hello 报文也有些区别，下面是三种 IIH：

- 点到点 IIH：用于点到点网络；
- L1 LAN IIH：用于广播网络 Level-1 邻接；
- L2 LAN IIH：用于广播网络 Level-2 邻接。

和所有的 IS-IS 报文一样，Hello 报文由报头和 TLV 构成，LAN Hello 和 P2P Hello

携带的信息及 TLV 略有不同，下图显示了 LAN 中 Hello 报文格式。

如图 4-8 所示，LAN Hello 报文各字段解释如下。

```
⊞ IEEE 802.3 Ethernet
⊞ Logical-Link Control
⊟ ISO 10589 ISIS InTRA Domain Routeing Information Exchange Protocol
    Intra Domain Routing Protocol Discriminator: ISIS (0x83)
    PDU Header Length: 27
    Version (==1): 1
    System ID Length: 6
    PDU Type              : L1 HELLO (R:000)                    ISIS Header
    Version2 (==1): 1
    Reserved (==0): 0
    Max.AREAS: (0==3): 3
  ⊟ ISIS HELLO
     Circuit type               : Level 1 only, reserved(0x00 == 0)
     System-ID {Sender of PDU} : 0000.0000.0001
     Holding timer: 30                                          Hello Header
     PDU length: 1497
     Priority                   : 64, reserved(0x00 == 0)
     System-ID {Designated IS} : 0000.0000.0002.01
   ⊞ Area address(es) (2)
   ⊟ IS Neighbor(s) (6)
       IS Neighbor: HuaweiTe_c3:78:57
   ⊟ IP Interface address(es) (4)
       IPv4 interface address: 10.1.1.1 (10.1.1.1)
   ⊟ Protocols Supported (1)                                   TLV
       NLPID(s): IP (0xcc)
   ⊞ Restart Signaling (3)
   ⊟ Multi Topology (2)
       IPv4 unicast Topology (0x000), no sub-TLVs present
     Padding (255)
     Padding (255)
     Padding (255)
     Padding (255)
     Padding (255)
     Padding (153)
```

图 4-8　LAN Hello 报文

- Circuit Type（接口类型）：标识发送端接口的层次。
- System-ID（系统 ID）：标识发送端路由器的系统 ID。
- Holding Timer（保持计时器）：表示发送端路由器宣告邻接关系失效的超时时间，默认是发送 Hello 间隔时间的 3 倍。
- PDU Length（报文长度）：表示整个 IS-IS 报文的长度。
- Priotity（优先级）：表示发送端接口的优先级，用来在 LAN 中选举 DIS，默认值=64。
- System-ID {DIS}：标识了发送端接口对应的链路上的 DIS 的系统 ID。
- Area Address（区域地址）：标识了发送端路由器的区域，使用类型 1 的 TLV。
- IS Neighbor（邻居列表）：标识了发送端路由器的邻居，使用类型 6 的 TLV。
- IP Interface Address（es）（接口 IP 地址）：标识了发送端路由器所有已经启动了 IS-IS 进程的接口 IP 地址，使用类型为 132 的 TLV。
- Protocols Supported（支持的协议）：表示发送端路由器所支持的网络层协议，使用类型 129 的 TLV。
- Restart Signaling（重启信令）：表示发送端路由器是否支持 GR。
- Multi Topology（多拓扑）：表示发送端路由器是否支持多拓扑。

- Padding（填充）：填充字段，用于将 Hello 包填充至 MTU 大小，使用类型 8 的 TLV。

IS-IS 在点对点网络中使用的 Hello 和 LAN 有些区别，下图显示了点对点网络中 Hello 报文的格式。

```
⊟ Point-to-Point Protocol
    Address: 0xff
    Control: 0x03
    Protocol: OSI (0x0023)
⊟ ISO 10589 ISIS InTRA Domain Routeing Information Exchange Protocol
    Intra Domain Routing Protocol Discriminator: ISIS (0x83)
    PDU Header Length: 20
    Version (==1): 1
    System ID Length: 6
    PDU Type           : P2P HELLO (R:000)                 ISIS Header
    Version2 (==1): 1
    Reserved (==0): 0
    Max.AREAs: (0==3): 3
  ⊟ ISIS HELLO
      Circuit type           : Level 1 only, reserved(0x00 == 0)
      System-ID {Sender of PDU} : 0000.0000.0003
      Holding timer: 30                                    Hello Header
      PDU length: 59
      Local circuit ID: 2
    ⊟ Area address(es) (2)
        Area address (1): 49
    ⊟ IP Interface address(es) (4)
        IPv4 interface address: 13.1.1.3 (13.1.1.3)        TLV
    ⊟ Protocols Supported (1)
        NLPID(s): IP (0xcc)
    ⊞ Restart Option (3)
    ⊟ Point-to-point Adjacency State (15)
        Adjacency State: Up
        Extended Local circuit ID: 0x00000002
        Neighbor SystemID: 0000.0000.0001
        Neighbor Extended Local circuit ID: 0x00000002
    ⊟ Multi Topology (2)
        IPv4 unicast Topology (0x000), no sub-TLVs present
```

图 4-9　P2P Hello 报文

通过对比 LAN 和 P2P 网络 的 Hello 报文，可以发现，P2P Hello 报头中没有 Priority 和 System-ID｛DIS｝这两个字段，原因是 P2P 网络中不需要 DIS；同时 P2P Hello 报头中新增了一个 Local Circuit ID（本地电路 ID）字段，用来标识发送端接口。此外，在 TLV 字段中，P2P Hello 携带了一个点对点邻接状态：Point-to-point Adjacency State，这个字段携带了发送端路由器所有邻居 System-ID 及其邻接状态，用来保证建立邻接关系的可靠性，使用类型 240 的 TLV 来承载信息；在 LAN Hello 报文中，等价的字段是 IS Neighbor 字段，这个字段只表明了发送端路由器的所有邻居 MAC 地址。

不管在哪一种网络中，Hello 报文都是周期性发送的，用于维持邻接关系。如果等待时间到达时还没收到邻居的 Hello，就宣告邻接关系失效。默认发送 Hello 的时间间隔为 10s，邻接关系的超时时间（Hold-timer）是 Hello 间隔的 3 倍。但是在广播链路上，DIS 发送 Hello 的频率是普通路由器的 1/3 倍（每 3.3333 秒发送一次 Hello）。接口下可以修改 Hello 间隔时间及超时时间。

4.2.2　邻接关系的建立

IS-IS 协议作为一种链路状态路由协议，每台路由器都会生成 LSP，然后将其泛洪到网络中，所有路由器都会将 LSP（本地和其他路由器通告的）存放至 LSDB，再基于 LSDB 利用 SPF 算法计算出最优路由。泛洪 LSP 之前需要跟相邻路由器形成邻接关系。只有邻接关系形成后，LSP 才能在相邻路由器之间互相交换，进而更新自己的 LSDB。

对于 L1 和 L2 的路由器，IS-IS 协议可以形成不同层次的邻接关系，详细内容可以复习一下 4.1.4 小节的内容。这里只需要注意，一台 L1 路由器是不能和 L2 路由器建立邻接关系的。影响两台 IS-IS 路由器建立邻接关系的因素有两方面。

一方面是从路由器层次和区域 ID 上考虑，要建立邻接关系必须满足以下条件（这里其实是对 4.1.4 小节内容的总结）。

- 两台 L1 路由器必须在同一区域才能建立邻接关系。
- 两台 L2 路由器建立 L2 邻接关系不要求在同一区域。
- 一台 L1 路由器和一台 L1/2 路由器在相同区域时才能形成 L1 邻接关系。
- 一台 L2 路由器和一台 L1/2 路由器不管是同区域还是不同区域，都能形成 L2 邻接关系。
- 两台 L1/2 路由器，同区域内可形成 L1 和 L2 邻接关系，不同区域只能形成 L2 邻接关系。

从其他因素考虑，有以下条件需要满足。

- 链路两端的 IS-IS 接口的网络类型必须一样。
- 华为还要求链路两端的 IP 地址位于同一个子网。
- IS-IS 要求整个域内路由器使用的 System-Id 长度必须一致，在华为的实现中，System-Id 长度固定使用 6Byte；该规则用于 P2P 邻接。
- 两台路由器使用的最大区域地址数要相同，华为默认支持最大区域地址数是 3；该规则用于 P2P 邻接。
- 如果配置了认证，要求两台路由器的认证信息要一致（认证类型和密钥信息）。
- 要求链路两端的接口 MTU 值要一致；在华为的实现中，不管是 P2P 链路还是广播链路，发送的 Hello 都是填充至接口 MTU 大小，用以检查链路两端的接口 MTU。

了解了 IS-IS 协议建立邻接关系的条件后，再来看一下邻接关系的建立过程。OSPF 建立邻接关系的过程是比较复杂的，状态机比较多；而 IS-IS 的邻接关系建立过程相对简单，下面讲解一下 IS-IS 分别在 P2P 网络和广播网络中的邻接关系建立过程。

4.2.2.1 广播网络的邻接关系建立

在广播网络中，IS-IS 使用 LAN IIH 来建立邻接关系，L1 的 LAN IIH 发送到组播地地址：01-80-c2-00-00-14，L2 的 LAN IIH 发送到组播地址：01-80-c2-00-00-15。当路由器发送 Hello 报文时，它会根据接口的层级决定发送出的是 L1 的 Hello 还是 L2 的 Hello。接口的层级可以在接口下配置，跟全局的层级是没关系的，接口默认的层级是 L1/2。

当路由器收到 Hello 报文后，检查跟发送 Hello 报文的路由器的邻接情况，如果已经建立好邻接关系，则在邻居表中重置和此邻居关联的保持定时器；如果邻接关系没有建立，则通过发送过来的 Hello 报文中的参数决定是否建立新的邻接关系。图 4-10 所示为在广播链路上邻接关系的建立过程。

图 4-10 所示为 L2 路由器在广播链路上建立 L2 邻接关系的建立过程，L1 路由器建立 L1 邻接关系的过程与此类似。具体过程说明如下。

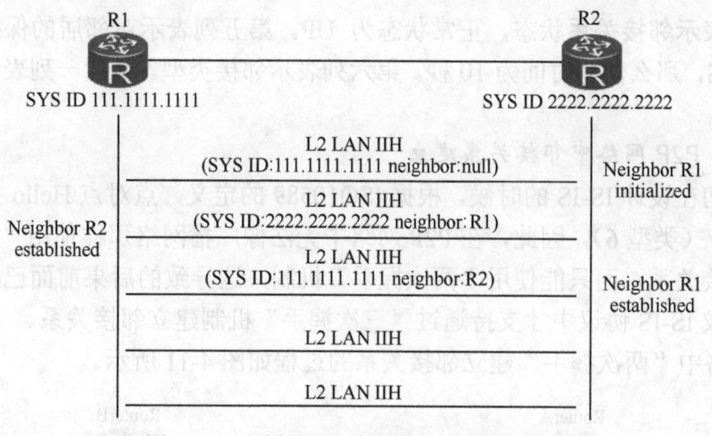

图 4-10 广播链路上邻接关系的建立过程

第 1 步：R1 的接口启动 IS-IS 里程后，发出 L2 LAN IIH，报文中携带了自己的 System-Id，IS Neighbor 列表中没有任何邻居标识。

第 2 步：R2 接收到 Hello 报文后，将自己和 R1 的邻接状态设置为初始化状态，然后向 R1 回复自己的 Hello 报文，报文中携带了自己的 System-ID，同时在 IS Neighbor 列表中携带了 R1。

第 3 步：R1 接收到 R2 的 Hello 报文后，由于在这份 Hello 报文的邻居列表中看到了自己的 System-ID，R1 将 R2 的邻接关系状态设置为 UP。然后在向 R2 发送的 Hello 报文中，也会将 R2 的 System-ID 放到 IS Neighbor 邻居列表中。

第 4 步：同第 3 步，R2 接收到 Hello 报文后，也将自己与 R1 的邻接关系状态设置为 UP。至此，两台路由器的邻接关系建立完成。

为保证邻接关系建立的可靠性，广播网络中的 Hello 中使用了 IS Neighbor 这个 TLV（类型 6），路由器如果在接收到的 Hello 报文中看到了自己的 System-ID，那么就宣告邻接关系建立起来了，这也叫“三次握手”机制。“三次握手”机制可以避免因单通故障导致邻居之间一边宣告邻接关系 UP 了，另一边还是 Down 的状态。

因为是广播网络，所以还得选举 DIS。在邻接关系建立后，路由器再等待 2 个 Hello 报文的时间，才开始选举 DIS。选举 DIS 是根据 Hello 报文中的 Priority 字段值，优先级最大的将成为该广播链中的 DIS，优先级如果都相同，则比较接口的 MAC 地址，最大的 MAC 地址对应的接口将成为 DIS。有关 DIS 的详细内容在下一节中介绍。

下面的输出内容显示了在广播网络中一台 IS-IS 路由器的邻居表。

```
<R1>display isis peer
                          Peer information for IS-IS(1)
  System Id        Interface          Circuit Id            State HoldTime Type       PRI
-------------------------------------------------------------------------------------------
0000.0000.0002   GE0/0/0         0000.0000.0002.01 Up       8s     L1(L1L2)    64
0000.0000.0002   GE0/0/0         0000.0000.0002.01 Up       8s     L2(L1L2)    64
```

表中第一列显示了邻居路由器的 System-ID。第二列表示本地到邻居路由器的接口。第三列标识了邻居路由器的电路 ID，电路 ID 用于唯一标识一个 IS-IS 接口，如果该接口是和一个广播网络相连的，那么这个电路 ID 是该广播网络上的 DIS 设置的，0000.0000.0002 是 DIS 的 System-ID，01 表示伪节点 ID，这时电路 ID 也称作 LAN ID。

第四列表示邻接关系状态，正常状态为 UP。第五列表示对邻居的保持时间，如果该邻居是 DIS，那么保持时间为 10 秒。第六列表示邻接类型。最后一列表示邻居接口的 DIS 优先级。

4.2.2.2 P2P 网络中邻接关系建立

由于当初在设计 IS-IS 的时候，根据 ISO10589 的定义，点对点 Hello 报文不包括 IS Neighbor TLV（类型 6），因此，在 P2P 网络中无法像广播网络那样使用“三次握手”机制来建立邻接关系，而只能使用“两次握手”机制，这导致的后果前面已经说过。直到在后来的集成 IS-IS 协议中才支持通过“三次握手”机制建立邻接关系。

P2P 网络中“两次握手”建立邻接关系的过程如图 4-11 所示。

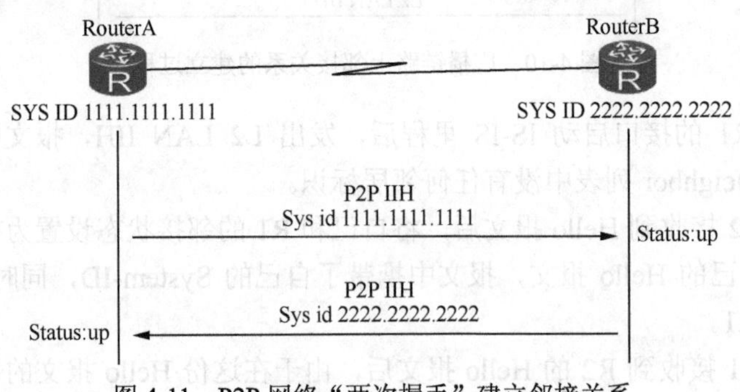

图 4-11 P2P 网络“两次握手”建立邻接关系

图 4-11 中 RouterA 和 RouterB 之间通过 P2P 网络互连，它们之间建立邻接关系的过程如下。

第 1 步：RouterA 接口启动 IS-IS 后，首先向 RouterB 发送一份 P2P IIH，报文中携带了自己的 System-Id 和其他信息，但报文并没有 IS Neighbor 邻居列表。

第 2 步：RouterB 接收到 Hello 报文后，直接将 RouterA 的邻接状态设置为 UP。

第 3 步：同第 2 步，RouterA 也在收到 RouterB 的 Hello 报文后将邻接状态直接设置为 UP。

为支持在 P2P 网络中使用“三次握手”机制建立邻接关系，集成 IS-IS 协议的 Hello 报文增加了一个新字段，叫 P2P 邻接状态（也就是类型 240 的 TLV），使用该 TLV 携带邻居的信息。考虑到向后兼容性，如果一台比较老的路由器不支持该 TLV，接收到后可以忽略它，按照老的方式——“两次握手”机制建立邻接关系。华为的实现是在 P2P 网络默认使用“三次握手”机制，在说邻接关系建立之前，先来了解一下类型 240 的 TLV 包含的内容：

- 类型：OxF0；
- 长度：5～17Byte；
- 值：1Byte，表示邻接状态，一共有 3 种状态，UP（=0），Initializing（=1），Down（=2）；
- 扩展的本地电路 ID：4Byte，本端对点对点网络接口的标识；
- 邻居 System-ID：邻居系统 ID；
- 邻居扩展的本地电路 ID：0 或 4Byte，邻居端对点对点网络接口的标识。

有了类型 240 的 TLV 后，路由器在接收到的 Hello 报文中，通过确认 Neighbor SystemID 字段是否包含自己的 System-ID，从而实现“三次握手”机制。同时，本地的邻接状态基于当前状态和收到的类型 240 TLV 中显示的邻接状态值进行设置。

图 4-12 显示了 P2P 网络建立邻居的详细过程，在这里 L1 和 L2 的邻接关系建立过程是一样的。

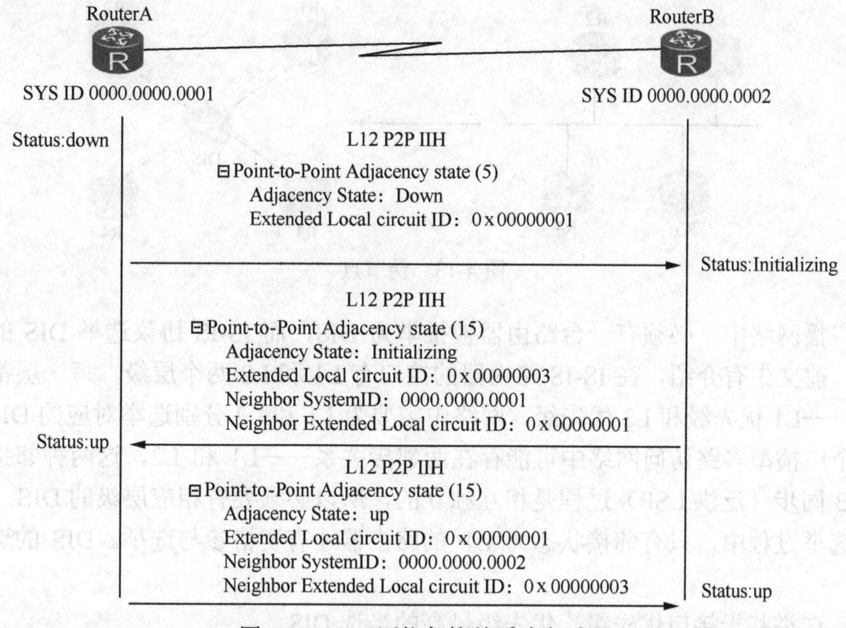

图 4-12 P2P 网络邻接关系建立过程

由图 4-12 可以观察到，整个建立过程如下。

第 1 步：RouterA 接口启动 IS-IS 后，首先发出邻接状态为 Down 的 P2P IIH。

第 2 步：RouterB 接收到 Hello 后，根据里面邻接状态字段将 RouterA 邻接状态设置为 Initializing，并在回复给 RouterA 的 Hello 报文中将邻接状态字段设置成 Initializing。

第 3 步：RouterA 从 RouterB 接收到的邻接状态为 Initializing，并且 Neighbor SystemID 中包含了自己，立刻将 RouterB 的邻接状态设置为 UP 状态；并且在发给 RouterB 的下一 Hello 报文中，将邻接状态字段设置为 UP。

第 4 步：RouterB 接收到 RouterA 的邻接状态为 UP 的 Hello 报文后，立刻将 RouterA 的邻接状态设置为 UP。至此，RouterA 和 RouterB 的邻接关系建立完成。

4.2.2.3 DIS

正如上一节所介绍的，IS-IS 路由器通过 Hello 报文建立邻接关系。两台路由器建立完邻接关系之后，就开始交换链路状态的状态信息（也就是 LSDB 的同步），交换过程是通过泛洪 LSP 来实现的。为保障 LSP 泛洪的准确性和及时性，要求在拓扑发生变化时，立即泛洪新的 LSP，在网络稳定时也要周期性泛洪 LSP，这就提高了带宽和处理资源开销。

在广播型多路访问网络中，IS-IS 协议需要在所有路由器之间建立邻接关系，网络中邻接关系越多，为确保 LSP 泛洪的可靠性而带来的网络资源开销就越大。为降低在多路访问网络中邻接关系的复杂性，提高带宽利用率，IS-IS 协议将整个多路访问网络本身看作一台路由器或一个伪节点（如图 4-13 所示）。IS-IS 协议在多路访问网络中需要 DIS（指定 IS），由 DIS 来抽象出并发挥伪节点的作用。有了 DIS 后，多路访问网络中的邻居间泛洪 LSP 后，通过 DIS 的 SNP（序列号报文）来确保 LSP 泛洪的可靠。LSP 泛洪过程会在下一章介绍。

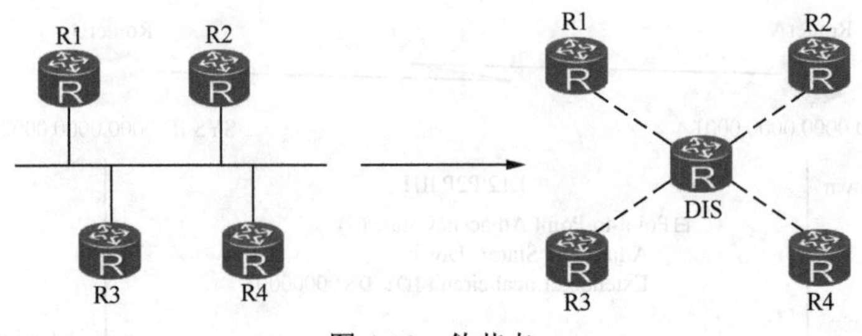

图 4-13　伪节点

在广播网络中，必须有一台路由器被推举为 DIS，而 IS-IS 协议选举 DIS 的过程非常简单。前文中有介绍，在 IS-IS 路由器的接口有 L1 和 L2 两个层级，每一层都有一个优先级——L1 优先级和 L2 优先级，网络中需要为 L1 和 L2 分别选举对应的 DIS，因为在同一个广播型多路访问网络中可能存在两邻接关系——L1 和 L2，这两种邻接关系下的 LSDB 同步（泛洪 LSP）过程是相互独立的，所以必须要有相应层级的 DIS。

在选举过程中，只有邻接状态为 UP 的路由器才有资格参与选举。DIS 的选举规则如下。

- 选举基于接口优先级，优先级最高的当选 DIS。
- 如果所有接口的优先级一样，具有最大的 Subnetwork Point of Attachment（SNPA）的路由器将当选 DIS：

（1）在 LAN 中，SNPA 指的是 MAC 地址；

（2）在帧中继网络中，SNPA 是 Local Data Link Connection Identifier（DLCI）。

- 如果 SNPA 是一样的，具有最大的 System-ID 的路由器将当选为 DIS。

华为路由器接口的优先级的范围是 0～127，默认的接口的优先级是 64，可以通过 isis dis-priority 命令修改接口的优先级。与 OSPF 选举 DR 过程不同的是，优先级为 0 的 IS-IS 接口也可以参与选举 DIS，在 OSPF 中就不行。

另外，不论是 L1 还是 L2，DIS 在 LSP 泛洪过程中都很重要，但是都没有选举备份 DIS。这样的话，当网络中的 DIS 发生故障后不会产生什么问题吗？答案是不会的，原因包括以下两个方面。

（1）在广播型多路访问网络中，路由器会跟其他所有路由器都建立邻接关系，它们都会定期进行 LSP 的泛洪，即使 DIS 失效了，也不会影响其他所有路由器的 IS-IS 协议的正常运行，这样在没有备份 DIS 的情况下不会产生什么问题。

（2）如果当前 DIS 失效，网络中其他路由器检测到该故障，然后重新选举新的 DIS，这个过程所花的时间是非常短的，因为 DIS 发送 Hello 报文的频率是其他路由器的 1/3 倍（在前文中已经提到），DIS 发送 Hello 报文的间隔时间是 3.3333s，其他路由器检测 DIS 失效的时间只需 10s。

对于 IS-IS 协议来说，如果一台优先级高或 Mac 地址高的路由器加入到现有网络中，那么这台新路由器会抢占现有 DIS 而成为新的 DIS，这一点也与 OSPF 的 DR 不同。在 OSPF 中，DR 和 BDR 都是不允许被抢占的。IS-IS 协议这样处理会对网络的稳定性产生影响吗？如前面所讲，在广播多路访问网络中，选举出一台新的 DIS，不会对其他路由器 IS-IS 的正常运行产生影响，只需要路由器泛洪扩散一组新的 LSP 出来就可以了。当初 ISO 在设计 IS-IS 协议时，为什么要这样选择呢？当时是基于以下两方面的考虑。

- 向正在运行的广播型网络中添加路由器的情况是比较少见的，由此带来的影响可以忽略。
- 现在的路由器处理性能很好，即使重新选举和计算也是非常快的。

IS-IS L1 和 L2 的 DIS 功能总结如下。

- 模拟出伪节点，生成伪节点的 LSP，用来描述这个网络上有哪些路由器。
- 确保网络中 LSP 泛洪的可靠性（下一章会介绍）。
- 完成 L1 和 L2 的 LSP 扩散和路由计算。

下面的输出内容显示了一台 IS-IS 路由器的接口信息，最后一列标识该接口是否为直连广播网络中的 DIS。

```
[R1]display isis interface
                        Interface information for IS-IS(1)
                        ----------------------------------------------------------------
  Interface        Id       IPv4.State        IPv6.State         MTU   Type   DIS
  GE0/0/0          001        Up                Down             1497 L1/L2 Yes/Yes
  Loop0            001        Up                Down             1500 L1/L2 --
```

由上述输出信息可知，路由器 R1 的 GE0/0/0 接口在 L1 和 L2 上都是 DIS，另外，Loopback 接口因为没有任何邻接，因此不用选举 DIS（在 P2P 网络中也无需选举 DIS）。

下面的输出内容显示了一台 IS-IS 路由器的邻居表，这台路由器是一台 L1/2 路由器，并且通过它的 GE0/0/0 接口层跟网络中的其他两台路由器建立了 L1 和 L2 的邻接关系。

```
[R1]display isis peer
                    Peer information for IS-IS(1)

System Id        Interface          Circuit Id            State HoldTime Type        PRI
------------------------------------------------------------------------------------------
0000.0000.0004   GE0/0/0          0000.0000.0001.01 Up      23s        L1(L1L2) 64
0000.0000.0002   GE0/0/0          0000.0000.0001.01 Up      21s        L1(L1L2) 64
0000.0000.0004   GE0/0/0          0000.0000.0001.01 Up      22s        L2(L1L2) 64
0000.0000.0002   GE0/0/0          0000.0000.0001.01 Up      22s        L2(L1L2) 64
```

由上面的输出内容可看到，R1 路由器接口 GE0/0/0 所连接的网络中包括三台路由器，它与另两台路由器（System-ID 分别是 0000.0000.0002、0000.0000.0004）建立了 L1 和 L2 的邻接关系，第 3 列标识了该网络中伪节点的电路 ID，也叫 LAN ID；LAN ID 是 DIS 用来区分不同局域网的标识符，因为一台路由器可能同时作为多个局域网的 DIS，为了区分不同局域网，DIS 为每个局域网分配一个唯一的 LAN ID。

4.2.2.4 邻接关系故障及排除案例

IS-IS 邻接关系故障是最常见的 IS-IS 网络故障，本章 4.2.2 节中介绍了 IS-IS 协议建立邻接关系必须满足的条件，导致 IS-IS 邻接关系故障的原因中除了这些条件没有符合之外，还有一些其他原因，比如路由器软件或硬件故障、配置错误、不同厂家的路由器的协商兼容性问题等。本节介绍几个常见的 IS-IS 邻接关系故障及其针对这些故障的诊断和排除方法。

4.2.2.4.1　案例 1：邻居不在同一网段

如图 4-14 所示，区域 49.0001 的 R1 与区域 49.0002 的 R2 建立连接，R1 是 L1/2 路由器，R2 是 L2 路由器，1.1.1.0/24 是 R1 的一个直连网段并已经宣告到区域 49.0001。现在用户反映 R2 无法访问网络 1.1.1.0/24。

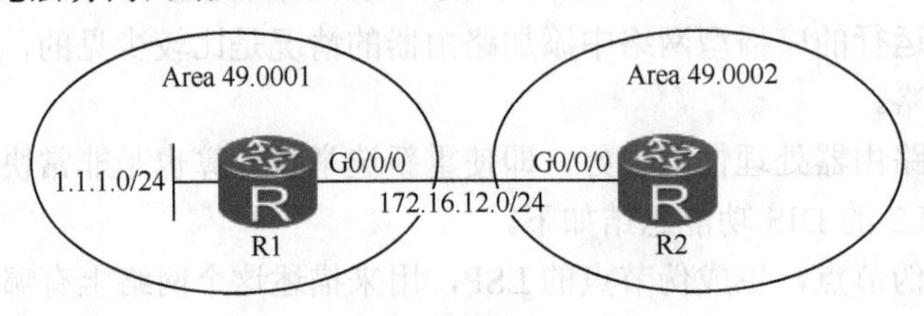

图 4-14　案例 1 组网图

经检查，路由器的软件、硬件工作都正常，物理链路也没问题，R1 和 R2 的 IS-IS 基本配置都没有问题，但是 R1 和 R2 的邻接关系还是无法建立，此时在 R2 上利用 debug 命令显示了以下的输出信息。

```
<R2>debug isis adjacency
Oct 28 2015 15:42:05.977.1-08:00 R2 IS-IS/6/IS-IS:
 IS-IS-1-ADJ: Rxed Lan L2 Hello on GE0/0/0, from SNPA 00e0.fcf2.4727.(IS15_1864)

Oct 28 2015 15:42:05.977.2-08:00 R2 IS-IS/6/IS-IS:
 IS-IS-1-ADJ: Rxed Lan IIH contains No usable Ip Address. IIH Ignored.(IS15_2131)

Oct 28 2015 15:42:05.977.3-08:00 R2 IS-IS/6/IS-IS:
 IS-IS-1-ADJ: Hello PDU Dropped.(IS21_5266)
```

错误信息“IS-IS-1-ADJ: Rxed Lan IIH contains No usable Ip Address. IIH Ignored.（IS15_2131）”表明了 R2 因接收到的 Hello 消息的源 IP 地址不合法而被忽略了该 Hello 消息。通过查看 R1 和 R2 接口的 IP 地址，发现两者的接口 IP 地址不在同一个子网。修改完 IP 地址后两台路由器邻接关系建立正常，R2 也学习到了路由，故障解决。

```
[R2]display is-is peer
                         Peer information for IS-IS(1)
 System Id        Interface          Circuit Id          State HoldTime Type      PRI
----------------------------------------------------------------------------------------------------------
0000.0000.0001   GE0/0/0             0000.0000.0001.01 Up     7s          L2          64
[R2]display ip routing-table protocol isis
IS-IS routing table status : <Active>
         Destinations : 1              Routes : 1
Destination/Mask Proto        Pre   Cost   Flags       NextHop         Interface
1.1.1.0/24      IS-IS-L1 15      10     D      172.16.12.1          GigabitEthernet0/0/0
```

故障总结：华为设备在建立 IS-IS 邻接关系时，要求链路两端的 IP 地址处在同一网段；如果是在点对点链路上，可以通过配置让设备忽略对 Hello 报文源 IP 地址的检查。

4.2.2.4.2　案例 2：邻居的区域 ID 错误

如图 4-15 所示，R1、R2 和 R3 都位于区域 49.0001 内，并且都是 L1 路由器，1.1.1.0/24 作为 R1 的直连网络已经被宣告进区域 49.0001 中，用户现在反映 R3 无法访问到网络 1.1.1.0/24。

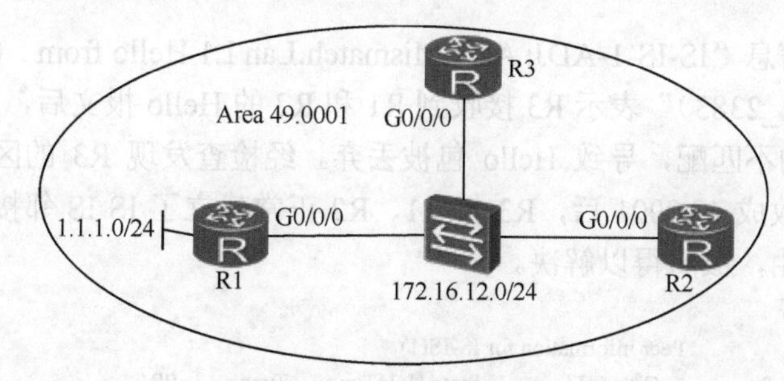

图 4-15 案例 2 组网图

经检查，路由器软件、硬件及物理连接都没有问题，并且设备之间 IP 地址配置也在同个网段，基本连通性没问题。下表显示了 R1 的 IS-IS 邻接关系表，可以发现，R1 此时仅和 R2 建立了 L1 的邻接关系，并且可以看到 R2 上跟 R1 同样的区域地址 49.0001。

```
<R1>display isis peer verbose
                         Peer information for IS-IS(1)
System Id       Interface         Circuit Id            State HoldTime Type      PRI
--------------------------------------------------------------------------------------
0000.0000.0002   GE0/0/0         0000.0000.0001.01 Up     29s        L1         64

   MT IDs supported       : 0(UP)
   Local MT IDs           : 0
   Area Address(es)       : 49.0001
   Peer IP Address(es)    : 172.16.12.2
   Uptime                 : 00:14:27
   Adj Protocol           : IPv4
   RestRt Capable         : YES
   Suppressed Adj         : NO
   Peer System Id         : 0000.0000.0002
Total Peer(s): 1
```

既然 R1、R2 和 R3 都是 L1 路由器，那么它们只能在同个区域中建立 L1 的邻接关系，初步怀疑 R3 的区域地址配置错误，在 R3 上使用 debug 命令后输出以下信息。

```
<R3>debug isis adjacency
Oct 28 2015 16:27:02.397.1-08:00 R3 IS-IS/6/IS-IS:
 IS-IS-1-ADJ: Rxed Lan L1 Hello on GE0/0/0, from SNPA 00e0.fcf2.4727.(IS15_1864)

Oct 28 2015 16:27:02.397.2-08:00 R3 IS-IS/6/IS-IS:
 IS-IS-1-ADJ: Area Mismatch.Lan L1 Hello from   0000.0000.0001, on GE0/0/0.(IS01_23
83)

Oct 28 2015 16:27:02.397.3-08:00 R3 IS-IS/6/IS-IS:
 IS-IS-1-ADJ: Hello PDU Dropped.(IS21_5266)

Oct 28 2015 16:27:03.657.1-08:00 R3 IS-IS/6/IS-IS:
 IS-IS-1-ADJ: Rxed Lan L1 Hello on GE0/0/0, from SNPA 00e0.fc0d.36b5.(IS15_1864)

Oct 28 2015 16:27:03.657.2-08:00 R3 IS-IS/6/IS-IS:
 IS-IS-1-ADJ: Area Mismatch.Lan L1 Hello from   0000.0000.0002, on GE0/0/0.(IS01_23
83)

Oct 28 2015 16:27:00.657.3-08:00 R3 IS-IS/6/IS-IS:
 IS-IS-1-ADJ: Hello PDU Dropped.(IS21_5266)
```

其中，错误信息“IS-IS-1-ADJ: Area Mismatch.Lan L1 Hello from 0000.0000.000x, on GE0/0/0.（IS01_2383）”表示R3接收到R1和R2的Hello报文后，发现R1和R2的区域地址跟自己的不匹配，导致Hello包被丢弃。经检查发现R3的区域地址配置成了49.0002，将其修改成49.0001后，R3与R1、R2正常建立了IS-IS邻接关系，也学习到了网络1.1.1.0路由，故障得以解决。

```
[R3]display isis peer
                          Peer information for IS-IS(1)
System Id        Interface        Circuit Id        State HoldTime    Type      PRI
------------------------------------------------------------------------------------------
0000.0000.0002   GE0/0/0          ---               Up    30s         L1        64
0000.0000.0001   GE0/0/0          ---               Up    8s          L1        64
[R3]display ip routing-table protocol is-is
Route Flags: R-relay, D-download to fib
------------------------------------------------------------------------------------------
Public routing table : IS-IS
         Destinations : 5          Routes : 5
IS-IS routing table status : <Active>
         Destinations : 5          Routes : 5
Destination/Mask Proto      Pre   Cost   Flags NextHop        Interface
0.0.0.0/0      IS-IS-L1 15   10     D     172.16.12.2       GigabitEthernet0/0/0
1.1.1.0/24     IS-IS-L1 15   10     D     172.16.12.1       GigabitEthernet00/0/0
```

故障总结：两台IS-IS路由器要建立L1的邻接关系，必须要求路由器的层次相同，并且区域地址也要相同。

4.2.2.4.3　案例3：邻居的Level不同

如图4-16所示，在上个案例的基础上，用户新增加了一台路由器R4并且配置为区域49.0002，R4路由配置为L2路由器，用户反映说网络基本配置和IS-IS协议配置完成后，R4还是无法访问到网络1.1.1.0/24。

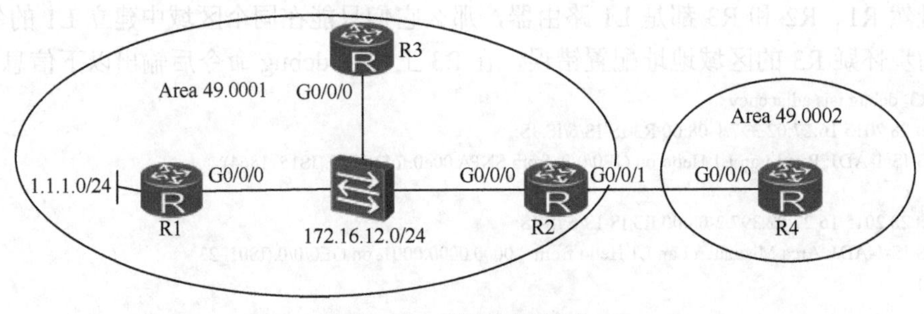

图4-16　案例3组网图

通过上个案例，我们已经清楚了R1和R2之间的IS-IS邻接关系是没有任何问题的，所以这时查看R2的路由表可以发现1.1.1.0/24的路由。

```
<R2>display ip routing-table protocol isis
Route Flags: R-relay, D-download to fib
------------------------------------------------------------------------------------------
Public routing table : IS-IS
         Destinations : 2          Routes : 2

IS-IS routing table status : <Active>
         Destinations : 2          Routes : 2
```

```
Destination/Mask   Proto Pre  Cost Flags NextHop          Interface

1.1.1.0/24     IS-IS-L1 15    10     D   172.16.12.1      GigabitEthernet0/0/0
10.1.1.1/32    IS-IS-L1 15    10     D   172.16.12.1      GigabitEthernet0/0/0
```

所以问题出现在 R2 和 R4 之间。通过检查发现，R2 和 R4 之间的链路连通性正常，设备没有软件或硬件故障，接下来查看 R2 和 R4 上 IS-IS 的配置，可以发现 R2 被配置成了 L1 路由器，而 R4 被配置成了 L2 路由器。

```
[R2]display current-configuration configuration isis
#
isis 1
 is-level level-1
 cost-style wide
 network-entity 49.0001.0000.0000.0002.00

[R4]display current-configuration configuration isis
...
#
isis 1
 is-level level-2
 cost-style wide
 network-entity 49.0002.0000.0000.0004.00
#
```

进入 R2 的 IS-IS 进程视图下，将 is-level 命令删除后，R2 和 R4 的 IS-IS 邻接关系成功建立，而 R4 也学习到了 1.1.1.0 网络的路由。

```
[R4]display isis peer
                          Peer information for IS-IS(1)

 System Id        Interface      Circuit Id           State HoldTime Type        PRI
------------------------------------------------------------------------------------------
0000.0000.0002   GE0/0/0       0000.0000.0004.01 Up      27s         L2          64

[R4]display ip routing-table protocol isis
Route Flags: R-relay, D-download to fib
------------------------------------------------------------------------------------------
Public routing table : IS-IS
         Destinations : 4            Routes : 4

IS-IS routing table status : <Active>
         Destinations : 4            Routes : 4

Destination/Mask      Proto     Pre   Cost    Flags NextHop          Interface
1.1.1.0/24     IS-IS-L2 15      20          D    10.1.24.2         GigabitEthernet0/0/0
10.1.1.1/32     IS-IS-L2 15      20          D    10.1.24.2         GigabitEthernet0/0/0
```

4.3 IS-IS 链路状态数据库

4.3.1 概述

IS-IS 协议主要有两大功能：子网依赖功能和子网无关功能。子网依赖功能就是上章所讲的，主要是完成建立和维护邻接关系的功能；而子网无关功能主要用于执行和管理链路状态信息的交换和路由计算，具体可以分为四个过程：（1）更新过程；（2）路由决策过程；（3）转发过程；（4）接收过程。更新过程的任务是泛洪 LSP 以构建 L1 和 L2 的链路状态数据库；一旦建立了链路状态数据库，决策过程就使用数据库的信息去计算一个最短路径树，并计算出最好的路由放进路由表；转发和接收过程分别是指路由器对于 LSP 的转发和接收。所以，子网无关功能的核心是链路状态数据库，本章重点介绍 IS-IS 链路状态数据库的内部结构，如果想要精通 IS-IS 协议原理，必须要理解链路状态数据库的构建、更新的操作过程。

组成 IS-IS 链路状态数据库最基本的元素是 LSP，叫链路状态报文，它的作用是描述路由器的接口及所连网络的信息，包括接口所连网络的子网、类型、开销等信息。这一章会详细介绍 LSP 的内部结构。除了 LSP 报文外，两台邻接的 IS-IS 路由器在数据库同步过程中，还会用到其他报文，比如 PSNP 和 CSNP，相对于 LSP，这两种报文在为实现可靠的数据库同步过程中发挥了很大的作用，对于这两种报文的结构这一章也会详细介绍。

4.1.4 节介绍了 IS-IS 区域和路由器角色，IS-IS 支持两级区域的网络分层体系结构，两级区域分别是 L1 区域和 L2 区域，L1 区域只支持区域内的路由，而 L2 区域支持区域间的路由。每个区域内的路由器都会在区域内泛洪自己的 LSP，也就是说，L1 的 LSP 在 L1 区域内泛洪，L2 的 LSP 会在 L2 区域泛洪，最终使得区域内的路由器的链路状态数据库都是同步的。在 L1 区域中的路由器只需要构建和维护一张 L1 的数据库，L2 区域内的路由器也只有一张 L2 的数据库，但是 L1/2 路由器需要两张数据库（L1 和 L2），图 4-17 显示了一个典型的 IS-IS 网络结构及其链路状态数据库的情况。

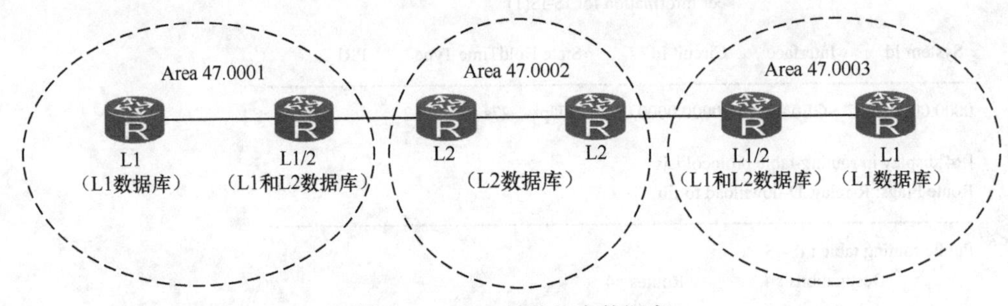

图 4-17 IS-IS 链路状态数据库

4.3.2 IS-IS 链路状态数据库同步使用的报文

4.3.2.1 LSP 介绍

前文中提到了，IS-IS 路由器都会生成 LSP（L1 或者 L2），然后在区域中扩散 LSP，以此来构建链路状态数据库（L1 或 L2）。从本质上讲，IS-IS 的 LSP 和 OSPF 的 LSA 的功能是一样的，L1 的 LSP 用来描述 L1 区域内的链路状态和路由信息，L2 的 LSP 用来描述 L2 区域的链路状态和路由信息，这两种 LSP 在报文格式上是差不多的，这一节就先来介绍一下 LSP 的格式。

4.3.2.1.1 LSP 的格式

正如在 4.1.3 节所介绍的，所有 IS-IS 报文都分为报头和 TLV 两部分。L1 LSP 和 L2

LSP 的报头是一样的，图 4-18 显示了 LSP 的报文格式。

```
⊞ ISO 10589 ISIS InTRA Domain Routeing Information Exchange Protocol
⊟ ISO 10589 ISIS Link State Protocol Data Unit
    PDU length: 120
    Remaining lifetime: 1193
    LSP-ID: 0000.0000.0001.00-00
    Sequence number: 0x0000000b
  ⊞ Checksum: 0xcd4d [correct]
  ⊟ Type block(0x03): Partition Repair:0, Attached bits:0, Overload bit:0, IS type:3
      0... .... = Partition Repair: Not supported
    ⊞ .000 0... = Attachment: 0
      .... .0.. = Overload bit: Not set
      .... ..11 = Type of Intermediate System: Level 2 (3)
  ⊞ Protocols supported (1)
  ⊞ Area address(es) (2)
  ⊞ IS Reachability (12)
  ⊞ IP Interface address(es) (8)
  ⊞ IP Internal reachability (60)
```

图 4-18　LSP 报文格式

报文最前面的通用报头已经在前文中介绍过，这里从 LSP 的专用报头开始解释一下各字段的含义。

- PDU 长度：是指整个 LSP 报文的长度。
- Remaining Lifetime：剩余生存时间，表示 LSP 到期之前的生存时间。
- LSP-ID：LSP 的标识号，用于 LSP 的鉴别。一个完整的 LSP-ID 是由源路由器的系统 ID、伪节点 ID 和 LSP 报文编号构成的。
- Sequence Number：LSP 的序列号，是一个 32 位的无符号整数。
- Checksum：从 Sys-ID 开始到报文末尾所有字段的校验和。
- Partition Repair：区域修复位，表示源路由器是否支持区域修复，虽然在 L1 和 L2 LSP 中都有这一位，但实际上只有在 L2 LSP 中发挥作用。华为 VRP 系统目前不支持该功能，始终设置为 0。
- Attachment：区域关联位，用于表明源路由器是否与多个区域相连。L1/2 路由器连接了多个区域，所以会在它的 L1 LSP 中设置该位为 1。L1 路由器利用该位来判断本区域的 L1/2 路由器。它下面的四个比特位表示所连区域的度量类型，从左到右依次表示：（第 7 位：差错度量；第 6 位：代价度量；第 5 位：时延度量；第 4 位：缺省度量）。目前华为 VRP 系统只支持缺省度量。
- Overload Bit：链路状态数据库的超载位，超载时表明始发路由器的内存和 CPU 资源已经严重不足。
- IS Type：路由器类型，用于表明 LSP 源路由器是 L1 路由器还是 L2 路由器。

除了报头外，L1 和 L2 的 LSP 中可以包含不同的 TLV，但它们使用的 TLV 有些不一样，后面会详细介绍这些 TLV。

下面的输出内容显示了华为 VRP 系统中 IS-IS 链路状态数据库的结构。

```
[R2]display isis lsdb

                        Database information for IS-IS(1)
                        --------------------------------
                        Level-1 Link State Database
LSPID           Seq Num      Checksum      Holdtime      Length   ATT/P/OL
-------------------------------------------------------------------------------
```

```
0000.0000.0001.00-00  0x0000000d   0x4d23    968       78     0/0/0
0000.0000.0002.00-00* 0x00000012   0xad27    1010      90     1/0/0
0000.0000.0002.01-00* 0x00000008   0xdb16    0 (888)   27     0/0/0
0000.0000.0003.00-00  0x0000000a   0xe6a8    481       65     0/0/0
0000.0000.0004.00-00  0x00000007   0xafb5    977       78     0/0/0
0000.0000.0004.01-00  0x00000004   0xcb9c    977       65     0/0/0

Total LSP(s): 6
    *(In TLV)-Leaking Route, *(By LSPID)-Self LSP, +-Self LSP(Extended),
           ATT-Attached, P-PRtition, OL-Overload


                        Level-2 Link State Database

LSPID                 Seq Num      Checksum     Holdtime     Length  ATT/P/OL
-------------------------------------------------------------------------------------
0000.0000.0001.00-00  0x0000000f   0x592b    907       104    0/0/0
0000.0000.0002.00-00* 0x0000001c   0xde6f    1010      108    0/0/0
0000.0000.0002.01-00* 0x00000009   0xd917    0 (970)   27     0/0/0
0000.0000.0003.00-00  0x00000015   0x59da    1009      78     0/0/0
0000.0000.0004.00-00  0x00000008   0x358b    950       95     0/0/0
0000.0000.0004.01-00  0x00000001   0xd91d    0 (967)   27     0/0/0

Total LSP(s): 6
    *(In TLV)-Leaking Route, *(By LSPID)-Self LSP, +-Self LSP(Extended),
           ATT-Attached, P-PRtition, OL-Overload
```

由上面的输出信息中可以看到，该路由器为 L1/2 路由器，因为有两张独立放置的数据库（L1 和 L2）。数据库中的每一行代表了一个 LSP，表示每一个 LSP 显示了以下信息：LSPID、LSP 序列号、LSP 校验和、LSP 剩余生存时间、LSP 长度、区域关联位、区域修复位和数据库过载位。LSPID 之后的星号*表示该 LSP 是本地路由器生成的。下面就这些信息进行详细介绍。

4.3.2.1.2　LSP ID

LSPID 用来在链路状态数据库中唯一标识一条 LSP，使接收路由器能区别出每条不同的 LSP 及其始发源路由器。如图 4-18 所示，LSPID 总长 8Byte。前 6Byte 表示始发路由器的系统 ID，在系统 ID 之后的 1 个字节表示伪节点 ID。如果这个字节值是零，表示 LSP 是由普通路由器发出的；如果是非零，则表示 LSP 是由 DIS 发出的。比如上例中 LSPID 为 0000.0000.0002.01-00 和 0000.0000.0004.01-00 的两条 LSP 都是由相应广播网络中的 DIS 产生的。前文中提到过，由系统 ID+伪节点 ID 一起构成了 LAN ID。

LSPID 最后的 1Byte 表示 LSP 编号。因为 IS-IS 协议的 LSP 只有 L1 和 L2 两类，所以不论是在 L1 区域，还是在 L2 区域，一台路由器会把本区域的所有路由信息都放在一条 LSP 传送。如果路由信息很多，会导致 LSP 报文很大以至于超过了发出接口的 MTU 值，这时需要分段处理，也就是将路由信息放在不同分段的 LSP 传送。LSP 第一个分段的编号为 0，第二个分段的编号为 1，以此类推。如果某些分段在传递过程中丢失了，那么接收端路由器也会放弃所有其他分段，导致该 LSP 的所有分段都必须重传，造成带宽的浪费。

LSPID 由一段数字组成，可读性不强，为使管理员更容易、直观地区别不同的 LSP，可以使用主机名映射功能，也就是使用始发路由器的主机名来替代系统 ID。华为 VRP 系统启用主机名映射功能的方法分为动态主机名映射和静态主机名映射。

动态主机名映射功能是指以类型 137 的 TLV 将自己的主机名随 LSP 发布到网络中，这个 TLV 是可选的，在其他 IS-IS 路由器上可以通过命令看到本地 System-ID 直接被主机名所替代。动态主机名的 TLV 是可选的，它可以存在于 LSP 中的任何位置。其中，TLV 的 value 值不能为空。设备在发送 LSP 的时候可以决定是否携带该 TLV，接收端的设备也可以决定是否忽略该 TLV，或者提取该 TLV 的内容放在自己的映射表中。

静态主机名映射是指在本地设备上对其他运行 IS-IS 协议的设备设置主机名与 System-ID 的映射。静态主机名映射仅在本地设备生效，并不会通过 LSP 报文发送出去。

在 IS-IS 进程下使用 is-name 命令指定主机名就可以了。下例显示了使用了动态主机名映射后的显示结果，这里只输出了 L1 的数据库信息。

```
[R2]display isis lsdb

                    Database information for IS-IS(1)
                    --------------------------------

                     Level-1 Link State Database

LSPID          Seq Num        Checksum      Holdtime      Length   ATT/P/OL
-------------------------------------------------------------------------------
R1.00-00       0x00000008     0xad74        893           83        0/0/0
R2.00-00*      0x00000009     0x3f3c        919           106       0/0/0
R2.01-00*      0x00000001     0xe90f        0 (29)        27        0/0/0
R3.00-00       0x00000005     0xeb55        960           70        0/0/0
R4.00-00       0x00000006     0x28e7        933           83        0/0/0
R4.01-00       0x00000002     0xc6a1        896           65        0/0/0
```

4.3.2.1.3　LSP 序列号

LSP 序列号用来表示被刷新的次数，是一个 4Byte 长的无符号整数，从 0 开始计数，但是一台路由器启动 IS-IS 进程后，第一次生成 LSP 序列号是 1，以后 LSP 每刷新（重新生成）一次，序列号加 1，最大值为 2^{32}-1。通过 LSP 序列号，可以判断一条 LSP 的新旧。

如图 4-19 所示，路由器在接收到 LSP 后，会跟本地链路状态数据库作比较。如果本地链路状态数据库没有此 LSP，则直接将其放进数据库，并且泛洪此 LSP 到区域中。如果数据库中已经有了这个 LSP，则比较新收到的 LSP 和本地数据库中已有的 LSP 序列号，如果新收到的 LSP 序列号大于数据库已有的，则用这个新的 LSP 替换掉数据库原有的 LSP，并产生新的 LSP 泛洪到区域中；如果本地数据库中的 LSP 序列号更大，则忽略掉新到的 LSP，并向接收端口发送自己的 LSP；如果新到的 LSP 和本地数据库中的 LSP 序列号一样，则忽略新到的 LSP，不做任何操作。

前面提到，LSP 的序列号只有 4Byte 长，它的最大值为 2^{32}-1=4294967295，读者一定会担心，如果哪一天 LSP 的序列号用完了（超出范围）怎么办？这里我们假设路由器使用最小的 LSP 刷新间隔（30s）来不断生成新的 LSP，那么用完整个序列号空间所使用的时间就是（4294967295×30）s，按年来计算就是（4294967295×30）/（365×24×3600），这个值大约是 4085，也就是说即，使路由器每 30s 不停地产生 LSP，要花上 4085 年才能耗完序列号。

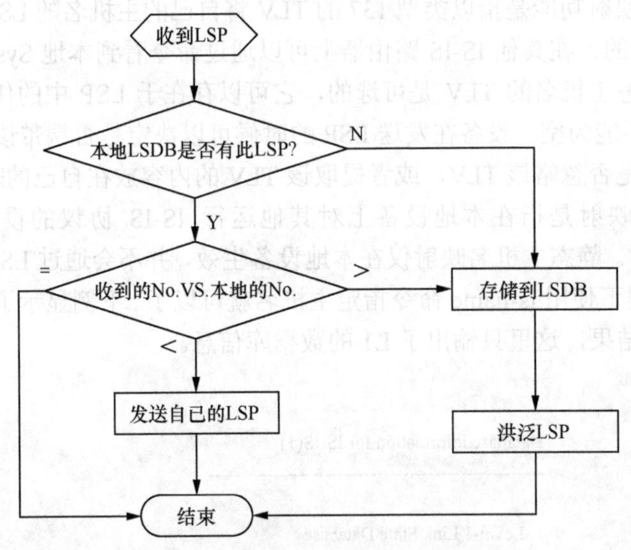

图 4-19　路由器对于接收 LSP 的处理

关于 LSP 的序列号，这里有两种情况需要注意。

第一种情况：如果一台路由器发生故障而没有向其他路由器清除它的 LSP（序列号已经大于 1），等到这台路由器从故障中恢复后它会重新产生序列号为 1 的 LSP，其他路由器接收到这条 LSP 后会忽略，导致路由无法及时更新。解决的办法是在其他路由器接收到这条序列号为 1 的 LSP 后，会立刻将本地数据库中的 LSP 拷贝一份扩散出来，这台路由器接收到后会产生一条序列号比原来 LSP 还要大 1 的新的 LSP，保证了路由器故障前后生成的 LSP 的序列号的连续性。

第二种情况：当 LSP 的序列号到达最大值时，这台路由器的 IS-IS 进程会停止一段时间，这个时间=LSP 最大生存时间+零生存时间，直到这条 LSP 在网络中其他路由器的数据库被老化并且清除。接着，路由器重新启动，启动完成后会生成一条序列号为 1 的新的 LSP。

4.3.2.1.4　LSP 校验和

校验和用来在接收端路由器上进行完整性检查，确保 LSP 在传送过程没有被损坏。校验和的结果是利用校验和算法根据 LSP 中剩余生存时间字段之后到报文最后的内容计算出来的，这个值会在 LSP 始发路由器计算一次，然后将结果放在校验和字段中。LSP 的接收路由器也会根据同样的算法和内容计算出一个校验和的值，用这个值和收到的校验和值进行比较，如果一致，则说明报文是完整的，将其存放进数据库，然后实行路由计算；如果校验和不一致，则说明 LSP 在传送的过程中被损坏了，接收端路由器会将这条 LSP 的剩余生存时间重置为 0，然后从数据库中清除该 LSP，被损坏的 LSP 是不能参与路由计算的。

4.3.2.1.5　LSP 剩余生存时间

在 ISO10589 中规定 IS-IS 的 LSP 最大生存时间为 1200s，华为 VRP 系统可以通过

timer Lsp-max-age 命令设置 LSP 的最大生存年龄，最大可以配置到 65535s。始发路由器产生 LSP 时，会将剩余生成时间设置到最大年龄值，然后泛洪到区域中，这条 LSP 被存储在数据库中，并且它的剩余生成时间会随着时间的推移而逐渐减少，如果没有及时得到刷新，这条 LSP 的剩余生存时间减少到 0 时会从数据库中清除。

IS-IS 和 OSPF 一样，也有周期性的刷新，IS-IS 的刷新间隔时间为 900s，华为 VRP 系统可以通过 timter lsp-refresh 命令修改刷新间隔时间，最小间隔为 1 秒，最大间隔为 65534s。减少刷新间隔时间，可以加快 IS-IS 的收敛时间，但同时增大了网络宽带和路由器 CPU 的资源开销；相反，增大刷新间隔时间，可以减少对资源的占有，但是不利于网络的收敛。在调整 LSP 的刷新间隔时间时，要记得 LSP 的最大生存时间也要做适当的调整，并且要保证最大生存时间要大于刷新间隔时间。

当一条 LSP 收到始发路由器的刷新时，剩余生存时间被重置到最大生存时间；如果没有得到及时刷新，LSP 的剩余生存时间会逐渐减少到 0，这时，路由器在等待 60s 后，如果始发路由器还没发来更新，那么该 LSP 会被清除掉，这个 60s 的时间叫“零年龄老化时间”，相当于在宣判一条 LSP“死刑”之前最后的宽限期。华为 VRP 系统无法修改“零年龄老化时间”的默认值。

4.3.2.1.6　区域关联位（ATT）

区域关联位用于指明一台 L2 或 L1/2 路由器具有其他区域的路由（与其他区域有连接）。由前面的内容可以知道，IS-IS 的 L1/2 路由器虽然是 L1 区域内的路由器，但它同时连接到了骨干区域（L2 区域），具备 L1 和 L2 两张数据库。有了 L2 数据库，也就等于有了其他区域的路由信息。一台 L1/2 路由器在向 L1 区域通告的 LSP 中将 ATT 位设置为 1，向 L1 区域内的路由器表明它具有到其他区域的路由信息。L1 路由器根据这条 LSP，生成一条指向最近的 L1/2 路由器的默认路由，用于将数据包发向其他区域。这里需要注意的问题是，L1/2 通告 ATT=1 的 L1 LSP 的条件是至少在骨干区域有个活动的 L2 邻接。虽然在 L1 和 L2 的 LSP 都能设置 ATT 位，但是 ATT 位只能用于 L1 区域的选路。同时，区域关联位允许一台 L1/2 路由器来表明它连接到骨干区域的链路使用的开销类型，可以参照前文对 LSP 字段的解释内容。

```
[R1]display isis lsdb
                        Database information for IS-IS(1)
                        --------------------------------
                          Level-1 Link State Database
LSPID              Seq Num       Checksum      Holdtime      Length   ATT/P/OL
-------------------------------------------------------------------------------
0000.0000.0001.00-00* 0x00000009    0x4fb        709           101      0/0/0
0000.0000.0001.01-00* 0x00000002    0x5428       709           54       0/0/0
0000.0000.0001.02-00* 0x00000002    0x6416       707           54       0/0/0
0000.0000.0002.00-00  0x0000000a    0x648b       1179          90       1/0/0

[R1]display ip routing-table
Route Flags: R-relay, D-download to fib
-------------------------------------------------------------------------------
Routing Tables: Public
         Destinations : 16        Routes : 17
Destination/Mask    Proto    Pre   Cost    Flags  NextHop     Interface
0.0.0.0/0        IS-IS-L1   15    10       D    10.1.12.2    GigabitEthernet0/0/0
```

```
10.1.1.1/32     Direct      0    0      D    127.0.0.1      LoopBack0
10.1.2.2/32     IS-IS-L1    15   10     D    10.1.12.2      GigabitEthernet0/0/0
10.1.3.3/32     IS-IS-L1    15   10     D    10.1.13.3      GigabitEthernet0/0/1
```

如上面的输出显示，路由器 R1 接收到一条 ATT 设置为 1 的 LSP，在它的路由器表就会增加一条默认路由，下一跳指向离它最近的 L1/2 路由器。

也可以根据实际需要，配置 L1/2 是否通告 ATT 置位的 LSP，在华为 VRP 系统中，使用 attached-bit advertise 命令配置能让 L1/2 路由器在通告的 L1 LSP 中永远或永远不设置 ATT 位，也可以通过命令 attached-bit avoid-learing 配置在接收到 ATT 置位的 L1 LSP 时，L1 路由器也不生成默认路由。

4.3.2.1.7　Partition Repair（区域修复）

OSPF 协议要求网络中的区域是连续的，并且只能有一个区域 0。如果区域不连续或网络中有多个区域 0（比如区域 0 被分裂开了），需要使用虚链路技术来修复。IS-IS 协议的区域修复是指 L1 区域被分裂后的修复，如果该位设置为 1，表示源路由支持区域修复。一个 L1 区域修复需要通过骨干区域（L2 区域），如图 4-20 所示。

如图 4-20 所示，通过骨干区域创建虚连接实现 L1 区域的修复，虚连接的端点是在该 L1 区域的两台 L1/2 路由器上，它们产生的 LSP 会将 P 位设置为 1。这里不详述虚连接的具体建立过程，有兴趣的读者可以参考相关资料。华为目前的 VRP 系统还不支持区域修复功能，所以我们看到的 LSP 中 P 位为 0。

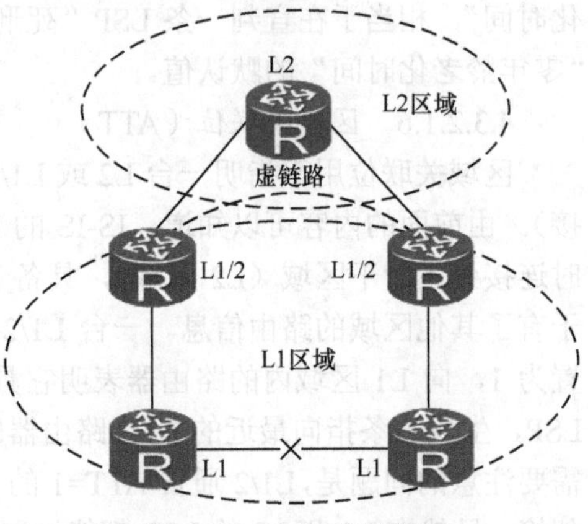

图 4-20　IS-IS 区域修复

4.3.2.1.8　OverLoad（过载）

OverLoad 位表示始发路由器的数据库是否过载。在一般情况下，该位设置为 0；如果设置为 1，则表示 LSP 始发源路由器的 CPU 和内存资源已经不足，无法维护一个完整的链路状态数据库，数据流经过这台设备时有可能得不到正常的转发。如果一台路由器收到了过载位设置为 1 的 LSP，那么它在进行 SPF 计算时不会以过载的那台路由器作为中间转发设备，除了去往那台过载路由器的直连网络外，如图 4-21 所示。

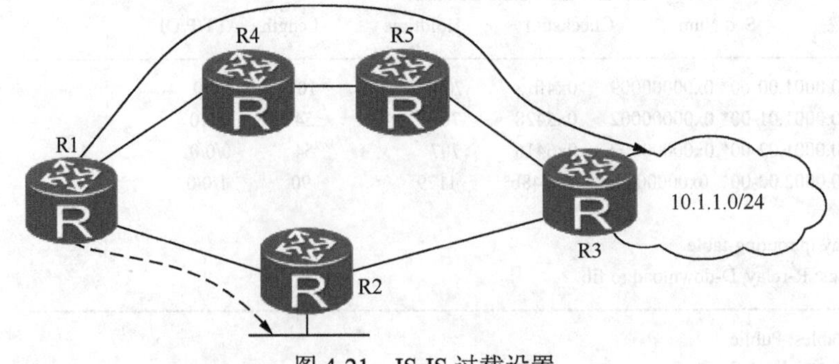

图 4-21　IS-IS 过载设置

如图 4-21 所示，正常情况下，R1 通过 R2 访问 10.1.1.0 网络，但是如果 R2 的 LSDB

处于过载状态（发出的 LSP 过载位为 1），那么 R1 就会绕过 R2，而通过 R4 和 R5 访问 10.1.1.0 网络，但是 R1 访问 R2 的直连网络不受影响。

下面的输出内容显示了 LSDB 中 OL 置位的 LSP。

```
[R1]display isis lsdb
                         Database information for IS-IS(1)
                         --------------------------------
                          Level-1 Link State Database
LSPID        Seq Num      Checksum    Holdtime    Length   ATT/P/OL
-------------------------------------------------------------------------
0000.0000.0001.00-00* 0x00000009   0xf708      1086        101      0/0/0
0000.0000.0002.00-00  0x00000009   0x6292      1164        90       0/0/1
0000.0000.0003.00-00  0x00000009   0x943e      1143        90       1/0/0
```

在华为的 VRP 系统中，设备可以自动进入过载状态（比如设备工作异常），在过载状态下，设备会删除所有引入或渗透进来的路由信息；也可以通过手工设置让设备进入过载状态，比如在设备需要升级或维护时，需要将业务切换到其他路径转发。这种方式下，还可以通过配置让设备在过载状态下是否删除所有引入或渗透进来的路由信息。

一般来说，现在的设备性能比以前好多了，通过过载设置来避免因为设备性能不足而带来的问题，这种需求已经不多了。但是读者还是了解一下过载特性的一个扩展应用，如图 4-20 所示。

如图 4-22 所示，AS100 为国内某二级运营商网络的一部分图，AS200 为某一级运营商网络一部分图，AS100 内使用 IS-IS 承载网络核心路由信息；AS100 的 R2 和 R3 通过 eBGP 接收来自 AS200 的公网路由，R2 和 R3 同时通过 IS-IS 协议向 AS100 下发默认路由。假设某一天，R2 需要升级或维护，设备重启后，由于 IS-IS 协议先启动，BGP 后启动，所以当 AS100 内部路由器有了 R2 的默认路由后，会将去往 AS200 的数据流发往 R2，而此时的 R2 的 BGP 还没完全收敛，数据包到达 R2 时就会被丢弃，导致路由黑洞。

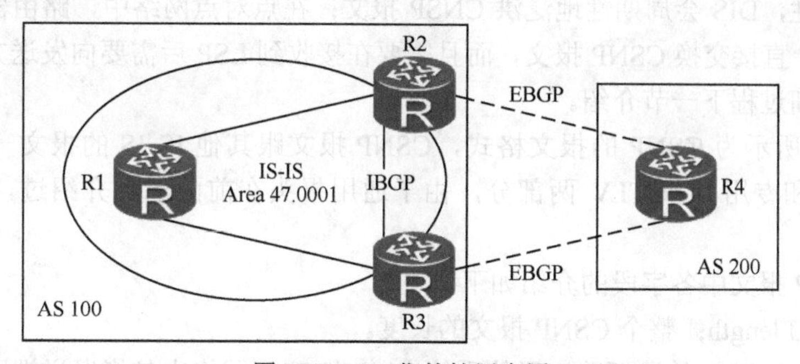

图 4-22 OL 位的扩展应用

在华为 VRP 系统下，解决的办法是在 R2 的 IS-IS 进程下配置如下命令的一种：

```
set-overload on-startup  xx
```

这条命令配置路由器重启时设置 OverLoad 位的时间，超过这个时间后，OverLoad 位清除。

```
set-overload wait-for-bgp xx
```

这条命令使路由器只有在 BGP 收敛完成后，才清除 OverLoad 位。

4.3.2.2 SNP（序列号报文）介绍

在前文中提到，IS-IS 协议通过 LSP 的泛洪来实现链路状态数据库的同步，那么如何保证这个泛洪过程的可靠性及 LSP 的完整性是我们这一节要学习的主题。SNP 就是用来跟踪和维护链路状态数据库的同步的报文，它分为两类：

- CSNP（Complete Sequence Number Packet：完全序列号报文）；
- PSNP（Partial Sequence Number Packet：部分序列号报文）。

CSNP 和 PSNP 的报文格式是相同的，而且都携带 LSP 的摘要信息。不同的地方是，CSNP 报文携带的是当前路由器的链路状态数据库中的所有 LSP 的摘要信息，类似 OSPF 的 DD（数据库描述）报文；而 PSNP 报文携带的是数据库中部分 LSP 的摘要信息。这个摘要包括了 LSP ID、序列号、校验和及剩余生存时间。

因为链路状态数据库有 L1 类型和 L2 类型的，所以 CSNP 和 PSNP 两种报文也有 L1 类型和 L2 类型的产生。并且在广播网络和 P2P 网络中，对这两种报文的使用还有些区别。

4.3.2.2.1 CSNP（完全序列号报文）

在链路状态数据库的同步过程中，CSNP 报文的作用是为了确保区域内所有路由器的链路状态数据库保持一致。不论是广播网络还是 P2P 网络，一台路由器接收到另一台路由器的 CSNP 报文后，会对比自己的链路状态数据库。如果发现自己的链路状态数据库中不完整（有缺失的 LSP），就会向接收 CSNP 报文的接口发送出 PSNP 报文，用来请求自己还没有的 LSP；如果发现自己的链路状态数据库中的 LSP 不是最新的，也会发送 PSNP 去请求最新的 LSP；如果发现比自己的 LSP 更加新，则将自己的 LSP 泛洪出去。这个过程用来帮助区域内的路由器完成数据库的同步。

在广播网络和 P2P 网络中，数据库同步的过程有些差别。在广播网络中，路由器之间在建立完邻接关系后，直接泛洪和交换 LSP，从而完成数据库的同步。但是，在广播网络中，由于 LSP 的泛洪是不可靠的（不需要接收端确认），所以为确保每台路由器数据库的完整性，DIS 会周期性地泛洪 CNSP 报文；在点对点网络中，路由器之间邻接关系建立之后，直接交换 CSNP 报文，而且需要在接收到 LSP 后需要向发送方确认。数据库的同步详细过程下一节介绍。

图 4-23 所示为 CSNP 的报文格式，CSNP 报文跟其他 IS-IS 的报文一样，也分为报头（通用和专用）和 TLV 两部分，由于通用报头在前面已经介绍过，这里没显示出来了。

对 CSNP 报文中各字段的介绍如下。

- PDU length：整个 CSNP 报文的长度。
- Source-ID：始发源路由器的系统 ID。在 P2P 网络中是指发送端路由器的系统 ID，在广播网络中指 DIS 的系统 ID。
- Start LSP-ID：起始 LSP-ID，代表 CSNP 报文描述的 LSP 条目中第一条 LSP 的 LSP-ID。
- End LSP-ID：结束 LSP-ID，代表 CSNP 报文描述的 LSP 条目中最后一条 LSP 的 LSP-ID。
- LSP Entries：LSP 条目，使用类型 9 的 TLV，用来携带描述的 LSP 摘要信息，

```
⊟ ISO 10589 ISIS InTRA Domain Routeing Information Exchange Protocol
    Intra Domain Routing Protocol Discriminator: ISIS (0x83)
    PDU Header Length: 33
    Version: 1
    System ID Length: 6
    ...1 1001 = PDU Type: L2 CSNP (25)
    000. .... = Reserved: 0x00
    Version2 (==1): 1
    Reserved (==0): 0
    Max.AREAs: (0==3): 3
⊟ ISO 10589 ISIS Complete Sequence Numbers Protocol Data Unit
    PDU length: 131
    Source-ID: 0000.0000.0002
    Start LSP-ID: 0000.0000.0000.00-00
    End LSP-ID: ffff.ffff.ffff.ff-ff
  ⊟ LSP entries (96)
    ⊟ LSP Entry
        LSP Sequence Number: 0x0000000b
        Remaining Lifetime: 1194
        LSP checksum: 0xcd4d
      LSP-ID: 0000.0000.0001.00-00
    ⊞ LSP Entry
      LSP-ID: 0000.0000.0001.01-00
    ⊞ LSP Entry
      LSP-ID: 0000.0000.0002.00-00
    ⊞ LSP Entry
      LSP-ID: 0000.0000.0003.00-00
    ⊞ LSP Entry
      LSP-ID: 0000.0000.0003.01-00
    ⊞ LSP Entry
      LSP-ID: 0000.0000.0004.00-00
```

图 4-23 CSNP 格式

所有 LSP 的摘要信息按 LSP-ID 的升序依次排列在 LSP 条目中。

由于有些链路状态数据库的信息较多，单个 CSNP 报文不能完整描述，所以 CSNP 报文引入了 Start LSP-ID 和 End LSP-ID 两个字段，用来说明一个 CSNP 报文所描述的 LSP 的范围。如图 4-23 所示，一个 CSNP 报文如果描述了整个链路状态数据库中的信息，那么它描述的 LSP-ID 就起始于 0000.0000.0000.00，结束于 FFFF.FFFF.FFFF.FF。

4.3.2.2.2 PSNP（部分序列号报文）

如前文所述，一个 PSNP 报文只携带部分 LSP 描述信息，而不是整个数据库的信息，所以在报文内部不需要起始和结束的 LSP-ID 字段。PSNP 有两个作用：

- 在广播网络和点对点网络中请求缺失或最新的 LSP；
- 在点对点网络中确认收到的 LSP。

图 4-24 所示为 PSNP 的报文格式。

```
⊞ ISO 10589 ISIS InTRA Domain Routeing Information Exchange Protocol
⊟ ISO 10589 ISIS Partial Sequence Numbers Protocol Data Unit
    PDU length: 51
    Source-ID: 555555555555
  ⊟ LSP entries (32)
    ⊟ LSP Entry
        LSP Sequence Number: 0x00000009
        Remaining Lifetime: 1193
        LSP checksum: 0xf909
      LSP-ID: 1111.1111.1111.00-00
    ⊞ LSP Entry
      LSP-ID: 1111.1111.1111.00-01
```

图 4-24 PSNP 的报文格式

4.3.2.2.3 CSNP 和 PSNP 支持的 TLV

不论是 L1 还是 L2 的 CSNP 和 PSNP，都可以使用以下四类 TLV，见表 4-2 所示。

表 4-2　　　　　　　　　　CSNP 和 PSNP 支持的 TLV

TLV	类　型	功　能
LSP 条目	类型 9	携带 LSP 的摘要，包括每个 LSP 的剩余生存时间、LSP-ID、序列号和校验和，如图 4.24 所示
认证信息	类型 10	携带 SNP 的认证信息，提高网络的安全性
可选的校验和	类型 12	携带校验和信息，用于接收到端检查报文是否被篡改
实验用	类型 250	未确定意义，实验使用

4.3.3　泛洪机制

4.3.3.1　概述

作为一种链路状态路由协议，IS-IS 和 OSPF 一样，在学习和计算路由之前，区域中的路由器首先要交换链路状态信息，最终所有路由器的链路状态数据库达到一致的状态，这就好比每台路由器都有了一张相同的网络拓扑。然后，每台路由器利用自己的 SPF 算法计算到区域内任何其他网络的最优路由。

路由器产生一个 LSP 后，然后从所有运行了 IS-IS 的接口扩散出去，区域中的其他路由器从一个接口接收到 LSP 后，将这份 LSP 的一份拷贝装入 L1 或 L2 的数据库中，然后再将这份 LSP 从其他所有运行了 IS-IS 的接口继续扩散。路由器接收到一条 LSP 时，处理流程如下。

- IS-IS 路由器接收到 LSP，在数据库中搜索对应的记录。若没有该 LSP，则将其加入数据库，并组播新数据库内容。
- 若收到的 LSP 序列号大于本地 LSP 的序列号，就替换为新报文，并组播新数据库内容；若收到的 LSP 序列号小于本地 LSP 的序列号，就向入端接口发送本地 LSP 报文。
- 若两个序列号相等，则比较 Remaining Lifetime（剩余生存时间）。若收到的 LSP 的 Remaining Lifetime 小于本地 LSP 的 Remaining Lifetime，就替换为新报文，并组播新数据库内容；若收到的 LSP 的 Remaining Lifetime 大于本地 LSP 的 Remaining Lifetime，就向入端接口发送本地 LSP 报文。
- 若两个序列号和 Remaining Lifetime 都相等，则比较 Checksum。若收到的 LSP 的 Checksum 大于本地 LSP 的 Checksum，就替换为新报文，并组播新数据库内容；若收到的 LSP 的 Checksum 小于本地 LSP 的 Checksum，就向入端接口发送本地 LSP 报文。
- 若两个序列号、Remaining Lifetime 和 Checksum 都相等，则不转发该报文。

4.3.3.2　SRM 和 SSN 标志

SRM 和 SSN 标志在链路状态信息泛洪过程发挥了重要作用。SRM 标志用来跟踪路由器从一个接口向邻居发送 LSP 的状态。在广播网络中，SSN 标志用来跟踪向邻居请求完整的 LSP 状态；在点对点网络中，SSN 标志用来跟踪对 LSP 的确认状态。

SRM 和 SSN 标志可以帮助路由器以更优化的方式发送 LSP 和 PSNP，从而减少带宽和 CPU 的开销，提高链路状态数据库的同步。详细信息会分别在广播网络和点到点网络数据库同步的内容中介绍。

4.3.3.3 计时器

IS-IS 协议在链路状态信息泛洪过程中使用了多个计时器，这些计时器中有的用来控制 LSP 刷新的间隔，有的用来限制 LSP 产生的频率等。在不稳定的网络中，这些计时器确保了 LSP 泛洪不会带来过大的网络资源开销，还提供了保证数据库完整性的方法，这一节就来跟大家解释一下这些计时器的使用及在华为 VRP 系统中的配置命令。

1. 最大生存时间

最大生存时间是指一个 LSP 从“生命”诞生开始直到“老死”经历的最长时间，ISO10589 定义的 LSP 最大生存时间为 1200s。一个 LSP 的“阳寿”是从最大生存时间向下递减的，当一个 LSP 的“阳寿”等于 0 时，就从数据库中清除掉了。在华为 VRP 系统中，使用剩余生存时间来标识一个 LSP 的“阳寿”。正常情况下，一个 LSP 的始发源路由器会定期更新它的 LSP（LSP 更新时间在下文介绍），路由器接收到新的 LSP 后，替换掉老的 LSP 并重置 LSP 的剩余生存时间到最大生存时间。如果 LSP 的剩余生存时间减少到 0 时，还没有得到源路由器的刷新，那么这个 LSP 就会被清除。在清除之前路由器还会等一个“零阳寿生存时间”（Zero Age Life Time），ISO 10589 定义的零阳寿生存时间为 60s。

在华为 VRP 系统中可以通过命令 timer lsp-max-age 来修改 LSP 的最大生存时间，华为 VRP 系统支持的最大生存时间的范围是 2～65535s。一般情况下，不建议大家修改 LSP 的默认最大生存时间，因为网络中的路由器使用的 LSP 最大生存时间必须一致，如果路由器接收到一个 LSP 的剩余生存时间比本地的最大生存时间还要大，那么会认为该 LSP 已经被破坏而将其丢弃，从而影响网络的稳定性。

2. LSP 刷新间隔

LSP 始发路由器在 LSP“阳寿”消耗尽之前（LSP 剩余生存时间减少到 0 之前），每隔一定时间会重新产生该 LSP 的新实例，这个时间间隔默认为 900s。周期性的刷新有利于网络中所有路由器的链路状态数据库的完整性。华为 VRP 系统修改 LSP 刷新间隔的命令是 timer lsp-refresh。适当将刷新时间间隔设置大些，可以减少网络资源的消耗，但是不利用网络的收敛。

3. LSP 连续生成间隔

LSP 连续生成间隔是指路由器连续生成两个 LSP 的时间间隔。在一些不稳定的网络中，可以将 LSP 生成间隔设置大些，比如网络中有条链路持续翻滚的话，就会导致路由器不停地产生新的 LSP，这会让网络中其他路由器的 SPF 进程频繁进行路由计算，增大了 CPU 开销。为了避免 LSP 频繁生成给网络带来的冲击，LSP 的生成存在一个最小间隔的限制，即同一个 LSP 在最小间隔内不允许重复生成，一般缺省最小时间间隔为 5s，作了这种限制后，路由收敛速度受到较大影响。IS-IS 中，当本地路由信息发生变化时，路由器需要产生新的 LSP 来通告这些变化。当本地路由信息的变化比较频繁时，立即生成新的 LSP 会占用大量的系统资源。另一方面，如果产生 LSP 的延迟时间过长，则本地路由信息的变化无法及时通告给邻居，导致网络的收敛速度变慢。可以使用 timer lsp-generation 命令来设置产生 LSP（这些 LSP 具有相同的 LSP ID）的延迟时间。

4. LSP 传输间隔

LSP 传输间隔是指连续传送两个 LSP 的间隔，缺省情况下，接口上发送 LSP 的最小时间间隔为 50ms。如果邻居路由器的资源有限，其他路由器向其传递一个 LSP 后，它无法按时确认的话，其他路由器就会重传 LSP，这时可能使情况更加恶化，为了保护这样的邻居，LSP 传输间隔就得设置大些。

5. CSNP 发送间隔

在广播网络中，为维护链路状态数据库的完整性，DIS 周期性地发送 CSNP，默认间隔是 10s。华为 VRP 系统可以通过接口命令 isis timer csnp 来修改默认值。这个值设置得小些，有利于网络的快速收敛，但同时增加了带宽的开销。如果一个网络在比较稳定的情况下，可以适当增大该值，以减少对带宽的开销。

以上这些计时器提供了一些优化和控制链路状态信息泛洪的方法。一般情况下，不建议修改这些计时器的默认值，除非修改后能预测相应的结果。如果网络规模大，加快收敛速度的办法就是升级路由器。另外，在网络规划时，一定要保证网络的高可用性。

4.3.4 链路状态数据库同步过程

4.3.4.1 广播网络中的同步过程

在广播网络中，路由器在邻接关系初始化后，首先泛洪自己的 LSP，L1 的 LSP 发送到组播地址 01-80-C2-00-00-14（L1 IS），L2 的 LSP 发送到组播地址 01-80-C2-00-00-15（L2 IS）。其他 L1 或 L2 邻居接收 LSP 后，并不需要确认，因此，在广播网络中，LSP 的泛洪是不可靠的。这样的话，对于 LSP 的始发路由器来说，如何确保所有邻居都接收到了自己的 LSP 呢？IS-IS 协议使用 DIS 周期性地发送 CSNP 来保证广播网络中链路状态数据库的同步。

我们在前面介绍到，DIS 是 IS-IS 协议用来在广播网络中控制数据库信息的泛洪和同步的。在广播网络中，路由器都与 DIS 建立了邻接关系（当然，所有路由器之间都建立了邻接关系），这就意味着，DIS 的数据库拥有其他所有路由器的数据库信息，基于这个前提，DIS 使用一个或多个 CSNP 描述自己整个链路状态数据库信息，然后周期性地（每隔 10 秒）扩散到网络中。其他路由器接收到 DIS 的 CSNP 后，与自己的数据库中的内容作比较，比较后会发现自己缺失或较新的 LSP，然后发送 PSNP 来请求相应的 LSP。网络中的 DIS 或具有这份 LSP 的邻居收到请求后就会回应相应的 LSP。在广播链路上，发送 LSP 之前会在接口上先设置一个 SRM 标志，待发送完 LSP 后立刻清除标志。如果路由器查看 DIS 发过来的 CSNP 内容后，发现自己数据库中具有的 LSP 而 DIS 没有或 DIS 具有的更老，这时它会主动将自己的 LSP 泛洪出来。通过上述过程，保证了广播网络中所有路由器的数据库都是一致的。在一个广播网络中有可能存在多台路由器，在链路状态数据库的同步过程中，如果对每条接收的 LSP 都要给予确认的话，这就需要发送端路由器跟踪其他所有邻居的接收情况，从而让整个过程变得更复杂。虽然 DIS 周期性泛洪 CSNP 会带来一定的带宽开销，但是这个方法相对来说简单得多。

图 4-25 所示为广播网络中链路状态信息同步的整个过程。

如图 4-25 所示，这里假设 R1 和 R2 已经正常运行并建立好了邻接关系，R2 被选为 DIS；R3 后面接入该网络，并假设它与 R1 和 R2 都已建立邻接关系，数据库的同步过程如下。

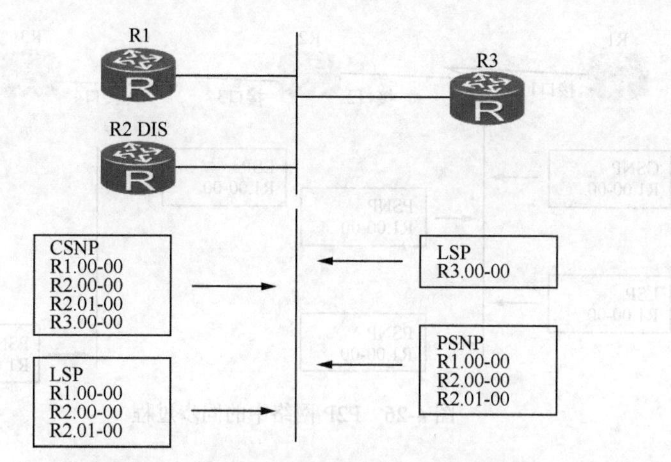

图 4-25 广播网络中链路状态信息同步过程

- R3 与 R1、R2 建立邻居关系之后，它将自己的 LSP（R3.00-00）发送到组播地址（L1：01-80-C2-00-00-14；L2：01-80-C2-00-00-15）。这样 R1 和 R2 都将收到该 LSP。
- R2（DIS）收到 R3 的 LSP 后将其加入到 LSDB 数据库中，并等待 CSNP 报文定时器超时（DIS 每隔 10s 发送 CSNP 报文）并发送 CSNP 报文，进行该网络内的 LSDB 同步。
- R3 收到 DIS 发来的 CSNP 报文（里面描述了 4 个 LSP），对比自己的 LSDB 数据库，发现自己的数据库并没有这 4 个 LSP，接着它会向 DIS 发送 PSNP 报文请求这 4 个 LSP。
- DIS 收到该 PSNP 报文请求后向 R3 发送对应的 LSP。

4.3.4.2 P2P 网络中的同步过程

跟广播网络不一样，IS-IS 协议在 P2P 网络中的数据库同步过程中，接收到邻居的 LSP 后是需要给予确认的（可靠方式）。因为在 P2P 链路上，每台路由器只有一个邻居，确认不会带来过多的资源开销。

在 P2P 网络中，当两台路由器建立好邻接关系后，首先交换 CSNP。跟前文介绍的一样，路由器通过比较接收到的 CSNP 的内容，确定本地数据库缺失的 LSP，并根据前面介绍的 LSP 的新旧比较规则，比较自己的数据库和邻居数据库中 LSP 的新旧；对于缺少或过时的 LSP，路由器会发出 PSNP 进行请求，并且在收到邻居回应过来的 LSP 后使用 PSNP 确认；如果路由器发现邻居路由器有缺失或拥有更旧的 LSP，它会主动将 LSP 发送给邻居。如果发送的 LSP 没有得到邻居的 PSNP 确认，在重传间隔时间超时后，路由器会重传先前的 LSP，直到接收到邻居的 PSNP 确认为止。在 P2P 链路上接收到一个 LSP 后，接口上会设置一个 SSN 标志表示需要向该接口发送 PSNP 确认，接收到确认后，SSN 标志就会被清除；同时，如果需要将 LSP 拷贝从一个接口发送出去，也会在该接口上设置 SRM 标志，发送后标志立刻被清除。

如图 4-26 所示，R2 与 R1、R3 通过点对点链路建立连接，以 R1 先发送自己的 CSNP 为例，同步过程如下：

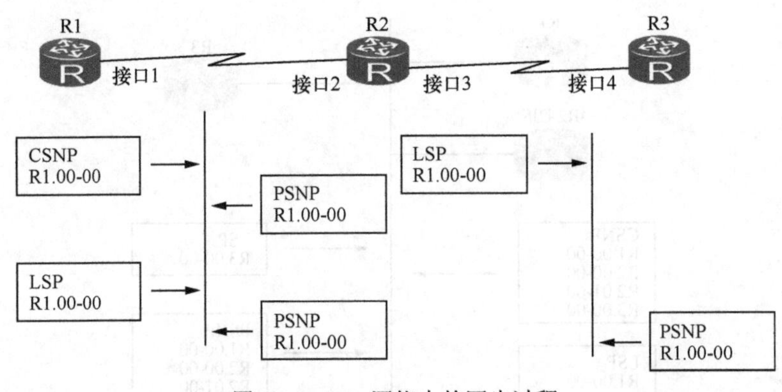

图 4-26　P2P 网络中的同步过程

- R2 接收到 R1 的 CSNP（描述了一条 LSP：R1.00-00）后，发送 PSNP 进行请求；
- R1 收到请求后，将相应的 LSP 拷贝发送到网络中；
- R2 接收到请求的 LSP 后，将其拷贝存入数据库中，并且在接口 2 设置 SSN 标志，在接口 3 设置 SRM 标志；
- R2 向 R3 转发这个 LSP 的拷贝并向 R1 发送 PSNP 进行确认；
- R2 清除接口上的 SSN 标志；
- R3 从 R2 接收到这个 LSP 后，存入数据库中，并同时在接口 4 上设置 SSN 标志；
- R4 向 R2 发送 PSNP 确认，并同时清除接口 4 上的 SSN 标志；
- R2 接收到 R3 的 PSNP 确认后，清除接口 3 的 SRM 标志。

4.4　LSP 分片扩展（Fragmentation）

4.4.1　原理概述

一般情况下，路由器使用 LSP 来描述它所有的链路状态信息。如果链路状态信息过于庞大，路由器就得生成多个 LSP 分片，用来携带全部的链路状态信息。由前文内容可知，每个 LSP 的 LSP ID 由产生该 LSP 的源路由器的 System-ID 和伪节点的 ID（普通 LSP 中该值为 0，伪节点 LSP 中该值为非 0）、LSPNumber（LSP 分片号）组合起来唯一标识，由于 LSPNumber 字段的长度是 1Byte，因此，IS-IS 路由器可产生的分片数最大为 256，携带的信息量有限。在 RFC3786 中规定，IS-IS 可以配置虚拟的 System-ID，并生成虚拟 IS-IS 的 LSP 报文来携带路由等信息。

IS-IS LSP 分片扩展特性可使 IS-IS 路由器生成更多的 LSP 分片，通过为路由器配置附加的虚拟系统，每个虚拟系统都可生成 256 个 LSP 分片（最多可配置 50 个虚拟系统），使得 IS-IS 路由器可最多生成 13056 个 LSP 分片。

4.4.2　基本概念

- 初始系统（Originating System）：初始系统是实际运行 IS-IS 协议的路由器。允许一个单独的 IS-IS 进程像多个虚拟路由器一样发布 LSP，而“Originating System”指的是那个“真正”的 IS-IS 进程。

- 系统 ID（Normal System-ID）：初始系统的系统 ID。
- 虚拟系统（Virtual System）：由附加系统 ID 标识的系统，用来生成扩展 LSP 分片。这些分片在其 LSP ID 中携带附加系统 ID。
- 附加系统 ID（Additional System-ID）：虚拟系统的系统 ID，由网络管理员统一分配。每个附加系统 ID 都允许生成 256 个扩展的 LSP 分片。

4.4.3 LSP 分片方式

1. Mode-1

如果网络中存在不支持 LSP 分片扩展特性的路由器，使用 Mode-1 的分片扩展方式。这种方式是在初始系统发布的 LSP 中携带了到每个虚拟系统的链路信息；同时，虚拟系统发布的 LSP 也包含了到初始系统的链路信息，并且虚拟系统也参与路由 SPF 计算。这样，虚拟系统看起来就像是跟初始系统相连的真实路由器是一样的。

虚拟系统的 LSP 中包含和原 LSP 中相同的区域地址和 Overload Bit。如果还有其他特性的 TLV，也必须保持一致。

虚拟系统所携带的邻居信息指向初始系统，metric 为最大值（窄度量情况下最大值为 64）减 1；初始系统所携带的邻居信息指向虚拟系统，metric 必须为 0。这样就保证了其他路由器在进行路由计算的时候，虚拟系统一定会成为初始系统的下游节点。

如图 4-27 所示，R2 是不支持分片扩展的路由器，R1 设置为 mode-1 的分片扩展，R1-1 和 R1-2 是 R1 的虚拟系统，R1 将一部分路由信息放入 R1-1 和 R1-2 的 LSP 报文中向外发送。R2 收到 R1、R1-1 和 R1-2 的报文时，认为对端有三台独立的路由器，并进行正常的路由计算。同时，R1 到 R1-1 和 R1-2 的开销都是 0，所以，R2 到 R1 的路由开销值与 R2 到 R1-1 路由开销值都相等。

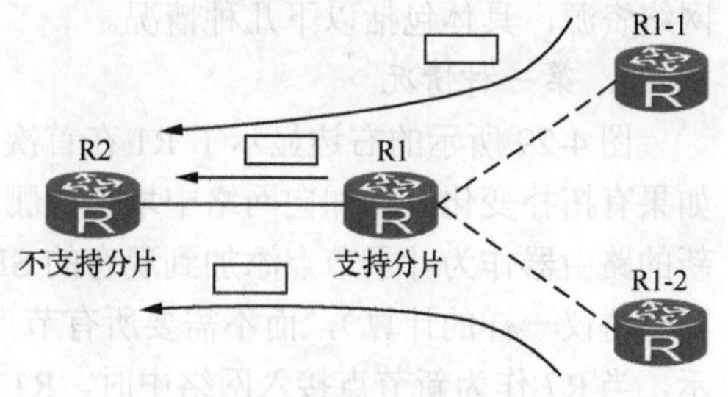

图 4-27 Mode-1 LSP 分片扩展

2. Mode-2

Mode-2 的方式用于网络中所有路由器都支持 LSP 分片扩展特性的情况。在该模式下，虚拟系统不参与路由 SPF 计算，网络中所有路由器都知道虚拟系统生成的 LSP 实际属于初始系统。

如果 R2 支持分片扩展，并将 R1 设置为 Mode-2 的分片扩展后，R1 将一部分路由信息放入到 R1-1 和 R1-2 的 LSP 报文中向外发送（R1-1 和 R1-2 是内部虚拟节点）。当 R2 收到 R1-1 和 R1-2 的 LSP 时，通过 IS Alias ID TLV 知道它们的初始系统是 R1，则把 R1-1、R1-2 所发布的信息都视为 R1 的信息，所以在 R2 计算的拓扑中是不会存在 R1-1 和 R1-2 的，如图 4-28 所示。

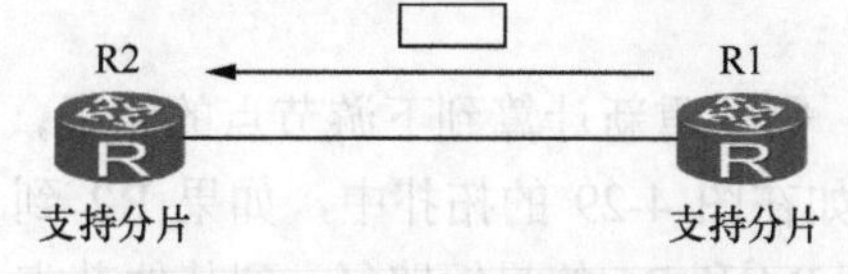

图 4-28 Mode-2 LSP 分片扩展

4.5 IS-IS 的收敛和扩展特性

目前，国内电信运营商在其 IP 骨干网中大量使用 IS-IS 协议，在这种规模较大的网络中，IS-IS 的收敛速度是很重要的，如果网络发生故障，而 IS-IS 协议收敛速度太慢的话，直接会影响到业务的响应速度，所以 IS-IS 采用了以下手段来提高收敛速度：

- 增量 SPF 算法（I-SPF）；
- 部分路由计算（PRC）；
- 智能定时器；
- LSP 快速扩散。

4.5.1 增量 SPF 算法（I-SPF）

对于传统的 Dijkstra SPF 算法来说，网络拓扑越复杂，SPF 算法的资源开销就越大。如果网络拓扑发生变化，比如网络中加入了一台新路由器，或者是某个链路故障，这些事件都会导致网络中的所有路由器进行一次完整的 SPF 计算过程，也就是需要计算所有节点的 SPT（最短路径树）。如果网络故障频繁，SPF 计算会影响所有的路由器的性能而对整个网络的稳定性产生冲击。

针对上述情况，增量 SPF 算法对传统的 SPF 算法进行了改进。所有节点只是在首次进行完整的 SPF 计算，计算出并保持好以自己为根的 SPT。之后如果网络发生变化，根据情况只需要进行增量 SPF 算法就行，从而避免了节点重复进行 SPF 计算而消耗过多的网络资源，具体包括以下几种情况。

1. 第一种情况

图 4-29 所示的右边显示了 R1 在首次进行 SPF 计算后形成的 SPT。网络运行过程中如果有拓扑变化，比如向网络中增加或删除一台新的路由器，网络中的节点只是将这台新的路由器作为叶子节点添加到现有的 SPT，只需要很简单的 SPF 计算（类似距离矢量路由协议一样的计算），而不需要所有节点重新进行一次完整的 SPF 计算。如图 4-30 所示，当 R7 作为新节点接入网络中时，R1 不需要重新计算到其他节点的 SPT，而只是将 R7 作为叶子添加到自己的 SPT 上就行了。

2. 第二种情况

有时候链路出现故障会导致节点重新进行 SPF 计算，但是出现故障的链路如果不在 SPT 上，那么对节点是没有影响的，比如在图 4-29 中，如果 R3-R4 之间的链路出现故障，由于这条链路不在 R1 的 SPT 上，所以 R1 不需要 SPF 计算。如果是链路的开销变化，有可能会导致路由器去往其他目标网络的最优路径发生变化，这时需要进行 SPF 计算。

3. 第三种情况

最后一种情况就是当 SPT 上的路径出现故障后，需要重新计算到下游节点的路径，那些不受影响的节点是不需要进行 SPF 计算的，比如在图 4-29 的拓扑中，如果 R2 到 R4 之间的路径发生故障，那么 R2 只需要重新计算到 R4 和 R5 的最短路径，到其他节点的最短路径不需要重新计算。

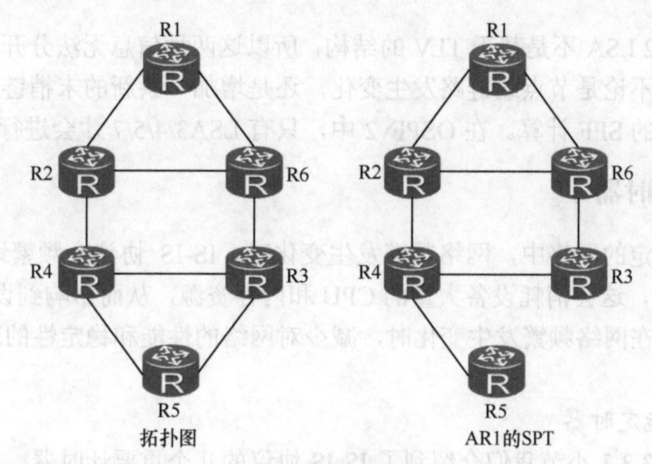

图 4-29 SPF 计算

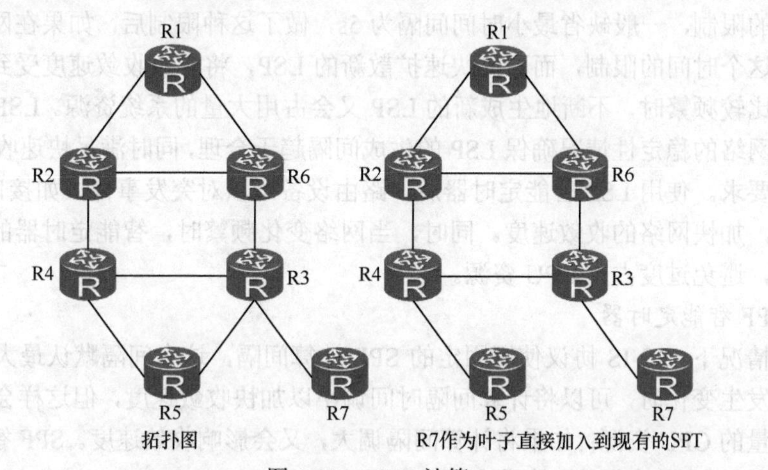

图 4-30 I-SPF 计算

4.5.2 部分路由计算（PRC）

当网络中增加一条末梢链路（Stub Link），或者网络中的一个子网网段发生变化，这些情况并未导致整个拓扑的改变，所以网络中的节点不需要进行 SPF 计算，而只需要像距离矢量路由协议那样，将新的链路对应用的路由及 metric 信息添加进路由表就行，从而节省了设备的开销，这就是部分路由计算。

部分路由计算的特性起初是在 IS-IS 定义的，OSPFv2 后来也引入了该特性，但跟 IS-IS 的部分路由计算特性还是有些区别，本节后面就会介绍。在前文中我们学习到，IS-IS 的 LSP 是基于 TLV 结构的，不同的信息通过不同的 TLV 来传递，比如对于一台路由器的邻居和网络前缀信息，分别使用了 IS Reachability TLV 和 IP Reachability TLV 来承载和传递。当一台路由器接收到一个只有 IP Areachability 信息的 LSP 后，将其中的网络前缀信息作为路由安装进路由表即可，不需要重新计算 SPF。

起初因为 IS-IS 的部分路由计算特性，而使得 IS-IS 协议在单区域中的扩展性比 OSPFv2 更好，因为 OSPF 将网络可达性信息和拓扑信息都放在 Type-1 的 LSA 中进行传递，而且 OSPFv2 LSA 不是基于 TLV 的结构，所以这两种信息无法分开放置和传递。这样的话，网络中不论是节点或链路发生变化，还是增加一条新的末梢链路，OSPFv2 节点都会进行完整的 SPF 计算。在 OSPFv2 中，只有 LSA3/4/5/7 才会进行部分路由计算。

4.5.3 智能定时器

在一个不稳定的网络中，网络频繁发生变化时，IS-IS 协议会频繁地产生新的 LSP 和进行 SPF 计算，这会消耗设备大量的 CPU 和内存资源，从而影响到设备的业务转发。智能定时器就是在网络频繁发生变化时，减少对网络的性能和稳定性的冲击，它包括以下两种类型。

1. LSP 智能定时器

在前面的 4.3.3.3 小节我们介绍到了 IS-IS 协议的几个重要计时器，其中就包括 LSP 智能定时器，这里再补充说明一下这个计时器的作用。前面讲到，LSP 的生成存在一个最小间隔的限制，一般缺省最小时间间隔为 5s，做了这种限制后，如果在网络发生变化时，因为这个时间的限制，而不能快速扩散新的 LSP，将导致收敛速度受到影响；如果网络变化比较频繁时，不断地生成新的 LSP 又会占用大量的系统资源。LSP 智能定时器就是根据网络的稳定性情况确保 LSP 的生成间隔趋于合理，同时满足快速收敛和低 CPU 占用率的要求。使用 LSP 智能定时器后，路由设备可以对突发事件（如接口 Up/Down）快速响应，加快网络的收敛速度。同时，当网络变化频繁时，智能定时器的间隔时间会自动延长，避免过度占用 CPU 资源。

2. SPF 智能定时器

缺省情况下，IS-IS 协议使用固定的 SPF 计算间隔，这个间隔默认最大值为 5s。当网络频繁发生变化时，可以将计算间隔时间调小以加快收敛速度，但这样会使得 SPF 消耗系统大量的 CPU 资源；如果将计算间隔调大，又会影响收敛速度。SPF 智能定时器能使 SPF 计算更好地适应网络的需求。

在使用 SPF 智能定时器后，路由器刚开始进行 SPF 计算时，两次计算的间隔时间较小，以保证 IS-IS 路由的收敛速度。之后随着整个 IS-IS 网络的振荡频率加快，可以适当地延长两次 SPF 计算的间隔时间，从而减少不必要的资源消耗。

华为 VRP 系统可以使用以下命令启用和设置 SPF 智能定时器：timer spf max-interval [init-interval [incr-interval]]。其中，max-interval 表示最大 SPF 计算间隔，init-interval 表示初次 SPF 计算的延迟间隔，incr-interval 表示第二次 SPF 计算的间隔。在华为 VRP 系统中 SPF 智能定时器的变化规律如下。

（1）初次进行 SPF 计算的延迟时间为 init-interval；第二次进行 SPF 计算的延迟时间为 incr-interval。随后，每变化一次，SPF 计算的延迟时间增大为前一次的两倍，直到 max-interval。稳定在 max-interval 三次或者 IS-IS 进程被重启，延迟时间又降回到 init-interval。

（2）在不使用 incr-interval 的情况下，初次进行 SPF 计算用 init-interval 作为延迟时间，随后都是使用 max-interval 作为延迟时间。稳定在 max-interval 三次或者 IS-IS 进程被重启，延迟时间又降回到 init-interval。

（3）在只使用 max-interval 的情况下，智能定时器退化为一般的一次性触发定时器。

4.5.4 LSP 的快速扩散

正常情况下，路由器从一个接口收到一个新的 LSP 后，会将其拷贝安装进数据库并进行 SPF 计算，随后再将这个新的 LSP 从其他 IS-IS 接口泛洪出去。IS-IS 协议一般是采用周期性的方式泛洪 LSP，缺省情况下，接口发送 LSP 的最小间隔时间是 50ms，每次最多发送 10 个 LSP。当网络频繁发生变化时，由于要等待计时器到期才能泛洪新的 LSP 出去，这就拖慢了网络的收敛速度。LSP 的快速扩散特性改进了这种方式，当接收到的新的 LSP 而导致 SPF 计算时，不需要等到周期时间到期，按规定数目直接将这些 LSP 泛洪出去，这就加快了链路状态数据库的同步过程，提高了网络的收敛速度。华为 VRP 系统中可以使用命令 flah-flood 启用和配置 LSP 的快速扩散功能。

4.5.5 IS-IS 认证

IS-IS 认证可以确保路由协议免受攻击，具体是通过在协议报文插入认证信息，路由器接收到带有认证信息的协议报文后，可以辨别报文的发送设备是否合法，从而避免未经授权的设备接入网络而导致网络中的路由信息受到破坏。但是，使能认证后的协议报文是未经加密的，也就是说可以通过网络被窃取并被读取到里面的内容，所以使能认证后，只能确保协议报文源的合法性，而无法保障协议报文信息的机密性。

根据报文种类，IS-IS 支持以下三种认证类型。

（1）接口认证：接口认证只对 Level-1 和 Level-2 的 Hello 报文进行认证，保障了同一链路上建立邻居关系的安全性。使能了接口认证的 IS-IS 接口，会通过认证 TLV（类型 10）在发送的 Hello 报文中携带本地的认证信息；使能了认证的 IS-IS 接口，可以根据配置对接收到带有认证信息的 Hello 报文进行认证信息检查或不检查。

（2）区域认证：区域认证是针对 L1 区域中的 SNP 和 LSP 报文进行认证的，该认证从整个区域范围保障路由信息交换的安全性。

（3）路由域认证：路由域认证是针对 L2 区域的 SNP 和 LSP 报文进行认证的，该认证从整个路由域范围保障了路由信息交换的安全性。

对于区域和路由域认证，可以根据情况，在接口的发送和接收两个方向上，分别针对 SNP 和 LSP 两报文进行认证的设置。

- 配置本地发送的 LSP 报文和 SNP 报文都携带认证 TLV，而且对收到的 LSP 报文和 SNP 报文都进行认证检查。
- 配置本地发送的 LSP 报文携带认证 TLV，而且对收到的 LSP 报文进行认证检查；配置发送的 SNP 报文携带认证 TLV，但不对收到的 SNP 报文进行检查。
- 配置本地发送的 LSP 报文携带认证 TLV，对收到的 LSP 报文进行认证检查；发送的 SNP 报文不携带认证 TLV，也不对收到的 SNP 报文进行认证检查。
- 配置本地发送的 LSP 报文和 SNP 报文都携带认证 TLV，但是对收到的 LSP 报文和 SNP 报文都不进行认证检查。

根据认证密码在发送过程是否加密，每一种 IS-IS 报文可以使用以下三种认证方式。

（1）明文认证：最简单的认证方式，将配置的密码直接插入到报文中，这种认证方式很容易被非法人员截获到密码，安全性不够。如图 4-31 所示是一个接口上启用明文认证后发出的 Hello 包格式，可以看到明文认证对应的认证类型为 1，并且密码是用明文方式发送的。

```
⊟ ISIS HELLO
    Circuit type                : Level 1 and 2, reserved(0x00 == 0)
    System-ID {Sender of PDU}   : 0000.0000.0001
    Holding timer: 30
    PDU length: 1497
    Priority                    : 64, reserved(0x00 == 0)
    System-ID {Designated IS}   : 0000.0000.0001.01
  ⊞ Area address(es) (4)
  ⊞ IP Interface address(es) (4)
  ⊞ Protocols Supported (1)
  ⊟ Authentication (7)
      clear text (1), password (length 6) = huawei
  ⊞ Restart Signaling (3)
  ⊞ Multi Topology (2)
```

图 4-31 携带明文认证信息的 Hello 报文

（2）MD5 认证：通过将配置的密码进行 MD5 算法之后再加入报文中，这样提高了密码的安全性，图 4-32 显示了一个 L1 区域启用了 MD5 认证后的 LSP 报文格式，可以看到 MD5 认证对应的类型值为 54，而且密码已经被加密。

```
⊟ ISO 10589 ISIS Link State Protocol Data Unit
    PDU length: 97
    Remaining lifetime: 1199
    LSP-ID: 0000.0000.0001.00-00
    Sequence number: 0x00000009
  ⊞ Checksum: 0xd878 [correct]
  ⊞ Type block(0x03): Partition Repair:0, Attached bits:0, Overload bit:0, IS type:3
  ⊞ Protocols supported (1)
  ⊞ Area address(es) (4)
  ⊞ Extended IS reachability (11)
  ⊞ IP Interface address(es) (8)
  ⊞ Extended IP Reachability (17)
  ⊟ Authentication (17)
      hmac-md5 (54), password (length 16) = 0x46e3e5a46f1190e22f7962ffaa940dd1
```

图 4-32 携带 MD5 认证信息的 LSP

（3）Keychain 认证：使用 Keychain 可以配置密码的有效时间，从而实现密码的动态更换。密码的作用时间有两种模式：绝对时间和周期时间。随时间变化的密码可以进一步提升网络的安全性。华为支持 Keychain 的认证算法有明文、MD5、SHA-1 三种。

4.5.6 IS-IS 度量及扩展

ISO 10589 为 IS-IS 协议定义了以下四种度量。

- 默认度量：就是我们常见的度量类型，一般跟接口带宽大小是反比的关系，默认情况下，路由域中所有路由器都必须支持该度量。
- 延迟度量：一种可选的度量，用来表示链路包传输的延迟。
- 开销度量：一种可选的度量，用来表示链路包传输的开销。
- 差错度量：一种可选的度量，用来表示链路包传输时的错误。

目前华为 VRP 系统只支持默认度量，延迟、开销和差错度量主要用于支持 QoS 路由选择的场景。根据平时的使用和叫法，下文指的度量或开销值如果没有作特别说明，都是指默认度量。缺省情况下，华为设备的 IS-IS 接口默认开销值都是 10，也可以根据接口带宽自动计算开销值，一条路径的开销值是指路由由源到目标经过的所有链路开销总和，ISO 10589 规定一条路径的总开销为 1023，所以在网络中要合理规划开销值。图 4-33 显示了在一个 LSP 的 IP 内部可达性 TLV（类型 128）中携带的路由前缀及其度量值的情况。

```
⊟ IP Internal reachability (24)
  ⊟ IPv4 prefix: 10.1.12.0/24
      Default Metric: 10, Internal, Distribution: up
      Delay Metric:   Not supported
      Expense Metric: Not supported
      Error Metric:   Not supported
```

图 4-33 IP 内部可达性 TLV

在最初的 ISO 10589 定义中，默认度量字段只有 8bit 长，其中，第 8bit 是保留位并被设置为 0；第 7bit 用来表示路由是来自内部还是来自路由域外部，设置为 0 表示内部路由，设置为 1 表示外部路由。这样下来，就只剩下 6bit 用于表示度量值，大小范围为 0～63，这种度量也叫窄度量（Narrow Metric）。在后来的 RFC1195 定义中，也直接借用了 ISO 10589 的度量定义方法。该 RFC 规定了集成 IS-IS 的 IP 可达性 TLV 中携带的度量。窄度量可以被使用到以下几种 TLV 中。

- IP 内部可达性 TLV（类型 128）：用来携带路由域内的 IS-IS 路由信息。
- IP 外部可达性 TLV（类型 130）：用来携带路由域外的 IS-IS 路由信息。
- IS 邻居 TLV（类型 2）：用来携带邻居信息。

随着网络规模的扩大及新型应用对网络的需求，太小的度量范围已经无法满足实际的需求。因此，在 RFC3784 中定义更长的度量字段，这个新的度量被用在以下两种新定义的 TLV 中。

- 扩展的 IP 可达性 TLV（类型 135）：用来替换原有的 IP 内部或外部可达性 TLV，携带 IS-IS 路由信息，可以携带 sub TLV。
- 扩展的 IP 邻居 TLV（类型 22）：是对类型 2 的 TLV 的扩展，用来携带邻居信息。

与之前 6bit 长的度量值字段相比，类型 135 的 TLV 使用了 32bit 的度量值字段，所以一条路由最大的度量值可以达到 4261412864；类型 22 的 TLV 中使用了 24bit 的度量值字段，所以一个 IS-IS 接口最大的度量值可以扩展到 16777215。这种度量类型我们把它叫作宽度量（Wide-metric）。此外，宽度量还可以用于 MPLS 流量工程，对应于一种新的 TLV，叫作流量工程 Router ID TLV（类型 134）。由于 MPLS 流量工程内容超出了本书的范围，所以对该 TLV 不做过多介绍。

华为 VRP 系统默认使用的是窄度量，可以使用命令 cost-style 修改度量类型，根据具体情况可将度量配置为以下几种类型的一种。

Compatible（兼容度量）：设备发送和接收的路由既可以使用窄度量，也可使用宽度量。

Narrow（窄度量）：设备发送和接收的路由只能是窄度量。

Narrow-compatible（兼容窄度量）：设备发送的路由使用窄度量，接收的路由可以使用窄度量，也可以使用宽度量。

Wide（宽度量）：设备发送和接收的路由只能是宽度量。

Wide-compatible（兼容宽度量）：设备发送的路由使用宽度量，接收的路由可以使用窄度量，也可以使用宽度量。

4.6 IS-IS GR

4.6.1 GR 技术概述

为确保业务的连续性，要求网络系统能在发生故障时保证业务的不间断转发，实现网络的高可用性。GR（Graceful Restart）平滑重启就是一种在主备倒换或协议重启时实现业务不间断转发的技术。

正常情况下，由于分布式设备的控制与转发是分开的，主控板负责整个设备的控制与管理，包括协议运行和路由计算，而接口板则负责数据转发。设备在发生主备倒换或协议重启后，与其周边设备的邻居关系必定会断开，邻居关系断开直接会使路由重置（产生新的 LSP，重新进行路由计算），路由表的更新直接会引起 FIB 表的变化，最终导致业务中断。IETF 针对这种情况为 IS-IS 制定了 GR 规范（RFC3847），GR 规范的基本思想是在设备倒换或协议重启时，通知其周边设备继续保持其邻接关系和路由信息。在该设备倒换或协议重启后，周边邻居帮助其恢复之前的链路状态数据库和路由表，并且周边邻居的链路状态数据库和路由表也会保持稳定状态，这样就避免了路由振荡，没有路由振荡确保了设备的 FIB 表始终没有发生变化，从而确保业务转发不中断。

4.6.2 基本术语

- GR Restart：发生协议重启事件且具有 GR 能力的设备。
- GR Helper：和 GR Restart 具有邻居关系，协助完成 GR 流程的设备。
- GR Session：IS-IS 邻居建立时进行关于 GR 能力的协商，一般把 GR 能力的协商过程称为 GR Session。协商的内容包括双方是否都具备 GR 能力等。一旦 GR 能力协商通过，当协议重启时就可以进入 GR 流程。

这里需要注意的是，采用分布式架构的设备可以充当 GR Restart 和 GR Helper；而集中式设备只能充当 GR Helper，协助 GR Restart 完成 GR 流程。

4.6.3 IS-IS GR TLV 与计时器

为了实现 GR，IS-IS 引入 Restart TLV（类型 211）和 T1、T2、T3 三个定时器。

1. Restart TLV

Restart TLV 包含在支持 GR 的路由器发出的 IIH 报文中，Restart TLV 携带了进行 GR 流程的一系列参数，图 4-34 显示了 Restart TLV 的格式，TLV 值中包括标志位和剩余时间两个主要字段。

- 标志位介绍。

如图 4-35 所示，目前只用了最后三位作为相应标志位（SA、RA、RR）。

RR：重启请求位（Restart Request）。设备发送的 RR 置位的 Hello 报文用于通告邻居自己发生 Restarting/Starting，请求邻居保留当前的 IS-IS 邻接关系并返回 CSNP 报文。

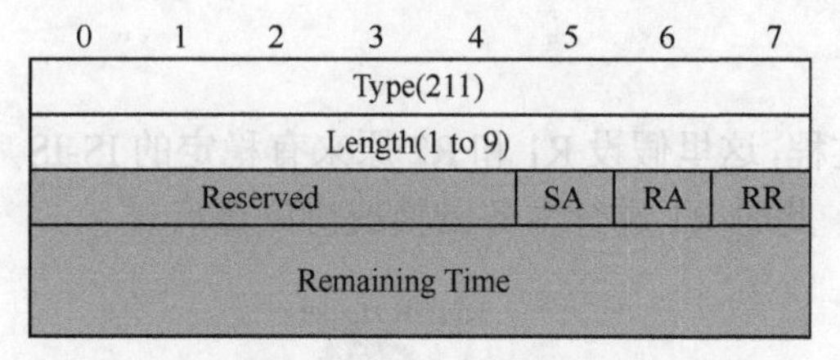

图 4-34 Restart TLV 格式

```
⊟ Restart Signaling (3)
  ⊟ Restart Signaling Flags: 0x00
      .... .0.. = Suppress Adjacency: False
      .... ..0. = Restart Acknowledgment: False
      .... ...0 = Restart Request: False
```

图 4-35 Restart TLV 中的 Flag

RA：Restart 确认标志位（Restart Acknowledgement），当 RA 位为 1 时，表示是对重启路由器的应答。

当 GR Restarter 重启后，在每个接口上发的第一个 Hello 报文中将 RR 标志位置 1，通知 GR Helper 本设备正在重启；当 GR Helper 收到 GR Restarter 发来带有 RR 标志位的 Hello 报文时，立即回复一个将 RA 标志位置 1 的 Hello 报文作为对对方请求的确认。

SA：抑制发布邻接关系位（Suppress Adjacency Advertisement）是一个可选项，其主要目的是为了避免出现路由黑洞，例如在启动的情况下，此时如果 GR Helper 将报文送到本设备来进行转发将是一个黑洞，会造成严重的丢包现象，在这种情况下 GR Restarter 发送的 Hello 报文中必须将 SA 位置 1，而 GR Helper 接收到这种 SA 位被置 1 的 Hello 报文后就不会将发送该 Hello 报文的 GR Restarter 放入 LSP 扩散出去，即 GR Restarter 将在网络上被屏蔽一段时间，所有设备都不会将报文送到 GR Restarter 上来进行转发，这样就可以有效地避免路由黑洞问题。

- 剩余时间（Remaining Time）。

Remaining Time 表示邻居关系超时的剩余时间（s），即邻居设备进入 GR Helper 处理流程的最长保持时间。如果超出这个时间，则 GR Restarter 和 GR Helper 的邻居关系结束。当 GR Helper 收到 GR Restarter 发送的带有 RR 标志位的 Hello 报文后，会立即回复一个将 RA 标志位置 1 的 Hello 报文作为确认，在这个确认报文中，需要将对应邻居（GR Restarter）离老化时间的剩余秒数填入 Remaining Time 字段。

2. 计时器

T1 定时器：如果 GR Restarter 已发送 RR 置位的 IIH 报文，但直到 T1 定时器超时还没有收到 GR Helper 的包含 Restart TLV 且 RA 置位的 IIH 报文的确认消息时，会重置 T1 定时器并继续发送包含 Restart TLV 的 IIH 报文。当收到确认报文或者 T1 定时器已超时 3 次时，取消 T1 定时器。T1 定时器缺省设置为 3s。

使能了 IS-IS GR 特性的进程，在每个接口都会维护一个 T1 定时器。在 Level-1-2 路由器上，广播网接口为每个 Level 维护一个 T1 定时器。

T2 定时器：GR Restarter 从重启开始到本 Level 所有设备 LSDB 完成同步的时间。T2 定时器是系统等待各层 LSDB 同步的最长时间，一般情况下为 60s。

Level-1 和 Level-2 的 LSDB 各维护一个 T2 定时器。

T3 定时器：GR Restarter 成功完成 GR 所允许的最大时间。T3 定时器的初始值为 65535s，但在收到邻居回应的 RA 置位的 IIH 报文后，取值会变为各个 IIH 报文的 Remaining Time 字段值中的最小者。T3 定时器超时表示 GR 失败。整个系统维护一个

T3 定时器。

4.6.4 IS-IS GR 的运行机制

如图 4-36 所示，显示了 IS-IS GR 的运行过程，这里假设 R1 和 R2 原来有稳定的 IS-IS 邻居关系，并且 R1 和 R2 均使能了 GR 能力，此时 R1 进行主备倒换或协议重启。

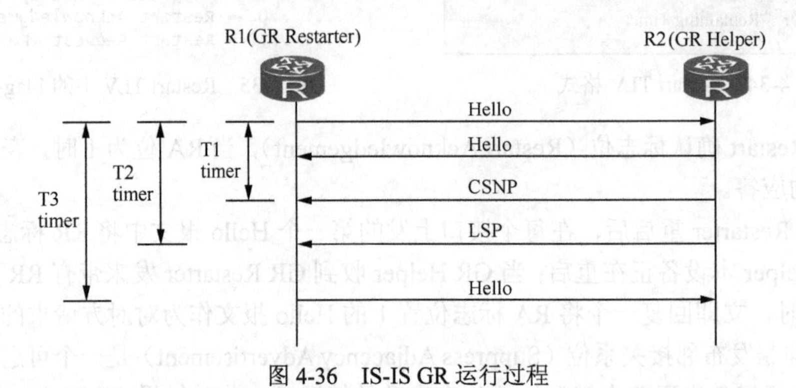

图 4-36　IS-IS GR 运行过程

R1 与 R2 之间进行 GR 的详细过程如下。

- 当 R1 的 IS-IS 协议被重新全局使能时启动 T2 和 T3 定时器。当 R1 的接口重新 UP 并使能协议时，在接口上启动 T1 定时器，并且发送 Hello 报文。
- 当 R2 收到 R1 发出的 Hello 报文后，保持邻居 R1 的状态不变，立即发送一个 Hello 报文。之后，R2 发送 CSNP 报文和 LSP 报文给 R1 以协助其进行 LSDB 同步。
- 当 R1 在接口上收到了 Hello 报文以及接收到全部 CSNP 报文后就可以取消 T1 定时器，否则就周期性地发送 Hello 报文，直到收到 Hello 报文以及全部 CSNP 报文或者 T1 定时器达到最大超时次数才取消该接口的 T1 定时器。
- 当 LSDB 同步完成之后，R1 取消 T2 定时器。
- 当所有 T2 定时器都取消之后就可以取消 T3 定时器，GR 流程结束，正式进入 IS-IS 的正常流程。此时需要在所有接口上启动 IIH 定时器，以后就周期性地发送正常的 Hello 报文。
- R1 在恢复所有路由信息后重新进行路由计算，重新刷新 FIB 表。

4.7 IS-IS 网络案例

4.7.1 案例 1：路由泄露

在前文中介绍到，IS-IS 支持多区域分层设计的网络结构——L1 区域和 L2 区域，其中，L2 区域作为骨干区域，多个 L1 区域通过 L2 区域互连互通。而且在默认情况下，IS-IS 的 L1 区域类似 OSPF 的完全末梢区域，只有区域内的路由信息。每个 L1 区域的 L1/2 路由器向区域内发送 L1 的 LSP 时，会将 LSP 中的 ATT 位置 1 以表明它连接了其他区域，这样，L1 路由器会在路由器中安装默认路由，该默认路由指向离它最近的 L1/2 路由器，也就是说 L1 路由器使用离它最近的 L1/2 路由器作为缺省网关来访问骨干和其他 L1 区域。

如图 4-37 所示的网络，R1 和 R2 是区域 49.0001 的 L1/2 路由器，它们连接到骨干区域，具有两张链路状态数据库；R3 和 R4 是区域 49.0001 中的 L1 路由器，它们的链路状态数据中只有本区域内的路由信息。此时，R1 和 R2 都会在通告到区域 49.0001 的 L1 LSP 中设置 ATT 位，图 4-37 分别显示了 R3 和 R4 的链路状态数据库。

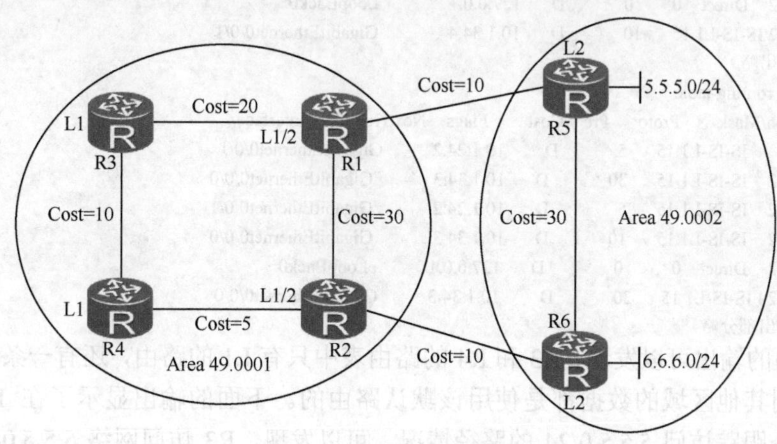

图 4-37　IS-IS 路由泄露

下面的输出内容显示了 R3 和 R4 都接收到了两个带 ATT 置位的 LSP（分别由 R1 和 R2 发送）。这里需要注意的是，并不是所有的 L1/2 路由器发出的 L1 LSP 都会设置 ATT 位，设置 ATT 位的条件是 L1/2 路由器必须有个激活的 L2 连接，很显然网络中的 R1 和 R2 满足该条件。

```
[R3]display isis lsdb

                    Database information for IS-IS(1)
                    --------------------------------
                      Level-1 Link State Database
LSPID                Seq Num      Checksum     Holdtime      Length   ATT/P/OL
-------------------------------------------------------------------------------
0000.0000.0001.00-00  0x00000011   0xbb8e       913           113      1/0/0
0000.0000.0001.01-00  0x00000004   0x690e       913           54       0/0/0
0000.0000.0002.00-00  0x00000013   0x3ef2       1002          113      1/0/0
0000.0000.0002.01-00  0x00000004   0x84ef       1002          54       0/0/0
（其他输出部分略）
[R4]display isis lsdb

                    Database information for IS-IS(1)
                    --------------------------------
                      Level-1 Link State Database
LSPID                Seq Num      Checksum     Holdtime      Length   ATT/P/OL
-------------------------------------------------------------------------------
0000.0000.0001.00-00  0x00000011   0xbb8e       690           113      1/0/0
0000.0000.0001.01-00  0x00000004   0x690e       690           54       0/0/0
0000.0000.0002.00-00  0x00000013   0x3ef2       780           113      1/0/0
（其他输出部分略）
```

L1 路由器接收到带 ATT 置位的 LSP 后，会根据距离最近的 L1/2 路由器产生一条默认路由，所有访问其他区域的数据包都会使用这台 L1/2 路由器作为缺省的网络出口。根据图 4-37 所示的各链路的开销值，很显然，R3 和 R4 都以 R2 作为缺省出口。下面的输出内容显示了 R3 和 R4 的路由表情况。

```
[R3]display ip routing-table
Destination/Mask     Proto     Pre   Cost     Flags NextHop      Interface
0.0.0.0/0      IS-IS-L1 15    15        D    10.1.34.4        GigabitEthernet0/0/1
10.1.1.1/32 IS-IS-L1 15     20        D    10.1.13.1       GigabitEthernet0/0/0
10.1.2.2/32 IS-IS-L1 15     15        D    10.1.34.4        GigabitEthernet0/0/1
10.1.3.3/32    Direct    0      0        D    127.0.0.1          LoopBack0
10.1.4.4/32 IS-IS-L1 15     10        D    10.1.34.4        GigabitEthernet0/0/1
（其他输出略）
[R4]dis ip routing-table
Destination/Mask     Proto     Pre   Cost     Flags   NextHop       Interface
0.0.0.0/0      IS-IS-L1 15    5        D    10.1.24.2       GigabitEthernet0/0/1
10.1.1.1/32   IS-IS-L1 15    30        D    10.1.34.3       GigabitEthernet0/0/0
10.1.2.2/32   IS-IS-L1 15    5         D    10.1.24.2       GigabitEthernet0/0/1
10.1.3.3/32   IS-IS-L1 15    10        D    10.1.34.3       GigabitEthernet0/0/0
10.1.4.4/32   Direct    0      0        D    127.0.0.1         LoopBack0
10.1.13.0/24 IS-IS-L1 15    30        D    10.1.34.3       GigabitEthernet0/0/0
（其他输出部分略）
```

由上面的输出可以发现，R3 和 R4 的路由表中只有 L1 的路由，还有一条默认路由，所有转发到其他区域的数据都是使用该默认路由的。下面的输出显示了在 R3 上使用 Tracert 命令跟踪访问 5.5.5.0/24 的路径情况，可以发现，R3 访问网络 5.5.5.0/24 的业务流经过的路径是 R3→R4→R2→R1→R5，这显然不是最优的路径（最优的路径应该是 R3→R1→R5）。

```
<R3>tracert 5.5.5.5
 traceroute to   5.5.5.5(5.5.5.5), max hops: 30, packet length: 40, press CTRL_C to bAreak
 1 10.1.34.4 270 ms   140 ms   80 ms
 2 10.1.24.2 120 ms   70 ms   40 ms
 3 10.1.26.6 220 ms 10.1.12.1 110 ms 10.1.26.6 190 ms
 4 10.1.15.5 230 ms 10.1.56.5 90 ms 10.1.15.5 60 ms
```

为使 R3 访问网络 5.5.5.0/24 使用最优路径，我们可以在路由器 R1 和 R2 上将区域 49.0002 的 L2 路由引入至区域 49.0001，这个过程叫路由泄露。下面的输出内容显示了在 R1 进行路由泄露的配置方法。

```
[R1]display current-configuration configuration isis
isis 1
 cost-style wide
 network-entity 49.0001.0000.0000.0001.00
 import-route isis level-2 into level-1
#
```

下面的输出内容显示了在 R1 上进行路由泄露后 R3 的路由表的情况，可以发现 R1 已经收到了像 5.5.5.0/24 这些来自区域 49.0002 的路由，这时 R3 访问 5.5.5.0/24 变成了总开销值为 30 的路径：R3→R1→R5。

```
<R3>display ip routing-table
Destination/Mask     Proto     Pre   Cost      Flags NextHop        Interface
 0.0.0.0/0     IS-IS-L1 15    15      D    10.1.34.4        GigabitEthernet0/0/1
5.5.5.0/24     IS-IS-L1 15    30      D    10.1.13.1        GigabitEthernet0/0/0
6.6.6.0/24     IS-IS-L1 15    60      D    10.1.13.1        GigabitEthernet0/0/0
10.1.1.1/32    IS-IS-L1 15    20      D    10.1.13.1        GigabitEthernet0
(其他输出部分略)
```

如果无需将 L2 区域中的所有路由泄露到 L1 区域，这时需要在泄露时进行路由过滤。

在路由泄露命令之后引用一个 filter-policy 就可进行路由的过滤，下面给出了具体的做法。

下面的输出内容显示只将区域 49.0002 中 5.5.5.0/24 网络引入进区域 49.0001。

```
[R1]display current-configuration
#
isis 1
 is-level level-1
 cost-style wide
 network-entity 49.0001.0000.0000.0003.00
 import-route isis level-2 into level-1 filter-policy ip-prefix 1
#
ip ip-prefix 1 index 10 permit 5.5.5.0 24
```

通过上面的案例，我们可以知道，通过路由泄露使得 L1 区域能够收到其他区域的具体路径信息（网络前缀及开销值），这样可以避免次优路径的问题。考虑到网络中部署的某些业务可能只在 L2 区域内运行，则无需将这些路由渗透到 L1 区域中，可以通过配置策略仅将部分 L2 区域的路由渗透到 L1 区域。另外，这种方法也可以用于 L1 区域向 L2 区域进行路由泄露时的过滤，缺省情况下，L1 区域中的所有路由都会泄露至 L2 区域。

4.7.2 案例 2：IS-IS 路由聚合

在网络中进行路由聚合有两个好处：一是可以减少通告的路由数目，减少路由表的规模，节省路由器的系统资源，提高数据包的转发效率；二是可以增强网络的稳定性，因为聚合路由隐藏和隔离了明细网络的故障。

跟 OSPF 协议一样，IS-IS 也支持区域间及外部路由的聚合，区域间通告路由须在 L1/2 路由器上进行聚合，在边界设备将外部路由引入时也可以进行聚合。IS-IS 没有自动聚合能力，只能进行手工聚合。下面就让我们一起来了解一下怎么在网络中进行 IS-IS 路由聚合。如图 4-38 所示，网络中有两个 IS-IS 区域，区域 49.0001 被配置为 L2 区域，区域 49.0002 被配置为了 L1 区域，区域 49.0001 中所有路由器都是 L2 路由器，区域 49.0002 中的 R7 是 L1 路由器（一台华为低端路由器），R5 和 R7 是 L1/2 路由器。

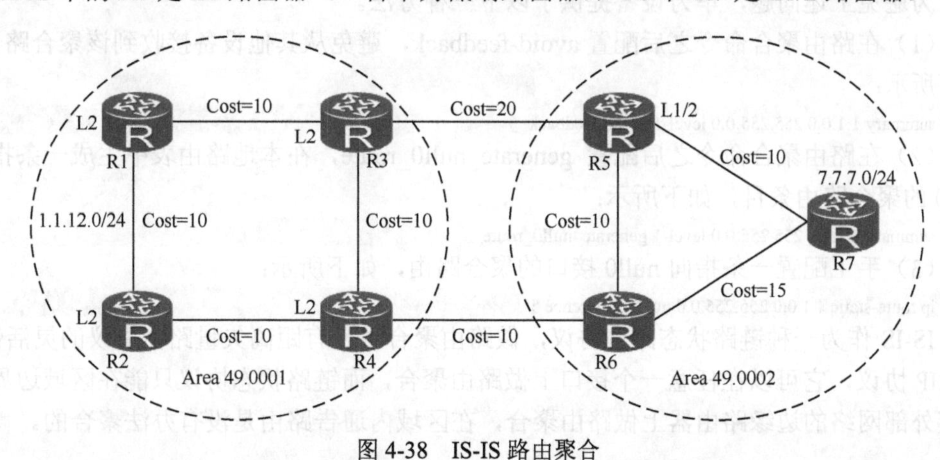

图 4-38 IS-IS 路由聚合

由于 IS-IS 网络的路由条目过多（具有大量的 1.1.x.y/24 的网络前缀），这些路由通告进 L1 区域时会造成 R7 系统资源负载过重，现要求降低 R7 的系统资源的消耗，在 R5 和 R6 上将 L2 区域中的路由通告进 L1 区域时进行路由聚合，减少通告路由的数量后，缩减了R7的路由表规模，降低了资源开销。

下面的输出内容显示了R5和R6上的路由聚合配置方法。

```
isis 1
network-entity 49.0002.0000.0000.0005.00
import-route isis level-2 into level-1
summRy 1.1.0.0 255.255.0.0 level-1        #聚合后的路由类型是 L1 的
#
```

聚合后可以观察到R7的路由表中只接收到一条聚合后的路由，而不再有明细路由信息。但是，这里需要注意的问题是，默认情况下，IS-IS在做完聚合路由后，本地路由表中不会自动生成一条指向黑洞接口（null0）的聚合路由，这在一些情况下会带来路由环路的问题。在图4-38所示的网络中，如果网络1.1.1.0/24出现故障，IS-IS协议在收敛后，R5和R6中的路由表中不再有该路由。但是，由于R5和R6路由器都在通告聚合路由，结果就是R5和R6都会接收到对方的聚合路由（下面显示了R5和R6的路由表信息），并将其放入路由表中，导致路由环路的出现。假设这时有个目标为网络1.1.1.0/24的数据流到达R5或R6，R5会根据聚合路由将这个数据流发给R6，而R6也会将该数据流发送给R5，这样就导致了在R5和R6之间的数据环路问题。

```
[R5]dis ip routing-table
Destination/Mask Proto     Pre   Cost   Flags NextHop      Interface
1.1.0.0/16    IS-IS-L1      15     30      D    10.1.56.2   GigabitEthernet0/0/1
1.1.2.0/24    IS-IS-L2      15     30      D    10.1.56.2   GigabitEthernet0/0/1
1.1.12.0/24   IS-IS-L2      15     20      D    10.1.35.1   GigabitEthernet0/0/0
（其他输出略）

[R6]dis ip routing-table
Destination/Mask    Proto    Pre  Cost   Flags   NextHop      Interface
1.1.0.0/16    IS-IS-L1  15    30     D      10.1.56.1   GigabitEthernet0/0/1
1.1.2.0/24    IS-IS-L2  15    20     D      10.1.46.1   GigabitEthernet0/0/0
1.1.12.0/24 IS-IS-L2  15    30     D      10.1.56.1   GigabitEthernet0/0/1
（其他输出略）
```

为避免上述问题，华为设备提供了以下三种方法。

（1）在路由聚合命令之后配置avoid-feedback，避免从其他设备接收到该聚合路由，如下所示：

```
summary 1.1.0.0 255.255.0.0 level-1 avoid-feedback
```

（2）在路由聚合命令之后配置 generate_null0_route，在本地路由表中生成一条指向null0的聚合路由条目，如下所示：

```
summary 1.1.0.0 255.255.0.0 level-1 generate_null0_route
```

（3）手工配置一条指向null0接口的聚合路由，如下所示：

```
ip route-static 1.1.0.0 255.255.0.0 null0 preference 5
```

IS-IS作为一种链路状态路由协议，做路由聚合时没有距离矢量路由协议的灵活性，像RIP协议，它可以在任意一个接口上做路由聚合，而链路状态协议只能在区域边界或连接外部网络的边缘路由器上做路由聚合，在区域内通告路由是没有办法聚合的。

4.7.3 案例3：路由通告和过滤

这里还是以4.5.2小节的场景为例，假设现在在R5和R6上已经配置好L2区域向L1区域的路由泄露，但是在R7上还是没有学习到来自R5和R6的路由，查看R7邻居表发现邻居关系都是正常的。

```
[R7]display isis peer
                          Peer information for IS-IS(1)
 System Id        Interface        Circuit Id          State HoldTime Type      PRI
0000.0000.0005   GE0/0/0          0000.0000.0007.01 Up     20s       L1        64
0000.0000.0006   GE0/0/1          0000.0000.0007.02 Up     20s       L1        64
```

进一步查看R7的链路状态数据库，发现R7已经收到了来自R5和R7的LSP。

```
[R7]display isis lsdb
                         Database information for IS-IS(1)
                           Level-1 Link State Database
LSPID                   Seq Num       Checksum    Holdtime       Length   ATT/P/OL
0000.0000.0005.00-00   0x00000034    0x880c      1119           192      1/0/0
0000.0000.0006.00-00   0x00000023    0x1543      484            112      1/0/0
0000.0000.0006.02-00   0x0000000d    0x92ce      484            54       0/0/0
0000.0000.0007.00-00* 0x00000014    0x10c7      492            113      0/0/0
0000.0000.0007.01-00* 0x0000000c    0x2a49      492            55       0/0/0
0000.0000.0007.02-00* 0x0000000c    0x3f32      492            55       0/0/0
```

如下所示，进一步查看R5和R6的LSP详细信息。

```
[R7]display isis lsdb 0000.0000.0005.00-00 verbose

                         Database information for IS-IS(1)

                           Level-1 Link State Database

LSPID                  Seq Num        Checksum       Holdtime        Length   ATT/P/OL
-------------------------------------------------------------------------------------------
0000.0000.0005.00-00   0x00000037    0x6d4c       1145            192      1/0/0
 SOURCE          0000.0000.0005.00
 NLPID           IPV4
 AREA ADDR       49.0002
 INTF ADDR       10.1.35.2
 INTF ADDR       5.5.5.5
 INTF ADDR       10.1.56.1
 INTF ADDR       10.1.57.1
+NBR  ID         0000.0000.0006.02   COST: 10
+NBR  ID         0000.0000.0007.01   COST: 10
+IP-Extended   5.5.5.0            255.255.255.0      COST: 0
+IP-Extended   10.1.56.0          255.255.255.0      COST: 10
+IP-Extended   10.1.57.0          255.255.255.0      COST: 10
+IP-Extended   10.1.35.0          255.255.255.0      COST: 2000
+IP-Extended* 3.3.3.0            255.255.255.0      COST: 2000
+IP-Extended* 10.1.13.0          255.255.255.0      COST: 2010
+IP-Extended* 1.1.1.0            255.255.255.0      COST: 2010
+IP-Extended* 1.1.12.0           255.255.255.0      COST: 2010
（其他输出略）
[R7]display isis lsdb 0000.0000.0006.00-00 verbose

                         Database information for IS-IS(1)
                           Level-1 Link State Database

LSPID                          Seq Num      Checksum          Holdtime          Length   ATT/P/OL
-------------------------------------------------------------------------------------------
0000.0000.0006.00-00   0x00000026    0xf393       1118             112      1/0/0
 SOURCE          0000.0000.0006.00
```

```
 NLPID          IPV4
  AREA ADDR      49.0002
  INTF ADDR     10.1.67.1
  INTF ADDR     6.6.6.6
  INTF ADDR     10.1.56.2
  INTF ADDR     10.1.46.2
 +NBR   ID       0000.0000.0007.02   COST: 10
 +NBR   ID       0000.0000.0006.02   COST: 10
 +IP-Extended    10.1.67.0        255.255.255.0      COST: 10
 +IP-Extended    6.6.6.0          255.255.255.0      COST: 0
 +IP-Extended    10.1.56.0        255.255.255.0      COST: 10
 +IP-Extended    10.1.46.0        255.255.255.0      COST: 2000
（其他输出略）
```

由R5和R6通告的路由的开销值可以看出，R5和R6使用的开销类型为wide metric，而R7使用默认的开销类型：narrow，导致路由的计算失败，这时将R7的开销类型修改成wide，问题得以解决。

```
[R7]isis 1
[R7-isis-1]cost-style wide

[R7]display ip routing-table
Route Flags: R-relay, D-download to fib
------------------------------------------------------------------------------
Routing Tables: Public
         Destinations : 27        Routes : 30

Destination/Mask    Proto   Pre  Cost      Flags NextHop         Interface

0.0.0.0/0   IS-IS-L1   15    10     D   10.1.67.1        GigabitEthernet0/0/1
            IS-IS-L1   15    10     D   10.1.57.1        GigabitEthernet0/0/0
1.1.1.0/24 IS-IS-L1    15    30     D   10.1.57.1        GigabitEthernet0/0/0
2.2.2.0/24 IS-IS-L1    15    30     D   10.1.67.1        GigabitEthernet0/0/1
（其他输出略）
```

只有邻居之间使用相同的开销类型，才能正确计算学到的路由。如果一端配置是narrow，另一端配置为wide或者wide-compatible，则两端不能相互学习路由；如果一端配置是narrow-compatible，另一端配置为wide，则两端也不能相互学习路由。其他方式的开销类型组合都可以学习到路由。

为节省资源开销，R7只需要转发一部分骨干区域网络的业务流量，比如只需要转发去往1.1.1.0/24和2.2.2.0/24网络对应的流量，我们知道IP报文是根据IP路由表来进行转发的。IS-IS路由表中的路由条目需要被成功下发到IP路由表中，该路由条目才生效。因此，可以通过配置基本ACL、IP-Prefix、路由策略等方式，只允许匹配的IS-IS路由下发到IP路由表中。不匹配的IS-IS路由将会被阻止进入IP路由表，更不会被优选。

下面的输出内容显示了R7具体的配置。

```
Sysname R7
#
acl number 2000
 rule 5 permit source 1.1.1.0 0.0.0.255
 rule 10 permit source 2.2.2.0 0.0.0.255
#
#
```

```
isis 1
 is-level level-1
 network-entity 49.0002.0000.0000.0007.00
 filter-policy 2000 import
#
```

观察 R7 的路由表，可以发现 R7 路由表中除了直连网络的路由之外只有 1.1.1.0/24 和 2.2.2.0/24。

```
[R7-isis-1]dis ip routing-table
Route Flags: R-relay, D-download to fib
------------------------------------------------------------------------------
Routing Tables: Public
        Destinations : 15        Routes : 15

Destination/Mask    Proto   Pre Cost Flags NextHop         Interface
1.1.1.0/24     IS-IS-L1    15    30      D    10.1.57.1       GigabitEthernet0/0/0
2.2.2.0/24     IS-IS-L1    15    30      D    10.1.67.1       GigabitEthernet0/0/1
7.7.7.0/24     Direct      0     0       D    7.7.7.7          LoopBack0
7.7.7.7/32     Direct      0     0       D    127.0.0.1        LoopBack0
7.7.7.255/32     Direct    0     0       D    127.0.0.1        LoopBack0
10.1.57.0/24     Direct    0     0       D    10.1.57.2       GigabitEthernet0/0/0
```

如果在区域 49.0002 中 R7 的下方还有一台路由器（R8，如图 4-39 所示）那么这台路由器的路由表是如何的？实际上 R8 会拥有所有来自骨干网的路由，因为在区域内入方向的 filter-policy，只会影响本地路由表，不会过滤 LSP，所以 R8 上还是具有所有骨干区域中的路由，下表显示了 R8 的路由表。

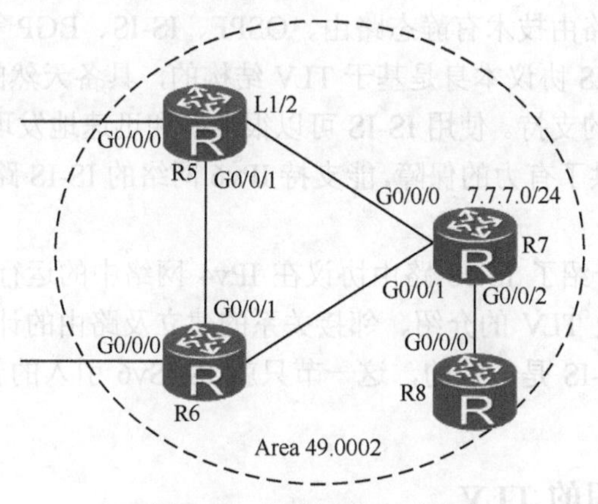

图 4-39　路由通告和过滤

```
[R8]display ip routing-table
Route Flags: R-relay, D-download to fib
------------------------------------------------------------------------------
Routing Tables: Public
        Destinations : 24        Routes : 24

Destination/Mask    Proto    Pre    Cost       Flags NextHop           Interface
1.1.1.0/24    IS-IS-L1 15    40       D    10.1.78.1          GigabitEthernet0/0/0
2.2.2.0/24    IS-IS-L1 15    40       D    10.1.78.1          GigabitEthernet0/0/0
3.3.3.0/24    IS-IS-L1 15    30       D    10.1.78.1          GigabitEthernet0/0/0
4.4.4.0/24    IS-IS-L1 15    30       D    10.1.78.1          GigabitEthernet0/0/0
5.5.5.0/24    IS-IS-L1 15    20       D    10.1.78.1          GigabitEthernet0/0/0
```

如果入方向的Filter-policy应用在区域的边界上会是什么样的情况呢？比如在R5上将区域49.0002中7.7.7.0 /24的路由过滤掉，此时R5中的路由表中没有了7.7.7.0/24网络中的路由，那么骨干区域还能接收到由R5通告的7.7.7.0/24的路由吗？答案是不能。因为R5是一台L1/2路由器，它负责将L1区域的路由通告进L2区域，将L1区域的路由通告进L2区域必须满足一个条件，那就是该L1区域的路由必须存在于本地的路由表中（因为链路状态协议在区域之间通告路由是遵守距离矢量路由特性的）。所以，R5不会向骨干区域通告路由7.7.7.0/24。

4.8 IS-IS for IPv6

4.8.1 概述

随着新型应用技术的飞速发展，大量硬件设备比如手机、IPAD、汽车、家用电器等都接入到了Internet，IP地址需求旺盛，于是IPv6应运而生。IPv6不但提供了巨大的地址空间，还简化了IP报头，提高了通信效率，此外，IPv6在安全性、移动性等方面也有很大的改善。随着IPv6应用的逐渐普及，越来越多的个人或团体会使用IPv6服务。

跟IPv4网络一样，IPv6报文需要使用路由技术来指导报文的转发，我们所了解的在IPv4网络中应用的路由技术有静态路由、OSPF、IS-IS、BGP等，这些路由技术同样适应于IPv6网络。IS-IS协议本身是基于TLV结构的，具备天然的扩展性特点，很方便地实现了对IPv6网络的支持。使用IS-IS可以很准确和迅速地发现和计算IPv6路由，为IPv6业务流的转发提供了有力的保障，能支持IPv6网络的IS-IS路由协议又称为IS-ISv6路由协议。

前面的章节详细介绍了IS-IS路由协议在IPv4网络中的运行机制，包括一些IS-IS的基本概念以及报文及TLV的介绍、邻接关系的建立及路由的计算等。IS-ISv6的运行机制和IPv4版本的IS-IS是一致的，这一节只就IS-ISv6引入的新机制及特性进行详细的介绍。

4.8.2 IS-ISv6使用的TLV

前文介绍过IS-IS作为一个链路状态的动态路由协议，路由器之间通过LSP报文的交换来学习拓扑和路由信息，而LSP是通过TLV来携带这些信息的，不同的TLV的功能也不相同。为了支持IPv6路由的处理和计算，IS-IS新增了两个TLV（Type-Length-Value）和一个新的NLPID（Network Layer Protocol Identifier）。

4.8.2.1 IPv6可达性TLV

IPv6可达性TLV（类型236）携带了源路由器可以到达的IPv6的网络前缀及路径开销信息，这个TLV可同时用于通告内部和外部路由。这里携带的网络前缀可以是源路由器上启用了IS-IS协议的直连接口上连接的网络，也可以是源路由通过邻居路由器学习到的网络，该TLV的格式如图4-40所示。

```
⊟ IPv6 reachability (72)
  ⊟ IPv6 prefix: 2001::1/128, Metric: 0, Distribution: up, internal, no sub-TLVs present
      IPv6 prefix: 2001::1/128
      Metric: 0
      Distribution: up, internal
      no sub-TLVs present
```

图 4-40 IPv6 TLV 格式

其中主要字段的解释如下。

IPv6 Prefix：IPv6 路由前缀。

Metric：度量值，这里使用的是扩展度量；IS-ISv6 宣告 IPv6 的可达性 TLV 中不再像 IPv4 那样区分了普通可达性 TLV 和扩展的可达性 TLV，统一使用 IPv6 可达性 TLV，支持的最大 Metric 开销为 MAX_V6_PATH_METRIC（4261412864），大于 MAX_V6_PATH_METRIC 的 IPv6 可达性信息都被忽略掉。

Distribution：UP/Down 状态标志位，前文介绍过，这个位用来防止路由环路，当 L2 路由进入 L1 区域时就会被置位。

Internal：用来表示该路由是内部路由；如果是外部路由，则显示 external。

sub-TLVS：表示子 TLV 信息，这里没有携带任何子 TLV。

4.8.2.2 IPv6 接口地址 TLV

IPv6 接口地址 TLV 用于携带源路由器所有启用了 IS-IS 协议的接口的地址。这个 TLV 同时存在于 Hello 和 LSP 报文中，Hello 报文的 IP 接口 TLV 填充的是发送接口的链路本地地址，LSP 报文中的 IP 接口地址 TLV 填充的是所有 IS-IS 接口的全球单播地址。图 4-41 显示了一份 LSP 报文中 IPv6 接口地址 TLV 的格式，可以观察到，发送这份报文的路由器有三个 IPv6 接口使能了 IS-IS 协议。

```
⊟ IPv6 Interface address(es) (48)
    IPv6 interface address: 2001::1 (2001::1)
    IPv6 interface address: 2001:15::1 (2001:15::1)
    IPv6 interface address: 2001:12::1 (2001:12::1)
```

图 4-41 IS-IS 接口

4.8.2.3 支持的 NLPID TLV

NLPID 是标识网络层协议报文的一个 8 比特字段，IPv6 的 NLPID 值为 142（0x8E）。如果 IS-IS 支持 IPv6，那么向外发布 IPv6 路由时必须携带 NLPID 值。图 4-42 显示了 Hello 报文携带了 IPv6 的 NLPID。

```
⊟ ISIS HELLO
    Circuit type              : Level 1 and 2, reserved(0x00 == 0)
    System-ID {Sender of PDU} : 0000.0000.0005
    Holding timer: 9
    PDU length: 1497
    Priority                  : 64, reserved(0x00 == 0)
    System-ID {Designated IS} : 0000.0000.0005.01
  ⊞ Area address(es) (4)
  ⊞ IS Neighbor(s) (6)
  ⊞ IPv6 Interface address(es) (16)
  ⊟ Protocols Supported (1)
      NLPID(s): IPv6 (0x8e)
  ⊞ Restart Signaling (3)
  ⊞ Multi Topology (2)
```

图 4-42 NLPID TLV

4.8.3 IS-IS 多拓扑

4.8.3.1 概述

在现网中，往往会通过同一套 IP 网络基础设施来提供多种不同的网络服务，比如网络同时支持 IPv4 和 IPv6 服务。虽然 IPv6 成为主流技术已经是大势所趋，但是为了节省设备和运营成本，没有必要为 IPv6 单独建立一张网络，而是在网络中将现有的 IPv4 逐渐过渡到 IPv6，所以在很长一段时间，网络中会是 IPv4 和 IPv6 共存的局面。由 IPv4 过渡到 IPv6 的技术主要有双协议栈和隧道，其中，双协议栈是指设备同时支持 IPv4 和 IPv6 两个协议族，它可以和只支持 IPv4 或 IPv6 协议的设备建立通信。

网络中如果同时存在 IPv4 和 IPv6 服务，这时不同协议的数据包转发路径就得分开计算，否则会带来一些问题。而 IS-IS 协议通过 IPv6 扩展的 TLV 一起携带 IPv6 和 IPv4 的路由拓扑信息，也就是说 IPv4 和 IPv6 使用的是相同的最短路径，这时数据包在转发过程就可能出现问题，比如 IPv6 数据包有可能被转发到不支持 IPv6 的设备或链路而被丢弃。同样，存在不支持 IPv4 的路由器或链路时，IPv4 报文也无法转发。IETF 有关 IS-IS 多拓扑的草案就是针对上述情况而提出的。

4.8.3.2 多拓扑原理

IS-IS 多拓扑模式允许 IS-IS 在单个区域或整个路由域内计算和维护多个独立的拓扑，比如 IPv4 拓扑和 IPv6 拓扑。每个拓扑都使用自己的独立的 SPF 进程计算和维护路由信息，这种特性打破了单拓扑模式的一些限制，比如路由器的接口可以配置不同协议的地址，每个接口可支持不同的网络层协议。并且在多拓扑模式下，可以分别为 IPv4 和 IPv6 单独定义不同的度量值，注意，多拓扑模式下必须使用宽度量，因为 IPv6 仅支持宽度量。

在单个区域或整个路由域内的路由器必须使用相同的拓扑模式，要么单拓扑模式，要么多拓扑模式。运行在多拓扑模式下的路由器不能识别运行单拓扑模式的路由器具有支持 IPv6 的属性，因此会导致 IPv6 的路由黑洞。

以图 4-43 的网络为例介绍一下多拓扑运行的原理。

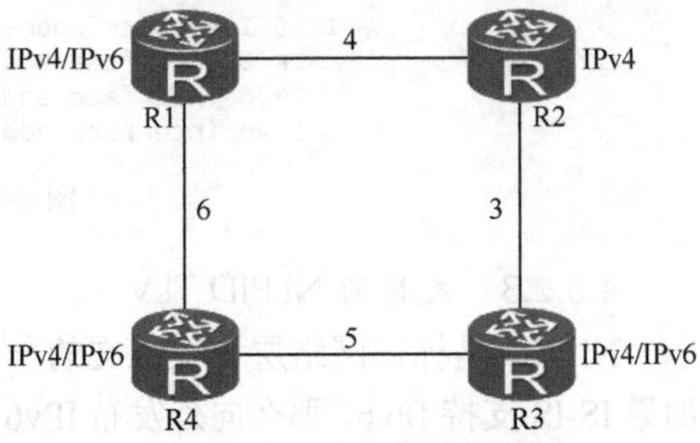

图 4-43 IS-IS 多拓扑组网

如图 4-43 所示，R1、R3 和 R4 均支持 IPv4 和 IPv6，R2 只支持 IPv4，不能转 IPv6 报文。图中链路上的数字表示开销值。如果 R1 不支持 IS-IS MT，进行 SPF 计算时只考虑单一的整体拓扑，则 R1 到 R3 的最短路径是 R1→R2→R3，但由于 R2 不支持 IPv6，所以 R1 发送的 IPv6 报文将无法通过 R2 到达 R3。当 R1 向 R3 发送的是 IPv4 报文时，则可以使用该路径正常转发到 R3，如图 4-44 所示。

如果在 R1 上使能了 IS-IS MT，那么此时 R1 在进行 SPF 计算时会根据不同的拓扑分别计算。当 R1 需要发送 IPv6 报文给 R3 时，R1 只考虑 IPv6 链路来确定 IPv6 报文转发路径，则 R1→R4→R3 路径被选为从 R1 到 R3 的 IPv6 最短路径。IPv6 报文被正确转发。当 R1 需要发送 IPv4 报文给 R3 时，R1 根据 SPF 计算结果，使用的是 R1→R2→R3，如图 4-45 所示。

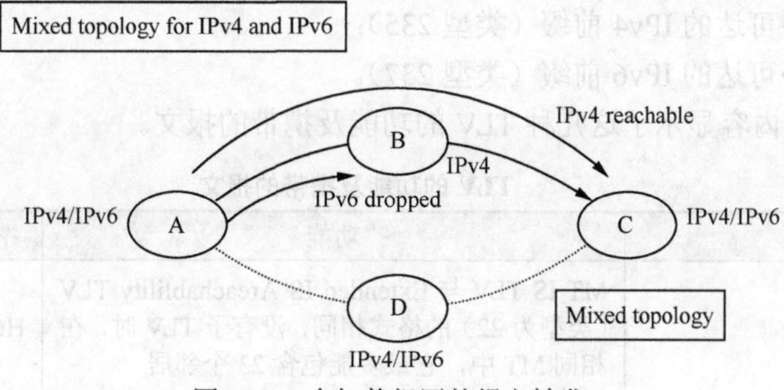

图 4-44 多拓扑组网的报文转发

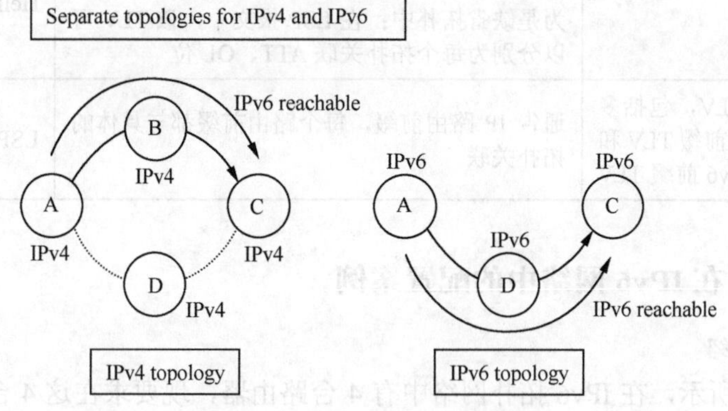

图 4-45 多拓扑组网的报文转发

4.8.3.3 MT ID 和 TLV

1. MT ID

多拓扑 ID（MT ID）用来标识不同的拓扑，一般是接口上配置的，一个接口可以属于一个或多个拓扑。在点对点网络中，要求链路上的两台路由器具有相同的 MT ID 才能形成邻接关系；而在广播网络中，邻接关系的建立跟接口上的 MT ID 是没关系的。在 LSP 中携带路由拓扑信息时，会标记具体的 MT ID，以使 SPF 算法能够区分出这些信息是来自哪个拓扑的。在路由器上会为每个拓扑计算和维护独立的路由表。下表列出了用于 IS-IS 的 MT ID 及其代表的含义，目前仅支持 MT ID#0 和 MT ID#2。

```
MT ID#0              标准（默认）拓扑
MT ID#1              IPv4 带内管理（in-band management）
MT ID#2              IPv6 路由拓扑
MT ID#3              IPv4 组播路由拓扑
MT ID#4              IPv6 组播路由拓扑
MT ID#5-#3995        IETF，统一预留
MT ID#3996-#4095     保留，用于开发、实验以及专用特性[RFC3692]
```

2. TLV

为支持多拓扑特性，IS-IS 扩展出了三个新的 TLV，由于 IS-IS 的多拓扑路由选择还在草案中，华为设备目前还不支持该特性，所以这里不详细介绍这些 TLV 的格式，有兴趣的读者可以参阅一下相关的资料：

- 多拓扑 IS TLV（类型 222）；
- 多拓扑 TLV（类型 229）；

- 多拓扑可达的 IPv4 前缀（类型 235）；
- 多拓扑可达的 IPv6 前缀（类型 237）。

表 4-3 输出内容显示了这几种 TLV 的功能及携带的报文。

表 4-3　TLV 的功能及携带的报文

TLV	功能	携带该 TLV 的报文
多拓扑 IS TLV	MT IS TLV 与 Extended IS Areachablility TLV（类型为 22）的格式相同，没有子 TLV 时，在相同 MT 中，它最多能包含 23 个邻居	Hello
多拓扑 TLV	用于描述发送接口所属于的拓扑；如果在 Hello 报文 没有携带多拓扑 TLV，则接口被认为是缺省拓扑中；在 LSP 报文中，该 TLV 可以分别为每个拓扑关联 ATT、OL 位	Hello，LSP
多拓扑可达的 TLV，包括多拓扑可达的 IPv4 前缀 TLV 和多拓扑可达的 IPv6 前缀 TLV	通告 IP 路由前缀，每个路由前缀都与具体的拓扑关联	LSP

4.8.4　IS-IS 在 IPv6 网络中的配置案例

1. 组网介绍

如图 4-46 所示，在 IPv6 拓扑网络中有 4 台路由器，现要求在这 4 台路由器上实现网络互联，并且因为 RouterA 和 RouterB 性能相对较低，所以还要使这两台路由器处理相对较少的数据信息。

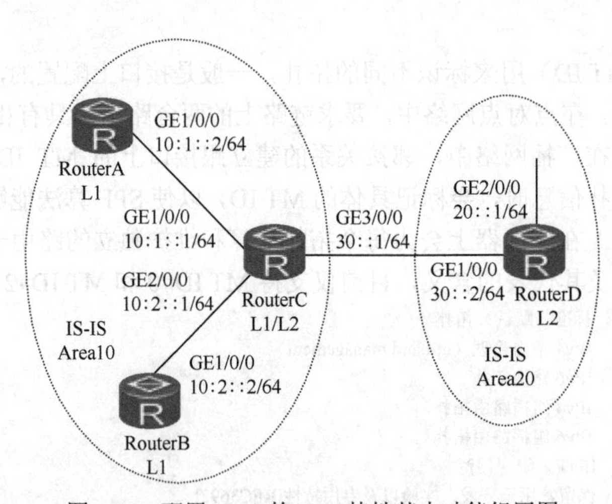

图 4-46　配置 IS-IS 的 IPv6 特性基本功能组网图

2. 配置步骤

（1）使能 IPv6 转发能力，配置各接口的 IPv6 地址，以 RouterA 为例，其他路由器的配置过程相同，不再赘述。

```
<Huawei> system-view
[Huawei] sysname RouterA
[RouterA] ipv6
```

```
[RouterA] interface gigabitethernet 1/0/0
[RouterA-GigabitEthernet1/0/0] ipv6 enable
[RouterA-GigabitEthernet1/0/0] ipv6 address 10:1::2/64
```

（2）配置 IS-IS。

```
# 配置 RouterA。
[RouterA] isis 1
[RouterA-isis-1] is-level level-1
[RouterA-isis-1] network-entity 10.0000.0000.0001.00
[RouterA-isis-1] ipv6 enable
[RouterA-isis-1] quit
[RouterA] interface gigabitethernet 1/0/0
[RouterA-GigabitEthernet1/0/0] isis ipv6 enable 1
[RouterA-GigabitEthernet1/0/0] quit
# 配置 RouterB。
[RouterB] isis 1
[RouterB-isis-1] is-level level-1
[RouterB-isis-1] network-entity 10.0000.0000.0002.00
[RouterB-isis-1] ipv6 enable
[RouterB-isis-1] quit
[RouterB] interface gigabitethernet 1/0/0
[RouterB-GigabitEthernet1/0/0] isis ipv6 enable 1
[RouterB-GigabitEthernet1/0/0] quit
# 配置 RouterC。
[RouterC] isis 1
[RouterC-isis-1] network-entity 10.0000.0000.0003.00
[RouterC-isis-1] ipv6 enable
[RouterC-isis-1] quit
[RouterC] interface gigabitethernet 1/0/0
[RouterC-GigabitEthernet1/0/0] isis ipv6 enable 1
[RouterC-GigabitEthernet1/0/0] quit
[RouterC] interface gigabitethernet 2/0/0
[RouterC-GigabitEthernet2/0/0] isis ipv6 enable 1
[RouterC-GigabitEthernet2/0/0] quit
[RouterC] interface gigabitethernet 3/0/0
[RouterC-GigabitEthernet3/0/0] isis ipv6 enable 1
[RouterC-GigabitEthernet3/0/0] isis circuit-level level-2
[RouterC-GigabitEthernet3/0/0] quit
# 配置 RouterD。
[RouterD] isis 1
[RouterD-isis-1] is-level level-2
[RouterD-isis-1] network-entity 20.0000.0000.0004.00
[RouterD-isis-1] ipv6 enable
[RouterD-isis-1] quit
[RouterD] interface GigabitEthernet 1/0/0
[RouterD-GigabitEthernet1/0/0] isis ipv6 enable 1
[RouterD-GigabitEthernet1/0/0] quit
[RouterD] interface GigabitEthernet 2/0/0
[RouterD-GigabitEthernet2/0/0] isis ipv6 enable 1
[RouterD-GigabitEthernet2/0/0] quit
```

验证结果

显示 RouterA 的 IS-IS 路由表。

```
[RouterA] display isis route
IPV6 Dest.      ExitInterface      NextHop                    Cost          Flags
-------------------------------------------------------------------------------------------------
```

```
10:1::/64    GigabitEthernet1/0/0      Direct          10            D/L/-
10:2::/64    GigabitEthernet1/0/0    FE80::A83E:0:3ED2:1 20            A/-/-
     Flags: D-Direct, A-Added to URT, L-Advertised in LSPs, S-IGP Shortcut,
                         U-Up/Down Bit Set
```

显示 RouterC 的 IS-IS 邻居的详细信息。

```
[RouterC] display isis peer verbose
                          Peer information for IS-IS(1)
System Id       Interface       Circuit Id          State   HoldTime    Type      PRI
-------------------------------------------------------------------------------------------------------
0000.0000.0001   GE1/0/0          0000000001            Up        24s          L1
  MT IDs supported        : 0(UP)
  Local MT IDs             : 0
  Area Address(es)        : 10
  Peer IPv6 Address(es): FE80::996B:0:9419:1
  Uptime                       : 00:44:43
  Adj Protocol              : IPV6
  RestRt Capable          : YES
  Suppressed Adj           : NO
  Peer System Id           : 0000.0000.0001
0000.0000.0002   GE2/0/0       0000000001                Up           28s          L1
  MT IDs supported        : 0(UP)
  Local MT IDs             : 0
  Area Address(es)        : 10
  Peer IPv6 Address(es): FE80::DC40:0:47A9:1
  Uptime                       : 00:46:13
  Adj Protocol              : IPV6
  RestRt Capable          : YES
  Suppressed Adj           : NO
  Peer System Id           : 0000.0000.0002
0000.0000.0004   GE3/0/0              0000000001             Up       24s          L2
  MT IDs supported        : 0(UP)
  Local MT IDs             : 0
  Area Address(es)        : 20
  Peer IPv6 Address(es): FE80::F81D:0:1E24:2
  Uptime                       : 00:53:18
  Adj Protocol              : IPV6
  RestRt Capable          : YES
  Suppressed Adj           : NO
  Peer System Id           : 0000.0000.0004
Total Peer(s): 3
```

显示 RouterC 的 IS-IS LSDB 的详细信息。

```
[RouterC] display isis lsdb verbose
                          Database information for IS-IS(1)
                          --------------------------------------------------
                             Level-1 Link State Database
LSPID                    Seq Num       Checksum        Holdtime        Length   ATT/P/OL
-------------------------------------------------------------------------------------------------------
0000.0000.0001.00-00  0x0000000c     0x4e06            1117             113       3/0/0
 SOURCE          0000.0000.0001.00
 NLPID           IPV6
 AREA ADDR     10
 INTF ADDR V6 10:1::2
 Topology        StandRd
 NBR   ID          0000.0000.0003.00   COST: 10
 IPV6              10:1::/64                          COST: 10
```

```
0000.0000.0002.00-00   0x00000009    0x738c        1022         83       3/0/0
 SOURCE          0000.0000.0002.00
 NLPID           IPV6
 AREA ADDR       10
 INTF ADDR V6 10:2::2
 Topology        StandRd
 NBR   ID        0000.0000.0003.00   COST: 10
 IPV6            10:2::/64                          COST: 10
0000.0000.0003.00-00* 0x00000020    0x6b10        771          140      1/0/0
 SOURCE          0000.0000.0003.00
 NLPID           IPV6
 AREA ADDR       10
 INTF ADDR V6 30::1
 INTF ADDR V6 10:2::1
 INTF ADDR V6 10:1::1
 Topology        StandRd
 NBR   ID        0000.0000.0002.00   COST: 10
 NBR   ID        0000.0000.0001.00   COST: 10
 IPV6            10:2::/64                          COST: 10
 IPV6            10:1::/64                          COST: 10
Total LSP（s）: 3

  *（In TLV）-Leaking Route, *（By LSPID）-Self LSP, +-Self LSP（Extended）,
              ATT-Attached, P-PRtition, OL-Overload
                          Level-2 Link State Database
LSPID              Seq Num        Checksum       Holdtime       Length   ATT/P/OL
-------------------------------------------------------------------------------------
0000.0000.0003.00-00* 0x00000017    0x61b4        771          157      3/0/0
 SOURCE          0000.0000.0003.00
 NLPID           IPV6
 AREA ADDR       10
 INTF ADDR V6 30::1
 INTF ADDR V6 10:2::1
 INTF ADDR V6 10:1::1
 Topology        StandRd
 NBR   ID        0000.0000.0004.00   COST: 10
 IPV6            30::/64                         COST: 10
 IPV6            10:2::/64                       COST: 10
 IPV6            10:1::/64                       COST: 10
0000.0000.0004.00-00   0x0000000b    0x6dfa        1024         124      3/0/0
 SOURCE          0000.0000.0004.00
 NLPID           IPV6
 AREA ADDR       20
 INTF ADDR V6 30::2
 INTF ADDR V6 20::1
 Topology        StandRd
 NBR   ID        0000.0000.0003.00   COST: 10
 NBR   ID        0000.0000.0005.00   COST: 10
 IPV6            30::/64                            COST: 10
 IPV6            20::/64                            COST: 10
Total LSP（s）: 2

  *（In TLV）-Leaking Route, *（By LSPID）-Self LSP, +-Self LSP（Extended）,
              ATT-Attached, P-PRtition, OL-Overload
```

4.9 OSPF 与 IS-IS 的对比

OSPF 与 IS-IS 的对比如下。

1. 相同点

- 两者均是链路状态路由协议，路由器之间均需要通过扩散链路状态信息来相互学习路由和拓扑信息，并且都使用 SPF 算法计算最佳路由。
- 两者均支持 IP 无类路由选择。
- 两者均定义了邻接关系及建立邻接的过程。
- 两者在广播类型网络中均定义了指定路由器及其功能。
- 两者都基于区域设计，都支持层次化网络设计。

2. 不同点

（1）基本点比较。

- IS-IS 同时支持 ISO CLNP 和 IP 环境，而 OSPF 只支持 IP 环境。
- IS-IS 直接基于数据链路层运行，报文封装在数据链路层的帧中，对应的以太网类型是 0xFEFE；而 OSPF 是在 IP 之上运行的，报文封装在 IP 报文中，所以报文是在网络层传输的，协议号为 89。
- IS-IS 仅支持点对点和广播链路，不支持 NBMA，如果要支持 NBMA，必须将 NBMA 配置为点对点或广播链路类型；OSPF 支持点对点、广播、NBMA 和点对多点四种网络。
- IS-IS 路由器属于某个特定区域，因为是基于设备划分区域的；而 OSPF 基于接口划分区域，所以路由器可以属于多个区域。
- 两者都支持多区域设计，但 IS-IS 区域的边界是在链路上的，而 OSPF 在设备上。
- 默认情况下，IS-IS 的区域是末梢区域，因为没有其他区域的路由，需要通过路由泄露；而 OSPF 的区域默认不是末梢区域。

（2）邻接关系比较。

- IS-IS 形成邻接关系的过程比较简单（在 2.2 节我们分别讲述了广播和点对点链路下的邻接关系建立过程），同时 IS-IS 邻接关系分成 level-1 和 level-2 两个层次；OSPF 邻接关系的建立需要经历多个不同的阶段，过程比较复杂。
- IS-IS 形成邻接关系时，不要求邻居 Hello 包中的计时器一致，而 OSPF 必须要求一致。
- IS-IS 没有备份 DIS，优先级为 0 的接口也可以成为 DIS，并且 DIS 可以被抢占；而 OSPF 有备份 DR，优先级为 0 的接口不能成为 DR，DR 不支持抢占。
- IS-IS 在广播网络中的所有路由器之间都形成邻接关系；OSPF 在广播网络中的路由器只跟 DR 和 BDR 形成邻接关系。

（3）链路状态数据库同步比较。

- IS-IS 数据库同步是在邻接关系建立好之后进行的，而 OSPF 的数据库同步是在邻接关系建立完成之前就开始了。

- IS-IS 的一个 LSP 可以携带多个 TLV，同时承载多条路由前缀和拓扑信息，可以节省开销；而 OSPF 只有 LSA 1 和 LSA 2 能在一个 LSA 中同时携带多条路由前缀和拓扑信息，LSA 3、LSA 4、LSA 5 以及 LSA 7 只能携带一条路由前缀。
- IS-IS 在点对点上的链路状态信息扩散是可靠的，而在广播链路上的扩散是不可靠的；OSPF 在不同网络中的扩展都是可靠的。
- IS-IS 的 LSP 只有路由器 LSP 和伪节点 LSP，数据库结构简单，定位故障容易；OSPF 的 LSA 种类很多，数据库结构复杂，定位故障困难。
- IS-IS 的 LSP 的老化时间是从最大值递减（LSP 最大年龄 =1200s，刷新间隔=900s，默认值可以修改）；而 OSPF 的 LSA 的老化时间是从 0 开始递增（最大年龄=3600s，刷新周期=1800s，默认值不可修改）。

（4）路由计算比较。

- IS-IS 将前缀作为叶子，当叶子发生变化时可以用 PRC 来更新叶子，而不需要进行 SPF 计算，在一个大区域内可以节省处理资源；而 OSPF 是将前缀作为 SPF 的节点，叶子发生变化也会触发 SPF 计算，在一个不稳定的网络中，协议开销比较大。
- IS-IS 接口支持多种开销（默认开销、代价开销、错误开销和延迟开销），缺省情况下，接口只支持默认开销，所有接口默认开销都为 10；OSPF 的接口根据带宽计算出开销（范围是 0～65535）。

提示：

IS-IS 和 OSPF 只是在初次路由计算时使用 Full SPF（Dijkstra），之后任何变化都只计算受影响的节点周边拓扑，这就是 iSPF（增量 SPF）；至于 iSPF 树上节点上的叶子路由发生变化，则只需要 PRC 计算，即只对那片叶子（路由）做计算即可，大大减少 CPU 的计算负荷。但是，OSPF 在区域内任何路由变化（需要扩散新的 LSA1 和 LSA2）时都会触发 iSPF 计算，如果是区域间或外部路由（LSA3/4/5/7）发生变化只需要进行 PRC，而 IS-IS 在任何路由变化时都只进行 PRC。

（5）扩展性及安全性比较。

- IS-IS 协议报文结构基于 TLV，Hello 和 LSP 报文都可携带不同的 TLV，后期增加新特性时易于扩展；而 OSPF 报文不基于 TLV 编码，增加新特性时需要开发新的 LSA 或报文，比如 OSPF 后来定义了不透明 LSA（LSA9、LS10、LSA11）来支持新的应用程序的信息。
- IS-IS 比 OSPF 使用更少的 LSP 和更多的 PRC 计算，在类似规模的网络中，IS-IS 消耗的资源会更少，所以单区域的 IS-IS 网络支持的设备数据更多。
- IS-IS 报文直接在数据链路层传递，所以不易遭受欺骗或 DOS 攻击；OSPF 报文是基于 IP 之上封装的，所以容易遭受 IP 欺骗或 DOS 攻击。

4.10 思考题

1．为什么要有 DR 和 DIS，如果没有会怎么样？

2．DIS 为什么可以支持抢占？

3．CSNP 中包含哪些内容，它和 OSPF 的 DBD 报文有什么不同 ？

4．IS-IS 在帧中继环境下使用什么网络类型？

5．为什么 P2P 使用 PSNP 确认，而广播网络不用？

6．OSPF 和 IS-IS，哪种协议支持的路由条目更多？为什么？

7．OSPF 的 LSA 有很多类型，为什么 IS-IS 的 LSP 不需要多种类型？

8．请详细描述 IS-IS 与 OSPF 有哪些区别？

9．什么是 IS-IS 多拓扑？它解决了什么问题？

10．为什么说 IS-IS 更加适合于扁平组网？

第五章
路由控制

本章介绍了 ACL、ip-prefix、filter-policy 和 route-policy 等工具的使用，并通过实例阐述如何使用上述工具实现路由的过滤、引入及优化等。

本章包含以下内容：

- 使用 ACL 和 ip-prefix 匹配路由
- 路由策略和策略路由的对比
- 聚合路由和默认路由的使用
- 路由引入的原理及案例分析

5.1 ACL 和 ip-prefix

5.1.1 ACL

5.1.1.1 ACL 的使用原理

ACL（access-list）访问控制列表，是用于定义匹配规则的过滤器列表，其种类很多，根据类型可分为命名的 ACL 和编号的 ACL。基于匹配报文能力的大小划分，可分为基本 ACL 和高级 ACL，根据匹配的内容划分，ACL 可以用来匹配数据报文的头部字段，它也可以用来匹配路由更新中的路由条目。

ACL 是一组顺序排列的过滤器，每条过滤器是由匹配的条件和动作组成的，动作可以为允许或者拒绝。匹配条件可以决定匹配的内容，这些条件可以是数据包的源地址、目的地址、协议类型、TOS、端口号等。

ACL 定义在全局，真正让它发挥作用，需要被其他工具调用才能使用，仅配置 ACL 是无法发挥其匹配功能的。调用工具有很多，如 filter-policy、route-policy、traffic-filter 等工具，不同工具代表不同的含义。

ACL 在网络中用处非常多，根据其定义的过滤器识别报文或路由，放行、过滤报文或路由，达到保护内网安全或控制路由的作用。如为防止针对 IP 报文、TCP 报文等攻击，在企业网限制用户可以在特定时间访问特定网络的资源或限定网络的上下行带宽等。

5.1.1.2 ACL 的分类

1. 按照创建 ACL 的命名方式分为:

（1）数字型 ACL

（2）命名型 ACL

2. 按照 ACL 的功能分为:

（1）基于接口的 ACL（编号范围 1000～1999）

（2）基本 ACL（编号范围 2000～2999）

（3）高级 ACL（编号范围 3000～3999）

（4）二层 ACL（编号范围 4000～4999）

5.1.1.3 过滤器工作流程

一个数据包进入过滤器后具体的操作步骤如下。

（1）数据包进入过滤器。

（2）查找匹配条件，如果有匹配，再执行允许或者拒绝的动作。

（3）如果没有匹配，将向下移动查找下面的匹配条件并重复上述过程。

下面举例说明数据包经过 ACL 过滤器的整个过程，如图 5-1 所示，数据包进入过滤器，ACL 将会按照顺序查找第一个匹配条件。源地址为 1.1.1.1 的数据包将会被匹配，而执行动作为 deny，最终该数据包被丢弃掉。接着按顺序查找第二个匹配条件，如果源地址为 172.16.1.1 网段，目标地址为 192.168.1.1 网段的数据包将会被匹配到，而执行动作为 permit，因此所有满足该条件的数据包将会从接口 G0/0/1 转发出去。第三个匹配条件中匹配到了源地址为 2.2.2.2、目标地址为 3.3.3.3 且目标端口为 80 的数据包，执行动作为 deny，因此所有满足条件的数据包将被丢弃掉。当其他的数据包在没有被上述三个条件匹配到时，默认将会被允许通过。

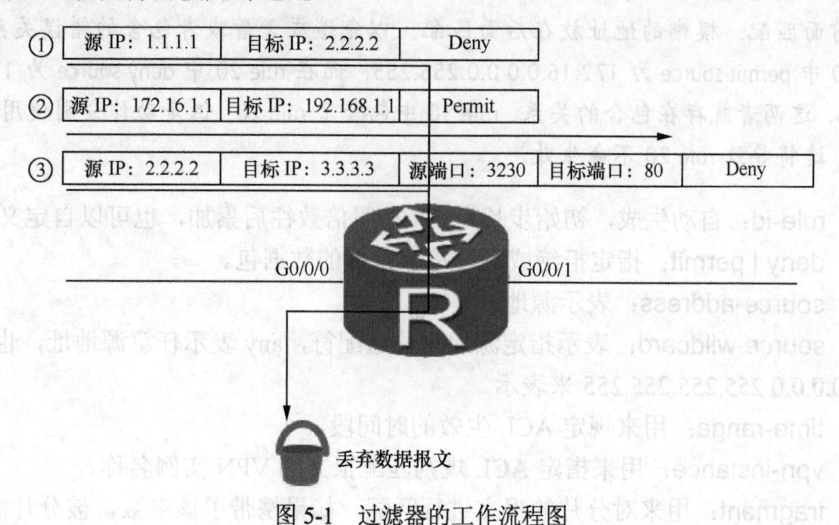

图 5-1　过滤器的工作流程图

说明：

在华为 VRP 平台上使用 ACL 过滤数据包时，没有被匹配到的数据包，都会默认允许通过，高级 ACL 不能用于匹配路由，只能用于过滤数据包；基本 ACL 可以用于匹配路由，也可以过滤数据包。

5.1.1.4　基本 ACL

ACL 应用比较广泛，在 IPv4 和 IPv6 网络中都可以使用，可以用于匹配出二层的 MAC 地址、三层的 IP 地址、协议号、TOS 等，也可以匹配出四层的端口号。下面列举出 ACL 的分类及每个类别的功能介绍。

配置基本 ACL 时，需要先创建一个基本 ACL，基本 ACL 编号 acl-number 的范围是 2000～2999。配置基本 ACL 分为两步，首先创建 ACL 的编号，然后再配置规则。

示例：基本 ACL

第 1 步：创建基本 ACL。

```
acl [ number ] acl-number [ match-order { auto | config } ]
```

说明：

首先进入到基本 ACL 视图，创建数字型的基本 ACL，也可以将数字换成名称 acl name *acl-number* [match-order { auto | config }]，写成命名型的 ACL。match-order：代表匹配顺序，有 auto 和 config 两种，auto 是自动排序，该方式会按照“深度优先”原则，越精确的地址越优先匹配。config 为配置顺序，用户可以自行定义，按照规则编号（rule-id）从小到大的顺序进行匹配。

第 2 步：配置基本 ACL 的规则。

```
rule [ rule-id ]  { deny | permit }  [ source { source-address  source-wildcard | any }  | time-range time-name | vpn-instance vpn-instance-name| [ fragment | none-first-fragment ] ]
```

说明：

基本 ACL 可以通过配置 rule 规则来匹配报文信息。该规则可以多次配置来实现对报文的分类，可以进行添加、修改、删除。但是配置规则时注意顺排列顺序，优先将精确的地址在前面匹配，模糊的地址放在后面匹配。以免造成矛盾或者包含的错误关系，例如在 rule 10 中 permit source 为 172.16.0.0 0.0.255.255，而在 rule 20 中 deny source 为 172.16.1.0 0.0.0.255。这两者就存在包含的关系，rule 10 中包含了 rule 20，但是动作分别使用了 permit 和 deny，这将导致 rule 20 不会生效。

- rule-id：自动生成，初始步长为 5，按照倍数往后累加，也可以自定义步长。
- deny | permit：指定拒绝或允许符合条件的数据包。
- source-address：表示源地址。
- source-wildcard：表示指定源地址的通配符，any 表示任意源地址，也可以用 0.0.0.0 255.255.255.255 来表示。
- time-range：用来规定 ACL 生效的时间段。
- vpn-instance：用来指定 ACL 规则匹配报文的 VPN 实例名称。
- fragment：用来对分片的报文进行匹配。如果携带了该参数，被分片的数据包将会被匹配到。
- none-first-fragment：用来对非首片分片报文生效，如果携带参数则说明只用来匹配非首片报文。

基本 ACL 的匹配原则：

1．带 VPN 实例的规则优先
2．源 IP 地址范围小的优先
3．Rule ID 小的优先

5.1.1.5 高级 ACL

高级 ACL 可以根据源 IP 地址、目的 IP 地址、IP 优先级、ToS、DSCP、IP 协议类型、ICMP 类型、TCP 源端口/目的端口、UDP 源端口/目的端口号等信息对 IPv4 报文进行分类。配置高级 ACL 时，需要先创建一个高级 ACL，高级 ACL 编号 acl-number 的范围是 3000～3999。

高级 ACL 通过 rule（规则）匹配报文的信息，实现对报文的分类，因此创建高级 ACL 以后，需要配置高级 ACL 的规则。在 ACL 中添加新的规则时，不会影响已经存在的规则；对已经存在的规则进行编辑时，如果新配置的规则内容与原规则内容存在冲突，则冲突的部分由新配置的规则内容代替，建议在编辑一个已存在的规则前，先将旧的规则删除，再创建新的规则，否则配置结果可能与预期的效果不同。此外，配置规则时，如果不同的规则之间存在矛盾或包含的关系，请注意规则的匹配顺序，防止出现错误配置。

第 1 步：创建高级 ACL。

```
acl [ number ] acl-number [ match-order { auto | config } ]
```

说明：

与创建基本 ACL 配置相同，创建数字型或命名型 ACL，但注意编号的范围，3000～3999

属于高级 ACL。

第 2 步：配置高级 ACL 的规则。

```
rule [ rule-id ] { deny | permit } ip [ destination { destination-address | any } | source { source-address | any } | time-range time-name | [ dscp dscp | [ tos tos | ]
```

说明：

在高级的 ACL 可以根据数据包的源 IP 地址、目的 IP 地址、源端口、目标端口、协议等内容来制定规则。

- ip：表示协议类型，此处可以指定特定的协议，比如 TCP/UDP/ICMP 等，如果是 ip 则代表所有的 ip 协议，包含了 TCP/UDP/ICMP 等。
- time-range：表示时间段。
- dscp：用于匹配数据包时指定区分服务代码点（Differentiated Services Code Point)。也可以使用优先级（precedence）参数，但是只能选择其一，两者不能同时配置。
- tos：用于定义服务类型字段。数值在 0～15 之间。

高级 ACL 的匹配原则：

1. 带 VPN 实例的
2. 指定了特定 IP 协议类型
3. 源 IP 地址范围小的
4. 目的 IP 地址范围小的
5. 端口号范围小的
6. rule-id 小的

5.1.1.6 基于时间 ACL

网络中某些业务应用 ACL 时需要限制在一定的时间范围内生效，比如在企业中需要限制员工工作时间段内才能浏览互联网，其他时间不允许访问。可以通过 ACL 为用户创建生效时间段，通过在规则中引用时间段信息限制 ACL 生效的时间范围，从而使得该业务能在一定的时间范围内生效。

配置示例：创建时间段

```
time-range time-name { start-time to end-time days | from time1 date1 [ to time2 date2 ] }
```

time-range 可以用来定义时间段，具体字段描述如下。

- time-name：指定时间的名称。
- start-time：指定开始时间，格式为 hh:mm。
- to：表示到某一个时间段。
- end-time days：指定结束时间，注意结束时间必须大于开始时间，如果没有配置则是设备能够配置的最大值。
- from：表示从某一个时间段开始，time 表示时间，date 表示日期。

配置案例：

例 1：创建一个工作时间段（周一至周五）每天早上 9:00～下午 18:00。

```
[Huawei] time-range TIME1 9:00 to 18:00 working-day daily
```

例 2：创建一个绝对时间段时间从 2015/1/1 12：00～2016/1/1 12：00 结束。

```
[Huawei]time-range TIME2 from 12:00 2015/1/1 to 12:00 2016/1/1
```

5.1.1.7　**案例研究：配置基本 ACL 进行访问控制**

场景描述：如图 5-2 所示，有三个 PC 需要访问远端路由器，通过基本 ACL 来进行限制源端 PC 的访问，允许 PC-A 能够访问到路由器，拒绝 PC-B 在工作时间段访问路由器，其他用户不允许访问。

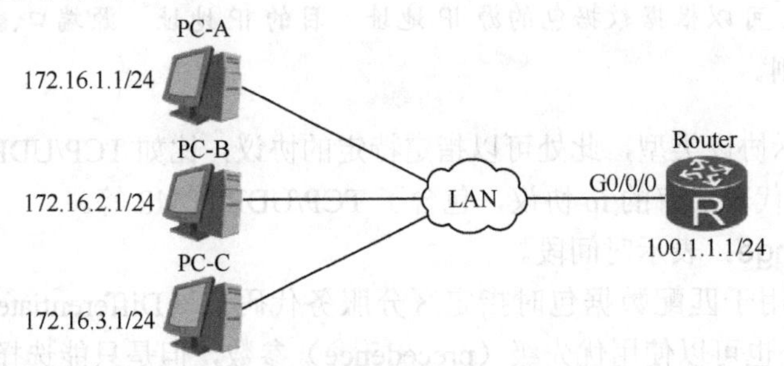

图 5-2　配置基本 ACL 进行访问控制

配置命令：

```
[Router] time-range FTP 9:00 to 18:00 working-day daily
[Router] acl 2000
[Router-acl-basic-2000] rule 10 permit source 172.16.1.1 0
[Router-acl-basic-2000] rule 20 deny source 172.16.2.1 0 time-range FTP
[Router-acl-basic-2000] rule 30 deny source any
[Router-acl-basic-2000] quit
[Router] interface GigabitEthernet0/0/0
[Router-GigabitEthernet0/0/0]traffic-filter inbound acl 2000
```

说明：

通过配置了 ACL 进行访问限制，允许 PC-A 主机任意时间都能够访问远端路由器，PC-B 主机在每天的工作时间段 9:00～18:00 之间不允许访问路由器，而 PC-C 主机则任何时间都不允许访问。使用命令 traffic-filter 调用 ACL，可以用在 inbound（入）和 outbound（出）方向，基本 ACL 和高级 ACL 都可以使用该命令来调用，并且配置的 ACL 只有调用后才能生效。

思考：

本例中 rule 30 如果没有配置，请问 PC-C 是否能够允许访问路由器呢？

5.1.1.8　**案例研究：配置高级 ACL 进行访问控制**

场景描述：如图 5-3 所示，公司企业网通过 router 实现部门之间的连接，要求配置高级 ACL 禁止销售部门和人力资源部门在工作时间段（9:00～18:00）访问财务部，禁止人力资源部远程登入到财务部的主机，而经理室可以在任何时间段访问财务部的主机。

配置命令：

```
[Router] time-range ACCESS 9:00 to 18:00 working-day daily
[Router] acl 3000
[Router-acl-adv-3000]rule permit ip source 10.5.8.8 0 destination any
[Router-acl-adv-3000]rule deny ip source 10.5.20.0 0.0.0.255 destination 10.5.100.5 0 time-range ACCESS
[Router-acl-adv-3000]rule deny tcp source 10.5.30.0 0.0.0.255 destination 10.5.100.5 0 destination-port eq 23
```

```
[Router-acl-adv-3000]rule deny source any
[Router-acl-adv-3000]quit
[Router]interface Ethernet 2/0/3
[Router-Ethernet 2/0/3] traffic-filter outbound acl 3000
```

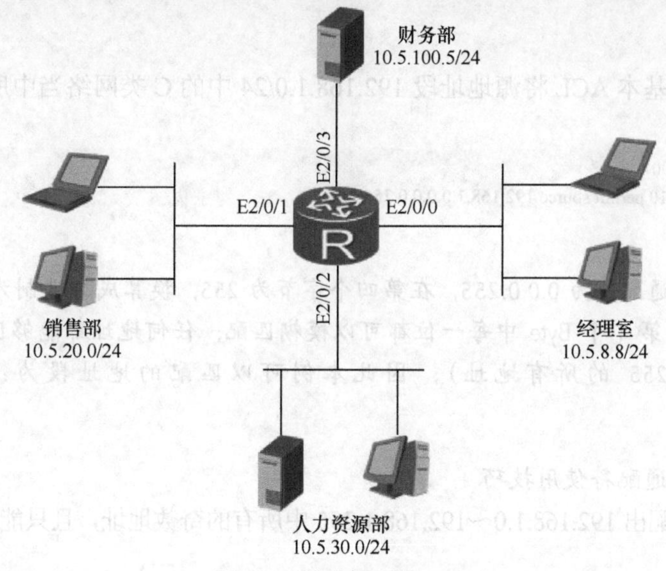

图 5-3 配置高级的 ACL

说明：

(1) 基本的 ACL 只能匹配源 IP 地址，而高级 ACL 能够匹配出数据包里的源/目标 IP 地址、源/目标端口号、协议等信息。高级 ACL 相比基本 ACL 能够更加精确地匹配出不同的数据流。

(2) ACL 过滤数据流放置原则：利用 ACL 过滤数据流，在接口调用 ACL 时，一般基本 ACL 用在靠近目标的位置，因为基本 ACL 不能匹配出目标地址，若想过滤某个数据流，而太靠近源位置则有可能导致该源 IP 去访问其他目的地时被过滤。而高级 ACL 尽量用在靠近源的位置，因为高级 ACL 能够精确地表示出数据流，此做法能够节省链路带宽的占用。

5.1.1.9 通配符

1. ACL 中的通配符作用

通常在定义 ACL 规则时，都需要用到通配符。通配符也被称为反掩码，使用全 255 减去正掩码得出的就是反掩码，例如 192.168.1.0/24，正掩码为 24 位，由 24 个 1 组成（255.255.255.0），那么反掩码就是 255.255.255.255-255.255.255.0 得出的反掩码就是 0.0.0.255。但是正掩码必须是由连续的 1 来组成的，中间不能有 0 的存在，比如不能有 192.255.255.0 这样的掩码，正掩码是路由的组成部分，用来表示一条路由。而反掩码可以由不连续的 1 组成，例如 0.0.6.0，一般用来匹配一个或者一组地址。通配符中用二进制 0 精确地匹配对应的地址位，用 1 来模糊地匹配对应的地址位。

配置示例：

例 1：使用基本 ACL 将一个地址 10.1.1.1 匹配出来。

```
[HUAWEI]acl 2000
[HUAWEI]rule 10 permit source 10.1.1.1 0
```

说明：

该例中使用到的通配符为 0（实际应该为 0.0.0.0，可以简写成 0）。换算成二进制全为 0，也就是精确地对应了 IP 地址中 4 个 Byte，因此仅仅匹配出地址 10.1.1.1，其他的地址不能被匹配。

例 2：使用基本 ACL 将源地址段 192.168.1.0/24 中的 C 类网络当中所有主机地址匹配出来。

```
[HUAWEI]acl 2001
[HUAWEI] rule 10 permit source 192.168.1.0 0.0.0.255
```

说明：

本例中使用通配符为 0.0.0.255，在第四个字节为 255，换算成二进制为 11111111。对应上面的址位中第 4 个 Byte 中每一位都可以模糊匹配，任何地址都能够匹配到（也就是能够匹配 0～255 的所有地址），因此本例可以匹配的地址段为：192.168.1.0～192.168.1.255。

2. ACL 中通配符使用技巧

示例 1：匹配出 192.168.1.0～192.168.1.255 中所有的奇数地址，且只能使用一条 ACL，如何来表示？

说明：

在这些路由条目中可以查找一下其中的规律，这个地址段中所有奇数地址，比如 192.168.1.1、192.168.1.3、192.168.1.5……192.168.1.255，这些地址中有一个规律就是最后一个 Byte 最后一位都为 1。

如　192.168.1.1　　最后一个字节换算成二进制 00000001
　　192.168.1.3　　最后一个字节换算成二进制 00000011
　　192.168.1.5　　最后一个字节换算成二进制 00000101
　　⋮
　　192.168.1.255　最后一个字节换算成二进制 11111111

找到规律以后，使用 0 或者 1 来对应该地址位，由于在该地址段中只有最后一位都相同，那么反掩码中该位使用 0 来表示（精确匹配）。地址段中前面七位都不相同，那么反掩码使用 1 来表示（模糊匹配），因此二进制数为 11111110，最终换算成十进制数为 254。由于地址的前面 3 个 Byte 都相同，反掩码中都用 0 来对应。最终可以使用 192.168.1.1 0.0.0.254 来表示该地址段中所有的奇数地址。

示例 2：若匹配 172.16.0.0/24、172.16.1.0/24、172.16.2.0/24、172.16.3.0/24……172.16.7.0/24 当中所有偶数路由，该如何使用一条 ACL 来描述？

说明：

前面提到匹配奇数实际上是有规律可循的，奇数地址最后一位都为 1，而偶数地址也是有规律的，最后一位为 0。在这个例子中是第 3 个 Byte 不同、其他字节相同的用 0 来对应上面的地址位，最终得出的结果应该是 172.16.0.0 0.0.6.0 来描述该偶数地址。

提示：

可能有读者会问为什么掩码不是0.0.254.255，由于此处给出的是8条路由，后面一个字节都是0，所以反掩码最后一个字节肯定用最精确的0来对应，而第3个Byte只有前面七个地址，那么所有偶数地址换算成二进制应该为00000010（2）、00000100（4）、00000110（6），只有这三个地址，也就是说在该字节当中前面五位都是相同的，应该用0来对应。因此最终的结果就是00000110，换算成十进制就是6，所以反掩码应该为0.0.6.0。

示例3：若使用一条ACL来匹配出10.1.1.0/24、10.1.3.0/24、10.1.5.0/24、10.1.7.0/24、10.1.17.0/24、10.1.19.0/24、10.1.21.0/24、10.1.23.0/24，如何来实现？

说明：

本例中这8条路由第三个字节不同，同样寻找出其中的规律，将第三个字节换算成二进制分别为：00000001、00000011、00000101、00000111、00010001、00010011、00010101、00010111，其中只有第4/6/7位不同，IP前缀既有0又有1，那么反掩码将其置1（任意匹配），其他位置0（精确匹配）。反掩码为00010110（十进制为22），因此最终的结果应该是10.1.1.0 0.0.22.0来匹配出这些网段。

5.1.1.10 IPv6 ACL

基于IPv6的ACL也称为ACL6，分类见表5-1所示。

表5-1 **IPv6 ACL的分类**

分类	编号	应用场景
基本ACL6	范围为2000～2999	可使用报文的源IP地址、VPN实例、分片标记和时间段信息来定义规则
高级ACL6	范围为3000～3999	可以使用数据包的源地址、目的地址、IP承载的协议类型、针对协议的特性（例如TCP的源端口、目的端口、ICMPv6协议的类型、ICMPv6 Code）等内容定义规则

说明：

虽然ACL6与ACL命令编号相同，但是不会互相影响。

配置命令：

```
acl ipv6 [ number ] acl6-number [ match-order { auto | config } ]
```

说明：

ACL6的配置与ACL相似，match-order用于指定ACL6规则的配置顺序。auto:匹配时自动排序；config: 匹配规则时按照用户的配置顺序。

配置示例1：使用基本ACL6匹配允许源为2001::/64的所有地址。

```
[huawei] acl ipv6 2000
[huawei-acl6-basic-2000] rule 10 permit source 2001::/64
```

说明：

ACL6没有反掩码，直接定义前缀长度即可。

配置示例 2：使用高级 ACL6 允许源为 2001：：/64、目标为 3000：1/128 的 HTTP 流量，其他流量过滤，并在入接口调用。

```
[huawei] acl ipv6 2000
[huawei-acl6-basic-2000]rule 10 permit tcp source 2001::/64 destination 3000::1/128 destination-port eq 80
[huawei-acl6-basic-2000] rule 20 deny ipv6 source any destination any
[huawei-acl6-basic-2000] quit
[huawei] interface GigabitEthernet 0/0/0
[huawei -GigabitEthernet0/0/0] traffic-filter inbound ipv6 acl 3000
```

说明：

ACL6 配置以后，也需要在接口调用才能生效，且与 ACL 相同，最后都有一条隐含允许所有，如没有拒绝的流量都将被放行。

5.1.1.11 ACL 的不足

ACL 不仅仅可以应用在数据层面过滤数据包，也能够应用在路由控制层面，用于匹配路由，但是如果路由表中有类似 192.168.1.0/24、192.168.1.0/25、192.168.1.0/26 路由，如何使用 ACL 将其中一条路由比如 192.168.1.0/25 匹配出来？如果使用 192.168.1.0 0.0.0.255 将只能匹配出该网段所有的地址，由于不能够反映出网络掩码，那么将会造成另外两条路由也会被匹配到，这样将不能精确地对路由进行控制。

5.1.2 前缀列表 ip-prefix

5.1.2.1 ip-prefix 使用原理

前缀列表与 ACL 有点类似，两者都可以实现控制层对路由的匹配。但前缀列表不同于 ACL，不具备过滤数据流的功能，而 ACL 具备过滤数据流及过滤路由的功能。前缀列表的特点是能够更精确地匹配到路由，可以将一条路由区分为网络前缀部分和掩码长度（子网掩码）部分，能分别进行匹配，这点是 ACL 无法做到的。

配置命令：基于 IPv4 的 ip-prefix

ip ip-prefix *ip-prefix-name* [**index** *index-number*] { **permit** | **deny** } *ip-address mask-length* [**greater-equal** *greater-equal-value*] [**less-equal** *less-equal-value*]

说明：

ip-prefix-name 为名称或者数字，index-number 为编号，ip-address 为路由前缀（网段），mask-length 为指定前缀所匹配的位数和掩码长度，greater-equal-value 与 less-equal-value 分别为大于等于和小于等于，代表子网掩码的位数，使用后面两个参数来确定子网掩码的范围（可以不配）。

在上一节介绍到 ACL 的时候，大家可能注意到一个例子，如果将 192.168.1.0/24、192.168.1.0/25、192.168.1.0/26 三条路由中其中一条匹配出来是无法实现的，但是使用前缀列表来匹配就可以轻松地实现。前缀列表中 greater-equal-value 与 less-equal-value 就用于精确地匹配出掩码地长度。那么这里大家可能会有疑问，mask-length 也都能够代表掩码的长度，这两者之间又有哪些区别呢？后面两个参数 greater-equal-value 与 less-equal-value 为可选参数，如果不携带此参数，那么 mask-length 将会具备两种作用，既匹配路由前缀的位数也用于匹配路由掩码位数。

例 1：ip ip-prefix TECH permit 172.16.1.0 24

说明：

这条前缀列表只有 mask-length 参数，值为 24，代表前缀中前面 24 位是需要完全匹配的，如路由前 3 个 Byte（24 位）为 172.16.1.*就能匹配到。没有后面两个参数 greater-equal-value 与 less-equal-value，那么 24 这个数字也能代表该前缀的掩码长度同样也为 24 位，也就是说只能匹配到一条路由，为 172.16.1.0/24。

例 2：ip ip-prefix TECH permit 172.16.1.0 24 greater-equal-value 25 less-equal-value 32

说明：

这条前缀列表既有 mask-length 参数为 24，也携带了 greater-equal-value 和 less-equal-value 参数。与例 1 类似，前缀中前面 24 位是需要完全匹配的，而 greater-equal-value 则定义了网络掩码必须大于或等于 25 位，less-equal-value 则定义了网络掩码必须小于或等于 32 位，也就是该网络掩码设定的范围在 25～32 位之间。注意：mask-length 为 24 这里就不能够作为网络掩码了，仅仅用来匹配前缀的位数。如 172.16.1.0/25、172.16.1.0/26……172.16.1.0/32 都能匹配到，但是不能够匹配到 172.16.1.0/24，因为 greater-equal-value 定义了掩码位数必须大于或等于 25 位。

提示：

在配置前缀列表时需要注意设置的参数需要满足条件 length<= greater-equal-value <= less-equal-value，否则会提示错误。

5.1.2.2 前缀列表的配置举例

1. ip ip-prefix TECH permit 0.0.0.0 0

匹配默认路由

说明：

0.0.0.0 后面跟一个 0 代表一共 0 位需要被匹配，由于后面没有规定掩码位数，说明掩码也为 0，因此只有默认路由才满足该条件。

2. ip ip-prefix TECH permit 0.0.0.0 0 less-equal 32

匹配全部 IP 地址

说明：

前面的前缀部分一共有 0 位需要被匹配，但是后面有个参数表示掩码小于或者等于 32 位，则代表所有 IP 地址都能够匹配到，相当于 ACL 中的 any。

3. ip ip-prefix TECH permit 0.0.0.0 0 greater-equal 32

匹配出所有的 32 位主机地址

说明：

与第二个案例类似，前缀部分一共有 0 位需要被匹配，但是后面的参数表示掩码大于或者等于 32 位，而这个代表的是所有掩码为 32 位的主机地址。

4. ip ip-prefix TECH permit 0.0.0.0 0 greater-equal 1

匹配除了默认路由以外的所有地址

说明：

前缀部分一共有 0 位需要被匹配，后面的参数表示掩码大于等于 1，而除只有默认路由的掩码等于 0 以外，其他的地址都满足该条件，因此这个用来匹配除默认路由以外的其他所有地址。

5. ip ip-prefix TECH permit 0.0.0.0 1 greater-equal 8 less-equal 8

匹配所有 A 类主网地址

说明：

前缀部分后面的“1”代表只有一位需要被匹配，而前缀部分第一位二进制数固定为 0，说明 IP 地址从 0 开始，最大的地址为 127，代表所有 A 类地址（地址范围：0 ~ 127），而后面跟着参数规定掩码大于或等于 8，小于或等于 8，说明掩码固定为 8 位，因此这个代表的是所有 A 类的主类网络地址。

6. ip ip-prefix TECH permit 128.0.0.0 2 greater-equal 16 less-equal 16

匹配所有 B 类主网地址

说明：

前缀部分用 2 来代表只有前面 2 位需要被匹配，而 128 前两位二进制数固定为 10，说明 IP 地址从 128 开始，最大地址为 191，代表所有 B 类地址（地址范围：128 ~ 191），后面跟着参数规定掩码固定为 16，因此这个代表所有 B 类的主类网络地址。

7. ip ip-prefix TECH permit 192.0.0.0 3 greater-equal 24

匹配所有 C 类主网地址和子网地址

说明：

前缀部分用 3 来表示有 3 位需要被匹配，而 192 前三位为 110，说明 IP 地址是从 192 开始，最大地址为 224，代表所有 C 类地址（范围：192 ~ 224），后面跟着参数规定掩码大于或等于 24，因此这个代表所有 C 类的所有主网地址及子网地址。

思考：

如何使用前缀列表写出 A/B/C 类私有地址 ？

5.1.2.3 IPv6-Prefix

IPv6 地址前缀列表用于过滤 IPv6 地址。同一个地址前缀列表可包含多个表项，每个表项指定一个地址前缀范围。此时，各表项之间是“或”的关系，即只要通过其中一个表项就认为已通过该地址前缀列表的过滤，所有表项都没有通过则意味着没有通过该地址前缀列表的过滤。

配置命令：基于 IPv6 的 ipv6-prefix。

ip ipv6-prefix *ipv6-prefix-name* [**index** *index-number*] { **deny** | **permit** } *ipv6-address prefix-length* [**greater-equal** *greater-equal-value*] [**less-equal** *less-equal-value*]

说明：

配置类似于 ip-prefix，而 ipv6-prefix 匹配的是 IPv6 地址。

配置示例 1：允许所有长度在 48 位和 128 位的地址通过

```
[huawei] ip ipv6-prefix abc permit :: 0 greater-equal 48 less-equal 128
```

说明：

语句中:: 0 类似于 IPv4 中的 0.0.0.0 0，代表没有一位需要匹配，greater-equal 48 less-equal 128 来定义网段的前缀长度位 64～128 之间的所有地址。

配置示例 2：拒绝 2000:100:100:1: :/64-2000:100:100:3: :/64 的所有路由，其他所有地址允许。

```
[huawei] ip ipv6-prefix abc deny 2000:100:100:: 62 greater-equal 64 less-equal 64
[huawei] ip ipv6-prefix abc permit :: 0 less-equal 128
```

说明：

由于 2000:100:100:1: :/64-2000:100:100:3: :/64 的前 62 位是完全相同的，因此在第一条语句中使用 2000:100:100:: 62 来进行匹配，greater-equal 64 less-equal 64 用来定义前缀长度必须是 64 位的路由。而第二条语句代表所有路由，类似于 any。ipv6-prefix 默认所有未匹配的路由将被拒绝通过过滤列表，因此在配置时，如需放行其他流量，需要配置允许所有流量。

5.2　路由策略与策略路由

5.2.1　路由策略与策略路由介绍

路由策略可以在路由协议发布、接收和引入路由时配置使用，也可用于过滤路由和改变路由属性。路由策略的工具主要包括 filter-policy 和 route-policy，更多在控制平面对路由进行控制。

策略路由 PBR（Policy-Based Routing）是一种依据制定的策略而进行路由选择的机制，可应用于安全、负载分担等目的，它改变数据包的路由查找方式，影响数据平面的转发。

路由策略与策略路由的区别见表 5-2 所示。

表 5-2　路由策略与策略路由的对比

路由策略	策略路由
作用对象是路由信息	作用对象是数据流
转发数据包时只看路由表转发	基于策略的转发，失败后再查找路由表转发
基于控制平面，为路由协议和路由表服务	基于转发平面，为转发策略服务
与路由协议结合完成策略	需要手工逐跳配置，以保证报文按策略转发

5.2.2　路由策略工具 1：filter-policy

filter-policy：过滤策略，该工具主要应用在路由协议的进程中，可以调用 ACL、

ip-prefix、route-policy 等工具来匹配路由，用于控制对路由的发布或接收，只有通过该策略的路由才可以被发布或者接收，未通过策略的路由则被过滤掉。应用场景比较广泛，在 IGP 和 BGP 协议中都能够使用，filter-policy 分为 import（入方向）和 export（出方向）。

import：主要影响路由器接收路由，影响自身路由表的变化，适合于任何路由协议，但是不同类型的路由协议也是有差别的，如距离矢量协议（如 RIP）与链路状态协议（如 OSPF、IS-IS）利用该工具实现路由的控制时，实现的效果也不太一样。由于距离矢量协议基于自身路由表来通告，传递的是路由表信息，通过 filter-policy import 可以过滤路由的接收。而链路状态协议基于链路状态数据库的信息来通告，传递的是 LSA，并不是路由信息。而 filter-policy import 不能过滤 1/2 类 LSA，而是阻止路由表的生成，该部分将在后续加以分析。

export：在距离矢量协议中用于向邻居发布路由时的控制，影响邻居路由器的路由表变化。在链路状态协议中往往用于自治系统边界路由器上，主要用来控制外部路由的引入。

通常情况下，路由过滤只能过滤路由信息，不能过滤链路状态信息。

- 对于 OSPF，可以在出方向和入方向上过滤 LSA 3、LSA 5、LSA 7。
- 对于链路状态路由协议，如 OSPF 和 IS-IS，在入方向过滤路由实际上并不能阻断链路状态信息的传递，过滤的效果仅仅是过滤的路由不能被加到本地路由表中，但是代表该路由的 LSA 仍然会在 OSPF 域或者 IS-IS 域内传递。
- 路由过滤还可以针对从其他协议引入的路由进行过滤，比如把 RIP 路由引入到 OSPF，OSPF 可以使用路由过滤把某些从 RIP 引入的路由过滤掉，只将满足条件的外部路由转换为 Type-5 LSA（AS-external-LSA）并发布出去，进而使其他 OSPF 路由器只有特定的从 RIP 引入的路由，这种配置只能用在出方向上。

5.2.2.1 案例研究：filter-policy import (RIP)

由于 RIP 属于距离矢量路由协议，发布的是路由信息，而将 filter-policy 用在 import 方向可以控制路由的接收。

配置命令：

filter-policy { acl-number | **acl-name** acl-name | **ip-prefix** ip-prefix-name [**gateway** ip-prefix-name] } **import** [interface-type interface-number]

说明：

filter-policy 后面可以调用 ACL、ip-prefix、gateway 来过滤指定的路由，ACL 和 ip-prefix 都用来匹配出路由条目，而 gateway 基于网关发布的路由进行控制，如某条路由的下一跳网关地址为 192.168.1.1，可以通过匹配 gateway 网关地址来控制其所发布的所有路由。import 指定为入方向，interface-type 用来指定接口类型和接口号，基于接口来过滤路由。

场景描述：如图 5-4 所示，R1 有 5 个网段通告进 RIP 协议，要求 R2 过滤掉其中奇数路由。

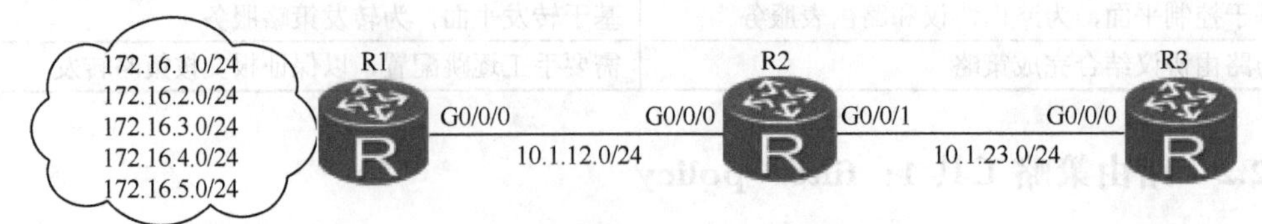

图 5-4 案例研究 filter-policy import（RIP）

（1）利用 ACL 使用最少命令来过滤路由。

```
[R2]acl number 2000
[R2-acl-basic-2000]rule deny source 172.16.1.0 0.0.6.0
[R2-acl-basic-2000]rule permit source any
```

说明：

ACL 用于控制层面的过滤路由时，最后都会有一条隐含拒绝所有，因此需要匹配其他的流量，将其允许。

（2）进入到进程中应用 filter-policy，且在 import 方向调用 ACL。

```
[R2]rip 1
[R2-rip-1]filter-policy 2000 import
[R2]display ip routing-table
Route Flags: R-relay, D-download to fib
------------------------------------------------------------------------------
Routing Tables: Public
         Destinations : 17          Routes : 17
Destination/Mask    Proto   Pre  Cost      Flags NextHop         Interface
     172.16.2.0/24  RIP     100  1           D   12.1.1.1        GigabitEthernet0/0/0
     172.16.4.0/24  RIP     100  1           D   12.1.1.1        GigabitEthernet0/0/0
只显示部分信息，其他路由省略……
```

使用 filter-policy 工具在 import 方向应用时，R2 的路由表中无法看到被过滤的路由，由于 R3 的路由是 R2 传递过来的，R3 的路由表信息应该与 R2 是一致的，也不会看到被过滤的路由。如果在后面携带接口参数，将只会过滤从该接口来的路由，没有携带接口参数将会过滤所有接口来的路由。

查看 R3 的路由表：

```
<R3>display ip routing-table
Route Flags: R-relay, D-download to fib
------------------------------------------------------------------------------
Routing Tables: Public
         Destinations : 15          Routes : 15
Destination/Mask    Proto   Pre  Cost      Flags NextHop         Interface
     172.16.2.0/24  RIP     100  2           D   23.1.1.2        GigabitEthernet0/0/0
     172.16.4.0/24  RIP     100  2           D   23.1.1.2        GigabitEthernet0/0/0
只显示部分信息，其他路由省略……
```

使用 filter-policy 工具在 export 方向应用时，目的是向邻居发布路由时进行过滤，但是不会影响本地路由表的变化。

5.2.2.2　案例研究：filter-policy import (OSPF)

场景描述：如图 5-5 所示，路由协议运行 OSPF，在 R2 上使用 filter-policy 调用在 import 方向，观察一下路由表的有何区别。

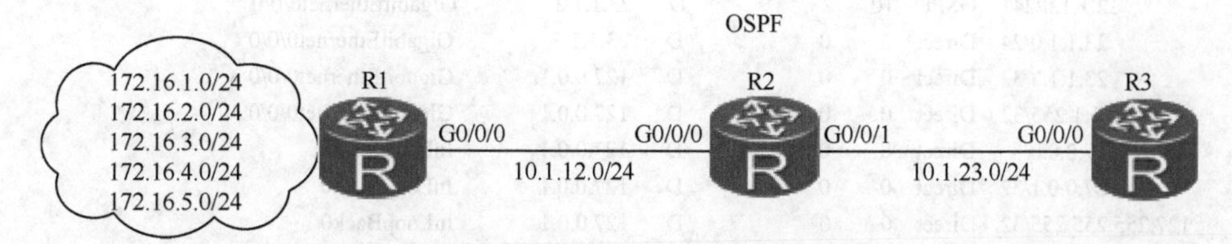

图 5-5　案例研究 filter-policy import（OSPF）

在 R2 上使用 ACL 过滤 172.16.X.0 中的奇数路由。

```
[R2]acl number 2000
[R2-acl-basic-2000]rule 10 deny source 172.16.1.0 0.0.6.0
[R2-acl-basic-2000]rule 20 permit source any
[R2-acl-basic-2000]quit
[R2] ospf 1
[R2-ospf-1]filter-policy 2000 import
[R2]display ip routing-table
Route Flags: R-relay, D-download to fib
------------------------------------------------------------------------------
Routing Tables: Public
 Destinations : 17        Routes : 17
Destination/Mask    Proto   Pre  Cost      Flags NextHop         Interface
        1.1.1.0/24  OSPF    10   1           D   12.1.1.1        GigabitEthernet0/0/0
        2.2.2.0/24  Direct  0    0           D   2.2.2.2         LoopBack0
        2.2.2.2/32  Direct  0    0           D   127.0.0.1       LoopBack0
      2.2.2.255/32  Direct  0    0           D   127.0.0.1       LoopBack0
        3.3.3.0/24  OSPF    10   1           D   23.1.1.3        GigabitEthernet0/0/1
       12.1.1.0/24  Direct  0    0           D   12.1.1.2        GigabitEthernet0/0/0
       12.1.1.2/32  Direct  0    0           D   127.0.0.1       GigabitEthernet0/0/0
     12.1.1.255/32  Direct  0    0           D   127.0.0.1       GigabitEthernet0/0/0
       23.1.1.0/24  Direct  0    0           D   23.1.1.2        GigabitEthernet0/0/1
       23.1.1.2/32  Direct  0    0           D   127.0.0.1       GigabitEthernet0/0/1
     23.1.1.255/32  Direct  0    0           D   127.0.0.1       GigabitEthernet0/0/1
        127.0.0.0/8 Direct  0    0           D   127.0.0.1       InLoopBack0
       127.0.0.1/32 Direct  0    0           D   127.0.0.1       InLoopBack0
127.255.255.255/32  Direct  0    0           D   127.0.0.1       InLoopBack0
     172.16.2.0/24  OSPF    10   1           D   12.1.1.1        GigabitEthernet0/0/0
     172.16.4.0/24  OSPF    10   1           D   12.1.1.1        GigabitEthernet0/0/0
255.255.255.255/32  Direct  0    0           D   127.0.0.1       InLoopBack0
```

在 R2 的路由表中只有 172.16.2.0/24、172.16.4.0/24 两条偶数路由进入到路由表中，奇数路由已经被过滤了，已经实现目的了。

再观察一下 R3 的路由表。

```
<R3>display ip routing-table
Route Flags: R-relay, D-download to fib
------------------------------------------------------------------------------
Routing Tables: Public
       Destinations : 18        Routes : 18
Destination/Mask    Proto   Pre  Cost      Flags NextHop         Interface
        1.1.1.0/24  OSPF    10   2           D   23.1.1.2        GigabitEthernet0/0/0
        2.2.2.0/24  OSPF    10   1           D   23.1.1.2        GigabitEthernet0/0/0
        3.3.3.0/24  Direct  0    0           D   3.3.3.3         LoopBack0
        3.3.3.3/32  Direct  0    0           D   127.0.0.1       LoopBack0
      3.3.3.255/32  Direct  0    0           D   127.0.0.1       LoopBack0
       12.1.1.0/24  OSPF    10   2           D   23.1.1.2        GigabitEthernet0/0/0
       23.1.1.0/24  Direct  0    0           D   23.1.1.3        GigabitEthernet0/0/0
       23.1.1.3/32  Direct  0    0           D   127.0.0.1       GigabitEthernet0/0/0
     23.1.1.255/32  Direct  0    0           D   127.0.0.1       GigabitEthernet0/0/0
        127.0.0.0/8 Direct  0    0           D   127.0.0.1       InLoopBack0
       127.0.0.1/32 Direct  0    0           D   127.0.0.1       InLoopBack0
127.255.255.255/32  Direct  0    0           D   127.0.0.1       InLoopBack0
     172.16.1.0/24  OSPF    10   2           D   23.1.1.2        GigabitEthernet0/0/0
     172.16.2.0/24  OSPF    10   2           D   23.1.1.2        GigabitEthernet0/0/0
```

```
    172.16.3.0/24   OSPF    10   2        D   23.1.1.2       GigabitEthernet0/0/0
    172.16.4.0/24   OSPF    10   2        D   23.1.1.2       GigabitEthernet0/0/0
    172.16.5.0/24   OSPF    10   2        D   23.1.1.2       GigabitEthernet0/0/0
255.255.255.255/32  Direct  0    0        D   127.0.0.1      InLoopBack0
```

R3 的路由表是正常的，奇数路由并没有被过滤。

查看 R1 通告的 LSA1：

```
<R2> display ospf lsdb router 1.1.1.1
        OSPF Process 1 with Router ID 2.2.2.2
                        Area: 0.0.0.0
                    Link State Database
   Type        : Router
   Ls id       : 1.1.1.1
   Adv rtr     : 1.1.1.1
   Ls age      : 24
   Len         : 96
   Options     :   E
   seq#        : 8000001c
   chksum      : 0xf70a
   Link count: 6
    * Link ID: 12.1.1.2
      Data     : 12.1.1.1
      Link Type: TransNet
      Metric : 1
    * Link ID: 172.16.1.0
      Data     : 255.255.255.0
      Link Type: StubNet
      Metric : 0
      Priority : Low
    * Link ID: 172.16.2.0
      Data     : 255.255.255.0
      Link Type: StubNet
      Metric : 0
      Priority : Low
    * Link ID: 172.16.3.0
      Data     : 255.255.255.0
      Link Type: StubNet
      Metric : 0
      Priority : Low
    * Link ID: 172.16.4.0
      Data     : 255.255.255.0
      Link Type: StubNet
      Metric : 0
      Priority : Low
    * Link ID: 172.16.5.0
      Data     : 255.255.255.0
      Link Type: StubNet
      Metric : 0
      Priority : Low
```

在 R2 的 LSDB 中，R1 通告的 LSA1 出现在 LSDB，并没有被过滤。

分析原因：

如图 5-6 所示，在一个区域中的 OSPF 路由器，通过泛洪机制在路由器间同步 LSDB，三台路由器在同一区域中有一样的 LSDB，由于路由器间交互的是 LSA，并非路由，所以无法在邻居间过滤路由。

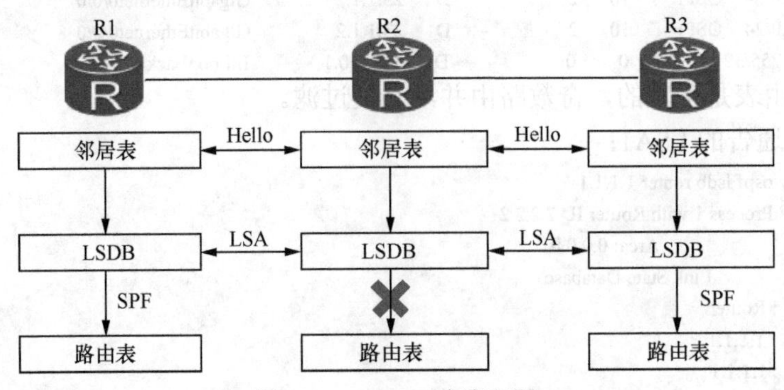

图 5-6 OSPF 工作流程图

每台路由器执行 SPF 计算，并把计算出来的最优路由放进路由表。在 R2 上使用 filter-policy import 对进入路由表的路由进行过滤。在 R3 上，未对进入路由表的路由进行过滤，所以在 R2 路由表中看不到的路由在 R3 上依然可以看到。

filter-policy import 用在 OSPF 中是对进入路由表的路由进行过滤。

5.2.2.3 案例研究：filter-policy export (OSPF)

OSPF 中使用 filter-policy import 可以用来过滤路由，但是不能过滤 LSA，而 filter-policy export 则是用于控制外部路由的引入。如图 5-7 所示，要求 R2 将 RIP 引入进 OSPF 时仅引入前面三条路由。

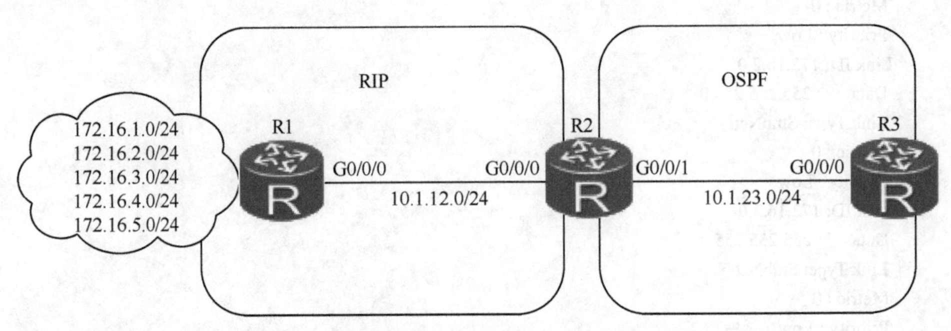

图 5-7 案例研究 filter-policy export（OSPF）

在 R2 上使用 filter-policy export 把图 5-8 中 172.16.1.0～172.16.3.0 路由引入 OSPF。

```
[R2]ip ip-prefix R2O permit 172.16.0.0 22 greater-equal 24 less-equal 24
[R2]ospf 1
[R2-ospf-1] import-route rip 1
[R2-ospf-1] filter-policy ip-prefix R2O export rip 1
```

R2 使用前缀列表匹配来自 RIP 的 172.16.1.0/24、172.16.2.0/24、172.16.3.0/24 三个网段，将匹配到路由引入进 OSPF。使用 filter-policy 工具调用前缀列表并且应用在 export 方向，后面携带了参数表示从 RIP 协议引入的路由，没有被匹配到的路由将不会被引入进来。

查看 R3 的路由表：

```
[R3]display ip routing-table
Route Flags: R-relay, D-download to fib
```

```
-------------------------------------------------------------------------------------------------------
Routing Tables: Public
         Destinations : 13        Routes : 13
Destination/Mask    Proto   Pre  Cost      Flags NextHop         Interface
       3.3.3.0/24   Direct  0    0           D   3.3.3.3         LoopBack0
       3.3.3.3/32   Direct  0    0           D   127.0.0.1       LoopBack0
     3.3.3.255/32   Direct  0    0           D   127.0.0.1       LoopBack0
      23.1.1.0/24   Direct  0    0           D   23.1.1.3        GigabitEthernet0/0/0
      23.1.1.3/32   Direct  0    0           D   127.0.0.1       GigabitEthernet0/0/0
    23.1.1.255/32   Direct  0    0           D   127.0.0.1       GigabitEthernet0/0/0
      127.0.0.0/8   Direct  0    0           D   127.0.0.1       InLoopBack0
     127.0.0.1/32   Direct  0    0           D   127.0.0.1       InLoopBack0
127.255.255.255/32  Direct  0    0           D   127.0.0.1       InLoopBack0
     172.16.1.0/24  O_ASE   150  1           D   23.1.1.2        GigabitEthernet0/0/0
     172.16.2.0/24  O_ASE   150  1           D   23.1.1.2        GigabitEthernet0/0/0
     172.16.3.0/24  O_ASE   150  1           D   23.1.1.2        GigabitEthernet0/0/0
255.255.255.255/32  Direct  0    0           D   127.0.0.1       InLoopBack0
```

R3 的路由表中只能看到被匹配到的路由，172.16.4.0/24、172.16.5.0/24 没有被引入进来，通过该方式可以精确地控制路由的引入。

总结：filter-policy 工具是一种非常灵活的路由控制工具，主要用在矢量路由协议中对邻居间通告的路由执行过滤控制；或在链路状态路由协议中，在区域或路由域的边界设备上对路由表中的路由进行过滤（链路状态路由协议的矢量特性）。但它无法在链路状态路由协议中对路由器间泛洪的 LSA 或 LSP 中的网段信息进行过滤。

5.2.3 路由策略工具 2：route-policy

route-policy 是一种比较复杂的过滤器，用于过滤路由信息以及为通过过滤的路由信息设置路由属性。一个 route-policy 由多个节点构成，一个节点包括多个 if-match 和 apply 子句，if-match 子句用来定义该节点的匹配条件，apply 子句用来定义通过过滤的路由行为。如果 if-match 子句的过滤规则关系是“与”，即该节点的所有 if-match 子句都必须匹配，如果 if-match 子句的过滤关系是“或”，即只要通过了一个节点的过滤，就可通过该 route-policy。如果没有通过任何一个节点的过滤，路由信息将无法通过该 route-policy。它不仅可以匹配给定路由信息的某些属性，还可以在条件满足时改变路由信息的属性。route-policy 可以使用前面几种过滤器定义自己的匹配规则。

5.2.3.1 route-policy 常用场景

route-policy 被广泛地用于路由协议中，尤其是 BGP 协议，route-policy 常被用作修改路由的属性，常用的场景包括以下几个方面。

- 控制路由的引入

在对路由进行引入的时候，为了防止次优路径或者环路，可以应用策略工具进行控制或者修改路由的属性。

- 控制路由的发布和接收

根据业务需求，可以通过策略工具来控制路由的发布和接收。

- 设置路由的属性

可以通过该工具来对网络进行优化和调整。

5.2.3.2 route-policy 工作流程图

route-policy 工作流程图如图 5-8 所示。

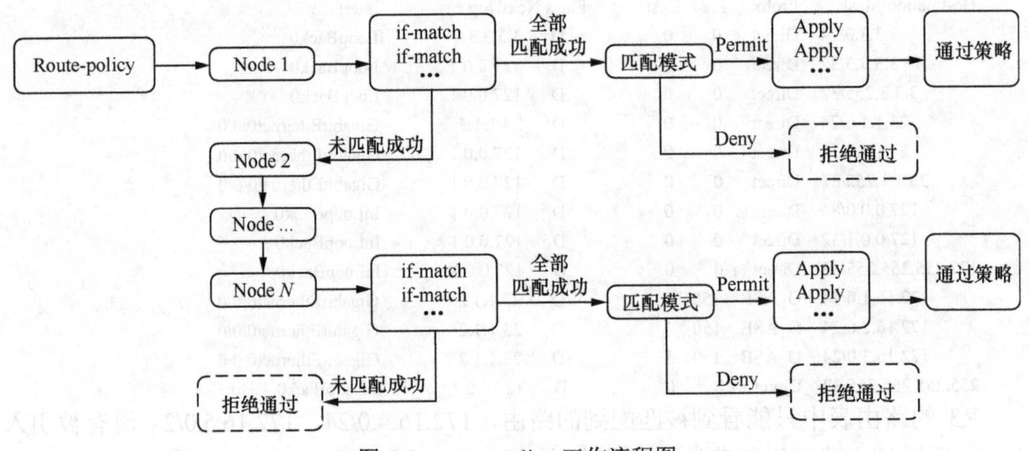

图 5-8 route-policy 工作流程图

route-policy 具体工作过程如下：

一个路由策略中包含 N（N>=1）个节点（Node），路由进入路由策略后，按节点序号从小到大依次检查各个节点是否匹配，匹配条件由 if-match 子句定义。当路由与该节点的所有 if-match 子句都匹配成功后，进入匹配模式选择，匹配模式分 permit 和 deny 两种。

- permit：路由将被允许通过，并且执行该节点的 Apply 子句，对路由信息的一些属性进行设置。
- deny：路由将被拒绝通过。

当路由与该节点的任意一个 if-match 子句匹配失败后，进入下一节点，如果和所有节点都匹配失败，路由信息将被拒绝通过。

配置命令：

```
route-policy route-policy-name { permit | deny } node node
```

5.2.3.3 案例研究：配置 route-policy 控制路由的引入并修改路由属性

如图 5-9 所示，在 R2 上，将 RIP 引入进 OSPF，通过 route-policy 修改路由的属性，并将所有奇数路由的 cost 值修改为 100，偶数路由打上路由标记（Tag）200。

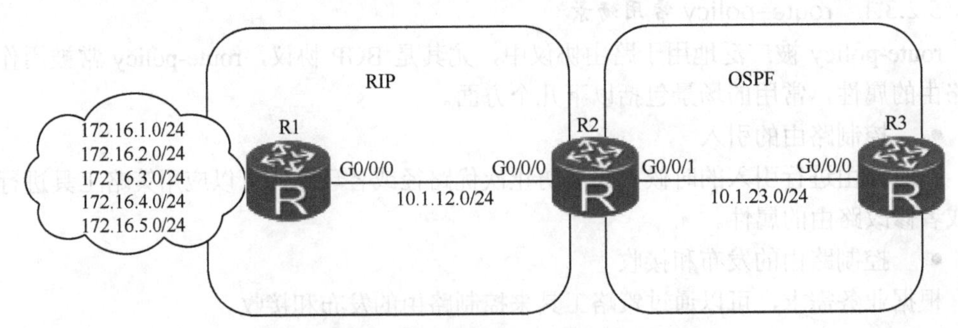

图 5-9 使用 route-policy 工具修改路由属性

第 1 步：匹配路由。

```
[R2] acl 2000
[R2-acl-basic-2000] rule 10 permit 172.16.1.0 0.0.6.0
[R2-acl-basic-2000] quit
[R2] acl 2001
[R2-acl-basic-2000] rule 10 permit 172.16.0.0 0.0.6.0
```

通过两条 ACL 分别将奇数路由和偶数路由匹配出来。

第 2 步：配置策略工具 route-policy。

```
[R2]route-policy R2O permit node 10
[R2-route-policy]if-match acl 2000
[R2-route-policy]apply cost 100
[R2-route-policy]quit
[R2]route-policy R2O permit node 20
[R2-route-policy]if-match acl 2001
[R2-route-policy]apply tag 200
```

配置两个节点，在节点 10 中通过 if-match 语句匹配 ACL 2000，由于该 ACL 匹配的是奇数路由，被匹配的路由使用 apply 修改 cost 值为 100。没有被匹配到的路由将向下执行策略，在节点 20 中匹配到 ACL 2001，该 ACL 匹配到偶数路由并且被 apply 修改了 Tag 为 200。

注意：

由于后面已经没有手工定义的节点，如果还有未被匹配的其他路由，则隐含的节点会将其全部过滤掉。通常为了使未被匹配的路由不被过滤掉，则可以增加一个节点，并不需要为新节点配置 if-match 和 apply，其作用就是将前面节点没有匹配到的路由在本节点中全部匹配到，如果前面已经匹配到的路由则不会被该节点匹配。

第 3 步：应用策略工具 route-policy。

```
[R2] ospf 1
[R2-ospf-1] import-route rip route-policy R2O
```

route-policy 策略工具配置好策略以后需要被调用才能够生效，否则没有意义。可以与 import-route、filter-policy 等结合使用。

查看 R3 的路由表及 LSDB：

```
[R3]display ip routing-table
Route Flags: R-relay, D-download to fib
------------------------------------------------------------------------------
Routing Tables: Public
         Destinations : 15        Routes : 15
Destination/Mask    Proto   Pre  Cost      Flags NextHop         Interface
        3.3.3.0/24  Direct  0    0           D   3.3.3.3         LoopBack0
        3.3.3.3/32  Direct  0    0           D   127.0.0.1       LoopBack0
      3.3.3.255/32  Direct  0    0           D   127.0.0.1       LoopBack0
       23.1.1.0/24  Direct  0    0           D   23.1.1.3        GigabitEthernet0/0/0
       23.1.1.3/32  Direct  0    0           D   127.0.0.1       GigabitEthernet0/0/0
     23.1.1.255/32  Direct  0    0           D   127.0.0.1       GigabitEthernet0/0/0
        127.0.0.0/8 Direct  0    0           D   127.0.0.1       InLoopBack0
      127.0.0.1/32  Direct  0    0           D   127.0.0.1       InLoopBack0
127.255.255.255/32  Direct  0    0           D   127.0.0.1       InLoopBack0
     172.16.1.0/24  O_ASE   150  100         D   23.1.1.2        GigabitEthernet0/0/0
     172.16.2.0/24  O_ASE   150  1           D   23.1.1.2        GigabitEthernet0/0/0
```

```
       172.16.3.0/24  O_ASE   150  100        D   23.1.1.2        GigabitEthernet0/0/0
       172.16.4.0/24  O_ASE   150  1          D   23.1.1.2        GigabitEthernet0/0/0
       172.16.5.0/24  O_ASE   150  100        D   23.1.1.2        GigabitEthernet0/0/0
  255.255.255.255/32  Direct  0    0          D   127.0.0.1       InLoopBack0
------------------------------------------------------------------------------
<R3>display ospf lsdb ase
         OSPF Process 1 with Router ID 3.3.3.3
                 Link State Database
  Type        : External
  Ls id       : 172.16.4.0
  Adv rtr     : 2.2.2.2
  Ls age      : 1452
  Len         : 36
  Options     :  E
  seq#        : 80000003
  chksum      : 0x1925
  Net mask    : 255.255.255.0
  TOS 0   Metric: 1
  E type      : 2
  Forwarding Address : 0.0.0.0
  Tag         : 200
  Priority    : Low

  Type        : External
  Ls id       : 172.16.5.0
  Adv rtr     : 2.2.2.2
  Ls age      : 1577
  Len         : 36
  Options     :  E
  seq#        : 80000002
  chksum      : 0xe5bc
  Net mask    : 255.255.255.0
  TOS 0   Metric: 100
  E type      : 2
  Forwarding Address : 0.0.0.0
  Tag         : 1
  Priority    : Low

  Type        : External
  Ls id       : 172.16.2.0
  Adv rtr     : 2.2.2.2
  Ls age      : 1458
  Len         : 36
  Options     :  E
  seq#        : 80000003
  chksum      : 0x2f11
  Net mask    : 255.255.255.0
  TOS 0   Metric: 1
  E type      : 2
  Forwarding Address : 0.0.0.0
  Tag         : 200
  Priority    : Low

  Type        : External
  Ls id       : 172.16.3.0
```

```
Adv rtr     : 2.2.2.2
Ls age      : 1583
Len         : 36
Options     :  E
seq#        : 80000002
chksum      : 0xfba8
Net mask    : 255.255.255.0
TOS 0   Metric: 100
E type      : 2
Forwarding Address : 0.0.0.0
Tag         : 1
Priority    : Low

Type        : External
Ls id       : 172.16.1.0
Adv rtr     : 2.2.2.2
Ls age      : 1584
Len         : 36
Options     :  E
seq#        : 80000002
chksum      : 0x1294
Net mask    : 255.255.255.0
TOS 0   Metric: 100
E type      : 2
Forwarding Address : 0.0.0.0
Tag         : 1
Priority    : Low
```

观察到 R3 的 LSDB，看到所有奇数路由的 cost 值修改为 100，所有偶数路由的 Tag 修改为 200。

5.2.3.4 route-policy 的难点研究

一个 route-policy 由多个节点组成，每个节点都会由匹配模式 permit 和 deny 来构成。通过 if-match 匹配到路由将会被 apply 进行应用策略。if-match 后面可以通过 ACL 或 ip-prefix 来进行匹配路由，但是在 ACL 和 ip-prefix 中也有 permit 和 deny，那么这个与 route-policy 节点中的 permit 和 deny 又有哪些区别？

route-policy 中的 permit 是指将匹配到的路由允许通过或者被执行路由策略，而 deny 是指将路由进行过滤。

ACL 和 ip-prefix 被 route-policy 工具进行调用时，这里的 permit 是指匹配该路由，deny 是指不匹配该路由，并不是过滤路由。下面举例说明两者之间的区别，如图 5-9 所示，将 RIP 引入到 OSPF 时通过 route-policy 来控制路由。

1. 使用 ACL 匹配路由

```
[R2] acl 2000
[R2-acl-basic-2000] rule 10 deny source 172.16.1.0 0
[R2-acl-basic-2000] rule 20 permit source 172.16.2.0 0
[R2-acl-basic-2000] quit
[R2] acl 2001
[R2-acl-basic-2001] rule 10 deny source 172.16.3.0 0
[R2-acl-basic-2001] rule 20 permit source 172.16.4.0 0
[R2-acl-basic-2001] quit
```

这里通过两个 ACL 来匹配路由，ACL 2000 使用 rule10 deny 172.16.1.0 路由；ACL

2001 使用 rule 10 deny 172.16.3.0 路由。如果 ACL 被 filter-policy 调用用于过滤路由，那么这两条路由将被执行 deny 的动作，路由被过滤掉。如果在 route-policy 工具中被 if-match 调用，这里的 deny 指的是不匹配该路由，路由并不会被过滤。

2. 定义策略

```
[R2]route-policy R2O deny node 10
[R2-route-policy]if-match acl 2000
[R2-route-policy]quit
[R2]route-policy R2O permit node 20
[R2-route-policy]if-match acl 2001
[R2-route-policy]apply COST 50
[R2-route-policy]quit
[R2]route-policy R2O permit node 30
```

这里使用了三个节点，分析如下。

节点 10：route-policy 匹配模式为 deny，if-match 中调用了 ACL 2000，该节点将会匹配到 172.16.2.0 这条路由，而 172.16.1.0 在这个节点不会被匹配到，并且会放到下面的节点进行匹配，因此这个节点所实现的作用是将 172.16.2.0 过滤掉。

节点 20：route-policy 匹配模式为 permit，if-match 中调用了 ACL 2001，该节点匹配到的路由为 172.16.4.0，而 172.16.3.0 网段将同样会被放到下面的节点来匹配。该节点实现的作用是将 172.16.4.0 路由的 cost 值属性改为 50。

节点 30：没有定义 if-match 和 apply，匹配模式为 permit，其作用是将前面节点没有被匹配到的路由全部匹配到，动作为允许通过。因此在上面的节点未被匹配的 172.16.1.0、172.16.3.0 将被允许通过，且不修改任何属性。

if-match 匹配的路由会根据 route-policy xxx permit node 或 deny node，来放行或过滤路由。

3. 路由引入时调用 route-policy

```
[R2] ospf 1
[R2-ospf-1] import-route rip 1 route-policy R2O
<R3>display ip routing-table
Route Flags: R-relay, D-download to fib
------------------------------------------------------------------------------
Routing Tables: Public
         Destinations : 17        Routes : 17
Destination/Mask    Proto   Pre  Cost      Flags NextHop         Interface
        1.1.1.0/24  O_ASE   150  1           D   23.1.1.2        GigabitEthernet0/0/0
        2.2.2.0/24  O_ASE   150  1           D   23.1.1.2        GigabitEthernet0/0/0
        3.3.3.0/24  Direct  0    0           D   3.3.3.3         LoopBack0
        3.3.3.3/32  Direct  0    0           D   127.0.0.1       LoopBack0
      3.3.3.255/32  Direct  0    0           D   127.0.0.1       LoopBack0
       12.1.1.0/24  O_ASE   150  1           D   23.1.1.2        GigabitEthernet0/0/0
       23.1.1.0/24  Direct  0    0           D   23.1.1.3        GigabitEthernet0/0/0
       23.1.1.3/32  Direct  0    0           D   127.0.0.1       GigabitEthernet0/0/0
     23.1.1.255/32  Direct  0    0           D   127.0.0.1       GigabitEthernet0/0/0
        127.0.0.0/8 Direct  0    0           D   127.0.0.1       InLoopBack0
       127.0.0.1/32 Direct  0    0           D   127.0.0.1       InLoopBack0
127.255.255.255/32  Direct  0    0           D   127.0.0.1       InLoopBack0
      172.16.1.0/24 O_ASE   150  1           D   23.1.1.2        GigabitEthernet0/0/0
      172.16.3.0/24 O_ASE   150  1           D   23.1.1.2        GigabitEthernet0/0/0
      172.16.4.0/24 O_ASE   150  50          D   23.1.1.2        GigabitEthernet0/0/0
```

```
        172.16.5.0/24  O_ASE    150  1           D    23.1.1.2          GigabitEthernet0/0/0
255.255.255.255/32  Direct  0      0             D    127.0.0.1         InLoopBack0
```

在 R2 上将 RIP 引入 OSPF 时调用策略，可以看到 R3 的路由表中过滤了 172.16.2.0/24 网段路由，而 172.16.4.0/24 路由被修改了 cost 值，其他的路由都被放行。

5.2.4 策略路由 PBR

策略路由 PBR（Policy-Based Routing）是一种依据用户制定的策略进行路由选择的机制，分为本地策略路由、接口策略路由和智能策略路由。传统的路由转发原理是首先根据报文的目的地址查找路由表，然后进行报文转发。在这种机制下，路由器只能根据报文的目的地址为用户提供比较单一的路由方式，用于解决网络数据的转发问题，但不能提供有差别的服务。策略路由使网络管理者不仅能够根据目的地址，而且能够根据源地址、报文大小和链路质量等属性来制定策略路由，以改变数据包转发路径。策略路由按照用户的需求来制定策略路由，增强了路由选择的灵活性和可控性。

5.2.4.1 策略路由的工作特性

普通的路由转发：当设备需要转发数据包时，首先查找路由表中是否有该路由条目，若路由表中不存在，则数据包被丢弃。

配置策略路由后：当设备需要转发数据包时，系统首先根据用户制定的策略进行转发，即使路由表中不存在该路由条目，若没有配置策略或者配置的策略路由找不到匹配项时，再查找路由表转发。

5.2.4.2 策略路由的功能及应用场景

表 5-3 是策略路由的功能及应用场景的介绍。

表 5-3 策略路由的功能及应用场景介绍

策略路由类别	功　　能	应用场景
本地策略路由	对本设备发送的报文实现策略路由，比如本机下发的 ICMP、BGP 等协议报文	当用户需要使不同源地址报文或者不同长度的报文通过不同的方式进行发送时，可以配置本地策略路由
接口策略路由	对本设备转发的报文生效，对本机下发的报文不生效	当用户需要将到达接口的某些报文通过特定的下一跳地址进行转发时，需要配置接口策略路由。使匹配重定向规则的转发报文通过特定的下一跳出口进行转发，不匹配重定向规则的转发报文根据路由表转发。接口策略路由多应用于负载分担和安全监控
智能策略路由	基于链路质量信息为业务流选择最佳链路	当用户需要为不同业务选择不同质量的链路时，可以配置智能策略路由

5.2.4.3 案例研究：配置本地策略

场景描述：如图 5-10 所示，配置策略路由使 R1 在没有路由的情况下直接通过策略来访问 R2。

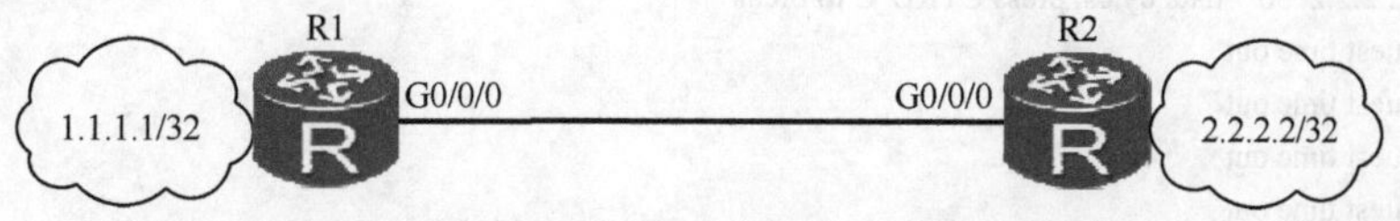

图 5-10 配置 policy-based-route 工具

具体操作步骤如下。

第 1 步：匹配出源地址。

```
[R1] acl 2000
[R1-acl-basic-2000] rule 10 permit source 1.1.1.1 0
[R1-acl-basic-2000] quit
```

在 R1 上匹配源地址为 1.1.1.1。

第 2 步：创建策略路由和策略点。

```
[R1] policy-based-route PBR
[R1] policy-based-route PBR permit node 10
[R1-policy-based-route-PBR-10] if-match acl 2000
[R1-policy-based-route-PBR-10] apply ip-address next-hop 12.1.1.2
[R1-policy-based-route-PBR-10] quit
```

创建策略路由，匹配到 ACL 2000 执行策略，将下一跳地址设置为 12.1.1.2，由于前面将源地址 1.1.1.1 匹配到了，如果 R1 有一个以该地址为源的数据包发送出去，那么将会首先匹配到策略，将数据包直接转发给下一跳地址为 12.1.1.2。如果没有匹配到该源地址的数据包，则正常查找路由表进行转发。

说明：

在 apply 后面设置的动作不仅可以配置下一跳地址，也可以配置出接口 apply output-interface、配置报文优先级 apply ip-precedence 等。

第 3 步：应用策略路由。

```
[R1] ip local policy-based-route PBR
```

在本地调用策略，仅仅是对本地始发的数据包进行策略转发。

查看 R1 的路由表，目前是没有 R2 的 2.2.2.2 网段路由。

```
<R1>display ip routing-table
Route Flags: R-relay, D-download to fib
------------------------------------------------------------------------------
Routing Tables: Public
         Destinations : 10        Routes : 10
Destination/Mask    Proto   Pre  Cost      Flags NextHop         Interface
        1.1.1.0/24  Direct  0    0           D   1.1.1.1         LoopBack1
        1.1.1.1/32  Direct  0    0           D   127.0.0.1       LoopBack1
      1.1.1.255/32  Direct  0    0           D   127.0.0.1       LoopBack1
       12.1.1.0/24  Direct  0    0           D   12.1.1.1        GigabitEthernet0/0/0
       12.1.1.1/32  Direct  0    0           D   127.0.0.1       GigabitEthernet0/0/0
     12.1.1.255/32  Direct  0    0           D   127.0.0.1       GigabitEthernet0/0/0
      127.0.0.0/8   Direct  0    0           D   127.0.0.1       InLoopBack0
      127.0.0.1/32  Direct  0    0           D   127.0.0.1       InLoopBack0
127.255.255.255/32  Direct  0    0           D   127.0.0.1       InLoopBack0
255.255.255.255/32  Direct  0    0           D   127.0.0.1       InLoopBack0
```

使用 PING 去验证，无法 PING 通 2.2.2.2。

```
<R1>ping 2.2.2.2
  PING 2.2.2.2: 56  data bytes, press CTRL_C to break
    Request time out
    Request time out
    Request time out
    Request time out
    Request time out
  --- 2.2.2.2 ping statistics ---
    5 packet(s) transmitted
```

```
    0 packet(s) received
100.00% packet loss
```

由于 R1 默认使用物理接口发送数据包，源地址使用的是 12.1.1.1，该地址不能被策略匹配到，将按照正常的方式转发数据，由于没有路由，数据包将会被丢弃掉。

带源地址为 1.1.1.1 去验证：

```
<R1>ping -a 1.1.1.1 2.2.2.2
  PING 2.2.2.2: 56   data bytes, press CTRL_C to break
    Reply from 2.2.2.2: bytes=56 Sequence=1 ttl=255 time=50 ms
    Reply from 2.2.2.2: bytes=56 Sequence=2 ttl=255 time=10 ms
    Reply from 2.2.2.2: bytes=56 Sequence=3 ttl=255 time=20 ms
    Reply from 2.2.2.2: bytes=56 Sequence=4 ttl=255 time=10 ms
    Reply from 2.2.2.2: bytes=56 Sequence=5 ttl=255 time=1 ms
  --- 2.2.2.2 ping statistics ---
    5 packet(s) transmitted
    5 packet(s) received
    0.00% packet loss
round-trip min/avg/max = 1/18/50 ms
```

观察发现 R1 使用源地址 1.1.1.1 可以 PING 通 R2（注：R2 有到 R1 网段的路由），数据包的源地址被策略匹配到，无需查找路由表，直接转发下一跳地址 12.1.1.2。

5.2.4.4　案例研究：配置接口策略实现基于源的负载分担

场景描述：如图 5-11 所示，在 R1 上配置基于接口策略路由，实现 PC-1 的数据流量经过 R2 访问 R4，PC-2 的数据流量经过 R3 访问 R4。

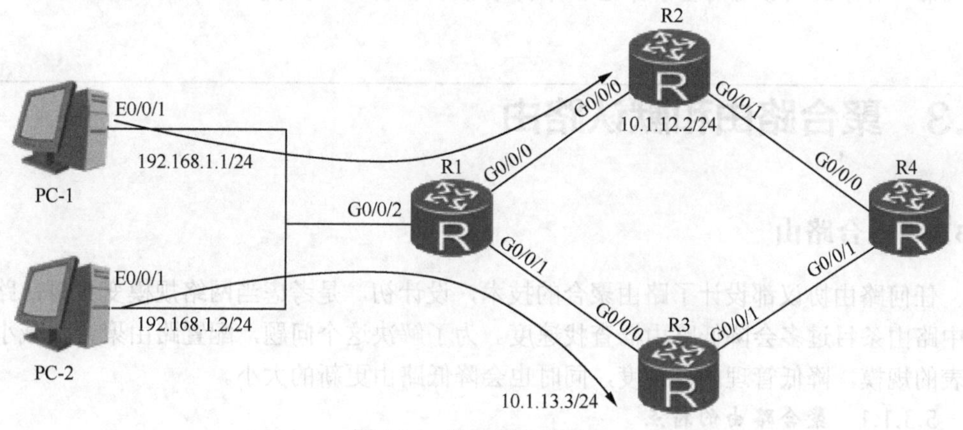

图 5-11　配置流策略工具

分别通过 ACL 2000 和 ACL 2001 匹配出 PC-1 和 PC-2 两种数据流。

```
[R1]acl 2000
[R1-acl-basic-2000]rule 10 permit source 192.168.1.1 0
[R1-acl-basic-2000]quit
[R1]acl 2001
[R1-acl-basic-2001]rule 10 permit source 192.168.1.2 0
```

分别为 PC-1 和 PC-2 创建两个流分类。

```
[R1]traffic classifier PC-1
[R1-classifier-PC-1]if-match acl 2000
[R1-classifier-PC-1]quit
[R1]traffic classifier PC-2
[R1-classifier-PC-2]if-match acl 2001
```

创建流行为，设置重定向下一跳地址，将 192.168.1.1 重定向到 10.1.12.2，源地址 192.168.1.2 重定向到 10.1.12.3，实现基于源的负载分担。

```
[R1]traffic behavior R2
[R1-behavior-R2]redirect ip-nexthop 10.1.12.2
[R1-behavior-R2]quit
[R1]traffic behavior R3
[R1-behavior-R3]redirect ip-nexthop 10.1.13.3
```

创建流策略，将流分类与流策略做关联。

```
[R1]traffic policy PBR
[R1-trafficpolicy-PBR]classifier PC-1 behavior R2
[R1-trafficpolicy-PBR]classifier PC-2 behavior R3
```

在接口的入方向调用流策略。

```
[R1]interface GigabitEthernet 0/0/2
[R1-GigabitEthernet0/0/2]traffic-policy PBR inbound
```

说明：

流策略的功能非常强大，利用该方式来实现流量负载分担非常方便和灵活，该方式也常被用在 QoS 中来使用。流分类不仅能使用 ACL 来匹配，也可以根据 MAC 地址、报文优先级、VLAN-ID 等来匹配。流行为中设定了重定向地址，将符合规则的源地址直接根据策略重定向到该地址，而流策略用于将流分类和流行为进行关联，实现不同的源地址重定向到不同的下一跳地址。一般的数据报文只能查找路由表基于目标进行负载均衡，而通过流策略的方式能够达到基于源地址负载均衡的目的，且无需查找路由表。

5.3 聚合路由和默认路由

5.3.1 聚合路由

任何路由协议都设计了路由聚合的技术，设计初　是考虑当网络规模变大时，路由表中路由条目过多会降低路由器查找速度。为了解决这个问题，配置路由聚合，减小路由表的规模，降低管理的复杂度，同时也会降低路由更新的大小。

5.3.1.1 聚合路由的特点

（1）多条“细”（更精确）路由聚合成一条“　”路由，这条　路由其实是所有“细”路由共同拥有的路由前缀。

（2）路由聚合时，至少有一条细路由，聚合路由就可以生成；某条成员路由的消失，不会影响聚合路由的生成；而如果聚合路由范围内的细路由不存在，则聚合路由也将消失。

（3）聚合路由的存在和是否通告完全依赖于细路由（也可称为聚合路由的成员路由）。例：10.1.1.0/24、10.1.2.0/24、10.1.3.0/24 这 3 条路由可以聚合成 10.1.0.0/16 位的路由，只要 3 条路由中的任何一条或多条存在在路由表中，聚合路由就可以通告。

（4）聚合发生后，路由器将会自动抑制成员路由的通告，而仅通告聚合路由。

（5）执行聚合的路由器会向外通告聚合路由，某些路由协议会在聚合路由器的路由表中生成一条指向 NULL0 接口的聚合路由，华为的协议实现中，仅 IS-IS 有能力在聚合后的路由表中出现一条指向NULL0接口的路由，这条路由用于避免环路。

（6）某些路由协议的聚合路由会继承成员路由的某些属性，OSPF协议将会继承细路由中最大的cost值、IS-IS协议会继承细路由中最小的cost值。

5.3.1.2 各协议配置聚合路由的命令

表5-4是聚合路由的命令。

表5-4 **聚合路由的命令**

路由协议	配置命令	应用位置	防环措施	
			avoid-feedback	生成null 0接口
RIP	**rip summary-address** *ip-address mask* [**avoid-feedback**]	接口下	支持	不支持
OSPF	**asbr-summary** *ip-address mask* [**not-advertise** | **tag** *tag* | **cost** *cost* | **distribute-delay** *interval*]	进程中	不支持	不支持
IS-IS	**summary** *ip-address mask* [**avoid-feedback** | **generate_null0_route** | **tag** *tag* | [**level-1** | **level-1-2** | **level-2**]]	进程中	支持	支持

5.3.1.3 聚合路由的优点

1．能减少路由表的大小，降低系统开销，减少路由更新的大小。

2．聚合路由能有效解决路由震荡的问题，例如，被聚合的IP地址范围内的某条链路频繁Up和Down，该变化并不会影响到被聚合的IP地址范围外的设备。因此，可以避免网络中的路由振荡，在一定程度上提高了网络的稳定性。

5.3.1.4 聚合路由的缺点

1．聚合路由的IP范围若设计得过大会存在路由黑洞。例：在聚合路由器上对10.1.0.0/24、10.1.1.0/24、10.1.2.0/24、10.1.3.0/24做聚合，聚合路由10.1.0.0/16被通告给下游路由器，访问10.1.4.x的数据包会沿聚合路由访问到聚合点路由器，因没有细路由而被丢弃，形成黑洞。

2．聚合路由能减少路由表中精确路由的数量，某些场景下，会引起次优路由。

3．某些路由协议没有在聚合后生成用于防环的NULL 0接口的路由，所以网络中易引起路由环路。

案例1：单个路由协议聚合造成的环路问题

场景描述：如图5-12所示，R1上对10.1.1.1/32执行路由聚合，生成10.1.0.0/16聚合路由，并通告给R2和R3。同理，R3对10.1.2.1/32聚合后，生成10.0.0.0/8聚合路由，通告给R2和R1。

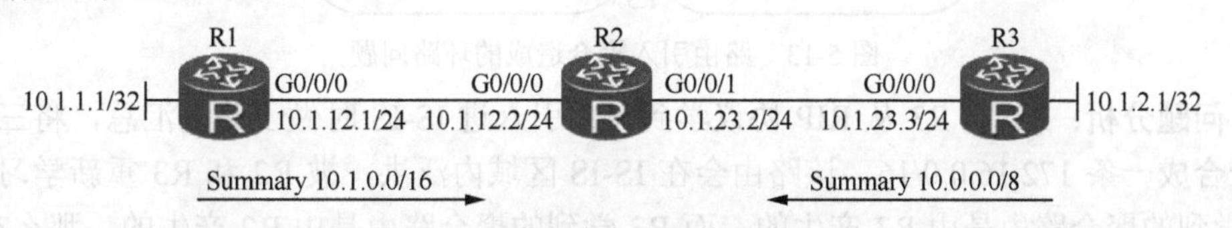

图5-12 路由聚合造成的环路问题

案例分析：图中的路由协议无法自动生成NULL 0路由。R1路由表中仅有2条路由：一条是直连路由10.1.1.1/32，一条是动态路由10.0.0.0/8，指向R2。同理，R2上有2条路由，一条是 10.1.0.0/16，指向 R1；一条是 10.0.0.0/8 指向 R3。R3 上有 2 条路由，一条是 10.1.2.1/32 的直连路由，一条是 10.1.0.0/16 的路由，指向 R2。

如果 R1 收到访问 10.1.5.5 的数据报文，R1 查路由表并转发给 R2，R2 继续查路由表，按 10.1.0.0/16 精确路由的指向而转发给 R1。重复这个过程，R1 再次把报文转发给 R2，路由环路出现，数据包直至 TTL 减到 0 而丢弃。

解决方法：可以在当前环境中，在 R1 和 R3 通告聚合路由时，在路由表中创建 NULL 0 路由。

R1 上添加：ip route-static 10.1.0.0 16 null 0

R3 上添加：ip route-static 10.0.0.0 8 null 0

若 R1 收到访问 10.1.5.5 的数据报文，则 R1 转发给 NULL 0 接口而丢弃。同理，R2 若收到 10.1.5.5 的数据报文，R2 转发给 R1，R1 给 NULL 0 接口。

建议：

在做路由聚合时，可能会造成环路问题，可考虑在执行聚合的路由器上添加 NULL 0 路由或过滤路由，使其不接收其他默认路由或粗路由，以避免环路。但由于部分路由协议的 preference 值小于静态路由的 preference 值 60，防止静态路由配置后无法进入路由表，可为 NULL 0 路由指定 preference。如上例中，R1 上可添加 ip route-static 10.1.0.0 16 null 0 preference 1，R3 上添加 ip route-static 10.0.0.0 8 null 0 preference 1。

案例 2：双向路由引入做聚合造成的环路问题

场景描述：如图 5-13 所示，R1/R2/R3 运行 IS-IS 协议，R2/R3/R4 运行 RIP 协议，R4 有三条路由通告进 RIP 中，R2 和 R3 是自治系统域边界设备，并且做了双向路由引入，为了减少 IS-IS 区域路由的数量，R2 和 R3 分别向 IS-IS 区域内做了路由聚合，但是聚合将会造成路由环路。

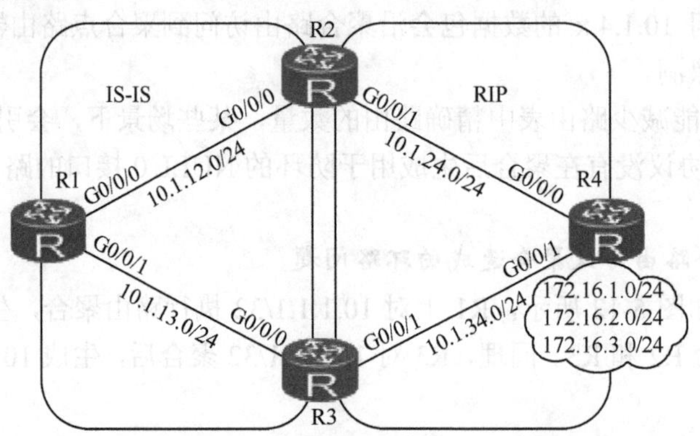

图 5-13 路由引入聚合造成的环路问题

问题分析：R2 和 R3 从 RIP 协议学到路由引入进 IS-IS 时做了路由汇总，将三条路由聚合成一条 172.16.0.0/16。该路由会在 IS-IS 区域内泛洪，被 R2 和 R3 重新学习到，R2 学到的聚合路由是由 R3 产生的，而 R3 学到的聚合路由是由 R2 产生的。那么在 R3 的路由表中有条聚合路由 172.16.0.0/16，下一跳指向 R1，R1 指向 R2；同理，R2 的路由表中也存在一条聚合路由下一跳指向 R1，R1 指向 R3。此时如果 R2 有一个数据包需要访问 172.16.4.0/24 网段，由于没有这条明细路由，这个数据包将会匹配到聚合路由

172.16.0.0/16，而在路由表中该路由指向下一跳地址为 R1，R1 又指向 R3，R3 收到该报文后也没有明细路由，同样会匹配到 172.16.0.0/16 聚合路由，数据包又发给 R1 再到 R2，这样就会在 R1/R2/R3 之间形成环路。

解决思路 1：在做聚合的时候，可以在 summary 后面添加参数 avoid-feedback 来防止环路。该参数主要用来防止从该接口重新接收这条聚合路由，这样 R2 和 R3 就不会再接收对方产生的聚合路由了。但是需要注意的是，如果 R2 和 R3 并不聚合相同的地址，比如一个设备聚合为 172.16.0.0/16，另外一个设备聚合为 172.16.0.0/8，那么双方仍然能够收到各自的聚合路由，因此通过该方式并不能够保证绝对的防环。

解决思路 2：为 R2 和 R3 手工添加一条静态的路由，下一跳指向 null 0。命令：**ip route-static 172.16.0.0 16 null 0**，当 R2 和 R3 访问一个本地没有的细路由时，匹配到该聚合路由后将直接丢弃掉该数据包，从而打破环路。但是如果在设备上添加静态路由需要注意路由优先级的问题，静态路由的优先级为 60，而 IS-IS 的优先级为 15，如果采用默认值，这条静态路由是不会加入到路由表的，因此在静态路由的后面添加 preference 参数，将优先级改得比 15 更小，才能放进路由表。

解决思路 3：在 R2 和 R3 通过 filter-policy import 工具将对方发送的聚合路由进行过滤，阻止 R2 和 R3 接收对方的聚合路由。

5.3.2 默认路由

任何路由协议都有生成默认路由的命令，路由器如果在路由表中无法找到数据包所匹配的精确的路由，会把数据包按默认路由转发，每个路由协议都提供自动生成默认的配置。

默认路由的应用场景：

- 默认路由多用在远端分支机构单链路上连或多链路上连，备用路径由上游向下游通告默认路由。或不需要太多路由条目的场合——单宿主场合。
- 上游向下游通告默认路由。

注意：

产生默认路由的路由器，一定不要再接收默认路由，否则会出现环路。

场景描述：如图 5-14 所示，R5 上对 10.0.X.0/24 进行汇总，汇总为 10.0.0.0/16；在 R3 和 R4 向 OSPF 区域下发默认路由。R3 访问 10.0.4.1，R3 转发给 R5，R5 转发给 R4，R4 转发给 R5，R5 转发给 R3，环路产生。

问题描述：R3 和 R4 都会收到 R5 发布的聚合路由 10.0.0.0/16，而 R5 会收到两条默认路由，如果 R3 访问一个网段为 10.0.4.0，将会匹配到聚合路由，数据包到达 R5，R5 匹配到默认路由发送给 R4，R4 再次匹配到默认路由发布给 R5，然后再到达 R3，继而产生环路。

R3 的配置及路由表：

```
[R3]display current-configuration
ospf 1
 default-route-advertise always
------------------------------------------------------------------------------
```

```
[R3]display ip routing-table
Route Flags: R-relay, D-download to fib
------------------------------------------------------------------------------
Routing Tables: Public
         Destinations : 12        Routes : 12
Destination/Mask    Proto   Pre  Cost      Flags NextHop         Interface
       10.0.0.0/16  O_ASE   150  2           D   35.1.1.5        GigabitEthernet0/0/1
其他路由省略……
```

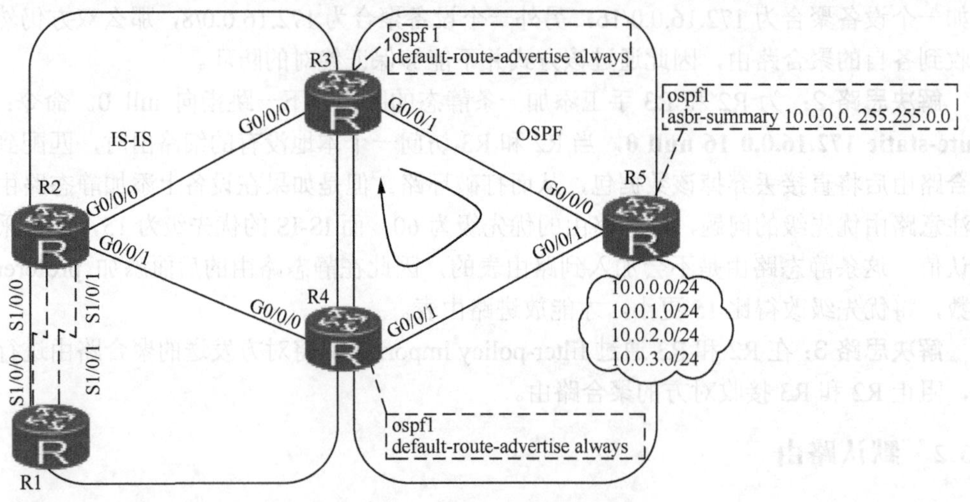

图 5-14　默认路由造成的环路问题

R4 配置及路由表：

```
<R4>display current-configuration
ospf 1
 default-route-advertise always
------------------------------------------------------------------------------
<R4>display ip routing-table
Route Flags: R-relay, D-download to fib
------------------------------------------------------------------------------
Routing Tables: Public
         Destinations : 12        Routes : 12
Destination/Mask    Proto   Pre  Cost      Flags NextHop         Interface
       10.0.0.0/16  O_ASE   150  2           D   45.1.1.5        GigabitEthernet0/0/0
其他路由省略……
```

R5 的配置及路由表：

```
<R5>display current-configuration
ospf 1
 asbr-summary 10.0.0.0 255.255.0.0
------------------------------------------------------------------------------
<R5>display ip routing-table
Route Flags: R-relay, D-download to fib
------------------------------------------------------------------------------
Routing Tables: Public
         Destinations : 23        Routes : 24
Destination/Mask    Proto   Pre  Cost      Flags NextHop         Interface
        0.0.0.0/0   O_ASE   150  1           D   45.1.1.4        GigabitEthernet0/0/0
                    O_ASE   150  1           D   35.1.1.3        GigabitEthernet0/0/1
```

```
其他路由省略……
```

查看 R3 的路由表：

使用 tracert 命令来跟踪 10.0.4.1。

```
<R3>tracert 10.0.4.1
 1 35.1.1.5 60 ms    50 ms    30 ms
 2 45.1.1.4 60 ms    80 ms    60 ms
 3 45.1.1.5 70 ms    60 ms 35.1.1.5 60 ms
 4 35.1.1.3 60 ms    70 ms    60 ms
 5 35.1.1.5 90 ms    80 ms 45.1.1.5 90 ms
 6 45.1.1.4 110 ms    110 ms    140 ms
 7 45.1.1.5 100 ms 35.1.1.5 100 ms    110 ms
其他信息省略……
```

结果表明：当 tracert 有一个不存在的、但是在网络 10.0.0.0/16 内的地址时，会发生环路。该环路的产生主要是由于 OSPF 产生聚合路由时，不能生成指向 NULL 0 的路由所致。

解决方法：在 R3 和 R4 上添加静态到达 10.0.0.0/16 的路由指向 NULL 0 接口。

各协议发布默认路由对比见表 5-5 所示。

表 5-5　各协议发布默认路由对比

	配置命令	备注	防环措施
RIP	**default-route originate** [**cost** *cost*]	无条件发布	无
OSPF	**default-route-advertise** [[**always** | **permit-calculate-other**] | **cost** *cost* | **type** *type* | **route-policy** *route-policy-name*]	需加 always 才能无条件发布，无 always 参数则需要路由表中存在一条静态默认路由方可发布，可以通过 route-policy 定义有条件发布，通过 type 设置默认路由为类型 1/2，cost 定义度量值，配置了 permit-calculate-other 的设备仍可以计算来自其他设备的默认路由	无
IS-IS	**default-route-advertise** [**always** | **match default** | **route-policy** *route-policy-name*] [**cost** *cost* | **tag** *tag* | [**level-1** | **level-1-2** | **level-2**]] [**avoid-learning**]	类似 OSPF，可以选择添加 always 无条件发布，也可以通过 route-policy 定义有条件发布，可以设置默认路由的 cost、tag、level，可以通过 avoid-learning 来阻止再次接收默认路由	可以通过 avoid-learning 来避免

5.4 路由引入

5.4.1 路由引入

园区网络部署可以使用单一路由协议，也可以同时使用多种路由协议，多种路由协议共存，多用于多厂商的路由环境 、网络合并（同一协议或是不同协议）、从旧的路由协议过渡到新的路由协议、路由策略的需要（可靠性、冗余性、分流模型）等。多种路由协议共存会增加网络的复杂性，更重要的是设计中要保证全网的可达性，需要相互引入，这更增加了引入次优路径或路由环路的机会。

IETF 对任何一种路由协议都经过“精心设计”，使协议在收敛性能、算法、环路避免、次优路径、路由震荡等方面都有解决办法。但却无法解决协议之间互相引入而致的环路、次优路径、收敛慢等问题，这需要工程师根据设计场景而手工控制。

5.4.1.1 路由引入的原理

如果网络中存在多种协议并存，而一台自治系统边界设备上同时运行了两种路由协议，为了确保路由被其他协议学习到，需要做路由的引入操作。路由引入时，将出现在路由表中的一个协议的路由注入到另外一个路由协议中，对另外的协议而言，这些引入的路由称为“外部路由”。

任何路由协议彼此间都可以引入其他协议的路由（如：RIP、IS-IS、OSPF、BGP），也可以将直连或静态路由进行引入，目的是为了使运行本协议的路由器能够学习到外部的路由。

示例 1：RIP

```
import-route { { static | direct | unr } | { { rip | ospf | isis } [ process-id ] } } [ cost cost | route-policy route-policy-name ]
```

说明：

在 RIP 进程中可以选择引入其他协议或者静态/直连路由，可以通过 cost 来指定外部路由的开销值，如果没有配置则用缺省，通过 route-policy 来定义引入符合指定策略的路由。

```
import-route bgp [ permit-ibgp ] [ cost { cost | transparent } | route-policy route-policy-name ]
```

说明：

permit-ibgp 用来指定公网实例下的 RIP 进程可以引入 iBGP 路由，transparent 参数只在引入 BGP 路由时有效，引入路由的开销值为 BGP 路由的 MED 值。

示例 2：OSPF

```
import-route { limit limit-number | { bgp [ permit-ibgp ] | direct | unr | rip [ process-id-rip ] | static | isis [ process-id-isis ] | ospf [process-id-ospf] } [ cost cost | type type | tag tag | route-policy route-policy-name ]
```

说明：

在 OSPF 进程中可以选择引入其他协议或者静态/直连路由，通过 cost 来指定外部路由的开销值，通过 type 设置类型，通过 tag 设置路由标记，通过 route-policy 来定义引入符合指定策略的路由。

示例 3：IS-IS

```
import-route protocol [ process-id ] [ cost-type { external | internal } | cost cost | tag tag | route-policy route-policy-name | [ level-1 |level-2 | level-1-2 ] ]
```

说明：

在 IS-IS 引入外部路由时，cost-type 用来指定外部路由的开销类型，缺省为 external（cost=源 cost+64）、internal（继承源 cost 值）。level-1/2 用来指定外部路由引入到哪个路由表中，如果未指定级别，默认引入到 level-2 中。

```
import-route { { rip | isis | ospf } [ process-id ] | bgp } inherit-cost [ tag tag | route-policy route-policy-name | [ level-1 | level-2 |level-1-2 ] ]
```

说明：

引入外部路由 BGP 时，只能引入 eBGP 的路由，不能引入 iBGP 的路由。inherit-cost 是指引入的外部路由保留原有的开销值，如果配置了该参数则不能再配置引入路由的开销值和开销类型，也可在 IS-IS 协议路由泄露时使用。

示例 4：BGP

```
import-route { direct | isis process-id | ospf process-id | rip process-id | unr | static } [ med med | route-policy route-policy-name ]
```

说明：

引入外部路由时，med 用来指定外部路由的度量值，route-policy 用来定义引入符合指定策略的路由。

路由引入规则 1：一种路由协议在引入其他路由协议时，只引入路由协议在路由表中存在的路由，不出现在路由表中的路由是不会被引入的，这种对路由表中路由进行控制的行为是矢量行为。

示例 1：如图 5-15 所示，R2 是 ASBR，在未做路由引入时观察 R2 的路由表。

```
[r2]display ip routing-table
Route Flags: R-relay, D-download to fib
------------------------------------------------------------------------------
Routing Tables: Public
        Destinations : 22        Routes : 22
Destination/Mask    Proto   Pre  Cost      Flags NextHop         Interface
     10.1.3.0/24   IS-IS-L2 15   10          D   10.1.23.3       GigabitEthernet0/0/1
     10.1.4.0/24   IS-IS-L2 15   10          D   10.1.23.3       GigabitEthernet0/0/1
     172.16.1.0/24  RIP      100  1          D   172.16.12.1     GigabitEthernet0/0/0
     172.16.2.0/24  RIP      100  1          D   172.16.12.1     GigabitEthernet0/0/0
     192.168.4.0/24  OSPF    10   1          D   192.168.24.4    GigabitEthernet0/0/2
     192.168.5.0/24  OSPF    10   1          D   192.168.24.4    GigabitEthernet0/0/2
其他路由省略……
```

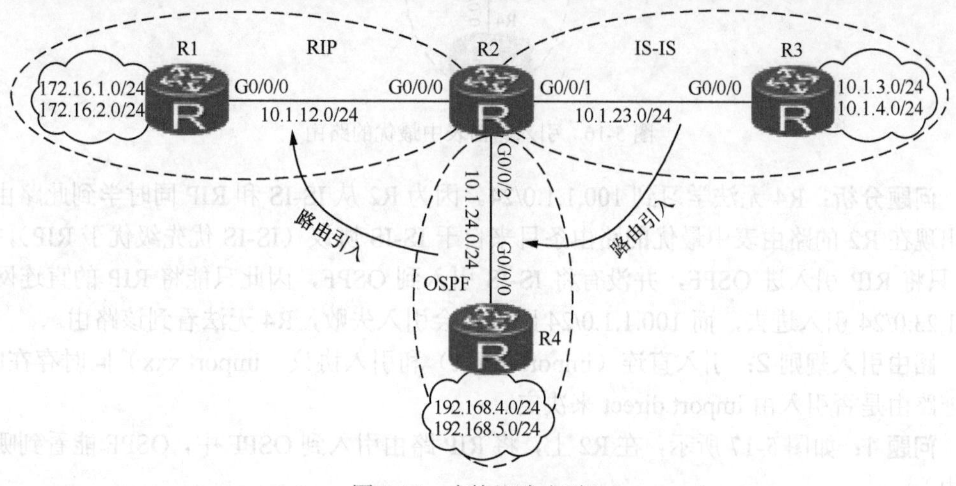

图 5-15　多协议路由引入

R2 分别从通过 IS-IS、RIP、OSPF 学习到各自环回口路由。

问题 1：R2 将 IS-IS 引入到 OSPF 中，R4 能学到哪些路由？

问题分析：R2 将本地的 IS-IS 路由表中的路由 10.1.3.0/24、10.1.4.0/24、10.1.23.0/24 引入进 OSPF，并通过 OSPF 协议传递给 R4，因此 R4 能够学到这三条路由。

问题 2：R2 继续将 OSPF 引入 RIP，R1 能学到哪些路由？

问题分析：R2 将本地 OSPF 路由表中的路由 192.168.4.0/24、192.168.5.0/24、10.1.24.0/24 引入进 RIP，并通过 RIP 协议传递给 R1，因此 R1 只能学习到这三条路由。但是 IS-IS 中的三条路由 10.1.x.0/24 是无法学习到的，原因在于 R2 通过 IS-IS 协议学到这三条路由，但 R2 并没有将 IS-IS 引入进 RIP 协议，所以路由也不会传递给 R1，再观察 R1 的路由表。

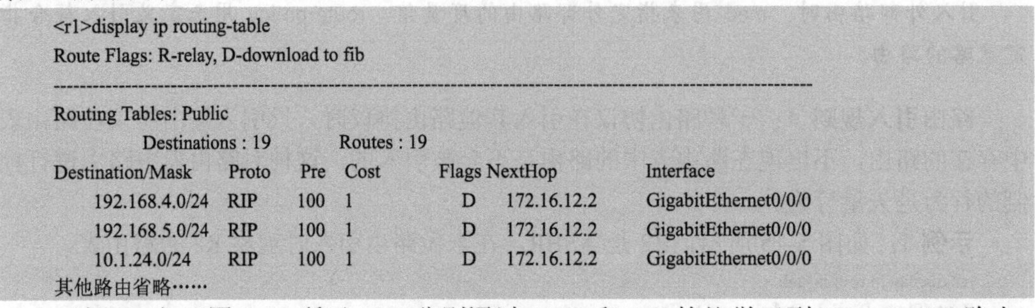

```
<r1>display ip routing-table
Route Flags: R-relay, D-download to fib
------------------------------------------------------------------------------
Routing Tables: Public
         Destinations : 19        Routes : 19
Destination/Mask    Proto   Pre  Cost      Flags NextHop         Interface
    192.168.4.0/24  RIP     100  1           D   172.16.12.2     GigabitEthernet0/0/0
    192.168.5.0/24  RIP     100  1           D   172.16.12.2     GigabitEthernet0/0/0
    10.1.24.0/24    RIP     100  1           D   172.16.12.2     GigabitEthernet0/0/0
其他路由省略……
```

示例 2：如下图 5-16 所示，R2 分别通过 IS-IS 和 RIP 协议学习到 100.1.1.0/24 路由，R2 将 RIP 引入到 OSPF 中，那么 R4 能否学习到该路由？

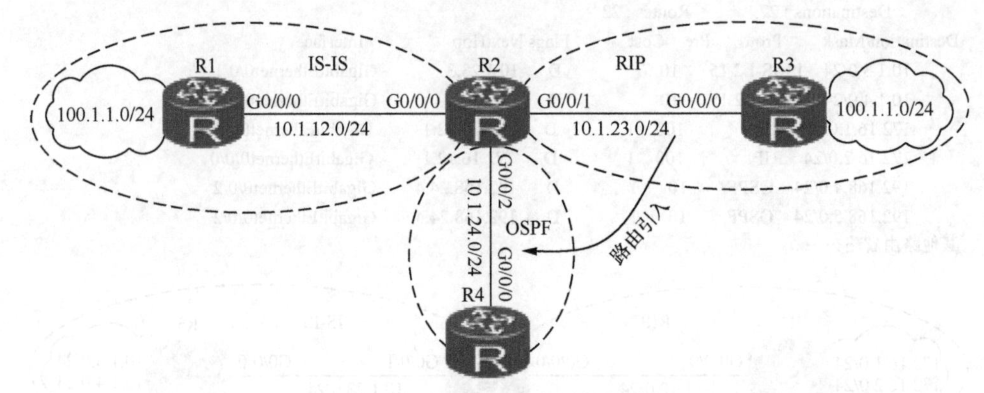

图 5-16　引入路由表中最优的路由

问题分析：R4 无法学习到 100.1.1.0/24。因为 R2 从 IS-IS 和 RIP 同时学到此路由，但出现在 R2 的路由表中最优的路由条目来自于 IS-IS 协议（IS-IS 优先级优于 RIP），而 R2 只将 RIP 引入进 OSPF，并没有将 IS-IS 引入到 OSPF，因此只能将 RIP 的直连网段 10.1.23.0/24 引入进去，而 100.1.1.0/24 路由将会引入失败，R4 无法看到该路由。

路由引入规则 2：引入直连（import direct）和引入协议（import xxx）同时存在时，直连路由是否引入由 import direct 来决定。

问题 1：如图 5-17 所示，在 R2 上，将 RIP 路由引入到 OSPF 中，OSPF 能看到哪些路由？

问题分析：R2 上有直连（direct）和 RIP 协议学习到的路由，引入到 OSPF 时，这几条路由都会被引入 OSPF。所以在 OSPF 中能看到 172.16.12.0/24、172.16.1.0/24、172.16.2.0/24 这三条路由。

问题 2：在上述需求的基础上，如果 R3 仅需要访问 2.2.2.0/24 网络，如何做到？

问题分析：R2 上已经引入 RIP，但是环回接口没有通告进 RIP 协议，而 R2 仅仅将 RIP 引入进了 OSPF，因此 R3 无法从 R2 学习到该环回口网段路由，只会学习到通告进

RIP 的路由条目，在 R2 上必须引入直连接口路由：import-route direct。

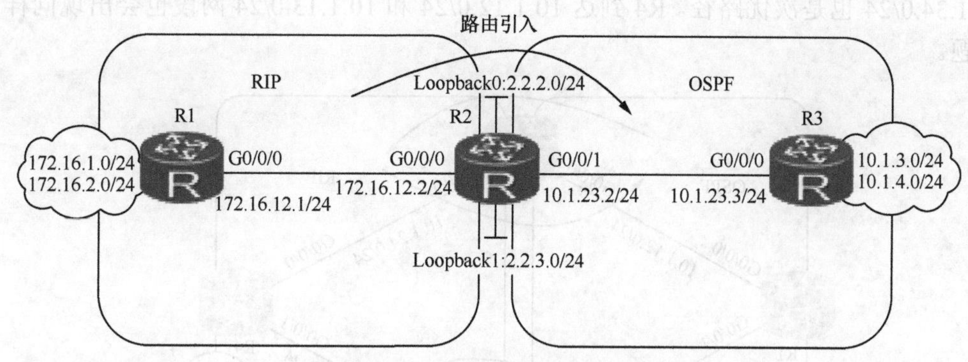

图 5-17 在 OSPF 中引入 RIP 协议

问题 3：如果引入直连路由，通过 route-policy 来控制只引入 2.2.2.0/24，请问 R3 能否访问 R1？

```
[R2]route-policy DIRECT permit node 10
[R2-route-policy]if-match interface LoopBack 0
[R2-route-policy]quit
[R2]ospf 1
[R2-ospf-1] import-route direct route-policy DIRECT
```

问题分析：R3 是无法访问 R1 的，原因是 R3 的路由表中将不会看到 RIP 域中的直连路由 172.16.12.0/24。原因是在 R2 上，当没有使用 import direct 时，RIP 域中的直连路由 172.16.12.0/24 由 import rip 决定是否引入，但当 R2 上引入直连（import direct）后，RIP 域中的直连路由是否引入要依赖于 import direct，所以 R3 路由表中没有 RIP 域下的直连路由。

解决办法：

1．使用 route-policy 工具将 172.16.12.0/24 匹配引入进 OSPF。

2．引入路由时可以直接使用 import-route direct 来引入所有直连路由。

5.4.1.2　**路由的度量**（metric）

路由度量是指用来衡量到达目标网络所需要花费的代价，每种路由协议的衡量标准不一样，如 RIP 协议要参考的是跳数（hop），OSPF 协议参考的是 cost 值（通过计算链路的带宽得出的值）。每个出现在协议路由域内部的目标路由会计算域内的路径成本。而外部引入的路由在引入时要考虑引入的成本，称为外部路由成本。

每个协议的 metric 计算方式是不一样的，OSPF 和 IS-IS 是根据 cost 值来计算的，而 RIP 协议根据 hop 来计算。特别是 RIP 协议修改 metric 时不能改得比 15 大，否则路由将无法学习到。

示例：通过调整外部成本，解决次优路径问题。

问题描述：如图 5-18 所示，R2 和 R3 分别进行双向路由引入，R1 和 R4 分别都从 R2 和 R3 收到来自对方的路由。但是 R1 和 R4 都会有两条次优路由，R1 针对 10.1.24.0/24、10.1.34.0/24 网段分别会经过 R2 和 R3 到达，而 R4 针对 10.1.12.0/24、10.1.13/24 网段也会经过 R2 和 R3 到达。

由于引入的路由 metric 值都相等，路由表中将会等价负载分担。这样 R1 到达

10.1.24.0/24 应该优先从 R2 访问，而从 R3 访问则是次优路径，同理，R1 从 R2 访问 10.1.34.0/24 也是次优路径。R4 到达 10.1.12.0/24 和 10.1.13.0/24 网段也会出现同样的问题。

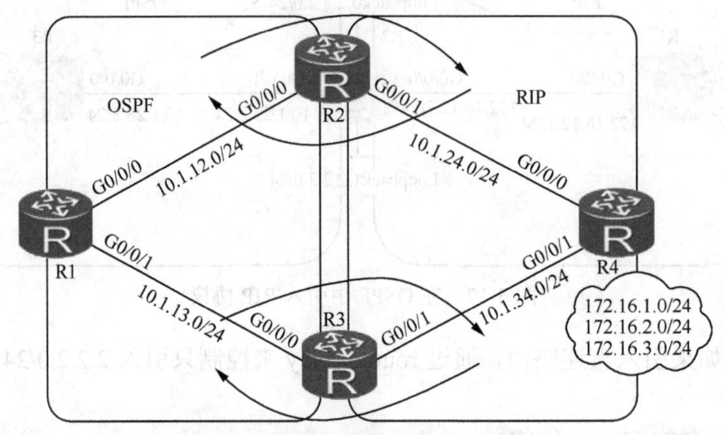

图 5-18　OSPF 与 RIP 双点双向路由引入

以上原因都是因为路由引入的 metric 值相同造成的，从同一个路由协议学习到的相同路由就会比较 metric 值，小的优先，如相等则同时放进路由表。

分析思路：在 R2 和 R3 分别进行路由引入时使用 route-policy 工具将引入的路由设置 metric，R2 将 RIP 引入进 OSPF 时，将 10.1.34.0/24 网段 metric 设置为 10，目的是为了让 R1 优先选 R3 到达 10.1.34.0/24 网段。因为 R2 和 R3 引入该路由时默认 metric 都为 1，而在 R2 上修改了 metric 值以后，R1 将会把最优的下一跳为 R3（metric=1）的路由放进路由表。

而在 R3 引入路由时将 10.1.24.0/24 网段的 metric 改为 10，目的是让 R1 优先选择 R2 作为下一跳（metric=1）到达 10.1.24.0。而 R2 和 R3 将 OSPF 引入 RIP 时，同样采用修改 metric 的方式来实现，确保每个设备走最优路由。

在 R2 和 R3 上面通过 route-policy 工具修改路由的 metric 来解决次优路径。

```
<R2>display current-configuration
#
acl number 2000
 rule 10 permit source 10.1.34.0 0
acl number 2001
 rule 10 permit source 10.1.13.0 0
#
ospf 1
 import-route rip 1 route-policy R2O
 area 0.0.0.0
  network 2.2.2.2 0.0.0.0
  network 10.1.12.2 0.0.0.0
#
rip 1
 version 2
 network 10.0.0.0
 import-route ospf 1 route-policy O2R
#
```

```
route-policy R2O permit node 10
 if-match acl 2000
 apply cost 10
#
route-policy R2O permit node 20
#
route-policy O2R permit node 10
 if-match acl 2001
 apply cost 3
#
route-policy O2R permit node 20
---------------------------------------------------------------------------------
<R3>display current-configuration
#
acl number 2000
 rule 10 permit source 10.1.24.0 0
acl number 2001
 rule 10 permit source 10.1.12.0 0
#
ospf 1
 import-route rip 1 route-policy R2O
 area 0.0.0.0
  network 3.3.3.3 0.0.0.0
  network 10.1.13.3 0.0.0.0
#
rip 1
 version 2
 network 10.0.0.0
 import-route ospf 1 route-policy O2R
#
route-policy R2O permit node 10
 if-match acl 2000
 apply cost 10
#
route-policy R2O permit node 20
#
route-policy O2R permit node 10
 if-match acl 2001
 apply cost 3
#
route-policy O2R permit node 20
#
```

5.4.1.3　**协议优先级**（Preference）

任何出现在路由表里面的路由，除非直连路由，都会由 cost 来衡量到目标网络的距离。如果路由器学到多条相同路由，分别源自不同路由协议，按照以下步骤进行比较。

1．先比较各协议的外部优先级。

2．如果外部优先级一致，再比较内部优先级。

3．如果内外部优先级都一样，则比较多条路由的 cost。

4．如果 cost 一致，多条路由都将出现在路由表中，负载分担，否则只放入 cost 最小的路由。

路由表中到目的地的路由，不同的路由协议（包括静态路由）可能会发现不同的路由，但这些路由并不都是最优的。事实上，在某一时刻，到某一目的地的当前路由仅能由唯一的路由协议来决定。为了判断最优路由，各路由协议（包括静态路由）都被赋予了一个优先级，当存在多个路由信息源时，具有较高优先级（取值较小）的路由协议发现的路由将成为最优路由，并将最优路由放入本地路由表中。路由器分别定义了外部优先级和内部优先级，外部优先级（见表 5-6 所示）是指用户可以手工为各路由协议配置的优先级。

表 5-6　　路由协议外部优先级

路由协议的类型	外部优先级
DIRECT	0
OSPF	10
IS-IS	15
STATIC	60
RIP	100
OSPF ASE	150
OSPF NSSA	150
iBGP	255
eBGP	255

说明：

数值越小表示路由的可信度越高，数值越大说明越不可信，路由器优先选择数值小的路由。

表 5-7　　路由协议内部优先级

路由协议的类型	内部优先级
DIRECT	0
OSPF	10
IS-IS level-1	15
IS-IS level-2	18
STATIC	60
RIP	100
OSPF ASE	150
OSPF NSSA	150
iBGP	200
eBGP	20

说明：

选择路由时先比较路由的外部优先级，当不同的路由协议配置了相同的优先级后，系统会通过内部优先级决定哪个路由协议发现的路由将成为最优路由。例如，到达同一目的地 100.1.1.0/24 有两条路由可供选择，一条是静态路由，另一条是 OSPF 路由，且这两条路由的外部优先级都被配置成 8。这时路由器系统将根据表 5-7 所示的内部优先级进行判断。因为 OSPF 协议的内部优先级是 10，高于静态路由的内部优先级 60，所以系统选择 OSPF 协议学习的路由作为最优路由。注：路由协议内部优先级不能被人工修改。

调整优先级的命令：

```
preference { preference | route-policy route-policy-name }
```

说明：

该命令直接在路由进程下配置，如 preference 80，则将该协议学习到的路由优先级全部调整为 80。也可以通过调用 route-policy 工具来匹配特定的路由，仅对特定的路由修改优先级，其他没有被匹配的路由采用默认值。

示例 1：将 RIP 协议中路由条目 10.1.1.0/24 的优先级设置为 80，其他路由采用默认值。

```
rip 1
 preference route-policy PRE
#
route-policy PRE permit node 10
 if-match ip-prefix TECH
 apply preference 80
#
ip ip-prefix TECH index 10 permit 10.1.1.0 24
```

说明：

使用前缀列表将路由匹配，通过 route-policy 调用前缀列表，并设置优先级为 80，在路由进程中通过 preference 调用 route-policy。

示例 2：将 IS-IS 协议中的路由条目 172.16.1.0/24 的优先级设置为 20，其他路由的优先级设置为 30。

```
isis 1
 preference 30 route-policy PRE
#
route-policy PRE permit node 10
 if-match acl 2000
 apply preference 20
#
acl number 2000
 rule 5 permit source 172.16.1.0 0
```

说明：

通过 ACL 将路由匹配，通过 route-policy 工具调用 ACL 并将优先级设置为 20，在 IS-IS 进程中应用 preference 调用 route-policy，并且同时设置了 30。那么通过 IS-IS 学习的路由中除了 172.16.1.0 被设置为了 20，其他的路由都将改为 30。

示例 3：将 OSPF 协议中的外部路由的优先级设置为 100。

```
ospf 1
 preference ase 100
```

说明：

OSPF 有域内和域外路由优先级，通过 preference 添加参数 ase 来调整域外路由优先级为 100（默认 150），如果不携带 ase 加一个数值如 preference 100，则调整域内路由优先级（默认为 10）。在 OSPF 中也可以通过 route-policy 来调整特定路由。

示例 4：将 BGP 协议中的 eBGP、iBGP、LocalBGP 路由优先级分别调整为 100、150、200。

```
bgp 1
 preference 100 150 200
```

说明：

BGP 协议包含三种优先级，分别是 eBGP、iBGP、LocalBGP，均为 255，preference 后面携带的参数依次为三种值，修改了其默认值。

思考 1：如下表所示，在 OSPF 中修改内部路由优先级为 100，且通过 route-policy 将所有路由优先级改为 200，请问此时路由表中的内部路由和外部路由的优先级分别是多少？

```
ospf 1
 preference route-policy PRE 100
#
route-policy PRE permit node 10
 apply preference 200
```

分析：如果在路由进程中使用 preference 工具修改 OSPF 内部路由优先级，值设置为 100，且同时调用了 route-policy 策略工具并修改路由优先级，那么该设备将会优先使用策略当中定义的优先级。策略当中匹配到所有的路由，最终路由表中所有 OSPF 内部路由优先级被设置为 200，而不是 100。由于没有设置外部优先级，因此为默认值 150。

思考 2：如下表所示，在 OSPF 中修改外部路由优先级为 100，且通过 route-policy 将所有路由优先级改为 200，请问此时路由表中的内部路由和外部路由优先级分别是多少？

```
acl number 2000
 rule 10 permit source 172.16.1.0 0
#
ospf 1
 preference ase route-policy PRE 100
#
route-policy PRE permit node 10
 if-match acl 2000
 apply preference 200
```

分析：

在 OSPF 进程中修改了外部路由优先级，值为 100，同时调用了 route-policy，且将其中的 ACL 2000 中匹配的路由 172.16.1.0 的路由优先级改为了 200。最终路由表中所有 OSPF 外部路由中除了 172.16.1.0 被设置为 200 以外，其他的外部路由都被设置为 100，而内部路由优先级没有修改，因此为默认的 10。

5.4.2 路由引入的问题

路由引入能够保证多种协议之间互相学习路由，但复杂的网络中会出现多种路由协议需要相互引入的问题，任何协议自身都有相应的免环等机制，但协议间相互引入时，在边界设备上，仍然会出现类似问题，因此需要通过一系列方法来解决。

- 解决环路问题：可以使用多种办法，如 preference，或使用 tag 过滤路由等。
- 解决次优路径问题：可以通过调整外部路由 metric、preference 等办法。

如图 5-19 所示，网络中运行两种路由协议，R1、R2 和 R3 是自治系统域边界设备，并且做了双向路由引入（将双方的路由互相引入进自身的路由进程），但是由于各自的优先级不一样将会导致不同的问题。

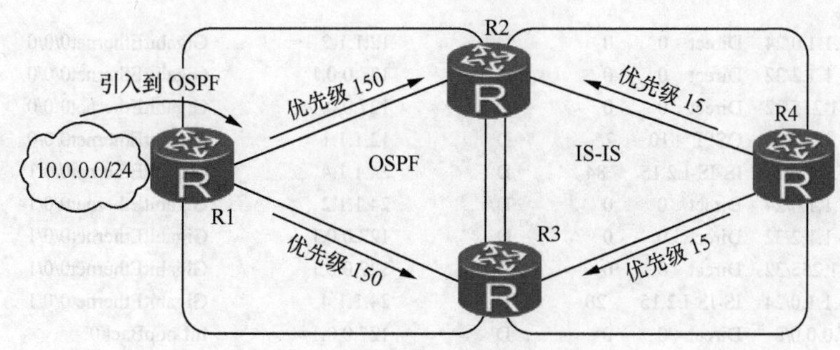

图 5-19 在 OSPF 中引入外部路由

5.4.2.1 双向路由引入造成的次优路径问题

如图 5-20 所示，R1 将路由 10.0.0.0/24 网段引入进 OSPF，由于 OSPF 有两种优先级，从外部引入进 OSPF 的路由优先级为 150，而 R2 和 R3 又将 OSPF 引入进 IS-IS 中。路由引入存在优先顺序，假设 R3 优先将 OSPF 引入到 IS-IS 中，R2 从 IS-IS 和 OSPF 同时学习到这条路由，那么 R2 将会比较路由优先级，最终会选择较小的值（15），因此 R2 将会沿着 R4-R3-R1 的路径转发，这样次优路径就形成了。

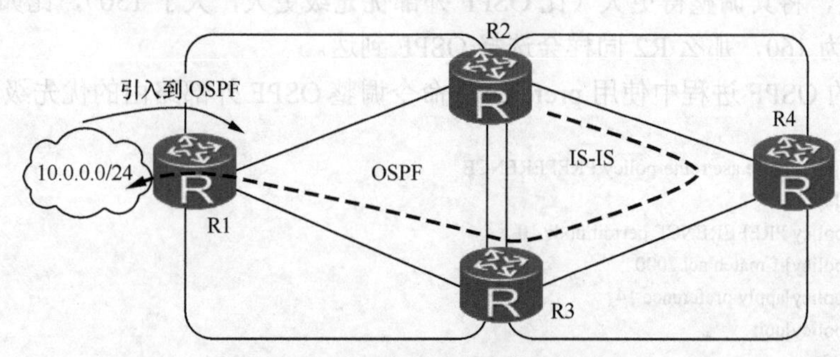

图 5-20 引入路由后产生的次优路径

分别在 R2 和 R3 上面配置双向的路由引入：

```
[R2]isis 1
[R2-isis-1]import-route ospf 1
[R2-isis-1]quit
[R2] ospf 1
[R2-ospf-1]import-route isis 1
----------------------------------------------------------------------------------------------------
[R3]isis 1
[R3-isis-1]import-route ospf 1
[R3-isis-1]quit
[R3] ospf 1
[R3-ospf-1]import-route isis 1
```

查看 R2 的路由表：

```
<R2>display ip routing-table
Route Flags: R-relay, D-download to fib
------------------------------------------------------------------------------------------------------
Routing Tables: Public
        Destinations : 14           Routes : 14
Destination/Mask     Proto    Pre  Cost       Flags NextHop          Interface
        10.0.0.0/24  IS-IS-L2 15   84         D     24.1.1.4         GigabitEthernet0/0/1
```

```
         12.1.1.0/24   Direct  0     0           D           12.1.1.2          GigabitEthernet0/0/0
         12.1.1.2/32   Direct  0     0           D           127.0.0.1         GigabitEthernet0/0/0
       12.1.1.255/32   Direct  0     0           D           127.0.0.1         GigabitEthernet0/0/0
         13.1.1.0/24   OSPF    10    2           D           12.1.1.1          GigabitEthernet0/0/0
         15.1.1.0/24   IS-IS-L2 15   84          D           24.1.1.4          GigabitEthernet0/0/1
         24.1.1.0/24   Direct  0     0           D           24.1.1.2          GigabitEthernet0/0/1
         24.1.1.2/32   Direct  0     0           D           127.0.0.1         GigabitEthernet0/0/1
       24.1.1.255/32   Direct  0     0           D           127.0.0.1         GigabitEthernet0/0/1
         34.1.1.0/24   IS-IS-L2 15   20          D           24.1.1.4          GigabitEthernet0/0/1
        127.0.0.0/8    Direct  0     0           D           127.0.0.1         InLoopBack0
        127.0.0.1/32   Direct  0     0           D           127.0.0.1         InLoopBack0
  127.255.255.255/32   Direct  0     0           D           127.0.0.1         InLoopBack0
  255.255.255.255/32   Direct  0     0           D           127.0.0.1         InLoopBack0
```

R2 选择了一条次优路径，由于 IS-IS 的路由优先级低，将 IS-IS 学习到的路由放入路由表中，这样 R2 的转发路径就是 R2-R4-R3-R1。

解决办法：通过修改 R2 的路由优先级，有两种方法可以实现。第一，可以修改 R2 的 OSPF 优先级，将其调整得更小（比 IS-IS 优先级更小，小于 15），比如将 OSPF 的优先级调整为 14，那么 R2 将会选择 OSPF 去往 10.0.0.0/24 网段。第二，可以修改 R2 的 IS-IS 优先级，将其调整得更大（比 OSPF 外部优先级更大，大于 150），比如将 IS-IS 的优先级调整为 160，那么 R2 同样会选择 OSPF 到达。

在 R2 的 OSPF 进程中使用 preference 命令调整 OSPF 外部路由的优先级。

```
[R2] ospf 1
[R2-ospf-1]preference ase route-policy PREFERENCE
[R2-ospf-1] quit
[R2]route-policy PREFERENCE permit node 10
[R2-route-policy]if-match acl 2000
[R2-route-policy]apply preference 14
[R2-route-policy]quit
[R2]acl 2000
[R2-acl-basic-2000]rule 10 permit source 10.0.0.0 0
```

由于 10.0.0.0/24 是外部路由，因此使用 preference 命令时后面添加 ase 参数，用于调整 OSPF 的外部路由的优先级，如不携带则调整内部优先级。使用 route-policy 参数用于调用策略，通过 ACL 匹配到 10.0.0.0/24，将其外部优先级设置为 14。

查看 R2 的路由表：

```
[R2]display ip routing-table
Route Flags: R-relay, D-download to fib
------------------------------------------------------------------------------
Routing Tables: Public
         Destinations : 14        Routes : 14
Destination/Mask    Proto   Pre  Cost      Flags NextHop         Interface
      10.0.0.0/24   O_ASE   14   1           D   12.1.1.1        GigabitEthernet0/0/0
      12.1.1.0/24   Direct  0    0           D   12.1.1.2        GigabitEthernet0/0/0
      12.1.1.2/32   Direct  0    0           D   127.0.0.1       GigabitEthernet0/0/0
    12.1.1.255/32   Direct  0    0           D   127.0.0.1       GigabitEthernet0/0/0
      13.1.1.0/24   OSPF    10   2           D   12.1.1.1        GigabitEthernet0/0/0
      15.1.1.0/24   IS-IS-L2 15  84          D   24.1.1.4        GigabitEthernet0/0/1
      24.1.1.0/24   Direct  0    0           D   24.1.1.2        GigabitEthernet0/0/1
      24.1.1.2/32   Direct  0    0           D   127.0.0.1       GigabitEthernet0/0/1
    24.1.1.255/32   Direct  0    0           D   127.0.0.1       GigabitEthernet0/0/1
      34.1.1.0/24   IS-IS-L2 15  20          D   24.1.1.4        GigabitEthernet0/0/1
```

127.0.0.0/8	Direct	0	0	D	127.0.0.1	InLoopBack0
127.0.0.1/32	Direct	0	0	D	127.0.0.1	InLoopBack0
127.255.255.255/32	Direct	0	0	D	127.0.0.1	InLoopBack0
255.255.255.255/32	Direct	0	0	D	127.0.0.1	InLoopBack0

调整 OSPF 的外部路由优先级为 14，由于比 IS-IS 的优先级值更低，因此 OSPF 的路由将会出现在路由表中。

5.4.2.2 *双向路由引入造成的环路问题*

场景描述及问题分析：如图 5-21 所示，当 R1 到 10.0.0.0/24 的网段引入进 OSPF，R2 和 R3 做双向路由引入，R3 首先将 OSPF 引入进了 IS-IS，R2 从 OSPF 和 IS-IS 都学习到该路由，由于优先级的问题，IS-IS 学习的路由出现在路由表中。而 R2 从 OSPF 学习的 10.0.0.0/24 路由引入 IS-IS 时会失败（因为路由引入只会将路由表中的路由引入进来，而此时路由表中只有 IS-IS 的路由），因此从 IS-IS 学习到的路由 10.0.0.0/24 又被重新引入进 OSPF 中。此时该条路由可能发生故障了，从而使 R1 和 R3 又通过 R2 学习到该路由，当 R2 访问 10.0.0.0/24 网段时，流量会经过 R4-R3-R1-R2，最终形成环路。

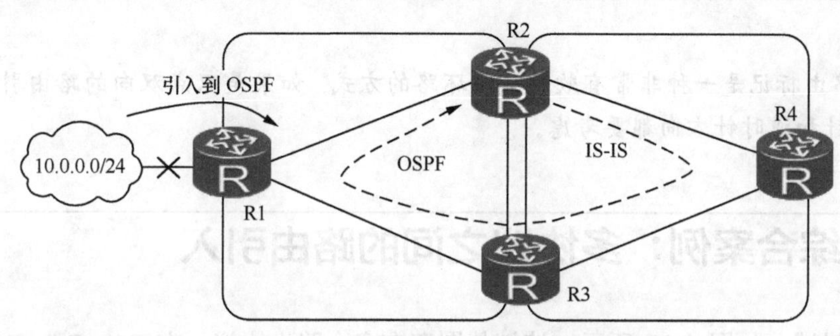

图 5-21 引入路由后产生的环路问题

说明：

除了上面两者（OSPF 外部引入进 IS-IS 形成环路），另外 OSPF 外部→RIP、OSPF 外部→OSPF、RIP→IS-IS 也会存在环路问题，综其原因：如果优先级大的路由协议向优先级小的路由协议引入路由时会引发环路。

解决办法：使用路由标记 Tag 来解决环路的问题，具体的思路如下。

1．顺时针的路由引入：R2 将 OSPF 引入进 IS-IS 时将路由打上 tag 100，此时会将 OSPF 所有的路由引入进 IS-IS 的路由都标记为 100。由于 R3 会从 R4 学到 IS-IS 的路由，那么 R3 将 IS-IS 路由引入 OSPF 时，会将源自 OSPF 的路由又重新引入进 OSPF，这样会导致环路隐患，那么这时可以在 R3 引入时过滤掉 tag 100，这样就可以避免环路。同时，为了防止 IS-IS 路由的环路，在 R3 将 IS-IS 引入 OSPF 的时候使用另外一个 tag 200 来标识 IS-IS 路由，接着在 R2 上面将 OSPF 引入进 IS-IS 的时候过滤掉 tag 200。

2．逆时针的路由引入：R2 将 IS-IS 引入进 OSPF 时将路由打上 tag 300，那么 R3 再将 OSPF 引入 IS-IS 时将 tag 300 过滤掉，同时 R3 将 OSPF 引入 IS-IS 时打上 tag 400，而 R2 将 IS-IS 引入进 OSPF 时过滤掉 tag 400。

R2 的配置	R3 的配置
isis 1 import-route ospf 1 route-policy O2I # ospf 1 import-route isis 1 route-policy I2O # route-policy O2I deny node 5 if-match tag 200 route-policy O2I permit node 10 apply tag 100 # route-policy I2O deny node 5 if-match tag 400 route-policy I2O permit node 10 apply tag 300	isis 1 import-route ospf 1 route-policy O2I # ospf 1 import-route isis 1 route-policy I2O # route-policy I2O deny node 5 if-match tag 100 route-policy I2O permit node 10 apply tag 200 # route-policy O2I deny node 5 if-match tag 300 route-policy O2I permit node 10 apply tag 400

说明：

使用路由标记是一种非常有效的解决环路的方式，如果是双点双向的路由引入，需要注意顺时针和逆时针方向都要考虑。

5.5 综合案例：多协议之间的路由引入

场景描述：如图 5-22 所示，该拓扑图存在多个路由协议，在 R1、R4、R5、R6 都做了双向路由引入，在 R3 和 R7 做了单向的路由引入，分别将 10.1.1.0/24 和 20.1.1.0/24 网段引入进 OSPF 中。

1．**问题分析**：R4 和 R5 去往 R3 的 10.1.1.0/24 网段有次优路径，出现该问题的主要原因是路由优先级，由于 R3 引入进来的路由为外部优先级 150，而 R4 和 R5 都做了双向的路由引入，分别都会从 IS-IS 中重新学习到该路由，而 IS-IS 只有一种路由优先级为 15，那么此时 R4 或者 R5 将会有一台设备出现次优路径，这取决于路由引入的先后问题。比如 R4 将 OSPF 路由首先引入进 IS-IS 中，R5 从 IS-IS 学到了该路由，那么 R5 将会选择把 IS-IS 学到的路由放进路由表，R5 就会出现次优路径。反之，如果 R5 先将 OSPF 引入进 IS-IS，那么 R4 将会把 IS-IS 学的路由放进路由表。

解决思路：由于从两种不同协议学到的相同路由会比较协议的优先级，选择值小的放进路由表，因此 R4 和 R5 最终选了 IS-IS 学习的路由，这样次优路径就产生了。而路由协议提供了一种解决办法，使用 preference 工具来调整路由优先级。

通过 preference 将路由协议的默认优先级做出适当的修改，从而影响路由的选路。比如将 R4 和 R5 的 IS-IS 的优先级 15 改成比 OSPF 外部的优先级 150 更大(或者在 OSPF 中将优先级改得比 15 小)，那么 R4 和 R5 比较两者协议优先级时，将会把 OSPF 学到的路由放进路由表，这样就可以解决 R4 和 R5 次优路径的问题。

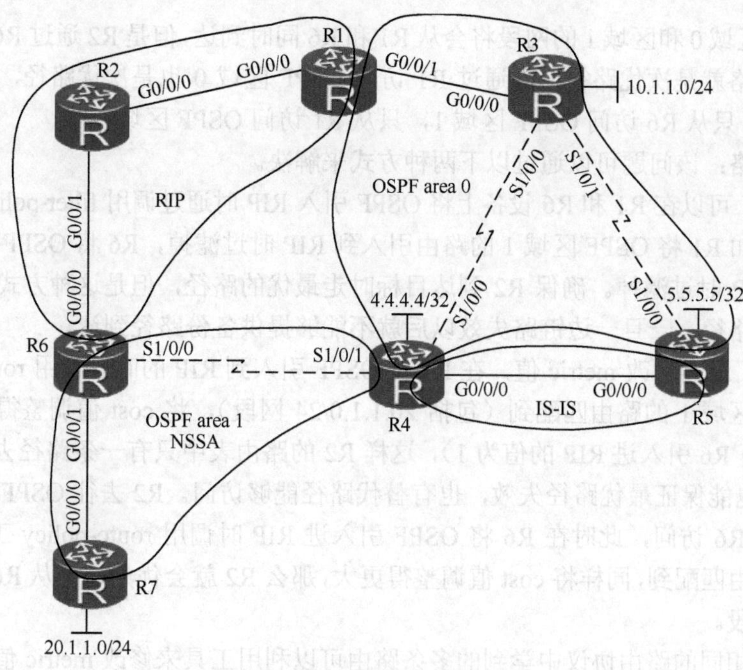

图 5-22　多路由协议之间路由引入

起初 R4 和 R5 只有一台设备会出现次优问题，这要看两台设备的引入优先顺序，比如 R4 首先将 OSPF 引入进 IS-IS，那么 R5 此时从 IS-IS 学到了该路由，并且将 IS-IS 学到的路由放进路由表。而 R5 将 OSPF 引入 IS-IS 时就会失败，因为 R5 的路由表中该路由是 IS-IS 学习到的，因此 R5 会首先出现次优问题。而 R4 则还是选择 OSPF 到达目的地，所以首先调整出现次优的那台设备（R5）。

修改以后 R5 选择了 OSPF，那么此时 R5 将 OSPF 学到的路由放进路由表，这时 R5 就能够将 OSPF 引入到 IS-IS，那么 R4 将会从 IS-IS 学到 10.1.1.0/24 路由，因此 R4 也会产生次优路径，用同样的方法将 R4 的优先级也做出修改。

但注意调整优先级时可以在 preference 后面调用 route-policy 工具来精确匹配出路由再做修改，如果没有精确匹配路由，则所有的路由都会被修改，从而影响其他路由的选路。

2．问题分析：R4 和 R5 的环回接口存在次优路径；由于 R4 与 R5 的环回接口既通告进了 OSPF，也通告进了 IS-IS，那么 R4 和 R5 去往各自的环回接口是经过 OSPF 到达的，也是由于优先级的问题，OSPF 的内部优先级 10 优于 IS-IS 优先级 15。但是在 OSPF 域中都是 PPP 的低速链路，如果选择 OSPF 到达，R4 到 R5 没有直接经过 IS-IS 的高速千兆链路，而选择了两条低速链路，转发路径为：R4-R3-R5。

解决思路：该问题类似于问题 1，也是由路由优先级造成的，在 R4 和 R5 的 OSPF 进程中使用 filter-policy 工具将两台设备的环回口路由进行过滤，阻止该环回口路由通过 OSPF 学到，那么 R4 和 R5 将会优先选择 IS-IS 到达对方的环回口。

3．问题分析：R2 去往 OSPF 区域 0 和区域 1 的路由将会负载均衡，也会存在次优路径，R1 和 R6 都将 OSPF 引入进 RIP 中，默认引入进来的路由 cost 值均为 1。比如 R2

去往 OSPF 区域 0 和区域 1 的网段将会从 R1 和 R6 同时到达，但是 R2 通过 R6 访问 OSPF 区域 0 的网络就是次优路径，而通过 R1 访问 OSPF 区域 0 也是次优路径，需要进行调整，使得 R2 只从 R6 访问 OSPF 区域 1，只从 R1 访问 OSPF 区域 0。

解决思路：该问题可以通过以下两种方式来解决。

方法 1：可以在 R1 和 R6 设备上将 OSPF 引入 RIP 时通过调用 filter-policy 工具来控制路由，比如 R1 将 OSPF 区域 1 的路由引入到 RIP 时过滤掉，R6 将 OSPF 区域 0 的路由引入到 RIP 时过滤掉。确保 R2 到达目标时走最优的路径，但是这种方式的缺点是不能确保冗余路径，一旦一边链路失效以后就不能够提供备份路径到达。

方法 2：通过修改 metric 值，在 R1 将 OSPF 引入到 RIP 的时候调用 route-policy 工具将 OSPF 区域 1 的路由匹配到（包括 20.1.1.0/24 网段），将 cost 值调整得更大（比如调整为 3，而 R6 引入进 RIP 的值为 1），这样 R2 的路由表中只有一条路径去往 OSPF 区域 0，而且也能保证最优路径失效，也有替代路径能够访问。R2 去往 OSPF 的区域 1 的路由要经过 R6 访问，此时在 R6 将 OSPF 引入进 RIP 时调用 route-policy 工具将 OSPF 区域 0 的路由匹配到，同样将 cost 值调整得更大，那么 R2 就会优先选择从 R6 去往 OSPF 区域 1 的网段。

因此在相同的路由协议中学到的多条路由可以利用工具来修改 metric 值影响选路，不仅能够解决次优路径，也可以保证冗余路径。另外在 RIP 协议中还可以使用 rip metricout/metricin 工具来实现，在接口下调用该命令来调整 cost 值也可以达到相同效果。

4．**问题分析**：R5 到达 OSPF 区域 1 的路由将会选择从 R3 到达，这是一条次优路径。由于 R5 与 R3 在 OSPF 区域 0 中，从 OSPF 学习到一条内部路由要比 IS-IS 更优，因此将会沿着 R5-R3-R4 路径转发。

解决思路：也是由于路由协议优先级的问题，在 R5 上通过 preference 工具来修改路由的优先级使其从 R4 转发，只要将 OSPF 的优先级改得比 15 更大即可，需要注意的是将路由精确地匹配后再做修改。

5．**问题分析**：R2 去往 20.1.1.0/24 网段将会存在环路问题，该路由被引入进 OSPF 中，由 R4 将路由执行 7 转 5 通告进 OSPF 区域 0，又被 R1 引入进 RIP 中。此时 R2 又将该路由传递给 R6，由于 R6 从 RIP 协议重新学习到该路由，且 RIP 的优先级要比 OSPF 的外部优先级要更优，此时 R6 要发送数据包到 20.1.1.0/24 网段，那么将会选择 R2。而 R2 转发给 R1，然后将会沿着 R1-R3-R4-R6 的路径转发数据包，最终数据包又重新回到 R6，形成环路。

解决思路：为了保证 R6 到达 20.1.1.0/24 网段直接经过 R7 访问，可以通过 preference 工具修改优先级。

（1）调整优先级：在 OSPF 进程中将该网段的优先级（150）改得比 RIP（100）更小，让 OSPF 学习的路由出现在 R6 的路由表中。这样既可以避免 20.1.1.0 走一条次优路径，也可以避免产生环路的隐患。不过由于 R1 和 R6 都做了双向引入，RIP 和 OSPF 之间将会有可能出现环路（路径为：R1-R3-R4-R6-R2-R1）。为了避免这个大环路，可以采用路由标记 tag 方式来避免。

（2）使用 tag 方式避免环路：通过引入路由时调用 route-policy 工具来调整。

- 顺时针方向：在 R1 将 RIP 引入 OSPF 时打上 tag 100，R6 将 OSPF 引入进 RIP

时过滤掉 tag 100，同时打上 tag 200，而在 R1 将 RIP 引入到 OSPF 时过滤掉 tag 200。

- 逆时针方向：在 R1 将 OSPF 引入到 RIP 时打上 tag 300，在 R6 将 RIP 引入到 OSPF 时过滤 tag 300 并同时打上 tag 400，最后在 R1 将 OSPF 引入进 RIP 时过滤掉 tag 400。

6．**问题分析**：在 OSPF 区域 1 中将会产生一条默认路由的环路问题，由于 R4 是一个 ASBR 路由器，同时也是一个 ABR 路由器，OSPF 区域 1 为 NSSA 区域产生一条默认路由，这条默认路由被 R6 学习到然后引入到 RIP 中，而 R1 将 RIP 引入到 OSPF 中时也将该默认路由引入进了 OSPF，该默认路由经过 R5 再次引入到 IS-IS，最终 R4 从 IS-IS 中学到该路由。而 R4 访问一条路由表中不存在的细路由时可能会匹配到该默认路由，这时数据包将会沿着 R4-R5-R3-R1-R2-R6-R4 转发数据包，从而形成环路。

解决思路：由于该默认路由是为 NSSA 区域产生的，用于到达 OSPF 外部路由，默认路由只需要出现在 NSSA 区域，因此解决由该条默认导致的环路问题，可以通过在 R6 上面将 OSPF 引入到 RIP 时过滤掉这条默认路由。

总结：在复杂的网络环境中如果做路由引入将会导致路由的环路和次优问题，尤其跨越多个协议。这样会直接影响网络的质量，数据包有可能选择一条低速的链路或者选择一条次优的路径转发，最严重的问题就是路由环路，这里就需要网络管理员对网络进行优化。本章为大家介绍了路由策略工具及控制方法，但其实最重要的是优化的思路，因为每个网管人员使用的方法和工具是不一样的，这就取决于网管人员对网络拓扑的整体分析和把握。比如修改一条路径有多种方法，但是必然会有最适合的一种，并且在优化网络的时候需要注意考虑冗余路径、主备切换等。

5.6　思考题

1．ACL 和 ip-prefix 有哪些区别？ip-prefix 能否过滤数据包？

2．使用一条 ACL 匹配出 10.1.129.0/24、10.1.131.0/24、10.1.133.0/25、10.1.145.0/26、10.1.147.0/26、10.1.149.0/25 路由条目。

3．filter-policy 工具在 OSPF 中使用时有哪些作用？

4．使用一条前缀列表匹配出 172.16.17.0/24、172.16.18.0/25、172.16.19.0/26 三条路由。

5．使用默认路由和聚合路由时需要额外注意什么？

6．filter-policy export 和 import-route route-policy 这两种过滤路由的方式有什么不同？

7．如何使用前缀列表写出 A/B/C 类私有地址？

第六章 BGP

BGP（Border Gateway Protocol）用于在 AS 之间传递海量的路由信息，它为路由定义了多种属性，并提供了灵活的路由选路规则和丰富的路由策略。BGP 主要用在运营商网络/大型企业或互联网接入等场景中。本章对 BGP 属性及选路规则详细阐述，并结合实例对 BGP 的路由控制及大型网络的部署加以阐述。

本章包含以下内容：

- BGP 协议基础
- BGP 路径属性
- BGP 的策略控制工具
- BGP 的案例研究
- BGP 在大型网络中的应用
- BGP 的特性

6.1 BGP 基础

6.1.1 BGP 概述

BGP（Border Gateway Protocol）边界网关协议，是一种在自治系统 AS（Autonomous System）之间传递并选择最佳路由的高级矢量路由协议。早期发布的三个版本分别是 BGP-1（RFC1105）、BGP-2（RFC1163）和 BGP-3（RFC1267），1994 年开始使用 BGP-4（RFC1771），2006 年之后单播 IPv4 网络使用的版本是 BGP-4（RFC4271），BGP 的当前版本是 BGP-4（RFC4271）。

BGP 能够进行路由优选，避免路由环路，能更高效率地传递路由和维护大量的路由信息。

虽然 BGP 用于在 AS 之间传递路由信息，但并不是所有 AS 之间传递路由信息都需要运行 BGP。比如在数据中心上行连入 Internet 的出口上，为了避免 Internet 海量路由对数据中心内部网络的影响，设备采用静态路由代替 BGP 与外部网络通信。

BGP 从多方面保证了网络的安全性、灵活性、稳定性、可靠性和高效性。

BGP 采用认证和 GTSM 的方式，保证了网络的安全性。

BGP 提供了丰富的路由策略，能够灵活地进行路由选路，并且能指导邻居按策略发布路由。

BGP 提供了路由聚合和路由衰减功能，用于防止路由振荡，有效提高了网络的稳定性。

BGP 使用 TCP 作为其传输层协议（端口号为 179），并支持 BGP 与 BFD 联动、BGP Tracking 和 BGP GR，提高了网络的可靠性。

在邻居数目多、路由量大且大部分邻居具有相同出口策略的场景下，BGP 使用按组打包技术极大地提高了 BGP 打包发包性能。

6.1.2 路径矢量路由协议

BGP 是一种路径矢量协议，将 AS 作为一个节点来计算，因此每一个节点都依靠下游邻居来将它的路由表中的路由传递下去，节点在路由的基础上进行路由计算并且将结果传递给上游邻居。BGP 到它每一个运行 BGP 的对等体都形成一个独特的、基于单播的连接，为了提供对等体连接的可靠性，BGP 使用 TCP（端口号 179）作为底层的传输机制。不同的是 IGP 协议以一个路由器作为一个节点，而 BGP 协议以一个 AS 作为节点，BGP 使用的是一个 AS 的列表，数据包经过这些 AS 才能够到达目的，因为这些列表中记录了数据包所经过的路径，因此将 BGP 称为路径向量路由协议。与 BGP 路由相关的 AS 号列表被称为 AS_PATH。前面讲到 EGP 协议无法解决环路问题，而 BGP 可以通过 AS_PATH 属性来检测环路，如果路由器中收到一个更新消息中存在本地的 AS 号，就说明存在环路。

如图 6-1 所示，有两家运营商 ISP-A 和 ISP-B，分别工作在 AS 100 和 AS 200 中，三个客户 AS 分别为 AS 300、AS 400、AS 500，每个 AS 之内运行 iBGP，AS 之间运行

eBGP。AS 300 通告了一条网段 100.1.1.0/24，该路由通过 eBGP 传递到 AS 100，并且该路由将会携带 AS 号 300 记录在 AS_PATH 列表中。在 AS 100 内部传递给 iBGP 邻居时，AS 号 100 不会添加在 AS_PATH 列表中，当传递给 eBGP 邻居时才会携带。当路由传递到 AS 200，AS_PATH 的路径为 300 100。该路由也通过从 AS 200 传递到 AS 400，将 200 的 AS 号添加进 AS_PATH 列表，如果 AS 400 将路由重新传递到 AS 100，那么该路由将会导致环路。而 BGP 是一种路径矢量的协议，传递路由时能够通过 AS_PATH 来防止环路，当收到的路由在 AS_PATH 列表中包含自身的 AS 号时将会直接丢弃掉，避免路由环路。

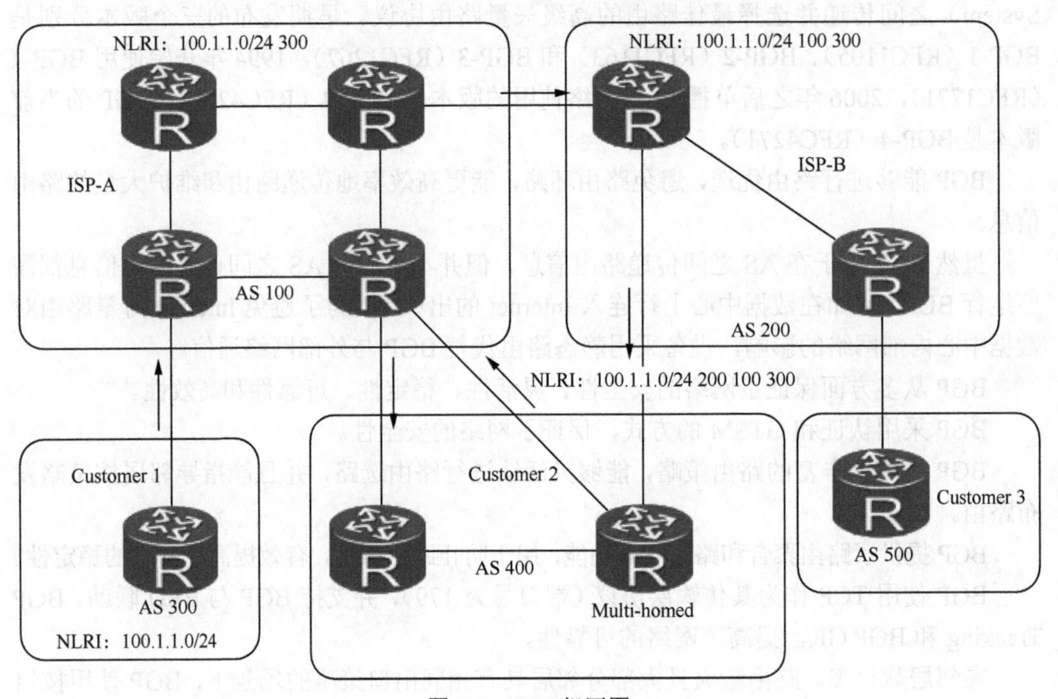

图 6-1　BGP 组网图

6.1.3　BGP 与 IGP 协议对比

在网络当中有很多种路由协议，比如 RIP、OSPF、IS-IS，这些都具有通告网络可达性信息的作用，不同的是 BGP 工作在大型的网络环境，是在 AS 之间运行的协议；而 IGP 是工作在 AS 之内的协议，适合于企业内部的部署。IGP 与 BGP 具有各自不同的特点，仅使用 IGP 或者 BGP 并不能满足不同用户的需求，具体的特点体现在如下几个方面。

IGP 协议具有的特点：

- AS 之内使用的协议，着眼点在于发现和计算路由。
- 路由收敛相对较迅速，一般工作在直连邻居间。
- 单一的度量计算方法。
- 路由选择实施复杂。
- 适用于中小型企业网络。

BGP 协议具有的特点：

- BGP 是一种外部网关协议（EGP），与 OSPF、RIP 等内部网关协议（IGP）不同，其着眼点不在于发现和计算路由，而在于控制路由的传播和选择最佳路由。

- BGP 可以工作在非直连邻居之间，使用 TCP 作为其传输层协议（端口号 179），提高了协议的可靠性。
- BGP 支持无类别域间路由 CIDR（Classless Inter-Domain Routing）。
- 路由更新时，BGP 只发送更新的路由，大大减少了 BGP 传播路由所占用的带宽，适用于在 Internet 上传播大量的路由信息。
- BGP 路由通过携带路径信息彻底解决路由环路问题。
- BGP 提供了丰富的路由策略，能够对路由实现灵活的过滤和选择。
- BGP 易于扩展，能够适应网络新技术的发展。
- 适用于大型、超大型运营商网络。

6.1.4 BGP 接入

事实上并不是所有的网络都需要使用 BGP，在一个单一的企业网内，通常使用 IGP 协议做路由策略就足够了，因为 IGP 具有收敛速度快，部署简单的特点。但是如果需要跨运营商在不同的自治系统之间传递路由时，就必须用到 BGP 了。使用 BGP 大部分都设计 Internet 的连接，在用户与 ISP 之间或者在 ISP 与 ISP 之间，但即使是自治系统之间，BGP 也不是必须要使用的。例如以下几种场景无需使用 BGP。

1．单宿主自治系统。用户和 ISP 之间只有一条线连接，在这种场景下面，BGP 或者 IGP 都是没有必要的，当链路出现故障时，不需要路由协议来选路，只需要一条缺省路由就可以，并把缺省路由通告到 AS 内其他路由器。如图 6-2 所示。

2．多宿主到单一的自治系统。用户和 ISP 之间有多条链路，多宿主到一个 ISP 典型的做法是使用一条链路作为主用链路，另外一条链路作为备用链路。此时也不需要运行 BGP，只需要将备份链路的路由优先级设置较高，只有当主链路失效以后才使用备份链路。如图 6-3 所示。

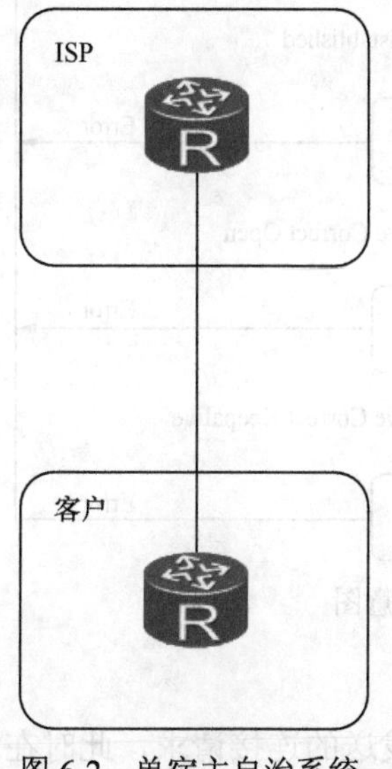

图 6-2 单宿主自治系统

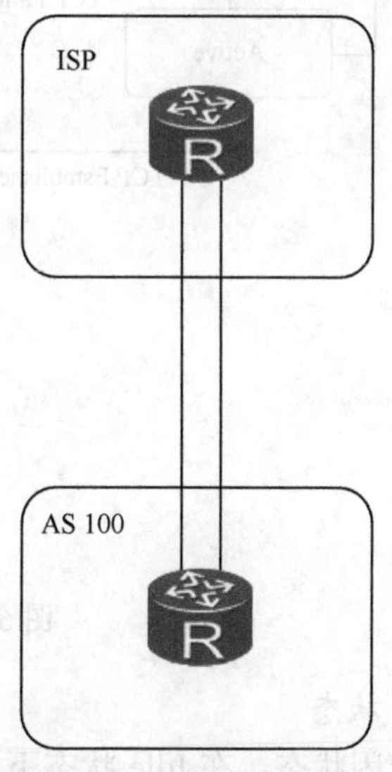

图 6-3 多宿主自治系统

6.1.5 BGP 邻居建立

BGP 按照运行方式分为 eBGP（External BGP）和 iBGP（Internal BGP）邻居关系。

- eBGP：运行于不同 AS 之间的 BGP 称为 eBGP。为了防止 AS 间产生环路，当 BGP 设备接收 eBGP 对等体发送的路由时，会将带有本地 AS 号的路由丢弃。
- iBGP：运行在相同的 AS 之内的 BGP 称为 iBGP。为了防止 AS 内产生环路，在 AS 内需要保持全连接的 iBGP 邻居。

BGP 的路由器标识（Router_ID）

BGP 的 Router_ID 是一个用于标识 BGP 设备的 32 位的值，通常是 IPv4 地址的形式，在 BGP 会话建立时发送的 Open 报文中携带。对等体之间建立 BGP 会话时，每个 BGP 设备都必须有唯一的 Router_ID，否则对等体之间不能建立 BGP 连接。

BGP 的 Router_ID 在 BGP 网络中必须是唯一的，可以采用手动配置，也可以让 BGP 自己在设备上选取。缺省情况下，BGP 选择设备上的 Loopback 接口的 IPv4 地址作为 BGP 的 Router_ID。如果设备上没有配置 Loopback 接口，系统会选择接口中最大的 IPv4 地址作为 BGP 的 Router_ID。一旦选出 Router_ID，除非发生进程重启或接口地址删除等事件，否则即使配置了更大的地址，也保持原来的 Router_ID。

BGP 有限状态机

BGP 的有限状态机描述了 BGP 的邻居的建立和维护过程，状态机共分为 6 种，分别是 Idle、Connect、Active、OpenSent、OpenConfirm 和 Established。如图 6-4 所示。

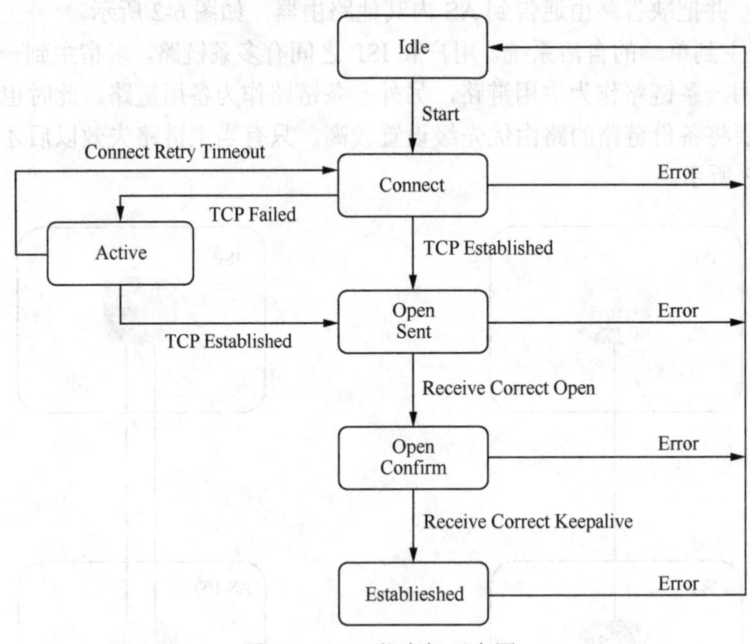

图 6-4 BGP 状态机示意图

1. Idle 状态

BGP 空闲状态，在 Idle 状态下 BGP 拒绝邻居发送的连接请求，此时在等待由 BGP 系统发出的 Start 事件。Start 事件发生后，BGP 会对自己的资源进行初始化、重置连接计时器（Connect Retry 缺省为 32s），发起 TCP 连接请求，并且开始侦听远端对等体发起连接的端口，并转至 Connect 状态。

- Start 事件是由一个操作者配置一个 BGP 过程，或者重置一个已经存在的过程，或者路由器软件重置 BGP 过程引起的。
- 任何状态中收到 Notification 报文或 TCP 拆除链路通知等 Error 事件后，BGP 都会转至 Idle 状态。

2. Connect 状态

在 Connect 状态下，BGP 启动连接重传定时器，等待 TCP 完成连接。

- 如果 TCP 连接成功，那么 BGP 向对等体发送 Open 报文，并转至 OpenSent 状态。
- 如果 TCP 连接失败，那么 BGP 转至 Active 状态。
- 如果连接重传定时器超时，BGP 仍没有收到 BGP 对等体的响应，那么 BGP 继续尝试和其他 BGP 对等体进行 TCP 连接，停留在 Connect 状态。
- 如果发生其他事件（如 BGP 系统或者操作人员启动的），则退回到 Idle 状态。

3. Active 状态

在 Active 状态下，BGP 总是在试图建立 TCP 连接。

- 如果 TCP 连接成功，那么 BGP 向对等体发送 Open 报文，关闭连接重传定时器，并转至 OpenSent 状态。
- 如果 TCP 连接失败，那么 BGP 停留在 Active 状态。
- 如果连接重传定时器超时，仍没有收到 BGP 对等体的响应，那么 BGP 转至 Connect 状态。
- 如果发生其他事件（如 BGP 系统或操作人员停止连接），则退回到 Idle 状态。

说明：

一般情况下如果邻居状态在 connect 和 active 之间来回切换，有可能是 TCP 重传次数过多或者 IP 地址不可达所造成的。

4. OpenSent 状态

在 OpenSent 状态下，BGP 等待对等体的 Open 报文，并对收到的 Open 报文中的 AS 号、版本号、认证码等进行检查。

- 如果收到的 Open 报文正确，那么 BGP 发送 Keepalive 报文，且重置 Keepalive 定时器，并转至 OpenConfirm 状态。
- 如果发现收到的 Open 报文有错误，那么 BGP 发送 Notification 报文给对等体，并转至 Idle 状态。

5. OpenConfirm 状态

在 OpenConfirm 状态下，BGP 等待 Keepalive 或 Notification 报文。如果收到 Keepalive 报文，则转至 Established 状态；如果收到 Notification 报文，则转至 Idle 状态。

6. Established 状态

在 Established 状态下，BGP 可以和对等体交换 Update、Keepalive、Route-refresh 报文和 Notification 报文。

◆ 如果收到正确的 Update 或 Keepalive 报文，那么 BGP 就认为对端处于正常运行状态，将保持 BGP 连接。

◆ 如果收到错误的 Update 或 Keepalive 报文，那么 BGP 发送 Notification 报文通知对端，并转至 Idle 状态。

◆ Route-refresh 报文不会改变 BGP 状态。

◆ 如果收到 Notification 报文，那么 BGP 转至 Idle 状态。

◆ 如果收到 TCP 拆除链接通知，那么 BGP 将断开连接，转至 Idle 状态。

BGP 的邻居建立过程

如图 6-5 所示，R1 与 R2 建立 eBGP 的邻居关系，通过 debugging 信息来查看 BGP 邻居建立的全过程以及状态的变化。

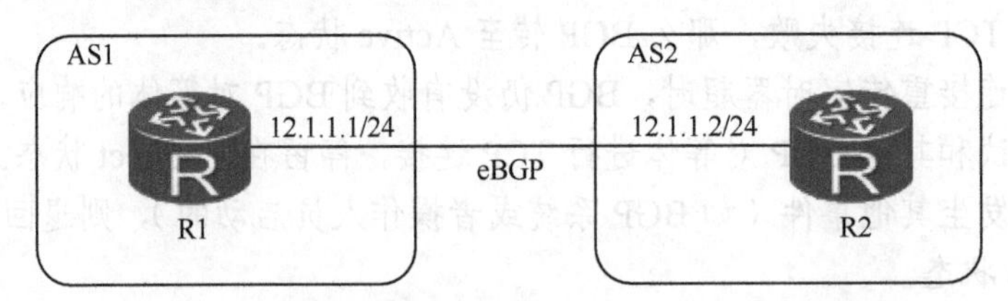

图 6-5 BGP 的邻居建立过程

具体步骤如下所述。

第 1 步：在 Idle 状态下等待 start 事件发生，发起 TCP 会话连接请求。

```
Nov 12 2015 15:06:32.443.1-05:13 R1 RM/6/RMDEBUG:
 BGP_TIMER: CR Timer Expired for Peer 12.1.1.2
Nov 12 2015 15:06:32.443.2-05:13 R1 RM/6/RMDEBUG:
 BGP.public: 12.1.1.2 Current event is CRTimerExpired.
Nov 12 2015 15:06:32.443.3-05:13 R1 RM/6/RMDEBUG:
 BGP.public: 12.1.1.2 Current event is Start.
```

当前 start 事件已经产生，等待建立 TCP 连接，并将状态切换到 connect 状态。

第 2 步：由 Idle 状态切换到 Connect 状态，等待 TCP 的会话建立。

```
Nov 12 2015 15:06:32.443.4-05:13 R1 RM/6/RMDEBUG:
 BGP.Public: 12.1.1.2 State is changed from IDLE to CONNECT.
Nov 12 2015 15:06:32.493.1-05:13 R1 RM/6/RMDEBUG:
 BGP.Public: Connect callback recv for peer 12.1.1.2 on socket 2.
Nov 12 2015 15:06:32.493.2-05:13 R1 RM/6/RMDEBUG:
 BGP.Public: Connected to peer 12.1.1.2 on socket 2.
```

当前已由 Idle 状态切换到 Connect 状态，收到对方地址 12.1.1.2 的回应报文。TCP 会话建立成功，接下来需要互相发送 Open 报文来建立 BGP 邻居关系。

第 3 步：发送 Open 报文协商相应参数。

```
Nov 12 2015 15:06:32.493.3-05:13 R1 RM/6/RMDEBUG:
        BGP.Public: Send OPEN MSG to peer 12.1.1.2, Version: 4
        Local AS: 1, HoldTime: 180, Router_ID: 12.1.1.1

Nov 12 2015 15:06:32.493.4-05:13 R1 RM/6/RMDEBUG:
        OPT Type:    2 (Capability)
        CAP Type:    1 (Multiprotocol)   CAP Len:   4
                                          IPv4-UNC (1/1)
        CAP Type:    2 (RouteRefresh)    CAP Len:   0
        CAP Type:    65 (4-byte-as)      CAP Len:   4    AS number: 1
```

```
Total CAPB Len    : 14
Total OPT Len     : 16
Total Message Len : 45

Nov 12 2015 15:06:32.493.5-05:13 R1 RM/6/RMDEBUG:
    BGP: Sent to 12.1.1.2 (AS Number: 2)
    (Displaying bytes from 1 to 45)
    FF FF FF FF FF FF FF FF FF FF FF FF FF FF FF FF
    00 2D 01 04 00 01 00 B4 0C 01 01 01 10 02 0E 01
    04 00 01 00 01 02 00 41 04 00 00 00 01

Nov 12 2015 15:06:32.493.6-05:13 R1 RM/6/RMDEBUG:
 BGP.Public: Send OPEN MSG to peer 12.1.1.2 (SockID 2) on socket 2.

Nov 12 2015 15:06:32.493.7-05:13 R1 RM/6/RMDEBUG:
 BGP.Public: 12.1.1.2 State is changed from CONNECT to OPENSENT.
```

发送Open报文到目标地址12.1.1.2，且报文中的本地AS为1，最大保持时间为180s，本地的Router_ID为12.1.1.1，且携带了需要协商的能力参数。状态由Connect切换到OpenSent状态。

第4步：协商对方的Open报文。

```
Nov 12 2015 15:06:44.113.8-05:13 R1 RM/6/RMDEBUG:
    BGP: Received from 12.1.1.2 (AS Number: 2)
    (Displaying bytes from 1 to 45)
    FF FF FF FF FF FF FF FF FF FF FF FF FF FF FF FF
    00 2D 01 04 00 02 00 B4 0C 01 01 02 10 02 0E 01
    04 00 01 00 01 02 00 41 04 00 00 00 02

Nov 12 2015 15:06:44.113.9-05:13 R1 RM/6/RMDEBUG:
    BGP.Public: Recv OPEN MSG from peer 12.1.1.2 Length: 45
    Version: 4, Remote AS: 2, HoldTime : 180,
    Router_ID: 12.1.1.2, TotOptLen: 16

    OPT Type:   2 (Capability)      OPT Len: 14
    CAP Type:   1 (Multiprotocol)   CAP Len:   4
                                    IPv4-UNC (1/1)
    CAP Type:   2 (RouteRefresh)    CAP Len:   0
    CAP Type:   65 (4-byte-as)      CAP Len:   4
    CAP Type:   65 (4-byte-as)      CAP Len:   4    AS number: 2

Nov 12 2015 15:06:44.113.10-05:13 R1 RM/6/RMDEBUG:
 BGP.public: 12.1.1.2 Current event is ReceiveOpenMessage.

Nov 12 2015 15:06:44.113.11-05:13 R1 RM/6/RMDEBUG:
    BGP.Public: Send KEEPALIVE MSG to peer 12.1.1.2
    Length 19
Nov 12 2015 15:06:44.113.12-05:13 R1 RM/6/RMDEBUG:
    BGP: Sent to 12.1.1.2 (AS Number: 2)
    (Displaying bytes from 1 to 19)
    FF FF FF FF FF FF FF FF FF FF FF FF FF FF FF FF
    00 13 04

Nov 12 2015 15:06:44.113.13-05:13 R1 RM/6/RMDEBUG:
 BGP.Public: 12.1.1.2 State is changed from OPENSENT to OPENCONFIRM.
```

从 12.1.1.2 收到了 Open 报文，其本地 AS 号为 2，最大保持时间为 180s，Router_ID 为 12.1.1.2，协商双方的 Open 报文，如果协商成功，由 OpenSent 切换到 OpenConfirm 状态。

第 5 步：等待接收 Keeplalive 报文。

```
Nov 12 2015 15:06:44.153.2-05:13 R1 RM/6/RMDEBUG:
        BGP: Received from 12.1.1.2 (AS Number: 2)
        (Displaying bytes from 1 to 19)
        FF FF FF FF FF FF FF FF FF FF FF FF FF FF FF FF
        00 13 04

Nov 12 2015 15:06:44.153.3-05:13 R1 RM/6/RMDEBUG:
        BGP.Public: Recv KEEPALIVE MSG from peer 12.1.1.2
        Length: 19

Nov 12 2015 15:06:44.153.4-05:13 R1 RM/6/RMDEBUG:
  BGP.public: 12.1.1.2 Current event is RecvKeepAliveMessage.

Nov 12 2015 15:06:44.153.5-05:13 R1 RM/6/RMDEBUG:
  BGP.Public: 12.1.1.2 State is changed from OPENCONFIRM to ESTABLISHED.

Nov 12 2015 15:06:44.153.6-05:13 R1 RM/6/RMDEBUG:
  BGP_GR: Session Up Count INCR : 1

Nov 12 2015 15:06:44-05:13 R1 %%01BGP/3/STATE_CHG_UPDOWN(l)[1]:The status of the peer 12.1.1.2 changed from
OPENCONFIRM to ESTABLISHED. (InstanceName=Public, StateChangeReason=Up)
```

当收到 keepalive 报文后，由 OpenConfirm 切换到 Established 状态。

注意：

BGP 依靠 TCP 来传输，底层的 TCP 会话建立成功才能够建立 BGP 邻居关系，任何错误事件都将导致邻居状态回到 Idle，重新尝试建立 TCP 会话。

BGP 邻居无法建立的因素

BGP 对等体之间无法建立邻居主要体现在邻居状态无法进入到 Established 状态，有可能处于 Idle、Connect、Active 状态，如果处于这三种状态，说明 TCP 连接没有建立成功，如果处于 OpenSent、OpenConfirm 则说明邻居协商出现问题。以下总结了邻居无法建立的一些因素：

- 两边 BGP peer 地址不可达，一般是底层原因或者缺少可达的路由；
- 对等体 AS 配置错误；
- eBGP 的跳数问题；
- 更新源问题；
- BGP 的认证错误；
- Open 报文协商失败，Open 报文需要协商 BGP 版本、Holdtime、Router_ID 以及可选项参数（包括各种能力参数）等；
- BGP 的 Router_ID 冲突；
- 联盟与非联盟之间的 BGP 连接配置错误；
- 错误报文导致连接中断，比较少见的如 BGP 的 Marker 值出现错误。

BGP 对等体之间交互原则

BGP 设备将最优路由加入 BGP 路由表，形成 BGP 路由。BGP 设备与对等体建立邻居关系后，采取以下交互原则。

- 从 iBGP 对等体收到的路由，BGP 设备只发布给它的 eBGP 对等体。
- 从 eBGP 对等体收到的路由，BGP 设备发布给它所有 eBGP 和 iBGP 对等体。
- BGP 设备只将最优路由发布给对等体。
- 路由更新时，BGP 设备只发送更新的 BGP 路由。
- 所有对等体发送的路由，BGP 设备都会接收。

6.1.6 BGP 报文结构

由于 BGP 是承载在 TCP 之上的协议，在建立一个 BGP 对等体之前必须建立标准的 TCP 三次握手，并且在目标端打开一个到端口为 179 的连接，TCP 能够提供可靠的传输方式，可以进行重传、确认及排序功能。BGP 不需要开发确认报文，因为所有的确认都由 TCP 层来提供，从而可以减少 BGP 的报文数量，BGP 所有报文均采用单播的方式来发送，因此不能够自动地发现邻居。

BGP 具有五种报文类型：

- Open
- Keepalive
- Update
- Notification
- Route-refresh

Open 报文

TCP 会话建立起来以后，两个邻居都要发送一个 Open 报文，每个邻居都使用该报文来标识自己，并且规定自己运行 BGP 的参数，Open 报文是由报文头部加上报文主体部分，报文头结构如图 6-6 所示。

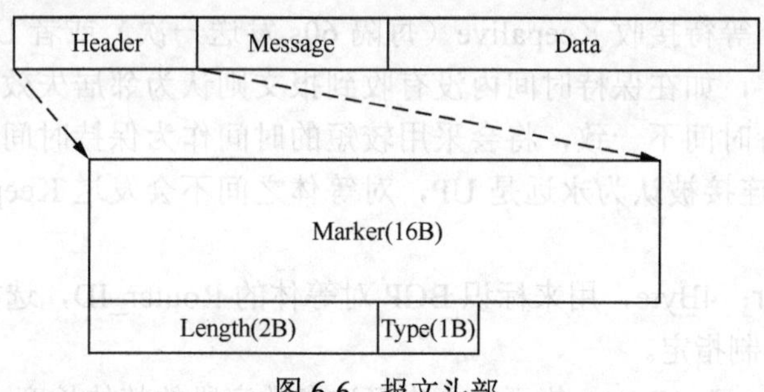

图 6-6　报文头部

Marker（标记）：16Byte，该标记字段用于检测 BGP 对等体之间的同步丢失情况，并且在支持验证功能的情况下进行消息验证。如果消息类型为 Open 或 Open 消息中未包含验证消息，标志字段将被设置为全 1；否则，标志字段值通过某些计算得到（作为验证进程的一部分）。

Length（长度）：2Byte 无符号整数，指定了消息的全长，包括头部，BGP 报文总长度在 19～4096Byte 之间。

Type（类型）：1Byte，标识 BGP 的报文类型，有以下几种消息类型。

- Open
- Update
- Keepalive
- Notification
- Route-refresh

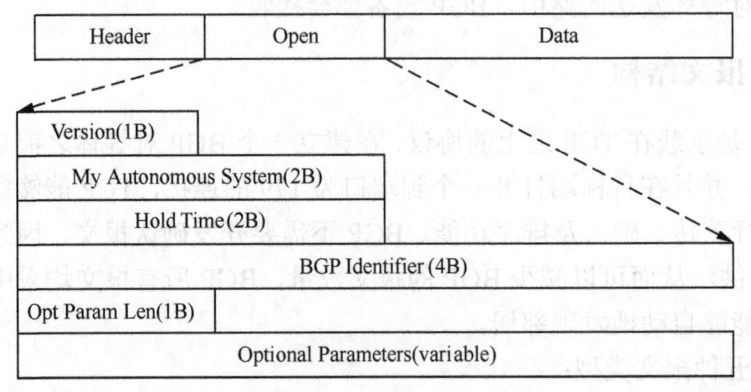

图 6-7　Open 报文

BGP 版本号：1Byte，标识 BGP 的对等体在使用的版本，缺省版本都为 BGP-4，如果邻居运行的是较早的版本，那么它将会拒绝 Version 4 的消息；于是路由器的版本将改为 Version3 并且再发送一个 Open 消息（如图 6-7 所示），直到两边的邻居协商一致。

My AS（自身 AS 号）：2Byte，BGP 路由器的 AS 号，它用来决定该 BGP 会话是 eBGP 还是 iBGP（具有相同的 AS 号的邻居为 iBGP 邻居，不同则为 eBGP 邻居），范围从 1～65535（目前也有 4Byte 的 AS 号，范围从 1～4294967295）。

Hold time（保持时间）：2Byte，对等体之间相互协商的最大保持时间，一般为 Keepalive 时间的 3 倍，缺省情况下保持时间为 180s。保持时间是一个计数器，从 0 一直增加到该值，等待接收 Keepalive（每隔 60s 发送一次）或者 Update 报文，收到后将保持时间清零，如在保持时间内没有收到报文则认为邻居失效。如果 BGP 对等体之间协商的保持时间不一致，将会采用较短的时间作为保持时间。最小可以为 0，这种情况下 BGP 连接被认为永远是 UP，对等体之间不会发送 Keepalive 报文来检测邻居是否失效。

BGP identifier：4Byte，用来标识 BGP 对等体的 Router_ID，选举方式与 OSPF 相同，也可以手工强制指定。

Opt Param Len：1Byte，指示接下来可选参数字段的整体长度，用 Byte 来表示，如果这个字段为 0，那么该消息中没有包含的可选参数字段。

Optional parameters：可变长的字段，用于 BGP 邻居会话协商过程中所使用的可选参数列表。每一个参数为一个（参数类型、参数长度、参数值）三元组，这个字段用于公布一些可选功能的支持，如多协议扩展能力、路由刷新能力、四字节 AS 号等能力，具体可以参考表 6-1。

表 6-1　　　　　　　　　　**BGP 可选能力参数**

	CODE	AFI	SAFI
IPv4 Unicast	Multiprotocol（1）	1	1
IPv4 Multicast	Multiprotocol（1）	1	2
IPv4 VPNV4	Multiprotocol（1）	1	128
Label IPv4	Multiprotocol（1）	1	4
MVPN	Multiprotocol（1）	1	66
L2vpn	Multiprotocol（1）	196	128
IPv6 Unicast	Multiprotocol（1）	2	1
IPv6 Multicast	Multiprotocol（1）	2	2
IPv6 VPNv4	Multiprotocol（1）	2	128
Label IPv6	Multiprotocol（1）	2	4
VPLS（RFC4761）	Multiprotocol（1）	25	65
Refresh	Route Refresh（2）		
GR	Graceful Restart（64）		
4-AS	4-AS（65）		
Dynamic Capability	Dynamic Capability（67）		

说明：

如果 BGP 路由器支持能力协商，在向对等体发送 Open 消息的时候，在消息当中可以包括可选能力参数，BGP 将会检查其中的信息，以确保对等体所支持的能力，如果对等体支持，那么就可以使用该能力。如果对等体发送 Notification 消息（如图 6-8 所示），且错误子码中被设置为“不可支持的可选参数”，则说明对等体不支持该能力，此时 BGP 将尝试重建邻居，且不再发送能力参数。有关能力协商中的 Multiprotocol-BGP（BGP 多协议扩展）正是 BGP 具备较强的扩展特性的体现，将在后面章节中讨论。

Keepalive 报文：

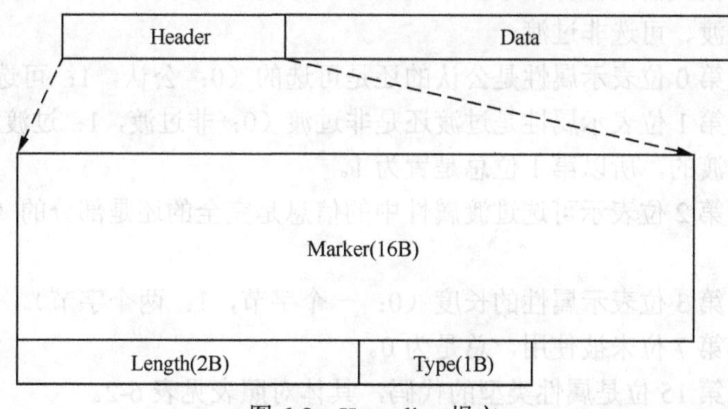

图 6-8　Keepalive 报文

Keepalive 消息以保持时间的 1/3 的时间间隔进行交互，用于检测 TCP 连接是否正常，但是不能够低于 1s，如果保持时间协商为 0，那么不会发送 Keepalive 消息。Keepalive 消息只包含 BGP 消息头部，在发送消息的时间间隔内，如果 BGP 发送过 Update 消息，就会抑制 Keepalive 消息的发送。

Update 报文

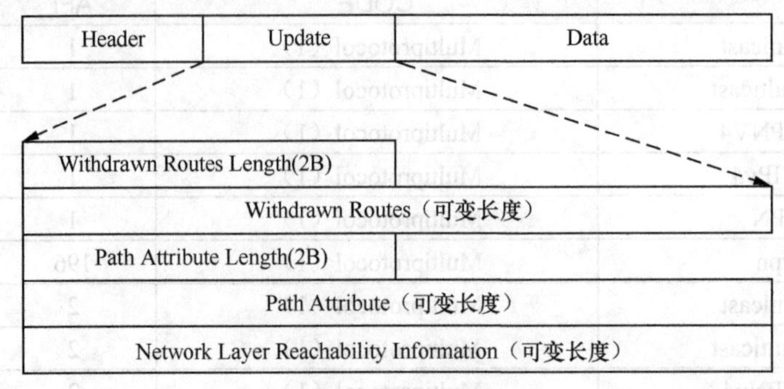

图 6-9 Update 报文

Update 消息（如图 6-9 所示）用来通告可达路由和不可达路由，消息主要包含以下内容。

NLRI（网络层可达信息）：可变长字段，包括一个字节组（前缀、长度）列表，长度部分用比特来表示下面的前缀长度，前缀是 NLRI 的 IP 地址前缀。例如<24，192.168.10.0>表示前缀为 192.168.10.0、掩码为 255.255.255.0 的网络，如果长度为 0 则表示该前缀与所有的 IP 地址匹配。

Path attributes（路径属性）：可变长字段，列出与下面 NLRI 相关的属性，每个路径属性都由可变长的三元组（属性类型、属性长度、属性值）组成，为 BGP 提供选择最短路径、检查路由环路以及决定路由策略的信息，如图 6-10 所示。属性类型是一个 2Byte 的字段，包含 1Byte 的属性标记、1Byte 的属性类型代码字段。

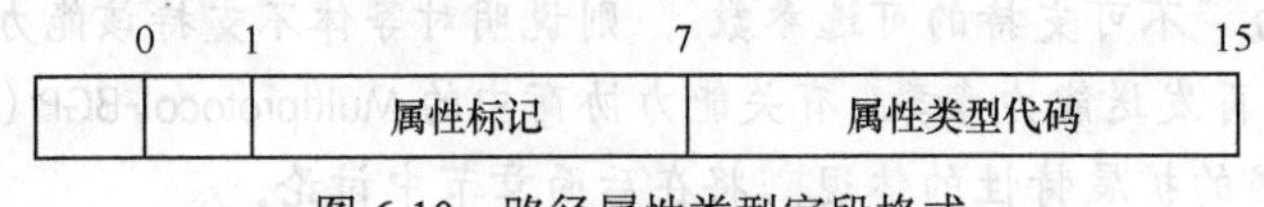

图 6-10 路径属性类型字段格式

从该字段的格式前两位标记字段来看，可以将属性分为四种组合，即公认必遵、公认任意、可选过渡、可选非过渡。

- 属性的第 0 位表示属性是公认的还是可选的（0：公认，1：可选）。
- 属性的第 1 位表示属性是过渡还是非过渡（0：非过渡，1：过渡），公认属性总是可过渡的，所以第 1 位总是置为 1。
- 属性的第 2 位表示可选过渡属性中的信息是完全的还是部分的（0：完全，1：部分）。
- 属性的第 3 位表示属性的长度（0：一个字节，1：两个字节）。
- 第 4 到第 7 位未被使用，总是为 0。
- 第 8 到第 15 位是属性类型的代码，具体对照表见表 6-2。

表 6-2 属性类型代码对照表

属性编号	属性名称	类别/类型代码
1	Origin 属性	公认必遵/类型代码 1
2	AS_PATH 属性	公认必遵/类型代码 2
3	Next_Hop 属性	公认必遵/类型代码 3

（续表）

属性编号	属性名称	类别/类型代码
4	MED 属性	可选非过度属性/类型代码 4
5	Local-Pref 属性	公认任意属性/类型代码 5
6	Atomic-aggregate 属性	公认任意属性/类型代码 6
7	Aggregator 属性	可选过渡属性/类型代码 7
8	Community 属性	可选过渡属性/类型代码 8
9	Originator-ID 属性	可选非过渡属性/类型代码 9
10	Cluster_List 属性	可选非过渡属性/类型代码 10
11	DPA	BGP 的目的点属性
12	通告者	BGP/IDRP 路由服务器属性
13	RCID_PATH/Cluster_ID	BGP/IDRP 路由服务器属性
14	MP_REACH_NLRI	可选非过渡属性/类型代码 14
15	MP_UNREACH_NLRI	可选非过渡属性/类型代码 15
16	扩展团体属性	可选非过渡属性/类型代码 16

Withdrawn Routes（撤销路由）：（可变长）撤销路由，与 NLRI 格式相同，同样以<length，prefix>的格式来表示，例如<19，198.18.160.0>表示将一个 198.18.160.0 255.255.224.0 的网络撤销掉。

Withdrawn Routes Length（撤销路由长度）：（2Byte 无符号整数）不可达路由长度，表示 Withdrawn Routes 字段的数据长度。如果 Withdrawn Routes Length 字段数值为 0，则表示 Withdrawn Routes 字段没有任何数据，在 Update 消息中不会被显示。

Notification 报文

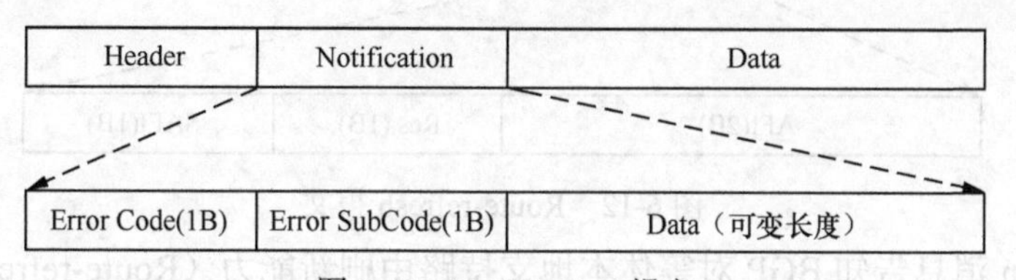

图 6-11 Notification 报文

当检测到差错的时候就会发送 Notification 消息，并且会导致 BGP 连接终止，例如对等体之间的 AS 号不对称、邻居地址不可达等原因造成的邻居终止，都会由一个差错列表标识。Notification 消息由错误代码、错误子代码以及数据字段构成，如图 6-11 所示。

Errorcode：错误码。1Byte 长的字段，表示错误通告的类型，每个不同的错误都使用唯一的代码表示，而每一个错误码都可以拥有一个或多个错误子码，但如果某些错误码并不存在错误子码的话，则该错误子码字段以全 0 表示。

Errsubcode：错误子码。1Byte 长度，提供了与错误种类有关的具体信息。

Data：可变长字段，包含了与错误有关的数据，用来诊断差错原因，比如非法的 AS 号、认证失败等。

表 6-3 中列举了可能存在的错误代码及错误子码。

表 6-3　　错误码及错误子码对照表

错误码	错误子码
1 消息头错误	1．连接不同步 2．无效的消息长度 3．无效的消息类型
2 OPEN 消息错误	1．不支持的版本号 2．无效的对等体 AS 3．无效的 BGP 标识符 4．不支持的可选参数 5．认证失败 6．不能接受的保持时间 7．不支持的能力
3 Update 消息错误	1．畸形属性列表 2．未能识别的公认属性 3．公认属性丢失 4．属性标记错误 5．属性长度错误 6．无效的起源属性 7．AS 路由环路 8．可选属性错误 9．无效的网络字段 10．畸形 AS_PATH
4 保持时间超时	N/A
5 状态机错误	N/A
6 终止	N/A

Route-refresh 报文

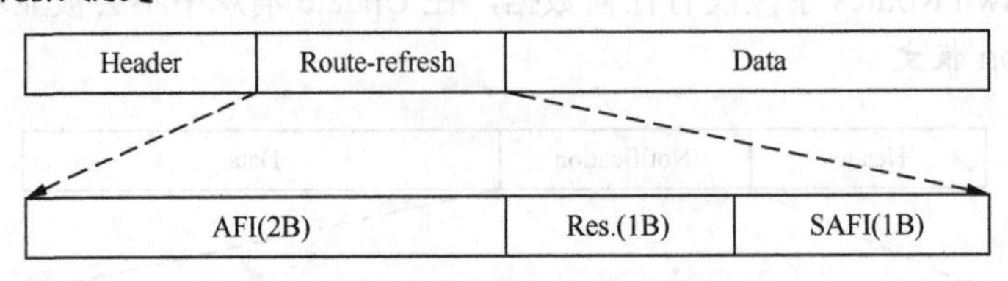

图 6-12　Route-refresh 报文

通过 Open 消息告知 BGP 对等体本地支持路由刷新能力（Route-refresh capability）。在所有 BGP 路由器使能 Route-refresh 能力的情况下，如果 BGP 的入口路由策略发生了变化，本地 BGP 路由器可以通过手动触发，向对等体发布 Route-refresh 消息，收到此消息的对等体会将其路由信息重新发给本地 BGP 路由器。这样，可以在不中断 BGP 连接的情况下，对 BGP 路由表进行动态刷新，并应用新的路由策略，如图 6-12 所示。

6.2 BGP 路径属性

6.2.1　属性分类

BGP 的路径属性是对 BGP 路由特定的描述，是每个 BGP Update 数据包的一部分，描述了相关前缀的路径信息。BGP 决策进程将属性及所描述的前缀结合在一起，对所有可以到达的目标网络的路径进行比较，选出最优的那一个。路径属性提供了基本路由功能必需的信息，例如该路由的 Next_Hop、AS_PATH 等。BGP 常用的路径属性有 10 个，可分成 4 类。如图 6-13 所示。

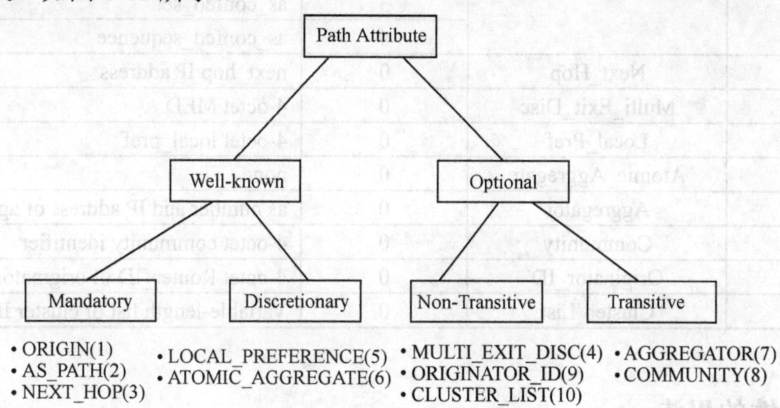

图 6-13 属性分类树形图

- 公认必遵（Well-known Mandatory）：所有 BGP 设备都可以识别此类属性，且必须存在于 Update 报文中。如果收到的更新报文中缺少这类属性，BGP 邻居关系会被重置。目前公认必遵的属性只有 3 个。
- 公认任意（Well-known Discretionary）：所有 BGP 设备都可以识别此类属性，但不要求更新中必须携带该属性。即使缺少这类属性，邻居关系也不受影响，设备厂商可以自由决定此种属性要否实现。
- 可选过渡（Optional Transitive）：BGP 设备可以不识别此类属性。如果 BGP 设备识别该属性，则转发该属性的更新。如果 BGP 设备不识别该属性，则查看该属性是否已设置了过渡标记，如设置了该标记则路由把该属性转发并通告给下游设备。
- 可选非过渡（Optional Non-transitive）：BGP 设备可以不识别此类属性。如果 BGP 设备不识别此类属性，且过渡标记没有被设置的情况下，则更新中不通告该属性，路由继续通告给其他对等体。

说明：

(1) BGP 协议的属性众多，不同的属性所起的作用均不同，IETF 定义不同的属性分类的目的是为了统一不同厂商 BGP 设备对属性的处理。

(2) 常用的可选属性中，MED、Originator_ID、Cluster_List 是非过渡属性，但目前几乎没有厂商不识别该属性，所以所有 BGP 设备都传递该属性给邻居。

常用的 BGP 属性共有 10 个，其属性类型及数值参考表 6-4。

表 6-4　　属性类型及对应内容

属性类型代码	属性类型	属性值代码	属性值
1	Origin	0	igp
		1	egp
		2	incomplete

（续表）

属性类型代码	属性类型	属性值代码	属性值
2	AS_PATH	1	as_set
		2	as_sequence
		3	as_confed_set
		4	as_confed_sequence
3	Next_Hop	0	next_hop IP address
4	Multi_Exit_Disc	0	4-octet MED
5	Local_Pref	0	4-octet local_pref
6	Atomic_Aggregate	0	none
7	Aggregator	0	as number and IP address of aggregator
8	Community	0	4-octet community identifier
9	Originator_ID	0	4-octet Router_ID of originator
10	Cluster_List	0	Variable-length list of cluster IDs

6.2.2 属性的用法

Origin 属性

该属性为公认必遵属性，用来代表 BGP 路由的起源，还用来标记一条路由是如何进入 BGP 中，有以下 3 种类型。

（1）IGP：通过内部网关协议学习的路由，通过 Network 的方式注入到 BGP 中的路由或者聚合路由，它们的起源属性的数值为 IGP。

（2）EGP：通过 EGP 学习到的路由，其 origin 属性为 EGP。

（3）incomplete：表明路径不完整，未知源，一般通过引入（import）路由表里路由的方式到 BGP 的路由或者聚合路由，它们的起源属性为 incomplete。

说明：

聚合路由的起源属性可以是 IGP，也可能是 incomplete，这依赖于聚合路由的成员路由的起源属性。如果成员路由的 origin 属性都是 IGP，则聚合路由的起源属性为 IGP。如果成员路由的 origin 属性是 incomplete，则聚合路由的起源属性为 incomplete。而如果有些成员路由是 IGP，而有些成员路由的属性是 incomplete，则生成的聚合路由的起源属性是 incomplete。

origin 类型的 3 个数值之间有优先顺序，IGP>EGP>incomplete，也就是说从 IGP 学习到的路由优于从 EGP 学到的路由，优于路由引入进 BGP 的路由。下图中 100.1.1.0/24 网段是通过 Network 方式通告进 BGP 的，而 200.1.1.0/24 是通过 import-route 引入进 BGP 的，origin 属性分别标识为 i/?。

```
[Huawei]display bgp routing-table
 BGP Local router ID is 12.1.1.1
 Status codes: *-valid, >-best, d-damped,
               h-history,   i-internal, s-suppressed, S-Stale
               Origin : i-IGP, e-EGP, ?-incomplete
 Total Number of Routes: 2
```

```
      Network          NextHop         MED        LocPrf    PrefVal Path/Ogn
*>    100.1.1.0/24     0.0.0.0         0                    0       i
*>    200.1.1.0        0.0.0.0         0                    0       ?
```

注意：

i 表示由 IGP 学到的路由。e 表示该标识只能手工地调整。由于 EGP 协议几乎没有使用，因此很难看到该标识。? 表示由外部引入到 BGP 的路由。

AS_PATH 属性

该属性为公认必遵属性，用于记录路由所经过的路径上沿途经过的 AS，BGP 对等体间传递的每条路由都会携带这份 AS 号列表。

路由在 AS 内传递时，不对路由的 AS_PATH 属性内容做任何改动。

路由在离开 AS 时，当前的 AS 号会自动添加到 AS_PATH 序列的前面。

当任何 BGP 设备收到路由时，都要检查 AS_PATH 属性的内容，如果在 AS_PATH 中含有接收路由器所在 AS 号，则 BGP 路由器会丢弃此种路由，以避免环路。AS_PATH 除了能够防环外，还可以根据 AS_PATH 的长度决定选择最优路由。

BGP 的 AS_PATH 属性内容是由 segment 构成的，有 4 种 segment 类型，分别是 AS_SET、AS_SEQUENCE、AS_CONFED_SET、AS_CONFED_SEQUENCE。后两种 segment 类型仅出现在 BGP 联盟中，每种 segment 类型在 AS_PATH 属性中仅能出现一次。AS_PATH 属性见表 6-5。

表 6-5　AS_PATH 属性

AS_PATH 属性	说　明
AS_SET	是 AS 号的无序集合
AS_SEQUENCE	是 AS 号的有序列表
AS_CONFED_SET	是联盟中成员 AS 号的无序集合
AS_CONFED_SEQUENCE	是联盟中成员 AS 号的有序列表

AS_PATH 属性详细说明

（1）在 AS_PATH 中可能仅含有一种 segment 类型，也可能同时含有多种 segment 类型，若多种类型同时出现在 AS_PATH 中，则前后顺序一定是 AS_CONFED_SEQUENCE、AS_CONFED_SET、AS_SEQUENCE、AS_SET。

（2）AS_SET 和 AS_CONFED_SET 一定是聚合路由的 AS_PATH 才会包含的 segment 类型。

（3）不论是何种类型的 segment，若其中含有的 AS 号等于接收设备所在的 AS 号，则该路由都将因为环路问题而被丢弃。

（4）AS_PATH 的长度是由 AS_SEQUENCE 这种 segment 的 AS 号的数量来决定的，其 AS 号越多，则代表长度越长。而 AS_CONFED_XX 和 AS_SET 的长度都不计入 AS_PATH 长度计算。在 BGP 选路规则中，如果其他属性都一致，则 AS_PATH 的长度越短的路由越好。

（5）BGP 防环是靠 eBGP 间的 AS_PATH 属性来保证的，但如果使用命令 **peer** [ipv4-address] **allow-as-loop**，可使接收 BGP 设备接收含有自己 AS 号码的路由，这破坏了 BGP 的防环规则，这条命令的使用场景主要在 MPLS VPN 环境中。

BGP 设备对 AS_PATH 的计算方法如下：

（1）在本 AS 内注入的路由，其 AS_PATH 为空，仅当该路由离开本 AS 时，即通告给 eBGP 对等设备时，在 Update 报文中会创建含自己 AS 号码的 AS_PATH 列表。且 AS 号出现在 AS_SEQUENCE 的最左面（前面）。

（2）在 AS 内的 iBGP 上通告路由时，其 AS_PATH 不变化。

（3）一般不建议对 AS_PATH 做任何删/改行为，这易于导致路由环路。但管理员可根据需要添加重复的 AS 号到 AS_PATH 中以增加 AS_PATH 的长度，继而影响远端设备选路。

（4）使用命令 **peer** [ipv4-address]**public-as-only** 发送 eBGP 报文时，仅携带公有 AS 号。

（5）在互联网中只有公有 AS 号可以直接在 Internet 上使用，私有 AS 号直接发布到 Internet 上可能造成环路现象。为了解决上述情况，可以在把路由发布到 Internet 前，配置发送 eBGP 更新报文时，AS_PATH 属性中仅携带公有 AS 号。

（6）通常情况下，一个设备只支持一个 BGP 进程，即只支持一个 AS 号。但是在某些特殊情况下，例如网络迁移更换 AS 号的时候为了保证网络切换的顺利进行，可以为指定对等体设置一个伪 AS 号，对方将会使用该伪造 AS 号与之建立邻居，同样可以起到隐藏自身真实 AS 的作用。使用命令 **peer** [ipv4-address] **fake-as** *fake-as-number* 配置 eBGP 对等体的伪 AS 号。例如：原 BGP 进程为 200，使用命令 peer 2.2.2.2 fake-as 100，将会与对等体 2.2.2.2 使用伪造的 AS 100 来建立邻居。

（7）如果在路由进程中配置了 **AS_PATH-limit** 命令，接收路由时会检查 AS_PATH 属性长度是否超限，如果超出则丢弃掉路由。缺省情况下 AS_PATH 长度为 255，最大限制值可以调整为 2000。

如图 6-14 所示，100.1.1.0/24 路由出现在 AS 200 中，如果该路由经过 AS 100 进入 AS 300，R5 会把该路由继续向 eBGP 邻居 R4 通告。图中，路由离开 AS 100 时 AS_PATH 为 100 200，路由离开 AS 300 时，AS_PATH 是 300 100 200。R4 收到含有自己 AS 号的路由时会丢弃掉，以避免环路。

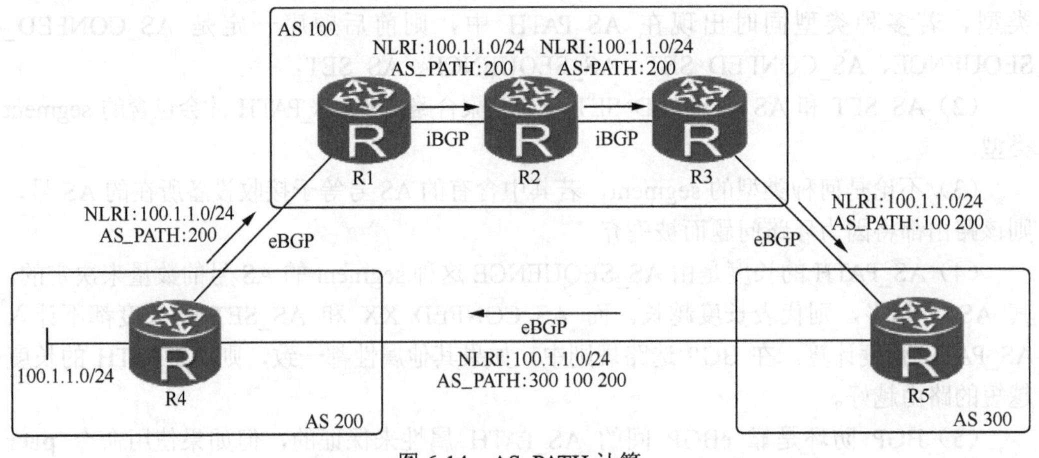

图 6-14　AS_PATH 计算

Next_Hop 属性

该属性为公认必遵属性，Next_Hop 属性记录了 BGP 路由的下一跳信息，区别于 IGP 中下一跳是直连路由器的 IP 地址，BGP 路由的下一跳往往都是非直连设备的 IP 地址。这可导致数据包在按下一跳地址发给目标网络时，往往由于中间路由器上没有 BGP 路由，而出现路由黑洞，导致丢包，如图 6-15 所示。

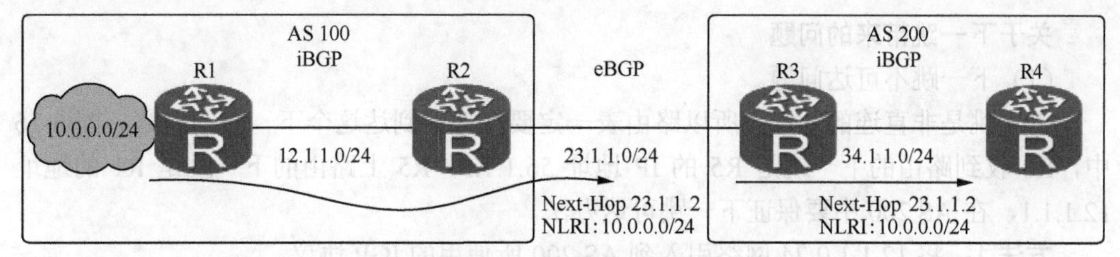

图 6-15　Next_Hop 属性

BGP 设计的下一跳属性遵循如下规则。

- 规则 1：BGP 设备将本地始发路由发布给所有 BGP 对等体时，会把该路由信息的下一跳属性设置为本地与对端建立 BGP 邻居关系的接口地址。图中，R1 通告 10.1.1.0/24 路由给 R2，R2 的 BGP 路由下一跳是 12.1.1.1。
- 规则 2：BGP 设备在向 eBGP 对等体发布某条路由时，会把该路由信息的下一跳属性设置为本地与对端建立 BGP 邻居关系的接口地址。图中，R2 向 eBGP 对等体 R3 通告 10.1.1.0/24 路由，下一跳不再是 12.1.1.1，而是 23.1.1.2。
- 规则 3：BGP 设备在向 iBGP 对等体发布从 eBGP 对等体学来的路由时，并不改变该路由信息的下一跳属性。图中，R3 收到下一跳为 23.1.1.2 的路由，继续通告给 iBGP 对等体 R4，下一跳属性值保持不变。

（1）缺省情况下，BGP 在向 eBGP 对等体发布路由时和向 iBGP 对等体发布引入的 IGP 路由时将下一跳改为自己的接口地址。这是由于默认使用的命令是 peer next-hop-local，但这个行为可以配置 peer next_hop-invariable 命令使下一跳地址不变化。

```
<Huawei> system-view
[Huawei] bgp 100
[Huawei-bgp] peer 12.1.1.2 as-number 100
[Huawei-bgp] ipv4-family unicast
[Huawei-bgp-af-ipv4] peer 12.1.1.2 next-hop-invariable
```

（2）BGP 在向 iBGP 对等体通告路由时，不改变下一跳属性。这可以通过命令 peer next-hop-local 修改。peer next-hop-local 命令在实际中使用较多，原因是 BGP 设备从其 eBGP 邻居收来的路由的下一跳都是其 eBGP 邻居的 Peer 地址，本端对等体所属 AS 域内的 iBGP 邻居收到这样的路由后，由于下一跳不可达导致路由无法活跃。图中，R3 和 R4 均收到下一跳地址为 23.1.1.2 的路由，R4 一定要保证此下一跳地址可达。因此，需要在 R3 上对 iBGP 邻居配置 peer next-hop-local 命令，使得发给 iBGP 邻居的路由的下一跳是其自身的地址，iBGP 邻居收到这样的路由后（由于域内都配置了 IGP）发现下一跳可达，路由即为活跃路由。

```
<R3> system-view
[R3] bgp 200
[R3-bgp] peer 34.1.1.4 as-number 200
```

```
[R3-bgp] ipv4-family unicast
[R3-bgp-af-ipv4] peer 34.1.1.4 next-hop-local
```

说明：

下一跳可达作为 BGP 选路规则中第 0 条规则，如果 BGP 路由的下一跳 IP 地址不可达，那么该 BGP 路由将不会参与选路。

关于下一跳带来的问题

（1）下一跳不可达问题。

下一跳是非直连的地址，所以路由表一定要保证能到达这个下一跳的网络。图 6-16 中，R6 收到路由的下一跳是 R5 的 IP 地址 56.1.1.5，R5 上路由的下一跳是 R1 的地址 12.1.1.1，在 AS 200 中要保证下一跳可达办法。

方法 1：将 12.1.1.0/24 网络引入到 AS 200 所使用的 IGP 协议。

方法 2：在 R2 指向 iBGP 邻居 R5 的方向上使用命令 peer 56.1.1.5 next-hop-local，修改 R5 上的下一跳地址为 R2 地址 23.1.1.2，这个地址 IGP 可达。

（2）路由黑洞问题。

从数据平面分析，如果数据流访问目标 BGP 网络，R5 根据下一跳，发给 R2，但中间 IGP 路由器 R3 和 R4 没有对应的 BGP 路由，所以会出现路由黑洞。

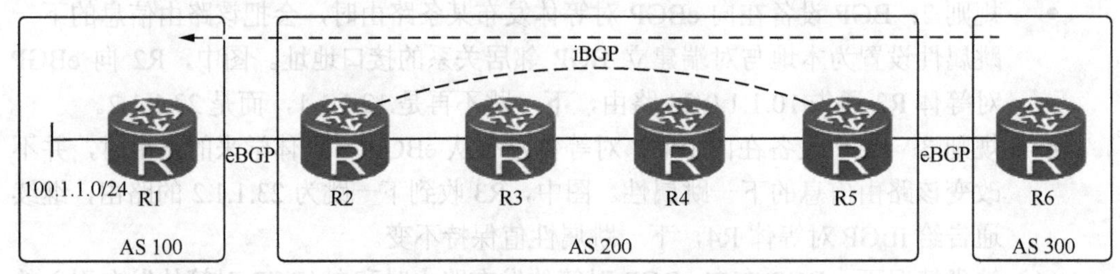

图 6-16 BGP 的下一跳带来的问题

解决路由黑洞问题的办法如下。

方法 1：在 R2 和 R5 间为下一跳地址所对应的路由创建 LSP 隧道，保证所有发往下一跳地址的数据包经中间网络时执行标签转发，此种方法要求开启 MPLS 标签交换。

方法 2：在 AS 200 中，把 R3 和 R4 也配置为 BGP 路由器，此时可不再需要 IGP 协议。此种实现在运营商网络中使用较多。

方法 3：重新设计网络拓朴，把 R2 和 R5 直连，使图 6-17 所示拓扑变成图 6-18 所示拓扑，这样 AS 间的数据访问流量将不需要经过 IGP 路由器，完全使用 BGP 骨干路由器访问，越过 IGP。

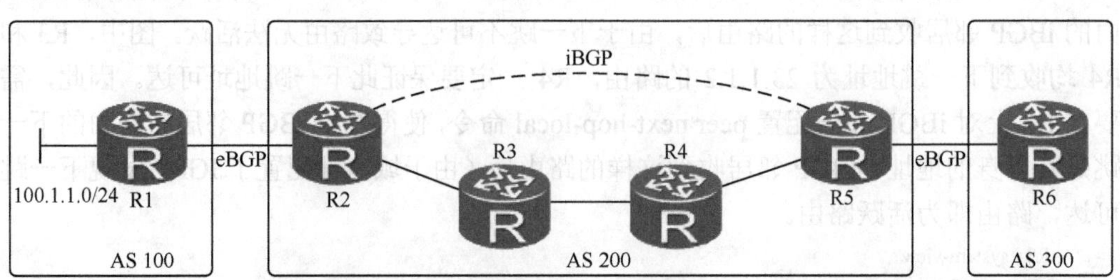

图 6-17 R2 与 R5 无物理连接的 iBGP 邻居

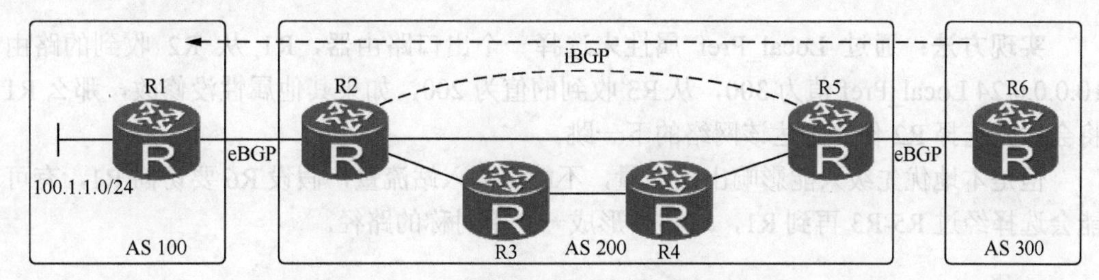

图 6-18 R2 与 R5 有物理连接的 iBGP 邻居

方法 4：在 R2 上将 BGP 路由引入 IGP，保证路由全网可达。此种方法不建议使用，过量的 BGP 路由会加重 IGP 路由器的负荷，同时 IGP 路由也不适合承担过大的 AS 间数据访问流量。可以根据需要引入少量路由或对引入的路由做必要的汇总。

（3）负载分担问题。

BGP 也提供类似 IGP 的负载分担技术，但默认 BGP 路由仅能出现一条路由在 IP 路由表里。如果 IGP 是负载分担的路径，则可以保证数据从 R5 到 R2 经过多路径到达 R2。

Local_Pref 属性

Local_Pref 本地优先级，该属性为公认任意属性。该属性仅在 iBGP 邻居间传递或使用，Local_Pref 属性仅在 iBGP 对等体之间有效，不通告给其他 AS。Local_Pref 属性可以手动配置，数值范围是 0～2^{32}-1，数值越大，该路由越好。如果路由没有配置 Local_Pref 属性，BGP 选路时将该路由的 Local_Pref 值按缺省值 100 来处理。

说明：

缺省下，BGP 本地引入的路由和 eBGP 学来的路由，缺省 Local_Pref 数值为 100；BGP 从 iBGP 收到的路由，更新中含有 Local_Pref 数值。

作用：在 AS 内影响 BGP 的选路，数值越大的路由越优先。可用来决定离开本 AS 或访问其他 AS 时，数据离开时需要使用的 Local_Pref 属性表明路由器的 BGP 优先级，用于判断流量离开 AS 时的最佳路由。AS 内当 BGP 的设备通过不同的 iBGP 对等体得到目的地址相同但下一跳不同的多条路由时，将优先选择 Local_Pref 属性值较高的路由。

示例：如图 6-19 所示，调整 Local_Pref 属性使得 AS 100 访问 AS 400 的 10.0.0.0/24 通过 R2 到达。

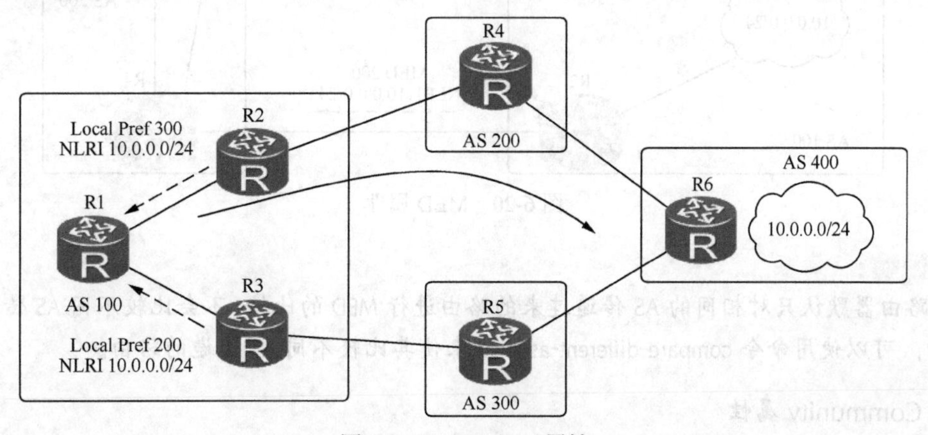

图 6-19 Local_Pref 属性

实现方法：通过 Local_Pref 属性来选择一个出口路由器，R1 从 R2 收到的路由 10.0.0.0/24 Local_Pref 值为 300，从 R3 收到的值为 200，如果其他属性没修改，那么 R1 将会优先选择 R2 作为到达该网络的下一跳。

但是本地优先级只能影响出站流量，不能影响入站流量，假设 R6 要访问 R1，有可能会选择经过 R5-R3 再到 R1，这样会形成一个不对称的路径。

说明：

Local_Pref 属性将会在整个 AS 内传递，在本 AS 内的所有路由器都将收到该优先级，根据 BGP 的比较规则，Local_Pref 属性位于第二位，如果在首选权相同的情况下，在该图例中 R3 同样也会选择下一跳为 R2，将会导致 R3 有一条次优路径。

MED 属性

MED（Multi Exit Discriminator）多出口区分符，属于可选非过渡属性，也被成为外部度量，与 IGP 的 cost 值类似，MED 是一个 4 个 Byte 的数，数值范围为 0～4294967295。多用于判断流量进入 AS 时的最佳路由，MED 值越小，路由的优先级越高。

MED 与 Local_Pref 属性不同，MED 仅仅只会在两个相邻的 AS 之间传递，但收到此属性的 AS 一方不会再将其通告给任何其他第三方 AS。

MED 属性可以手动配置，如果路由没有配置 MED 属性，BGP 选路时将该路由的 MED 值按缺省值 0 来处理。

Local_Pref 属性影响 AS 的业务流量，而 MED 属性影响入业务流量，如图 6-20 所示。AS 100 的设备为了影响 AS 200 的路由器到达 10.0.0.0/24，网络选择 R1 进入到该 AS 内。R1 将 BGP 路由 10.0.0.0/24 传递给 R3 时添加 MED 属性值并设置为 200，R2 将 BGP 路由 10.0.0.0/24 传递给 R4，添加 MED 属性值并设置为 300。在 AS 200 中的路由器将会比较 MED 值，优先选择较小的值。

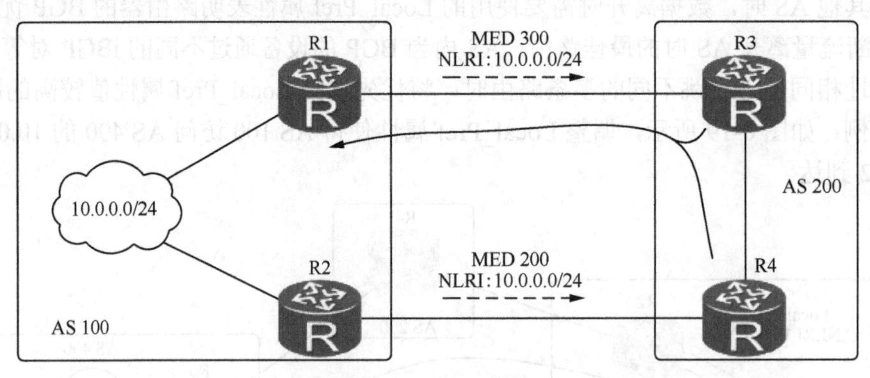

图 6-20　MED 属性

说明：

路由器默认只对相同的 AS 传递过来的路由进行 MED 的比较，不会比较不同 AS 传递的路由，可以使用命令 compare-different-as-med 来使其比较不同 AS 传递的路由。

Community 属性

团体属性分标准团体属性（Community）和扩展团体属性（Extended Community）。

1. 标准团体属性

Community团体为可选过渡属性，用于标识具有相同特征的BGP路由，使路由策略的应用更加灵活，同时降低了维护管理的难度。一个目标地址作为一个目的地团体的成员，这些目的地共享着一个或者多个特性，Community属性有4个Byte，可自定义其中的数值，RFC1997中定义了前面2个Byte为自治系统号，后面2个Byte是管理上的表示符，格式为AA:NN，可以用十进制和十六进制来表示该属性。在团体属性值当中，0（0x00000000）～65535（0x0000FFFF）和从4294901760（0xFFFF0000）～4294967295（0xFFFFFFFF）是被保留的，在此预留之外定义了几种公认团体属性。见表6-6所示。

表6-6　团体属性表

团体属性名称	团体属性号	说明
Internet	0（0x00000000）	设备在收到具有此属性的路由后，可以向任何BGP对等体发送该路由，路由的缺省属性
No_Advertise	4294967042（0xFFFFFF02）	设备收到具有此属性的路由后，将不向任何BGP对等体发送该路由
No_Export	4294967041（0xFFFFFF01）	设备收到具有此属性的路由后，将不向AS外发送该路由
No_Export_Subconfed	4294967043（0xFFFFFF03）	设备收到具有此属性的路由后，将不向AS外发送该路由，也不向AS内其他子AS发布此路由

除了公认的团体属性以外，还可以定义私有的团体属性，用于特殊用途。RFC1998做了定义，这份RFC描述了在服务提供商网络中，利用团体属性操控BGP路径选择。

控制BGP路由时，可以利用团体属性的前两个字节作为AS号，用后面的2个Byte定义与该AS相关的数值，比如服务提供商的AS号为100，这个提供商可以用100:1来表示，100表示该团体的特点服务提供商，而1表示一组对等路由器的地址。多条路由可以拥有相同的团体属性，路由器需要对这些路由实施策略时可以对该团体属性进行匹配，实际上就是对拥有该团体属性的路由进行策略修改。一条路由也可以拥有多个团体属性，如果发现携带了多个团体属性的路由，BGP路由器可以根据其中的一部分或者全部属性采取相应的策略动作，传递给其他对等体的时候，BGP也可以添加或者修改团体属性。

2. 扩展团体属性（Extended Community）

扩展团体属性是对BGP团体属性的扩展，主要区别如下。

长度为 8Byte，并不像标准的团体属性仅代表数值，扩展团体属性由类型字域和数值部分构成；1～2Byte的类型字域，剩余部分是数值部分，如图6-21所示。

例：Route Target，前面2Byte代表类型，后面6Byte代表数值。扩展团体属性主要在MPLS VPN部分多有涉及，此处不过多介绍。

Originator_ID 属性和 Cluster_List 属性

Originator_ID和Cluster_List为可选非过渡属性，由路由反射器（route-reflector）使用，路由反射器也简称RR，RR将在后面章节进行详细描述，这两个属性是专为RR开发的，用来在AS内防止环路。

Originator_ID属性值是AS内第一台通告该路由的BGP路由器的Router_ID，该值由 RR 添加到路由更新中，并随路由在 AS 内传递，直至离开 AS 时被剥离掉。Originator_ID 属性用来在 Cluster（集群）内防环，如果路由器看到接收到的路由中的 Originator_ID 等于自己的 BGP Router_ID，就说明存在环路，该路由将会被丢弃掉。

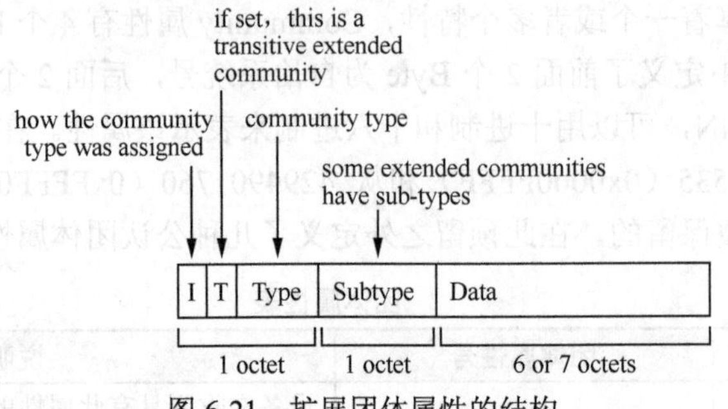

图 6-21　扩展团体属性的结构

Cluster_List 是路由经过 RR 反射时由 RR 添加的一个集群列表，记录路由经过的 Cluster_ID（集群 ID）。如果路由反射器在接收到路由的 Cluster_list 中发现了自己的集群 ID，就说明存在环路，将路由丢弃，Cluster_List 属性用于集群间防止路由环路。

PrefVal 属性

PrefVal 是 Preferred-Value 的简写，区别于前面介绍的其他属性，首选权值是华为设备内部分配给路由的权值，它并不是在路由更新中可传递的 BGP 标准属性。

任何出现在华为 BGP 表中的路由都会被分配 PrefVal，它只在一台路由器内部使用，不会传递给其他的路由器，这个值为 0～65535 范围的一个数，值越大越优先，缺省情况下所有路由的首选权值为 0。可以为独立的路由或从一个特定的邻居学习到的路由设置该值，用来影响路由器的选路。该属性在本地有意义，作用效果也仅影响本路由器的选路，无法影响其他路由器的选路。

Aggregator 和 Atomic Aggregate

Atomic-Aggregate 属性：属于公认任意属性，主要用于路由聚合时，如果聚合路由将所有明细路由抑制了，就会为聚合路由生成该属性。使用该属性也有一种警告作用，用于告知对等体，原始的明细路由 AS_PATH 出现了丢失。

Aggregator 属性：属于可选过渡属性，该属性作为 Atomic-Aggregate 的补充，指明路由信息是在何处出现了丢失，该属性包含发起聚合路由的 AS 号及生成聚合路由的 BGP 通告者的 RouterID（又称为 Aggregator ID）。

6.2.3　BGP 工作原理

BGP 得益于比较灵活简单的工作原理，路由信息在 BGP 对等体间相互交换更新消息，BGP 对更新消息进行路由实施策略的修改或者过滤。在接收或者发送更新消息时都能操作，如果 BGP 路由表中存在多条到达相同目的的路由，那么 BGP 不会将所有的条目全部传递出去，而是选择其中最优的一条发送。BGP 协议维护着邻居表、BGP 路由表，邻居表是通过发送 Open 消息来建立的，维护着所有对等体的邻居。BGP 路由表是通过 BGP 协议学习的全部路由（包含到达同一目的多条路由），而在全局有一张 IP 路由表是存放所有协议学习到的最佳路由，包括 BGP 协议。而从 BGP 协议学到的路由若想进入到 IP 路由表需要经过一系列的决策，将选择决策胜利的路由放进 IP 路由表中。下面将会介绍 BGP 的信息库以及决策的全过程。

BGP 路由信息库

BGP 路由信息库用来存放用于决策的 BGP 路由，路由信息库包含 3 个部分。

（1）Adj-RIB-In 这些信息来自对等体接收到的更新，但是没有经过处理过的路由，存储在该信息库中。

display bgp routing-table peer *ipv4-address* { **received-routes** }

说明：

用于查看从对等体接收的路由信息。

（2）Loc-RIB 经过 BGP 的输入策略引擎，运行策略之后所存储的信息库，用于本地的路径选择。

display bgp routing-table

说明：

用于查看本地路由信息。

（3）Adj-RIB-Out 经过 BGP 的输出策略引擎，运行策略之后所存储的信息库，用于通告给其他的对等体。

display bgp routing-table peer *ipv4-address* { **advertised-routes**}

说明：

用于查看向对等体发布的路由信息。

BGP 路由信息决策过程

BGP 决策过程是指对 Adj-RIB-In 中的路由使用本地策略，同时将选定过的或者修改过的路由放到 Loc-RIB 中和 Adj-RIB-Out 中。过程图如图 6-22 所示，这个过程分为以下几个步骤。

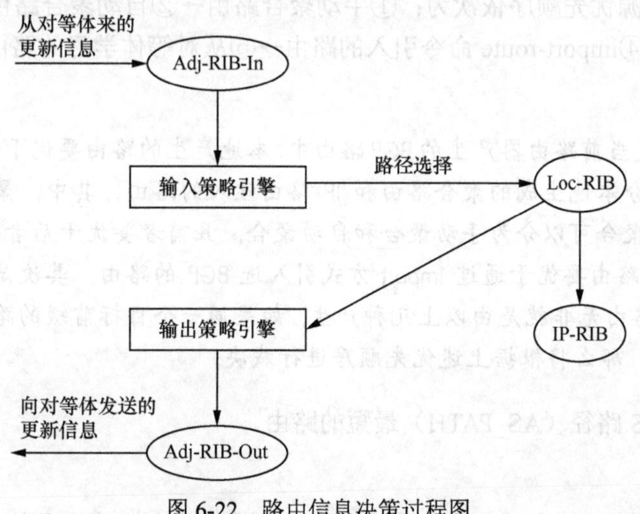

图 6-22 路由信息决策过程图

第 1 步：当从对等体接收到更新数据包时，路由器会把这些更新数据包存储到路由选择信息库（Routing Information Base，RIB）中，并指明是来自哪个对等体的（Adj-RIB-In）。

第 2 步：这些更新数据包经过 BGP 输入策略引擎修改属性或者路由的过滤。

第 3 步：路由器将会执行路径选择算法，来为每一条前缀确定最佳路径。

第 4 步：得出的最佳路径被存储到本地 BGP RIB（Loc-RIB）中，然后将 Loc-RIB 的路由加载到 IP-RIB 中，用于路由选择。

第 5 步：Loc-RIB 中的内容在被通告给其他对等体之前，必须通过输出策略引擎。只有那些成功通过输出策略引擎的路由，才会被安装到输出 RIB（Adj-RIB-Out）中。

BGP 选路规则

BGP 相比 IGP 最大的优势在于路径的选择策略非常丰富，通过调整 BGP 的路由属性来决定选路。在使用这些路由属性的时候应该考虑顺序和规则，尤其是一台路由器到达目标有多条路径的时候，BGP 需要根据下面的选路规则来优先选出一条最佳路径。

BGP 选路的“11 条规则”如下。

（1）优选协议首选值（PrefVal）数值最高的路由。

说明：

协议首选值（PrefVal）是华为设备的特有属性，也在选路规则中位列第一位，因此最优先比较，该属性仅针对本路由器有意义，不会传递给其他设备。协议首选值越大越好，默认首选值为 0。

（2）优选本地优先级（Local_Pref）数值最高的路由。

说明：

本地优先级属性在整个 AS 内传递，但不会传递到 AS 之外，值越大越优先，一般用作 AS 内路由器选择一个最优出口去往外部。如果路由没有设置本地优先级，BGP 选路时将该路由按缺省的本地优先级 100 来处理。

（3）本地起源优先顺序依次为：①手动聚合路由→②自动聚合路由→③network 命令通告的路由→④import-route 命令引入的路由→⑤从对等体学习的路由。

说明：

规则 3 指的是当前路由器产生的 BGP 路由中，本地产生的路由要优于邻居学来的路由，本地产生的路由分本地生成的聚合路由和 IP 路由注入的路由。其中，聚合路由要优于不聚合的路由，而聚合可以分为手动聚合和自动聚合，且前者要优于后者；通过 network 命令通告进 BGP 的路由要优于通过 import 方式引入进 BGP 的路由；其次是从邻居学习到的路由。BGP 中的路由无非就是由以上几种产生，如果同一个目标前缀的路由同时通过以上方式进入到 BGP，那么将根据上述优先顺序进行裁决。

（4）优选 AS 路径（AS_PATH）最短的路由。

说明：

AS_PATH 属性是记录达到目标网络的 AS 路径列表，类似距离矢量协议中的 hop 概念，

AS_PATH 长度短的路由优先。

（5）依次优选 Origin 类型为 IGP、EGP、incomplete 的路由。

说明：

origin 为 BGP 的起源属性，指的是 BGP 路由的起源，成为 BGP 路由都会携带一个 origin 属性。如该路由是通过 network 的方式产生的路由，那么 origin 类型为 IGP（标识为 i），如果是通过 EGP 协议学习到路由，origin 类型为 EGP（标识为 e），如果将外部路由引入进 BGP 的路由，origin 类型为 incomplete（标识为？）。优先级顺序为 i＞e＞？。

提示：

很多读者易把第三条规则和第五条规则弄混淆，规则 3 比较的是路由的注入位置（本地注入的优于邻居学来的），用于在本地产生的多条路由中选出最优的路由来发给它的邻居；规则 5 比较的是路由的注入方式（network 或 import）。起源代码则用于从不同的邻居收到多条一样的路由中选择出一条最优的。

（6）优选 MED（Multi Exit Discriminator）值最低的路由。

说明：

MED 默认比较来自相同邻居的路由的 MED 值，数值越小的路由越优先。如果是来自不同邻居 AS 的路由，MED 不参与比较，除非开启 compare-different-as-med 命令，才可以在来自不同邻居 AS 的路由间比较 MED。

（7）依次优选 eBGP 路由、iBGP 路由。

说明：

如果路由分别通过 eBGP 和 iBGP 同时学习，在其他规则都一样的情况下，会优先选择 eBGP 对等体。理由很简单，eBGP 连接外部 AS，而 iBGP 连接内部的 AS。路由器认为既然通过 eBGP 学到该路由必然是来自外部的 AS，因此直接选择 eBGP 对等体到达外部比穿越整个 AS 再到达外部要更加优先。

（8）优选到 BGP 下一跳 IGP 度量值（Metric）最小的路由。

说明：

BGP 的路由下一跳地址是通过 IGP 协议学习到的，根据路由表，计算到下一跳的度量值，越小的越优先。

（9）优选 Cluster_List 最短的路由。

说明：

1：Cluster_List 为路由反射器中的属性，是由路由反射器来添加的，将 Cluster_ID 添加到 Cluster_List 中，用于记录被反射的 BGP 路由在 AS 内经过的 Cluster 路径。类似 AS_PATH 属性，Cluster_List 越短的路由越优先。

2：如果参与比较的路由没有 Cluster_List，则越过规则 9，直接比较后面的规则。如果某条路由没有 Cluster_List，而其他路由有 Cluster_List，则没有 Cluster_List 属性的路由优先。

（10）优选 Router_ID 最小的设备发布的路由。

说明：

Router_ID 最小的邻居通告的路由最优先。

(1) 如果路由携带 Originator_ID 属性，则选路过程中将比较 Originator_ID 的大小，不再比较 Router_ID。其中，Originator_ID 最小的路由最优。

(2) 如果参与比较的路由 Originator_ID 一样，也不再比较 Router_ID，直接开始规则 11。

（11）优选从具有最小 IP Address 的对等体学来的路由。

说明：

最后一步将会比较邻居的 IP 地址，最小的最优先。

BGP 选路规则记忆小技巧：

由于 BGP 的选路规则是按照顺序从上往下依次比较的，直到比较到邻居的 IP 地址。从以上规则可以看出，BGP 协议在选择路径时必然能够选出一条最优的。当然大家要想记住这些选路规则也的确有些困难，尤其是按照顺序的方式，一旦顺序错了，可能调整 BGP 的策略不会生效。

这里来介绍一个实用技巧，通过联想记忆法来记住这些规则。将前面八个规则以记住首个字母的方式，这样就会将本规则记住了。例如第一个为首选权（PrefVal 首选权），可以记住 P，第二个（Local_Pref 本地优先级）可以记住 L，第三个是本地产生的路由，可以记住 L。以此类推：第四个用 A 代表 AS_PATH，第五个用 O 代表 origin，第六个用 M 代表 MED，第七个用 E 代表 eBGP，第八个用 N 代表下一跳 IGP 的路由。将前面八条规则组成一个单词 PLLAOMEN，当然也并没有这个英文单词，如果我们将其做一个分解，使用拼音加英文的方式，那么大家将会记忆非常深刻：PL（漂亮）LAO（老）MEN（男人）。“漂亮老男人”，相信各位读者想到这个就能够轻松地记忆出前面 8 个规则了。

BGP 的负载分担

在大型网路中，到达同一目的地通常会存在多条有效路由，但是 BGP 只将最优路由发布给对等体，这一特点往往会造成很多流量负载不均衡的情况。通过配置 BGP 负载分担，可以使流量负载均衡，减少网络拥塞。

一般情况下，只有“BGP 选择路由的策略”所描述的前 8 个属性完全相同，且 AS_PATH 属性也相同时，BGP 路由之间才能相互等价，实现 BGP 的负载分担。但路由负载分担的规则也可以通过配置来改变，如忽略路由 AS_PATH 属性的比较，但这些配置需要确保不会引起路由环路。

BGP 可实现 2 种形式的负载分担——BGP 路由的负载分担和下一跳路由的负载分担。

（1）多条不同下一跳的 BGP 路由同时出现在 IP 路由表中。

BGP 默认仅下发一条最好的 BGP 路由到 IP 路由表。但这种行为可以通过 maximum

load-balancing [eBGP | iBGP] *number* 命令来配置 BGP 负载分担的最大等价路由条数。BGP 可以把“选路规则”中，前 8 条规则都一样的多条路由同时下发到 IP 路由表中。负载分担的条件是：“BGP 选择路由的策略”的第 1 至 8 条规则中，需要比较的属性要“完全相同”。满足这个条件的多条路由，在 maximum load-balancing 开启后，可下发多条路由到路由表。缺省情况下，BGP 负载分担的最大等价路由条数为 1，即不进行负载分担。

如果满足负载分担条件的 BGP 路由数大于定义的 BGP 负载分担规格时，按如下顺序优选。

- 优选 Cluster_List 最短的。
- 优选 Router_ID 最小的路由器发布的；如果路由携带 Originator_ID 属性，选路过程中将比较 Originator_ID 的大小（不再比较 Router_ID），并优选 Originator_ID 最小的路由。
- 比较对等体的 IP 地址，优选从具有较小 IP 地址的对等体学来的路由。

在公网中到达同一目的地的路由形成负载分担时，系统会首先判断最优路由的类型。若最优路由为 iBGP 路由，则只是 iBGP 路由形成负载分担；若最优路由为 eBGP 路由，则只是 eBGP 路由形成负载分担。即公网中到达同一目的地的 iBGP 路由和 eBGP 路由不能形成负载分担。负载分担只对本设备有效，但是本设备还是会根据选路原则选出最优路由发给其他对等体，但在路由表里是显示负载分担的。

缺省情况下，路由在形成负载分担时会比较路由的 AS_PATH 属性，而 BGP 只对 AS_PATH 属性完全相同的路由进行负载分担，BGP 负载分担特性同样适用于联盟内部的自治系统之间。配置路由在形成负载分担时不比较路由的 AS_PATH 属性，可以通过命令 load-balancing as-path-ignore 来实现，但是该方式可能会引起路由环路，需谨慎使用。

BGP 由于本身并没有路由算法，不能根据一个明确的度量值决定是否对路由进行负载分担。但 BGP 有很多路由属性，这些属性在 BGP 选路策略中的优先顺序是不同的。对 BGP 负载分担的处理规则是加入到这些选路策略中的，即在所有高优先级路由属性相同的情况下，BGP 路由属性相同的情况下，BGP 根据所配置的最大负载分担的路由条数进行负载分担。

示例：如图 6-23 所示，AS 254 通告了两条 BGP 路由 100.1.1.0/24、200.1.1.0/24，由 R5/R6 通告进 AS 100，R1 到 AS 200 有 2 条 eBGP 路由，通过 R5 和 R6 都可以到达。

这两条 BGP 路由默认仅一条路由进入 R1 的 IP 路由表。

```
<R1>display ip routing-table
Route Flags: R-relay, D-download to fib
------------------------------------------------------------------------------
Routing Tables: Public
         Destinations : 50        Routes : 54
Destination/Mask    Proto   Pre  Cost        Flags NextHop         Interface

        100.1.0.0/24  eBGP    255   0           RD   5.5.5.5         GigabitEthernet0/0/1
        200.1.0.0/24  eBGP    255   0           RD   5.5.5.5         GigabitEthernet0/0/1
其他路由省略……
```

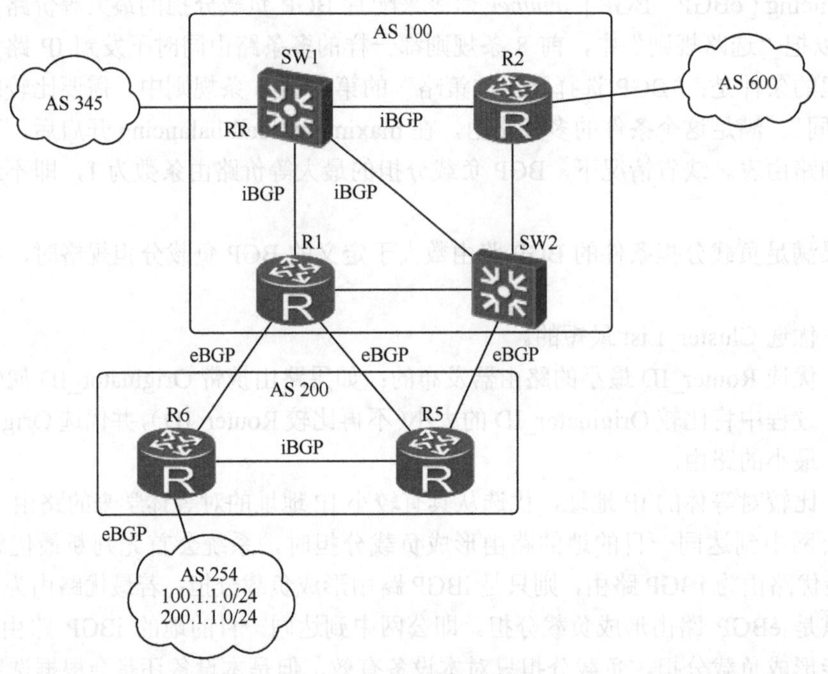

图 6-23　eBGP 负载分担

在 R1 的 BGP 进程中负载分担命令：maximum load-balancing ebgp 2。

```
bgp 100
ipv4-family unicast
maximum load-balancing ebgp 2
```

再次查看 IP 路由表，到达 AS 254 的两条路由各自有两个下一跳，同时进入到 IP 路由表。

```
<R1>display ip routing-table
Route Flags: R-relay, D-download to fib
------------------------------------------------------------------------------
Routing Tables: Public
         Destinations : 50        Routes : 54
Destination/Mask    Proto   Pre  Cost      Flags NextHop         Interface
     100.1.0.0/24   eBGP    255  0           RD   5.5.5.5          GigabitEthernet0/0/1
                    eBGP    255  0           RD   6.6.6.6          GigabitEthernet0/0/0
     200.1.0.0/24   eBGP    255  0           RD   5.5.5.5          GigabitEthernet0/0/1
                    eBGP    255  0           RD   6.6.6.6          GigabitEthernet0/0/0
其他路由省略……
```

R1 的 BGP 路由表：

```
<R1>display bgp routing-table
 BGP Local router ID is 29.29.15.1
 Status codes: *-valid, >-best, d-damped,
               h-history,  i-internal, s-suppressed, S-Stale
               Origin : i-IGP, e-EGP, ?-incomplete
 Total Number of Routes: 9
       Network          NextHop         MED        LocPrf    PrefVal Path/Ogn
 *>    100.1.1.0/24     5.5.5.5                              0        200 254i
 *                      6.6.6.6                              0        200 254i
 *>    200.1.1.0/24     5.5.5.5                              0        200 254i
```

```
  *              6.6.6.6                    0          200 254i
其他路由省略……
```

（2）下一跳路由的负载分担

BGP 区别于 IGP 协议的一点是其下一跳地址可以是非直连的路由器的接口 IP。BGP 在 AS 内的 iBGP 邻居间通告路由时，下一跳保持不变，数据流量按路由学来的方向转发数据。非直连的下一跳在路由器上会执行“迭代路由”进行查找路由表，BGP 依赖于下一跳路由来转发数据，所以如果下一跳地址所对应路由在 IP 路由表中是负载分担的，则此处同样算得上 BGP 的负载分担。这种负载分担的实现其实和 BGP 没有直接的关系，完全得益于 IGP 协议路由中 ECMP（Equal Cost Multiple Path）。IGP 根据本身的路由算法计算路由的度量值（Metric），在度量值相等的路由间进行负载分担，实际是 IGP 的负载分担。

示例：如图 6-24 所示，R6 通告了一条 BGP 路由 100.1.1.0/24，R5 访问该网段，数据流经过 R1 时会进行负载分担，由于 R1 与 R4 建立 iBGP 邻居，而 R1 的 BGP 表中到达 100.1.1.0 网段的下一跳为 R4 的 10.1.4.4（loopback0），而 AS 100 内部运行的是 OSPF 协议，R1 到达目标网段将会迭代到 R4 的 10.1.4.4，而到达 R4 则有两条等价路径。

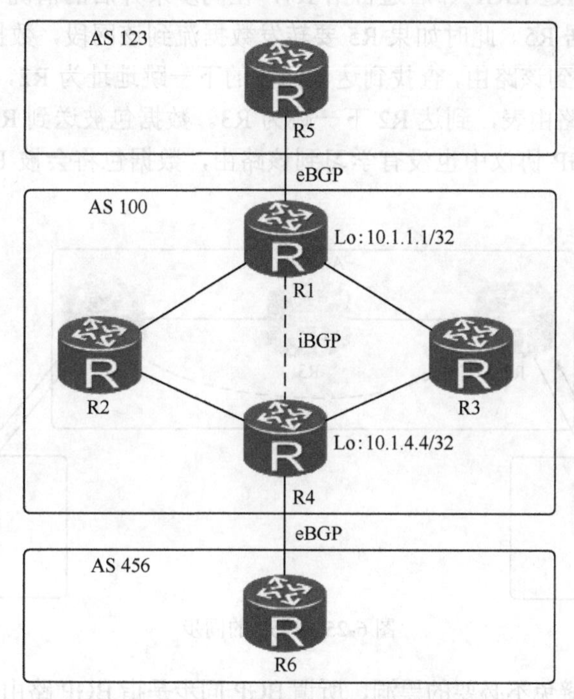

图 6-24　下一跳路由的负载分担

查看 R1 的 BGP 路由表，下一跳地址为 10.1.4.4。

```
<R1>display bgp routing-table
 BGP Local router ID is 10.1.1.1
 Status codes: *-valid, >-best, d-damped,
              h-history,   i-internal, s-suppressed, S-Stale
              Origin : i-IGP, e-EGP, ?-incomplete
 Total Number of Routes: 1
      Network          NextHop        MED        LocPrf      PrefVal Path/Ogn
 *>i  100.1.1.0/24     10.1.4.4       0          100         0       456i
```

由于R1的IP路由表中到达10.1.4.4有两条等价路径，因此该BGP路由也会有两个下一跳。

```
<R1>display ip routing-table
Route Flags: R-relay, D-download to fib
------------------------------------------------------------------------------
Routing Tables: Public
        Destinations : 18         Routes : 19
Destination/Mask    Proto   Pre  Cost      Flags NextHop        Interface
        10.1.4.4/32 OSPF    10   2           D   10.1.13.3      GigabitEthernet0/0/2
                    OSPF    10   2           D   10.1.12.2      GigabitEthernet0/0/1
      100.1.1.0/24  iBGP    255  0           RD  10.1.4.4       GigabitEthernet0/0/2
                    iBGP    255  0           RD  10.1.4.4       GigabitEthernet0/0/1
其他路由省略……
```

BGP同步

在一个AS内，BGP的邻居可以跨越路由器来建立，但是有可能造成路由黑洞，如图6-25所示。R1与R2、R4与R5分别建立eBGP邻居，在AS 200中，R2仅仅与R4建立iBGP邻居，R3没有配置BGP。假设R1通告一条路由199.100.20.0/24到BGP，并且传递给R2，R2通过iBGP邻居通告给R4，在同步未开启的情况下，R4可以将该路由通告给eBGP邻居R5。此时如果R5要转发数据流到该网段，数据包发送给R4，R4由于从BGP中学习到该路由，查找到达该网段的下一跳地址为R2，但是R2并非直连，需要再次查找IGP路由表，到达R2下一跳为R3。数据包被送到R3，但是R3没有运行BGP，并且在IGP协议中也没有学习到该路由，数据包将会被R3丢弃掉，从而形成黑洞。

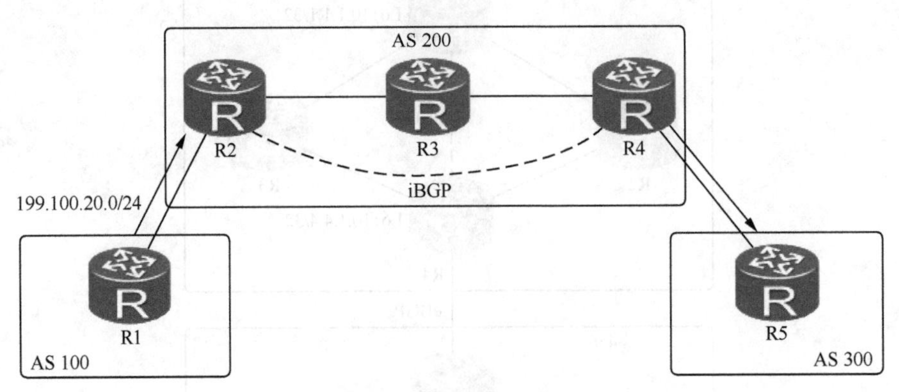

图6-25　BGP的同步

BGP同步可以避免不必要的黑洞，所谓BGP同步是指BGP路由器必须与IGP同步，AS内的路由器不仅要通过BGP学习到此路由，而且要从IGP协议学习到该路由才会将该路由通告给eBGP邻居。因为只有通过IGP学到该路由，AS内的路由器才会认为该路由是在AS内完全可达的。如果同步开启，R2将路由传递给R4，而R4从iBGP对等体学到了该路由，在把这条路由通告给eBGP邻居之前，该路由器需要验证内部的可达性。首先检查该目标前缀，了解通往下一跳路由器的路由是否存在；然后检查IGP中是否存在该目标前缀。只有满足以上条件，R4才会将路由通告给eBGP邻居，反之将不会通告该路由。

通常情况下，要想让 IGP 协议同时学习到 BGP 中的路由，就需要使用路由引入，但是如果将 BGP 引入到 IGP 中将会给 AS 内路由器带来极大的开销，这是非常危险的事情。众所周知，BGP 的路由数量极其庞大，而内部的路由器不足以承担如此重的负担，将会直接影响设备的性能，甚至可能导致设备宕机。由于无法保证每条路由都采用最短路径，因此也可能产生次优的路径或者环路。

当然，在华为 VRP 平台中，BGP 的同步是默认关闭的，且不能够手动开启。那么解决 BGP 的路由黑洞问题有两种方法：

第一，建立 iBGP 全互联连接，使每台路由器都能收到路由，保证 AS 内部的可达性；

第二，使用 MPLS VPN 技术来解决，具体细节将在 MPLS 章节进行讨论。

6.2.4 BGP 路由及默认路由

BGP 路由的注入

出现在 BGP 表中的路由，主要通过以下几种方式进入路由表。

（1）通过 network 方式注入来自 IGP 的路由。

配置示例：

network { *ipv4-address* [*mask* | *mask-length*] | *ipv6-address prefix-length* } [**route-policy** *route-policy-name*]

说明：

BGP 协议自身是不能发现路由的，最常见的方式是通过 network 来注入，将 IP 路由表中存在的路由注入进 BGP，注入路由时要注意该路由的前缀和掩码要与路由表中完全一致，否则注入不成功。通过 network 注入的路由，origin 属性为 igp。

（2）通过 import-route 方式引入外部路由。

配置示例：

import-route *protocol* [*process-id*] [**med** *med* | **route-policy** *route-policy-name*]

说明：

该方式可以将 IGP 的路由引入进 BGP，也可以引入直连、静态路由。但是缺省路由不能引入进 BGP。通过将外部路由引入进 BGP 的路由，origin 属性为 incomplete。

（3）通过 aggregate 进行聚合的路由。

配置示例：

aggregate *ipv4-address* { *mask* | *mask-length* } [**as-set** | **attribute-policy** *route-policy-name1* | **detail-suppressed** | **origin-policy** *route-policy-name2* | **suppress-policy** *route-policy-name3*]

说明：

该方式将对 BGP 表中的路由做手动聚合，本地会产生一条聚合路由。

路由聚合

路由聚合对于路由协议来说非常重要，尤其是像 BGP 这种大型的路由协议，在当前的互联网有着相当庞大数量的路由条目，如果不进行聚合，路由条目将会更多，并且一旦网络震荡，也会带来极大的影响。同样，每台路由器也需要大量的内存来存储这些路由条目，给设备造成极大的负担。因此将路由进行聚合可以减少路由条目的数量，降低网络的不稳定因素所带来的影响，减轻设备的负担。

BGP 路由聚合分为手动聚合和自动聚合两种，aggregate 命令实现手动聚合。该命令可以对 BGP 本地路由表中的路由进行聚合。手动聚合后的路由优先级高于自动聚合，如果聚合路由中所包含的具体路由的 origin 属性不同，那么聚合路由的 origin 属性按照优先级以 incomplete > egp > igp 为准，聚合路由会携带原来所有具体的路由中的团体属性。

自动聚合

BGP 的自动聚合是针对外部引进的路由进行有类的聚合，但不能对 network 方式注入的路由进行自动聚合。在 BGP 进程中使用命令 summary automatic 命令实现。缺省情况下，自动聚合未启用。

例如：将外部引入的路由 172.16.1.0/24、172.16.2.0/24、172.16.3.0/24 进行自动聚合，配置 summary automatic 后，路由被聚合为 B 类的地址 172.16.0.0/16。并且只向对等体发布聚合路由，减少路由发布的数量。

说明：

自动聚合必须在引入路由的设备上操作，其他设备配置自动聚合命令不生效。

手动聚合

通过 aggregate 命令进行手动聚合，手动聚合可以针对外部引入的路由和通过 network 方式通告的路由实现。手动聚合比自动聚合路由具有更高的优先级，并且在任何地方都可以实现，即使明细路由不是来自于本 AS，因此部署比较灵活。

配置示例：

aggregate *ipv4-address* { *mask* | *mask-length* } [**as-set** | **attribute-policy** *route-policy-name1* | **detail-suppressed** | **origin-policy** *route-policy-name2* | **suppress-policy** *route-policy-name3*]

说明：

该命令可以对本地路由表的路由做聚合，聚合时可以携带关键字 as-set、attribute-policy、detail-suppressed、origin-policy、suppress-policy，后续将会详细介绍。

默认路由

如果一台设备在网络中有多个 eBGP 邻居，或者存在多个路由反射器，那么该设备将会从邻居或者反射器接收全网的路由，该设备也会向本 AS 内的 iBGP 对等体发布路由，这样会极大地增加路由表的容量，通过向对等体发布缺省路由，减少对等体路由表的数量。

配置命令：

peer { *group-name* | *ipv4-address* | *ipv6-address* } **default-route-advertise** [**route-policy** *route-policy-name*] [**conditional-route-match-all** {*ipv4-address1* { *mask1* | *mask-length1* } } &<1-4> | **conditional-route-match-any** { *ipv4-address2* { *mask2* | *mask-length2* } } &<1-4>]

说明：

该命令用来向对等体发布一条默认路由，可以通过 route-policy 来设置默认路由的属性，

conditional-route-match-any/all 用来设置匹配条件，如果满足条件则发布默认路由。any 是指当匹配任一条件时，发布默认路由；all 是指当匹配所有条件时，发布默认路由。

6.2.5 案例分析

案例研究：路由引入造成的路由环路

场景描述：如图 6-26 所示，R1 将 100.1.1.0 通告进 BGP，且传递给 AS 200，R2 与 R4 建立 iBGP 邻居，R4 从 iBGP 学习到该路由，R4 将 iBGP 引入进 IGP。

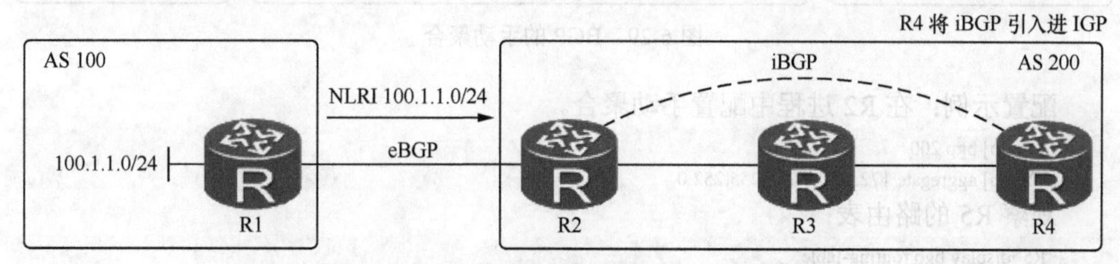

图 6-26 路由引入造成的路由环路

问题分析：R3 访问 100.1.1.0 时将会出现环路。具体原因：由于 R3 没有运行 BGP，只能通过 IGP 学习到该路由，R4 将 BGP 引入到 IGP，R3 将会从 R4 学习到该路由，如果 R3 访问 100.1.1.0，下一跳数据包将会交给 R4。而 R4 从 iBGP 中学到该路由，下一跳为 R2，但是 R4 需要通过 R3 才能到达 R2，因此数据包会再次经过 R3，故而形成环路。

解决方法 1：改变 AS 200 的物理拓扑，将 R2 和 R4 直接相连，形成 AS 内三角形的组网，如图 6-27 所示，R4 到达 100.1.1.0 将会直接经过 R2 到达，不会造成环路。

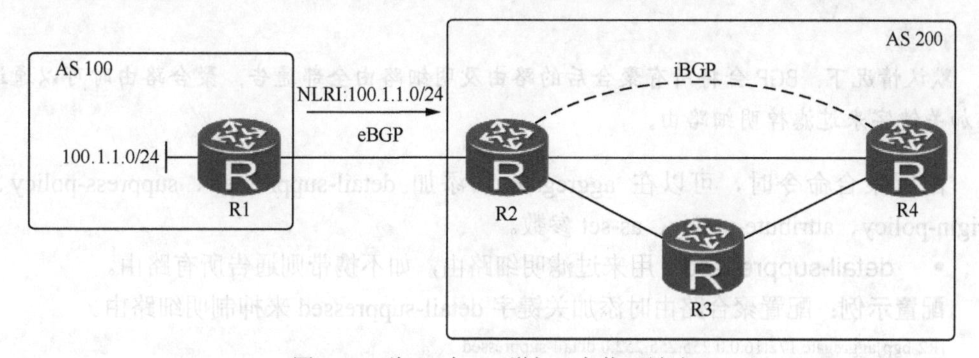

图 6-27 将 R2 与 R4 增加一条物理链路

解决方法 2：如图 6-28 所示，在 R2 上引入路由，R3 访问 100.1.1.0 时则会直接经过 R2 访问，不会造成环路。

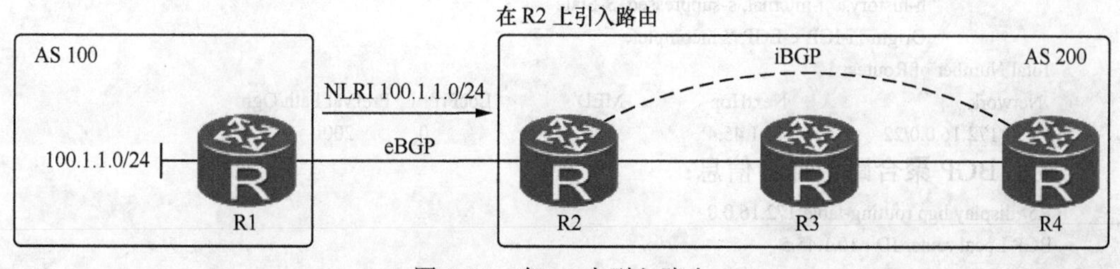

图 6-28 在 R2 上引入路由

案例研究：BGP 的路由手动聚合

场景描述：如图 6-29 所示，AS 100 通告了三条网段 172.16.1.0/24、172.16.2.0/24、172.16.3.0/24。为了减少其他 AS 的路由条目数量，需要对路由做聚合。

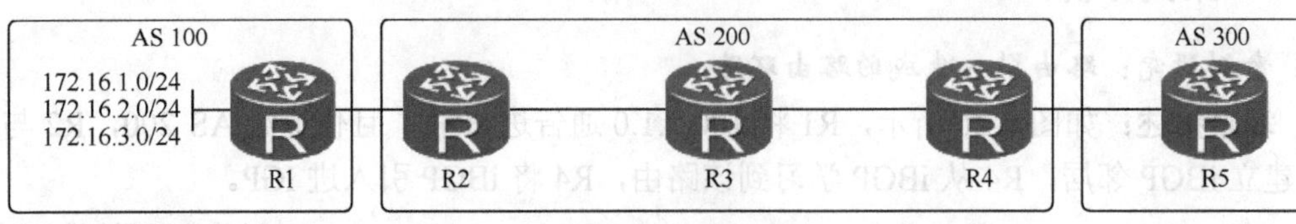

图 6-29 BGP 的手动聚合

配置示例：在 R2 进程中配置手动聚合。

```
[R2-bgp] bgp 200
[R2-bgp] aggregate 172.16.0.0 255.255.252.0
```

观察 R5 的路由表：

```
<R5>display bgp routing-table
 BGP Local router ID is 10.1.45.5
 Status codes: *-valid, >-best, d-damped,
               h-history,   i-internal, s-suppressed, S-Stale
               Origin : i-IGP, e-EGP, ?-incomplete
 Total Number of Routes: 4
      Network          NextHop        MED       LocPrf    PrefVal Path/Ogn
 *>   172.16.0.0/22    10.1.45.4                          0       200i
 *>   172.16.1.0/24    10.1.45.4                          0       200 100i
 *>   172.16.2.0/24    10.1.45.4                          0       200 100i
 *>   172.16.3.0/24    10.1.45.4                          0       200 100i
```

说明：

默认情况下，BGP 会将所有聚合后的路由及明细路由全部通告，聚合路由时可以通过添加关键字来过滤掉明细路由。

配置聚合命令时，可以在 aggregate 后添加 detail-suppressed、suppress-policy、origin-policy、attribute-policy、as-set 参数。

- detail-suppressed：用来过滤明细路由，如不携带则通告所有路由。

配置示例：配置聚合路由时添加关键字 detail-suppressed 来抑制明细路由。

```
[R2-bgp]aggregate 172.16.0.0 255.255.252.0 detail-suppressed
```

查看 R5 的 BGP 路由表，只有聚合路由，明细路由已被抑制。

```
<R5>display bgp routing-table
 BGP Local router ID is 10.1.45.5
 Status codes: *-valid, >-best, d-damped,
               h-history,   i-internal, s-suppressed, S-Stale
               Origin : i-IGP, e-EGP, ?-incomplete
 Total Number of Routes: 1
  Network             NextHop         MED        LocPrf    PrefVal Path/Ogn
 *>   172.16.0.0/22   10.1.45.4                            0       200i
```

显示 BGP 聚合路由详细信息：

```
<R5>display bgp routing-table 172.16.0.0
 BGP Local router ID : 10.1.45.5
 Local AS number : 300
```

```
Paths:     1 available, 1 best, 1 select
BGP routing table entry information of 172.16.0.0/22:
From: 10.1.45.4 (10.1.34.4)
Route Duration: 00h14m18s
Direct Out-interface: GigabitEthernet0/0/0
Original nexthop: 10.1.45.4
Qos information : 0x0
AS_PATH 200, origin igp, pref-val 0, valid, external, best, select, active, pre 255
Aggregator: AS 200, Aggregator ID 10.1.12.2, Atomic-aggregate
Not advertised to any peer yet
```

说明：

BGP 在做聚合时，聚合后的路由一定会携带 aggregator 属性。而 atomic-aggregate 属性仅当聚合路由抑制了所有明细路由以后才会出现在聚合路由上，用以表明聚合时有成员路由信息的丢失。原始的明细路由来自于 AS 100，但是该聚合路由只能看到 AS_PATH 为 200。aggregator 属性记录该聚合路由是在哪个 AS 及 AS 中的哪台路由器上产生的。上面的输出记录了该聚合是在 AS 200 中 BGP Router_ID 为 10.1.12.2 的路由器上产生。

- suppress-policy：用于抑制指定的路由通告，可以用 route-policy 的 if-match 字句有选择地抑制一些具体路由，即匹配该策略的路由将被抑制，但其他未通过策略的具体路由仍被通告。

配置示例：配置聚合使用关键字 suppress-policy 抑制部分路由。

```
[R2] bgp 200
[R2-bgp] aggregate 172.16.0.0 255.255.252.0 suppress-policy SUPPRESS
[R2-bgp] route-policy SUPPRESS permit node 10
[R2-route-policy] if-match acl 2000
[R2-route-policy] quit
[R2]acl 2000
[R2 -acl-basic-2000]rule 10 permit source 172.16.1.0 0.0.2.0
```

说明：

通过添加关键字 suppress-policy 调用策略，然后使用 route-policy 策略工具匹配出需要抑制的路由。本例中通过 ACL 工具匹配除了奇数外的路由条目（172.16.1.0/24、172.16.3.0/24），并将其抑制不通告。

查看 R5 的路由表，通告了聚合路由，两条明细路由被抑制了。

```
[R5]display bgp routing-table
 BGP Local router ID is 10.1.45.5
 Status codes: *-valid, >-best, d-damped,
               h-history,  i-internal, s-suppressed, S-Stale
               Origin : i-IGP, e-EGP, ?-incomplete
 Total Number of Routes: 2
       Network          NextHop         MED        LocPrf    PrefVal Path/Ogn
 *>    172.16.0.0/22    10.1.45.4                            0       200i
 *>    172.16.2.0/24    10.1.45.4                            0       200 100i
```

- origin-policy：该关键字为有条件的聚合，仅仅在匹配 route-policy 时才生成聚合路由。

配置示例：配置有条件产生聚合路由，且抑制明细路由。

```
[R2] bgp 200
[R2-bgp] aggregate 172.16.0.0 255.255.252.0 origin-policy ORIGIN detail-suppressed
[R2-bgp]route-policy ORIGIN permit node 10
[R2-route-policy] if-match ip-prefix ROUTE
[R2-route-policy] quit
[R2]ip ip-prefix ROUTE permit 172.16.2.0 24
```

说明：

使用 route-policy 工具，利用 if-match 来设置匹配条件，只有满足该条件时才生成聚合路由。当然也能够通过 if-match 来匹配其他的条件。本例中通过前缀列表匹配到 172.16.2.0/24 网段，如果路由表中存在则生成聚合路由，而且可以同时携带多个关键字。

- attribute-policy：用来设置聚合路由的属性。

配置示例：为聚合路由更改 origin 属性为 incomplete，且抑制明细路由。

```
[R2] bgp 200
[R2 -bgp] aggregate 172.16.0.0 22 detail-suppressed attribute-policy ATTRIBUTE
[R2-bgp] route-policy ATTRIBUTE permit node 10
[R2 -route-policy]apply origin complete
[R2 -route-policy]quit
```

说明：

使用 attribute-policy 为聚合路由设置相关属性。配置聚合路由时，也可以将网络掩码简写为前缀长度。

- as-set：聚合路由会丢失掉原有的 AS 信息，而该关键字用来添加原始的 AS 路径信息到 AS_PATH 属性中。AS-SET 是 AS_PATH 中的一种 segment 类型，记录明细路由的 AS 号，用于避免聚合时路径信息的丢失带来的环路隐患。但是与 AS-SEQUENCE 不同的是，AS-SET 类型是一种无序的 AS 号列表。如果明细路由来自于不同的 AS，那么在 AS-PATH 中使用( )来将明细路由的 AS 号放进去。

配置示例：配置聚合路由添加 AS-SET。

```
[R2-bgp]aggregate 172.16.0.0 22 as-set
```

查看 R5 的 BGP 路由表：

```
<R5>display bgp routing-table
 BGP Local router ID is 10.1.45.5
 Status codes: *-valid, >-best, d-damped,
               h-history,   i-internal, s-suppressed, S-Stale
               Origin : i-IGP, e-EGP, ?-incomplete
 Total Number of Routes: 1
      Network          NextHop         MED        LocPrf    PrefVal Path/Ogn
 *>   172.16.0.0/22    10.1.45.4                            0       200 100i
 *>   172.16.1.0/24    10.1.45.4                            0       200 100i
 *>   172.16.2.0/24    10.1.45.4                            0       200 100i
 *>   172.16.3.0/24    10.1.45.4                            0       200 100i
```

说明：

聚合时添加 AS-SET 关键字以后，聚合路由会继承成员明细路由的 AS 号，用来避免环路。

对明细路由做聚合时，AS_PATH 的生成规则为：由前向后，把所有明细路由的相同的 AS 号放在( )的前面，否则放在( )里面。

例：

明细路由的 AS_PATH 分别为 2000 100 300 和 2000 200 300，则聚合后的 AS_PATH 为：2000（100 200 300）。

如果所有明细路由的 AS_PATH 为 200 100，则聚合后的 AS_PATH 为 200 100。

案例研究：聚合路由引起的环路问题

场景描述：如图 6-30 所示，AS 100 中通告了三条网段分别为 172.16.1.0/24、172.16.2.0/24、172.16.3.0/24，为了减少 AS 200 的路由数量，在 R2 上进行了手动聚合，但没有携带 AS-SET 关键字。假设聚合时不生成指向 NULL 0 的路由条目，将会带来环路问题，具体过程如下所述。

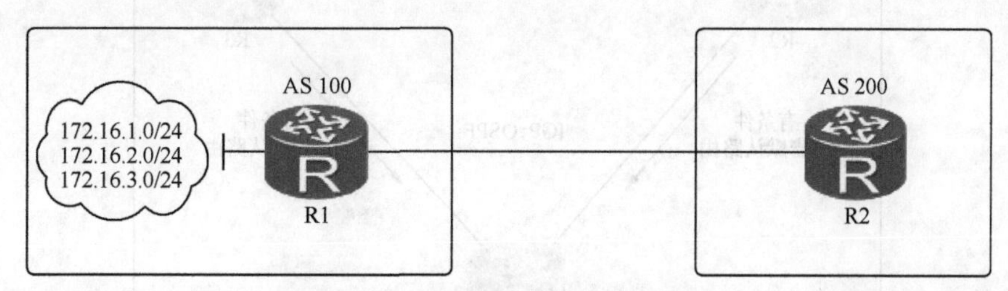

图 6-30　路由聚合造成的环路问题

问题分析：由于没有携带 AS-SET 关键字，该聚合路由被重新通告进 R1，对于 R1 来说，明细路由来自于本地 IGP（通告进 OSPF），聚合路由来自于 R2、R1，BGP 聚合路由和明细路由都出现在 IP 路由表中。IGP 收敛速度比 BGP 快，如果 R1 上 OSPF 中的明细路由消失了，R1 没有了明细路由，此时，如果 R1 要访问一个明细地址，将会匹配到聚合路由，会将数据包发送给 R2，而 R2 是通过 BGP 从 R1 学到的这些明细路由，但是由于 BGP 的收敛速度慢，R2 的 BGP 表无变化。数据包将再次指向 R1，至此，将会出现短暂环路。

解决方法：实际上 BGP 生成聚合路由时，将会在 IP 路由表中自动形成一条指向 NULL 0 接口的路由聚合条目。如果 R1 有了这条指向 NULL 0 的聚合路由，那么 R1 匹配到该路由条目时将会直接丢弃掉，从而避免环路。

案例研究：默认路由注入造成的次优路径

场景描述：如图 6-31 所示，AS 100 中的路由器 R1 与 R2 和 R3 是 eBGP 邻居，R1 分别向 R2 和 R3 发布默认路由，R2 和 R3 为 OSPF 域中的 ASBR 路由器，分别向该域中有条件地发布默认路由（当 ASBR 的路由表中存在默认路由才向 OSPF 发布）。

问题分析：假设 R1 与 R2 之间的链路出现故障，R2 则收不到 eBGP 发布进来的默认路由，而 R3 从 OSPF 发布的默认路由被 R2 接收到，此时 R2 将会把该默认路由放进路由表，下一跳指向 R4。但是如果 R1 与 R2 的链路恢复以后，R1 通过 eBGP 向 R2 发布的默认路由也是不会注入到 R2 的路由表的，原因在于 eBGP 的路由优先级为 255，而 OSPF 默认路由优先级为 150（LSA 5），因此 R2 也不会将 eBGP 的默认路由放进路由表，这样会造成 R2 选择一条次优路径，如果匹配到默认路由时将会沿着 R4-R3-R1

去转发数据报文。

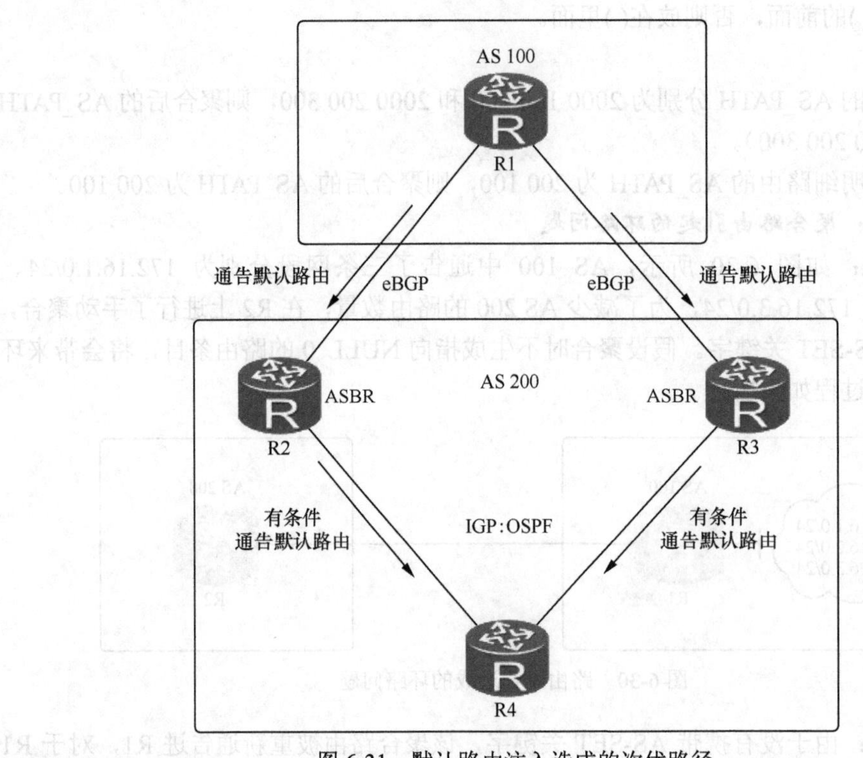

图 6-31　默认路由注入造成的次优路径

解决方法：修改 R2 的路由优先级，将 BGP 的优先级改得更小（要小于 OSPF 的 150），让 BGP 的默认路由出现在路由表中。

6.3　BGP 的路由控制

6.3.1　控制策略

路由策略介绍

路由策略就是定义路由器如何接收路由以及如何通告路由，选择合适的路径，BGP 最大的优势在于通过调整的路由属性进行选路控制。本节将重点介绍路由策略的工具及配置方法。调整 BGP 的路由属性应该需要了解：

◆ 如果调整路由的出方向将会影响入业务流量；

◆ 如果调整路由的入方向将会影响出业务流量。

在 BGP 中可用的策略工具包括 filter-policy、ip-prefix、as-path-filter、route-policy。其中，filter-policy 可以调用基本 acl、ip-prefix 来实现路由过滤；ip-prefix 可以直接通过调用前缀列表来实现路由过滤；as-path-filter 通过匹配正则表达式的方式来实现路由过滤。route-policy 功能则更强大，除了能调用 acl、ip-prefix、as-path-filter 等来过滤控制路由，还可以设置路径属性。

在 BGP 中通过策略控制路由的发布与接收，可以控制路由表的容量，提高网络安全性，同时避免向对等体发布或者从对等体接收到不必要的路由。

控制路由的发布与接收

BGP 路由表的路由数量通常比较大，传递大量的路由对设备来说是一个很大的负担，为了减小路由发送规模，需要对发布的路由进行控制，只发送自己想要发布的路由或者只发布对等体需要的路由。另外，到达同一个目的地址可能存在多条路由，这些路由分别需要穿越不同的 AS，为了把业务流量引导向某些特定的 AS，也需要对发布的路由进行筛选。

当设备遭到恶意攻击或者网络中出现错误配置时，会导致 BGP 从邻居接收到大量的路由，从而消耗大量设备的资源。因此管理员必须根据网络规划和设备容量，对运行时所使用的资源进行限制。BGP 提供了基于对等体的路由控制，限定邻居发来的路由数量，这样可以避免上述问题。

路由控制实现方式

- 基于访问控制列表 ACL：

peer { *group-name* | *ipv4-address* | *ipv6-address* } **filter-policy** { *acl-number* | **acl-name** *acl-name* | *acl6-number* | **acl6-name** *acl6-name* } { **import** |**export** }

说明：

使用 peer filter-policy 工具调用 ACL 的方式来实现对路由进行发布与接收的控制，在设备上只能有一种发布或者接收策略，后配的将会取代前面配置的。例如先配置了 peer 10.1.2.2 filter-policy 2000 import，而后配置了 peer 10.1.2.2 filter-policy 2010 import，则后面的将会替代前面的。

- 基于前缀列表：

peer { *group-name* | *ipv4-address* } **ip-prefix** *ip-prefix-name* { **import** | **export** }或者 **peer** { *group-name* | *ipv6-address* } **ipv6-prefix** *ipv6-prefix-name* { **import** | **export** }

说明：

利用 ip-prefix 来定义需要过滤的路由，只有通过 IP 地址前缀列表过滤的路由才可以接收或者向外发布。

- 基于 AS 路径过滤器：

peer { *group-name* | *ipv4-address* | *ipv6-address* } **as-path-filter** { *as-path-filter-number* | *as-path-filter-name* } { **import** | **export** }

说明：

AS 路径过滤器是一种非常实用的路由过滤方式，通过设置"正则表达式"来定义需要过滤的 AS_PATH，从而实现过滤某一些 AS 所通过的路由。比如某一个 AS 中通告了一万条路由，若想过滤掉该 AS 中所有的路由，可以在将 AS 号匹配到后实现过滤，配置更简易。

- 基于 route-policy 过滤：

peer { *group-name* | *ipv4-address* | *ipv6-address* } **route-policy** *route-policy-name* { **import** | **export** }

说明：

route-policy 策略工具能够对发布或接收的路由进行过滤，利用该策略工具也能够修改 BGP 的相关属性。

注意：

BGP 控制路由或操作路由属性，都需要在 peer 的入或出方向应用策略工具。每个方向只能调用或应用一个策略。

场景需求：如图 6-32 所示，AS 24 通告了 10.1.1.0/24～10.1.5.0/24 五条路由，通过路由控制工具实现对路由的过滤，要求 R1 只接收前面三条路由。

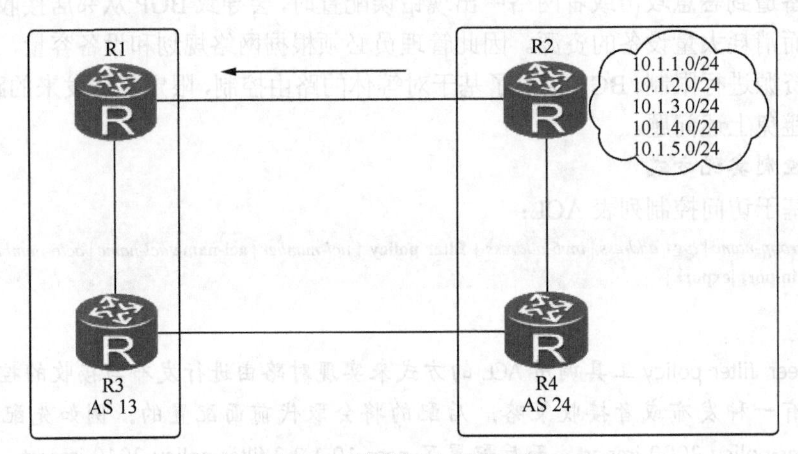

图 6-32　配置路由控制工具

路由控制工具 1：filter-policy

配置示例：使用 filter-policy 工具过滤路由

```
[R1]acl 2000
[R1-acl-basic-2000]rule permit source 10.1.0.0 0.0.3.0
[R1-acl-basic-2000]quit
[R1]bgp 13
[R1-bgp]peer 2.2.2.2 filter-policy 2000 import
```

说明：

通过 ACL 工具匹配出需要通过的路由进行 permit 允许，10.1.0.0 0.0.3.0 可以匹配出 10.1.1.0～10.1.3.0 这三条路由。在 BGP 进程中利用 filter-policy 工具调用 ACL 2000 并应用在 import 方向，从而可以将 ACL 中允许的路由进行发布，其他路由被过滤掉，这里需要注意，过滤路由的动作是在 ACL 中的 permit 或者 deny 完成的，如果是 permit 则是可以通过的路由，deny 是拒绝路由。

路由控制工具 2：ip-prefix

配置示例：使用 peer ip-prefix 工具过滤路由

```
[R1]ip ip-prefix abc permit 10.1.0.0 22 greater-equal 24 less-equal 24
[R1]bgp 13
[R1-bgp]peer 2.2.2.2 ip-prefix abc import
```

说明：

创建 ip-prefix abc 用于精确匹配前面 22 位是 10.1.0.0 且掩码长度等于 24 的路由。也就是将 10.1.1.0 ~ 10.1.3.0 都匹配到，动作为允许（permit），在路由进程中调用 ip-prefix 并应用在入方向（import），本示例只接收这三条路由，其他路由拒绝。

路由控制工具 3：as-path-filter

区别于上述其他工具，as-path-filter 是基于 AS_PATH 列表来匹配/识别路由的。

在 BGP 中如果需要过滤路由，假如使用前缀列表的方式进行过滤，首先需要使用前缀列表匹配出路由，然后再过滤。如果需要过滤的路由条目非常多，使用这种方式将会变得非常烦琐及复杂，例如需要过滤某一个 AS 内的所有路由，工作量将会非常庞大。

BGP 提供了一个工具：as-path-filter（as 路径过滤器）。该工具可以将路由中的 AS 号轻松地匹配出来然后实现过滤，非常方便，不需要配置大量的路由前缀。使用该工具需要利用正则表达式来定义匹配规则，配置命令：peer as-path-filter。

正则表达式介绍：

正则表达式描述了一种字符串匹配的模式，由普通字符（例如字符 a 到 z）和特殊字符（或称“元字符”）组成。正则表达式作为一个模板，将某个字符模式与所搜索的字符串进行匹配。

正则表达式的功能：

- ◆ 检查字符串中符合某个规则的子字符串，并可以获取该子字符串。
- ◆ 根据匹配规则对字符串进行替换操作。

正则表达式组成部分：

- ◆ 普通字符——普通字符匹配的对象是普通字符本身，包括所有的大写和小写字母、数字、标点符号以及一些特殊符号。例如：a 匹配 abc 中的 a，202 匹配 202.113.25.155 中的 202，@匹配 xxx@xxx.com 中的@。
- ◆ 特殊字符——特殊字符配合普通字符匹配复杂或特殊的字符串组合。表 6-7 是对特殊字符及其语法意义的描述。

表 6-7　特殊字符及其语法意义描述

特殊字符	功　能	举例说明
.	匹配任何单个字符，包括空格	1.0 可以匹配 100 110 等
*	匹配前面的一个字符或者一个序列，可以零次或多次出现	10*可以匹配 1、10、100 等
^	匹配行首的位置	^100 可以匹配 AS_PATH: 100 200 不能匹配 200 100
$	匹配一个字符串的结束	100$可以匹配 AS_PATH: 200 100 不能匹配 100 200
+	匹配前面的一个字符或者一个序列，可以一次或者多次出现	10+可以匹配 10、100、1000…… 不能匹配 1
-	连接符（中横线）	[0-9]可以匹配 0-9 所有数字
?	匹配前面的子正则表达式零次或一次 说明：由于？为帮助命令，华为数通设备不支持该字符	10？可以匹配 1 或者 10

（续表）

特殊字符	功　能	举例说明
\	转移字符。将下一个字符（特殊字符或者普通字符）标记为普通字符	*匹配*
_	匹配一个符号。如逗号，括号，空格符号等（下划线）	_100_可以匹配出所有含有 100 的，如 AS 路径 200 100 300 或只有一个 AS 号 100
|	逻辑或	100|200 可以匹配 100 或 200
()	匹配变化的 AS 或者一个独立的匹配，通常和“|”一起使用	^(210|310)$ 可以匹配出 210 或者 310 AS 号
[]	匹配一个范围内的 AS，通常和“-”一起使用	^2[123]可以匹配出 21，22，23 起始的 AS 号

正则表达式的特点

◆ 灵活性、逻辑性、功能性非常强。

◆ 用简单的方式描述出复杂字符串的控制。

在实际应用中，往往不是一个普通字符加上一个特殊字符配合使用，而是由多个普通字符和特殊字符组合，匹配某些特征的字符串。本章将为大家介绍 BGP 中常规的几种用法。

示例 1：^100_

说明：

起始符为 100 代表邻居的 AS 为 100，后面跟着下划线，代表空格或者结束符，因此也可以表示^100$。所以可以匹配出所有来自于邻居的 AS 为 100 的路由，或者只有 AS 为 100 的路由。如：AS_PATH 为（100 200）、（100 200 300）、（100）。

示例 2：^100_.

说明：

与示例 1 类似，但是下划线后跟着小数点，这个点代表单个字符或者空格，仅能匹配邻居 AS 为 100 的路由，如：AS_PATH 为（100 200）、（100 200 300）等，但是不能匹配出 AS_PATH 中只有 100 的 AS 号。

示例 3：^100.

说明：

100 后面跟着小数点，则能够匹配前面三位为 100 的 AS 号，或者邻居为 100 的 AS 号，如：AS_PATH 为（100 200）、（100 200 300）等或者（1001）、（10012）等。

示例 4：^100

说明：

与示例 3 不同的是，100 后面不含小数点，则能够匹配出所有前三位为 100 的 AS 号，范围更广，如：AS_PATH 为（100 200）、（100 200 300）等，或者（1001）、（10012），也可以匹配出邻居为 100 的 AS 号。

示例 5：100$

说明：

$代表结束符，这条匹配所有以 100 结束的 AS 号，因此匹配的是所有始发 AS 号为 100 的路由。如：AS_PATH 为（200 100）、（200 300 100）等。

示例 6：^$

说明：

一个起始符紧跟着一个结束符，代表 AS_PATH 列表为空，用来匹配所有本 AS 产生的路由，因为本 AS 内传递的路由都不会携带 AS 号。

示例 7：.*

说明：

.* 代表所有路由，类似 ACL 中的 any 作用，任意的 AS_PATH 列表。

配置案例：配置 ip as-path-filter

（1）创建 AS 路径过滤器 1，将 AS_PATH 路径中所有经过 100 的 BGP 路由过滤掉。

```
ip as-path-filter 1 deny _100_
```

（2）创建 AS 路径过滤器 2，将所有 AS-PATH 路径中邻居 AS 为 200 的过滤掉，其他的接收。

```
ip as-path-filter 2 deny ^200_
ip as-path-filter 2 permit .*
```

（3）创建 AS 路径过滤器 3，允许 AS_PATH 长度为 2 的所有路由。

```
ip as-path-filter 3 permit [0-9]+.[0-9]+
```

（4）创建 AS 路径过滤器 4，精确匹配出 AS_PATH 为 100（123 456）的路由。

```
ip as-path-filter 4 permit 100_\（123_456\）$
```

说明：

在配置 AS_PATH-filter 语句时，类似前缀列表，默认隐含拒绝所有，注意最后需要允许所有语句。

应用 AS_PATH-filter：

```
[Huawei] bgp 100
[Huawei-bgp] peer 2.2.2.2 as-path-filter 1 export
```

说明：

正则表达式有非常强大的功能，不仅仅被用于 BGP，也被广泛用于其他的领域。但是表示方法也比较复杂，具体可以参看《精通正则表达式：第三版》、《正则表达式必知必会》等相关书籍。

测试工具：display bgp routing-table regular-expression 用于对 BGP 路由表使用正则表达式过滤，查看所有邻居 AS 为 156 的路由。

```
<R1>display bgp routing-table regular-expression ^156_
 Total Number of Routes: 6
 BGP Local router ID is 29.29.15.1
```

```
Status codes: *-valid, >-best, d-damped,
              h-history,  i-internal, s-suppressed, S-Stale
              Origin : i-IGP, e-EGP, ? –incomplete
     Network          NextHop       MED        LocPrf     PrefVal Path/Ogn
*>   158.3.1.0/24     6.6.6.6                             0       156 11 12 13i
* i                   5.5.5.5                  100        0       156 11 12 13i
*>   158.3.2.0/24     6.6.6.6                             0       156 11 12 13i
* i                   5.5.5.5                  100        0       156 11 12 13i
*>   158.3.3.0/24     6.6.6.6                             0       156 11 12 13i
* i                   5.5.5.5                  100        0       156 11 12 13i
```

路由策略工具4：route-policy

路由策略工具route-policy是BGP中非常重要的一个工具，该内容已在"路由控制"章节中有过详细介绍，BGP协议十分依赖route-policy工具，route-policy被用于过滤路由信息以及为通过过滤的路由信息设置路由属性。一个route-policy由多个节点构成。一个节点包括多个if-match和apply子句。if-match子句用来定义该节点的匹配条件，apply子句用来定义通过过滤的路由行为。if-match子句的过滤规则关系是"与"，即该节点的所有if-match子句都必须匹配。route-policy节点间的过滤关系是"或"，即只要通过了一个节点的过滤，就可通过该route-policy。如果没有通过任何一个节点的过滤，路由信息将无法通过该route-policy。

route-policy策略工具一般分为三个步骤，第一步，使用AC或前缀列表等工具匹配到流量；第二步，使用route-policy来设置路由属性；第三步，在BGP进程中调用策略并应用在出或者入方向。

场景需求：如图6-33所示，R1对收到的10.1.1.0/24～10.1.3.0/24路由做属性设置，配置Local_Pref属性为150。其他路由则保持默认的Local_Pref。

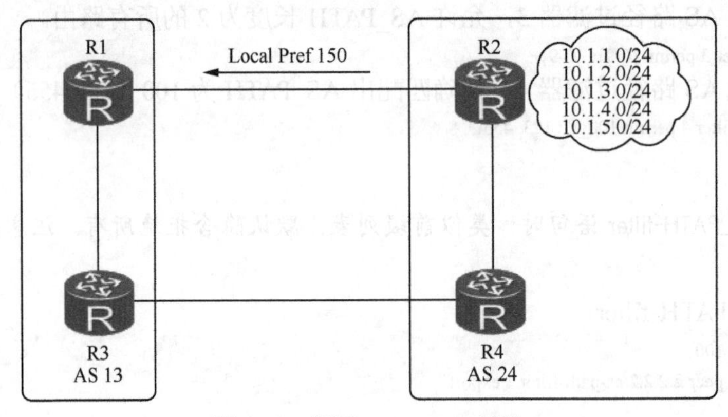

图6-33　设置Local_Pref属性

配置示例：

```
[R1]acl 2000
[R1-acl-basic-2000]rule permit source 10.1.0.0 0.0.3.0
[R1-acl-basic-2000]quit
[R1]route-policy abc
[R1]route-policy abc permit node 10
[R1-route-policy]if-match acl 2000
[R1-route-policy]apply local-preference 150
[R1-route-policy]quit
[R1]route-policy abc permit node 20
```

```
[R1-route-policy]quit
[R1]bgp 13
[R1-bgp]peer 2.2.2.2 route-policy abc import
```

说明：

本案例中在 node 10 中将匹配到的流量设置 Local_Pref 值为 150。在 node 20 中没有通过 if-mach 匹配流量，而是将其他所有流量都进行匹配，不设置任何动作，将使用默认的值。最后在入方向调用 route-policy 工具。

BGP 邻居软重置和硬重置

在 BGP 中通过策略控制路由的发布与接收，可以控制路由表的容量，提高网络安全性，同时避免向对等体发布或者从对等体接收到不必要的路由。

如图 6-34 所示，控制路由发布与接收思路分为如下几个步骤。

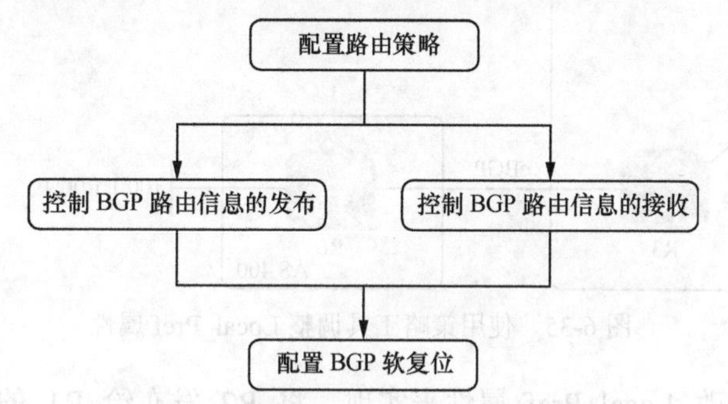

图 6-34 控制 BGP 路由的交互流程图

第 1 步：配置路由策略（import 或 export 方向）。

第 2 步：控制路由发布或接收。

第 3 步：使用命令 refresh bgp 进行 BGP 的软复位。

BGP 的入口策略改变后，新策略不会立刻生效，为了使新的策略立即生效，可以重置 BGP 连接，但这样会造成 BGP 连接中断。由于 BGP 基于 TCP 层，如果 BGP 中断连接，将会重新建立 TCP 连接，这样将会影响收敛的时间。BGP 支持手工对 BGP 连接进行软复位，可在不中断 BGP 连接情况下完成路由表的刷新。对于不支持软复位的 BGP 对等体，可以同时配置保留该对等体的所有原始路由功能，在不复位 BGP 连接的情况下完成路由表的刷新。

配置命令：

refresh bgp [vpn-instance *vpn-instance-name* **ipv4-family | vpnv4] { all |** ipv4-address **} { export | import }**

说明：

BGP 通过 route-refresh 报文来通知上游邻居，再次发布一次路由经过策略决策进程，从而使得路由策略能够立刻生效。import 针对入方向的软复位，而 export 针对出方向的软复位，all 针对所有 IPv4 邻居的软复位。

6.3.2 案例分析

案例研究：使用策略工具调整 Local_Pref 属性

场景描述及需求：如图 6-35 所示，AS 300 和 AS 400 分别通告了一条路由 100.1.1.0/24，该路由传递到 AS 100，由于从两条路径都能收到该路由，在未更改其他属性的情况下，因为 AS_PATH 长短问题，AS 100 的路由器访问 100.1.1.0 时会全部经过 AS 400 到达。现要求通过调整 BGP 路径属性来控制 R1、R2、R3 的选路。需求如下：

（1）只在 R1 上配置；

（2）要求 R2 经过 AS 200 到达 100.1.1.0；

（3）要求 R1 和 R3 都经过 AS 400 到达该网段。

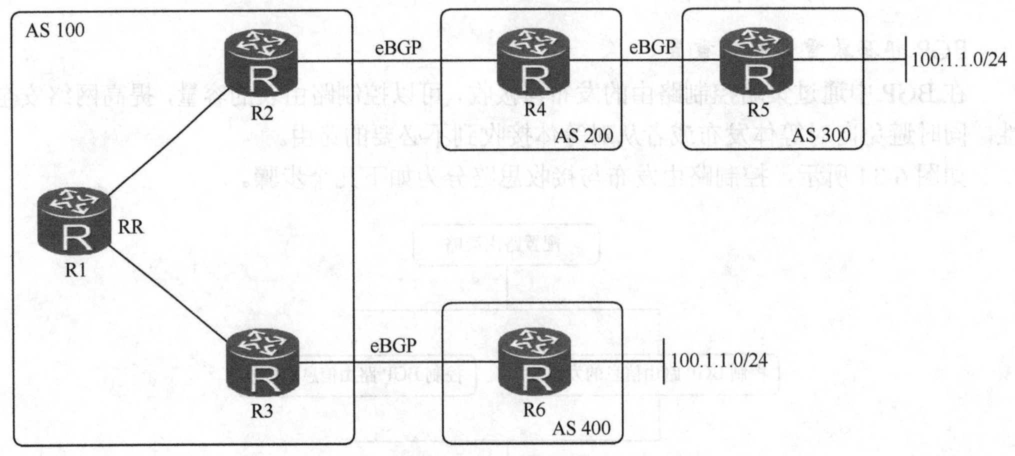

图 6-35　使用策略工具调整 Local_Pref 属性

解决方法：修改 Local_Pref 属性来实现，将 R2 发布给 R1 的路由在入方向调用 route-policy 策略工具，将其发布过来的 100.1.1.0 路由的 Local_Pref 值改为 80；将 R3 发布给 R1 的路由在入方向使用同样的方法将 Local_Pref 值改为 90。修改以后来分析一下 AS100 中各路由器的选路。

（1）R1 的选路：R1 从 R2 收到的路由改为了 80，而从 R3 收到的路由改为 90，那么 R1 会比较 R2 和 R3 通告来的 Local_Pref 值。Local_Pref 属性位于选路规则中第二位，要比 AS_PATH 属性更优先比较。因为 R3 的更优，所以 R1 会选择 R3 作为下一跳。

（2）R2 的选路：在未修改属性之前，R2 经由 R1 去往目标网络，但是由于 R1 将 R3 发布的路由 Local_Pref 值改为了 90，Local_Pref 属性将会在整个 AS 中传递，R2 同样也收到了该值，但是 R2 会比较来自于 R4 的路由。由于 R4 来的路由未做修改，为默认值 100，因此 R2 将会选择 R4 作为下一跳。

（3）R3 的选路：由于 R1 将 R3 作为到达目标网络最优的下一跳，那么 R3 的 BGP 路由表中只会有一条到达目标网络的路径，该路由是由 R6 通告的。因此 R3 将会选择 R6 作为下一跳。

配置示例：在 R1 上通过 route-policy 策略工具修改属性，分别改为 80 和 90。

```
[R1]acl 2000
[R1-acl-basic-2000] rule 10 permit source 100.1.1.0 0

[R1]route-policy 2TO1 permit node 10
[R1-route-policy]if-match acl 2000
[R1-route-policy] apply local-preference 80
[R1-route-policy] route-policy 2TO1 permit node 20
```

```
[R1-route-policy] route-policy 3TO1 permit node 10
[R1-route-policy] if-match acl 2000
[R1-route-policy] apply local-preference 90
[R1-route-policy] route-policy 3TO1 permit node 20
[R1-route-policy] quit

[R1] bgp 100
[R1-bgp] peer 10.1.2.2 route-policy 2TO1 import
[R1-bgp] peer 10.1.3.3 route-policy 3TO1 import
```

观察 R1/R2/R3 的 BGP 路由表：

```
<R1>display bgp routing-table
 BGP Local router ID is 10.1.12.1
 Status codes: *-valid, >-best, d-damped,
               h-history,  i-internal, s-suppressed, S-Stale
               Origin : i-IGP, e-EGP, ?-incomplete
 Total Number of Routes: 1
      Network          NextHop        MED        LocPrf     PrefVal Path/Ogn
 *>i  100.1.1.0/24     10.1.3.3       0          110        0       400i
----------------------------------------------------------------------------------
<R2>display bgp routing-table
 BGP Local router ID is 10.1.12.2
 Status codes: *-valid, >-best, d-damped,
               h-history,  i-internal, s-suppressed, S-Stale
               Origin : i-IGP, e-EGP, ?-incomplete
 Total Number of Routes: 2
      Network          NextHop        MED        LocPrf     PrefVal Path/Ogn
 *>i  100.1.1.0/24     10.1.3.3       0          110        0       400i
 *                     10.1.24.4                            0       200 300i
----------------------------------------------------------------------------------
<R3>display bgp routing-table
 BGP Local router ID is 10.1.13.3
 Status codes: *-valid, >-best, d-damped,
               h-history,  i-internal, s-suppressed, S-Stale
               Origin : i-IGP, e-EGP, ?-incomplete
 Total Number of Routes: 1
      Network          NextHop        MED        LocPrf     PrefVal Path/Ogn
 *>   100.1.1.0/24     10.1.36.6      0                     0       400i
```

案例研究：调整 PrefVal 首选权属性

场景描述及需求：如图 6-35 所示，场景与 6.3.2 节相同。现要求通过调整 BGP 路径属性来控制 R1、R2、R3 的选路。需求如下。

（1）只在 R2 上配置。

（2）要求 R2 经过 AS 200 到达 100.1.1.0。

（3）要求 R1 和 R3 都经过 AS 400 到达该网段。

解决方法：在 R2 上将 R4 通告过来的路由 100.1.1.0 匹配到后使用 route-policy 工具将 PrefVal 值修改为 200，修改以后来分析一下 AS 100 中各路由器的选路。

（1）R1 的选路：未修改之前 R1 默认选 R3 作为下一跳，而 R2 修改了 PrefVal 值并不会影响 R1 的选路，因此 R1 不受影响，依然会选择 R3 作为下一跳。

（2）R2 的选路：在未修改属性之前，R2 经由 R1 去往目标网络，但是在 R2 上将 R4 通告来的路由改大了 PrefVal 值，该值在选路规则中位列第一位，最优先比较，因此

R2 将会选择 R4 作为下一跳。

（3）R3 的选路：R2 修改的 PrefVal 值也不会影响 R3 的 BGP 选路，因此无需做任何修改，R3 同样会选择 R6 作为下一跳。

配置示例：在 R2 上通过 route-policy 策略工具修改 PrefVal 值为 200。

```
[R2]acl 2000
[R2-acl-basic-2000] rule 10 permit source 100.1.1.0 0

[R2] route-policy PrefVal permit node 10
[R2-route-policy] if-match acl 2000
[R2-route-policy] apply preferred-value 200
[R2-route-policy] route-policy PrefVal permit node 20

[R2] bgp 100
[R2-bgp] peer 10.1.24.4 route-policy PrefVal import
```

说明：

在 BGP 路由进程中也可以通过命令 peer { *group-name* | *ipv4-address* | *ipv6-address* } preferred-value *value* 来修改。该命令针对所有对等体发布的路由进行修改，不能针对特定的路由，一般使用 route-policy 工具来更加精细地控制路由。

案例研究：通过策略调整 MED 属性

场景描述及需求：在图 6-36 中，AS 100 为 ISP1，AS 300 为 ISP2，AS 100 和 AS 400 为某企业通过 BGP 接入到 ISP。AS 200 有两个网段，分别为 172.16.30.0/24 和 172.16.31.0/24，通过调整 BGP 路径属性来实现选路，现要求如下。

（1）使用 MED 属性。

（2）要求 R6 通过 ISP1 访问 172.16.30.0 网段。

（3）要求 R6 通过 ISP2 访问 172.16.31.0 网段。

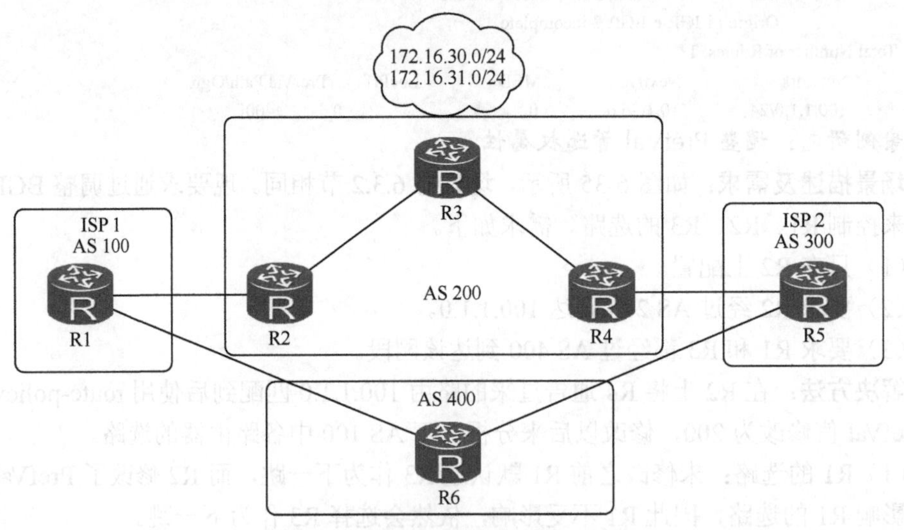

图 6-36 案例研究：调整 MED 属性

分析思路：由于 R6 从 AS 100 和 AS 300 都能收到两条路由，在属性未做修改的情况下，R6 将选择 R1 作为到达目标网络的下一跳，根据选路规则中的 Router_ID 属性来决定出是在（R1 优于 R5）。为了影响 R6 的出业务流量，可以在 R6 的入方向或者 R1 和 R5 的出方向来调整路径属性，但是需求中要求只能修改 MED 值来实现，可以通过以下方法来解决。

解决方法：

(1)在 R1 向 R6 发布路由时，将 172.16.31.0 网段匹配到，且在出方向调用 route-policy 策略来修改 MED 值为 100，而 172.16.30.0 网段采用默认的 MED 值 0。

（2）在 R5 向 R6 发布路由的出方向调用 route-policy 策略，将 172.16.30.0 网段匹配到，且将 MED 值改为 100，而 172.16.31.0 网段采用默认的 MED 值 0。

通过以上方式使得 R6 在访问 172.16.30.0 网段比较 MED 时，R1 要优于 R5；而访问 172.16.31.0 网段时，R5 要优于 R1。

配置示例：在 R1 和 R5 的出方向修改 MED 属性。

```
R1 的配置
[R1] ip ip-prefix 31 index 10 permit 172.16.31.0 24

[R1]route-policy SET-MED permit node 10
[R1-route-policy]route-policy SET-MED permit node 10
[R1-route-policy]if-match ip-prefix 31
[R1-route-policy]apply cost 100
[R1-route-policy] route-policy SET-MED permit node 20

[R1] bgp 100
[R1-bgp]peer 10.1.16.6 route-policy SET-MED export
-----------------------------------------------------------------------------
R5 的配置
[R5] ip ip-prefix 30 index 10 permit 172.16.30.0 24

[R5]route-policy SET-MED permit node 10
[R5-route-policy]route-policy SET-MED permit node 10
[R5-route-policy] if-match ip-prefix 30
[R5-route-policy] apply cost 100
[R5-route-policy] route-policy SET-MED permit node 20

[R5] bgp 300
[R5-bgp] peer 10.1.56.6 route-policy SET-MED export
```

R6 的路由表：

```
<R6>display bgp routing-table
 BGP Local router ID is 10.1.56.6
 Status codes: *-valid, >-best, d-damped,
               h-history,  i-internal, s-suppressed, S-Stale
               Origin : i-IGP, e-EGP, ?-incomplete
 Total Number of Routes: 4
      Network          NextHop        MED        LocPrf     PrefVal Path/Ogn
 *>   172.16.30.0/24   10.1.16.1                            0       100 200i
 *                     10.1.56.5      100                   0       300 200i
 *>   172.16.31.0/24   10.1.16.1      100                   0       100 200i
 *                     10.1.56.5                            0       300 200i
```

通过观察 R6 的路由表，分别将 R1 传递过来的 172.16.31.0 路由的 MED 值修改成了 100，而将 R5 传递过来的 172.16.30.0 路由 MED 值改为了 100，但是 R6 仍然选择了 R1

到达网段 172.16.31.0，MED 值的比较并没有生效。

说明：

关于 MED 值属性，默认情况下路由器只会比较同一个 AS 来的路由条目，不会比较来自不同 AS 的路由。R6 分别从 AS 100 和 AS 300 接收路由，由于位于不同的 AS，因此是不会参与比较的。需要使用命令 compare-different-as-med 来比较不同的 AS 间的 MED 属性。

在 R6 上配置 compare-different-as-med 命令：

```
[R6-bgp]compare-different-as-med
```

修改后查看 R6 的路由表，已经选择了正确的路径：

```
<R6>display bgp routing-table
 BGP Local router ID is 10.1.56.6
 Status codes: *-valid, >-best, d-damped,
               h-history,  i-internal, s-suppressed, S-Stale
               Origin : i-IGP, e-EGP, ?-incomplete
 Total Number of Routes: 4
      Network            NextHop        MED          LocPrf      PrefVal Path/Ogn
 *>   172.16.30.0/24     10.1.16.1                               0        100 200i
 *                       10.1.56.5      100                      0        300 200i
 *>   172.16.31.0/24     10.1.56.5                               0        300 200i
 *                       10.1.16.1      100                      0        100 200i
```

思考：

如图 6-37 所示，A100 从 AS 300 和 AS 200 分别接收到 100.1.1.0 网段路由，且分别由 R2、R3、R4 将 MED 值设置为 200、150、50，请问 R1 该如何选路？

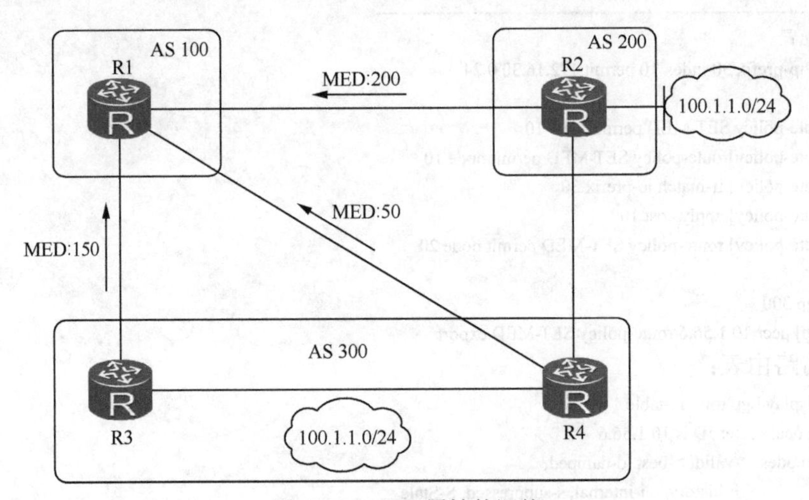

图 6-37　MED 属性的调整

思路分析：R1 有三条路径都可以到达 100.1.1.0 网段，且 AS_PATH 长度也一致。根据选路规则：MED 属性位列选路规则中第 6 位，从三个对等体收到的路由中，由 R4 通告的路由 MED 值是最小的（50），但是实际没有选择 R4 作为下一跳。原因在于 R2 与 R3 和 R4 不在同一 AS 中，因此不会比较这两个 AS 通告的路由的 MED 值。最终比较到 Router_ID，而 R2 的最小，所以选择 R2 作为下一跳。

配置示例：R1 的路由表。

```
<R1>display bgp routing-table
 BGP Local router ID is 10.1.12.1
 Status codes: *-valid, >-best, d-damped,
               h-history,   i-internal, s-suppressed, S-Stale
               Origin : i-IGP, e-EGP, ?-incomplete
 Total Number of Routes: 3
      Network          NextHop       MED        LocPrf    PrefVal Path/Ogn
 *>   100.1.1.0/24     10.1.12.2     200                  0       200i
 *                     10.1.14.4     50                   0       300i
 *                     10.1.13.3     150                  0       300i
```

案例研究：通过策略调整 AS_PATH 属性

场景描述及需求：如图 6-35 所示，AS 300 和 AS 400 分别通告了一条路由 100.1.1.0/24，该路由传递到 AS 100，由于从两条路径都能收到该路由，在未更改其他属性的情况下，因为 AS_PATH 长短问题，AS 100 的路由器访问 100.1.1.0 时会全部经过 AS 400 到达。现要求通过调整 BGP 路径属性来控制 R1、R2、R3 的选路，需求如下。

（1）只能在 R3 上配置。

（2）要求 R1 和 R2 经过 AS 200 到达 100.1.1.0 网络。

（3）R3 经过 AS 400 到达目标。

解决方法：在 R3 的入方向应用策略修改 AS_PATH 属性，将 AS_PATH 的长度增加一个 AS 号，为了确保 AS100 中所有路由器到达 100.1.1.0 网段，AS 号长度相等，那么 R2 将会选择 AS 200 访问。因为 AS_PATH 长度一致后，将会比较第 7 步，由于是来自 eBGP 的路由，将优于 iBGP。R1 会收到两条路由，下一跳分别为 R2 和 R3，R1 将会选择 R2 访问，在路径比较的时候将会比较到最后一步，选择 Router_ID 最小的值，因此下一跳会选择 R2。而 R3 也是从 eBGP 收到的路由，因此会选择 AS 400 到达。

配置示例：

```
[R3]acl 2000
[R3-acl-basic-2000]rule 10 permit source 100.1.1.0 0
[R3] route-policy as permit node 10
[R3-route-policy] if-match acl 2000
[R3-route-policy] apply as-path 500 additive
[R3-route-policy] route-policy as permit node 20
[R3-route-policy] quit

[R3] bgp 100
[R3-bgp] peer 10.1.36.6 route-policy SET-AS import
```

说明：

配置 as-path 500 additive，用于添加 AS 号，R3 收到的路由 100.1.1.0 会将 as-path 增加一个，由以前的 400 变为（500 400）添加在最左侧，如下图所示。

```
<R3>display bgp routing-table
 BGP Local router ID is 10.1.13.3
 Status codes: *-valid, >-best, d-damped,
               h-history,   i-internal, s-suppressed, S-Stale
               Origin : i-IGP, e-EGP, ?-incomplete
 Total Number of Routes: 2
      Network          NextHop       MED        LocPrf    PrefVal Path/Ogn
```

```
*>   100.1.1.0/24       10.1.36.6       0                     0      500 400i
* i                     10.1.2.2                  100         0      200 300i
```

修改 AS_PATH 属性时可以携带两个参数。

- Additive 用于添加 AS 号，可添加多个 AS 号，比如原 AS 号为（200 300），配置 apply as-path 500 600 additive 命令，则在原 AS_PATH 添加 AS 两个号，修改后路径为（500，600，200，300）。
- Overwrite 用于覆盖前面的 AS 号，比如原 AS 号为 400，而配置 apply as-path 500 overwrite 命令，则 as-path 列表更改为（500）。

配置示例：修改 as-path overwrite。

```
[R3] route-policy as permit node 10
[R3-route-policy] if-match acl 2000
[R3-route-policy] apply as-path 500 overwrite
```

说明：

配置覆盖 AS 参数，将改变原始的 AS 号，在配置命令时，系统将会提示，选择确认即可修改。但是该参数不建议使用，容易形成环路。

思考：

本例初始情况下，如其他路由器没有做任何属性修改，需要在 R2 上进行配置，如何让 R2 选择 AS 200 到达 100.1.1.0 网段。

分析：

由于 AS 100 到达 100.1.1.0 网段经由 AS 400 最优，只有一个 AS 号，经由 AS 200 有两个 AS 号，在决策路由时，可以在 R2 上配置命令 bestroute as-path-ignore 忽略掉 AS_PATH 属性。那么 R2 将会继续往后比较，eBGP 优于 iBGP，因此 R2 将选择 AS 200 到达。

配置示例：

```
[R2]bgp 100
[R2-bgp]bestroute as-path-ignore
------------------------------------------------------------------------------------------------------------------
<R2>display bgp routing-table
 BGP Local router ID is 10.1.12.2
 Status codes: *-valid, >-best, d-damped,
               h-history,   i-internal, s-suppressed, S-Stale
               Origin : i-IGP, e-EGP, ?-incomplete
 Total Number of Routes: 2
      Network            NextHop         MED        LocPrf     PrefVal Path/Ogn
 *>   100.1.1.0/24       10.1.24.4                             0       200 300i
 * i                     10.1.3.3        0          100        0       500i
```

说明：

配置命令以后，R2 会忽略掉 AS_PATH 属性的比较，选择了 AS 200 访问。

案例研究：通过策略调整 community 属性

1. 自定义团体属性案例

场景描述及需求：如图 6-38 所示，R1 通告的三个网段（172.16.1.0/24、172.16.2.0/24、172.16.3.0/24），要求通过设置自定义团体属性，在 AS 200 中做统一的路由策略。

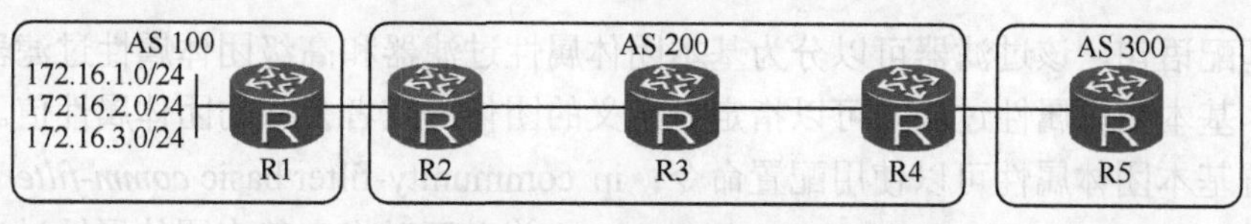

图 6-38 调整 community 属性

配置示例：

（1）通过 ip-prefix 将三条路由匹配到

```
[R1]ip ip-prefix ROUTER permit 172.16.0.0 22 greater-equal 24 less-equal 24
```

（2）通过策略工具修改 community 属性

```
[R1]route-policy SET-COMMUNITY permit node 10
[R1-route-policy]if-match ip-prefix ROUTER
[R1-route-policy]apply community 100:200
[R1-route-policy]quit
[R1]route-policy SET-COMMUNITY permit node 20
```

说明：

匹配到路由后，通过 route-policy 工具设置自定义的 community 属性为 100:200，那么这些路由都会被标识为具有相同的 community 值，而其他设备可以匹配到这个属性来实现统一的策略。

（3）应用策略在 export 方向

```
[R1]bgp 100
[R1-bgp]peer 12.1.1.2 route-policy SET-COMMUNITY export
```

（4）配置传递团体属性

```
[R1]bgp 100
[R1-bgp]peer 12.1.1.2 advertise-community
```

说明：

该命令用于将团体属性传递给对等体，默认 BGP 不将团体属性发布给任何对等体。

查看 R2 的 BGP 路由表的团体属性信息，三条路由团体号被标识为 100:200。

```
<R2>display bgp routing-table community
#查看 BGP 的团体属性的路由
 BGP Local router ID is 12.1.1.2
 Status codes: *-valid, >-best, d-damped,
               h-history,   i-internal, s-suppressed, S-Stale
               Origin : i-IGP, e-EGP, ?-incomplete
 Total Number of Routes: 3
       Network          NextHop        MED        LocPrf    PrefVal Community
 *>    172.16.1.0/24    12.1.1.1       0                    0       <100:200>
 *>    172.16.2.0/24    12.1.1.1       0                    0       <100:200>
 *>    172.16.3.0/24    12.1.1.1       0                    0       <100:200>
```

说明：

已通过策略工具将三条路由设置了团体属性 100:200。若想针对这些路由做统一的策略，只需要将此团体属性值匹配即可。

ip community-filter 团体属性过滤器

设置团体属性后可以与 ip community-filter 结合使用，用于作为 route-policy 策略工具中的匹配语句，该过滤器可以分为基本团体属性过滤器和高级团体属性过滤器。

- 基本团体属性过滤器可以指定自定义的团体号或者公共的团体属性值。

配置基本团体属性可以使用配置命令：ip community-filter basic *comm-filter-name* 或命令 ip community-filter *basic-comm-filter-num*。前者可以指定基本团体属性过滤器的名称，但名称必须包含非数字字符，一次最多可以配置 20 个团体号。后者只能配置过滤器号是 1～99 的基本团体属性，一次最多可以配置 20 个团体号。

示例 1：匹配自定义团体属性为 100:200 的路由。

```
[huawei]ip community-filter 1 permit 100:200
```

示例 2：匹配公共团体属性为 no-export 的路由。

```
[huawei]ip community-filter 2 permit no-export
```

- 高级团体属性过滤器可以指定正则表达式作为匹配条件。

配置高级团体属性过滤器可通过命令 ip community-filter advanced *comm-filter- name* 或命令 ip community-filter *adv-comm-filter-num* 进行配置。前者可以指定高级团体属性过滤器的名称，但名称必须包含非数字字符。后者只能配置过滤器号是 100~199 的高级团体属性。

示例 3：匹配所有起始符为 100 的团体属性值。

```
[huawei]ip community-filter 100 permit ^100
```

在 R2 上面使用团体属性过滤器抓取到自定义属性为 100:200 的路由，并使用策略工具进行匹配，传递给 R3 的时候将路由 MED 属性修改为 100。

```
[R2]ip community-filter 1 permit 100:200
[R2]route-policy ADV_COMMUNITY permit node 10
[R2-route-policy]if-match community-filter 1
[R2-route-policy]apply cost 100
[R2-route-policy] route-policy ADV_COMMUNITY permit node 20
[R2-route-policy]quit
[R2]bgp 200
[R2-bgp]peer 10.1.3.3 route-policy ADV_COMMUNITY export
[R2-bgp]peer 10.1.3.3 advertise-community
```

查看 R3 的 BGP 路由表，团体属性为 100:200 的路由，其 MED 值都被设置为了 100。

```
<R3>display bgp routing-table community
 BGP Local router ID is 10.1.23.3
 Status codes: *-valid, >-best, d-damped,
               h-history,   i-internal, s-suppressed, S-Stale
               Origin : i-IGP, e-EGP, ?-incomplete
 Total Number of Routes: 3
       Network          NextHop        MED        LocPrf     PrefVal Community
 *>i   172.16.1.0/24    10.1.2.2       100        100        0        <100:200>
 *>i   172.16.2.0/24    10.1.2.2       100        100        0        <100:200>
 *>i   172.16.3.0/24    10.1.2.2       100        100        0        <100:200>
```

2. 公共团体属性案例

场景描述 1：设置公共团体属性，要求 AS 100 传递过来的所有团体属性为 100:200 的路由只允许在 AS200 中传递，不允许传递到 AS 300，且继续保留原团体属性值。

思路分析：在 R2 上通过 ip community-filter 将 100：200 匹配到（该团体属性已经在上一个案例中为 172.16.1.0-172.16.3.0 网段设置了该值）。然后为其设置公共的团体属性 no-export，收到该属性的路由器只能在本 AS 内传递，不能发布到本地 AS 之外。因此该路由只能在 AS 200 中传递，而不传递到 AS 300。

配置示例：

```
[R2] ip community-filter 1 permit 100:200
[R2]route-policy SET-COMMUNITY permit node 10
[R2-route-policy] if-match community-filter 1
[R2-route-policy]apply community no-export additive
[R2-route-policy]quit
[R2]route-policy SET-COMMUNITY permit node 20
[R2]bgp 200
[R2-bgp]peer 10.1.12.1 route-policy SET-COMMUNITY import
[R2-bgp] peer 10.1.3.3 advertise-community
```

说明：

在 route-policy 中设置了 no-export 属性，并且使用关键字 additive，该关键字用来添加新的团体属性，而不会覆盖掉原来的自定义团体属性值 100:200。如果不携带该关键字，则原属性将被覆盖掉。

查看 R2 的 BGP 路由表团体属性：

```
[R2]display bgp routing-table community
 BGP Local router ID is 10.1.12.2
 Status codes: *-valid, >-best, d-damped,
               h-history,   i-internal, s-suppressed, S-Stale
               Origin : i-IGP, e-EGP, ?-incomplete
 Total Number of Routes: 3
      Network          NextHop         MED         LocPrf     PrefVal Community
 *>   172.16.1.0/24    10.1.12.1       0                      0       <100:200>, no-export
 *>   172.16.2.0/24    10.1.12.1       0                      0       <100:200>, no-export
 *>   172.16.3.0/24    10.1.12.1       0                      0       <100:200>, no-export
```

说明：

在团体属性表中可以同时看到自定义团体属性 100:200 和公共团体属性 no-export。

查看 R4 和 R5 的 BGP 路由表：

```
<R4>display bgp routing-table
 BGP Local router ID is 10.1.34.4
 Status codes: *-valid, >-best, d-damped,
               h-history,   i-internal, s-suppressed, S-Stale
               Origin : i-IGP, e-EGP, ?-incomplete
 Total Number of Routes: 3
      Network          NextHop        MED        LocPrf     PrefVal Path/Ogn
 *>i  172.16.1.0/24    10.1.2.2       0          100        0       100i
 *>i  172.16.2.0/24    10.1.2.2       0          100        0       100i
 *>i  172.16.3.0/24    10.1.2.2       0          100        0       100i
------------------------------------------------------------------------------------------------
<R5>display bgp routing-table
```

说明：

由于 R2 设置了 no-export 属性，因此被标识的路由只能在 AS 200 中传递，不能传递到其他 AS。

场景描述 2：要求原团体属性 100:200 的路由只能被 R2 收到，通过设置公共团体属性值，要求不能通告给其他的对等体。

问题分析：在 R2 将 100:200 的团体属性匹配到，然后设置公共团体属性为 no-advertise，收到该属性的路由器，将不会再传递给其他任何对等体。

配置示例：

```
[R2] ip community-filter 1 permit 100:200
[R2]route-policy SET-COMMUNITY permit node 10
[R2-route-policy] if-match community-filter 1
[R2-route-policy] apply community advertise
[R2-route-policy] quit
[R2]route-policy SET-COMMUNITY permit node 20
[R2] bgp 200
[R2-bgp]peer 10.1.12.1 route-policy SET-COMMUNITY import
```

说明：

当路由团体属性被设置为 no-advertise，该路由器将不会再把路由通告给其他对等体。

除了以上两种公共团体属性以外，还有 internet、no-export-subconfed、none。

internet：缺省情况下，所有路由都属于该团体，表示可以向任何对等体发布路由。

no-export-subconfed：用于 BGP 联盟中，具有此属性的路由器不向 AS 外发布路由，也不能发布给其他子 AS。

none：如果配置了 apply community none 命令，则 BGP 路由的团体属性被删除。

6.4 BGP 的应用与优化

6.4.1 大型的 BGP

在一个大型的 AS 当中受到 iBGP 水平分割（从 iBGP 的邻居接收到的路由不能再传递给其他的 iBGP 邻居）的影响，将会造成 BGP 的路由无法通过 iBGP 邻居接收。解决办法有三种。

1. 建立全互联的 iBGP 邻居
2. 路由反射器
3. BGP 的联盟

说明：建立全互联的 iBGP 邻居将会需要更多的资源，由于 BGP 基于 TCP 连接，每建立一个 BGP 邻居就需要一个 TCP 连接，这样会极大地消耗 CPU 资源。TCP 连接数可以通过一个公式：$n(n-1)/2$ 来计算。例如在 AS 内有 10 个路由器，那么将会有 45 个连接数。在大型的 BGP 网络中一般不采用全连接方式，通常会采用路由反射器和联盟来解决。

6.4.2 路由反射器

路由反射器概念

在大型的网络中，BGP 会话的规模也会日益庞大，在一个 AS 内有可能超过百台设备，也就是每台设备都会建立全互联的 iBGP 邻居关系，原因前面也提到了，是由于 iBGP 的水平分割原则，从一台 iBGP 邻居学习到的路由，不会再通告给其他的 iBGP 邻居。而路由反射器的出现可以解决以上这种问题，多台路由器可以只与一台中心的路由器来建立邻居关系，这台中心路由器就是路由反射器，不需要全互联的邻居。而路由反射机制允许该路由被“反射”出去，打破该限制。下面介绍一下路由反射器几种角色（如图 6-39 所示）。

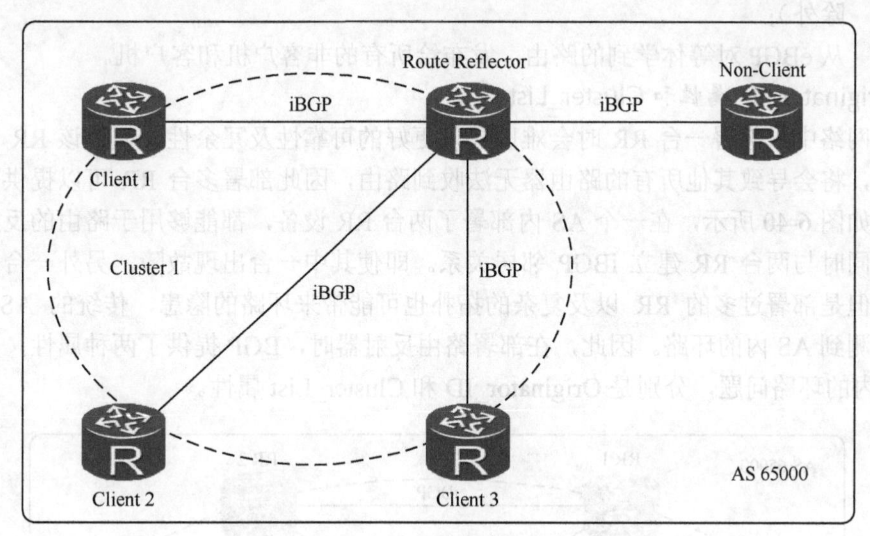

图 6-39　路由反射器

- 路由反射器（Route Reflector）：简称 RR，允许把从 iBGP 对等体学到的路由反射到其他 iBGP 对等体的 BGP 设备，该角色就像一面镜子一样，将从一处收到的光线折射到另外一处，主要用来反射路由给相应的客户机。
- 客户机（Client）：与 RR 形成反射邻居关系的 iBGP 设备，在 AS 内部客户机只需要与 RR 直连，被 RR 指定用来反射路由的设备，由 RR 来决定哪台设备作为客户机。
- 非客户机（Non-Client）：既不是 RR 也不是客户机的 iBGP 设备。在 AS 内部非客户机与 RR 之间以及所有的非客户机之间仍然必须建立全连接关系。
- 始发者（Originator）：在 AS 内部始发路由的设备。Originator_ID 属性用于防止集群内产生路由环路。
- 集群（Cluster）：路由反射器及其客户机集合。Cluster_List 属性用于防止集群间产生路由环路。

路由反射原理

同一集群内的客户机只需要与该集群的 RR 直接交换路由信息，因此客户机只需要与 RR 之间建立 iBGP 连接，不需要与其他客户机建立 iBGP 连接，从而减少了 iBGP 连接数量。在向多个对等体发送路由更新时，可以对 RR 实现进行优化，使 RR 只简单地复制 Update 消息，而不是针对每个对等体逐一生成相同的路由进行更新。如图 6-39 所示，在 AS 65000 内，一台设备作为 RR，三台设备作为客户机，形成 Cluster1。此时 AS

65000 中 iBGP 的连接数从配置 RR 前的 10 条减少到 4 条，不仅简化了设备的配置，也减轻了网络和 CPU 的负担。

RR 打破了 iBGP 水平分割的限制，并采用 Cluster_List 属性和 Originator_ID 属性防止路由环路。RR 向 iBGP 邻居发布路由规则：

- 从非客户机学到的路由，发布给所有客户机；
- 从客户机学到的路由，发布给所有非客户机和客户机（发起此路由的客户机除外）；
- 从 eBGP 对等体学到的路由，发布给所有的非客户机和客户机。

Originator_ID 属性和 Cluster_List 属性

当网络中只部署一台 RR 时会难以提供更好的可靠性及冗余性，如果该 RR 设备发生故障，将会导致其他所有的路由器无法收到路由，因此部署多台 RR 可以提供更好的冗余。如图 6-40 所示，在一个 AS 内部署了两台 RR 设备，都能够用于路由的反射，其他设备同时与两台 RR 建立 iBGP 邻居关系。即使其中一台出现故障，另外一台也可以工作。但是部署过多的 RR 以及复杂的拓扑也可能带来环路的隐患，传统的 AS_PATH 无法检测到 AS 内的环路。因此，在部署路由反射器时，BGP 提供了两种属性，用于检测 AS 内的环路问题，分别是 Originator_ID 和 Cluster_List 属性。

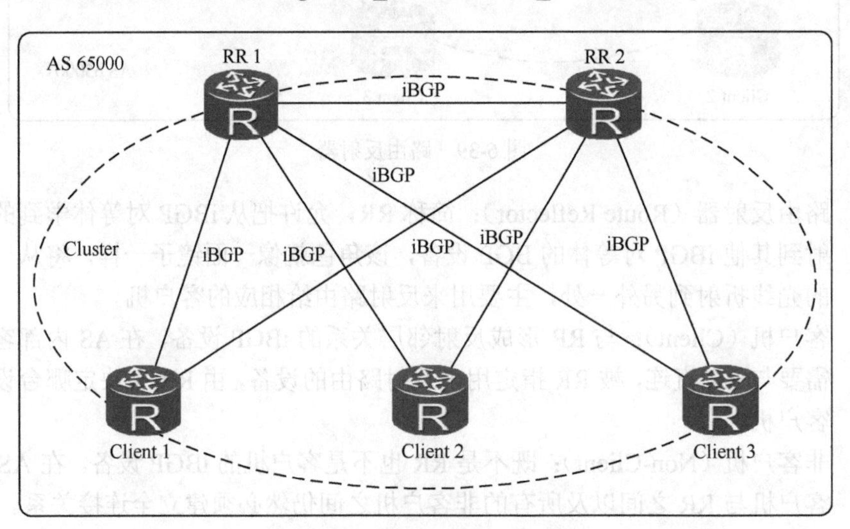

图 6-40 同一个集群的路由反射器方案

（1）Originator_ID：可选非过渡属性，该属性由 RR 产生，封装在 Update 消息中，使用的 Router_ID 的值标识路由的始发者，用于防止集群内产生路由环路。

集群内的环路现象

场景描述：一个集群中部署两个 RR（两个 RR 使用相同的 Cluster_ID），每个 RR 和集群中每个客户建立 iBGP 邻居关系。一条路由从 Client 1 发送给 RR1，RR1 将该路由反射给 RR2（RR2 可以不是 RR1 的客户），RR2 继续反射该路由给其客户 Client 1，路由回到始发路由器，Client 1 如果使用该路由，则环路出现。

解决方法：在反射集群内使用 Originator_ID 属性来解决环路，具体过程如下。

① Client 1 将路由传递给 RR 1。

② RR 1 将为该路由添加 Originator_ID 属性，该属性为始发者的 Router_ID（Client 1）。

③ 该路由反射给 RR 2 后，再继续由 RR2 反射给 Client 1。反射过程中 Originator_ID 属性不变化。

④ Client 1 收到带有 Originator_ID 的路由，将 Originator_ID 属性值和本地的 Router_ID 进行比较，如果一致，说明 Client 1 收到的这条路由是其通告出去的路由，路由形成了环路，Client 1 拒绝接收该路由以避免环路。

下面的输出是带有 Originator_ID 属性的路由。

```
[Huawei] display bgp routing-table 172.16.0.0
  as-path 100, origin incomplete, localpref 100, pref-val 0, valid, internal, best, select, active, pre 255, IGP cost 2
  Originator: 2.2.2.2
  Cluster list: 3.3.3.3
```

说明：

上述场景并不会发生，原因是由于另外一个 BGP 属性 Cluster_List 在 RR 1 反射 Client 1 的路由给 RR 2 时，由于 RR 2 和 RR 1 具有相同的 Cluster_ID，RR 2 根本不会接收从相同 Cluster_ID 的 RR 反射过来的路由（同集群的 RR 间不互相接收对方路由），所以，RR2 也不会反射路由回 Client 1。

思考：

在上述场景中，如果 RR 1 和 RR 2 的 Cluster_ID 不同，是否会发生 Client 1 的路由经 RR 1 和 RR 2 反射回 Client 1？为什么？

（2）**Cluster_List**：可选非过渡属性，该属性是集群 ID（Cluster_ID）的列表，AS 内的每个集群都由唯一的 Cluster_ID 来标识（可以在 BGP 进程中使用 Cluster_ID 命令来修改，默认为 BGP 的 Router_ID）。路由反射器使用 Cluster_List 属性记录路由经过的每个集群的 Cluster_ID（类似 AS_PATH 属性），用来在集群间避免环路。当一条路由第一次被 RR 反射的时候，RR 会把本地 Cluster_ID 添加到 Cluster_List 的前面。如果没有 Cluster_List 属性，RR 就创建一个。当 RR 接收到一条更新路由时，RR 会检查 Cluster_List。如果 Cluster_List 中已经有本地 Cluster_ID，丢弃该路由；如果没有本地 Cluster_ID，将其加入 Cluster_List，然后反射该路由。

集群间的环路现象

场景描述：如图 6-41 所示，RR 1/RR 2/RR 3 是三个反射集群中的路由反射器，假设 RR 1/RR 2/RR 3 中，任两个 RR 都是另一个 RR 的客户，并部署全互联的 iBGP 邻居关系。来自 Client 1-1 的路由通告给 RR 1，若 RR 1 反射给 RR 2，RR 2 再反射给 RR 3，接着 RR 3 又重新将该路由发送回 RR 1，一旦 RR 1 接收并使用该路由，则环路形成。

解决方法：在反射集群之间使用 Cluster_List 属性来解决环路，具体过程如下。

① Client 1 将路由传递给 RR 1。RR 1 接收到路由，检查 Cluster_List 中是否有自己的 Cluster_ID，如果没有则添加进去，有则丢弃掉，并且反射给它的客户机。

② RR 2 是 Cluster 1 的客户机，RR 2 接收路由后，检查 Cluster_List 中是否有自己的 Cluster_ID，如果有则丢弃该路由，没有则添加自己的 Cluster_ID，并继续反射给它的客户机。

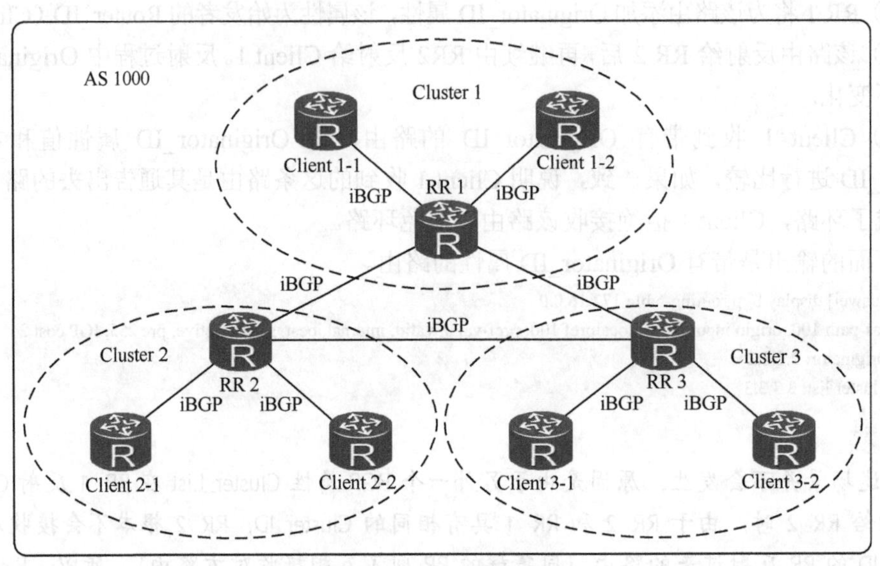

图 6-41　多反射集群方案

③ RR 3 也是 Cluster 2 的客户机，RR 3 收到路由并检查 Cluster_List 中是否有自己的 Cluster_ID，如果有则丢弃掉该路由，没有则添加，并再次反射给它的客户机。

④ RR 1 从 RR 3 收到该路由，检查 Cluster_List，发现在该列表中已经有了自己的 Cluster_ID，该路由将直接被丢弃掉，避免路由环路。

下面的输出是反射的路由所携带的 Cluster_List 属性。

```
[R5-bgp]display bgp routing-table 172.16.0.0
AS-PATH 100, origin incomplete, localpref 100, pref-val 0, internal, pre 255
 Aggregator: AS 200, Aggregator ID 12.1.1.2
 Originator:    2.2.2.2
 Cluster list: 4.4.4.4, 3.3.3.3
```

说明：

Cluster_List 和 Originator_ID 这两个属性仅存在于当 RR 将从 iBGP 邻居收到的路由向另一个 iBGP 邻居通告时（反射行为），用于防止环路而添加的仅在 AS 内起作用的属性，这两个属性并不会出现在 AS 外。

路由反射器的设计部署

- 备份反射器

为增加网络的可靠性，避免单点故障，需要在一个集群中配置一个以上的 RR，同一集群中的所有 RR 必须使用相同的 Cluster_ID，如图 6-42 所示。

路由反射器 RR 1 和 RR 2 在同一个集群内，配置了相同的 Cluster_ID。客户机 Client 1 和相同 Cluster_ID 的 RR 都建立 iBGP 邻居关系。当从 eBGP 对等体接收到一条路由时，Client 1 同时向 RR 1 和 RR 2 通告这条路由。

RR 1 和 RR 2 在接收到该路由后，将本地 Cluster_ID 添加到 Cluster_List 前面，然后向其他的客户机（Client 2、Client 3）反射，同时相互反射。

RR 1 和 RR 2 在接收到该反射路由后，检查 Cluster_List，发现自己的 Cluster_ID 已经包含在 Cluster_List 中，于是 RR 1 和 RR 2 丢弃该路由，从而避免了路由环路，同时能避免同集群内路由反射器间互相学习源自同一客户机的路由，可节省内存开销。

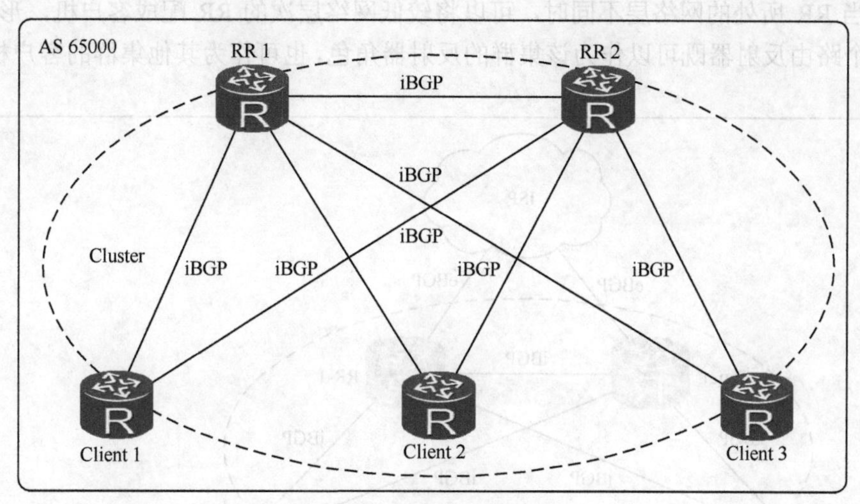

图 6-42 备份反射器方案

由于集群中 RR 间不互相学习 Client 的路由，所以如果 RR 上没有 eBGP 邻居关系，则 RR 间可以没有 iBGP 邻居关系。

- 同级路由反射器

如图 6-43 所示，一个骨干网被分成多个集群，各集群的 RR 之间互为非客户机关系，但是建立 iBGP 全连接。此时虽然每个客户机只与所在集群的 RR 建立 iBGP 连接，但所有 RR 和客户机都能收到全部路由信息。

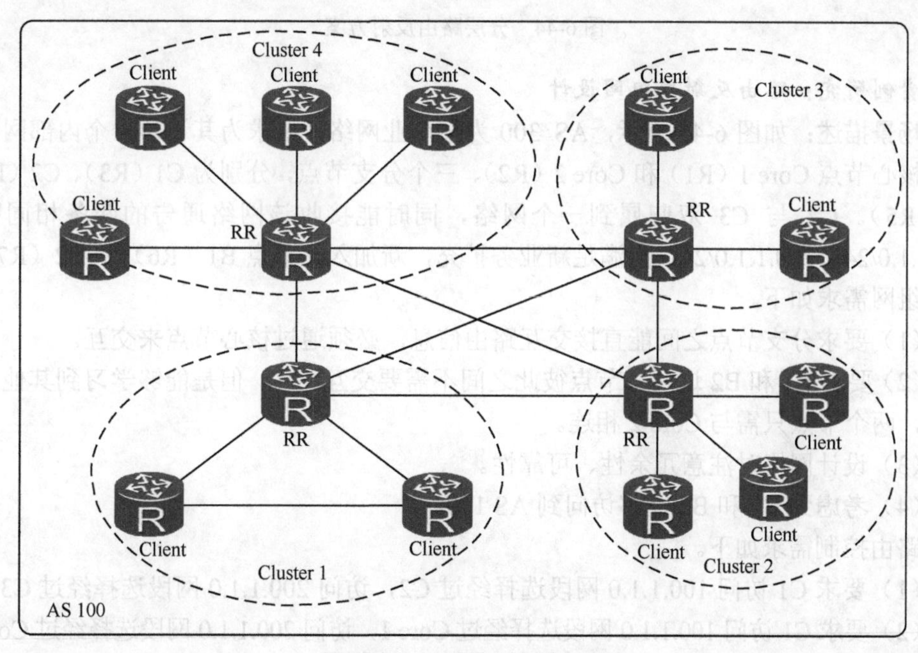

图 6-43 同级路由反射方案

● 分层路由反射器

如图 6-44 所示，一个 AS 中可以存在多个集群，各个集群的 RR 之间建立 iBGP 对等体。当 RR 所处的网络层不同时，可以将较低网络层次的 RR 配成客户机，形成分级 RR。每个路由反射器既可以作为该集群的反射器角色，也可作为其他集群的客户机角色。

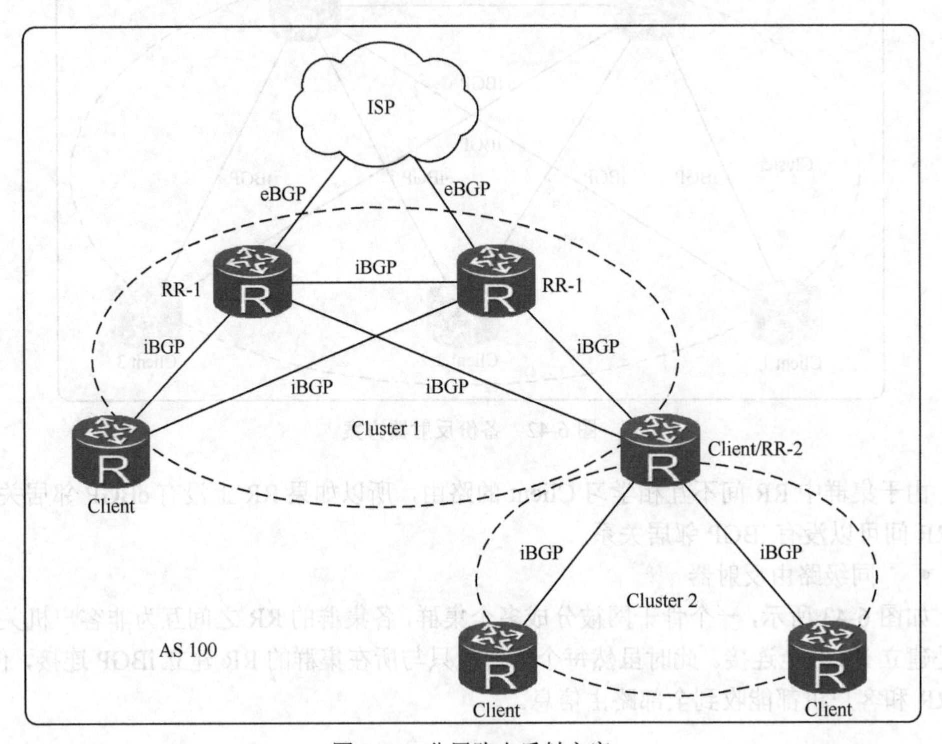

图 6-44 分层路由反射方案

案例研究：路由反射器组网设计

场景描述：如图 6-45 所示，AS 300 为某企业网络，要求为其设计一个内部网络有两个核心节点 Core 1（R1）和 Core 2（R2）、三个分支节点，分别为 C1（R3）、C2（R4）、C3（R5）。C2 与 C3 双归属到一个网络，同时能接收该网络通告的两条相同路由 100.1.1.0/24、200.1.1.0/24，为满足新业务扩充，新加入了节点 B1（R6）和 B2（R7）。

组网需求如下。

（1）要求分支节点之间能直接交互路由信息，必须通过核心节点来交互。

（2）要求 B1 和 B2 这两个节点彼此之间不需要交互路由，但是能够学习到其他所有路由，两个节点只需与 Core 2 相连。

（3）设计网络时注意冗余性、可靠性。

（4）考虑到 B1 和 B2 能够访问到 AS 100。

路由控制需求如下。

（1）要求 C1 访问 100.1.1.0 网段选择经过 C2，访问 200.1.1.0 网段选择经过 C3。

（2）要求 C1 访问 100.1.1.0 网段选择经过 Core 1，访问 200.1.1.0 网段选择经过 Core 2。

（3）要求在 Core 1 和 Core 2 上来实现路由的控制。

（4）AS 100 访问 AS 200 不能将 AS 300 作为穿越 AS。

组网分析思路：为满足组网的需求，方案如图 6-45 所示。

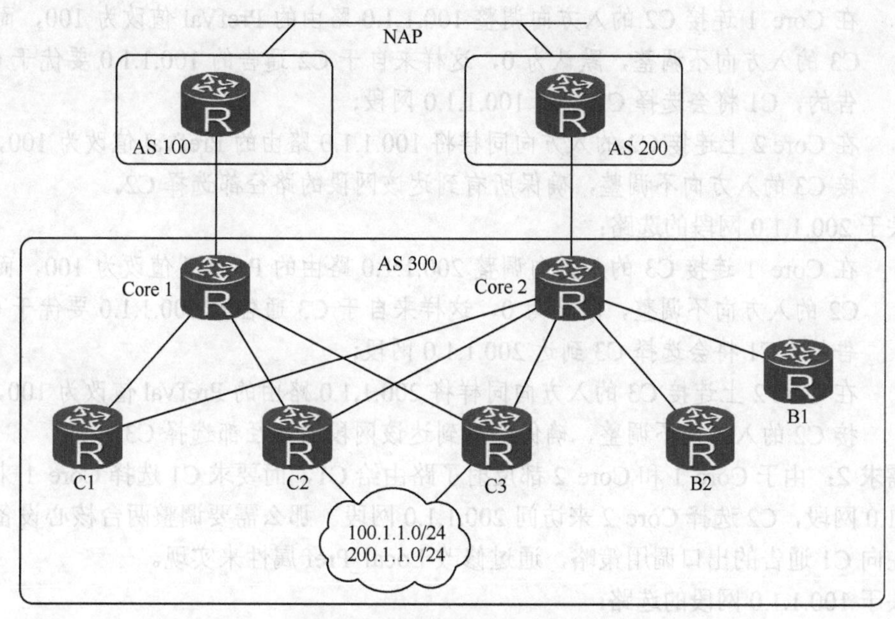

图 6-45 路由反射器组网设计

需求 1 分析：由于分支节点之间不能直接交互路由信息，因此 C1、C2、C3 之间没有直接的物理连线，都与两台核心路由器相连（Core 1 和 Core 2），两台核心设备部署为路由反射器 RR，各分支部署为客户端 Client，这样就可以将各自分支之间的路由通过 RR 来反射。

需求 2 分析：由于新加入的节点之间不能学习各自路由，但是可以学习其他所有路由，那么将 B1 和 B2 作为非客户端，两台设备之间无任何物理连线，且只与 Core 2 相连。

需求 3 分析：将 C1、C2、C3 都双上连到 Core 1 和 Core 2，且都作为两个 RR 的客户端，实现网络的冗余性和可靠性。

需求 4 分析：Core 1 和 Core 2 之间没有直接的物理连线，而 B1 和 B2 只与 Core 2 相连。由于 B1 和 B2 传递到 Core 2 的路由只能反射路由给三台客户端设备，而不能再传递给 Core 1，因此是无法访问 AS 100 的。那么可以在 Core 1 和 Core 2 之间增加一条物理链路，让 Core 2 作为反射器，也能作为 Core 1 的客户端，这样就能实现访问 AS 100 了。

路由控制思路分析

需求 1：C1 访问 100.1.1.0 和 200.1.1.0 网段可以经过 C2 和 C3 同时访问，由于可以通过两个核心路由器，因此实际上有四条路径。但是要求 C1 必须经过 C2 来访问 100.1.1.0，需要将 C2 通告 100.1.1.0 网段路径属性修改得比 C3 通告的更优。而通过 C3 访问 200.1.1.0，就需要将 C3 通告的 200.1.1.0 网段路径属性修改得比 C2 通告的更优。可以修改 PrefVal 值来进行选路的控制，因为 PrefVal 值只会影响本路由器的选路，如更改其他属性将会影响其他路由器的选路。

关于 100.1.1.0 网段的选路：

- 在 Core 1 连接 C2 的入方向调整 100.1.1.0 路由的 PrefVal 值改为 100，而连接 C3 的入方向不调整，默认为 0，这样来自于 C2 通告的 100.1.1.0 要优于 C3 通告的，C1 将会选择 C2 到达 100.1.1.0 网段；
- 在 Core 2 上连接 C2 的入方向同样将 100.1.1.0 路由的 PrefVal 值改为 100，而连接 C3 的入方向不调整，确保所有到达该网段的路径都选择 C2。

关于 200.1.1.0 网段的选路：

- 在 Core 1 连接 C3 的入方向调整 200.1.1.0 路由的 PrefVal 值改为 100，而连接 C2 的入方向不调整，默认为 0，这样来自于 C3 通告的 200.1.1.0 要优于 C2 通告的，C1 将会选择 C3 到达 200.1.1.0 网段；
- 在 Core 2 上连接 C3 的入方向同样将 200.1.1.0 路由的 PrefVal 值改为 100，而连接 C2 的入方向不调整，确保所有到达该网段的路径都选择 C3。

需求 2：由于 Core 1 和 Core 2 都反射了路由给 C1，而要求 C1 选择 Core 1 来访问 100.1.1.0 网段，C2 选择 Core 2 来访问 200.1.1.0 网段。那么需要调整两台核心设备的策略，在向 C1 通告的出口调用策略，通过修改 Local_Pref 属性来实现。

关于 100.1.1.0 网段的选路：

在 Core 1 连接 C1 的出方向调整 100.1.1.0 路由的 Local_Pref 值为 150，而 Core 2 连接 C1 的出方向不调整，默认为 100，这样就能确保 C1 经过 Core 1 到达 100.1.1.0 网段。

关于 200.1.1.0 网段的选路：

在 Core 2 连接 C1 的出方向调整 200.1.1.0 路由的 Local_Pref 值为 150，而 Core 1 连接 C1 的出方向不调整，默认为 100，这样就能确保 C1 选择 Core 2 到达 200.1.1.0 网段。

需求 3：由于所有配置需要在 Core 1 和 Core 2 来实现，而默认情况下，路由反射器是不能在出口应用策略修改路径属性的，目的是为了防止环路，因此需要通过配置命令 **reflect change-path-attribute** 来允许修改出口的策略。

需求 4：为了防止 AS 300 不能作为外部 AS 100 和 AS 200 的穿越 AS，可以通过 as-path-filter 方式来实现过滤。由于在 Core 1 上配置，自身的 AS 不会记录在 AS_PATH，AS_PATH 列表为空，使用正则表达式^$将本地产生的 AS 号匹配到，将其 deny 掉，通过.*匹配所有，其他流量放行。将 AS 300 向外通告的时候过滤掉 AS 300 的路由，确保 AS 300 不能作为其他 AS 的穿越 AS。

配置结果如下：

```
<R1>display current-configuration
acl number 2000
 rule 10 permit source 100.1.1.0 0
acl number 2001
 rule 10 permit source 200.1.1.0 0
#
bgp 300
 peer 10.1.3.3 as-number 300
 peer 10.1.3.3 connect-interface LoopBack0
 peer 10.1.4.4 as-number 300
 peer 10.1.4.4 connect-interface LoopBack0
```

```
 peer 10.1.5.5 as-number 300
 peer 10.1.5.5 connect-interface LoopBack0
 peer 10.1.18.8 as-number 100
 #
 ipv4-family unicast
  undo synchronization
  reflect change-path-attribute
  peer 10.1.3.3 enable
  peer 10.1.3.3 route-policy C1 export
  peer 10.1.3.3 reflect-client
  peer 10.1.4.4 enable
  peer 10.1.4.4 route-policy C2 import
  peer 10.1.4.4 reflect-client
  peer 10.1.5.5 enable
  peer 10.1.5.5 route-policy C3 import
  peer 10.1.5.5 reflect-client
  peer 10.1.18.8 enable
  peer 10.1.18.8 as-path-filter 1 export
#
route-policy C2 permit node 10
 if-match acl 2000
 apply preferred-value 100
#
route-policy C2 permit node 20
#
route-policy C3 permit node 10
 if-match acl 2001
 apply preferred-value 100
#
route-policy C3 permit node 20
#
route-policy C1 permit node 10
 if-match acl 2000
 apply local-preference 150
#
route-policy C1 permit node 20
#
ip as-path-filter 1 deny ^$
ip as-path-filter 1 permit .*
```

```
<R2>display current-configuration
acl number 2000
 rule 10 permit source 100.1.1.0 0
acl number 2001
 rule 10 permit source 200.1.1.0 0
#
bgp 300
 peer 10.1.3.3 as-number 300
 peer 10.1.3.3 connect-interface LoopBack0
 peer 10.1.4.4 as-number 300
 peer 10.1.4.4 connect-interface LoopBack0
 peer 10.1.5.5 as-number 300
 peer 10.1.5.5 connect-interface LoopBack0
 peer 10.1.6.6 as-number 300
 peer 10.1.6.6 connect-interface LoopBack0
```

```
 peer 10.1.7.7 as-number 300
 peer 10.1.7.7 connect-interface LoopBack0
 peer 10.1.29.9 as-number 200
 #
 ipv4-family unicast
  undo synchronization
  reflect change-path-attribute
  peer 10.1.3.3 enable
  peer 10.1.3.3 route-policy C1 export
  peer 10.1.3.3 reflect-client
  peer 10.1.4.4 enable
  peer 10.1.4.4 route-policy C2 import
  peer 10.1.4.4 reflect-client
  peer 10.1.5.5 enable
  peer 10.1.5.5 route-policy C3 import
  peer 10.1.5.5 reflect-client
  peer 10.1.6.6 enable
  peer 10.1.7.7 enable
  peer 10.1.29.9 enable
peer 10.1.29.9 as-path-filter 1 export
#
route-policy C2 permit node 10
 if-match acl 2000
 apply preferred-value 100
#
route-policy C2 permit node 20
#
route-policy C3 permit node 10
 if-match acl 2001
 apply preferred-value 100
#
route-policy C3 permit node 20
#
route-policy C1 permit node 10
 if-match acl 2001
 apply local-preference 150
#
ip as-path-filter 1 deny ^$
ip as-path-filter 1 permit .*
```

C1（R3）的 BGP 路由表：

```
<R3>display bgp routing-table
 BGP Local router ID is 10.1.13.3
 Status codes: *-valid, >-best, d-damped,
               h-history,   i-internal, s-suppressed, S-Stale
               Origin : i-IGP, e-EGP, ?-incomplete
 Total Number of Routes: 4
       Network          NextHop        MED        LocPrf     PrefVal Path/Ogn
 *>i   100.1.1.0/24     10.1.4.4       0          150        0       i
 * i                    10.1.4.4       0          100        0       i
 *>i   200.1.1.0        10.1.5.5       0          150        0       i
 * i                    10.1.5.5       0          100        0       i
```

思考：

在本例中如果没有修改任何属性，C1 从 Core 1 和 Core 2 同时收到来自 C2 的路由，那么 C1 该如何选路，应该选择 Core 1 的还是 Core 2 的。

分析：

如果 C1 收到两份相同的路由，那么 BGP 将会选择一条最优的路由放进路由表，根据“11 条选路规则”来比较，该路由是经过路由反射器来的路由。第 9 步比较 Cluster_List，长短一致。再看第 10 步，应该比较 Originator_ID，而不是比较 Router_ID，但由于都是从 C2 来的路由，Originator_ID 也相同，因此最终将会比较第 11 步比较邻居的 IP 地址，小的更优。而 Core 1 的地址为 10.1.1.1，Core 2 的地址为 10.1.2.2，所以下一跳应该选择 Core 1。

6.4.3 BGP 联盟

联盟的基本概念

在一个 AS 中，如果 iBGP 的会话数量较多，管理起来将会显得麻烦，尤其是受 iBGP 水平分割的影响，为了解决该问题，除了使用路由反射器之外，还可以使用 BGP 的联盟（Confederation）。联盟的概念就是将一个 AS 划分为若干个子 AS。每个子 AS 内部建立 iBGP 全连接关系（联盟 iBGP 邻居），子 AS 之间建立 eBGP 连接关系（联盟 eBGP 邻居），但联盟外部 AS 仍认为联盟是一个 AS。

联盟的特点

配置联盟后，原 AS 号将作为每个路由器的联盟 ID。在联盟内部具有以下特点。

- 在联盟内部将会保留联盟外部的 next_hop 属性。
- 通告给联盟内的路由的 MED 属性在整个联盟范围内保留。
- Local Preference 属性在整个联盟范围内保留，而不只是在通告的成员 AS 内。
- 在联盟内将成员的 AS 号加入 AS_PATH 中，但不会将联盟内的 AS 号通告到联盟之外。在联盟中，AS_PATH 属性又添加了两种类型 AS-CONFED-SEQUENCE、AS-CONFED-SET，默认联盟将成员的 AS 号以 AS-CONFED-SEQUENCE 的形式在 AS_PATH 当中列出，如果在联盟内配置了聚合，AS 号将以 AS-CONFED-SET 形式列出。
- AS_PATH 中的联盟 AS 号用于避免环路，但是在联盟选择最短的 AS_PATH 路径时不会比较联盟 AS 号。
- 联盟内相关的属性传出联盟时将会被自动删除，无需过滤子 AS 号等信息操作。

示例：如图 6-46 所示，AS 100 被分为三个子 AS（65001、65002、65003），使用 AS 100 作为联盟 ID，此时不需要采用 iBGP 的全互联，连接数从 10 条减少到了 4 条。如果没有配置联盟，AS 100 内部都是 iBGP 邻居，配置联盟以后形成了联盟的 eBGP 和联盟的 iBGP 邻居，在联盟成员 AS 内部可以使用全互联或 RR，而在联盟成员 AS 间使用联盟 AS_PATH 来避免环路。

使用联盟时路由的决策

（1）BGP 选路规则中，规则 4 根据 AS_PATH 属性的长度选择最佳路由。在联盟中，BGP 联盟成员 AS 号不计算在 AS_PATH 长度中。例：（65001 65002）300 和（65002）400 长度相同，都为 1。

（2）BGP 选路规则中，规则 7 根据通告路由的 BGP 对等体的类型来选择最佳路由，

eBGP 优于 iBGP 邻居。在联盟中，联盟的 eBGP 和联盟的 iBGP 邻居都被看作 iBGP 类型邻居，不存在联盟 eBGP 优于联盟 iBGP。

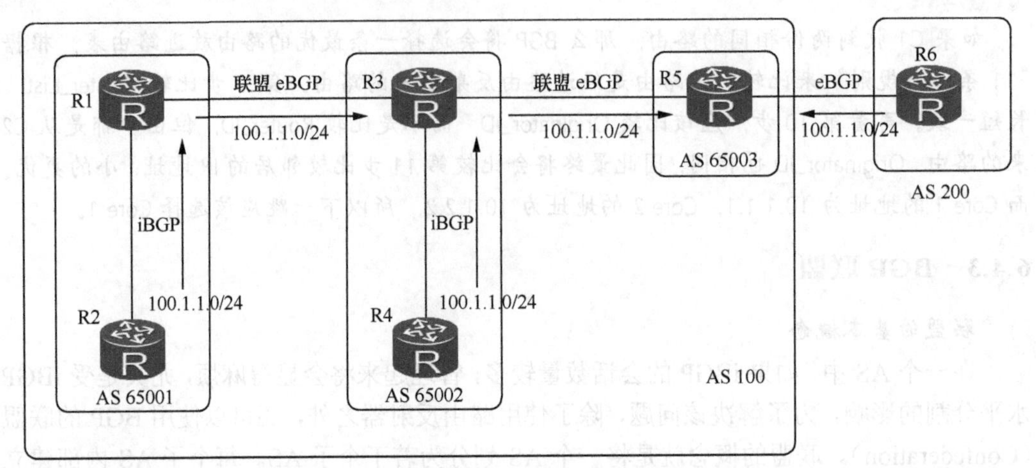

图 6-46　联盟拓扑图

（3）当路由都来自于外部 AS，且其中一条路由通过联盟的 eBGP 或 iBGP 收到，另外一条通过 eBGP 邻居收到，此时首先比较 AS-PATH 长度，越短越优；（在其他规则一致的情况下）如果 AS_PATH 等长，则根据规则 7 选择外部 AS（eBGP 邻居）。原因在于联盟的 eBGP 与联盟的 iBGP 都被视为 iBGP 邻居，而 eBGP 优于 iBGP。

示例 1：

如图 6-46 所示，R2 和 R4 都通告 100.1.1.0/24 路由到 BGP 中，R3 通过联盟 eBGP 从 R1 学到该路由，通过联盟 iBGP 从 R4 学到该路由。在路径成本一致的情况下，R3 选择 Router_ID 小的 BGP 邻居通告的路由。如果 R1 的 Router_ID 是 1.1.1.1，而 R4 的 Router_ID 是 4.4.4.4，则最终选择 R1 通告的路由。

示例 2：

如图 6-46 所示，R6 通告 100.1.1.0/24 路由到 AS 100，R5 从 R3 学来该路由，AS_PATH 为（65002 65001），同时从邻居 AS 200 也学来该路由，AS_PATH 为 200。R5 根据选路规则 4，比较 AS_PATH 长度，R5 选择路由起源于联盟内部的路由。原因在于联盟 AS_PATH 仅用于防止环路，不计入 AS_PATH 长度，所以必然比外部 AS 的路径更短。

BGP **联盟配置实例**

如图 6-47 所示，R1 为 AS 100，R2/R3/R4 拥有联盟 ID 为 200，R2 和 R3 在联盟 AS 65001 中，R4 属于联盟 AS 65002，R5 属于 AS 300。confederation id 命令用来配置 BGP 联盟，并指定联盟 ID，confederation peer-as 命令用来指定属于同一个联盟的各子自治系统号（如果未制定联盟 ID，该命令是不会生效）。

配置联盟：

```
R2 配置
[R2]bgp 65001
[R2-bgp]confederation id 200
[R2-bgp]peer 12.1.1.1 as-number 100
[R2-bgp]peer 23.1.1.3 as-number 65001
---------------------------------------------
```

```
R3 配置
[R3]bgp 65001
[R3-bgp]confederation id 200
[R3-bgp]confederation peer-as 65002
[R3-bgp]peer 23.1.1.2 as-number 65001
[R3-bgp]peer 34.1.1.4 as-number 65002
```

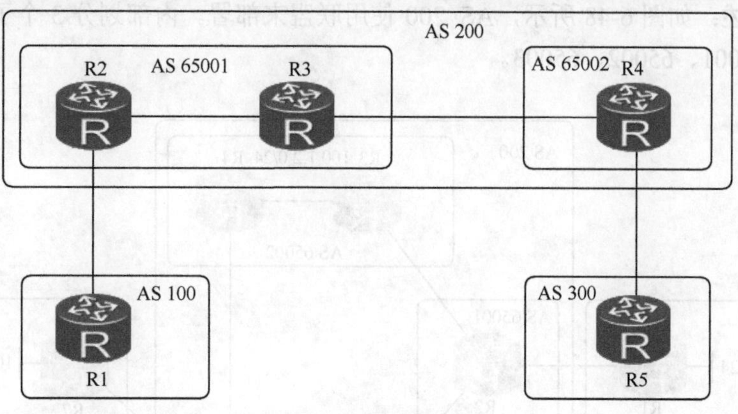

图 6-47　联盟配置实例

联盟 BGP 的 AS_PATH 属性：

```
<R4>display bgp routing-table
 BGP Local router ID is 34.1.1.4
 Status codes: *-valid, >-best, d-damped,
               h-history,   i-internal, s-suppressed, S-Stale
               Origin : i-IGP, e-EGP, ?-incomplete
 Total Number of Routes: 4
       Network          NextHop        MED        LocPrf    PrefVal Path/Ogn
 *>i   1.1.1.0/24       23.1.1.2       10         200       0       (65001) 100i
 *>i   100.1.1.0/24     23.1.1.2       0          100       0       (65001) 100i
 *>i   172.16.1.0/24    23.1.1.2       0          100       0       (65001) 100i
 *>i   172.16.2.0/24    23.1.1.2       0          100       0       (65001) 100i
```

说明：

在联盟内传递时，AS_PATH 属性没有记录联盟 ID 号，而在括号中包含了联盟当中子 AS 号，并且 MED、Nextp-Hop、Local_Pref 属性会一起携带，在整个联盟传递。

在 R5 上看到的 BGP 路由表。

```
<R5>display bgp routing-table
 BGP Local router ID is 45.1.1.5
 Status codes: *-valid, >-best, d-damped,
               h-history,   i-internal, s-suppressed, S-Stale
               Origin : i-IGP, e-EGP, ?-incomplete
 Total Number of Routes: 4
       Network          NextHop        MED        LocPrf    PrefVal Path/Ogn
 *>    1.1.1.0/24       45.1.1.4                            0       200 100i
 *>    100.1.1.0/24     45.1.1.4                            0       200 100i
 *>    172.16.1.0/24    45.1.1.4                            0       200 100i
 *>    172.16.2.0/24    45.1.1.4                            0       200 100i
```

说明：

传递出联盟，联盟内的子 AS 号将会丢失，只记录联盟 ID 号，并且其他属性将会一起丢失。

BGP **联盟案例研究**

场景描述：如图 6-48 所示，AS 200 使用联盟来部署。内部划分 3 个子 AS，AS 号码分别为 65001、65002、65003。

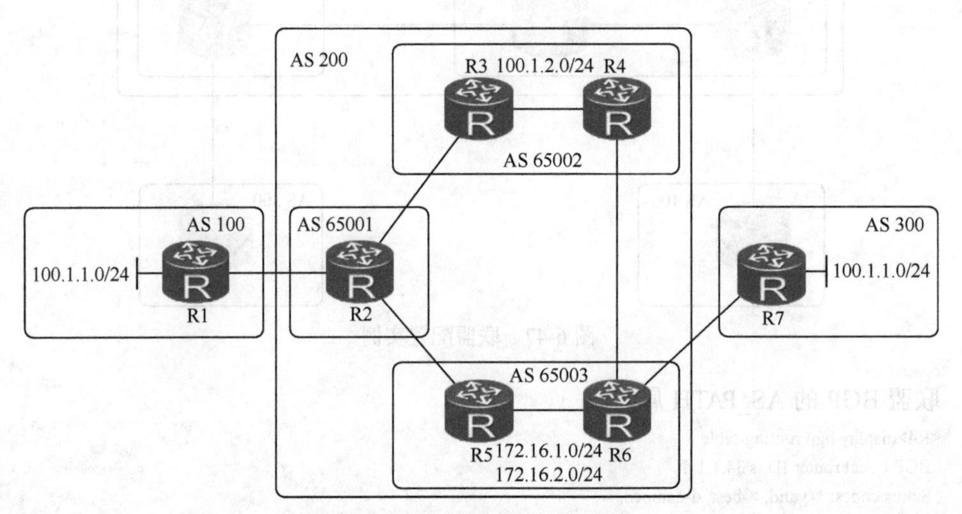

图 6-48 案例研究：BGP 联盟

R1 和 R2、R6 和 R7 为 eBGP 邻居关系。R2、R3、R5 之间分别建立联盟 eBGP 邻居；R4 与 R6 为联盟 eBGP 邻居；R3 与 R4、R5 与 R6 分别为联盟 iBGP 邻居。

在 AS 100 和 AS 300 中分别通告 100.1.1.0/24 网段。

在联盟 AS 65002 中通告 100.1.2.0/24 网段。

在联盟 AS 65003 中通告 172.16.1.0/24、172.16.2.0/24 网段。

需求：

（1）AS 65003 希望 AS 65002 访问 172.16.1.0/24 网络时优选 R5 进入，次选 R6 进入。访问 172.16.2.0/24 优选经 R6 进入。

（2）分别在 R4 和 R5 做路由聚合，观察一下该聚合路由在联盟中的路径，观察 R6 到聚合路由的选路。

（3）分析 R5 到达 100.1.1.0/24 网段选择哪条路径到达。

分析及实现过程

需求 1 的实现过程：

在 AS 65003 和 AS 65002 间使用 MED 来影响 AS 65002 的选路。希望通过 MED 策略实现 R3 通过 R5 访问 172.16.1.0/24，R4 通过 R6 访问 172.16.2.0/24 网络。

缺省情况下，BGP 仅比较来自同一邻居 AS 的路由的 MED 值，并不比较联盟内产生路由的 MED 值。如果路由既有外部 AS 号，又有联盟子 AS 号，这样的路由仅考虑其外部 AS 比较。“( )”中部分在比较 MED 时不考虑。

R3 分别从 R2、R5 和 R4 都收到 172.16.1.0/24 路由，各自的 AS_PATH 和 MED 都不同，由于路由源自联盟内，而路由中的 AS_PATH 属性不影响选路。

```
R2 通告路由的 MED=15   AS_PATH=（65001 65003）
R5 通告路由的 MED=10   AS_PATH=（65003）
R4 通告路由的 MED=20   AS_PATH=（65003）
```

使 R3 到 172.16.1.0/24 选择 R5，添加命令 bestpath med-confederation，MED 值小的优先，R5 通告的路由优先。

由于在联盟中传递路由是不会修改 Next_Hop 属性的，R3 从 R2 及 R5（R5→R2→R3）收到的路由，下一跳相同。所以 R3 通过 R2 和 R5 到 172.16.1.0/24 都可以，通过调整 MED，使路径优选 R5，次选 R2，最后选择 R4，MED 值修改如图 6-49 所示。

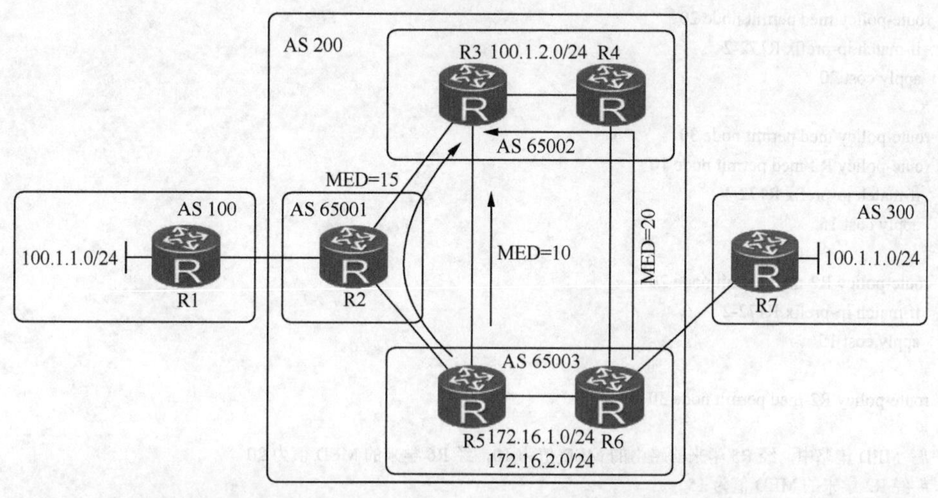

图 6-49　AS 65002 中 R3 访问 172.16.1.0/24 网络时的收到的 MED

配置 R5 的 MED 属性：

```
[R5]display current-configuration
bgp 65003
 confederation id 200
 confederation peer-as 65001 65002
 peer 10.1.2.2 as-number 65001
 peer 10.1.2.2 ebgp-max-hop 255
 peer 10.1.2.2 connect-interface LoopBack0
 peer 10.1.3.3 as-number 65002
 peer 10.1.3.3 ebgp-max-hop 255
 peer 10.1.3.3 connect-interface LoopBack0
 peer 10.1.6.6 as-number 65003
 peer 10.1.6.6 connect-interface LoopBack0
 #
 ipv4-family unicast
  undo synchronization
  compare-different-as-med
  aggregate 100.1.0.0 255.255.0.0 as-set
  network 172.16.1.0 255.255.255.0
  network 172.16.2.0 255.255.255.0
  peer 10.1.2.2 enable
  peer 10.1.2.2 route-policy R2-med export
# 修改 AS65003 通过 AS65001 传递给 R3 的路由的 med 值
```

```
    peer 10.1.3.3 enable
    peer 10.1.3.3 route-policy med export
  #修改 AS65003 向 R3 通告路由的 med 值
    peer 10.1.6.6 enable
  #
  ospf 1
   area 0.0.0.0
    network 10.0.0.0 0.255.255.255
  #
  route-policy med permit node 10
   if-match ip-prefix R172-1
   apply cost 10
  #
  route-policy med permit node 20
   if-match ip-prefix R172-2
   apply cost 20
  #
  route-policy med permit node 30
  route-policy R2-med permit node 10
   if-match ip-prefix R172-1
   apply cost 15
  #
  route-policy R2-med permit node 20
   if-match ip-prefix R172-2
   apply cost 15
  #
  route-policy R2-med permit node 30
  #
  #   MED 策略中，经 R5 学来的路由的 MED 值为 10，经 R6 学来的 MED 值为 20
  # 经 R2 学来的 MED 值为 15
  ip ip-prefix R172-1 index 10 permit 172.16.1.0 24
  ip ip-prefix R172-2 index 10 permit 172.16.2.0 24
```

配置 R6 的 MED 属性：

```
  [R6] display current-configuration
  bgp 65003
   confederation id 200
   confederation peer-as 65002
   peer 10.1.4.4 as-number 65002
   peer 10.1.4.4 ebgp-max-hop 255
   peer 10.1.4.4 connect-interface LoopBack0
   peer 10.1.5.5 as-number 65003
   peer 10.1.5.5 connect-interface LoopBack0
   peer 10.1.67.7 as-number 300
   #
   ipv4-family unicast
    undo synchronization
    network 10.1.1.0 255.255.255.0
    network 172.16.1.0 255.255.255.0
    network 172.16.2.0 255.255.255.0
    peer 10.1.4.4 enable
    peer 10.1.4.4 route-policy med export
    peer 10.1.5.5 enable
    peer 10.1.67.7 enable
  #
```

```
ospf 1
 area 0.0.0.0
  network 10.0.0.0 0.255.255.255
#
route-policy med permit node 10
 if-match ip-prefix R172-1
 apply cost 20
#
route-policy med permit node 20
 if-match ip-prefix R172-2
 apply cost 10
#
route-policy med permit node 30
#
ip ip-prefix R172-1 index 10 permit 172.16.1.0 24
ip ip-prefix R172-2 index 10 permit 172.16.2.0 24
```

查看 R3 的 BGP 路由表：

```
<R3> display bgp routing-table
 BGP Local router ID is 10.1.23.3
 Status codes: *-valid, >-best, d-damped,
               h-history,  i-internal, s-suppressed, S-Stale
               Origin : i-IGP, e-EGP, ? –incomplete
 Total Number of Routes: 11
      Network          NextHop        MED       LocPrf     PrefVal Path/Ogn
 *>i  100.1.1.0/24      10.1.12.1      0         100        0      (65001) 100i
 * i                    10.1.12.1      0         100        0      (65003 65001) 100i
 *>   100.1.2.0/24      0.0.0.0        0                    0       i
 *>i  172.16.1.0/24     10.1.5.5       15        100        0      (65001 65003)  i
 * i                    10.1.5.5       10        100        0      (65003)        I
 * i                    10.1.6.6       20        100        0      (65003)        I
 *>i  172.16.2.0/24     10.1.5.5       15        100        0      (65001 65003)  i
 * i                    10.1.6.6       10        100        0      (65003)  I
 * i                    10.1.5.5       20        100        0      (65003)  I
 *>i  200.1.1.0         10.1.12.1      1         100        0      (65001) 100i
 * i                    10.1.67.7      0         100        0      (65003) 300i
```

R3 分别从 R2、R5、R4 接收到 172.16.1.0/24，查看详细信息：

```
<R3>display bgp routing-table 172.16.1.0
 BGP Local router ID : 10.1.23.3
 Local AS number : 65002
 Paths:    3 available, 1 best, 1 select
 BGP routing table entry information of 172.16.1.0/24:
 From: 10.1.2.2 (10.1.12.2)
 Route Duration: 00h06m16s
 Relay IP Nexthop: 10.1.35.5
 Relay IP Out-Interface: GigabitEthernet0/0/2
 Original nexthop: 10.1.5.5
 Qos information : 0x0
 as-path (65001 65003), origin igp, med 15, localpref 100, pref-val 0, valid, ex
ternal-confed, best, select, active, pre 255, IGP cost 1
 Advertised to such 3 peers:
    10.1.2.2
    10.1.5.5
    10.1.4.4
 BGP routing table entry information of 172.16.1.0/24:
```

```
 From: 10.1.5.5 (10.1.25.5)
 Route Duration: 00h06m59s
 Relay IP Nexthop: 10.1.35.5
 Relay IP Out-Interface: GigabitEthernet0/0/2
 Original nexthop: 10.1.5.5
 Qos information : 0x0
 as-path (65003), origin igp, med 10, localpref 100, pref-val 0, valid, external
-confed, pre 255, IGP cost 1, not preferred for Router_ID
 Not advertised to any peer yet

 BGP routing table entry information of 172.16.1.0/24:
 From: 10.1.4.4 (10.1.34.4)
 Route Duration: 00h03m17s
 Relay IP Nexthop: 10.1.35.5
 Relay IP Out-Interface: GigabitEthernet0/0/2
 Original nexthop: 10.1.6.6
 Qos information : 0x0
 as-path (65003), origin igp, med 20, localpref 100, pref-val 0, valid, internal
-confed, pre 255, IGP cost 2, not preferred for MED
 Not advertised to any peer yet
------------------------------------------------------------------------------------------------
<R3>system-view
Enter system view, return user view with Ctrl+Z.
[R3]bgp 65002
[R3-bgp]bestroute med-confederation
#使得在联盟内比较 MED 属性
------------------------------------------------------------------------------------------------
[R3-bgp]display bgp routing-table
 BGP Local router ID is 10.1.23.3
 Status codes: *-valid, >-best, d-damped,
               h-history,  i-internal, s-suppressed, S-Stale
               Origin : i-IGP, e-EGP, ?-incomplete
 Total Number of Routes: 9
      Network            NextHop        MED        LocPrf    PrefVal Path/Ogn
 *>i  100.1.1.0/24       10.1.12.1       0          100       0      (65001) 100i
 * i                     10.1.12.1       0          100       0      (65003 65001) 100i
 *>   100.1.2.0/24       0.0.0.0         0                    0      i
 *>i  172.16.1.0/24      10.1.5.5        10         100       0      (65003)i
 *>i  172.16.2.0/24      10.1.6.6        10         100       0      (65003)i
 * i                     10.1.5.5        15         100       0      (65001 65003)i
 * i                     10.1.5.5        20         100       0      (65003)i
 *>i  200.1.1.0          10.1.12.1       1          100       0      (65001) 100i
 * i                     10.1.67.7       0          100       0      (65003) 300i
```

同理，R4 上可以看到访问 172.16.1.0/24 和 172.16.2.0/24 的路由及选路的结果。

```
<R4>display bgp routing-table
 BGP Local router ID is 10.1.34.4
 Status codes: *-valid, >-best, d-damped,
               h-history,  i-internal, s-suppressed, S-Stale
               Origin : i-IGP, e-EGP, ?-incomplete
 Total Number of Routes: 8
      Network            NextHop        MED        LocPrf    PrefVal Path/Ogn
 *>i  100.1.1.0/24       10.1.12.1       0          100       0      (65001) 100i
 * i                     10.1.12.1       0          100       0      (65003 65001) 100i
 *>i  100.1.2.0/24       10.1.3.3        0          100       0      i
```

```
*>i  172.16.1.0/24     10.1.5.5      10     100     0     (65003)i
* i                    10.1.6.6      20     100     0     (65003)i
*>i  172.16.2.0/24     10.1.6.6      10     100     0     (65003)i
*>i  200.1.1.0         10.1.12.1     1      100     0     (65001) 100i
* i                    10.1.67.7     0      100     0     (65003) 300i
```

小结：

1）通过本例可以知道 MED 可以由 R5 设置，经过多个子 AS 传递，不修改。而且在子 AS 之间传递时，路由下一跳 10.1.5.5 也没有修改，所以联盟 eBGP 不同于联盟外的 eBGP 邻居关系，联盟 eBGP 上特性和 iBGP 相似，除了 AS_PATH 外。

2）原理补充：MED 在联盟内的应用。

- 如果路由源自联盟内部，则邻居子 AS 号一致，可以比较 MED；如果邻居子 AS 号不一致，则不比较 MED。
- 如果路由源自联盟外部，其外部邻居 AS 一致的路由可以比较 MED 值；如果路由既有外部 AS 号，又有联盟子 AS 号，这样的路由仅考虑其外部 AS 来判定是否来自同一邻居。“( )”中部分在比较 MED 时，忽略不考虑。
- 如果在联盟内部子 AS 间选路，希望使用 MED 比较时，可使用如下办法：

配置 bestroute med-confederation 命令，这样 BGP 在联盟内选择最优路由时就能够比较 MED 值。

示例 1：

路径 1：100（65001）MED=10　　IGP-COST 2

路径 2：100（65002）MED =20　　IGP-COST 1

说明：

上述结果中，虽邻居子 AS 不同，但 BGP 默认忽略子 AS 号，所以两条路由可以比较 MED，优选路径 1。

示例 2：

路径 1：（65001 65002）MED =10　　IGP-COST 2

路径 2：（65001 65003）MED =20　　IGP-COST 1

说明：

默认情况下，MED 不比较，使用 IGP-COST 小的路由，所以优选路径 2。如果在 BGP 进程下，添加命令 bestpath med-confederation 后，则选路结果发生变化，MED 可以比较，所以当前最好的路由是路径 1。因此添加该命令后，MED 可以参与比较，但并不关心“( )”里联盟子 AS 号是什么。

需求 2 的实现过程：

AS 100 通告 100.1.1.0/24 网络，AS 65002 中 R3 也通过一条 100.1.2.0/24 路由，请在 R4 和 R5 对路由做聚合，并请说明 R6 上最终选路的结果。

分析过程：

```
[R5]display bgp routing-table
 BGP Local router ID is 10.1.25.5
```

```
Status codes: *-valid, >-best, d-damped,
              h-history,  i-internal, s-suppressed, S-Stale
              Origin : i-IGP, e-EGP, ?-incomplete
Total Number of Routes: 11
      Network            NextHop        MED        LocPrf    PrefVal Path/Ogn
 *>i  100.1.1.0/24       10.1.12.1      0          100       0       (65001) 100i
 * i                     10.1.12.1      0          100       0       (65002 65001) 100i
 *>i  100.1.2.0/24       10.1.3.3       0          100       0       (65001 65002)i
 * i                     10.1.3.3       0          100       0       (65002)i
 *>   172.16.1.0/24      0.0.0.0        0                    0       i
 * i                     10.1.6.6       0          100       0       i
 *>   172.16.2.0/24      0.0.0.0        0                    0       i
 * i                     10.1.6.6       0          100       0       i
 *>i  200.1.1.0          10.1.12.1      1          100       0       (65001) 100i
 * i                     10.1.12.1      1          100       0       (65002 65001) 100i
 * i                     10.1.67.7      0          100       0       300i
-------------------------------------------------------------------------------------
[R5]bgp 65003
[R5-bgp]aggregate 100.1.0.0 16 as-set detail-suppressed
#在 R5 上做聚合，且抑制明细路由，添加 AS-SET 参数
-------------------------------------------------------------------------------------
[R5-bgp]display bgp routing-table
 BGP Local router ID is 10.1.25.5
 Status codes: *-valid, >-best, d-damped,
               h-history,  i-internal, s-suppressed, S-Stale
               Origin : i-IGP, e-EGP, ?-incomplete
 Total Number of Routes: 14
      Network            NextHop        MED        LocPrf    PrefVal Path/Ogn
 *>   100.1.0.0/16       127.0.0.1                           0       (65001) [65002] {100}i
 s>i  100.1.1.0/24       10.1.12.1      0          100       0       (65001) 100i
 * i                     10.1.12.1      0          100       0       (65002 65001) 100i
 * i                     10.1.12.1      0          100       0       (65002 65001) 100i
 s>i  100.1.2.0/24       10.1.3.3       0          100       0       (65001 65002)i
 * i                     10.1.3.3       0          100       0       (65002)i
 * i                     10.1.3.3       0          100       0       (65002)i
 *>   172.16.1.0/24      0.0.0.0        0                    0       i
 * i                     10.1.6.6       0          100       0       i
 *>   172.16.2.0/24      0.0.0.0        0                    0       i
 * i                     10.1.6.6       0          100       0       i
 *>i  200.1.1.0          10.1.12.1      1          100       0       (65001) 100i
 * i                     10.1.12.1      1          100       0       (65002 65001) 100i
 * i                     10.1.67.7      0          100       0       300i
```

聚合前的路径分别为：

```
100.1.1.0/24（65001）100
100.1.2.0/24（65001 65002）
```

聚合后的路径为：

有序部分保留（65001），无序部分作为 AS-SET 集合，联盟内的 AS 用[ ]来表示，外部 AS 用{ }来表示，所以路径为：（65001）[65002] {100}。

同样，在 R4 上也将路由进行聚合。

```
<R4>display bgp routing-table
 BGP Local router ID is 10.1.34.4
 Status codes: *-valid, >-best, d-damped,
```

```
                h-history,   i-internal, s-suppressed, S-Stale
                Origin : i-IGP, e-EGP, ?-incomplete
 Total Number of Routes: 7
      Network            NextHop        MED        LocPrf      PrefVal Path/Ogn
 *>i  100.1.1.0/24       10.1.12.1      0          100         0       (65001) 100i
 *>i  100.1.2.0/24       10.1.3.3       0          100         0       I
 *>i  172.16.1.0/24      10.1.5.5       10         100         0       (65003)i
 * i                     10.1.6.6       20         100         0       (65003)i
 *>i  172.16.2.0/24      10.1.6.6       10         100         0       (65003)i
 *>i  200.1.1.0          10.1.12.1      1          100         0       (65001) 100i
 * i                     10.1.67.7      0          100         0       (65003) 300i
------------------------------------------------------------------------------------
[R4]bgp 65002
[R4-bgp]aggregate 100.1.0.0 16 as-set detail-suppressed
[R4-bgp]display bgp routing-table
 BGP Local router ID is 10.1.34.4
 Status codes: *-valid, >-best, d-damped,
                h-history,   i-internal, s-suppressed, S-Stale
                Origin : i-IGP, e-EGP, ?-incomplete
 Total Number of Routes: 8
      Network            NextHop        MED        LocPrf      PrefVal Path/Ogn
 *>   100.1.0.0/16       127.0.0.1                             0       [65001] {100}i
 s>i  100.1.1.0/24       10.1.12.1      0          100         0       (65001) 100i
 s>i  100.1.2.0/24       10.1.3.3       0          100         0       i
 *>i  172.16.1.0/24      10.1.5.5       10         100         0       (65003)i
 * i                     10.1.6.6       20         100         0       (65003)i
 *>i  172.16.2.0/24      10.1.6.6       10         100         0       (65003)i
 *>i  200.1.1.0          10.1.12.1      1          100         0       (65001) 100i
 * i                     10.1.67.7      0          100         0       (65003) 300i
```

聚合前路由路径分别为：

```
100.1.1.0/24（65001）100
100.1.2.0/24
```

聚合后的路由路径为：

由于两条路径 AS 号都是无序的，因此路径为：[65001] {100}。

查看 R6 的 BGP 路由表。

```
<R6>display bgp routing-table
 BGP Local router ID is 10.1.46.6
 Status codes: *-valid, >-best, d-damped,
                h-history,   i-internal, s-suppressed, S-Stale
                Origin : i-IGP, e-EGP, ?-incomplete
 Total Number of Routes: 9
      Network            NextHop        MED        LocPrf      PrefVal Path/Ogn
 *>i  100.1.0.0/16       10.1.5.5                  100         0       (65001) [65002] {100}i
 * i                     10.1.4.4                  100         0       (65002) [65001] {100}i
 *>   172.16.1.0/24      0.0.0.0        0                      0       i
 * i                     10.1.5.5       0          100         0       i
 *>   172.16.2.0/24      0.0.0.0        0                      0       i
 * i                     10.1.5.5       0          100         0       i
 *>   200.1.1.0          10.1.67.7      0                      0       300i
 * i                     10.1.12.1      1          100         0       (65001) 100i
 * i                     10.1.12.1      1          100         0       (65002 65001) 100i
------------------------------------------------------------------------------------
<R6>display bgp routing-table 100.1.0.0
```

```
BGP Local router ID : 10.1.46.6
Local AS number : 65003
Paths:    2 available, 1 best, 1 select
BGP routing table entry information of 100.1.0.0/16:
From: 10.1.5.5 (10.1.25.5)
Route Duration: 00h34m55s
Relay IP Nexthop: 10.1.56.5
Relay IP Out-Interface: GigabitEthernet0/0/1
Original nexthop: 10.1.5.5
Qos information : 0x0
AS_PATH (65001) [65002] {100}, origin igp, localpref 100, pref-val 0, valid, internal-confed, best, select, active, pre 255, IGP cost 1
Aggregator: AS 200, Aggregator ID 10.1.25.5, Atomic-aggregate
Advertised to such 2 peers:
    10.1.67.7
    10.1.4.4
BGP routing table entry information of 100.1.0.0/16:
From: 10.1.4.4 (10.1.34.4)
Route Duration: 00h22m49s
Relay IP Nexthop: 10.1.46.4
Relay IP Out-Interface: GigabitEthernet0/0/0
Original nexthop: 10.1.4.4
Qos information : 0x0
AS_PATH (65002) [65001] {100}, origin igp, localpref 100, pref-val 0, valid, external-confed, pre 255, IGP cost 1, not preferred for Router_ID
Aggregator: AS 200, Aggregator ID 10.1.34.4, Atomic-aggregate
Not advertised to any peer yet
```

分析：

R6 分别收到由 R3 和 R4 聚合的两条路由，比较两条路径属性可以看到 AS_PATH 长短一致、Origin、Local_Pref、PrefVal 属性都一致。最终比较到 Router_ID 属性，由于下一跳 10.1.5.5 传递的路由（Router_ID 为 10.1.25.5）要优于下一跳 10.1.4.4 传递的路由（Router_ID 为 10.1.34.4），因此最终 R6 选择了 R5 作为下一跳路径。

需求 3 的实现过程：

查看 R5 的 BGP 路由表。

```
[R5]display bgp routing-table
 BGP Local Router ID is 10.1.25.5
 Status codes: * - valid, > - best, d - damped,
               h - history,  i - internal, s - suppressed, S - Stale
               Origin : i - IGP, e - EGP, ? - incomplete
 Total Number of Routes: 12
      Network          NextHop        MED        LocPrf    PrefVal Path/Ogn
 *>i  100.1.1.0/24     10.1.12.1      0          100       0      (65001) 100i
 * i                   10.1.12.1      0          100       0      (65002 65001) 100i
 * i                   10.1.67.7      0          100       0           300i
 *>i  100.1.2.0/24     10.1.3.3       0          100       0      (65001 65002)i
 * i                   10.1.3.3       0          100       0      (65002)i
 *>   172.16.1.0/24    0.0.0.0        0                    0      i
 * i                   10.1.6.6       0          100       0      i
 *>   172.16.2.0/24    0.0.0.0        0                    0      i
 * i                   10.1.6.6       0          100       0      i
 *>i  200.1.1.0        10.1.12.1      1          100       0      (65001) 100i
 * i                   10.1.12.1      1          100       0      (65002 65001) 100i
```

```
*i                    10.1.67.7          0                100       0       300i
------------------------------------------------------------------------------------
<R5>display bgp routing-table 100.1.1.0
 BGP Local router ID : 10.1.25.5
 Local AS number : 65003
 Paths:    3 available, 1 best, 1 select
 BGP routing table entry information of 100.1.1.0/24:
 From: 10.1.2.2 (10.1.12.2)
 Route Duration: 02h18m21s
 Relay IP Nexthop: 10.1.25.2
 Relay IP Out-Interface: GigabitEthernet0/0/0
 Original nexthop: 10.1.2.2
 Qos information : 0x0
 as-path (65001) 100, origin igp, med 0, localpref 100, pref-val 0, valid, external-confed, best, select, active, pre 255, IGP cost 1
 Advertised to such 2 peers:
    10.1.6.6
    10.1.3.3
 BGP routing table entry information of 100.1.1.0/24:
 From: 10.1.3.3 (10.1.23.3)
 Route Duration: 02h17m06s
 Relay IP Nexthop: 10.1.25.2
 Relay IP Out-Interface: GigabitEthernet0/0/0
 Original nexthop: 10.1.2.2
 Qos information : 0x0
 as-path (65002 65001) 100, origin igp, med 0, localpref 100, pref-val 0, valid, external-confed, pre 255, IGP cost 1, not preferred for Router_ID
 Not advertised to any peer yet

 BGP routing table entry information of 100.1.1.0/24:
 From: 10.1.6.6 (10.1.46.6)
 Route Duration: 02h16m27s
 Relay IP Nexthop: 10.1.56.6
 Relay IP Out-Interface: GigabitEthernet0/0/2
 Original nexthop: 10.1.67.7
 Qos information : 0x0
 as-path 300, origin igp, med 0, localpref 100, pref-val 0, valid, internal-confed, pre 255, IGP cost 2, not preferred for IGP cost
 Not advertised to any peer yet
```

分析：

R5分别从R2、R3、R6收到100.1.1.0/24路由，由R2和R3传递的路由路径分别为(65001) 100、(65002 65001) 100，且拥有同样的下一跳10.1.12.1（联盟AS之间不会修改下一跳），由R6传递来的路由路径为300，下一跳为10.1.67.7。R5将三条路径进行比较，由于R2与R3联盟中的路径不一样，但是联盟中将AS_PATH都视为0，因此可以视为相等，其他属性都一致，最终比较Router_ID，R2（10.1.12.2）要优于R3（10.1.23.3），因此R2要优于R3。再将R2与R6进行比较，由于R2的下一跳IGP的cost值（1）要优于R6下一跳的IGP的cost值（2）。因此R2也获胜，最终R2作为到达该网段的下一跳。

联盟的设计部署

在联盟随意地划分并连接子AS会导致问题，由于联盟内部的AS通往外部时，有可能跨越联盟eBGP，容易形成次优路径，因此在部署联盟时使用集中化的联盟体系架构可以带来最优路径的选择行为。设计思想为：所有子AS彼此之间都通过一个中心骨干子 AS 交互路由。如图 6-50 所示，每个子 AS 都与中心子 AS 交互，就路由的 AS 路径长度以及联盟内的路由交互而言，这种设计让联盟内的各个子 AS 的路由选择行为更统一。

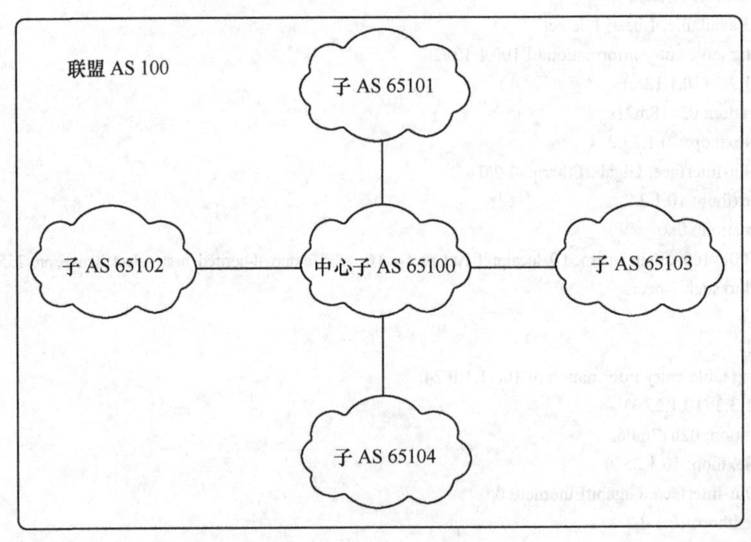

图 6-50　集中式联盟设计

联盟与路由反射器的比较

通常情况下，联盟是为大型的 BGP 来设计的，这种解决方案对于当前的互联网络来说比较少用，更多情况下会选择路由反射器方案。表 6-8 是两者间的比较。

表 6-8　路由反射器和联盟对比

路由反射器	联盟
不需要更改现有的网络拓扑，兼容性好	需要改变逻辑拓扑
配置方便，只需要在反射器上配置	所有设备需要重新配置
集群之间需要全互联	联盟的 AS 之间由特殊的 eBGP 连接，不需要全互联
适用于中大型网络	适用于特大规模网络

6.4.4　BGP 对等体组

对等体组（Peer Group）是一些具有某些相同策略的对等体的集合，当一个对等体加入对等体组中时，此对等体将获得与所在对等体组相同的配置。对等体组中的对等体可以继承对等体组的配置，当对等体组的配置改变时，组内成员的配置也相应改变。

在大型 BGP 网络中，对等体的数量会很多，其中很多对等体具有相同的策略，在配置时会重复使用一些命令，例如一台设备有 10 个 eBGP 邻居，每个 eBGP 邻居都要通过逻辑接口来建立，那么每个 BGP 邻居之间至少需要配置三条命令（peer as-number、peer ebgp-max-hop、peer connect-interface），也就是需要 30 条命令，如果为 10 个邻居都配置相同策略，那么将需要再增加 10 条命令，而很多命令是重复命令，邻居越多配置量越大。而利用对等体组可以简化配置，当用户想对几个对等体进行相同配置的时候，可以先创建一个对等体组并对其进行相应的配置，然后将对等体再加入到该组中。这样组内的所有对等体都具有了该组的配置，可以实现批量配置，简化管理的难度，并提高路由通告效率。

说明：

使用 group 命令来创建对等体组，如图 6-51 所示。命令：group *group-name* [external | internal]，如果不指定对等体组为 iBGP 还是 eBGP，那么默认创建 iBGP 对等体组。

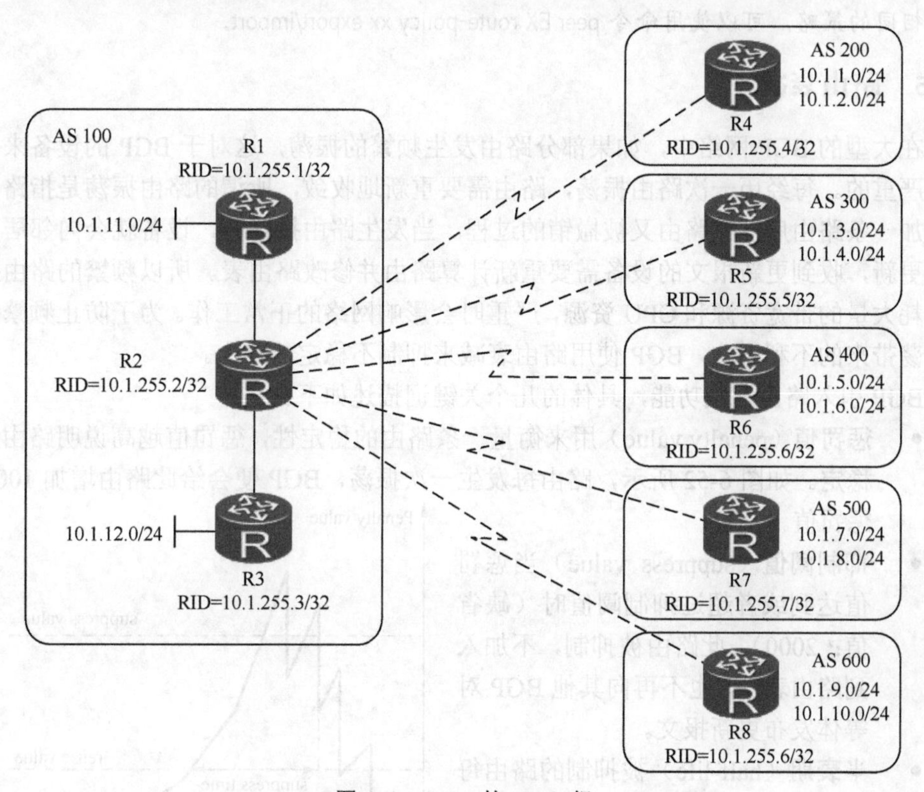

图 6-51 BGP 的 group 组

对等体组的配置步骤如下。

第 1 步：创建对等体组。

第 2 步：配置 eBGP 对等体组的 AS 号。

说明：

对于 iBGP 对等体组，AS 号为本地编号，不需配置该步骤。

第 3 步：在对等体组中加入对等体。

第 4 步：为对等体组成员指定共同的配置选项或者策略。

配置示例：

```
[Huawei -bgp]group EX external
[Huawei -bgp]peer EX as-number 200
[Huawei -bgp]peer 10.1.2.2 group EX
[Huawei -bgp]peer 10.1.3.3 group EX
```

```
[Huawei -bgp]peer 10.1.4.4 group EX
[Huawei -bgp]peer EX connect-interface LoopBack 0
[Huawei -bgp]peer EX ebgp-max-hop
```

说明：

创建 eBGP 对等体组，组名为 EX，分别将地址加入到该组中，peer 指向该组名 EX，配置更新源地址、eBGP 多跳。而无需向每个地址来配置该命令，一旦需要建立新的邻居，只需将地址加入到该组，从而可以继承所有的配置或者策略。如果需要为该组每个地址增加相同的策略，可以使用命令 peer EX route-policy xx export/import。

6.4.5 路由衰减

在大型的 BGP 网络中，如果部分路由发生频繁的振荡，这对于 BGP 的设备来说是非常严重的。每经历一次路由振荡，路由需要重新地收敛，所谓的路由振荡是指路由表中添加一条路由后，该路由又被撤销的过程。当发生路由振荡时，设备就会向邻居发布路由更新，收到更新报文的设备需要重新计算路由并修改路由表。所以频繁的路由振荡会消耗大量的带宽资源和 CPU 资源，严重时会影响网络的正常工作。为了防止频繁的路由振荡带来的不利影响，BGP 使用路由衰减来抑制不稳定的路由。

BGP 引入路由衰减功能，具体的几个关键词描述如下。

- **惩罚值**（penalty value）用来衡量一条路由的稳定性，惩罚值越高说明路由越不稳定。如图 6-52 所示，路由每发生一次振荡，BGP 便会给此路由增加 1000 的惩罚值。
- **抑制阈值**（suppress value）当惩罚值达到或者超过抑制阈值时（缺省值：2000），此路由被抑制，不加入到路由表中，也不再向其他 BGP 对等体发布更新报文。
- **半衰期**（half-life）被抑制的路由每经过一段时间，惩罚值便会减少一半，这个时间称为半衰期（缺省值：15 分钟）。

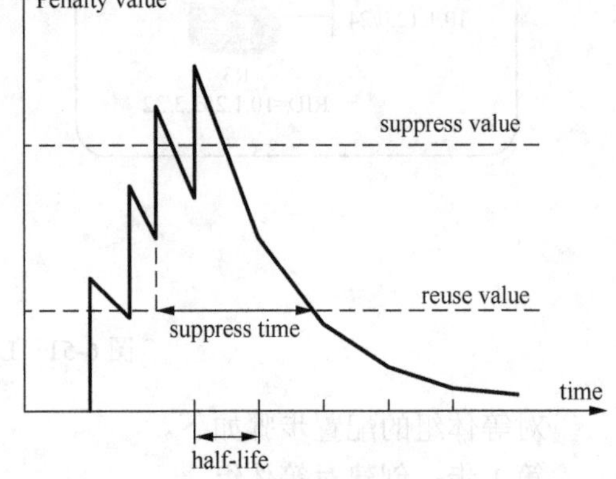

图 6-52 路由衰减示意图

- **使用阈值**（reuse value）当被抑制的路由经过半衰期时间减少一定的阈值，当该值减少到可以使用的阈值，这个就叫做使用阈值（缺省值：750）。如果低于该值时此路由变为可用的路由并被加入到路由表中，同时向其他 BGP 对等体发布更新报文。
- **最大上限值**（ceiling）惩罚值增加到一定程度之后，便不会再增加，这个值称为惩罚上限值（缺省值为 16000）。
- **抑制时间**（suppress time）是指从路由被抑制到路由恢复可用的时间。

说明：

路由衰减只对 eBGP 路由起作用，对 iBGP 路由不起作用。这是因为 iBGP 路由可能含有本 AS 的路由，而 IGP 网络要求 AS 内部路由表尽可能一致。如果路由衰减对 iBGP 路由起作用，那么当不同设备的衰减参数不一致时，将会导致路由表不一致。

配置路由衰减：

```
[Huawei] bgp 100
[Huawei-bgp] dampening 10 1000 2000 5000
```

说明：

上述配置分别为半衰期 10 分钟、使用阈值 1000、抑制阈值 2000、最大惩罚值 5000。所指定的 reuse、suppress、ceiling 必须满足条件：reuse<suppress<ceiling。

查看路由衰减参数：

```
<Huawei> display bgp routing-table dampening parameter
 Maximum Suppress Time(in second) : 3973
 Ceiling Value                    : 16000
 Reuse Value                      : 750
 HalfLife Time(in   second)       : 900
 Suppress-Limit                   : 2000
```

查看衰减的路由：

```
<Huawei> display bgp routing-table dampened
 BGP Local router ID is 223.1.41.102
 Status codes: *-valid, >-best, d-damped
               h-history,   i-internal, s-suppressed, S-Stale
               Origin : i-IGP, e-EGP, ?-incomplete
 Total Number of Routes: 8
       Network          From            Reuse     Path/Origin
   d   8.6.244.0/23     223.1.41.247    01:06:25  65534 4837 174 11096 6356i
   d   9.17.79.0/24     223.1.41.247    01:06:25  65534 837 3356 23504 29777i
   d   9.17.110.0/24    223.1.41.247    01:06:25  65534 837 3356 23504 29777i
   d   61.57.144.0/20   223.1.41.247    01:06:25  65534 4837 10026 9924 18429,18429i
   d   63.76.216.0/24   223.1.41.247    01:06:25  65534 4837 701 26959i
   d   63.78.142.0/24   223.1.41.247    01:06:25  65534 4837 701 26959i
   d   63.115.136.0/23  223.1.41.247    01:06:25  65534 4837 701 26956i
   d   65.243.170.0/24  223.1.41.247    01:06:25  65534 4837 701 26959i
```

说明：

如果标记为 d 说明路由被抑制，*>已经没有了，该路由已经不被选择为最优，无法通告，并且路由器最后收到的是 update 报文，如果标记为 h 说明路由器最后收到的是 withdraw 报文。

6.4.6 BGP 设计场景

场景 1：客户多归属同一运营商 BGP 部署

场景描述：如图 6-53 所示，某企业两条链路连接同一运营商，其中，R1 和 R2 属于客户 AS 100，R3 与 R4 属于 ISP 为 AS 200，R5 和 R6 分别在 AS 300 和 AS 400 中。Line-1 为 R1 与 R3 的链路（主链路），Line-2 为 R2 与 R4 的链路（备份链路）。

需求：

- AS 100 只接收 AS 200 的本地路由及 AS 300 的路由，其他 AS 的明细路由不接收。

- 对于所有到达 AS 200 和 AS 300 的出业务流量，AS 100 应该选择 Line-1 链路，如该链路发生故障，应该切换到 Line-2 链路；而到达 AS 400 应该选择 Line-2 链路。
- 进入到 AS 100 的流量应该遵循最优原则，来自 AS 200 本地和 AS 300 的流量应该选择 Line-1 链路访问 R1 的网段，AS 400 的流量应该选择 Line-2 链路访问 R2 的网络。
- 不允许客户的 AS 作为穿越 AS。

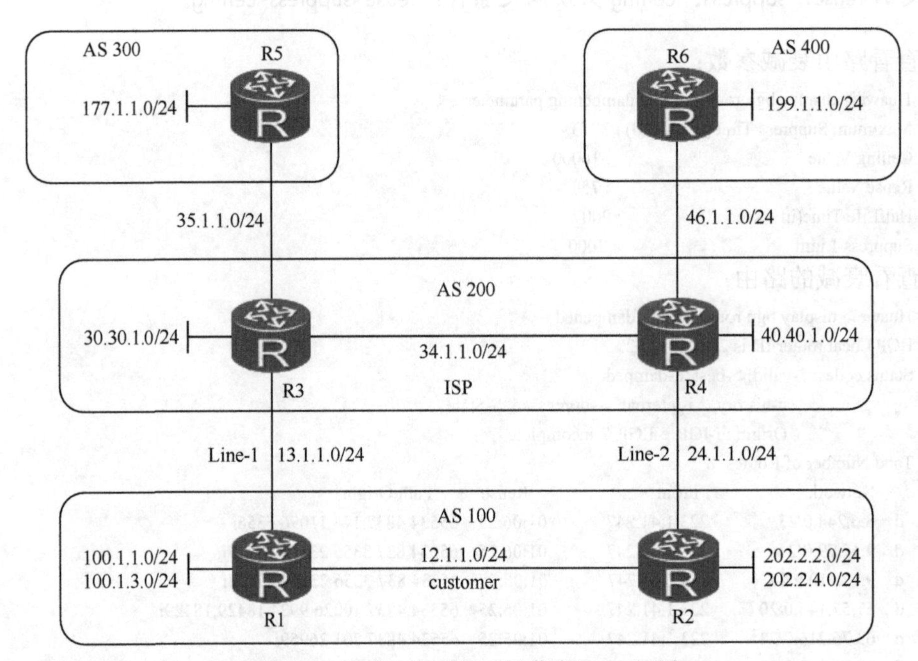

图 6-53　客户多归属同一运营商 BGP 部署

配置示例：

R1 的配置：

```
bgp 100
 peer 2.2.2.2 as-number 100
 peer 2.2.2.2 connect-interface LoopBack0
 peer 13.1.1.3 as-number 200
 #
 ipv4-family unicast
  undo synchronization
  network 100.1.1.0 255.255.255.0
  network 100.1.3.0 255.255.255.0
  peer 2.2.2.2 enable
  peer 2.2.2.2 Next-hop-local
  peer 13.1.1.3 enable
  peer 13.1.1.3 as-path-filter 1 export
  peer 13.1.1.3 route-policy OUTBOUND import
  peer 13.1.1.3 route-policy INBOUND export
#
acl number 2000
 rule 10 permit source 100.1.1.0 0.0.2.0
```

```
acl number 2001
 rule 10 permit source 202.2.0.0 0.0.6.0
#
route-policy OUTBOUND permit node 10
 if-match as-path-filter 3
 apply local-preference 200
#
route-policy OUTBOUND permit node 20
#
route-policy INBOUND permit node 10
 if-match acl 2000
 apply cost 50
#
route-policy INBOUND permit node 20
 if-match acl 2001
 apply cost 100
#
ip as-path-filter 1 permit ^$
ip as-path-filter 3 permit ^200$
ip as-path-filter 3 permit _300$
```

R2 的配置：

```
bgp 100
 peer 1.1.1.1 as-number 100
 peer 1.1.1.1 connect-interface LoopBack0
 peer 24.1.1.4 as-number 200
 #
 ipv4-family unicast
  undo synchronization
  network 202.2.2.0
  network 202.2.4.0
  peer 1.1.1.1 enable
  peer 1.1.1.1 next-hop-local
  peer 24.1.1.4 enable
  peer 24.1.1.4 as-path-filter 1 export
  peer 24.1.1.4 route-policy OUTBOUND import
  peer 24.1.1.4 route-policy INBOUND export
#
acl number 2000
 rule 10 permit source 202.2.0.0 0.0.6.0
acl number 2001
 rule 10 permit source 100.1.1.0 0.0.2.0
#
route-policy OUTBOUND permit node 10
 if-match as-path-filter 4
 apply local-preference 200
#
route-policy OUTBOUND permit node 20
#
route-policy INBOUND permit node 10
 if-match acl 2000
 apply cost 50
#
route-policy INBOUND permit node 20
 if-match acl 2001
```

```
 apply cost 100
#
ip as-path-filter 1 permit ^$
ip as-path-filter 4 permit _400$
```

关于路由策略修改的说明如下。

针对出业务流：

在 R1 的入方向调用路由策略 OUTBOUND，影响出业务的流量，路由策略的 node 10 中匹配了 as-path-filter 3，这里通过 AS 路径过滤器匹配了源自 AS 200 和 AS 300 的路由，修改了本地优先级属性为 200。而来自 AS 100 的 R2 是另外一个出口，但是默认值为 100，那么从 AS 100 发往 AS 200 和 AS 300 的数据流将会选择 R1 作为出口转发。路由策略 OUTBOUND 的 node 20 放行其他流量，没有对其他流量做任何修改。

在 R2 的入方向也调用了路由策略 OUTBOUND，在路由策略 node 10 中匹配了 as-path-filer 3，通过 AS 路径过滤器匹配了始发于 AS 400 的路由，将其本地优先级修改为 200，要优于 R1 默认的 100，那么 AS 100 要去往 AS 400 的网段将会选择 R2 转发。通过修改本地优先级属性来满足去往 ISP 时将 Line-1 作为主链路，Line-2 作为备份链路，且提供了冗余性，当主链路失效可以走备份链路。

针对入业务流量：

在 R1 的出方向调用路由策略 INBOUND，node 10 中匹配了 ACL 2000，该 ACL 匹配了 R1 的两条网段，调整了 MED 值为 50，而匹配到 R2 的两条网段将 MED 值设为 100。同时在 R2 上出方向也调用路由策略 INBOUND，node 10 中匹配了 ACL 2000，匹配了 R2 的两条网段，调整了 MED 值为 50，而匹配到 R1 的两条网段将其 MED 值设为 100，确保 AS 200 访问 AS 100 时选择 Line-1 链路到达 R1 的两条网段、Line-2 链路到达 R2 的两条网段。

在 ISP 中，如果 R3 与 R4 的链路失效了，外部的 AS 将会选择 AS 100 作为唯一的传输路径。例如，AS 300 去往 AS 400 的数据流将会穿越客户 AS 100 到达。为了防止该现象的发生，在 R1 和 R2 上分别针对 R3 和 R4 的出方向应用 as-path-filter，该 AS 过滤器通过^$来匹配空 AS-PATH 号（因为 AS 100 向外通告路由时不会将自己的 AS 号加入进 AS_PATH 列表中）。此做法用来将仅仅始发于 AS 100 的路由通告给 R3 和 R4，而来自其他 AS 的路由如 AS 200、AS 300、AS 400，在 AS_PATH 列表中必然会有 AS 号，因此都被拒绝。R3 和 R4 也不会从 R1 和 R2 收到来自 AS 300 或者 AS 400 的路由，即使 ISP 之间链路失效了，AS 100 不会成为穿越 AS。

R1 和 R2 的 BGP 路由表：

```
<R1>display bgp routing-table
 BGP Local router ID is 12.1.1.1
 Status codes: *-valid, >-best, d-damped,
               h-history,  i-internal, s-suppressed, S-Stale
               Origin : i-IGP, e-EGP, ?-incomplete
 Total Number of Routes: 9
      Network          NextHop         MED        LocPrf    PrefVal Path/Ogn
 *>   30.30.1.0/24     13.1.1.3        0          200       0       200i
 *>   40.40.1.0/24     13.1.1.3                   200       0       200i
 *>   100.1.1.0/24     0.0.0.0         0                    0       i
 *>   100.1.3.0/24     0.0.0.0         0                    0       i
```

```
 *>     177.1.1.0/24        13.1.1.3                        200          0          200 300i
 *>i    199.1.1.0           2.2.2.2                         200          0          200 400i
 *                          13.1.1.3                                     0          200 400i
 *>i    202.2.2.0           2.2.2.2          0              100          0          i
 *>i    202.2.4.0           2.2.2.2          0              100          0          i
----------------------------------------------------------------------------------------------------
<R2>display bgp routing-table
 BGP Local router ID is 12.1.1.2
 Status codes: *-valid, >-best, d-damped,
               h-history,  i-internal, s-suppressed, S-Stale
               Origin : i-IGP, e-EGP, ?-incomplete
 Total Number of Routes: 11
        Network             NextHop          MED            LocPrf       PrefVal Path/Ogn
 *>i    30.30.1.0/24        1.1.1.1          0              200          0          200i
 *                          24.1.1.4                                     0          200i
 *>i    40.40.1.0/24        1.1.1.1                         200          0          200i
 *                          24.1.1.4         0                           0          200i
 *>i    100.1.1.0/24        1.1.1.1          0              100          0          i
 *>i    100.1.3.0/24        1.1.1.1          0              100          0          i
 *>i    177.1.1.0/24        1.1.1.1                         200          0          200 300i
 *                          24.1.1.4                                     0          200 300i
 *>     199.1.1.0           24.1.1.4                        200          0          200 400i
 *>     202.2.2.0           0.0.0.0          0                           0          i
 *>     202.2.4.0           0.0.0.0          0                           0          i
```

R1 到达 AS 200 和 AS 300 都选择通过 R3 转发，且本地优先级都被修改为 200，而 R2 也将选择 R1 去往 AS 200，因为 Line-1 为主链路，但去往 AS 400 选择了 Line-2 链路。

R3 和 R4 的 BGP 路由表：

```
<R3>display bgp routing-table
 BGP Local router ID is 13.1.1.3
 Status codes: *-valid, >-best, d-damped,
               h-history,  i-internal, s-suppressed, S-Stale
               Origin : i-IGP, e-EGP, ?-incomplete
 Total Number of Routes: 10
        Network             NextHop          MED            LocPrf       PrefVal Path/Ogn
 *>     30.30.1.0/24        0.0.0.0          0                           0          i
 *>i    40.40.1.0/24        4.4.4.4          0              100          0          i
 *>     100.1.1.0/24        13.1.1.1         50                          0          100i
 *>     100.1.3.0/24        13.1.1.1         50                          0          100i
 *>     177.1.1.0/24        35.1.1.5         0                           0          300i
 *>i    199.1.1.0           4.4.4.4          0              100          0          400i
 *>i    202.2.2.0           4.4.4.4          50             100          0          100i
 *                          13.1.1.1         100                         0          100i
 *>i    202.2.4.0           4.4.4.4          50             100          0          100i
 *                          13.1.1.1         100                         0          100i
----------------------------------------------------------------------------------------------------
<R4>display bgp routing-table
 BGP Local router ID is 24.1.1.4
 Status codes: *-valid, >-best, d-damped,
               h-history,  i-internal, s-suppressed, S-Stale
               Origin : i-IGP, e-EGP, ?-incomplete
 Total Number of Routes: 10
        Network             NextHop          MED            LocPrf       PrefVal Path/Ogn
 *>i    30.30.1.0/24        3.3.3.3          0              100          0          i
 *>     40.40.1.0/24        0.0.0.0          0                           0          i
```

```
*>i  100.1.1.0/24        3.3.3.3         50         100        0      100i
*                        24.1.1.2        100                   0      100i
*>i  100.1.3.0/24        3.3.3.3         50         100        0      100i
*                        24.1.1.2        100                   0      100i
*>i  177.1.1.0/24        3.3.3.3         0          100        0      300i
*>   199.1.1.0           46.1.1.6        0                     0      400i
*>   202.2.2.0           24.1.1.2        50                    0      100i
*>   202.2.4.0           24.1.1.2        50                    0      100i
```

R3 的 BGP 表中可以看到去往 R1 从 Line-1 链路进入，且 MED 值修改为 50，去往 R2 经过 Line-2 链路进入，R4 去往 R1 从 Line-1 链路进入，去往 R2 从 Line-2 链路进入。

场景 2：不同运营商的客户间互为主备部署案例

场景描述：如图 6-54 所示，分别隶属于 AS 100 和 AS 200 的两家客户设备 R1 和 R2 分别连接着不同运营商设备 R3 和 R4。

需求：

- 对于客户的出业务流量：客户 AS（AS 100 和 AS 200）访问运营商时，AS 100 选择从 ISP 1 访问，AS 200 选择从 ISP 2 访问。但是当 Line-1 和 Line-2 链路发生故障时，客户 AS 之间能够互为备份。
- 对于客户的入业务流量：ISP 1 选择经过 Line-1 链路进入到 AS 100，而 ISP 2 选择经过 Line-2 链路进入到 AS 200。ISP 1 访问 AS 200 需要经过 ISP 2，而不能将 AS 100 作为穿越的 AS。同理，ISP 2 访问 AS 100 需要经过 ISP 1 访问。
- 如果 ISP 1 与 ISP 2 之间的链路出现故障，客户的 AS 能够互为备份，以实现冗余。
- 客户之间互相提供主备链路。

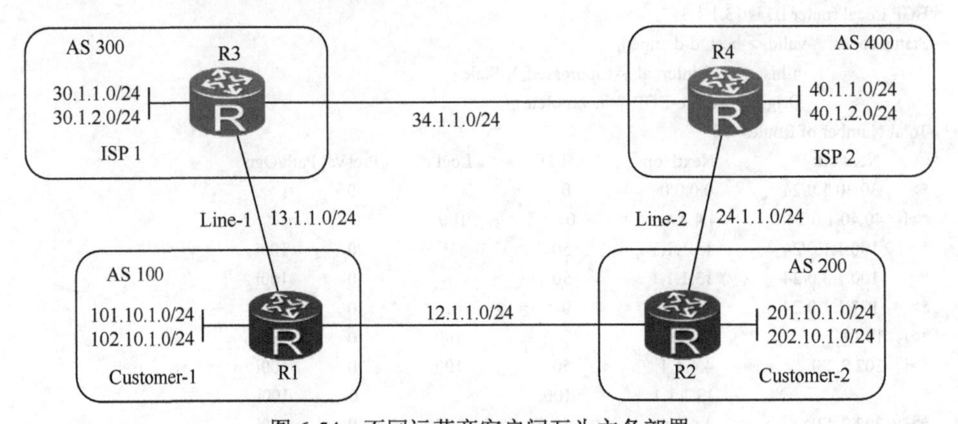

图 6-54 不同运营商客户间互为主备部署

R1 的配置：

```
bgp 100
 peer 12.1.1.2 as-number 200
 peer 13.1.1.3 as-number 300
 #
 ipv4-family unicast
  undo synchronization
  network 101.10.1.0 255.255.255.0
  network 102.10.1.0 255.255.255.0
```

```
    peer 12.1.1.2 enable
    peer 13.1.1.3 enable
    peer 13.1.1.3 as-path-filter 1 export
    peer 13.1.1.3 route-policy SET_PrefVal import
    peer 13.1.1.3 route-policy SET_COMMUNITY export
    peer 13.1.1.3 advertise-community
#
route-policy SET_COMMUNITY permit node 10
 if-match as-path-filter 2
 apply community 200:200
#
route-policy SET_COMMUNITY permit node 20
#
route-policy SET_PrefVal permit node 10
 if-match as-path-filter 3
 apply preferred-value 150
#
route-policy SET_PrefVal permit node 20
#
ip as-path-filter 1 permit ^$
ip as-path-filter 1 permit _200$
ip as-path-filter 2 permit _200$
ip as-path-filter 3 permit _400$
```

R2 的配置：

```
bgp 200
 peer 12.1.1.1 as-number 100
 peer 24.1.1.4 as-number 400
 #
 ipv4-family unicast
  undo synchronization
  network 201.10.1.0
  network 202.10.1.0
  peer 12.1.1.1 enable
  peer 24.1.1.4 enable
  peer 24.1.1.4 as-path-filter 1 export
  peer 24.1.1.4 route-policy SET_PrefVal import
  peer 24.1.1.4 route-policy SET_COMMUNITY export
  peer 24.1.1.4 advertise-community
#
route-policy SET_COMMUNITY permit node 10
 if-match as-path-filter 2
 apply community 100:100
#
route-policy SET_COMMUNITY permit node 20
#
route-policy SET_PrefVal permit node 10
 if-match as-path-filter 3
 apply preferred-value 150
#
route-policy SET_PrefVal permit node 20
#
ip as-path-filter 1 permit ^$
ip as-path-filter 1 permit _100$
ip as-path-filter 2 permit _100$
ip as-path-filter 3 permit _300$
```

关于路由策略修改的说明如下。

（1）针对出业务流量：在R1上使用路由策略SET_PrefVal来调整首选权值，在node 10中匹配了as-path-filter 3，该路径过滤器匹配到了源自AS 400的流量，将其首选权值调整为150，node 20放行其他路由，没做任何修改。由于从R2也可以访问到AS 400，为了防止从客户之间穿越，优先选择从AS 300去往AS 400，修改后的首选权值相比默认的100要更大，因此R1将会选择从AS 300转发数据流到AS 400。R2同样也使用了路由策略SET_PrefVal策略调整源自AS 300的路由，使其优先选择经过AS 400去往AS 300。当Line-1和Line-2链路出现故障能够满足冗余时，R1和R2之间的链路可以作为备份链路。

（2）针对入业务流量：ISP 1需要经过Line-1链路访问AS 100，ISP 2需要经过Line-2链路访问AS 200。在R1上使用路由策略SET_COMMUNITY修改团体属性，在node 10中匹配了as-path-filter 2，该路径过滤器匹配到了源自AS 200的路由，将其团体属性设置为200:200，node 20放行其他路由，不做任何设置。在R2上同样使用路由策略SET_COMMUNITY修改团体属性，将源自AS 100路由的团体属性设置为100:100。此做法目的是为了能够让ISP 1和ISP 2收到路由后根据所设置的团体属性来调整路由。

（3）为了保证ISP之间不能选择客户的AS作为穿越AS，分别在R1和R2上使用路径过滤器as-path-filter 1，该路径过滤器仅允许了AS 100，AS 200的路由通告给ISP，而不能将ISP的流量穿过客户的AS再次通告给对方ISP。例如，ISP 1访问ISP 2不能选择经过AS100、AS200去访问。

查看R3的配置：

```
bgp 300
 peer 13.1.1.1 as-number 100
 peer 34.1.1.4 as-number 400
 #
 ipv4-family unicast
  undo synchronization
  network 30.1.1.0 255.255.255.0
  network 30.1.2.0 255.255.255.0
  peer 13.1.1.1 enable
  peer 13.1.1.1 route-policy SET_LocPref import
  peer 34.1.1.4 enable
  peer 34.1.1.4 advertise-community
#
route-policy SET_LocPref permit node 10
 if-match community-filter 1
 apply local-preference 50
#
route-policy SET_LocPref permit node 20
#
ip community-filter 1 permit 200:200
```

查看R4的配置：

```
bgp 400
 peer 24.1.1.2 as-number 200
 peer 34.1.1.3 as-number 300
 #
 ipv4-family unicast
```

```
    undo synchronization
    network 40.1.1.0 255.255.255.0
    network 40.1.2.0 255.255.255.0
    peer 24.1.1.2 enable
    peer 24.1.1.2 route-policy SET_LocPref import
    peer 34.1.1.3 enable
    peer 34.1.1.3 advertise-community
#
route-policy SET_LocPref permit node 10
 if-match community-filter 1
 apply local-preference 50
#
route-policy SET_LocPref permit node 20
#
ip community-filter 1 permit 100:100
```

配置说明：

在 R3 上通过路由策略 SET_LocPref 匹配到 community-filter 1，在该团体属性过滤列表中匹配到团体属性为 200:200，这个值在 R1 发送给 R3 的路由中被修改为了该值，也就是匹配了所有 AS 200 的路由。通过路由策略 node 10 中，将本地优先级调整为 50，node 20 放行其他路由，不做任何设置。由于 R3 分别可以从 R1 和 R4 去访问 AS 200，但是从 R1 来的关于 AS 200 的路由被调整了本地优先级为 50，而 R3 从 R4 收到的路由本地优先级未做修改，默认为 100，因此 R3 将会优先选择 AS 400 去访问 AS 200。针对其他的路由，比如 AS 100 的路由仍然选择 R1 访问，由于 AS_PATH 路径长度的问题。在 R4 上同样通过路由策略 SET_LocPref，将 R2 传递给 R4 的关于 AS 100 的路由本地优先级修改为 50，那么 R4 将会优先选择 R3 去访问 AS 100，而访问 AS 200 直接通过 R2 访问。

通过在 R3 和 R4 修改本地优先级来调整客户的入业务流量，并且实现了将优先选择 ISP 作为主要的链路，不能让客户的 AS 作为穿越 AS。

查看 R1 和 R2 路由表：

```
<R1>display bgp routing-table
 BGP Local router ID is 12.1.1.1
 Status codes: *-valid, >-best, d-damped,
               h-history,  i-internal, s-suppressed, S-Stale
               Origin : i-IGP, e-EGP, ?-incomplete
 Total Number of Routes: 14
      Network          NextHop        MED        LocPrf    PrefVal Path/Ogn
 *>   30.1.1.0/24      13.1.1.3        0                     0      300i
 *                     12.1.1.2                              0      200 400 300i
 *>   30.1.2.0/24      13.1.1.3        0                     0      300i
 *                     12.1.1.2                              0      200 400 300i
 *>   40.1.1.0/24      13.1.1.3                              150    300 400i
 *                     12.1.1.2                              0      200 400i
 *>   40.1.2.0/24      13.1.1.3                              150    300 400i
 *                     12.1.1.2                              0      200 400i
 *>   101.10.1.0/24    0.0.0.0         0                     0      i
 *>   102.10.1.0/24    0.0.0.0         0                     0      i
 *>   201.10.1.0       12.1.1.2        0                     0      200i
 *                     13.1.1.3                              0      300 400 200i
 *>   202.10.1.0       12.1.1.2        0                     0      200i
```

```
*                  13.1.1.3                                  0        300 400 200i
--------------------------------------------------------------------------------------------
<R2>display bgp routing-table
 BGP Local router ID is 12.1.1.2
 Status codes: *-valid, >-best, d-damped,
               h-history,  i-internal, s-suppressed, S-Stale
               Origin : i-IGP, e-EGP, ?-incomplete
 Total Number of Routes: 14
      Network            NextHop      MED        LocPrf    PrefVal Path/Ogn
 *>   30.1.1.0/24        24.1.1.4                          150     400 300i
 *                       12.1.1.1                          0       100 300i
 *>   30.1.2.0/24        24.1.1.4                          150     400 300i
 *                       12.1.1.1                          0       100 300i
 *>   40.1.1.0/24        24.1.1.4     0                    0       400i
 *                       12.1.1.1                          0       100 300 400i
 *>   40.1.2.0/24        24.1.1.4     0                    0       400i
 *                       12.1.1.1                          0       100 300 400i
 *>   101.10.1.0/24      12.1.1.1     0                    0       100i
 *                       24.1.1.4                          0       400 300 100i
 *>   102.10.1.0/24      12.1.1.1     0                    0       100i
 *                       24.1.1.4                          0       400 300 100i
 *>   201.10.1.0         0.0.0.0      0                    0       i
 *>   202.10.1.0         0.0.0.0      0                    0       i
```

观察 R1 的 BGP 路由表，到达 AS 400 的网段 40.1.1.0/24、40.1.2.0/24 首选权值设置为 150，优先选择从 ISP 1 转发。R2 到达 AS 300 的网段 30.1.1.0/24、30.1.2.0/24 首选权值设置为 150，优先选择从 ISP 2 转发。

查看 R3 和 R4 的 BGP 路由表：

```
<R3>display bgp routing-table
 BGP Local router ID is 13.1.1.3
 Status codes: *-valid, >-best, d-damped,
               h-history,  i-internal, s-suppressed, S-Stale
               Origin : i-IGP, e-EGP, ?-incomplete
 Total Number of Routes: 10
      Network            NextHop      MED        LocPrf    PrefVal Path/Ogn
 *>   30.1.1.0/24        0.0.0.0      0                    0       i
 *>   30.1.2.0/24        0.0.0.0      0                    0       i
 *>   40.1.1.0/24        34.1.1.4     0                    0       400i
 *>   40.1.2.0/24        34.1.1.4     0                    0       400i
 *>   101.10.1.0/24      13.1.1.1     0                    0       100i
 *>   102.10.1.0/24      13.1.1.1     0                    0       100i
 *>   201.10.1.0         34.1.1.4                          0       400 200i
 *                       13.1.1.1                50        0       100 200i
 *>   202.10.1.0         34.1.1.4                          0       400 200i
 *                       13.1.1.1                50        0       100 200i
--------------------------------------------------------------------------------------------
<R4>display bgp routing-table
 BGP Local router ID is 24.1.1.4
 Status codes: *-valid, >-best, d-damped,
               h-history,  i-internal, s-suppressed, S-Stale
               Origin : i-IGP, e-EGP, ?-incomplete
 Total Number of Routes: 10
      Network            NextHop      MED        LocPrf    PrefVal Path/Ogn
 *>   30.1.1.0/24        34.1.1.3     0                    0       300i
```

```
    *>   30.1.2.0/24       34.1.1.3        0                 0     300i
    *>   40.1.1.0/24       0.0.0.0         0                 0     i
    *>   40.1.2.0/24       0.0.0.0         0                 0     i
    *>   101.10.1.0/24     34.1.1.3                          0     300 100i
    *                      24.1.1.2                 50       0     200 100i
    *>   102.10.1.0/24     34.1.1.3                          0     300 100i
    *                      24.1.1.2                 50       0     200 100i
    *>   201.10.1.0        24.1.1.2        0                 0     200i
    *>   202.10.1.0        24.1.1.2        0                 0     200i
```

观察 R3 的 BGP 路由表，到达 AS 200 的网段 201.10.1.0/24、202.10.1.0/24 的本地优先级为 50，低于默认的 100，因此选择经过 R4 转发流量。R4 到达 AS 100 的网段 101.10.1.0/24、102.10.1.0/24 选择经过 R3 转发。

小结：

上面通过两个场景主要介绍了 MED 属性、团体属性、本地优先级属性、首选权值、团体属性列表、路径过滤器工具如何结合使用。规划和设计网络时需要有冗余备份路径，且充分考虑到对称流量。

6.5 BGP 的特性

6.5.1 BGP 的安全性

BGP 使用认证和 GTSM（Generalized TTL Security Mechanism）两个方法保证 BGP 对等体间的交互安全。

BGP 的认证

为了保证 BGP 协议免受攻击，BGP 认证分为 MD5 认证和 Keychain 认证，对 BGP 对等体关系进行认证是提高安全性的有效手段。MD5 认证只能为 TCP 连接设置认证密码，而 Keychain 认证除了可以为 TCP 连接设置认证密码外，还可以对 BGP 协议报文进行认证。

- MD5 认证特点

MD5 算法配置简单，配置后生成单一密码，需要人为干预才可以切换密码，适用于需要短时间加密的网络。

配置命令：

peer { *group-name* | *ipv4-address* | *ipv6-address* } **password** { **cipher** *cipher-password* | **simple** *simple-password* }

说明：

BGP 使用 TCP 作为传输层协议，为提高 BGP 的安全性，可以在建立 TCP 连接时进行 MD5 认证。BGP 的 MD5 认证只是为 TCP 连接设置 MD5 认证密码，而认证由 TCP 来提供。

- Keychain 认证特点

Keychain 具有一组密码，可以根据配置自动切换，但是配置过程较为复杂，适用于对安全性能要求比较高的网络。

配置命令：

peer { *group-name* | *ipv4-address* | *ipv6-address* } **keychain** *keychain-name*

说明：
配置 BGP Keychain 认证前，必须配置 keychain-name 对应的 Keychain 认证，且必须配置相同的加密算法，否则 TCP 连接不能正常建立。BGP MD5 认证与 BGP Keychain 认证互斥。

BGP GTSM

GTSM 为防止攻击者模拟真实的 BGP 协议报文对设备进行攻击，可以配置 GTSM 功能检测 IP 报文头中的 TTL 值。根据实际组网的需要，对于不符合 TTL 值范围的报文，GTSM 可以设置为通过或丢弃。这样就避免了网络攻击者模拟的"合法"BGP 报文占用 CPU。BGP GTSM 检测 IP 报文头中的 TTL（time-to-live）值是否在一个预先设置好的特定范围内，并对不符合 TTL 值范围的报文进行允许通过或丢弃的操作，从而实现了保护 IP 层以上业务、增强系统安全性的目的。

例如：将 iBGP 对等体的报文的 TTL 的范围设为 254～255。当攻击者模拟合法的 BGP 协议报文，对设备不断地发送报文进行攻击时，TTL 值必然小于 254。如果没有启用 BGP GTSM 功能，设备收到这些报文后，发现是发送给本机的报文，会直接上送控制层面处理。这时将会因为控制层面处理大量攻击报文，导致设备 CPU 占用率高，系统异常繁忙。如果开启 BGP GTSM 功能，系统会对所有 BGP 报文的 TTL 值进行检查。丢弃 TTL 值小于 254 的攻击报文，从而避免了网络攻击报文占用 CPU。

配置在 BGP 进程中启用 GTSM 命令：

```
peer { group-name | ipv4-address | ipv6-address } valid-ttl-hops [ hops ]
```

说明：
GTSM 是对称的，需要在对等体双方都要配置。

配置未匹配 GTSM 策略的报文的缺省动作命令：

```
gtsm default-action { drop | pass }
```

说明：
缺省情况下，未匹配的 GTSM 策略可以通过过滤。

6.5.2 BGP 的可靠性

BGP ORF

ORF（Outbound Route Filtering）出口路由过滤，在 RFC5291、RFC5292 规定了 BGP 基于前缀的路由过滤能力，能将本端设备配置的基于前缀的入口策略通过路由刷新报文发送给 BGP 邻居。BGP 邻居根据这些策略构造出口策略，在路由发送时对路由进行过滤。这样不仅避免了本端设备接收大量无用的路由，降低了本端设备的 CPU 使用率，还有效减少了 BGP 邻居的配置工作，降低了链路带宽的占用率。

配置 ORF 的命令：

```
peer [ipv4-address] capability-advertise orf ip-prefix both
```

如图 6-55 所示，R1 分别通告了四个网段到 BGP，并传递给 AS 200 的路由 R2，而 R2 不需要接收所有四条路由，在 R2 的入方向使用前缀过滤策略对 102.1.1.0/24 和 103.1.1.0/24 两条网段实现过滤。如果在没有使用 BGP ORF 策略工具的情况下，R1 仍然会将路由发送出去，只是在 R2 入方向查看到策略以后再进行过滤，这样造成链路带宽的浪费。而在两端使用 BGP ORF 特性以后，R2 将会通过 route-refresh 报文告知 R1 本端需要过滤的路由条目，R1 收到后就在出口过滤掉路由，而不会发出去，从而可以减少链路带宽的占用。

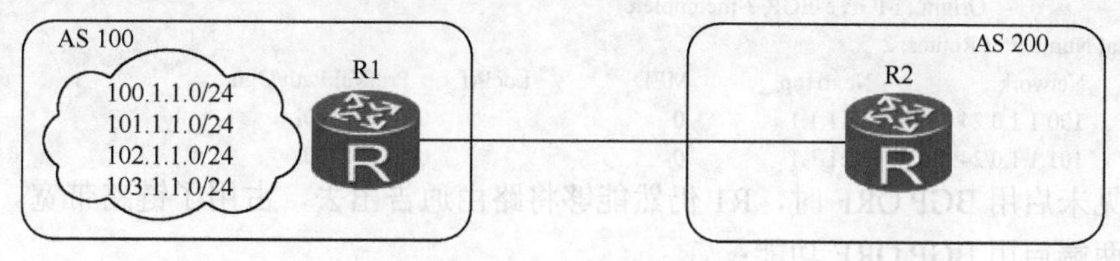

图 6-55 ORF 场景图

查看 R1 和 R2 的配置：

```
<R1>display current-configuration
bgp 100
 peer 12.1.1.2 as-number 200
 #
 ipv4-family unicast
  undo synchronization
  network 100.0.0.0
  network 100.1.1.0 255.255.255.0
  network 101.1.1.0 255.255.255.0
  network 102.1.1.0 255.255.255.0
  network 103.1.1.0 255.255.255.0
  peer 12.1.1.2 enable
--------------------------------------------------------------------------------------------
<R2>display current-configuration
bgp 200
 peer 12.1.1.1 as-number 100
 #
 ipv4-family unicast
  undo synchronization
  peer 12.1.1.1 enable
  peer 12.1.1.1 ip-prefix Denyroute import
#
ip ip-prefix Denyroute index 10 deny 102.0.0.0 7 greater-equal 24 less-equal 24
ip ip-prefix Denyroute index 20 permit 0.0.0.0 0 less-equal 32
```

在 R2 通过前缀过滤列表策略工具将 102.1.1.0/24 和 103.1.1.0/24 两条路由过滤掉，其他路由放行。

查看未启用 BGP ORF 特性时，R1 通告给 R2 及 R2 收到的 BGP 路由。

```
<R1>display bgp routing-table peer 12.1.1.2 advertised-routes
 BGP Local router ID is 12.1.1.1
 Status codes: *-valid, >-best, d-damped,
               h-history,  i-internal, s-suppressed, S-Stale
               Origin : i-IGP, e-EGP, ?-incomplete
 Total Number of Routes: 4
      Network            NextHop        MED          LocPrf    PrefVal Path/Ogn
 *>   100.1.1.0/24       12.1.1.1        0                      0      100i
 *>   101.1.1.0/24       12.1.1.1        0                      0      100i
 *>   102.1.1.0/24       12.1.1.1        0                      0      100i
 *>   103.1.1.0/24       12.1.1.1        0                      0      100i
--------------------------------------------------------------------------------------------
```

```
<R2>display bgp routing-table peer 12.1.1.1 received-routes
 BGP Local router ID is 12.1.1.2
 Status codes: *-valid, >-best, d-damped,
               h-history,  i-internal, s-suppressed, S-Stale
               Origin : i-IGP, e-EGP, ?-incomplete
 Total Number of Routes: 2
      Network          NextHop        MED        LocPrf    PrefVal Path/Ogn
 *>   100.1.1.0/24     12.1.1.1       0                    0       100i
 *>   101.1.1.0/24     12.1.1.1       0                    0       100i
```

可见未启用 BGP ORF 时，R1 仍然能够将路由通告出去，占用了链路带宽。

在两端启用 BGP ORF 功能：

```
<R1>display current-configuration
bgp 100
  peer 12.1.1.2 capability-advertise orf ip-prefix receive
------------------------------------------------------------------------------------------------
<R2>display current-configuration
bgp 200
  peer 12.1.1.1 capability-advertise orf ip-prefix send
```

R1 配置 capability-advertise orf ip-prefix receive 用于接收 ORF 报文，R2 配置 capability-advertise orf ip-prefix send 用于发送 ORF 报文，当 R2 不需要接收不必要的路由更新时，通过 route-refresh 报文通知 R1，在 R1 的出口构建过滤策略，不让 R1 发送路由出去。

说明：

配置命令后面的参数 receive 表示只允许接收 ORF 报文，send 表示只允许发送 ORF 报文，另外还有 both 表示可以接收和发送。cisco-compatible 参数用于在能力协商时按照 Cisco 的能力码进行协商。如果不加 cisco-compatible 参数，则按照 RFC 规定的标准 ORF 能力码进行能力协商。如果两端分别采用 RFC 标准的 ORF 能力和 Cisco 的 ORF 能力，则 ORF 协商失败。注意在配置 BGP ORF 时，需要两端同时配置，否则不生效，配置完以后 BGP 邻居将会重置。

配置完成后通过抓包工具抓取到数据包，R2 通过 route-refresh 报文通知 R1。

```
⊞ Frame 204: 98 bytes on wire (784 bits), 98 bytes captured (784 bits)
⊞ Ethernet II, Src: HuaweiTe_4e:12:70 (00:e0:fc:4e:12:70), Dst: HuaweiTe_bd:10:ff (00:e0:fc:bd:10:ff)
⊞ Internet Protocol, Src: 12.1.1.2 (12.1.1.2), Dst: 12.1.1.1 (12.1.1.1)
⊞ Transmission Control Protocol, Src Port: 50333 (50333), Dst Port: bgp (179), Seq: 74, Ack: 74, Len: 44
⊟ Border Gateway Protocol
  ⊟ ROUTE-REFRESH Message
      Marker: 16 bytes
      Length: 44 bytes
      Type: ROUTE-REFRESH Message (5)
      Address family identifier: IPv4 (1)
      Reserved: 1 byte
      Subsequent address family identifier: Unicast (1)
    ⊟ ORF information (21 bytes)
        ORF flag: Immediate
        ORF type: UNKNOWN
        ORF len: 17 bytes
        ORFEntry-Unknown (17 bytes)
```

查看 R1 发送的路由：

```
<R1>display bgp routing-table peer 12.1.1.2 advertised-routes
 BGP Local router ID is 12.1.1.1
 Status codes: *-valid, >-best, d-damped,
               h-history,  i-internal, s-suppressed, S-Stale
               Origin : i-IGP, e-EGP, ?-incomplete
 Total Number of Routes: 2
```

```
    Network          NextHop        MED        LocPrf    PrefVal Path/Ogn
 *>  100.1.1.0/24     12.1.1.1       0                    0       100i
 *>  101.1.1.0/24     12.1.1.1       0                    0       100i
```

通过观察可以看到启用 BGP ORF 特性后的变化，R1 根据 route-refresh 报文，构建了出口过滤策略，不再发送 102.1.1.0/24 和 103.1.1.0/24 这两条路由，从而节约了链路带宽的占用。

BGP 与 BFD 的联动

BGP 是建立在 TCP 层之上的协议，只能通过周期性的向对等体发送 Keepalive 报文来实现邻居检测。但这种机制检测到故障所需时间比较长，超过 1s。当数据达到吉比特速率级时，这么长的检测时间将导致大量数据丢失，无法满足电信级网络高可靠性的需求。为了解决上述问题，BGP 引入了 BGP 与 BFD 功能。BFD 检测是毫秒级，可以在 50ms 内通报 BGP 对等体间链路的故障，因此能够提高 BGP 路由的收敛速度，保障链路快速切换，减少流量损失。

配置对等体或对等体组的 BFD 功能，使用缺省的 BFD 参数值建立 BFD 会话。

peer { *group-name* | *ipv4-address* } **bfd enable**

配置指定需要建立 BFD 会话的各个参数值。

peer [ipv4-address] **bfd [min-tx-interval** *min-tx-interval* | **min-rx-interval** *min-rx-interval* | **detect-multiplier** *multiplier* | wtr wtr-value **]**

说明：

默认情况下，华为设备之间 iBGP 为多跳会话。建议华为设备和默认 iBGP 为单跳会话的其他厂商设备对接时，只配置 IGP 与 BFD 联动会话或者只配置 iBGP 与 BFD 联动会话。BGP 的会话处于 Established 状态时，BFD 会话才能建立。

BGP Tracking

为了实现 BGP 快速收敛，可以通过配置 BFD 来探测邻居状态变化，但 BFD 需要全网部署，扩展性较差。在无法部署 BFD 检测邻居状态时，可以本地配置 BGP Peer Tracking 功能，快速感知链路不可达或者邻居不可达，实现网络的快速收敛。

通过部署 BGP Tracking 功能，调整从发现邻居不可达到中断连接的时间间隔，可以抑制路由震荡引发的 BGP 邻居关系震荡，提高 BGP 网络的稳定性。

配置示例：指定对等体的 BGP Tracking 功能。

peer { *group-name* | *ipv4-address* | *ipv6-address* } **tracking [delay** *delay-time*]

说明：

配置该功能来实现网络的快速收敛，delay 表示发现邻居不可达到中断连接的间隔时间，缺省值为 0。当值为 0 时，如果发现邻居不可达后立刻中断连接，但是网络中的闪断会导致 IGP 路由震荡，一般会将 delay 时间设置得比 IGP 路由收敛时间要更大。

BGP 按组打包

由于当前网络中路由表的快速增长，及网络拓扑的复杂性，将会导致 BGP 的邻居数量较多。特别是一些邻居数目多且路由量大的场景下，针对路由器需要给大量的 BGP 邻居发送路由且大部分邻居具有相同出口策略的特点，对每个对等体邻居都需要执行一次策略，并且是重复的过程，这样势必会增加某些路由器的负担。

BGP 按组打包特性是将拥有共同出口策略的 BGP 邻居当作是一个打包组。这样每条待发送路由只被打包一次然后发给组内的所有邻居，这样可以提高转发效率。例如有一个反射器有 100 条路由需要反射给 100 个客户机。如果按照每个邻居分别发送的方式，反射器 RR 在向 100 个客户机发送路由的时候，所有路由被发送的总次数是 100×100，也就是 1 万次。使用 BGP 按组打包特性，路由器发送的总次数为 100×1，减少到以前的 1/100，大大提升了转发性能，提高了效率。如图 6-56 所示。

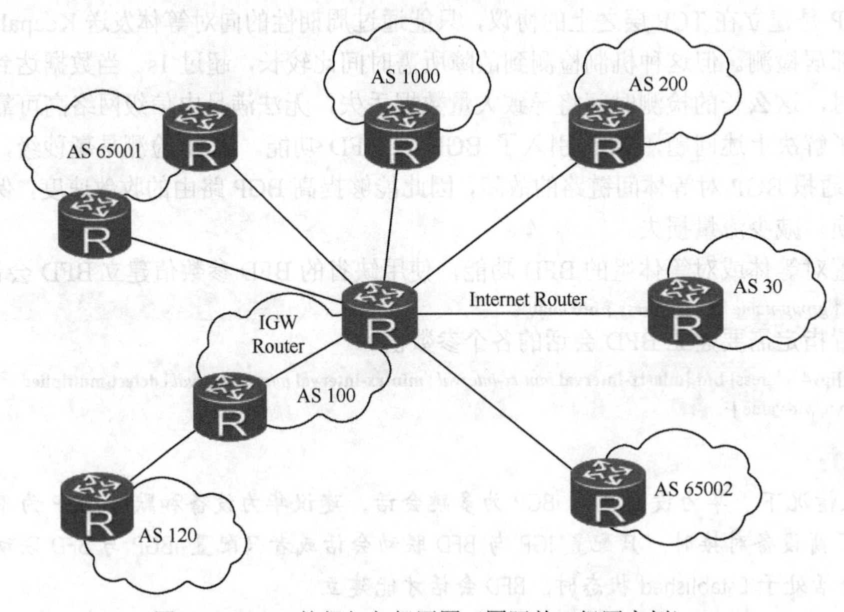

图 6-56　BGP 按组打包组网图（国际关口组网案例）

IGW router 会向所有相邻的 AS 发送路由，如果 IGW Router 支持 BGP 按组打包功能，那么 BGP 的性能将得到很大的提升。

所有的 Client 与 RR 都为 iBGP 邻居，Client 都会将路由发送给 RR，在 RR 上配置按组打包功能，将会提升 BGP 的转发性能。如图 6-57 所示。

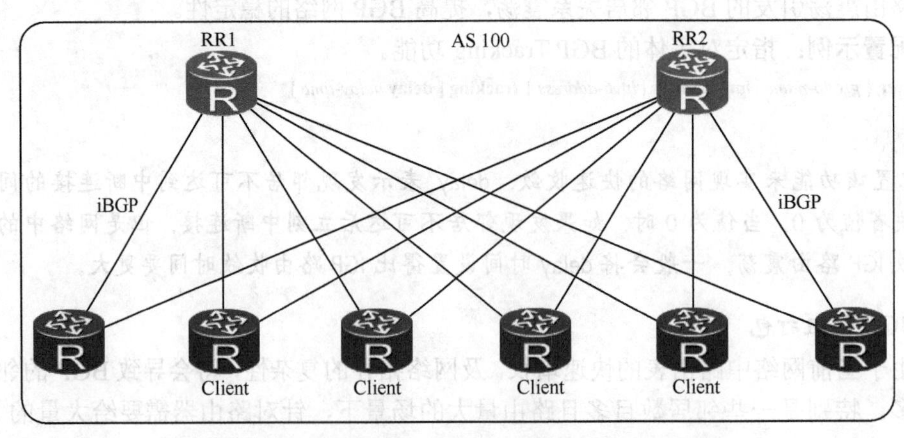

图 6-57　BGP 按组打包组网图（路由反射器场景案例）

R2 从 R1 收到路由后，配置按组打包特性可以向所有 iBGP 对等体发布同样的策略，提升 R2 的性能。如图 6-58 所示。

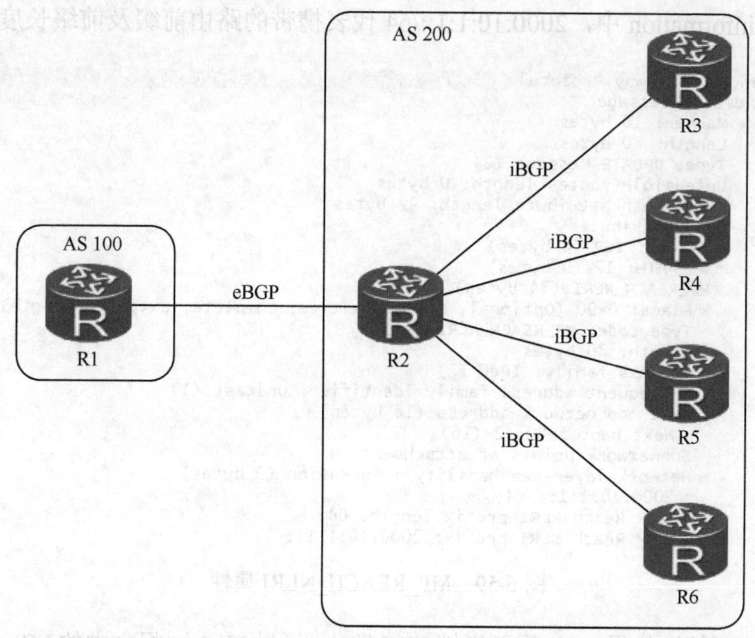

图 6-58 BGP 按组打包组网图（与多个 iBGP 邻居连接场景案例）

6.5.3 MP-BGP

BGP 是一种扩展性较强的协议，传统的 BGP-4 只能管理 IPv4 单播路由信息，但是同样也能够支持其他网络层协议（如 IPv6、组播、VPN 等）的应用。BGP 多协议扩展 MP-BGP（MultiProtocol BGP）就是为了提供对多种网络层协议的支持才对 BGP-4 进行的扩展。目前的 MP-BGP 标准是 RFC4760，使用扩展属性和地址族来实现对 IPv6、组播和 VPN 相关内容的支持，BGP 协议原有的报文机制和路由机制并没有改变。

MP-BGP 对 IPv6 单播网络的支持特性称为 BGP4+，对 IPv4 组播网络的支持特性称为 MBGP（Multicast BGP）。MP-BGP 为 IPv6 单播网络和 IPv4 组播网络建立独立的拓扑结构，并将路由信息储存在独立的路由表中，保持单播 IPv4 网络、单播 IPv6 网络和组播网络之间的路由信息相互隔离，也就实现了用单独的路由策略维护各自网络的路由。

MP-BGP *扩展属性*

为实现对多种网络层协议的支持，BGP 需要将网络层协议的信息反映到 NLRI 及 Next_Hop。因此 MP-BGP 引入了两个新的可选非过渡路径属性。

- MP_REACH_NLRI：Multiprotocol Reachable NLRI（多协议可达 NLRI），用于发布可达的路由信息及下一跳信息，如图 6-59 所示。
- MP_UNREACH_NLRI：Multiprotocol Unreachable NLRI（多协议不可达 NLRI），用于撤销不可达的路由信息。

如图 6-59 所示，如果通过 BGP 承载 IPv6 路由信息，在 Upate 报文中，MP_REACH_NLRI 属性（属性代码 14）用来标识该路由的前缀、下一跳信息。address family（AFI）

值为 2，表示 BGP 承载的协议为 IPv6，Subsequent address family identifier（SAFI）值为 1，表示为单播路由。Next hop network address 代表下一跳信息为 fe80::2。在 Network layer reachablility information 中，2000:10:1:1::/64 代表携带的路由前缀及前缀长度。

```
⊟ Border Gateway Protocol
  ⊟ UPDATE Message
      Marker: 16 bytes
      Length: 70 bytes
      Type: UPDATE Message (2)
      Unfeasible routes length: 0 bytes
      Total path attribute length: 47 bytes
    ⊟ Path attributes
      ⊞ ORIGIN: IGP (4 bytes)
      ⊞ AS_PATH: 12 (9 bytes)
      ⊟ MP_REACH_NLRI (34 bytes)
        ⊞ Flags: 0x90 (Optional, Non-transitive, Complete, Extended Length)
          Type code: MP_REACH_NLRI (14)
          Length: 30 bytes
          Address family: IPv6 (2)
          Subsequent address family identifier: Unicast (1)
        ⊟ Next hop network address (16 bytes)
            Next hop: fe80::2 (16)
          Subnetwork points of attachment: 0
        ⊟ Network layer reachability information (9 bytes)
          ⊟ 2000:10:1:1::/64
              MP Reach NLRI prefix length: 64
              MP Reach NLRI prefix: 2000:10:1:1::
```

图 6-59　MP_REACH_NLRI 属性

如图 6-60 所示，如果 BGP 需要撤销 IPv6 路由，通过 Update 报文中的 MP_UNREACH_NLRI 属性（属性代码 15）来标识需要撤销的路由前缀；withdrawn routes 中，2000:10:1:4::/64、2000:10:1:5::/64 代表被撤销的路由。

```
⊟ Border Gateway Protocol
  ⊟ UPDATE Message
      Marker: 16 bytes
      Length: 48 bytes
      Type: UPDATE Message (2)
      Unfeasible routes length: 0 bytes
      Total path attribute length: 25 bytes
    ⊟ Path attributes
      ⊟ MP_UNREACH_NLRI (25 bytes)
        ⊞ Flags: 0x90 (Optional, Non-transitive, Complete, Extended Length)
          Type code: MP_UNREACH_NLRI (15)
          Length: 21 bytes
          Address family: IPv6 (2)
          Subsequent address family identifier: Unicast (1)
        ⊟ Withdrawn routes (18 bytes)
          ⊞ 2000:10:1:4::/64
          ⊞ 2000:10:1:5::/64
```

图 6-60　MP_UNREACH_NLRI 属性

案例研究：配置 MP-BGP

场景描述：如图 6-61 所示，AS 12 中 R1 与 R2、AS 34 中 R3 与 R4 均部署 IPv6 网络，地址如图所示，AS 内使用全局单播地址建立 iBGP 邻居，AS 之间使用链路本地地址建立 eBGP 邻居。

问题描述：当 R4 通告了一条路由 2000:10:1:34::/64 到 BGP，R3 传递给 eBGP 邻居到 R2，R2 传递给 iBGP 邻居 R1。试问在 R2 未修改 Next_Hop 的情况下，R1 的 BGP 路由表中显示该路由是否为最优？下一跳是多少？

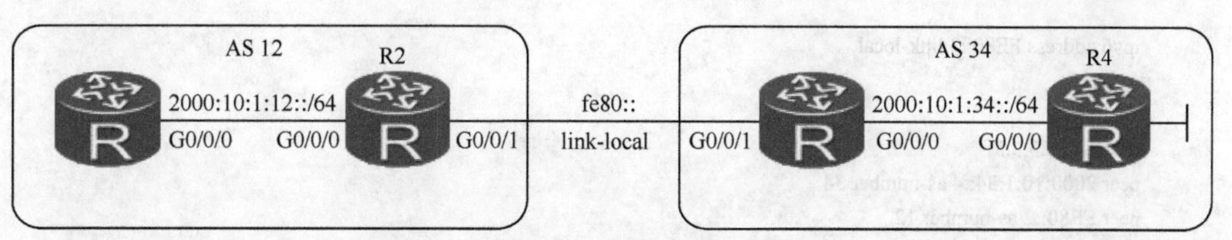

图 6-61 配置 MP-BGP

配置示例：R1 的配置。

```
<R1>display current-configuration
interface GigabitEthernet0/0/0
 ipv6 enable
 ipv6 address 2000:10:1:12::1/64
#
bgp 12
 router-id 1.1.1.1
 peer 2000:10:1:12::2 as-number 12
 #
 ipv4-family unicast
  undo synchronization
 #
 ipv6-family unicast
  undo synchronization
  peer 2000:10:1:12::2 enable
------------------------------------------------------------------------------------------------
<R2>display current-configuration
interface GigabitEthernet0/0/0
 ipv6 enable
 ipv6 address 2000:10:1:12::2/64
#
interface GigabitEthernet0/0/1
 ipv6 enable
 ipv6 address 2000:10:1:23::2/64
 ipv6 address FE80::2 link-local
#
bgp 12
 router-id 2.2.2.2
 peer 2000:10:1:12::1 as-number 12
 peer FE80::3 as-number 34
 peer FE80::3 connect-interface GigabitEthernet0/0/1
 #
ipv6-family unicast
  undo synchronization
  peer 2000:10:1:12::1 enable
  peer FE80::3 enable
------------------------------------------------------------------------------------------------
<R3>display current-configuration
interface GigabitEthernet0/0/0
 ipv6 enable
 ipv6 address 2000:10:1:34::3/64
#
interface GigabitEthernet0/0/1
 ipv6 enable
 ipv6 address 2000:10:1:23::3/64
```

```
 ipv6 address FE80::3 link-local
#
bgp 34
 router-id 3.3.3.3
 peer 2000:10:1:34::4 as-number 34
 peer FE80::2 as-number 12
 peer FE80::2 connect-interface GigabitEthernet0/0/1
 #
ipv6-family unicast
  undo synchronization
  peer 2000:10:1:34::4 enable
  peer FE80::2 enable
```

说明：

R2 与 R3 之间使用 link-local 地址建立 eBGP 邻居关系，在 R2 上并没有配置 Next_Hop-local 命令。

R1 和 R2 的 BGP IPv6 邻居关系：

```
<R1>display bgp ipv6 peer
#显示 BGP ipv6 的邻居表
BGP Local router ID : 1.1.1.1
 Local AS number : 12
 Total number of peers : 1                    Peers in established state : 1
  Peer            V          AS  MsgRcvd  MsgSent  OutQ  Up/Down        State PrefRcv
  2000:10:1:12::2 4          12       16       13     0 00:11:30 Established       1
----------------------------------------------------------------------------------------
<R2>display bgp ipv6 peer
BGP Local router ID : 2.2.2.2
 Local AS number : 12
 Total number of peers : 2                    Peers in established state : 2
  Peer            V          AS  MsgRcvd  MsgSent  OutQ  Up/Down        State PrefRcv
  2000:10:1:12::1 4          12       16       20     0 00:14:42 Established       0
  FE80::3         4          34       36       32     0 00:29:43 Established       1
```

说明：

通过命令 display bgp ipv6 peer 能查看到 BGP 的 ipv6 邻居关系。如果不携带 IPv6 则查看默认的 IPv4 邻居。

R1 和 R2 的 BGP IPv6 路由表：

```
<R1>display bgp ipv6 routing-table
#显示 BGP ipv6 路由表
 BGP Local router ID is 1.1.1.1
 Status codes: *-valid, >-best, d-damped,
               h-history,  i-internal, s-suppressed, S-Stale
               Origin : i-IGP, e-EGP, ?-incomplete
 Total Number of Routes: 2
 *>i Network  : 2000:10:1:4::                         PrefixLen : 64
     NextHop  : 2000:10:1:12::2                       LocPrf    : 100
     MED      :                                       PrefVal   : 0
     Label    :
     Path/Ogn : 34  i
-----------------------------------------------------------------------------
<R2>display bgp ipv6 routing-table
```

```
BGP Local router ID is 2.2.2.2
 Status codes: *-valid, >-best, d-damped,
               h-history,  i-internal, s-suppressed, S-Stale
               Origin : i-IGP, e-EGP, ?-incomplete
 Total Number of Routes: 2
 *>  Network   : 2000:10:1:4::                     PrefixLen : 64
     NextHop   : FE80::3                            LocPrf    :
     MED       :                                    PrefVal   : 0
     Label     :
     Path/Ogn : 34   i
```

说明：

在 R2 的路由表中看到 2000:10:1:4::网段下一跳为 R3 的 link-local 地址 FE80::3，而 R1 从 R2 为 iBGP 邻居，默认情况下 iBGP 邻居是不会修改下一跳的。但是 R1 从 R2 收到的路由下一跳自动更改为 R2 的全局单播地址 2000:10:1:12::2，在路由表中也是最优的，因此利用 link-local 地址建立邻居可以无需配置 Next_Hop-local 命令，自动解决了下一跳的问题。

思考：

如果 R2 与 R3 之间的地址为全局单播地址，那么 R1 的路由表中收到的路由下一跳仍然会自动修改吗？

6.6 思考题

1．BGP 的 Update 消息在哪个阶段发送？Update 的路由和 IGP 协议的 Update 有什么区别？

2．造成 BGP 邻居状态处于 Active 有哪些因素会造成？

3．为什么要在 eBGP 邻居设置 BGP 的多跳，iBGP 邻居是否需要？

4．为什么从 iBGP 对等体收到的路由不会传递给 iBGP 邻居，环路是如何产生的？

5．BGP 的可选参数有哪些作用？

6．Local_Pref 属性和 MED 属性有哪些区别？

7．路径属性为什么要分类？

8．BGP 防环措施有哪些，BGP 一定不会出现环路吗？

9．对于连接到多个提供商的客户，如何解决穿越客户的流量？

10．Local_Pref 属性会不会在联盟内的子 AS 之间传递，为什么？

第七章

Multicast

本章介绍了各种组播技术，包括 PIM、IGMP、MSDP、MBGP，其中，PIM 组播路由协议分为密集模式和稀疏模式，本章对这两种模式的工作机制做了深入分析。同时对于主机和路由器之间的 IGMP 协议及交换机上的 IGMP Snooping 机制、单域组播环境下的 Anycast RP 和多域组播环境下的 MSDP 和 MBGP 技术，本章也都结合实例加以阐述。

本章包含以下内容：

- IGMPv1、v2 及 v3 版本的工作机制
- IGMP Snooping 工作机制
- PIM 的 DM 模式下组播树建立机制
- PIM 的 SM 模式下组播树建立机制
- MSDP 和 MBGP 协议原理

7.1 组播基础

7.1.1 组播应用

当前随着互联网应用的大量出现，一些在线的网络应用开始使用组播机制来完成数据的传输，如在线多人互动游戏、交互的多方视频会议，还有一些应用如在线广播电视节目、音视频流媒体应用及视频网站内容发布、金融股票信息发布等，这些应用也都可使用组播机制来完成，但区别是前者由多个组播源同时发出组播数据，而后者是整个过程仅有一个组播源发出组播数据。类似的应用还有公司给所有员工发送即时消息、批发商向零售商发放商品信息等。前者使用“Many-to-Many”的组播传输机制，而后者使用的是“One-To-Many”的组播机制。目前，一到多的组播机制较多到多的组播机制简单、成熟，出现早且广泛部署。

组播传输作为 IP 数据传输的三种方式之一，是指接收者的数量和位置在源端主机不知道的情况下，仅由源发出一份组播报文，向目标组播 IP 地址发送数据的过程。效率高、带宽消耗低是其优点，但全网设备需要支持组播传输。

单播通信，信息源为每个需要信息的主机都发送一份独立的报文，目标 IP 地址是接收者自己的地址。带宽要求高是单播通信的不足，以一个 1.5Mbit/s 的视频应用为例，如果使用单播传输，每个接收者都能收看视频，则至少需要 N×1.5Mbit/s 的带宽才能保证正常的视频质量，带宽的要求随接收者的数量增加而增加，易出现网络瓶颈。

广播通信是指在 IP 网段内广播数据报文，由一个信息源产生一份报文，其目标地址是全网或子网广播地址，目标网段内每个主机都将收到这份数据报文。它较适合一到多的应用，但不适合接收者分布在任意位置的应用中。

组播的这种应用相较于传统的单播和广播，可以更有效地节约网络带宽、降低网络负载，所以被广泛应用于 IPTV、实时数据传送和多媒体会议等网络业务中。

本章主要介绍“一到多”的组播传输机制。

7.1.2 组播工作原理

组播源仅向组播目标地址发送组播报文，该目标地址对应着一组分布在各个位置的组播接收者。在组播源和组播接收者中间是由组播路由器构成的组播网络。组播路由器收到组播源产生的组播报文，根据路由器中的组播转发表把组播报文转发到接收者所在的网段。

组播转发表是由组播路由协议创建和维护的。

图 7-1 中，源 S 的组播报文沿 R1-R2-R3 至 PC2，沿 R1-R2 至 PC1。

7.1.2.1 组播源

产生组播报文的源端设备，在活跃期间，组播源的所有接口均泛洪组播数据。组播报文的目标 IP 地址为 D 类地址，源 IP 为报文流出的接口地址。一个组播源可以同时向多个组播组发送数据，多个组播源也可以同时向一个组播组发送报文。组播源不需要运行任何组播协议，任何时刻都可以直接推送组播数据。

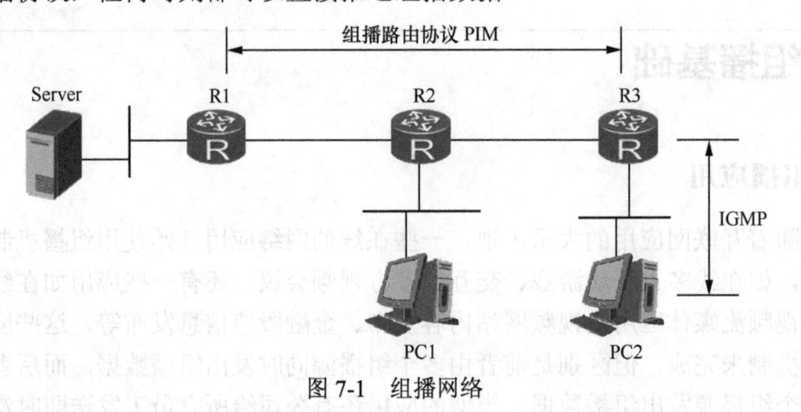

图 7-1 组播网络

7.1.2.2 **组播组**

在 IPv4 中，每一个 D 类组地址就是一个组播组，所有接收者加入该组播组，识别发给该组播地址的组播报文，组播路由器接收并转发组播报文。

7.1.2.3 **组播路由器**

运行组播路由协议，创建、维护组播表并转发组播数据的路由器称为组播路由器，依据在组播转发中所处的位置不同，连接组播源的组播路由器称为头一跳路由器（first-hop router），而连接组播接收者的路由器则称为最后一跳路由器（last-hop router），其他路由器为中间路由器。组播数据会溯树而下，头一跳路由器经中间路由器转发数据给最后一跳路由器，由其转发给接收者。图 7-1 中，R1、R2、R3 是组播路由器。

7.1.2.4 **组播路由协议**

组播路由协议是一种运行在组播路由器之间、用于发现和维护组播路由信息并确定组播数据流转发路径的一种网络协议，其作用就如 OSPF、BGP 在网络设备中的作用相似，不同之处在于该协议确定的转发路径用于转发目标地址是 D 类的组播数据，常用的组播路由协议有 IGMP、PIM、DVMRP、MOSPF、CBT、MSDP、MVPN 等。其中，PIM 协议又有许多的种类，如 PIM-DM、PIM-SM、PIM-SSM、Bidirectional PIM，PIM for IPv6。

PIM 是目前所有厂商都支持的一类组播路由协议。

图 7-1 中，在最后一跳网段，接收者和组播路由器间使用 IGMP 组播协议。而在中间组播路由器间则运行组播路由协议，如 PIM 路由协议，由其创建组播转发表。

MOSPF 和 DVMRP 两类组播路由协议类似 OSPF 和 RIP 的关系，一个使用链路状态协议，一个使用 D-V 矢量协议构建基于源的组播最短路径树，该组播树使用 MOSPF 和 DVMRP 各自单独维护的组播数据库去执行 RPF 检查，生成组播转发表。

而 CBT 则是另一类组播路由协议，它有别于前两项技术的关键是不再基于源在网络中构建最短路径树，而是先定义一个核心节点。组播源的组播报文先流给这个核心节点，由其负责转发给接收者。CBT 是双向树，所以不能使用 PRF 检查。

PIM 协议不维护用于 RPF 检查的路由表，仅维护接收者和组播源的状态相关的信息，执行 RPF 检查要参考单播路由协议或其他组播专用路由信息库，因此，由于不用维护单独的路由信息库而降低了协议复杂性，同时也减小了设备开销。PIM 协议参考了上面的组播路由协议的技术和工作模型，而将组播应用分为密模型（Dense Mode）和疏模型

（Sparse Mode）两种方式，密模型对应 MOSPF 和 DVMRP，而疏模型对应 CBT，但 PIM 相比于其他组播路由协议要更简单和高效。

7.1.2.5 组播表

完成组播数据的传输，要借助在不同位置的组播路由器的组播表项，组播路由器上会有各种组播相关的表，如组播路由表、组播转发表、IGMP 路由表、PIM 路由表等。

1. 组播协议路由表——display pim routing-table

组播协议路由表是运行各种组播路由协议时由各个协议自己维护的路由表项，如果组播路由协议为 PIM 协议，它会自身维护 PIM 协议路由表。本章中，我们观察组播转发都使用 PIM 协议路由表，使用命令 display pim routing-table。

```
<Huawei>display pim routing-table
 VPN-Instance: public net
 Total 0 (*, G) entry; 1 (S, G) entry

 (10.1.1.1, 229.1.2.3)
     RP: 10.1.3.3
     Protocol: pim-sm, Flag: SPT LOC ACT
     UpTime: 02:54:43
   Upstream interface: GigabitEthernet1/0/0
        Upstream neighbor: NULL
        RPF prime neighbor: NULL
Downstream interface(s) information:
   Total number of downstreams: 1
      1: GigabitEthernet2/0/0
          Protocol: pim-sm, UpTime: 02:54:43, Expires: 00:02:47
```

所有协议的路由表都相似，记录表项的（S,G）条目及生存时间，还有上游接口和下游接口列表。

2. IGMP 路由表

接收者所在网段上，若路由器接口只开启 IGMP，并没有开启 PIM 协议时，则组播数据依然可以转发到本网段，只要路由器接口下有组播接收者，数据转发可以转发到 PIM 协议没有开启的但有 IGMP 接收者的接口，这可以通过观察 display igmp routing-table 看到转发数据的出口。

```
<Huawei> display igmp routing-table
Routing table of VPN-Instance: public net
 Total 2 entries

 00001. (10.10.10.10, 232.1.1.3)
        List of 1 downstream interface in include mode
           GigabitEthernet2/0/1 (20.20.20.1),
                    Protocol: SSM-MAP

 00002. (*, 229.1.2.3)
        List of 1 downstream interface
GigabitEthernet2/0/1 (20.20.20.1),
                Protocol: IGMP
```

说明：

表项 00001 是接口收到 IGMP 源/组的加入报告而出现的条目。表项 00002 是收到 IGMP 组 229.1.2.3 的组播条目。

3. 组播路由表——display multicast routing-table

组播路由表是全局唯一的用于转发组播数据的路由表。它的内容来自于多种组播路由协议，每种组播路由协议都有相应各自的组播路由协议表项，这些表项内容除出现在协议的路由表中外，还会汇集到组播路由表，组播路由表是由各个协议优选出的路由构建而成的。这就像单播路由中路由器同时运行 OSPF、RIP、BGP 多种路由协议，但其最佳路由都出现在 IP 路由表中，使用 display multicast routing-table 可以看到 PIM 路由表和 IGMP 路由表中的内容。

```
<Huawei>display multicast routing-table
Multicast routing table of VPN-Instance: public net
 Total 1 entry
 00001. (10.1.1.1, 229.1.2.3)
    Uptime: 00:00:28
    Upstream Interface: GigabitEthernet1/0/0
    List of 2 downstream interfaces
    1:    GigabitEthernet2/0/0    #pim 引入的下游接口
    2:    GigabitEthernet2/0/1    #igmp 引入的下游接口
```

说明：

上游接口，又叫 RPF 接口，是组播数据报文流入的接口。

下游接口列表，包含 2 个下游接口，是组播报文流出的接口。

4. 组播转发表——display multicast forwarding-table

设备会根据组播路由和转发策略，从组播路由表选取最优的组播路由，下发到组播转发表中，直接用于指导组播数据转发，其处于数据平面上，作用相当于单播路由中的 FIB 表。如下 display multicast forwarding-table 命令，可用于检查组播转发表项有没有成功建立，组播数据能否正常传输。

```
<Huawei> display multicast forwarding-table
Multicast Forwarding Table of VPN-Instance: public net
Total 1 entry, 1 matched

00001. (10.10.10.2, 225.0.0.1)
      MID: 0, Flags: ACT
      Uptime: 00:08:32, Timeout in: 00:03:26
      Incoming interface: GigabitEthernet1/0/0
      List of 1 outgoing interfaces:
         1:   GigabitEthernet2/0/0
                Activetime: 00:23:15
      Matched 38264 packets(1071392 bytes), Wrong If 0 packets
      Forwarded 38264 packets(1071392 bytes)
```

7.1.2.6 组播接收者

通告 IGMP 报告报文的 PC，同时也是接收组播数据的 PC。

组播接收者所在网段上的路由器靠“听”组播接收者发来的组播报告，并在路由器的接口下记录该网段有相应组播组的成员。但路由器并不关心到底该网段有哪些接收者，它只记录是否有组成员，最终路由器根据收到的 IGMP 报告中的要求，转发来自任意或特定源/组的数据。图 7-1 中，PC1 和 PC2 是组播组 229.1.2.3 的接收者。

7.1.3 组播模型

根据 IGMP 接收者对组播源的控制程度的不同，可把 IP 组播分为三种模型。

ASM

Any-Source Multicast，任意源组播。在 ASM 模型中，任意发送者都可以成为组播源，并向某组播组地址发送数据。接收者通过加入由该地址标识的组播组，接收到发往该组播组的所有信息。

在 ASM 模型中，接收者无法预先知道组播源的位置，接收者当然也就可以接收任意源流出的组播流。所以组播接收者和组播源二者可以独立不相关地工作。接收者在任意时间加入或离开该主机组，而和组播源无关。

PIM DM/SM 是典型的域内组播路由协议，二者都支持 ASM 模式。在域间，需要借助 MSDP 实现跨域组源共享。

SSM

Source-Specific Multicast，特定源组播。在实际中，组播接收者可能仅对某些源发送的组播信息感兴趣，而不愿接收其他源发送的组播信息。SSM 模型为用户提供了一种能够在客户端指定接收组播源的服务类型。只有从希望的组播源流出的组播数据会溯树而下并留给申请该源的组播接收者。

SSM 模型和 ASM 模型的根本区别是接收者已经通过其他手段预先知道了组播源的具体位置。SSM 使用和 ASM 不同的组播地址范围，直接在接收者和其指定的组播源之间建立专用的组播转发路径。

SSM 比 ASM 有更大的使用空间，它没有域内和域间的界定，只要接收者预先知道组播源的具体位置，可直接创建组播传输路径。

SFM

Source-Filtered Multicast，过滤源的组播。SFM 模型继承了 ASM 模型，从组播发送者角度来看，组播组成员关系二者完全相同。SFM 在功能上对 ASM 进行了扩展，组播节点对接收到的组播报文的源地址进行检查，允许或禁止来自某些组播源的报文通过。最终，接收者只能接收到来自部分组播源的数据。从接收者的角度来看，只有部分组播源是有效的，组播源经过了筛选。SFM 仅在 ASM 的基础上添加了组播源过滤策略，此外，基本原理和配置方法相同。此处将 SFM 与 ASM 统称为 ASM。

7.1.4 组播地址

7.1.4.1 IPv4 组播地址

单播地址代表单一的个体，可作为源和目标 IP 地址，而组播地址仅作为目标 IP 地址，代表一组接收者，该组的接收者的所在位置分布在各处，而且组的成员关系是动态的，主机可以在任何时刻加入和离开组播组而无需通知源。任何路由器都识别并转发使用该组地址的报文流量。每个组播地址一般可代表一个组播应用。

IANA（Internet Assigned Numbers Authority）指定 D 类地址用于组播应用，224.0.0.0～239.255.255.255 范围地址作为组播地址。D 类地址范围是个扁平的地址空间，无需掩码，组播地址前 4 位为 1110，后面 28 位为任意的一类地址范围。

组地址的使用见表 7-1 所示。

表 7-1　　　　　　　　IANA 定义的组播地址范围及含义

D 类地址范围	含义
224.0.0.0～224.0.0.255	永久组播地址，Link-Local 组播地址，该地址仅工作在一个 IP 路由网段，该类组播地址不会被路由器转发，不论 TTL 是多少，路由协议使用该组地址
224.0.1.0～224.0.1.255	永久组播地址，IANA 分配该地址给网络协议，路由器能转发使用该组播地址的报文
232.0.0.0～232.255.255.255	专用于 SSM 使用的组播地址
239.0.0.0～239.255.255.255	私有的组播地址范围，又叫做可管理的特定范围组播地址，使用该范围内地址无需向 IANA 申请
224.0.0.0～239.255.255.255 中其他地址	用户可以申请使用的组播应用地址

说明：

- 永久组地址：IANA 为路由协议预留的组播地址（也称为保留组地址），用于标识一组特定的网络设备。永久组地址保持不变，组成员的数量可以是任意的，甚至可以为零。大部分组播地址都是永久组播地址。
- 临时组地址：为用户组播组临时分配的 IPv4 地址（也称为普通组地址），组成员的数量一旦为零，即取消。
- 224.0.0.0 组播地址保留。

7.1.4.2　以太网组播 MAC 地址

组播数据在 LAN 上使用组播 MAC 地址转发数据给接收者，这需要组播的接收者网卡能识别该组播 MAC 地址，否则无法接收该组播数据。

每个加入组播组的 PC 的协议栈都会根据组播组而为网卡添加一个网卡可识别的组播 MAC 地址。如果有多个接收者，则所有组播组的接收者成员都要使网卡识别该组播 MAC 地址，这个组播 MAC 地址是网卡根据特定方式计算出来的地址。但接收者不再需要组播数据之后，网卡不会再识别该 MAC 地址。其计算方法如下：

IANA 规定，组播 MAC 地址的高 25bit 为 0x01005e，第 25bit 为 0，低 23bit 为 IPv4 组播 IP 地址的低 23bit。组播 MAC 是根据组播 IPv4 地址生成的，但并非一个组播 IPv4 地址就对应一个组播 MAC，如图 7-2 所示，可以 32 个组地址共用一个组播 MAC 地址。

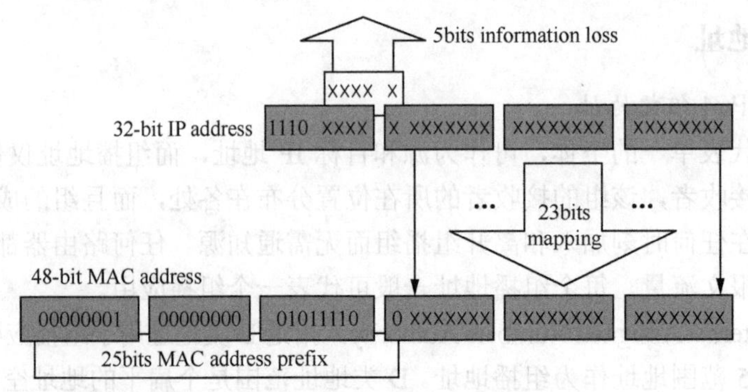

图 7-2　组播 MAC 与组播 IP 地址的映射

例：如果一台主机要接收组播组 229.1.2.3，硬件接口卡会识别 MAC 地址 0x0100 5e010203，即目标地址是 0x01005e010203 的组播 MAC 帧会被接收，但该组播 MAC 地址同样也是组播组 228.1.2.3、229.129.2.3 等组所使用的组播 MAC，所以如果使用同样组播 MAC 地址的多个组播组工作在同一个 LAN，则主机会频繁收到其他组的组播数据，接口卡只能在 IP 层分辨出接收到的组播数据是否为接收者加入的组，这样会影响 CPU 性能。

根据组播 MAC 的生成方式，我们知道，相同的组播 MAC 的组播帧中所包含的组播 IP 地址可以不一样。由于这种原因，也建议网络管理员在设计组播应用时，应尽量避免在同一个 IP 网段让使用相同组播 MAC 的多个组播地址同时出现，以减少接收者主机的处理负荷。

7.1.5 组播转发过程

组播转发区别于单播转发，单播转发是基于报文目标 IP 地址查表转发的过程，而组播转发是根据报文源 IP 地址查表转发的过程，过程如图 7-3 所示，报文沿远离源的方向转发，可避免报文被发回给源而引起的环路。PIM 协议使用 RPF 机制确定转发路径。

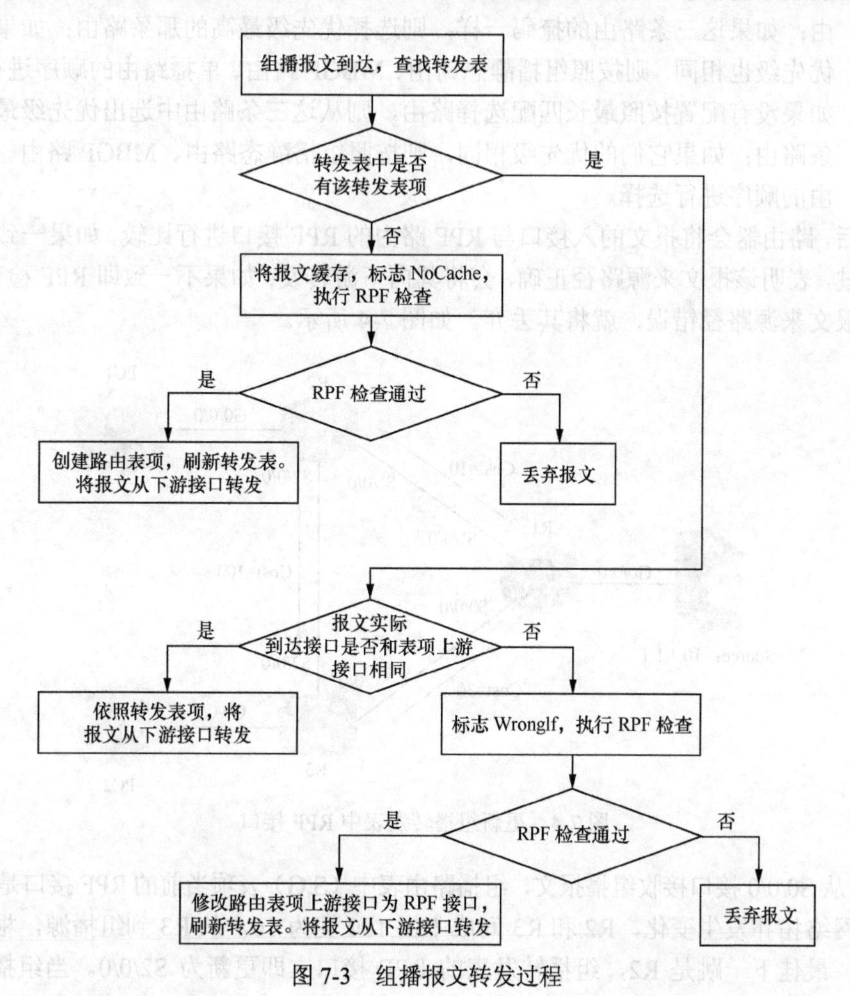

图 7-3 组播报文转发过程

7.1.5.1 RPF 检查

PIM 路由器使用 RPF 创建并维护组播路由表项，这区别于其他组播路由协议，执行 RPF（Reverse Path Forwarding）检查就是对收到的组播数据报文的源 IP 进行检查，判定其是否从正确的入接口接收到组播数据的过程，某些 RPF 检查过程还要判定报文是否源自 RPF 邻居。在控制平面上，可以靠 RPF 检查计算上游接口生成（S,G）或（*,G）组播转发表。在数据平面上，接口收到的数据报文会按下列方式执行 RPF 检查。

7.1.5.2 数据执行 RPF 检查的过程

除单播路由外，MBGP 路由、组播静态路由也是 RPF 检查的依据。当路由器收到一份组播报文后，如果这三种路由表都存在，具体检查过程如下。

首先，通过报文源地址，分别从单播路由表、MBGP 路由表和组播静态路由表中各选出一条最优路由。单播路由、MBGP 路由的出接口为 RPF 接口，下一跳为 RPF 邻居。需要注意的是，组播静态路由实际上属于手工配置的组播路由，已经明确指定了 RPF 接口与 RPF 邻居。

然后，根据以下原则从这三条最优路由中选择一条作为 RPF 路由。

- 如果配置了按照最长匹配选择路由，则从这三条路由中选出最长匹配的那条路由；如果这三条路由的掩码一样，则选择优先级最高的那条路由；如果它们的优先级也相同，则按照组播静态路由、MBGP 路由、单播路由的顺序进行选择。
- 如果没有配置按照最长匹配选择路由，则从这三条路由中选出优先级最高的那条路由；如果它们的优先级相同，则按照组播静态路由、MBGP 路由、单播路由的顺序进行选择。

最后，路由器会将报文的入接口与 RPF 路由的 RPF 接口进行比较。如果一致则 RPF 检查通过，表明该报文来源路径正确，会将其向下游转发；如果不一致即 RPF 检查失败，表明该报文来源路径错误，就将其丢弃。如图 7-4 所示。

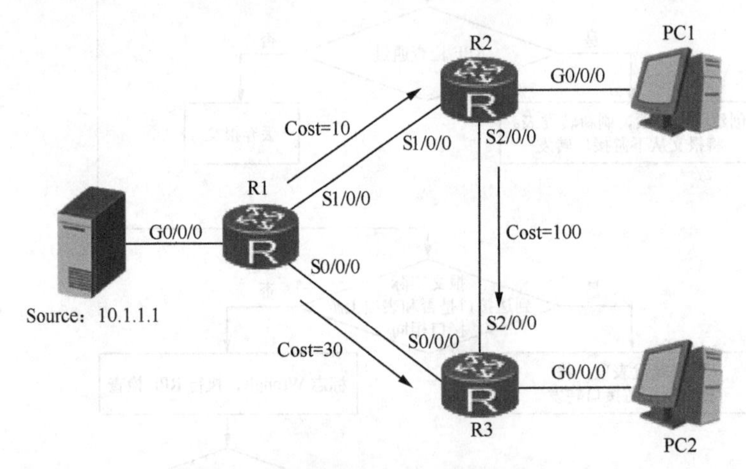

图 7-4 更新组播转发表中 RPF 接口

R3 从 S0/0/0 接口接收组播报文，组播路由表中（S,G）表项当前的 RPF 接口是 S0/0/0，但此时网络拓扑发生变化，R2 和 R3 间成本由 100 变为 10，从 R3 到组播源，根据当前路由表，最佳下一跳是 R2，组播转发表的 RPF 接口立即更新为 S2/0/0。当组播报文继续由 S0/0/0 接口收到时，此时收到报文的接口和组播转发表中的 S2/0/0 口不一致，丢掉报文。

默认基于路由协议优先级选择 RPF 路由，如果改为基于路由前缀长度选择 RPF 路由，使用如下命令。

```
<HUAWEI> system-view
[HUAWEI] multicast routing-enable
[HUAWEI] multicast longest-match
```

组播路由协议通过已有的单播路由、MBGP 路由或组播静态路由信息来确定上、下游邻居设备，创建组播路由表项。运用 RPF 检查机制，来确保组播数据流能够沿组播分发树（路径）正确地传输，同时可以避免转发路径上环路的产生。

在实际组播数据转发过程中，如果对每一份接收到的组播数据报文都通过单播路由表进行 RPF 检查，会给路由器带来很大负担。因此，路由器在收到一份来自源 S 发往组 G 的组播数据报文之后，首先会在组播转发表中查找有无相应的（S,G）组播转发表项。

1. 如果不存在（S,G）转发表项，则对该报文执行 RPF 检查，将检查到的 RPF 接口作为入接口，创建组播路由表项，下发到组播转发表中。其中，对 RPF 检查结果的处理方式为：如果检查通过，表明接收接口为 RPF 接口，向转发表项的所有出接口转发；如果检查失败，表明报文来源路径错误，丢弃该报文。

2. 如果存在（S,G）转发表项，并且接收该报文的接口与转发表项的入接口一致，则向所有的出接口转发该报文。

3. 如果存在（S,G）转发表项，但是接收该报文的接口与转发表项的入接口不一致，则对此报文进行 RPF 检查。对 RPF 检查结果的处理方式为：

- 若 RPF 检查选取出的 RPF 接口与转发表项的入接口一致，则说明（S,G）表项正确，报文来源路径错误，将其丢弃；
- 若 RPF 检查选取出的 RPF 接口与转发表项的入接口不符，则说明（S,G）表项已过时，于是把表项中的入接口更新为 RPF 接口。然后再根据 RPF 检查规则进行判断，如果接收该报文的接口正是其 RPF 接口，则向转发表项的所有出接口转发该报文，否则将其丢弃。

组播静态路由

如上场景中，组播报文从 S2/0/0 接口到达 R3，报文的入接口 S2/0/0 与（S,G）表项的上游接口不一致（R3 上组播（S,G）表项的上游接口是 S0/0/0），根据前面小节中的规则 3，路由器对报文源地址 10.1.1.1 执行 RPF 检查。图 7-5 中 R3 上单播路由表，到达路由 10.1.1.1/32，下一跳是 10.1.13.1，出接口是 S0/0/0，于是判定当前（S,G）表项正确，而该报文从错误的接口进来，该报文被丢弃。

在 R3 上配置组播静态路由，使用 ip rpf-route-static 10.1.1.1 255.255.255.255 10.1.23.2 命令后，R3 从 S2/0/0 接口收到源自 10.1.1.1 的组播报文，R3 根据上面的组播静态路由执行 RPF 检查（组播静态路由的协议优先级为 1，优于其他用于 RPF 检查的单播路由协议），检查的结果是报文的入接口是 RPF 接口，所以更新组播路由表，同时向其他接口转发组播报文。

通过配置组播静态 RPF 路由，用户可以在路由器上针对特定“报文源”指定 RPF 接口和 RPF 邻居。静态 RPF 路由不能用于数据转发，它的作用仅在于影响 RPF 检查。

组播静态 RPF 路由仅在所配置的组播路由器上生效，不会以任何方式被广播或者引入给其他路由器。

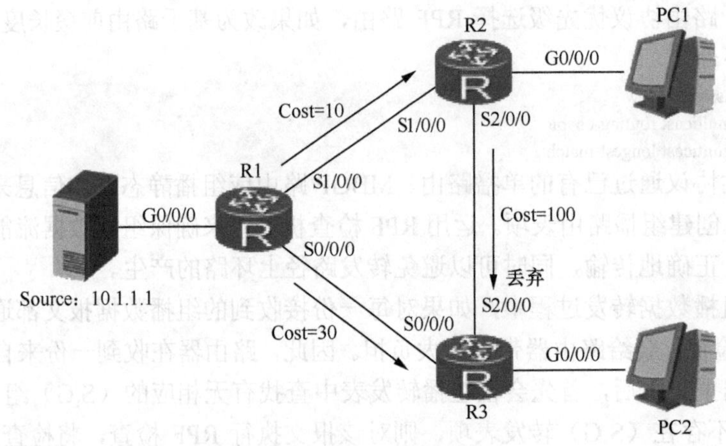

图 7-5 RPF 检查

组播 RPF 路由匹配策略

当组播路由器根据 MRIB（RPF 路由表）选择上游接口时，若存在多个开销相同的单播路由时，根据具体的网络需要，用户可以从以下三种方法中任选其一，设置路由器。

- 缺省情况下，选取下一跳地址最大的路由。
- 配置按照最长匹配原则，选取目的地址与“报文源”地址匹配最长的路由。
- 配置各路由之间的负载分担。根据组播源、组播组或组播源/组来进行组播流量的负载分担，可以优化存在多个组播数据流时的网络流量。

7.2 IGMP

IGMP 是 Internet Group Management Protocol 的简称，又被称为互联网组管理协议，是 TCP/IP 协议栈中负责 IPv4 组播成员注册管理的协议。IGMP 目前有 3 个版本——IGMPv1 版本（RFC1112）、IGMPv2 版本（RFC2236）、IGMPv3 版本（RFC3376）。三个版本中，高版本协议兼容支持低版本协议。目前，IGMPv2 开始向 IGMPv3 过渡，IGMPv3 使用得越来越多。

IGMP 协议用来在接收者主机和与其直接相邻的组播路由器之间建立和维护组播组成员关系，它的工作机制非常简单，直接通知本地组播路由器主机想要接收特定组的组播流量，或主机不再希望接收特定组的组播流量，所以组播路由器可根据已知的组播组成员存在与否决定是否转发组播流量。

三个版本的基本区别如下：

- IGMPv1 定义了基本的组成员查询和报告机制；
- IGMPv2 则在此基础上添加了查询者选举和组成员离开的机制；
- IGMPv3 中增加的主要功能是成员可以指定接收或不接收来自某些“组播源”的报文。

7.2.1 IGMP version 1

7.2.1.1 IGMPv1 报文分类及格式

IGMP 协议是一种非对称的用在路由器和 PC 机之间的组播协议，PC 机使用 IGMP 协议通知本地路由器希望加入某个特定组播组；同时，路由器也使用 IGMP 协议周期性地查询局域网段内是否仍有已知组播组的成员存在。完成上述功能，IGMPv1 仅使用两种协议报文：

- 普遍组查询报文；
- 成员报告报文。

报文格式如图 7-6 所示。

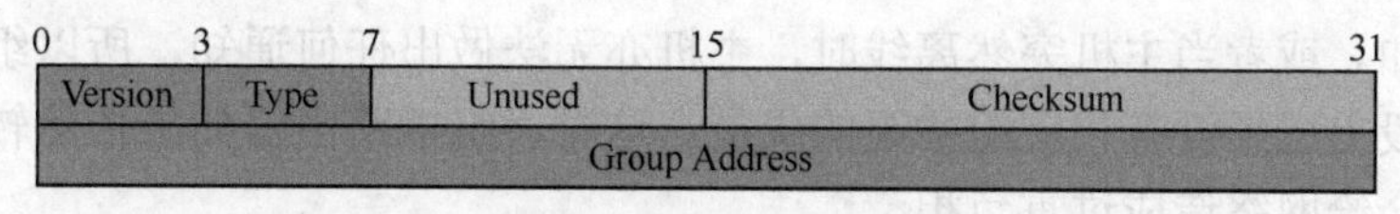

图 7-6 IGMPv1 报文

- Version：IGMP 版本，值为 1。
- Type 报文类型：该字段有以下两种取值，0x1：表示普遍组查询报文；0x2：表示成员报告报文。
- Checksum：IGMP 报文的校验和。校验和是 IGMP 报文长度（即 IP 报文的整个有效负载）的 16 位检测。
- Group Address 组播组地址：在普遍组查询报文中，该字段设为 0；在成员报告报文中，该字段为成员加入的组播组地址。

7.2.1.2 普遍组查询报文（General-Query）

普遍组查询报文是组播路由器定期向局域网段内所有主机以组播方式发送的查询报文，本地网段上的所有路由器和主机都能识别并接收，任何组播组的成员都回应成员报告报文。查询报文中的组地址字段为 0.0.0.0，代表所查询的是任意组。收到该报文的接收者把自己所属的组用下面的成员报告报文告知路由器。

例：

如果在网段上有多个接收者，同时有多台组播路由器 R1 和 R2，R1 接口的 IP 地址是 10.1.12.1，R2 接口的 IP 地址是 10.1.12.2，组播路由器接口上已启用 PIM 及 IGMPv1。问：普遍组查询报文由哪台路由器负责通告？

答：IGMPv1 并没有定义“查询者”这个角色。查询功能由 PIM 的 DR 充当，其负责每 60s 发普遍组查询报文。R1 和 R2 在建立 PIM 邻居时，先比较 DR 优先级，若优先级一样，则 IP 地址大的路由器为 PIM DR。本例中，优先级一样的场景下，R2 为 PIM DR，并负责发送 IGMP 查询报文。

```
# R1
multicast routing-enable
#
interface GigabitEthernet0/0/0
 ip address 10.1.12.1 255.255.255.0
 pim dm
 igmp enable
```

7.2.1.3　**成员报告报文 Report**

成员报告报文分两种，一种是主机主动发给组播路由器，用于主动申请加入某个组播组的报文；另一种是收到 IGMP 普遍组查询报文后，被动响应请求，而告知组播路由器组活跃信息的报文。目标组地址字段是 D 类非 224.0.0.X 地址。

注：

报告抑制机制及查询响应过程同 IGMPv2，可参考 IGMPv2。

IGMPv1 主机的加入同 IGMPv2 一样，IGMPv1 没有定义组成员的离开机制。

IGMPv1 只有加入组的报告报文和查询报文，没有单独的离开报文。当主机主动离开组播组的时候，如用户关掉了正在观看的发给组 229.1.2.3 的视频，协议栈不会产生任何离开组通知。或者当主机突然离线时，主机亦无法做出任何通知，所以组播路由器并不知道本网段上已经没有相应组播组的成员。这时，组播路由器如果依然转发组播数据到该网段，会给网络造成过重负担。

IGMPv1 中使用的了解是否还有组播组的成员唯一方法是靠周期发送普遍组查询报文。如果在 3 个查询周期中没有听到成员的报告，则认为没有成员存在。

IGMPv1 的离开延迟时间默认是 130s，即组成员关系超时时间，IGMP 查询者在 130s 内，没有收到任何 229.1.2.3 组的响应报告，组播路由器删除接口上组 229.1.2.3 对应关系，组播数据不再转发到该接口。其值等于 IGMP 普遍组查询报文间隔 × 健壮系数 + 最大查询响应时间。

igmp robust-count 命令用来在接口上设置 IGMP 查询者的健壮系数，是定义可能发生的网络丢包而设置的查询报文重传次数，默认值为 2，健壮系数会影响组成员关系的超时时间，健壮系数越大，等待的超时时间就越久。

igmp timer query 接口命令或 timer query 全局命令用来在查询者路由器上设置普遍组查询报文发送间隔，两条命令同时配置的情况下，接口的配置优于全局的配置，查询间隔默认值是 60s。

IGMPv1 主机在加入组时会立即发送报告报文，能立即收到希望的组播数据，但当主机不希望再收到组播报文时，路由器依然会在没有接收主机的情况下转发组播数据到当前网段，最长为 130s，对网络是一种负担，所以这是开发 IGMPv2 的主要原因。

例：R1 路由器 G0/0/0 接口收到 IGMP 加入组 229.1.2.3 成员报文。

```
[R1]display igmp group
Interface group report information of VPN-Instance: public net
 GigabitEthernet0/0/0(10.1.34.1):
  Total 1 IGMP Group reported
   Group Address    Last Reporter    Uptime      Expires
   229.1.2.3        10.1.12.100      00:00:02    00:02:08
```

说明：

组 229.1.2.3 当前还剩 2min8s 过期，初始时间是 130s。只要当前网段有接收者，该过期时间不会小于 70s，因为每隔 60s，查询者会发普遍组查询报文，收到 IGMP 响应后，计时器被刷新复位。而如果主机突然离线，该计时器过期，要等 130s。此段时间内，路由器会一直向 G0/0/0 接口转发组播数据。

7.2.2 IGMP version 2

IGMPv2 在 IGMPv1 基础上添加了查询者选举和组成员离开的机制，除此以外，其他机制和 IGMPv1 基本相似。IGMPv2 的变化如下。

- 选举查询者：不需要依赖组播路由协议就可以选举查询路由器。
- 最大响应时间字段：通过调整响应时间来控制过量响应和调整离开延迟。
- 特定组查询：允许路由器仅查询一个组，而非查询本网段上所有组。
- 离开消息：离组消息提供了一种方法通知路由器当前主机离开组播组。

7.2.2.1 IGMPv2 报文分类及格式

在 IGMPv2 中报文分路由器查询报文、成员报告报文、成员离开报文。

图 7-7 所示为 IGMPv2 报文通用格式。

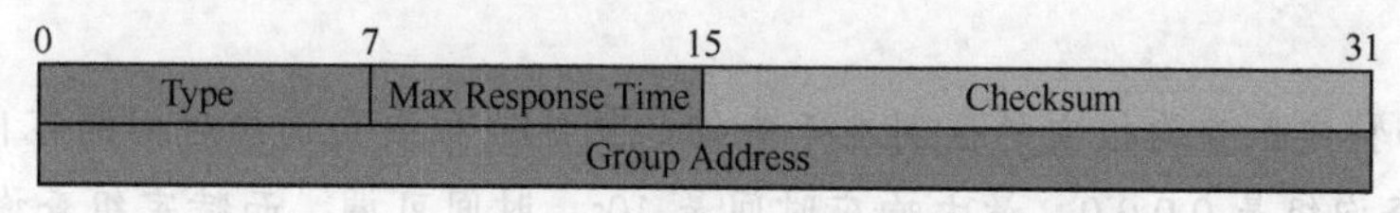

图 7-7 IGMPv2 报文格式

- Type（8-bit）

报文类型。IGMPv2 与 IGMPv1 报文格式的区别是没有定义 version 字段，所以前 8 位是标识报文类型的。该字段有以下四种取值。

0x11：表示查询报文，包括普遍组查询报文和特定组查询报文。

0x12：表示 IGMPv1 成员报告报文。

0x16：表示 IGMPv2 成员报告报文。

0x17：表示成员离开报文。

- Max Response Time（8-bit）

最大响应时间。该字段仅在 IGMPv2 和 v3 中存在，成员主机在收到 IGMP 查询者发出的普遍组查询报文后，需要在最大响应时间内做出回应。该字段仅在 IGMPv2 查询报文中有效。在普遍组查询报文中，该字段的默认值是 10s，在特定组查询报文中，该字段默认值是 1s。

- Checksum（16-bit）

IGMP 报文的校验和。校验和是 IGMP 报文长度（即 IP 报文的整个有效负载）的 16 位校验和。

- Group Address（32-bit）

组播组地址。在普遍组查询报文中，该字段设为全 0。在特定组查询报文中，该字段为要查询的组播组地址。在成员报告报文和离开报文中，该字段为成员要加入或离开的组播组地址。

查询报文

1. 普遍组查询报文：General-Query

- 普遍组查询报文是查询者定期向共享网段内所有主机以组播方式发送的查询报文，用于查询哪些组播组存在成员。封装该报文的 IP 报文头的目的地址为

224.0.0.1，本网段上的所有主机和路由器都能识别并接收。

- 报文中普遍组地址字段为 0.0.0.0。
- 查询者每 60s 发送查询报文，初次成为查询者时，前 2 次报文间隔 15s，其他间隔 60s。

2. 特定组查询报文：Group-Specific Query

- 特定组查询报文是查询者向共享网段内特定组播组成员发送的报文，用于查询该组播组是否存在成员。
- 封装该报文的 IP 报文头的目的地址字段为被查询的组播组的 IP 地址，网络中属于该组播组的成员才能识别并响应。
- 组地址字段为被查询的组播组 IP 地址。
- 仅当查询者收到主机的离组报文后，才发送特定组查询报文。

说明：

普遍组和特定组查询报文的区别在于查询的组地址和最大响应时间的不同，普遍组查询报文中的查询组是 0.0.0.0，最大响应时间是 10s，时间可调；而特定组查询报文的最大响应时间是 1s，该值不可调，所查询的组播组是成员要离开的组播组。

报告报文

- 成员报告报文是主机向组播路由器发送的报告报文，用于加入某个组播组或者应答查询的响应报文。
- 封装该报文的 IP 报文头的目的地址字段为主机要加入的组播组地址，本地网段上的所有路由器及属于该组的所有主机都能够识别并接收。
- 组地址字段为主机要加入的组播组地址。

离开报文

- 离开报文是主机主动离开组播组时向组播路由器发送的报文，用于宣告自己离开了某个组播组。
- 封装该报文的 IP 报文头的目的地址字段 224.0.0.2，本地网段上的所有路由器都能识别并接收。
- 组地址字段为主机要离开的组播组地址。

7.2.2.2 查询者的选举机制

IGMPv2 协议添加了查询者选举机制（如图 7-8 所示），接口 IP 地址最小的 IGMPv2 路由器将被选举为查询者。选举过程如下：

局域网段上的 R1 和 R2 为 IGMPv2 路由器，接口 G0/0/0 的 IP 地址为 192.168.123.1 和 192.168.123.2。

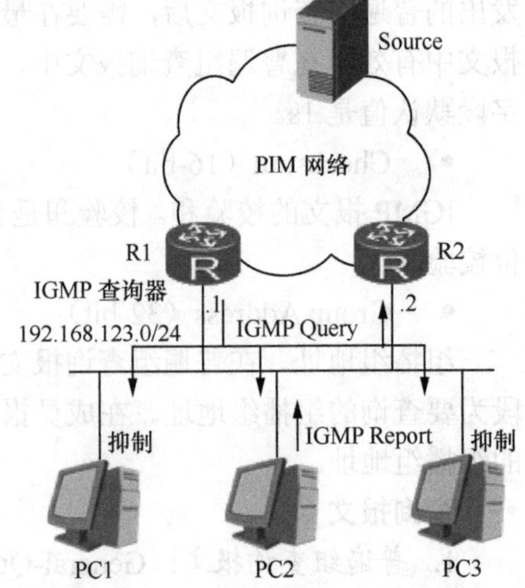

图 7-8 IGMP 查询者选举机制

1. 在初始时，两台路由器都假定自己为查询者并发出普遍组查询报文，彼此收到从对方发出的普遍组查询报文，比较报文源 IP 地址，最低 IP 地址的 R1 将成为查询路由器。

2．在接下来的60s内，R1若没有从其他路由器那里收到任何查询报文，则会继续认定自己为一个查询者，并继续发送查询报文。

注：

如果收到了查询报文，但其源IP地址是0.0.0.0，当前路由器不认为对方是查询者。全零源地址的查询报文源自IGMP Proxy。

3．R2路由器是非查询者，会启动一个"其他IGMP查询者的存活时间"（other-querier-present）计时器，默认时长为125s。如果非查询者在这段时间内收不到查询者发送的查询报文，就认为当前查询者R1已失效，从而重新发起查询者选举，并认定自己是查询者。

注：

查询者存活时间igmp timer other-querier-present接口命令或timer other-querier-present全局命令用来设置"其他IGMP查询者的存活时间"计时器。如果二者同时配置，接口的配置优于全局的配置。

例：组播路由器R1和R2的G0/0/0接口接在同一个用户网段，G0/0/0接口开启PIM DM及IGMPv2。华为设备接口如果开启IGMP，默认版本是IGMPv2。要求非查询者R2若在100s内听不到普遍组查询报文，将自动成为查询者。

配置实现：

```
[R2] multicast routing-enable
[R2]int G0/0/0
[R2-GigabitEthernet0/0/0]igmp enable
[R2-GigabitEthernet0/0/0]igmp timer other-querier-present 100
#上述配置建议在同网段上的多台组播路由器上配置一致
```

缺省情况下，"其他IGMP查询者"的存活时间的计算公式是："其他IGMP查询者的存活时间"＝健壮系数×IGMP普遍查询报文发送间隔+（1/2）×最大查询响应时间。当健壮系数、IGMP普遍查询报文发送间隔和最大查询响应时间都取默认值时，其他IGMP查询者的存活时间的值为125s。

7.2.2.3 IGMPv2查询—响应机制

IGMPv2查询和响应机制同IGMPv1相似。

- IGMPv2路由器初次成为查询者时会相继发送2次普遍组查询，间隔15s，方便迅速了解组员信息。此后，才间隔60s周期发送普遍组查询。
- IGMPv2的普遍组查询报文中，添加了最大响应时间字域，默认值为0x64，十进制为100，代表10s，可调大或调小。如果不考虑报告抑制机制的作用，该值越大，由IGMP报告所引起的突发就小，而如果值越小，突发就相应变大。

igmp max-response-time命令在IGMPv2中用来调整最大响应时间，最大值为25s。

7.2.2.4 报告抑制机制

成员报告抑制机制是IGMPv1/v2主机的特性，其目的用于降低主机收到查询报文后，所有成员主机都进行响应而带来的性能问题。但也因为主机间的这种报告抑制机制，组播路由器在查询时仅知道有相应组的成员存在，却无法了解到当前的组播组中有多少成员存在。当然，IGMPv1 最初开发时确实也没有考虑到是否要求路由器了解所有组员的信息，但从 IGMPv2 开始，这个问题作为一个可选项，在大多数的 IGMP 实现中加入进来。

7.2.2.5 IGMPv2 离开机制

相比于 IGMPv1，IGMPv2 增加了一种离开组报告，允许主机告诉路由器它要离开组播组。这样，当最后一个成员离开组时，离网延迟减少，路由器就可以立即停止转发组播报文到该网段。但由于路由器一般不记录当前网段有多少相应组的组员，所以每收到一份离组报告，都会触发查询者路由器发送特定组查询报文，确认是否还有其他成员。

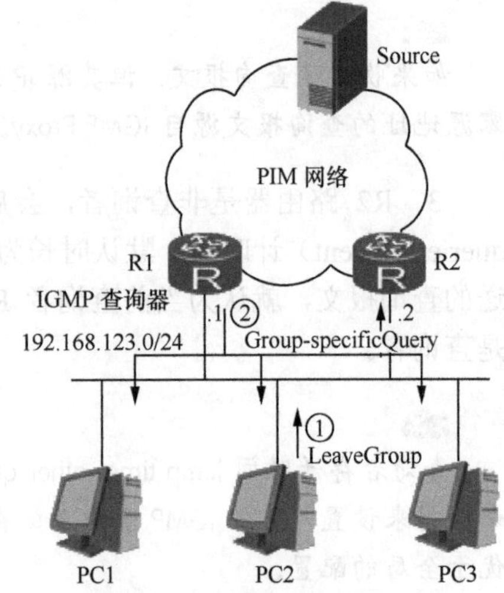

图 7-9 IGMPv2 离开机制

在 IGMPv2 中，PC1 离开组播组 G1 的过程如下。

1．如果 PC1 是组播组 229.1.2.3 唯一的成员，且要离开改组，PC1 立即发送目的地址为 224.0.0.2 的离组报文，报文中组播组字段为 229.1.2.3。

2．R1 作为查询者收到 PC1 的离开报文，会立即发送特定组查询报文，目标地址为 229.1.2.3，并且特定组查询报文中的最大响应时间字段值为 0xA，即 1s，1s 时间同时也是特定组查询报文的发送间隔。

如果该网段内还存在组 229.1.2.3 的其他成员（如图 7-9 所示的 PC2），PC2 会在收到查询者发送的特定组查询报文后，在该报文指定的最大响应时间内发送成员报告报文，目标地址为 229.1.2.3。组播路由器 R1 和 R2 收到 PC2 的报告报文后将继续为该网段维护该组成员关系。

如果该网段内不存在组 229.1.2.3 的成员，查询者将不会在 Timer-Membership 超时前，收到 229.1.2.3 组的报告报文。在 Timer-Membership 超时后，查询者将删除组 229.1.2.3 和接口的对应关系。Timer-Membership 计时器的时间是 2s，此期间特定组查询报文发送 2 次。

Timer-Membership 计时器时长=特定组查询报文发送间隔×报文发送次数

或使用 igmp lastmember-queryinterval 命令或 lastmember-query interval 命令在接口上配置 IGMP 查询者在收到主机发送的 IGMP 离开报文时，发送 IGMP 特定组\源组查询报文的时间间隔。取值范围是 1～5，单位是秒。发送间隔为本命令设置的 interval。如果在一段时间内没有收到成员的报告报文，则停止转发该组播组数据。这“一段时间”由 interval×robust-value 定义，其中，robust-value 通过 igmp robust-count 接口命令或 robust-count 全局命令配置。

如果查询者在 interval×robust-value 时间内收到主机发送的报告报文，就会继续维护该组的组成员关系；否则就认为网段内该组的最后一个成员已经离开，不再维护该组的组成员关系。

IGMPv2 中，组播组中最后一个主机正常离开时，组播路由器在 2s 后，停止转发组播流量。但若在 IGMPv2 场景下最后一个主机异常离线，则组播路由器在没有收到离组报文的情况下，仍需要使用 130s 来判定有没有必要再转发流量到当前网段。最好 2s、最坏 130s 的离开延迟使 IGMPv2 优于 IGMPv1 130s 离开延迟。

IGMPv2 查询者路由器在每次收到任意主机发的离组报文时，都会重复上面的过程。

如果用户所在网段，网络质量较差，延迟较大，请修改 R1 的默认的特定组查询间隔及查询次数。

```
[r1] multicast routing-enable
[r1] interface gigabitethernet 0/0/0
[r1-GigabitEthernet0/0/0] igmp robust-count 3
[r1-GigabitEthernet0/0/0] igmp lastmember-queryinterval 3
```

7.2.3 IGMP version 3

IGMPv3 添加了对“源过滤”功能的支持，使系统有能力报告路由器，希望仅接收来自于特定源的组播流量，或者向路由器报告希望仅接收“除了特定源”以外的其他源发出来的组播流量。

为实现上述功能，IGMPv3 对成员报告报文做了修改，区别于 IGMPv1 及 v2 报文中仅通告加入的组播组，IGMPv3 添加了一种能够表达组和源的组记录（Group-Record），简单表达为三元组（组地址、过滤模式、源地址列表），来向组播路由器表达希望接收特定组播流的意图。例如主机发送成员报告含有一个组记录（229.1.2.3，include，（10.1.1.1，20.1.1.2）），组播路由器听到后，了解到有组播接收者希望接收源自于 10.1.1.1 或 20.1.1.2 的发向 229.1.2.3 的组播流量。组记录中，include 是一种过滤模式，和源地址列表组合使用，代表包含关系，即希望接收源地址列表中源的流量；反之，相对应的 Exclude 过滤模式则代表不包含，排除关系，即不接收源地址列表所列源来的组播流量。

IGMP 其他版本并不支持上述过滤模式，而且接口的数据结构也相当简单。但从 IGMPv3 开始，新的表达方式应用于组播路由器，接口开始使用（组、过滤模式和组播源）这种表达。

在路由器上使用 Display igmp group 可观察到当前路由器了解到成员所属组信息。

7.2.3.1 IGMPv3 报文分类及格式

IGMPv3 仅有两种报文类型，类型为 0x11 的查询报文和类型为 0x22 的成员报告报文，但出于兼容，它支持并识别其他三种以前版本的报文，分别是：

类型为 0x12 的 IGMPv1 成员报告报文；

类型为 0x16 的 IGMPv2 成员报告报文；

类型为 0x17 的 IGMPv2 离开组报文。

查询报文

IGMPv3 查询报文分为以下三种——普遍组查询、特定组查询及特定组及源查询。

- Type（8-bit）

0x11 代表查询报文。

- Max Response Code（8-bit）

最大响应时间。成员主机在收到 IGMP 查询者发送的普遍组查询报文后，需要在最大响应时间内做出回应。IGMPv3 三种查询报文的格式如图 7-10 所示。

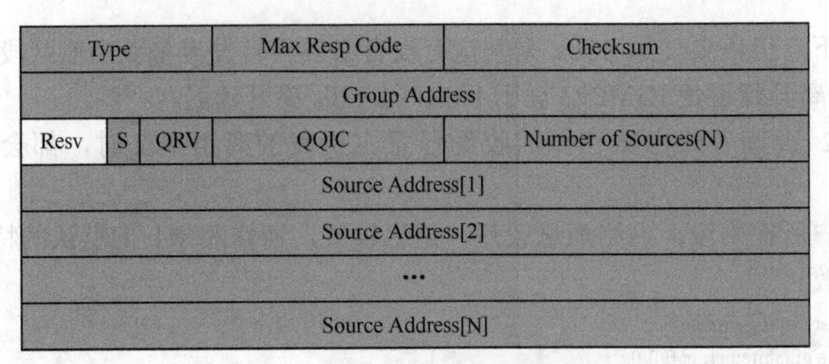

图 7-10　IGMPv3 三种查询报文的格式

- Checksum（16-bit）

IGMP 报文的校验和。校验和是 IGMP 报文长度（即 IP 报文的整个有效负载）的 16 位检测。Checksum 字段在进行校验计算时设为 0。当发送报文时，必须计算校验和并插入到 Checksum 字段中去。当接收报文时，校验和必须在处理该报文之前进行检验。

- Group Address（32-bit）

组播组地址。在普遍组查询报文中，该字段设为 0；在特定组查询报文和特定源组查询报文中，该字段为要查询的组播组地址。

- Resv（4-bit）

保留字段。发送报文时该字段设为 0；接收报文时，对该字段不做处理。

- S（suppress router-side processing）（1-bit）

该比特位为 1 时，所有收到此查询报文的其他路由器不启动定时器刷新过程，但是此查询报文并不抑制查询者选举过程和路由器的主机侧处理过程。默认未置位。

- QRV（Querier's Robustness Variable）（3-bit）

查询者向网络通告的健壮系数（Robustness Variable）。其他路由器接收到查询报文时，如果发现该字段非 0，则将自己的健壮系数调整为该字段的值；如果发现该字段为 0，则不做处理。默认健壮系数值为 2。此参数可使查询者使用自己的健壮系统同步其他组播路由器的健壮系数

- QQIC（querier's query interval code）（8-bit）

IGMP 查询者的查询间隔，单位为 s。非查询者收到查询报文时，如果发现该字段非 0，则将自己的查询间隔参数调整为该字段的值；如果发现该字段为 0，则不做处理。默认值为 60。

- Number of Sources（16-bit）

报文中包含的组播源的数量。对于普遍组查询报文和特定组查询报文，该字段为 0；对于特定源组查询报文，该字段非 0。

- Source Address（32-bit）

组播源地址，其数量受到 Number of Sources 字段值大小的限制。

根据组地址和源地址的不同，划分出下面三种查询报文。

1. 普遍组查询报文：General Query

- 普遍组查询报文是查询者定期向共享网段内所有主机以组播方式发送的查询报文，用于发现组播组成员，并维护组播组与源列表的对应关系。

- 封装该报文的 IP 报文头的目的地址字段为 224.0.0.1，本地网段上的所有主机和路由器都能识别并接收。
- Group Address 字段和 Number of Sources 都为 0。

2. 特定组查询报文：Group-Specific Query

- 特定组查询报文是查询者向共享网段内特定组播组成员发送的报文，用于查询该组播组是否存在成员。
- 封装该报文的 IP 报文头的目的地址字段为被查询的组播组的 IP 地址，本地网段上的所有路由器及属于该组的所有主机都能够识别并接收。
- 组播组字段为被查询的组播组 IP 地址。Number of Sources 字段为 0。

3. 特定组/源查询报文：Group-and-Source-Specific Query

- 特定组查询报文是查询者向共享网段内特定组播组成员发送的报文，用于查询该组成员是否愿意接收特定源发送的数据。
- 封装该报文的 IP 报文头的目的地址字段为被查询的组播组的 IP 地址，本地网段上的所有路由器及属于该组的所有主机都能够识别并接收。
- 组播组字段为被查询的组播组 IP 地址。Number of Sources 字段为报文中包含的组播源数量。Source Address 字段为向该组发送组播报文的源地址。

报告报文

IGMPv3 成员报告报文区别于 IGMPv1 及 v2 报告报文，使用组记录来表达组和源的对应关系，而且，从图 7-11 IGMPv3 报告报文的格式中，可看出在一份主机通告的成员报告报文中可携带多个组记录，可同时通告多个组及源的对应给组播路由器，需要的 IGMPv3 报告报文数量可大大减少，这区别于 IGMPv1v2 一份报文只能携带一个组播组。

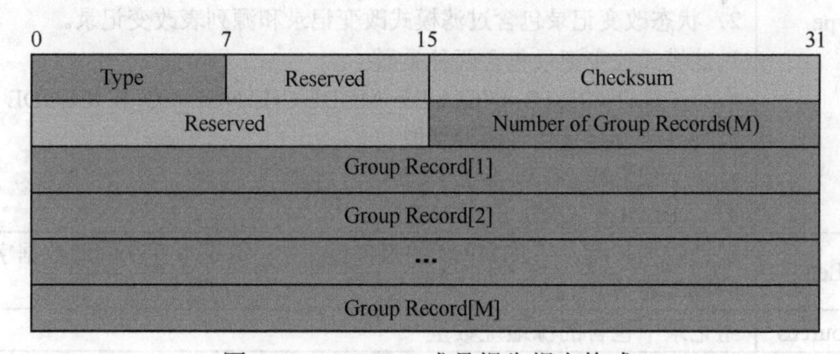

图 7-11 IGMPv3 成员报告报文格式

- Type：8-bit

0x22 代表 IGMPv3 的成员报告报文。

- Reserved（8-bit）

保留字段。发送报文时该字段设为 0；接收报文时，对该字段不做处理。

- Checksum（16-bit）

IGMP 报文的校验和。校验和是 IGMP 报文长度（即 IP 报文的整个有效负载）的 16 位校验和。Checksum 字段在进行校验计算时设为 0。当发送报文时，必须计算校验和并插入到 Checksum 字段中去。当接收报文时，校验和必须在处理该报文之前进行检验。

- Number of Group Records（16-bit）

报文中包含的组记录的数量。

- Group Record

组记录。每个组记录是一块字域，包含发送者接口当前所要表达的成员关系信息，具体格式如图 7-12 记录格式。格式说明见表 7-2 所示。

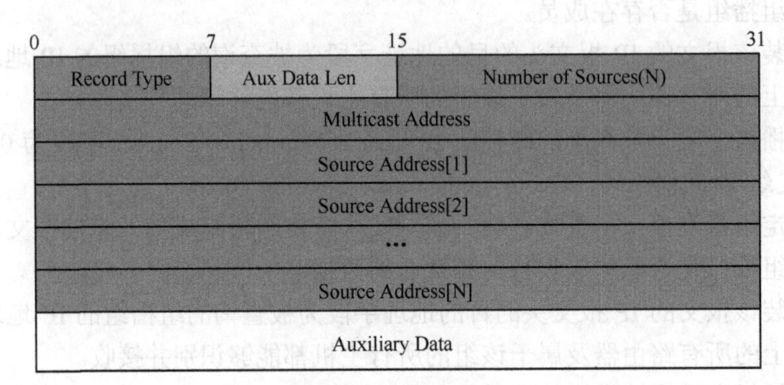

图 7-12 组记录格式

表 7-2 组记录格式说明

字段	说明
Record Type	组记录的类型包含当前状态记录（current-state record）和状态变化记录（state-change record） 1．当前状态记录含两种类型 • MODE_IS_INCLUDE • MODE_IS_EXCLUDE 2．状态改变记录包含过滤模式改变记录和源列表改变记录。 过滤模式改变记录包含两种类型： • CHANGE_TO_INCLUDE_MODE CHANGE_TO_EXCLUDE_MODE 源列表改变记录包含两种类型： • ALLOW_NEW_SOURCES • BLOCK_OLD_SOURCES
Aux Data Len	辅助数据长度。在 IGMPv3 的报告报文中，由于不存在辅助数据字段，所以该字段内容为 0
Number of Sources	组记录中包含的源地址数量
Multicast Address	组播组地址
Sources Address	组播源地址
Auxiliary data	包含有关 group record 的额外信息。目前协议不要求使用该字域

组记录种类及使用

IGMPv3 使用相应的过滤模式来通知路由器欲接收的组播源，组记录的简单关系可表示为：

（G，INCLUDE，（S1、S2、S3…））或（G，EXCLUDE，（S1、S2、S3…））。

其中，INCLUDE 和 EXCLUDE 代表过滤模式，如果是“INCLUDE，（S1，S2，S3）”，则代表接收 S1、S2、S3 的组播流，而如果是“EXCLUDE，（S1，S2，S3）”，则代表不

接收 S1、S2、S3 的组播流。

在一份组报告报文中，可同时包含多个不同类型的上述组记录，但实际上，组记录的类型不止上面两种，可分成报告“当前状态”的组记录和“状态改变”的组记录。

当前状态记录

“当前状态组记录（Current-State-Record）”出现在当主机收到查询时，响应的成员报告中用来报告主机接口当前的状态。“当前状态组记录”的类型共有 2 种。

1. 类型值为 MODE_IS_INCLUDE

表明接口对组播组的过滤模式为 INCLUDE，如果源地址列表非空，表明仅接收源地址所指定的组播源来的组播流，但如果源地址列表空，则报文无效。

如果路由器发送普遍组查询，主机分别回应以下报告

例：回应 Report（G，IS_INCLUDE，（S1，S2，S3）），代表当前的接口仅接收来自 S1、S2、S3 发往 G 的组播流。

例：回应 Report（G1，IS_INCLUDE，（S1））（G2，IS_INCLUDE，（S2，S3））代表当前接口接收 S1 发往 G1 的组播流以及 S2、S3 发往 G2 的组播流。

例：回应 Report（G1，IS_INCLUDE，（S1））（G1，IS_INCLUDE，（S2，S3））这种表达的报文不存在，在一份报告中，同一个组播组只能有一种类型的组记录。

2. 类型值为 MODE_IS_EXCLUDE

表明接口对组播流的过滤模式为 EXCLUDE，即该接口不接收源地址列表中所列的源地址流出给特定组播组的组播流。如果源地址列表为空，表明不过滤任何源来的组播流；但如果源列表为非空，则不接收所列源地址所发出的组播流，而仅接收其他未列出的源地址发出的组播流。

例：回应 Report（G1，IS_EXCLUDE，（S1，S2）），代表当前接口不接收从源 S1、S2 发出的组播流，接收其他源发给 G1 的组播流。

例：回应 Report（G1，IS_EXCLUDE，（）），代表当前接口接收来自任意源的组播流。

状态变化记录类型

主机接口的状态不会一直不变，会由一种状态变为另外一种状态，这包含过滤模式的变化和源地址列表的变化。

过滤模式变化记录（Filter-Mode-Change Record）

任何时候接口的过滤模式发生变化时，即由 INCLUDE 变为 EXCLUDE 或由 EXCLUDE 变为 INCLUDE 时，在主机发送的成员报告报文中包含“过滤模式变化”记录，共有两种类型。

- CHANGE_TO_INCLUDE_MODE，表示过滤模式由 EXCLUDE 转换到 INCLUDE，开始接收源地址列表包含的新组播源发往该组播组的数据。如果指定源地址列表为空，主机将离开组播组。

例：主机接口当前接收状态为（G，EXCLUDE，（S1，S2，S3）），若用户意欲接收组播源 S1、S2 的组播流，则主机发送组记录（G，CHANGE_TO_INCLUDE，（S1，S2））。

- CHANGE_TO_EXCLUDE_MODE，表示过滤模式由 INCLUDE 转换到 EXCLUDE，不接收源地址列表包含的新组播源发往该组的组播数据。

例：主机当前接收状态为（G，INCLUDE，（S1，S2）），如改变为接收其他组播源的组播流，则发送组记录（G，CHANGE_TO_EXCLUDE，（S1，S2））。

源列表变化记录（Source-List-Change Record）

当主机希望接收其他组播源的组播流时，会主动发送包含“通告源变化”的组记录，共两种类型。

1．ALLOW_NEW_SOURCES，表示在现有的基础上，需要再接收源地址列表包含的组播源发往该组播组的组播数据。如果当前先有的对应关系为 INCLUDE，则向现有源列表中添加这些组播源；如果当前对应关系为 EXCLUDE，则从现有阻塞源列表中删除这些组播源。

2．BLOCK_OLD_SOURCES，表示在现有的基础上，不再接收源地址列表包含的组播源发往该组播组的组播数据。如果当前对应关系为 INCLUDE，则从现有源列表中删除这些组播源；如果当前对应关系为 EXCLUDE，则向现有源列表中添加这些组播源。

例：G 组播组员接收 S1、S2、S3 和 S4 组播源的组播流，如果一个接口发生源列表的变化，G 组播组接收 S1、S2 的新的组播源的组播流，不再接收 S3、S4 的组播源的组播流。

答：Report（G，ALLOW_NEW_SOURCE，（S1，S2））（G，BLOCK_OLD_SOURCES，（S3，S4））。

接口状态的变化会致系统立即发送状态变化通告给路由器。报告中的组记录的类型和内容依状态变化前后接口过滤模式和源地址列表的变化而定。表 7-3 为不同场景下 IGMPv3 组记录的通告内容。

例：每种状态都使用三元组来表示，G 代表组地址，A、B 代表源地址列表。

表 7-3　不同场景下 IGMPv3 组记录通告内容

编号	前一个状态关系	事件发生后的状态	发送的 Group Records 的内容
1	无	（G，INCLUDE，(A)）	（G，IS_IN，(A)）
2	无	（G，EXCLUDE，(A)）	（G，IS_EX，(A)）
3	（G，INCLUDE，(A)）	无	（G，BLOCK_OLD_SOURCE，(A)）
4	（G，EXCLUDE，(A)）	无	（G，TO_IN，(NULL)）
5	（G，INCLUDE，(A)）	（G，INCLUDE，(B)）	（G，ALLOW_NEW_SOURCE，(B-A)） （G，BLOCK_OLD_SOURCE，(A-B)）
6	（G，EXCLUDE，(A)）	(G,EXCLUDE,(B))	（G，ALLOW_NEW_SOURCE，(A-B)） （G，BLOCK_OLD_SOURCE，(B-A)）
7	（G，INCLUDE，(A)）	（G，EXCLUDE,(B)）	（G，TO_EX，(B)）
8	（G，EXCLUDE，(A)）	（G，INCLUDE，(B)）	（G，TO_IN，(B)）

7.2.3.2　查询响应机制

在 IGMPv3 中查询响应机制及查询者的选举机制同 IGMPv1v2 相同。

在 IGMPv3 中，查询者的选举机制与 IGMPv2 相同，依据最小 IP 地址。当一台路由器收到最小 IP 地址的查询，它设置 Other-Querier-Present 计时器为 125s，并且停止再发送查询报文，如果在 125s 期间，未听到普遍组查询，则提升自己为查询者，开始发送普遍组查询。

在 IGMPv3 中，在查询报文中，含查询者设置的 Robustness Variable（默认为 2）和 Query Interval（默认 60s），当非查询者路由器听到查询者的查询报文时，会根据报文中的健壮系数和查询间隔修改自己的健壮系数和查询时间间隔，最终所有非查询者会拥有和查询者一样的 Other-Querier-Present 时间。

图 7-13 中，有 R1 和 R2 两台 IGMPv3 路由器，R1 的 IP 地址最小，所以 R1 为查询者。图 7-14 是 R1 上调整健壮系数为 5 的抓包截图。

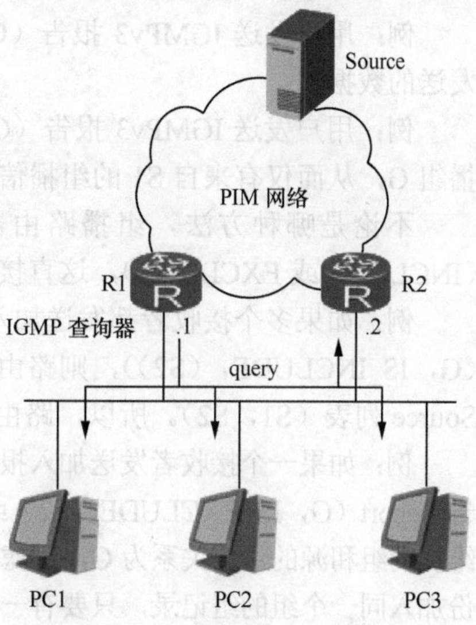

图 7-13 IGMPv3 查询响应

说明：

接口配置命令 IGMP robust-count 5。R2 的 Other-Querier-Timer 时间变为查询者的健壮系数 5×60+（最大响应时间/2）。

```
⊞ Ethernet II, Src: HuaweiTe_8e:40:f3 (00:e0:fc:8e:40:f3), Dst: IPv4mcast_01 (01:00:5e:00:00:01)
⊞ Internet Protocol Version 4, Src: 10.1.78.7 (10.1.78.7), Dst: 224.0.0.1 (224.0.0.1)
⊟ Internet Group Management Protocol
    [IGMP Version: 3]
    Type: Membership Query (0x11)
    Max Resp Time: 10.0 sec (0x64)
    Header checksum: 0xe95f [correct]
    Multicast Address: 0.0.0.0 (0.0.0.0)
  ⊟ QRV=5 S=Do not suppress router side processing
      .... 0... = S: Do not suppress router side processing
      .... .101 = QRV: 5
    QQIC: 60
    Num Src: 0
```

图 7-14 R1 查询者发送的普遍组查询报文

R2 非查询者路由器听到 R1 的普遍组查询后，应该在上述的 Other-Querier-Timer 内保持非查询者角色。而 PC1 和 PC2 都听到上述查询报文，会在最大响应时间以内回应各自的成员报告报文。路由器根据反馈的组成员报告发现网段中的组成员，并维护组播组与源列表的对应关系。

- 当查询者接收到离开某组播组的报告（G，CHANGE_TO_INCLUDE，( )）时，发送特定组查询报文，判断网络中是否还存在组 G 成员。路由器根据反馈的组成员报告更新相应的组及源列表。
- 当查询者接收到主机发送的改变组播组与源列表的对应关系的报告（G，BLOCK_NEW_SOURCE，Sourse_list）时，发送两次指定源/组查询报文。如果组成员希望接收其中任意一个源的组播数据，则将反馈报告报文。路由器根据反馈的组成员报告更新该组对应的源列表。

7.2.3.3 加入机制

如果主机和路由器之间应用 IGMPv1 或 IGMPv2，用户加入到某组播组 G 后，将可能同时接收到来自组播源 S1 和 S2 的组播信息。而如果采用 IGMPv3，用户可以选择仅接收 S1 组播信息，即 IGMPv3 具备控制接收源的能力。

例：用户发送 IGMPv3 报告（G，IS_INCLUDE，（S1）），仅接收源 S1 向组播组 G 发送的数据。

例：用户发送 IGMPv3 报告（G，IS_EXCLUDE，（S2）），退出指定源 S2 对应的组播组 G，从而仅有来自 S1 的组播信息才能传递到接收者。

不论是哪种方法，组播路由器会在每个接口维护组播组、组播源和过滤模式（INCLUDE 或 EXCLUDE），这直接决定来自指定源的组播流是否流到该接口。

例：如果多个接收者都发送加入报告，Report（G，IS_INCLUDE，（S1））和 Report（G，IS_INCLUDE，（S2）），则路由器接口维持组对应关系：G，过滤模式 INCLUDE，Source 列表（S1，S2）。所以，路由器会转发从源 S1、S2 来的组播流量至当前网段。

例：如果一个接收者发送加入报告 Report（G，IS_IN，S1），另一个接收者发送加入报告 Report（G，IS_EXCLUDE，S2）或 Report（G，CHANGE_TO_EXCLUDE，S2）路由器维护的组和源的对应关系为 G，过滤模式为 exclude，source 列表为 S2；路由器如果收到多份加入同一个组的组记录，只要有一个组记录的类型为 EXCLUDE 模式，路由器就把接口的 G 组状态中的过滤模式改为 EXCLUDE，不论还收到多少 INCLUDE 模式组记录。

结论：

路由器会转发来自非 S2 的其他源的流量到当前网段。

```
 [r5]display igmp group interface g0/0/0 verbose
Interface group report information of VPN-Instance: public net
 Limited entry of this VPN-Instance: -
 GigabitEthernet0/0/0(56.1.1.5):
  Total entry on this interface: 1
  Limited entry on this interface: -
  Total 1 IGMP Group reported
Group: 229.1.1.100
     Uptime: 00:00:40
     Expires: off
     Last reporter: 0.0.0.0
     Last-member-query-counter: 0
     Last-member-query-timer-expiry: off
Group mode: include
     Version1-host-present-timer-expiry: off
     Version2-host-present-timer-expiry: off
Source list:
  Source: 56.1.1.100
          Uptime: 00:00:40
          Expires: 00:01:31
Last-member-query-counter: 0
          Last-member-query-timer-expiry: off
```

其他机制和 IGMPv2 一致。

7.2.3.4　离开机制

同 IGMPv2 不同的是，在 IGMPv2 中添加的 Leave-Group 离开组报文在 IGMPv3 中不再使用，所以在 IGMPv3 中主机离开组或不希望再收到来自特定源的组播流，IGMPv3 主机会发送带有特定含义组记录的成员报告来表达。

例：主机当前状态为（G，IS_INCLUDE，（S1，S2）），请参考表 7-3。

如果不希望收到组播组G的任意流量，当前主机发送（G，BLOCK_OLD_SOURCE，S1，S2）；

如果不希望收到组播组G的S1的流量，当前主机发送（G，BLOCK_OLD_SOURCE，S1）。

当查询者接收到改变组播组与源列表的对应关系的报告（G，BLOCK_OLD_SOURCE，SOURCE）时，发送特定源组查询报文，查询特定组及源的成员是否还存在。如果组成员存在且希望接收其中任意一个源的组播数据，则将响应成员报告报文。路由器根据响应的组成员报告更新该组对应的源列表。如果没有接收者响应，则在查询两次后，每次间隔1s，来自S1或/和S2的组播流将不再流下来。

例：主机当前状态（G，IS_EXCLUDE，S1，S2），如果不希望收到组播组为G的任意流量：

- 当前主机发送（G，TO_IN，NULL）；
- 当查询者接收到离开某组播组的报告（G，TO_IN，NULL）时，发送指定组查询消息，判断网段中是否还存在该组成员；
- 如果当前网段中没有其他组成员，修改接口的组和成员的对应关系，路由器修改PIM路由，相应接口被从相应的组播路由表的下游接口中减除；
- 如果当前网络仍有其他主机是该组的成员，则成员会响应（G，IS_INCLUDE，S1）等当前状态报告。

离开所需时间是2×igmp lastmember-queryinterval，同IGMPv2一致。

7.2.3.5 IGMPv3相比于其他IGMP版本的不同

IGMPv3相比于其他IGMP主要的改动就是对主机源的过滤功能，其他功能如下。

- 路由器维护的状态包含组和源地址，而非仅像IGMPv2那样仅含组地址。IGMPv3中接口状态可表示为（G，过滤模式，源列表）。
- 查询者发送的查询报文中含有健壮系数和查询间隔，查询者可用其同步其他非查询者路由器。
- 主机报告目标IP地址为224.0.0.22，以方便两层交换机Snooping。
- 在v1和v2中，主机如果听到其他主机回复成员报告，则抑制自己的报告。在IGMPv3中，这种抑制主机报告的功能被移除了。原因如下：在局域网络，因为IGMP Snooping的机制存在原因，无法使用成员抑制功能。消除报告抑制功能之后，主机需要处理更少的消息，这使状态的实现更简单。
- 在IGMPv3中，一份成员报告含多个组记录，相比较其他版本的成员报告，每个报告报文包含一个组地址，IGMPv3可以明显减少发包的数量。

7.2.4 IGMP Proxy

IGMP Proxy是一类特殊的IGMP设备，它能同时执行客户主机（接收者）和查询者的功能，它面向PC主机（接收者）表现为IGMP查询者，而如果面对路由器，它必须表现为IGMP接收者的角色，它靠分析下游用户和上游路由器间的IGMP报文来建立组播路由表。

IGMP Proxy设备收到某组播组成员的报告报文后，会在其组播转发表中查找该组播组。如图 7-15 所示。

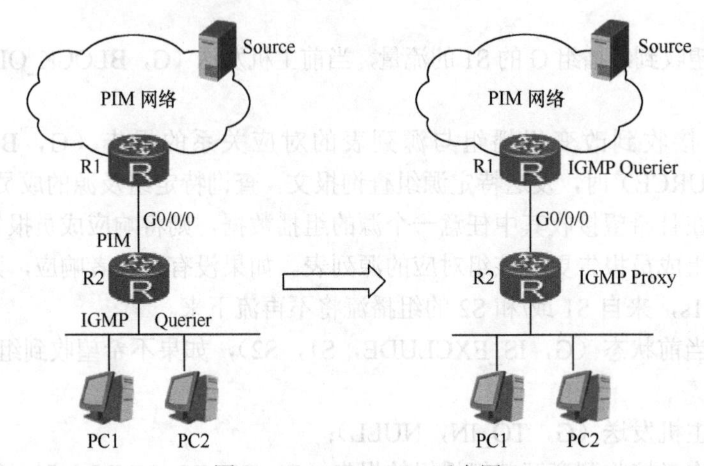

图 7-15 IGMP Proxy 示意图

如果没有找到相应的组播组，IGMP Proxy 设备会向上游路由器发送针对该组播组的报告报文，并在组播转发表中添加该组播组；如果找到相应的组播组，IGMP Proxy 设备就不需要向上游设备发送报告报文。

IGMP Proxy 设备如果收到某组播组 G 的成员发送离开报文后，Proxy 会向接收到该离开报文的接口发送一个特定组查询报文，检查该接口下是否还存在组播组 G 的其他成员。

- 如果没有其他成员，IGMP 代理设备会向上游设备发送针对该组播组的离开报文，并在组播转发表中将对应的接口删除。
- 如果有其他成员，IGMP 代理设备会继续向该接口转发组播数据。

如果 IGMP Proxy 设备在上游接口收到查询报文，会根据当前组播转发表的状态对查询报文做出响应。

路由器行为是指 IGMP Proxy 设备的下游接口通过成员主机加入或离开组播组的信息生成组播转发表项，接收上游设备下发的组播数据并根据组播转发表项的出接口信息向特定的接口转发组播数据。路由器行为的工作机制与 IGMP 的工作机制一致。

可使用 display igmp proxy routing-table 来查看组播路由表。

示例：组播源在 PIM 路由域中，R1 和 R2 间使用 G0/0/0 互连，目前企业要在网络中部署组播应用，使接收者能收到 229.1.2.3 的组播数据。但 R2 路由器上不开启 PIM，要求使用 IGMP 解决方案来实现。

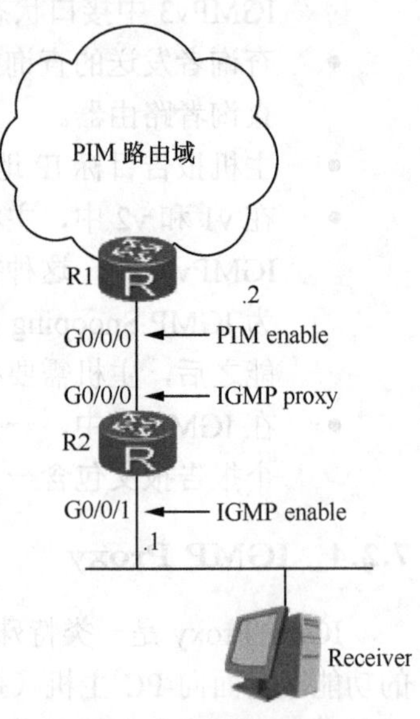

图 7-16 IGMP Proxy 应用

R1 是 PIM 路由器，G0/0/0 接口开启 PIM 及 IGMP。R2 G0/0/0 接口开启 IGMP Proxy 功能，R2 可根据从下游接口收到的 IGMP 组播组报告生成组播路由表，R2 同样可转发收到的组播数据。接收者有

IGMPv2 接收者（加入 229.1.2.3）和 IGMPv3 接收者（只接收源是 10.10.10.10、组播组是 232.1.2.3 的组播数据）。如图 7-16 所示。

```
#解决办法：R2 作为 Proxy 转发组播数据。
#R1
[R1]int g0/0/0
[R1-GigabitEthernet0/0/0]pim sm
[R1-GigabitEthernet0/0/0]igmp enable
[R1-GigabitEthernet0/0/0]q
[R1]
##R2 上充当 host 的接口（G0/0/0）开启 IGMP Proxy；面向接收者接口（G0/0/1）则正常开启 IGMP。
[R2]int g0/0/0
[R2-GigabitEthernet0/0/0]igmp proxy
[R2-GigabitEthernet0/0/0]q
[R2]int g0/0/1
[R2-GigabitEthernet0/0/1]igmp enable
[R2-GigabitEthernet0/0/1]igmp version 3 (可选)
[R2-GigabitEthernet0/0/1]q
[R2]
#接收者发送 IGMP report（*,229.1.2.3）
[R2]display igmp proxy routing-table
Routing table of VPN-Instance: public net
 Total 2 (*, G) entries; 1 (S, G) entry

 (*, 229.1.2.3)
     Flag: WC, UpTime: 00:15:15
     Upstream interface: GigabitEthernet0/0/0
     Downstream interface(s) information:
     Total number of downstreams: 1
1: GigabitEthernet0/0/1
           Protocol: igmp, UpTime: 00:15:15

 (10.10.10.10, 232.2.2.2)
     Flag: JOIN, UpTime: 00:00:29
     Upstream interface: GigabitEthernet0/0/0
     Downstream interface(s) information:
     Total number of downstreams: 1
          1: GigabitEthernet0/0/1
Protocol: igmp, UpTime: 00:00:29
#G0/0/0 是 Proxy 开启的接口，也是组播数据的入口。
#G0/0/1 是数据转发接口。
```

说明：

1）路由器可以根据 PIM 路由表和 IGMP 路由表转发组播数据。

2）IGMP Proxy 虽没有 PIM 组播路由表，但根据 Proxy 路由表依然能把 Proxy 接口收到的组播数据报文转发复制到下游接口。如果主机在多个接口存在接收者，Proxy 必须复制流量到所有接口，最终，组播数据经过 Proxy 设备送至接收者。

7.2.5 IGMP 路由表

7.2.5.1 IGMP 组和路由表

路由器接口下会记录网段上用户主机所加入的组播组，当路由器收到 IGMP 组加入报文后，接口维护IGMP组加入信息并通知组播路由协议创建相应（*,G）表项。只要设备接口使能了IGMP并收到组加入报文就会为每个接口维护一个组加入信息表项，组表项形式如下所示：

```
<Huawei>display igmp group
Interface group report information of VPN-Instance: public net
GigabitEthernet1/0/0(10.1.6.2):
  Total 1 IGMP Group reported
   Group Address    Last Reporter    Uptime      Expires
   229.1.2.3        10.1.6.10        00:02:04    00:01:17
```

任何组播路由协议都会有组播协议路由表，IGMP路由表是由IGMP协议维护的，但它只有在接口没有使能PIM协议时才会存在，它的作用主要是用来在组播路由协议无法工作的接口上，使用IGMP扩展组播路由表的出接口。组播数据可以根据IGMP路由表向非PIM接口转发。以下是组播路由表示例：

```
<Huawei>display igmp routing-table
Routing table of VPN-Instance: public net
 Total 1 entries
 00001. (*, 229.1.2.3)
       List of 1 downstream interface
GigabitEthernet1/0/0 (10.1.6.2),
     Protocol: IGMP
```

说明：

当接收者所在的接口没有PIM时，组播报文的转发行为依据IGMP路由表而定。但如果接口PIM协议启用，组播报文是否转发到当前接口，则参考PIM协议路由表，即PIM协议路由表优先于IGMP协议路由表。

另外，仅当路由器是IGMP Querier时，才有IGMP路由表，并执行IGMP路由转发。

7.2.5.2 场景：IGMP路由表

场景描述：

场景如图7-17所示，R4 G0/0/0接口上没有开启PIM。而R3接口上PIM开启，R3和R4的G0/0/0接口都开启IGMP。

要求：当组播源开始活跃时，分析组播报文的传递过程及分析 display igmp routing-table 与 pim routing table。图中，R4是IGMP查询者。

```
[R4]display igmp routing-table
Routing table of VPN-Instance: public net
 Total 1 entry

 00001. (*, 229.1.2.3)
       List of 1 downstream interface
GigabitEthernet0/0/0 (10.1.34.1),
                    Protocol: IGMP
#
[R4]display multicast  routing-table
Multicast routing table of VPN-Instance: public net
 Total 1 entry

 00001. (10.1.10.1, 229.1.2.3)
```

```
          Uptime: 00:00:14
          Upstream Interface: GigabitEthernet0/0/1
           List of 1 downstream interface
               1:    GigabitEthernet0/0/0
```

R1
G0/0/0
G0/0/0
.1
.1
Source：10.1.10.1
10.1.12.0/24
G0/0/0
.2
R2
G0/0/1
G0/0/1
.2
.2
10.1.23.0/24
10.1.24.0/24
G0/0/1
.3
.4
G0/0/1
R3
R4
PIM is enabled
IGMPv2 is enabled
.1
G0/0/0
G0/0/0
.2
PIM is not enabled
IGMPv2 is enabled
10.1.34.0/24
PC

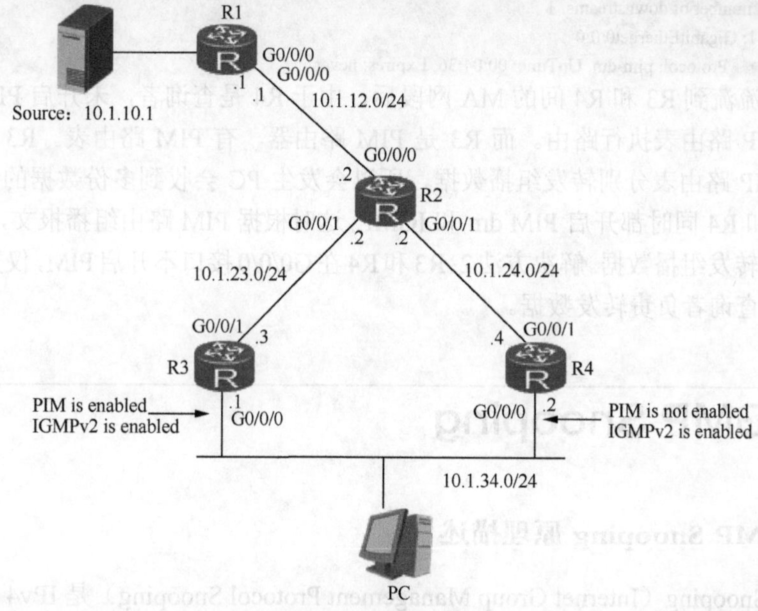

图 7-17 IGMP 应用

```
[R3]display multicast routing-table
Multicast routing table of VPN-Instance: public net
 Total 1 entry

 00001. (10.1.10.1, 229.1.2.3)
       Uptime: 00:00:28
       Upstream Interface: GigabitEthernet0/0/1
       List of 1 downstream interface
           1:    GigabitEthernet0/0/0
#
[R3]display pim routing-table
 VPN-Instance: public net
 Total 1 (*, G) entry; 1 (S, G) entry

 (*, 229.1.2.3)
     Protocol: pim-dm, Flag: WC
     UpTime: 00:10:17
     Upstream interface: NULL
          Upstream neighbor: NULL
          RPF prime neighbor: NULL
     Downstream interface(s) information:
     Total number of downstreams: 1
          1: GigabitEthernet0/0/0
              Protocol: igmp, UpTime: 00:10:17, Expires: never

 (10.1.10.1, 229.1.2.3)
     Protocol: pim-dm, Flag:
     UpTime: 00:04:36
```

```
Upstream interface: GigabitEthernet0/0/1
    Upstream neighbor: 10.1.23.2
    RPF prime neighbor: 10.1.23.2
Downstream interface(s) information:
Total number of downstreams: 1
    1: GigabitEthernet0/0/0
        Protocol: pim-dm, UpTime: 00:04:36, Expires: never
```

当组播流流到R3和R4间的MA网段后，由于R4是查询者，未开启PIM，因此可以根据IGMP路由表执行路由。而R3是PIM路由器，有PIM路由表。R3和R4根据PIM和IGMP路由表分别转发组播数据，所以会发生PC会收到多份数据的情况。解决办法1：R3和R4同时都开启PIM dm和IGMP，这时根据PIM路由组播报文，并由Assert Winner负责转发组播数据。解决方法2：R3和R4在G0/0/0接口不开启PIM，仅开启IGMP，则仅IGMP查询者负责转发数据。

7.3 IGMP Snooping

7.3.1 IGMP Snooping 原理描述

IGMP Snooping（Internet Group Management Protocol Snooping）是IPv4环境下，在二层交换机上提供的一种组播机制。通过侦听组播路由器和用户主机之间发送的IGMP协议报文，在交换机上创建二层组播转发表（组播组和该组播接收者的端口对应关系），当交换机转发组播报文时，报文按照交换机组播转发表转发。如果没有对应的组播转发表项，则泛洪到所有端口。否则，仅泛洪到有接收者的端口上去。

图7-18中，交换机端口1、2、4下接有组播组229.1.2.3的成员，交换机从组播路由器R1或R2收到组播数据报文，把报文转发到端口1、端口2及端口4，并没有泛洪到所有的交换机端口上去，这样做可降低非组播成员主机收到组播流量对其影响。

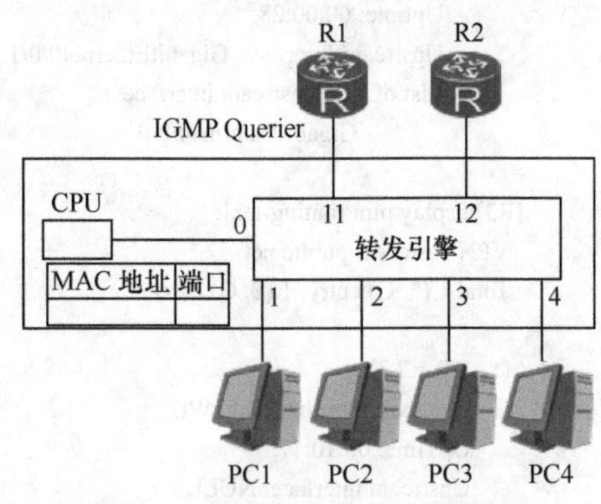

图7-18 Snooping交换机组播交换表

路由协议，如OSPF、PIM等，使用组播地址224.0.0.X，支持IGMP Snooping交换机不会为此类组播地址生成组播转发表，因为没有IGMP成员报告报文为这些Link-local组应用服务，所以路由协议OSPF、PIM等组播报文会被交换机泛洪到所有的端口上。

IGMP Snooping功能分成控制平面和数据平面两部分。控制平面部分由CPU根据IGMP报文建立组播转发表。而数据平面部分则由转发引擎根据已建立的组播转发表转发组播报文。

交换机上组播转发表由路由器端口和连接主机的端口构成，形式如下：

```
<Switch> display l2-multicast forwarding-table vlan 10
VLAN ID : 10, Forwarding Mode : IP
----------------------------------------------------------------------------------------------------
```

```
            (Source, Group)      Interface                    Out-Vlan
-------------------------------------------------------------------------------
             Router-port       GigabitEthernet0/0/11           10
            (*, 229.1.2.3)     GigabitEthernet0/0/1            10
                               GigabitEthernet0/0/2            10
                               GigabitEthernet0/0/3            10
                               GigabitEthernet0/0/11           10
            (*, 228.1.2.3)     GigabitEthernet0/0/1            10
                               GigabitEthernet0/0/2            10
                               GigabitEthernet0/0/3            10
                               GigabitEthernet0/0/11           10
            (*, 225.1.1.3)     GigabitEthernet0/0/1            10
                               GigabitEthernet0/0/3            10
                               GigabitEthernet0/0/11           10
-------------------------------------------------------------------------------
Total Group(s) : 3
```

其中，路由器端口（Router Port）是交换机连接组播路由器的端口，它会出现在所有组播组中，如图 7-18 中的端口 11 和 12。交换机在此端口上侦听到“IGMP 查询”报文或 PIM 协议报文，则认定此端口上连接组播路由器。这样的方式出现的端口为动态端口。而手工添加的端口为静态的路由器端口，静态添加的端口会一直出现在列表中。

如果交换机是仅 Layer2 识别功能的交换机，转发引擎识别出组播 MAC 地址 01005E 后，一律转发给 CPU，由 CPU 进一步分析判断是否是 IGMP 报文，是则处理，不是则丢弃，所以会加重 CPU 的负荷。现在的交换机均是有 Layer3 IGMP 识别能力的交换机，转发引擎识别出组播 MAC 后，进一步识别 Layer3 协议号（ProtocolID=2）为 IGMP，则转发给接在端口 0 的 CPU；否则转发给其他端口。这样 CPU 仅处理 IGMP 报文，开销小，负担轻。这也是 IGMP Snooping 可以普遍使用的一个原因。

交换机的端口会侦听组播路由器发出的周期性 IGMP 报告和 PIM Hello 报文，收到相应报文后，刷新交换机组播转发表中的路由器端口的计时器。

成员端口是交换机连接组播成员的端口，如图 7-18 中端口 1、2 和 4 号端口，这些端口后面的主机要周期发送 IGMP 成员报告报文来刷新组播转发表中成员端口的计时器。靠侦听 IGMP 成员报告报文而添加进来的接口为动态成员端口，而手工添加的成员端口叫做静态成员端口。

不论是接主机的成员端口还是接组播路由器的端口，只要是动态的端口，如果端口上维持“动态”特性的协议报文（PIM 或 IGMP）未收到，超时时间后，端口会从组播转发表中消失。交换机上成员端口的超时时间是 130s，路由器端口的超时时间是 105s 或 180s。（时间依据学到路由器端口是靠 PIM Hello 报文还是 IGMP 报文而定）

例，在交换机上开启 VLAN1 的 IGMP Snooping 功能，配置如下：

```
#
multicast routing-enable
#
igmp-snooping enable
#
vlan 1
 igmp-snooping enable
#
```

以下输出中，显示交换机收到 PIM Hello 报文后，更新路由端口的 Timer。

```
15:29:52.930.3-08:00 SW1 SNPG/7/EVENT: SNPG_ProcessL2EventPacket,ulL2EvtQueNum:1 (L2MC_INIT841)
```

```
15:29:52.930.4-08:00 SW1 SNPG/7/EVENT: IGMP snooping get port status to get port link status,IfIndex:6, Status 0
15:29:52.930.5-08:00 SW1 SNPG/7/PACKET:Received Packet (protocol = 103) from 10.1.12.1 to 224.0.0.13, type 0x20 on (VLAN 1 GigabitEthernet0/0/1 )
15:29:52.930.6-08:00 SW1 SNPG/7/QUERY:Received pim hello packet.
15:29:52.930.7-08:00 SW1 SNPG/7/TIMER:Update router port timer successfully(105s).Port (VLAN 1 GigabitEthernet0/0/1 ).
#
<SW1>display igmp-snooping router-port vlan 1
Port Name                  UpTime        Expires       Flags
---------------------------------------------------------------------------------
VLAN 1, 2 router-port(s)
GE0/0/1                    02:52:30      00:01:44      DYNAMIC
GE0/0/2                    02:52:45      00:01:30      DYNAMIC
```

1. 主机成员报告

图 7-19 中，R1 是查询者，R2 是非查询者，PC3 是非组播组接收者。

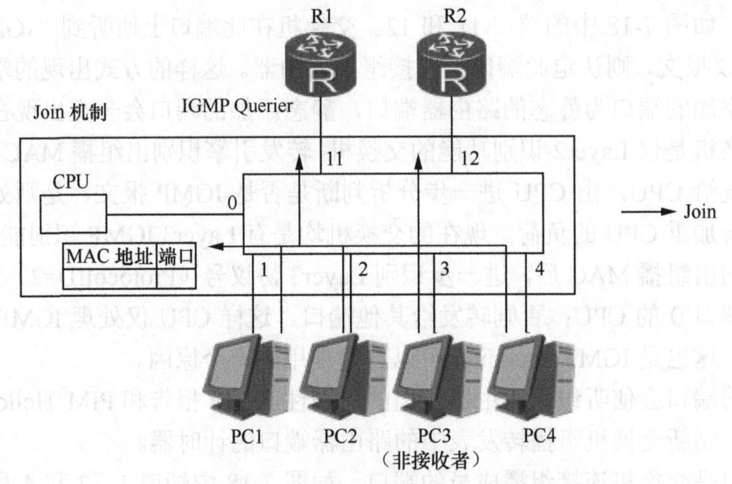

图 7-19 IGMP Snooping 对主机加入报文处理机制

如果主机 1（PC1）是初次加入组播组，立即产生 IGMP 组报告报文，目标组地址为 229.1.2.3，如果是 IGMPv3，则目标组地址为 224.0.0.22。当交换机在主机所属 VLAN 内侦听到报告报文，从中了解到组地址 229.1.2.3 后：

- 如果不存在 229.1.2.3 组对应的转发表项，则创建转发表项，并把该接口作为动态成员端口添加到 L2-Multicast Forwarding-Table 出接口列表中，并启动老化定时器，时长 130s；
- 如果已存在 229.1.2.3 组所对应的转发表项，但出接口列表中未包含收到报文的接口，则将该接口作为动态成员端口添加到出接口列表，并启动老化定时器；
- 如果已存在该组所对应的转发表项，且出接口列表中已包含该动态成员端口，则重置其老化定时器。

如果主机已加入组播组，在组成员主机收到 IGMP 普遍组查询报文后，应在指定时间内回应 IGMP 报告报文。交换机上处理的逻辑同初次收到加入报文的逻辑一样。

当交换机收到主机的 IGMP 报告报文后，转发给 CPU 和出现在交换机转发表中的路由器端口，CPU 根据上面的逻辑/规则创建或刷新表项的相应接口。交换机在接收者所在主机端口收到 IGMP 报告报文，该报文不会被交换机转发到其他接收者主机端口上。IGMP Snooping 交换机在主机端口间互相不转发成员报告报文，主机之间 IGMP 报文隔离，所以当收到查询后，任何组成员主机都分别尽力响应报告。图 7-19 中，主机 1、主机 2 和主机 4 会每隔 60s 收到普遍组查询而响应成员报告报文，交换机据此可周期刷新交换机上的 L2-multicast 转发表，防止动态主机端口超时消失。

2. 普遍组查询的处理

图 7-20 中，R1 是 IGMP 查询者，R2 是非查询者，R2 周期 60s 会听到 R1 的普遍组查询。

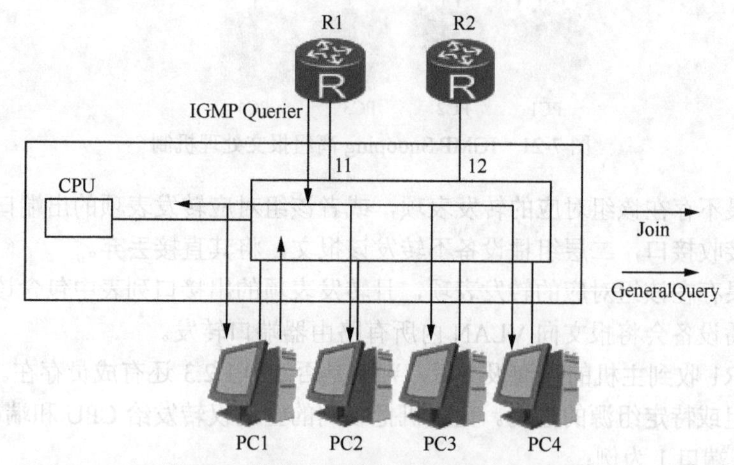

图 7-20 交换机对普遍组查询报告的处理

查询者 R1 周期性向本地网段内发目的地址为 224.0.0.1 的普遍组查询报文，源地址是查询者 R1 接口 IP 地址，查询的内容是组地址 0.0.0.0，交换机把 IGMP 普遍组查询报文向除接收端口 11 外的其他所有端口转发。如果当前两层组播转发表中已经有 11 号端口，则重置老化计时器（180s），否则把 11 号端口加入到组播转发表里。

泛洪出来的普遍组查询报文被所有主机收到，但仅主机 1、主机 2 和主机 4 是组 229.1.2.3 的成员。当收到查询后，主机 1、主机 2、主机 4 在 MRT（最大响应时间）内随机选择时间，主机 1、主机 2 和主机 4 各自的响应 IGMP 报文刷新组播转发表中相应端口的计时器。

IGMPv2 中的特定组查询和 IGMPv3 中特定组源的查询报文只向组播表中已有的成员端口转发。例如当前端口 1、端口 2 和端口 4 是组 229.1.2.3 的成员端口，端口 3 没有收到过 IGMP 成员报告报文。所以对组播组 229.1.2.3 的特定组查询报文是不会被交换机转发到端口 3 的。

3. 成员离开组播组

在 IGMPv2 中添加了离开机制。图 7-21 中，交换机的组播转发表中含有动态主机端口 1、端口 2 和端口 4，当主机 1 发送了离组报文，目标组地址为 224.0.0.2，交换机收到后，仅转发给 CPU 和转发表中的路由器端口 11 和 12。

交换机 CPU 收到离开组报文后，从中了解离开的组地址，判断离开的组是否存在对应的转发表项，以及转发表项出接口列表是否包含报文的接收接口。

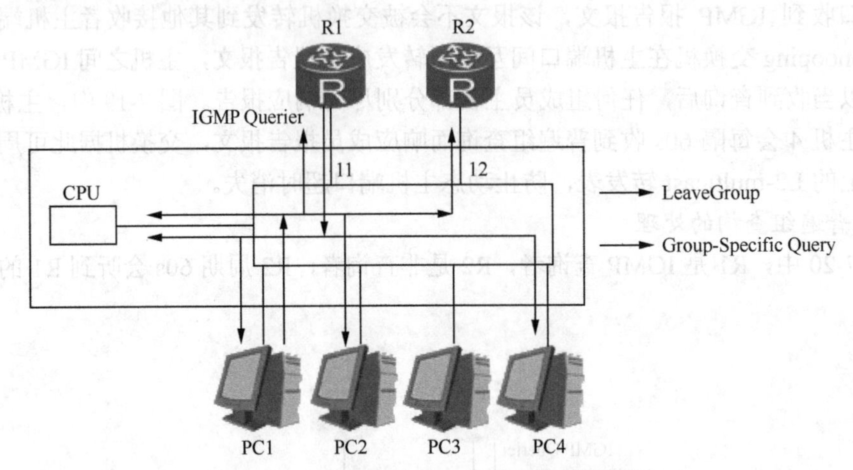

图 7-21 IGMP Snooping 离组报文处理机制

- 如果不存在该组对应的转发表项，或者该组对应转发表项的出端口列表中不包含接收接口，二层组播设备不转发该报文，将其直接丢弃。
- 如果存在该组对应的转发表项，且转发表项的出接口列表中包含该端口，二层组播设备会将报文向 VLAN 内所有路由器端口转发。

查询者 R1 收到主机的查询报文后，判断是否 229.1.2.3 还有成员存在。所以 R1 立即发送特定组或特定组源的查询。交换机把收到的查询仅转发给 CPU 和端口 1、端口 2 和端口 4。以端口 1 为例：

- 如果从端口 1 下，收到主机响应 IGMP 特定组/组源查询的报告报文，表示接口下还有该组的成员，于是重置其老化定时器；
- 如果没有从该端口收到主机响应 IGMP 特定组/源组查询的报告报文，则表示接口下已没有该组成员，则在 2s 后，将端口 1 从该组的组播转发表项出接口列表中删除。但如果该端口是两层组播转发表项中的最后一个端口，则当所有端口都没有时，该组播组的表项将被删除。

说明：

当交换机收到 IGMP 离开报文后，接收端口的老化定时器时间超时时间由 130s 立即改为 2s，超时时间 = 健壮系数 x 特定组查询间隔。这和路由器收到离组报文后相应组的超时时间变为 2s 是一样的。

7.3.2 IGMP Snooping Proxy

配置 IGMP Snooping 功能后，交换机对上游 IGMP 查询者的 Query 报文和下游主机的 Report 和 Leave 报文都不修改地转发。当网络中存在大量用户主机时，过量的 IGMP 报文给上游设备带来处理压力。配置 IGMP Snooping Proxy 功能后，交换机可以代替组播路由器向下游发送 IGMP Query 报文给接收者主机，也可以代替大量下游接收者主机向上游路由器发送 IGMP Report 和 IGMP Leave 报文，有效节约上游三层设备和本设备之间的带宽。

配置了代理功能的设备：

1. 只有在组播组开始有成员加入且需要建立组播表项或者响应 IGMP 查询报文时向上游发送 Report 报文；

2. 在组播组最后成员都已经离开，组播组表项没有成员端口后，向上游发送 Leave 报文。

当三层设备没有启用 IGMP 时，例如只配置了静态组播组，不会有查询者发送 Query 报文，这样即使设备使能了 IGMP Snooping 功能，也无法建立和维护组成员关系。通过 IGMP Snooping Proxy 功能，可以使交换机发送 Query 报文，相对下游主机而言，就是一台查询者。

例，在交换机 S1 上为 VLAN100 开启 IGMP Snooping Proxy 功能，配置如下：

```
<S1> system-view
[S1] igmp-snooping enable
[S1] vlan 100
[S1-vlan100] igmp-snooping enable
[S1-vlan100] igmp-snooping proxy
```

1. IGMP Snooping Proxy 中加入机制

图 7-22 中，组播组 229.1.2.3 中成员主机 1、主机 2 和主机 4 希望收到组播数据报文。初始时，头一台主机 1 发报告报文，交换机充当 Proxy，面向用户作为组播路由器角色，所以收到报告报文，规则如下。

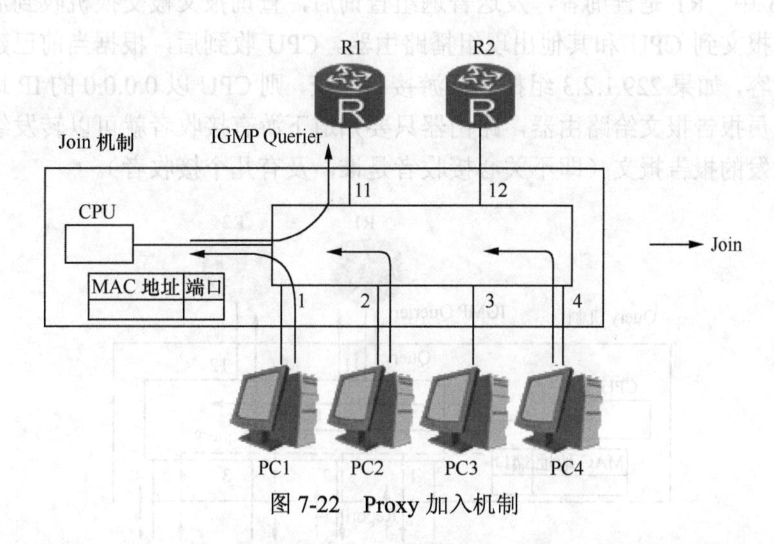

图 7-22 Proxy 加入机制

- 若不存在 229.1.2.3 组对应的转发表项，则创建转发表项，将接收端口 1 作为动态成员端口添加到出接口列表中，并启动老化定时器，向所有路由器端口发送该组的报告报文；向路由器发送报告报文时，交换机把自己表现成组播 229.1.2.3 的“接收者”。
- 若已存在该组对应的转发表项，且其出接口列表中已包含该动态成员端口，则重置其老化定时器，交换机不会产生报告报文给查询者。
- 若已存在该组对应的转发表项，但其出接口列表中不包含该接收接口，则将该接口作为动态成员端口添加到出接口列表中，并启动其老化定时器，交换机不会产生报告报文给查询者。

交换机充当"查询者"时，当主机成员的报告被交换机收到后，交换机据此创建或刷新组播交换表。但交换机也同时作为"接收者"出现。

- 当交换机组播表创建了组 229.1.2.3 后，交换机充当"接收者"发送报告报文给路由器。
- 当路由器的普遍组查询报文被交换机收到后，如果交换机当前有组播转发表，则回应相应组的报告报文。如果收到特定组或组源的查询，如果当前交换机上有该特定组的条目，则回应相应的组播报告报文。

2. IGMP Snooping Proxy 查询

IGMP Snooping Proxy 下的查询机制主要包含两个查询，一个是查询者路由器发送普遍组查询报文，另一个是交换机充当"路由器"发送查询报文。

当交换机收到路由器发送的普遍组查询报文时：

- IGMP 普遍组查询报文，向本 VLAN 内除接收接口以外的所有接口发送 IGMP 普遍组查询报文；同时根据本地维护的组成员关系生成报告报文，向所有路由器端口发送。
- IGMP 特定组查询报文/IGMP 特定源组查询报文，若该组对应的转发表项中还有成员端口，则向所有路由器端口回复该组的报告报文。

图 7-23 中，R1 是查询者，发送普遍组查询后，查询报文被交换机收到后，交换机转发该查询报文到 CPU 和其他出现组播路由器。CPU 收到后，根据当前已建立的组播转发表的内容，如果 229.1.2.3 组播表下游接口非空，则 CPU 以 0.0.0.0 的 IP 地址作为源地址发送成员报告报文给路由器，路由器只要知道下游有接收者就可以转发组播数据，不关心是谁发的报告报文（即不关心接收者是谁，及有几个接收者）。

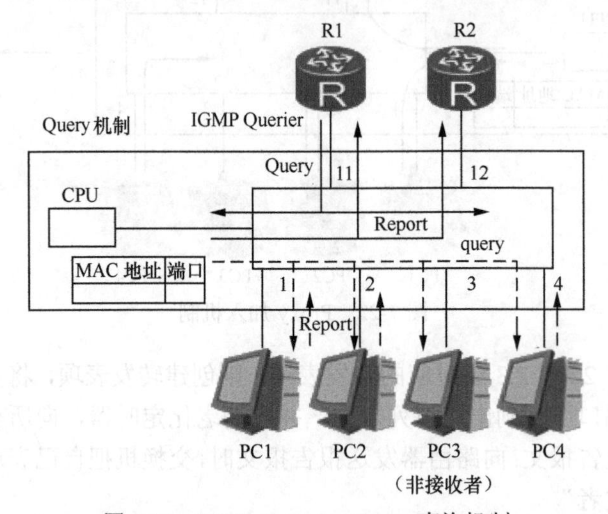

图 7-23　IGMP Snooping Proxy 查询机制

交换机会以"查询者"身份周期查询相应 VLAN 中所有端口下是否有接收者，所以普遍组查询会 60s 间隔发送出所有端口，如果下游有接收者，则响应报文会回送给被交换机收到刷新或创建组播表。

3. Proxy 下的离开机制

图 7-23 中，若交换机从端口 11 收到主机的离开报文，如果当前组播转发表里有端口 11，则交换机会立即向端口 11 发送针对该组的特定组查询报文，只有当删除某组播组对应转发表项中的最后一个成员端口时，才会向所有路由器端口发送该组的离开报文。

7.4 PIM 组播路由协议基础

7.4.1 协议概述

PIM（Protocol Independent Multicast）称为协议无关组播路由协议。这里的协议无关指的是与单播路由协议无关，PIM 协议本身并不像 MOSPF 和 DVMRP 协议一样维护组播拓扑数据库，所以它不能自己画出组播拓扑，需要依赖单播路由表中的路由信息，按 RPF 机制来生成组播转发表，并转发组播报文。

PIM 不维护庞大的拓扑数据库，所以生成组播路由不需要复杂的计算过程，这降低了 PIM 协议的复杂性及系统开销。PIM 适用于各种复杂的拓扑及 LAN/WAN 环境，能依靠单播路由表的变化而及时调整组播拓扑，这使得 PIM 协议成为目前使用最广泛的组播路由协议。

PIM 协议根据接收者的分布数量和网络环境，分为 DM 和 SM 两种模式。

PIM DM 是 PIM 协议中使用密集模式生成播转发表的组播路由协议，它使用“推（Push）”的方式转发组播报文及生成组播表，多应用于组播组成员数量相对较多、分布相对密集的局域网络环境中。

PIM SM 多用在接收者分布较为分散、地域较大的环境，可适用于任何环境。它使用 PULL 模型建组播表，组播流仅流向有接收者的位置。

7.4.2 邻居发现及协商

组播报文仅在有 PIM 邻居关系的路由器之间传递。

路由器在接口启用了 PIM 协议后，会向外周期发送 PIM Hello 报文，报文的目的 IP 地址是 224.0.0.13，源地址为发送接口的 IP 地址，TTL 数值为 1。Hello 报文的作用是发现邻居、协商参数并维持邻居关系。PIM Hello 报文的发送间隔是 30s。Timer hello 全局命令或 PIM timer hello 接口命令可以配置 Hello 报文的发送间隔，接口下的命令优于全局命令。

7.4.3 PIM 邻居协商

PIM 邻居在建立过程中，会通过 Hello 报文协商 Option 参数。PIM 协议支持多种选项参数，参考表 7-4，这些选项参数用来通告彼此共同支持的能力。其中，除了 Holdtime 选项参数是必须包含外，其他都是可选的。如果收到不识别或者不支持的选项信息则忽略，参数不一致并不影响邻居关系的建立。

表 7-4　　PIMv2 hello 报文部分选项信息

选项 ID	选项内容
1	Hello Hold Time
2	LAN Prune Delay
19	DR Priority（PIM-SM Only）
20	Generation ID
21	State Refresh Capable（PIM-DM Only）
22	Bidir Capable（Bidir-PIM Only）
24	Address List（PIM-SM Only）

```
⊞ Internet Protocol Version 4, Src: 23.1.1.2 (23.1.1.2), Dst: 224.0.0.13 (224.0.0.13)
⊟ Protocol Independent Multicast
    0010 .... = Version: 2
    .... 0000 = Type: Hello (0)
    Reserved byte(s): 00
    Checksum: 0xf959 [correct]
  ⊟ PIM options: 5
    ⊞ Option 1: Hold Time: 105s
    ⊞ Option 19: DR Priority: 1
    ⊞ Option 20: Generation ID: 3842176859
    ⊞ Option 65004: Unknown: 65004
    ⊞ Option 2: LAN Prune Delay: T = 0, Propagation Delay = 500ms, Override Interval = 2500ms
```

图 7-24　PIM hello 报文

下面对其中部分选项逐一进行说明。

7.4.3.1　Holdtime 选项

用来表示邻居出现在邻居表中的最长保持时间，如果在 Holdtime 时间内没有收到邻居发来的 Hello 报文，则从当前邻居表中删除 PIM 邻居。Holdtime 时间默认为 3.5 倍的 Hello 时间间隔。

Hello-option holdtime 全局命令或 Pim hello-option holdtime 接口命令用于修改默认的 Holdtime 时间（接口命令优于全局命令）。Holdtime 时间如果被手工设置为 65535s，则代表邻居关系永不超时，多用在拨号链路上，可防止链路的反复中断而影响邻居关系。而如果从邻居收到 Hello 报文，其中 Holdtime 值为 0，则当前设备会立即从 PIM 邻居表中删除该邻居，这可用于加速网络收敛。华为设备不能使用命令设置 Holdtime 时间为 0，但若在接口使用 Undo pim 命令后，会触发当前设备发送 Holdtime 值为 0 的 Hello 报文。

如果两侧的邻居 Holdtime 时间或 Hello 间隔时间配置不一致，不会影响 PIM 邻居关系的建立。Hello 报文的保持时间应该大于 Hello 报文的发送间隔。

7.4.3.2　DR 优先级选项

路由器之间通过互相发送携带 DR 优先级的 Hello 报文来选举 DR，在任何链路上，如以太网段和点到点链路上，都选举 DR，优先级的取值范围从 1 到 255，默认值是 1。具有最高优先级的路由器将成为 DR；优先级相同的情况下，接口 IP 地址大的设备成为 DR。使用 Hello-option dr-priority 全局命令或 Pim hello-option dr-priority 接口命令用于修改默认的 DR 优先级。

在 PIM DM 中，DR 在最后一跳以太网段上，可充当 IGMPv1 环境下的 IGMP 查询者，除此以外，DR 在 PIM DM 中没有实际用途。DR 在 SM 中，则负责向 RP 建共享树和向 RP 建注册通道。

7.4.3.3 LAN_Delay 选项

此选项代表在共享网段内传输 PIM Prune 报文所需的最大时间，又叫 Prune 延迟时间，最大值为 500ms。当同一网段中的所有路由器上的 LAN_Delay 值不同时，当前路由器将根据收到的 Hello 报文，从中选择最大值。

Hello-option lan-delay 命令用来配置共享网段上传输 Prune 报文的延迟时间。默认的延迟时间是 500ms。

7.4.3.4 Override–Interval 选项

此选项代表 Hello 报文中携带的用于发送否决剪枝的 Join 报文的时间间隔。当同一网段中有路由器向上游发送剪枝报文时，如果同网段的其他路由器仍然需要接收组播数据，则其必须在 Override-interval 时间内随机选择时间向上游 RPF 邻居发送剪枝否决报文（即 PIM Join 报文）。若该网段有多台路由器，最先发送的 Join 否决报文会抑制其他路由器的 Join 否决行为，可避免多台路由器重复发送否决报文。

Hello-option override-interval 全局命令或 Pim hello-option override-interval 接口命令用来配置 Hello 报文中携带的否决剪枝的时间间隔，默认时间间隔是 2500ms。该命令对于 PIM-DM 和 PIM-SM 都有效。

当同一网段中的所有路由器上的 Override-Interval 值不同时，彼此将通过 Hello 报文进行协商并从中选取最大值。

默认情况下，LAN-Delay+Override-Interval=3s，这 3s 时间又叫作 PPT（Prune-Pending Timer）剪枝等待时间。路由器下游接口接收到剪枝报文后，并不立即执行剪枝操作，而是等待一段 PPT 时间，超时后则执行剪枝操作。

7.4.3.5 Generation ID（GenID）选项

此选项是一个随机生成的 32 位数，可用来跟踪邻居路由器的变化。每台路由器发送的 Hello 报文中都带有自己随机生成的一个 GenID。如果当前路由器重启或接口重启时，GenID 会重新生成，下游路由器发现 GenID 改变时，会立即向该路由器发送 PIM Join 报文，以重新生成（S,G）或（*,G）状态。

7.4.3.6 选项默认值

使用下面的命令可看到 PIM 邻居默认的 Hello 选项值。

```
[R4]display pim neighbor verbose
 VPN-Instance: public net
 Total Number of Neighbors = 1

 Neighbor: 45.1.1.5
     Interface: Serial1/0/1
     Uptime: 00:01:38
     Expiry time: 00:01:36
DR Priority: 1
Generation ID: 0X2557DD78
Holdtime: 105 s
LAN delay: 500 ms
Override interval: 2500 ms
Neighbor tracking: Disabled
     PIM BFD-Session: N
```

```
<r1>display pim int s1/0/0 verbose
 VPN-Instance: public net
 Interface: Serial1/0/0, 10.1.12.1
     PIM version: 2
     PIM mode: Sparse
     PIM state: up
     PIM DR: 10.1.12.2   #点到点链路上 DR 选举
     PIM DR Priority (configured): 1
     PIM neighbor count: 1
     PIM hello interval: 30 s
     PIM LAN delay (negotiated): 500 ms   #选取链路上的最大值
     PIM LAN delay (configured): 500 ms
     PIM hello override interval (negotiated): 2500 ms #选取链路上的最大值
     PIM hello override interval (configured): 2500 ms
     PIM Silent: disabled
     PIM neighbor tracking (negotiated): disabled
     PIM neighbor tracking (configured): disabled
     PIM generation ID: 0X660BE454 #
     PIM require-GenID: disabled
     PIM hello hold interval: 105 s
     PIM assert hold interval: 180 s
     PIM triggered hello delay: 5 s
     PIM J/P interval: 60 s
     PIM J/P hold interval: 210 s
     PIM BSR domain border: disabled
     PIM BFD: disabled
     PIM dr-switch-delay timer: not configured
     Number of routers on link not using DR priority: 0
     Number of routers on link not using LAN delay: 0
     Number of routers on link not using neighbor tracking: 2
     ACL of PIM neighbor policy: -
     ACL of PIM ASM join policy: -
     ACL of PIM SSM join policy: -
     ACL of PIM join policy: -
```

7.4.4 PIM 报文种类及格式

PIM 协议报文在 DM 和 SM 下各有不同。具体报文类型见表 7-5 所示。

表 7-5　　PIMv2 报文类型

类型 ID	报文类型	注释
0	Hello	
1	Register	仅适用于 SM
2	Register-stop	仅适用于 SM
3	Join/prune	
4	Bootstrap	仅适用于 SM
5	Assert	
6	Graft	仅适用于 DM
7	Graft-ack	仅适用于 DM
8	C-rp-announcement	仅适用于 SM
9	State-refresh	仅适用于 DM

7.5 PIM DenseMode

PIM-DM 的工作机制包括扩散、剪枝、嫁接、状态刷新及断言机制。其中，扩散、剪枝是生成 SPT 的主要方法，而嫁接和状态刷新是对扩散剪枝机制的改进增强。

7.5.1 扩散（Flooding）及剪枝机制

PIM DM 使用扩散—剪枝机制转发数据。其扩散过程如下：当一台路由器收到组播报文后，先执行 RPF 检查，通过检查后的报文向所有其他有 PIM 邻居或有 IGMP 接收者的接口复制转发，如果没有其他邻居或不再有 IGMP 接收者，则丢弃报文并不再继续扩散。而只要路由器组播表项下游接口非空，报文就会继续扩散下去。

剪枝过程是当报文扩散到末端路由器后，由于其没有 PIM 邻居或没有 IGMP 接收者，组播表项下游接口列表为空，路由器会向上游邻居发送剪枝报文，通知上游邻居不要再继续将组播报文转发下来；上游邻居收到剪枝报文后，会将收到剪枝报文的接口从其组播表项下游接口列表中剪除。如果路由器的下游接口都被剪除，会触发路由器继续向其上游发送剪枝。而如果下游接口仍有其他接口，则不再继续剪枝，剪枝行为终止。

组播源活跃时，初始开始扩散，头一份组播报文扩散到全网，报文经过每台路由器时，会在每台路由器上创建组播表项。发生剪枝后，报文不再继续向剪枝接口扩散。但 210s 后被剪掉的接口会重新出现在下游接口列表中，组播数据报文会再次向该接口扩散，如果收到下游路由器的剪枝报文，则接口再次剪除并不再扩散。此过程会每 210s 后重复发生。（此处尚未考虑状态—刷新机制）

PIM DM 使用（S,G）表项转发组播数据，使用命令 display pim routing-table fsm 查看（S,G）表项。

以下是 PIM DM 的组播路由表：

```
<R1>display pim routing-table fsm
 VPN-Instance: public net
 Total 0 (*, G) entry; 1 (S, G) entry
 Abbreviations for FSM states and Timers:
      NI-no info, J-joined, NJ-not joined, P-pruned,
      NP-not pruned, PP-prune pending, W-winner, L-loser,
      F-forwarding, AP-ack pending, DR-designated router,
      NDR-non-designated router, RCVR-downstream receivers,
      PPT-prunepending timer, GRT-graft retry timer,
      OT-override timer, PLT-prune limit timer,
      ET-join expiry timer, JT-join timer,
      AT-assert timer, PT-prune timer
 (10.1.1.100, 229.1.2.3)
      Protocol: pim-dm, Flag: LOC ACT
      UpTime: 00:01:08
      Upstream interface: GigabitEthernet0/0/0
           Upstream neighbor: NULL
           RPF prime neighbor: NULL
           Join/Prune FSM: [F]
      Downstream interface(s) information: None
```

```
        FSM information for non-downstream interfaces:
            1: Serial1/0/0
                Protocol: pim-dm
                DR state: [NDR]
            Join/Prune FSM: [P, PT Expires: 00:02:43]
Assert FSM: [NI]
```

（S,G）表项的下游接口列表为空的原因包括：当前路由器没有直连接收者或接口被Prune剪枝报文所剪除。被剪除的接口会自动关联一个210s的剪枝计时器（Prune Timer，PT）。从上面的输出可以看出被剪除掉的接口 S1/0/0，PT计时器显示接口会在 2min43s后重新出现下游接口列表中。

说明：

1. 下游接口为空是触发向上游剪枝或转发剪枝的一个条件；

2. 扩散及剪枝过程是周期发生的，210s后，被剪除的接口会重新出现在下游接口列表中。但需注意的是若此时没有组播报文流下，则即使下游路由器的下游接口列表为空，也不会触发其发剪枝。所以有扩散的数据是DM剪枝的又一个条件。

7.5.1.1　上游接口(upstream interface)及状态

上游接口又叫作RPF接口，是根据组播报文的源地址，查找单播路由表而确定的距离组播源最近的接口。根据上游接口的操作行为，接口会有以下几种状态。

- NoInfo（NI）：没有接口状态。
- Pruned（P）：已经向上游发送 Prune 报文。
- Forwarding（F）：（S,G）下游接口非空时，组播报文从上游接口收到。
- AckPending（AP）：已经发送 Graft 报文，等待 GraftAck 报文。

7.5.1.2　下游接口列表及接口状态

转发数据的外出接口列表，又叫下游接口列表。接口列表中的接口状态有如下几种。

- NI（NoInfo）：接口为正常接口，会一直转发组播数据的状态，接口的初始状态。
- P（Pruned）：接口已被剪除，不再转发组播数据，接口不会出现在 Display Pim Routing-table 中，但会出现在 Display Pim Routing-table Fsm 中，该接口会置“P”位。
- PP（PrunePending）：接口处于延缓剪除状态，仍能转发组播数据。

与下游接口相关的计时器如下。

- Prune Pending Timer：延缓剪枝计时器。
- Prune Timer：剪枝计时器。

示例：如图 7-25 所示，组播源地址为 10.1.1.100，接收者是 PC1，PC2 目前不是接收者。组播路由器使用 DM 模式，分析扩散—剪枝过程。

配置过程：

```
#R1
multicast routing-enable
#
interface GigabitEthernet0/0/0
 ip address 10.1.1.1 255.255.255.0
```

```
 pim dm
#
interface Serial1/0/0
ip address 10.1.12.1 255.255.255.0
 pim dm
#
其他路由器配置相似，此处略。
```

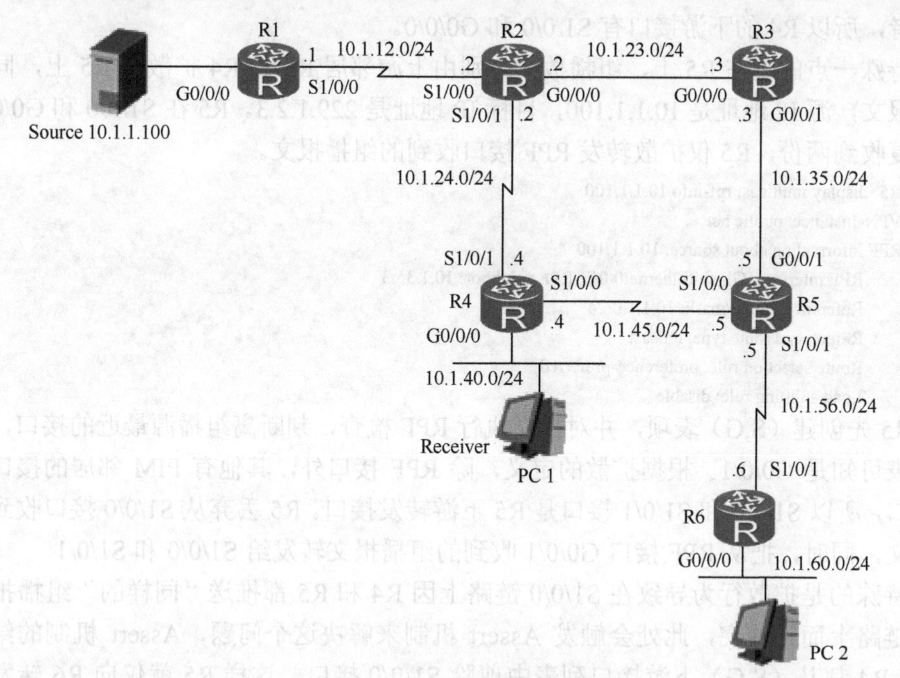

图 7-25 PIM DM 组播转发机制

扩散过程：

组播源 10.1.1.100 开始向直连网段泛洪目标 IP 地址为 229.1.2.3 的组播报文，组播源上无需启用任何组播协议。

头一跳路由器 R1 未收到组播报文前，组播转发表为空，当收到第一份组播报文时，先执行 RPF 检查，检查通过后，创建组播表项（10.1.1.100，229.1.2.3）。图 7-25 中，除 RPF 接口以外的其他接口都是下游接口，报文继续向下游接口扩散。R1 的组播转发表如下：

```
<R1>display pim routing-table
 VPN-Instance: public net
 Total 0 (*, G) entry; 1 (S, G) entry
 (10.1.1.100, 229.1.2.3)
     Protocol: pim-dm, Flag: LOC ACT
     UpTime: 00:02:48
     Upstream interface: GigabitEthernet0/0/0
         Upstream neighbor: NULL
         RPF prime neighbor: NULL
     Downstream interface(s) information:
     Total number of downstreams: 1
         1: Serial1/0/0
```

```
            Protocol: pim-dm, UpTime: 00:02:48, Expires: never
#
```

R2 收到报文后，创建（10.1.1.100，229.1.2.3）表项，其下游接口是 G0/0/0 和 S1/0/1 接口。报文经过 R2 继续扩散，R3 和 R4 分别创建（10.1.1.100，229.1.2.3）表项。

R3 上（10.1.1.100，229.1.2.3）上游接口是 G0/0/0。下游接口是 G0/0/1。R4 上创建（10.1.1.100，229.1.2.3）表项，其上游接口是 S1/0/1。R4 在 G0/0/0 接口有 229.1.2.3 组播接收者，所以 R4 的下游接口有 S1/0/0 和 G0/0/0。

特殊一点的是在 R5 上，组播数据分别由上游邻居 R3 和 R4 扩散至 R5 上，同样的组播报文，源 IP 地址是 10.1.1.100，目标 IP 地址是 229.1.2.3。R5 在 S1/0/0 和 G0/0/1 接口重复收到两份，R5 仅扩散转发 RPF 接口收到的组播报文。

```
<R5>display multicast rpf-info 10.1.1.100
 VPN-Instance: public net
 RPF information about source: 10.1.1.100
     RPF interface: GigabitEthernet0/0/1, RPF neighbor: 10.1.35.3
     Referenced route/mask: 10.1.1.0/24
     Referenced route type: unicast
     Route selection rule: preference-preferred
     Load splitting rule: disable
```

R5 先创建（S,G）表项，并对报文执行 RPF 检查，判断离组播源最近的接口，根据路由表可知是 G0/0/1。根据扩散的定义，除 RPF 接口外，其他有 PIM 邻居的接口是下游接口，所以 S1/0/0 和 S1/0/1 接口是 R5 下游转发接口。R5 丢弃从 S1/0/0 接口收到的组播报文，同时，把从 RPF 接口 G0/0/1 收到的组播报文转发给 S1/0/0 和 S1/0/1。

特殊的是扩散行为导致在 S1/0/0 链路上因 R4 和 R5 都推送"同样的"组播报文到一条链路上而致冲突，此处会触发 Assert 机制来解决这个问题，Assert 机制的结果是 R5 和 R4 都从（S,G）下游接口列表中剪除 S1/0/0 接口，这样 R5 就仅向 R6 转发组播报文。

```
[R5]display pim routing-table
 VPN-Instance: public net
 Total 0 (*, G) entry; 1 (S, G) entry

 (10.1.1.100, 229.1.2.3)
     Protocol: pim-dm, Flag: ACT
     UpTime: 00:02:52
     Upstream interface: GigabitEthernet0/0/1
         Upstream neighbor: 10.1.35.3
         RPF prime neighbor: 10.1.35.3
     Downstream interface(s) information:
     Total number of downstreams: 1
         1: Serial1/0/1
             Protocol: pim-dm, UpTime: 00:02:52, Expires: never
#
<[R5]display pim routing-table fsm
 VPN-Instance: public net
 Total 0 (*, G) entry; 1 (S, G) entry

 Abbreviations for FSM states and Timers:
     NI-no info, J-joined, NJ-not joined, P-pruned,
     NP-not pruned, PP-prune pending, W-winner, L-loser,
```

```
F-forwarding, AP-ack pending, DR-designated router,
NDR-non-designated router, RCVR-downstream receivers,
PPT-prunepending timer, GRT-graft retry timer,
OT-override timer, PLT-prune limit timer,
ET-join expiry timer, JT-join timer,
AT-assert timer, PT-prune timer

(10.1.1.100, 229.1.2.3)
    Protocol: pim-dm, Flag: ACT
    UpTime: 00:02:55
    Upstream interface: GigabitEthernet0/0/1
        Upstream neighbor: 10.1.35.3
        RPF prime neighbor: 10.1.35.3
        Join/Prune FSM: [F]
    Downstream interface(s) information:
    Total number of downstreams: 1
        1: Serial1/0/1
            Protocol: pim-dm, UpTime: 00:02:55, Expires: never
            DR state: [NDR]
            Join/Prune FSM: [NI]
            Assert FSM: [NI]

    FSM information for non-downstream interfaces:
        1: GigabitEthernet0/0/1
            Protocol: pim-dm
            DR state: [DR]
            Join/Prune FSM: [NI]
            Assert FSM: [L, AT Expires: 00:02:10]
                Winner: 10.1.35.3, Pref: 10, Metric: 50
        2: Serial1/0/0
            Protocol: pim-dm
            DR state: [DR]
            Join/Prune FSM: [P, PT Expires: 00:02:10]
            Assert FSM: [W, AT Expires: 00:02:10]
                Winner: 10.1.45.5, Pref: 10, Metric: 51
```

R6 上收到组播报文，创建（S,G）表项，但其下游接口为空，原因是没有 PIM 邻居，也没有组播接收者。

```
<R6>display pim routing-table
 VPN-Instance: public net
 Total 0 (*, G) entry; 1 (S, G) entry

 (10.1.1.100, 229.1.2.3)
     Protocol: pim-dm, Flag: ACT
     UpTime: 00:17:36
     Upstream interface: Serial1/0/1
         Upstream neighbor: 10.1.56.5
         RPF prime neighbor: 10.1.56.5
     Downstream interface(s) information: None
```

PIM DM 按上述过程完成组播表的创建，此后，只要源一直活跃，后续的组播报文流经每台组播路由器时，根据组播表项向指定接口扩散转发。需要说明一点的是，初次扩散时，数据报文在每台路由器上创建表项时，执行 RPF 检查确定上游接口。后续扩散报文时，只要组播数据进来的接口为表项中的上游接口，报文就向下游接口扩散下去。

剪枝过程：

图 7-25 中，R4 和 R6 是最后一跳路由器，其中，如果 R6 下游没有接收者，但根据组播表，组播报文仍持续流到 R6，这会浪费网络资源。剪枝机制会剪掉不必要的链路，以减少扩散对网络的影响。

R6 向 RPF 邻居 R5 发送 Prune 剪枝报文，R5 收到 Prune 剪枝报文后，将 S1/0/1 接口从下游接口列表移到非下游接口列表，并置 S1/0/1 为被剪枝状态（Pruned），并启动 PT 计时器，计时器时长 210s。另一个接口 S0/0/0 在扩散期间因触发 Assert 机制而被剪除，所以 R5 的下游接口列表为空。表项下游接口为空是触发 Prune 剪枝的条件，所以 R5 继续向上游 RPF 邻居 R3 转发 Prune 剪枝报文。R3 收到剪枝后，唯一的下游接口 G0/0/1 被剪除，剪枝行为继续，直至剪到 R2。

R4 的 G0/0/0 接口有直连的组播接收者，所以 R4 并不产生剪枝行为。

R2 根据从 R3 收到的剪枝报文，将 G0/0/0 接口剪除。其他接口没有收到剪枝报文，所以由 R6 发起的剪枝过程到 R2 终止。剪枝后的结果如图 7-26 所示。

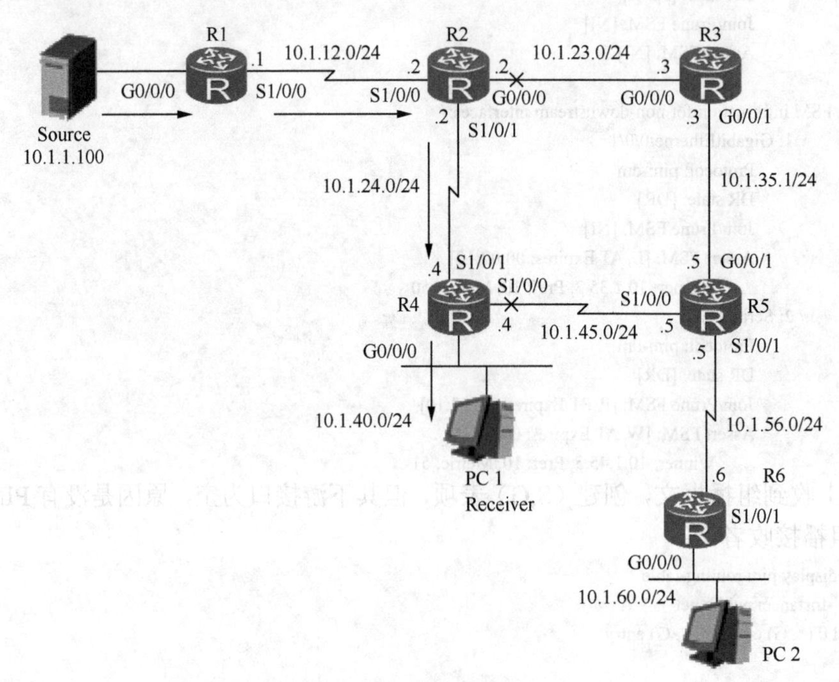

图 7-26　剪枝后状态

说明：

R4 和 R5 之间链路被剪除的过程参考后面的 Assert 机制。

图 7-27 是截取 R5 向 R3 发送的剪枝报文，报文中，包含 Upstream-neighbor 地址，这是接收该剪枝报文的路由器的地址。Holdtime 时间指明被剪除的接口在多少秒后恢复。

剪枝报文（如图 7-27 所示）是事件触发的，被剪枝的接口在 210s 后恢复转发状态，组播报文会再次扩散到下游路由器，若下游路由器的组播表项没有下游接口，剪枝行为再次发生。在图 7-26 中，R2 的下游接口 G0/0/0 在 PT 超时后，重新开始扩散数据，这会触发下游路由器发送剪枝报文。若无数据扩散出去，则不会发生剪枝行为。

PT 超时后，会重新扩散，再剪枝，重复的过程会反复发生，对网络是种负荷。同时，若 R6 的下游接口出现 229.1.2.3 组播组的接收者，由于上游路由器要在 210s 后重新扩散，接收者会引入加入延迟，所以 PIM DM 引入嫁接机制。

```
⊞ Internet Protocol Version 4, Src: 10.1.35.5 (10.1.35.5), Dst: 224.0.0.13 (224.0.0.13)
⊟ Protocol Independent Multicast
    0010 .... = Version: 2
    .... 0011 = Type: Join/Prune (3)
    Reserved byte(s): 00
    Checksum: 0xb97d [correct]
  ⊟ PIM options
      Upstream-neighbor: 10.1.35.3 (10.1.35.3)
      Reserved byte(s): 00
      Num Groups: 1
      Holdtime: 210s
    ⊟ Group 0: 229.1.2.3/32
        Num Joins: 0
      ⊟ Num Prunes: 1
          IP address: 10.1.1.100/32
```

图 7-27 剪枝报文

7.5.2 嫁接机制

在 PIM DM 中，当 R6 下有一台主机想要加入 229.1.2.3 组播组时，最后一跳路由器 R6 必须等待 R5 组播表下游接口 S1/0/1 剪枝计时器超时，组播报文才会扩散给 R4，这个时间要 210s。就是说，如果没有其他机制帮忙，在末节路由器上，如果出现组播接收者，接收者最长等待 210s 才能收到组播数据。此处引入嫁接机制，可降低用户收到组播数据的等待时间。

嫁接过程是下游路由器主动向上游 RPF 路由器发送 Graft 报文，要求上游路由器主动把被剪除的接口添加到下游接口列表的过程，整个过程是可靠的。

图 7-26 中，若 R6 下有接收者出现，请分析其嫁接过程。

当 R6 收到以太网段接收者发送的 IGMP 成员报告后，R6 上（10.1.1.100，229.1.2.3）组播表项下游接口非空，添加 G0/0/0 接口，并触发 R5 向上游 RPF 邻居 R3 单播发送嫁接报文（如图 7-28 所示）并启动嫁接定时器（3s）。

```
⊞ Internet Protocol Version 4, Src: 10.1.56.6 (10.1.56.6), Dst: 10.1.56.5 (10.1.56.5)
⊟ Protocol Independent Multicast
    0010 .... = Version: 2
    .... 0110 = Type: Graft (6)
    Reserved byte(s): 00
    Checksum: 0xa24d [correct]
  ⊟ PIM options
      Upstream-neighbor: 10.1.56.5 (10.1.56.5)
      Reserved byte(s): 00
      Num Groups: 1
      Holdtime: 0s
    ⊟ Group 0: 229.1.2.3/32
      ⊟ Num Joins: 1
          IP address: 10.1.1.100/32
        Num Prunes: 0
```

图 7-28 嫁接报文

上游 RPF 邻居 R5 收到嫁接报文后，若该接口已处于转发状态，则单播回应嫁接确认报文。若该接口处于剪枝状态，则变为转发状态，同时单播回应嫁接确认报文（如图 7-29 所示）。

```
⊞ Internet Protocol Version 4, Src: 10.1.56.5 (10.1.56.5), Dst: 10.1.56.6 (10.1.56.6)
⊟ Protocol Independent Multicast
    0010 .... = Version: 2
    .... 0111 = Type: Graft-Ack (7)
    Reserved byte(s): 00
    Checksum: 0xa14c [correct]
  ⊟ PIM options
      Upstream-neighbor: 10.1.56.6 (10.1.56.6)
      Reserved byte(s): 00
      Num Groups: 1
      Holdtime: 0s
    ⊟ Group 0: 229.1.2.3/32
      ⊟ Num Joins: 1
          IP address: 10.1.1.100/32
        Num Prunes: 0
```

图 7-29　嫁接确认报文

由于此时，R5 的组播表的下游接口非空，触发 R5 继续向上游的发送嫁接报文。

```
<R5>display pim routing-table
 VPN-Instance: public net
 Total 0 (*, G) entry; 1 (S, G) entry

 (10.1.1.100, 229.1.2.3)
     Protocol: pim-dm, Flag: ACT
     UpTime: 01:54:35
     Upstream interface: GigabitEthernet0/0/1
         Upstream neighbor: 10.1.35.3
         RPF prime neighbor: 10.1.35.3
     Downstream interface(s) information:
     Total number of downstreams: 1
         1: Serial1/0/1
             Protocol: pim-dm, UpTime: 00:01:54, Expires: never
```

R5 的 RPF 邻居是 R3，所以 R5 经 RPF 接口 G0/0/1 向 RPF 邻居 R3 发送嫁接报文，收到回应的嫁接确认报文后，切换为转发状态。但若 3s 超时后仍没有收到嫁接确认报文，则继续向 RPF 邻居重新发送嫁接报文。整个过程一直持续下去，直至收到嫁接确认报文。

R3 上发生和 R5 上一样的事情，R3 当下游接口 G0/0/1 恢复转发时，R3 同样向 R2 发送嫁接报文，并等待嫁接确认报文。

嫁接操作结束后，组播流可以通过新嫁接的“树枝”把组播报文转发下来。

嫁接过程是对扩散—剪枝过程的一种补充，可优化接收者收到组播报文的时间。

至此，PIM DM 中，如果最后一跳路由器下出现接收者，则开始嫁接过程。而如果没有接收者，则开始剪枝过程。这样，既然有了主动嫁接的过程，已剪枝接口超时后重新扩散来添加接口的过程就显得不必要了。所以接下来的状态刷新机制进一步优化 PIM DM 的扩散—剪枝机制。

7.5.3　状态刷新机制

7.5.3.1　状态刷新

状态刷新（State-Refresh），以下简称 SR，属于 PIM DM 的可选功能，由 RFC3973 定义，仅 PIMv2 支持。状态刷新机制需要路由器的支持，华为设备在建立邻居关系时，会通过 Hello 报文选项类型 21 进行能力的协商，只有协商通过，才在相应邻居上支持 SR 功能，华为默认支持 PIM DM 状态刷新机制。

```
# pim state-refresh-capable 接口命令默认开启
[R1]display pim interface verbose
```

```
VPN-Instance: public net
Interface: GigabitEthernet0/0/0, 10.1.1.1
    PIM version: 2
    PIM mode: Dense
    PIM state: up
    PIM state-refresh processing: enabled
    PIM state-refresh interval: 60 s
    PIM graft retry interval: 3 s
    PIM state-refresh capability on link: capable
    PIM BFD: disabled
```

在PIM DM网络中，被剪枝的接口会在剪枝计时器超时后，重新扩散，如果下游没有接收者，这种周期扩散对网络是种负荷。状态刷新机制使用周期扩散控制报文SR来取代周期扩散组播数据，使已剪枝的接口继续保持剪枝状态，以减少网络不必要的扩散。启用了SR的PIM DM网络，组播数据的初次扩散还有，但后续的扩散则被SR取代，组播分发树的维护靠Graft及Prune来保证。

分析图7-26场景下的SR过程。

离组播源最近的第一跳路由器会以60s为间隔周期产生状态刷新报文并向全网扩散，其扩散的方式同组播报文扩散的方式一样，SR报文会向任何PIM邻居扩散，SR报文仅刷新相应表项的下游接口。如果该接口已被剪除，则状态刷新报文会复位接口的剪枝计时器，使接口不会超时，接口将一直处于剪枝状态。

图7-26中，R2的下游接口G0/0/0处于剪枝状态。PT计时器会递减到0s，当前递减到2min32s。

```
<R2>display pim routing-table fsm
 VPN-Instance: public net
 Total 0 (*, G) entry; 1 (S, G) entry

 Abbreviations for FSM states and Timers:
     NI-no info, J-joined, NJ-not joined, P-pruned,
     NP-not pruned, PP-prune pending, W-winner, L-loser,
     F-forwarding, AP-ack pending, DR-designated router,
     NDR-non-designated router, RCVR-downstream receivers,
     PPT-prunepending timer, GRT-graft retry timer,
     OT-override timer, PLT-prune limit timer,
     ET-join expiry timer, JT-join timer,
     AT-assert timer, PT-prune timer

 (10.1.1.100, 229.1.2.3)
     Protocol: pim-dm, Flag: ACT
     UpTime: 04:26:00
     Upstream interface: Serial1/0/0
         Upstream neighbor: 10.1.12.1
         RPF prime neighbor: 10.1.12.1
         Join/Prune FSM: [F]
     Downstream interface(s) information:
     Total number of downstreams: 1
         1: Serial1/0/1
             Protocol: pim-dm, UpTime: 04:26:00, Expires: never
             DR state: [NDR]
             Join/Prune FSM: [NI]
             Assert FSM: [NI]
```

```
FSM information for non-downstream interfaces:
    1: GigabitEthernet0/0/0
        Protocol: pim-dm
        DR state: [NDR]
        Join/Prune FSM: [P, PT Expires: 00:02:32]
        Assert FSM: [NI]
    2: Serial1/0/0
        Protocol: pim-dm
        DR state: [DR]
        Join/Prune FSM: [NI]
        Assert FSM: [L, AT Expires: 00:02:02]
            Winner: 10.1.12.1, Pref: 0, Metric: 0
```

说明：

display pim routing-table fsm 中，下游接口 S1/0/0 的当前状态为已剪枝状态，"P"代表 pruned；"PT"代表 prune timer，并将在 2min32s 后超时。

在 2s 后，R2 收到并转发 SR 报文，SR 报文刷新 Prune 接口计时器，计时器重新从 210s 开始递减计时，并维持接口的剪枝状态。

```
<r2>display pim routing-table fsm
 VPN-Instance: public net
 Total 0 (*, G) entry; 1 (S, G) entry

 Abbreviations for FSM states and Timers:
     NI-no info, J-joined, NJ-not joined, P-pruned,
     NP-not pruned, PP-prune pending, W-winner, L-loser,
     F-forwarding, AP-ack pending, DR-designated router,
     NDR-non-designated router, RCVR-downstream receivers,
     PPT-prunepending timer, GRT-graft retry timer,
     OT-override timer, PLT-prune limit timer,
     ET-join expiry timer, JT-join timer,
     AT-assert timer, PT-prune timer

 (10.1.1.100, 229.1.2.3)
     Protocol: pim-dm, Flag: ACT
     UpTime: 04:26:05
     Upstream interface: Serial1/0/0
         Upstream neighbor: 10.1.12.1
         RPF prime neighbor: 10.1.12.1
         Join/Prune FSM: [F]
     Downstream interface(s) information:
     Total number of downstreams: 1
         1: Serial1/0/1
             Protocol: pim-dm, UpTime: 04:26:05, Expires: never
             DR state: [NDR]
             Join/Prune FSM: [NI]
             Assert FSM: [NI]

     FSM information for non-downstream interfaces:
         1: GigabitEthernet0/0/0
             Protocol: pim-dm
             DR state: [NDR]
```

```
            Join/Prune FSM: [P, PT Expires: 00:03:27]
            Assert FSM: [NI]
        2: Serial1/0/0
            Protocol: pim-dm
            DR state: [DR]
            Join/Prune FSM: [NI]
            Assert FSM: [L, AT Expires: 00:02:57]
                Winner: 10.1.12.1, Pref: 0, Metric: 0
```

7.5.3.2 状态刷新过程

R1 作为头一跳路由器初始产生状态刷新报文，如图 7-30 所示，其他路由器收到后进行扩散转发，扩散行为同扩散组播数据过程一样，头一跳路由器产生并决定每份 SR 报文中内容，携带相应的（源、组播组）信息、TTL 值、头一跳路由器出接口地址、当前路由表中到组播源的路由协议优先级、Metric 及掩码长度。其中，P 位代表 Prune，置位与否根据 SR 报文的接口状态来决定，如果状态刷新报文流出的接口为 Prune 状态，则 P 置 1；如果状态刷新报文流出的接口为转发状态，则 P=0。

```
⊞ Internet Protocol Version 4, Src: 10.1.12.1 (10.1.12.1), Dst: 224.0.0.13 (224.0.0.13)
⊟ Protocol Independent Multicast
    0010 .... = Version: 2
    .... 1001 = Type: State-Refresh (9)
    Reserved byte(s): 00
    Checksum: 0x5238 [correct]
  ⊟ PIM options
      Group: 229.1.2.3 (229.1.2.3)/32
      Source: 10.1.1.100 (10.1.1.100)
      Originator: 10.1.12.1 (10.1.12.1)
      0... .... = RP Tree: False
      .000 0000 0000 0000 0000 0000 0000 0000 = Metric Preference: 0
      Metric: 0
      Masklen: 24
      TTL: 255
      0... .... = Prune indicator: Not set
      .1.. .... = Prune now: Set
      ..1. .... = Assert override: Set
      Interval: 60
```

图 7-30 R1 初始产生的状态刷新报文

只要源活跃，状态刷新报文由第一跳路由器周期产生，并被逐跳扩散到下游的每一台路由器，扩散过程中遇到剪枝的接口，复位计时器，否则向下游邻居扩散。而当组播源不再活跃时，第一跳路由器将不再产生状态刷新报文。

任何路由器收到状态刷新报文，先判断报文是否从 RPF 邻居发来并从 RPF 接口收到（根据报文的源 IP 地址判定是否源自 RPF 邻居），如果不是，则丢弃；如果状态刷新报文通过 RPF 检查，则路由器将收到报文中的 TTL 减一，把当前路由表中到源 10.1.1.100 的路由协议的优先级和 Metric 放到刷新报文中，然后从下游接口列表中所有的下游接口（包括剪枝的和非剪枝的接口）转发出去，直至流到网络边缘。

状态刷新报文是逐跳扩散的，经过每一跳时，源接口 IP 都是出接口 IP，目标地址为 224.0.0.13。

state-refresh-interval 全局 PIM 命令用来修改默认的刷新间隔，此命令只在与组播源直连设备上配置有效。为了避免被剪枝接口因状态超时而恢复转发，SR 报文的发送间隔时间应该小于保持 Prune 状态的超时时间。使用 holdtime join-prune（IPv4）命令可以配置路由器保持 Prune 状态的时间。

state-refresh-rate-limit 全局 PIM 命令来配置接收新 PIM 状态刷新消息前必须经过的

最小时间长度，路由器可能在很短的时间内收到来自多个路由器的 PIM 状态刷新消息，而其中有些消息是重复的。执行该命令后，当路由器接收到第一个状态刷新消息时，立即刷新相关剪枝定时器，并启动状态刷新定时器，超时时间为接收下个状态刷新消息的等候时间。

状态刷新定时器超时前收到重复的刷新消息被丢弃。状态刷新定时器超时后，允许接收下一个状态刷新消息。如图 7-31 所示。

```
⊞ Internet Protocol Version 4, Src: 10.1.23.2 (10.1.23.2), Dst: 224.0.0.13 (224.0.0.13)
⊟ Protocol Independent Multicast
    0010 .... = Version: 2
    .... 1001 = Type: State-Refresh (9)
    Reserved byte(s): 00
    Checksum: 0x11fe [correct]
  ⊟ PIM options
      Group: 229.1.2.3 (229.1.2.3)/32
      Source: 10.1.1.100 (10.1.1.100)
      Originator: 10.1.12.1 (10.1.12.1)
      0... .... = RP Tree: False
      .000 0000 0000 0000 0000 0000 0000 1010 = Metric Preference: 10
      Metric: 49
      Masklen: 24
      TTL: 254
      1... .... = Prune indicator: Set
      .0.. .... = Prune now: Not set
      ..1. .... = Assert override: Set
      Interval: 60
```

图 7-31　从 R2 发出的刷新报文

7.5.4　剪枝否决机制及剪枝延迟（PrunePending）计时器

图 7-32 中，R3 的下游接口 G0/0/1 没有组播接收者，而 R4 的 G0/0/1 接口有组播接收者，组播报文经 R1 扩散到 R2，由上游 S1/0/0 接口收到后，转发给下游 G0/0/0 接口。R3 和 R4 在 G0/0/0 接口收到组播报文后，在创建的（S,G）表项中，R4 的下游接口 G0/0/1 下有组播接收者，所以组播报文向 G0/0/1 接口转发。因为 R3 的下游接口列表为空，R3 会向 RPF 上游邻居 R2 发送剪枝报文 Prune（S,G）。该剪枝报文的目标地址为 224.0.0.13，报文中的上游邻居地址指向 R3 的 RPF 邻居，可知是 R2，组播剪枝报文被 R2 和 R4 都收到。

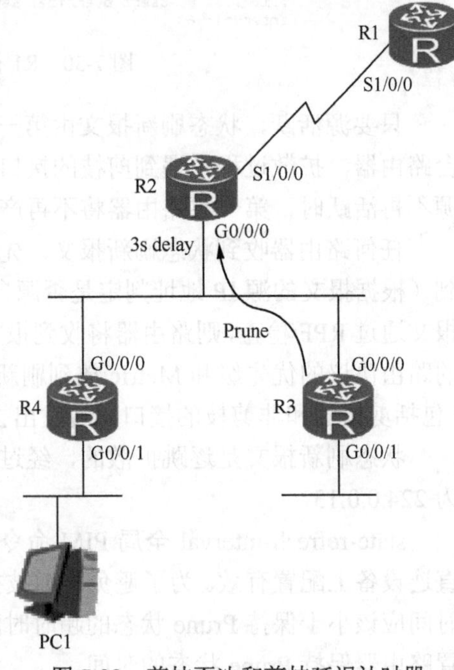

图 7-32　剪枝否决和剪枝延迟计时器

R4 的上游接口 G0/0/0 听到剪枝报文后，根据报文中的 RPF 地址，知道报文不是发给自己的，而是发给 R4 的上游 RPF 邻居 R2，状态保持不变（依然转发状态），启动 Override 计时器。

Override 计时器是在共享网段上，当前路由器看到另外一台路由器发送的剪除自己上游 RPF 邻居的剪枝报文而设置的计时器。在 Override 计时期间，当前路由器如果听到其他路由器的 Join 响应报文，则会立即终止 Override 计时器；否则发送自己的 Join 报文。

R2 在 G0/0/0 接口收到剪枝报文后，端口置为 Pending 状态，并关联 PrunePending 计时器。在 PrunePending 超时前，接口为 Pending 状态并依然转发数据。

PrunePending 计时器是同下游接口关联的计时器，依据场景不同，处理方式有所不同。如果下游接口仅有一个 PIM 邻居且从其收到剪枝报文，则收到后下游接口立即被剪掉。但如果下游接口有多个邻居存在，则要在 3s 超时后，接口才被剪除。（接口保持在 Pending 状态 3s，然后进入 Pruned 状态）

PrunePending 计时器的作用是在下游接口有多个邻居的场景下，阻止下游接口被某个下游邻居立即剪掉而设计的时间间隔。

如果 R2 在 PrunePending 期间，一直未收到其他剪枝否决报文（可能 R2 的下游只有一个邻居 R3 或者其他邻居的下游接口也为空），PrunePending 计时器 3s 超时后，接口置于 Pruned 的状态。组播报文不再转发。

总结：

当一个接口收到下游发给自身的剪枝报文后，根据该接口邻居数量不同处理流程不同。

- 只有一个邻居：当接口只有一个邻居的情况下，收到下游的剪枝报文后，立刻将该接口变为剪枝状态。
- 多个邻居时：当接口有两个或者两个以上的邻居时，若从其中一个邻居收到剪枝报文，则会启动剪枝否决机制。
- 如果在下游接口有直连接收者，则不论 PIM 邻居数量多少，接口都不会被剪除掉。

7.5.5 断言（Assert）机制

组播报文经 R1、R2 扩散到 R3 及 R4，报文继续被组播转发后，分别被 R3 和 R4 转发到下游接口 G0/0/1 网段，相同的组播报文被转发了多份，这会加重网络负担，同时，接收者会收到重复的多份报文。

断言（Assert）机制在这种情况下通过比较 R3、R4 到组播源的信息，在二者中选举出一台路由器负责转发组播数据到当前网段，这台路由器称为转发者（Forwarder）。

触发断言机制的条件是，组播转发路由器的下游接口 G0/0/1 发送出组播数据的同时，又收到同样的组播数据；或在下游接口 G0/0/1 收到 Assert 或状态刷新报文。需要说明的一点是，在 Assert 环境中，只有 Winner 才发送状态刷新报文。

7.5.5.1 断言机制的工作过程

图 7-33 中，R3 和 R4 在下游接口 G0/0/1 收到彼此的组播数据，因此触发断言机制。R3 和 R4 开始都认为自己是 Winner，分别发送 Assert 报文，报文中携带了两者各自路由表中到组播源 10.1.1.100 的路由的协议优先级和度量值。R3 和 R4 比较自己和收到的报文中的协议优先级和成本值，对比原则：先比较单播路由协议优先级，值越小越优；如果值相等，则比较到组播源的成本值，值越小越优；如果值仍然一致，则最后比较 Assert 报文的源 IP 地址和自己收到 Assert 报文的接口 IP 地址，地址大者为 Assert 选举中的 Winner，地址小者为 Loser。Winner 只能有一个，Loser 可以有多个。

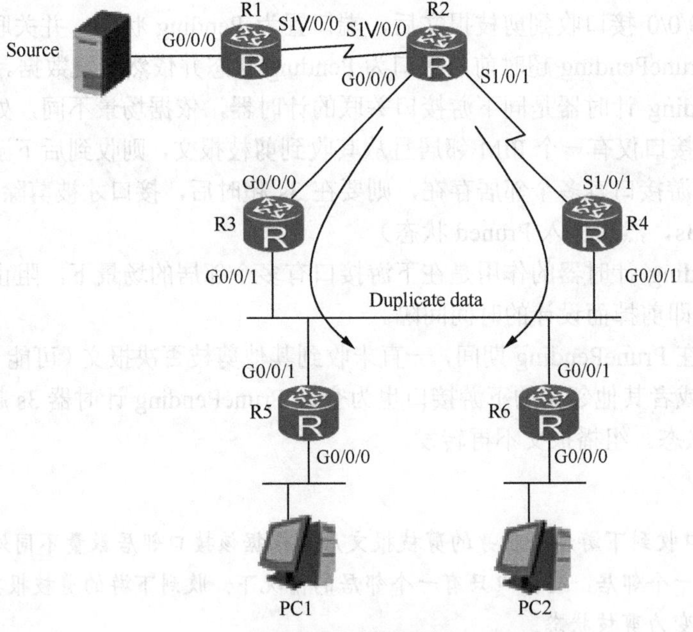

图 7-33　断言机制

图 7-34 是 R4 产生的 Assert 报文，其路由表中协议优先级为 10，成本是 97。

```
⊞ Internet Protocol Version 4, Src: 10.1.34.4 (10.1.34.4), Dst: 224.0.0.13 (224.0.0.13)
⊟ Protocol Independent Multicast
    0010 .... = Version: 2
    .... 0101 = Type: Assert (5)
    Reserved byte(s): 00
    Checksum: 0xe60a [correct]
  ⊟ PIM options
      Group: 229.1.2.3 (229.1.2.3)/32
      Source: 10.1.1.100 (10.1.1.100)
      0... .... = RP Tree: False
      .000 0000 0000 0000 0000 0000 0000 1010 = Metric Preference: 10
      Metric: 97
```

图 7-34　R4 产生的 Assert 报文

比较结束后，R4 成为 Winner，R3 成为 Loser，作为 Loser，R3 会自动剪除自己的下游接口 G0/0/1。接口被剪除后，立即发送一份剪枝报文给 Winner，同时关联一个断言计时器（AT），时长为 180s。在超时前，接口会一直保持剪枝状态。

```
<r4>display pim routing-table fsm
 VPN-Instance: public net
 Total 0 (*, G) entry; 1 (S, G) entry
 Abbreviations for FSM states and Timers:
     NI-no info, J-joined, NJ-not joined, P-pruned,
     NP-not pruned, PP-prune pending, W-winner, L-loser,
     F-forwarding, AP-ack pending, DR-designated router,
     NDR-non-designated router, RCVR-downstream receivers,
     PPT-prunepending timer, GRT-graft retry timer,
     OT-override timer, PLT-prune limit timer,
     ET-join expiry timer, JT-join timer,
     AT-assert timer, PT-prune timer

 (10.1.1.100, 229.1.2.3)
     Protocol: pim-dm, Flag: ACT
```

```
        UpTime: 00:04:12
        Upstream interface: Serial1/0/1
            Upstream neighbor: 10.1.24.2
            RPF prime neighbor: 10.1.24.2
            Join/Prune FSM: [F]
        Downstream interface(s) information:
        Total number of downstreams: 1
            1: GigabitEthernet0/0/1
                Protocol: pim-dm, UpTime: 00:04:12, Expires: never
                DR state: [NDR]
                Join/Prune FSM: [NI]
                Assert FSM: [W, AT Expires: 00:02:54]
                    Winner: 10.1.34.4, Pref: 10, Metric: 97
```

R4 为 Assert Winner，接口 G0/0/1 当前状态为 Winner，并且 Assert Timer 会在 174s 后超时。

```
<R3>display pim routing-table fsm
 VPN-Instance: public net
 Total 0 (*, G) entry; 1 (S, G) entry

 Abbreviations for FSM states and Timers:
      NI-no info, J-joined, NJ-not joined, P-pruned,
      NP-not pruned, PP-prune pending, W-winner, L-loser,
      F-forwarding, AP-ack pending, DR-designated router,
      NDR-non-designated router, RCVR-downstream receivers,
      PPT-prunepending timer, GRT-graft retry timer,
      OT-override timer, PLT-prune limit timer,
      ET-join expiry timer, JT-join timer,
      AT-assert timer, PT-prune timer

 (10.1.1.100, 229.1.2.3)
      Protocol: pim-dm, Flag: ACT
      UpTime: 00:04:19
Upstream interface: GigabitEthernet0/0/0
          Upstream neighbor: 10.1.23.2
          RPF prime neighbor: 10.1.23.2
          Join/Prune FSM: [P, PLT Expires: 00:03:25]
Downstream interface(s) information: None

      FSM information for non-downstream interfaces:
1: GigabitEthernet0/0/0
              Protocol: pim-dm
              DR state: [DR]
              Join/Prune FSM: [NI]
              Assert FSM: [L, AT Expires: 00:02:55]
                  Winner: 10.1.23.2, Pref: 10, Metric: 49
          2: GigabitEthernet0/0/1
              Protocol: pim-dm
              DR state: [NDR]
              Join/Prune FSM: [NI]
              Assert FSM: [L, AT Expires: 00:02:55]
Winner: 10.1.34.4, Pref: 10, Metric: 97
```

从上面输出可以看到，R3 为 Loser，并且 Assert Timer 会在 2min55s 后超时，超时后，断言机制会再次发生。

R4 从下游接口收到剪枝报文后，启动 prune pending timer。在 3s 内，以太网段如果没有剪枝否决（Join override），则 Winner 的下游接口将被 Loser 剪除。

7.5.5.2 剪枝否决机制

R5 是 R3 和 R4 的下游路由器，R5 的上游邻居 R3 和 R4 在以太网段上发生断言机制时，R5 一直"侦听"R3 和 R4 的选举过程的 Assert 报文。它比较 R3 和 R4 的 Assert 报文，计算出 Winner 是 R4，同时也听到 R3 Loser 向 Winner 发的剪枝报文，所以如果 R5 有下游邻居或下游的接收者，则 R5 会发送 Join 报文给 Winner，用 PIM Join 报文来"否决"R4 上由于收到剪枝（Prune）报文而在 3s 后的剪枝行为。

但如果有多个下游邻居，如 R5 和 R6 收到剪枝报文后，二者均会发送 Join 报文来否决剪枝，Join 报文要在 2.5s（override interval）时间内完成，如果 R6 听到 R5 发送的 join，则 R6 就不再发送 join 报文，避免重复发送 join 报文。

R5 路由器的行为：

1．计算出 Assert Winner，并向其发送 Join 报文；

2．修改自己的 Upstream Neighbor，指向 Assert Winner。

R5 在 Assert 机制发生前，RPF 邻居是 R3，那么，在 Assert 机制发生后，RPF 邻居就要调整为"选举"出来的 Winner。因为 Winner 是该以太网段唯一的组播转发路由器，所以组播流也应该从当前 R5 的"新"RPF 邻居传出。

```
[r5]display pim routing-table
 VPN-Instance: public net
 Total 1 (*, G) entry; 1 (S, G) entry

 (*, 229.1.2.3)
     Protocol: pim-dm, Flag: WC
     UpTime: 00:50:31
     Upstream interface: NULL
         Upstream neighbor: NULL
         RPF prime neighbor: NULL
     Downstream interface(s) information:
     Total number of downstreams: 1
         1: GigabitEthernet0/0/0
             Protocol: static, UpTime: 00:50:31, Expires: never

 (10.1.1.100, 229.1.2.3)
     Protocol: pim-dm, Flag: ACT
     UpTime: 00:02:13
     Upstream interface: GigabitEthernet0/0/1
    Upstream neighbor: 10.1.34.3 #根据 RPF 表计算得出的上游邻居
    RPF prime neighbor: 10.1.34.4#根据断言消息计算得出的 RPF 邻居
     Downstream interface(s) information:
     Total number of downstreams: 1
         1: GigabitEthernet0/0/0
             Protocol: pim-dm, UpTime: 00:02:13, Expires:    -
#默认下，上游邻居和 RPF 邻居应该一致，也有可能会不一致
```

如果 R3 的下游接口所关联的 Assert 定时器超时后，R3 的下游接口恢复转发状态，致 Assert 机制重新发生。

7.5.5.3 Assert Cancel 报文

Assert 报文是负责携带“路由协议优先级和度量”的报文，如果度量值是无限大，报文所起到的用途是表明当前路由器此时不再是 Winner，这是“角色”快速让出的一种办法。

图 7-35 中，R4 是 Winner，若其上游 RPF 接口 Down 掉或 RPF 接口随拓扑的改变而变成当前的 G0/0/1，而此时 Loser 的下游接口还处于剪枝状态，等待该网段上新的转发路由器出现需要 Assert 计时器超时，这样网络中组播流量最坏情况下会中断 180s。为了解决这个问题，引入了 Assert Cancel 报文。当 Winner 的上游接口中断或者其他原因导致 RPF 接口切换到原来的下游，G0/0/1 接口这时会发送 Assert Cancel 消息，其中把 metric 置为“无穷大”。其他 Loser 路由器看到这个“无穷大”度量，立即认为自己是 Assert Winner，并把接口置于转发状态，并立即发送 Assert 报文，使网络更快速收敛。

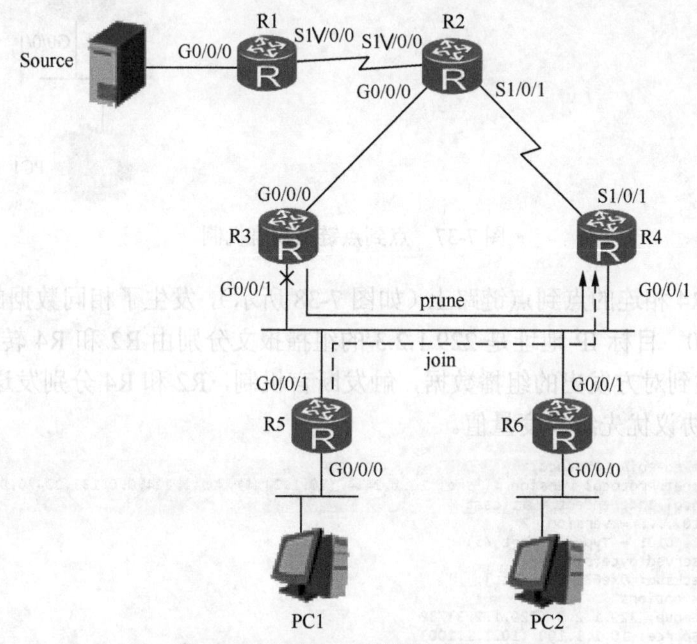

图 7-35 重复 Join 剪枝及剪枝延迟

图 7-36 所示是 Assert Cancel 报文。

```
⊞ Internet Protocol Version 4, Src: 10.1.34.4 (10.1.34.4), Dst: 224.0.0.13 (224.0.0.13)
⊟ Protocol Independent Multicast
    0010 .... = Version: 2
    .... 0101 = Type: Assert (5)
    Reserved byte(s): 00
    Checksum: 0x6676 [correct]
  ⊟ PIM options
      Group: 229.1.2.3 (229.1.2.3)/32
      Source: 10.1.1.100 (10.1.1.100)
      0... .... = RP Tree: False
      .111 1111 1111 1111 1111 1111 1111 1111 = Metric Preference: 2147483647
      Metric: 4294967295
```

图 7-36 Assert Cancel 报文

示例：点到点链路上的断言机制（Assert）

图 7-37 中，R2 和 R4 这段路径是点到点链路，在 R2 和 R4 上 S1/0/1 是非 RPF 接口，R2 和 R4 从其各自的 RPF 接口收到的组播报文，会继续转发给下游接口 S1/0/1。

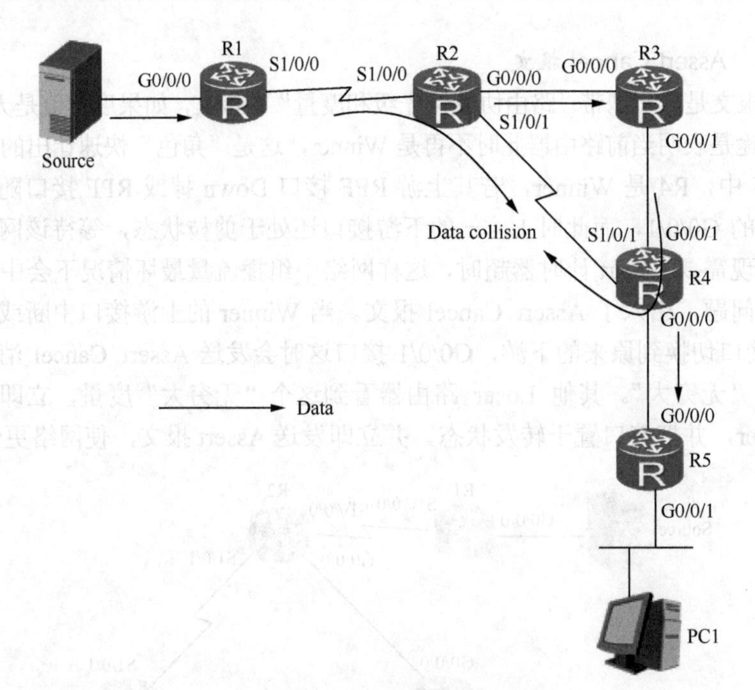

图 7-37　点到点链路断言机制

在 R2 和 R4 相连的点到点链路上（如图 7-38 所示），发生了相同数据的“碰撞”（源 IP 是 10.1.1.100、目标 IP 地址是 229.1.2.3 的组播报文分别由 R2 和 R4 转发到同样的链路上）。彼此收到对方发出的组播数据，触发断言机制，R2 和 R4 分别发送 Assert 报文，含各自到源的协议优先级和度量值。

```
⊞ Point-to-Point Protocol
⊞ Internet Protocol Version 4, Src: 10.1.24.4 (10.1.24.4), Dst: 224.0.0.13 (224.0.0.13)
⊟ Protocol Independent Multicast
    0010 .... = Version: 2
    .... 0101 = Type: Assert (5)
    Reserved byte(s): 00
    Checksum: 0xe638 [correct]
  ⊟ PIM options
      Group: 229.1.2.3 (229.1.2.3)/32
      Source: 10.1.1.100 (10.1.1.100)
      0... .... = RP Tree: False
      .000 0000 0000 0000 0000 0000 0000 1010 = Metric Preference: 10
      Metric: 51
```

图 7-38　点到点链路上 R4 产生的 Assert 报文

一番比较之后，R4 在该链路上成为 Loser，剪除自己的下游接口 S1/0/1，关联“断言计时器”，并立即向 S1/0/1 发送剪枝报文，报文中 RPF 邻居地址为 R4 Winner 接口 IP。

```
⊞ Internet Protocol Version 4, Src: 10.1.24.4 (10.1.24.4), Dst: 224.0.0.13 (224.0.0.13)
⊟ Protocol Independent Multicast
    0010 .... = Version: 2
    .... 0011 = Type: Join/Prune (3)
    Reserved byte(s): 00
    Checksum: 0xc49c [correct]
  ⊟ PIM options
      Upstream-neighbor: 10.1.24.2 (10.1.24.2)
      Reserved byte(s): 00
      Num Groups: 1
      Holdtime: 180s
    ⊟ Group 0: 229.1.2.3/32
        Num Joins: 0
      ⊟ Num Prunes: 1
          IP address: 10.1.1.100/32
```

图 7-39　点到点链路上 R4 产生的剪枝报文

而 R2 在成为 Winner 后，收到 R4 Loser 发出的剪枝报文（如图 7-39 所示），因为点到点链路上没有多余邻居，不需等待 Prune Pending Timer 超时，所以收到剪枝报文后，接口被立即剪除。

```
<R2>display pim routing-table fsm
 VPN-Instance: public net
 Total 0 (*, G) entry; 1 (S, G) entry

 Abbreviations for FSM states and Timers:
      NI-no info, J-joined, NJ-not joined, P-pruned,
      NP-not pruned, PP-prune pending, W-winner, L-loser,
      F-forwarding, AP-ack pending, DR-designated router,
      NDR-non-designated router, RCVR-downstream receivers,
      PPT-prunepending timer, GRT-graft retry timer,
      OT-override timer, PLT-prune limit timer,
      ET-join expiry timer, JT-join timer,
      AT-assert timer, PT-prune timer

 (10.1.1.100, 229.1.2.3)
      Protocol: pim-dm, Flag: ACT
UpTime: 00:00:43
      Upstream interface: Serial1/0/0
           Upstream neighbor: 10.1.12.1
           RPF prime neighbor: 10.1.12.1
           Join/Prune FSM: [P, PLT Expires: 00:02:47]
      Downstream interface(s) information: None

      FSM information for non-downstream interfaces:
          1: GigabitEthernet0/0/0
               Protocol: pim-dm
               DR state: [NDR]
               Join/Prune FSM: [P, PT Expires: 00:02:44]
               Assert FSM: [NI]
          2: Serial1/0/0
               Protocol: pim-dm
               DR state: [DR]
               Join/Prune FSM: [NI]
               Assert FSM: [NI]
          3: Serial1/0/1
               Protocol: pim-dm
               DR state: [NDR]
               Join/Prune FSM: [P, PT Expires: 00:02:14]
               Assert FSM: [W, AT Expires: 00:02:17]
Winner: 10.1.24.2, Pref: 10, Metric: 49
#
```

```
<R4>display pim routing-table fsm
 VPN-Instance: public net
 Total 0 (*, G) entry; 1 (S, G) entry
Abbreviations for FSM states and Timers:
      NI-no info, J-joined, NJ-not joined, P-pruned,
      NP-not pruned, PP-prune pending, W-winner, L-loser,
      F-forwarding, AP-ack pending, DR-designated router,
      NDR-non-designated router, RCVR-downstream receivers,
```

```
        PPT-prunepending timer, GRT-graft retry timer,
        OT-override timer, PLT-prune limit timer,
        ET-join expiry timer, JT-join timer,
        AT-assert timer, PT-prune timer

 (10.1.1.100, 229.1.2.3)
        Protocol: pim-dm, Flag: ACT
        UpTime: 00:00:55
        Upstream interface: GigabitEthernet0/0/1
Upstream neighbor: 10.1.34.3
            RPF prime neighbor: 10.1.34.3
            Join/Prune FSM: [P, PLT Expires: 00:03:21]
        Downstream interface(s) information: None

        FSM information for non-downstream interfaces:
            1: GigabitEthernet0/0/1
                Protocol: pim-dm
                DR state: [DR]
                Join/Prune FSM: [NI]
                Assert FSM: [L, AT Expires: 00:02:51]
                    Winner: 10.1.34.3, Pref: 10, Metric: 50
            2: Serial1/0/1
    Protocol: pim-dm
                DR state: [DR]
                Join/Prune FSM: [NI]
    Assert FSM: [L, AT Expires: 00:02:51]
Winner: 10.1.24.2, Pref: 10, Metric: 49
```

从上面输出中，可看出 R2 和 R4 各自计算出的 Winner，及 Winner 的协议优先级和成本。

7.6 PIM Sparse Mode

PIM SM 多部署在组播成员分布稀疏分散、规模相对较大的 WAN 网络环境中。它区别于 PIM DM 的是，SM 使用 PULL 的方式来建组播树，接收者需在控制平面主动向树根建树，组播流才能给接收者，组播流不会像 DM 一样主动扩散到接收者的网络，所以 SM 相较于 DM 会节省带宽。

PIM SM 中，组播网络上的接收者和组播源彼此并不知道对方是否存在及所在位置，所以 SM 中引入 Rendezvous Point（RP）作为网络的核心，接收者要先连到以 RP 为根的组播树，当组播源活跃时，组播流量经 RP 转发给下游接收者。在 SM 中，不论是 SPT 还是 RPT，树的构建都是下游路由器显式地向上游路由器发送 Join 请求来完成。组播数据最终通过 SPT 树转发给 RP，RP 再沿 RPT 树转发给接收者。

PIM-SM 中，建组播转发树较 DM 复杂，包括三个阶段：

阶段 1，接收者所在路由器（DR）向 RP 发（*,G）Join 建共享树；

阶段 2，RP 在收到注册报文后，向组播源转发（S,G）Join 建 SPT 树；

阶段 3，收到数据的最后一跳路由器（DR）向组播源建 SPT 树。（此过程可选，默认开启)。

7.6.1 SPT 和 RPT 树对比

PIM SM 中用到以下 2 种类型树:SPT 和 RPT 树。

SPT(Shortest Path Tree)是以组播源为树根,连接组播源和组播接收者的分发树,彼此之间距离短,转发延迟低。

RPT(Root-Path Tree)是以 RP 为树根,连接所有组员的分发树。由于 RP 位置可能不是最优,所以组播源流出的组播数据经 RP 转发给接收者时,会因次优路径问题而致转发延迟较大,相比于 SPT 的每个组播源和组就需要一个(S,G)条目,而 RPT 仅需一条(*,G)条目就可转发所有来自不同源的组播流量,内存开销消耗相对减少。(*,G)中*代表任意源。

7.6.2 RP 控制

7.6.2.1 RP 的作用

RP(Rendezvous Point)是 PIM SM 网络中一台“核心”路由器,它的位置建议放在网络的核心,在组播数据转发过程中,它起到的是“汇聚”的作用,汇聚组播接收者的加入/剪枝请求和组播源的组播数据。当某个网段的 DR 路由器通过 IGMP 协议了解该网段上有组播接收者时,就会向 RP 发送一个(*,G)的加入报文,用(*,G)Join 表示,表明本地需要接收来自任何组播源的、发往组播组 G 的组播数据。

在 PIM SM 中,每一个 PIM 组播组都需要一个 RP 地址,这个地址用来当作组播组相应的组播分发树的树根,用来连接 SPT 树和 RPT 树。在网络上的任何一台 PIM SM 路由器都需要知道组播组所需要的 RP 地址。

网络上每台 PIM 路由器内均有一张表 RP-Info,记录组播组地址和 RP 地址的对应关系,任何组播路由器都会根据表选择出组播组所对应的唯一的 RP。当组播源活跃时,向已知的 RP 发起注册。当接收者出现时,向 RP 发送建树请求。组播数据经 RP 在 SPT 和 RPT 间转发,PIM SM 离不开 RP,如果不知道 RP 的位置,PIM SM 路由器将不能正常工作。RP 因其作用而具备如下特点:

- RP 是 PIM SM 的核心、瓶颈,且易有单点故障;
- 路由器间通告 RP 会使网络增加负荷,配置维护的复杂性相应增加;
- RP 是接收者所加入的 RPT 树的树根,是源所建起的 SPT 树的叶子路由器;
- RP 未必处于源和接收者路由器之间的最优路径上,所以经 RPT 树路径未必是最优路径。

使组播域中每台路由器都知道 RP 的信息,按 RP 部署维护的复杂性和方式,可分为静态 RP 和动态 RP 部署。

7.6.2.2 静态 RP 部署

在小企业或网络结构简单的环境建议使用静态 RP 的部署方案。

静态 RP 要求网络每台路由器要由工程师手工添加 RP 和组的对应关系。

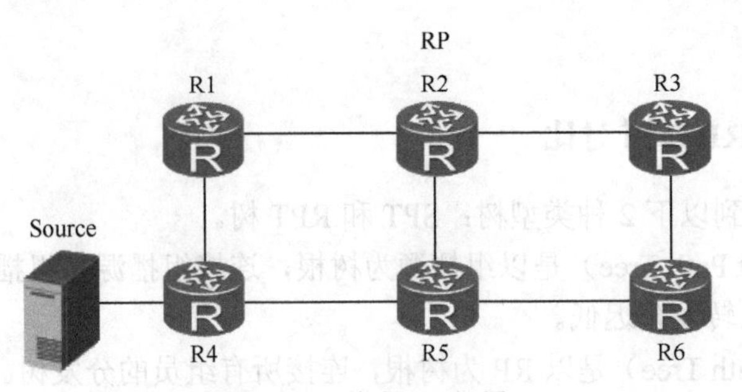

图 7-40　静态 RP 部署

示例：

图 7-40 中，R2 的 Loopback0（10.1.2.2）接口用作组播组范围 229.1.2.0～229.1.2.255 的 RP，全网 R1 到 R6 的每台路由器上均要了解到这个 RP 信息。

```
#为每台路由器定义静态 RP，下面以 R1 为例
<R1> system-view
[R1]acl name myacl
[R1-acl-adv-myacl]rule permit ip destination 229.1.2.0 0.0.0.255
[R1-acl-adv-myacl]quit
[R1]multicast routing-enable
[R1]pim
[R1-pim]static-rp 10.1.2.2 acl-name myacl preferred
```

其他 PIM 路由器也做同样的静态配置，此处略。

说明：

1）如果配置的静态 RP 地址是本机状态为 UP 的某个接口地址，本机就作为静态 RP。作为静态 RP 的接口不必使能 PIM 协议。

2）如果没有指定 ACL，则配置的静态 RP 为所有组播组 224.0.0.0/4 服务；如果指定了 ACL，所配置的静态 RP 只为该 ACL 所许可的组播组服务。通过重复执行该命令可以配置最多 50 个静态 RP，但同一个 ACL 不能对应到多个静态 RP。如果不引用 ACL，则只能配置一个静态 RP。

3）如果配置静态 RP 的命令中未携带 preferred 关键字，则设备优先选择 BSR 机制选出的动态 RP。即如果网络中未配置动态 RP 或动态 RP 失效，静态 RP 才能生效。而如果配置静态 RP 的命令中携带 preferred 关键字，则设备优先选择静态 RP。

4）重复执行此命令，会配置多个静态 RP，如果存在多个静态 RP 为某个组服务的情况，则选择 IP 地址最大的 RP 为该组服务。

示例：

当前路由器上既有静态 RP（10.1.2.2）和组 229.1.2.X 的对应关系，又有动态 RP（10.1.3.3）和组 229.1.2.X 的对应，则当前路由器为组播组 229.1.2.3 选择使用的 RP 是哪一个？

```
[Huawei]acl name myacl
[Huawei-acl-adv-myacl]rule permit ip destination 229.1.2.0 0.0.0.255
[Huawei-acl-adv-myacl]quit
[huawei]pim
[huawei-pim]static-rp 10.1.2.2 2001
[Huawei-pim]q
```

```
[huawei]display pim rp-info
 VPN-Instance: public net
 PIM-SM BSR RP Number:1
 Group/MaskLen: 229.1.2.0/24
     RP: 10.1.3.3
     Priority: 0
     Uptime: 00:08:49
     Expires: 00:01:41
 PIM SM static RP Number:1
     Static RP: 10.1.2.2 (local)
         Configured ACL: 2001
#上面的 RP-Info 中既有动态映射，又有静态映射
[huawei]display pim rp-info 229.1.2.3
 VPN-Instance: public net
 BSR RP Address is: 10.1.3.3
     Priority: 0
     Uptime: 00:09:16
     Expires: 00:02:29
 Static RP Address is: 10.1.2.2
         Configured ACL: 2001
 RP mapping for this group is: 10.1.3.3
#没有配置 preferred 关键词，10.1.3.3 是当前选出的 RP
#继续修改当前配置，添加 preferred 关键词
#
[huawei]pim
[huawei-pim]static-rp 10.1.2.2 2001 preferred
[huawei-pim]q
[huawei]
[huawei]display pim rp-info
 VPN-Instance: public net
 PIM-SM BSR RP Number:1
 Group/MaskLen: 229.1.2.0/24
     RP: 10.1.3.3 (local)
     Priority: 0
     Uptime: 00:18:07
     Expires: 00:01:39
 PIM SM static RP Number:1
     Static RP: 10.1.2.2 (preferred)
         Configured ACL: 2001
[huawei]
[huawei]display pim rp-info 229.1.2.3
 VPN-Instance: public net
 BSR RP Address is: 10.1.3.3
     Priority: 0
     Uptime: 00:18:13
     Expires: 00:01:33
 Static RP Address is: 10.1.2.2 (preferred)
         Configured ACL: 2001
 RP mapping for this group is: 10.1.2.2
[huawei]
#RP 是 10.1.2.2
```

静态配置方案相比于动态配置方案：

- 配置容易，但部署复杂，手动工作量大；
- 不具备扩展性，当网络拓扑发生变化时，不能及时更新组和 RP 的对应关系；

- 适用在简单拓扑或小型网络中部署时，或当网络拓扑发生变化时对 RP 不敏感的网络环境。

7.6.3 动态 RP 部署

动态 RP 的设计在中大型网络中要求比较多，好处是当网络拓扑发生变化的时候，RP 和组的对应关系会自动调整，保证网络的冗余性。目前动态 RP 协议是 PIMv2 使用的 BSR（自举协议）。使用 BSR 机制，定义组和 RP 的映射并快速地分发到域内 PIM 路由器，如果当前 RP 不可达，可以使用备份 RP。如图 7-41 所示。

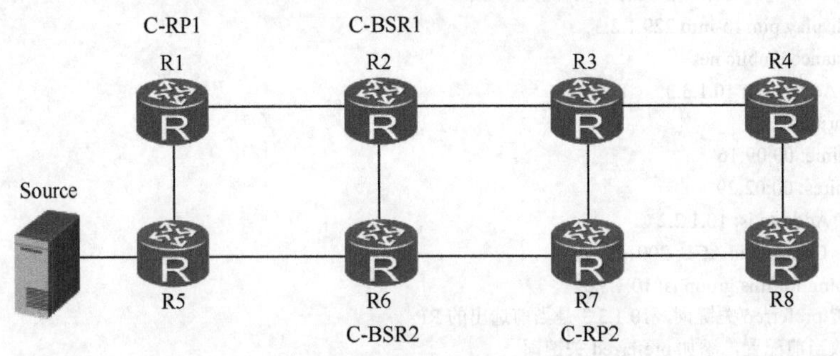

图 7-41　BSR 机制

在 BSR 协议中，定义了两种角色的设备，一种是 Candidate-RP，简称 C-RP；另一种是 Candidate-BSR，简称 C-BSR。二者都可以定义多台，以提供冗余备份能力。

1. BSR

在一个 PIM-SM 域内，可能存在多台设备配置为 C-BSR，但在同一时刻只能有一台设备成为 BSR。BSR 的选举是通过 PIMv2 的 Boostrap 报文协商选举出来的，报文中带有 BSR 的优先级和 BSR 地址信息。图 7-42 是 BSR 报文，从中可知，IP 报文源 IP 地址为 10.1.23.2，BSR 地址是 10.1.2.2，Hash 掩码是 30 位，BSR 优先级是 0，RP-映射（RP-set）= { 10.1.2.2，224.0.0.0/4 }。

```
⊞ Internet Protocol Version 4, Src: 10.1.23.2 (10.1.23.2), Dst: 224.0.0.13 (224.0.0.13)
⊟ Protocol Independent Multicast
    0010 .... = Version: 2
    .... 0100 = Type: Bootstrap (4)
    Reserved byte(s): 00
    Checksum: 0x81d0 [correct]
  ⊟ PIM options
      Fragment tag: 0x3f8d
      Hash mask len: 30
      BSR priority: 0
      BSR: 10.1.2.2 (10.1.2.2)
    ⊟ Group 0: 224.0.0.0/4
        RP count: 1
        FRP count: 1
        Holdtime: 150s
        Priority: 0
      RP 0: 10.1.2.2
```

图 7-42　BSR 报文

任何一台 C-BSR 路由器可工作在两种状态之一：“候选 BSR”状态（C-BSR）或“已选举的 BSR”状态。路由器启动时，初始状态都是“候选 BSR”状态，在此状态下，130s BSR 超时计时器启动。在此期间，若未听到任何其他“更优”的 C-BSR 的报文，超时后，当前 C-BSR 状态转换为“已选举的 BSR”状态，即代表当前没有其他更优的 C-BSR 路由器，自己是域内唯一的 BSR。BSR 靠泛洪方式通告自身的报文，其泛洪过程有如 OSPF 通告 LSA，是逐跳的泛洪过程，任何 PIMv2 路由器都能听到 BSR 泛洪的报文。

判定哪台 C-BSR 路由器更优依据如下：

- 先比较 BSR 报文中的优先级数值，数值越大越优先；
- 若优先级数值一样，则比较 BSR 报文中的 BSR 的 IP 地址，数值越大越优先。

但若在 BSR 计时器超时前收到一份“更优”BSR 报文，则产生那份 BSR 报文的 C-BSR 路由器被认定为“更优”的 BSR 路由器。同时，当前 C-BSR 对收到的“更优”BSR 报文，本地做如下处理：

- 本地 BSR 超时计时器重置；
- 收到的“更优”BSR 报文被转发出所有其他有 PIM 邻居的接口，自己不再通告自己的 BSR 报文；
- 把收到的 BSR 报文中的 RP-映射复制到本地 RP-Info 中。

如若一台 BSR 路由器已处于“已选举的 BSR 状态”，已选举为 BSR，则它负责周期产生 BSR 报文，其中包含 RP-映射。如果从另外一台路由器收到 BSR 报文，优先级更高，则不再产生自己的 BSR 报文，只转发已知的更优 BSR 的那份报文，并把自己的状态调整为“候选 BSR”状态；否则，丢掉 BSR 报文。

```
#在任何路由器上使用以下命令查看已知的 BSR
<huawei>display pim bsr-info
 VPN-Instance: public net
 Elected AdminScoped BSR Count: 0
 Elected BSR Address: 10.1.2.2
     Priority: 0
     Hash mask length: 30
 State: Elected
     Scope: Not scoped
     Uptime: 00:37:59
     Next BSR message scheduled at: 00:00:27
     C-RP Count: 1
 Candidate AdminScoped BSR Count: 0
 Candidate BSR Address: 10.1.2.2
     Priority: 0
     Hash mask length: 30
     State: Elected
     Scope: Not scoped
     Wait to be BSR: 0
```

设计建议：

BSR 收集到各个 C-RP 的信息后，组合成为 RP-映射。然后将 RP-映射信息封装到 BSR 报文内向 PIM 邻居泛洪此消息，使 PIM 域内的 RP 信息是相同的。这样，任何组播组在不同的设备上都可以选择出相同的 RP 地址。建议 C-BSR 至少 2 台，以避免单点故障，可和 C-RP 一起部署在同一台设备上。

2. C-RP

C-RP 可以有多个，每个 C-RP 定义自己的一个接口 IP 地址和多个组播地址范围的对应关系。每一对 IP 地址和组播地址范围的对应关系都叫做 RP 映射。多个 C-RP 的目的是为了增加网络的健壮性、冗余性。如果一台 C-RP 失效，或到 C-RP 的链路故障，其他备选的 C-RP 依然能够为相应的组播组提供服务。

当作为 C-RP 的 PIMv2 路由器收到泛洪过来的 BSR 报文后，从中了解到 BSR 地址。之后，每个 C-RP 会以单播的方式把 C-RP 上定义的 RP-映射发给这个知道的唯一的 BSR 路由器。若 C-RP 不知道 BSR 地址，则不会产生 RP 通告；当 BSR 收到 C-RP 的映射之后，放到 Cache 中，并将收集到的 RP 映射放到周期性的 BSR 报文中，通告出去。

```
<R2>display pim rp-info
 VPN-Instance: public net
 PIM-SM BSR RP Number:1
 Group/MaskLen: 224.0.0.0/4
     RP: 10.1.2.2 (local)
     Priority: 0
     Uptime: 00:43:29
     Expires: 00:02:17
```

C-RP 信息以单播形式通告：

- C-RP 通告的单播报文中包括 C-RP 的 IP 地址信息、需要服务的组播组地址范围（组播 IP 与掩码长度）及 C-RP 优先级。
- C-RP 以 60s 周期向 BSR 单播发送 C-RP 消息，以免 C-RP 信息在 BSR 上超时。

建议设计：

- C-RP 可以设置多个分散在 PIM 域的任何设备上，也可以集中在一台 PIM 设备上，而且 C-RP 部署与 BSR 部署没有关联。但实际设计时，多将 C-RP 和 C-BSR 同时部署在一台设备上。

3. 普通的 PIMv2（非 BSR）路由器

任何 PIMv2 的路由器，也包括 C-RP 路由器，收到目标组地址 224.0.0.13 的 BSR 报文后，并非一味接收，而是对其先执行 RPF 检查。只有通过 RPF 检查的 BSR 报文才能被接收，并继续转发给其他 PIM 邻居。RPF 检查是接收路由器对 BSR 报文中的 BSR 地址的检查，检查的目的是避免 BSR 报文的环路，使泛洪过程以 BSR 为树根，远离树根的路径去通告。

示例：

图 7-43 中，R3 是网络中的 BSR，其地址为 10.1.3.3，处于 OSPF Area0 中，每条链路都是等成本的，其他路由器学习到网络中的 BSR 信息。试说明每台路由器 BSR 报文的接收过程。

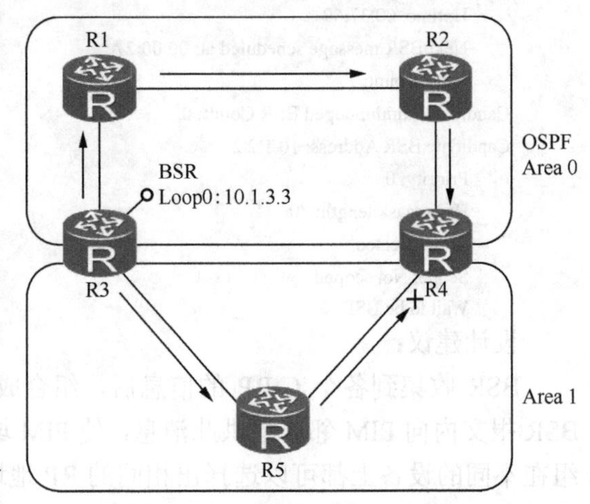

图 7-43 BSR 泛洪及 RPF 检查过程

分析过程：

R3 向所有 PIM 邻居泛洪自己的 BSR 报文。泛洪期间，报文内容不变化，报文流出的接口地址是 BSR 报文的源 IP 地址。R3 的泛洪如图 7-43 所示，R1 收到报文源 IP 地址是 10.1.23.3 的 BSR 报文，R5 收到源 IP 地址是 10.1.35.3 的 BSR 报文。BSR RPF 检查规则："根据 BSR 报文中 BSR 地址计算得出的 RPF 邻居必须等于 BSR 报文 IP 头中的源 IP 地址，RPF 检查才通过，即路由器仅接收 RPF 邻居通告的 BSR 报文”。所以图 7-43 中，R5 和 R1、R2 对收到的 BSR 报文中地址 10.1.3.3 执行 RPF 计算（根据 IP 路由表中 OSPF 路由）后都满足 BSR RPF 检查规则，把其中的 RP-映射放入 Cache 后，继续泛洪。

R4 路由器会从 R2 和 R5 收到泛洪过来的 BSR 报文，RPF 检查后，R4 的 RPF 邻居是 R2（R4 是 OSPF ABR，经 Area0 访问 10.1.3.3），所以 R4 接收 R2 通告的 BSR 报文。忽略 R5 通告的 BSR 报文。R4 缓存 RP-映射之后，继续向 R5 泛洪。R5 执行 RPF 检查后，忽略 R4 的 BSR 报文。至此，BSR 泛洪过程结束。60s 之后，上述过程重复再发生。

总结：

对于收到的 BSR 报文，任何路由器本地的处理过程如下。

- 本地 BSR 超时计时器重启。
- BSR 报文被转发出所有其他接口。
- 收到的 BSR 报文中的 RP 映射集被复制到本地 RP-info 中。

BSR 会每隔 60s 发送 BSR 报文，刷新路由器缓存的 BSR 信息，并重置 130s 老化计时器。若超过 130s，仍未收到 BSR 报文，则本地已有的 BSR 信息及 RP 映射关系将由于老化而被清除。

4. RP 选择算法

BSR 通告的内容包含 RP 和组的映射关系，其中，组范围可能会重叠，即一个组地址会出现在多个映射的组范围中。如果这种情况发生，PIM 路由器通过计算只能选择一个 RP，使用算法如下。

- 根据组范围的大小来选择 RP，优选最小的组范围所对应的 RP。
- C-RP 优先级较高者获胜（优先级数值越小优先级越高，默认为 0）。
- 如果优先级相同，则执行 Hash 计算，Hash 计算结果中数值大者获胜。
- 如果以上都相同，则 C-RP 地址大者获胜。

设备在 RP-映射中选择 RP 时，根据上述顺序选择出最好的 RP。

例，设备需要为组播组 G 选择 RP，其过程如下。

（1）如果需要计算组播组 G 的 RP，第一步是查找 RP-映射集，找到 RP 列表中最长匹配的 RP 地址。

例：RP1 的组范围是 224.0.0.0/4，RP2 的组范围是 224.1.2.0/24，需要为组 224.1.2.3 选择 RP，选择的结果是 RP2，原因是其范围最小，最精确。

（2）如果存在多个 RP，则比较 RP 的优先级。优先级数值最小的 RP 胜出。

如果上面的组范围相同的情况下，比较 RP 的优先级。

（3）如果存在相同优先级的 RP，则每个相同优先级的 RP 都进行一次 Hash 计算。选择 Value 最大的为组播组 G 的 RP。

（4）如果计算的结果相同，则选择 IP 地址最大的 RP 为组播组 G 的 RP。

说明：

BSR 中的负载分担是靠 Hash 掩码实现的，它使设备在选择 RP 时，做到不同的组播组使用不同的 C-RP 提供服务。其实现方式是在多个 C-RP 上分别定义相同的组地址范围，在 C-RP 优先级一样的情况下，设备将根据 Hash 掩码来计算 RP。BSR 的负载分担是异组负载分担，一个组播组地址范围中的不同组播地址可以使用不同的 RP。这种选择是靠以下公式计算得出的。

以下是上述 RP 选择规则中用到的 Hash 公式：

Hash(G,M,Ci)=(1103515245*((1103515245 *(G&M)+12345)XOR Ci)+ 12345)mod(2 的 31 次方)

其中，

G：为组地址；

M：为设备 BSR 的 Hash 掩码长度，默认为 30 位；

Ci：为 RP 的 IP 地址。

说明：

公式内参数 M 为 Hash 掩码长度，Hash 掩码的大小决定了选择 RP 时的颗粒度大小，把组范围和 Hash 掩码执行“与”运算，得出更小的组地址段，每个组地址段可随机在多个 RP 间选择。这样，Hash 掩码越大，颗粒度就越小，在多个 RP 间分担的效果就越好。如果掩码越小，颗粒度就越大，分担的效果就越不理想，如果 Hash 掩码为 0，则没有分担能力，只能根据上述的 Hash 算法中的第四步选择出地址最大的那个 RP。华为的 Hash 掩码默认是 30 位。

例，若 C-RP 1.1.1.1 和 2.2.2.2 都定义并通告了 229.1.2.0/24 组地址范围，BSR 定义的 Hash 掩码为 30 的情况下，则计算结果是：上述组范围中每 4 个连续地址段（组播地址范围和 hash 掩码“相与”）会在 2 个 RP 中选择一个 RP。如果 Hash 掩码是 29 位，则上述范围中，每 8 个连续组播地址段使用 2 个 RP 中的一个。同理，Hash 掩码越大，在多个 RP 间分配的组播地址段的颗粒度变大。但只要 Hash 掩码为非 0，组播范围中的地址都按“段”在多个 RP 间“随机”分配。这种机制为 BSR 提供了“异组间负载”分担的能力。如果 Hash 掩码取值为 0，则整个组播地址范围就是完整的一块，整块组播地址只会选择其中一个 RP 地址，这使 BSR 丧失了负载分担的能力。示例中只为上述组播范围定义了两个 RP——1.1.1.1 和 2.2.2.2，按照上面的机制，每个 RP 会分担 50%的组播组的转发任务。如果相同的组播范围配置了多个 RP，如 4 个 RP 地址，则整个组范围将在 4 个 RP 间分担组播组业务。

BSR 使用泛洪方式在组播域中通告 RP-映射集的目的是使全网的设备有一致的 RP-映射集，每台设备执行一样的计算过程，所以同一个组播组在每个设备上选择的 RP 一致。

5. BSR 应用

示例 1：配置 BSR

在开启了 PIM 的企业环境中，使用 ACL 配置 Loopback0 接口（10.1.1.1）作为 PIM-SM 域 225.1.0.0/16 和 226.2.0.0/16 的 C-RP，ACL 列表为 2002，C-RP 优先级为 10，同时定义其为 C-BSR，Hash 掩码为 29。

```
<Huawei> system-view
[Huawei] multicast routing-enable
[Huawei] acl number 2002
[Huawei-acl-basic-2002] rule permit source 225.1.0.0 0.0.255.255
[Huawei-acl-basic-2002] rule permit source 226.2.0.0 0.0.255.255
[Huawei-acl-basic-2002] quit
[Huawei] multicast routing-enable
[Huawei] interface loopback 0
[Huawei-LoopBack0]ip address 10.1.1.1 32
[Huawei-LoopBack0] pim sm
[Huawei-LoopBack0] quit
[Huawei] pim
[Huawei-pim] c-rp advertisement-interval 30
[Huawei-pim] c-rp loopback 0 group-policy 2002 priority 10
[Huawei-pim] c-bsr loopback 0 29
#
```

示例 2：BSR 中的 RPF 检查

如图 7-44 FR 上 BSR 机制所示，图中，R3 和 R4 无法看到 BSR info 及 RP-set，请分析原因。

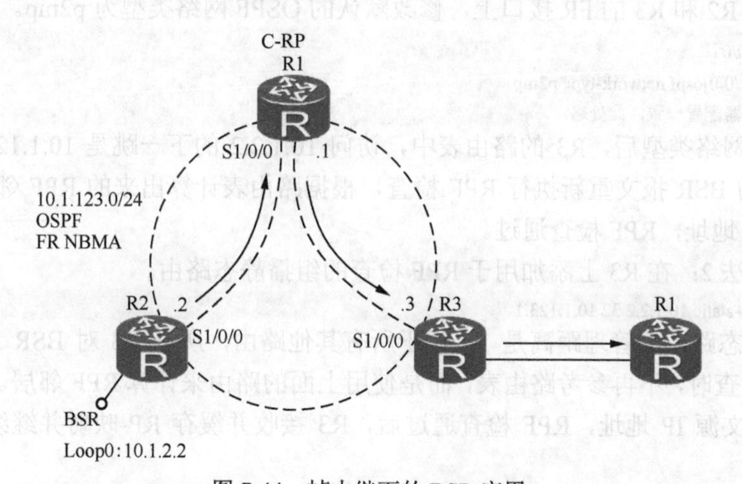

图 7-44　帧中继下的 BSR 应用

图 7-44 中，C-RP 是 R1，地址是回环接口 IP10.1.1.1；R2 是 BSR 路由器，地址是 10.1.2.2，帧中继网络是 10.1.123.0/24，使用默认的 OSPF NBMA 网络类型。

分析过程：

（1）在 FR 上，有 2 个 PIM 邻居关系，分别是 R1 和 R2、R1 和 R3。由于 R2 和 R3 间非直连，且 Link-local 组播地址 224.0.0.13 无法在 R1 间转发，所以 R2 和 R3 无 PIM 邻居关系。

（2）R2 是 BSR，其泛洪 10.1.2.2 的 BSR 地址给 R1；R1 在知道 BSR 地址的基础上，单播通告 RP-set 给 R2。R2 将其储存在其 Cache 中。

（3）R2 为 BSR，泛洪 RP-映射集给 R1。R1 收到后，通过 RPF 检查，继续泛洪给 R3，R3 虽收到 R1 的 BSR 报文，但 R3 对收到的 BSR（其地址为 10.1.2.2）执行 RPF 检查，路由器仅接收 RPF 邻居通告的 BSR 报文。上面的 FR 环境中，R3 收到 R1 产生的

BSR 报文，源 IP 地址是 10.1.123.1，而路由表中，R3 到 10.1.2.2 下一跳是 R2，即地址 10.1.123.2 是 RPF 邻居，报文源 IP 地址（10.1.123.1）不是路由表中 BSR 地址的下一跳地址，所以 RPF 检查失败，不接收该 BSR 报文。

配置：

```
[R1]int lo0
[R1-LoopBack0]pim sm
[R1-LoopBack0]q
[R1]acl 2002
[R1-acl-basic-2002]rule permit source 229.1.2.3 0
[R1-acl-basic-2002]q
[R1]pim
[R1-pim]c-rp lo0 group-policy 2002
[R1]int lo0
[R1-LoopBack0]pim sm
[R1-LoopBack0]q
[R2]pim
[R2-pim]c-bsr lo0
```

解决办法 1：

在 R1、R2 和 R3 的 FR 接口上，修改默认的 OSPF 网络类型为 p2mp。

```
[R2]int s1/0/0
[R2-Serial1/0/0]ospf network-type p2mp
#其他路由器配置一致，此处略
```

修改完网络类型后，R3 的路由表中，访问 10.1.2.2 的下一跳是 10.1.123.1。此时，R3 对收到的 BSR 报文重新执行 RPF 检查，根据路由表计算出来的 RPF 邻居等于 BSR 报文的源 IP 地址，RPF 检查通过。

解决方法 2：在 R3 上添加用于 RPF 检查的组播静态路由。

```
ip rpf-route-static 10.1.2.2 32 10.1.123.1
```

RPF 静态路由的管理距离是 1，优于所有其他路由，所以 R3 对 BSR 地址 10.1.2.2 执行 RPF 检查时，不再参考路由表，而是使用上面的路由来计算 RPF 邻居。结果是 RPF 邻居等于报文源 IP 地址，RPF 检查通过后，R3 接收并缓存 RP-映射并继续向 R4 泛洪 BSR。

最终在每台路由器上都可以看到一致的 RP-映射。

7.6.4 PIM SM 建树过程

PIM SM 建树需要 3 个阶段，以下分阶段描述 SM 中组播分发树的建立过程。

7.6.4.1 阶段 1：组播接收者所连路由器向 RP 建共享树

PIM SM 使用“显式的”方式建组播树，图 7-45 中，接收者通过 IGMP 加入报文告诉直连路由器 R6，希望接收组播组 G 的组播数据，R6 路由器继续通知 RP 希望接收组播组 G 的组播数据。PIM SM 中每个组播组只使用一个 RP。图中，R3 是 RP，地址为 10.1.3.3。

（1）图 7-45 中，当 R6 收到 IGMP 加入组 229.1.2.3 的请求后，R6 生成（*，229.1.2.3）条目，（*,G）条目下游接口是收到 IGMP 成员报告的接口，上游 RPF 接口是转发（*，229.1.2.3）Join 的接口。R6 开始向树根 RP 建 RPT 共享树。

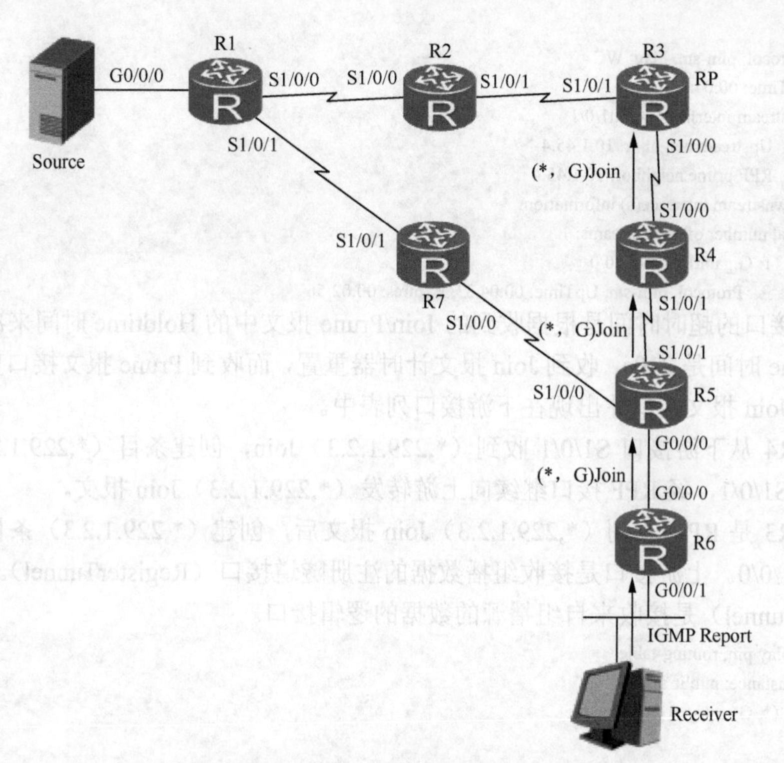

图 7-45　RPT 组播树建立过程

```
[R6]display pim routing-table
 VPN-Instance: public net
 Total 1 (*, G) entry; 0 (S, G) entry

 (*, 229.1.2.3)
     RP: 10.1.3.3
     Protocol: pim-sm, Flag: WC
     UpTime: 00:03:35
     Upstream interface: GigabitEthernet0/0/0
         Upstream neighbor: 10.1.56.5
         RPF prime neighbor: 10.1.56.5
     Downstream interface(s) information:
     Total number of downstreams: 1
         1: GigabitEthernet0/0/1
             Protocol: igmp, UpTime: 00:03:34, Expires: -
```

（2）R5 收到（*,229.1.2.3）Join 后，创建相应（*,229.1.2.3）表项，并添加下游接口 G0/0/0。R6 是最后一跳 DR，其每隔 60s 向上游发送（*,229.1.2.3）Join 报文，收到 Join 报文的接口重置接口计时器，超时时间为 210s；若收不到 Join 报文，接口超时后，会从下游接口列表中移除。只要下游接口列表非空，R5 会继续经 RPF 接口向上游转发（*,229.1.2.3）Join 报文。

```
[R5]display pim routing-table
 VPN-Instance: public net
 Total 1 (*, G) entry; 0 (S, G) entry

 (*, 229.1.2.3)
     RP: 10.1.3.3
```

```
    Protocol: pim-sm, Flag: WC
    UpTime: 00:04:33
    Upstream interface: Serial1/0/1
        Upstream neighbor: 10.1.45.4
        RPF prime neighbor: 10.1.45.4
    Downstream interface(s) information:
    Total number of downstreams: 1
        1: GigabitEthernet0/0/0
            Protocol: pim-sm, UpTime: 00:04:33, Expires: 00:02:56
```

下游接口的超时时间是根据收到的 Join/Prune 报文中的 Holdtime 时间来决定的，默认 Holdtime 时间是 210s，收到 Join 报文计时器重置，而收到 Prune 报文接口剪除，除非再次收到 Join 报文接口才出现在下游接口列表中。

（3）R4 从下游接口 S1/0/1 收到（*,229.1.2.3）Join，创建条目（*,229.1.2.3），添加下游接口 S1/0/1，经 RPF 接口继续向上游转发（*,229.1.2.3）Join 报文。

（4）R3 是 RP，收到（*,229.1.2.3）Join 报文后，创建（*,229.1.2.3）条目，添加下游接口 S1/0/0。上游接口是接收组播数据的注册隧道接口（RegisterTunnel）。注册隧道（RegisterTunnel）是接收来自组播源的数据的逻辑接口。

```
[R3]display pim routing-table
 VPN-Instance: public net
 Total 1 (*, G) entry; 0 (S, G) entry

 (*, 229.1.2.3)
    RP: 10.1.3.3 (local)
    Protocol: pim-sm, Flag: WC
    UpTime: 00:05:08
    Upstream interface: Register
        Upstream neighbor: NULL
        RPF prime neighbor: NULL
    Downstream interface(s) information:
    Total number of downstreams: 1
        1: Serial1/0/0
            Protocol: pim-sm, UpTime: 00:05:08, Expires: 00:03:22
```

（5）Join 转发的路径及在每台路由器上生成的组播转发表最终构成 RPT 树，只要接收者存在，R6 会每 60s 向上游发送（*，229.1.2.3）Join，刷新组播路由表（*，229.1.2.3）条目，RPT 树会一直存在。

```
⊞ Internet Protocol Version 4, Src: 10.1.56.6 (10.1.56.6), Dst: 224.0.0.13 (224.0.0.13)
⊟ Protocol Independent Multicast
    0010 .... = Version: 2
    .... 0011 = Type: Join/Prune (3)
    Reserved byte(s): 00
    Checksum: 0x9bdc [correct]
  ⊟ PIM options
      Upstream-neighbor: 10.1.56.5 (10.1.56.5)
      Reserved byte(s): 00
      Num Groups: 1
      Holdtime: 210s
    ⊟ Group 0: 229.1.2.3/32
      ⊟ Num Joins: 1
          IP address: 10.1.3.3/32 (SWR)
        Num Prunes: 0
```

图 7-46　R6 向上游发送(*,G)Join 报文

图 7-46 是 R6 产生的（*,G）Join 报文，报文的目标地址是 PIM 组播地址 224.0.0.13。

其中，PIM 选项字段中，上游邻居是根据路由表确定的 RPF 邻居地址，Join 字段中 IP 地址为 10.1.3.3，是 RP 地址，置 SWR 位。

- S：代表 Sparse Mode，在 SM 中，所有（S,G）Join/Prune 及（*,G）Join/Prune 报文均置位。
- W：通配符（Wildcard），代表*，此位仅在（*,G）Join/Prune 中置位。
- R：RPT，代表此份 Join/Prune 报文是向 RP 发送的报文，R 位置位的报文可以是（S,G）Join/Prune，也可以是（*,G）Join/Prune。

注：

如果在 IP 地址字段含 W 位，则代表该地址为 RP 的 IP 地址，此报文为（*,G）Join/Prune 报文；而如果没有置 W 位，则代表该报文是（S,G）Join/Prune 报文。在 PIM SM 中，置 SWR 位的报文是（*,G）Join/Prune；置 SR 或仅置 S 位的报文是（S,G）Join/Prune 报文。其中，仅置 S 位的 Join/Prune 报文是发生 SPT 切换时向组播源发送的报文；而仅置 SR 位的 Join/Prune 报文是向 RP 发送的报文。

如果最后一跳有多台路由器连接到接收者所在网络，则仅 DR 路由器负责向 RP 发送（*,G）Join。

SM 路由器向上游转发（*,G）Join 报文的条件：

- 收到下游 PIM 邻居发来的（*,G）Join 或收到直连接收者 IGMP Join 报文。

SM 路由器向上游转发（*,G）Prune 报文发生在如下条件：

- 下游接口列表为 NULL。接口为空的原因可能是组播接收者离开或从下游邻居收到（*,G）Prune 报文或下游接口未收到（*,G）Join 而超时。

只要组播接收者存在，最后一跳 DR 路由器会周期产生（*,G）Join 刷新 RPT 树。

7.6.4.2 阶段 2：头一跳路由器向 RP 注册

RP 可以向共享树转发来自组播源的组播数据流量，但组播源与 RP 并不直接相连，且 RP 不知组播源位置，此时需要由连接组播源的头一跳路由器 DR 向 RP 发送组播或单播数据报文。由于在 DR 和 RP 间初始没有组播分发树，所以它的实现方式是在头一跳路由器 DR 和 RP 间建一个逻辑隧道，路由器在收到组播数据后，直接进入隧道。这个隧道其实是 PIM 的 RegisterTunnel，使用 PIM 注册报文作为外层封装，以单播方式由 DR 发给 RP，RP 收到注册报文后，将解封装的组播数据沿共享树（*,G）条目转发下去。

最初的组播数据可以通过注册隧道发给 RP，在 RP 了解组播源及组的地址后，开始向组播源建 SPT 树。SPT 树建好后，源的组播数据通过 SPT 树流到 RP，RP 开始向 DR 发送注册停止报文。

根据组播接收者是在组播源活跃之前加入网络还是在组播源活跃之后加入网络，下面分两种情况描述上述注册过程。

场景 1，源开始活跃时，接收者到 RP 的共享树已经存在

RP 是 R3，R6 的 G0/0/1 接口有 229.1.2.3 接收者。

图 7-47 中，组播源尚未开始活跃时，R6 到 R3 的每台路由器上（*，229.1.2.3）共享树条目已经存在。而头一跳路由器 R1 到 R3 上没有任何关于（10.1.1.100，229.1.2.3）的组播条目。

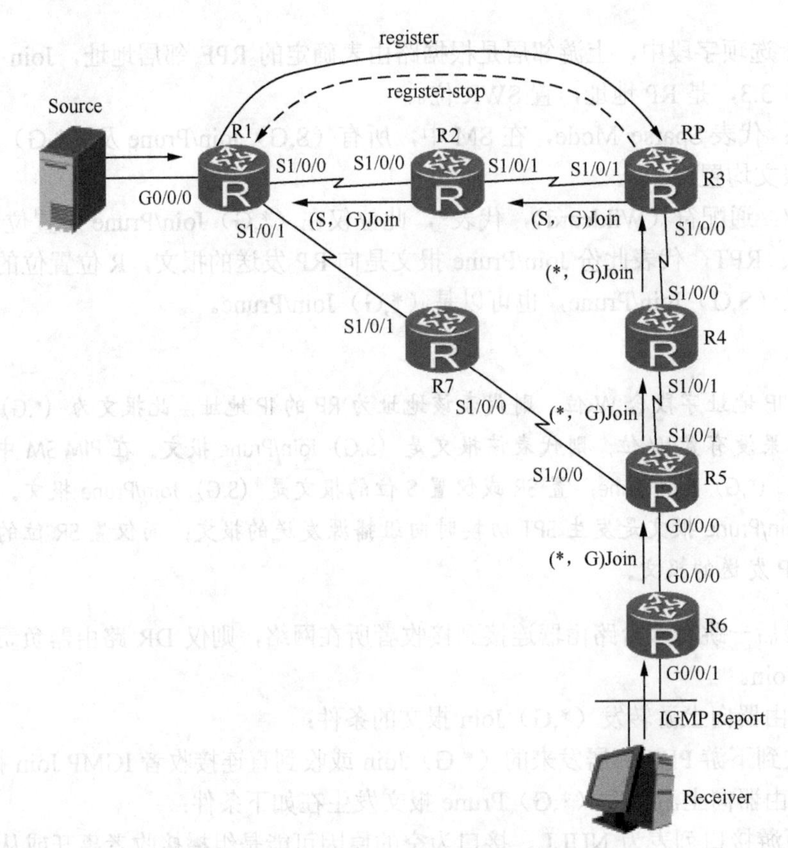

图 7-47　头一跳 DR 与 RP 间的注册—终止过程

注册过程：

（1）当组播源 10.1.1.100 在以太网段活跃时，数据到达头一跳路由器 R1（DR），触发创建（10.1.1.100，229.1.2.3）组播条目。收到组播数据的 G0/0/0 接口为上游接口，下游接口是转发组播数据的接口，因为当前没有收到任何 Join 报文，所以没有下游接口，唯一的接口是注册隧道接口。

```
<R1>display pim routing-table
 VPN-Instance: public net
 Total 0 (*, G) entry; 1 (S, G) entry

 (10.1.1.100, 229.1.2.3)
     RP: 10.1.3.3
     Protocol: pim-sm, Flag: SPT LOC ACT
     UpTime: 00:00:05
     Upstream interface: GigabitEthernet0/0/0
         Upstream neighbor: NULL
         RPF prime neighbor: NULL
     Downstream interface(s) information:
     Total number of downstreams: 3
         1: Register
             Protocol: pim-sm, UpTime: 00:00:05, Expires: -
```

（2）组播数据报文从上游接口流入，然后转发进注册隧道，隧道使用 PIM 协议封装组播报文，隧道的源 IP 地址是 DR 接口的 IP 地址 10.1.1.1，目标 IP 地址是 RP 的 IP 地址 10.1.3.3，PIM Register 作为隧道协议直接封装路由器收到的原始的组播数据并发给 RP。图 7-48 是 DR 发给 RP 的注册报文，其中包含组播数据（ICMP 报文是组播数据）。

```
⊞ Internet Protocol Version 4, Src: 10.1.1.1 (10.1.1.1), Dst: 10.1.3.3 (10.1.3.3)
⊟ Protocol Independent Multicast
    0010 .... = Version: 2
    .... 0001 = Type: Register (1)
    Reserved byte(s): 00
    Checksum: 0xdeff [correct]
  ⊟ PIM options
    ⊟ Flags: 0x00000000
        0... .... .... .... .... .... .... .... = Border: No
        .0.. .... .... .... .... .... .... .... = Null-Register: No
⊞ Internet Protocol Version 4, Src: 10.1.1.100 (10.1.1.100), Dst: 229.1.2.3 (229.1.2.3)
⊞ Internet Control Message Protocol
```

图 7-48 PIM 注册报文

观察注册报文，其中有两个 Flag 位。

- B（Border）位：未置位。如果 DR 和组播源直接相连，B 位不置位；而如果 DR 路由器连接其他协议组播域的边界路由器，组播数据从其他域流入 PIM 组播域，则 B 位置位。
- N（Null-Register）位：未置位。如果注册报文中包含组播数据，则不置位；如果不包含组播数据，则置位，代表空注册报文，又称为 Probe 报文。参见后续小节有关空注册报文的介绍。

（3）当 RP 收到注册报文并解封装后，并不对内部组播数据执行 RPF 检查，根据组播源和组的 IP 地址，观察当前 RP 是否有(*,229.1.2.3)组播表项。R3 当前存在(*,229.1.2.3)组播表项，且下游接口非空。RP 开始向下游转发组播数据，同时，在经过的每一跳路由器上，创建和（*,229.1.2.3）并列存在的（10.1.1.100, 229.1.2.3）表项，二者有相同的上游及下游接口。

```
<R3>dis pim routing-table
 VPN-Instance: public net
 Total 1 (*, G) entry; 1 (S, G) entry

 (*, 229.1.2.3)
     RP: 10.1.3.3 (local)
     Protocol: pim-sm, Flag: WC
     UpTime: 00:23:04
     Upstream interface: Register
         Upstream neighbor: NULL
         RPF prime neighbor: NULL
     Downstream interface(s) information:
     Total number of downstreams: 1
         1: Serial1/0/0
             Protocol: pim-sm, UpTime: 00:21:57, Expires: 00:02:31

 (10.1.1.100, 229.1.2.3)
     RP: 10.1.3.3 (local)
     Protocol: pim-sm, Flag: 2MSDP SWT ACT
     UpTime: 00:00:06
     Upstream interface: Register
         Upstream neighbor: NULL
         RPF prime neighbor: NULL
     Downstream interface(s) information:
```

```
        Total number of downstreams: 1
            1: Serial1/0/0
                Protocol: pim-sm, UpTime: 00:00:06, Expires: -
```

华为的 Sparse Mode 实现中，当组播数据沿共享树向下游转发时，会触发每一跳设备创建和（*,G）一致的（S,G）表项，有一致的上下游接口对应关系，但该 SPT 树（S,G）表项不置 SPT 位，仅置 ACT 位（ACT 代表有数据经过该表项）。RPT 树上每个设备虽有（S,G）表项，但当数据从 RP 向最后一跳路由器流时，数据因（S,G）表项无效而仍使用 RPT 树的（*,G）表项执行 RPF 检查（组播数据的入口与（*，229.1.2.3）上游接口判断是否一致）。华为这么设计实现的优点是可以在发生 SPT 剪枝或建树时，减少不必要的建表项延迟。

以 R4 为例，R4 处在 RPT 树上。虽有（S,G）表项，但不影响数据包转发。

```
<R4>dis pim routing-table
 VPN-Instance: public net
 Total 1 (*, G) entry; 1 (S, G) entry

 (*, 229.1.2.3)
     RP: 10.1.3.3
     Protocol: pim-sm, Flag: WC
     UpTime: 00:21:38
     Upstream interface: Serial1/0/0
         Upstream neighbor: 10.1.34.3
         RPF prime neighbor: 10.1.34.3
     Downstream interface(s) information:
     Total number of downstreams: 1
         1: Serial1/0/1
             Protocol: pim-sm, UpTime: 00:21:38, Expires: 00:02:52

 (10.1.1.100, 229.1.2.3)
     RP: 10.1.3.3
     Protocol: pim-sm, Flag: ACT
     UpTime: 00:18:10
     Upstream interface: Serial1/0/0
         Upstream neighbor: 10.1.34.3
         RPF prime neighbor: 10.1.34.3
     Downstream interface(s) information:
     Total number of downstreams: 1
         1: Serial1/0/1
             Protocol: pim-sm, UpTime: 00:18:10, Expires: -
```

（4）RP 在知道源后开始 SPT 切换，向组播源发送（10.1.1.100, 229.1.2.3）Join 报文，Join 报文逐跳转发到组播源。Join 报文经过 R2，在 R2 上创建（10.1.1.100, 229.1.2.3）表项后，继续经 S1/0/0 转发给上游路由器 R1。

R1 从 R2 收到（10.1.1.100, 229.1.2.3）Join 报文，在（10.1.1.100, 229.1.2.3）表项下添加下游接口 S1/0/0，此时 R1 下游接口包括 S1/0/0 和 RegisterTunnel 接口。当 R1 转发组播数据时，同时向 S1/0/0 接口和逻辑隧道接口转发数据。

（5）RP 会收到两份同样的数据报文，一份从 S1/0/0 接口组播流入，一份是通过单播的注册报文，此时 RP 开始单播回送注册—停止报文给 DR，通知 DR 不要继续发送封装的组播数据报文，DR 收到后会抑制发送注册报文。如图 7-49 所示。

```
⊞ Internet Protocol Version 4, Src: 10.1.3.3 (10.1.3.3), Dst:10.1.1.1 (10.1.1.1)
⊟ Protocol Independent Multicast
    0010 .... = Version: 2
    .... 0010 = Type: Register-stop (2)
    Reserved byte(s): 00
    Checksum: 0x1628 [correct]
  ⊟ PIM options
      Group: 229.1.2.3 (229.1.2.3)/32
      Source:10.1.1.100 (10.1.1.100)
```

图 7-49　RP 发给 DR 的注册终止报文

说明：

1）注册—停止报文是对 DR 上（10.1.1.100，229.1.2.3）源和组的抑制，其他源和组若没有收到注册—停止报文，则不抑制。

2）抑制并不是永远抑制，在 60s 后，DR 会重新开始注册报文的发送。如果没有收到停止报文，则注册报文一直发送。

场景 2，源活跃，但尚无接收者加入组（共享树尚未建立）

当 RP 收到注册报文时，由于 RP 没有下游接收者，所以没有（*,G）表项，RP 没有必要继续接收注册报文，RP 必须向 DR 发送注册—终止报文，通知 DR 停止发送注册报文。

收到注册报文的 RP 仍会创建（10.1.1.100，229.1.2.3）表项，但其下游接口为 NULL，会立即回送注册—终止报文通知 DR。DR 收到注册—终止报文后，抑制组播数据继续发送。如图 7-50 所示。

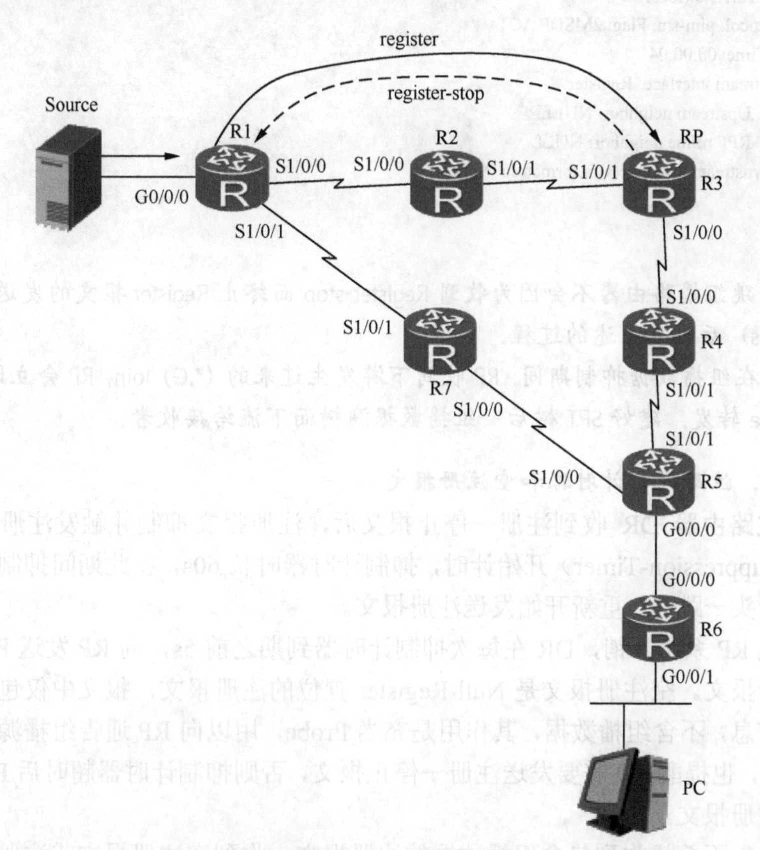

图 7-50　没有接收者时的注册—终止过程

过程：

（1）源发送组播数据；

（2）R1 收到组播数据后，开始产生单播注册报文，封装组播数据，并发给 RP。

```
<R1>display pim routing-table
VPN-Instance: public net
 Total 0 (*, G) entry; 1 (S, G) entry
(10.1.1.100, 229.1.2.3)
     RP: 10.1.3.3
     Protocol: pim-sm, Flag: SPT LOC ACT
UpTime: 00:00:08
     Upstream interface: GigabitEthernet0/0/0
          Upstream neighbor: NULL
          RPF prime neighbor: NULL
     Downstream interface(s) information: None
```

（3）RP 收到后，由于 RP 上没有对应的组播组成员（没有（*,G）表项），所以 RP 回送注册停止报文给 DR，即 R1，通知 DR 不要通告注册报文。

```
#
<R3>display pim routing-table
 VPN-Instance: public net
 Total 0 (*, G) entry; 1 (S, G) entry

(10.1.1.100, 229.1.2.3)
     RP: 10.1.3.3 (local)
     Protocol: pim-sm, Flag: 2MSDP ACT
     UpTime: 00:00:04
     Upstream interface: Register
          Upstream neighbor: NULL
          RPF prime neighbor: NULL
     Downstream interface(s) information: None
#
```

说明：

1）头一跳组播路由器不会因为收到 Register-stop 而终止 Register 报文的发送，抑制计时器超时（60s）后重复上述的过程。

2）如果在组播数据抑制期间，RP 收到下游发生过来的（*,G）Join，RP 会立即产生（S,G）Join 向 Source 转发，建好 SPT 树后，组播数据溯树而下流给接收者。

场景 3，注册抑制计时器和空注册报文

头一跳路由器 DR 收到注册—停止报文后，注册报文抑制并触发注册抑制计时器（Register-Suppression-Timer）开始计时，抑制计时器时长 60s，在此期间抑制发送注册报文，超时后头一跳 DR 重新开始发送注册报文。

为降低 RP 系统开销，DR 在每次抑制计时器到期之前 5s，向 RP 发送 Probe 报文，又叫空注册报文。空注册报文是 Null-Register 置位的注册报文，报文中仅包含组播源和组播组的信息，不含组播数据，其作用是充当 Probe，用以向 RP 通告组播源仍处于活跃状态。同时，也提醒 RP 需要发送注册—停止报文，否则抑制计时器超时后 RP 会收到包含数据的注册报文。

如果 RP 不希望收到包含组播数据的注册报文，收到空注册报文或注册报文（含数据）后应立即回应注册—终止报文。如果 RP 希望收到注册报文中的组播数据，则收到空注册报文或注册报文（含数据）后，并不回应注册—终止报文。默认情况下，Probe 时间间隔是在抑制计时器到期之前的 5s。命令如下：

```
[R1] multicast routing-enable
[R1] pim
[R1-pim] probe-interval 5
[R1-pim]register-suppression-timeout 60
# DR 会在收到注册—终止报文后 55s 时开始发送 Probe 报文，此功能默认开启
```

说明：

1）使用 probe-interval 命令配置的时间间隔必须小于 register-suppression-timeout 命令配置时间间隔的一半。

2）如果配置的注册抑制时间较小，意味着 RP 将更频繁地接收到突发性组播数据；如果配置较大的注册抑制时间，则意味着 RP 等待注册报文的时间变长，组播接收者收到组播数据的延迟加大。

7.6.4.3 阶段 3：SPT 切换机制

当 RP 通过 SPT 树收到组播数据报文后，RP 可通过注册—终止报文，剪掉不希望的组播注册报文，用以降低 RP 的负荷，但它不能完全优化转发路径。对一些接收者而言，通过 RP 的组播转发路径并非是从源到接收者的最优路径。

为了获得更低的转发延迟及提高转发效率，最后一跳路由器 DR 像 RP 一样，可执行 SPT 切换，创建直接到组播源的 SPT 树，不再接收从 RPT 树转发过来的组播数据。

为了达到这个目的，最后一跳路由器 DR 在收到第一份组播数据报文之后，开始建 SPT 树，并向组播源转发（S,G）Join，其过程和 RP 建立 SPT 树的过程一样，SPT 树建成后，组播数据会沿 SPT 流下，而 RPT 树上的组播数据将被剪除。

7.6.4.4 最后一跳的 SPT 切换过程

（1）图 7-51 中，R6 作为最后一跳 DR，对收到的组播数据报文速率进行周期性检测，若检测到 R6 上当前组播数据报文速率超过 pim spt-threshold 设定的阈值，R6 立即开始 SPT 切换。默认情况下为 spt-switch-threshold 0kbit/s，即 SPT 切换阀值为 0，所以 DR 收到第一份组播数据报文后即超出阀值。R6 开始向组播源建 SPT 树，组播表中已存在（10.1.1.100，229.1.2.3）表项，则刷新表项，并继续向组播源转发（S,G）Join 报文。

以下是 R6 上开始建 SPT 树的组播表。

```
<R6>display pim routing-table
 VPN-Instance: public net
 Total 1 (*, G) entry; 1 (S, G) entry

 (*, 229.1.2.3)
     RP: 10.1.3.3
     Protocol: pim-sm, Flag: WC
     UpTime: 00:21:48
     Upstream interface: GigabitEthernet0/0/0
         Upstream neighbor: 10.1.56.5
         RPF prime neighbor: 10.1.56.5
     Downstream interface(s) information:
     Total number of downstreams: 1
```

```
        1: GigabitEthernet0/0/1
            Protocol: igmp, UpTime: 00:21:47, Expires: -

 (10.1.1.100, 229.1.2.3)
     RP: 10.1.3.3
     Protocol: pim-sm, Flag: ACT
     UpTime: 00:00:05
     Upstream interface: GigabitEthernet0/0/0
         Upstream neighbor: 10.1.56.5
         RPF prime neighbor: 10.1.56.5
     Downstream interface(s) information:
     Total number of downstreams: 1
         1: GigabitEthernet0/0/1
             Protocol: pim-sm, UpTime: 00:00:05, Expires:-
```

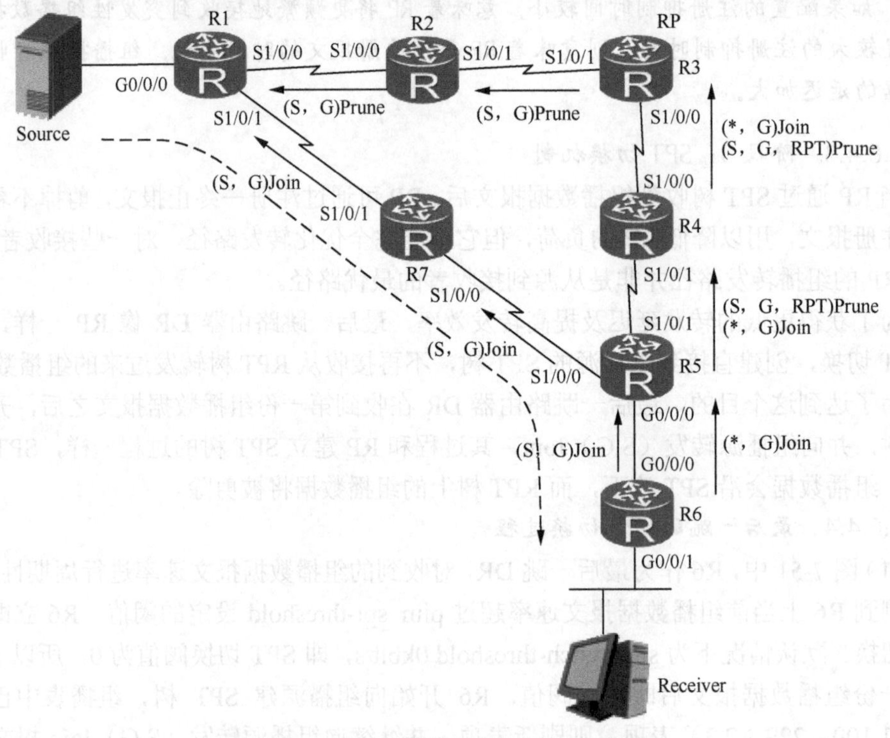

图 7-51　最后一跳路由器 R6 的 SPT 切换

（2）R5 收到源自 R6 的（10.1.1.100，229.1.2.3）Join 后，R5 上已存在（10.1.1.100，229.1.2.3）表项，根据单播路由表执行 RPF 检查确定到组播源“最近”路径，计算后知 RPF 接口是 S1/0/0，继续向 R7 转发（10.1.1.100，229.1.2.3）Join 报文。

```
<R5>display pim routing-table
 VPN-Instance: public net
 Total 1 (*, G) entry; 1 (S, G) entry

 (*, 229.1.2.3)
     RP: 10.1.3.3
     Protocol: pim-sm, Flag: WC
     UpTime: 00:28:15
     Upstream interface: Serial1/0/1
```

```
        Upstream neighbor: 10.1.45.4
        RPF prime neighbor: 10.1.45.4
    Downstream interface(s) information:
    Total number of downstreams: 1
        1: GigabitEthernet0/0/0
            Protocol: pim-sm, UpTime: 00:28:15, Expires: 00:03:14

 (10.1.1.100, 229.1.2.3)
     RP: 10.1.3.3
     Protocol: pim-sm, Flag: SWT ACT
     UpTime: 00:00:16
     Upstream interface: Serial1/0/1
         Upstream neighbor: 10.1.45.4
         RPF prime neighbor: 10.1.45.4
     Downstream interface(s) information:
     Total number of downstreams: 1
         1: GigabitEthernet0/0/0
             Protocol: pim-sm, UpTime: 00:00:16, Expires: 00:03:14
```

从图 7-51 中可看出，R5 到组播源 S 和到 RP 的上游接口不一致，但从组播转发表中可看出（S,G）表项并没有立即把 RPF 上游接口调整为 S1/0/0，仍保持原上游接口 S1/0/1，且置 SWT 位（代表 SPT 切换中），R5 继续向 R7 转发（S,G）Join。

说明：

只要没有从（S,G）树上收到组播数据，（S,G）条目即使出现在组播转发表中，组播数据报文并不使用它做转发。（S,G）条目仅当 SPT 置位后才有效。

规则 a：当 SPT 树和 RPT 树在当前路由器上同时存在时，若 SPT 树（S,G）条目置有 SPT 标志，则组播数据报文使用 SPT 条目转发，若无 SPT 标志位，则组播数据报文使用 RPT（*,G）条目转发。

（3）R7 收到（10.1.1.100，229.1.2.3）Join 后，先创建组播条目，添加下游接口并转发给 R1。当（10.1.1.100，229.1.2.3）Join 到达头一跳路由器 R1 后，R1 上已存在（10.1.1.100，229.1.2.3）表项，在下游接口列表添加 S1/0/1 接口。目前，下游接口列表中有 S1/0/0、S1/0/1 及注册接口。

（4）图 7-52 中，R1 上（10.1.1.100，229.1.2.3）表项目前有两个物理下游接口 S1/0/1 和 S1/0/0。R1 收到组播数据报文后分别从这两个接口转发出去，一份经 R2、R3、R4、R5、R6 转发给接收者，一份经 R7、R5、R6 转发给接收者。

注意：

spt-switch-threshold 命令可修改最后一跳 DR 上的 SPT 切换阈值。

```
<R6> system-view
[R6]acl name myacl
[R6-acl-adv-myacl]rule permit ip destination 10.1.1.0 0.0.0.255
[R6-acl-adv-myacl] quit
[R6] multicast routing-enable
[R6] pim
[R6-pim]spt-switch-threshold 100 group-policy acl-name myacl order 1
```

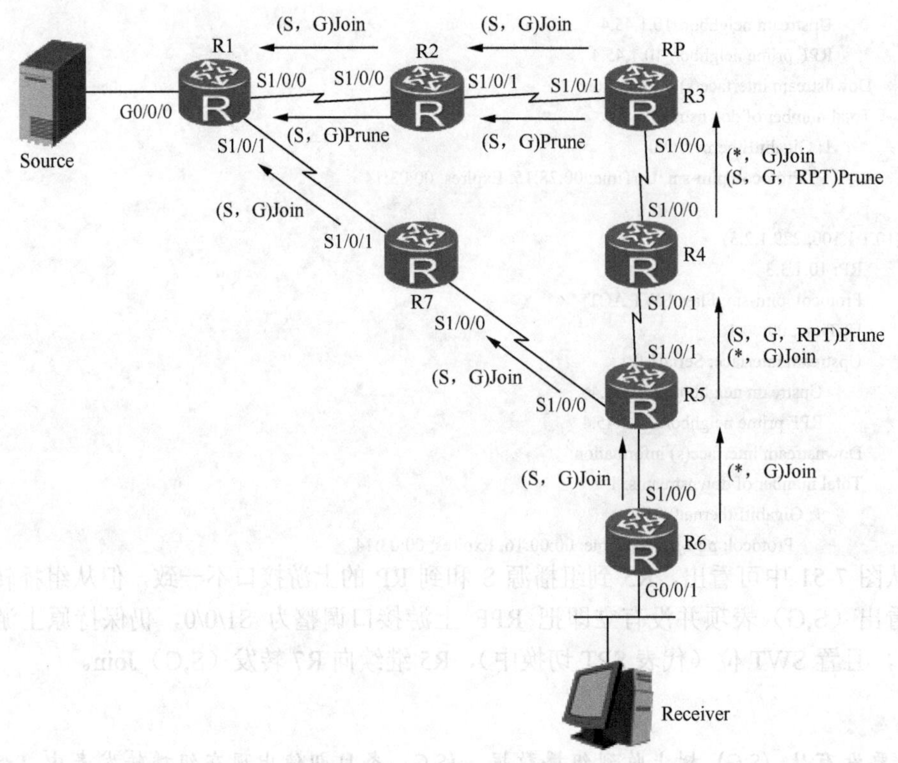

图 7-52　R1 收到（S,G）Join 后，出现两个下游接口

命令中：

- 阈值速率单位是 kbit/s，为流入 DR 的所有组播组流量之和；
- group-policy：为定义的 ACL 列表所匹配的组播流量设置 SPT 切换阀值；
- Order：若组播报文和多个条目同时匹配，优先选择 order 数值小的条目。

（5）如图 7-52 所示，R5 既处于 RPT 树上，又处于 SPT 树上，（*,229.1.2.3）和（10.1.1.100, 229.1.2.3）表项共存，当组播数据没有经 S1/0/0 接口进来时，R5 上（10.1.1.100,229.1.2.3）表项置 SWT、ACT 位，上游接口指向 R4。当组播数据从新建的 SPT 树流下来时，数据包 IP 头匹配到 R5 上的（S,G）表项，R5 去掉 SWT 位，把上游接口修改为指向 R7，并置 SPT 位，向下转发组播数据。

此时，组播数据依然从共享树上 R4 流给 R5，当 R5 收到组播数据报文时，R5 上对组播数据根据（10.1.1.100, 229.1.2.3）表项执行 RPF 检查。

- 如果源 IP 地址是 10.1.1.100，目标组播组 IP 地址是 229.1.2.3 的报文从 S1/0/1 接口流进来，由于精确匹配的（10.1.1.100, 229.1.2.3）条目（已置 SPT 位）存在，上游接口和入口不一致，RPF 检查失败，报文被丢弃。
- 如果源 IP 地址是 10.1.1.100，目标组播组 IP 地址是 229.1.2.3 的报文从 S1/0/0 接口流进来，由于精确匹配的（10.1.1.100, 229.1.2.3）条目存在，入接口等于 RPF 接口，RPF 检查通过报文根据（10.1.1.100, 229.1.2.3）表项向下游接口转发。
- 如果源 IP 地址是 20.1.1.X，目标组播组 IP 地址是 229.1.2.3 的报文从 S1/0/1 接

口流进来，由于没有对应的（20.1.1.X, 229.1.2.3）精确组播条目，仅按对应的（*, 229.1.2.3）转发。只要报文入接口匹配（*,G）组播条目的 RPF 接口，报文被继续转发给下游接口。

规则 b：路由器对匹配（*,G）条目的组播数据报文只验证数据入口是否与（*,G）条目的 RPF 接口一致，不一致则报文丢弃。

R5 收到两份组播数据报文，S1/0/1 接口收到的 R4 转发的组播数据报文会被丢掉，但持续的不必要的组播报文流到 R5 并丢掉，会增加系统开销。所以，R5 在（10.1.1.100, 229.1.2.3）表项 SPT 置位后，立即向 RP 方向发送置 R（代表 RPT）位的（10.1.1.100, 229.1.2.3）Prune 报文。收到（10.1.1.100, 229.1.2.3）Prune 报文的 R4 路由器，将已存在的组播（10.1.1.100, 229.1.2.3）条目置 RPT 位（代表该（S,G）条目指向 RP）。同时从（10.1.1.100, 229.1.2.3）下游接口列表中，剪除收到（10.1.1.100, 229.1.2.3）Prune 报文的接口。组播报文不再沿 RPT 树流给 R5。

```
<R4>dis pim routing-table
 VPN-Instance: public net
 Total 1 (*, G) entry; 1 (S, G) entry

 (*, 229.1.2.3)
     RP: 10.1.3.3
     Protocol: pim-sm, Flag: WC
     UpTime: 00:02:03
     Upstream interface: Serial1/0/0
         Upstream neighbor: 10.1.34.3
         RPF prime neighbor: 10.1.34.3
     Downstream interface(s) information:
     Total number of downstreams: 1
         1: Serial1/0/1
             Protocol: pim-sm, UpTime: 00:02:03, Expires: 00:03:27

 (10.1.1.100, 229.1.2.3)
     RP: 10.1.3.3
     Protocol: pim-sm, Flag: RPT ACT
     UpTime: 00:00:46
     Upstream interface: Serial1/0/0
         Upstream neighbor: 10.1.34.3
         RPF prime neighbor: 10.1.34.3
     Downstream interface(s) information: None
```

如果 R4 上（10.1.1.100, 229.1.2.3）表项下游接口列表不为空的话，则 R4 不会继续向 RP 转发（10.1.1.100, 229.1.2.3）RPT 置位的 Prune 报文。

如果 R4 上（10.1.1.100, 229.1.2.3）表项下游接口列表变为空，R4 会继续向 RP 发送置 RPT 位的（10.1.1.100, 229.1.2.3）Prune，并在上游设备上生成置 RPT 位的（10.1.1.100, 229.1.2.3）组播表项，并剪除收到 Prune 报文的接口。

说明：

为了区别于（S,G）Join/Prune 报文，本章把（S,G）置 RPT 位的 Join/Prune 报文统一表示为（S, G, RPT）Join/Prune 报文；根据（S, G, RPT）Join/Prune 报文生成的置 RPT 标志位的(S,G）表项统一表示为（S, G, RPT）表项。

7.6.4.5 思考练习题

思考问题 1：R5 为什么向 RP 发送（S，G，RPT）Prune 报文？

答：R5 不希望继续从 RPT 树（RP 方向）收到源自 10.1.1.100 的组播数据，但并没有拒绝所有目标为 229.1.2.3 的其他组播源的组播数据报文，所以没有向上游发送（*,229.1.2.3）Prune 报文，而是发送（10.1.1.100, 229.1.2.3，RPT）Prune 报文。收到该报文的接口从（10.1.1.100, 229.1.2.3）组播表项中剪除下游接口。但若当前尚没有对应的组播表项，则要先创建一个，至于（10.1.1.100, 229.1.2.3）表项上游下游接口则要先复制已存在的（*,229.1.2.3）表项的接口列表，再执行剪除接口的操作。图 7-53 是（10.1.1.100, 229.1.2.3, RPT）Prune 报文。

```
⊞ Internet Protocol Version 4, Src: 10.1.45.5 (10.1.45.5), Dst: 224.0.0.13 (224.0.0.13)
⊟ Protocol Independent Multicast
    0010 .... = Version: 2
    .... 0011 = Type: Join/Prune (3)
    Reserved byte(s): 00
    Checksum: 0xaa7c [correct]
  ⊟ PIM options
      Upstream-neighbor: 10.1.45.4 (10.1.45.4)
      Reserved byte(s): 00
      Num Groups: 1
      Holdtime: 210s
    ⊟ Group 0: 229.1.2.3/32
        Num Joins: 0
      ⊟ Num Prunes: 1
          IP address: 10.1.1.100/32 (SR)
```

图 7-53　R5 产生的置 RPT 位的 Prune 报文

说明：

S 位：在 SparseMode 中所有 Join/Prune 报文均置 S 位。

R 位：向 RP 发送（S,G）Join 或 Prune 的报文均置 R 位。R 位即 RPT 位。

思考问题 2：图 7-54 场景中，接收者仅在 R6 后面网段存在，当 R5 向 RP 发送（S，G，RPT）Prune 报文时，是否剪枝报文逐跳转发到 RP？

答：在图 7-54 场景中，由 R5 产生的（S，G，RPT）Prune 报文会每隔 60s，由 R5 发给 R4，R4 上（S，G，RPT）表项下游接口为空，所以 R4 继续转发（S，G，RPT）Prune 报文给 R3。R3 上（S，G，RPT）表项下游接口为空，所以 R3 会继续向组播源剪除已存在的 SPT 树。R2 向组播源方向发送（S,G）Prune 报文，收到的 R2 剪除（S,G）表项下游接口。同理，R1 收到（S,G）Prune 报文后，R1 上（S,G）表项下游接口仅存 S1/0/1 接口。

结论：

图 7-54 场景中，RP 到 R5 路径上的（S，G，RPT）表项会靠周期收到 Prune 报文而存在，而 R1 到 RP 间 SPT 树下游接口被（S,G）Prune 报文剪除。除了 DR R1 和 RP 外，其他路由器如 R2 上的（S,G）表项在 210s 后消失。

思考问题 3：什么情况下，会触发 R5 产生（S，G，RPT）Prune 报文？

答：规则 c：置 SPT 位的（S,G）条目和（*,G）条目的 RPF 接口或 RPF 邻居不一致，会触发"分叉点"路由器 R5 产生（S，G，RPT）Prune 报文。

（S，G，RPT）Prune 报文由 R5 周期产生，刷新 RP 到 R5 的置 RPT 位的 SPT（S,G）条目。

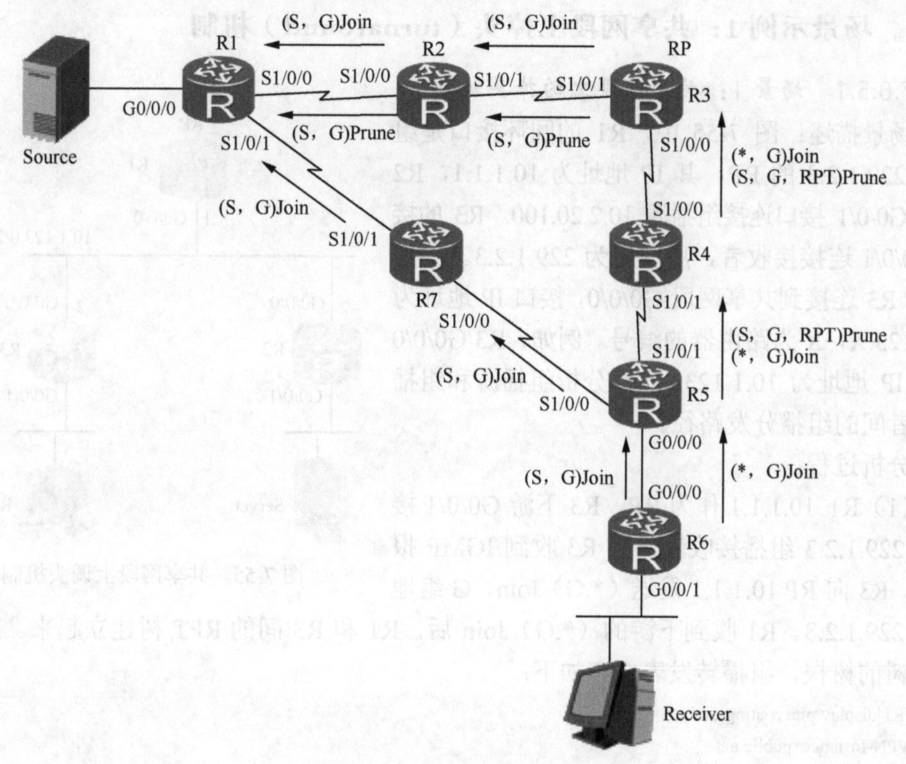

图 7-54 PIM-SM 拓扑

说明：

(S，G，RPT) Prune 报文是周期产生的，(S，G，RPT) Join 报文则是事件触发产生的。

思考问题 4：在 SPT 切换完成后，如果流经最后一跳 DR 的组播数据报文的速率低于设定的 SPT 切换阈值，SPT 树会一直存在吗？会开始重建 RPT 树吗？

答：当 R6 收到的组播报文的数量低于 DR 上设置的 SPT 阈值时，没有相应的机制实现切换回的机制。

当组播报文速率为 0，即源不再活跃后，最后一跳路由器 DR 没有检测到组播数据报文，则开始执行 SPT 剪枝操作，向组播源逐跳发送（S,G）Prune 报文，收到剪枝报文的路由器剪除下游接口，最终删除（S,G）条目。

RPT 树则只要接收者一直存在，最后一跳路由器到 RP 间的共享树一直存在。

当组播源再次活跃时，组播数据还是先注册报文，再由 RPT 树转发，最后一跳 SPT 切换。

结论：

SPT 树或 RPT 树都是由下游叶子节点发送 Join 或 Prune 报文建立或拆除的。RPT 树只要接收者存在将一直存在，当接收者不存在时，RPT 树将拆除。SPT 树当接收者不存在或组播源不再活跃时会被拆除。

7.6.5 场景示例 1：共享网段上掉头（turnaround）机制

7.6.5.1 场景 1：共享网段上的掉头机制

场景描述：图 7-55 中，R1 的回环接口是组播组 229.1.2.3 的 RP，其 IP 地址为 10.1.1.1，R2 下游 G0/0/1 接口连接组播源 10.2.20.100。R3 的接口 G0/0/1 连接接收者，所属组为 229.1.2.3。R1、R2 和 R3 连接到共享网段 G0/0/0，接口 IP 地址为 10.1.123.X，X 为路由器的编号。例如，R3 G0/0/0 接口 IP 地址为 10.1.123.3。请分析组播源和组播接收者间的组播分发路径。

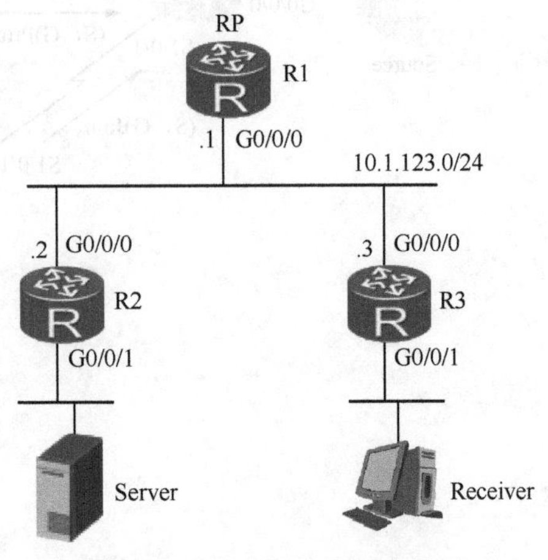

图 7-55 共享网段上调头机制

分析过程：

（1）R1 10.1.1.1 作为 RP，R3 下游 G0/0/1 接口有 229.1.2.3 组播接收者，当 R3 收到 IGMP 报告后，R3 向 RP 10.1.1.1 发送（*,G）Join，G 组地址为 229.1.2.3。R1 收到下游的（*,G）Join 后，R1 和 R3 间的 RPT 树建立起来。R1 是 RPT 树的树根，组播转发表内容如下：

```
[R1]display pim routing-table
VPN-Instance: public net
 Total 1 (*, G) entry; 0 (S, G) entry

(*, 229.1.2.3)
     RP: 10.1.1.1 (local)
     Protocol: pim-sm, Flag: WC
UpTime: 00:00:05
     Upstream interface: Register
          Upstream neighbor: NULL
          RPF prime neighbor: NULL
     Downstream interface(s) information:
Total number of downstreams: 1
      1: GigabitEthernet0/0/0
          Protocol: pim-sm, UpTime: 00:00:05, Expires: 00:03:25
```

R3 组播转发表内容如下：

```
[R3]display pim routing-table
 VPN-Instance: public net
 Total 1 (*, G) entry; 0 (S, G) entry
 (*, 229.1.2.3)
      RP: 10.1.1.1
      Protocol: pim-sm, Flag: WC
      UpTime: 00:00:50
      Upstream interface: GigabitEthernet0/0/0
          Upstream neighbor: 10.1.123.1
          RPF prime neighbor: 10.1.123.1
      Downstream interface(s) information:
      Total number of downstreams: 1
```

```
        1: GigabitEthernet0/0/1
            Protocol: pim-sm, UpTime: 00:00:50, Expires: -
#
```

R3 的上游接口是指向 RPF 邻居 R1 的 G0/0/0，下游接口列表是接收者所在的接口。当前 R1 和 R3 都不知道组播源的位置。

（2）当组播源 10.1.20.100 活跃后，R2 是头一跳组播路由器，作为 DR，会产生 PIM Register 报文，目标 IP 地址为 RP 地址 10.1.1.1。该注册报文包含组播原始数据，注册报文直接发给 RP。

（3）RP 收到注册报文后，解封转，创建（S,G）条目，并复制（*,G）的下游接口列表。图 7-56 中，接口 G0/0/0 为（S,G）的下游接口。R1 开始 SPT 切换时，转发（S,G）Join 的上游接口也是 G0/0/0，组播规则“上游接口不能同时成为组播的下游接口”，一旦上游接口选择 G0/0/0 接口，下游接口列表则为 NULL，下游接口为空，则不会触发 SPT 切换。RP 将一直使用注册报文接收组播数据。

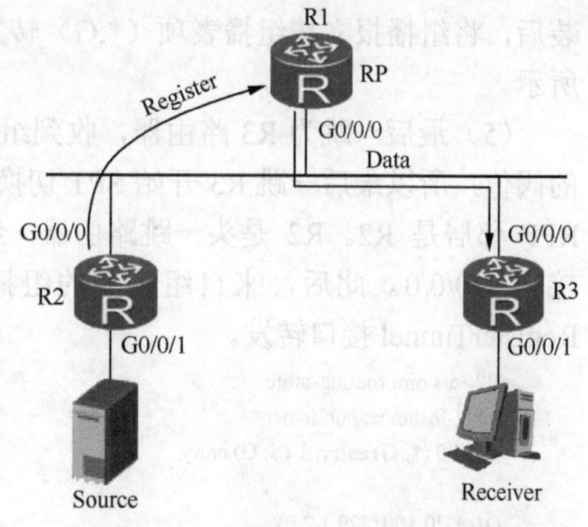

图 7-56 共享网段上 RP 掉头机制

说明：

RP 上（S,G）表项上游及下游接口指向同一个链路的场景是不会发生 SPT 切换的。例外的场景是在 FR 的环境下，如图 7-56 所示，R1 是 RP，组播源在 R2 后面，接收者在 R3 后面，RP 上（S,G）表项上游及下游接口都是 S1/0/0，这是由于 S1/0/0 接口下游有多个 PVC 的原因，一个 PVC 对应着上游接口，一个 PVC 对应着下游接口。

R1 上，组播路由表如下，（S,G）的下游接口为空。

```
<R1>dis pim routing-table
 VPN-Instance: public net
 Total 1 (*, G) entry; 1 (S, G) entry

 (*, 229.1.2.3)
     RP: 10.1.1.1 (local)
     Protocol: pim-sm, Flag: WC
     UpTime: 00:06:12
     Upstream interface: Register
         Upstream neighbor: NULL
         RPF prime neighbor: NULL
     Downstream interface(s) information:
     Total number of downstreams: 1
         1: GigabitEthernet0/0/0
             Protocol: pim-sm, UpTime: 00:06:12, Expires: 00:02:51

 (10.1.20.100, 229.1.2.3)
     RP: 10.1.1.1 (local)
     Protocol: pim-sm, Flag: SPT 2MSDP ACT
```

```
UpTime: 00:00:15
Upstream interface: GigabitEthernet0/0/0
    Upstream neighbor: 10.1.123.2
    RPF prime neighbor: 10.1.123.2
Downstream interface(s) information: None
```

（4）从上面的输出可以看到，（*,G）的下游接口=（S,G）的上游接口，这种场景下，RP 上是不会发生 SPT 切换的。组播数据继续由 R2 以单播注册报文发送给 R1。R1 解封装后，将组播报文按组播表项（*,G）转发，经 G0/0/0 接口转发到共享网段，如图 7-56 所示。

（5）最后一跳为 R3 路由器，收到组播数据后，转发给接收者，由于超过 SPT 切换的阀值，所以最后一跳 R3 开始 SPT 切换过程。R3 向 RPF 邻居发送（S,G）Join 报文，RPF 邻居是 R2。R2 是头一跳路由器，组播表项（S,G）条目早已存在，为其添加下游接口 G0/0/0。此后，来自组播源的组播数据被 R2 向下游接口列表中的 G0/0/0 和 RegisterTunnel 接口转发。

```
<R2>dis pim routing-table
 VPN-Instance: public net
 Total 0 (*, G) entry; 1 (S, G) entry

 (10.1.20.100, 229.1.2.3)
     RP: 10.1.1.1
     Protocol: pim-sm, Flag: SPT LOC ACT
     UpTime: 00:11:35
     Upstream interface: GigabitEthernet0/0/1
         Upstream neighbor: NULL
         RPF prime neighbor: NULL
     Downstream interface(s) information:
     Total number of downstreams: 2
         1: GigabitEthernet0/0/0
             Protocol: pim-sm, UpTime: 00:11:35, Expires: 00:02:36
         2: Register
             Protocol: pim-sm, UpTime: 00:11:35, Expires:-
```

（6）R3 在 G0/0/0 接口收到组播数据，该报文可能源自 R1，也可能源自 R2，这可以通过报文的 MAC 地址看出来。但 R3 工作在三层，R3 假定这是 SPT 流下来的，所以 R3 上 SPT 和 RPT 共同存在且有效，（S,G）和（*,G）使用同样的上游接口 G0/0/0，但 RPF 邻居不同，（S,G）的 RPF 邻居是 R2，（*,G）的 RPF 邻居是 R1，RPF 邻居不一致，这触发 R3 向 R1 发送置 RPT 位的（S,G）Prune 报文。

```
11:35:43.535.3-05:13 R1 PIM/7/JP:(public net): Group: 229.1.2.3/32 --- 1 join 1 prune
11:35:43.535.4-05:13 R1 PIM/7/JP:(public net): Join: 10.1.1.1/32 SWR
11:35:43.535.5-05:13 R1 PIM/7/JP:(public net): Prune: 10.1.20.100/32 SR # Sparse 置位和 RPT 置位
```

上述 Debug 中，Join 用于维护 RPT 树，Prune 用于剪除 R1 上的（S,G）表项的下游接口，二者使用一份 Join/Prune 报文，周期发送。

R1 收到（S,G）Prune 报文后，从（S,G）条目下游接口列表中移除 G0/0/0。

```
<R1>dis pim routing-table
 VPN-Instance: public net
 Total 1 (*, G) entry; 1 (S, G) entry

 (*, 229.1.2.3)
     RP: 10.1.1.1 (local)
```

```
        Protocol: pim-sm, Flag: WC
        UpTime: 00:18:34
        Upstream interface: Register
            Upstream neighbor: NULL
            RPF prime neighbor: NULL
        Downstream interface(s) information:
        Total number of downstreams: 1
            1: GigabitEthernet0/0/0
                Protocol: pim-sm, UpTime: 00:18:34, Expires: 00:02:31

    (10.1.20.100, 229.1.2.3)
        RP: 10.1.1.1 (local)
        Protocol: pim-sm, Flag: RPT ACT
        UpTime: 00:12:37
        Upstream interface: Register
            Upstream neighbor: NULL
            RPF prime neighbor: NULL
        Downstream interface(s) information: None
```

最终，R2 的组播数据并不会经 R1 中转，而是直接发送给 R3。这种机制在共享网段上，使 RP 不再参与组播数据转发。组播报文经过最优路径，最低延迟直接发给 R3，如图 7-57 所示。

如果 R3 的 SPT 切换过程中定义的 SPT 阈值手工调整为无限大，则组播转发过程将如图 7-56 所示。

7.6.5.2 场景 2：修改后的掉头机制

图 7-58 对图 7-55 进行了稍许修改，RP 移至 R4 位置。

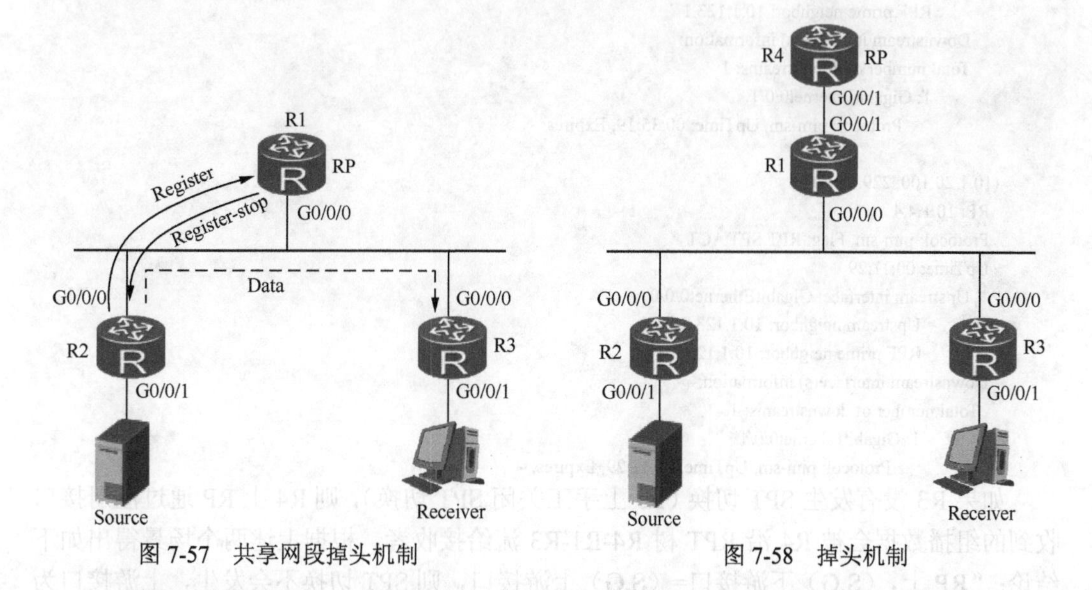

图 7-57 共享网段掉头机制　　　　图 7-58 掉头机制

工作过程如下：

R3 后面有组播接收者，R3 发起建 RPT 树，（*,G）Join 报文经 R3-R1-R4，RPT 树（R4-R1-R3）建立完成。

当直连的组播源活跃后，R2 单播注册报文发给 R4。

R4收到注册报文后，解封装，创建（S,G）条目，向下游接口G0/0/1转发组播报文。由于（S,G）下游接口与RPT树上游接口一致，SPT切换失败。所以R4将仅通过注册报文接收组播数据报文，并沿R4-R1-R3路径流给组播接收者。

如果组播数据超出R3的SPT切换阈值，则R3开始向组播源发起SPT切换，组播路径没有经过R1和R4。R3收到组播数据后，（S,G）表项有效，R3立即向RP发送（S，G，RPT）Prune报文。最终，R1上（S，G，RPT）表项下没有下游接口，R1继续转发（S，G，RPT）Prune报文给R4。最终，R4上（S，G，RPT）表项下游接口为空。组播数据从R2直接转发给R3，过程如图7-59所示。

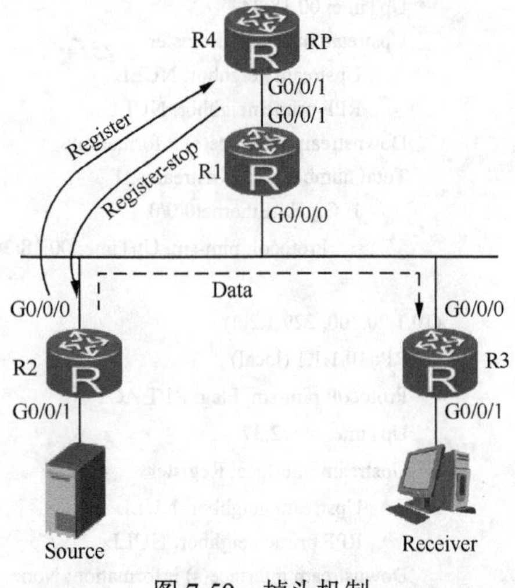

图7-59 掉头机制

```
[R3]display pim routing-table
VPN-Instance: public net
 Total 1 (*, G) entry; 1 (S, G) entry

   (*, 229.1.2.3)
      RP: 10.1.4.4
      Protocol: pim-sm, Flag: WC   UpTime: 00:35:19
          Upstream interface: GigabitEthernet0/0/0
          Upstream neighbor: 10.1.123.1
          RPF prime neighbor: 10.1.123.1
      Downstream interface(s) information:
      Total number of downstreams: 1
          1: GigabitEthernet0/0/1
              Protocol: pim-sm, UpTime: 00:35:19, Expires: -

  (10.1.20.100, 229.1.2.3)
    RP: 10.1.4.4
    Protocol: pim-sm, Flag: RPT SPT ACT
    UpTime: 00:11:29
      Upstream interface: GigabitEthernet0/0/0
           Upstream neighbor: 10.1.123.2
           RPF prime neighbor: 10.1.123.2
    Downstream interface(s) information:
     Total number of downstreams: 1
         1: GigabitEthernet0/0/1
             Protocol: pim-sm, UpTime: 00:11:29, Expires: -
```

如果R3没有发生SPT切换（R3上手工关闭SPT切换），则R4上RP通过注册接口收到的组播数据会被R4沿RPT树R4-R1-R3流给接收者。根据上述两个场景得出如下结论："RP上，（S,G）下游接口=（S,G）上游接口，则SPT切换不会发生，上游接口为注册接口"。

7.6.6 场景示例2：分析组播转发过程

图7-60是组播骨干网。组播源为S，R12的G0/0/1接口有接收者PC2，R12和R13

的 G0/0/0 接口有接收者 PC1，两个接收者在组播组 229.1.2.3。R7 是 RP，其回环接口地址是 10.1.7.7，已通过 BSR 发布该 RP 映射信息，环境中任何一条链路的成本都一致。

全网已部署 IGP，全网 IP 可达，其中，R10 到 10.1.7.7 路由的下一跳是 R8，而 R11 到 10.1.7.7 路由的下一跳是 R9。试分析组播接收者接收到组播源数据的过程。图中 IP 地址依路由器编号而定。

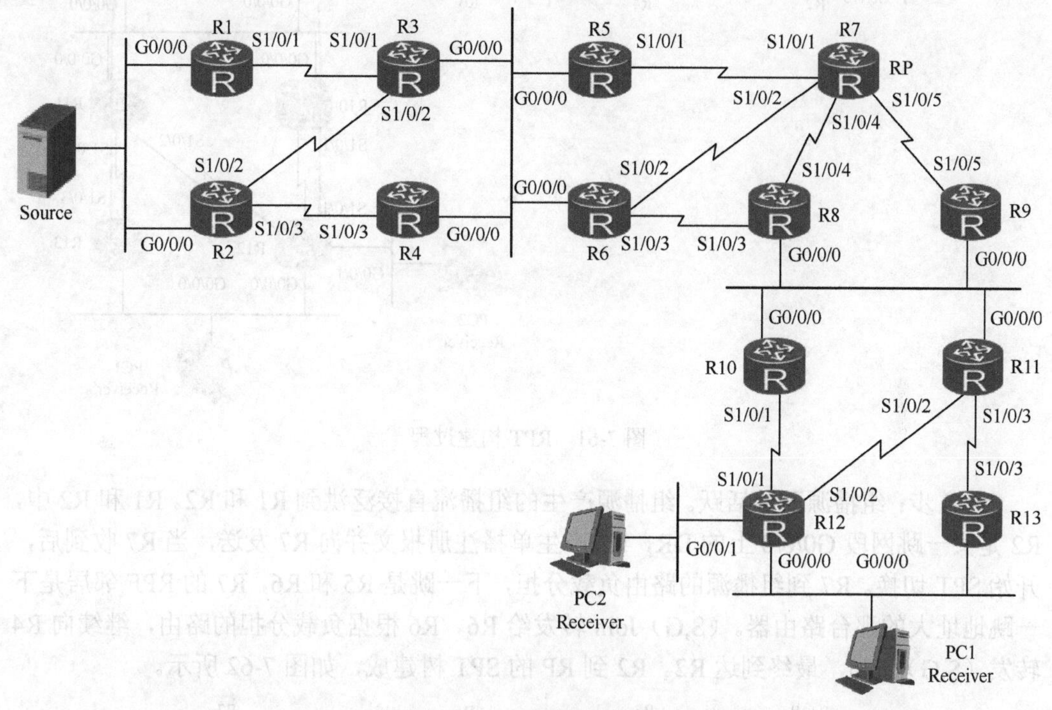

图 7-60 组播转发过程

分析过程如下。

第 1 步：接收者先加入网络。PC1 和 PC2 通告 IGMP Report（229.1.2.3），R12 是 G0/0/1 接口上的 DR，R13 是 G0/0/0 接口的 DR。其中，R12 是 G0/0/0 和 G0/0/1 接口上的 IGMP 查询者。

第 2 步：先分析 PC1 的加入请求。R13 创建（*,G）条目，并向上游 RPF 邻居 R11 转发（*,G）Join，R11 创建（*,G）条目，下游接口是 S1/0/3，上游接口是 G0/0/0，R11 到 RP 的 RPF 邻居是 R9。需要说明的是，R11 向 G0/0/0 发送的 PIM（*,G）Join 报文，组播地址是 224.0.0.13，该报文在 G0/0/0 网段上被 R8 和 R9 收到。由于 Join 报文含有 RPF 邻居的地址是 R9，所以 Join 报文会被 R9 收到并处理，R9 创建（*,G）条目并继续向 RP 转发（*,G）Join，直至 RPT 树建立完成。最后一跳网段上 R13 是 DR，其负责 RPT 树建立，而非 R12。

第 3 步：PC2 是组播接收者，发送 IGMP Report（229.1.2.3）。R12 是 G0/0/1 链路上的 DR，R12 创建（*,G）表项后，继续通告（*,G）Join 到 R10，R10 再向 RPF 邻居 R8 发送（*,G）Join，R8 向 R7 建 RPT 树。

最后一跳路由器 R12 和 R13 到 RP 的 RPT 树路径，如图 7-61 所示。

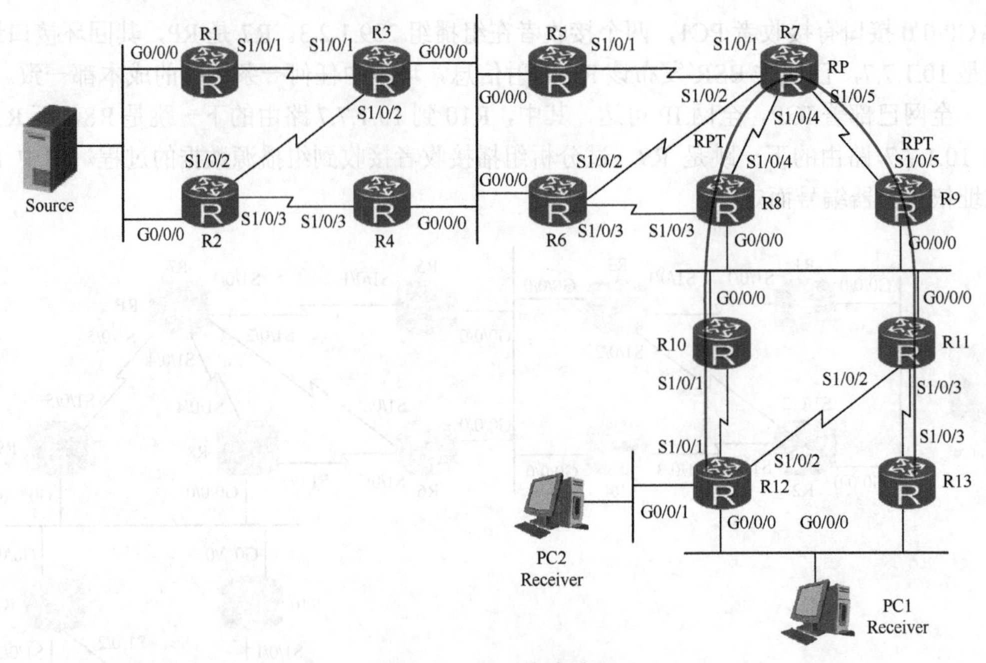

图 7-61　RPT 构建过程

第 4 步：组播源开始活跃。组播源产生的组播流直接泛洪到 R1 和 R2。R1 和 R2 中，R2 是头一跳网段 G0/0/0 上的 DR，R2 产生单播注册报文并向 R7 发送，当 R7 收到后，开始 SPT 切换。R7 到组播源的路由负载分担，下一跳是 R5 和 R6，R7 的 RPF 邻居是下一跳地址大的那台路由器。（S,G）Join 转发给 R6，R6 根据负载分担的路由，继续向 R4 转发（S,G）Join，最终到达 R2。R2 到 RP 的 SPT 树建成，如图 7-62 所示。

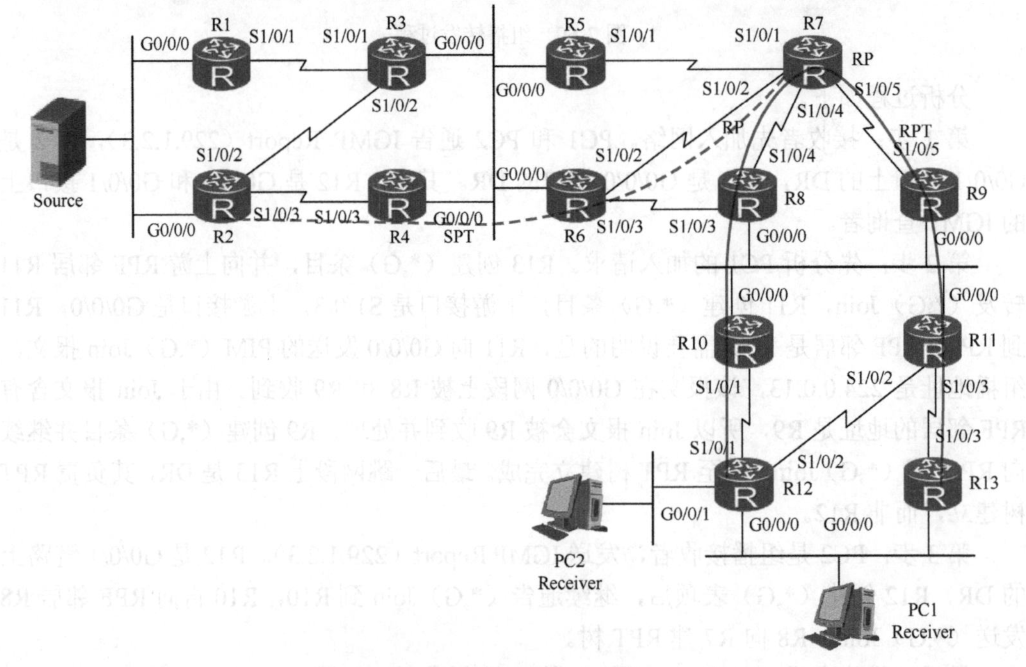

图 7-62　第一处 SPT 切换

第 5 步：组播数据沿 SPT 转发到 RP，RP 按（*,G）表项转发给 R8 和 R9，R8 和 R9 都转发同样的组播数据到 G0/0/0，触发 R8 和 R9 在 G0/0/0 链路上发生（*,G）表项的断言机制。如图 7-63 所示。比较到 RP 的路由协议优先级及成本后，地址大的 R9 是 Winner，成为 G0/0/0 链路上的 Forwarder。R8 是 Loser，R8 把 G0/0/0 接口从（*,G）条目中剪除，并继续剪枝到 R7。R10 和 R11 靠侦听 Assert 报文而知道 G0/0/0 网段的 Winner，所以 R10 和 R11 的（*,G）RPF 邻居都指向 R9。

说明：

(*,G) 的断言机制中，比较到 RP 的路由 preference 及 cost 来确定 Winner。而 (S,G) 的断言机制中，比较到 S 的路由 preference 及 cost 来确定 Winner。

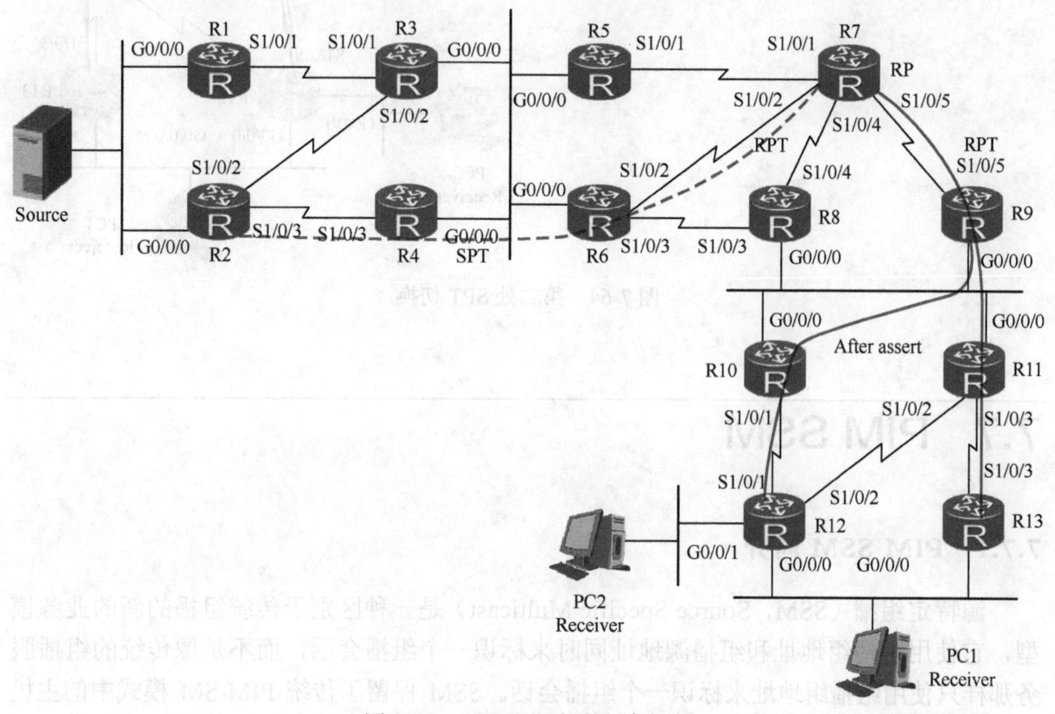

图 7-63 G0/0/0 网段上断言机制

第 6 步：R12 和 R13 根据听到的组播数据，根据已知的组播源地址开始 SPT 切换。结果如图 7-64 所示。

第 7 步：R10 和 R11 上（*,G）和（S,G）的 RPF 接口不一致，触发 R10 和 R11 向 RP 通告（S，G，RPT）Prune 报文，剪除 RPT 树上组播（S,G）的转发。R10 和 R11 经 R9 向 RP 转发（S，G，RPT）Prune 报文。R7 上（S,G）表项下游接口为空，这会触发 R7 继续向组播源方向继续剪枝，剪枝行为将一直剪到 R6。R6 上，在未剪枝发生前，（S,G）表项的下游接口列表中有 S1/0/2 和 S1/0/3 两个接口，S1/0/2 指向 RP（是 RP 的 SPT 切换所致），S1/0/3 指向 R8，这是 R12 和 R13 发生的 SPT 切换所添加的下游接口。

当 RP（S,G）下游接口为空时，RP 开始向 S 转发（S,G）Prune，R6 上下游接口 S1/0/2 被剪除。最终 R6 上（S,G）的下游接口中仅剩下 S1/0/3 接口。组播数据最终将沿图 7-64 中 R2-R4-R6-R8-R10-R12 及 R2-R4-R6-R8-R11-R13 转发下来。

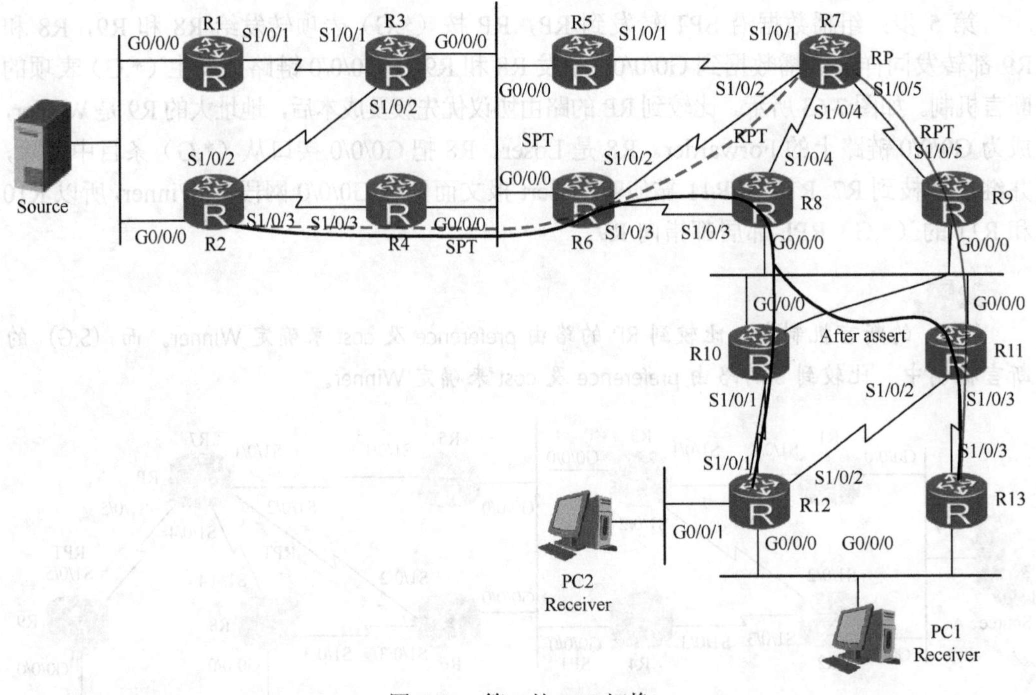

图 7-64 第二处 SPT 切换

7.7 PIM SSM

7.7.1 PIM SSM 简介

源特定组播（SSM，Source Specific Multicast）是一种区别于传统组播的新的业务模型，它使用组播组地址和组播源地址同时来标识一个组播会话，而不是像传统的组播服务那样只使用组播组地址来标识一个组播会话。SSM 保留了传统 PIM-SM 模式中的主机显示加入组播组的高效性，但是去掉了 PIM-SM 模式中的共享树和 RP（Rendezvous Point，汇聚点）机制。在传统 PIM-SM 模式中，共享树和 RP 使用（*,G）表项来表示一个组播会话。其中，（G）表示一个特定的 IP 组播组，而（*）表示发向组播组 G 的任一组播源。SSM 直接建立由（S,G）标识的一个组播最短路径树（SPT，Shortest Path Tree）。其中，（G）表示一个特定的 IP 组播组地址，而（S）表示发向组播组 G 的特定源的 IP 地址。SSM 的一个（S,G）对也被称为一个频道（Channel），以区分传统 PIM-SM 组播中的任意源组播组（ASM，Any Source Multicast）。

因此，SSM 特别适合于点到多点的组播服务，例如网络娱乐频道、网络新闻频道、网络体育频道等业务，但如果要求多点到多点组播服务则需要 ASM 模式。

PIM-SSM 是对传统 PIM 协议的扩展，使用 SSM，用户能直接从组播源接收组播业务流，PIM-SSM 利用 PIM-SM 的功能，在组播源和客户端之间，产生一个 SPT 树。但 PIM-SSM 在产生 SPT 树时，不需要汇聚点（RP）的帮助。一个具有 SSM 功能的网络相对于传统的

PIM-SM 网络来说，具有非常突出的优越性。网络中不再需要汇聚点，也不再需要共享树或 RP 的映射，同时网络中也不再需要 MSDP 协议，以完成 RP 与 RP 之间的源发现。

相比于 PIM SM，SSM 机制则简单很多，SSM 是 PIM SM 的一个变体，它使用 PULL 的模式建立组播转发路径。这个组播转发路径是最后一跳 DR 路由器到组播源的一棵 SPT 树。

SSM 明显优于 PIM SM 的优点在于以下几点。

- 移除了对共享树的依赖，仅需建一棵（S,G）源树，不再需要 RP，不再使用（*,G）条目，不再从共享树上接收组播报文。这样减少了部署 BSR 协议带来的复杂性，降低了内存的消耗，没有了数据因经 RP 而引入的延迟。
- SSM 不用担心组地址冲突带来的问题，SSM 单独使用 IANA 分配的全局 232/8 的一个地址范围，如果 SSM 组地址不够，可以扩展 SSM 组地址范围，使用 ASM 组地址提供 SSM 类型服务。
- SSM 本身也代表特定源的组播服务，在 SSM 中，仅接收者所请求的特定源的组播报文能流给接收者。这要求从主机到路由器一定要使用 IGMPv3 来表达对特定源感兴趣，同时，也提高了安全性。

7.7.2 SSM 的工作机制

华为设备中，默认情况下，只要路由器开启组播路由和 PIM SM，设备就默认支持 SSM，唯一的要求是最后一跳路由器要支持 IGMPv3。如果最后一跳网段有多台路由器，需要所有路由器都支持 IGMPv3，但只有 DR 路由器能建 SPT 树，这点和 PIM SM 一致。

图 7-65 中，R6 下游成员主机发送加入组的成员报告，目标地址为 224.0.0.22，主机支持 IGMPv3，主机发送的 IGMPv3 报告中，含有组记录（组播组地址，过滤模式，源列表）=（232.1.2.3，IS_INCLUDE，10.1.1.100）。

R6 路由器 G0/0/1 接口支持 IGMPv3。

```
interface GigabitEthernet0/0/1
ip address 10.1.6.1 255.255.255.0
pim sm
igmp enable
igmp version 3
```

R6 在 G0/0/1 听到主机的 IGMPv3 成员报告报文：

```
[R6]display igmp group verbose
Interface group report information of VPN-Instance: public net
 Limited entry of this VPN-Instance: -
 GigabitEthernet0/0/1(10.1.6.1):
  Total entries on this interface: 1
  Limited entry on this interface: -
  Total 1 IGMP Group reported
  Group: 232.1.2.3
     Uptime: 00:02:00
     Expires: off
     Last reporter: 10.1.6.100
     Last-member-query-counter: 0
     Last-member-query-timer-expiry: off
  Group mode: include
     Version1-host-present-timer-expiry: off
     Version2-host-present-timer-expiry: off
     Source list:
```

```
Source: 10.1.1.100
        Uptime: 00:01:14
        Expires: 00:00:56
        Last-member-query-counter: 0
        Last-member-query-timer-expiry: off
```

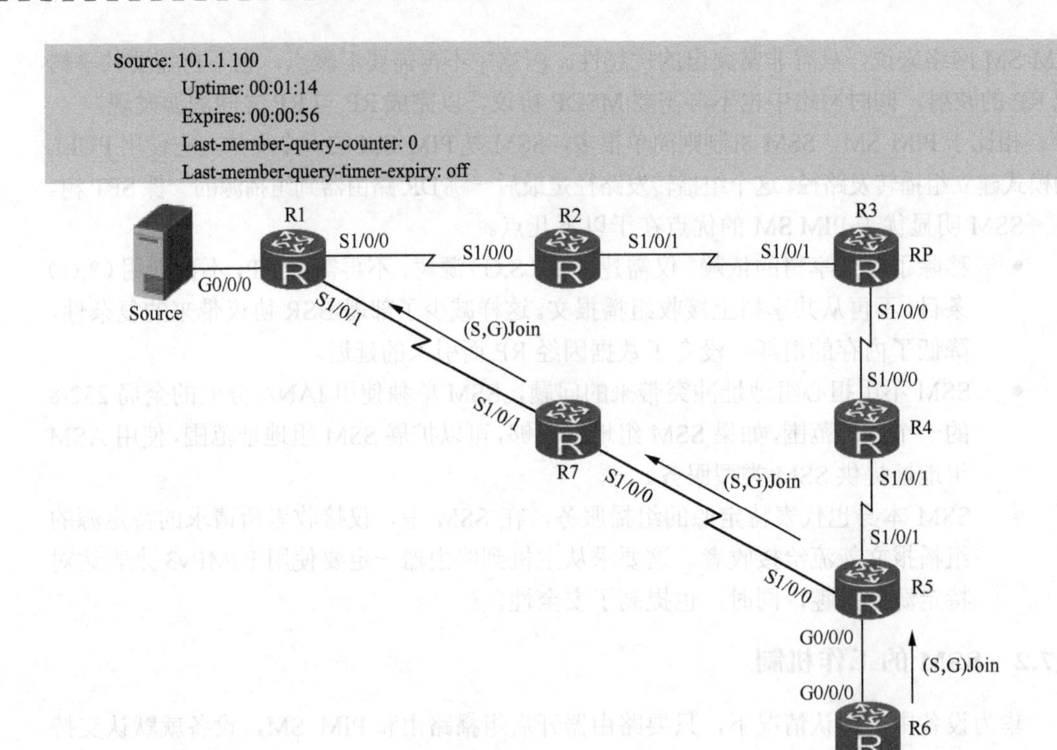

图 7-65 SSM 模式建树过程

最后一跳路由器 R6 创建（10.1.1.100，232.1.2.3）条目，下游接口是收到 IGMPv3 成员报告的接口，上游接口是到源 10.1.1.100 的最近接口。

```
[R6]display pim routing-table
 VPN-Instance: public net
 Total 2 (S, G) entries

 (10.1.1.100, 232.1.2.3)
   Protocol: pim-ssm, Flag: SG_RCVR
      UpTime: 00:00:06
 Upstream interface: GigabitEthernet 0/0/0
    Upstream neighbor: 10.1.56.5
    RPF prime neighbor: 10.1.56.5
      Downstream interface(s) information:
      Total number of downstreams: 1
1: GigabitEthernet0/0/1
Protocol: pim-ssm, UpTime: 00:00:06, Expires: 00:03:24
```

R5 收到 R6 的 PIM（10.1.1.100，232.1.2.3）组播 Join 报告，创建（S,G）条目，添加下游接口，计算上游接口，并继续向源 10.1.1.100 转发 Join。整个过程在此后 R7 至 R1 上，都重复发生。

R1 收到 Join 后，创建（S,G）条目，下游接口是收到 Join 的接口，上游接口是直连源的 G0/0/0 接口。

```
<R1>display pim routing-table
 VPN-Instance: public net
 Total 1 (S, G) entry

 (10.1.1.100, 232.1.2.3)
     Protocol: pim-ssm, Flag: LOC
     UpTime: 00:00:18
     Upstream interface: GigabitEthernet0/0/0
         Upstream neighbor: NULL
         RPF prime neighbor: NULL
     Downstream interface(s) information:
     Total number of downstreams: 1
       1: Serial1/0/1
         Protocol: pim-ssm, UpTime: 00:00:18, Expires: 00:03:12
```

7.7.3 IGMP SSM Mapping

如图 7-65 所示，全网没有部署 RP，R6 的下游接口有大量不支持 IGMPv3 的主机，其发送 IGMPv2 Report（232.1.2.4）的报告报文给组播路由器。

仅 IGMPv3 客户才可以充分使用 SSM，因为 IGMPv3 报告报文中含组播源地址，而 IGMPv1/v2 主机仅通告组播组，为满足这部分客户依然可以使用 SSM 服务网络，可以在最后一跳 DR 路由器上配置 IGMP SSM Mapping 功能。

IGMP SSM Mapping 通过在最后一跳组播路由器上静态配置 SSM 组播地址和组播源地址的对应关系，将 IGMPv1 和 IGMPv2 的报告报文中的（*,G）信息转化为对应的（G，IS_INCLUDE，S_LIST）信息，向运行 IGMPv1 或 IGMPv2 的成员提供 SSM 服务。

配置完成后，当最后一跳路由器收到来自主机的 IGMPv1 或 IGMPv2 报告报文时，首先检查该报文中所携带的组播组地址 G，然后根据检查结果的不同分别进行处理。

（1）如果 G 不在 SSM 组地址范围内，则提供 ASM 组播服务。

（2）如果 G 在 SSM 组地址范围内：

若 R6 上没有组播组对应的 IGMP SSM Mapping 规则，则无法提供 SSM 组播服务，丢弃该报文；

若 R6 上有组播组对应的 IGMP SSM Mapping 规则，则依据规则将报告报文中所包含的（*,G）信息映射为（G，IS_INCLUDE，（S1，S2……））信息，可以提供 SSM 组播服务。

默认 R6 的 G0/0/1 接口 IGMP 版本为 IGMPv2，仅支持 IGMPv1/v2 客户主机。

如果 IGMP 版本为 IGMPv3，则可支持 IGMPv1/v2/v3 主机。

缺省情况下，SSM 组地址范围为 232.0.0.0～232.255.255.255。可以通过配置来扩展 SSM 组地址范围。

在 R6 上，面向用户的接口 G0/0/1 接口，使能 SSM 映射。

```
#
interface GigabitEthernet0/0/1
ip address 10.1.6.1 255.255.255.0
pim sm
igmp enable
igmp version 2（或 igmp version 3）
igmp ssm-mapping enable
```

R6 全局需提供 SSM 映射，保证 IGMPv1v2 的组有预定义好的源地址 10.1.1.100 映射关系。以下配置是使用 ssm-policy 修改默认的 SSM 组范围为 232.2.2.0/24。并为其静态定义组播源地址，以使 IGMPv1/v2 组播组接收者也能使用 SSM。

```
#R6
acl number 2005
 rule 1 permit source 232.2.2.0 0.0.0.255
#
pim
ssm-policy 2005
igmp
 ssm-mapping 232.2.2.0 24 10.1.1.100
quit
```

通过 display igmp ssm-mapping group 命令可以查看 R6 上组播源和组播组的映射关系，验证配置结果。

```
<R6>display igmp ssm-mapping group
IGMP SSM-Mapping conversion table of VPN-Instance: public net
Total 1 entry       1 entry matched
 00001. (10.1.1.100, 232.2.2.0/24)
 Total 1 entry matched
```

通过 display igmp group ssm-mapping 命令可以查看 R6 上特定源组地址的信息。R6 上特定源组地址信息显示如下：

```
[R6]display pim routing-table
VPN-Instance: public net
 Total 1 (S, G) entry
 (10.1.1.100, 232.2.2.10)
   Protocol: pim-ssm, Flag: SG_RCVR
      UpTime: 00:03:28
      Upstream interface: Serial1/0/0
          Upstream neighbor: 10.1.57.7
          RPF prime neighbor: 10.1.57.7
      Downstream interface(s) information:
      Total number of downstreams: 1
          1: GigabitEthernet0/0/0
Protocol: ssm-map, UpTime: 00:00:28, Expires: -
```

说明：

ssm-policy 命令用来扩展 232.0.0.0/8 组播组地址范围，使其工作在 SSM 模式。默认下，ssm-policy 中仅隐含定义 232.0.0.0/8 范围使用 SSM，可用 ssm-policy 定义 ACL，添加其他组范围。

示例：

最后一跳路由器收到 IGMPv2 Join（229.1.2.3），通过配置使 ASM 组 229.1.2.3 工作在 SSM 模式，而非默认的 ASM 模式。（不考虑 SSM mapping）

```
#
acl number 2005
 rule 1 permit source 229.1.2.3 0.0.0.0
 rule 2 permit source 232.0.0.0 0.255.255.255
#
pim
 ssm-policy 2005
```

说明：

定义 ACL2005 时，添加 229.1.2.3 的同时，一定要添加 232.0.0.0/8 组地址，此处若未添加 232.0.0.0/8 组，则 232.0.0.0/8 将工作在 ASM 模式下。

7.8 MSDP 及 MBGP

7.8.1 MSDP 原理描述

MSDP（组播源发现协议）用在组播多域环境和 AnycastRP 场景下，在 RP 间通告组播组及组播源的信息的协议。MSDP 工作在 TCP 之上，服务端口号是 639。MSDP 邻居的建立都是由低地址向高地址主动建立的。

在多域环境中，一个组播组的成员或组播源可以分布在多个组播域中，每个域内有各自的 RP。例如，如果在一个域中有 229.1.2.3 组播组的源，而其他的域中也有 229.1.2.3 组播组的接收者，接收者已建共享树到该域的 RP，问当前域的接收者如何收到其他域的组播报文呢？

MSDP 不是用来在不同域的 RP 间传递组播数据的协议，它是在 RP 间使用 SA 报文传递（S,G）信息的协议，在 SA 报文中包含当前活跃的组播源地址、组地址及起源 RP 的信息。SA 报文用来告知其他域中 RP 当前活跃的组播源的位置，使 RP 可直接向指定源建 SPT 树。

图 7-66 所示是一个组播多域环境。当 Source 活跃后，R1 发送注册报文给 R2。R2 作为起源 RP，使用 MSDP 向其他 MSDP 对等体通告 SA，R4 是 MSDP 中继，转发 SA 到有接收者的 RP，R5 和 R6 是 MSDP 对等体，根据收到的 SA 中的 S 开始 SPT 切换，最终组播数据按 R1-R6-R5 和 R1-R6-R7 转发给接收者。

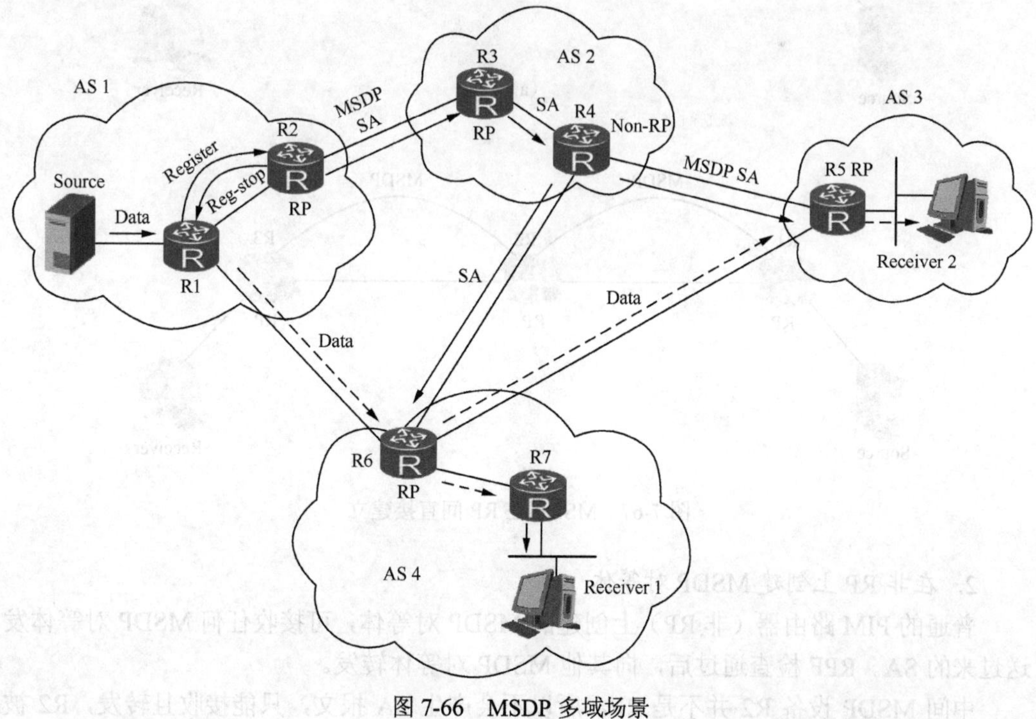

图 7-66　MSDP 多域场景

7.8.2 MSDP 路由器的类型及部署结构

1. 在 RP 上创建的 MSDP 对等体

- 源端 MSDP 对等体：离组播源（Source）最近的 MSDP 对等体（通常是源端 RP，如图 7-67（a）中的 R1）；源端 RP 创建 SA 消息并发送给远端 MSDP 对等体，通告在本 RP 上注册的组播源信息。源端 MSDP 对等体必须配置在 RP 上，否则将无法向外发布组播源信息。
- 接收者端 MSDP 对等体：离接收者（Receiver）最近的 MSDP 对等体（如图 7-67（a）中的 R3），接收者端 MSDP 对等体在收到 SA 消息后，根据该消息中所包含的组播源信息，加入以该组播源为根的 SPT；当来自该组播源的组播数据到达后，再沿 RPT 向本地接收者转发。接收者端 MSDP 对等体必须配置在 RP 上，否则无法接收到其他域的组播源信息。
- 中间 MSDP 对等体：拥有多个远端 MSDP 对等体（如图 7-67（b）中的 R2），中间 MSDP 对等体把从一个远端 MSDP 对等体收到的 SA 消息转发给其他远端 MSDP 对等体，其作用相当于传输组播源信息的中转站，可以对 SA 做集中控制或过滤。

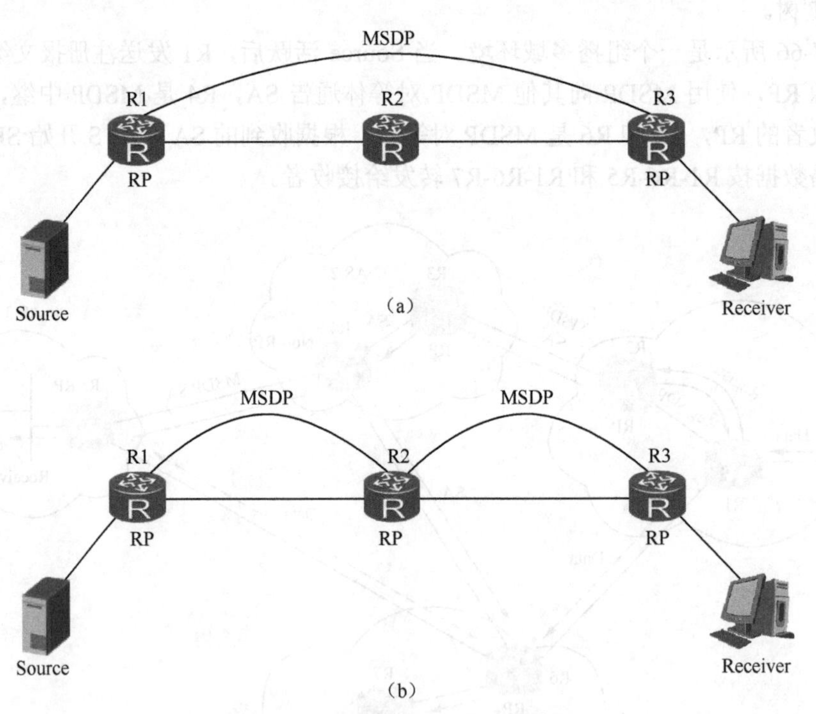

图 7-67 MSDP 在 RP 间直接建立

2. 在非 RP 上创建 MSDP 对等体

普通的 PIM 路由器（非 RP）上创建的 MSDP 对等体，可接收任何 MSDP 对等体发送过来的 SA。RPF 检查通过后，向其他 MSDP 对等体转发。

中间 MSDP 设备 R2 并不是 RP，所以不会产生 SA 报文，只能接收且转发，R2 被称为 MSDP 中继。

使用扩展性、灵活性强的 MSDP 会话在 RP 间传递（S,G）的信息可适用于任何复杂的环境，如图 7-69 所示。R4 虽不是 RP，但在 MSDP 拓扑中，可起到 MSDP 中继的作用。R1～R4、R4～R2 及 R1～R3 间各有 MSDP 会话，MSDP 可以配置在 RP 和 non-RP 的任何组播路由器上，非 RP 的 MSDP 路由器只能接收 SA，转发 SA，如图 7-68 所示。而如果 MSDP 路由器是 RP，则可以产生、转发及根据 SA 中（S,G）发起 SPT 切换。

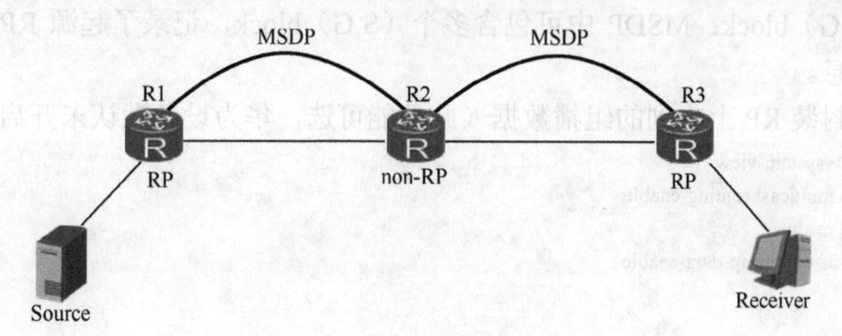

图 7-68 非 RP 的 MSDP 部署

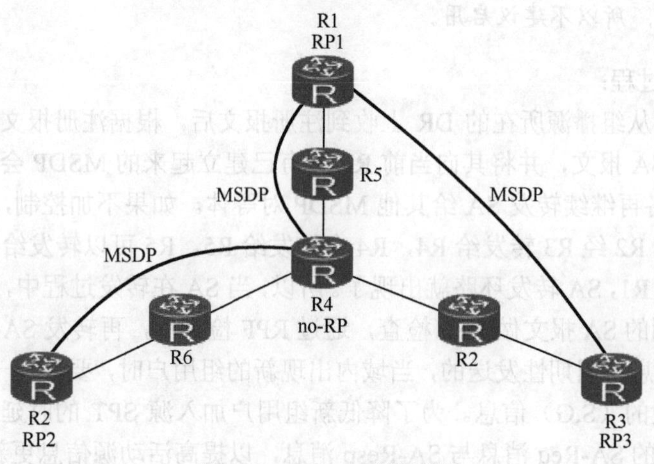

图 7-69 MSDP 部署示例

7.8.3 MSDP 工作机制

7.8.3.1 MSDP 报文结构

MSDP 报文类型有多种，SA（Source-Active）、SA-Request 及 SA-Response，周期性 Keepalive 等。其中，SA 报文的作用是在 RP 间通告（S,G）信息。

MSDP 对等体之间通过交互 SA 消息共享（S,G）信息。为了避免 SA 消息中的（S,G）表项超时导致远端用户无法收到组播源的数据，可以选择在 SA 消息中封装组播数据报文。

图 7-70 报文中包含以下内容。

（1）起源 RP 的地址 10.1.100.100，代表 SA 起源于该 RP，任何接收该 SA 的 MSDP 对等体，先对其中的源 RP 地址做 RPF 检查，检查通过后转发给所有其他 MSDP 对等体，按 RPF 转发可避免转发环路。SA 的报文格式如图 7-70 所示。

```
⊞ Internet Protocol Version 4, Src: 10.1.1.1 (10.1.1.1), Dst: 10.1.3.3 (10.1.3.3)
⊞ Transmission Control Protocol, Src Port: 50008 (50008), Dst Port: 639 (639), Seq: 13, Ack: 13, Len: 20
⊟ Multicast Source Discovery Protocol
    Type: IPv4 Source-Active (1)
    Length: 20
    Entry Count: 1
    RP Address: 10.1.100.100 (10.1.100.100)
  ⊟ (S,G) block: 10.1.40.100/32 -> 229.1.2.3
      Reserved: 0x000000
      Sprefix len: 32
      Group Address: 229.1.2.3 (229.1.2.3)
      Source Address: 10.1.40.100 (10.1.40.100)
```

图 7-70 SA 报文格式

（2）（S,G）block：MSDP 中可包含多个（S,G）block，记录了起源 RP 了解的所有源及组的信息。

（3）可封装 RP 上收到的组播数据（此功能可选，华为设备默认未开启）。

```
<HUAWEI> system-view
[HUAWEI] multicast routing-enable
[HUAWEI] msdp
[HUAWEI-msdp] encap-data-enable
```

说明：

SA 每 60s 间隔通告，无法做到组播数据的连续传递，所以开启数据封装意义不大，还会增大设备开销，所以不建议启用。

SA 的产生过程：

当一个 RP 从组播源所在的 DR 上收到注册报文后，根据注册报文中的组播数据信息创建 MSDP SA 报文，并将其向当前 RP 所有已建立起来的 MSDP 会话发送。任何接收的 MSDP 设备再继续转发 SA 给其他 MSDP 对等体。如果不加控制，图 7-66 中，R1 转发 SA 到 R2，R2 经 R3 转发给 R4，R4 会转发给 R5，R5 可以转发给 R6，如果 R6 继续再转发 SA 给 R1，SA 转发环路就出现了。所以，当 SA 在转发过程中，每个接收 MSDP 对等体先对收到的 SA 报文做 RPF 检查，通过 RPF 检查后，再转发 SA。

由于 SA 消息是周期性发送的，当域内出现新的组用户时，要等待一个周期内的 SA 消息以获取有效的（S,G）信息。为了降低新组用户加入源 SPT 的时延，MSDP 提供了 Type2 和 Type3 的 SA-Req 消息与 SA-Resp 消息，以提高活动源信息更新的效率。

缓存机制

MSDP 对等体收到 SA 报文，会缓存收到的 MSDP 报文，以降低获取组播信息的延迟时间，开启 SA 消息缓存机制，即在本地 SA Cache 中缓存 SA 消息所包含的（S, G）表项。当收到一个新的组加入消息（*,G）时，设备首先会查找 SA 缓存。

（1）如果缓存中有对应的（S,G），则直接加入以 S 为根的 SPT；

（2）如果缓存中没有对应的（S,G），便等候其 MSDP 对等体在下一个周期发来的 SA 消息。

为减少不必要的域间流量，MSDP 对等体发送 SA 消息的周期通常较长，这将导致新组用户加入源 SPT 的时延较大。建议在本地 RP 上使能“SA 请求”，在远端 MSDP 对等体上使能“SA 缓存”（华为设备默认开启“SA 缓存”）。

MSDP 邻居关系

MSDP 使用 TCP 作为传输协议，在对等体关系建立过程中，一个 MSDP 对等体在 639 端口侦听 TCP 连接建立请求。建立对话关系的 MSDP 中，高 IP 地址一侧侦听低地址一侧建立邻居的请求，即高地址一侧是 Passive Peer，而低地址一侧是 ActivePeer，这可避免类似 BGP 邻居建立过程的冲突问题（任何一方都主动发邻居建立请求）。缺点是 ActivePeer 侧的启动时间和 ConnectRetryTimer（30s）会直接决定邻居建立的时间。

图 7-71 所示是 MSDP 邻居状态机过程，同 BGP 邻居关系的建立过程类似，区别是 BGP 中的 Active 状态在图 7-72 中是 Listen 状态。

初始状态是 Disabled，根据配置 PeerIP 分配资源进入 Inactive 状态。

如果地址小于 PeerIP 地址，则进入 Listen 状态，等待 Peer 的连接请求。

如果大于 PeerIP 地址，则继续进入 Connecting 状态，开始主动建立连接。

如果 ActivePeer 侧的 ConnectionRetry Timer 超时，则回到 Inactive 状态，重新开始新 CRT 计时器计时。

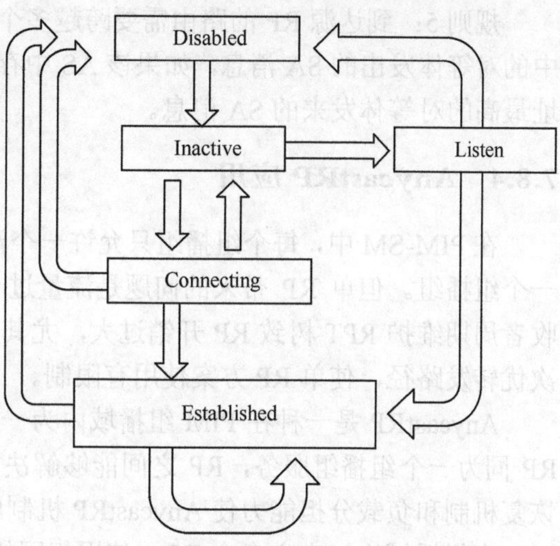

Disabled
Inactive
Listen
Connecting
Established

图 7-71 MSDP 邻居建立过程——状态机

CRT 计时器由 MSDP ActivePeer（低地址一侧）使用，从 Inactive 向 Connecting 转换，每个 Peer 一个 Timer，超时时间 30s。当主动建连接时开始计时，成功则终止计时，若超时，从新建连接，并重置计时器。

7.8.3.2 RPF 对等体检查

执行 RPF 检查的目的是要求 MSDP 理解到起源 RP 的逻辑拓扑，这使 MSDP 能够决定经过哪个对等体到起源 RP 最近，MSDP 本身并不包含任何用于决定如何到源 RP 的拓扑信息。

SA 消息的 RPF 检查规则

为了防止 SA 消息在 MSDP 对等体之间被循环转发，MSDP 对接收到的 SA 消息执行 RPF 检查，在消息传递的入方向上进行严格的控制。不符合 RPF 规则的 SA 消息将被丢弃。

RPF 检查的主要规则为：MSDP 设备收到 SA 消息后，根据 MRIB（Multicast RPF Routing Information Base）确定到源 RP（即创建该 SA 消息的 RP）最佳路径的下一跳是哪个对等体，这个对等体也称为“RPF 对等体”。如果发现 SA 消息是从 RPF 对等体发出的，则接收该 SA 消息并向其他对等体转发。MRIB 包括：MBGP、组播静态路由、单播路由（包括 BGP、IGP）。

此外，SA 消息在转发时还遵守以下的一些 RPF 检查规则。

规则 1：发出 SA 消息的对等体就是源 RP，接收该 SA 消息并向其他对等体转发。

规则 2：接收从静态 RPF 对等体到来的 SA 消息。一台路由器可以同时与多个路由器建立 MSDP 对等体关系。用户可以从这些远端对等体中选取一个或多个，配置为静态 RPF 对等体。

规则 3：如果一台路由器只拥有一个远端 MSDP 对等体，则该远端对等体自动成为 RPF 对等体，路由器接收从该远端对等体发来的 SA 消息。

规则 4：发出 SA 消息的对等体与本地路由器属于同一 Mesh Group，则接收该 SA 消息。来自 Mesh Group 的 SA 消息不再向属于该 Mesh Group 的成员转发，但向该 Mesh Group 之外的所有对等体转发。

规则 5：到达源 RP 的路由需要跨越多个 AS 时，接收从下一跳 AS（以 AS 为单位）中的对等体发出的 SA 消息，如果该 AS 中存在多个远端 MSDP 对等体，则接收从 IP 地址最高的对等体发来的 SA 消息。

7.8.4 AnycastRP 应用

在 PIM-SM 中，每个组播组只允许一个活跃的 RP，即任何时候只有一个 RP 服务于一个组播组。但单 RP 带来的问题是流量过于集中，缺少可扩展性，组播源的注册及接收者周期维护 RPT 树致 RP 开销过大，尤其是当 RP 失效时的收敛慢及可能的组播包的次优转发路径，使单 RP 方案使用有限制。

AnycastRP 是一种在 PIM 组播域内为一个组播组提供多个活跃的 RP 的机制。这些 RP 同为一个组播组服务，RP 之间能够解决 RP 失效时收敛时间过长的问题。它的容错恢复机制和负载分担能力使 AnycastRP 机制成为域内组播应用部署的最佳方案。

在组播域内，定义多个 RP，使用相同的 IP 地址作为 RP，建议使用回环接口的 IP 地址，并把回环接口发布到 IGP 中，使其全网可达。出现在多个 RP 上的这个 IP 地址可叫做 Anycast 地址，其好处可使任何位置的设备直接查其路由表找到离它最近的 RP。如果组播源和接收者同时执行注册和建 RPT 树的过程，二者可能选择的是拥有相同 IP 地址的不同 RP。

在全网的组播路由器都认定 Anycast 地址为相应组播组的 RP 时，在图 7-72 中，Source 为组播源，当其活跃时，DR 路由器 R4 发注册报文到离它最近的 RP1，即 R1，而 R6 后面的组播组的接收者则注册到 RP2，即 R3。

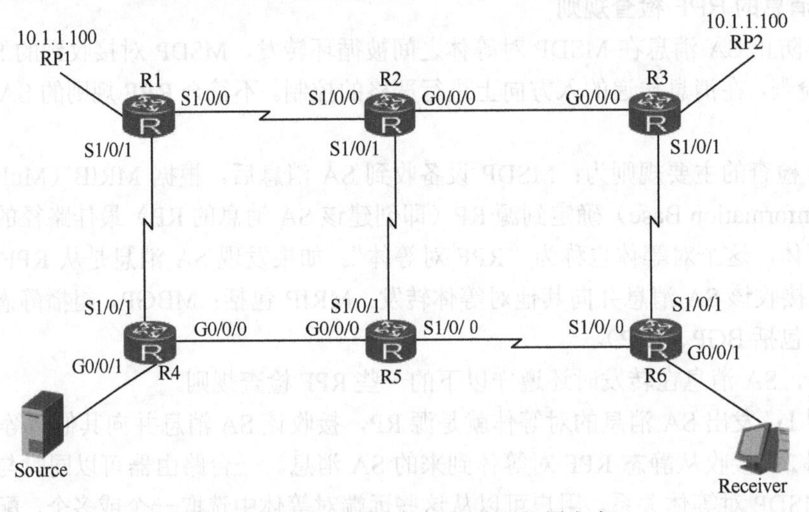

图 7-72 AnycastRP 中，RP 双活部署方案

RP1 收到注册的组播报文，据此了解组播源的位置，RP1 可使用 MSDP 会话传递 SA 报文给 RP2，完成 RP 间的（S,G）的通告。

RP之间可使用MSDP协议，也可以不使用MSDP协议在RP间传递（S,G）信息。域内部署Anycast RP，可以实现以下内容。

- RP路径最优：组播源向距离最近的RP进行注册，建立路径最优的SPT；接收者向距离最近的RP发起加入，建立路径最优的RPT。
- RP间的负载分担：每个RP上只需维护PIM-SM域内的部分源/组信息、转发部分的组播数据，从而实现了RP间的负载分担。
- RP间的冗余备份：当某RP失效后，原先在该RP上注册或加入的组播源或接收者会自动选择就近的RP进行注册或加入操作，从而实现了RP间的冗余备份。切换时间由IGP协议的收敛时间决定，例如，图7-72中，R3路由器为RP2，若暂时离线，下游的接收者不需知道当前使用的是哪个RP，所以（*,G）Join报文会在下个周期发送给R1，RPT共享树将在R1-R2-R5-R6间建立起来。当然，若Switchover机制已经完成，组播报文经R4-R5-R6流给接收者，此时，RP2离线，对组播数据的接收没有影响，若不考虑（*,G）Join的发送周期的影响，可认为组播RP2离线后，接收者或组播源了解到新RP完全由IGP协议的收敛时间决定。

7.8.4.1　部署AnycastRP

示例：部署AnycastRP，实现高可用性。

图7-72中，RP1和RP2使用Loop0作为RP，且IP地址为10.1.100.100，RP间建立MSDP会话使用不同于RP地址的Loop1作为会话地址和SA中“起源RP”的地址。

RP1配置命令如下：

```
int loop0
 ip address 10.1.100.100 255.255.255.255
 pim sm
int loop 1
 ip address 10.1.1.1 255.255.255.255
 pim sm
# R3 Loop1 地址 10.1.3.3/32，此处配置同上，省略
```

每个RP上定义相同的RP和组播组范围的对应关系，也可以使用静态配置实现。

```
pim
 c-rp loopback 0
 c-bsr loopback 1   # R1 和 R3 配置相同
```

上面的配置中，RP和BSR处于同一台物理设备中。C-RP地址使用Anycast地址，而C-BSR地址可使用其他地址。

RP1和RP2之间通告（S,G）的机制主要有两种，方案相似。

方案1：在RP间使用MSDP协议，通告活跃的源/组的信息，使用SA报文。

方案2：在RP间建立全互联的PIM邻居关系，并在此邻居关系基础之上，转发起源RP收到的注册报文。

7.8.4.2　RP间使用MSDP传递源/组信息

方案1的优点是使用扩展性、灵活性强的MSDP会话在RP间传递（S,G）的信息，它可适用于任何域内或域间复杂的组播环境。

工作过程描述：

第1步，接收者R6通告IGMP报告声称加入229.1.2.3组播组；

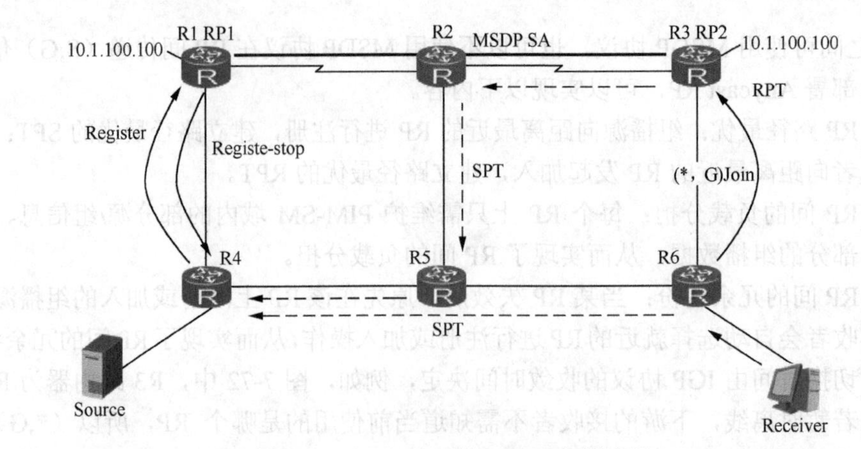

图 7-73 AnycastRP 的 MSDP 部署实现

第 2 步，R6 开始 RPT 树建立，RPT 树建至最近的 RP。如图 7-73 中的 RP2。

第 3 步，当组播源活跃时，其源地址为 10.1.40.100，目标组播地址为 229.1.2.3。R4 为头一跳 DR，收到组播报文后，DR 使用注册包封装数据并单播至最近的 RP，如图中的 RP1。R1 收到注册包报文，解封装后，根据其中的源/组，无法找到对应的(*,229.1.2.3)，所以判定（10.1.40.100，229.1.2.3）组在当前 RP 没有接收者，所以回应给头一跳 DR 注册终止报文。

第 4 步，RP1 产生 SA，并向 MSDP 对等体 RP2 通告。RP2 把（S,G）的信息放到 SA 中，SA 报文中的起源 RP 地址为 1.1.1.1，R3 收到 SA 后，对 SA 中的起源 RP 地址做 RPF 检查。由于其起源 RP 的地址为自己，所以 RPF 检查失败。为避免失败，在 RP 上修改起源 RP 的地址为 10.1.1.1，RPF 检查通过。

配置实现过程如下：

```
#R1 上配置 MSDP
interface LoopBack0
 ip address 10.1.100.100 255.255.255.255
 pim sm
#
interface LoopBack1
 ip address 10.1.1.1 255.255.255.255
 pim sm
#
msdp
 peer 10.1.3.3 connect-interface LoopBack1
#R3 上配置相似，此处略
```

RP1 和 RP2 间建立 MSDP 会话，传递 SA。如图 7-74 所示。

```
⊞ Internet Protocol Version 4, Src: 10.1.1.1 (10.1.1.1), Dst: 10.1.3.3 (10.1.3.3)
⊞ Transmission Control Protocol, Src Port: 50008 (50008), Dst Port: 639 (639), Seq: 231, Ack: 55, Len: 20
⊟ Multicast Source Discovery Protocol
    Type: IPv4 Source-Active (1)
    Length: 20
    Entry Count: 1
    RP Address: 10.1.100.100 (10.1.100.100)
  ⊟ (S,G) block: 10.1.40.100/32 -> 229.1.2.3
      Reserved: 0x000000
      Sprefix len: 32
      Group Address: 229.1.2.3 (229.1.2.3)
      Source Address: 10.1.40.100 (10.1.40.100)
```

图 7-74 MSDP SA 报文

其中，起源 RP address 地址为 10.1.100.100，RP2 收到此 SA 后，对 RP 地址做检查，收到的 SA 中的 RP 地址是自己的 RP 地址 10.1.100.100，说明存在 SA 转发环路，丢弃该 SA。

```
<R3>
11:38:04.28.1-05:13 R3 MSDP/7/PACKET: (public net): 10.1.1.1: Received 20-bytes message 37 from peer (H13747)
<R3>
11:38:04.28.2-05:13 R3 MSDP/7/PACKET: (public net): 10.1.1.1: Received message with RP looping: 10.1.100.100
(H134753)
```

为解决上述 RPF 检查失败问题，修改 SA 中起源 RP 的地址。

```
#R1 上修改 MSDP 的起源 RP 地址
msdp
 originating-rp LoopBack1
 peer 10.1.3.3 connect-interface LoopBack1
#同理，R3 上的配置相同
```

修改后，如果 originating RP 为 RP 的 Loop1，则产生如下输出：

```
11:50:05.308.1-05:13 R3 MSDP/7/PACKET: (public net): 10.1.1.1: Received 20-bytes message 50 from peer
<R3>
11:50:05.308.2-05:13 R3 MSDP/7/PACKET: (public net): 10.1.1.1: SA-TLV, length: 20, entry count: 1, RP: 10.1.1.1
<R3>
11:50:05.308.3-05:13 R3 MSDP/7/SOURCE-ACTIVE: (public net): 10.1.1.1: Only one peer, passed RPF check
<R3>
# RP2 收到 SA 报文后，由于是唯一的 MSDP 对等体，所以 RPF 检查通过
<R3>display msdp sa-cache
MSDP Source-Active Cache Information of VPN-Instance: public net
 MSDP Total Source-Active Cache-1 entry
 MSDP matched 1 entry

(10.1.40.100, 229.1.2.3)
 Origin RP: 10.1.1.1
 Pro: ?, AS: ?
 Uptime: 00:08:13, Expires: 00:05:35
#仅接收侧 SA-Cache 默认缓存已知的 S 和 G 记录
```

第 5 步，通过 RPF 检查通过后，由于 R3 下游有 229.1.2.3 组的接收者，R3 创建（10.1.40.100, 229.1.2.3），并向 Source 发（S, G）Join，路径上 R3-R2-R5-R4，（S, G）树已经建立起来。

S1 把组播报文沿 R4-R5-R2-R3 流到 R3 后，R3 沿共享树直接流给 R6。

第 6 步，组播流量超出 R6 最后一跳的 SPT 切换阀值，R6 触发 SPT 切换机制，建源树到已知的源，并向 R5 发送（S, G）Join 报文。

当组播数据会沿“新”SPT 树从 R4-R5-R6 流给接收者。在此期间，R6 会向共享树 R3 转发（S, G, RPT）剪枝报文。

DR 的注册每 60s 发生一次；MSDP 会话上，SA 每周期 60s 向 R3 通告。因为 R3 的（S, G）下游接口已被（S, G, RPT）Prune 剪掉，所以不会影响现有的组播转发路径。

此后组播路径将仅沿 R4-R5-R6 流给接收者。

说明：

R4 会每 60s 向 R1 注册，R1 知道组播源活跃，会每隔 60s 产生 SA 向 MSDP 通告。如果收不到周期注册，则不再产生 SA。

7.8.4.3 RP 间使用 PIM 协议通告源/组信息

此种设计不需要使用 MSDP 协议，可适用于任何 PIM SM 的场景，设计要求简单；缺点是仅适用于域内多 RP 的环境下，且 Anycast 的多个 RP 间一定要全互联，所以有 n（n-1）/2 的问题。过多的会话数量限制其在大型的多 RP 网络环境中使用，此时在包含两到三个 RP 的 AnycastRP 场景中适宜。

图 7-75 场景需要在每对 RP 间手工建立 PIM 会话，其工作过程同 MSDP Mesh Group 相似。图 7-75 中，RP1、RP2 和 RP3 是 RP，各自使用 Loop0 地址为 10.1.100.100/32 来充当 Anycast 地址，使用其他 Loopback 接口来建立 RP 间 PIM 邻居关系。

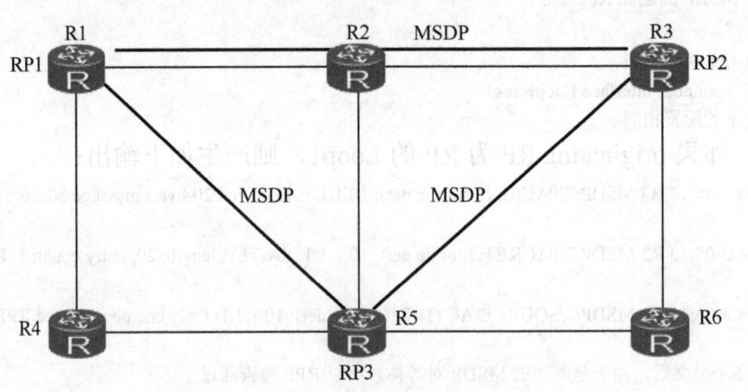

图 7-75 AnycastRP 间使用 PIM 全互联

在 R1 上配置如下。

```
pim
 c-bsr LoopBack1
 c-rp LoopBack0
 anycast-rp 10.1.100.100
  local-address 10.1.1.1
   peer 10.1.3.3
   peer 10.1.5.5
#用于建立 PIM 会话的源 IP 地址，建议是回环地址，但一定不能使用 anycast IP 地址
```

在 R3 和 R5 上做同样的配置，以下为 R3 配置，R5 配置略。

```
pim
 c-bsr LoopBack1
 c-rp LoopBack0
 anycast-rp 10.1.100.100
  local-address 10.1.3.3
   peer 10.1.1.1
   peer 10.1.5.5
```

工作过程如下。

- 组播源 S 发送组播报文，DR 直接连接到 S1，封装在 PIM 注册报文中，根据单播路由表，发送给任何一个离自己最近的 RP，例如 RP1。
- RP1 收到 PIM 注册报文，解封装，并沿共享树送给接收者。如果没有接收者，则 RP1 回送注册终止报文给 DR。DR 抑制组播数据以注册包发送。
- RP1 被配置了 RP2 和 RP3 的 IP 地址。RP1 把 RP 收到的注册包向这两个 Peer 发送，报文的源地址是 RP1 的 IP 地址。同时，根据注册包的源地址，判定地址并不是来自其他 AnycastRP 集合成员。

- RP1 创建（S,G），如果有下游接收者，RP1 开始 SPT 切换；否则，SPT 切换不发生。
- RP1 发送注册停止报文给 DR。如果由于一些原因，RP1 发给 RP2 和 RP3 的注册报文被丢失了，DR 会在抑制超时后重新产生注册包向 RP1 通告，RP1 再向集合所有成员通告。
- RP2 从 RP1 收到注册包后，解封装，送给共享树成员。如果 RP2 下没有组播接收者，则 RP2 发送注册停止报文给 RP1；如果 RP2 下有组播接收者，则 RP2 开始 SPT 切换。
- 同理，RP3 从 RP1 收到注册报文，解封装，如果没有下游接收者，则回应注册停止报文给 RP1。否则，开始 SPT 切换。

此种 AnycastRP 方案的设计目的是为了移除对 MSDP 的依赖，靠 PIM 自身的扩展实现 AnycastRP，但此种方案要部署全互联的 PIM 会话，相比于 MSDP，开销稍大。

7.8.5 SA 过滤控制

SA 消息在 MSDP 对等体之间转发，除了 RPF 检查，还可以配置各种过滤策略，从而只接收和转发来自正确路径并通过过滤的 SA 消息，以避免 SA 消息传递环路。另外，可以在 MSDP 对等体之间配置 MSDP 全连接组（Mesh Group），以避免 SA 消息在 MSDP 对等体之间的泛滥。

SA 消息过滤

缺省情况下，MSDP 不过滤 SA 消息，从一个对等体发出的 SA 消息可以被传递到全网的所有其他 MSDP 对等体。

然而，有些 PIM-SM 域的（S,G）信息仅适用于本域内转发，如一些本地组播应用使用了全局的组播组地址，或组播源用的是私网地址，如果不加过滤，这些（S,G）表项就会经过 SA 消息传递到其他 MSDP 对等体。针对这种情况，可以配置 SA 消息的过滤规则（一般使用 ACL 定义过滤的规则），并在创建、转发或接收 SA 消息时使用这些规则，就可以实现 SA 消息过滤。

示例：对 MSDPSA 进行控制。

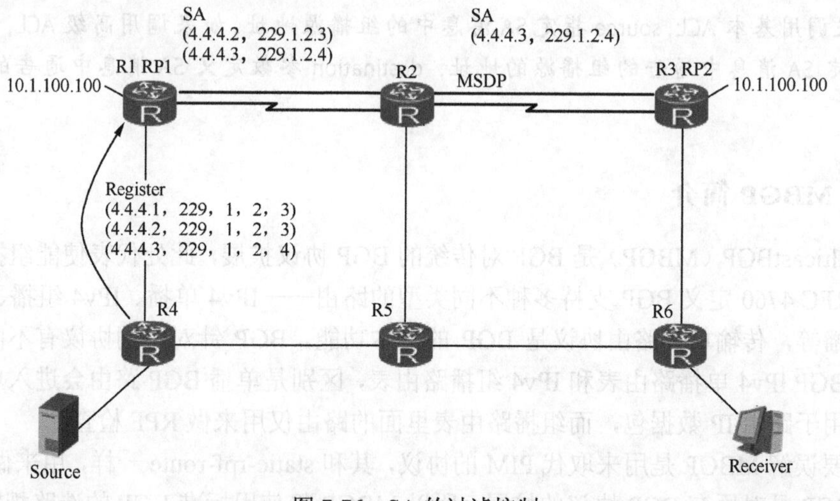

图 7-76 SA 的过滤控制

1. 在起源 RP 上，对产生的 SA 消息中（S,G）表项进行过滤。

图 7-76 中，RP1 收到源的注册报文，立即产生 SA，假使 RP1 收到多个（源，组）的注册。

注册报文有（4.4.4.1，229.1.2.3）、（4.4.4.2，229.1.2.3）、（4.4.4.3，229.1.2.4），作为起源 RP，要求 RP1 产生的 SA 中仅携带（4.4.4.2，229.1.2.3）（4.4.4.3，229.1.2.4）信息，其他源/组的注册报文不触发产生 SA。

```
[R1] acl number 3001
[R1-acl-adv-3001] rule permit ip source 4.4.4.2 0 destination 229.1.2.3 0
[R1-acl-adv-3001] rule permit ip source 4.4.4.3 0 destination 229.1.2.4 0
[R1-acl-adv-3101] quit
[R1]msdp
[R1-msdp] import-source acl 3001
[R1-msdp] quit
#import-source 用来对产生的 SA 中的源/组做过滤
```

2. 通过配置接收或转发 SA 消息的过滤规则，设备可以在接收或转发 SA 消息时，对其通告的（S,G）转发项进行过滤。

示例：在上述通过的基础上，继续控制 SA 的接收，使 R3 仅收到（4.4.4.3, 229.1.2.4）信息。

```
#过滤可以发生在 SA 向外通告的方向上，也可以发生在接收 SA 的方向上
#配置在 R1 外出方向的过滤
[R1]acl number 3002
[Router1-acl-adv-3002]rule deny ip source 4.4.4.2 0 destination 229.1.2.3 0
[R1-acl-adv-3002] rule permit ip source any destination any
[R1-acl-adv-3002] quit
[R1] msdp
[R1-msdp] peer 10.1.3.3 sa-policy export acl 3002
#
#或在 R3 上在接收 SA 时过滤源/组信息
[R3] msdp
[R3-msdp] peer 10.1.1.1sa-policy import acl 3002
#
```

说明：

如果调用基本 ACL, source 指定 SA 消息中的组播源地址。如果调用高级 ACL, 则 source 参数指定 SA 消息中通告的组播源的地址，destination 参数定义 SA 消息中通告的组播组地址。

7.8.6 MBGP 简介

MulticastBGP（MBGP）是 BGP 对传统的 BGP 协议扩展，此处代表使能组播能力的 BGP。RFC 4760 定义 BGP 支持多种不同类型的路由——IPv4 单播、IPv4 组播、IPv6 单播和组播等，传输单播路由协议是 BGP 的基本功能。BGP 针对不同协议有不同的路由表，如 BGP IPv4 单播路由表和 IPv4 组播路由表，区别是单播 BGP 路由会进入单播路由表中，用于路由 IP 数据包，而组播路由表里面的路由仅用来做 RPF 检查。

不要误解 MBGP 是用来取代 PIM 的协议，其和 static-rpf-route 一样，用来做 RPF 检查。MBGP 是对原有 BGP 协议的扩展，所以 MBGP 仍使用标准 BGP 的选路规则，仍使

用相同的属性及策略控制技术。

使能 BGP 支持组播，仅需要以下两点支持即可，这是 BGP 可以支持多协议的基础。

（1）在 BGP 建立邻居关系时，通过 NLRI Capability 协商双方是否支持 multicast，即协商是否支持 AFI=1，SubAFI=2；仅当双方都支持 AFI/SAFI=1/2，组播协议路由才能双向传递。

（2）组播路由使用 BGP 更新报文来通告，但不同于 IPv4 单播路由的是，在 BGP 更新报文中并没有 NLRI，而是定义了两个新的路径属性 MP_REACH_NLRI 和 MP_UNREACH_NLRI，用来传递组播路由。其中，MP_REACH_NLRI 用于通告组播路由，而 MP_UNREACH_NLRI 用于撤销组播路由。属性的类型代码分别为 14 和 15。

图 7-77 所示是 MP_REACH_NLRI 属性，其中包括组播路由的下一跳地址信息，组播路由前缀及其长度等。

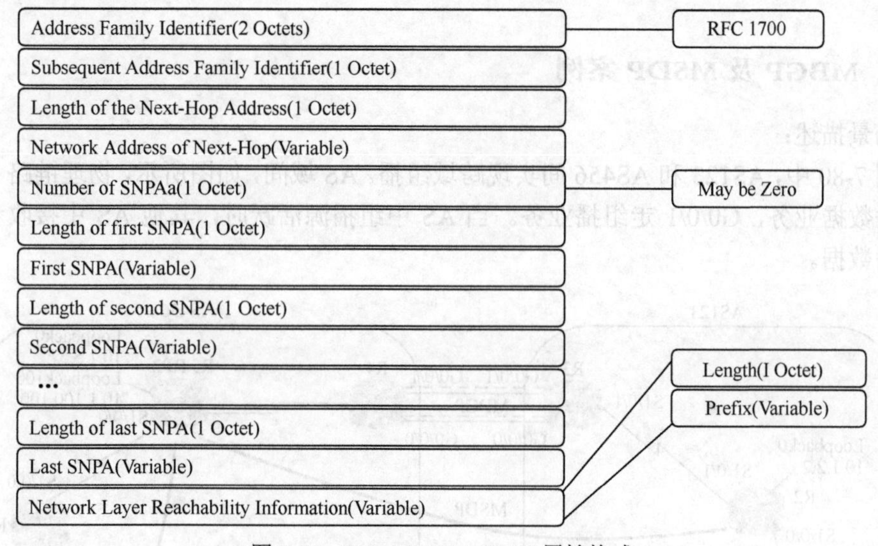

图 7-77 MP_REACH_NLRI 属性格式

同理，用于撤销路由的 MP_UNREACH_NLRI 属性格式如图 7-78 所示。

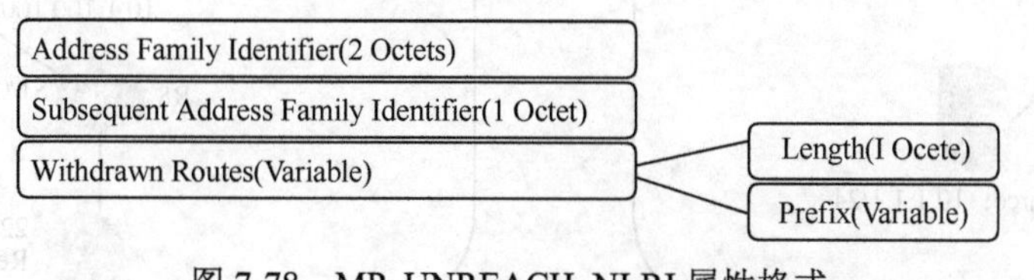

图 7-78 MP_UNREACH_NLRI 属性格式

示例：BGP update 报文

说明：

图 7-79 中组播 NLRI 和 Next hop 地址信息出现在路径属性 MP_REACH_NLRI 中。

```
⊟ Border Gateway Protocol - UPDATE Message
    Marker: ffffffffffffffffffffffffffffffff
    Length: 60
    Type: UPDATE Message (2)
    Withdrawn Routes Length: 0
    Total Path Attribute Length: 37
  ⊟ Path attributes
    ⊞ Path Attribut - ORIGIN: IGP
    ⊞ Path Attribut - AS_PATH: 13
    ⊞ Path Attribut - MULTI_EXIT_DISC: 2
    ⊟ Path Attribut - MP_REACH_NLRI
      ⊟ Flags: 0x90: Optional, Non-transitive, Complete, Extended Length
          1... .... = Optional: Optional
          .0.. .... = Transitive: Non-transitive
          ..0. .... = Partial: Complete
          ...1 .... = Length: Extended length
        Type Code: MP_REACH_NLRI (14)
        Length: 13
        Address family: IPv4 (1)
        Subsequent address family identifier: Multicast (2)
      ⊟ Next hop network address (4 bytes)
          Next hop: 10.1.120.1 (4)
        Subnetwork points of attachment: 0
      ⊟ Network layer reachability information (4 bytes)
        ⊟ 10.1.30.0/24
            MP Reach NLRI prefix length: 24
            MP Reach NLRI IPv4 prefix: 10.1.30.0 (10.1.30.0)
```

图 7-79　BGP update 报文

7.8.7　MBGP 及 MSDP 案例

场景描述：

图 7-80 中，AS123 和 AS456 间实现跨域组播。AS 域间，如图所示，物理链路 G0/0/0 走单播数据业务，G0/0/1 走组播业务。当 AS 中组播源活跃时，其他 AS 中接收者可收到组播数据。

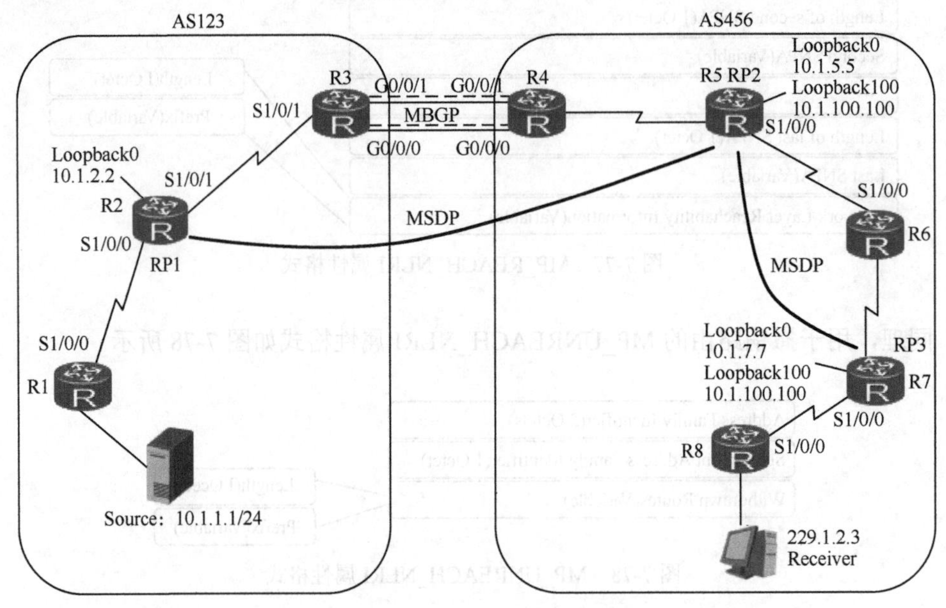

图 7-80　域内及域间组播应用

场景描述：

- 在 AS123 内，R2 是 RP，地址为 10.1.2.2；在 AS456 内，R5 和 R7 是 RP，地址是 10.1.100.100（AnycastRP）。

- 组播源在 R1 后面，地址为 10.1.1.1/24，接收者在 R8 后面，地址为 10.1.8.8。
- 全网地址规划使用 10.1.X.Y/24，网络号 X 使用路由器之间编号，主机地址使用路由器编号。
- R3 和 R4 之间是 MP-BGP（多协议 BGP），G0/0/0 接口 IP 地址是 10.1.34.X/24；G0/0/1 接口 IP 地址是 10.1.134.X/24。
- R2 和 R5 间是 MSDP，R5 和 R7 之间是 MSDP。使用 Loopback0 接口建立邻居关系。
- 分析 AS123 中组播源 10.1.1.1 活跃后，AS456 接收者接收组播数据的过程。

分析过程：

- 在图 7-80 中，AS123 和 AS456 是组播路由域，每个 AS 域中有自己的 RP，使用 BSR 作为通告协议，BSR 不需要在 AS 之间通告。
- 图中 R2、R5、R7 是 RP，彼此之间配置 MSDP，用于通告 SA 消息。在 AS456 中，组播节点分布较分散，使用 AnycastRP 部署。
- 当组播源活跃时，R2 知道源活跃后，用 SA 消息通告到 AS456 的 RP。R7 有下游接收者，所以在知道源的位置后，开始建 SPT 树。

工作过程分析：

1．接收者出现在 R8 的后面，R8 作为最后一跳 DR，开始向其所知道的 RP 发起 RPT 树建立过程。共享树树根 RP 在 R7（loopback100 接口是 10.1.100.100）。

```
<R8>display pim rp-info
 VPN-Instance: public net
 PIM-SM BSR RP Number:1
Group/MaskLen: 224.0.0.0/4
     RP: 10.1.100.100
     Priority: 0
     Uptime: 00:20:34
     Expires: 00:01:56

<R8>display pim routing-table
 VPN-Instance: public net
 Total 1 (*, G) entry; 0 (S, G) entry

 (*, 229.1.2.3)
     RP: 10.1.100.100
     Protocol: pim-sm, Flag: WC
     UpTime: 00:10:07
     Upstream interface: Serial1/0/0
         Upstream neighbor: 10.1.78.7
         RPF prime neighbor: 10.1.78.7
     Downstream interface(s) information:
     Total number of downstreams: 1
         1: LoopBack0
             Protocol: static, UpTime: 00:10:07, Expires: -
```

2．R2、R5 和 R7 间 MSDP 邻居已经建立，周期性 Keepalive 维持邻居关系。

MSDP 邻居关系配置：

```
#R2
msdp
 peer 10.1.5.5 connect-interface LoopBack0
```

```
#
#R5
msdp
 originating-rp LoopBack0
 peer 10.1.2.2 connect-interface LoopBack0
 peer 10.1.7.7 connect-interface LoopBack0
#
#R7
msdp
 originating-rp LoopBack0
 peer 10.1.5.5 connect-interface LoopBack0
#
```

3．R3 和 R4 间配置 BGP，G0/0/0 接口上开启单播 BGP，G0/0/1 接口上开启组播 MBGP。

```
<R3>
#
bgp 123
 peer 10.1.34.4   as-number 456
 peer 10.1.134.4 as-number 456
 #
 IPv4-family unicast
  undo synchronization
  network 10.1.1.0 255.255.255.0
  network 10.1.2.2 255.255.255.255
  peer 10.1.34.4 enable
  undo peer 10.1.134.4 enable
 #单播 BGP 邻居
 IPv4-family multicast
  undo synchronization
  network 10.1.1.0 255.255.255.0
  network 10.1.2.2 255.255.255.255
  peer 10.1.134.4 enable
#组播 BGP 邻居
#10.1.1.0/24 是组播源的网络
#10.1.2.2 是 AS123 中 RP 地址
<R4>
#
bgp 456
 peer 10.1.34.3 as-number 123
 peer 10.1.134.3 as-number 123
 #
 IPv4-family unicast
  undo synchronization
  network 10.1.5.5 255.255.255.255
  peer 10.1.34.3 enable
  undo peer 10.1.134.3 enable
 #单播 BGP 邻居
 IPv4-family multicast
  undo synchronization
  network 10.1.5.5 255.255.255.255
  peer 10.1.134.3 enable

#组播 BGP 邻居
#10.1.5.5 是 AS456 中 RP2 IP 地址
```

```
 ospf 1
  import bgp

<R4>display bgp multicast routing-table

 BGP Local router ID is 10.1.34.4
 Status codes: *-valid, >-best, d-damped,
               h-history,  i-internal, s-suppressed, S-Stale
Origin : i-IGP, e-EGP, ?-incomplete

 Total Number of Routes: 3
Network            NextHop          MED          LocPrf     PrefVal Path/Ogn

 *>10.1.1.0/24      10.1.134.3       96                      0       123i
 *>10.1.2.2/32      10.1.134.3       48                      0       123i
 *>10.1.5.5/32      0.0.0.0          48                      0       i
```

4．当 R1 后面的组播源开始活跃时，头一跳路由器 DR 开始产生单播注册报文发给 AS123 中的 RP，10.1.2.2。R2 作为 RP，在 AS123 中没有组播接收者，R2 回注册一终止报文给 R1。同时，R2 产生 SA 发给 MSDP 对等体 R5。

说明：

1）R1 会在注册抑制时间超时后重新开始发送注册报文。

2）生成的 SA 报文中，包含内容如图 7-81 所示。

```
⊞ Internet Protocol Version 4, Src: 10.1.2.2 (10.1.2.2), Dst: 10.1.5.5 (10.1.5.5)
⊞ Transmission Control Protocol, Src Port: 49509 (49509), Dst Port: 639 (639), Seq: 1, Ack: 1, Len: 20
⊟ Multicast Source Discovery Protocol
    Type: IPv4 Source-Active (1)
    Length: 20
    Entry Count: 1
    RP Address: 10.1.2.2 (10.1.2.2)
  ⊟ (S,G) block: 10.1.1.1/32 -> 229.1.2.3
      Reserved: 0x000000
      Sprefix len: 32
      Group Address: 229.1.2.3 (229.1.2.3)
      Source Address: 10.1.1.1 (10.1.1.1)
```

图 7-81　SA 报文

SA 报文中的 RP Address 是起源 RP 地址，SA 此后在 MSDP 会话中逐跳传递，此值不变，每个接收 MSDP 设备都是对该 RP 地址执行 RPF 检查。

5．SA 消息直接流给 R5，R5 收到 SA 后，执行 RPF 检查，符合规则 1：“发出 SA 消息的对等体就是源 RP，则接收该 SA 消息并向其他对等体转发”。R5 接收并转发 SA 到其他 MSDP 对等体 R7。R7 收到 SA 消息，执行 RPF 检查，符合规则 3：“如果一台路由器只拥有一个远端 MSDP 对等体，则该远端对等体自动成为 RPF 对等体，路由器接收从该远端对等体发来的 SA 消息。”

所以在 R5 和 R7 的路由器上可看到：

```
#
<R5>display msdp sa-cache
MSDP Source-Active Cache Information of VPN-Instance: public net
 MSDP Total Source-Active Cache-1 entry
 MSDP matched 1 entry

(10.1.1.1, 229.1.2.3)
```

```
  Origin RP: 10.1.2.2
  Pro: ?, AS: ?
  Uptime: 00:00:05, Expires: 00:05:55
#
<R7>display msdp sa-cache
MSDP Source-Active Cache Information of VPN-Instance: public net
  MSDP Total Source-Active Cache-1 entry
  MSDP matched 1 entry

(10.1.1.1, 229.1.2.3)
  Origin RP: 10.1.2.2
  Pro: ?, AS: ?
  Uptime: 00:00:07, Expires: 00:05:53
```

6．R7 收到 SA，并且 R7 下游有组播接收者存在。R7 在知道组播“源”之后，开始向源地址（10.1.1.1）发送（10.1.1.1, 229.1.2.3）Join 报文，R7 查 IP 路由表，根据路由指向，SPT 树条目（10.1.1.1, 229.1.2.3）依次在 R7、R6、R5 和 R4 上建立。

7. R3 和 R4 路由器是各自 AS 中的 ASBR，彼此双线互联。在 mBGP 中，保证 G0/0/0（10.1.34.0/24 网段）链路走 AS 间的单播数据流量；G0/0/1（10.1.134.0/24 网段）链路走 AS 间的组播数据流量。

R4 收到（10.1.1.1, 229.1.2.3）Join 后，开始建 SPT 树，执行 RPF 检查确定到组播源 10.1.1.1 的路径。

```
<R4>display multicast rpf-info 10.1.1.1
 VPN-Instance: public net
 RPF information about source: 10.1.1.1
     RPF interface: GigabitEthernet0/0/1, RPF neighbor: 10.1.134.3
     Referenced route/mask: 10.1.1.1/32
     Referenced route type: mbgp
     Route selection rule: preference-preferred
     Load splitting rule: disable
```

说明：

执行 RPF 检查可以参考 mBGP 表，组播静态 RPF-route，单播路由表。根据 RPF 查表规则，在 mBGP，组播静态路由，单播路由表中各自找满足 10.1.1.1 的路由，然后再比较路由协议的好坏。本例中，组播静态路由和单播路由表中都没有 10.1.1.1 对应的路由，所以 mBGP 路由是唯一可用的路由。

8．R3 收到 G0/0/1 接口的（10.1.1.1, 229.1.2.3）Join 后，开始建（10.1.1.1, 229.1.2.3）组播条目，此过程一直重复，直至到 R1。

```
<R3>display pim routing-table
 VPN-Instance: public net
 Total 0 (*, G) entry; 1 (S, G) entry

 (10.1.1.1, 229.1.2.3)
     RP: 10.1.2.2
     Protocol: pim-sm, Flag: SPT
     UpTime: 00:00:13
     Upstream interface: Serial1/0/1
         Upstream neighbor: 10.1.23.2
         RPF prime neighbor: 10.1.23.2
```

```
Downstream interface(s) information:
Total number of downstreams: 1
    1: GigabitEthernet0/0/1
        Protocol: pim-sm, UpTime: 00:00:13, Expires: 00:03:17
```

9．在组播 SPT 树建立过程中，由于 SA 消息不负责携带组播数据，所以 AS456 中的接收者无法收到组播数据。只要组播源活跃，组播数据会一直沿 SPT 树流到 R7。最后一跳路由器 R8 会触发 SPT 切换。

10．当组播源不再活跃或接收者离开后，组播数据不再流下来。

7.9 思考题

1．IGMP 的加入和离开机制在不同版本下有什么不同？

2．组播接收者存在的环境下，IGMP Snooping 交换机如果开启 Proxy 功能和不开启 Proxy 功能，这两种情况下，对 IGMP 路由器在性能上有什么影响？ 为什么？

3．开启状态刷新之后，对 PIM DM 的扩散机制有什么影响？是否需要周期性泛洪？

4．PIM SM 下共有几处 SPT 切换？每次切换的触发条件是什么?为什么一定要发生切换？

5．为什么 BSR 同样是泛洪，它不同于 OSPF 泛洪，为什么 BSR 在接收通告时需要有 RPF 检查？

6．PIM Assert 机制在 DM 下和 SM 下有什么不同吗？

7．PIM SSM 和 IGMPv3 一起工作，如果和 IGMPv2 一起工作，需要做些什么？

8．MSDP 是周期通告 SA 吗？如果当前 RP 下没有接收者，它作为 MSDP 设备会转发或产生 SA 吗？

9．PIM SM 下空注册报文频繁发送的原因是什么？如果 RP 没有及时回应注册—终止报文，请问接下来头一跳 DR 会做什么？

10．图 7-82 中 AnycastRP 组播应用。

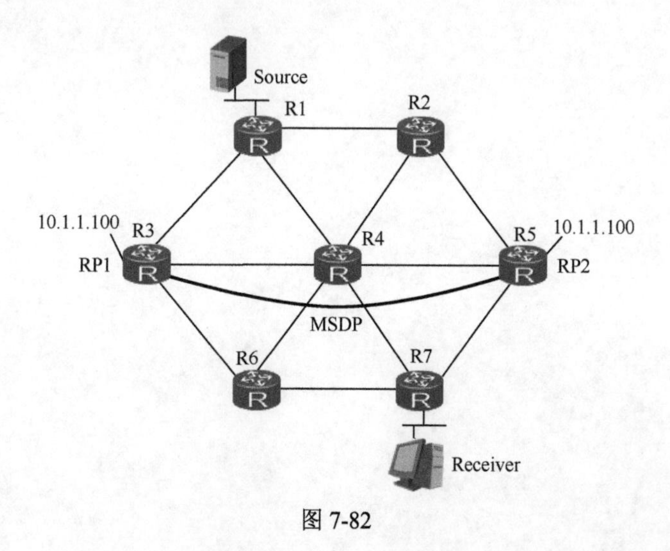

图 7-82

组播组 229.1.2.3 接收者在 R7 后面。组播源在 R1 后面。图 7-82 中，每条链路的成本都一样。图中 IP 地址使用物理路由器的编号，例，R2 和 R5 间接口 IP 地址为 10.1.25.2 和 10.1.25.5，网络为 10.1.25.0/24。网络中 RP 地址为 10.1.1.100，分别是 RP1 和 RP2。

请分析图中，组播接收者接收数据的过程。

第八章

MPLS 及 MPLS VPN

多协议标签交换（Multi-Protocol Label Switching，MPLS）是新一代的 IP 高速骨干网络交换技术，它在无连接的 IP 网络上引入面向连接的标签交换技术，将第三层路由技术和第二层交换技术结合起来，使其既有 IP 路由的灵活性，又有二层交换的简捷性。MPLS VPN 是 MPLS 上一种应用广泛的 L3VPN 技术，它通过 MP-BGP 传递客户 VPN 路由，使用标签隧道实现 VPN。本章介绍了 LDP 协议，并结合实例分析了 MPLS VPN 架构、技术原理、PE-CE 路由协议及 Internet 接入技术等，章节末尾还阐述了跨域 VPN 技术。

本章包含以下内容：

- MPLS 基础介绍
- LDP 基本概念及原理分析
- LDP 案例分析
- MPLS VPN 基础介绍
- MPLS VPN 工作原理分析
- MPLS VPN 的 Internet 接入
- 跨域 VPN 解决方案介绍

8.1 MPLS 基础

8.1.1 什么是 MPLS

多协议标签交换 MPLS 是一种基于标签的数据包交换技术，介于 L2 和 L3 之间。数据包进入 MPLS 网络时会被封装上一个短而定长的标签，在转发过程中只需根据报文中的标签转发而无需查看上层报头信息。当数据包离开 MPLS 网络时，所有标签信息都会被剥离掉。所以，路由器不再需要基于数据包的 IP 信息来进行路由表查找并进行转发，而只需要关心报文的标签信息，总结一句话，MPLS 其实就是一种隧道技术。

8.1.2 MPLS 的产生背景

MPLS 起初是为提高数据包转发效率而产生的。因为早期的路由器是用软件的方式来进行报文转发处理的，每一跳都需要根据报文目的 IP，使用最长掩码匹配原则查找路由表进行转发，效率比较低，尤其是在业务流量大的时候，对设备的性能影响特别大。为避免这个问题，有些用户使用 ATM 网络来承载自己的业务。ATM 是一种基于虚电路的二层交换技术，使用固定长度的信元方式来进行数据的转发，这种方式容易用硬件来实现，从而提升数据转发效率。然而，ATM 技术实现比较复杂，部署难度和成本都很高，这让很多用户望而却步。

MPLS 技术就在这种背景下诞生了，MPLS 技术避免了传统 IP 转发的繁复过程，也借鉴了 ATM 使用标签转发和面向连接的特点。在当时，可以认为 MPLS 技术是一大创新。但是后来，随着芯片技术（比如 ASIC）的不断改进和提升，使用 IP 转发方式的效率也很高，MPLS 在这一方面发挥的优势渐渐不明显了。在今天的网络中，MPLS 技术已经被扩展到了新的应用领域，为网络提供一些增值业务，比如 MPLS VPN 或 MPLS TE，这两项技术正被越来越多的企业和服务提供商部署使用。

8.1.3 MPLS 网络结构及术语解释

MPLS 网络的基本结构如图 8-1 所示，MPLS 域通过边界路由器连接用户的 IP 网络，一台边界路由器可以同时连接到多个用户的 IP 网络，在 MPLS 域内的基本网元是标签交换路由器（LSR，Label Switching Router），LSR 具有标签分配和基于标签转发数据报文的能力。用户的 IP 数据流进入 MPLS 域后，报文会以标签的方式经过每一台 LSR。为转发带标签的数据报文，每台 LSR 都会建立一张标签转发表，标签转发表就是通过标签分发协议依据路由表产生和建立的。

MPLS 相关术语解释如下。

LSR（标签交换路由器）：运行了 MPLS，具有标签分配和标签转发能力的路由器。

LER（标签边界路由器）：具有标签分配能力，并且同时连接 IP 和 MPLS 网络的路由器。分入站的 LER 和出站的 LER。入站的 LER 负责对接收到的 IP 报文压入标签，然后转发进 MPLS 网络；出站的 LER 负责给离开 MPLS 网络的报文移除标签，然后根据

IP 转发表进行转发。

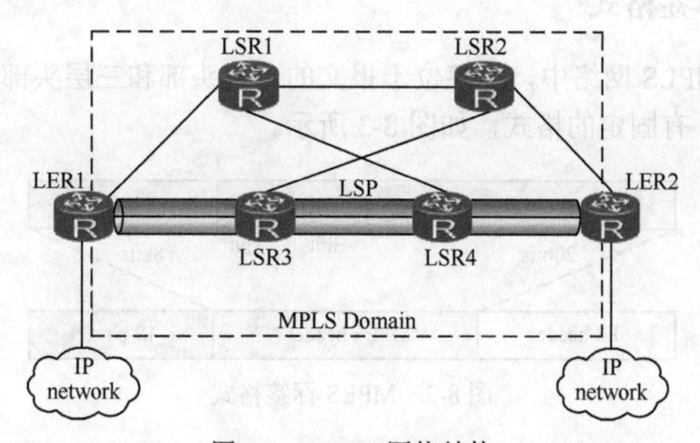

图 8-1 MPLS 网络结构

FEC（转发等价类）：用来描述具有相同特征的报文在转发过程中被 LSR 以相同方式处理。在 MPLS 中，一个 FEC 使用同一个标签来标记（也就是说一个 FEC 的报文走的是同一条 LSP）。划分 FEC 的方式有很多，比如去往相同目的前缀的报文就是一个 FEC，也可以使用源地址、目的地址、源端口、目的端口、协议类型、VPN 等要素任意组合来划分一个 FEC。

LSP（标签转发路径）：MPLS 报文经过的路径。一条 LSP 起始 LSR 叫入站的 LER，最后一台 LSR 叫出站的 LER，可以把一条 LSP 理解为一个单向的隧道。LSP 还支持嵌套，也就是一条 LSP 可以在另一条 LSP 内部，这被用于运营商的一些应用场景，比如 CSC。可以使用静态和动态两种方式来创建一条 LSP，在 8.1.5 节会介绍一下静态建立的方法及注意事项，在 8.2 节会详细介绍使用标签分发协议动态建立 LSP 的方法。

如图 8-2 所示，这时假设左侧 IP 网络要访问右侧的 IP 网络，当报文进入 MPLS 域边界的 LSR 后被封装上标签（在原始 IP 报头之前），MPLS 网络中间的路由器只是根据交换标签信息来传递该报文（根据标签转发表把报文携带的标签替换成另一个标签）。当报文到达 MPLS 域另外一侧边界 LSR 时，数据包被解封装成原始的 IP 报文（移除标签），然后转发至 IP 网络。

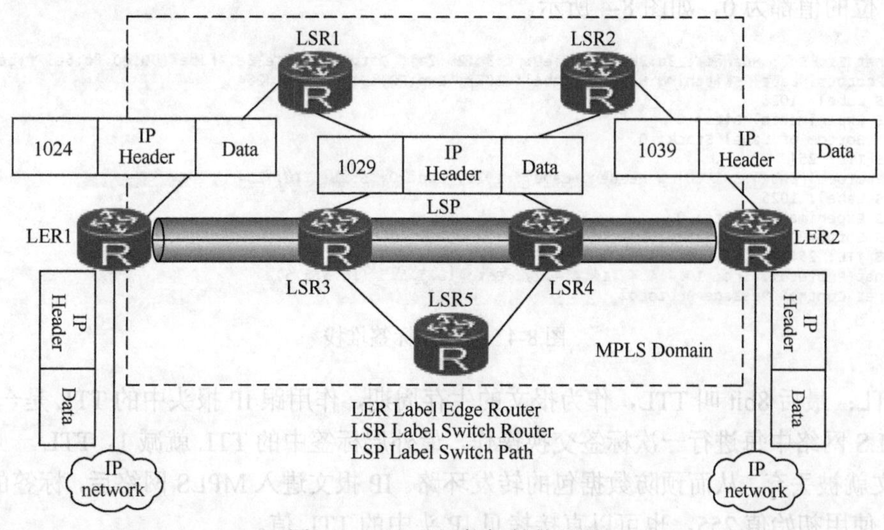

图 8-2 MPLS 网络标签的处理

8.1.4 MPLS 标签格式

在帧模式的 MPLS 网络中，标签位于报文的二层头部和三层头部之间，一个 MPLS 标签长度为 32bit，有固定的格式，如图 8-3 所示。

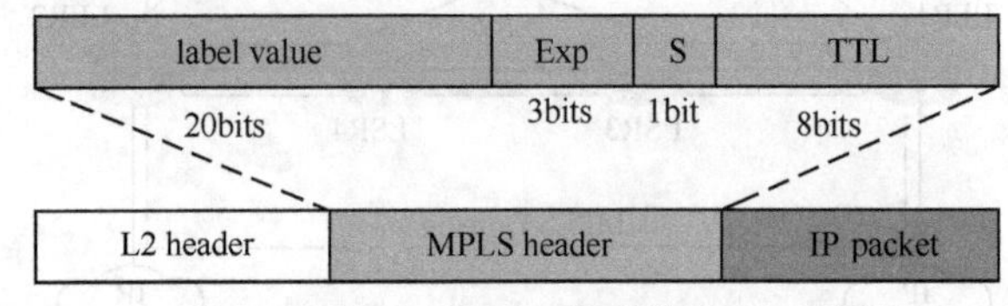

图 8-3 MPLS 标签格式

对其中的字段解释如下。

Label Value：标签的前 20bit 表示标签值（标签的数字标识），所以标签值的范围为 0 到 1048575，但是，标签值 0 到 15 是特殊用途的标签，这里列举几个常见的特殊标签的用途：

标签 0：IPv4 显式空标签；

标签 1：路由器报警标签；

标签 2：IPv6 显式空标签；

标签 3：隐式空标签；

标签 14：OAM 路由器报警标签；

其他 0～15 之间的被保留标签的功能目前暂时没有定义。

EXP：EXP 是一个 3bit 的实验字段，之所以这么叫实验字段，是因为在 MPLS 设计之初还没确定该字段的作用，现在主要用来做 QoS。

S：S 位叫栈底位（BoS，Bottom of Stack）。某些特殊应用场景（比如 MPLS VPN、AToM）下，需要一个 MPLS 报文携带多个标签（理论上可携带的标签数量是没有限制的）。这些标签组成一个堆栈，堆栈底部的标签（紧挨着 IP 报头）S 位的值为 1，其他标签的 S 位的值都为 0，如图 8-4 所示。

```
⊞ Ethernet II, Src: HuaweiTe_3d:2b:2a (00:e0:fc:3d:2b:2a), Dst: HuaweiTe_6e:7f:be (00:e0:fc:6e:7f:be)
⊟ MultiProtocol Label Switching Header, Label: 1028, Exp: 0, S: 0, TTL: 254
    MPLS Label: 1028
    MPLS Experimental Bits: 0
    MPLS Bottom Of Label Stack: 0
    MPLS TTL: 254
⊟ MultiProtocol Label Switching Header, Label: 1025, Exp: 0, S: 1, TTL: 254
    MPLS Label: 1025
    MPLS Experimental Bits: 0
    MPLS Bottom Of Label Stack: 1
    MPLS TTL: 254
⊞ Internet Protocol, Src: 10.4.4.4 (10.4.4.4), Dst: 10.5.5.5 (10.5.5.5)
⊞ Internet Control Message Protocol
```

图 8-4 MPLS 标签堆栈

TTL：最后 8bit 叫 TTL，作为报文的生存周期，作用跟 IP 报头中的 TTL 是一样的，在 MPLS 网络中每进行一次标签交换操作，最外层标签中的 TTL 就减 1，TTL 一旦减为 0，报文就被丢弃，从而预防数据包的转发环路。IP 报文进入 MPLS 网络后，标签的 TTL 值可以使用初始值 255，也可以直接拷贝 IP 头中的 TTL 值。

8.1.5 LSP 的建立

LSP 的建立分为静态和动态两种方法。动态 LSP 是使用标签分发协议（比如 LDP）建立的，在 8.2 节将会详细介绍 LDP 的工作原理，这里我们先来了解一下静态 LSP 的建立方法。静态 LSP 是由管理员手工配置的，所以静态 LSP 不需要使用任何标签分发协议，没有必要交互任何控制信息，资源开销小。使用静态 LSP 还可以避免因为标签分发协议（比如 LDP）故障而导致 MPLS 业务流量丢失，所以静态 LSP 一般是用来保障关键应用的业务连续性。但是由于静态 LSP 是由手工配置的，无法自动适应网络拓扑的变化，当网络出现故障后还需要管理员干预，管理相对比较麻烦，一般适用于小型网络。

一条静态 LSP 经过的 LSR 共有 3 种角色：Ingress、Transit、Egress。Ingress 节点负责为接收到的 IP 报文压入标签并送入 LSP 隧道，Transit 节点负责以标签交换的方式转发报文，Egress 节点负责移除报文中的标签并将报文转发至 IP 网络。建立静态 LSP 时，管理员为各 LSR 手工分配标签时需要遵循的原则是：前一节点（上游节点）出标签的值等于下一个节点（下游节点）入标签的值，具体要进行以下操作。

- 在 Ingress 节点配置此 LSP 的目的地址、下一跳和出标签的值。
- 在 Transit 配置此 LSP 的入接口、与上一节点出标签相等的入标签的值、对应的下一跳和出标签的值。
- 在 Egress 配置此 LSP 的入接口及与上一节点出标签相等的入标签的值。

如图 8-5 所示，PC1 与 PC2 之间通信的数据流需要经过中间的 MPLS 网络。由于 LSP 是单向的隧道，要想实现 PC1 和 PC2 之间的双向通信，需要建立两条 LSP（图中的 LSP1 和 LSP2），LSP1 用于 PC1 到 PC2 方向的报文转发，LSP2 用于 PC2 到 PC1 方向的报文转发。LSP1 的 Ingress 节点为 LER1（出标签为 100）、Transit 节点为 LSR1（入标签为 100，出标签为 200）、Egress 节点为 LER2（入标签 200）；LSP2 的 Ingress 节点为 LER2（出标签为 300），Transit 节点为 LSR1（入标签为 300，出标签为 400），Egress 节点为 LER1（入标签为 400）。

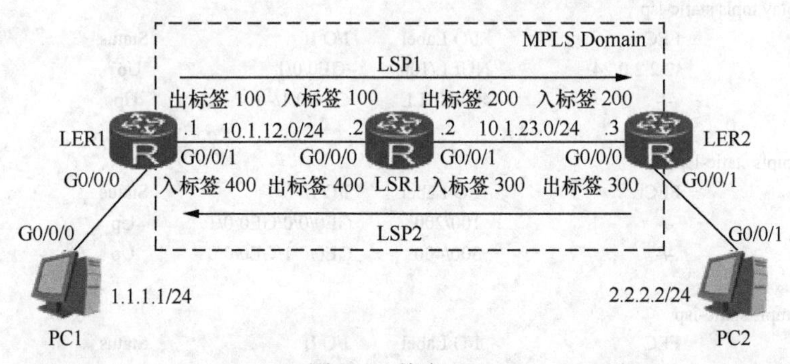

图 8-5 静态 LSP

LER1、LSR1 和 LER2 具体的配置过程如下。

（1）基本配置（这里以 LER1 为例）。

配置 LSR-ID 并且分别在全局和接口上使能 MPLS，如下输出所示。

```
#
 sysname LER1
#
#
mpls lsr-id 10.1.1.1
mpls
#
interface GigabitEthernet0/0/1
 ip address 10.1.12.1 255.255.255.0
 mpls
#
```

（2）建立 LSP1。

- Ingress 节点配置：

```
[LER1]static-lsp ingress LSP1 destination 2.2.2.0 24 nexthop 10.1.12.2 out-label 100
```

#指定 LSP1 的 FEC 为 2.2.2.0/24，使用出标签 100 将报文转发至下一跳 10.1.12.2。

- Transit 节点配置：

```
[LSR1]static-lsp transit LSP1 incoming-interface gi0/0/0 in-label 100 nexthop 10.1.23.3 out-label 200
```

#Tansit 节点从接口 G0/0/0 接收到带有标签为 100 的报文，将标签替换为 200 后转发至下一跳 10.1.23.3。

- Egress 节点配置：

```
[LER2]static-lsp egress LSP1 incoming-interface gi0/0/0 in-label 200
```

#Egress 节点从入口为 G0/0/0 接收到入标签为 200，移除标签后以 IP 的方式转发出去。

（3）建立 LSP2。

- Ingress 节点配置：

```
[LER2]static-lsp ingress LSP2 destination 1.1.1.0 24 nexthop 10.1.23.2 out-label 300
```

- Transit 节点配置：

```
[LSR1]static-lsp transit LSP2 incoming-interface gi0/0/1 in-label 300 nexthop 10.1.12.1 out-label 400
```

- Egress 节点配置：

```
[LER1]static-lsp egress LSP2 incoming-interface gi0/0/1 in-label 400
```

（4）查看静态 LSP 的状态信息，如下输出所示。

```
[LER1]display mpls static-lsp
Name        FEC            I/O Label    I/O If              Status
LSP1        2.2.2.0/24     NULL/100     -/GE0/0/1           Up
LSP2        -/-            400/NULL     GE0/0/1/-           Up

[LSR1]dis mpls static-lsp
Name        FEC            I/O Label    I/O If              Status
LSP1        -/-            100/200      GE0/0/0/GE0/0/1     Up
LSP2        -/-            300/400      GE0/0/1/GE0/0/0     Up

[LER2]dis mpls static-lsp
Name        FEC            I/O Label    I/O If              Status
LSP1        -/-            200/NULL     GE0/0/0/-           Up
LSP2        1.1.1.0/24     NULL/300     -/GE0/0/0           Up
```

由上面的输出信息可知静态 LSP 已经在每个运行了 MPLS 的节点建立好。这时可以通过这两条静态 LSP 正常跑业务流量了。

说明：

- 在中间 Transit 节点配置指向目标的 nexthop 时，这个 nexthop 可以和该目标在本地路由表中的 nexthop 不一致；
- 虽然静态 LSP 不依赖动态路由，但是在 LSP 的 Ingress 节点处，LSP 对应的 FEC 在本地路由表中需要存在相应的路由前缀，为 LSP 指定的下一跳也要和本地路由表一致。

案例分析 1：静态 LSP

如图 8-6 所示，用户之间（PC1-PC2）的 IP 业务流量在穿越 MPLS 域时，如果使用动态 LSP，假设用户最终使用的路径是 LER1-LSR1-LSR3-LER2，因为动态 LSP 的建立是依赖路由表（FEC）的，如果到目标的路由有发生变化，那么 LSP 使用的路径也会随着路由的变化而变化。如果用户要求业务流量走特定的一条路径，比如 LER1-LSR1-LSR2-LSR3-LER2，不管动态路由的切换路径如何，都使用该路径，除非该路径发生故障。

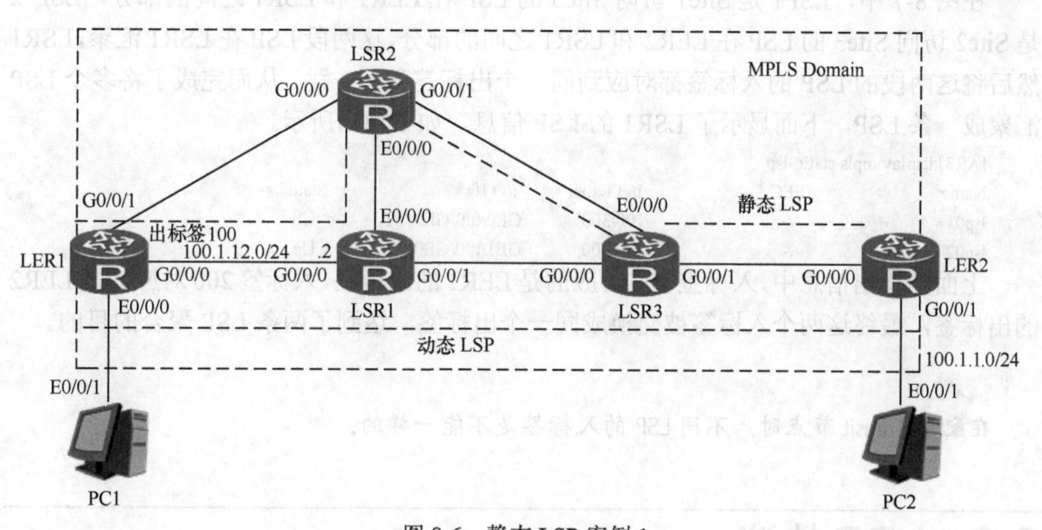

图 8-6 静态 LSP 案例 1

如图 8-6 所示，假设 MPLS 域中基本配置（包括路由协议）已经设置好，而且相应 FEC（100.1.1.0/24）的动态 LSP 已经建立好，用户 PC1 访问到 100.1.1.0/24 的数据流可以通过这条动态 LSP。现在根据需求，该用户的数据流需要经过路径 LER1-LSR1-LSR2-LSR3-LER2 去转发，我们根据案例 1 的配置方法，可以在 LER1-LSR1-LSR2-LSR3-LER2 上配置一条静态 LSP，那么 LER1 作为该 LSP 的 Ingress 节点，其配置如下：

```
[LER1]static-lsp ingress LSP100 destination 100.1.1.0 24 nexthop 100.1.12.2 out-label 100
```

后面各节点的配置可以参考案例 1，在这里不再赘述。

思考：

如果 LSR1 上同时动态建立了到 100.1.1.0/24 的 LSP，那么此时使用静态还是动态的呢？

案例分析 2：静态 LSP 的会聚

如图 8-7 所示，Site1 中的主机 PC1 和 Site2 中的主机 PC2，分别通过两条静态的 LSP 来访问 Site3 的主机 PC3。

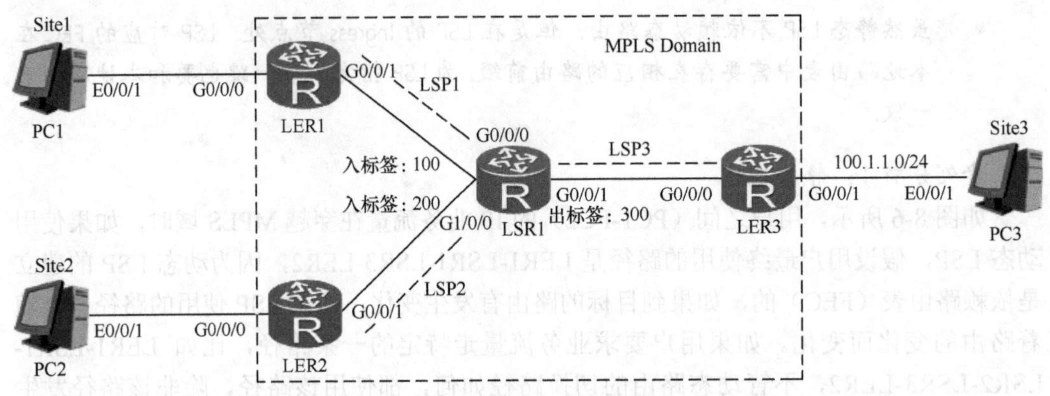

图 8-7　静态 LSP 案例 2

在图 8-7 中，LSP1 是 Site1 访问 Site3 的 LSP 在 LER1 和 LSR1 之间的部分，LSP 2 是 Site2 访问 Site3 的 LSP 在 LER2 和 LSR1 之间的部分，这两段 LSP 在 LSR1 汇聚，LSR1 然后将这两段的 LSP 的入标签都对应到同一个出标签和下一跳，从而完成了将多个 LSP 汇聚成一条 LSP，下面显示了 LSR1 的 LSP 信息，如下输出所示。

```
[AR3]display mpls static-lsp
Name          FEC          I/O Label    I/O If              Status
lsp01         -/-          100/300      GE0/0/0/GE0/0/1     Up
lsp02         -/-          200/300      GE1/0/0/GE0/0/1     Up
```

上面的输出信息中，入标签 100 对应的是 LER1 的出标签，入标签 200 对应的是 LER2 的出标签，最终这两个入标签被交换成同一个出标签，达到了两条 LSP 聚合的目的。

说明：

在配置 Transit 节点时，不同 LSP 的入标签是不能一样的。

8.2 LDP 协议

在前文中提到过建立 LSP 有静态和动态两种方法，其中动态建立 LSP 需要路由器运行标签分发协议，这一节介绍的 LDP 协议就是其中最重要的一个标签分发协议。LDP 协议在 RFC3036 中被定义，在 MPLS 网络中，路由器通过运行 LDP 协议为每条内部路由映射一个标签，然后再将标签信息通告给所有邻居，路由器之间通过这种方式来建立标签转发表，最终形成 LSP，当网络拓扑发生变化时，LDP 还会实时地响应这种变化，动态建立 LSP。

8.2.1 LDP 的基本概念

在介绍 LDP 工作原理之前，先了解一下 MPLS 的基本概念。

1. 标签空间

LDP 分配标签的空间有两种。

一种是基于接口的标签空间：每个接口通告的标签范围是唯一的，如图 8-8 所示，LER1 为同一条 FEC 在不同接口通告的标签是不同的。

二是基于平台的标签空间：标签分配时并不是在每个接口下唯一，而是从整台 LSR 中来分配标签的，如图 8-9 所示，LER1 为同一条 FEC 通告一个标签。

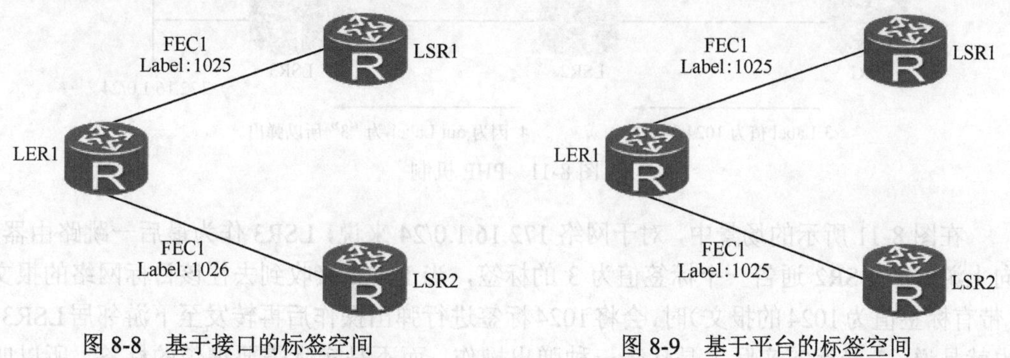

图 8-8 基于接口的标签空间　　图 8-9 基于平台的标签空间

下面显示了华为设备默认使用的标签空间，位于 LSR-ID 后面的数字 0 表示华为默认采用的标签空间是基于平台的，如下输出所示。

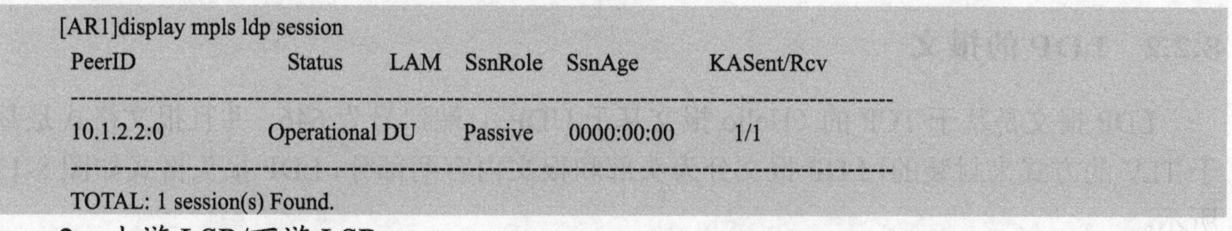

```
[AR1]display mpls ldp session
 PeerID            Status       LAM   SsnRole   SsnAge        KASent/Rcv
 ------------------------------------------------------------------------------
 10.1.2.2:0        Operational DU     Passive   0000:00:00    1/1
 ------------------------------------------------------------------------------
 TOTAL: 1 session(s) Found.
```

2. 上游 LSR/下游 LSR

上游和下游是根据数据报文的流向来定义的，数据流总是由上游发往下游，如图 8-10 所示，对于网络 172.16.1.0/24 来说，LSR3 是最后一跳路由器，其上游是 LSR2，而 LSR2 同时又是 LSR1 的下游。标签的通告方向可以是下游通告给上游，上游也可以将其标签通告给下游，具体通告的方法在下文中会详细介绍。

图 8-10 上游和下游 LSRP

3. PHP（倒数第二跳弹出）

在 MPLS 网络的出站 LER 处，首先需要对接收的报文进行标签移除（通过查找标签转发表），然后再进行 FIB 表的查找并转发，由于进行了两次查表操作，所以过程比较耗时。如果到达出站 LER 的流量较大，会对设备性能造成一定的影响。为减轻出站 LER 的负担，标签在到达出站 LER 之前就被弹出，这样在报文到达出站 LER 时已经是 IP 报文了，只需要查找 IP 转发表就转发出去，这样提高了出站 LER 的工作效率。

为使标签在到达出站 LER 之前就被弹出，使用了一个特殊的标签——“3”，这个标签也叫隐式空标签，如图 8-11 所示。

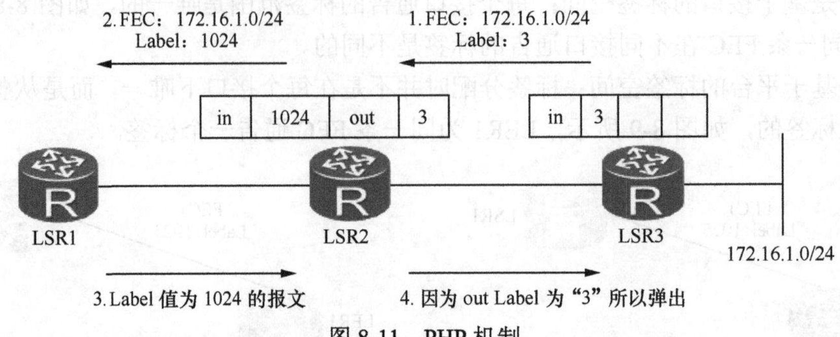

图 8-11　PHP 机制

在图 8-11 所示的场景中，对于网络 172.16.1.0/24 来说，LSR3 作为最后一跳路由器，向上游邻居 LSR2 通告一个标签值为 3 的标签，当 LSR2 接收到去往该目标网络的报文（带有标签值为 1024 的报文）时，会将 1024 标签进行弹出操作后再转发至下游邻居 LSR3，也就是说，3 号标签实际上是代表一种弹出操作，而不是实际需要携带的标签，所以叫隐式空标签。除了隐式空标签外，还有显式空标签，这个在 MPLS VPN 中再进行相关介绍。

8.2.2　LDP 的报文

LDP 报文是基于 TCP 的（Hello 报文基于 UDP），端口号为 646，并且报文格式是基于 TLV 的方式来封装的，LDP 报文分为头部和报文内容两部分，LDP 报头格式如图 8-12 所示。

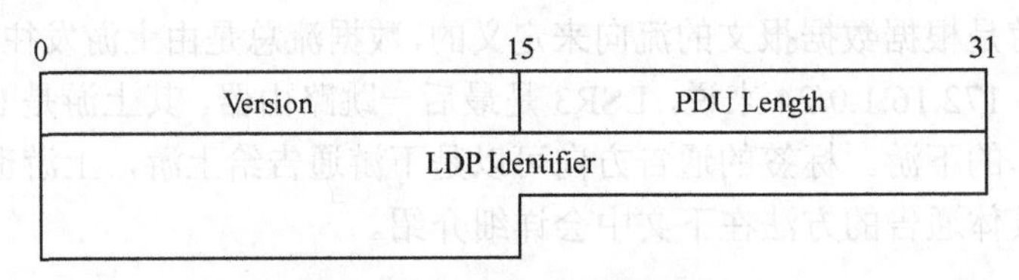

图 8-12　LDP PDU 头部格式

对其中的字段解释如下。

Version：2Byte 无符号整数值，表示 LDP 协议版本号，目前 LDP 协议版本号为 0x01。

PDU Length：2Byte 整数值，以字节为单位表示 PDU 长度，不包括版本号和 PDU 长度字段。PDU 最大长度在会话初始化时协商确定，默认最大长度为 4096Byte。

LDP Identifier：6Byte，唯一标识 PDU 所属发送 LSR 的标签空间。前 4Byte 表示 LSR-ID 地址，后 2Byte 指定 LSR 中的特定标签空间。

LDP 报文格式如图 8-13 所示。

对其中的字段解释如下。

U：1bit，未知 TLV bit，U=0 返回通知，U=1 忽略该报文。

Message Type：14bit，表示报文所属的类型。

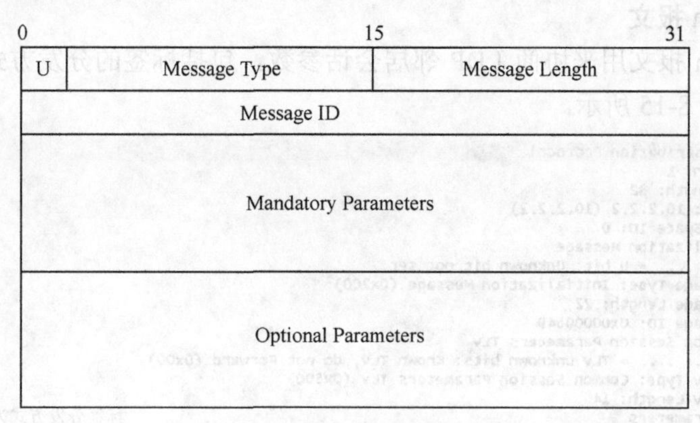

图 8-13 LDP 报文格式

Message Length：2Byte，以字节为单位表示报文长度，包括报文标识符、必选参数、可选参数等几部分。

Message ID：报文标识符，4Byte，用于标识报文。

Mandatory Parameters：必选参数可变长度，必选参数集。

Option Parameters：可选参数可变长度，可选参数集。

下面具体分析一下 LDP 各报文的内容及作用。

Hello 报文

LDP 的 Hello 报文用于发现邻居并用作后期邻居关系的维护，基于 UDP 来发送，发送的目标地址是 224.0.0.2，在启用了 LDP 的接口上会周期性地发送（默认周期=5s）。Hello 包格式如图 8-14 所示。

```
⊟ Label Distribution Protocol
    Version: 1
    PDU Length: 30
    LSR ID: 10.1.1.1 (10.1.1.1)
    Label Space ID: 0
  ⊟ Hello Message
      0... .... = U bit: Unknown bit not set
      Message Type: Hello Message (0x100)
      Message Length: 20
      Message ID: 0x000000b2
    ⊞ Common Hello Parameters TLV
    ⊞ IPv4 Transport Address TLV
```

图 8-14 Hello 报文格式

Hello 包携带了一些通用参数，比如保持时间等，还有发送方的传输地址。保持时间是删除一个邻居前的等待时间，默认是 15s（Hello*3），如果双方设置的保持时间不一样，则使用较短的那个时间。传输地址是用来建立 TCP 连接的地址，默认是跟 LSR-ID 一样的，所以默认情况下，两台 LSR 要能成功建立 LDP 邻居会话关系，各自的 LSR-ID 一定要路由可达。传输地址可以修改成其他地址，修改方法如下：

```
[LSR1-GigabitEthernet0/0/0]mpls ldp transport-address interface
```

但是，在修改传输地址时会导致 LDP 邻居关系中断，会影响上层的业务，所以要谨慎配置。可以使用下面的方式来查看保持时间和传输地址，如下输出所示。

```
[LSR1]display mpls ldp interface verbose
 LDP Interface Information in Public Network
 ------------------------------------------------------------------------------
 Interface Name : GigabitEthernet0/0/0
 LDP ID         : 10.1.1.1:0            Transport Address : 10.1.1.1
 Entity Status  : Active                 Effective MTU    : 1500

 Configured Hello Hold Timer        : 15 Sec
 Negotiated Hello Hold Timer        : 15 Sec
```

Initialization 报文

Initialization 报文用来协商 LDP 邻居会话参数，包括标签的分发方式、防环机制和标签空间，如图 8-15 所示。

```
⊟ Label Distribution Protocol
    Version: 1
    PDU Length: 32
    LSR ID: 10.2.2.2 (10.2.2.2)
    Label Space ID: 0
  ⊟ Initialization Message
      0... .... = U bit: Unknown bit not set
      Message Type: Initialization Message (0x200)
      Message Length: 22
      Message ID: 0x00000649
    ⊟ Common Session Parameters TLV
        00.. .... = TLV Unknown bits: Known TLV, do not Forward (0x00)
        TLV Type: Common Session Parameters TLV (0x500)
        TLV Length: 14
      ⊟ Parameters
          Session Protocol Version: 1
          Session KeepAlive Time: 45
          0... .... = Session Label Advertisement Discipline: Downstream Unsolicited proposed
          .0.. .... = Session Loop Detection: Loop Detection Disabled
          Session Path Vector Limit: 0
          Session Max PDU Length: 4096
          Session Receiver LSR Identifier: 10.1.1.1 (10.1.1.1)
          Session Receiver Label Space Identifier: 0
```

标签分发方式为 DU

环路检测关闭

标签空间为基于平台

图 8-15　Initialization 报文格式

Address 报文

Address 报文用来向 LDP 邻居通告本端的所有接口 IP 地址，以便邻居可以通过 IP 转发表的下一跳地址来决定出站标签，如图 8-16 所示。

```
⊟ Label Distribution Protocol
    Version: 1
    PDU Length: 32
    LSR ID: 10.2.2.2 (10.2.2.2)
    Label Space ID: 0
  ⊟ Address Message
      0... .... = U bit: Unknown bit not set
      Message Type: Address Message (0x300)
      Message Length: 22
      Message ID: 0x0000001f
    ⊟ Address List TLV
        00.. .... = TLV Unknown bits: Known TLV, do not Forward (0x00)
        TLV Type: Address List TLV (0x101)
        TLV Length: 14
        Address Family: IPv4 (1)
      ⊟ Addresses
          Address 1: 10.1.23.2
          Address 2: 10.2.2.2
          Address 3: 10.1.12.2
```

图 8-16　Address 报文格式

如果一台 LDP 路由器从不同邻居接收到相同 FEC 的标签映射，那么需要为该 FEC 选择一个最佳的 out 标签，这时就需要综合查看 IP 转发表和标签表的信息来决定 out 标签。

标签通告报文

标签通告报文用来向 LDP 邻居发布 FEC 和标签的绑定内容，一个标签通告可以发布多个标签信息，如图 8-17 所示。

```
⊟ Label Distribution Protocol
    Version: 1
    PDU Length: 74
    LSR ID: 10.2.2.2 (10.2.2.2)
    Label Space ID: 0
⊞ Label Mapping Message
⊞ Label Mapping Message
```

每一条 FEC 及其映射的标签

图 8-17　标签通告报文格式

标签通告报文还包括了标签请求、标签撤销和标签释放报文，这里就不一一赘述。

Keepalive 报文

LDP 邻居会话建立后，双方会定期地交互 KeepAlive 报文，用来对 TCP 会话的保活检测，默认检测周期为 15s，超时时间为 45s。KeepAlive 报文没有具体内容，格式非常简单，如图 8-18 所示。

```
⊟ Label Distribution Protocol
    Version: 1
    PDU Length: 14
    LSR ID: 10.2.2.2 (10.2.2.2)
    Label Space ID: 0
  ⊟ Keep Alive Message
      0... .... = U bit: Unknown bit not set
      Message Type: Keep Alive Message (0x201)
      Message Length: 4
      Message ID: 0x0000005a
```

图 8-18 KeepAlive 报文格式

Notification 报文

通知报文分为错误通知或查询通知。在发生以下事件时会发出通知报文：收到的数据包格式错误、无法识别的 TLV、会话超时等，报文中会向邻居报告具体的差错类型，如图 8-19 所示。

```
⊟ Label Distribution Protocol
    Version: 1
    PDU Length: 28
    LSR ID: 10.3.3.3 (10.3.3.3)
    Label Space ID: 0
  ⊟ Notification Message
      0... .... = U bit: Unknown bit not set
      Message Type: Notification Message (0x1)
      Message Length: 18
      Message ID: 0x000001ec
    ⊟ Status TLV
        00.. .... = TLV Unknown bits: Known TLV, do not Forward (0x00)
        TLV Type: Status TLV (0x300)
        TLV Length: 10
      ⊟ Status
          1... .... = E Bit: Fatal Error Notification
          .0.. .... = F Bit: Notification should NOT be Forwarded
          Status Data: Shutdown (0xA)
          Message ID: 0x00000000
          Message Type: Unknown (0x0000)
```

图 8-19 Notification 报文格式

8.2.3 LDP 标签的发布和管理

LDP 会话建立后，LDP 协议开始交换标签映射等报文，用于建立 LSP。RFC3036 分别定义了标签发布方式、标签分配的控制方式、标签保持方式来决定 LSR 如何发布和管理标签。

标签发布方式

标签发布方式是指下游 LSR 发布标签映射通告时，采取主动出击或在收到上游 LSR 请求后被动回应，也就是分为 DU（Downstream Unsolicited）和 DoD（Downstream On Demand）两种方式。

1. DU：下游自主

在 DU 模式下，当下游 LSR 和上游 LSR 建立完 LDP 会话后，下游主动向上游发布标签映射通告报文，华为 VRP 系统中默认就采用该模式。但是，华为默认情况下只对路由表中的 32 位掩码路由进行标签映射并通告，如果想要修改触发标签的策略，可以使用 Lsp-Trigger 命令修改。如图 8-20 所示，按 DU 模式分发标签的例子。

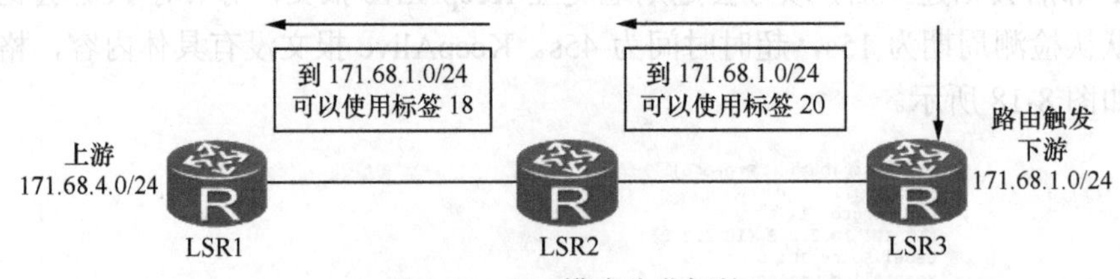

图 8-20 DU 模式分发标签

如图 8-20 所示，以 171.68.1.0/24 为例，LSR3 路由器主动向其上游邻居 LSR2 通告标签映射信息，同时，LSR2 也会主动向 LSR1 通告自己的标签映射。

一般情况下，LSR 会向其上游和下游 LDP 邻居都通告标签，从而提高 LDP LSP 的收敛速度。但是向所有对等体发送标签映射报文会导致大量 LSP 的建立，占用较多的资源。因此，为了减少 LSP 的数量，从而节省内存，推荐使用 outbound peer { peer-id | all } split-horizon 命令为 LDP 邻居配置水平分割策略，即控制 LSR 只向其上游 LDP 邻居分配标签。参数 peer-id 用来配置不给指定 LSR ID 的下游 LDP 邻居分配标签。如果配置参数 all 的同时又配置 peer-id，则单个 peer 的 LDP 水平分割策略不生效。默认情况下，华为设备上没有启用该配置。

2. DoD：下游按需

下游 LSR 如果工作在 DoD 模式下时，在收到上游 LSR 的标签请求报文后，会针对上游 LSR 所请求的 FEC 发送对应的标签映射信息给上游 LSR，如图 8-21 所示，所有 LSR 都工作在 DoD 模式下，LSR1 向 LSR2 发送标签请求，LSR2 也向 LSR3 发送标签请求，LSR3 会将 FEC:171.68.1.0/24 及映射的标签回应给 LSR2，LSR2 也会向 LSR1 回应自己分配的标签信息。

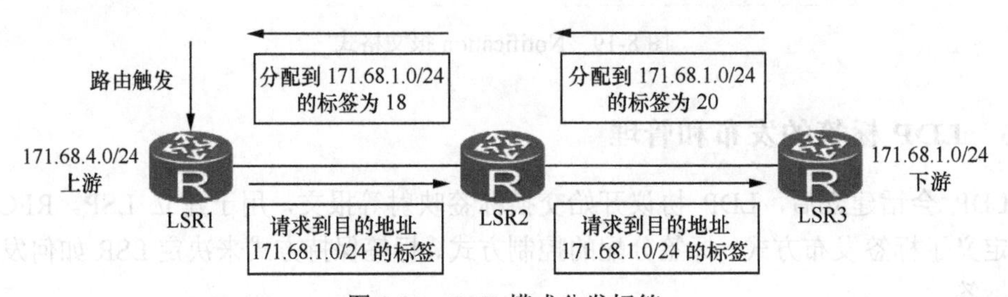

图 8-21 DoD 模式分发标签

总结：

这两种方式（DU 和 DoD）都有各自的优缺点和相应的应用场景。

- DU：

由于上游不需要发送标签请求，所以机制有所简化，但是，上游因此会收到所有 LDP 邻居主动发送的映射消息，并且也必须保留下来，所以会有更多的 LDP 报文交互数量和占用更多的存储空间。而且，下游主动发送标签，因此会建立大量的 LSP，这些 LSP 中有可能是不需要的。

- DoD：

这种方式由于需要进行标签请求，所以会带来额外的资源开销，但 LSP 的建立是在需求驱动下建立的，所以比较有效率。

下面的输出信息显示华为默认采用的是 DU 的分发方式，如下输出所示。

```
[LSR1]display mpls ldp session

 PeerID              Status          LAM   SsnRole    SsnAge        KASent/Rcv ------------------------------------
10.1.2.2:0           Operational DU   Passive   0000:01:39   397/397   ------------------------------------------
 TOTAL: 1 session(s) Found.
```

可以通过下面的方法修改默认的标签发布方式，如下所示。

```
[LSR1-GigabitEthernet0/0/0]mpls ldp advertisement dod
```

说明：

在修改为 DoD 方式后，会重置接口上的 LDP 邻居会话。

标签分配的控制方式

标签分配的控制是指下游给上游发布标签时（不管是主动还是被动）的条件，也就是下游 LSR 在向上游 LSR 发布标签时是否被要求一定要收到自己下游 LSR 的标签。标签控制方式分为两种：独立控制方式和有序控制方式。

1. 独立控制方式

在独立控制方式下，LSR 在没有收到自己下游 LSR 的情况下就能向上游通告标签映射信息，也就是说发布标签时不受下游 LSR 的制约。这里分为两种情况：下游 LSR 的标签分发方式如果为 DU，下游直接将标签映射通告给上游；下游 LSR 的标签分发方式如果是 DoD，那么在收到上游 LSR 的标签请求后直接向其上游 LSR 回应标签信息，不管它自己有没有收到下游 LSR 的标签。所以在独立控制模式下，LSR 的标签通告行为比较自主，如图 8-22 所示。

图 8-22　独立的标签控制方式

如图 8-22 所示，LSR2 工作在独立控制模式下，相对于目标网段 172.16.1.0/24 来说，LSR1 是其上游邻居，LSR3 是其下游邻居，LSR2 将 FEC：172.16.1.0/24 及其映射的标签信息直接通告给上游邻居 LSR1，而此时其下游子邻居 LSR3 并没有通告任何标签信息。如果有去往 172.16.1.0 的报文进入 LSR1，LSR1 压入 LSR2 通告过来的标签后转发到 LSR2，而 LSR2 因为没有接收到下游 LSR3 的标签，所以只能以 IP 转发的方式送至 LSR3，也就是说去往 172.16.1.0 的 LSP 在 LSR2 处就断掉了。

2. 有序控制方式

有序控制方式下，LSR 在向上游通告标签映射信息之前，必须已经收到了来自下游 LSR 的标签，华为 VRP 系统默认采用该方式。如图 8-23 所示，以右侧网络 172.16.1.0/24 为例，LSR3 由于没有通告该网络的标签映射信息给到 LSR2，如果 LSR2 使用有序的标签控制模式，因此它也无法向其上游邻居 LSR1 通告有关 FEC：172.16.1.0/24 的标签，因为其下游邻居 LSR3 没有通告此 FEC 的标签过来，这时报文只能以 IP 转发的方式被送到网络 172.16.1.0/24。

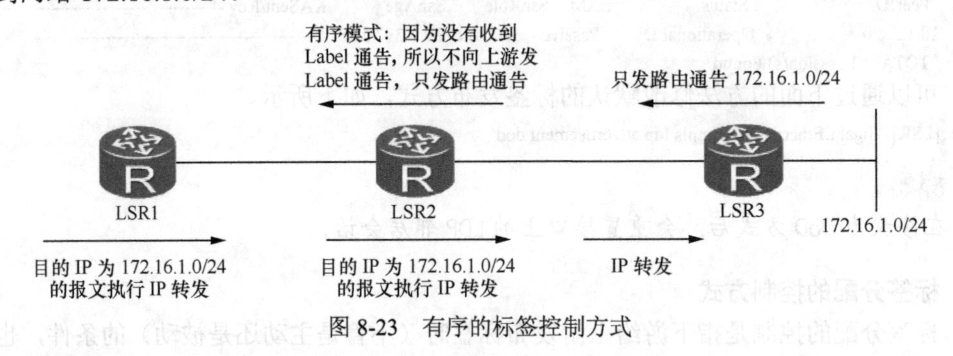

图 8-23　有序的标签控制方式

总结：

独立控制模式下，虽然标签通告来得自由点，但是无法保证到目标网络的 LSP 是连续的，也就是容易发生 LSP 断裂的情况；而有序控制方式下，虽然标签通告受到一定的限制，建立 LSP 的效率会受其影响，但是它确保了整条 LSP 是连续的。

下面的输出信息显示华为设备默认采用的标签发布控制方式。

```
[LSR2]display mpls ldp
                    LDP Instance Information
------------------------------------------------------------------------------
Instance ID              : 0          VPN-Instance          :
Instance Status          : Active     LSR ID                : 10.1.1.1
Loop Detection           : Off        Path Vector Limit     : 32
Label Distribution Mode : Ordered    Label Retention Mode : Liberal
Instance Deleting State : No         Instance Reseting State : No
Graceful-Delete          : Off        Graceful-Delete Timer : 5 Sec
```

标签的保持方式

当一台 LSR 收到来自多个 LDP 邻居的标签映射通告时，将这些标签信息保存到数据库中的方式有两种：保守保存（Conservative Retention Mode）和自由保存（Liberal Retention Mode）。

1. 保守方式

LSR 的标签保留如果采用保守方式，对于特定的一条 FEC，即使从多个 LDP 邻居都收到了标签映射，该 LSR 只会将最优的标签保留下来，其他的标签视为无用标签，判断是否为最优标签的方法是根据 IP 转发表的下一跳地址，也就是说，拥有这个下一跳地址的 LDP 邻居通告的标签为最终保留的标签。

如图 8-24 所示，对于目标网络前缀 10.1.0.0/24 来说，LSR3 的两个下游邻居（LSR1 和 LSR2）都向其通告了标签映射信息，这时 LSR 采用的标签保存方式为保守方式，那么它只会将 LSR1 的标签保存到数据库中，因为在 LSR3 的 IP 转发表中去往目标网络 10.1.0.0 的下一跳是 LSR1，也就是路由器只将最好路径的标签予以保留，所以在 LSR3 的标签转发表中，最终为 FEC：10.1.0.0/24 选择的出标签为 1028。

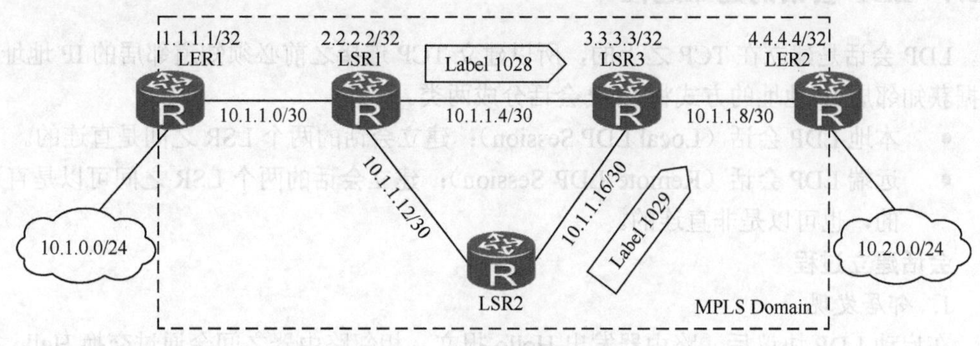

图 8-24 保守标签保持方式

2. 自由方式

如果使用自由方式的标签保留方式，LSR 会保存下所有的标签，即使收到的标签中有些暂时没有用（本地没有对应的路由或不是 IP 转发表中下一跳邻居通告的），如图 8-24 所示，LSR3 会将 1028 和 1029 两个标签都保留下来。这样做的好处是，当网络发生故障时，可以立刻使用新的标签计算出新的 LSP，收敛比较快，但这种方式因为保留下了所有标签，所以对数据库的空间要求较高。

下面的输出信息显示华为设备默认采用的标签保留方式，如下输出所示。

```
[LSR1]display mpls ldp
                          LDP Instance Information
 ------------------------------------------------------------------------------
 Instance ID              : 0            VPN-Instance           :
 Instance Status          : Active       LSR ID                 : 10.1.1.1
 Loop Detection           : Off          Path Vector Limit      : 32
 Label Distribution Mode : Ordered      Label Retention Mode : Liberal
 Instance Deleting State : No           Instance Reseting State : No
 Graceful-Delete          : Off          Graceful-Delete Timer : 5 Sec
```

可以通过下面的方法修改标签的默认保留方式，如下输出所示。

```
[LSR1]mpls ldp
[LSR1-mpls-ldp]label-retention Conservative
```

总结：

如果使用保守方式来保留标签，可以节省标签存储空间，但是当网络拓扑变化时（如图 8-24 所示，LSR1 到 LSR3 之间的链路故障），因为没有备用的标签，所以还得临时计算出新的可用标签，收敛比较慢；使用自由保存方式，可以加快收敛速度，但是需要更多的存储空间。

业界对于标签的发布和管理，常使用以下 4 种组合方式中的一种。通过上述的描述，读者应该清楚了华为设备的默认使用的组合是第 2 种。

- DU+独立控制+自由保留。
- DU+有序控制+自由保留。

- DoD+有序控制+保守保留。
- DoD+独立控制+保守保留。

8.2.4 LDP 会话的建立过程

LDP 会话是建立在 TCP 之上的，所以建立 TCP 连接之前必须知道邻居的 IP 地址，根据获知邻居 IP 地址的方式将 LDP 会话分成两类。

- 本地 LDP 会话（Local LDP Session）：建立会话的两个 LSR 之间是直连的。
- 远端 LDP 会话（Remote LDP Session）：建立会话的两个 LSR 之间可以是直连的，也可以是非直连的。

会话建立过程

1. *邻居发现*

在启动 LDP 协议后，路由器发出 Hello 报文，相邻路由器之间会通过交换 Hello 报文来完成相互“问候”，通过 Hello 报文可以获知邻居的基本信息，比如用来建立会话的地址（传输地址）等。然后，由地址大的一方发起 TCP 连接并最终建立邻居会话，这种方式的 LDP 会话就叫本地会话。如果以手工的方式指定邻居地址，然后建立的会话称为远端的 LDP 会话。

如图 8-25 所示，两直连邻居之间相互发现的过程。

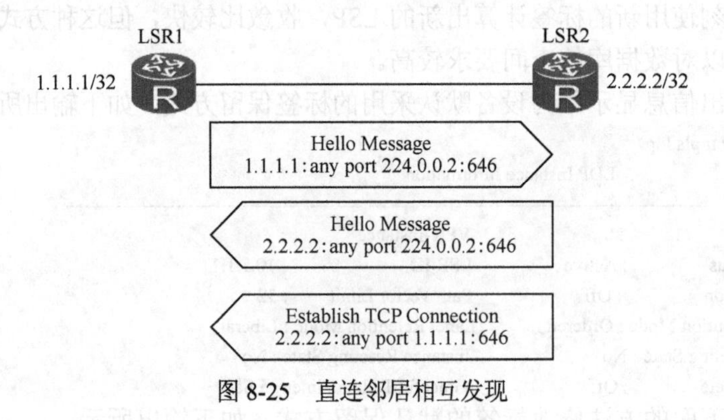

图 8-25　直连邻居相互发现

如果邻居是非直连的设备，Hello 会以单播的方式来交换，用于完成远端 LDP 会话的建立，如图 8-26 所示。

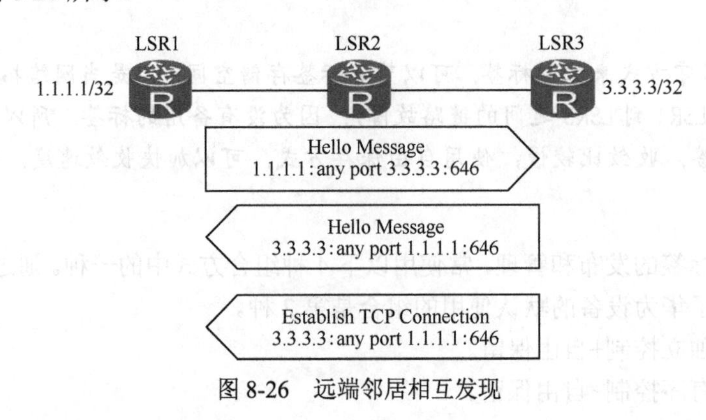

图 8-26　远端邻居相互发现

2. 会话建立

LDP 邻居之间相互发现或直接指定了邻居地址后，开始建立 TCP 连接，建立完 TCP 连接后，相互发送初始化报文进行参数协商，如图 8-27 所示。

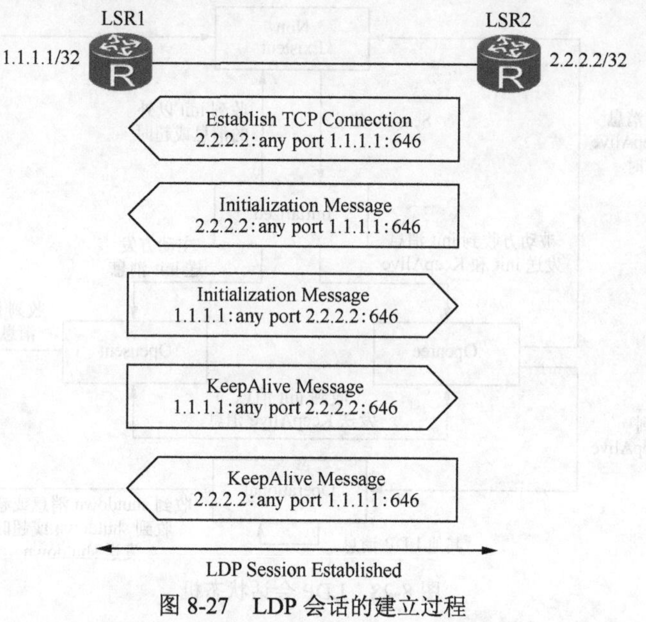

图 8-27 LDP 会话的建立过程

如果接受对方的参数，则会回复 KeepAlive 报文，完成 LDP 会话的建立；如果期间发生错误，则会发送 Notification 报文来报告相应的错误，最终导致连接被关闭。可以通过以下命令检查 LDP 会话的建立情况。

```
[LSR1]display mpls ldp session
              LDP Session(s) in Public Network
 -----------------------------------------------------------------------------
 Peer-ID            tatus         LAM   SsnRole   SsnAge        KA-Sent/Rcv
 -----------------------------------------------------------------------------
2.2.2.2:0          OperationalDU        Passive   000:00:10     79/79
```

状态为 Operational 表示 LDP 会话已经建立成功，邻居之间可以交换标签通告等报文了。在会话建立后，双方会定期发送 Hello 报文以检测邻居状态，也会定期发送 KeepAlive 报文来检测 TCP 连接状态。

LDP 会话状态机

LDP 协议从邻居发现到会话建立过程历经了 4 个状态，状态之间的切换如图 8-28 所示。

（1）Non Existent 状态：LDP 协议的初始状态，类似 BGP 的 IDLE 状态。开始时双方用组播地址 224.0.0.2 发送 Hello 报文，并且选举主动方和被动方（LSR IP 地址高的被选为主动方）。双方收到对方的 Hello 报文后，则开始建立 TCP 连接，接着是建立 TCP 连接三次握手的过程，当 TCP 会话建立成功后，双方进入到 Initialized 状态。

（2）Initialized 状态：该状态下主动方和被动方的工作有点不同。主动方先发送 Initialization 报文，随后便转入 Opensent 状态，并等待被动方回应 Initialization 报文。被动方在这个状态下会等待主动方发送 Initialization 报文过来，如果收到的 Initialization 报文中的参数都能接受，会给主动方回应 Initialization 和 KeepAlive 报文，随后便转入 Openrec 状态。主动方和被动方在该状态下收到非 Initialization 报文或等待超时都会跳转至 Non Existent 状态。

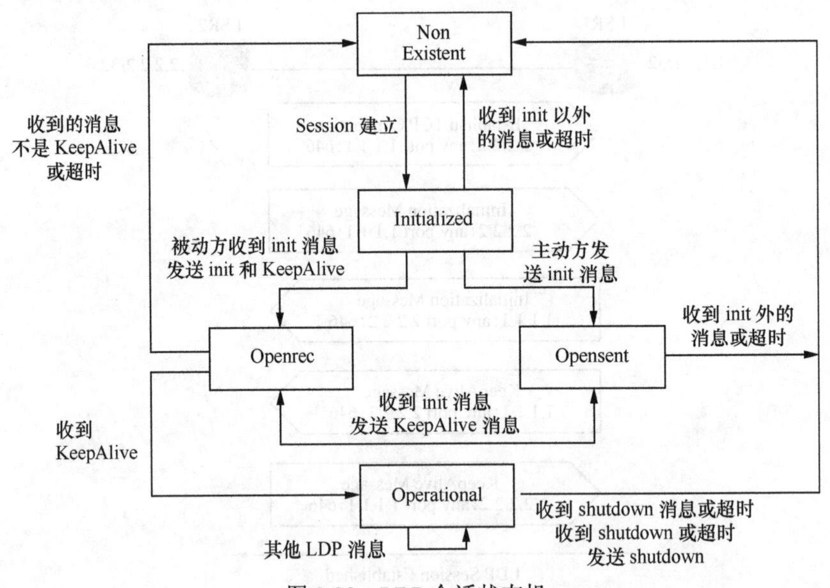

图 8-28 LDP 会话状态机

（3）Opensent 状态：这个状态是主动方发出 initialization 报文后的状态，该状态下还会等待邻居的 initialization 和 KeepAlive 报文。如果收到的 initialization 报文中的参数都能接受，则会向邻居回应 KeepAlive 报文，并且状态跳变至 Openrec 状态；如果参数不能接受或等待时间超时，则会断开 TCP 会话连接而进入到 Non Existent 状态。

（4）Openrec 状态：不管是主动方还是被动方，在收到参数正确的 initialization 报文后都会转入此状态，并且在该状态下已经向对方回应了 KeepAlive 报文并等待着邻居回应 KeepAlive 报文。如果从邻居那边按时接收到了 KeepAlive 报文，则转入 Operational 状态；如果收到其他报文或等待时间超时，则转入 Non Existent 状态。

（5）Operational 状态：到达此状态就意味着 LDP 会话已经建立成功，可以发送和交换所有其他的 LDP 报文了。在该状态下双方通过周期性 KeepAlive 报文交换来维护邻居会话，如果 KeepAlive 超时，则立刻断开 LDP 会话并进入 Non Existent 状态；当收到错误通知报文时，也会断开 LDP 会话并转入 Non Existent 状态。

如图 8-29 所示，LSR-A 和 LSR-B 基本配置都已经完成。这时在建立 LDP 会话时，在 LSR-B 上打开 LDP 会话过程的调试开关，可以看到在建立会话过程中所经历的状态。

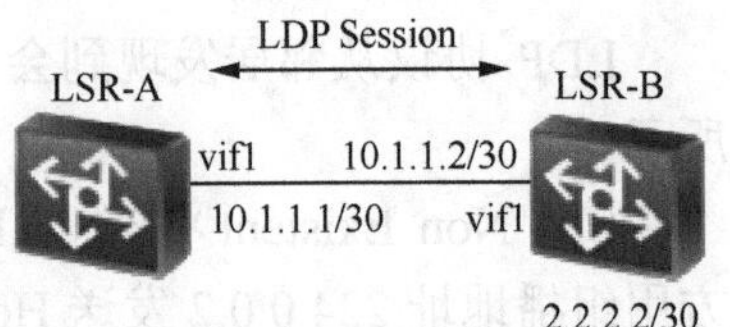

图 8-29 查看 LDP 会话建立的状态

```
<LSR-B>terminal monitor
<LSR-B>terminal debugging
<LSR-B>debug mpls ldp session
*0.12902062 LSR-B LDP/8/Session: Vlanif1
 Link Hello message received on interface: Vlanif1
```

```
*0.12902062 LSR-B LDP/8/Session:
 Created session with LSR: 1.1.1.1
*0.12902062 LSR-B LDP/8/Session: Vlanif1
 Link Hello message sent on interface: Vlanif1
*0.12902062 LSR-B LDP/8/Session: Vlanif1
Session(1.1.1.1,Active role) start to open TCP connection.
*0.12902062 LSR-B LDP/8/Session: Vlanif1
Session(1.1.1.1)'s state changed from Non-existent to Initialized.
```

由上面的输出信息可知，当LSR-B收到Hello后，知道本地的LSR IP地址更高，所以充当了主动方向对方发起TCP连接请求，状态由Non-existenet转入到Initialized。

在Initialized状态下，LSR-B向LSR-A发出了一个Init报文，状态转换到Open Sent状态，如下输出所示。

```
*0.12906969 LSR-B LDP/8/Session: Vlanif1
 Link Hello message received on interface: Vlanif1
..............
%Jul 24 12:07:11 2006 LSR-B LDP/5/LOG:
 Received TCP Up Event for TCP SockId 2
*0.12931844 LSR-B LDP/8/Session:
  TCP up event received for socket Id: 2
*0.12931844 LSR-B LDP/8/Session: Vlanif1
Session(1.1.1.1) start to send init msg on Initialized state.
*0.12931844 LSR-B LDP/8/Session:
 Session Init message sent to LSR: 1.1.1.1
*0.12931844 LSR-B LDP/8/Session: Vlanif1
Session(1.1.1.1)'s state changed from Initialized to Open Sent.
```

在Open Sent状态下，LSR-B会等待来自LSR-A的KeepAlive报文，如果收到了KeepAlive报文，则状态切换到operational，完成LDP会话的建立，如下输出所示。

```
#Jul 24 12:07:11 2016 LSR-B LDP/5/SessionUp: Session(1.1.1.1:0. public Instance)'s
 state change to Up
*0.12931969 LSR-B LDP/8/Session: Vlanif1
Session(1.1.1.1) received init msg in Open Sent state.
*0.12931969 LSR-B LDP/8/Session: Vlanif1
 Sent keep alive message to LSR: 1.1.1.1.
*0.12931969 LSR-B LDP/8/Session: Vlanif1
Session(1.1.1.1)'s state changed from Open sent to Open received.
*0.12931969 LSR-B LDP/8/Session: Vlanif1
Session(1.1.1.1) received keep alive message on Open Received state.
*0.12931969 LSR-B LDP/8/Session: Vlanif1
Session(1.1.1.1)'s state changed from Open received to operational.
```

8.2.5　LDP的环路检测

在三层网络中使用的每种动态路由技术都有各自的防环机制，LDP协议也有防环机制，但华为VRP系统默认不开启LDP防环功能，这是因为三层路由技术已经避免了路由环路，而LDP协议又是基于路由来分配标签和建立LSP的，所以这时报文通过LSP进行转发是不会出现环路的。除非因为路由协议收敛出现问题，出现了短暂环路。标签中也有TTL字段，这样也避免了数据包在MPLS网络中无限循环。LDP协议本身的防环方式有以下几种。

1. 规定最大跳数

如同RIP协议规定路由的最大跳数为16跳一样，LDP协议也可以限制标签报文经过的LSR数量，这个特性通过在报文中使用一个叫作Hop Count的TLV来实现。LDP

报文（比如标签请求报文）每经过一个 LSR，该 LSR 都在跳数 TLV 中增加一跳，当跳数达到最大值后，环路就被检测到了，这时就终止 LSP 的建立。华为 VRP 系统默认定义的最大跳数为 32 跳。

2. TTL 处理

MPLS 报文中每经过一台 LSR，标签中的 TTL 减 1，当 TTL 减少到 0 的时候，报文最终被丢弃，通过这种方法达到防止数据包的无限循环问题。

3. 路径矢量法

路径矢量法是指在 LDP 报文传递过程中，记录沿途经过的所有 LSR，就像 BGP 协议的 AS-PATH 属性一样，当一台 LSR 收到 LDP 报文后，就会将自己的 LSR-ID 添加到报文中；如果收到的 LDP 报文已经有了本地的 LSR-ID，则认为出现了环路，终止建立 LSP。

8.2.6 LDP 和 IGP 的同步

LDP 和 IGP 同步介绍

存在主备链路组网的环境中，当主链路出现故障又从故障中恢复后，业务流量会从备用链路切换到主链路。在这个过程中，IGP 协议收敛速度要快于 LDP 协议，这就会导致旧的 LSP 已经删除，而新的 LSP 还没建立好，这期间的 MPLS 业务会中断一会，一般在 5s 左右，LDP 和 IGP 同步的目的就是为解决这个问题。

为使 LDP 和 IGP 同步，在主链路恢复后，先抑制 IGP 邻居关系的建立，从而推迟路由的切换，也就是说，在新的 LSP 建立好之前，继续保留旧的 LSP，流量继续在旧的 LSP 上转发，只有在新的 LSP 建立好之后流量才完全切换过来。

LDP 和 IGP 同步的计时器

LDP 和 IGP 同步过程需要使用以下三个定时器。

- Hold-down。
- Hold-max-cost。
- Delay。

在主链路故障恢复后：

（1）启动 Hold-down 定时器，在该定时器超时前 IGP 接口先不建立 IGP 邻居关系，而等待 LDP 会话的建立；

（2）Hold-down 定时器超时后，启动 Hold-max-cost 定时器。IGP 在本地路由器的链路状态通告中，主链路通告接口链路的最大 metric 值；

（3）故障链路的 LDP 会话重新建立以后，启动 Delay 定时器等待 LSP 的建立。当 Delay 定时器超时以后，无论 IGP 的状态如何，LDP 都会通知 IGP 同步流程结束。

LDP 和 IGP 同步的状态机

LDP 和 IGP 同步过程中会经历如下几个状态：

Init 状态：LDP 和 IGP 同步的初始化状态。

Hold-down 状态：IGP 不收发 Hello 报文，抑制故障恢复链路邻居关系的建立。

Hold-max-cost 状态：IGP 建立邻居并在主链路通告接口链路的最大 metric 值。

Sync-achieved：LDP 和 IGP 同步状态。此时 LDP 会话状态为 Up，IGP 进入正常流程。

各状态之间的转换如图 8-30 所示。

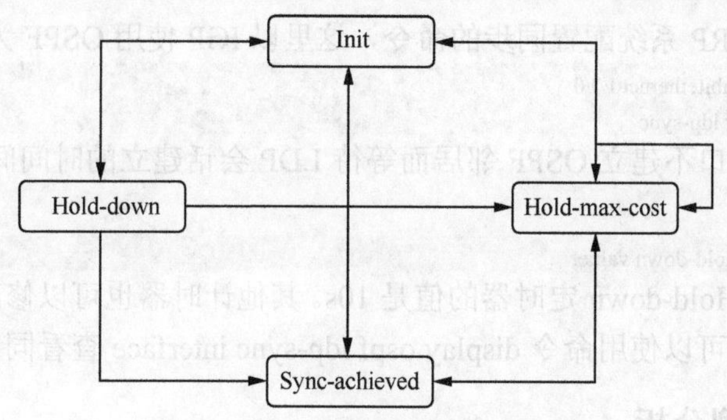

图 8-30 LDP 和 IGP 同步的状态机

1. Init 和 Sync-achieved 之间的状态转换

Init→Sync-achieved：接口状态变为 Up，且 LDP 会话状态变为 Up。

Sync-achieved→Init：接口状态变为 Down。

2. Init 和 Hold-down 之间的状态转换

Init→Hold-down：接口状态变为 Up，且 LDP 会话状态为 Down；或查询 LDP 状态失败。

Hold-down→Init：接口状态变为 Down。

3. Init 和 Hold-max-cost 之间的状态转换

Init→Hold-max-cost：接口状态变为 Up，且 LDP 会话状态为 Down。

Hold-max-cost→Init：接口状态变为 Down。

4. Hold-max-cost 和 Sync-achieved 之间的状态转换

Hold-max-cost→Sync-achieved：LDP 会话状态变为 Up。

Sync-achieved→Hold-max-cost：LDP 会话状态为 Down。

Hold-down→Hold-max-cost：LDP 路由不可达或 Hold-down 定时器超时。

Hold-max-cost→Hold-max-cost：Hold-max-cost 定时器超时，且 LDP 会话状态为 Down。

Hold-down→Sync-achieved：LDP 会话状态变为 Up。

LDP 和 IGP 同步的应用场景

如图 8-31 所示，在该组网中 LER1→LSR1→LSR2→LSR3→LER2 为主链路，LER1→LSR1→LSR4→LSR3→LER2 为备份链路。当主链路发生故障时，流量从主链路切换到备份链路，这个过程流量的中断时间较短，约几百毫秒。当主链路故障恢复时，流量从备份链路切换到主链路，这个过程流量的中断时间较长，约为 5s。通过配置 LDP 和 IGP 同步功能，能够缩短流量从备份链路切换到主链路时的中断时间，并控制在毫秒级。

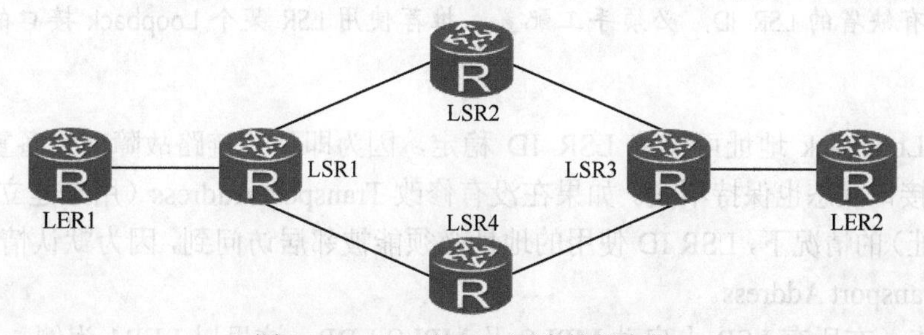

图 8-31 LDP 和 IGP 同步的状态机

以下是华为 VRP 系统配置同步的命令，这里以 IGP 使用 OSPF 为例：

```
[LSR1]interface Gigabitethernet0/0/0
[LSR1-interface]ospf ldp-sync
```

也可以设置接口不建立 OSPF 邻居而等待 LDP 会话建立的时间间隔，即 hold-down 计时器：

```
ospf timer ldp-sync hold-down value,
```

缺省情况下，Hold-down 定时器的值是 10s。其他计时器也可以修改，这里不再赘述。

配置完成后，可以使用命令 display ospf ldp-sync interface 查看同步信息。

8.2.7 LDP 案例分析

案例分析 1：LDP 基础

1. 场景描述及需求

如图 8-32 所示，在网络中某用户的两个 Site（Site1 和 Site2）之间的 IP 业务流量需要通过 MPLS 域转发，LER1、LSR1、LSR2、LER2 是 MPLS 服务商的骨干设备，这些骨干设备已经运行和配置了 OSPF 协议，设备间互连的接口、每个设备的环回口（Loopback0）及用户的网络都已经宣告进 OSPF 路由协议中。通过在骨干设备上运行 LDP 协议，从而可以创建公网的 LSP 隧道，用来承载用户站点之间的业务流量。

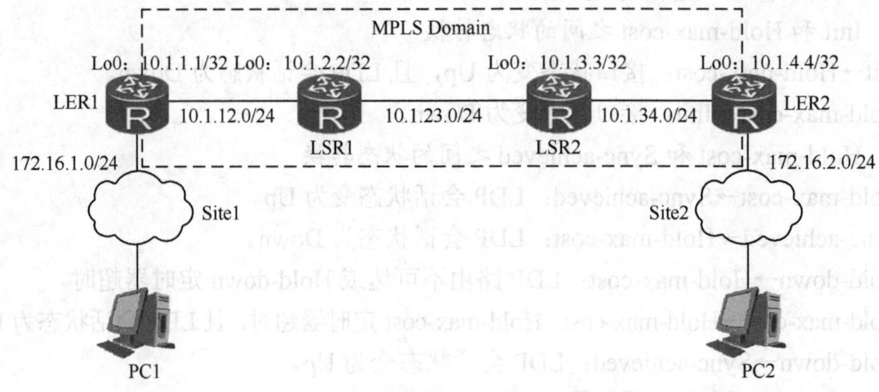

图 8-32 案例 1 场景

2. 配置思路

第 1 步：在所有 LSR 上配置 LSR-ID，这里以 LER1 为例：

```
[LER1]mpls lsr-id 10.1.1.1
```

说明：

LSR 没有缺省的 LSR ID，必须手工配置；推荐使用 LSR 某个 Loopback 接口的地址作为 LSR ID。

使用 Loopback 地址可保持 LSR ID 稳定，因为即使在链路故障或设备重启之后，Loopback 接口状态也保持不变。如果在没有修改 Transport Address（用来建立 LDP 邻居会话的地址）的情况下，LSR ID 使用的地址必须能被邻居访问到，因为默认情况下，LSR ID 就是 Transport Address。

第 2 步：在所有 LSR 上启动 MPLS 及 MPLS LDP，这里以 LER1 为例。

首先在全局启用 MPLS 和 MPLS LDP，然后在骨干网的接口上启用 MPLS 和 MPLS LDP，如下输出所示。

```
[LER1]mpls
[LER1-mpls]mpls ldp

[LER1-mpls-ldp]q
[LER1]interface gi0/0/0
[LER1-GigabitEthernet0/0/0]mpls
[LER1-GigabitEthernet0/0/0]mpls ldp
```

3. 验证

可以通过 display mpls ldp session 验证 LDP 邻居会话状态，以 LSR1 为例，下面的输出信息显示出 LSR1 已经和两个 LDP 邻居正确建立会话（会话状态为 Operational），如下表所示。

```
[LSR1]dis mpls ldp session

 LDP Session(s) in Public Network
 Codes: LAM(Label Advertisement Mode), SsnAge Unit(DDDD:HH:MM)
 A '*' before a session means the session is being deleted.
 ------------------------------------------------------------------------------
 PeerID          Status      LAM  SsnRole  SsnAge      KASent/Rcv
 ------------------------------------------------------------------------------
 10.1.1.1:0      Operational DU   Active   0000:03:40  881/881
 10.1.3.3:0      Operational DU   Passive  0000:00:00  3/3
 ------------------------------------------------------------------------------
```

观察和分析 LSP 转发表，这里以 LER1 为例，如下所示。

```
<LER1>display mpls lsp
-------------------------------------------------------------------------------
                 LSP Information: LDP LSP
-------------------------------------------------------------------------------
FEC              In/Out Label  In/Out IF                      Vrf Name
10.1.1.1/32      3/NULL        -/-
10.1.2.2/32      NULL/3        -/GE0/0/0
10.1.2.2/32      1024/3        -/GE0/0/0
10.1.3.3/32      NULL/1024     -/GE0/0/0
10.1.3.3/32      1025/1024     -/GE0/0/0
```

在上面的输出信息中，第一列显示了每个 FEC 对应的路由前缀，第二列显示了该 FEC 的入标签（也就是本地分配的标签）和出标签（也就是下游邻居为该 FEC 分配的标签），第三列显示了本地去往该目标路由前缀对应的出口，第四列表示路由前缀位于哪个 VRF 中，VRF 为空则表示全局路由前缀。

在 LER1 的 LSP 转发表中，还可以发现像 10.1.2.2/32 和 10.1.3.3/32 这些 FEC，分别对应着两条 LSP，其中一条 LSP 的入标签为空（NULL），另一条为非空。如果本地接收到去往该目标前缀的 IP 报文，则使用入标签为空的 LSP 用于该 IP 报文的转发。如果接收到的是带有标签的 MPLS 报文，则使用另一条 LSP 用于该 MPLS 报文的转发。

在 LER1 的 LSP 转发表中，还可以发现 FEC 只包含每个骨干设备的环回口，这是因为华为设备默认情况下只对主机路由（/32）分配标签。如果要针对路由表的其他路由前缀产生标签，必须使用 lsp-trigger 命令：

```
lsp-trigger { all | host | ip-prefix ip-prefix-name | none }
```

对其参数说明如下：

all：可根据所有静态路由和 IGP 路由项分配标签，触发建立 LSP；

host：可根据 32 位地址的主机 IP 路由触发建立 LSP，华为设备默认使用的参数；

ip-prefix：为 IP 地址前缀列表匹配的路由前缀分配标签，触发建立 LSP；

none：不为任何路由前缀分配标签。

如果现在需要触发建立关于路由前缀 172.16.2.0/24 的 LSP 的建立，那么只需要在 LER2 上配置 lsp-trigger 命令，如下配置所示。

```
[LER2]ip ip-prefix 1 permit 172.16.2.0 24    #为该路由前缀分配标签
[LER2]mpls
[LER2-mpls]lsp-trigger ip-prefix 1
```

验证 LER2 和 LER1 上的 LSP 转发表，可以发现，此时在骨干网中已经为路由前缀 172.16.2.0/24 建立了 LSP，LSR1 和 LSR2 的 LSP 转发表输出在这里省略，如下所示。

```
[LER2]display mpls lsp
-------------------------------------------------------------------------------
                 LSP Information: LDP LSP
-------------------------------------------------------------------------------
FEC                In/Out Label    In/Out IF                    Vrf Name
10.1.3.3/32        1024/3           -/GE0/0/0
10.1.2.2/32        1025/1025        -/GE0/0/0
10.1.1.1/32        1026/1026        -/GE0/0/0
172.16.2.0/24      3/NULL           -/-

[LER1]display mpls lsp
-------------------------------------------------------------------------------
                 LSP Information: LDP LSP
-------------------------------------------------------------------------------
FEC                In/Out Label    In/Out IF                    Vrf Name
10.1.2.2/32        NULL/3           -/GE0/0/0
10.1.1.1/32        3/NULL           -/-
10.1.3.3/32        NULL/1024        -/GE0/0/0
10.1.2.2/32        1024/3           -/GE0/0/0
10.1.3.3/32        1025/1024        -/GE0/0/0
172.16.2.0/24      1026/1027        -/GE0/0/0
```

4. MPLS 数据包转发流程分析

现在假设 Site1 中的主机 PC1 开始访问 Site2 的主机 PC2，当数据流到达 MPLS 骨干网时，我们一起来观察和分析一下每台 LSR 是如何处理接收到的报文的。

报文到达 LER1 时的处理。

首先来观察一下 LSR-A 的 LSP 转发表中关于 FEC：172.16.2.0 的详细信息，如下输出所示。

```
[LER1]display mpls lsp include 172.16.2.0 24 verbose
-------------------------------------------------------------------------------
                 LSP Information: LDP LSP
-------------------------------------------------------------------------------
  No                  :  1
  VrfIndex            :
  Fec                 :  172.16.2.0/24
  Nexthop             :  10.1.12.2
  In-Label            :  NULL
  Out-Label           :  1027
  In-Interface        :  ----------
```

```
Out-Interface          :  GigabitEthernet0/0/0
LspIndex               :  4096
Token                  :  0xc
FrrToken               :  0x0
LsrType                :  Ingress
Outgoing token         :  0x0
Label Operation        :  PUSH
Mpls-Mtu               :  1500
TimeStamp              :  108sec
Bfd-State              :  ---
BGPKey                 :  ------
```

由上面的输出信息可知，LER1 会使用出标签 1027（标签操作为 PUSH）将该 FEC 的所有报文发至下一跳 10.1.12.2（LSR1）。实际上作为该 LSP 的 Ingress 节点，当 LER1 接收到用户的 IP 报文时，通过查找 FIB 表后进行转发，所以我们再来观察一下 FIB 表中关于该路由前缀的转发信息，如下输出所示。

```
[LER1]dis fib 172.16.2.0 verbose
 Route Entry Count: 1
 Destination: 172.16.2.0            Mask       : 255.255.255.0
 Nexthop      : 10.1.12.2            OutIf      : GigabitEthernet0/0/0
 LocalAddr   : 10.1.12.1            LocalMask: 0.0.0.0
 Flags         : DGU                    Age         : 245sec
 ATIndex       : 0                      Slot        : 0
 LspFwdFlag : 1                         LspToken : 0xC
 InLabel       : NULL                   OriginAs : 0
 BGPNextHop : 0.0.0.0                   PeerAs      : 0
 QosInfo       : 0x0                    OriginQos: 0x0
 NexthopBak : 0.0.0.0                   OutIfBak : [No Intf]
 LspTokenBak: 0x0                       InLabelBak : NULL
 LspToken_ForInLabelBak : 0x0
 EntryRefCount : 0
 VlanId : 0x0
 BgpKey : 0
 BgpKeyBak : 0
 LspType            : 3                 Label_ForLspTokenBak      : 0
 MplsMtu            : 1500              Gateway_ForLspTokenBak : 0.0.0.0
 NextToken          : 0x0               IfIndex_ForLspTokenBak : 0
 Label_NextToken : NULL                 Label : 1027
 LspBfdState       : 9
```

在上面的输出信息中，可以发现路由前缀 172.16.2.0 在 FIB 中对应着一个标签 1027，也就是转发去往该目标路由前缀的 IP 报文时需要压入此标签，而这个标签信息来源于 LSP 转发表。FIB 中的路由前缀是通过使用 LspToken 这种指针的方式关联致 LSP 转发表的标签。这里的 LspToken 值为 0xC，这与 LSP 转发表中 172.16.2.0/24 对应的 LspToken 值是相同的。在 FIB 表中，如果该指针值为 0，则对应的报文采用 IP 转发的方式。

下面的调试信息显示了 LER1 在接收到报文时的处理过程，如下输出所示。

```
<LER1>debug mpls packet
<LER1>debug ip packet
<LER1>terminal monitor
<LER1>terminal debugging

*0.86298392LER1 IP/8/debug_case:
Receiving, interface = GigabitEthernet0/0/1, version = 4, headlen = 20, tos = 0,
```

```
pktlen = 84, pktid = 2284, offset = 0, ttl = 11, protocol = 1,
checksum = 37682, s = 172.16.1.1, d = 172.16.2.1
prompt: Receiving IP packet from GigabitEthernet0/0/1

*0.86298392LER1 IP/8/debug_case:
Sending, interface = GigabitEthernet0/0/0, version = 4, headlen = 20, tos = 0,
pktlen = 84, pktid = 2283=4, offset = 0, ttl = 10, protocol = 1,
checksum = 37682, s = 172.16.1.1, d = 172.16.2.1
prompt: Sending the packet by lsp

*0.86298392LER1 MFW/8/MPLSFW PACKET:
PUSH Label=1027, EXP=0, TTL=10
Sending to V1, PktLen=88, Label(s)=1027, EXP=0, TTL=10
```

由上面的输出信息可以知道，LER1 在接收到该 IP 报文后，在报文中压入了标签 1027，通过 MPLS 转发的方式进行转发。大家也可以通过同样的方法观察一下其他骨干设备对 MPLS 报文的处理过程。

案例分析 2：路由汇总对 LSP 的影响

根据前文内容可知，LDP 会依据路由表中的路由前缀进行标签的分配，同时根据标签的分发方式，将本地分配的标签通告给 LDP 邻居，从而触发建立 LSP。这时，如果在 MPLS 骨干网络内部对某路由前缀进行了汇总，那么标签的分配和 LSP 建立结果又是怎样的呢？

为便于读者理解，对案例分析 1（如图 8-32 所示）稍微作了一下修改，将 MPLS 骨干网划分为两个 OSPF 区域，LER1、LSR1、LSR2 互连的接口位于区域 0，LSR2 和 LER2 互连的接口及 LER2 右侧的接口位于区域 1，然后在 LSR2 上对路由前缀 172.16.2.0/24 做路由汇总，汇总后的路由前缀为 172.16.0.0/22。我们对比一下在路由汇总前后 LSP 转发表的变化。

1. 汇总前 LSR2 和 LSR1 的 LSP 转发表

LSR2 的 LSP 转发表，如下输出所示。

```
[LSR2]display mpls lsp
-------------------------------------------------------------------------------
                 LSP Information: LDP LSP
-------------------------------------------------------------------------------
FEC              In/Out Label    In/Out IF              Vrf Name
172.16.2.0/24    1031/3          -/GE0/0/1
```

LSR1 的 LSP 转发表，如下输出所示。

```
[LSR1]display mpls lsp
-------------------------------------------------------------------------------
                 LSP Information: LDP LSP
-------------------------------------------------------------------------------
FEC              In/Out Label    In/Out IF              Vrf Name
172.16.2.0/24    1032/1031       -/GE0/0/1
```

由上面的输出信息可以发现，对于 FEC：172.16.2.0，LSR1 能正常收到来其下游邻居 LSR2 的标签。

2. 汇总后 LSR2 和 LSR1 的 LSP 转发表

首先，读者应该要清楚一点，OSPF 在做完路由汇总后，不会在路由表中自动生成指向接口 null0 的黑洞路由，所以在 LSR2 汇总后，不能针对汇总路由分配标签（即使用了 lsp-trigger 命令也不行），读者可以验证一下 LSR2 的 LSP 转发表是否存在关于 FEC:172.16.0.0/22 的转发信息。汇总后的路由（172.16.0.0/22）会通告给 LSR1，而明细路由 172.16.2.0/24 不再通告给 LSR1，所以这时的问题就是 LSR1 虽然得到了路由 172.16.0.0/22，但并未接收到 LSR2 关于该路由前缀的标签分配信息。由于华为设备默认采用有序控制的方式来建立 LSP，所以 LSR1 既然没有接收到其下游邻居的标签信息，它自身也不再将分配标签信息给到上游邻居（LER1）。也就是说，对于由用户 Site1 发往目标路由前缀 172.16.2.0/24 的数据包来说，经过路径 LER1、LSR1、LSR2 时，使用的是 IP 转发方式；经过 LSR2 后，采用的是 MPLS 转发方式。也就是说，对于该 FEC 来说，LSP 实际上是不连续的。

总结：

在 MPLS 骨干网内部不建议对路由进行汇总，否则会导致 LSP 不连续，难以保证 IP 报文的转发，尤其是在 MPLS VPN 骨干网内部，路由汇总还可能会导致用户的 VPN 业务无法正确传输到目的站点。

案例分析 3：LDP 标签过滤

在 MPLS 网络中，有些路由器资源有限，为降低资源开销，减少不必要的 LSP 的建立，LDP 在为邻居通告标签时可以进行标签过滤。

图 8-33 所示的场景中，假设 MPLS 域的 LSR3 资源利用率较高，为节省开销，减少 LSP 的数量，只接收 FEC：172.16.1.0/24 和 FEC：172.16.2.0/24 的标签映射信息，可以通过在 LSR3 上配置 LDP Inbound 策略来实现此需求。

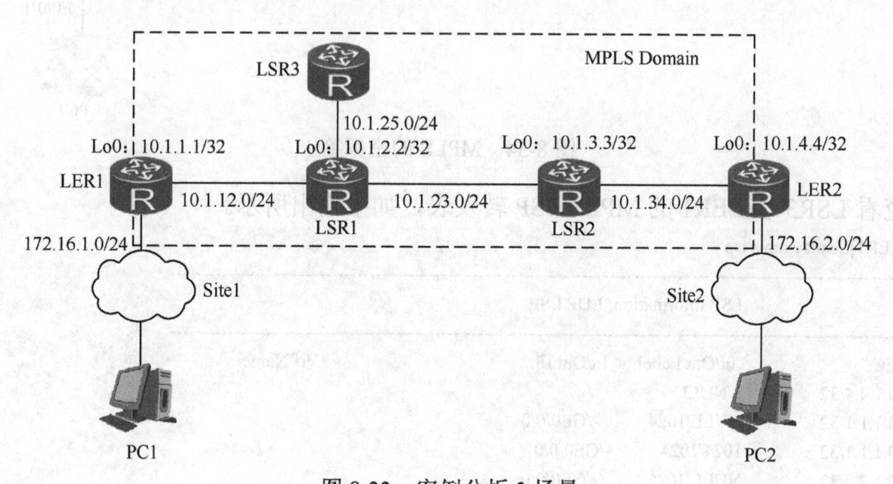

图 8-33　案例分析 3 场景

在 LSR3 上配置 LDP Inbound 策略，只接收由 LSR1 发出的对应路由前缀的标签映射报文，如下输出所示。

```
[LSR3]ip ip-prefix 1 permit 172.16.1.0 24
[LSR3]ip ip-prefix 1 permit 172.16.2.0 24    #使用前缀列表匹配需要接收标签映射信息的对应 FEC 路由前缀
[LSR3]mpls ldp
[LSR3-mpls-ldp]inbound peer 10.1.2.2 fec ip-prefix 1    #配置 LDP Inbound 策略，只接收过滤后的标签映射报文
```

配置完过滤策略后，检查一下 LSR3 的 LSP 转发表，可以发现从 LSR1 接收到的 FEC 标签映射信息，如下输出所示。

```
[LSR3]dis mpls lsp nexthop 10.1.25.1       #10.1.25.1 是 LSR1 的 IP
-------------------------------------------------------------------------------
```

```
                    LSP Information: LDP LSP
-------------------------------------------------------------------------------
FEC                 In/Out Label    In/Out IF                  Vrf Name
172.16.1.0/24       1030/3          -/GE0/0/0
172.16.1.0/24       NULL/3          -/GE0/0/0
172.16.2.0/24       NULL/1031       -/GE0/0/1
172.16.2.0/24       1036/1031       -/GE0/0/1
```

思考题：peer id 是 lsr id 还是接口 IP？

案例分析 4　LDP 的空标签

1. 隐式空标签

大家通过前文的学习都知道在 MPLS 网络中，因为缺省开启了倒数第二跳弹出机制，报文在到达 MPLS 网络的边界之前就已经弹出标签。为实现倒数第二跳弹出机制，MPLS 网络边界路由器使用了一个特殊的标签——隐式空标签（标签值为 3），如图 8-34 所示，LER1 针对自己的直连网络 10.1.45.0/24 映射的标签是 3 号标签，然后将这个映射信息发送给 LDP 邻居，并查看 LSR3 和 LER1 的 LSP 转发表的情况。

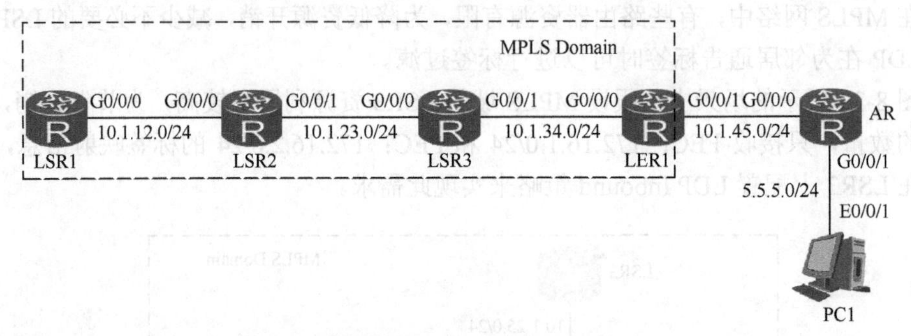

图 8-34　MPLS 的空标签

查看 LSR3 和 LER1 的 MPLS LSP 转发表，如下输出所示。

```
[LER1]display mpls lsp
-------------------------------------------------------------------------------
                    LSP Information: LDP LSP
-------------------------------------------------------------------------------
FEC                 In/Out Label    In/Out IF                  Vrf Name
10.1.4.4/32         3/NULL          -/-
10.1.1.1/32         NULL/1024       -/GE0/0/0
10.1.1.1/32         1024/1024       -/GE0/0/0
10.1.2.2/32         NULL/1025       -/GE0/0/0
10.1.2.2/32         1025/1025       -/GE0/0/0
10.1.3.3/32         NULL/3          -/GE0/0/0
10.1.3.3/32         1026/3          -/GE0/0/0
10.1.5.5/32         1027/NULL       -/-
10.1.34.0/24        3/NULL          -/-
10.1.45.0/24        3/NULL          -/-          #本地映射的标签为 3
5.5.5.0/24          1028/NULL       -/-
[LSR3]display mpls lsp
-------------------------------------------------------------------------------
                    LSP Information: LDP LSP
-------------------------------------------------------------------------------
FEC                 In/Out Label    In/Out IF                  Vrf Name
```

```
10.1.3.3/32         3/NULL          -/-
10.1.1.1/32         NULL/1024       -/GE0/0/0
10.1.1.1/32         1024/1024       -/GE0/0/0
10.1.2.2/32         NULL/3          -/GE0/0/0
10.1.2.2/32         1025/3          -/GE0/0/0
10.1.4.4/32         NULL/3          -/GE0/0/1
10.1.4.4/32         1026/3          -/GE0/0/1
10.1.5.5/32         NULL/1027       -/GE0/0/1
10.1.5.5/32         1027/1027       -/GE0/0/1
10.1.45.0/24        1028/3          -/GE0/0/1
5.5.5.0/24          1029/1028       -/GE0/0/1
```

由上面的输出信息可以看到，在LSR3上FEC（10.1.45.0/24）对应的出标签为3，表示报文的标签弹出后直接转发，不需要压入新的标签。也就是所有发往目的网络10.1.45.0/24的报文在到达LER1时都是不带标签的IP报文，所以LER1只需根据IP转发表进行转发处理。

说明：

如果接收到的报文有多层标签（比如在MPLS VPN的网络中），那么弹出的是最外层标签，内层标签不受影响。

2. 显式空标签

如果在MPLS网络中部署了QoS，最后一跳MPLS路由器还需要通过标签中的EXP字段来获知QoS信息，所以要保证报文到达MPLS边界时还是携带标签的。一般情况下，如果边界路由器接收到的是带有标签的报文，先是要查找标签转发表，而后还要查找IP转发表，比较消耗资源。为了使边界路由器能正确实施MPLS的QoS策略，同时不加重路由器的负担，引入了另一个特殊的标签——显式空标签（标签值为0）。边界路由器接收到带有显式空标签的报文后，可通过标签中的EXP读取QoS的参数信息，读取完QoS信息后直接将标签移除，也就是说不需要查找标签转发表，直接通过IP转发表进行转发。

在FEC的最后一跳路由器上，可通过命令label advertise，为自己直连的网络映射一个显式空标签，如图8-34所示，在LER1上将隐式空标签改为显式空标签：

```
[LER1]mpls
[LER1-mpls]label advertise explicit-null
```

这时来观察一下LER1的标签转发表，如下输出所示。

```
[LER1]display mpls lsp
-------------------------------------------------------------------------------
                     LSP Information: LDP LSP -------------------------------------------
-------------------------------------------------------------------------------
FEC                 In/Out Label    In/Out IF                    Vrf Name
10.1.4.4/32         0/NULL          -/-
10.1.34.0/24        0/NULL          -/-
10.1.1.1/32         NULL/1024       -/GE0/0/0
10.1.1.1/32         1024/1024       -/GE0/0/0
10.1.2.2/32         NULL/1025       -/GE0/0/0
10.1.2.2/32         1025/1025       -/GE0/0/0
10.1.3.3/32         NULL/3          -/GE0/0/0
10.1.5.5/32         1027/NULL       -/-
```

由输出信息可知，在华为设备中，不像隐式空标签那样，路由器可以为所有直连网络映射标签（条件是配置了lsp-trigger策略），而接口不论是否启用了MPLS，相应的直连网络都会被映射到0号标签。

3. 出标签为NULL

如下表所示，有些 FEC 对应的出标签为空（NULL），这表示收到的报文要剥离掉所有标签，然后以 IP 的方式进行转发。这类 FEC 对应的网络是本地直连或是从其他 IP 路由器接收到的路由前缀。比如对于 5.5.5.0/24 这个路由前缀来说，出标签为空，那是因为该路由的下一跳邻居（AR）没有运行 MPLS，AR 没有标签映射信息发送到 LER1。这时，LER1 也不会在本地为这样的路由前缀映射一个隐式或显式空标签，而是一个普通的标签值，如下输出所示。

```
[LER1]display mpls lsp
-------------------------------------------------------------------------------
                 LSP Information: LDP LSP
-------------------------------------------------------------------------------
FEC               In/Out Label    In/Out IF                  Vrf Name
10.1.4.4/32       3/NULL           -/-
10.1.34.0/24      0/NULL           -/-
10.1.1.1/32       NULL/1024        -/GE0/0/0
10.1.1.1/32       1024/1024       -/GE0/0/0
10.1.2.2/32       NULL/1025        -/GE0/0/0
10.1.2.2/32       1025/1025       -/GE0/0/0
10.1.3.3/32       NULL/3           -/GE0/0/0
10.1.5.5/32       1027/NULL        -/-
10.1.3.3/32       1026/3          -/GE0/0/0
10.1.45.0/24      3/NULL           -/-
5.5.5.0/24        1028/NULL        -/-
```

当 LER1 接收到 FEC（5.5.5.0/24）报文时，由于出标签为空，所以需要剥离掉报文的所有标签，然后以 IP 报文转发的方式转发出去。

8.3 MPLS VPN

8.3.1 VPN 基础

VPN 是指利用 IP 基础设施（比如公用的 Internet 或专用的 IP 骨干网等）来实现专用广域网专线技术（比如 DDN 等）的业务仿真技术。通俗地讲，就是企业利用公共网络来建立私网的连接。在这个私网的连接上传送的业务流量对于公网来说是不可见的，当然跟其他私网的连接也是相互隔离起来的。

随着加密、隧道等技术的不断出现，客户对 VPN 组网的需要也在发生变化，衍生出了多种 VPN 类型。

1. 按 VPN 的应用分类

Remote Access VPN（远程接入 VPN）：客户端到网关，使用公网作为骨干网在设备之间传输 VPN 数据流量。

Intranet VPN（内联网 VPN）：网关到网关，通过公司的网络架构连接来自同公司的资源。

Extranet VPN（外联网 VPN）：与合作伙伴企业网构成 Extranet，将一个公司与另一个公司的网络进行连接。

2. 按VPN的协议分类

VPN的隧道协议主要4种：PPTP，L2TP、IPSec和MPLS，其中，PPTP和L2TP协议工作在TCP/IP第二层，又称为二层隧道协议；IPSec是第三层的隧道协议，也是最常见的协议。L2TP和IPSec配合使用是目前性能最好且企业网络中应用较为广泛的一种；MPLS是基于第二层之上和第三层之下的隧道技术。

MPLS VPN是一种基于MPLS技术的IP VPN，是在网络路由和交换设备上应用MPLS（Multiprotocol Label Switching，多协议标记交换）技术，简化核心路由器的路由选择方式，利用结合传统路由技术的标签交换实现的IP虚拟专用网络（IP VPN）。MPLS的优势在于将二层交换和三层路由技术结合起来，在解决VPN、服务质量（QoS）和流量工程（TE）这些IP网络的重大问题时具有很优异的表现。因此，MPLS VPN在解决企业互连、提供各种新业务方面也越来越被运营商看好，成为在运营商网络中提供增值业务的重要手段。MPLS VPN又可分为二层MPLS VPN（即MPLS L2 VPN）和三层MPLS VPN（即MPLS L3 VPN）。这一节我们重点讲解一下三层MPLS VPN。

由于MPLS VPN是基于公网的骨干网来构建的，因此为企业各站点之间的通信提供了强大的传输能力，节省了企业内网互连的成本，减轻了用户网络运营和管理的负担，同时又能满足用户数据的安全、带宽等方面的需求。目前在基于IP网络中的MPLS VPN具有以下优点。

- 降低了成本。

MPLS简化了ATM与IP的集成技术，有效地结合了L2和L3技术，降低了成本，保护了用户的前期投资。

- 提高了资源利用率。

由于在骨干网中使用标签交换，因此用户各站点的局域网可以使用重复的IP地址，提高了IP地址资源利用率。

- 提高了网络速率。

由于使用标签交换，因此缩短了每一跳过程中地址搜索的时间，减少了数据在网络传输中的时间，提高了网络速度。

- 提高了灵活性和可扩展性。

由于MPLS使用的是Any to Any的连接，因此提高了网络的灵活性和可扩展性。灵活性方面，可以制订特殊的控制策略，满足不同用户的特殊需求，实现增值业务。扩展性包括：一是网络中可以容纳的VPN数目更大，二是在同一VPN中的用户很容易扩充。

- 方便了用户。

MPLS技术将更广泛地应用在各个运营商的网络当中，这样给企业用户建立全球的VPN带来极大的方便。

- 安全性高。

用户的数据在MPLS网络中传递时，是以隧道（LSP）的方式传递的，所以MPLS具有像帧中继和ATM类似的高可靠安全性。

- 业务综合能力强。

网络能够提供数据、语音、视频相融合的能力。

- MPLS的QoS保证。

用户可以根据不同的业务需求，通过在CE端的配置来赋予不同的QoS等级。通过这种 QoS 技术，既保证了网络的服务质量，又降低了用户的费用。

● 适用于较大的企事业单位。

适用于具有以下特征的企业：高效动作、商务活动频繁、数据通信量大、对网络依赖度高、有很多分支机构，如互联网公司、IT 公司、金融业、贸易行业、新闻机构等。企业网的节点数较多，通常将达到几十个以下。而像城域网这样的网络环境，业务类型多样、业务流向流量不确定，特别适合使用 MPLS VPN。

8.3.2 MPLS VPN 的网络结构

如图 8-35 所示，一个典型的 VPN 网络中具有以下不同的设备角色。

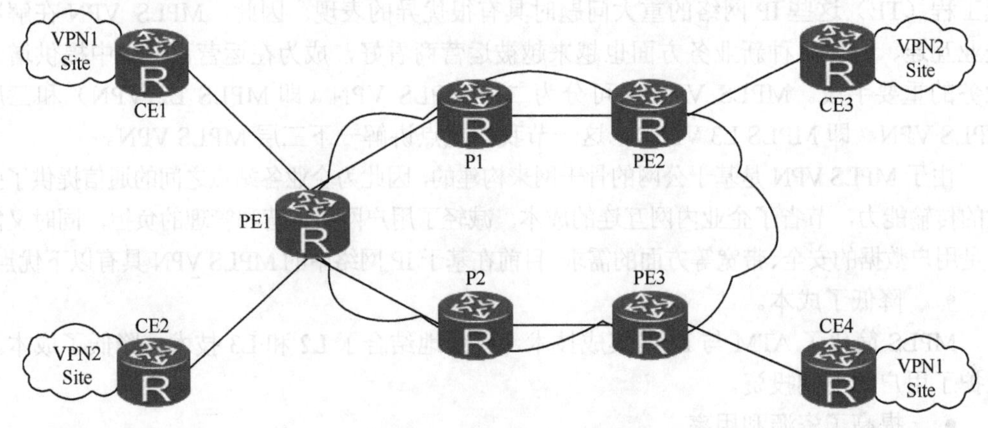

图 8-35 MPLS VPN 模型

CE（Custom Edge）：用户网络的边界设备，直接与服务提供商网络相连，CE 设备可以是路由器、交换机或主机等设备。

PE（Provider Edge Router）：指骨干网络的边界设备，直接连接 CE，从而提供 VPN 业务的接入，PE 设备可以是路由器或交换机等设备。

P（Provider Router）：骨干网络中的核心路由器，主要是提供骨干网内部的路由和数据包的快速转发服务。

在 MPLS VPN 中，P 和 PE 路由器运行了 MPLS，用户设备不需要运行 MPLS。在 CE 和 PE 之间需要完成三层路由信息的交换，而 P 设备只需要学习和计算骨干网内部的路由。一个 PE 可以连接多台 CE（共享 PE），也可以只连接一台 CE（专用 PE）。用户的数据流先通过 IP 转发方式转发到 PE，然后再通过 MPLS 标签转发的方式穿越整个 MPLS 网络。

8.3.3 MPLS VPN 基本概念

VPN-Instance

在一个典型的 MPLS VPN 网络中，CE 和 PE 之间可以使用任何 IP 路由协议技术来交换用户的私网路由，但是当多个 VPN 用户连接到同一个 PE 上或者不同 VPN 用户之间需要相互通信时，因为不同用户的地址空间可能会在一定范围内重合，例如，VPN1 和 VPN2 都使用 10.10.10.0/24 网段地址，导致地址空间的重叠（Address Spaces Overlapping），而在 PE 上产生路由冲突。所以，在 PE 上必须将这些不同 VPN 用户的路由隔离起来，这就产生了VPN实例的技术，VPN实例也称为VPN路由转发表VRF（VPN Routing and Forwarding Table）。一个VPN实例相当于一台虚拟的路由器，这台虚拟路由器具有自己的接口、路由转发表等资源，在控制平面上是独立运行的。每个VPN用户都会在PE上拥有自己的VPN实例，当PE收到来自不同用户的私网路由时，会将其放在该用户对应的VPN实例的路由转发表中。一台PE可以拥有多个路由转发表，包括一个公网路由转发表，以及一个或多个VPN路由转发表。

VPN实例技术实际上解决了两大问题：（1）在PE上解决不同VPN用户的路由冲突问题；（2）不需要使用ACL等工具，简化了隔离不同用户网络的操作。如图8-36所示的场景中，两个不同VPN用户（VPN1和VPN2）连接到同一个PE上，这时如果在PE1和PE2上为VPN1和VPN2都创建了相应的VPN实例，那么当PE接收到来自这两个VPN用户的私网路由时，会存放在不同的VPN实例转发表中。这样，即使这两个VPN用户的私网地址空间有重叠，在PE上也不会产生路由冲突的问题，因为不同VPN实例的路由转发表之间是相互隔离的。同时，来自用户的私网路由也不会进入骨干网中的公网全局路由转发表，因为用户VPN实例中的路由转发表和全局路由转发表之间也是相互隔离的。

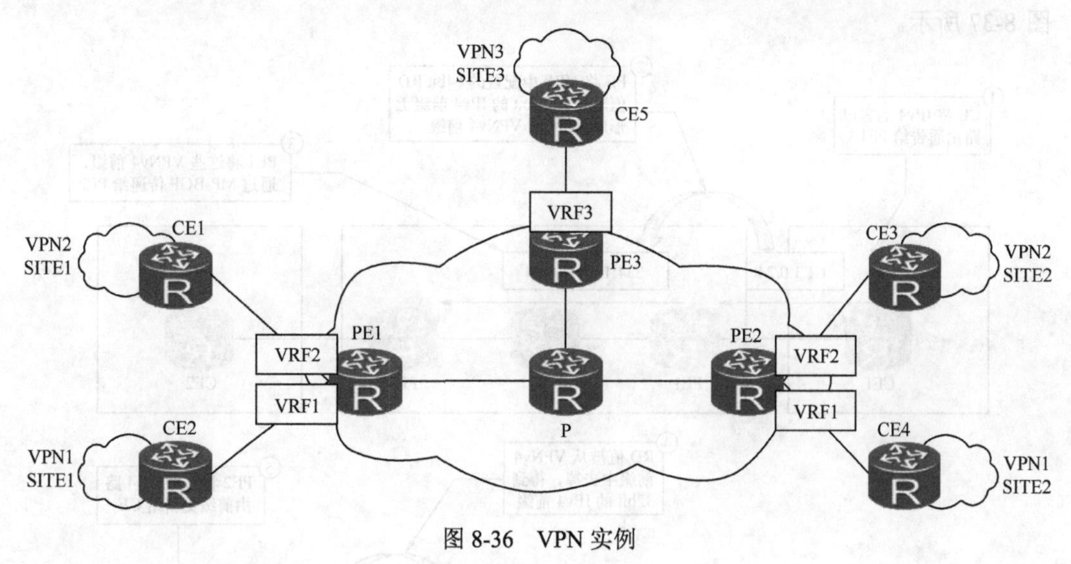

图8-36 VPN实例

说明：

公网路由转发表与VPN实例存在以下不同。

- 公网路由表包括所有PE和P设备的IPv4路由，该路由可能通过静态路由或者动态路由协议产生。
- VPN实例的路由表包括属于该VPN实例用户的所有Site的路由，通过CE与PE之间或者两个PE之间的VPN路由信息交互获得。
- 公网转发表是根据路由管理策略从公网路由表提取出来的转发信息，而VPN转发表是根据路由管理策略从对应的VPN路由表提取出来的转发信息。
- 可以看出，PE上的各VPN实例之间相互独立，并与公网路由转发表也是相互独立的。

- 可以将每个 VPN 实例看作一台虚拟的设备，维护独立的地址空间并有连接到私网的接口。

RD（Route Distinguisher）

用户的 VPN 路由是通过 MP-BGP（多协议 BGP）在 MPLS VPN 骨干网络中来传递的，如果来自不同用户的 VPN 路由地址空间相同，BGP 协议就无法区分这是来自哪个用户的路由了，为了保证每个用户的 VPN 路由的唯一性，引入了 RD 的概念。

通过在 PE 上为每个用户分配一个唯一的 RD 值，并且在通告用户私网路由时附带上该 RD 值，这时在接收端路由器收到不同用户的 VPN 路由后，因为每条路由有一个唯一标识符（即 RD 值），所以能区分出这些路由是否来自同个用户，不会因为 BGP 在进行最优路由选择时，导致某些用户的 VPN 路由被弃选。比如一台 PE 在接收到两条来自不同用户、相同前缀的 VPN 路由时，根据 BGP 的选路原则，会在这两条路由中选择出最优路由，另一条路由就会被“冷落”了。

在一条 IPv4 路由前缀之前加上 RD 值后，就变成 VPN-IPv4 地址簇了（可简称 VPNv4 地址簇），VPNv4 地址簇只在运营商骨干网内部存在，由 PE 路由器产生并发布，如图 8-37 所示。

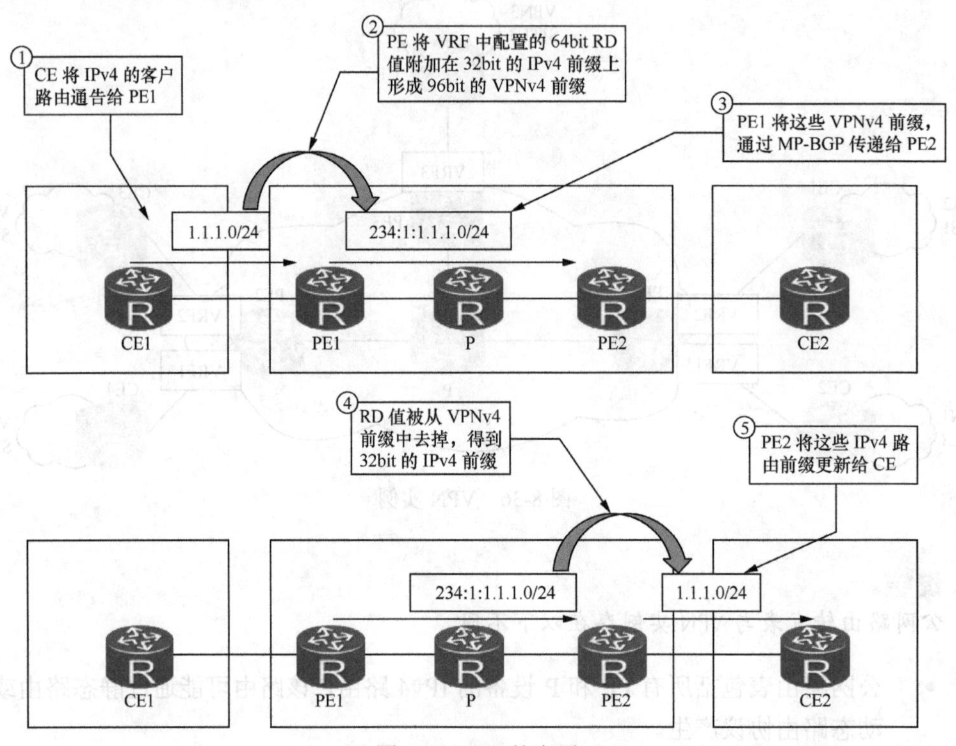

图 8-37 RD 的应用

用户的 CE 设备先将一条 IPv4 的私网路由前缀（1.1.1.0/24）通告给 PE，PE 从 VPN 实例中将该路由引入至 MP-BGP，并且将 RD 值添加至 IPv4 路由前缀之前变成了 96bit 的 VPNv4 路由，然后发布到骨干网中的其他 PE。当另一侧的 PE 收到该 VPNv4 路由后，在其发布给 CE 之前，先将 RD 剥离掉，还原回 IPv4 的路由再通告给对面的 CE 路由器。

RD 值共 64bit，这 64bit 的值有两种表示方式：ASN:nn 和 IP-Address:nn，其中 nn

代表数字，管理员可以自定义。最常用的格式为ASN:nn，其中ASN代表自治系统号。通常情况下，在服务提供商所使用的ASN:nn中，ASN是IANA分配给服务提供商的AS号，nn可以是服务提供商分配给每个VPN实例的唯一号码。RD并没有什么特定的语法要求，它只不过是用来唯一标识VPN路由的。具体格式如下。

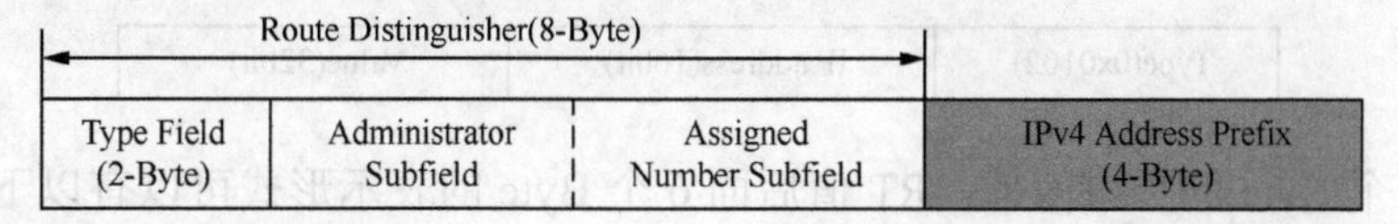

下面解释一下其中的字段。

Type Field（类型域）：该字段用于定义Administrator Subfield（管理子域）的表示方法，目前定义了两个值（0和1）。

类型取值为0时，管理子域占用2个Byte，Assigned Number（分配号）使用4个Byte，管理子域使用AS号（公有AS号），分配号由服务提供商设置和管理。

类型取值为1时，管理子域占用4个Byte，分配号占用2个Byte；管理子域使用IPv4地址，分配号子域值由服务提供商设置和管理。

VPN Target

VPN Target（也称为Route Target，RT）是BGP的一个扩展团体属性，用来判断路由该被送入到哪个VPN实例中，或者可以说，VPN实例使用RT来表达对路由的喜好。当一个PE将VPN路由引入到MP-BGP后，就会让其携带一个RT值，然后送到远端的PE，远端的PE根据RT值来决定将其送往哪个VPN实例。

VPN实例中的RT值分为Export（导出）和Import（导入）两种值，Export的RT会在VPNv4路由发布出来时携带，在VPNv4路由的接收端PE上，会比较路由携带过来的Export RT值跟本地所有VRF的Import RT值，如果匹配上了，该路由就被送往相应的VRF路由表，如图8-38所示。

由图8-38可知，PE1在将CE1发过来的IPv4路由转变为VPNv4路由时，除了添加一个RD以外，还携带了一个Export RT值，当PE2接收到该VPNv4路由后，将其转变了IPv4路由，再通过匹配各VRF的Import RT值，从而将该IPv4路由加入到指定的路由表中。

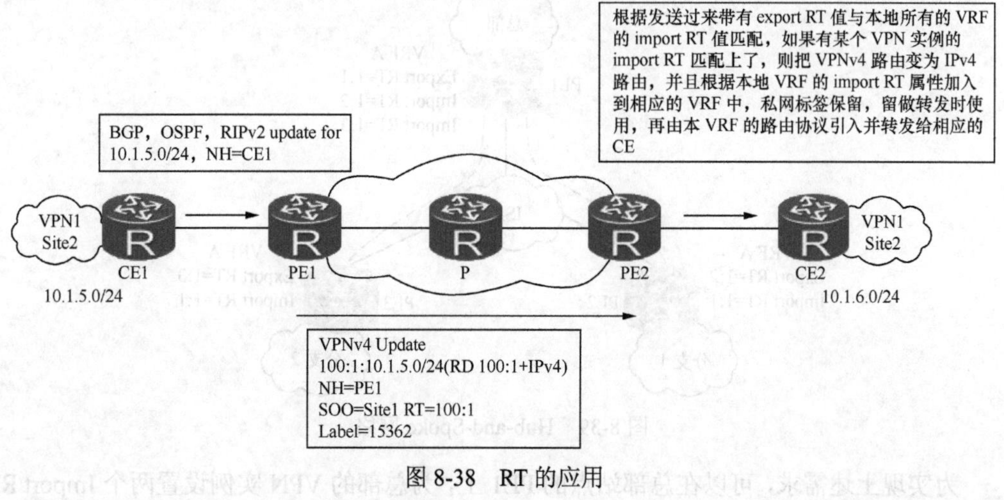

图8-38 RT的应用

前面提到 RT 是一种 BGP 扩展团体属性（Type 值为 0x0002 或 0x0102），具体格式如下。

Type(0x0002)	AS#(16bit)	Value(32bit)

Type(0x0102)	IP address(16bit)	Value(32bit)

除去 2 个 Byte 的类型值外，RT 值后面 6 个 Byte 的表示形式可以有以下几种。

- 2 字节自治系统号：4 字节用户自定义数，例如 1:3。自治系统号的取值范围是 0～65535，用户自定义数的取值范围是 0～4294967295。其中，自治系统号和用户自定义数不能同时为 0，即 VPN Target 的值不能是 0:0。
- IPv4 地址：2 字节用户自定义数，例如 192.168.122.15:1。IP 地址的取值范围是 0.0.0.0～255.255.255.255，用户自定义数的取值范围是 0～65535。
- 整数形式 4 字节自治系统号：2 字节用户自定义数，自治系统号的取值范围是 65536～4294967295，用户自定义数的取值范围是 0～65535，例如 65537:3。其中，自治系统号和用户自定义数不能同时为 0，即 VPN Target 的值不能是 0:0。
- 点分形式 4 字节自治系统号：2 字节用户自定义数，点分形式自治系统号通常写成 x.y 的形式，x 和 y 的取值范围都是 0～65535，用户自定义数的取值范围是 0～65535，例如：0.0:3 或者 0.1:0。其中，自治系统号和用户自定义数不能同时为 0，即 VPN Target 的值不能是 0.0:0。

一条 VPNv4 路由可以携带多个 RT 值，而这个特性可以让我们很轻松地实现相同 VPN 或不同 VPN 的站点之间的路由控制，比如在某一用户的 VPN 网络中，只允许分支站点和总部站点互相通告路由，而不允许分支站点之间的路由交换，可以在每个站点设置相应 VRF 的 RT 值来实现需求。

如图 8-39 所示，某客户公司有 3 个站点（总部、分支 1、分支 2），客户希望通过 MPLS VPN 实现站点之间的互访，同时还要求分公司之间通信的流量必须经过总部，以实现安全控制和流量监控。

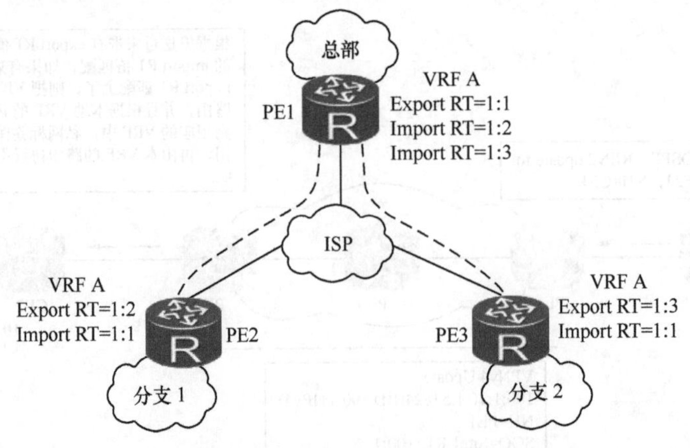

图 8-39 Hub-and-Spoke 网络

为实现上述需求，可以在总部站点的 PE1 上，为总部的 VPN 实例设置两个 Import RT

值，分别对应两个分支站点的 Export RT 值。而两分支站点的 VPN 实例只能接收来自总部的路由信息，通过这种方法来控制不同站点之间（不论是同一 VPN 内部或不同 VPN 之间）的路由交换。具体的部署方法将会在后文案例中详细介绍。

8.3.4 路由发布过程

前文中提到过，用户站点内的路由信息需要先通过 CE 发布给 PE 设备，这时 PE 和 CE 之间可以运行任何动态路由协议或静态协议，比如静态路由、RIP、OSPF、IS-IS、BGP。PE 从 CE 学习到的路由先放进 VPN 实例的路由表，然后再将其引入到 MP-BGP 成为 VPNv4 路由后发布到骨干网络。为了使路由进入骨干网络后具有唯一性，MP-BGP 给 IPv4 路由添加了一个 RD 值，从而允许不同的用户地址空间可以重叠，并且使用了 RT 值来标识此路由是去往哪个 VPN 实例的。下面就来具体分析一下，在 MPLS VPN 中路由的详细交换过程。

在 MPLS VPN 中路由交换可以分成以下几个阶段。

- CE 到 PE 之间的路由交换。
- PE 将 VRF 中的路由注入进 MP-BGP。
- VPNv4 路由在骨干网中传递。
- PE 将 VPNv4 路由注入到 VRF 中。

1. CE 到 PE 之间的路由交换过程

如图 8-40 所示，PE 和 CE 之间通过标准的 BGP、OSPF、IS-IS、RIP 或者静态路由交换路由信息。这个过程中，PE 需要将 CE 传来的路由分别存放在不同的 VPN 实例（根据路由进入的接口来判断路由是属于哪个 VPN 实例），除此之外，其他操作和普通的路由交换没有任何区别。静态路由、RIP、BGP、OSPF、IS-IS 都是标准的协议，所有的 CE 端都可以使用相同的路由协议，但是需要在 PE 的每个 VRF 运行不同路由协议实例，相互之间没有干扰。PE 和 CE 之间不同的路由协议的详细配置在下一节作具体介绍。

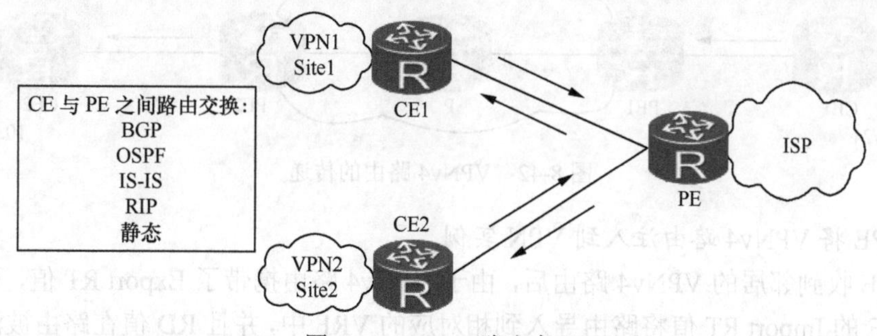

图 8-40 PE-CE 路由交互

2. PE 将 VPN 实例中的路由引入到 MP-BGP

PE 从 CE 学习到客户的私网路由后，需要将这些私网路由从 VPN 实例中引入到 MP-BGP 成为 VPNv4 路由（如果 PE 和 CE 之间运行的是 BGP，就不需要引入），如图 8-41 所示。

如图 8-40 所示，当 PE 将 VPN 实例中的客户私网路由引入到 MP-BGP 后，会在 IPv4 路由前缀的前面添加一个 RD 形成 VPNv4 路由。然后在 VPNv4 路由通告中携带 ExportRT

值，还会为该 VPNv4 路由分配一个私网标签（每条 VPNv4 都会映射到一个私网标签，由 MP-BGP 协议随机自动分配），同时还将路由的下一跳修改成自己。这些操作完成后，PE 将 VPNv4 路由发布到所有的 MP-BGP 邻居。

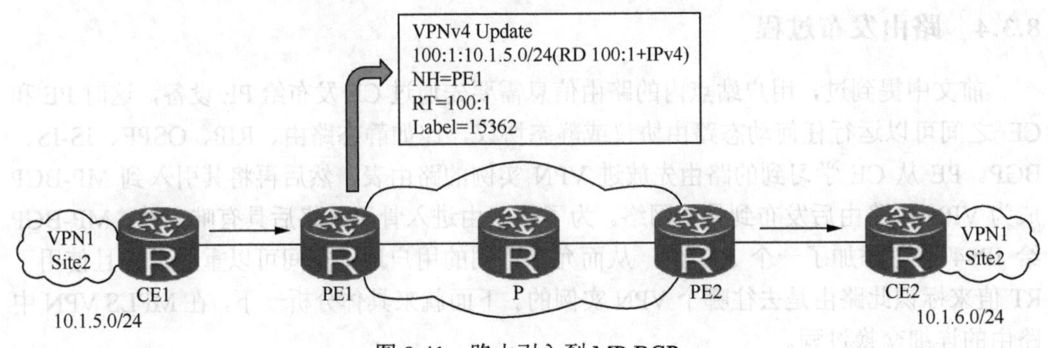

图 8-41　路由引入到 MP-BGP

3. VPNv4 路由在公网中传递

客户的私网路由在 PE 上被引入到 MP-BGP 后变成了 VPNv4 路由，这些 VPNv4 路由需要传递到其他的 PE（或者先传递到骨干网中的 RR，再由 RR 反射到其他 PE）。如果这些 PE 都在同一个 AS 中，那么需要在 PE 之间配置 MP-iBGP 邻居关系（或者所有 PE 都与 RR 建立 MP-iBGP 邻居关系），经过多协议扩展后的 BGP 可以用来传递 VPNv4 路由，如图 8-42 所示。

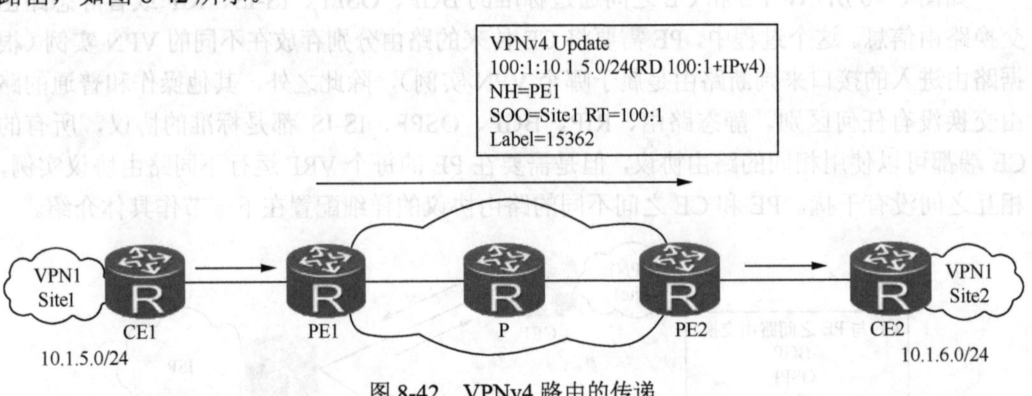

图 8-42　VPNv4 路由的传递

4. PE 将 VPNv4 路由注入到 VPN 实例

在 PE 收到邻居的 VPNv4 路由后，由于 VPNv4 路由携带了 Export RT 值，可以根据本地 VRF 的 Import RT 值将路由导入到相对应的 VRF 中，并且 RD 值在路由被注入时会被移除变成 IPv4 路由，再通过本地 PE-CE 之间运行的路由协议把 IPv4 路由发布到 CE，如图 8-43 所示。

这里要注意的是，VPNv4 路由是有私网标签的，这个标签是用来进行数据转发的，PE 不会将其发送给 CE，而是存放在 FIB 中。

经过以上四个步骤后，VPN 客户不同的站点之间实现了私网路由的交换，构建起了一个 VPN。我们可以发现，骨干网上只有 PE 才会维护私网路由（放在 VRF 中），而其核心设备（P 路由器）不会接收到任何私网路由，只有公网的路由，从而节省了设备开销。

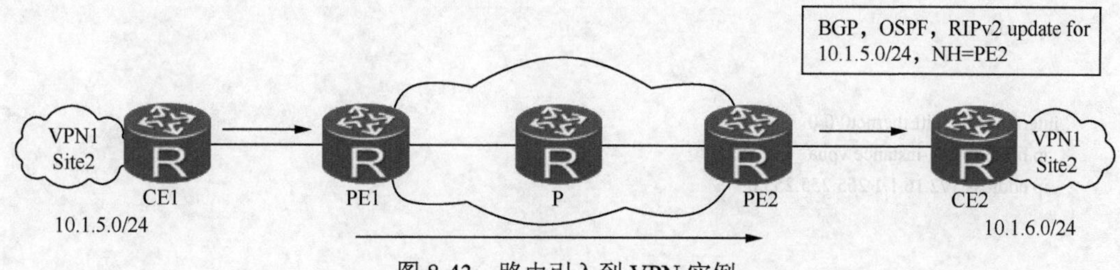

图 8-43　路由引入到 VPN 实例

5. 典型案例分析

组网需求

如图 8-44 所示，某客户（VPN A）的两个站点（Site1 和 Site2）通过 MPLS VPN 实现互访，其中 CE1 连接 Site1，CE1 通过服务提供商的 PE1 接入至 MPLS VPN 骨干网；CE2 连接 Site2，CE2 通过服务提供商的 PE2 接入至 MPLS VPN 骨干网。

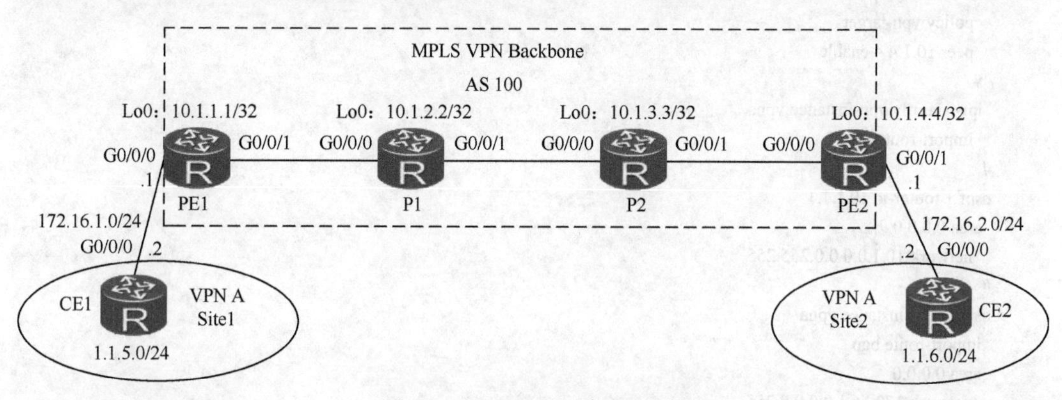

图 8-44　MPLS VPN 组网案例

- 配置信息

服务商骨干网的 AS 号为 100，IGP 使用 OSPF；服务商为客户分配的 VPN 实例名为 vpna，RD 值为 100:1，Site1 和 Site2 的 Import RT 值和 Export RT 值均为 1:1；PE-CE 之间使用 OSPF 协议交换私网路由，Site1 和 Site2 均在 Area0 中。

下面列出了设备中的关键配置数据。

PE1 配置：

```
#
sysname PE1
#
#
ip vpn-instance vpna
 ipv4-family
  route-distinguisher 100:1
  vpn-target 1:1 export-extcommunity
  vpn-target 1:1 import-extcommunity
#

mpls lsr-id 10.1.1.1
mpls
#
```

```
mpls ldp
#

interface GigabitEthernet0/0/0
 ip binding vpn-instance vpna
 ip address 172.16.1.1 255.255.255.0
#
#
bgp 100
 peer 10.1.4.4 as-number 100
 peer 10.1.4.4 connect-interface LoopBack0
 #
 ipv4-family unicast
  undo synchronization
  peer 10.1.4.4 enable
 #
 ipv4-family vpnv4
  policy vpn-target
  peer 10.1.4.4 enable
 #
 ipv4-family vpn-instance vpna
  import-route ospf 2
#
ospf 1 router-id 10.1.1.1
 area 0.0.0.0
  network 10.1.0.0 0.0.255.255
#
ospf 2 vpn-instance vpna
 import-route bgp
 area 0.0.0.0
  network 172.16.1.0 0.0.0.255
#
```

PE2 配置：

```
#
 sysname PE2
#
#
ip vpn-instance vpna
 ipv4-family
  route-distinguisher 100:1
  vpn-target 1:1 export-extcommunity
  vpn-target 1:1 import-extcommunity
#
mpls lsr-id 10.1.4.4
mpls
#
mpls ldp
#
interface GigabitEthernet0/0/1
 ip binding vpn-instance vpna
 ip address 172.16.2.1 255.255.255.0
#

bgp 100
```

```
 peer 10.1.1.1 as-number 100
 peer 10.1.1.1 connect-interface LoopBack0
 #
 ipv4-family unicast
  undo synchronization
  peer 10.1.1.1 enable
 #
 ipv4-family vpnv4
  policy vpn-target
  peer 10.1.1.1 enable
 #
 ipv4-family vpn-instance vpna
  import-route ospf 2
#
ospf 1 router-id 10.1.4.4
 area 0.0.0.0
  network 10.1.0.0 0.0.255.255
#
ospf 2 vpn-instance vpna
 import-route bgp
 area 0.0.0.0
  network 172.16.2.0 0.0.0.255
#
```

P1 配置：

```
#
 sysname P1
#
#
mpls lsr-id 10.1.2.2
mpls
#
mpls ldp
#
#
interface GigabitEthernet0/0/0
 ip address 10.1.12.2 255.255.255.0
 mpls
 mpls ldp
#
interface GigabitEthernet0/0/1
 ip address 10.1.23.1 255.255.255.0
 mpls
 mpls ldp
#
ospf 1 router-id 10.1.2.2
 area 0.0.0.0
  network 10.1.0.0 0.0.255.255
#
```

P2 配置：

```
#
 sysname P2
#

mpls lsr-id 10.1.3.3
```

```
mpls
#
mpls ldp
#
interface GigabitEthernet0/0/0
 ip address 10.1.23.2 255.255.255.0
 mpls
 mpls ldp
#
interface GigabitEthernet0/0/1
 ip address 10.1.34.1 255.255.255.0
 mpls
 mpls ldp
#
ospf 1 router-id 10.1.3.3
 area 0.0.0.0
  network 10.1.0.0 0.0.255.255
#
```

CE1 配置：

```
#
 sysname CE1
#
#
interface GigabitEthernet0/0/0
 ip address 172.16.1.2 255.255.255.0
#
interface LoopBack0
 ip address 1.1.5.5 255.255.255.0
#
ospf 1 router-id 1.1.5.5
 area 0.0.0.0
  network 1.1.5.0 0.0.0.255
  network 172.16.1.0 0.0.0.255
#
```

CE2 配置：

```
#
 sysname CE2
#
#
interface GigabitEthernet0/0/0
 ip address 172.16.2.2 255.255.255.0
#

interface LoopBack0
 ip address 1.1.6.6 255.255.255.0
#
ospf 1 router-id 1.1.6.6
 area 0.0.0.0
  network 1.1.6.0 0.0.0.255
  network 172.16.2.0 0.0.0.255
#
```

- 私网站点之间路由信息的交换过程分析

这里以 Site1 中 1.1.5.0/24 的路由信息发送至 Site2 中为例，分析一下整个路由传递的过程。

第 1 步：首先 CE1 通过 OSPF 协议将网络 1.1.5.0/24 以 IPv4 路由的方式发送给 PE1，可以在 PE1 的 VPN 实例 vpna 的路由表中查看到该路由，如下输出所示。

```
[PE1]display ip routing-table vpn-instance vpna
Route Flags: R-relay, D-download to fib
------------------------------------------------------------------------------
Routing Tables: vpna
         Destinations : 7          Routes : 7
Destination/Mask    Proto   Pre  Cost   Flags NextHop        Interface
  1.1.5.0/24OSPF    10      1     D     172.16.1.2           GigabitEthernet0/0/0
（其他输出信息略）
```

第 2 步：PE1 将 IPv4 路由 1.1.5.0/24 引入到 MP-BGP，形成 VPNv4 路由，VPNv4 路由将携带该客户的 RD 以及 Export RT 值，使用以下方法查看这条 VPNv4 路由信息。

```
[PE1]display bgp vpnv4 all routing-table

 BGP Local router ID is 10.1.12.1
 Status codes: *-valid, >-best, d-damped,
               h-history,   i-internal, s-suppressed, S-Stale
Origin : i-IGP, e-EGP, ?-incomplete
 Total number of routes from all PE: 4
 Route Distinguisher: 100:1                    #RD 值

Network             NextHop          MED          LocPrf      PrefVal Path/Ogn
*>    1.1.5.0/24     0.0.0.0          2                0          ?
（其他输出信息略）
[PE1]display bgp vpnv4 all routing-table 1.1.5.0 24

 BGP local router ID : 10.1.12.1
 Local AS number : 100

 Total routes of Route Distinguisher(100:1): 1
 BGP routing table entry information of 1.1.5.0/24:
 Imported route.
 Label information (Received/Applied): NULL/1029
 From: 0.0.0.0 (0.0.0.0)
 Route Duration: 00h05m18s
 Direct Out-interface: GigabitEthernet0/0/0
 Original nexthop: 172.16.1.2
 Qos information : 0x0
 Ext-Community:RT <1 : 1>, OSPF DOMAIN ID <0.0.0.0 : 0>,   #RT 值是以 BGP 扩展团体属性方式携带的
               OSPF RT <0.0.0.0 : 1 : 0>, OSPF ROUTER ID <172.16.1.1 : 0>
 AS-path Nil, origin incomplete, MED 2, pref-val 0, valid, local, best, select, p
re 255
 Advertised to such 1 peers:
    10.1.4.4
```

同时，MP-BGP 还会为这条 VPNv4 路由分配一个私网标签（下文会介绍这个标签的作用）。下面的输出信息显示了 PE1 为 vpna 中的 1.1.5.0/24 路由分配的私网标签为 1030。

```
[PE-1]display mpls lsp
------------------------------------------------------------------------------
                LSP Information: BGP   LSP
------------------------------------------------------------------------------
FEC                  In/Out Label    In/Out IF                    Vrf Name
```

```
1.1.5.0/24          1030/NULL        -/-                              vpna
(其他输出信息略)
```

第 3 步：PE1 将这条 VPNv4 路由发布到 MP-iBGP 邻居 PE2，下面显示了通过 wireshark 抓取的 MP-BGP VPNv4 路由更新报文的详细格式。

```
⊞ Ethernet II, Src: HuaweiTe_ef:5f:c9 (00:e0:fc:ef:5f:c9), Dst: HuaweiTe_97:71:fb (00:e0:fc:97:71:fb)
⊞ MultiProtocol Label Switching Header, Label: 1025, Exp: 6, S: 1, TTL: 255
⊞ Internet Protocol Version 4, Src: 10.1.1.1 (10.1.1.1), Dst: 10.1.4.4 (10.1.4.4)
⊞ Transmission Control Protocol, Src Port: 49400 (49400), Dst Port: bgp (179), Seq: 198, Ack: 153, Len: 115
⊟ Border Gateway Protocol - UPDATE Message
    Marker: ffffffffffffffffffffffffffffffff
    Length: 115
    Type: UPDATE Message (2)
    Unfeasible routes length: 0 bytes
    Total path attribute length: 92 bytes
  ⊟ Path attributes
    ⊞ ORIGIN: INCOMPLETE (4 bytes)
    ⊞ AS_PATH: empty (3 bytes)
    ⊞ MULTI_EXIT_DISC: 2 (7 bytes)
    ⊞ LOCAL_PREF: 100 (7 bytes)
    ⊟ EXTENDED_COMMUNITIES: (35 bytes)
      ⊞ Flags: 0xc0 (Optional, Transitive, Complete)
        Type code: EXTENDED_COMMUNITIES (16)
        Length: 32 bytes
      ⊟ Carried Extended communities
          two-octet AS specific Route Target: 1:1
          OSPF Domain: 0.0.0.0
          Unknown
          Unknown
    ⊟ MP_REACH_NLRI (36 bytes)
      ⊞ Flags: 0x90 (Optional, Non-transitive, Complete, Extended Length)
        Type code: MP_REACH_NLRI (14)
        Length: 32 bytes
        Address family: IPv4 (1)
        Subsequent address family identifier: Labeled VPN Unicast (128)
      ⊞ Next hop network address (12 bytes)
        Subnetwork points of attachment: 0
      ⊟ Network layer reachability information (15 bytes)
        ⊞ Label Stack=1030 (bottom) RD=100:1, IPv4=1.1.5.0/24
```

下面的输出显示了 PE2 上已经接收到该 VPNv4 路由。

```
[PE2]display bgp vpnv4 all routing-table
Route Distinguisher: 100:1
 Network            NextHop          MED        LocPrf    PrefVal Path/Ogn
 *>i  1.1.5.0/24    10.1.1.1         2          100       0       ?
（其他输出信息略）
```

第 4 步：PE2 根据该 VPNv4 路由的 Export RT 值导入到 Site2 的 VPN 实例路由表中，导入前 VPNv4 路由被剥离掉 RD 值变回 IPv4 路由，并且将该 VPNv4 路由携带的私网标签存放至 VPN 实例的转发表中，下面的输出显示了在 Site2 的 VPN 实例转发中已经拥有该路由的转发信息。

```
[PE2]display fib vpn-instance vpna
Route Flags: G-Gateway Route, H-Host Route,     U-Up Route
             S-Static Route,  D-Dynamic Route, B-Black Hole Route
             L-Vlink Route
------------------------------------------------------------------------------
 FIB Table:
 Total number of Routes : 7

Destination/Mask   Nexthop      Flag  TimeStamp    Interface    TunnelID
1.1.5.0/24         10.1.34.1    DGU   t[6865]      GE0/0/0      0x5
（其他输出信息略）
```

继续观察这条路由的详细信息可以发现由 PE1 通告过来的私网标签，如下输出所示。

```
[PE2]display fib vpn-instance vpna 1.1.5.0 24 verbose
  Route Entry Count: 1
```

```
Destination: 1.1.5.0          Mask        : 255.255.255.0
Nexthop       : 10.1.34.1       OutIf       : GigabitEthernet0/0/0
LocalAddr     : 10.1.34.2       LocalMask: 0.0.0.0
Flags         : DGU             Age         : 1458sec
ATIndex       : 0               Slot        : 0
LspFwdFlag : 1                  LspToken : 0x5
InLabel       : 1030            OriginAs : 0
BGPNextHop : 10.1.1.1           PeerAs      : 0
QosInfo       : 0x0             OriginQos: 0x0
NexthopBak : 0.0.0.0            OutIfBak : [No Intf]
LspTokenBak: 0x0                InLabelBak : NULL
LspToken_ForInLabelBak : 0x0
EntryRefCount : 0
VlanId : 0x0
BgpKey : 2
BgpKeyBak : 0
LspType              : 0        Label_ForLspTokenBak     : 0
MplsMtu              : 0        Gateway_ForLspTokenBak : 0.0.0.0
NextToken            : 0x0      IfIndex_ForLspTokenBak : 0
Label_NextToken : 0             Label : 0
LspBfdState          : 0
```

第 5 步：PE2 将来自 Site1 的私网路由发布给 CE2。下面的输出显示了 CE2 已经接收到该路由。

```
[CE2]display ip routing-table
Route Flags: R-relay, D-download to fib
------------------------------------------------------------------------------
Routing Tables: Public
        Destinations : 12          Routes : 12

Destination/Mask   Proto    Pre   Cost     Flags NextHop          interface
1.1.5.0/24         OSPF     10    3          D    172.16.2.1       GigabitEthernet0/0/0
（其他输出信息略）
```

以上就是通过 MPLS VPN 骨干网在客户站点之间完成私网路由信息交换的整个过程。虽然私网路由是通过服务商的骨干网来传递的，但是只有 PE 设备才会处理和维护私网路由，骨干网内部的 P 路由器不会有任何私网路由信息，从而降低了资源开销。因此，当 MPLS VPN 业务数据流经过骨干网络中的 P 设备时，必须使用 MPLS 标签转发的方式。下一节将详细介绍通过 MPLS VPN 传递业务数据流的过程。

8.3.5 数据转发过程

数据转发概述

在实现了私网路由的交换后，我们再看一下如何通过该 VPN 来传递业务流量。首先数据流由 CE 到 PE 使用的是 IP 转发，这个很容易理解。而数据流要经过骨干网，因为骨干网内部 P 路由器没有私网路由，也就是没办法使用 IP 转发，这时就应该想到用 MPLS 标签转发技术。在 IP 报文进入到 MPLS 骨干网的 PE 后封装上一个公网标签，该标签对应着穿越整个公网的 LSP，数据包通过 LSP 隧道转发到出站的 PE，中间的 P 路由器只使用标签交换转发方式，而不需要 IP 转发，数据包的入站 PE 和出站 PE 同时使用了 IP 转发和标签转发。

那公网中的 LSP 是如何建立的？它是由 LDP 协议通过为公网中的 IGP 路由映射标签，然后进行分发标签等过程后来建立的（详细过程在下一小节介绍）。

当数据包到达出站 PE 时，因为是从公网的接口接收到的数据包，所以还必须使用一个 VPN 标签（私网标签）用于判断数据包通过哪个 VPN 实例进行转发。私网标签在前文中有提到过，它是由 MP-BGP 协议生成的，每条 VPN 路由都会有一个私网标签，出站的 PE 可以借私网标签知道该向哪个 VPN 转发数据。

所以，在 VPN 的业务数据通过 MPLS 骨干网时会带上两层标签（公网标签和私网标签），公网标签位于外层，用于使数据包穿越整个公网发送到出站的 PE；私网标签位于内层，用于判断该数据包属于哪个 VPN 实例。下面从三个阶段具体分析整个数据转发的过程。

- 数据从 CE 到入站 PE。
- 数据从入站 PE 到出站 PE。
- 数据从出站 PE 到远端的 CE。

1. 数据从 CE 到入站 PE

如图 8-45 所示，Site2 去往 Site1 的业务数据由 CE2 转发到 PE2（普通 IP 转发）后，PE2 根据数据包进入的接口，查找相应的 VPN 实例转发表，找到该路由在公网的下一跳（对端 PE 的 Loopback 接口）和私网标签。封装完私网标签后，再通过公网的标签转发表，查找到去往公网中下一跳地址的标签，该标签作为公网标签封装进数据包，封装完两层标签后，数据包被转发进 MPLS 网络。

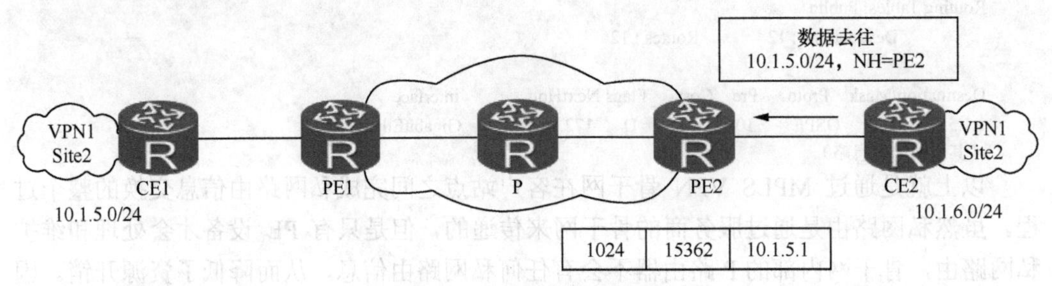

图 8-45 数据由 CE 到 PE

2. 数据由入站 PE 转发到出站 PE

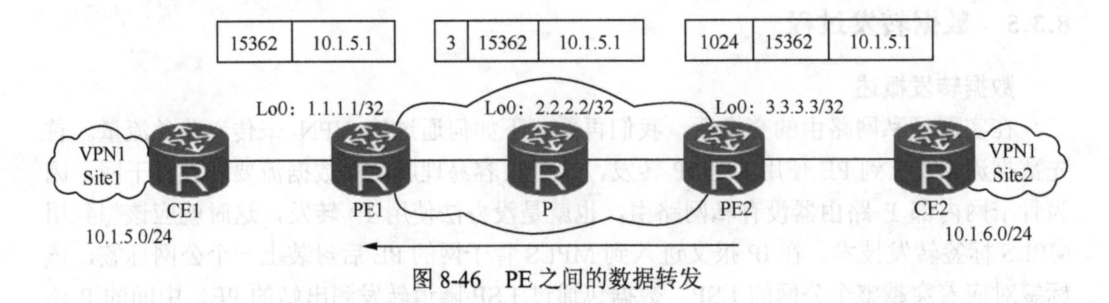

图 8-46 PE 之间的数据转发

说明：

数据包实际转发时不会携带 3 号标签，这里出现 3 号标签是为了方便表述原理。

如图8-46所示，在前文有说到，当IP报文由入站PE进入MPLS网络后会通过LSP转发，并且通过中间的P设备查找标签转发表进行标签交换，最终通过公网LSP转发到出站的PE。

3. 数据由出站的PE转发给远端的CE

当数据包由MPLS骨干网转发到达出站PE时，只剩下一层私网标签，这是因为PHP（倒数第二跳弹出）的原因，公网标签已经在倒数第二跳的P设备剥离掉了。出站PE利用该私网标签判断出该数据包去往的VPN实例，在查找到相应的VPN实例转发表后，移除该私网标签，将报文还原为IP报文后再转发给CE，如图8-47所示。

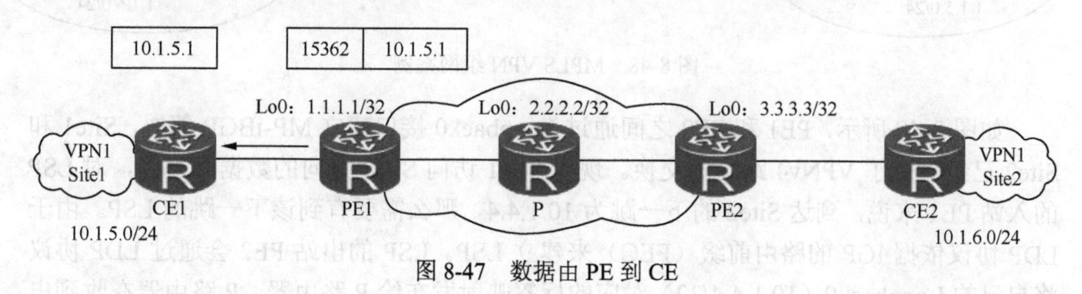

图8-47 数据由PE到CE

至此，客户通过MPLS VPN完成了私网站点之间的流量转发，可以发现VPN业务的数据流是经过骨干网的LSP隧道方式进行转发的，从而保证了客户数据的安全性。这里需要强调的是，传递VPN业务数据流时需要使用到两层标签（私网标签+公网标签），公网标签用于帮助VPN业务数据流穿越公网中的LSP，而私网标签用于LSP的出站PE进行判断该向哪个VPN实例进行转发，那么这两个标签是如何产生的？其实在上一节讲到VPNv4路由的交换过程中提到了私网标签的生成，这里我们再了解一下公网标签和私网标签的详细分配过程。

公网标签分配

通过上一小节的分析后，读者都清楚了，当MPLS VPN业务数据流发送从一个站点到另一个站点时需要携带两层标签：公网标签和私网标签。首先读者要明白在MPLS VPN中为什么需要公网标签，没有公网标签就不能传输VPN业务流量吗？如果读者充分理解了上一小节所讲述的内容，那么这个问题的答案是显而易见的。因为MPLS VPN骨干网中的P路由器并没有私网路由，所以骨干网不能使用IP转发的方式来转发VPN业务数据流，而是使用MPLS标签转发的方式，这就需要骨干网的PE之间为每个VPN客户建立一条或多条公网LSP，VPN业务流通过入站PE进入骨干网后，通过相应LSP转发到出站PE。公网标签是由骨干网内部的LDP协议根据IGP路由或静态路由而产生的标签，那么下面就来具体分析一下通过LDP协议产生公网标签并建立公网LSP的过程。

前文中有提到，VPNv4路由通过MP-iBGP在PE之间交换，两个PE需要使用Loopback接口来建立MP-iBGP邻居，所以在MPLS骨干网内部需要使用IS-IS、OSPF等IGP协议来打通PE和P路由器之间的路由连通性。当所有P和PE路由器都有了公网的路由后，通过LDP协议互相通告标签映射，从而建立公网路由的标签转发表。下面以图8-48的案例为例来介绍一下公网LSP的建立过程。

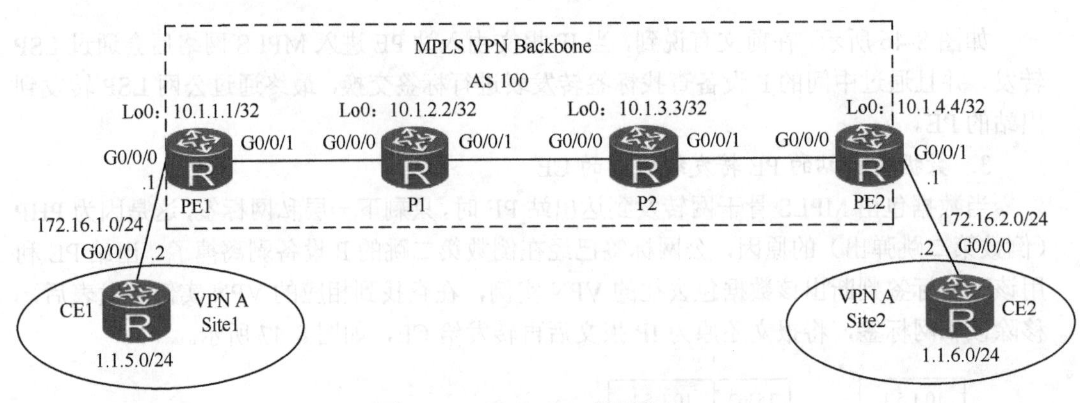

图 8-48　MPLS VPN 组网案例

如图 8-48 所示，PE1 和 PE2 之间通过 Loopback0 接口建立 MP-iBGP 邻居，Site1 和 Site2 已经完成了 VPNv4 路由的交换。现以 Site1 访问 Site2 方向的数据流为例，对 LSP 的入站 PE1 来说，到达 Site2 的下一跳为 10.1.4.4，那么需要有到该下一跳的 LSP。由于 LDP 协议依据 IGP 的路由前缀（FEC）来建立 LSP。LSP 的出站 PE2 会通过 LDP 协议将自己的 Loopback0（10.1.4.4/32）对应的标签映射发布给 P 路由器，P 路由器在收到出站 PE 的标签时也会生成自己的标签，然后发布给其上游 LDP 邻居 。这样，在入站 PE1 处会收到来自 P 路由器的关于出站 PE2 的 Loopback0 路由的标签，也就是在入站 PE1 处会拥有去往下一跳（出站 PE2 的 Loopback0）的标签，这样建立了公网的 LSP。下面的输出显示了 PE1 上关于到下一跳 10.1.4.4 的 LSP 转发信息，其中，标签 1025（out-label）就是由 LDP 邻居分配的，如下输出所示。

```
[PE1]display mpls lsp include 10.1.4.4 32 verbose
-------------------------------------------------------------------------------
                 LSP Information: LDP LSP
-------------------------------------------------------------------------------
  No                  :  1
  VrfIndex            :
  Fec                 :  10.1.4.4/32
  Nexthop             :  10.1.12.2
  In-Label            :  NULL
  Out-Label           :  1025
  In-Interface        :  ----------
  Out-Interface       :  GigabitEthernet0/0/1
  LspIndex            :  6148
  Token               :  0x5
  FrrToken            :  0x0
  LsrType             :  Ingress
  Outgoing token      :  0x0
  Label Operation     :  PUSH
  Mpls-Mtu            :  1500
  TimeStamp           :  21495sec
  Bfd-State           :  ---
  BGPKey              :  ------
```

我们再来观察一下 P2 上有关 10.1.4.4 的 LSP 转发信息，如下输出所示。

```
[P2]display mpls lsp include 10.1.4.4 32 verbose
-------------------------------------------------------------------------------
```

```
LSP Information: LDP LSP
------------------------------------------------------------ ------------------------------------------
No                  :  2
VrfIndex            :
Fec                 :  10.1.4.4/32
Nexthop             :  10.1.34.2
In-Label            :  1025
Out-Label           :  3
In-Interface        :  ----------
Out-Interface       :  GigabitEthernet0/0/1
LspIndex            :  6148
Token               :  0x4
FrrToken            :  0x0
LsrType             :  Transit
Outgoing token      :  0x0
Label Operation     :  SWAP
Mpls-Mtu            :  ------
TimeStamp           :  22116sec
Bfd-State           :  ---
BGPKey              :  ------
```

可以发现，公网标签实际上在数据流到达出站 PE2 之前就已经被弹出了，这是由于启用了 PHP 机制的原因。

私网标签的分配及数据转发流程分析

在上一小节讲述过，PE 在生成 VPNv4 路由时会为每条 VPN 路由映射一个私网标签，然后将 VPN 路由连同其标签一并发送给其他 PE，关于具体的发布过程，读者可以复习一下图 8-48 所示的典型案例分析内容，这里不再赘述。读者要通过这一小节明白私网标签是如何使用的。

在理解了 MPLS VPN 控制平面的所有工作过程后，我们再来分析一下通过 MPLS VPN 传递业务数据流的过程，这里还是以图 8-48 所示的案例场景为例。

现以 vpna 的 Site1 中 1.1.5.0/24 访问 Site2 中的 1.1.6.0/24 为例。

第 1 步：CE1 使用 IP 转发的方式将数据流量转发至 PE1。

第 2 步：PE1 接收到来自 CE1 的数据流量时，查找 VPN 实例（vpna）的 FIB 表，根据 FIB 表中的转发信息压入对应的标签，然后转至下一跳 P1。这里我们来看一下 PE1 VPN 实例（vpna）的 FIB 表关于目标路由前缀 1.1.6.0/24 的详细信息，如下输出所示。

```
[PE1]dis fib vpn-instance vpna 1.1.6.0 24 verbose
  Route Entry Count: 1
 Destination: 1.1.6.0            Mask       : 255.255.255.0
 Nexthop      : 10.1.12.2          OutIf      : GigabitEthernet0/0/1
 LocalAddr   : 10.1.12.1          LocalMask: 0.0.0.0
 Flags         : DGU                 Age         : 18747sec
 ATIndex      : 0                   Slot        : 0
 LspFwdFlag : 1                     LspToken : 0x5
 InLabel      : 1029                OriginAs : 0
 BGPNextHop : 10.1.4.4              PeerAs     : 0
 QosInfo      : 0x0                 OriginQos: 0x0
 NexthopBak : 0.0.0.0               OutIfBak : [No Intf]
 LspTokenBak: 0x0                    InLabelBak : NULL
 LspToken_ForInLabelBak : 0x0
```

```
EntryRefCount : 0
VlanId : 0x0
BgpKey : 2
BgpKeyBak : 0
LspType          : 0               Label_ForLspTokenBak     : 0
MplsMtu          : 0               Gateway_ForLspTokenBak : 0.0.0.0
NextToken        : 0x0             IfIndex_ForLspTokenBak : 0
Label_NextToken : 0              Label : 0
LspBfdState      : 0
```

由上面的输出信息可以发现，此时 PE1 会在报文中压入私网标签（InLabel）1029，读者是否还记得这个私网标签是如何进入 FIB 表的呢？同时，这条目标路由前缀是由 BGP 邻居 PE2（地址是 10.1.4.4）通告过来的，所以报文需要送达到 PE2，而要送达到这个地址，必须有到达这个地址的 LSP，这时再查看一下 PE1 公网 LSP 转发表，如下输出所示。

```
[PE1]display mpls lsp
-------------------------------------------------------------------------------
                 LSP Information: BGP   LSP
-------------------------------------------------------------------------------
FEC                In/Out Label    In/Out IF                      Vrf Name
172.16.1.0/24      1027/NULL        -/-                             vpna
1.1.5.0/24         1030/NULL        -/-                             vpna
-------------------------------------------------------------------------------
                 LSP Information: LDP LSP
-------------------------------------------------------------------------------
FEC                In/Out Label    In/Out IF                      Vrf Name
10.1.2.2/32        NULL/3           -/GE0/0/1
10.1.2.2/32        1024/3          -/GE0/0/1
10.1.3.3/32        NULL/1024        -/GE0/0/1
10.1.3.3/32        1025/1024       -/GE0/0/1
10.1.4.4/32        NULL/1025        -/GE0/0/1
10.1.4.4/32        1026/1025       -/GE0/0/1
10.1.1.1/32        3/NULL           -/-
```

由上面的输出信息可知，PE1 要将数据转发给 10.1.4.4，需要再压入公网标签 1025，然后通过公网的 LSP 将数据流转发到 PE2。也就是说，当数据流进入 PE1 时，分别压入了一个私网标签 1029 和一个公网标签 1025，然后转发给 P1 路由器。

第 3 步：当 P1 路由器接收到该数据流后，根据数据包的公网标签信息进行转发，直接根据标签转发表进行转发，由下面的输出可以知道，P1 路由器接收到带有标签值为 1025 的报文时，直接将标签交换成出标签 1025，然后从 GE0/0/1 转发给下一跳 P2 路由器，如下输出所示。

```
[P1]display mpls lsp
-------------------------------------------------------------------------------
                 LSP Information: LDP LSP
-------------------------------------------------------------------------------
FEC                In/Out Label    In/Out IF                      Vrf Name
10.1.2.2/32        3/NULL           -/-
10.1.3.3/32        NULL/3           -/GE0/0/1
10.1.3.3/32        1024/3          -/GE0/0/1
10.1.4.4/32        NULL/1025        -/GE0/0/1
10.1.4.4/32        1025/1025       -/GE0/0/1
10.1.1.1/32        NULL/3           -/GE0/0/0
```

```
10.1.1.1/32        1026/3        -/GE0/0/0
```

第 4 步：数据流到达 P2 路由器，这时 P2 和 P1 的处理方式相同，根据 P2 的标签转发表（如下表所示）的信息，此时 P2 将数据包携带公网标签 1025 进行弹出后再转发至 PE2，也就是数据包到达 PE2 时只剩下一层私网标签，如下输出所示。

```
[P2]display mpls lsp
------------------------------------------------------------------------------
                 LSP Information: LDP LSP
------------------------------------------------------------------------------
FEC              In/Out Label    In/Out IF                Vrf Name
10.1.3.3/32      3/NULL           -/-
10.1.2.2/32      NULL/3           -/GE0/0/0
10.1.2.2/32      1024/3          -/GE0/0/0
10.1.4.4/32      NULL/3           -/GE0/0/1
10.1.4.4/32      1025/3          -/GE0/0/1
10.1.1.1/32      NULL/1026        -/GE0/0/0
10.1.1.1/32      1026/1026       -/GE0/0/0
```

第 5 步：只带有私网标签信息的数据包到达 PE2。PE2 标签转发表（如下表所示）显示该 FEC 的出标签为空，所以在完成标签移除操作后，再以 IP 转发的方式将 IP 数据包转发至 CE2，如下输出所示。

```
[PE2]display mpls lsp
------------------------------------------------------------------------------
                 LSP Information: BGP   LSP
------------------------------------------------------------------------------
FEC              In/Out Label    In/Out IF                Vrf Name
1.1.6.0/24       1029/NULL        -/-                      vpna
```

以上就是通过 MPLS VPN 传递用户业务数据流的整个过程，可以发现，对于入站 PE1 来说，在接收到用户的 IP 业务流量时，需要完成压入双层标签的操作；对于出站 PE2 来说，需要将标签从数据包中移除，然后以 IP 转发的方式将流量转发给用户的 CE2 设备；而对于骨干网中的 P 路由器来说，只需要进行标签的交换就可以完成数据包的转发。

8.3.6 常见问题

问题 1：PE 之间可以通过物理接口来建立 MP-BGP 邻居吗？

问题 2：骨干网内做路由聚合会对 MPLS VPN 产生影响？

问题 3：PE 上的环回口一定要是 32 位的掩码吗？

8.3.7 PE-CE 之间的路由协议

静态路由

在 PE-CE 之间使用静态路由是最简单的做法，但是静态路由具有以下两个缺点。

- 不能自动适应拓扑的变化。
- 如果 VPN 客户路由多，配置比较繁杂。

所以建议在 PE-CE 之间拓扑比较简单和 VPN 客户路由不多的场景下使用静态路由。要为 VPN 实例设置静态路由，必须在静态路由后面关联上相应的 VPN 实例。

如图 8-49 所示，PE-CE 之间可以使用静态路由，这里以 CE1 和 PE1 的配置为例说明具体的配置方法。

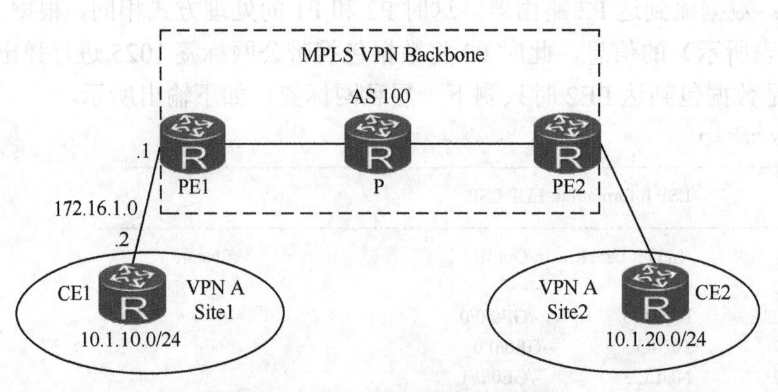

图 8-49　PE-CE 运行静态路由协议

```
[CE1]ip route-static 10.1.20.0 24 172.16.1.1      #访问 Site2 的下一跳为 PE1
[PE1]ip route-static vpn-instance vpna 10.1.10.0 24 172.16.1.2   #在 VPN 实例的路由表中配置静态路由，下一跳为 CE1
```

要想其他 PE 学习到该静态路由，需要在 VPN 实例中将其引入到 BGP 中，从而形成 VPNv4 路由，再通过 MP-BGP 通告给其他 PE，如下配置，在 PE1 上将 VPN 实例中的静态路由引入到 MP-BGP 中。

```
Bgp 100
#
ipv4-family vpn-instance vpna
import-route static
```

RIP

RIP 是一种简单的距离矢量路由协议，工作机制和配置都比较简单。但由于跳数上的限制，而且收敛速度比较慢，导致该路由协议不能用于大规模网络。目前，在一些小型分支企业利用其来完成简单的路由功能。

在 PE 上为客户的 VPN 实例配置 RIP 时，注意一个 RIP 进程只能属于一个 VPN 实例。如果在启动 RIP 进程时不绑定到 VPN 实例，则该进程属于公网进程。属于公网的 RIP 进程是不需要绑定 VPN 实例的。

如图 8-50 所示，在 PE-CE 之间使用 RIP 来交换私网路由信息，这里以 CE1 和 PE1 的配置为例说明具体的部署方法。

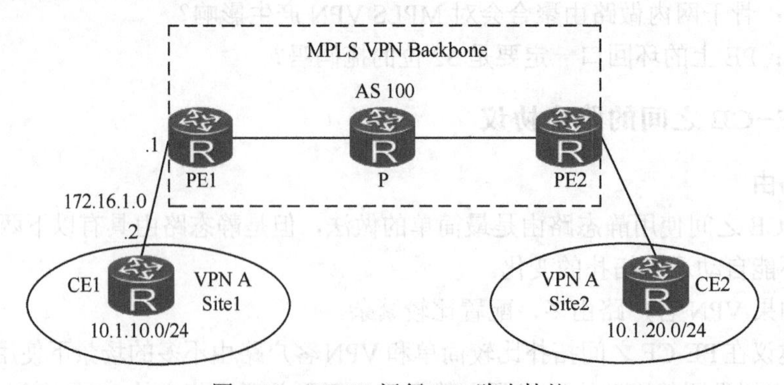

图 8-50　PE-CE 运行 RIP 路由协议

CE1 配置：

```
#
rip 1
 undo summary
 version 2
 network 10.0.0.0
 network 172.16.0.0
#
```

PE1 配置：

```
#
rip 1 vpn-instance vpna        #配置 RIP 进程并关联至 VPN 实例
 undo summary
 version 2
 network 172.16.0.0
 import-route bgp
#
bgp 100
#
 ipv4-family vpn-instance vpna
  import-route rip 1              #将 VPN 实例中的 RIP 路由引入至 MP-BGP
```

说明：

在入站 PE 处，将 RIP 路由引入至 MP-BGP 时，Metric 值（跳数）会被复制到 BGP 路由的 MED 值中；在另一侧的出站 PE 路由器上，在将该 BGP 路由引入到 VPN 实例时，直接使用 MED 值作为 RIP 路由的跳数。也就是说，BGP 通过 MED 携带 RIP 路由的跳数到达另一侧的 PE 时，再通过 MED 值还原出真实的 RIP 跳数。这样做的目的就是从用户的角度看，中间的 MPLS 骨干网是透明的。如图 8-50 所示，在 Site1 中 CE1 有个直连网络 10.1.10.0/24 宣告到 RIP 进程后，可以观察到 PE1 的 VPN 实例路由表中这条路由的 Metric 是一跳，如下输出所示。

```
 [PE1]display ip routing-table vpn-instance vpna
Route Flags: R-relay, D-download to fib
------------------------------------------------------------------------------
Routing Tables: vpna
         Destinations : 9          Routes : 9

Destination/Mask    Proto   Pre  Cost    Flags NextHop         Interface

1.1.5.0/24      RIP    100   1       D   172.16.1.2     GigabitEthernet0/0/0
1.1.6.0/24      iBGP   255   1       RD    10.1.4.4       GigabitEthernet0/0/1
10.1.10.0/24   RIP    100    1       D    172.16.1.2     GigabitEthernet0/0/0

[PE1]display bgp vpnv4 all routing-table
 Network            NextHop          MED          LocPrf      PrefVal Path/Ogn
  *>   1.1.5.0/24       0.0.0.0            1                         0            ?
*>i   1.1.6.0/24       10.1.4.4            1           100           0            ?
  *>   10.1.10.0/24     0.0.0.0            1                         0            ?
    #这里 MED 值是来自于 RIP 路由的跳数
```

在 Site2 中的 CE2 上观察路由，如下输出所示。

```
[CE2]display ip routing-table
Route Flags: R-relay, D-download to fib
------------------------------------------------------------------------------
```

```
Routing Tables: Public
         Destinations : 14        Routes : 14
Destination/Mask    Proto   Pre  Cost      Flags NextHop          Interface
1.1.5.0/24   RIP    100     1        D     172.16.2.1       GigabitEthernet0/0/0
1.1.6.0/24   Direct   0     0        D     1.1.6.6          LoopBack0
1.1.6.6/32   Direct   0     0        D     127.0.0.1        LoopBack0
1.1.6.255/32 Direct   0     0        D     127.0.0.1        LoopBack0
10.1.10.0/24   RIP  100     1        D     172.16.2.1       GigabitEthernet0/0/0
```

OSPF

基础配置

OSPF 协议是 PE 和 CE 之间路由协议的另一种选择，如果要将 VPN 用户路由传递到其他 PE，那么需要在 PE 上把 OSPF 路由引入到 MP-BGP，在远端 PE 上需要将 MP-BGP 的 VPNv4 路由引入到 OSPF。

在远端站点的 PE 上将 OSPF 路由导出到 VPN 实例后，这些路由变成了 OSPF 外部路由，导致路由的优先级变低，这样会带来以下两个问题。

- 如果此时客户站点之间拥有备份链路（后门链路），如图 8-51 所示，这会导致远端站点优先选择后门链路的路由，而不是穿越 MPLS VPN 骨干的路由。这不符合用户起初的期望。
- 另外，从网络设计角度考虑，这种情况下使得同个 VPN 用户的不同站点被 MPLS VPN 骨干分割了。

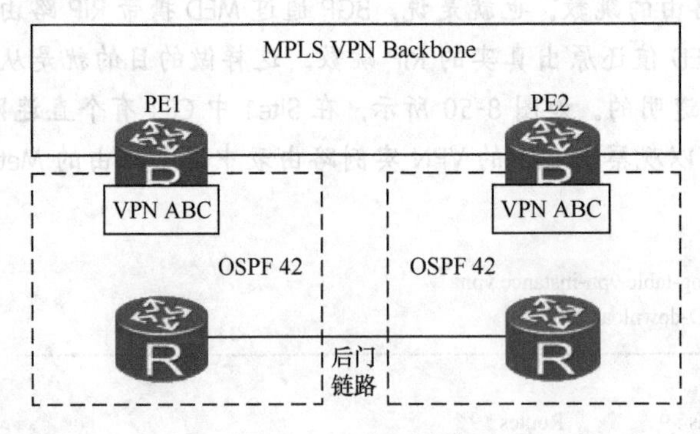

图 8-51　后门链路

为避免在远端 PE 上将引入的 OSPF 中的路由变成外部路由，MPLS VPN 采取了相应的解决办法。在远端 PE 上将 MP-BGP 传递过来的 VPNv4 路由引入到 OSPF 时，以 LSA 3 的形式通告出来（常规的做法是以 LSA 5 的形式通告出来，PE 是 ASBR），如图 8-52 所示。这样的设计就让 MPLS VPN 骨干网看起来像一个 OSPF 的骨干区域（PE 成了 ABR）。对于 OSPF 来说，我们称之为超级骨干区域。从网络设计角度看，这就由中间的一个超级骨干区域将多个站点的 OSPF 区域连接在了一起，从而形成了一个整体。

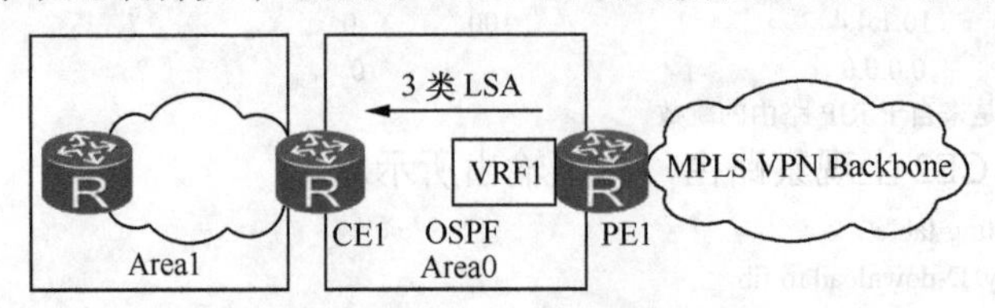

图 8-52　MPLS VPN 作为超级骨干区域

对于OSPF来说，有了这个超级骨干区域后，用户各站点内的OSPF区域设计需要注意以下几点。

- 用户站点内如果是单区域，各站点可以使用相同或不同的区域，如图8-53所示。

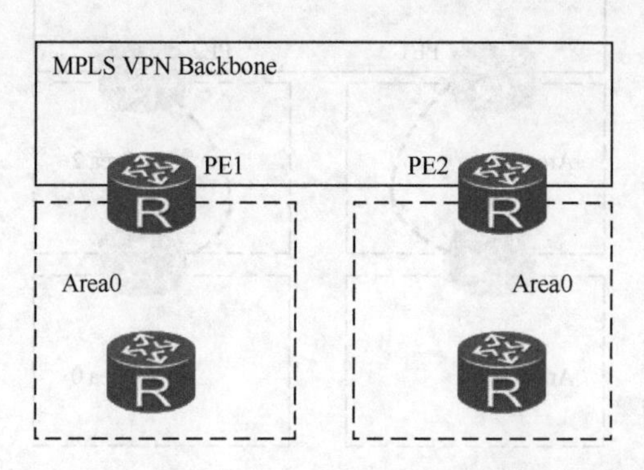

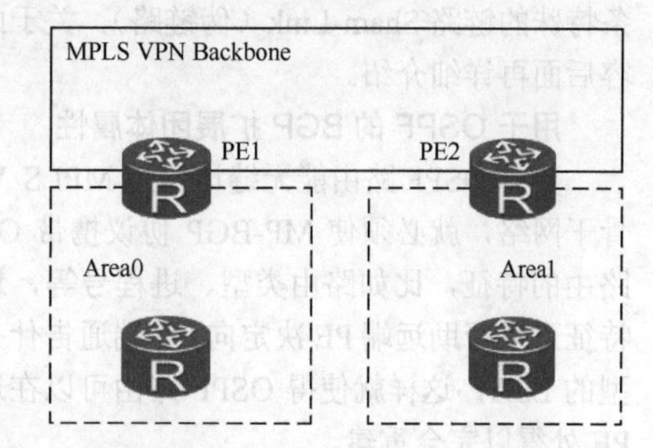

图8-53　站点内OSPF单区域

- 用户站点内部如果采用多区域，要确保骨干区域（Area 0）连接在PE上，如图8-54所示。
- 如果用户站点内部采用多区域，而骨干区域（Area 0）没有连接在PE上，如图8-55所示，那么会导致什么问题？

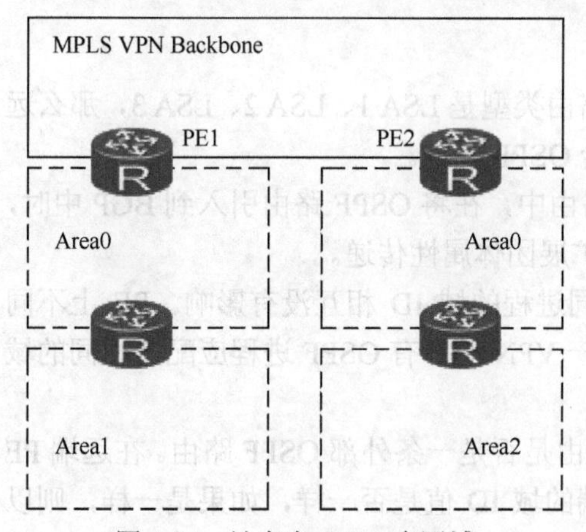

图8-54　站点内OSPF多区域（骨干区域连接在PE上）

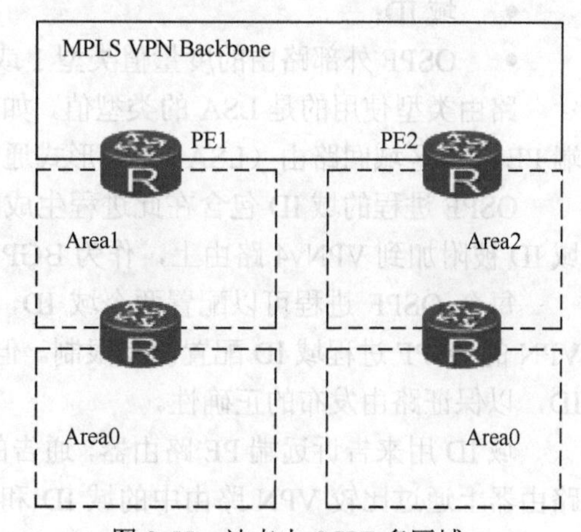

图8-55　站点内OSPF多区域（骨干区域没有连接在PE上）

这样会导致用户站点Area 0学不到其他站点的路由，因为PE路由器能够收到LSA3信息，但是不会计算出该路由，这是由域间路由防环机制所决定的。该机制描述了从非骨干区域学到的LSA3是不能再传递给骨干区域的，因为骨干区域认为该LSA3是从这里传递出去的，但是现在又传递回来了，则认为环路产生了。那如何在不改变网络拓扑的情况下解决这个问题呢？这就需要用到OSPF的虚链路，只需要利用虚链路将PE和ABR相连就可以了，如图8-56所示。

前文中提到过，如果本端站点内的路由通告到远端站点后变成了区域间路由，如果这时用户的站点之间还有后门链路，那么本端站点的内部路由通过后门链路传递过去的还是内部路由，而此时通过 MPLS VPN 骨干接收到的路由是区域间路由，根据 OSPF 的路由优先顺序，远端站点还是优选后门链路的路由。要避免这种情况，必须在 PE 之间配置一条特殊的链路 Sham-Link（伪链路），关于此内容后面再详细介绍。

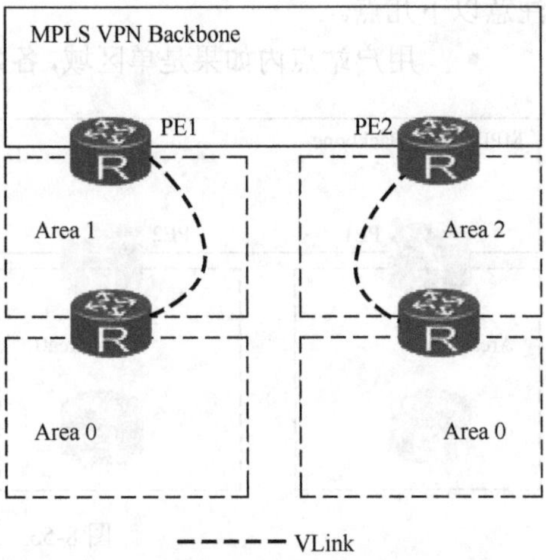

图 8-56 使用虚链路解决分割骨干区域的问题

用于 OSPF 的 BGP 扩展团体属性

要想 OSPF 路由能无缝地穿越 MPLS VPN 骨干网络，就必须使 MP-BGP 协议携带 OSPF 路由的特征，比如路由类型、进程号等，这些特征可以帮助远端 PE 决定向 CE 端通告什么类型的 LSA，这样就使得 OSPF 路由可以在远端 PE 处得以完全重建。

MPLS VPN 体系结构中使用 BGP 的扩展团体属性来传递 OSPF 路由的特征，这些特征包括：

- 路由类型；
- 区域号；
- OSPF 路由器 ID；
- 域 ID；
- OSPF 外部路由的度量值类型 1 或 2。

路由类型使用的是 LSA 的类型值，如果路由类型是 LSA 1、LSA 2、LSA 3，那么远端 PE 会以区域间路由（LSA 3）的形式通告给 OSPF 区域。

OSPF 进程的域 ID 包含在此进程生成的路由中，在将 OSPF 路由引入到 BGP 中时，域 ID 被附加到 VPNv4 路由上，作为 BGP 的扩展团体属性传递。

每个 OSPF 进程可以配置两个域 ID，不同进程的域 ID 相互没有影响。PE 上不同 VPN 的 OSPF 进程域 ID 配置没有限制。但同一 VPN 的所有 OSPF 进程应配置相同的域 ID，以保证路由发布的正确性。

域 ID 用来告诉远端 PE 路由器，通告的路由是否是一条外部 OSPF 路由。在远端 PE 路由器上通过比较 VPN 路由中的域 ID 和本端的域 ID 值是否一样，如果是一样，则以内部路由引入到 OSPF 区域，否则以 OSPF 外部路由引入到 OSPF 区域。域 ID 可以通过命令修改，华为 VRP 系统缺省情况下，域 ID 为 0。

如下输出显示了 PE 上一条 VPNv4 路由（1.1.5.0/24）的路由更新，以及为该路由所关联的 BGP 扩展属性。

```
[PE1]display bgp vpnv4 all routing-table 1.1.5.0 24

 BGP local router ID : 10.1.12.1
 Local AS number : 100

 Total routes of Route Distinguisher(100:1): 1
 BGP routing table entry information of 1.1.5.0/24:
 Imported route.
 Label information (Received/Applied): NULL/1029
 From: 0.0.0.0 (0.0.0.0)
```

```
    Route Duration: 00h05m18s
    Direct Out-interface: GigabitEthernet0/0/0
    Original nexthop: 172.16.1.2
    Qos information : 0x0
    Ext-Community:RT <1 : 1>, OSPF DOMAIN ID <0.0.0.0 : 0>,  OSPF RT <0.0.0.0 : 1 : 0>, OSPF ROUTER ID
<172.16.1.1 : 0>
    AS-path Nil, origin incomplete, MED 2, pref-val 0, valid, local, best, select, pre 255
```

关于上面的输出内容，BGP 扩展团体属性的解释如下。

RT<1:1>：这个值表示 VPN 路由的 RT 值，注意这里不是表示路由类型（route-type），而是 vpn-target。

OSPF DOMAIN ID<0.0.0.0:0>：冒号前面部分 0.0.0.0 表示域 ID 值，后面部分表示可选项，默认为 0。

OSPF RT<0.0.0.0:1:0>：这个值表示 OSPF 路由类型，共分成 3 部分，第 1 部分表示区域号，第 2 部分表示路由类型，第 3 部分表示外部路由的度量值类型 1 或 2。后两个部分（路由及度量值类型）取值及其解释如下。

- :1:0 or :2:0 表示内部路由（LSA1 或 LSA 2）。
- :3:0 表示区域间路由（LSA3）。
- :5:0 or 5:1 表示外部路由（LSA5），度量值类型分别是 1 或 2。
- :7:0 or 7:1 表示外部路由（LSA7），度量值类型分别是 1 或 2。
- :129:0 表示 sham-link 端点。

OSPF Router-ID<172.16.1.1:0> 表示发送该路由的 VPN 实例的 Router-ID。

OSPF 路由穿越 MPLS VPN 骨干网的 Metric 传递

在 PE 上将 OSPF 内部路由或外部路由引入到 BGP 后，使用 OSPF 路由的 Cost 值来设置 BGP 路由的 MED 值。当远端的 PE 把 BGP 路由引入到 OSPF 区域时，又将 MED 值复制回来给 OSPF 路由的 Cost 值，具体过程分为以下几种情况。

- 两端 PE 的域 ID 设置相同的情况，OSPF 内部和外部路由的 Cost 传递的情况如图 8-57 所示。

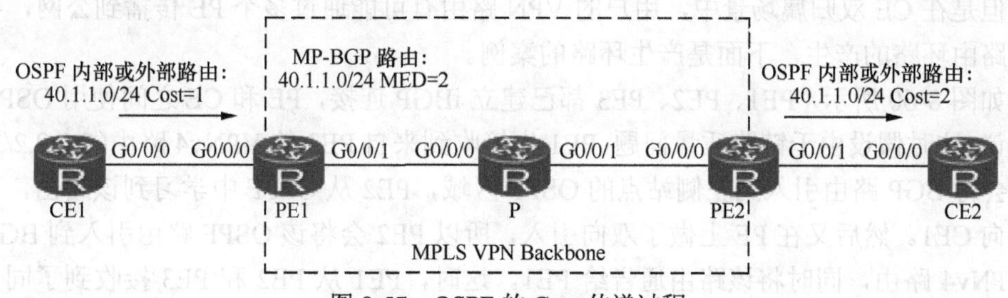

图 8-57 OSPF 的 Cost 传递过程

如图 8-57 所示，PE1 收到 CE1 的路由后，因为要累加入口链路的开销，所以引入到 BGP 后的 MED 值为 2。远端的 PE2 将 BGP 路由引入到 OSPF 区域时，直接用 MED 值代替 OSPF 路由的开销值。这种情况下，由于 PE1 和 PE2 的域 ID 相同，所以在 PE2 上会根据路由的类型来产生相应的 LSA 给 CE2。

- 两端 PE 的域 ID 设置不相同的情况，OSPF 内部和外部路由的 Cost 传递的情况如图 8-58 所示。

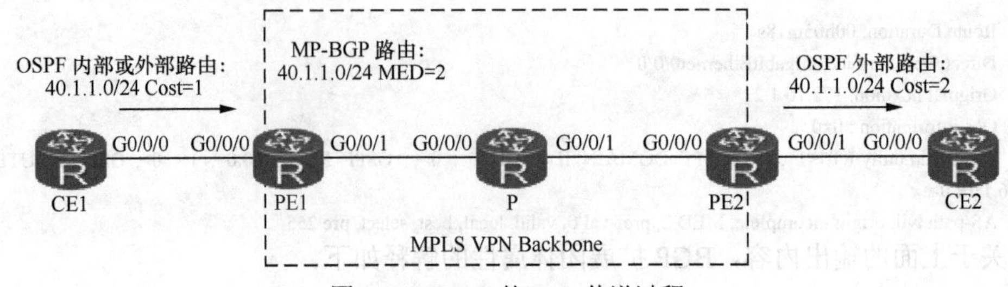

图 8-58　OSPF 的 Cost 传递过程

如图 8-58 所示，因为 PE1 和 PE2 的域 ID 不同，所以在 PE2 上把 BGP 路由引入到 OSPF 区域的路由都是 OSPF 外部路由，而 Cost 值仍然是复制 BGP 路由的 MED 值。

以上两种情况中，如果 BGP 路由中没有 MED 值，则 OSPF 外部路由使用默认的开销值。

说明：

华为设备的 DOMAIN-ID 值默认为 0，它和 VPN 实例中的 OSPF 进程 ID 大小没有关系。

防止 OSPF 站点间的路由环路

在对网络健壮性要求较高的应用中，可以采用 CE 双归属方式组网，如图 8-59 所示。

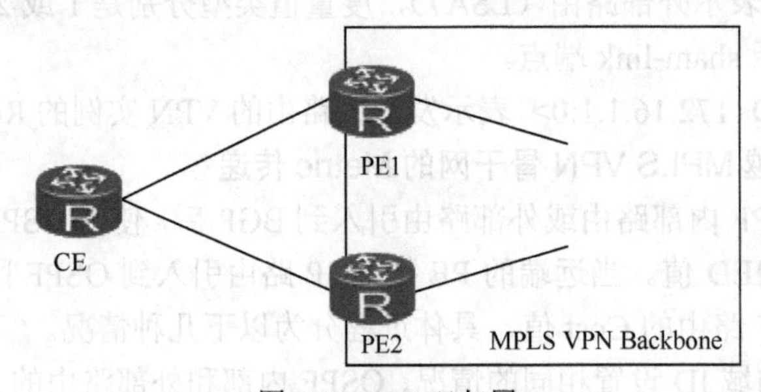

图 8-59　CE 双归属

但是在 CE 双归属场景中，用户的 VPN 路由有可能通过多个 PE 传播到公网，导致潜在路由环路的产生，下面是产生环路的案例。

如图 8-60 所示，PE1、PE2、PE3 都已建立 iBGP 连接，PE 和 CE 之间使用 OSPF 路由协议。这时假设由于链路质量问题，PE1 先接收到来自 PE3 的 VPNv4 路由（2.2.2.2/32），PE1 会将 BGP 路由引入到左侧站点的 OSPF 区域，PE2 从 OSPF 中学习到该路由，下一跳指向 CE1。然后又在 PE 上做了双向引入，所以 PE2 会将该 OSPF 路由引入到 BGP 形成 VPNv4 路由，同时将该路由通告给 PE1。这时，PE1 从 PE2 和 PE3 接收到了同一条 VPN 路由，在链路开销相等的情况下，假设 PE2 的 Router-ID 小于 PE3 的 Router-ID，那么 PE1 会优选 PE2 为下一跳，环路就产生了。

为避免潜在的路由环路问题，需要使用到 OSPF 报文头部选项中的 DN 比特位。

DN 比特位于 LSA 3/LSA 5/LSA 7 中的 Option 字段，用于表明路由是由 PE 向 CE 方向传递的，也就是说一条路由如果由 PE 发布给 CE，这条路由的 DN 比特位就会被置位为 1。同一用户站点的其他 PE 在收到带有置了 DN 比特位的 LSA 3 时，不会进行 SPF 路由计算，更不会将其引入到 BGP 中。如图 8-61 所示，显示了一台 PE 路由器在接收到置了DN比特位的LSA时，不会再将其通告进BGP中。

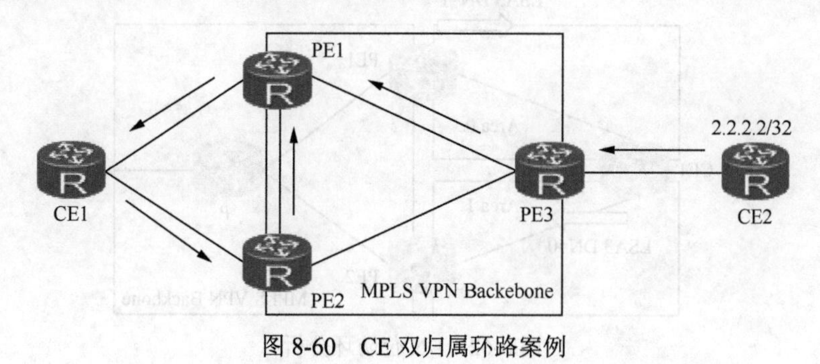

图 8-60 CE双归属环路案例

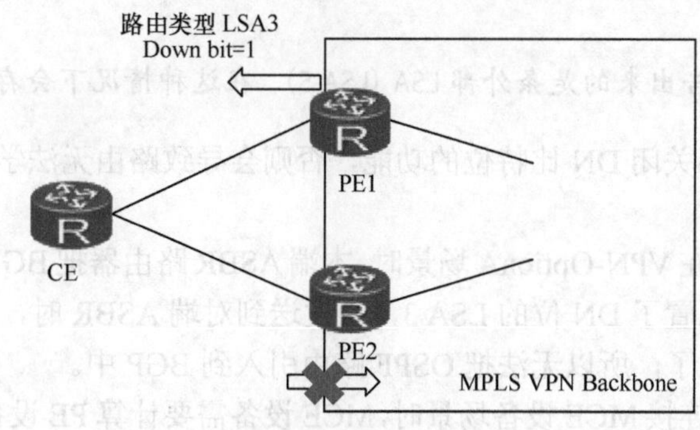

图 8-61 DN位防环

按照RFC2547 BGP/MPLS VPNs中的定义，DN比特位只会出现在LSA 3，但是华为在LSA 5和LSA 7中也设置了DN比特位。如下输出所示，显示了LSA 3中是否设置了DN比特位的方法。

```
[CE]display ospf 1 lsdb summary
        OSPF Process 1 with Router ID 10.1.35.2
                    Area:0.0.0.0
          Link State Database
    Type       :  Sum-Net
    Ls id      :  10.4.4.4
    Adv rtr    :  5.5.5.5
    Ls age     :  39
    Len        :  28
    Options    :  E   DN
 Seq#          :  80000001
 chksum        :  0x5a56
 Net mask      :  255.255.255.255
 Tos 0 metric  :  2
 Priority      :  Medium
```

在某些特定场景下，DN位也无法避免上述的环路问题，如图8-62所示的场景，CE双归属，CE1连接PE1的链路在Area 0中，CE1连接PE2的链路放在Area 1中；当PE1以LSA 3的形式向CE1发送OSPF路由时，这时DN比特置位；由于CE是ABR，当这条LSA 3经过CE再传递到Area 1时，DN比特位置为0，当PE2接收后，仍然会计算该路由，从而造成环路隐患。

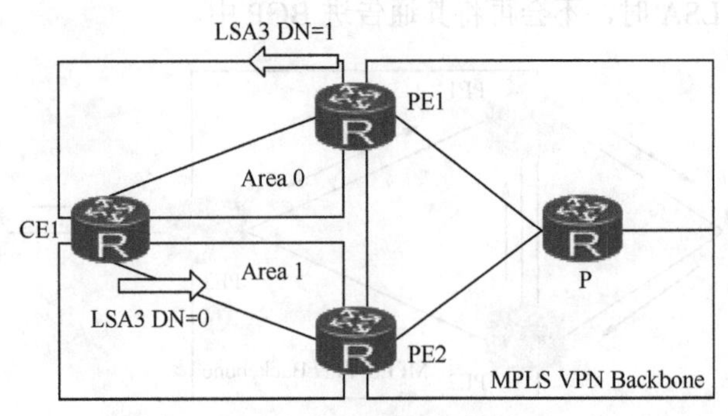

图 8-62 DN 位防环分析

思考：

如果这时 PE1 通告出来的是条外部 LSA (LSA 5)，在这种情况下会存在环路的可能吗？

有些场景下需要关闭 DN 比特位的功能，否则会导致路由无法学习，比如下面这两种情况。

- OSPF 应用在 VPN-OptionA 场景时，本端 ASBR 路由器把 BGP 路由引入到 OSPF 区域中，以置了 DN 位的 LSA 3，在发送到对端 ASBR 时，该对端 ASBR 检查到 DN 置位了，所以无法把 OSPF 路由引入到 BGP 中。
- 当 PE 设备连接 MCE 设备场景时，MCE 设备需要计算 PE 设备发布的某些路由。如果 PE 设备发送的 LSA 的 DN 比特有置位，会导致 MCE 设备无法计算路由。

华为 VRP 系统禁用 DN 置位的命令是：dn-bit-set disable { summary | ase | nssa }。

参数介绍：

summary：指定不设置 Summary LSA 的 DN 位；

ase：指定不设置 AS-external LSA 的 DN 位；

nssa：指定不设置 NSSA LSA 的 DN 位。

但是在实际组网中，使用 dn-bit-set disable 命令用来禁止设置 OSPF LSA 的 DN 位，可能会产生路由环路。如果设置了 ase 参数或 nssa 参数，即对于 AS-external-LSA 或 NSSA LSA，这两种 LSA 也可以通过 Route-tag 命令配置相同的 Tag 值来防止路由环路。所以，dn-bit-set disable 命令只推荐在上面描述的两种场景中使用。

配置 dn-bit-set disable ase 命令后，即使 Type7 LSA 设置了 DN 位，由 Type7 LSA 转化的 Type5 LSA 也不会随之设置 DN 位。

说明：

- dn-bit-set disable 命令仅支持在 OSPF 私网进程下配置，并且只在 PE 上生效；
- 执行 dn-bit-check disable 命令可以控制对端 PE 路由器接收 OSPF 路由是否检查 DN 位。

按照 IETF 的标准定义，在 CE 双归属环境中，通过在 LSA 3 中设置 DN 位来避免潜在的路由环路，在华为设备中，LSA 5 和 LSA 7 也可以通过另外的一种方式来阻止路由环路。除了使用 DN 来防止潜在的环路之外，这两种 LSA（LSA 5 和 LSA 7）也可以使用 Route-tag 来防环。如果一台 PE 路由器设置了 Route-tag，当它将 OSPF 外部路由发布给CE之前会使路由带上Route-tag。如果在同一站点的另一台PE路由器发现在接收到的OSPF外部路由中的Route-tag跟本端配置的一样，那么就会忽略该路由。在华为VRP系统中可以通过Route-tag命令来设置路由域标记，缺省情况下，Tag值可以根据BGP的AS号计算得到（默认D000+AS号）。

如图8-63所示的场景中，PE1和PE2为该用户站点设置的Route-tag都是100，当PE1将OSPF外部路由通告出来时携带了该标记，在PE2接收到该OSPF外部路由后，通过比较Route-tag，发现跟本端设置的一样，就不会再将该路由引入到BGP中，以避免环路隐患。

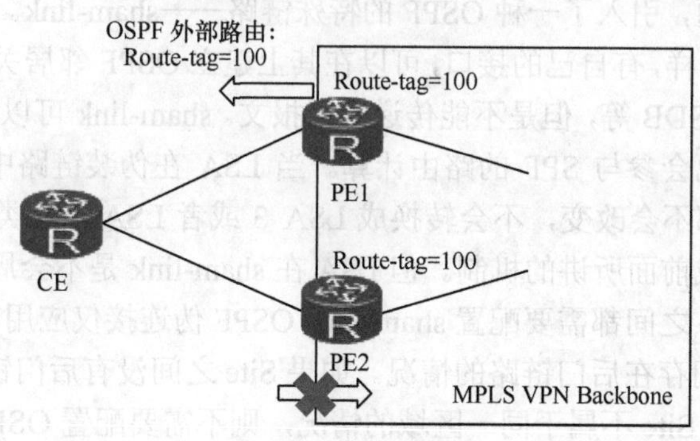

图8-63 Route-tag防环

VPN客户的后门链路

通过MPLS VPN骨干网将运行OSPF协议的用户站点连接起来后，用户的业务通过骨干网进行传送。为增强网络的健壮性，现在很多大型的MPLS VPN场景中都会部署备份路径，这些备份路径我们称之为后门链路。通过后门链路将各站点的OSPF区域打通后，所有的LSA将会保持原样从一个站点传递到另一个站点，也就是说，OSPF内部路由（LSA 1和LSA 2）通过后门链路传递到远端的站点还是内部路由，而内部路由穿过MPLS VPN骨干传递过去后变成了区域间路由（LSA 3），这就导致两个站点之间永远选择的是后门链路，而用户期望站点之间的数据流默认以MPLS VPN骨干为主路径，后门链路作备用路径。

如图8-64所示，显示了用户站点之间拥有后门链路的简单的网络。

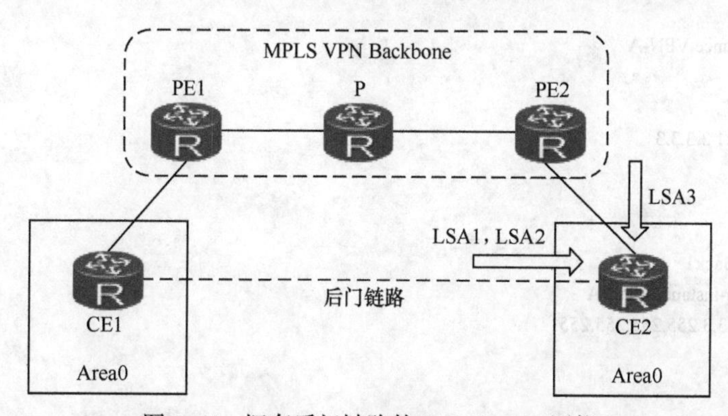

图8-64 拥有后门链路的MPLS VPN网络

如图 8-64 所示，用户各站点都配置在相同的区域中，后门链路使得这些区域连接在一起，从而形成了一个区域。在右侧站点中接收到通过 MPLS VPN 骨干来的是 LSA 3（假设 PE1 和 PE2 的域 ID 相同），而另外一边接收到通过后门链路来的是 LSA 1 和 LSA 2，这时 CE2 会优先选择来自后门链路的内部路由，而忽略来自 MPLS VPN 骨干的区域间路由，这就意味着，站点之间的数据流需要经过后门链路，当后门链路不可用后数据流才切换到 MPLS VPN 骨干网络。这种情况导致的另一个问题就是，PE2 是不会将从 PE1 接收到的 BGP 路由安装至 VRF 的路由表中，因为此时 VRF 的路由表里面已经通过 CE2 学习到了 OSPF 路由，而 OSPF 的优先级要高于 BGP 路由。

为解决这个问题，引入了一种 OSPF 的特殊链路——sham-link。sham-link 就像一条正常的 OSPF 链路一样，有自己的接口，可以在其上建立 OSPF 邻居关系，能够传递 OSPF 中所有报文，同步 LSDB 等，但是不能传递数据报文。sham-link 可以被视为一个无编号、点到点的链路，它也会参与 SPF 的路由计算。当 LSA 在伪装链路中进行泛洪时，所有的 OSPF 路由类型都不会改变，不会转换成 LSA 3 或者 LSA 5 的类型。如果 sham-link 断掉，那么又恢复成前面所讲的机制。但 LSA 在 sham-link 是不会周期性地泛洪的。

并不是所有 Site 之间都需要配置 sham-link，OSPF 伪连接仅应用在属于同一个 OSPF 区域的两个 Site 之间存在后门链路的情况。如果 Site 之间没有后门链路，则不需要配置 OSPF 伪连接；如果 Site 不属于同一区域的情况，则不需要配置 OSPF 伪链路。

sham-link 建立在两台 PE 路由器之间，要求两台 PE 路由器分别在对应的 VRF 中建立一个 32 位掩码的环回接口来充当 sham-link 的端点，并且需要将这个地址宣告进 iBGP，BGP 使用 Route-type 值 129 的扩展团体属性将 sham-link 的端点地址通告给其他 PE。以下是 sham-link 的配置。

```
#
 Sysname PE1
#
Interface LoopBack1
 Ip binding vpn-instance VPN-A
 Ip address 1.1.1.1 255.255.255.255
#
bgp 100
 ipv4-family vpn-instance VPN-A
 import-route direct
#
Ospf 2 vpn-instance VPN-A
…….
area 0.0.0.0
sham-link 1.1.1.1 3.3.3.3
#
 Sysname PE2
#
Interface LoopBack1
 Ip binding vpn-instance VPN-A
 Ip address 3.3.3.3 255.255.255.255
#
bgp 100
 …
 Ipv4-family vpn-instance VPN-A
```

```
    network 3.3.3.3 255.255.255.255
    import-route direct
#
ospf 2vpn-instance VPN-A
  …
  area 0.0.0.0
    sham-link 3.3.3.3 1.1.1.1
```

在区域视图下使用 sham-link 命令建立 sham-link，后面加上源和目标端点环回口地址。在 sham-link 建好后，注意，不能把 sham-link 的端点地址宣告进 VRF 下的 OSPF 进程，否则会导致 sham-link 抖动。具体原因是，PE 如果同时通过 iBGP 和 OSPF 学习到端点地址的路由，由于 OSPF 路由的优先级高于 BGP 路由，所以 PE 会选择 OSPF 路由，导致 sham-link 中断，因为建立 sham-link 用的路由必须是 BGP 路由。

sham-link 的 Cost 默认为 1，也通过设置 sham-link 的开销值来保证数据流走的是骨干网链路而非后门链路，如下输出所示，查看 sham-link 信息的方法。

```
[PE1]display ospf sham-link

         OSPF Process 2 with Router ID 4.4.4.4
  Sham Link:
  Area        NeighborId          Source-IP        Destination-IP      State   Cost
0.0.0.0         5.5.5.5             1.1.1.1             3.3.3.3           P-2-P    1
```

如上输出显示出 sham-link 的邻居 ID 及源和目标端点地址，sham-link 作为 P2P 链路特性运行，默认开销是 1，在数据库也可以观察到相关信息，如下输出信息所示。

```
[PE1]display ospf 2 lsdb router 4.4.4.4

         OSPF Process 2 with Router ID 4.4.4.4
                       Area: 0.0.0.0
Link State Database
   Type         : Router
Ls id         : 4.4.4.4
Adv rtr       : 4.4.4.4
Ls age        : 1738
Len           : 48
Options       : ASBR   E
Seq#          : 80000006
chksum        : 0x4a88
Link count : 2
     *Link ID    : 5.5.5.5
Data          : 0.127.128.1        #无编号接口
Link Type: P-2-P
Metric       : 1
```

另外需要注意的是，因为一台 PE 路由器会优选通过 sham-link 收到的 OSPF 路由，而不会选择 BGP 传递过来的路由，在 PE 上又做了 OSPF 和 BGP 双向引入，这时会不会导致通过 sham-link 学习到的路由又再引入回给 BGP 呢？答案是不会的，因为对端 PE 已经通过 BGP 将路由通告过来，再将这些路由通告回去给对端 PE 是没必要的。

至此，总结一下在 PE 上部署 sham-link 的几点注意事项。

- 用于建立 sham-link 用的端点地址的掩码必须是 32 位的。
- 必须将端点地址宣告进 BGP，不能宣告到 VPN 实例的 OSPF 中。
- 用于 sham-link 端点的接口必须属于特定的 VRF。

IS-IS

PE-CE 之间的路由协议也可以使用 IS-IS。IS-IS 和 OSPF 一样，也是一种链路状态协议，广泛应用于运营商网络。但是和 OSPF 不一样的是，IS-IS 直接工作在二层，而不是 IP 层。关于 IS-IS 的原理细节可以参考相关 RFC 的书籍，这里不再作详细介绍。

和 OSPF 一样，IS-IS 可以将一个路由域划分出若干个区域，这些区域类型上有 L1 和 L2 两种，L1 为普通区域，L2 为骨干区域，通过 L2 区域可将所有 L1 区域连接起来。IS-IS 路由器的角色有 L1、L2、L1/2。L1 路由器位于 L1 区域内，只能完成区域内的路由学习和计算；L2 路由器位于骨干区域，完成区域间路由的学习和计算；L1/2 路由器连接 L1 和 L2 区域，完成区域间路由的传递。华为 VRP 系统默认的角色为 L1/2 路由器。

用户 VPN 站点连接到 MPLS VPN 骨干网的模式可以使用 L1 或 L2，对于 IS-IS 来说，MPLS VPN 骨干网就好像 IS-IS 第三层（L3）网络，这就使得每个站点内部可以独立运行 IS-IS 进程，而且能学习到其他站点的路由，不需要维护跟其他站点之间的邻接关系。如图 8-65 所示，一个使用 IS-IS 作为 PE-CE 间路由协议的简单网络及配置例子。

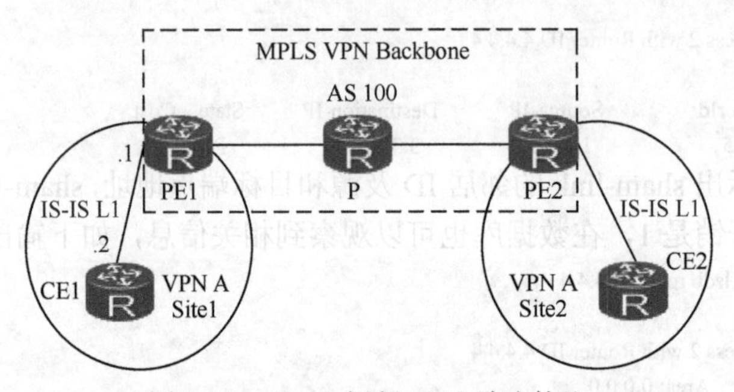

图 8-65　PE-CE 运行 IS-IS 路由协议

该 VPN 用户有两个站点，都是使用 L1 的方式连接到 MPLS VPN 骨干网。和其他协议一样，在 PE 上必须在相应的 VRF 中创建 IS-IS 进程，如下是 IS-IS 在 VRF 中的配置。

```
#
 sysname PE1
#
Isis 1 vpn-instance VPN-A
 cost-style wide
 network-entity 49.0001.0000.0000.0002.00
 import-route bgp

#
bgp 100
 …
 #
ipv4-family vpn-instance VPN-A
  import-route isis 1 level-1
```

如上输出所示，启动 IS-IS 进程并将其关联到 VPN 实例 VPN-A，在 NET 中定义区域地址和系统 ID，并且在 BGP 和 IS-IS 进程实现双向路由引入。

就像 OSPF 一样，PE-CE 运行 IS-IS 路由协议时，还得考虑 CE 双归属的场景下的路由环路问题。RFC 2966 为 IS-IS 定义了一个 Up/Down 位，这个比特位的作用有点像 OSPF 的 DN 比特位。如果该位置为 0，说明了路由起源于 L1 区域；如果该位置为 1，说明路由是从L2区域引入到L1区域的。在MPLS VPN环境中，一台PE路由器在从BGP学到的VPNv4路由通告给IS-IS时会将Up/Down位置为1。在同个站点的其他PE上，在将VPN实例中的IS-IS路由引入到BGP之前，会检查Up/Down位是否被置为1。如果已经设置为1，那么就不会将该IS-IS路由引入到BGP了，从而避免了潜在的路由环路。IS-IS TLV 128和TLV 130的默认度量字段中，Up/Down比特位于高位。

BGP

基础配置

BGP是PE-CE之间可以使用的另一种路由协议，一般在用户需要连接两个或多个运营网络的时候使用BGP，通常使用eBGP，因为通常情况下，VPN客户的AS号跟运营商的AS是不相同的。这时需要在PE的址址簇下指定CE为eBGP邻居，PE路由器因为从CE学习到的是BGP路由，在不需要作路由引入操作的情况下，就能直接将路由传递给其他的PE。如下输出所示，PE1在其VPN实例下指定了一个eBGP邻居地址10.1.14.1（CE）。

```
#
 sysname PE1
#
bgp 100
 …
 Ipv4-family vpn-instance VPN-A
 Peer 10.1.14.1 as-number 65000
#
```

AS替换

在PE-CE使用BGP的MPLS VPN环境中，因为BGP传递路由时会携带AS-PATH属性，如果同个VPN用户各站点使用不同的AS号，站点之间可以进行正常的路由交换；如果同个用户的站点都使用相同的AS号，那么必须使能BGP协议的某些特性，以使BGP能正常学习到路由，这些特性包括AS替换（Substitute-as）和Allow-as-loop。下面分别讲述一下这两个特性的功能及使用方法。

如图8-66所示，用户的两个站点使用的AS号都是65000。

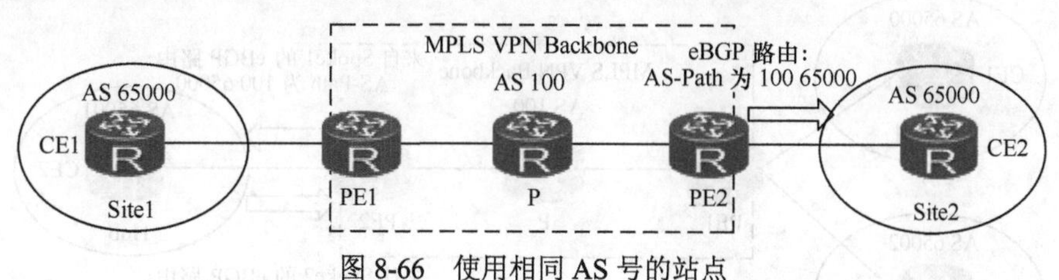

图8-66 使用相同AS号的站点

当PE1路由器将Site1的VPNv4路由通告给PE2时，AS-PATH中携带了AS号65000，CE2接收后，因为在路由的AS-PATH中发现了自己的AS号，会丢弃该路由。同样的，Site2的路由也无法被Site1接收。一种解决办法是为各站点分配不同的AS号，这种方案需要修改很多配置，比较麻烦。另一种比较简单的解决办法是利用BGP的AS替换功能。AS替换的操作原理是在PE路由器向用户CE通告路由之前，将AS-PATH中出现的用户AS号替换成运营商的AS号。这样，远端CE就会接收路由了，因为在AS-PATH中看不到自己的AS号了。当启用AS替换功能后，PE2检查到CE2的AS号为65000，在路由通告给 CE2 之前，将 AS-PATH 100 65000 替换成 100 100。

华为 VRP 系统配置 AS 替换的命令是：**peer** { *group-name* | *ipv4-address* } **substitute-as**，如下输出显示了 PE2 上相关配置命令，10.1.35.1 为 CE2 的地址。

```
#
bgp 100
…
 Ipv4-family vpn-instance VPN-A
 peer 10.1.35.1 substitute-as
#
```

说明：

在 CE 双归属的场景下，使用 AS 替换功能可能会引起路由环路。

Allow-as-loop

Allow-as-loop 是另一种解决方法，启用此特性后，PE 路由器不需要检查 AS-PATH 属性，而是允许 CE 路由器接收带有自己 AS 号的 BGP 路由，如下输出所示，可以在 CE 端利用 Allow-as-loop 特性来接收远端站点传送过来的路由，显示了该特性的使能方法。

```
#
 Sysname CE
#
bgp 65000
 …
 Ipv4-family unicast
  Peer 10.1.35.2 allow-as-loop
#
```

在 Hub-and-spoke 组网环境中，用户可能不希望 Spoke 站点之间直接通信，而是需要经过 Hub 站点通信，这时，Spoke 站点之间的路由也必须先通告给 Hub 站点，然后再由 Hub 站点传递到其他站点，也就是说，Hub 站点的 CE 路由器在接收到一个 Spoke 站点的路由后，又需要再将其通告回给 PE 路由器，这时必须在 PE 路由器上启用 Allow-as-loop 才能接收路由，如图 8-67 所示。

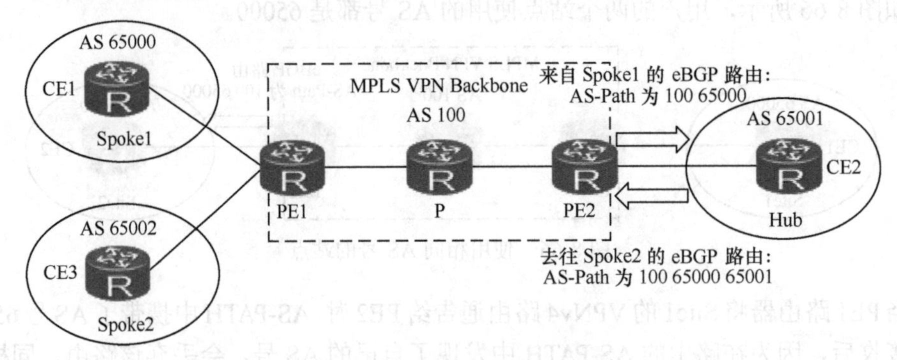

图 8-67　Hub-and-spoke 组网环境

这时，来自 Spoke1 站点的路由要想再次进入运营商网络，必须在 PE2 处使能 Allow-as-loop 特性才行。

SoO

前面我们讲到，在 CE 双归属的 MPLS VPN 环境中，容易发生路由环路。前文中也介绍了一些防止环路的方法，同时还介绍了两个 BGP 的特性为 AS 替换和 Allow-as-loop，这两个特性完成了一定的功能，却使得 AS-PATH 防环机制失效了，这就造成了环路隐患。如图 8-68 所示，CE1 和 CE2 位于同一个 VPN 站点，CE1 接入 PE1，CE2 接入 PE2，PE1 从 CE1 接收到路由后，通过 MP-iBGP 通告给其他 PE（包括 PE2），PE2 进而将路由转发给 CE2，而 CE2 已通过 Site1 内的 IGP 学习到该路由，这样有可能会引起 Site1 内部的路由环路。

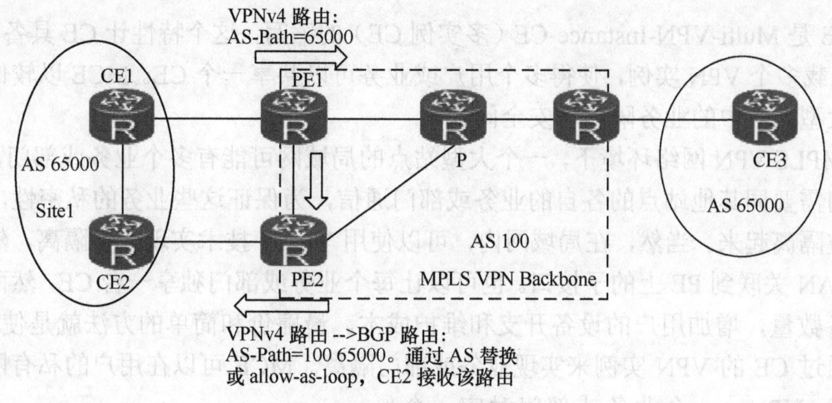

图 8-68 CE 双归属网络

这种情况最好利用 BGP 的另一个特性——SoO 来避免环路的隐患。SoO（Site-of-Origin）叫作起源站点，用于标识路由的发源站点，而 SoO 是一种 BGP 的扩展团体属性，用来防止路由环路。在 PE-CE 之间使用的是 BGP 协议才可以使用 SoO。在配置了 SoO 的 PE 路由器上，当 VPN 实例中的路由被引入到 BGP 后会携带上 SoO 值。在同一站点的其他 PE 从公网中接收到带有 SoO 值的 VPNv4 路由时，通过比较该 VPNv4 路由中的 SoO 值是否和本端配置的一样，如果一样就不引入回给 VPN 实例，从而避免将路由又发布回给源站点，如图 8-69 所示。

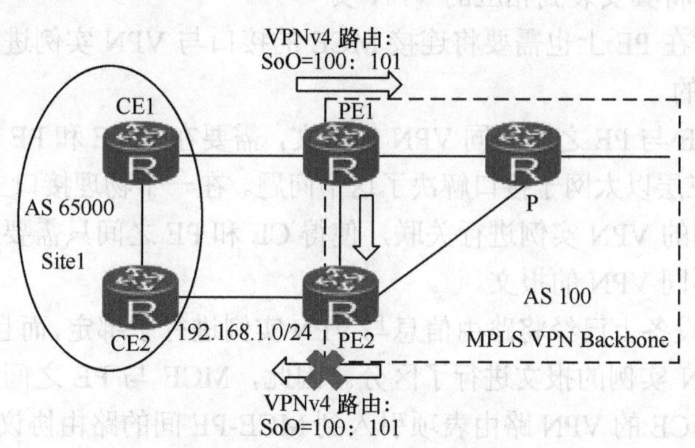

图 8-69 利用 SoO 值防环

如下输出所示，华为 VRP 系统中 SoO 的配置方法。

```
#
 Sysname PE2

bgp 100
```

```
...
#
Ipv4-family vpn-instance VPN-A
 peer 192.168.1.2 substitute-as
 peer 192.168.1.2 SoO 100:101
```

PE2 上针对 CE2（192.168.1.2）应用了 AS 替换特性，并且设置 SoO 值为 100:101。

8.3.8 MCE

MCE 是 Multi-VPN-Instance-CE（多实例 CE）的缩写，这个特性让 CE 具备 PE 的功能，可承载多个 VPN 实例，使得多个用户或业务可以共享一个 CE。MCE 以较低的成本解决了大型站点中的业务隔离和安全问题。

在 MPLS VPN 网络环境下，一个大型站点的局域网可能有多个业务或部门，这些业务或部门需要同其他站点的各自的业务或部门通信，为保证这些业务的私密性，业务之间需要被隔离起来。当然，在局域网内，可以使用 VLAN 技术实现业务隔离，然后将每一个 VLAN 关联到 PE 上的子接口。也可以让每个业务或部门独享一台 CE，然而这样会增加设备数量，增加用户的设备开支和维护成本。最廉价和简单的方法就是使用 MCE 技术，通过 CE 的 VPN 实例来实现业务或部门隔离。MCE 可以在用户的私有网络中创建出多个 VPN，一个业务或部门对应一个 VPN，不同 VPN 之间相互隔离，这就满足了那些业务不断被细化，业务安全性要求高的用户的需求，如图 8-70 所示。

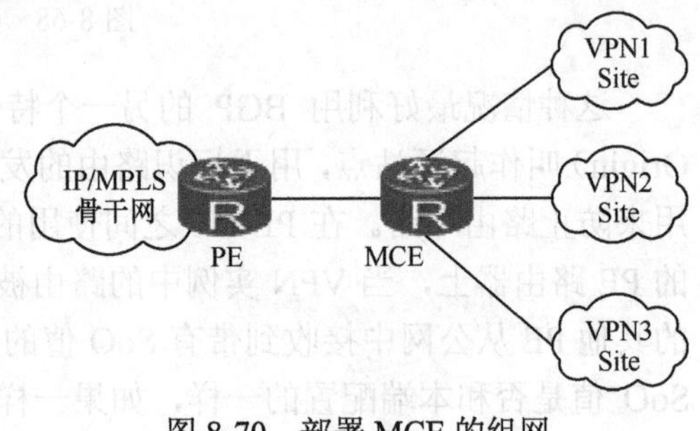

图 8-70 部署 MCE 的组网

MCE 设备并不需要支持任何标签交换协议，只需要为不同的 VPN 创建各自的路由转发表，并绑定到相应的接口。在接收路由信息时，MCE 设备可以根据路由信息的入口判断出路由的来源，并将其安装到相应的 VPN 实例转发表中。同时在 PE 上也需要将连接 MCE 的接口与 VPN 实例进行绑定，绑定的方式和 MCE 是一样的。

为了区分 MCE 与 PE 之间不同 VPN 的报文，需要在 MCE 和 PE 之间建立多条物理连接。MCE 采用三层以太网子接口解决了这个问题。在一个物理接口上创建多个子接口，每个子接口与不同的 VPN 实例进行关联，使得 CE 和 PE 之间只需要一条物理链路，就可以传递和区分不同 VPN 的报文。

由于在 MCE 设备上已经将路由信息与 VPN 实例进行了绑定，而且在 MCE-PE 之间，也通过接口对 VPN 实例的报文进行了区分。因此，MCE 与 PE 之间只需要配置简单的路由协议，并将 MCE 的 VPN 路由表项引入到 MCE-PE 间的路由协议中，即可实现私网 VPN 路由信息的传递。MCE 与 PE 之间可以使用静态路由、RIP、OSPF、IS-IS 或 BGP 交换路由信息。但比较特殊的是 OSPF 协议。在前面的章节中我们讨论到，在 CE 双归属环境下，PE 为了防止环路，需要检查 DN 位和 Route-tag。MCE 特性使得 CE 变成了 PE，这时必须关闭这两种检查，才能正常计算路由。

下面介绍一个 MCE 典型组网案例。

组网需求

某公司需要通过MPLS VPN实现总部和分支间的互通，同时需要隔离两种不同的业务。为节省开支，希望分支通过一台CE设备接入PE，如图8-71所示。

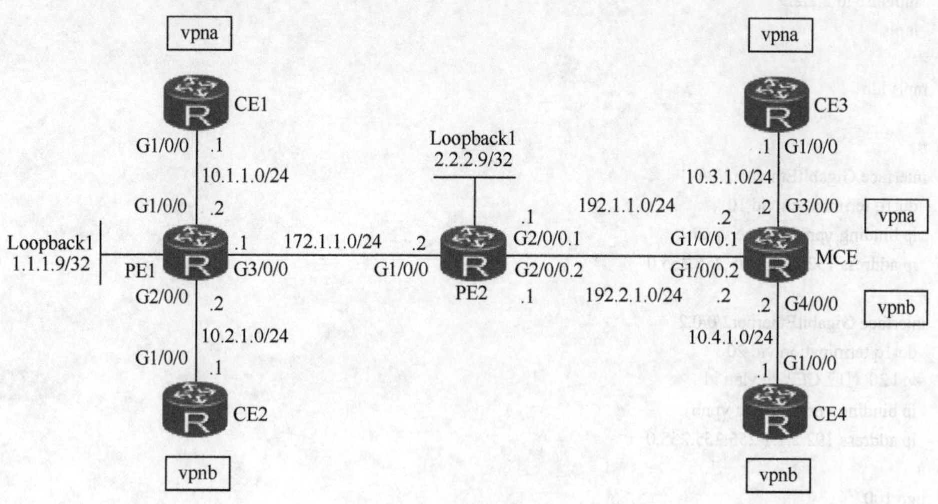

图8-71　MCE组网案例

CE1、CE2连接企业总部，CE1属于vpna，CE2属于vpnb；MCE连接企业分支，通过CE3和CE4分别连接vpna和vpnb。要求属于相同VPN的用户之间能互相访问，不同VPN的用户之间不能互相访问，从而实现不同业务间隔离。

部署步骤

（1）PE之间配置OSPF协议，实现PE之间的互通；配置MP-iBGP交换VPN路由信息。

（2）PE上配置MPLS基本能力和MPLS LDP，建立LDP LSP。

（3）PE和MCE上创建不同的VPN实例（vpna和vpnb），实现不同VPN间的业务隔离。

（4）PE1与相连的CE之间建立eBGP对等体，引入VPN路由表中。

（5）MCE与Site、MCE与PE2之间配置路由，引入VPN路由信息。

关键配置

这里只列出PE2和MCE设备的重要配置信息。

PE2配置：

```
#
 sysname PE2
#
ip vpn-instance vpna
 ipv4-family
  route-distinguisher 200:1
  vpn-target 111:1 export-extcommunity
  vpn-target 111:1 import-extcommunity
#
ip vpn-instance vpnb
 ipv4-family
```

```
    route-distinguisher 200:2
    vpn-target 222:2 export-extcommunity
    vpn-target 222:2 import-extcommunity
#
 mpls lsr-id 2.2.2.9
 mpls
#
mpls ldp
#
#
interface GigabitEthernet2/0/0.1
 dot1q termination vid 10
 ip binding vpn-instance vpna
 ip address 192.1.1.1 255.255.255.0
#
interface GigabitEthernet2/0/0.2
 dot1q termination vid 20
#vid 20 对应 CE2 的 vlan id
 ip binding vpn-instance vpnb
 ip address 192.2.1.1 255.255.255.0
#
bgp 100
 peer 1.1.1.9 as-number 100
 peer 1.1.1.9 connect-interface LoopBack1
 #
 ipv4-family unicast
  undo synchronization
  peer 1.1.1.9 enable
 #
 ipv4-family vpnv4
  policy vpn-target
  peer 1.1.1.9 enable
 #
 ipv4-family vpn-instance vpna
  import-route ospf 100
 #
 ipv4-family vpn-instance vpnb
  import-route ospf 200
#
ospf 1
 area 0.0.0.0
  network 2.2.2.9 0.0.0.0
  network 172.1.1.0 0.0.0.255
#
ospf 100 vpn-instance vpna
import-route bgp
 area 0.0.0.0
  network 192.1.1.0 0.0.0.255
#
ospf 200 vpn-instance vpnb
import-route bgp
 area 0.0.0.0
  network 192.2.1.0 0.0.0.255
#
return
```

MCE配置：

```
#
 sysname MCE
#
ip vpn-instance vpna
 ipv4-family
  route-distinguisher 300:1
  vpn-target 111:1 export-extcommunity
  vpn-target 111:1 import-extcommunity
#
ip vpn-instance vpnb
 ipv4-family
  route-distinguisher 300:2
  vpn-target 222:2 export-extcommunity
  vpn-target 222:2 import-extcommunity
#
interface GigabitEthernet1/0/0.1
 dot1q termination vid 10
 ip binding vpn-instance vpna
 ip address 192.1.1.2 255.255.255.0
#
interface GigabitEthernet1/0/0.2
 dot1q termination vid 20
 ip binding vpn-instance vpnb
 ip address 192.2.1.2 255.255.255.0
#
interface GigabitEthernet3/0/0
 ip binding vpn-instance vpna
 ip address 10.3.1.2 255.255.255.0
#
interface GigabitEthernet4/0/0
 ip binding vpn-instance vpnb
 ip address 10.4.1.2 255.255.255.0
#
ospf 100 vpn-instance vpna
 import-route rip 100
 vpn-instance-capability simple
 area 0.0.0.0
  network 192.1.1.0 0.0.0.255
#
ospf 200 vpn-instance vpnb
 import-route rip 200
 vpn-instance-capability simple
 area 0.0.0.0
  network 192.2.1.0 0.0.0.255
#
rip 100 vpn-instance vpna
 version 2
 network 10.0.0.0
 import-route ospf 100
#
rip 200 vpn-instance vpnb
 version 2
 network 10.0.0.0
 import-route ospf 200
#
```

8.3.9 Internet 接入

在 MPLS VPN 网络中，各种 VPN 用户或应用通常都有访问公共网络或 Internet 的需求。要实现这一需求，就必须要让用户能访问到运营商的全局网络，因为 Internet 的路由位于运营商的全局路由表中，而 PE 的 VPN 实例中存放的是 VPN 客户的私网路由，并且默认情况下，VPN 实例路由和全局路由是互相隔离的，所以 VPN 客户站点不可能看到公网路由。要想 VPN 用户能够通过全局访问到 Internet，就必须打通 VPN 网络和全局网络之间的路由。当然，如果具备一定条件，也可以为 VPN 用户站点增设一条到 Internet 网关的线路，这条线路独立于 MPLS VPN 的线路，专门用于传递到 Internet 的流量。当然，这种解决方案会产生额外的成本，但在配置上却是比较简单的做法。总的来说，根据网络中的情况及理论分析，MPLS VPN 用户访问 Internet 可以采用以下三种方案。这些方案只是提供一些建议，实际组网环境可能要复杂得多，大家可以视情况作具体规划和设计。这三种方案分别如下。

- 通过全局路由表访问 Internet。
- PE-CE 之间单链路访问 Internet。
- 使用一个中心站点作为到 Internet 的连接。

8.3.9.1 通过全局路由表访问 Internet（PE–CE 之间双链路或使用子接口）

一种方法是在 PE 上使用两个接口连接 CE，一个接口放在 VPN 实例中，另一个接口放在全局。PE 通过 VPN 实例中的接口跟 CE 交换 VPN 路由，通过全局的接口向 CE 通告全局的路由。那么 CE 会将访问 VPN 其他站点的流量发送到 PE 的 VPN 实例接口，把访问 Internet 的流量发送到 PE 的全局接口。这种解决方案的缺点是 PE 和 CE 间需要使用两条链路，也可以使用一个接口，然后在这个接口上配置两个子接口，使用子接口和使用物理接口的实现方式是一样的，如图 8-72 所示。

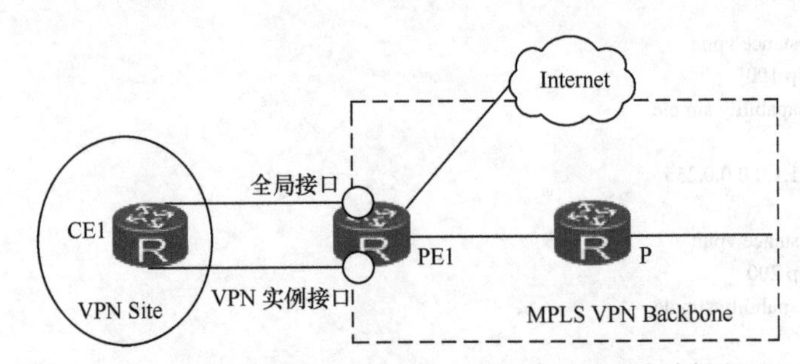

图 8-72 PE-CE 之间使用双链路互连，使用全局路由表访问 Internet

这种情况下，PE 路由器根据用户的需求，可以通过全局的接口将 Internet 的全部或部分路由发布给 CE，或者只发布一条默认路由给 CE，或由 CE 手工设置一条默认路由。

如图 8-73 所示，采用该方案中的一个案例，这个案例中 PE-CE 之间采用了子接口互连的方式。这里假设由 PE1 直接通过全局接口连接到 Internet 的网关，PE1 通过 BGP 学习到了 Internet 的全部路由。PE-CE 之间采用静态路由。

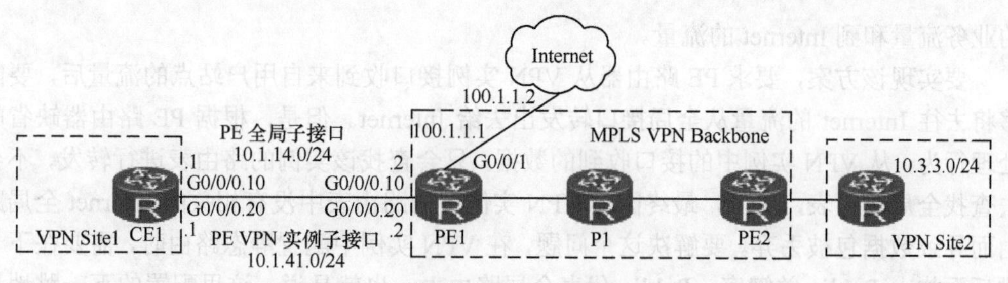

图 8-73 使用全局路由表访问 Internet

如下输出显示了 CE1 和 PE1 的部分配置。

```
#
 Sysname CE1
#
Interface GigabitEthernet0/0/0.10                #该子接口用于访问 Internet
 description toInternet
 dot1q termination vid 10
 ip address 10.1.14.1 255.255.255.0
#
Interface GigabitEthernet0/0/0.20                #该接口用于访问 VPN 其他站点
 description toVPN
 dot1q termination vid 20
 ip address 10.1.41.1 255.255.255.0
#
Ip route-static 0.0.0.0 0 0.0.0.0 10.1.14.2       #用于访问 Internet 的默认路由，下一跳指向 PE 的全局接口
Ip route-static 10.3.3.0 255.255.255.0 10.1.41.2  #访问 Site-2 的路由，下一跳指向 PE 的 VPN 实例的接口
#
#
 Sysname PE1

#
Interface GigabitEthernet0/0/0.10                #全局子接口
 description Global
 dot1q termination vid 10
 ip address 10.1.14.2 255.255.255.0
#
Interface GigabitEthernet0/0/0.20                #根 VPN 实例绑定的子接口
 dot1q termination vid 20
ip binding vpn-instance VPN-A
 ip address 10.1.41.2 255.255.255.0
#
Ip route-static 0.0.0.0 0 0.0.0.0 100.1.1.2       #访问 Internet 的默认路由，下一跳指向 Internet 网关
Ip route-static 10.1.1.0 255.255.255.0 10.1.14.1  #用于将 Internet 返回的流量转发给用户站点
```

这时还得注意一个问题就是，在 PE 上还需要将用户站点的路由通告到 Internet，否则用户将接收不到从 Internet 返回的流量，除非在 PE 上做 NAT。这样，当用户访问 Internet 的流量经过 PE 后，源址被转换成 PE 的地址了，后一种做法是我们推荐的，因为用户站点内往往使用的是私网地址，所以不能通告到公网，即便用户站点内部使用公网地址，为安全起见，也不建议将地址通告到公网。

8.3.9.2 PE-CE 之间单链路访问 Internet

第一种方案需要在 PE-CE 之间至少设置两条链路，产生了额外的成本。为节省成本，产生了第二种方案，即在 PE-CE 之间只用一条链路，用这条链路同时承载 MPLS VPN

的业务流量和到 Internet 的流量。

要实现该方案，要求 PE 路由器从 VPN 实例接口收到来自用户站点的流量后，要能够将去往 Internet 的流量从全局接口转发出去给 Internet。但是，根据 PE 路由器缺省的处理行为，从 VPN 实例中的接口收到的数据，只会查找该实例的路由表进行转发，不会去查找全局路由表，所以，最终因为 VPN 实例中的路由表中没有相关的 Internet 全局路由而导致数据包被丢弃。要解决这个问题，在 VPN 实例中配置静态路由时，需要在下一跳后面加上 Public 关键字。Public 代表全局路由表，也就是说，这里配置的下一跳地址可以通过全局路由表查找到对应的路由。

以图 8-73 所示的环境为例，PE-CE 之间采用静态路由，详细配置如下输出所示。

```
#
 Sysname PE1
#
Interface GigabitEthernet0/0/0
 Ip bingding vpn-instance VPN-A
 Ip address 10.1.14.2 255.255.255.0
#
Ip route-static 10.4.4.0 255.255.255.0 GigabitEthernet0/0/0 10.1.14.1 vpn-instance VPN-A
Ip route-static vpn-instance VPN-A 0.0.0.0 0.0.0.0 100.1.1.2 public
#
Sysname CE-1
#
#
Ip route-static 0.0.0.0 0.0.0.0 10.1.14.2
Ip route-static 10.3.3.0 255.255.255.0 10.1.14.2
```

由上面的配置可以发现，在 CE 上配置的到 Internet 和其他站点（Site2）的路由指向 PE 的同个接口。在 PE 上，为 VPN 实例添加一条到 Internet 的默认路由，下一跳指向全局。

8.3.9.3 使用一个中心站点作为到 Internet 的连接

这种方法是将用户 VPN 中所有站点的 Internet 流量先转发给一个中心站点，然后由中心站点转发到 Internet，这样做的好处在于，可以通过集中部署防火墙，统一管控所有站点访问 Internet 的流量，NAT 和其他安全防护策略只需要部署一次就行了，从而减少了其他站点的配置和维护任务，比较适用于 Hub-and-spoke 场景。

这种情况下，用作访问 Internet 的中心站点既需要维护其他站点的 VPN 路由，还需要维护来自 Internet 的路由，当然也可以采用默认路由来访问 Internet，如图 8-74 所示。

图中的 Site1 为中心站点，PE1 为 Site1 的 PE，PE1 使用两条链路或者两个子接口连接 CE1，一个接口归属到用户的 VPN 实例（VPN-A），用于接收和传递来自其他站点的 VPN 路由；另一个接口归属到用于 Internet 的 VPN 实例，用来接收和传递来自 PE-GW 的 Internet 路由。PE2 和 PE-GW、PE2、PE3 之间都建立 MP-iBGP 连接，用于传递 VPNv4 路由。MPLS VPN 骨干网通过图中 PE-GW 连接到 Internet，PE-GW 与 Internet 中的路由器运行了 iBGP 或 eBGP，并在 PE-GW 上创建了连接 Internet 的 VPN 实例，并将连接 Internet 的接口划入这个实例。PE-GW 接收到来自 Internet 的路由后放入该 VPN 实例，然后引入到 MP-iBGP 成为 VPNv4 路由，进而传播到 PE1，PE1 再发布给 CE1，CE1 进一步将这些路由发布到其他站点。同时，其他站点的路由也会通过 Site1 发布到 Internet。

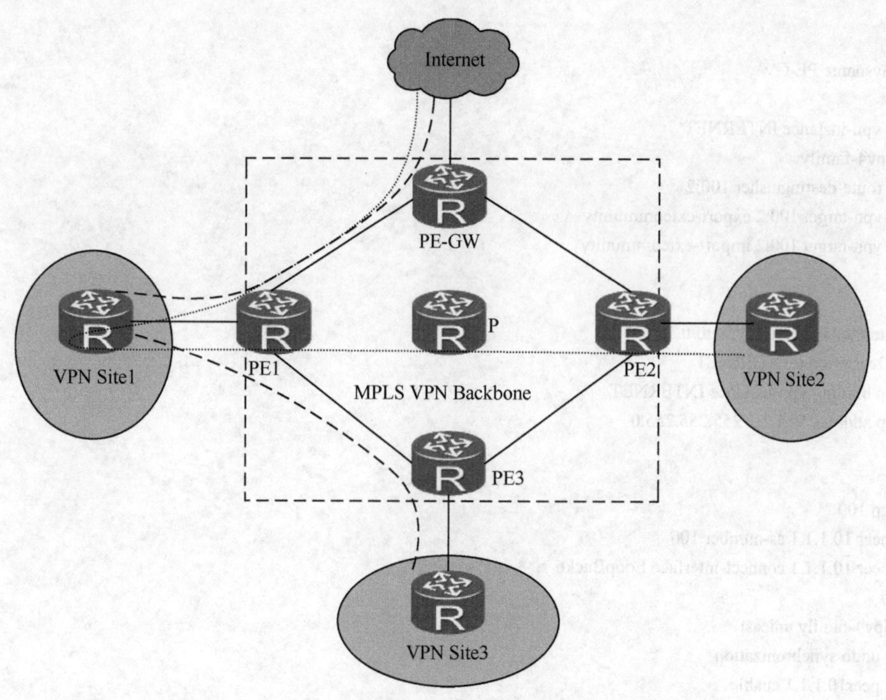

图 8-74 通过中心站点访问 Internet

如下输出显示了 PE1 和 PE-GW 的部分配置。

```
#
 Sysname PE1
..
#
Ip vpn-instance INTERNET
 Ipv4-family
  route-destinguisher 100:2
  vpn-target 100:2 export-extcommunity
  vpn-target 100:2 import-extcommunity
#
Ip vpn-instance VPN-A
 Ipv4-family
  route-distinguisher 100:1
  vpn-target 100:1 export-extcommunity
  vpn-target 100:1 import-extcommunity
#
Interface GigabitEthernet0/0/0.10
 dot1q termination vid 10
 ip binding vpn-instance INTERNET
 ip address 10.1.14.2 255.255.255.0
#
Interface GigabitEthernet0/0/0.20
dot1q termination vid 20 ip binding VPN-A
ip address 10.1.41.2 255.255.255.0
```

上面显示了在 PE1 上配置了两个子接口用于连接 CE1，并配置了两个 VPN 实例（INTERNET 和 VPN-A），分别绑定到了不同的子接口上。同时，PE1 和 PE-GW 建立了 MP-iBGP 邻居。

```
#
 Sysname PE-GW
#
Ip vpn-instance INTERNET
 Ipv4-family
  route-destinguisher 100:2
  vpn-target 100:2 export-extcommunity
  vpn-target 100:2 import-extcommunity
#
#
Interface GigabitEthernet0/0/1
 Decription toINTERNET
 ip binding vpn-instance INTERNET
 ip address 10.1.1.1 255.255.255.0
#

bgp 100
 peer 10.1.1.1 as-number 100
 peer 10.1.1.1 connect-interface LoopBack6
 #
 Ipv4-family unicast
  undo synchronization
  peer10.1.1.1 enable
#
 Ipv4-family vpnv4
  policy vpn-target
  peer 10.1.1.1 enable
#
Ipv4-family vpn-instance INTERNET
 network 0.0.0.0
 import-route static
#
Ip route-static vpn-instance INTERNET 0.0.0.0 0.0.0.0 100.1.1.2
#
```

在上面的输出中，可以发现在 PE-GW 上配置了一个叫 INTERNET 的 VPN 实例，并将连接 Internet 的接口绑定到该 VPN 实例，同时为实例配置了一条指向 Internet 的默认路由，并将这条默认路由宣告进了 MP-BGP，这样做的目的是让其他所有站点能接收到这条默认路由，从而无需接收 Internet 的所有路由，节省了设备的开销。

8.3.10 跨域的 MPLS VPN 解决方案介绍

8.3.10.1 概述

随着 MPLS 技术的成熟，其应用越来越流行，尤其是在 VPN 方面。通过运营商提供的 VPN 服务，将分布在各地的站点通过运营商的网络连接起来，避免了租用专线，节省了大量的成本。近年来，由于 MPLS VPN 业务的迅猛发展，企业的站点数量也在不断增长，企业间经常发生并购与整合的现象，使得其不同分支站点可能属于不同的运营商。因此，对于大型电信运营商来说，目前需要解决的问题是如何部署一个易扩展、易维护的跨域 MPLS L3 VPN。

跨域 VPN 有以下两种最普遍的形式。

- 一种情况是对于一个大型电信运营商网络，一般会为一个省分配一个 AS，要求跨省为客户提供MPLS VPN业务；或者是在一个省级网络范围内，也经常为每个地市的城域网分配一个保留的AS，要求跨地市提供MPLS VPN业务。

- 另一种情况是VPN客户网络穿越了多个不同的运营商网络，运营商之间相互合作（特别是国际业务方面与国外运营商之间的合作）。

普通的MPLS VPN体系结构都是在一个AS内运行的，任何VPN的路由信息都是只能在一个AS内按需扩散的，没有提供AS内的VPN信息向其他AS扩散的功能。如图8-75所示，为了支持运营商不同AS之间的VPN路由信息交换，就需要扩展现有的协议和修改MPLS VPN体系框架，提供一个不同于基本的MPLS VPN体系结构所提供的互连模型跨域（Inter-AS）的MPLS VPN，以便可以穿过运营商间的链路来发布路由前缀和标签信息。

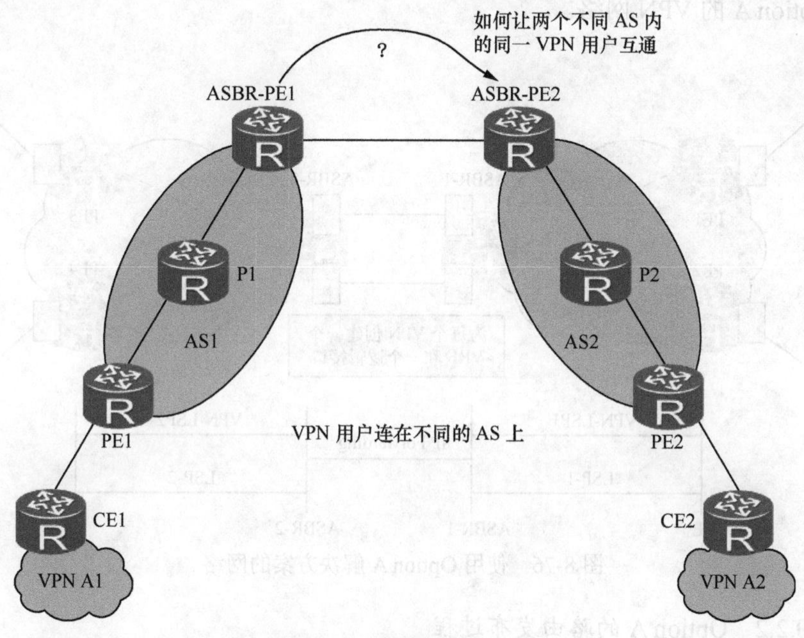

图8-75 跨域MPLS VPN

实现方式

目前，业务主流的跨域MPLS VPN的互通方式有三种，这种解决方案由RFC4364定义，它们分别如下。

跨域VPN-OptionA（Inter-Provider Backbones Option A）方式：需要跨域的VPN在ASBR（AS Boundary Router）间通过专用的接口管理自己的VPN路由，也称为VRF-to-VRF。

跨域VPN-OptionB（Inter-Provider Backbones Option B）方式：ASBR间通过MP-eBGP发布标签VPN-IPv4路由，也称为eBGP redistribution of labeled VPN-IPv4 routes。

跨域VPN-OptionC（Inter-Provider Backbones Option C）方式：PE间通过Multi-hop MP-eBGP发布标签VPN-IPv4路由，也称为Multihop eBGP redistribution of labeled VPN-IPv4 routes。

在不同的情况下，这几种解决方案都有不同的优缺点，在实际的网络环境中，Option

B 和 Option C 也有不同的变种，这里只介绍它们的常规实现方案。

8.3.10.2 Option A

8.3.10.2.1 Option A 介绍

Option A 又称作 VRF-to-VRF 方式，ASBR 和 ASBR 通过背靠背的方式互连，ASBR 同时也是各自所在 AS 的 PE。两个 ASBR 都把对端 ASBR 看作自己的 CE 设备，将会为每一个 VPN 创建 VPN 实例，通过划分子接口的方式，每个子接口分别绑定一个 VPN 实例。

因为 Option A 的 ASBR 之间互为 CE 的关系，所以 ASBR 之间不需要任何标签，不用运行 LDP。ASBR 之间可以运行多种路由协议，包括 BGP、OSPF、静态等。目前，在实际网络中，使用静态路由配置居多。从转发层来看，针对某个 VPN 的数据包在 ASBR 之间是纯 IP 转发，不带任何标签，就像在 CE 和 PE 之间转发的一样。图 8-76 所示为一个使用 Option A 的 VPN 网络。

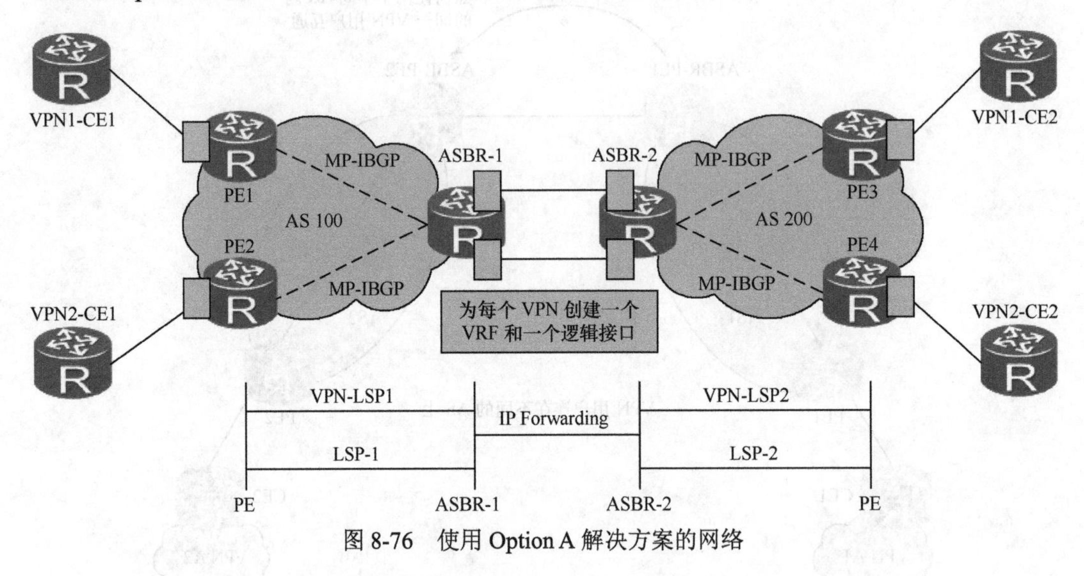

图 8-76 使用 Option A 解决方案的网络

8.3.10.2.2 Option A 的路由发布过程

如图 8-77 所示，两个 VPN（VPN1 和 VPN2）都需要穿越 AS 100 和 AS 200，AS 100 的 ASBR-1 和 AS 200 的 ASBR-2 进行背靠背连接，并建立 eBGP 邻居关系。这里以 VPN1 为例：站点 VPN1-CE1 的路由 161.10.1.0/24 先由 VPN1-CE1 路由器通告给 PE1，PE1 将其变成 VPNv4 路由，并为其分配了一个内网标签 L1，然后通告到了 ASBR-1。ASBR-1 将其变成普通 IPv4 路由后通告给 ASBR-2（这里没有为路由分配标签了），ASBR-2 从 VPN 实例的接口收到路由后，再一次将路由变成 VPNv4 路由并为其分配一个内网标签 L2，然后在 AS 200 中扩散到其他 PE。PE3 接收到 VPNv4 路由后，将路由还原成 IPv4 路由，最后通告到 VPN1-CE2。其他站点间的路由交换过程类似。

在每个 AS 内，PE 需要建立到达该 AS 内 ASBR 的 LSP，这通过域内配置的 LDP 协议来完成，在 ASBR 之间不需要配置 LDP。

8.3.10.2.3 Option A 的报文转发过程

如图 8-78 所示，Ly 是 AS 100 内 ASBR-1 到 PE1 的公网标签，Lx 是 AS 200 内 PE3 到 ASBR-2 的公网标签，L1 和 L2 分别是 AS 100 和 AS 200 的私网标签。

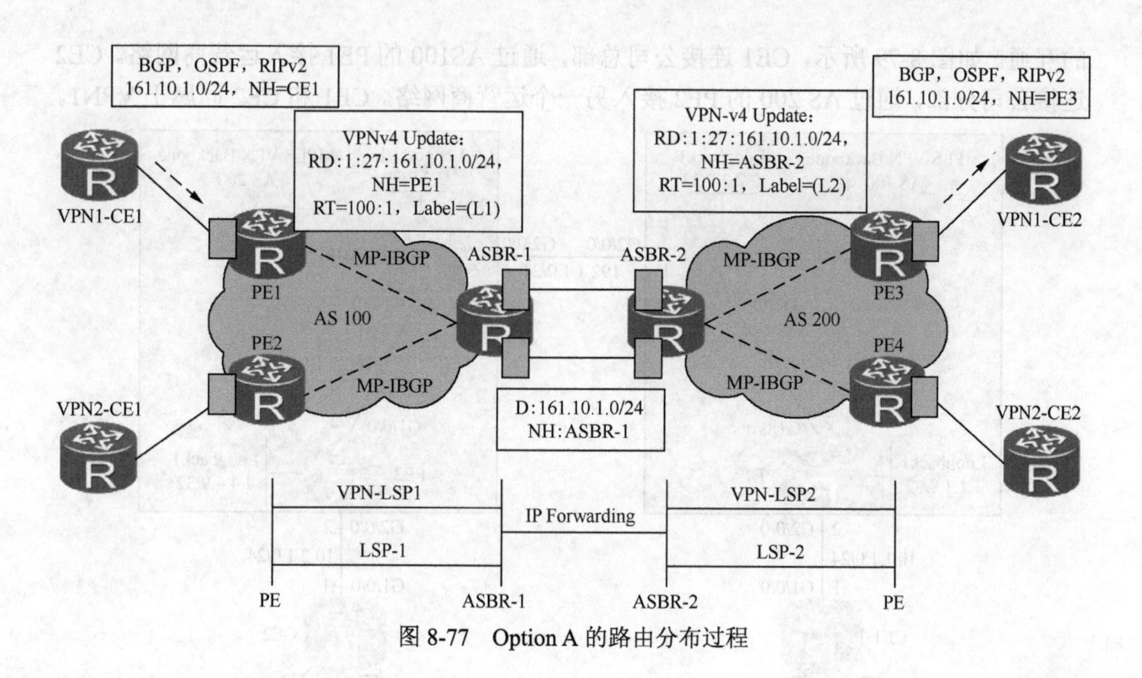

图 8-77 Option A 的路由分布过程

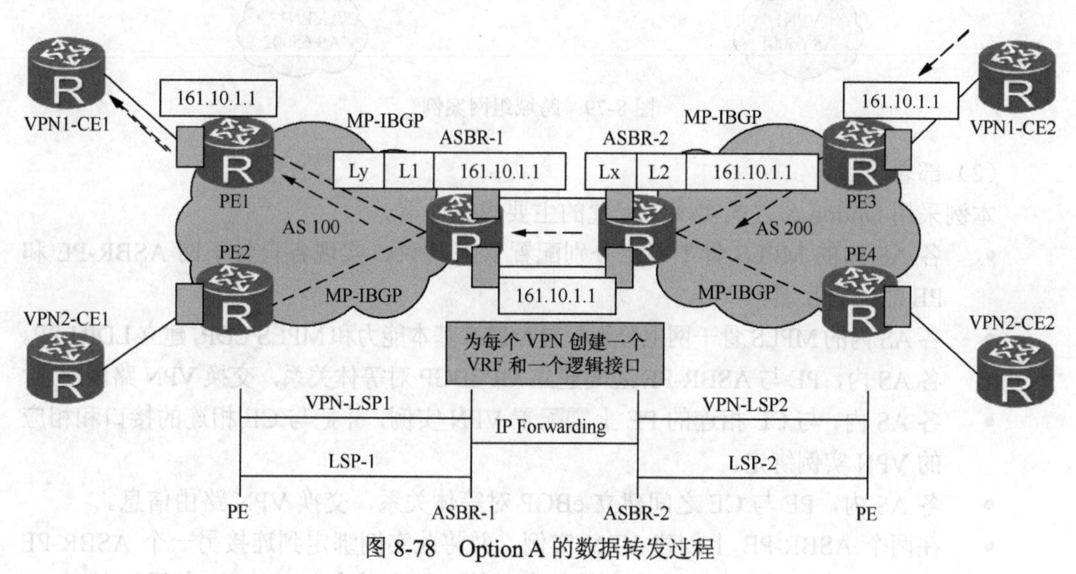

图 8-78 Option A 的数据转发过程

Option A 的特点

优点：简单也是实用的，因为在 ASBR 之间不需要运行 MPLS，所以不要扩展协议和做特殊的配置，属于天然支持。在需要跨域的 VPN 数量比较少的情况下可以考虑使用。

缺点：ASBR 需要为每个 VPN 创建一个 VPN 实例，需要管理和维护所有 VPN 路由，如果 VPN 数量众多，将导致 ASBR 的 VPNv4 路由表空间过于庞大，资源开销大。如果跨多个域，配置的工作量很大，扩展性太差。

8.3.10.2.4 Option A 的典型组网案例

（1）组网需求及拓扑。

某公司总部和分部跨越不同的运营商进行互连，需实现跨域的 MPLS L3 VPN 业务的互通。如图 8-79 所示，CE1 连接公司总部，通过 AS100 的 PE1 接入运营商网络。CE2 连接公司分部，通过 AS 200 的 PE2 接入另一个运营商网络。CE1 和 CE2 同属于 VPN1。

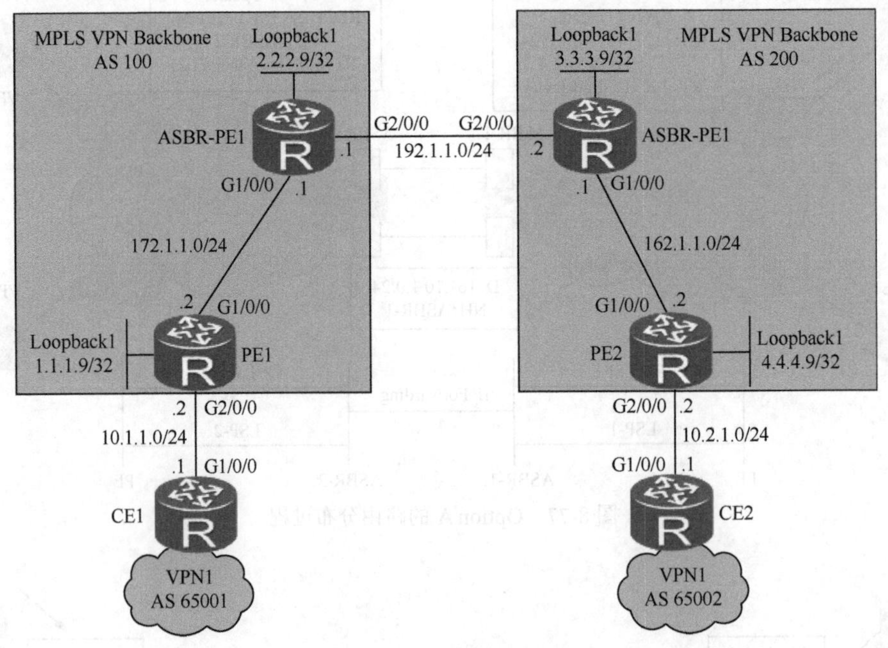

图 8-79　跨域组网案例

（2）部署思路。

本例采用 Option A 方式实现。配置的主要思路如下。

- 各 AS 内的 MPLS 骨干网上分别配置 IGP 协议，实现各自骨干网 ASBR-PE 和 PE 之间的互通。
- 各 AS 内的 MPLS 骨干网上分别配置 MPLS 基本能力和 MPLS LDP，建立 LDP LSP。
- 各 AS 内，PE 与 ASBR-PE 之间建立 MP-iBGP 对等体关系，交换 VPN 路由信息。
- 各 AS 内，与 CE 相连的 PE 上需配置 VPN 实例，并把与 CE 相连的接口和相应的 VPN 实例绑定。
- 各 AS 内，PE 与 CE 之间建立 eBGP 对等体关系，交换 VPN 路由信息。
- 在两个 ASBR-PE 上创建 VPN 实例，并将此实例绑定到连接另一个 ASBR-PE 的接口（把一个 ASBR-PE 当成是自己的 CE），并在 ASBR-PE 之间建立 eBGP 对等体关系传递 VPN 路由信息。

（3）配置数据。

由于篇幅有限，这里仅给出每个 AS 的 PE 及 ASBR 的主要配置信息。因为 PE2 和 ASBR-PE2 的配置跟 PE1 和 ASBR-PE 的类似，所以这里仅提供 PE1 和 ASBR-PE1 的配置。

PE1 的主要配置：

```
#
 sysname PE1
#
ip vpn-instance vpn1
```

```
 ipv4-family
  route-distinguisher 100:1
  vpn-target 1:1 export-extcommunity
  vpn-target 1:1 import-extcommunity
#
 mpls lsr-id 1.1.1.9
 mpls
  label advertise non-null
#
mpls ldp
#
interface GigabitEthernet1/0/0
 ip address 172.1.1.2 255.255.255.0
 mpls
 mpls ldp
#
interface GigabitEthernet2/0/0
 ip binding vpn-instance vpn1
 ip address 10.1.1.2 255.255.255.0
#
bgp 100
 peer 2.2.2.9 as-number 100
 peer 2.2.2.9 connect-interface LoopBack1
 #
 ipv4-family unicast
  undo synchronization
  peer 2.2.2.9 enable
 #
 ipv4-family vpnv4
  policy vpn-target
  peer 2.2.2.9 enable
 #
 ipv4-family vpn-instance vpn1
  peer 10.1.1.1 as-number 65001
  import-route direct
#
ospf 1
 area 0.0.0.0
  network 1.1.1.9 0.0.0.0
  network 172.1.1.0 0.0.0.255
#
```

ASBR-PE1 的主要配置：

```
#
 sysname ASBR-PE1
#
ip vpn-instance vpn1
 ipv4-family
  route-distinguisher 100:2
  vpn-target 1:1 export-extcommunity
  vpn-target 1:1 import-extcommunity
#
 mpls lsr-id 2.2.2.9
 mpls
  label advertise non-null
#
```

```
mpls ldp
#
interface GigabitEthernet1/0/0
 ip address 172.1.1.1 255.255.255.0
 mpls
 mpls ldp
#
interface GigabitEthernet2/0/0
 ip binding vpn-instance vpn1
 ip address 192.1.1.1 255.255.255.0
#
bgp 100
 peer 1.1.1.9 as-number 100
 peer 1.1.1.9 connect-interface LoopBack1
 #
 ipv4-family unicast
  undo synchronization
  import-route direct
  peer 1.1.1.9 enable
 #
 ipv4-family vpnv4
  policy vpn-target
  peer 1.1.1.9 enable
 #
 ipv4-family vpn-instance vpn1
  peer 192.1.1.2 as-number 200
  import-route direct
#
ospf 1
 area 0.0.0.0
  network 2.2.2.9 0.0.0.0
  network 172.1.1.0 0.0.0.255
```

8.3.10.3 Option B

8.3.10.3.1 OptionB 介绍

OptionB 叫作单跳 MP-eBGP 方案，也叫作 eBGP 再分配方式。在该方案中，ASBR 不需要为每个 VPN 创建 VPN 实例，ASBR 和 AS 内的 iBGP 会话学习到 PE 上的 VPNv4 路由，再通过 eBGP 会话将这些路由再发布到其他 AS 的 ASBR。但在 MPLS VPN 的基本实现中，PE 上只保存与本地 VPN 实例的 RT 值相匹配的 VPN 路由。通过对标签 VPNv4 路由进行特殊处理，让 ASBR 不进行 RT 值匹配，这样就可以把收到的 VPNv4 路由全部保存下来，而不管本地是否有和它匹配的 VPN 实例。

从转发层面来看，针对某个特定 VPN 的报文在两台 ASBR 之间是带有一层标签的，而这一层标签是由 ASBR 之间的 MP-eBGP 协议分配的。

如图 8-80 所示，ASBR-1 和 ASBR-2 建立 MP-eBGP 邻居关系，用以交换各自的 VPNv4 路由，图中的 VPN-LSP 表示私网转发隧道，LSP 表示公网转发隧道。

8.3.10.3.2 OptionB 的路由发布

图 8-81 显示了 Option B 的路由发布过程，这里以 VPN-1 站点（VPN1-CE1）将路由 161.10.1.0/24 发布到另一站点（VPN1-CE2）的整个过程为例进行说明，其中标签 100、200、300 都是指 VPNv4 路由携带的私网标签。

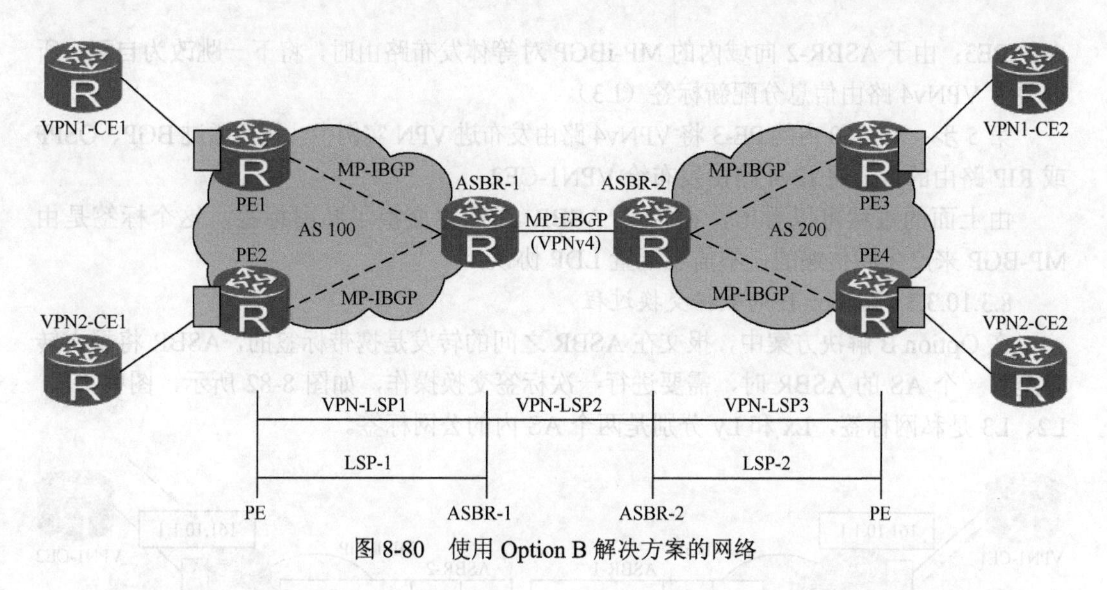

图 8-80 使用 Option B 解决方案的网络

图 8-81 Option B 路由交换过程

具体过程如下。

第 1 步：VPN1-CE1 通过 BGP、OSPF 或 RIP 方式将路由发布给 AS 100 内的 PE1。

第 2 步：AS 100 内的 PE1 先通过 MP-iBGP 方式把 VPNv4 路由及私网标签（L1）发布给 AS 100 的 ASBR-1。

第 3 步：ASBR-1 通过 MP-eBGP 方式把 VPNv4 路由及私网标签（L1）发布给 ASBR-2。由于 MP-eBGP 在传递路由时，需要改变路由的下一跳，ASBR-1 向外发布时会为 VPNv4 路由信息分配新标签（L2）。

第 4 步：ASBR-2 通过 MP-iBGP 方式把 VPNv4 路由和私网标签（L2）发布给 AS 200

内的 PE3；由于 ASBR-2 向域内的 MP-iBGP 对等体发布路由时，将下一跳改为自己，所以要为 VPNv4 路由信息分配新标签（L3）。

第 5 步：AS 200 内的 PE-3 将 VPNv4 路由发布进 VPN 实例中，然后通过 BGP、OSPF 或 RIP 路由的方式将 IPv4 路由发布给 VPN1-CE2。

由上面的过程可以看出，在两个 ASBR 之间也交换了私网标签，这个标签是由 MP-BGP 来产生和传递的，不需要配置 LDP 协议。

8.3.10.3.3 Option B 的数据交换过程

在 Option B 解决方案中，报文在 ASBR 之间的转发是携带标签的，ASBR 将报文转发至另一个 AS 的 ASBR 时，需要进行一次标签交换操作，如图 8-82 所示，图中 L1、L2、L3 是私网标签，Lx 和 Ly 分别是两个 AS 内的公网标签。

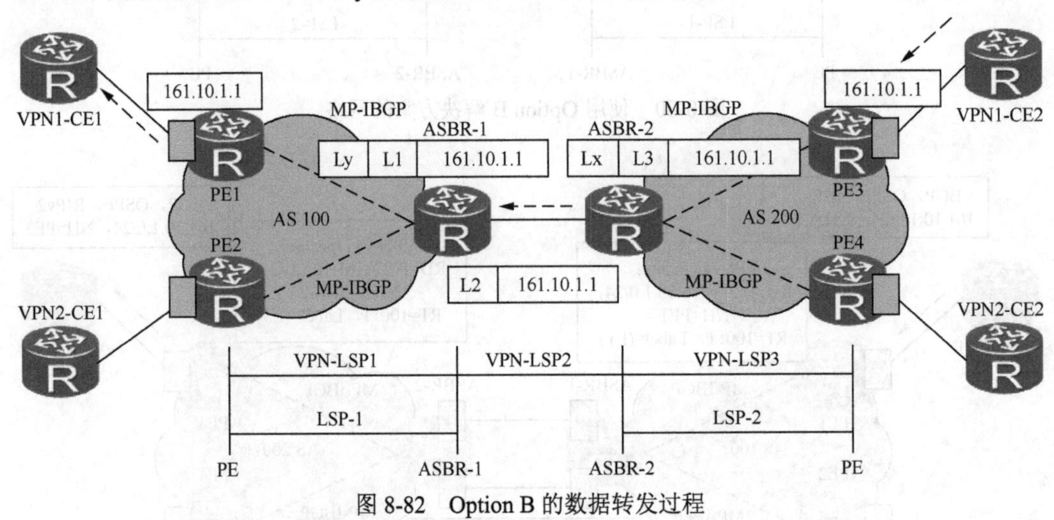

图 8-82 Option B 的数据转发过程

如图 8-82 所示，这里以 VPN1-CE2 访问 VPN1-CE1 的 161.10.1.1 的主机为例，分析一下 Option B 中报文的转发流程。

第 1 步：VPN1-CE2 将 IPv4 报文转发至 PE3。

第 2 步：PE3 在报文中压入私网标签（L3）和公网标签 Lx 后，转发给下一跳。

第 3 步：报文到达 AS 200 的 ASBR-2 时，只有私网标签（L3），ASBR-2 根据标签转发表将标签 L3 替换成 L2，并转发给 AS 100 的 ASBR-1。

第 4 步：ASBR-1 将报文中的私网标签 L2 替换成 L1，并在报文外面再压入一层 AS 100 的公网标签 Ly，转发至下一跳。

第 5 步：报文到达 PE1 时只有一层私网标签 L1，移除私网标签并以 IP 转发的方式发布给 CE1。

8.3.10.3.4 Option B 的特点

优点：

不需要在 ASBR 上为每个 VPN 创建 VPN 实例，不需要跨域扩展协议 ，容易管理和配置。

缺点：

VPN 的路由信息是通过 AS 之间的 ASBR 来保存和扩散的，当 VPN 路由较多时，

ASBR负担重，容易成为故障点。因此，在MP-eBGP方案中，需要维护VPN路由信息的ASBR一般不再负责公网IP转发。

8.3.10.3.5 Option B典型组网案例

还是以图8-79的场景为例，此时在AS 100和AS 200之间利用Option B解决方案来实现跨域的VPN业务互通，这里仅提供PE1和ASBR-PE1的配置命令。

PE1的主要配置：

```
#
 sysname PE1
#
ip vpn-instance vpn1
 ipv4-family
  route-distinguisher 100:1
  vpn-target 1:1 export-extcommunity
  vpn-target 1:1 import-extcommunity
#
 mpls lsr-id 1.1.1.9
 mpls
#
mpls ldp
#
interface GigabitEthernet1/0/0
 ip address 172.1.1.2 255.255.255.0
 mpls
 mpls ldp
#
interface GigabitEthernet2/0/0
 ip binding vpn-instance vpn1
 ip address 10.1.1.2 255.255.255.0
#
interface LoopBack1
 ip address 1.1.1.9 255.255.255.255
#
bgp 100
 peer 2.2.2.9 as-number 100
 peer 2.2.2.9 connect-interface LoopBack1
 #
 ipv4-family unicast
  undo synchronization
  peer 2.2.2.9 enable
 #
 ipv4-family vpnv4
  policy vpn-target
  peer 2.2.2.9 enable
 #
 ipv4-family vpn-instance vpn1
  peer 10.1.1.1 as-number 65001
  import-route direct
#
ospf 1
 area 0.0.0.0
  network 1.1.1.9 0.0.0.0
  network 172.1.1.0 0.0.0.255
#
```

ASBR-PE1 的配置：

```
#
 sysname ASBR-PE1
#
 mpls lsr-id 2.2.2.9
 mpls
#
mpls ldp
#
interface GigabitEthernet1/0/0
 ip address 172.1.1.1 255.255.255.0
 mpls
 mpls ldp
#
interface GigabitEthernet2/0/0
 ip address 192.1.1.1 255.255.255.0
 mpls
#
interface LoopBack1
 ip address 2.2.2.9 255.255.255.255
#
bgp 100
 peer 192.1.1.2 as-number 200
 peer 1.1.1.9 as-number 100
 peer 1.1.1.9 connect-interface LoopBack1
 #
 ipv4-family unicast
  undo synchronization
  peer 192.1.1.2 enable
  peer 1.1.1.9 enable
 #
 ipv4-family vpnv4
  undo policy vpn-target
  apply-label per-nexthop
  peer 1.1.1.9 enable
  peer 192.1.1.2 enable
#
ospf 1
 area 0.0.0.0
  network 2.2.2.9 0.0.0.0
  network 172.1.1.0 0.0.0.255
#
```

说明：

PE2 和 ASBR-PE2 的配置跟 PE1 和 ASBR-PE 类似，此处不再详述。

8.3.10.4　Option C

8.3.10.4.1　Option C 介绍

Option C 也叫作 Multi-Hop EBGP 方案，这种方案是在不同 AS 的 PE 之间直接建立 MP-eBGP 连接，以交换 VPNv4 路由。与前两种方案不同的是，ASBR 不再需要维护和交换 VPNv4 路由了，减轻 ASBR 设备负担的同时也增强了网络的扩展性。为提高可扩展性，也可以在每个 AS 中指定一个路由反射器 RR，由 RR 保存所有 VPNv4 路由与本 AS 内的

PE 交换 VPNv4 路由信息。两个 AS 的 RR 之间建立 MP-eBGP 连接，通告 VPNv4 路由。

从转发层面看，这种方案需要在不同的 PE 之间直接建立公网隧道，这就要求 PE 必须具有对方 PE 的 Loopback 地址的路由及标签，一种方法是在 ASBR 处，将 BGP 学习到的对方 PE 的 Loopback 地址路由引入到本地的 IGP，使得 LDP 能为其分配标签。另外，由于 ASBR 之间运行的是 BGP，LDP 协议通过 IGP 路由而建立的 LSP 会在 ASBR 之间中断，需要在 ASBR 之间利用 eBGP 来传递 IPv4 路由的标签，使得针对 PE 的 Loopback 地址的 LSP 得以贯通。此时，针对某个特定 VPN，从 PE 发出的数据包通常带有三层标签，最里面的标签是对方 AS 的 PE 为特定 VPN 分配的 VPN 标签（也叫私网标签），中间的标签是本 ASBR 为对方 AS 的 PE 路由器分配的标签，最外面的标签是本 AS 为 IGP 路由分配的 LDP 标签。

图 8-83 所示是 Option C 的组网情况，图中，VPN LSP 表示私网隧道，LSP 表示公网隧道，还有一条 BGP LSP 在图中没标记出来，它的主要作用是两个 PE 之间相互交换数据。

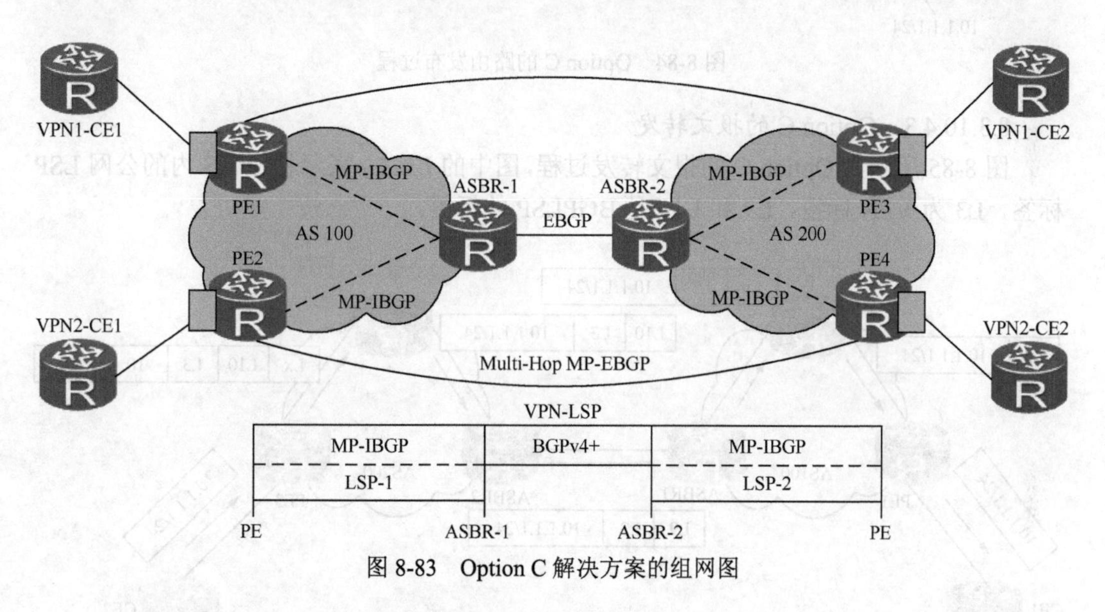

图 8-83 Option C 解决方案的组网图

8.3.10.4.2 Option C 的路由发布过程

在 Option C 中不同 AS 的 PE 之间必须能学到对方的 Loopback 地址路由，以建立 MP-eBGP 连接，交换 VPNv4 路由，如图 8-84 所示，图中 D 表示目标网络前缀地址，NH 表示下一跳，L3 表示所携带的私网标签，L9、L10 表示 BGP LSP 的标签。图中省略了公网 IGP 路由和标签的分配过程。

ASBR1 通过 eBGP 将 PE1 的 Loopback 地址 1.1.1.1/32 以 IPv4 路由的形式通告给 ASBR2，并且为该路由分配了一个标签 L9，ASBR2 随后将路由通告到 PE3，因为修改了下一跳，所以为路由重新分配了一个标签 L10。这两个标签（L9 和 L10）是建立 PE3 到 ASBR1 的 BGP LSP 使用的。

PE1 接收到 CE 的私网路由 10.1.1.0/24 后，通过 MP-iBGP 以 VPNv4 的形式直接通告到了 PE3，该 VPNv4 路由携带了一个 VPN 私网标签 L3。PE3 再以 IPv4 路由的形式发布到 CE2。

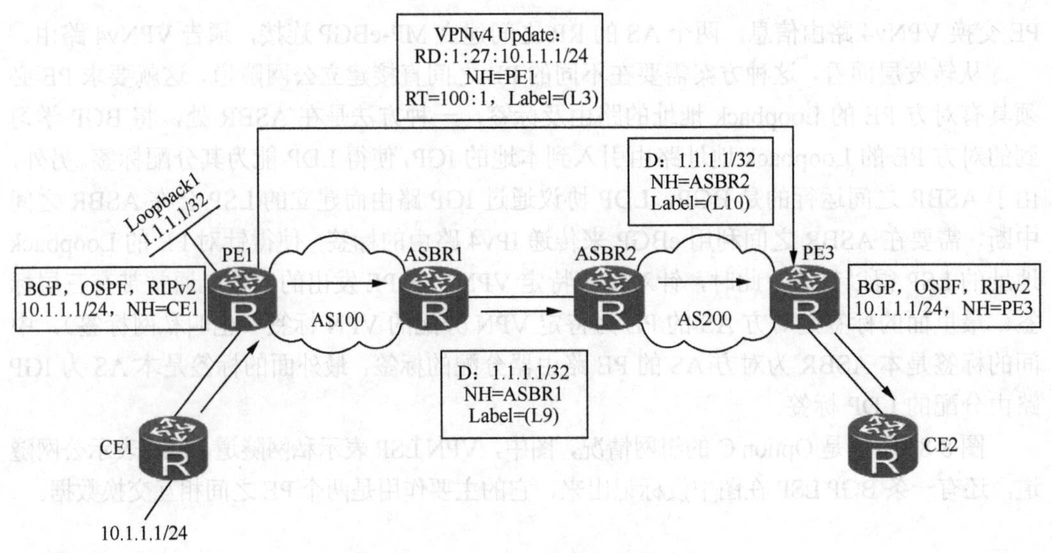

图 8-84　Option C 的路由发布过程

8.3.10.4.3　Option C 的报文转发

图 8-85 所示为 Option C 的报文转发过程，图中的 Lx、Ly 表示相应 AS 内的公网 LSP 标签，L3 为 VPN 标签，L9 和 L10 是 BGPLSP 的标签。

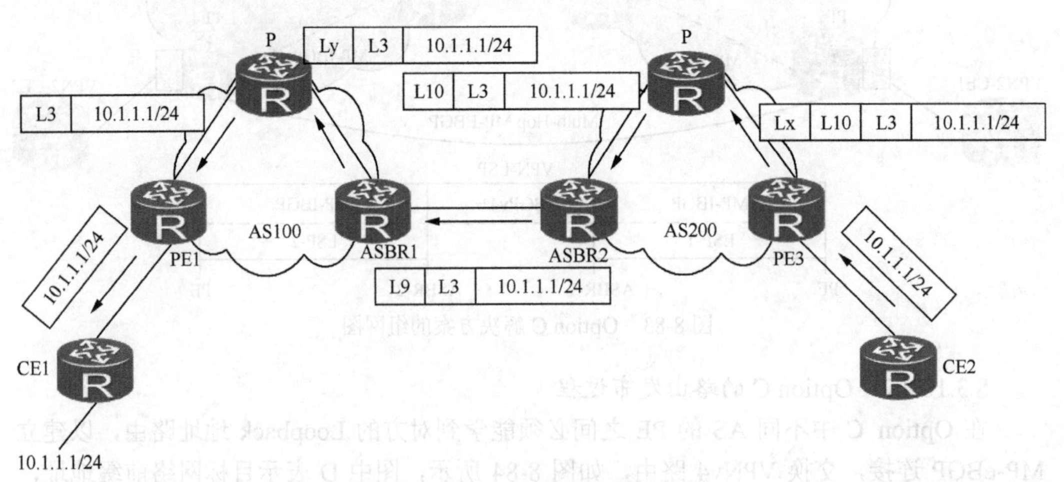

图 8-85　Option C 的报文转发过程

报文从 PE3 向 PE1 转发时，需要在 PE3 上打上三层标签，分别为 VPN 路由的标签、BGP LSP 的标签和公网 LSP 的标签。到 ASBR2 时，只剩下两层标签，分别是 VPN 的路由标签和 BGP LSP 的标签；进入 ASBR1 后，BGP LSP 终结，之后就是普通的 MPLS VPN 的转发流程。

8.3.10.4.4　Option C 的特点

优点：

这种方案应该说是最容易被接受的，因为它符合 MPLS VPN 的体系结构的要求，只有 PE 知道 VPN 路由信息，而 P 路由器只负责报文转发。这样就使得中间域的设备可以不支持 MPLS VPN 业务。尤其是在跨越多个域时优势更加明显，而且这个方案支持负载分担等功能。

缺点：

要对 BGP 做扩展（利用了 BGP 的一个新特性（RFC3107），这个特性可以让 BGP 传递公网路由的时候携带标签），而且隧道的生成也是有别于普通的 MPLS VPN 结构，因此维护和理解起来难度比较大，不适合用于企业网的环境。

8.3.10.4.5 Option C 的典型组网案例

Option C 在华为路由器中有两种实现方案，仍然以图 8-79 的场景为例，分别对两种方案的配置进行说明。

（1）方案 1：

PE1 的主要配置：

```
#PE1 上 VPN 实例的配置
ip vpn-instance vpn1
 ipv4-family
  route-distinguisher 100:1
  vpn-target 1:1 export-extcommunity
  vpn-target 1:1 import-extcommunity

#配置 PE1 的 MPLS 基本能力，并在与 ASBR-PE1 相连的接口上使能 LDP
 mpls lsr-id 1.1.1.9
 mpls
#
mpls ldp
#
interface GigabitEthernet1/0/0
 ip address 172.1.1.2 255.255.255.0
 mpls
 mpls ldp
#
interface GigabitEthernet2/0/0
 ip binding vpn-instance vpn1
 ip address 10.1.1.2 255.255.255.0
#

# 配置 PE1 与 ASBR-PE1 建立 MP-iBGP 对等体关系
bgp 100
 peer 2.2.2.9 as-number 100
 peer 2.2.2.9 connect-interface LoopBack1
 peer 4.4.4.9 as-number 200
 peer 4.4.4.9 ebgp-max-hop 10
 peer 4.4.4.9 connect-interface LoopBack1
 #
 ipv4-family unicast
  undo synchronization
  peer 2.2.2.9 enable
  peer 2.2.2.9 label-route-capability
  peer 4.4.4.9 enable
 #
 ipv4-family vpnv4
  policy vpn-target
  peer 2.2.2.9 enable
  peer 4.4.4.9 enable
```

```
 #
 ipv4-family vpn-instance vpn1
  peer 10.1.1.1 as-number 65001
  import-route direct
#
ospf 1
 area 0.0.0.0
  network 1.1.1.9 0.0.0.0
  network 172.1.1.0 0.0.0.255
#
```

ASBR-PE1 的主要配置：

```
#
 sysname ASBR-PE1

# 配置 ASBR-PE1 的 MPLS 基本能力，并在与 PE1 相连的接口上使用 LDP
 mpls lsr-id 2.2.2.9
 mpls
#
mpls ldp
#
interface GigabitEthernet1/0/0
 ip address 172.1.1.1 255.255.255.0
 mpls
 mpls ldp
#
interface GigabitEthernet2/0/0
 ip address 192.1.1.1 255.255.255.0
 mpls
#

#配置 ASBR-PE1 与 PE1 建立 MP-iBGP 对等体关系
bgp 100
 peer 192.1.1.2 as-number 200
 peer 1.1.1.9 as-number 100
 peer 1.1.1.9 connect-interface LoopBack1
 #
 ipv4-family unicast
  undo synchronization
  network 1.1.1.9 255.255.255.255
  peer 192.1.1.2 enable
  peer 192.1.1.2 route-policy policy1 export
  peer 192.1.1.2 label-route-capability
  peer 1.1.1.9 enable
  peer 1.1.1.9 route-policy policy2 export
  peer 1.1.1.9 label-route-capability
 #
 ipv4-family vpnv4
  policy vpn-target
  peer 1.1.1.9 enable        #PE1 与 PE2 建立 MP-eBGP 对等体关系
#
ospf 1
 area 0.0.0.0
  network 2.2.2.9 0.0.0.0
  network 172.1.1.0 0.0.0.255
```

```
#
route-policy policy1 permit node 1
 apply mpls-label
route-policy policy2 permit node 1
 if-match mpls-label
 apply mpls-label
#
Return
#
 ipv4-family vpnv4
  policy vpn-target
  peer 4.4.4.9 enable
#
ospf 1
 area 0.0.0.0
  network 3.3.3.9 0.0.0.0
  network 162.1.1.0 0.0.0.255
#
route-policy policy1 permit node 1
 apply mpls-label
route-policy policy2 permit node 1
 if-match mpls-label
 apply mpls-label
#
```

说明：

PE2、ASBR-PE2上的配置分别与PE1、ASBR-PE1类似，此处不再详述。

（2）方案2：

PE1的主要配置：

```
#
ip vpn-instance vpn1
 ipv4-family
  route-distinguisher 100:1
  vpn-target 1:1 export-extcommunity
  vpn-target 1:1 import-extcommunity
#
 mpls lsr-id 1.1.1.9
 mpls
#
mpls ldp
#
interface GigabitEthernet1/0/0
 ip address 172.1.1.2 255.255.255.0
 mpls
 mpls ldp
#
interface GigabitEthernet2/0/0
 ip binding vpn-instance vpn1
 ip address 10.1.1.2 255.255.255.0
#
bgp 100
 peer 4.4.4.9 as-number 200
 peer 4.4.4.9 ebgp-max-hop 10
 peer 4.4.4.9 connect-interface LoopBack1
```

```
#
 ipv4-family unicast
  undo synchronization
  peer 4.4.4.9 enable
 #
 ipv4-family vpnv4
  policy vpn-target
  peer 4.4.4.9 enable
 #
 ipv4-family vpn-instance vpn1
  import-route direct
  peer 10.1.1.1 as-number 65001
#
ospf 1
 area 0.0.0.0
  network 1.1.1.9 0.0.0.0
  network 172.1.1.0 0.0.0.255
#
```

ASBR-PE2 的主要配置：

```
#
 sysname ASBR-PE1
#
 mpls lsr-id 2.2.2.9
 mpls
  lsp-trigger bgp-label-route
#
mpls ldp
#
interface GigabitEthernet1/0/0
 ip address 172.1.1.1 255.255.255.0
 mpls
 mpls ldp
#
interface GigabitEthernet2/0/0
 ip address 192.1.1.1 255.255.255.0
 mpls
#
interface LoopBack1
 ip address 2.2.2.9 255.255.255.255
#
bgp 100
 peer 192.1.1.2 as-number 200
 #
 ipv4-family unicast
  undo synchronization
  network 1.1.1.9 255.255.255.255
  peer 192.1.1.2 enable
  peer 192.1.1.2 route-policy policy1 export
  peer 192.1.1.2 label-route-capability
 #
ospf 1
 import-route bgp
 area 0.0.0.0
  network 2.2.2.9 0.0.0.0
  network 172.1.1.0 0.0.0.255
```

```
#
route-policy policy1 permit node 1
 apply mpls-label
#
```

三种解决方案的比较

三种解决方案各有所长，应用哪种方案具体要看用户的网络环境及需求来定，详细的比较如下所示。

	Option A	Option B	Option C
ASBR 间交换的路由类型	客户的 IPv4 路由	VPNv4 路由	公网 IPv4 路由
AS 间标签交换	否	VPN 标签	IPv4 路由标签（通过 eBGP 传递）
AS 之间是否需要启用 LDP	否	否	否
AS 之间是否需要启用 MP-BGP	否	是	是
VPNv4 路由在哪里维护	ASBR	ASBR	PE 或 RR
适用场景	一般用于国际运营商之间	同一个运营商中的不同 AS 之间	同一个运营商中的不同 AS 之间

8.4 思考题

问题 1：华为 VRP 系统默认情况触发建立 LSP 的策略是什么？

问题 2：LDP 对于标签的发布和管理都有哪些方法?

问题 3：LDP 和 IGP 同步解决了什么问题？

问题 4：在 MPLS 域的边界处，华为设备是如何进行报文处理的？

问题 5：RD 和 RT 的区别是什么？各有什么用途？

问题 6：在 MPLS VPN 中一定要使用两层标签来传递业务吗？一个标签行不行？

问题 7：在 MPLS VPN 中，如果想让两个不同的 VPN 作单向互访，如何实现？

问题 8：MPLS L3 VPN 的用户如果有上 Internet 的需求，如何实现？

问题 9：跨域的 MPLS L3VPN 有哪些解决方案？

问题 10：MPLS VPN 技术中用到了哪几个 BGP 的扩展团体属性？

第九章
交换技术

本章介绍了局域网络中交换技术及协议，重点介绍了 STP、RSTP 及 MSTP 协议，并分析了各种生成树协议的不同。章节最后对 WAN 上 PPP 及 PPPoE 也做了介绍。

本章包含以下内容：

- 华为的多种 VLAN 技术
- STP/RSTP 收敛算法及对比
- MSTP 原理分析
- STP 保护技术
- PPP/MultilinkPPP 和 PPPoE 技术

9.1 VLAN

9.1.1 VLAN 基础

1. 什么是 VLAN

VLAN（Virtual Local Area Network）是虚拟局域网的缩写，它是一种将物理局域网在逻辑上划分成不同网段的技术，每个逻辑网段（即一个 VLAN）相当于一个小型局域网，在同一个 VLAN 内的设备可以通过传统的以太网交换技术实现通信，而不受物理位置的约束；不同 VLAN 的设备之间的通信需要通过三层交换机或路由器等网络层设备才能实现。

在 1996 年 3 月，IEEE 802.1Internetworking 委员会结束了对 VLAN 初期标准的修订工作。后来 IEEE 于 1999 年颁布了用于标准化 VLAN 实现方案的 802.1Q 协议标准草案。802.1Q 的出现打破了虚拟局域网依赖于单一厂商的僵局，从一个侧面推动了 VLAN 的迅速发展。

2. VLAN 的作用

（1）有效地控制广播：在一个局域网内，如果主机数量过多，容易造成广播泛滥，带宽和主机资源浪费严重；有了 VLAN 后，广播域被限制在一个 VLAN 内，广播流量的泛洪范围减小，从而有效地节省了带宽和系统处理开销。图 9-1 显示了一个局域网划分 VLAN 前后的对比。

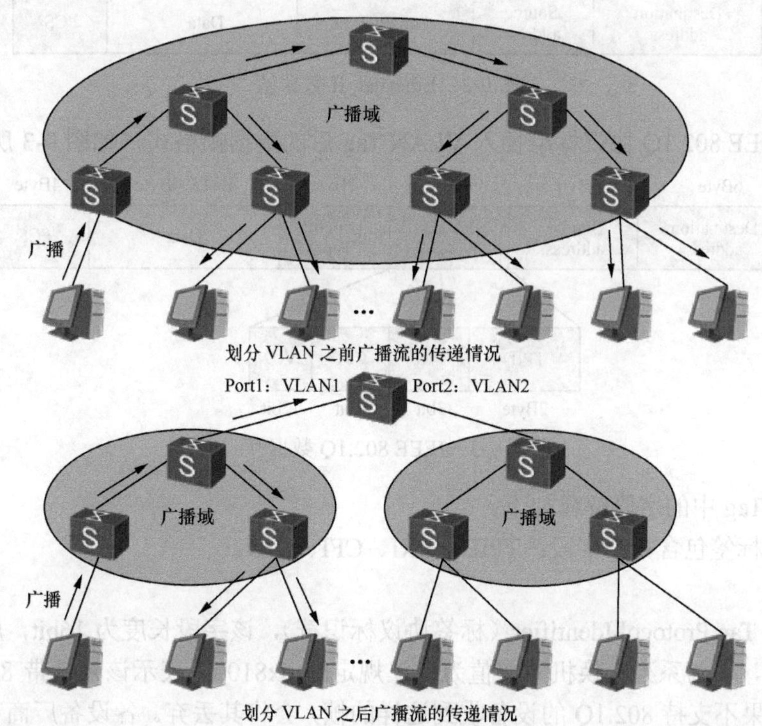

图 9-1 VLAN 隔离了广播域

（2）增强局域网的安全性：不同 VLAN 的主机不能直接通信，使用 VLAN 可以将交换机下面连接的不同业务或部门的主机进行有效的隔离，通过广播方式泛洪的病毒也被限制在一个 VLAN 内部。

（3）提高网络的灵活性：可以将处于不同物理位置的设备划分到同一个虚拟工作组，使网络构建和后期维护更加方便。

（4）增强了网络的健状性：故障被限制在一个 VLAN 内，本 VLAN 内的故障不会影响到其他 VLAN 的正常工作。

9.1.2 VLAN 原理

1. VLAN 数据帧

一个交换机可以拥有多个 VLAN（比如华为的 Sx7 系列交换机最多可以有 4094 个 VLAN）。当交换机收到数据帧时需要分辨出这是哪个 VLAN 的数据帧，以便做出相应的转发决定。所以需要为数据帧中添加 VLAN 标识信息。

VLAN 标识采用的是 IEEE 802.1Q 的正式标准，该标准是在基于传统以太网数据帧基础之上定义的，在其源 MAC 地址字段和协议类型字段之间增加 4 个 Byte 的 802.1Q Tag。其中，数据帧中的 VID（VLAN ID）字段用于表示该数据帧所属 VLAN，数据帧只能在所属 VLAN 内进行传输。

传统以太网数据帧在目的 MAC 地址和源 MAC 地址之后是代表标识上层协议的类型字段，如图 9-2 所示。

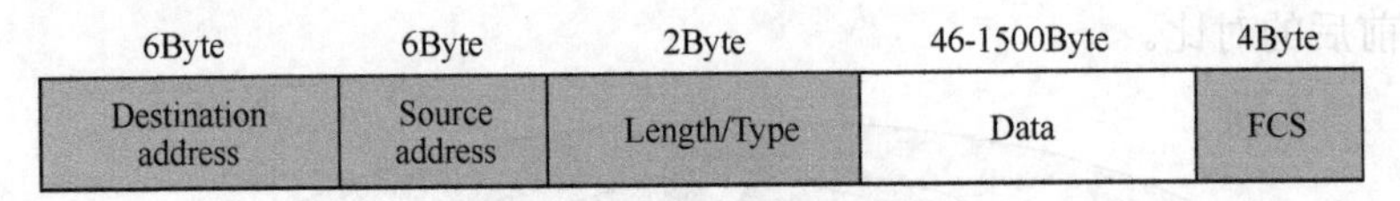

图 9-2 Ethernet_II 数据帧

使用 IEEE 802.1Q 协议标准插入 VLAN Tag 后的数据帧格式，如图 9-3 所示。

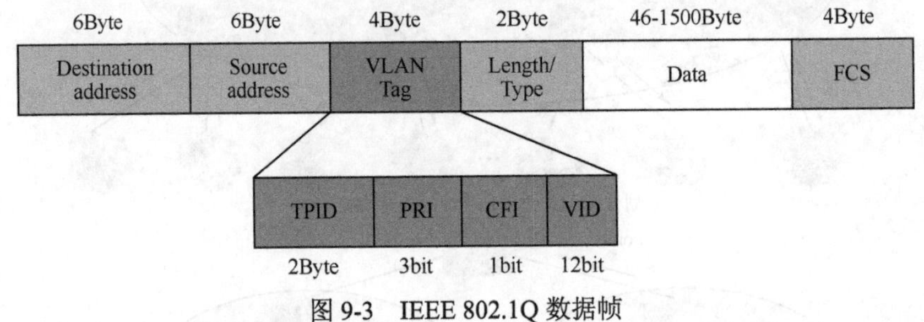

图 9-3 IEEE 802.1Q 数据帧

VLAN Tag 中的字段解释如下。

VLAN 标签包含 4 个字段：TPID、PRI、CFI、VID。

TPID：

全称是 Tag Protocol Identifier（标签协议标识符），该字段长度为 16bit，用来表明数据帧的类型，华为系列交换机中取值为协议规定的 0x8100，表示该帧是带 802.1Q 标签的数据；如果不支持 802.1Q 的设备收到这样的帧，会将其丢弃。各设备厂商可以自定义该字段的值。如果使用的 TPID 值为非 0x8100，必须保证两个交换机之间的 TPID 值配置一致，这样才能够识别对方发出的数据帧，实现通信。

PRI：

Priority，用来表示数据帧的802.1p优先级，该字段长度为3bit，取值为0～7。在应用QoS相关技术后，交换机的端口在发送拥塞后优先发送高优先级值的数据。

CFI：

Canonical Format Indicator（标准格式指示位），用于指明数据帧中的MAC地址是否为标准格式，用于兼容以太网和令牌环网。该字段长度为1bit，CFI为0说明是经典格式，CFI为1表示为非经典格式。用于区分以太网帧、FDDI（Fiber Distributed Digital Interface）帧和令牌环网帧。在以太网中，CFI的值为0。

VID：

VLAN ID，长度为12bit，表示该帧所属VLAN。VLAN ID取值范围是0～4095。由于0和4095为协议保留取值，所以VLANID的有效取值范围是1～4094。

一般来说，主机和路由器只能收发不带VLAN标签的数据帧，但是，随着VMware等虚拟化技术的不断应用，支持虚拟化技术的网卡需要支持带VLAN标签的数据帧，以便能够分辨数据帧是属于哪个VLAN中的虚拟机的。实现单臂路由技术时，在路由器的以太网接口上创建的子接口也能识别VLAN标签。交换机支持带VLAN标签的数据帧，但是交换机的接口在不同模式下对VLAN标签的处理方式不同。关于交换机的接口类型在下一节介绍。此外，IP电话、AP等设备也可以识别VLAN标签。

2. VLAN接口类型

为适应不同的网络场景和需求，华为交换机定义了三种接口类型，分别是Access接口、Trunk接口和Hybrid接口，这三种接口连接的对象以及对收发数据帧的处理都不同。下面分别针对这三种接口的作用以及对报文的处理流程进行解析。

（1）Access接口

- 作用：

Access接口一般用于连接不支持802.1Q标签的主机和其他非交换机设备（比如路由器、防火墙等），或者在不需要区分VLAN成员的场景中使用，连接的链路类型为接入链路。只能属于某一个VLAN，并且发送的数据帧不带标签。

- 报文处理流程：

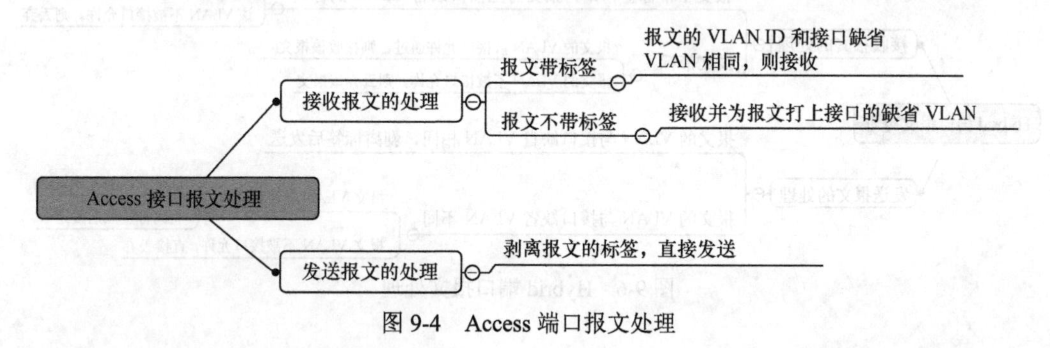

图9-4 Access端口报文处理

（2）Trunk接口

- 作用：

Trunk 接口一般用于连接交换机、AP 以及 IP 电话等，对应的链路类型为 Trunk（干道）链路，可以同时承载多个 VLAN 的数据。数据帧在通过 Trunk 链路传输时会被打上标签，但是接口缺省 VLAN 的数据帧通过 Trunk 链路时不带标签。

- 报文处理流程：

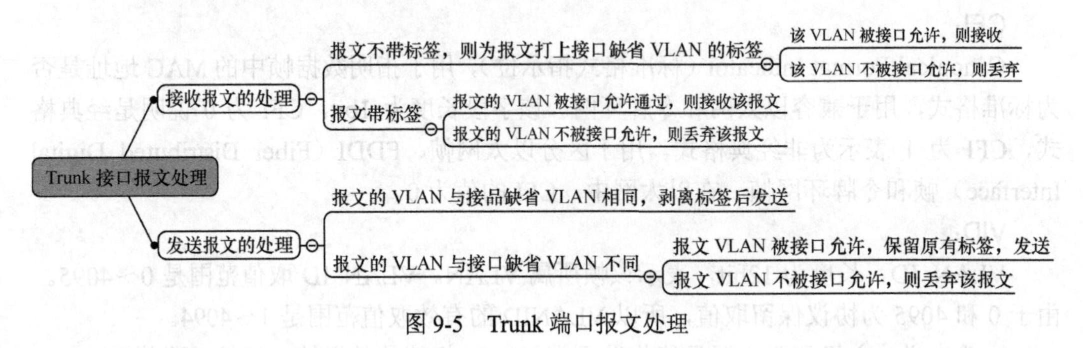

图 9-5 Trunk 端口报文处理

（3）Hybrid 接口

- 作用：

Hybrid 接口既可以用于连接不支持 802.1Q 标签的设备（如主机、HUB、傻瓜交换机等），也可以用于连接交换机、路由器以及 IP 语音电话、AP 等。它可以允许多个 VLAN 的帧以带标签的方式通过，也可以允许多个 VLAN 的帧以不带标签的方式通过。对应的链路可以是接入链路也可以是干道链路。

Hybrid 接口和 Trunk 接口的特性基本相同，这两种接口在接收数据时，处理方法是一样的，在很多应用场景下可以通用，唯一不同之处在于：发送数据时，Hybrid 接口可以允许多个 VLAN 的报文发送时不打标签，而 Trunk 接口只允许缺省 VLAN 的报文发送时不打标签。在有些场景下必须使用 Hybrid 接口，比如在使用策略划分 VLAN 的网络中，交换机的一个接口下可能连接了多台属于不同 VLAN 的设备，这些设备发的数据帧都不带标签，交换机接收后需要根据策略给数据帧打上不同 VLAN 的标签，这时必须要使用 Hybrid 接口。

- 报文处理流程：

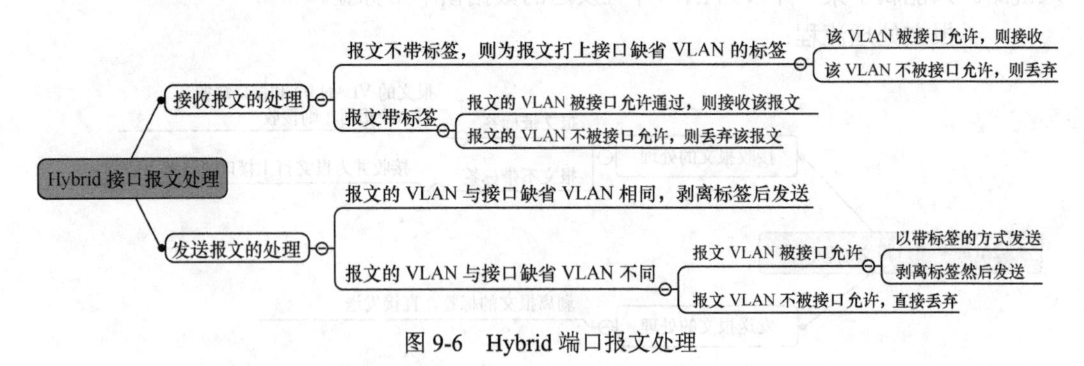

图 9-6 Hybrid 端口报文处理

9.1.3 划分 VLAN 的方式

可以根据不同的方式为 VLAN 划分和定义成员，华为交换机支持以下五种划分

VLAN的方法：基于端口、基于MAC地址、基于IP地址、基于协议和基于策略的划分。

（1）基于端口划分VLAN

- 原理：

根据以太网交换机的端口编号来划分VLAN，可以将交换机的单个或多个接口划分到某一个VLAN，这些接口可以不连续，甚至可以位于不同的交换机上；交换机的Access接口只能被划分到一个VLAN中，而Trunk和Hybrid接口可以被划分到多个VLAN中；缺省情况下，交换机所有接口都被划分在VLAN 1中。

当一个数据帧进入交换机时，如果没有带VLAN标签，该数据帧就会被打上接口缺省VLAN的标签，然后数据帧将在该缺省VLAN中传输。如果数据帧带VLAN标签，则比较该VLAN和接口的缺省VLAN，如果一样则接收，否则丢弃。

- 特点：

这种划分VLAN的方法定义成员比较简单，接口的配置也比较固定，网络的运维和管理很方便。缺点是当更换设备后需要在新的设备上重新配置端口，移动性支持不好。

- 应用场景及典型配置：

这种划分VLAN的方式适用于网络设备位置比较固定的组网环境中，如图9-7所示。某企业的交换机连接有很多用户，且相同业务用户通过不同的设备接入企业网络。为了通信的安全性，同时为了避免广播风暴，企业希望业务相同的用户之间可以互相访问，业务不同的用户不能直接访问。可以在交换机上配置基于端口划分VLAN，把连接相同业务用户的接口划分到同一VLAN。这样属于不同VLAN的用户不能直接进行二层通信，同一VLAN内的用户可以直接互相通信。

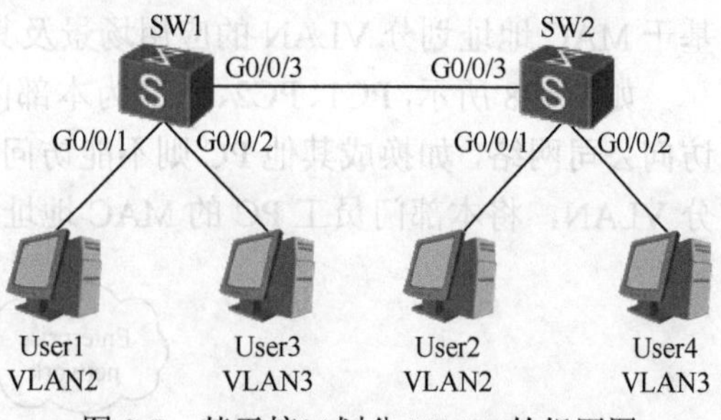

图9-7　基于接口划分VLAN的组网图

如图9-7所示，在SW1创建VLAN2和VLAN3，并将连接用户的接口分别加入VLAN。SW2的配置与SW1类似，不再赘述。

```
<HUAWEI> system-view
[HUAWEI] sysname SW1
[SW1] vlan batch 2 3
[SW1] interface gigabitethernet 0/0/1
[SW1-GigabitEthernet0/0/1] port link-type access
[SW1-GigabitEthernet0/0/1] port default vlan 2
[SW1-GigabitEthernet0/0/1] quit
[SW1] interface gigabitethernet 0/0/2
[SW1-GigabitEthernet0/0/2] port link-type access
[SW1-GigabitEthernet0/0/2] port default vlan 3
[SW1-GigabitEthernet0/0/2] quit
```

（2）基于MAC地址划分VLAN

- 原理：

这种方法是根据设备的MAC地址来划分VLAN，所以需要预先配置好MAC地址和VLAN的对应关系。当交换机收到一个不带VLAN标签的数据帧时，根据该数据帧的源MAC地址查找源MAC地址和VLAN的映射表，找到对应的VLAN，然后为该数据帧打上相应 VLAN 的标签并做进一步处理。当交换机收到带有标签的数据帧时，处理方法跟基于端口划分 VLAN 的方式是一样的。

- 特点：

这种划分方法的优点是当设备在不同物理位置间移动时（比如设备从交换机当前的接口移动到其他接口，或移动到其他交换机），不需要重新配置 VLAN。这种方法的缺点是在网络初始化配置时，需要收集所有用户的 MAC 地址，然后做 MAC 地址到 VLAN 的映射关系配置。如果用户数量大，配置工作量很大。使用这种方法也会降低网络的性能，因为在交换机的一个接口上可能存在多个 VLAN 用户，单接口可能需要转发多个 VLAN 的广播流量，导致广播流量占用过多的网络资源。另外，网络中使用移动设备的用户越来越多，他们不停地更换移动设备导致 MAC 地址不断地变化，从而需要频繁地更新 VLAN 的配置。

- 应用场景及典型配置：

这种方法适用于位置经常移动但网卡不经常更换的小型网络，如移动 PC。另外，华为交换机的 voice VLAN 是基于 MAC 地址划分 VLAN 的一种实现，设备可以根据进入接口的数据报文中的源 MAC 地址字段来判断该数据流是否为语音数据流，如果是语音数据流，那么将由 voice VLAN 做进一步处理。

当某个公司的网络中，网络管理者将同一部门的员工划分到同一 VLAN。为了提高部门内的信息安全，要求只有本部门员工的 PC 才可以访问公司网络。下面显示了一个基于 MAC 地址划分 VLAN 的应用场景及其配置。

如图 9-8 所示，PC1、PC2、PC3 为本部门员工的 PC，要求这几台 PC 可以通过 Switch 访问公司网络，如换成其他 PC 则不能访问。要实现该需求，可以配置基于 MAC 地址划分 VLAN，将本部门员工 PC 的 MAC 地址与 VLAN 绑定，从而实现需求。

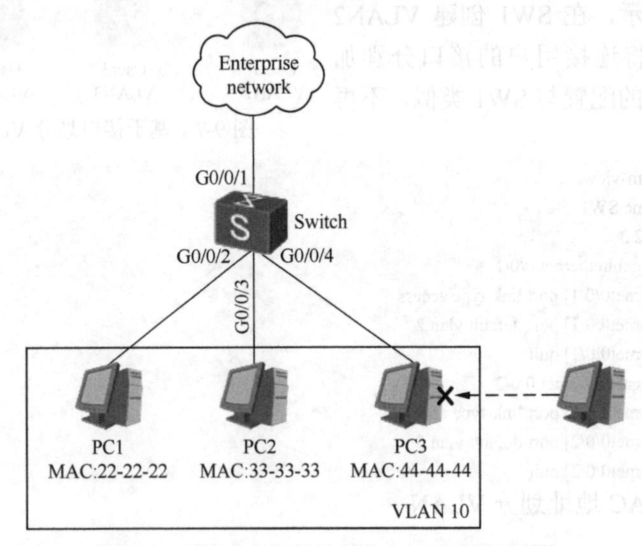

图 9-8　基于 MAC 地址划分 VLAN 的组网图

交换机的配置如下：

```
# 创建 VLAN
<HUAWEI> system-view
```

```
[HUAWEI] sysname Switch
[Switch] vlan batch 10
# 配置接口加入 VLAN。GE0/0/3、GE0/0/4 的配置与 GE0/0/2 类似，不再赘述
[Switch] interface gigabitethernet 0/0/1
[Switch-GigabitEthernet0/0/1] port link-type hybrid
[Switch-GigabitEthernet0/0/1] port hybrid tagged vlan 10
[Switch-GigabitEthernet0/0/1] quit
[Switch] interface gigabitethernet 0/0/2
[Switch-GigabitEthernet0/0/2] port link-type hybrid
[Switch-GigabitEthernet0/0/2] port hybrid untagged vlan 10
[Switch-GigabitEthernet0/0/2] quit
# PC 的 MAC 地址与 VLAN10 关联
[Switch] vlan 10
[Switch-vlan10] mac-vlan mac-address 22-22-22
[Switch-vlan10] mac-vlan mac-address 33-33-33
[Switch-vlan10] mac-vlan mac-address 44-44-44
[Switch-vlan10] quit
# 使能接口的基于 MAC 地址划分 VLAN 功能，GE0/0/3、GE0/0/4 的配置与 GE0/0/2 类似，不再赘述
[Switch] interface gigabitethernet 0/0/2
[Switch-GigabitEthernet0/0/2] mac-vlan enable
[Switch-GigabitEthernet0/0/2] quit
```

（3）基于子网划分 VLAN

- 原理：

这种方法是根据数据帧中的源 IP 地址和子网掩码来划分 VLAN，所以交换机需要能够检查到数据帧中的网络层信息，但并不是根据路由表来划分 VLAN，而是根据 IP 地址和 VLAN 的对应关系表来划分 VLAN。当交换机收到的是不带标签的数据帧，就依据该表给数据帧添加指定 VLAN 的标签。然后数据帧将在指定 VLAN 中传输。如果收到的是带有标签的数据帧时，处理方法跟基于端口划分 VLAN 的方式是一样的。

- 特点：

这种方法和上一种方法一样，当用户设备的物理位置发生改变，只要不改变 IP 地址，就不需要重新划分 VLAN，减轻了配置任务，利于管理。这种方法的缺点是当用户数量大而且用户的位置分布没有规律时，IP 地址和 VLAN 间映射关系的规划和配置比较麻烦。另外，因为这种方法需要交换机检查每一个数据包的网络层地址，所以需要消耗一定的处理时间和系统资源开销，如果用户流量很大，会导致交换机性能下降。

- 应用场景和典型配置：

这种方法适用于对安全需求不高、对移动性和简易管理需求较高的场景中。比如，一台 PC 配置多个 IP 地址分别访问不同网段的服务器，以及 PC 切换 IP 地址后要求 VLAN 自动切换等场景。

图 9-9 所示为一个应用基于子网划分 VLAN 方法的应用场景和相关配置例子。

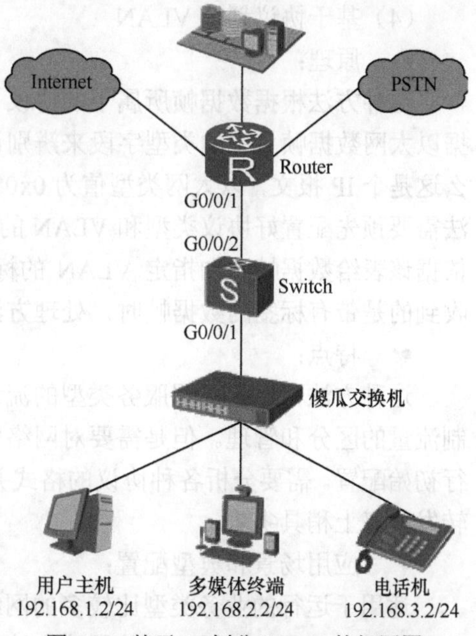

图 9-9　基于 IP 划分 VLAN 的组网图

交换机的配置如下：

```
创建 VLAN
# 在 Switch 上创建 VLAN100、VLAN200 和 VLAN300。
<HUAWEI> system-view
[HUAWEI] sysname Switch
[Switch] vlan batch 100 200 300
配置接口
# 在 Switch 上配置接口 GE0/0/1 为 Hybrid 类型，分别以 Untagged 方式加入 VLAN100、VLAN200 和 VLAN300。并使能基于 IP 子网划分 VLAN 功能
[Switch] interface gigabitethernet 0/0/1
[Switch-GigabitEthernet0/0/1] port link-type hybrid
[Switch-GigabitEthernet0/0/1] port hybrid untagged vlan 100 200 300
[Switch-GigabitEthernet0/0/1] ip-subnet-vlan enable
[Switch-GigabitEthernet0/0/1] quit
# 在 Switch 上配置接口 GE0/0/2 为 Trunk 类型，分别以 Tagged 方式加入 VLAN100、VLAN200 和 VLAN300
[Switch] interface gigabitethernet 0/0/2
[Switch-GigabitEthernet0/0/2] port link-type trunk
[Switch-GigabitEthernet0/0/2] port trunk allow-pass vlan 100 200 300
[Switch-GigabitEthernet0/0/2] quit
配置基于 IP 子网划分 VLAN
# 在 Switch 上配置 VLAN100 与 IP 地址 192.168.1.2/24 关联，优先级为 2
[Switch] vlan 100
[Switch-vlan100] ip-subnet-vlan 1 ip 192.168.1.2 24 priority 2
[Switch-vlan100] quit
# 在 Switch 上配置 VLAN200 与 IP 地址 192.168.2.2/24 关联，优先级为 3
[Switch] vlan 200
[Switch-vlan200] ip-subnet-vlan 1 ip 192.168.2.2 24 priority 3
[Switch-vlan200] quit
# 在 Switch 上配置 VLAN300 与 IP 地址 192.168.3.2/24 关联，优先级为 4
[Switch] vlan 300
[Switch-vlan300] ip-subnet-vlan 1 ip 192.168.3.2 24 priority 4
[Switch-vlan300] quit
```

（4）基于协议划分 VLAN

- 原理：

这种方法根据数据帧所属于的协议（族）类型及封装格式来划分 VLAN。交换机根据以太网数据帧头中的类型字段来辨别该数据的类型，比如以太网类型值为 0x0800，那么这是个 IP 报文，以太网类型值为 0x0806 的是 ARP 报文。和前两种方法一样，这种方法需要预先配置好协议类型和 VLAN 的映射表。交换机如果收到的是不带标签的帧，就依据该表给数据帧添加指定 VLAN 的标签。然后数据帧将在指定 VLAN 中传输。如果收到的是带有标签的数据帧时，处理方法跟基于端口划分 VLAN 的方式是一样的。

- 特点：

这种方法可以将不同服务类型的流量关联到指定的 VLAN，方便对于各种业务或控制流量的区分和管理。但是需要对网络中所有的协议类型和 VLAN ID 的映射关系表进行初始配置。需要分析各种协议的格式并进行相应的转换，从而消耗交换机较多的资源，转发效率上稍具劣势。

- 应用场景和典型配置：

适用于运行的业务类型比较多的网络场景中，利用这种方法可以很方便地管理各种业务流量。下面介绍了一个使用该方法划分 VLAN 的应用场景和配置例子。

某企业拥有多种业务，如 IPTV、VoIP、Internet 等，每种业务所采用的协议各不相同。为了便于管理，现需要将同一种类型业务划分到同一 VLAN 中，不同类型的业务划分到不同 VLAN 中。

如图 9-10 所示，Switch 收到的用户报文有多种业务，所采用的协议各不相同。VLAN10 中的用户采用 IPv4 协议与远端用户通信，而 VLAN20 中的用户采用 IPv6 协议与远端服务器通信。现需要将不同类型的业务划分到不同的 VLAN 中，通过不同的 VLAN ID 分流到不同的远端服务器上以实现业务互通。

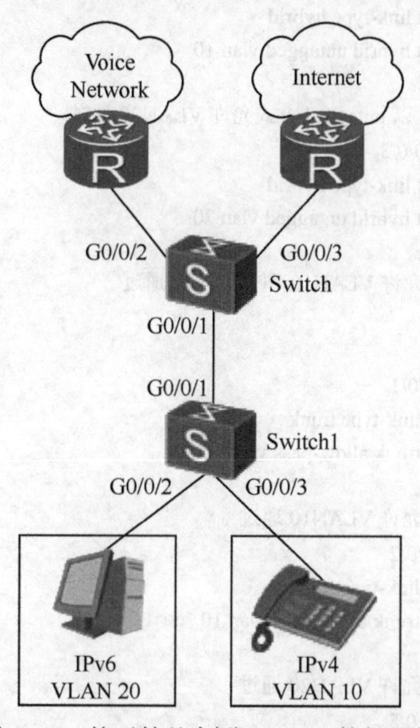

图 9-10 基于协议划分 VLAN 的组网图

交换机 Switch 的配置如下，Switch2 和 Trunk 链路的配置这里不再赘述。

```
# 在 Switch1 上配置 VLAN
<HUAWEI> system-view
[HUAWEI] sysname Switch1
[Switch1] vlan batch 10 20
配置基于协议划分 VLAN
# 在 Switch1 上配置 VLAN10 与协议 IPv4 关联
[Switch1] vlan 10
[Switch1-vlan10] protocol-vlan ipv4
[Switch1-vlan10] quit
# 在 Switch1 上配置 VLAN20 与协议 IPv6 关联
[Switch1] vlan 20
[Switch1-vlan20] protocol-vlan ipv6
[Switch1-vlan20] quit
配置接口关联协议 VLAN
# 在 Switch1 上配置接口 GE0/0/2 与 VLAN10 关联，优先级是 5
[Switch1] interface gigabitethernet 0/0/2
[Switch1-GigabitEthernet0/0/2] protocol-vlan vlan 10 all priority 5
[Switch1-GigabitEthernet0/0/2] quit
# 在 Switch1 上配置接口 GE0/0/3 与 VLAN20 关联，优先级是 6
[Switch1] interface gigabitethernet 0/0/3
```

```
[Switch1-GigabitEthernet0/0/3] protocol-vlan vlan 20 all priority 6
[Switch1-GigabitEthernet0/0/3] quit
配置接口
# 在 Switch1 上配置接口 GE0/0/1 允许 VLAN10 和 VLAN20 通过
[Switch1] interface gigabitethernet 0/0/1
[Switch1-GigabitEthernet0/0/1] port link-type trunk
[Switch1-GigabitEthernet0/0/1] port trunk allow-pass vlan 10 20
[Switch1-GigabitEthernet0/0/1] quit
# 在 Switch1 上配置接口 GE0/0/2 以 untagged 方式允许 VLAN10 通过
[Switch1] interface gigabitethernet 0/0/2
[Switch1-GigabitEthernet0/0/2] port link-type hybrid
[Switch1-GigabitEthernet0/0/2] port hybrid untagged vlan 10
[Switch1-GigabitEthernet0/0/2] quit
# 在 Switch1 上配置接口 GE0/0/3 以 untagged 方式允许 VLAN20 通过
[Switch1] interface gigabitethernet 0/0/3
[Switch1-GigabitEthernet0/0/3] port link-type hybrid
[Switch1-GigabitEthernet0/0/3] port hybrid untagged vlan 20
[Switch1-GigabitEthernet0/0/3] quit
# 在 Switch 上配置接口 GE0/0/1 允许 VLAN10 和 VLAN20 通过
<HUAWEI> system-view
[HUAWEI] sysname Switch
[Switch] interface gigabitethernet 0/0/1
[Switch-GigabitEthernet0/0/1] port link-type trunk
[Switch-GigabitEthernet0/0/1] port trunk allow-pass vlan 10 20
[Switch-GigabitEthernet0/0/1] quit
# 在 Switch 上配置接口 GE0/0/2 允许 VLAN10 通过
[Switch] interface gigabitethernet 0/0/2
[Switch-GigabitEthernet0/0/2] port link-type trunk
[Switch-GigabitEthernet0/0/2] port trunk allow-pass vlan 10
[Switch-GigabitEthernet0/0/2] quit
# 在 Switch 上配置接口 GE0/0/3 允许 VLAN20 通过
[Switch] interface gigabitethernet 0/0/3
[Switch-GigabitEthernet0/0/3] port link-type trunk
[Switch-GigabitEthernet0/0/3] port trunk allow-pass vlan 20
[Switch-GigabitEthernet0/0/3] return
```

（5）基于策略划分 VLAN

- 原理：

这种方法是根据多种划分 VLAN 方式的组合而产生的，这里的策略主要包括“基于 MAC 地址+IP 地址”组合策略和“基于 MAC 地址+IP 地址+端口”两种组合策略。基于 MAC 地址、IP 地址、接口组合的策略划分 VLAN 是指在交换机上绑定终端的 MAC 地址和 IP 地址或接口，并与 VLAN 关联。只有符合条件的终端才能加入指定 VLAN。符合策略的终端加入指定 VLAN 后，严禁修改 IP 地址或 MAC 地址，甚至都不能改变接入的交换机端口，否则会导致终端从指定 VLAN 中退出，无法访问网络中的资源。

网络管理员预先配置策略，如果收到的是不带标签的帧，且匹配配置的策略时，给数据帧添加指定 VLAN 的标签，然后数据帧将在指定的 VLAN 中传输。如果收到的是带有标签的数据帧，处理方式和基于端口划分的 VLAN 一样。

- 特点：

对于安全程度要求较高的网络中，应用这种 VLAN 的划分方法，可以防止用户擅自修改设备的地址，导致管理难度加大。使用地址加端口的绑定方式，还可以避免未经授权的用户擅自接入网络，给网络的安全带来隐患。但是这种方法需要人工做地址和端口的绑定，当用户数量多的时候，配置比较复杂。

- 应用场景和典型配置：

这种方法一般用对安全性要求较高的网络，尤其是需要严格审查接入设备合法性的网络（比如银行内部的办公网）。下面给出一个使用该方法划分 VLAN 的应用场景和配置例子。

如图 9-11 所示，某企业内部办公网的网络拓扑，现要把 User1（MAC 地址为 1-1-1，IP 地址为 1.1.1.1）绑定在 SW1 的 GE1/0/1 端口上；把 User2（MAC 地址为 2-2-2，IP 地址为 2.2.2.2）绑定在 SW2 的 GE1/0/1 端口上，并把它们划分到 VLAN 2 中；把 User3（MAC 地址为 3-3-3，IP 地址为 3.3.3.3）绑定在 SW1 的 GE1/0/2 端口上；把 User4（MAC 地址为 4-4-4，IP 地址为 4.4.4.4）绑定在 SW2 的 GE1/0/2 端口上，并把它们划分到 VLAN 3 中。

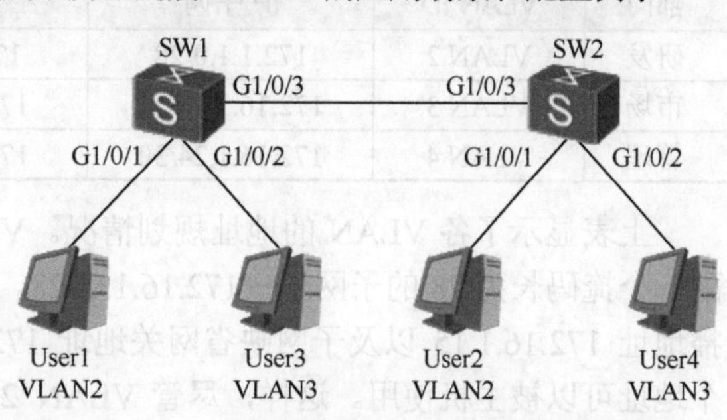

图 9-11　基于策略划分 VLAN 的组网图

下面给出交换机 SW1 的配置，SW2 的配置跟 SW1 相似，这里不再赘述。

```
#创建所需的策略协议 VLAN 2 和 VLAN 3
< HUAWEI > system-view
< HUAWEI >sysname SwitchA
[SwitchA] vlan batch 2 3
#配置 MAC 地址、IP 地址和交换机端口组合策略与以上策略 VLAN 的关联，并为两个协议 VLAN 设置不同的 802.1q 的优先级值
[SwitchA] vlan 2
[SwitchA–vlan2] policy-vlan mac-address 1-1-1 ip 1.1.1.1 gigabitEthernet1/0/1
priority 7
[SwitchA–vlan2] quit
[SwitchA] vlan 3
[SwitchA-vlan20] policy-vlan mac-address 3-3-3 ip 3.3.3.3 gigabitEthernet1/0/2
priority 5
[SwitchA-vlan20] quit
#配置交换机端口类型并允许对应的策略 VLAN 通过
[SwitchA] interface gigabitethernet 1/0/1
[SwitchA-GigabitEthernet1/0/1] port link-type hybrid
[SwitchA-GigabitEthernet1/0/1] port hybrid Untagged vlan 2
[SwitchA-GigabitEthernet1/0/1] quit
[SwitchA] interface gigabitethernet 1/0/2
[SwitchA-GigabitEthernet1/0/2] port link-type trunk
[SwitchA-GigabitEthernet1/0/2] port trunk allow-pass vlan 3
[SwitchA-GigabitEthernet1/0/2] quit
```

9.1.4　VLAN 扩展应用

9.1.4.1　VLAN 聚合

1. 产生背景

在局域网络中，为控制广播域和增强网络的安全性，广泛使用了 VLAN 技术。一般来说，不同 VLAN 之间的二层通信会被拒绝，为实现三层通信，每个 VLAN 都需要有自己的 IP 子网和网关，随着网络中 VLAN 数量的增加，会导致大量的 IP 地址浪费。因

为对于每个子网来说，子网号、子网定向广播地址、子网缺省网关地址都不能用作 VLAN 内的主机 IP 地址，且子网中实际接入的主机可能少于编址数，多出来的 IP 地址也会因不能再被其他 VLAN 使用而被浪费掉。为了解决上述问题，VLAN 聚合应运而生。下面显示了某企业为各部门制定的 VLAN 及 IP 地址分配表。

部门	VLAN ID	IP 子网	网关	可用地址数	部门设备数量
研发	VLAN 2	172.1.1.0/28	172.16.1.1	13	10
市场	VLAN 3	172.16.1.16/29	172.16.1.17	5	5
管理	VLAN 4	172.16.1.24/30	172.16.1.25	1	1

上表显示了各 VLAN 的地址规划情况。VLAN 2 预计未来要有 10 个主机，给其分配一个掩码长为 28 的子网——172.16.1.0 /28。该网段的子网号 172.16.1.0 和子网定向广播地址 172.16.1.15 以及子网缺省网关地址 172.16.1.1 都不能作为主机地址，剩下的 13 个地址可以被主机使用。这样，尽管 VLAN 2 只需要 10 个地址就可以满足需求了，但是按照子网划分却要分给它的 13 个地址。VLAN 3 预计未来有 5 个主机地址需求，至少需要分配一个 29 位掩码的子网（172.16.1.16 /29）才能满足要求。VLAN 4 只有 1 台主机，则占用子网 172.16.1.24 /30。

这样，VLAN 2 子网就会浪费 3 个 IP 地址。同时，VLAN 2 子网的实际需求只有 10 个，剩余的 3 个也不能再被其他 VLAN 使用。当网络中的 VLAN 越多，浪费的 IP 地址也就越多。

2. 实现原理

VLAN 聚合定义了两层 VLAN：Super-VLAN 和 Sub-VLAN。每个 Sub-VLAN 对应一个广播域，Super-VLAN 是 Sub-VLAN 的上级 VLAN，一个 Super-VLAN 可以和多个 Sub-VLAN 进行关联，而且只需要给 Super-VLAN 分配一个 IP 子网，所有 Sub-VLAN 共用 Super-VLAN 的 IP 子网和缺省网关（也就是 Super-VLAN 的 VLANIF 接口）进行三层通信。这样，由于多个 Sub-VLAN 共享一个网关地址，减少了子网号、子网定向广播地址、子网缺省网关地址的消耗，并且在给 Sub-VLAN 分配 IP 地址时，是基于整个 Super-VLAN（相当于一个大 VLAN）的主机需求来规划的，不会造成 Sub-VLAN 的地址浪费。这样既保证了每一个 Sub-VLAN 作为一个独立的广播域实现广播隔离，又节省了 IP 地址资源，提高了编址的灵活性。

（1）Super-VLAN

Super-VLAN 作为上层 VLAN，为底下各个 Sub-VLAN 创建三层接口（VLANIF），从而保障各个 Sub-VLAN 之间及与外网的三层通信。但是 Super-VLAN 不属于任何物理接口，而判定 Super-VLAN 的 VLANIF 接口状态是否为 Up，不是依赖于物理接口的状态判定，而是依赖于它所包含的 Sub-VLAN 中是否存在 Up 的物理接口，存在就 Up。

（2）Sub-VLAN

Sub-VLAN 是最终为主机提供接入功能的 VLAN（也就是说它可以包含物理接口），但是 Sub-VLAN 不能创建三层接口（VLANIF），只是用来对用户二层隔离（或者叫隔离广播域）。Sub-VLAN 不能占用一个独立的子网网段。在同一个 Super-VLAN 中，无论主机属于哪一个 Sub-VLAN，它的 IP 地址都在 Super-VLAN 对应的子网网段内。

Super-VLAN 和 Sub-VLAN 之间的关系，如图 9-12 所示。VLAN 10 作为一个 Super-VLAN，底下包含了 3 个 Sub-VLAN，3 台主机属于不同的 Sub-VLAN，实现了二层隔离，但是它们都采用了同一个子网中的地址（VLAN10 的子网），并且共享 VLAN10 的 VLANIF 接口 IP 地址作为网关。

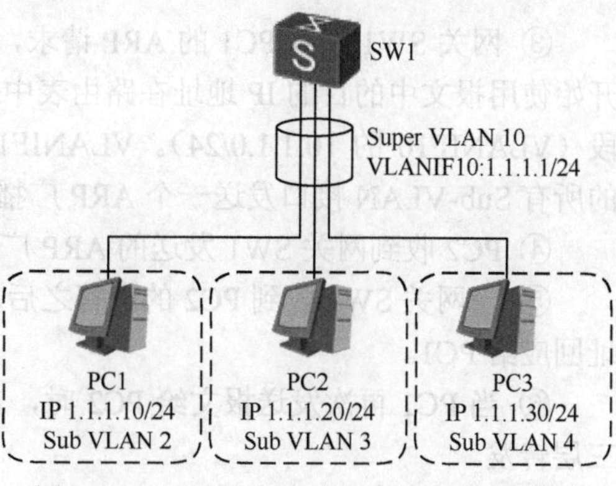

图 9-12 Super-VLAN 与 Sub-VLAN 的关系

3. Sub-VLAN 的通信

由于 Super-VLAN 技术规定了不同类型 VLAN 的功能和特点，比如 Super-VLAN 不能包含在任何物理链路上，Sub-VLAN 不能创建 VLANIF 接口，所以造成了在部署了 Super-VLAN 技术的场景中 VLAN 通信的特殊性。比如 Sub-VLAN 之间如何进行三层通信，以及 Sub-VLAN 如何访问到外部网络进行二、三层通信等。下面就几种 Sub-VLAN 的通信情况进行详细介绍。

（1）各 Sub-VLAN 间三层通信

VLAN 聚合在实现不同 VLAN 共用同一子网网段地址的同时，也给 Sub-VLAN 间的三层转发带来了问题。普通 VLAN 中，不同 VLAN 内的主机可以通过各自不同的网关进行三层互通。但是 Super-VLAN 中，所有 Sub-VLAN 内的主机使用的是同一个网段的地址，共用同一个网关地址，主机只会做二层转发，而不会送网关进行三层转发。而实际上，不同 Sub-VLAN 的主机在二层是相互隔离的，这就造成了 Sub-VLAN 间无法通信的问题。解决这一问题的方法就是使用 VLAN 间 Proxy ARP。

如图 9-13 所示，假设 Sub-VLAN2 内的主机 Host_1 与 Sub-VLAN3 内的主机 Host_2 要通信，在 Super-VLAN10 的 VLANIF 接口上启用 Proxy ARP。

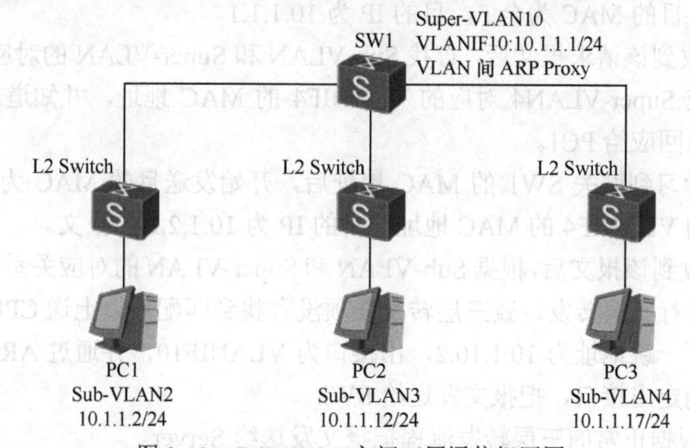

图 9-13 Sub-VLAN 之间三层通信组网图

PC1 与 PC2 的通信过程如下（假设 PC1 的 ARP 表中无 PC2 的对应表项）。

① PC1 将 PC2 的 IP 地址（10.1.1.12）和自己所在网段 10.1.1.0/24 进行比较，发现 PC2 和自己在同一个子网，但是 PC1 的 ARP 表中无 PC2 的对应表项。

② PC1 发送 ARP 广播报文，请求 PC2 的 MAC 地址，目的 IP 为 10.1.1.12。

③ 网关 SW1 收到 PC1 的 ARP 请求，由于网关上使能 Sub-VLAN 间的 Proxy ARP，开始使用报文中的目的 IP 地址在路由表中查找，发现匹配了一个路由，下一跳为直连网段（VLANIF10 的 10.1.1.0/24）。VLANIF10 对应 Super-VLAN10，则向 Super-VLAN10 的所有 Sub-VLAN 接口发送一个 ARP 广播，请求 PC2 的 MAC 地址。

④ PC2 收到网关 SW1 发送的 ARP 广播后，对此请求进行 ARP 应答。

⑤ 当网关 SW1 收到 PC2 的应答之后，就把自己的 MAC 地址当作 PC2 的 MAC 地址回应给 PC1。

⑥ 当 PC1 再次发送报文给 PC2 时，首先把报文发送给网关 SW1，由网关 SW1 做三层转发。

PC2 发送报文给 PC1 的过程和上述 PC1 发送报文给 PC2 的过程类似，这里就不再赘述。

（2）Sub-VLAN 与其他网络的三层通信

如图 9-14 所示，用户主机与服务器处于不同的网段中，SW1 上配置了 Sub-VLAN2、Sub-VLAN3、Super-VLAN4 和普通的 VLAN10，SW2 上配置了普通的 VLAN10 和 VLAN20。

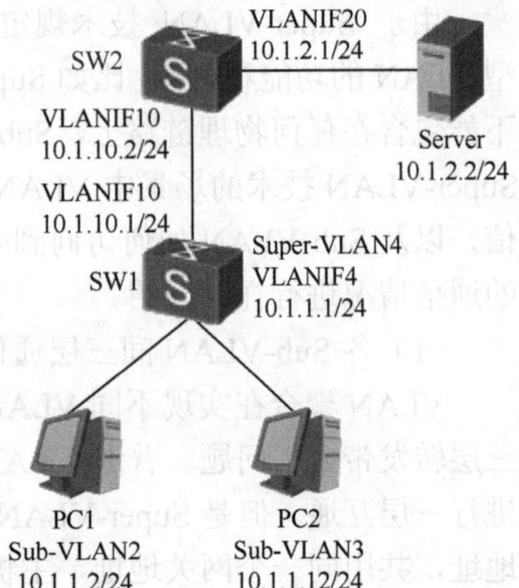

图 9-14 Sub-VLAN 与其他网络的三层通信组网图

假设 Sub-VLAN2 下的主机 PC1 想访问与 SW2 相连的 Server，报文转发流程如下（假设 SW1 上已配置了去往 10.1.2.0/24 网段的路由，SW2 上已配置了去往 10.1.1.0/24 网段的路由，但两交换机没有任何三层转发表项）。

- PC1 将 Server 的 IP 地址（10.1.2.2）和自己所在网段 10.1.1.0/24 进行比较，发现和自己不在同一个子网，发送 ARP 请求给自己的网关 SW1，请求网关的 MAC 地址，目的 MAC 为全 F，目的 IP 为 10.1.1.1。
- SW1 收到该请求报文后，查找 Sub-VLAN 和 Super-VLAN 的对应关系，知道应该回应 Super-VLAN4 对应的 VLANIF4 的 MAC 地址，并知道从 Sub-VLAN2 的接口回应给 PC1。
- PC1 学习到网关 SW1 的 MAC 地址后，开始发送目的 MAC 为 Super-VLAN4 对应的 VLANIF4 的 MAC 地址、目的 IP 为 10.1.2.2 的报文。
- SW1 收到该报文后，根据 Sub-VLAN 和 Super-VLAN 的对应关系以及目的 MAC 判断进行三层转发，查三层转发表项没有找到匹配项，上送 CPU 查找路由表，得到下一跳地址为 10.1.10.2，出接口为 VLANIF10，并通过 ARP 表项和 MAC 表项确定出接口，把报文发送给 SW2。
- SW2 根据正常的三层转发流程把报文发送给 Server。

Server 收到 PC1 的报文后给 PC1 回应，回应报文的目的 IP 为 10.1.1.2，目的 MAC 为 SW2 上 VLANIF20 接口的 MAC 地址，回应报文的转发流程如下。

- Server 给 PC1 的回应报文按照正常的三层转发流程到达 SW1。到达 SW1 时，报文的目的 MAC 地址为 SW1 上 VLANIF10 接口的 MAC 地址。
- SW1 收到该报文后根据目的 MAC 地址判断进行三层转发，查三层转发表项没有找到匹配项，上送 CPU 查路由表，发现目的 IP 为 10.1.1.2 对应的出接口为 VLANIF4，查找 Sub-VLAN 和 Super-VLAN 的对应关系，并通过 ARP 表项和 MAC 表项，知道报文应该从 Sub-VLAN2 的接口发送给 PC1。

- 回应报文到达 PC1。

（3）Sub-VLAN 与其他设备的二层通信

以图 9-15 所示组网为例，介绍 Sub-VLAN 内主机与其他设备的二层通信情况。SW1 上配置了 Sub-VLAN2、Sub-VLAN3 和 Super-VLAN4，SW1 的 IF_1 和 IF_2 配置为 Access 接口，IF_3 接口配置为 Trunk 接口，并允许 VLAN2 和 VLAN3 通过；Switch_2 连接 Switch_1 的接口配置为 Trunk 接口，并允许 VLAN2 和 VLAN3 通过。

从 PC1 进入 SW1 的报文会被打上 VLAN2 的 Tag。在 SW1 中，这个 Tag 不会因为 VLAN2 是 VLAN4 的 Sub-VLAN 而变为 VLAN4 的 Tag。该报文从 SW1 的 Trunk 接口 IF_3 发送出去时，依然是携带 VLAN2 的 Tag。也就是说，SW1 本身不会发送出 VLAN4 的报文。就算其他设备有 VLAN4 的报文发送到该设备上，这些报文也会因为 SW1 上没有 VLAN4 对应的物理接口而被丢弃。因为 SW1 的 IF_3 接口上根本就不允许 Super-VLAN4 通过。对于其他设备而言，有效的 VLAN 只有 Sub-VLAN2 和 Sub-VLAN3，所有的报文都是在这些 VLAN 中交互的。

这样，SW1 上虽然配置了 VLAN 聚合，但与其他设备的二层通信，不会涉及到 Super-VLAN，流程与正常的二层通信流程一样，此处不再赘述。

4. *应用场景及典型配置示例*

某公司拥有多个部门且位于同一网段，为了提升业务安全性，将不同部门的用户划分到不同 VLAN 中，如图 9-16 所示，VLAN2 和 VLAN3 属于不同部门。各部门均有访问 Internet 需求，同时由于业务需要，不同部门间的用户需要互通。

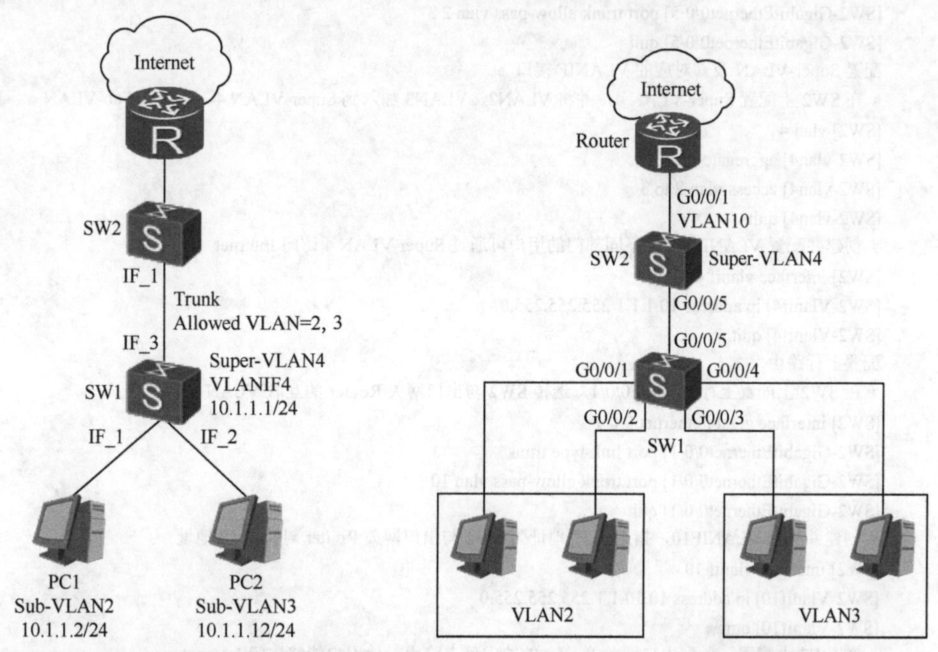

图 9-15　Sub-VLAN 与其他设备的二层通信组网图　　　图 9-16　VLAN 聚合组网图

交换机 SW1 和 SW2 的配置步骤如下。

（1）配置 VLAN 和接口，将不同部门用户划分到不同 VLAN 中，并透传各 VLAN 到 SW2。

```
【配置 SW1】:
# 配置接口 GE0/0/1 为 Access 类型。接口 GE0/0/2、GE0/0/3、GE0/0/4 的配置与 GE0/0/1 类似，不再赘述
<HUAWEI> system-view
[HUAWEI] sysname SW1
[SW1] interface gigabitethernet 0/0/1
[SW1-GigabitEthernet0/0/1] port link-type access
[SW1-GigabitEthernet0/0/1] quit
# 创建 VLAN2 并向 VLAN2 中加入 GE0/0/1 和 GE0/0/2
[SW1] vlan 2
[SW1-vlan2] port gigabitethernet 0/0/1 0/0/2
[SW1-vlan2] quit
# 创建 VLAN3 并向 VLAN3 中加入 GE0/0/3 和 GE0/0/4
[SW1] vlan 3
[SW1-vlan3] port gigabitethernet 0/0/3 0/0/4
[SW1-vlan3] quit
# 配置 SW1 连接 SW2 的接口，透传 VLAN2 和 VLAN3 到 SW2
[SW1] interface gigabitethernet 0/0/5
[SW1-GigabitEthernet0/0/5] port link-type trunk
[SW1-GigabitEthernet0/0/5] port trunk allow-pass vlan 2 3
[SW1-GigabitEthernet0/0/5] quit
【配置 SW2】:
# 创建 VLAN2、VLAN3、VLAN4、VLAN10，并配置 SW2 连接 SW1 的接口，使 VLAN2 和 VLAN3 透传到 SW2
<HUAWEI> system-view
[HUAWEI] sysname SW2
[SW2] vlan batch 2 3 4 10
[SW2] interface gigabitethernet 0/0/5
[SW2-GigabitEthernet0/0/5] port link-type trunk
[SW2-GigabitEthernet0/0/5] port trunk allow-pass vlan 2 3
[SW2-GigabitEthernet0/0/5] quit
配置 Super-VLAN 及其对应的 VLANIF 接口
# 在 SW2 上配置 Super-VLAN 4，并将 VLAN2、VLAN3 加入到 Super-VLAN 4，作为其 Sub-VLAN
[SW2] vlan 4
[SW2-vlan4] aggregate-vlan
[SW2-vlan4] access-vlan 2 to 3
[SW2-vlan4] quit
# 创建并配置 VLANIF4，使不同部门的用户可通过 Super-VLAN 4 访问 Internet
[SW2] interface vlanif 4
[SW2-Vlanif4] ip address 10.1.1.1 255.255.255.0
[SW2-Vlanif4] quit
配置上行路由
# 在 SW2 上配置上行接口 GE0/0/1，透传 SW2 与出口网关 Router 的互联 VLAN
[SW2] interface gigabitethernet 0/0/1
[SW2-GigabitEthernet0/0/1] port link-type trunk
[SW2-GigabitEthernet0/0/1] port trunk allow-pass vlan 10
[SW2-GigabitEthernet0/0/1] quit
# 创建并配置 VLANIF10，指定其 IP 地址为 SW2 与出口网关 Router 对接的 IP 地址
[SW2] interface vlanif 10
[SW2-Vlanif10] ip address 10.10.1.1 255.255.255.0
[SW2-Vlanif10] quit
# 在 SW2 上配置一条到出口网关 Router 的缺省静态路由，使用户能够访问 Internet
[SW2] ip route-static 0.0.0.0 0.0.0.0 10.10.1.2
```

（2）配置用户 IP 地址。

分别为各用户配置 IP 地址，并使它们和 VLAN4 处于同一网段。这里不再给出关于 Router 的 IP 地址配置。

配置成功后，各部门用户可以访问 Internet，但 VLAN2 的用户与 VLAN3 的用户间不可以相互 Ping 通。

（3）配置 VLAN 间 Proxy ARP。

```
# 在 SW2 的 Super-VLAN 4 下配置 VLAN 间 Proxy ARP，使不同部门的用户间三层互通
[SwitchB] interface vlanif 4
[SwitchB-Vlanif4] arp-proxy inter-sub-vlan-proxy enable
[SwitchB-Vlanif4] quit
```

（4）验证配置结果。

配置完成后，VLAN2 的用户与 VLAN3 的用户可以相互 Ping 通，且都可以访问 Internet。

9.1.4.2　Mux VLAN

1. 产生背景

网络中有时候需要对不同用户进行网络隔离，以增强网络的安全。比如服务商的 IDC，针对不同的客户托管的服务器需要进行网络隔离，传统的做法是为每个客户分配一个 VLAN。但这样做有很多缺点，比如交换机的 VLAN 数量会受到挑战（华为交换机最多支持 4094 个 VLAN），VLAN 越多，配置和管理也越复杂。

MUX VLAN（Multiplex VLAN）就是一种利用 VLAN 来控制网络资源访问的技术。该技术既实现了网络隔离，又节省了 VLAN。并且在访问控制上具有很灵活的配置方案。可以利用 MUX VLAN 技术有效地保障用户数据的安全，同时抑制病毒的泛滥，帮助用户更好地优化网络性能。

2. 实现原理

MUX VLAN 定义了两级 VLAN：Principal VLAN（主 VLAN）和 Subordinate VLAN（辅助 VLAN/从 VLAN），Subordinate VLAN 又分为 Separate VLAN（隔离型 VLAN）和 Group VLAN（互通型 VLAN）。

一个主 VLAN 可关联多个从 VLAN，在关联的从 VLAN 中可以包含多个互通型 VLAN，但是只能有一个隔离型 VLAN。

主 VLAN 和从 VLAN 都能拥有自己的端口，主 VLAN 中的端口称为 Principal Port（主端口），隔离型 VLAN 中的端口称为 Separate Port（隔离端口），互通型 VLAN 中的端口称为 Group Port（组端口）。要注意的是，这些端口只能拥有一个 VLAN，而且必须是 Access 或 Hybrid untagged 类型的，如果 Trunk 端口或端口上有多个 VLAN，是不能启用 MUX VLAN 功能的。

主端口、隔离端口和组端口之间的通信规则如下。

- 主端口可以和 MUX VLAN 内的所有端口进行通信。
- 隔离端口只能和主端口进行通信，和其他类型的端口完全隔离，即使和同 VLAN 内的其他隔离端口也完全隔离，但跨设备在同 Separate VLAN 内是可以通信的。
- 组端口可以和主端口进行通信，在同一组 VLAN 内的端口也可互相通信，但不能和其他组 VLAN 端口或隔离端口通信，但跨设备在同 Group VLAN 内是可以

通信的。

3. 典型配置案例

在企业网络中，企业所有员工都可以访问企业的服务器。但对于企业来说，希望企业内部部分员工之间可以互相交流，而部分员工之间是隔离的，不能够互相访问。

如图 9-17 所示，为了解决上述问题，可在连接终端的交换机上部署 MUX VLAN 特性。MUX VLAN 不但能够实现企业需求，同时也解决了 VLAN ID 紧缺问题，也便于网络管理者维护。

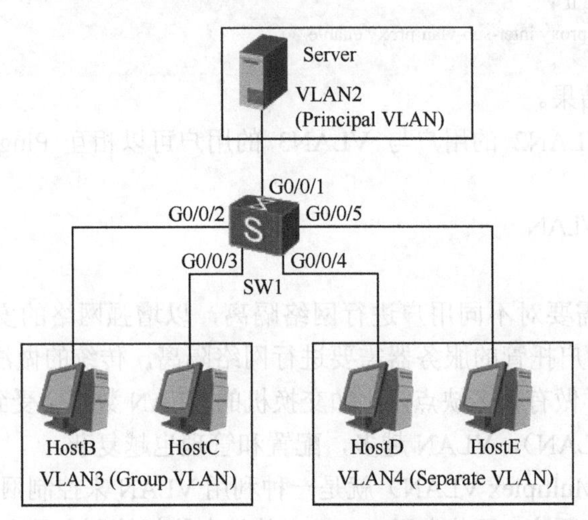

图 9-17　MUX VLAN 组网图

交换机上的配置步骤如下。

（1）配置 MUX VLAN

```
# 创建 VLAN2、VLAN3 和 VLAN4
<HUAWEI> system-view
[HUAWEI] sysname SW1
[SW1] vlan batch 2 3 4
# 配置 MUX VLAN 中的 Group VLAN 和 Separate VLAN
[SW1] vlan 2
[SW1-vlan2] mux-vlan
[SW1-vlan2] subordinate group 3
[SW1-vlan2] subordinate separate 4
[SW1-vlan2] quit
# 配置接口加入 VLAN 并使能 MUX VLAN 功能
[SW1] interface gigabitethernet 0/0/1
[SW1-GigabitEthernet0/0/1] port link-type access
[SW1-GigabitEthernet0/0/1] port default vlan 2
[SW1-GigabitEthernet0/0/1] port mux-vlan enable vlan 2
[SW1-GigabitEthernet0/0/1] quit
[SW1] interface gigabitethernet 0/0/2
[SW1-GigabitEthernet0/0/2] port link-type access
[SW1-GigabitEthernet0/0/2] port default vlan 3
[SW1-GigabitEthernet0/0/2] port mux-vlan enable vlan 3
[SW1-GigabitEthernet0/0/2] quit
[SW1] interface gigabitethernet 0/0/3
[SW1-GigabitEthernet0/0/3] port link-type access
```

```
[SW1-GigabitEthernet0/0/3] port default vlan 3
[SW1-GigabitEthernet0/0/3] port mux-vlan enable vlan 3
[SW1-GigabitEthernet0/0/3] quit
[SW1] interface gigabitethernet 0/0/4
[SW1-GigabitEthernet0/0/4] port link-type access
[SW1-GigabitEthernet0/0/4] port default vlan 4
[SW1-GigabitEthernet0/0/4] port mux-vlan enable vlan 4
[SW1-GigabitEthernet0/0/4] quit
[SW1] interface gigabitethernet 0/0/5
[SW1-GigabitEthernet0/0/5] port link-type access
[SW1-GigabitEthernet0/0/5] port default vlan 4
[SW1-GigabitEthernet0/0/5] port mux-vlan enable vlan 4
[SW1-GigabitEthernet0/0/5] quit
```

（2）检查配置结果

Server 和 PC1、PC2、PC3、PC4 在同一网段。

Server 和 PC1、PC2、PC3、PC4 二层流量互通。

PC1 和 PC2 二层流量互通。

PC3 和 PC4 二层流量不通。

PC1、PC2 和 PC3、PC4 二层流量不通。

4. MUX VLAN 如何设置网关的问题

在传统的 VLAN 技术实现中，VLAN 用户通过 VLANIF 接口来实现和其他 VLAN 以及外网之间的三层通信，而华为 Sx7 系列交换在 v2v3 版本之后才新增 Mux VLAN 支持 VLANIF 接口的功能，之前的版本不支持。那么在旧版本的交换机上如何让 MUX VLAN 用户能访问到其他网段和外网？这里为读者提供如下两种方法。

（1）使用上级路由器或三层接口作为网关

如图 9-17 所示，VLAN 2 和 VLAN 3 作为 MUX VLAN 的两个二级 VLAN，使用相同的子网。这里的交换机只提供二层交换功能，上面的路由器充当三层交换和网关的功能。根据 MUX VLAN 中端口的访问规则，隔离型 VLAN 和互通型 VLAN 中的端口都可以访问主 VLAN 中的端口，所以只需要将交换机的上联端口加入 MUX VLAN 中的主 VLAN（VLAN 4）成为主端口后，两部门的用户都能访问到网关了。

（2）在上级交换机使用 VLAN 聚合技术

如图 9-19 所示，把图 9-18 的上级路由器换成一台三层交换机，并且该三层交换机的物理接口不支持三层功能。交换机 SW2 部署了 MUX-VLAN，VLAN 4 是 Principal VLAN，VLAN 2 和 VLAN 3 分别是 Group VLAN 和 Separate VLAN。为节省 IP 地址资源，VLAN 2 和 VLAN 3 共享一个子网和网关，因为 MUX VLAN 无法创建 VLANIF 接口，所以可以在 SW1 上使用 VLAN 聚合技术，将 VLAN 4 配置成 Super-VLAN，而将 VLAN 2 和 VLAN 3 配置成 Sub-VLAN，为 VLAN 4 创建 VLANIF 接口并配置 IP 地址，该接口作为底下 VLAN 2 和 VLAN 3 用户的网关。交换机 SW1 和 SW2 之间的链路要同时允许 VLAN 2 和 VLAN 3 通过。

使用该方案不但能够让 Mux-VLAN 用户访问到外网，还可以让不同的 Mux-VLAN 之间互通。但是使用该方案要注意的一个问题就是在交换机 SW2 的上联接口无法使能 Mux-VLAN 功能，因为该接口允许了多个 VLAN 通过。另外一个注意点是在交换机 SW1 的下联接口不能包含 Super VLAN。如果这时在 SW1 上将 VLAN4 的 VLANIF 接口的 ARP

代理功能开启，会导致两个部门之间可以相互通信（读者可以思考一下为什么），这与用户起初部署 MUX-VLAN 的目的不相符。

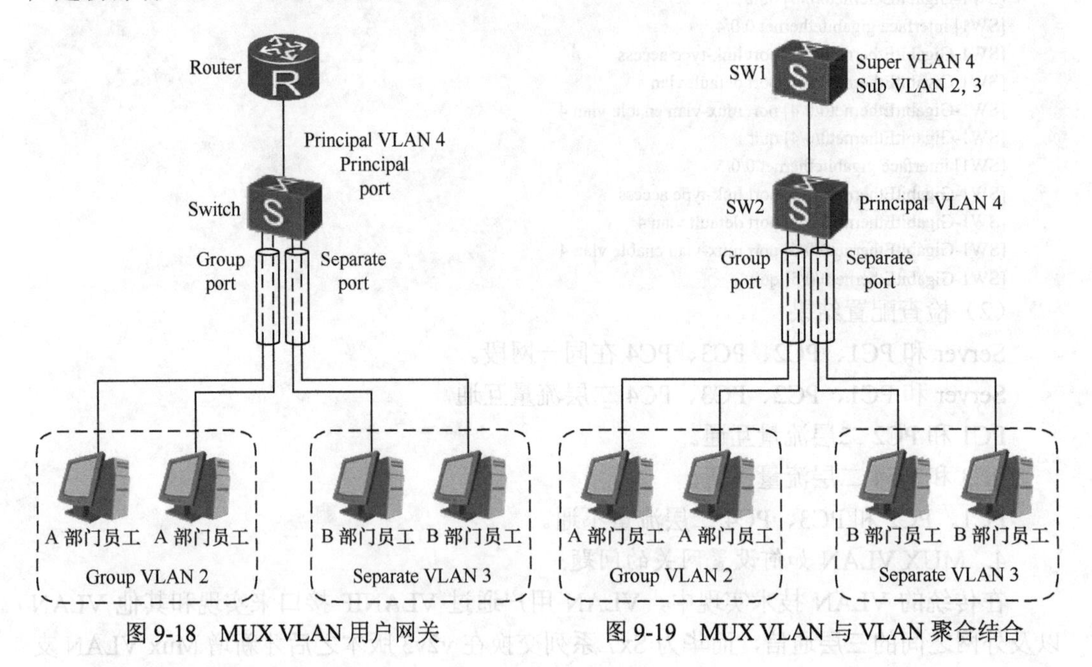

图 9-18 MUX VLAN 用户网关　　图 9-19 MUX VLAN 与 VLAN 聚合结合

9.1.4.3 Voice VLAN

1. 产生背景

随着融合网络技术的发展，IP 电话、移动设备应用越来越广泛，导致网络经常要同时传输数据、语音、视频等多种流量。如果链路带宽小，就会出现丢包和时延现象，而用户对语音的质量比数据或者视频的质量更为敏感，因此在带宽有限的情况下就需要优先保证通话质量。通过配置 Voice VLAN，交换机可识别语音流，将语音流加入到 Voice VLAN 中传输，并对其进行有针对性的 QoS 保障，当网络发生拥塞时可以优先保证语音流的传输。

2. 实现原理

若要提高语音数据流的传输优先级，首先要能识别出语音数据流。识别出语音数据流后，再对语音数据流提升优先级后传输。Voice VLAN 可以通过以下两种方式来实现对语音数据流的识别。

（1）通过收到报文的源 MAC 地址，即基于 MAC 地址的方式

设备可以根据进入接口的数据报文中的源 MAC 地址字段来判断该数据流是否为语音数据流。源 MAC 地址匹配系统设置的语音设备的组织唯一标识符 OUI（Organizationally Unique Identifier）的报文被认为是语音数据流。用户需要预先设置 OUI，适用于 IP 电话上发送 untagged 语音报文的场景。

说明：

OUI 指的是 MAC 地址的前 24 位（二进制），可以用来表示一个 MAC 地址段，是 IEEE 为不同设备供应商分配的一个全球唯一的标识符，各设备厂商再从这个地址段中分配 24

位，从而形成 48 位的 MAC 地址。所以根据 OUI 识别 IP 电话的原理就是根据 IP 电话厂商申请的 MAC 地址段来识别哪些报文是 IP 电话发送的，以此来判断哪些报文属于语音报文。

Voice VLAN 中的 OUI 有别于上述的通常意义的 OUI，这个 OUI 是由用户来配置的，而且可以使用掩码，即不需要一定是 24 位掩码的，掩码长度用户可以自己指定。OUI 的值为 voice-vlan mac-address 命令中的 mac-address 和 mask 参数相与的结果。

- 实现过程：

如图 9-20 所示，交换机接收到 PC 和 IP Phone 发出的 untagged 报文后会做如下处理：如果源 MAC 匹配交换机上配置 OUI（源 MAC 地址与配置的 OUI 掩码进行与运算后等于 OUI 视为匹配），则为该报文加上 Voice VLAN 的 Tag，并提升报文优先级；如果不匹配，就会为其加上 PVID 的 VLAN Tag，从而保证语音报文的优先发送。

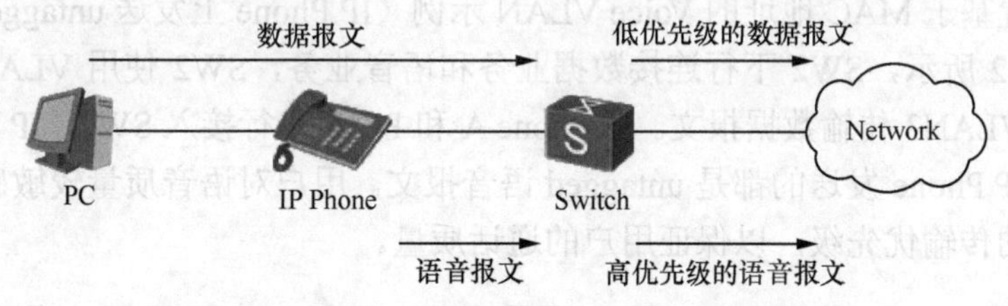

图 9-20　基于 MAC 地址的 Voice VLAN 示意图

（2）通过报文携带的 VLAN Tag，即基于 VLAN 的方式

若有大量 IP 电话接入交换机，配置 IP 电话的 OUI 就可能会非常繁琐。可在交换机上配置基于 VLAN 来提升语音报文的优先级，此时设备会根据进入接口的报文的 VLAN ID 来判断该数据报文是否为语音报文。当 VLAN ID 匹配系统配置的 Voice VLAN 后，则认为是语音数据流。这种方式实现的前提是 IP 电话支持获取交换机上配置的 Voice VLAN 信息的功能，在大量 IP 电话接入的情况下，可以简化配置。

- 实现过程：

基于 VLAN 的 Voice VLAN 实现原理为：交换机收到 PC 和 IP Phone 发来的报文后，会判断报文的 VLAN ID 与接口上配置的 Voice VLAN ID 是否相同，如果相同则认为此数据流为语音数据流并提升优先级。PC 发出的 untagged 报文则会被加上 PVID 的 VLAN Tag。因此基于 VLAN 的 Voice VLAN 需要 IP Phone 可以获取交换机上配置的 Voice VLAN 信息。

IPPhone 获取交换机上 Voice VLAN 信息的方法有很多种，下面以 IP Phone 通过 LLDP 协议获取交换机 Voice VLAN 信息为例介绍一下实现过程。

如图 9-21 所示，IP 电话上线会主动发送 LLDP 报文，以获取交换机上配置的 Voice VLAN 信息；交换机收到 IP 电话发送的 LLDP 报文，会在相关字段填充 Voice VLAN 信息发给 IP 电话；IP 电话收到携带 Voice VLAN 信息的 LLDP 报文后，再次发送语音报文时就会带 Tag 发送；交换机收到带 Tag 的语音报文，如果 Tag 和交换机上配置的 Voice VLAN 匹配，则为其提升优先级后转发。交换机收到 untagged 报文，仍然会加入到 PVID 所在的 VLAN 中。这样，当发生网络拥塞的时候交换机就能保证语音报文的优先发送。

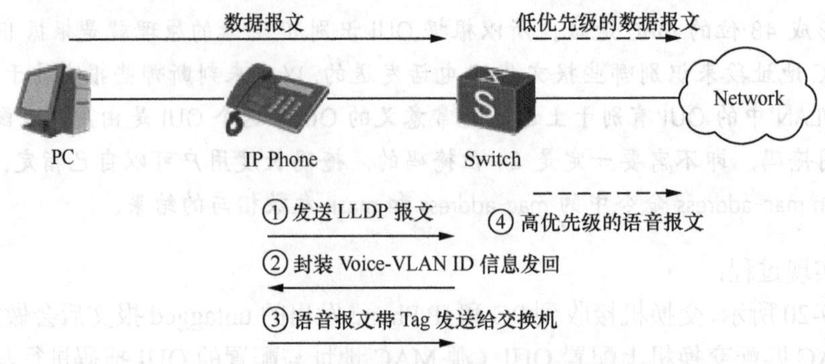

图 9-21 基于 VLAN 的 Voice VLAN 示意图

3. 典型配置案例

（1）配置基于 MAC 地址的 Voice VLAN 示例（IP Phone 上发送 untagged 语音报文）

如图 9-22 所示，SW2 下行连接数据业务和语音业务，SW2 使用 VLAN2 传输语音报文，使用 VLAN3 传输数据报文。IP Phone A 和 PC A 串行接入 SW2，IP Phone B 单独接入 SW2，IP Phone 发送的都是 untagged 语音报文。用户对语音质量较敏感，需要提高语音数据流的传输优先级，以保证用户的通话质量。

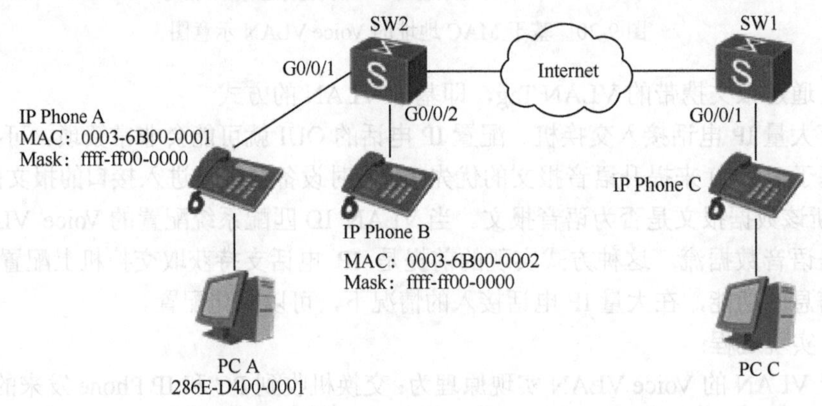

图 9-22 配置基于 MAC 地址 Voice VLAN 组网

交换机 SW2 的配置如下，SW1 的配置与 SW2 的配置类似，这里不再赘述。

配置 SW2 的 VLAN 和接口：

```
# 创建 VLAN
<HUAWEI> system-view
[HUAWEI] sysname SW2
[SW2] vlan batch 2 3
# 配置接口 GE0/0/1 允许通过的 VLAN
[SW2] interface gigabitethernet 0/0/1
[SW2-GigabitEthernet0/0/1] port link-type hybrid
[SW2-GigabitEthernet0/0/1] port hybrid pvid vlan 3
[SW2-GigabitEthernet0/0/1] port hybrid untagged vlan 2 to 3
[SW2-GigabitEthernet0/0/1] quit
[SW2] interface gigabitethernet 0/0/2
[SW2-GigabitEthernet0/0/2] port link-type hybrid
[SW2-GigabitEthernet0/0/2] port hybrid untagged vlan 2
[SW2-GigabitEthernet0/0/2] quit
```

【配置 OUI】：

```
[SW2] voice-vlan mac-address 0003-6B00-0000 mask ffff-ff00-0000
配置接口 Voice VLAN 功能，GE0/0/2 的配置与 GE0/0/1 类似，不再赘述
[Switch] interface gigabitethernet 0/0/1
[Switch-GigabitEthernet0/0/1] voice-vlan 2 enable include-untagged
[Switch-GigabitEthernet0/0/1] voice-vlan remark-mode mac-address
[Switch-GigabitEthernet0/0/1] quit
```

【检查配置结果】：

```
执行命令 display voice-vlan 2 status，查看 Voice VLAN 的配置是否正确
[Switch] display voice-vlan 2 status
Voice VLAN Configurations:
-------------------------------------------------------------------------------------
Voice VLAN ID              : 2
Voice VLAN status          : Enable
Voice VLAN 8021p remark    : 6
Voice VLAN dscp remark     : 46
-------------------------------------------------------------------------------------
Port Information:
-------------------------------------------------------------------------------------
Port                       Add-Mode    Security-Mode    Legacy    PribyVLAN
Untag
-------------------------------------------------------------------------------------
GigabitEthernet0/0/2       Manual      Normal           Disable Disable
Enable
GigabitEthernet0/0/1       Manual      Normal           Disable Disable
Enable
```

（2）配置基于 VLAN 的 Voice VLAN 示例（IP Phone 上发送带 Tag 语音报文）

如图 9-23 所示，SW2 下行连接数据业务和语音业务，SW2 使用 VLAN2 传输语音报文，使用 VLAN3 传输数据报文。IP Phone A 和 PC A 串行接入 SW2，IP Phone B 单独接入 SW2，IP Phone 支持通过 LLDP 协议获取 Voice VLAN 信息，发送的是带 Tag 语音报文。用户对语音通话质量较敏感，需要提高语音数据流的传输优先级，以保证用户的通话质量。网络管理员同时管理大量的 IP Phone，希望能使用尽可能简单的配置来完成以上需求。

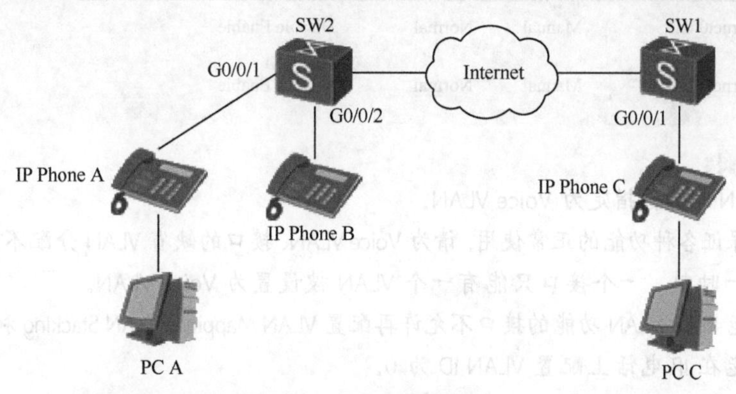

图 9-23　配置基于 VLAN 提升优先级的 Voice VLAN 组网

交换机 SW2 的配置如下，SW1 的配置与 SW2 的配置类似，这里不再赘述。

【配置 Switch 的 VLAN 和接口】：

```
# 创建 VLAN
<HUAWEI> system-view
[HUAWEI] sysname SW2
```

```
[SW2] vlan batch 2 3
# 配置接口 GE0/0/1 允许通过的 VLAN
[SW2] interface gigabitethernet 0/0/1
[SW2-GigabitEthernet0/0/1] port link-type hybrid
[SW2-GigabitEthernet0/0/1] port hybrid pvid vlan 3
[SW2-GigabitEthernet0/0/1] port hybrid untagged vlan 3
[SW2-GigabitEthernet0/0/1] port hybrid tagged vlan 2
[SW2-GigabitEthernet0/0/1] quit
[SW2] interface gigabitethernet 0/0/2
[SW2-GigabitEthernet0/0/2] port link-type hybrid
[SW2-GigabitEthernet0/0/2] port hybrid tagged vlan 2
[SW2-GigabitEthernet0/0/2] quit
```

【使能 LLDP】:

```
[SW2] lldp enable
#配置接口 Voice VLAN 功能，GE0/0/2 的配置与 GE0/0/1 类似，不再赘述
[SW2] interface gigabitethernet 0/0/1
[SW2-GigabitEthernet0/0/1] voice-vlan 2 enable
[SW2-GigabitEthernet0/0/1] voice-vlan remark-mode vlan
[SW2-GigabitEthernet0/0/1] quit
```

【检查配置结果】

```
#执行命令 display voice-vlan 2 status，查看 Voice VLAN 的配置是否正确
[Switch] display voice-vlan 2 status
Voice VLAN Configurations:
---------------------------------------------------------------------------------------------------
Voice VLAN ID              : 2
Voice VLAN status          : Enable
Voice VLAN 8021p remark    : 6
Voice VLAN dscp remark     : 46
---------------------------------------------------------------------------------------------------
Port Information:
---------------------------------------------------------------------------------------------------
Port                       Add-Mode   Security-Mode   Legacy   PribyVLAN   Untag
---------------------------------------------------------------------------------------------------
GigabitEthernet0/0/2       Manual     Normal          Disable Enable
Disable
GigabitEthernet0/0/1       Manual     Normal          Disable Enable
Disable
```

注意事项：

- VLAN 1 不能指定为 Voice VLAN。
- 为保证各种功能的正常使用，请为 Voice VLAN、接口的缺省 VLAN 分配不同的 VLAN ID。
- 同一时刻，一个接口只能有一个 VLAN 被设置为 Voice VLAN。
- 使能 Voice VLAN 功能的接口不允许再配置 VLAN Mapping、VLAN Stacking 和应用流策略。
- 不能在 IP 电话上配置 VLAN ID 为 0。

9.1.4.4 QinQ

技术概述

QinQ（802.1Q in 802.1Q），也叫 VLAN 嵌套。目前很多厂商的网络设备都能支持这个特性，但是叫法各不相同，比如华为叫 VLAN VPN，思科叫 802.1Q Tunnel。使用 QinQ 可以将带有私网 VLAN 标签的数据再封装一层公网 VLAN 标签，使报文带上两层 VLAN

标签，外部是运营商的公网 VLAN 标签，内层是用户的私网标签。运营商的公网设备根据外层 VLAN 标签进行转发，在数据转发出公网时再将公网标签剥离掉，实现用户 VLAN 数据通过运营商网络的透明传输。总的来说，该技术是一种通过运营商的二层骨干网将用户的局域网实现二层互连的技术，它是一种较为简单而且廉价的二层 VPN 解决方案。

运营商可以为不同的接入用户或业务分配不同的公网 VLAN，从而隔离不同的用户和业务，而用户内网可以自由规划使用的 VLAN，这样就将可用的 VLAN 数量扩展到 4094×4094 个。对于运营来说提升了可用的 VLAN 范围，缓解了 VLAN 资源日益不够用的问题。QinQ 内外层 VLAN 标签也可以代表不同的信息，如内层 VLAN 标签可以代表用户，外层标签代表业务，更利于业务的部署。此外，QinQ 不需要任何控制协议的支持，通过纯手工配置即可，而且只需要运营商的网络边缘设备支持 QinQ，运营商内部只需要可以支持 802.1Q 的设备即可，所以越来越多的小型城域网和企业网都倾向于使用该功能构建自己的 VPN 网络。

实现原理

（1）QinQ 报文封装

QinQ 报文封装是指在原有报文中的 802.1Q 标签外面再加上一层 802.1Q 标签封装，如图 9-24 所示。

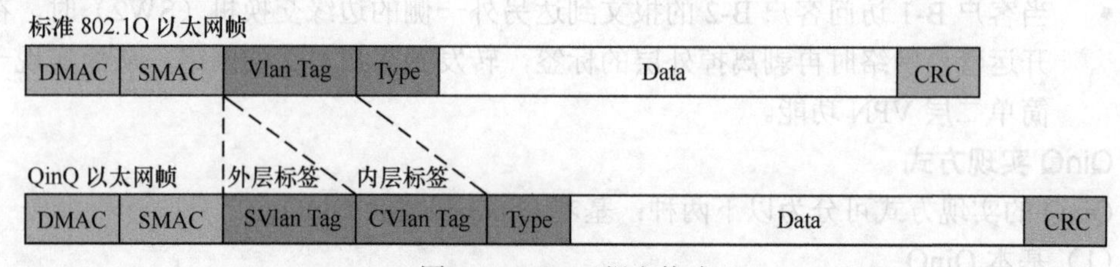

图 9-24 QinQ 报文格式

图 9-25 显示了通过 WireShark 抓取的 QinQ 报文的格式。

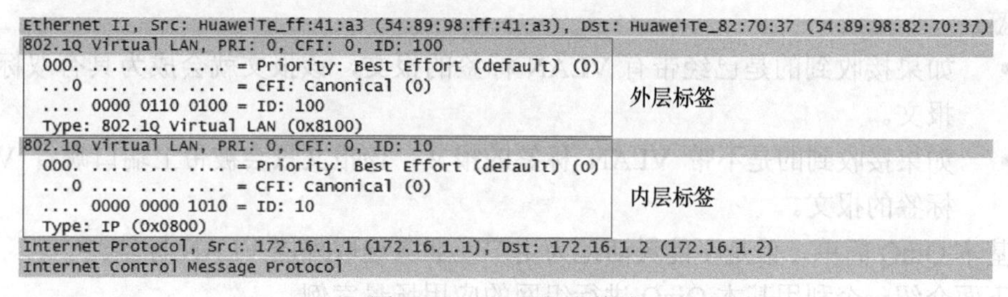

图 9-25 QinQ 报文格式

（2）QinQ 报文转发过程

如图 9-26 所示，显示了通过 QinQ 隧道转发用户报文的基本过程。

现有两个客户（A 和 B）通过 QinQ 隧道实现二层局域网络的互连。VLAN 100 和 VLAN 200 是运营商网络中的公网 VLAN。在运营商网络的边缘交换机上使用 VLAN 100 来标识客户 A，VLAN200 标识客户 B。下面以客户 B 的 B-1 站点和 B-2 站点之间的通信为例，说明一下 QinQ 报文的报文转发过程。

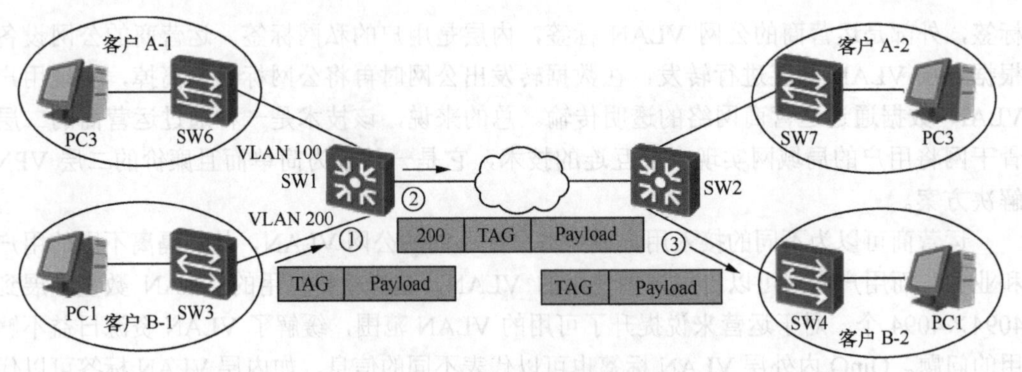

图 9-26 QinQ 报文转发过程

- 当客户 B-1 访问客户 B-2 的报文到达运营商边缘交换机（SW1）的 Tunnel 端口时，边缘交换机给客户 B-1 的报文打上一个外层标签（VLAN200）。其运营商边缘交换机（SW1）学习客户 B-1 的 MAC 地址，SW1 上 MAC 地址表映射关系为客户 B-1 的 MAC 地址与 VLAN 200 的映射。
- 当客户 B-1 的数据报文从 SW1 传递到另一侧的边缘交换机(SW2)的过程当中，公网内部的交换机都是按照 VLAN200 来转发该报文的，数据包不会被转发到其他 VLAN 中。
- 当客户 B-1 访问客户 B-2 的报文到达另外一侧的边缘交换机（SW2）时，在离开运营商网络时再剥离掉外层的标签，转发到客户 B-2 的网络，从而实现一个简单二层 VPN 功能。

QinQ 实现方式

QinQ 的实现方式可分为以下两种：基本 QinQ 和灵活 QinQ。

（1）基本 QinQ

基本 QinQ 是基于端口实现的。在端口被配置成为 QinQ 的隧道模式后，当该端口接收到报文，不论报文是否带有 VLAN 标签，设备都会为该报文打上本端口缺省 VLAN 的标签。

- 如果接收到的是已经带有 VLAN 标签的报文，该报文就会成为具有双标签的报文。
- 如果接收到的是不带 VLAN 标签的报文，该报文只会被带上端口缺省 VLAN 标签的报文。

基本 QinQ 简单，但是不能灵活地为用户或业务选取外层 VLAN 标签。

下面介绍一个利用基本 QinQ 进行组网的应用场景案例。

如图 9-27 所示，某企业在两个不同的地方各有站点，每个站点划分成三个网络，分别为财务、营销及其他。为了保证网络的安全，要求财务、营销及其他三个网络只能访问自己内部网络，而三个网络之间是不能相互访问的。

运营商在 MPLS/IP 核心网采用 VPLS 技术，在 ME（Metro Ethernet）网络采用简单实用的基本 QinQ 方式，每个站点规划三个 VLAN，代表财务、营销及其他，VLAN ID 分别为 100、200 和 300，在 UPE 上基于接口封装一个外层 VLAN 1000（两侧可以不同），配置 NPE 上的 VSI 为对称模式，则不同站点之间只有相同 VLAN 内的用户才可以通信。

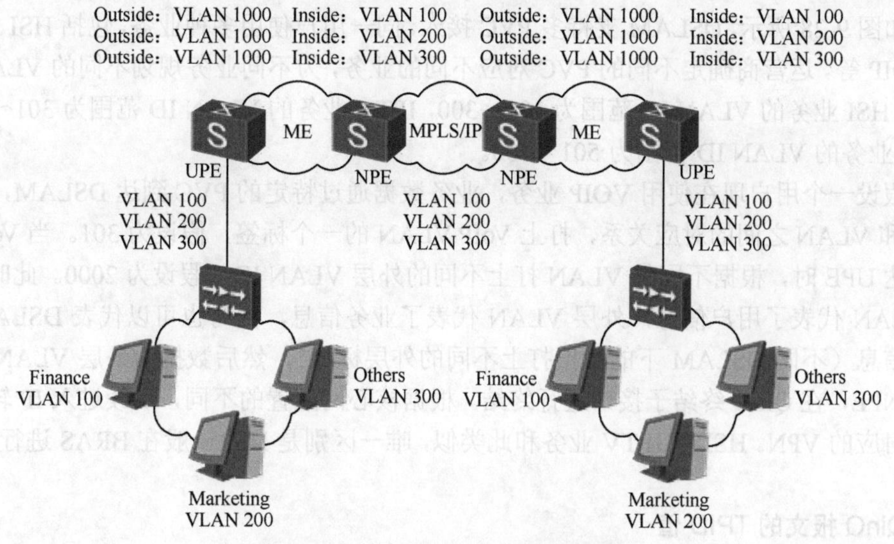

图 9-27　某企业用户专线互连组网图

（2）灵活 QinQ

前面介绍的基本 QinQ 基于端口来区分和标识不同的用户或用户网络，当多个不同用户以不同的 VLAN 接入到同一个端口时则无法区分用户。灵活 QinQ 可以为不同的数据流打上不同的外层 VLAN Tag：如根据用户内层标签的 VLAN ID、802.1p 优先级等信息的不同，封装不同的外层标签。借助更加细致的分类方法，实际实现了根据不同用户、不同业务、不同优先级等对报文进行外层 VLAN 标签的封装。

图 9-28 所示为某运营商城域网的 QinQ 组网场景。

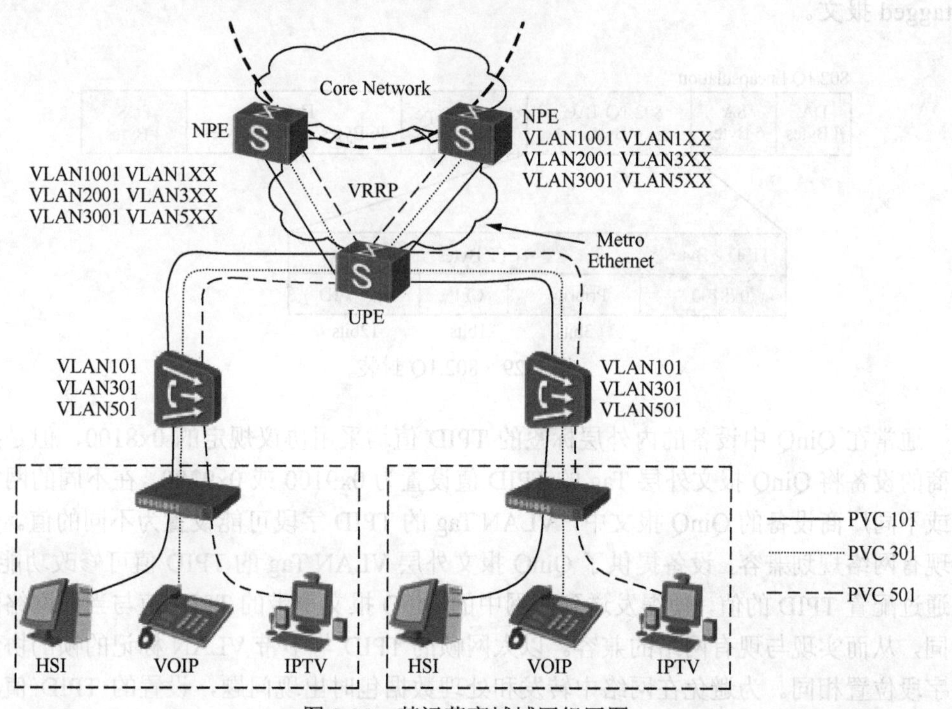

图 9-28　某运营商城域网组网图

如图 9-28 所示，DSLAM 支持多 PVC 接入，同一用户使用多种业务，包括 HSI、IPTV 和 VOIP 等。运营商确定不同的 PVC 对应不同的业务，为不同业务规划不同的 VLAN ID 区间，HSI 业务的 VLAN ID 范围为 101～300，IPTV 业务的 VLAN ID 范围为 301～500，VOIP 业务的 VLAN ID 范围为 501～700。

假设一个用户现在使用 VOIP 业务，业务数据通过特定的 PVC 到达 DSLAM，根据 PVC 和 VLAN 之间的对应关系，打上 VoIP VLAN 的一个标签，假设为 301。当 VoIP 报文到达 UPE 时，根据不同的 VLAN 打上不同的外层 VLAN ID，假设为 2000。此时，内层 VLAN 代表了用户信息，外层 VLAN 代表了业务信息，同时也可以代表 DSLAM 的位置信息（不同 DSLAM 下的数据打上不同的外层标签），然后数据沿外层 VLAN 标签到达 NPE，在 QinQ 终结子接口进行终结。根据核心网配置的不同，后续进入 IP 转发或进入对应的 VPN。HSI 和 IPTV 业务和此类似，唯一区别是 HSI 一般在 BRAS 进行 QinQ 终结。

QinQ 报文的 TPID 值

TPID（Tag Protocol Identifier）：标签协议标识，是 VLAN 标签中的一个字段，表示 VLAN 标签的协议类型，IEEE 802.1Q 协议规定该字段的取值为 0x8100。IEEE 802.1Q 协议定义的以太网帧的 Tag 报文结构如下。

如图 9-29 所示，通过检查对应的 TPID 值，设备可确定收到的帧承载的是运营商 VLAN 标记还是用户 VLAN 标记。接收到帧之后，设备将配置的 TPID 值与数据帧中 TPID 字段的值进行比较。如果二者匹配，则该帧承载的是对应的 VLAN 标记。如果数据帧承载 TPID 值为 0x8100 的 VLAN 标记，而用户网络 VLAN 标记的 TPID 值配置为 0x8200，设备将认为该帧没有用户 VLAN 标记。也就是说，设备认为该帧是 untagged 报文。

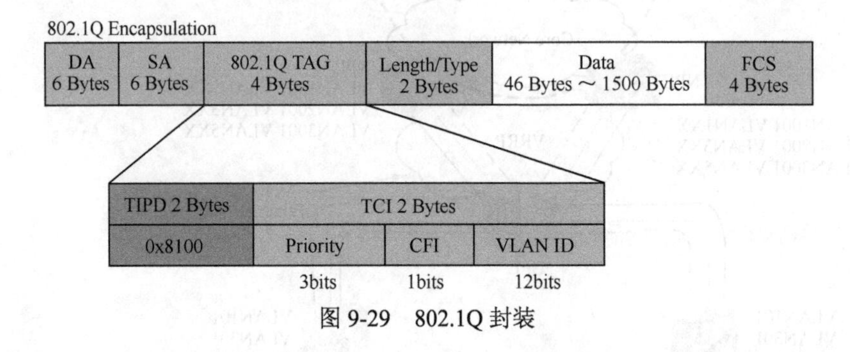

图 9-29　802.1Q 封装

通常在 QinQ 中设备的内外层标签的 TPID 值均采用协议规定的 0x8100，但是某些厂商的设备将 QinQ 报文外层 Tag 的 TPID 值设置为 0x9100 或 0x9200，在不同的网络规划或不同厂商设备的 QinQ 报文中，VLAN Tag 的 TPID 字段可能设置为不同的值。为了和现有网络规划兼容，设备提供了 QinQ 报文外层 VLAN Tag 的 TPID 值可修改功能。用户通过配置 TPID 的值，使得发送到公网中的 QinQ 报文携带的 TPID 值与当前网络配置相同，从而实现与现有网络的兼容。以太网帧的 TPID 与不带 VLAN 标记的帧的协议类型字段位置相同。为避免在网络中转发和处理数据包时出现问题，设置的 TPID 值不能与常用协议的以太网类型值冲突，比如 ARP 协议的以太网类型值为 0x0806，IP 协议的以太网类型值为 0x8100 等。

在华为交换机中，可以通过接口命令 qinq protocol 来修改 QinQ 标签的 TPID 值，该命令在入方向对报文起到识别的作用，在出方向对报文的 TPID 进行修改或添加。

BPDU Tunnel

在 QinQ 组网中，运营商的网络对客户来说是透明的。当客户网络与运营商的连接具有冗余路径时，就会导致客户的二层网络出现环路，如图 9-30 所示。

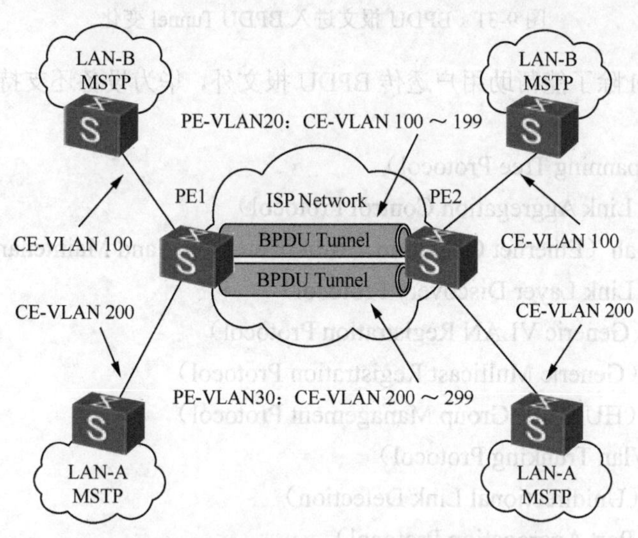

图 9-30　基于 QinQ 的二层协议透明传输

为切断环路，客户需要在自己的网络中启用生成树。为使同一客户不同分支网络之间能传递 BPDU 报文进行生成树计算，必须将客户网络的 BPDU 报文在运营商网络中透传，这个技术称为 Layer2 Protocol tunnel 或者 BPDU tunnel。

BPDU Tunnel 可使运行生成树功能的用户私网和运营商网络拥有各自的生成树，互不干扰，它具有的作用：对 BPDU 报文进行透明传输。可以使同一个用户网络的 BPDU 报文在运营商网络内指定的 VLAN 中进行广播，使得在不同地域的同一个用户网络可以跨越运营商网络进行统一的生成树计算。同时，由于不同用户网络的 BPDU 报文在运营商网络的不同 VLAN 中进行广播，因此不同用户网络的 BPDU 报文相互隔离，可以独立进行生成树计算。

BPDU Tunnel 的实现原理是 Tunnel 端口收到 BPDU 后，为了避免客户 BPDU 报文被运营商网络设备处理，需要给封装的 BPDU 赋予一个特殊的组播 MAC 作为目的 MAC，把原来目的 MAC（01-80-c2-00-00-00）修改为一个组播 MAC（01-00-0c-cd-cd-d0），并在 FCS 前插入用户信息等相关标识，组播 MAC 保证报文在 VLAN 内广播，同时标识这个报文是个 BPDU-Tunnel 报文，交换机在收到这个报文时上送 CPU 处理，还原其 BPDU 身份，并根据报文中的用户信息标识部分的内容，把报文送到相应的客户网络。

如图 9-31 所示，说明了 BPDU 报文在进入 BPDU Tunnel 后的变化情况。

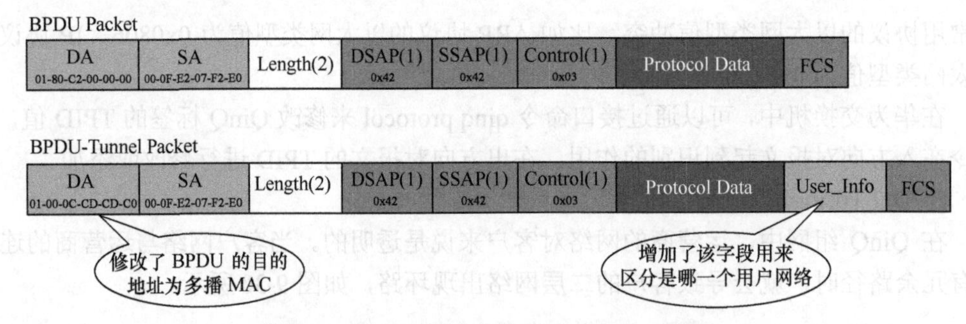

图 9-31　BPDU 报文进入 BPDU Tunnel 变化

BPDU Tunnel 除了能帮助用户透传 BPDU 报文外，华为设备还支持如下几种二层协议报文的透传：

- STP（Spanning Tree Protocol）
- LACP（Link Aggregation Control Protocol）
- EOAM3ah（Ethernet Operation，Administration，and Maintenance 802.3ah）
- LLDP（Link Layer Discovery Protocol）
- GVRP（Generic VLAN Registration Protocol）
- GMRP（Generic Multicast Registration Protocol）
- HGMP（HUAWEI Group Management Protocol）
- VTP（Vlan Trunking Protocol）
- UDLD（Unidirectional Link Detection）
- PAGP（Port Aggregation Protocol）
- CDP（Cisco Discovery Protocol）
- PVST+（Per VLAN Spanning Tree Plus）
- SSTP（Shared Spanning Tree Protocol）
- DTP（Dynamic Trunking Protocol）
- DLDP（Device Link Detection Protocol）
- 用户自定义的协议

QinQ 应用场景及配置示例

（1）基本 QinQ 示例

1）组网需求

如图 9-32 所示，网络中有两个企业，企业 1 有两个分支，企业 2 有两个分支。这两个企业的各办公地的企业网都分别和运营商网络中的 SW1 和 SW2 相连，且公网中存在其他厂商设备，其外层 VLAN Tag 的 TPID 值为 0x9100。

现需要实现：企业 1 和企业 2 独立划分 VLAN，两者互不影响。各企业两分支之间流量通过公网透明传输，相同业务之间互通，不同业务之间互相隔离。

可通过配置 QinQ 来实现以上需求。利用公网提供的 VLAN100 使企业 1 互通，利用公网提供的 VLAN200 使企业 2 互通，不同企业之间互相隔离。并通过在连接其他厂商设备的接口上配置修改 QinQ 外层 VLAN Tag 的 TPID 值，来实现与其他厂商设备的互通。

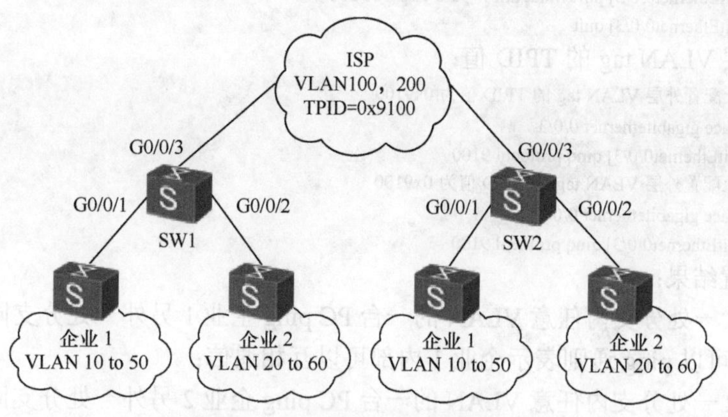

图 9-32 配置基本 QinQ 示例组网图

2）配置思路

采用如下的思路配置 QinQ。

a．在 SW1 和 SW2 上均创建 VLAN100 和 VLAN200，配置连接业务的接口为 QinQ 类型，并分别加入 VLAN。实现不同业务添加不同的外层 VLAN Tag。

b．配置 SW1 和 SW2 上连接公网的接口加入相应 VLAN，实现允许 VLAN100 和 200 的报文通过。

c．在 SW1 和 SW2 连接公网的接口上配置外层 VLAN tag 的 TPID 值，实现与其他厂商设备的互通。

3）操作步骤

创建 VLAN：

```
# 在 SwitchA 上创建 VLAN100 和 VLAN200
<HUAWEI> system-view
[HUAWEI] sysname SW1
[SW1] vlan batch 100 200
# 在 SwitchB 上创建 VLAN100 和 VLAN200
<HUAWEI> system-view
[HUAWEI] sysname SW2
[SW2] vlan batch 100 200
```

配置接口类型为 QinQ：

```
# 在 SW1 上配置接口 GE0/0/1、GE0/0/2 的类型为 QinQ，GE0/0/1 的外层 tag 为 VLAN100，GE0/0/2 的外层 tag 为 VLAN200。SW2 的配置与 SW1 类似，不再赘述
[SW1] interface gigabitethernet 0/0/1
[SW1-GigabitEthernet0/0/1] port link-type dot1q-tunnel
[SW1-GigabitEthernet0/0/1] port default vlan 100
[SW1-GigabitEthernet0/0/1] quit
[SW1] interface gigabitethernet 0/0/2
[SW1-GigabitEthernet0/0/2] port link-type dot1q-tunnel
[SW1-GigabitEthernet0/0/2] port default vlan 200
[SW1-GigabitEthernet0/0/2] quit
```

配置 Switch 连接公网侧的接口：

```
# 在 SW1 上配置接口 GE0/0/3 加入 VLAN100 和 VLAN200。SW2 的配置与 SW1 类似，不再赘述
[SW1] interface gigabitethernet 0/0/3
```

```
[SW1-GigabitEthernet0/0/3] port link-type trunk
[SW1-GigabitEthernet0/0/3] port trunk allow-pass vlan 100 200
[SW1-GigabitEthernet0/0/3] quit
```

配置外层 VLAN tag 的 TPID 值：

```
# 在 SW1 上配置外层 VLAN tag 的 TPID 值为 0x9100
[SW1] interface gigabitethernet 0/0/3
[SW1-GigabitEthernet0/0/3] qinq protocol 9100
# 在 SW2 上配置外层 VLAN tag 的 TPID 值为 0x9100
[SW2] interface gigabitethernet 0/0/3
[SW2-GigabitEthernet0/0/3] qinq protocol 9100
```

验证配置结果：

从企业 1 一处分支内任意 VLAN 的一台 PC ping 企业 1 另外一处分支同一 VLAN 内的 PC，如果可以 ping 通则表示企业 1 内部可以互相通信；

从企业 2 一处分支内任意 VLAN 的一台 PC ping 企业 2 另外一处分支同一 VLAN 内的 PC，如果可以 ping 通则表示企业 2 内部可以互相通信；

从企业 1 一处分支内任意 VLAN 的一台 PC ping 企业 2 任意一处分支同一 VLAN 内的 PC，如果不能 ping 通则表示企业 1 和企业 2 之间相互隔离。

（2）灵活 QinQ 示例

1）组网需求

如图 9-33 所示，PC 上网用户和 VoIP 用户通过 SW1 和 SW2 接入运营商网络，通过运营商的网络互相通信。

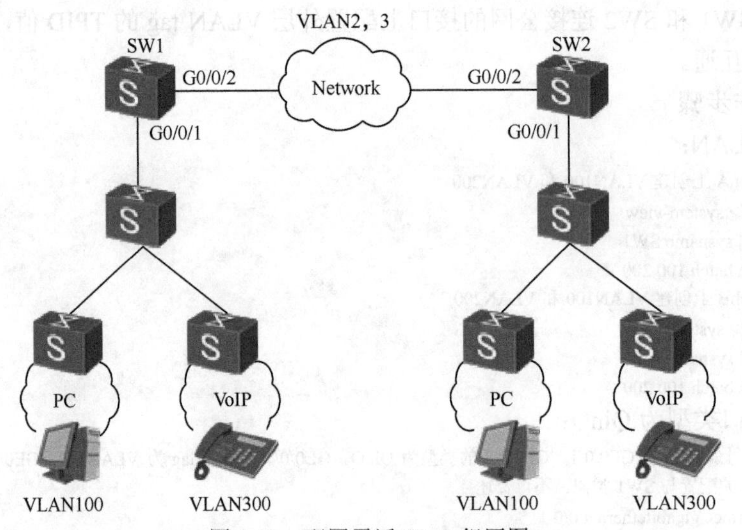

图 9-33　配置灵活 QinQ 组网图

企业内部为 PC 分配的企业内部 VLAN 为 100，为 VoIP 电话分配的内部电话为 300。要求 PC 上网用户和 VoIP 用户分别以 VLAN2 和 VLAN3 通过运营商网络。

2）配置思路

采用如下的思路配置灵活 QinQ：

a．在 SW1 和 SW2 上创建相关 VLAN。

b．在 SW1 和 SW2 上配置接口类型并加入 VLAN。

c．在 SW1 和 SW2 的接口上配置灵活 QinQ 功能。

3）操作步骤

创建 VLAN：

```
# 在 SW1 上创建 VLAN2、VLAN3，即叠加后的外层 VLAN
<HUAWEI> system-view
[HUAWEI] sysname SW1
[SW1] vlan batch 2 3
# 在 SW2 上创建 VLAN2、VLAN3，即叠加后的外层 VLAN
<HUAWEI> system-view
[HUAWEI] sysname SW2
[SW2] vlan batch 2 3
```

在接口上配置灵活 QinQ：

```
# 配置 SW1 的接口 GE0/0/1
[SwitchA] interface gigabitethernet 0/0/1
[SwitchA-GigabitEthernet0/0/1] port link-type hybrid
[SwitchA-GigabitEthernet0/0/1] port hybrid untagged vlan 2 3
[SwitchA-GigabitEthernet0/0/1] qinq vlan-translation enable
[SwitchA-GigabitEthernet0/0/1] port vlan-stacking vlan 100 stack-vlan 2
[SwitchA-GigabitEthernet0/0/1] port vlan-stacking vlan 300 stack-vlan 3
[SwitchA-GigabitEthernet0/0/1] quit
# 配置 SW2 的接口 GE0/0/1
[SwitchB] interface gigabitethernet 0/0/1
[SwitchB-GigabitEthernet0/0/1] port link-type hybrid
[SwitchB-GigabitEthernet0/0/1] port hybrid untagged vlan 2 3
[SwitchB-GigabitEthernet0/0/1] qinq vlan-translation enable
[SwitchB-GigabitEthernet0/0/1] port vlan-stacking vlan 100 stack-vlan 2
[SwitchB-GigabitEthernet0/0/1] port vlan-stacking vlan 300 stack-vlan 3
[SwitchB-GigabitEthernet0/0/1] quit
```

配置其他接口：

```
# 在 SW1 上配置接口 GE0/0/2 加入 VLAN2、VLAN3
[SwitchA] interface gigabitethernet 0/0/2
[SwitchA-GigabitEthernet0/0/2] port link-type trunk
[SwitchA-GigabitEthernet0/0/2] port trunk allow-pass vlan 2 3
[SwitchA-GigabitEthernet0/0/2] quit
# 在 SW2 上配置接口 GE0/0/2 加入 VLAN2、VLAN3
[SwitchB] interface gigabitethernet 0/0/2
[SwitchB-GigabitEthernet0/0/2] port link-type trunk
[SwitchB-GigabitEthernet0/0/2] port trunk allow-pass vlan 2 3
[SwitchB-GigabitEthernet0/0/2] quit
```

验证配置结果：

如果 SW1、SW2 上配置正确，则 PC 上网用户可以通过运营商网络互相通信；VoIP 用户可以通过运营商网络互相通信。

9.1.4.5 VLAN Mapping

技术概述

VLAN Mapping 也称为 VLAN 映射，其主要的功能是将用户报文中的私网 VLAN Tag 替换为公网的 VLAN Tag，使其按照公网的网络规划进行传输。在报文被发送到对端用户私网时，再按照同样的规则将 VLAN Tag 恢复为原有的用户私网 VLAN Tag，使报文正确到达目的地。这样就可以通过运营商的网络很好地实现两个用户私有网络二层无缝连接。

在另外一种场景中，如果由于规划的差异，导致两个直接相连的二层网络中部署的VLAN ID不一致。但是用户又希望可以把两个网络作为单个二层网络进行统一管理，比如用户二层互通和二层协议的统一部署。此时也可以在连接两个网络的交换机上部署VLAN Mapping功能，实现两个网络之间不同VLAN ID的映射，达到二层互通和统一管理目的。

实现原理

（1）交换机收到数据报文后，根据是否带有Tag做以下两种处理。

- 数据报文带Tag，根据配置的VLAN Mapping方式，决定替换单层、双层或双层中的外层Tag；然后进入MAC地址学习阶段，根据源MAC地址+映射后的VLAN ID刷新MAC地址表项；根据目的MAC+映射后VLAN ID查找MAC地址表项，如果没有找到，则在VLAN ID对应的VLAN内广播，反之从表项对应的接口转发。
- 数据报文不带Tag，根据配置的VLAN划分方式决定是否添加VLAN Tag，对于不能加入VLAN的数据报文上送CPU或丢弃，反之添加Tag；然后进入MAC地址学习阶段，按照二层转发流程进行转发。

如图9-34所示，某客户公司内有两个位于不同物理位置的部门（部门A和部门B），现在两个部门需要二层互通。具体实现是SwitchA和SwitchB上配置了VLAN映射关系，SwitchA接收到VLAN10~50报文后，根据VLAN映射表将报文中的VLAN转换为VLAN100，将报文的源MAC学习到VLAN100中，并在VLAN100中查找目标MAC对应的出接口，找到后转发进运营商的网络。VLAN100报文穿越运营商网络到达SwitchB时，根据MAC表找到其出接口，在从出接口发出前，将VLAN100转换为VLAN60~90，从而实现了部门A和部门B之间的二层通信的目的。因为只需在进行VLAN映射的两端交换机上配置，运营商网络无需改变其配置，大大简化了配置。

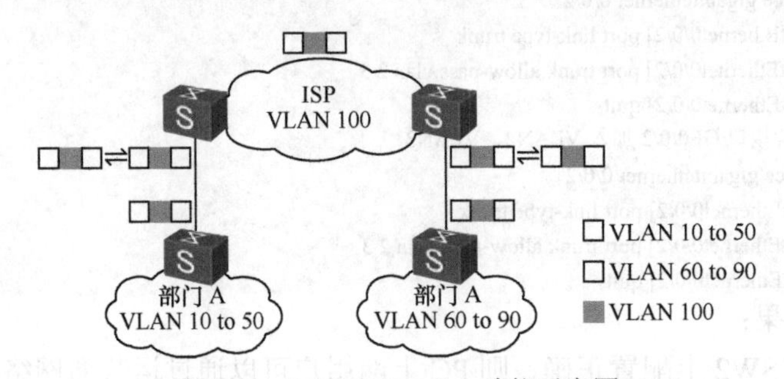

图9-34　VLAN Mapping功能示意图

（2）VLAN映射方式。

华为设备支持基于VLAN和MQC方式实现VLAN Mapping。

a．基于VLAN的VLAN Mapping。

包括以下2种映射方式：1 to 1的映射方式；2 to 1的映射方式。

- 1 to 1的映射方式。

当部署VLAN Mapping功能设备上的主接口收到带有单层VLAN Tag的报文时，将报文中携带的单层VLAN Tag映射为公网的VLAN Tag，包括1:1和N:1两种方式。其中，

1∶1 的方式是将指定的一个用户侧 VLAN Tag 标签映射到一个网络侧 VLAN Tag 标签，N:1 的方式是将指定范围的多个用户侧 VLAN Tag 标签映射到一个网络侧 VLAN Tag 标签。

- 2 to 1 的映射方式。

当部署 VLAN Mapping 功能设备上的主接口收到带有双层 VLAN Tag 的报文时，将报文中携带的外层 Tag 映射为公网的 Tag，内层 Tag 作为数据透传。

b．基于 MQC 实现 VLAN Mapping。

基于 MQC 实现 VLAN Mapping 指的是通过 MQC 可以对分类后的报文实现 VLAN Mapping。用户可以根据多种匹配规则对报文进行流分类，然后将流分类与 VLAN Mapping 的动作相关联，对匹配规则的报文重标记报文的 VLAN ID 值。基于 MQC 的 VLAN Mapping 能够针对业务类型提供差别服务。

VLAN 应用场景及配置示例

（1）基于 VLAN 的 VLAN Mapping 示例（1:1）

1）组网需求。

不同的小区拥有相同的业务，如上网、IPTV、VoIP 等业务。为了便于管理，各个小区的网络管理者将不同的业务划分到不同的 VLAN 中，相同的业务划分到同一个 VLAN 中。目前存在不同的小区中相同的业务所属的 VLAN 不相同，但需要实现不同 VLAN 间的用户相互通信。

如图 9-35 所示，小区 1 和小区 2 中拥有相同的业务，但是属于不同的 VLAN。现需要以低廉的成本实现小区 1 和小区 2 中的用户互通。VLAN5、VLAN6 内设备的 IP 地址处于同一网段。

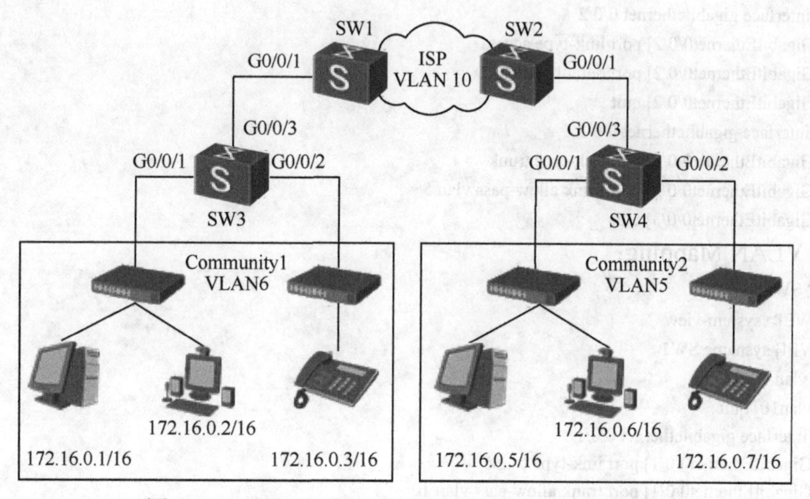

图 9-35 配置 VLAN Mapping 示例（1∶1）组网图

2）配置思路。

采用如下的思路配置 VLAN Mapping。

a．将连接小区 1 的交换机接口划分到 VLAN6，将连接小区 2 的交换机接口划分到 VLAN5，用来区分不同的用户，方便运营商管理或提供服务。

b．在运营商网络的边缘设备 SW1 和 SW2 的 GE0/0/1 上配置 VLAN Mapping 功能，将用户 VLAN ID 映射为运营商提供的 VLAN ID，以实现不同 VLAN 间的用户互通。

3）操作步骤。

将交换机的下行口划分到指定 VLAN：

```
# 配置 SW3
<HUAWEI> system-view
[HUAWEI] sysname SW3
[SW3] vlan 6
[SW3-vlan6] quit
[SW3] interface gigabitethernet 0/0/1
[SW3-GigabitEthernet0/0/1] port link-type access
[SW3-GigabitEthernet0/0/1] port default vlan 6
[SW3-GigabitEthernet0/0/1] quit
[SW3] interface gigabitethernet 0/0/2
[SW3-GigabitEthernet0/0/2] port link-type access
[SW3-GigabitEthernet0/0/2] port default vlan 6
[SW3-GigabitEthernet0/0/2] quit
[SW3] interface gigabitethernet 0/0/3
[SW3-GigabitEthernet0/0/3] port link-type trunk
[SW3-GigabitEthernet0/0/3] port trunk allow-pass vlan 6
[SW3-GigabitEthernet0/0/3] quit
# 配置 SW4
<HUAWEI> system-view
[HUAWEI] sysname SW4
[SW4] vlan 5
[SW4-vlan5] quit
[SW4] interface gigabitethernet 0/0/1
[SW4-GigabitEthernet0/0/1] port link-type access
[SW4-GigabitEthernet0/0/1] port default vlan 5
[SW4-GigabitEthernet0/0/1] quit
[SW4] interface gigabitethernet 0/0/2
[SW4-GigabitEthernet0/0/2] port link-type access
[SW4-GigabitEthernet0/0/2] port default vlan 5
[SW4-GigabitEthernet0/0/2] quit
[SW4] interface gigabitethernet 0/0/3
[SW4-GigabitEthernet0/0/3] port link-type trunk
[SW4-GigabitEthernet0/0/3] port trunk allow-pass vlan 5
[SW4-GigabitEthernet0/0/3] quit
```

配置 VLAN Mapping：

```
# 配置 SW1
<HUAWEI> system-view
[HUAWEI] sysname SW1
[SW1] vlan 10
[SW1-vlan10] quit
[SW1] interface gigabitethernet 0/0/1
[SW1-GigabitEthernet0/0/1] port link-type trunk
[SW1-GigabitEthernet0/0/1] port trunk allow-pass vlan 10
[SW1-GigabitEthernet0/0/1] qinq vlan-translation enable
[SW1-GigabitEthernet0/0/1] port vlan-mapping vlan 6 map-vlan 10
[SW1-GigabitEthernet0/0/1] quit
# 配置 SW2
<HUAWEI> system-view
[HUAWEI] sysname SW2
[SW2] vlan 10
[SW2-vlan10] quit
[SW2] interface gigabitethernet 0/0/1
[SW2-GigabitEthernet0/0/1] port link-type trunk
```

```
[SW2-GigabitEthernet0/0/1] port trunk allow-pass vlan 10
[SW2-GigabitEthernet0/0/1] qinq vlan-translation enable
[SW2-GigabitEthernet0/0/1] port vlan-mapping vlan 5 map-vlan 10
[SW2-GigabitEthernet0/0/1] quit
```

验证配置结果：

小区 1 中的用户和小区 2 中的用户可以互相通信，则配置成功。

（2）基于 VLAN 的 VLAN Mapping 示例（N∶1）

1）组网需求。

如图 9-36 所示，为了区分不同的家庭用户，需要在楼道交换机处用不同的 VLAN 来承载不同用户的相同业务，这样需要用到大量的 VLAN。因此需要在园区交换机上完成 VLAN 的汇聚功能（N∶1），将由多个 VLAN 发送的不同用户的相同业务采用同一个 VLAN 进行发送，节约 VLAN 资源。

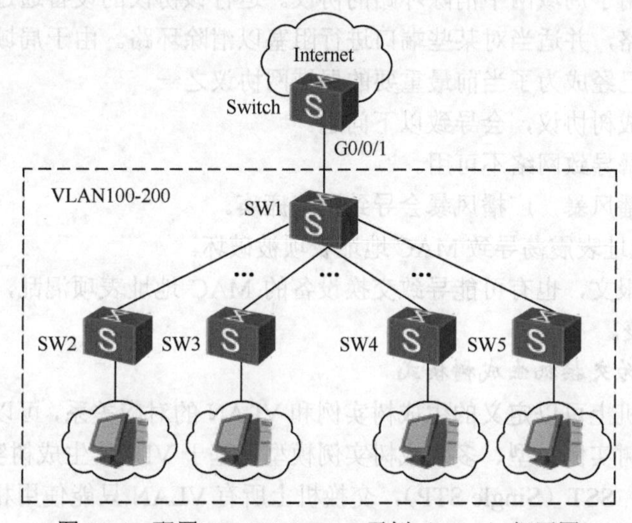

图 9-36 配置 VLAN Mapping 示例（N∶1）组网图

2）配置思路。

采用如下的思路配置 VLAN Mapping。

a．在 Switch 上创建映射前和映射后的 VLAN，并将接口 GE0/0/1 以 Tagged 方式加入映射前和映射后的 VLAN。

b．在 Switch 上配置接口 GE0/0/1 的 VLAN Mapping 功能，节约 VLAN 资源。

3）操作步骤。

配置 Switch：

创建 VLAN。

```
<HUAWEI> system-view
[HUAWEI] sysname Switch
[Switch] vlan batch 10 100 to 200
```

配置接口加入 VLAN。

```
[Switch] interface gigabitethernet 0/0/1
[Switch-GigabitEthernet0/0/1] port link-type hybrid
[Switch-GigabitEthernet0/0/1] port hybrid tagged vlan 10 100 to 200
```

配置 VLAN Mapping 功能。

```
[Switch-GigabitEthernet0/0/1] qinq vlan-translation enable
[Switch-GigabitEthernet0/0/1] port vlan-mapping vlan 100 to 200 map-vlan 10
```

验证配置结果：

VLAN100～200 的用户可以通过 Switch 正常访问网络。

9.2 STP

9.2.1 STP 概述

9.2.1.1 STP

STP 是一个用于局域网中消除环路的协议。运行该协议的设备通过彼此交互信息而发现网络中的环路，并适当对某些端口进行阻塞以消除环路。由于局域网规模的不断增长，生成树协议已经成为了当前最重要的局域网协议之一。

如果没有生成树协议，会导致以下问题。

- 广播风暴导致网络不可用。

环路产生广播风暴，广播风暴会导致网络瘫痪。

- MAC 地址表震荡导致 MAC 地址表项被破坏。

即使是单播报文，也有可能导致交换设备的 MAC 地址表项混乱，以致破坏交换设备的 MAC 地址表。

9.2.1.2 华为交换机生成树模式

按一台交换机上可以定义的生成树实例和 VLAN 的对应关系，可以把交换机生成树模式分成单生成树实例模型、多生成树实例模型和基于 VLAN 生成树实例模型。

单实例模型，SST（Single STP），交换机上所有 VLAN 只能使用相同的一个拓扑，华为交换机单实例模型只有 STP 和 RSTP 两种模式。

多实例模型，MST（Multiple STP），自定义拓扑实例的数量，并可手工关联哪些 VLAN 使用哪个实例。MSTP 是华为交换机默认的生成树模式。

基于 VLAN 实例模型，VBST（Vlan-based STP），无法定义实例的数量，因为每个 VLAN 都拥有各自的生成树实例，实例/拓扑之间彼此独立不相关。这种生成树模式只在特定交换机平台支持，多用于和 Cisco PVST+互操作使用，不建议使用，系统开销较大。

说明：

- 一台交换机只能工作在一种模式下，华为交换机使用命令 stp mode {stp | rstp | mstp}在交换机上定义生成树模式。建议网络中所有交换机使用同种模式，MSTP 是默认的建议模式。
- IEEE 802.1d 和 802.1w 是目前使用的两种生成树的算法，主要区别是计算无环的树所花的时间不同。STP 使用 802.1d 算法，而 RSTP 和 MSTP 使用 802.1w 算法。
- 实例的概念实际是源自 MSTP 术语，代表每一棵树型拓扑，在交换网络中可同时定义多个树形拓扑，即存在多个实例，可定义不同实例负责分担不同的业务数据流量，并走不同的转发路径。

9.2.2 STP 基本概念

STP 基本概念包括交换机 BID、端口 ID、端口成本、端口状态、端口角色。

9.2.2.1 BID（Bridge ID）

IEEE 802.1D 标准中规定 BID 是由 16 位的桥优先级（Bridge Priority）与桥 MAC 地址构成的。BID 中优先级占据高 16 位，其余的低 48 位是 MAC 地址。高 16 位优先级中，低 12 位定义为扩展的 SystemID，在 STP 和 RSTP 中该部分取值为 0。如图 9-37 所示。

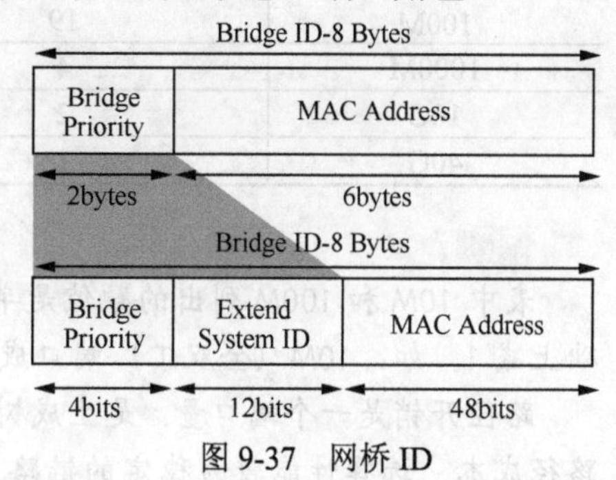

图 9-37 网桥 ID

说明：

在 STP 网络中，桥 ID 最小的设备会被选举为根桥。

9.2.2.2 **端口 ID**

在参与生成树计算时，对于交换设备端口，其端口 PID 的大小可能会影响到是否被选举为指定端口。生成树计算时，PID 小者会被选举成为指定端口。

PID：端口 ID 是 2 字节，其中，端口优先级占 1 字节，端口号占 1 字节。但在配置时端口优先级仅能配置高 4 位，后 12 位当成端口号（端口号系统自己分配，不可调）。

默认下，端口优先级为 128。

例：端口 ID 为 128.5，则高 4 位二进制是 1000，随后的 12 位是 0000 00000101。

通过执行 stp port priority 可以改变当前端口的端口优先级，从而影响端口的 PID，最终影响该端口是否会被选举成为指定端口。

说明：

- 端口优先级的改变时，生成树协议会重新计算端口的角色并进行状态迁移。
- 端口优先级可以影响端口在指定生成树实例和进程中的角色。用户可以在不同生成树实例或进程中对同一端口配置不同的优先级，从而使不同的用户流量沿不同的物理链路转发，完成流量的负载分担。

9.2.2.3 **端口成本**

交换机每个端口都有自己的端口成本，华为在其交换设备上定义了 3 种端口成本的计算方法，默认是 IEEE 802.1t 标准，并可使用 stp pathcost-standard 命令来修改默认的端口成本的计算方法。

```
stp pathcost-standard { dot1d-1998 | dot1t | legacy }
```

说明：

1） 三种标准中，legacy 是华为自己设计的计算方法，三种方法的默认成本值见表 9-1；
2） 若需要为不同的端口配置路径开销值，可单独执行命令 stp cost；
3） 建议同一网络内所有交换设备的端口路径开销应使用相同的路径开销计算方法。

表 9-1　　三种方法的默认成本值

	802.1d-1998 标准	802.1t	华为实现
10M	100	2,000,000	200,000
100M	19	200,000	200
1000M	4	20,000	20
10G	2	2000	2
40G	1	500	1

说明：

表中 10M 和 100M 列出的数值是半双工的端口成本，如果要是全双工的话，在当前基础上减 1。如：10M（全双工）端口成本是 99，100M（全双工）是 1,999,999。

路径开销是一个端口量，是生成树协议用于选择链路的参考值，生成树协议通过计算路径成本，选择性能较为稳定的链路，阻塞多余的链路，将网络修剪成无环路的树形网络结构。端口路径成本值的取值范围由路径开销计算方法决定。路径成本（PathCost）是每个端口记录的到根桥的端到端路径成本，它等于当前交换机到根桥交换机的路径上所有 RP 端口的端口成本之和，路径成本最小的端口是 RP 端口。

9.2.2.4　端口角色

在生成树协议中，端口角色分为根端口、指定端口、替代端口和备份端口。原 802.1D 中阻塞端口的角色在新的生成树标准中分为替代（Alternate）和备用（Backup）端口两种角色。生成树端口角色见表 9-2 所示。

表 9-2　　生成树端口角色

端口角色	描述
Root Port	根端口，交换机离根最近的端口，稳定时处于转发状态
Designated Port	指定端口，转发所连接的网段发往根交换机方向的数据和从交换机方向发往所连接的网段的数据，稳定时处于转发状态
Backup Port	备份端口，处于 Discarding 状态，所属交换机为端口所连网段的指定交换机。是 DP 端口的备份端口
Alternate Port	备用端口，处于 Discarding 状态，所属交换机不是端口所连接网段的指定交换机。是 RP 端口的备份端口

例：试写出图 9-38 中网段 B-C 上的端口角色，其中，每个端口的成本都是 1，桥 ID 的关系是 A<B<C。端口角色如图 9-38 所示，图中用 1、2、3、4 来代表端口号，B 交换机上的端口分别是 P1 和 P2，C 交换机上的端口分别是 P3 和 P4，数值代表端口号，端口优先级一致。

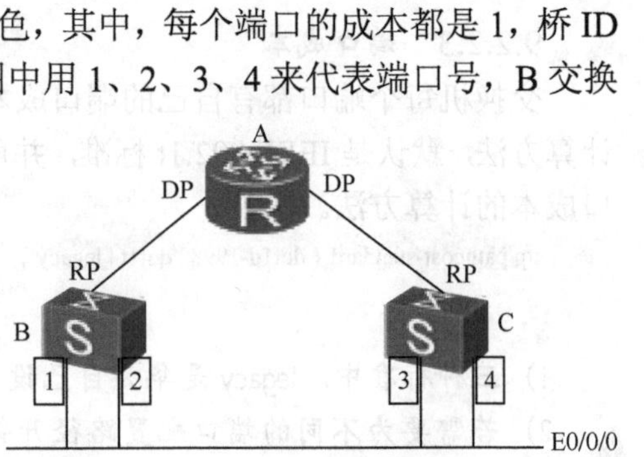

在 E0/0/0 网段上，端口 1 是 DP 端口，端口 2 是 BP 端口，端口 3 是 AP 端口，端口 4 是 AP 端口。

图 9-38　端口角色

（1）根端口

交换机上收到最优 BPDU 的端口为根端口，是到根桥最近的端口。BPDU 使用{根桥 ID，到根桥的成本，邻居交换机网桥 ID，邻居交换机的 PortID} 描述到根桥的拓扑信息，不同端口收到的拓扑信息中，相应数值依次比较，值最小的 BPDU 端口是根端口。每台交换机的每个端口都会记录收到的最好的根交换机信息。

说明：

1）非根交换机有且只有一个 RP 端口，根交换机没有 RP 端口；

2）RP 端口所在网段的上游对应端口一定是 DP 端口；

3）一台交换机在确定所有端口角色时，一定要先确定出 RP 端口角色（或在已有 RP 的前提下），再确定其他角色端口；

4）交换机的根端口确定出来后，其最终的状态是转发状态。如果是 STP 模式，端口迁移到转发状态需等待 2 个 Forward-Delay。

（2）指定端口

一个网段里通告 BPDU 的端口为指定端口，拥有该端口的交换机是指定交换机。通过指定交换机转发过来的 BPDU 由网段上其他 RP/AP 等端口接收。

说明：

1）每个网段有且只有一个 DP 端口，负责转发到根桥的流量；

2）DP 端口的最终状态是转发状态，但对于进入转发状态所需时间，如果是 STP 模式交换机，则需等待 2 个 forward-delay。

（3）AP（AlternatePort）端口和 BP（BackupPort）端口

这两种角色在 IEEE802.1D-1998 中为 BP（阻塞状态）端口，在新的生成树标准（IEEE 802.1D-2004 及 802.1w）中，把阻塞端口细分为 AP 端口和 BP 端口。华为在 STP/RSTP/MSTP 模式下的交换机中都使用这两种端口角色，不再有 BlockingPort 这种端口角色。

AP 端口是当前交换机到根交换机的次优路径，是交换机 RP 端口的备份端口，如果交换机有多个 AP 端口，则当 RP 端口失效时，最优的 AP 端口会立即成为 RP 端口。图 9-38 中，端口 3 和端口 4 是 AP 端口。

BP 端口是指当一个接口从网桥自身的另一个接口接收到自己产生的更优的 BPDU 时，此端口称为备份端口（Backup Port）。备份端口是指定端口（DP）的备份，备份端口会一直处于 discarding（丢弃）状态，直至 DP 端口失效。图 9-38 中，端口 1 是指定端口，端口 2 是备份端口。

说明：

上述两种端口在 STP 和 RSTP 模式交换机中都是靠持续收到 BPDU 来保持端口角色的，如果收不到 BPDU，端口会在超时后发生角色变化。

示例：计算端口角色。

图 9-39 中，B92 是交换机，桥 ID 为 92，初次启动时，从端口 1 到 5 收到 BPDU，问交换机 B92 如何计算生成树端口角色？

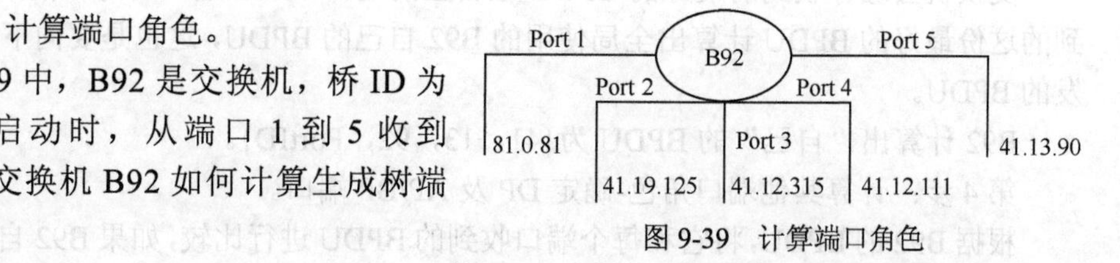

图 9-39 计算端口角色

思路：

计算过程是先确定根桥，然后是 RP、DP 及其他端口角色。

计算过程会依次比较 BPDU 中拓扑信息，如 BID、PathCost、指定桥 ID 及 PortID，数值越小越好。如果交换机的多个端口收到的 BPDU 一样，则根据接收端口的 PortID 来决定最好的端口。

第 1 步：确定自己是否是根桥。

每台交换机启动之初都认定自己即是 root 交换机，同时，所有端口角色和状态是 DP/discarding. 所以 B92 向所有端口通告自己的 BPDU, 同时也从所有端口收到 BPDU（见图 9-39），比较自己的 BID 和收到的 BPDU 中的根桥 ID，数值最小的 ID 就是根桥。

B92 交换机自己的 BPDU 为{92，0，92}，而端口收到的 BPDU 为{81，0，81} {41，19，125} {41，12，315} {41，12，111} {41，13，90}。

比较报文中的 RootID，可知根交换机是 B41。

说明：

上述是示意图，括弧内仅包含 Root ID、Path Cost 和 Designated BID 三项，其他内容省略。图中桥 ID 直接用数值表示。例，B92 含义是网桥 ID 为 92。

第 2 步：确定 RP 端口。

根据收到的 BPDU 计算到 Root 的路径成本（假定所有端口的成本为 1）。

计算过程：若到根桥的路径成本一样，根据收到的 BPDU 中的指定网桥 ID 选择数值最小的；若此时邻居（指定）网桥 ID 一致，再根据收到 BPDU 中携带的 PortID，选择 PortID 最小的那份 BPDU；如果此时 PortID 也一致的话，则根据自己的接收 PortID 选择数值最小的 PortID 的端口为 RP 端口。

P2 {41，19，125}

P3 {41，12，315}

P4 {41，12，111}

P5 {41，13，90}

根据路径成本，计算出端口 P3 和 P4 较优。

再根据邻居交换机 BID，B111 优于 B315。

最好的 BPDU 是 P4 端口的 BPDU。端口 4 是到 Root 交换机的最近路径，同时该端口是 RP 端口。其他端口 role 将根据该端口确定。

第 3 步：计算出自己的 BPDU。

交换机会缓存收到的最好的 BPDU 在自己的端口 cache 里，同时，根据 RP 端口收到的这份最好的 BPDU 计算出全局使用的 B92 自己的 BPDU，这也是要向下游交换机转发的 BPDU。

B92 计算出“自己”的 BPDU 为{41，13，92，PortID}。

第 4 步：计算其他端口角色-确定 DP 及 AP/BP 端口。

根据 B92 的 BPDU，将它和每个端口收到的 BPDU 进行比较，如果 B92 自己的 BPDU

优于端口接收到的 BPDU，则 B92 认定该端口为 DP 端口，同时 B92 是该网段上的指定交换机。

如果 B92 自己的 BPDU 没有收到的 BPDU 好，则 B92 认为此端口是 AP 端口（AlternatePort），则对方交换机是该网段上的指定交换机，而自己是接收并转发 BPDU 的下游交换机。

图 9-39 中，对 Port 1 所在网段{81，0，81} 和 {41，13，92}进行比较，数值小的好，所以 B92 为该网段指定交换机，Port 1 的端口角色为 DP。

对 Port 2 所在网段上{41，19，125}和{41，13，92}进行比较，B92 为该网段指定交换机，Port2 为 DP 端口。

对 Port 3 所在网段上{41，12，315}和{41，13，92}进行比较，B92 交换机的 BPDU 不如对方，所以 Port3 为 AP 端口。

同理，Port5 也是 AP 端口。

示例：计算端口角色。

在图 9-39 的基础上添加端口 6 和端口 7，并使用网线互连，如图 9-40 所示。以下用 P6 和 P7 代表端口 6 和 7。

添加 P6 和 P7 端口，并接在同一个网段，P6 和 P7 端口上收到 BPDU{41，13，92，x}和{41，13，92，y}。利用上面的规则，对收到的 BPDU 和自己的 BPDU 进行比较，只关心第三个拓扑信息发送 BPDU 的桥 ID 为 B92。以下示例中 PortID 为 128 端口号。

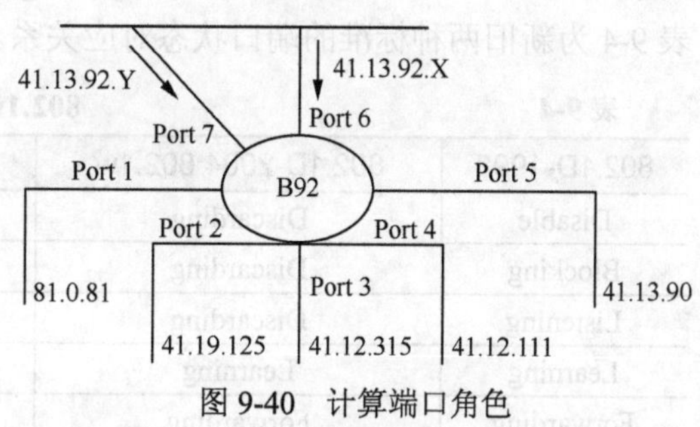

图 9-40　计算端口角色

P7 端口{41，13，92，128.6} {41，13，92，128.7}，左侧是收到的 BPDU，右侧是 B92 向 P7 端口发送的 BPDU。由于收到的 BPDU 好于待发送的 BPDU 且其发送的桥 ID 是 B92，所以 P7 端口角色为 BP（BackupPort）。

P6 端口{41，13，92，128.7}{41，13，92，128.6}，待发送的 BPDU 好，所以端口角色为 DP。

说明：

1）BP 端口、AP 端口及 RP 端口都是接收 BPDU 的端口，AP 端口是处在非指定交换机上的阻塞端口，同时，AP 端口也是自身 RP 端口的备份。而 BP 端口则是出现在指定交换机上的阻塞端口，同时也是相同网段上 DP 端口的备份，即 DP 端口失效后，BP 端口会成为新的 DP 端口。

2）从状态上看，BP、AP 及 RP 端口中，BP 和 AP 都是冗余链路，处于 Discarding 状态，RP 则是转发链路（Forwarding 状态）。

9.2.2.5　端口状态

交换机在启动之初极短时间内就能确定端口的角色，但端口状态从 Discarding 迁移到 Forwarding 这一过程在 STP 和 RSTP 中是不一样的。

IEEE 802.1D-1998 标准定义的端口状态是以下 5 种状态，见表 9-3 所示。

表 9-3　　　　端口状态

端口状态	目的	说明
Forwarding	端口既转发用户流量，也处理 BPDU 报文	只有根端口或指定端口才能进入 Forwarding 状态
Learning	设备会根据收到的用户流量构建 MAC 地址表 但不转发用户流量	过渡状态 增加 Learning 状态防止临时环路
Listening	确定端口角色，将选举出根桥、根端口和指定端口	过渡状态
Blocking	端口仅仅接收并处理 BPDU，不转发用户流量	阻塞端口的最终状态
Disable	端口不处理 BPDU 报文，不转发用户流量	端口处在非操作状态

新的生成树标准（IEEE 802.1D-2004 和 802.1w）重新定义交换机端口状态为 3 种。其中，802.1D-1998 中的 Disable、Blocking 和 Listening 状态被合并为 Discarding 状态。表 9-4 为新旧两种标准的端口状态对应关系。

表 9-4　　　　802.1w 端口状态

802.1D-1998	802.1D-2004 802.1w	是否参与生成树计算	是否学习 MAC 地址
Disable	Discarding	否	否
Blocking	Discarding	否	否
Listening	Discarding	是	否
Learning	Learning	是	是
Forwarding	Forwarding	是	是

说明：

1）华为交换机在任何一种生成树模式下，端口状态都只有 Forwarding、Learning 和 Discarding 三种状态。

2）在 STP 模式下，DP 和 RP 端口最终的状态是 Forwarding 状态，其迁移过程是先保持 15s 的 Discarding 状态，然后保持 15s 的 Learning 状态（IEEE 802.1D-1998 中定义的迁移过程为 15s 的 Listening，15s 的 Learning）。RSTP 模式下会快速进入转发状态，这是 STP 和 RSTP 的主要区别。

3）AP 和 BP 端口状态会一直处于 Discarding 状态。

9.2.2.6　计时器

生成树协议（STP 及 RSTP）中用到了 Hello、Forward Delay 和 Max Age 这 3 个计时器，它们会影响端口状态迁移和收敛时间，可在全局使用命令修改。

例：修改交换机 3 个参数为 Hello=3s，Forward-Delay=20s，Max-Age=30s。

```
<HUAWEI>system-view
[HUAWEI]stp timer forward-delay 2000
[HUAWEI]stp timer hello 30
[HUAWEI]stp timer max-age3000
#默认 hello 时间调成 3s，forward-delay 调为 20s，max-age 调为 30s，默认时间是 2s、15s 及 20s
```

说明：

调整计时器一定要在“根交换机”上配置，其他交换机使用根桥交换机的计时器工作，根交换机 BPDU 中的计时器优于交换机本地计时器的配置。这通过根交换机的 BPDU 把时间通告到全网。

Hello Time

根交换机产生的 BPDU 的通告时间间隔，它用于充当设备间检测链路的 Keepalive，也用来传递 STP 计算所需的拓扑信息。

修改 Hello 间隔只能在根交换机修改后才起作用，根桥会在发出的 BPDU 报文中携带新的 Hello 间隔时间。

说明：

STP 模式下，TCN BPDU 的发送不受这个计时器的管理，间隔时间一直是 2s。

Forward Delay

设备状态迁移的延迟时间。链路故障会引发网络重新进行生成树的计算，生成树的结构将发生相应的变化。不过重新计算得到的新拓扑信息无法立即传到整个网络，此时若立即将新选出的根端口和指定端口置于数据转发的状态，则可能会出现临时环路。所以 STP 使用了一种状态迁移机制，要求新选出的根端口和指定端口要经过 2 倍的 Forward Delay 后，才能进入转发状态，这个延时足够保证新的配置消息能传遍整个网络，全网都执行免环的计算，环路不会发生。

Forward Delay 计时器是指一个端口迁移到转发状态前处于 Discarding 和 Learning 状态的各自持续时间，默认是 15s，即 Discarding 状态持续 15s，随后 Learning 状态再持续 15s。在这两个状态下的端口会处于阻塞数据状态，计时器超时之后，这个端口才进入转发状态。

Max Age

802.1D 算法中定义端口可以缓存收到的最好 BPDU，这份 BPDU 的最大老化时间就是 Max Age，默认时间是 20s。

802.1D 规范定义："如果端口接收到的 BPDU 内包含的配置消息优于端口上保存的配置消息，则端口上原来保存的配置消息被新收到的配置消息替代。端口同时更新交换设备保存的全局配置消息。反之，新收到的 BPDU 被丢弃。"运行 STP 协议的网络中非根桥设备收到配置 BPDU 报文后，报文中的 Message Age 和 Max Age 会进行比较。

- 如果 Message Age 小于等于 Max Age，则该非根桥设备继续转发配置 BPDU 报文。
- 如果 Message Age 大于 Max Age，则该配置 BPDU 报文将被老化。该非根桥设备直接丢弃该配置 BPDU，可认为网络直径过大，导致根桥连接失败。

根据上述 802.1D 标准可知 MaxAge 对网络收敛时间有影响。

华为交换机不再使用 MaxAge 来决定端口角色变化需等待的超时时间。目前，华为交换机 STP/RSTP 实现中，若收到次的 BPDU，端口会立即处理并计算新的端口角色。若接收不到 BPDU，端口角色也会在至少 3 个 Hello 间隔后重新计算，整个过程 Max Age 不再参与。

9.2.3 STP 报文类型

STP 有 2 种报文结构，一种是配置 BPDU（Configuration BPDU），另一种拓扑变化通知 BPDU（TCN BPDU）。

在前面的章节中介绍了桥 ID、路径开销和端口 ID 等信息，所有这些信息都是通过 BPDU 协议报文传输的。配置 BPDU 从根交换机流出，下游交换机收到并转发，配置 BPDU 是一种心跳报文，只要端口使能 STP，则配置 BPDU 会被周期通告，这份 BPDU 记录最好根桥的信息，并通告到全网。而 TCN BPDU 是在设备检测到网络拓扑发生变化时才发出的。

BPDU 报文被封装在 802.3 帧中，目的 MAC 是组播 MAC：01-80-C2-00-00-00，Length/Type 字段为其后内容长度（不考虑 CRC），后面是 LLC 头，LLC 之后是 BPDU 报文头。802.3 帧格式如图 9-41 所示。

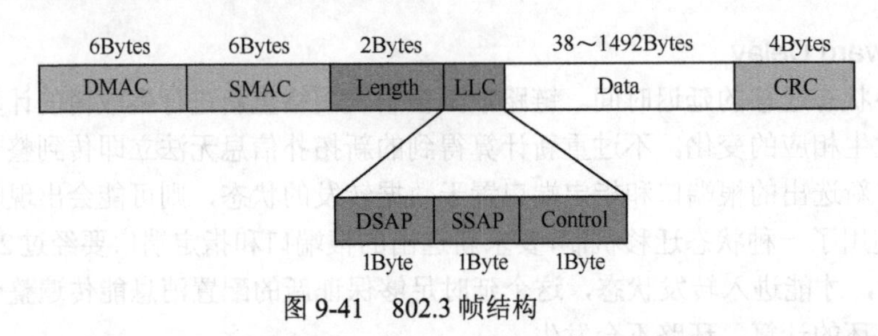

图 9-41　802.3 帧结构

9.2.3.1　配置 BPDU

通常所说的 BPDU 报文多数指配置 BPDU。

在初始化过程中，每个桥交换机都主动发送配置 BPDU。但在网络拓扑稳定以后，只有根桥主动发送配置 BPDU，其他桥在收到上游传来的配置 BPDU 后，才触发转发自己的配置 BPDU。配置 BPDU 的长度要 35 个 Byte，包含了桥 ID、路径开销和端口 ID 等参数。只有当发送者的 BID 或端口的 PID 两个字段中至少有一个和本桥接收端口不同，BPDU 报文才会被处理，否则丢弃，这样可避免处理和本端口信息一致的 BPDU 报文。

配置 BPDU 在以下 3 种情况下会产生。

- 只要端口使能 STP，配置 BPDU 就会按照 Hello Time 定时器规定的时间间隔从指定端口发出。
- 当根端口收到配置 BPDU 时，根端口所在的设备会向自己的每一个指定端口复制一份配置 BPDU。
- 当指定端口收到比自己差的配置 BPDU 时，立刻触发向下游设备发送自己的 BPDU。（此机制可加速一个网段有次优设备接入时，加速其计算端口角色的过程）

配置 BPDU 报文基本格式如图 9-42 所示。

其中，配置 BPDU 的 Flag 位中，仅位 7 和位 0 有定义，其他为未定义，如图 9-43 所示。

TCA 置位的配置 BPDU 用来确认收到 TCN BPDU。

TC 配置的 BPDU 用来通知交换机清空桥表。

9.2.3.2　TCN BPDU

TCN BPDU 内容比较简单，只有图 9-42 中列出的前 3 个字段：协议号、版本和类型。类型字段是固定值 0x80，长度只有 4 个 Byte。

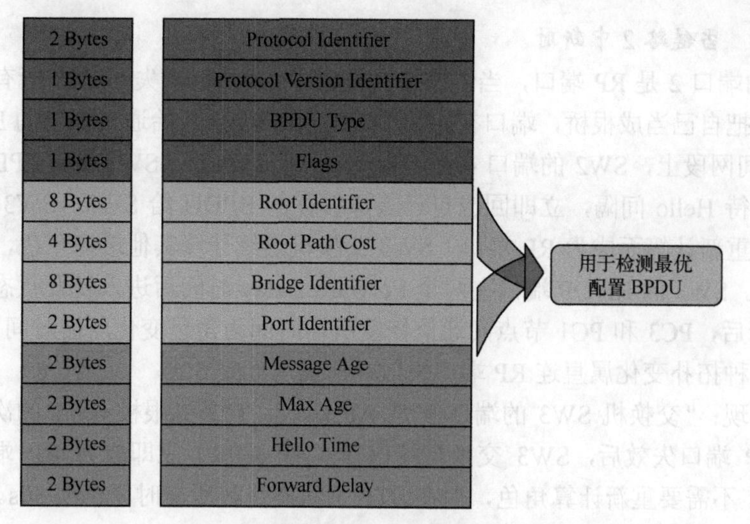

图 9-42　STP BPDU

TCN BPDU 是在下游拓扑发生变化时用来通知根交换机网络某处拓扑发生变化。TCN 是仅用于通告拓扑变化的一种 BPDU，不含有拓扑信息，如图 9-44 所示。

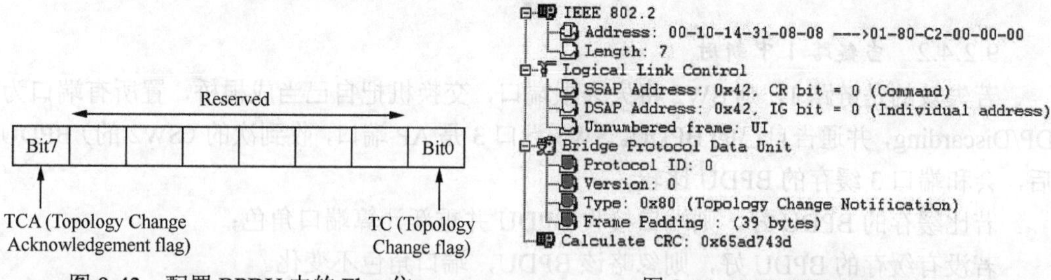

图 9-43　配置 BPDU 中的 Flag 位　　　　图 9-44　STP TCN BPDU

- TCN 的工作方式是可靠的，TCN BPDU 会收到 TCA 置位的配置 BPDU 用作确认。否则 TCN 会一直发，具体过程请参考后面拓扑变化通知过程。

TCN BPDU 在如下两种情况下会产生：

- 端口状态变为 Forwarding 状态，且该设备上至少有一个指定端口；
- 指定端口收到 TCN BPDU，复制 TCN BPDU 并发往根桥。

9.2.4　拓扑收敛计算

示例：拓扑计算过程。

三台交换机连接关系如图 9-45 所示，其中，网桥 ID 关系是 SW1 < SW2 < SW3，图中所有链路的成本是 20000。

SW1 是根桥，SW3 端口 3 是 AP 端口，SW2 端口 4 是 DP 端口，SW2 端口 5 是 BP 端口。PC1、PC2 和 PC3 代表连接在三台交换机上的 PC 机。网络稳定时，端口 3 和端口 5 不转发数据。SW1 和 SW3 之间是链路 2，SW1 和 SW2 之间是链路 1。

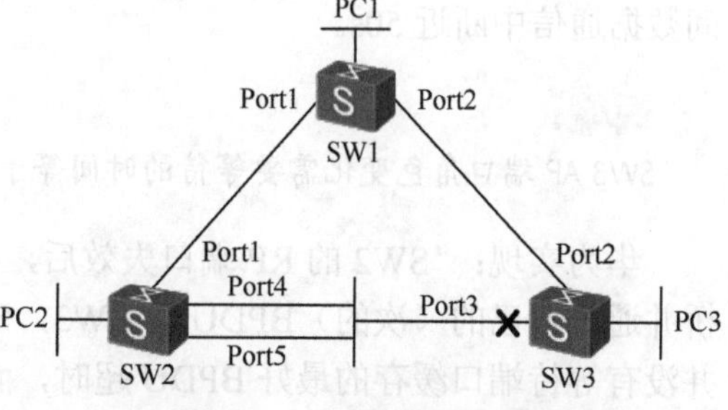

图 9-45　生成树拓扑计算

9.2.4.1 当链路 2 中断时

SW3 的端口 2 是 RP 端口，当链路 2 中断时，RP 端口消失，SW3 所有端口角色重新计算，并把自己当成根桥，端口初始为 DP/Discarding，开始通告自己的 BPDU。SW2 和 SW3 之间网段上，SW2 的端口 4 是 DP 端口，听到次的（SW3 的）BPDU，SW2 指定端口不等待 Hello 间隔，立即回应自己端口缓存的 BPDU 给 SW3，SW3 端口 3 收到 BPDU 后，重新计算而成为 RP 端口。SW3 交换机继续计算其他端口角色，如连接 PC3 的 DP 端口。SW3 的 RP/DP 端口在两个 Forward-Delay 时间后进入转发状态，所以，在链路 2 中断后，PC3 和 PC1 节点间通信恢复所需时间为角色变化所需时间+状态变化所需时间。此种拓扑变化属直连 RP 端口失效，所需时间是 30s。

华为实现："交换机 SW3 的端口 3 是 AP 端口，它是到根桥 SW1 的次优路径，当 SW3 的 RP 端口失效后，SW3 交换机端口 3（AP 端口）立即成为 RP 端口，状态为 Discarding，不需要重新计算角色，但在 STP 下状态迁移所需时间仍要 30s。"

结论：

在华为 STP 实现中，若当前交换机有 AP 端口，则 RP 端口失效时，最好的 AP 端口会立即成为 RP 端口。

9.2.4.2 当链路 1 中断时

若失效的是链路 1，则 SW2 将失去根端口，交换机把自己当成根桥，置所有端口为 DP/Discarding，并通告自己的 BPDU。SW3 端口 3 是 AP 端口，收到次的（SW2 的）BPDU 后，会和端口 3 缓存的 BPDU 比较。

若比缓存的 BPDU 好，则端口接收 BPDU 并重新计算端口角色；

若没有缓存的 BPDU 好，则忽略该 BPDU，端口角色不变化。

此处 SW3 AP 端口收到的 BPDU 没有端口缓存的 BPDU 好，则 SW3 忽略收到的 BPDU 并保持 AP 端口角色。

AP 端口缓存的 BPDU 在 Max-Age 超时后，端口才开始重新计算角色，Max-Age 时间最长为 20s，端口超时后，SW3 端口 3 角色为 DP 端口，状态为 Discarding。而 SW2 的端口 4 和端口 5 都收到指定端口（SW3 DP 端口）发出的 BPDU，计算之后，端口 4 是 RP 端口，而端口 5 是 AP 端口。

SW2 RP 端口和 SW3 DP 端口在接下来的 30s 后，同时进入转发状态。

SW3 的端口 3 角色转换需要 20s，而端口的状态迁移又需要 30s，所以 PC2 和 PC1 间数据通信中断近 50s。

说明：

SW3 AP 端口角色变化需要等待的时间等于 Max Age 减去 Message-age 后剩余时间（小于 20s）。

华为实现："SW2 的 RP 端口失效后，由于 SW2 没有 AP 端口，SW2 把自己当成根桥并通告自己的（次的）BPDU 给 SW3，SW3 在 AP 端口收到 SW2 的次的 BPDU 后，并没有等待端口缓存的最好 BPDU 超时，而是立即接收并重新计算端口角色，没有引入 20s 的等待延迟，端口立即计算而成为 DP 端口，但状态由 Discarding 迁移到转发状态仍需要 30s 的迁移时间。"

结论：

华为在其 STP 实现中，接收 BPDU 的端口若收到次的 BPDU，会立即重新计算端口角色，虽易引起网络的震荡，但收敛时间减少了。

9.2.4.3　当 SW3 端口 4 失效时

如果在 SW2 和 SW3 之间的网段上，SW2 端口 4 失效，端口 4 是该网段上的 DP 端口，转发 BPDU。BPDU 用来维持 AP/BP/RP 端口角色，当 DP 端口失效后，SW2 端口 5（BP 端口）和 SW3 端口 3（AP 端口）等待 20s，在端口缓存的 BPDU 超时后，重新开始计算端口角色。SW3 的端口 3 仍为 AP 端口，而 SW2 的端口 5 成为 DP 端口。端口状态迁移需要 30s，网络要在近 50s 后才稳定。

华为实现："在 SW2 和 SW3 间网段上，SW2 的端口 5（BP 端口）和 SW3 的端口 3（AP 端口）在该网段的 DP 端口失效后，会长时间收不到 BPDU，交换机在收不到 BPDU 至少 3 个 Hello 间隔后，端口角色成为 DP/Discarding。"

华为超时时间的计算公式：超时时间＝Hello Time×3×Timer Factor。

Timer Factor 默认值为 3，可在全局使用 stp timer-factor 命令修改。其中，Timer Factor 值可以设置为 1～10，可根据网络稳定性的要求调大或调小，超时时间默认是 18s。

结论：

华为交换机在 STP 下，若端口收不到 BPDU 时，等待至少 3 个 Hello 间隔时间，端口角色重新计算，不再等待 Max Age，可降低网络重新收敛所需要的时间。

9.2.5　拓扑变化通知

STP 可以在拓扑变化时，通过算法快速计算出新的转发链路，但交换机桥表却没有这么快进行及时的调整，旧的错误 MAC 和端口的指向关系会影响数据的正常转发。所以需要拓扑变化通知机制去加快交换机的转发桥表的更新，以尽量减少数据中断的时间。当拓扑变化后，STP 交换机按图 9-46 方式开始通知网络拓扑变化。

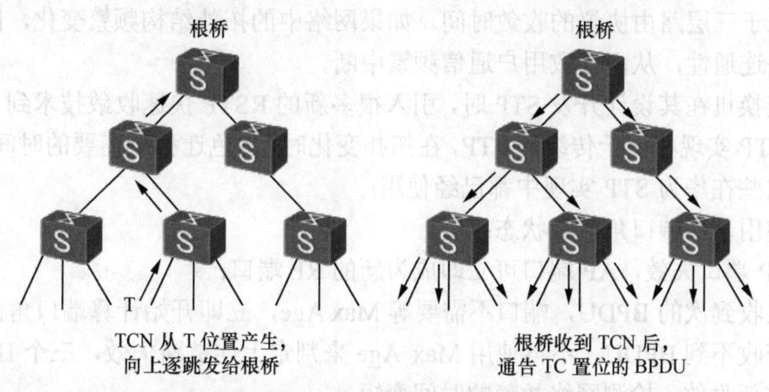

图 9-46　STP 下的拓扑通知机制

1．在网络拓扑发生变化后，下游设备会不间断地向上游设备发送 TCN BPDU 报文。TCN 从 RP 端口发出，间隔 2s，不受根交换机 Hello 间隔的影响。

2．上游设备收到下游设备发来的 TCN BPDU 报文后，只有指定端口处理 TCN BPDU

报文。其他端口也有可能收到 TCN BPDU 报文，但不会处理。

3．上游设备会把配置 BPDU 报文中的 Flags 的 TCA 位设置 1，然后发送给下游设备，充当收到 TCN 的确认，否则下游设备会一直发送 TCN BPDU 报文。

4．上游设备重复该过程，把 TCN BPDU 继续向其 RP 端口发送，直至从上游收到 TCA 置位的配置 BPDU。

5．TCN BPDU 会一直向上发送，直至发送到根桥。

6．根桥知道网络中有拓扑变化后，根桥把配置 BPDU 报文中的 Flags 的 TC 置位后发送，TC 置位的配置 BPDU 会泛洪到全网，收到的华为交换机会直接删除桥 MAC 地址表项。

7．根桥持续发送 TC 置位的 BPDU，时间为 Forward-Delay + MaxAge，共 35s。

说明：

- TCN BPDU 报文主要用来向上游设备乃至根桥通知拓扑变化。
- 置位的 TCA 标记的配置 BPDU 报文主要是上游设备用来告知下游设备已经知道拓扑变化，通知下游设备停止发送 TCN BPDU 报文。
- 置位的 TC 标记的配置 BPDU 报文主要是上游设备用来告知下游设备拓扑发生变化，以使下游设备删除桥 MAC 地址表项，从而降低数据通信中断时间。

华为 STP 拓扑通知机制区别于传统的 STP 的拓扑变化行为，表现如下。

1．华为的 STP 实现中，触发产生拓扑变化通知是当端口（非边缘端口，华为的 STP 交换机可以配置边缘端口）进入转发状态的时候，而端口 Down 时并不会触发拓扑变化通知（端口 Down 时，触发拓扑通知没有意义）。

2．当 TC 置位 BPDU 被交换机收到后，将交换机的桥表清空。这种实现方法能及时清除错误的 MAC 表项，但会致网络产生过多的单播泛洪报文。

9.2.6　STP 设计建议及不足

STP 协议虽然能够解决环路问题，但是由于网络拓扑收敛慢，30～50s 的收敛时间过长，远长于三层路由协议的收敛时间。如果网络中的拓扑结构频繁变化，网络也会随之频繁失去连通性，从而导致用户通信频繁中断。

华为交换机在其设计开发 STP 时，引入很多新的 RSTP 快速收敛技术到 STP 中。这使华为的 STP 实现相比于传统的 STP，在拓扑变化时，角色迁移所需要的时间大大减少。

以下这些在华为 STP 实现中都已经使用：

- 使用新的端口角色及状态；
- RP 端口失效，AP 端口可立即成为新的 RP 端口；
- 接收到次的 BPDU，端口不需要等 Max Age，立即开始计算端口角色；
- 若收不到 BPDU，不再使用 Max Age 来判定上连链路失效，三个 Hello 间隔后重新收敛，检测网络故障的时间变短。

上述华为 STP 实现中，仅是在 STP 中加入了 RSTP 端口角色快速收敛的机制，并没有改变端口状态迁移所需要的时间，其并没有从根本上提升 STP 机制，只是对其做了必要的优化而已。

STP 的不足之处仍在于：

- STP 算法是被动的算法，状态的迁移依赖于定时器，所以拓扑变化所需的时间最短仍是 30s，这个时间一直存在，无法从根本改进 STP；
- 若拓扑变化频繁，反复清空桥表，会导致网络过量的单播报文的泛洪，加重网络负荷（华为在其 STP 实现中，是可以开启边缘端口特性来优化 STP 下的网络性能的，本节没有提到，读者可参考 RSTP 中的边缘端口实现）。

9.3 RSTP

本章主要描述 RSTP 协议相比 STP 的改进，如 BPDU 报文改进、状态快速切换机制、拓扑变更机制等。

9.3.1 RSTP 概述

802.1d 标准设计用于在一分钟之内在二层交换网络中创建无环的树形拓扑或在拓扑变化时计算新树形结构拓扑，它的优点是解决了转发环路问题。但当拓扑发生变化时，生成新树需要最长近 50s 的等待时间，使 802.1d 相比许多三层路由协议仍要慢许多，现在的高速园区网络需要一个能更快收敛的二层协议，以避免由于二层链路的抖动而导致的三层路由协议相应震荡等问题。

IEEE 802.1w（Rapid Spanning Tree Protocol）标准是在 802.1d 标准基础之上进行优化改进后得出的协议，802.1w 保留了大部分 STP 算法的机制，同时，加入了快速收敛的机制。RSTP 不像 STP 协议那样完全依赖于时间，RSTP 会主动协商链路状状态，保证链路在 1s 内能转发数据。

9.3.2 RSTP 相比于 STP

RSTP 对 STP 做了很多改动。

- 新的链路类型要求。
- 新的端口角色和状态。
- 新的报文格式和 BPDU 的处理方式。
- 主动的握手协商机制（new）。
- 不同的 TCN 处理过程（new）。
- 边缘端口。

9.3.2.1　端口（link 链路）类型

802.1d 对连接交换机的链路或网段是没有要求的，任两台交换机间网段（Segment）上可以接有多台交换机或使用共享链路（Half-Duplex）互连。而 802.1w 则对链路有严格的要求，不同链路类型可影响到收敛速度及工作机制。

Point-to-Point 链路类型：交换机间 Full Duplex 链路。

共享链路：交换机间半双工链路互联，可以连接 Hub 或其他 Half Duplex 的链路。

RSTP 很多快速收敛的机制都一定要工作在 Point-to-Point 全双工的场景下，如果不是点到点链路类型，则 RSTP 使用类似 802.1d 的慢收敛机制（即基于 Timer 的被动收敛）。

在图 9-47 中，如果端口都是全双工状态，则 SW1 和 SW2 都认为互联的链路类型是 Point-to-Point。华为设备默认自动检测端口类型，可使用命令 stp point-to-point ｛ auto | force-false | force-true ｝去强制端口类型。Auto 代表自动检测，是端口默认值。

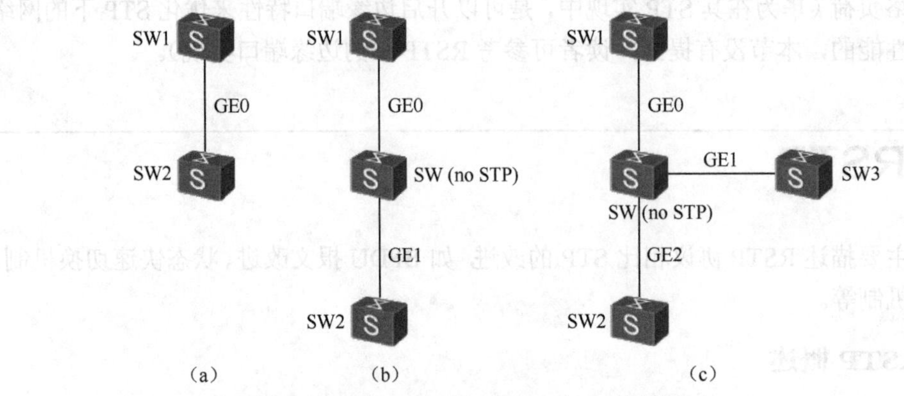

图 9-47 已知的 Point-to-Point 链路类型

说明如下。

- 手工设置端口类型优于端口检测的结果。
- 处于 DP/discarding 状态的端口能否快速进入转发状态，依赖于端口是否是 Point-to-Point 全双工，否则发出的 BPDU 中未置 A 位，若对方端口是 RP 端口，不会回应 Agreement BPDU。
- AP 端口成为 RP 端口，不依赖端口是否是 Point-to-Point 全双工。
- 在运行生成树协议的二层网络中，交换设备的端口和非点对点链路相连时，端口的状态无法快速迁移。
- 如果当前端口工作在全双工模式，则当前端口所连的链路是点到点链路，可以选择参数 force-true。
- 如果当前端口工作在半双工模式，可通过执行命令 stp point-to-point force-true 强制链路类型为点到点链路，实现快速收敛。

9.3.2.2 端口角色和端口状态

华为 STP 和 RSTP 使用同样的端口角色，根端口、指定端口、替代和备份端口，同样的端口角色计算过程，区别是 RP 和 DP 进入转发状态的时间不一致。

9.3.2.3 RSTP 报文格式的变化

802.1w 相对于 802.1d 对于 BPDU 报文结构做了改进，BPDU 新格式包括 2 点内容，如图 9-48 所示。

1．在 STP 中 Flag 位仅使用了 2bit——TC 和 TCA 位，而 RSTP（如图 9-49 所示）使用了整个 Flag 位的 8bit。添加了端口角色和状态的标识。

说明：

在 RSTP 中 TCA 不再使用。

位 7：在 RSTP 中不使用。

位 6：Agreement 位，链路是点到点类型时置位。

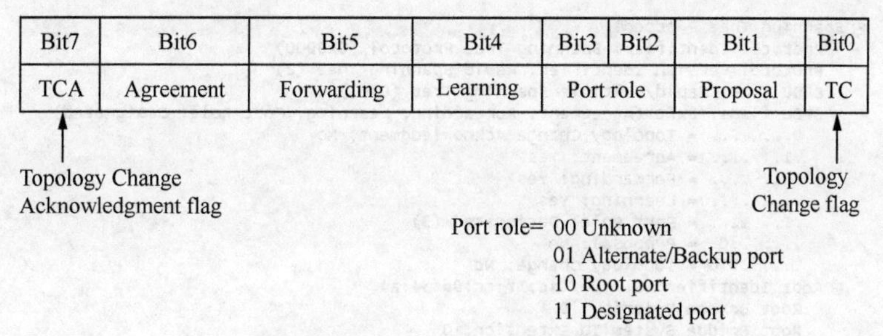

图 9-48 802.1w BPDU Flag 标记

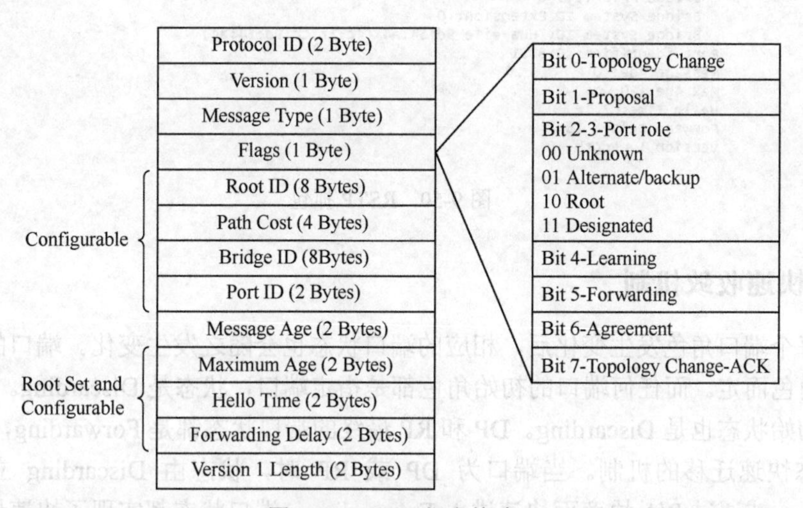

图 9-49 RSTP 报文格式

位 5：端口状态标识位，置 0 代表 Discarding 或 Learning，置 1 代表 Forwarding。

位 4：端口状态标识位，置 0 代表 Discarding，置 1 代表 Learning 或 Forwarding。

- Discarding 状态 00
- Learning 状态 01
- Forwarding 状态 11

位 3：代表端口角色。

位 2：代表端口角色。

- 01 代表 AP 或 BP
- 10 代表 RP
- 11 代表 DP

位 1：proposal 提议，当端口是 DP/Discarding 或 DP/Learning 状态时置 1。

位 0：当拓扑变化时，在通知拓扑变化的 BPDU 中置位。

2．另一个关于 RSTP BPDU 的重要变化是此时的 BPDU 的版本为 2，消息类型为 0x02。这意味着一个运行 802.1d 协议的网桥将丢弃此 BPDU，这个特性将使 802.1w 网桥很容易检测到与之相连的 802.1d 网桥。RSTP 抓包如图 9-50 所示。

```
⊟ Spanning Tree Protocol
    Protocol Identifier: Spanning Tree Protocol (0x0000)
    Protocol Version Identifier: Rapid Spanning Tree (2)
    BPDU Type: Rapid/Multiple Spanning Tree (0x02)
  ⊟ BPDU flags: 0x7c (Agreement, Forwarding, Learning, Port Role: Designated)
      0... .... = Topology Change Acknowledgment: No
      .1.. .... = Agreement: Yes
      ..1. .... = Forwarding: Yes
      ...1 .... = Learning: Yes
      .... 11.. = Port Role: Designated (3)
      .... ..0. = Proposal: No
      .... ...0 = Topology Change: No
  ⊟ Root Identifier: 0 / 0 / 4c:1f:cc:9d:54:a4
      Root Bridge Priority: 0
      Root Bridge System ID Extension: 0
      Root Bridge System ID: HuaweiTe_9d:54:a4 (4c:1f:cc:9d:54:a4)
    Root Path Cost: 0
  ⊟ Bridge Identifier: 0 / 0 / 4c:1f:cc:9d:54:a4
      Bridge Priority: 0
      Bridge System ID Extension: 0
      Bridge System ID: HuaweiTe_9d:54:a4 (4c:1f:cc:9d:54:a4)
    Port identifier: 0x8001
    Message Age: 0
    Max Age: 20
    Hello Time: 2
    Forward Delay: 15
    Version 1 Length: 0
```

图 9-50 RSTP 抓包

9.3.3 快速收敛机制

当每个端口角色发生变化后，相应的端口状态也会随之发生变化。端口的状态根据端口的角色而定。而任何端口的初始角色都是指定端口，状态是 Discarding。即使是 RP 端口，初始状态也是 Discarding。DP 和 RP 最终的端口状态都是 Forwarding，802.1w 定义了状态快速迁移的机制。当端口为 DP 或 RP 时，状态由 Discarding 立即进入到 Forwarding 或通过 P/A 协商而快速进入 Forwarding，端口状态都实现了快速切换，避免了 802.1d 下慢收敛而致的路由协议的抖动、用户数据访问中断时间过长等问题。

802.1w 相比于 802.1d 增加了如下快速收敛机制：

- RP 端口的快速切换机制，当 RP 端口消失时，AP 端口立即成为 RP 端口及转发状态。
- DP 端口主动 P/A 协商进入到 Forwarding 状态。
- 至少 3 个 Hello 间隔收不到 BPDU 端口角色便发生重新计算，或收到次的 BPDU 端口角色时也立即重新计算。

9.3.3.1 BPDU 老化/超时机制

华为 IEEE 802.1w 协议实现机制：

端口会缓存收到的最好的 BPDU，如果至少 3 个连续的 Hello 间隔没有收到 BPDU，端口失去原有角色，并立即对该端口重新计算，华为交换设备默认的超时时间为 18s，和华为 STP 实现一样。

图 9-51 中，SW1-SW4 链路失效，SW2 的 RP 端口会在 18s 后超时并失去 RP 端口角色。18s 后，SW2 开始声称自己是"根桥"，发送次的 BPDU，SW3 接收到后，端口 3 立即重新计算而成为 DP/Discarding，SW2 和 SW3 间经过 P/A 协商之后，成为新的转发链路。在此场景中，SW2 判定链路失效消耗了 18s，在此之后，一秒内完成 SW2-SW3 状态切换。PC2 访问 PC1 经过路径 SW2-SW3-SW1。

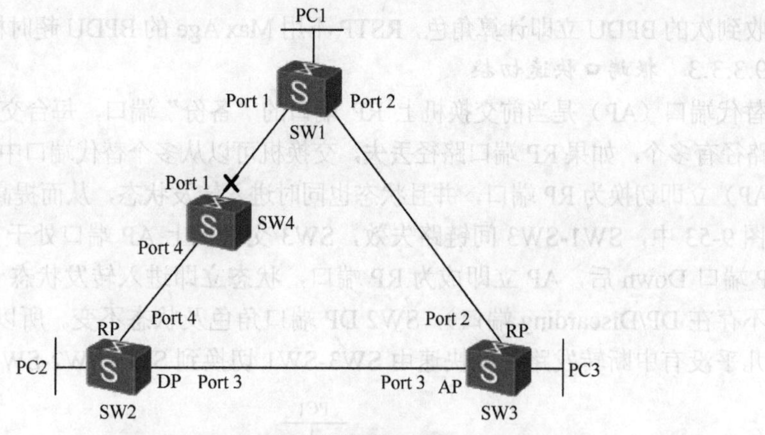

图 9-51　超时所致链路失效

9.3.3.2　***接收次的*** BPDU

在 802.1w 标准中，当一台下游交换机从上游交换机接收到次的 BPDU 后，并不是等待端口缓存 BPDU 的 MaxAge 超时（华为交换机不再需要 MaxAge 机制），而是立即接收并重新计算端口角色，这可加速收敛。

SW3 到根交换机 SW1 有两条路径，SW1-SW3 为最优路径，转发状态。SW1-SW2-SW3 为次优路径，阻塞端口。当 SW1-SW2 间链路故障时，SW2 交换机立即产生自己的 BPDU（次优 BPDU）给 SW3，SW3 会立即开始计算端口角色。图 9-52 中，收到次优 BPDU 后，无需等待任何超时。在 802.1w 中，链路类型是 Point-to-Point，任何到根交换机的路径上上游或下游端口或交换机故障后，一定会有次优 BPDU 产生，下游交换机不用判断超时而立即计算。SW3 的 AP 端口成为 DP 端口，其和 SW2 的 DP 端口同时为 Discarding 状态，并开始 P/A 协商，能够快速收敛。

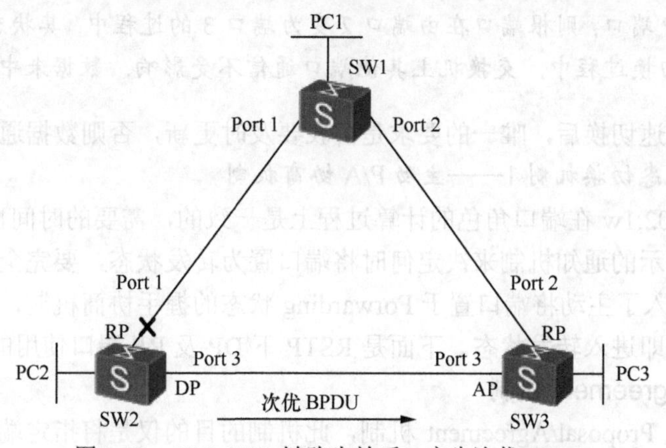

图 9-52　SW1-SW2 链路失效后，产生次优 BPDU

说明：

任何一台交换机的根端口消失，同时没有 AP 端口，此时交换机会置其他所有端口为 DP 端口角色，并产生自己的 BPDU。

收到次的BPDU立即计算角色，RSTP不用Max Age的BPDU超时机制，可加速收敛。

9.3.3.3 根端口快速切换

替代端口（AP）是当前交换机上RP端口的“备份”端口，每台交换机上到达根交换机的路径有多个，如果RP端口路径丢失，交换机可以从多个替代端口中，把最好的替代端口（AP）立即切换为RP端口，并且状态也同时进入转发状态，从而提高网络收敛速度。

图9-53中，SW1-SW3间链路失效，SW3交换机上AP端口处于Discarding状态，当RP端口Down后，AP立即成为RP端口，状态立即进入转发状态（无需P/A协商，因为不存在DP/Discarding端口），SW2 DP端口角色及状态不变。所以PC3访问PC1时流量几乎没有中断转发路径就快速由SW3-SW1切换到SW3-SW2-SW1。

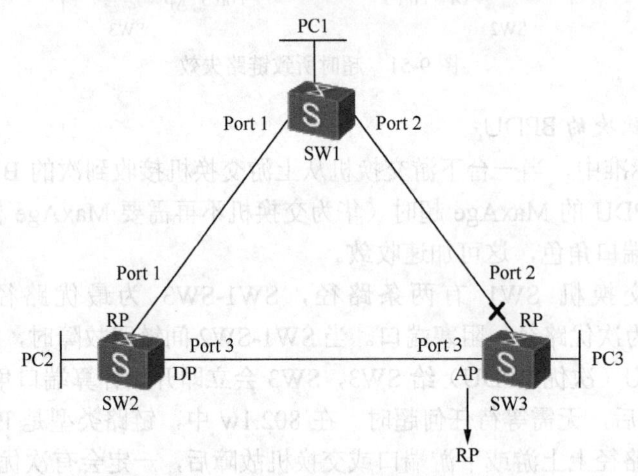

图9-53 AP端口切换为RP

说明：

若SW3有DP端口，则根端口在由端口2变为端口3的过程中，其状态及角色不变化，即RP端口快速切换过程中，交换机上其他端口通信不受影响，数据未中断。

转发路径快速切换后，唯一的要求是桥表要及时更新，否则数据通信仍然受影响。

9.3.3.4 状态切换机制1——主动P/A协商机制

802.1d和802.1w在端口角色的计算过程上是一致的，需要的时间也一样，但IEEE 802.1d却没有显示的通知机制来决定何时将端口置为转发状态，要完全依赖于计时器。IEEE 802.1w引入了主动将端口置于Forwarding状态的握手协商机制，通过交互报文来实现通知端口立即进入转发状态。下面是RSTP下DP及RP端口使用的协商机制。

Proposal/Agreement机制

P/A机制即Proposal/Agreement机制，此机制的目的仅是将指定端口快速转换到转发状态而引入的一种协商行为。协商过程使用Proposal和Agreement置位的RSTPBPDU报文，此机制仅发生在Point-to-Point类型的链路上（全双工直连链路，非直连链路上该机制易出环路）。

事实上对于STP，指定端口的选择可以很快完成，主要的速度瓶颈在于：为了避免环路，必须等待足够长的时间，使全网的端口状态全部确定，也就是说必须要等待至少一个 Forward Delay，所有端口才能进行转发。而 RSTP 的主要目的就是消除这个瓶颈，通过阻塞自己的非根端口来保证不会出现环路。而使用 P/A 机制加快了上游端口转到 Forwarding 状态的速度。

图 9-54 是 IEEE 802.1w 定义的交换机内部及之间的 P/A 过程。

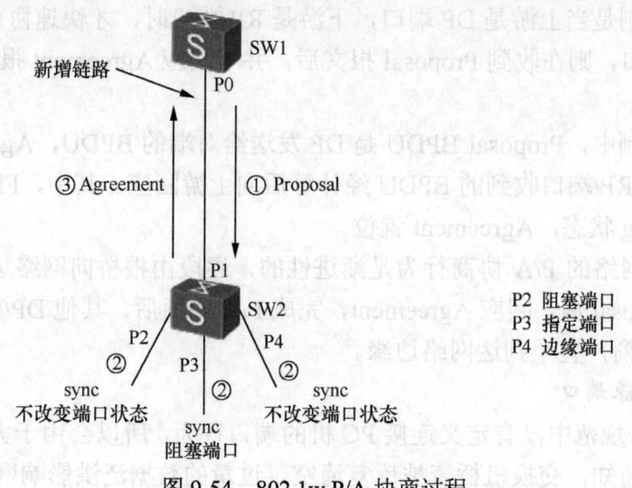

图 9-54 802.1w P/A 协商过程

图 9-54 中，交换机 SW1 和 SW2 之间新添加了一条链路。P0 和 P1 端口的初始角色为 DP 端口，状态为 Discarding，链路是 P2P 全双工。

第 1 步：端口 P0 和端口 P1 都发送 Proposal 置位的 BPDU。

第 2 步：SW1 和 SW2 根据收到的 BPDU 计算端口角色，图 9-54 中，P1 为 RP 端口，P0 为 DP 端口。

第 3 步：SW2 开始同步过程。同步过程会依次扫描所有其他端口，除边缘端口和已处于 Discarding 状态的端口外，将其他端口状态置为 Discarding，这就是同步过程（Sync Process），以保证 RP 端口进入 Forwarding 时没有环路存在。

第 4 步：SW2 完成同步后，P1 端口状态可安全进入 Forwarding 并通告置 Agreement 位的 BPDU 给 SW1。同时，SW2 向所有处于转发状态的端口（除边缘端口外）通告 TC 置位 BPDU。

第 5 步：SW1 上 DP 端口，收到 Agreement BPDU 后，状态立即进入 Forwarding 状态。至此，SW1 和 SW2 间主动的握手协商过程结束。

第 6 步：SW2 继续向已同步的 DP/Discarding 端口通告 Proposal BPDU，在各个链路上重新开始新的 P/A 协商过程。这种 P/A 机制向网络中添加 DP/RP 的转发链路，直至计算到网络边缘。

P/A 机制使用说明

（1）如果上述场景下，下游端口 P1 收到 Proposal BPDU 后，端口角色为 AP 端口，则无同步过程，SW2 不回应 Agreement 报文给上游交换机。上游 P0 端口是 DP Discarding，没有收到 Agreement BPDU，所以端口经历 2 个 Forward Delay 慢慢进入 Forwarding 状态。

（2）一旦 P/A 协商不成功，指定端口的选择就需要等待两个 Forward Delay，协商过程与 STP 一样。

（3）P/A 机制仅发生在 Point-to-Point 全双工链路上，如果是半双工链路，DP 端口发送的 BPDU 由于没有 A 置位而致下游 RP 端口无法触发同步，所以下游 RP 端口和上游 DP 端口都经历 2 个 ForwardDelay 而进入 Forwarding。

（4）P/A 之间一定要全双工直连，如果是全双工但非直连，则会出现短暂环路。

（5）P/A 机制是当上游是 DP 端口，下游是 RP 端口时，才快速协商进入转发状态。若下游是 AP 端口，则在收到 Proposal 报文后，并不回应 Agreement 报文而致 DP 在 30s 后进入转发状态。

（6）P/A 机制中，Proposal BPDU 是 DP 发送给对端的 BPDU，Agreement BPDU 是下游交换机把其 RP 端口收到的 BPDU 经计算后向上游回应。其中，Flag 置位如下：RP 角色，Forwarding 状态，Agreement 置位。

（7）RSTP 网络的 P/A 协商行为是渐进性的，逐段由根桥向网络边缘扩散。下游交换机在收到 Proposal 后，回应 Agreement，完成 P/A 协商后，其他 DP/Discarding 端口再继续开始 P/A 协商，直至到达网络边缘。

9.3.3.5　边缘端口

IEEE 802.1d 规范中没有定义连接 PC 机的端口行为，所以会由于大量主机加入网络而致过量的 TC 通知，交换机桥表被反复清空，过量的数据泛洪影响网络性能。

802.1w 定义的边缘端口具备如下特性：

- 边缘端口状态变化不会触发拓扑变化通知；
- 边缘端口不参与 STP 计算，端口启动后可以直接进入转发状态，从而跳过丢弃（Discarding）和学习（Learning）状态；
- 边缘端口会向外周期通告 BPDU，但若边缘端口接收到 BPDU，该端口会立即丢失边缘端口特性，切换回普通生成树端口并根据收到的 BPDU 重新计算端口角色；
- P/A 协商过程中，同步（Sync）过程并不会阻塞边缘端口，同时 TC 通知 BPDU 也不清空边缘端口的 MAC 表项（TC BPDU 并不向边缘端口转发）。

使用说明如下。

（1）华为交换机可在 STP 及 RSTP 模式下开启边缘端口，端口上输入命令：stp edged-port enable。

（2）边缘端口是为连接终端设备，如 PC、服务器、路由器、防火墙等设备使用。若连接交换设备，易于出现环路。

（3）边缘端口的频繁抖动对网络没有影响，不产生拓扑变化通知，同时交换机也不向边缘端口转发拓扑变化通知。

（4）边缘端口的角色为 DP，并保持转发状态。

（5）边缘端口通告 BPDU 的目的是为了检测生成树环路，见后面的场景分析。

（6）为避免边缘端口下连接交换设备或防止攻击者仿造 BPDU 报文导致边缘端口属性变成非边缘端口，可将边缘端口连同 BPDU 防护特性一起使用，使边缘端口收到 BPDU，端口会 shutdown，以保护边缘端口，同时边缘端口特性不变。

示例：SW1 和 SW2 为 RSTP 交换机。请简单分析边缘端口按照图 9-55 方式相连有什么问题？

图 9-55（a）为边缘端口的 Port1 和 Port2 被用户通过网线互联后，由于端口启动之初没有收到任何 BPDU，所以两个端口均直接进入转发状态。所以初期会有短暂的环路发生，但边缘端口若互相收到对方的 BPDU，则失去边缘端口的特性，变成普通端口，端口阻塞数据，并重新根据各自收到的 BPDU 计算端口角色。网络稳定后，端口 Port1 应该是 DP/Forwarding，而 Port2 是 BP/Discarding。

图 9-55（b）中，Port1 和 Port2 端口连接到一台交换机，如果交换机是普通交换机且无 STP，交换机则可透传 BPDU，Port1 和 Port2 互相收到对方的 BPDU，其效果等同于图 9-55（a）。但若该交换机是华为交换机，交换机在端口上关闭 STP，使用命令“STP diable”。

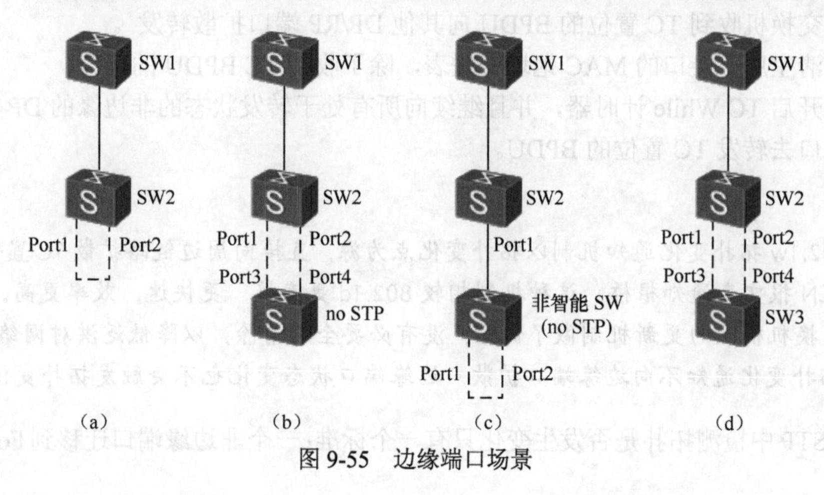

图 9-55　边缘端口场景

说明：

华为交换机在端口上输入 STP disable，端口会过滤 STP 报文，SW2 交换机 Port1 和 Port2 端口互相收不到对方的 BPDU，所以 Port1 和 Port2 的端口角色和状态依然不变，都是转发状态。这时端口 Port1/Port2/Port3/Port4 都可转发数据，所以环路出现。

图 9-55（c）中，边缘端口 Port1 一旦收到自己的 BPDU。端口 Port1 便处于 DP，状态为 Discarding 状态，无环路发生。

图 9-55（d）中，把华为交换机 SW3 接在边缘端口下面。边缘端口一旦收到 BPDU，端口阻塞数据，失去边缘端口特性，开始重新计算端口角色。如果 SW1 是根桥，则 Port1 和 Port2 是 DP/Forwarding，而 Port3 是 RP/Forwarding，Port4 是 AP/Discarding。整个过程无环路发生。

9.3.4　拓扑变化通知机制

802.1w 协议规范中，定义 TC（Topology Change）具备如下特性。

（1）触发条件：只有非边缘端口切换到转发状态时才被定义为拓扑变动，非边缘端口丢失连接不会触发拓扑变化通知。

（2）拓扑变化交换机，产生通知。

- TC 置位的 BPDU 向所有处于转发状态的非边缘的 DP 和 RP 端口去扩散。
- 为转发端口开启 TC While 计时器，时长是 2 个 Hello 间隔。

- 清空所有接口 MAC 地址关联表（边缘端口除外）。

一旦检测到拓扑发生变化，将进行如下处理：

为本交换设备的所有非边缘指定端口启动一个 TC While Timer，该计时器值是 Hello Time 的两倍。

在这个时间内，清空状态发生变化的端口上学习到的 MAC 地址。

同时，由这些端口向外发送 RST BPDU，其中 TC 置位。一旦 TC While Timer 超时，则停止发送 RST BPDU。

（3）周边交换机，扩散通知。

- 交换机收到 TC 置位的 BPDU 向其他 DP/RP 端口扩散转发 。
- 清空所有接口的 MAC 地址关联表，除了收到 TC BPDU 的接口。
- 开启 TC While 计时器，并且继续向所有处于转发状态的非边缘的 DP 和 RP 端口去转发 TC 置位的 BPDU。

说明：

1）802.1w 拓扑变化通知机制以拓扑变化点为源，直接向周边链路扩散 TC 置位 BPDU，不需要 TCN 报文来通知根桥，这种机制相较 802.1d 更直接，更快速，效率更高。

2）交换机桥表的更新机制做了优化，没有必要全部清除，以降低泛洪对网络的影响。

3）拓扑变化通知不向边缘端口扩散，边缘端口状态变化也不会触发拓扑变化通知。

在 RSTP 中检测拓扑是否发生变化只有一个标准：一个非边缘端口迁移到 Forwarding 状态。

如此，网络中就会产生 RST BPDU 的泛洪。如图 9-56 所示。

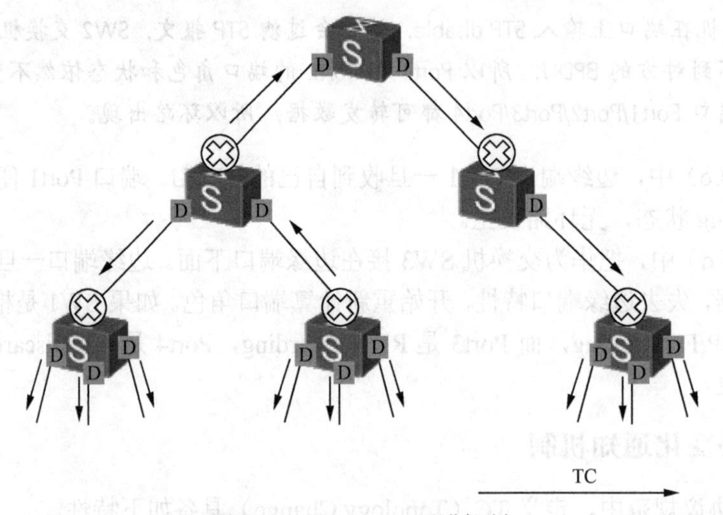

图 9-56　802.1w TC 泛洪机制

802.1w 这种 TC 机制会从故障点在一个很短的时间内刷新整个网络的 CAM 表，清除 MAC 及快速地通知，可加速清除网络中错误 MAC 的机制。消息快速地泛洪给整个网络，此时的 TC 传播为一步完成。事实上，拓扑变动的发起者会在整个网络中泛洪该信息，而不是像 802.1d 只有根网桥可以进行 TC 信息泛洪。这种机制会比 802.1d 更加快速有效，没有必要去等待根桥通告网络变动，也没有必要等待 15s 来让此消息泛洪至全网后刷新接口 MAC 表。

9.3.5 扩展性及优化 RSTP 与 STP 兼容

802.1w 协议可以在一个交换网络实现与 802.1d 协议的互操作。但一旦与 802.1d 协议实现互操作便丧失 802.1w 的快速收敛机制。

当一个网段里既运行 STP 的交换设备，又运行 RSTP 的交换设备，STP 交换设备会忽略 RSTP BPDU，而运行 RSTP 的交换设备在某端口上接收到运行 STP 的交换设备发出的配置 BPDU，在两个 Hello Time 时间之后，便把自己的端口转换到 STP 工作模式，发送配置 BPDU。这样，就实现了互操作。

802.1w 与 802.1d 兼容示意如图 9-57 所示。

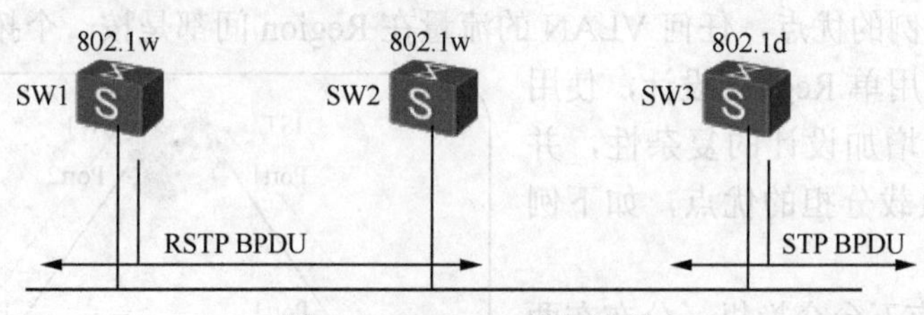

图 9-57　802.1w 兼容机制

假设交换机 SW1 和 SW2 初始化运行 802.1w 协议，SW3 运行 802.1d，SW1 交换机为此网段指定交换机。SW1 和 SW2 初始听到 SW3 的配置 BPDU 后，相应端口工作在 STP 模式。

此时如果交换机 SW3 被移除，虽然交换机 SW1 和交换机 SW2 运行 802.1w 协议将更加高效，但此时交换机 SW1 端口仍然运行 802.1d 模式。这是因为在此网段上 SW1 无法通过某种机制知道交换机 SW3 被移除。在这种情况下华为交换设备可以通过在接口下执行 stp mcheck 命令来将接口迁移回 802.1w 模式。

9.4 MSTP

9.4.1 MSTP 和 STP/RSTP 的比较

华为现有的生成树技术 STP 及 RSTP 在交换机上仅有一个生成树实例，而 MSTP 可以自定义多个生成树实例，这允许用户映射多个 VLAN 到不同的生成树实例（生成树拓扑）。每个生成树实例的拓扑不同，使网络流量（基于 VLAN）按不同的拓扑转发，提高网络链路的使用效率，避免链路闲置，这种流量的负载分担是实例间的负载分担。目前没有任何一种生成树协议能做到在单个实例内多条链路间负载分担（不考虑 Eth-Trunk 技术）。

相比于 STP 及 RSTP 协议，MSTP 的优点是：

- 负载分担：多个 VLAN 的流量使用不同的拓扑来分担网络的流量；

- 冗余性：一个实例的拓扑发生变化，不会影响到其他实例拓扑。

MSTP 的缺点是：

- 相比于单拓扑模型的 STP 和 RSTP，MST 开销稍大；
- 在多区域（Region）场景下，MST 在区域边界上没有负载分担的能力；
- 在 MST 的多区域中，会存在次优路径问题。（请参考后面示例）

9.4.2 MST 原理

MST 目前是华为交换机上默认的生成树协议，它最大的优点是可以自定义多个生成树实例，但它可自定义多个实例的这个优点仅限于在单个 Region 中。MST 把两层交换平面划分为多个 Region，任何一台交换机只能属于一个 Region。它的区域划分方式有些像 IS-IS 的区域划分，区域边界在链路上。MST 的多实例特性是 Region 内的概念，Region 间享受不到多实例的优点，任何 VLAN 的流量在 Region 间都是按一个拓扑转发的。

建议尽量使用单 Region 设计，使用多个 Region 会增加设计的复杂性，并丧失多实例的负载分担的优点，如下例所示。

图 9-58 中有五台交换机，分布在两个 Region 中，每个 Region 内各自定义了多个实例，Region1 和 Region2 内 PC 节点间流量互访只能使用两根区域间链路中的一根。上图选择 SW2 和 SW4 间端口 4 转发区域间流量。

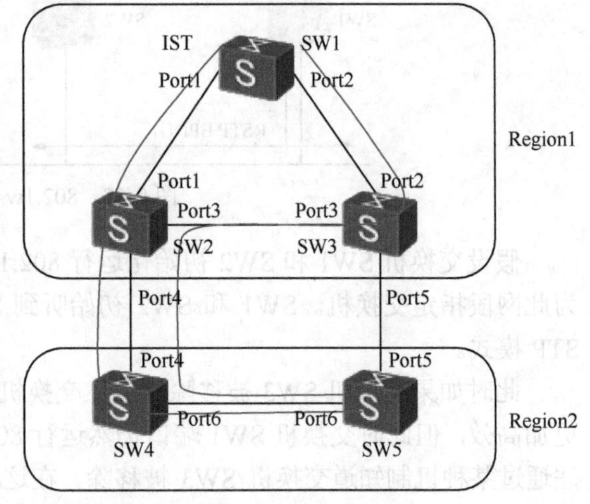

图 9-58 MST 多区域

以下是 MST 的术语描述。

9.4.2.1 MST Configuration ID

MST 交换机使用 MST Configuration ID 来标识自己，Configuration ID 由以下三个参数构成。处在同一个 Region 中的交换机其 Configuration ID 必须一样。每台 MST 交换机在配置 MST 时都会配置以下参数。

- 区域名字（Region name）：用来定义区域名，大小写敏感，默认值为空。
- 修订号码（Revision-level）：数值范围为 0～65535，默认是 0。
- VLAN 和实例（Instance）的映射关系：为每个实例映射多个 VLAN，默认下所有 VLAN 都映射到一个实例。

BPDU 中包含上述 Configuration ID，但其中并没有直接携带 VLAN 和实例的映射，BPDU 携带的是 VLAN 和实例映射内容被 Hash 计算后所生成的 Hash 值，这可减少携带内容大小，参考后面 MST 报文结构。

9.4.2.2 Region

交换机启动之初会互发 MST BPDU，BPDU 中包含 Configuration ID，如果交换机的 Configuration ID 一致，则两台交换机在同一个 Region 中，否则交换机彼此不在同一个 Region 中。

MST 交换机构成的网络，称为 MST Domain（MST 交换域）。而其中 Configuration ID

一致的交换机所构成的区域称为 MST Region（MST 区域）。一个 MST Domain 可以由一个或多个 MST Region 构成。

交换机依据其所在的位置而称为区域内交换机和区域边界交换机。连接其他区域的链路是区域间链路，这个端口称为区域边界端口。

图 9-58 中，SW1 是区域内交换机，端口 1 和 2 是区域内端口，SW2 是区域边界交换机，其端口 1 和 3 是区域内链路，而端口 4 是区域边界端口。同理，SW3、SW4、SW5 都是边界交换机，它们都有边界端口（收到不同 Configuration ID）。

示例：图 9-58 中，SW1、SW2 和 SW3 在区域 ABC 中。SW4 和 SW5 在区域 CDE 中，VLAN10 使用实例 2，VLAN20 使用实例 3，请完成上述需求的 MST 配置。（以下仅列出 SW4 的配置，其他交换机配置略）

```
#
[SW4]stp region-configuration
[SW4-mst-region]region-name CDE
[SW4-mst-region]revision-level 10
[SW4-mst-region]instance 2 vlan 10
[SW4-mst-region]instance 3 vlan 20
[SW4-mst-region]active region-configuration
Info: This operation may take a few seconds. Please wait for a moment...done.
[SW4-mst-region]quit
#
[SW4]dis stp region-configuration
 Oper configuration
   Format selector     :0
   Region name         :CDE
   Revision level      :10

   Instance    VLANs Mapped
      0        1 to 9, 11 to 19, 21 to 4094
      2        10
      3        20
#
```

说明：

上述 MST 配置一定要使用 active region-configuration 命令激活，否则不会生效。

另外，revision-level 可以不定义，默认值为 0。

9.4.2.3 生成树实例——MSTI 和 IST

MST 引入了生成树实例的概念，每个生成树实例就是一个独立的生成树拓扑，MST 定义要求每个自定义的生成树实例仅出现在区域内。一个区域内的链路可以同时出现在多个生成树实例中，但其角色和状态可能不一样，而区域间边界链路上不存在多个实例，端口只有一种状态，转发或阻塞，这依据边界端口在实例中的角色而定。

MST 实例分系统默认实例（实例 0）和用户自定义实例（实例 1、实例 2 等）

在区域内，每个自定义的实例称为 MSTI（MST Instance），每个实例有对应的 ID（1-4094）。自定义的多个实例可以使用不同的拓扑，流量可以使用不同的转发路径，所以在区域内可以很容易实现负载分担。

IST（Internal Spanning Tree Instance）是 MST 交换机上默认存在的生成树实例，它

是特殊的 MST 实例，实例 ID 为 0，所有 VLAN 默认都映射到 IST 实例。如果没有定义其他 MST 实例，任何 VLAN 的数据默认都使用生成树实例 0 的拓扑转发，而交换机则相当于单实例的 RSTP 模式交换机。

图 9-59 中，在 Region1 内定义 MST 实例 1 和 MST 实例 2，实例间彼此独立。

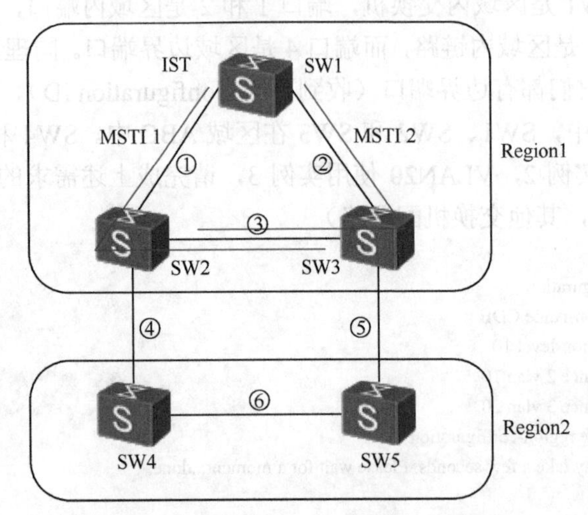

图 9-59　MST 多实例——MSTI 1 和 MSTI 2

MST 实例（MSTI）的特点：

- MSTI 可以与一个或者多个 VLAN 对应，但一个 VLAN 只能与一个 MSTI 对应；
- 每个 MSTI 独立计算自己的生成树，互不干扰；
- 每个 MSTI 的生成树计算使用 802.1w 算法；
- 每个 MSTI 的生成树可以有各自不同的根、不同的拓扑，各自的树根称为区域根；
- 每个端口在不同 MSTI 上的生成树参数可以不同；
- 每个端口在不同 MSTI 上的角色、状态可以不同；
- 每个 MSTI 的拓扑通过命令配置决定；
- 每个 MSTI 中的端口都是区域内端口，非边界端口；
- 区域中所有 MSTI 共用区域间端口。

例：图 9-59 中，区域 ABC 中包含 SW1、SW2 和 SW3 交换机，通过命令调整树根的位置，使实例 1 的根桥是 SW2，实例 2 的根桥是 SW3。如果各实例的当前根桥失效，使 SW2 是实例 2 的根桥，SW3 是实例 1 的根桥。

```
[SW2]STP instance 1 root primary
[SW2]STP instance 2 root secondary
#
[SW3]STP instance 2 root primary
[SW3]STP instance 1 root secondary
```

9.4.2.4　CIST（Common and Internal Spanning Tree）

MST 实例仅出现在每个区域内，并不出现在区域间，如果把每个区域看作是一台“大的交换机”，则连接这些“交换机”的树称为 CST（Common Spanning Tree）。CST 在区域间连接每个区域的 IST/MST 实例。区域内 IST 和区域间的 CST 连接在一起构成的这棵树称为 CIST。

CIST 是遍及整个 MST 域（Domain）中交换机的一棵树。这棵树在区域内的部分就是每个区域中实例 0，在区域间的部分就是 CST。

不论是 MST 实例、IST 实例，还是 CST，都使用 802.1w 算法来计算树的拓扑。

图 9-60 中共有 3 个区域，MSTI 在每个区域各定义两个。如图 9-60 所示，区域 1 中定义了 MSTI2 和 MSTI4。

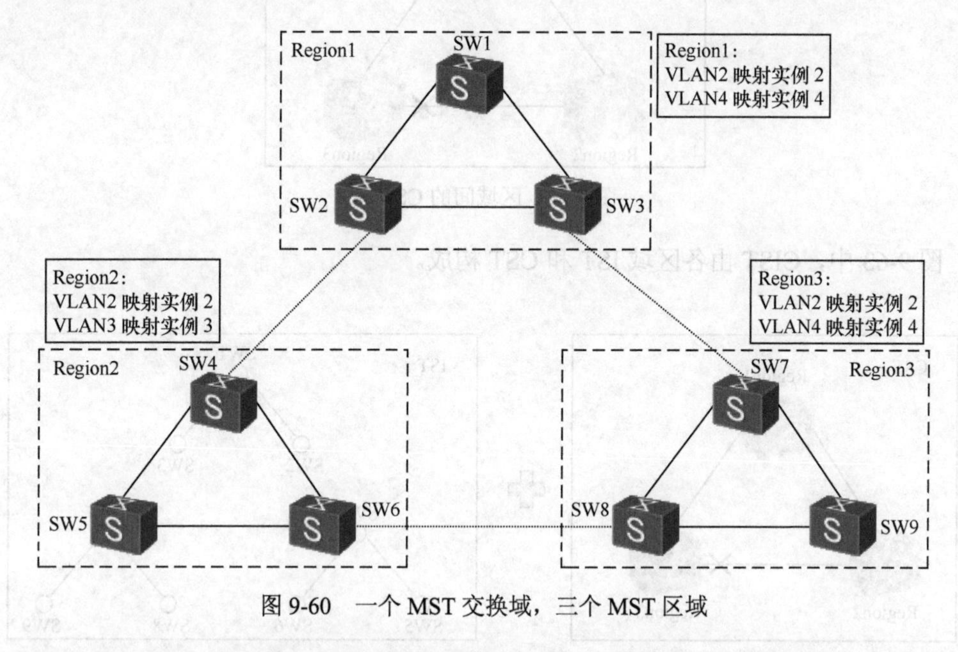

图 9-60 一个 MST 交换域，三个 MST 区域

图 9-61 是图 9-60 MST 域中区域内的实例：各区域中的 IST 及 MST 中。其中，左图是 IST 的实例，右图是每个 Region 中的 MSTI。

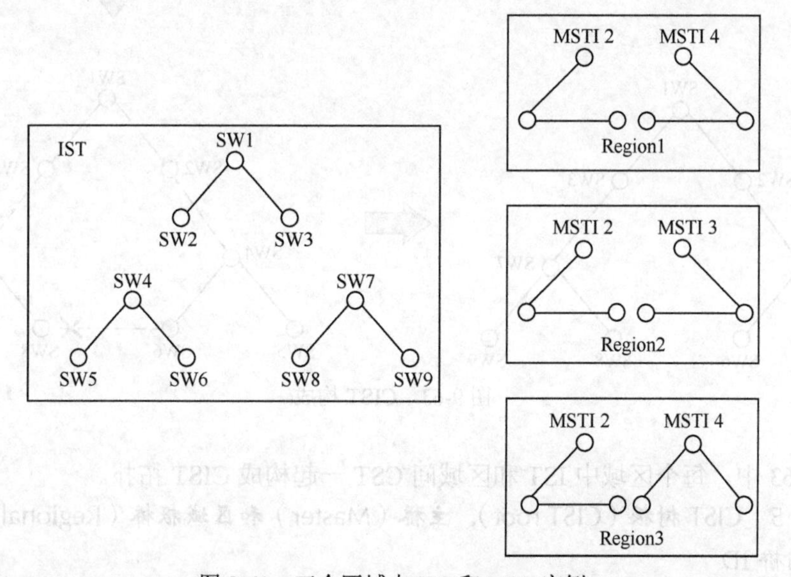

图 9-61 三个区域中 IST 和 MST 实例

区域间的 CST：三台“大交换机”中，上面的交换机是“根桥”交换机（CIST root 在区域 1 中）。图 9-62 中，交换机间链路拓扑即是 CST。

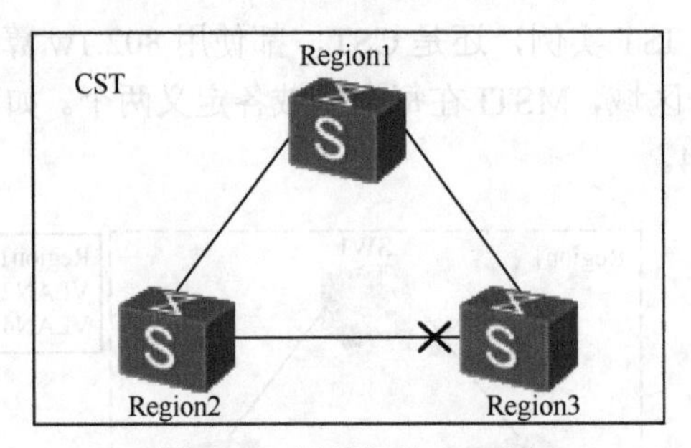

图 9-62　区域间的 CST 树

图 9-63 中，CIST 由各区域 IST 和 CST 构成。

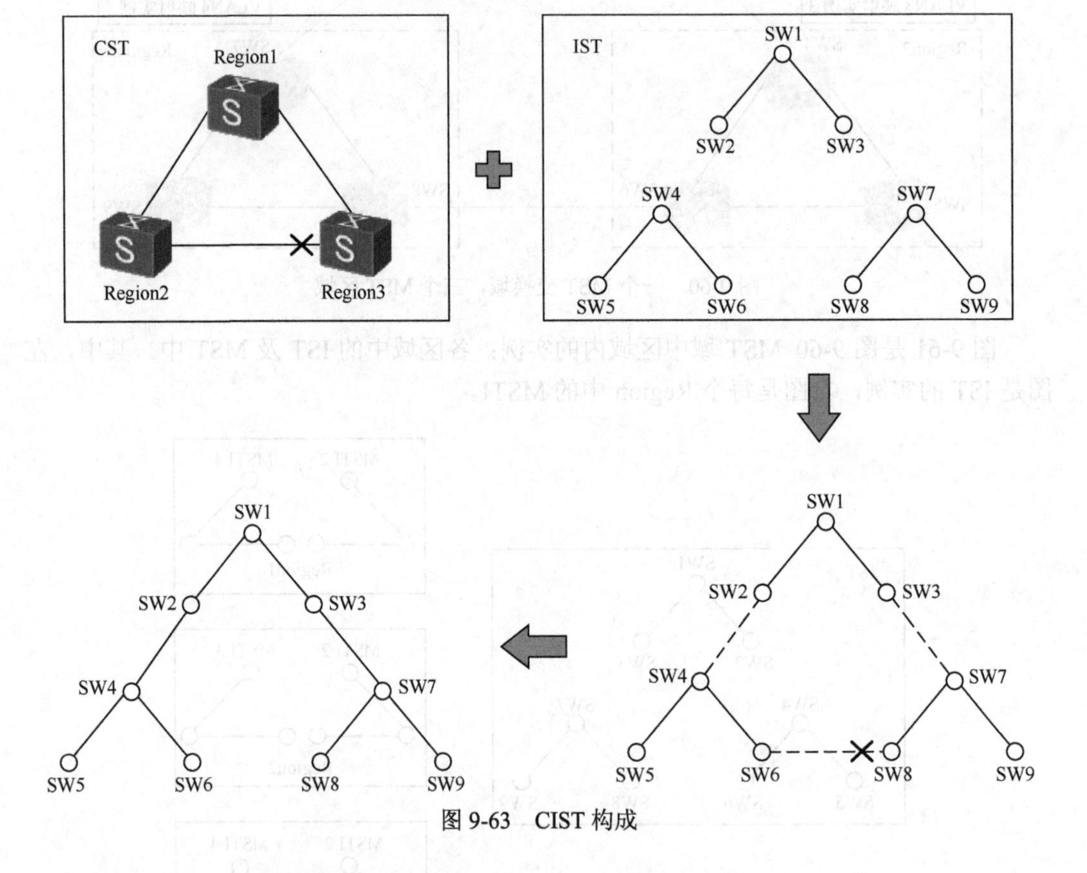

图 9-63　CIST 构成

图 9-63 中，每个区域中 IST 和区域间 CST 一起构成 CIST 拓扑。

9.4.2.5　CIST **树根**（CIST root），**主桥**（Master）**和区域根桥**（Regional root）

1. 网桥 ID

在 MST 网络中，如果交换机上有多个实例，则交换机在每个实例中都有唯一的网桥 ID，网桥 ID 的构成如图 9-64 所示，包含 3 个字域。

Bridge Priority：4bit，默认是二进制 1000.000000000000，它可以在不同实例中定义不同的值。

Extend System ID :12 bit，在 MST 中，代表生成树实例号，为 0 时则代表 IST，为 1 则代表实例 1。

MAC Address: 48bit，标识每台交换机的唯一的硬件地址，该值在每个实例中都一样。

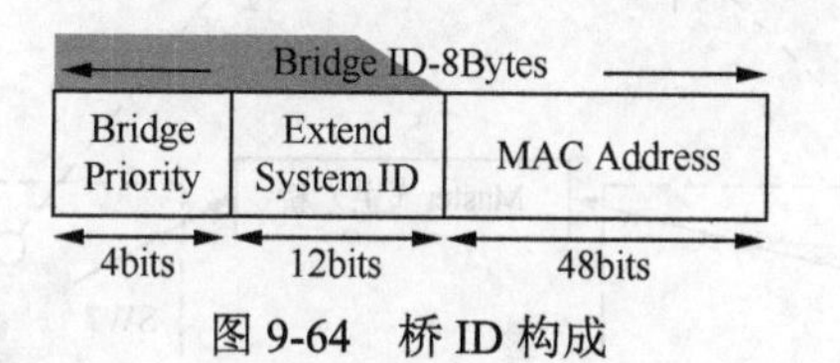

图 9-64　桥 ID 构成

例，网桥 ID:

1000	1	0001.0002.0003

这是交换机 0001.0002.0003 上实例 1 的网桥 ID。

1000	0	0001.0002.0003

这是交换机 0001.0002.0003 上实例 0 的网桥 ID。

2. CIST 根桥（CIST Root），主桥（Master Root）和区域根桥（Regional Root）

CIST 树的树根称为 CIST 树根。

整个交换域中，每台交换机上都有实例 0，其中网桥 ID 最小的那台交换机就是 CIST 树的树根。图 9-60 中 SW1 就是 CIST 树根。

- 区域根（RegRoot）是在每个区域中的 MST 实例的根桥，它是该实例中桥 ID 最小的那台交换机。实例 0 的根桥也可以称为区域根桥（同时也是主桥）。
- CIST 根桥，全网络就一个。在 MST Domain 中，CIST 根桥是实例 0 中桥 ID 最小的那台交换机。
- 主桥，每个区域各一个。主桥是在每个区域中的 IST 的根桥。在 CIST 根桥所在的区域中，主桥就是 CIST 根桥。在其他区域中，主桥一定是距离 CIST 根桥"最近"的交换机。这个"最近"是仅考虑区域间路径而言的。可把每个 Region 看成一台大的交换机，这台"交换机"内部的路径成本不在考虑范围之内。区域中主桥的选择不一定是桥 ID 最小的那台交换机，非 CIST 根桥所在的区域，主桥一定是边界交换机。
- 区域根桥，每个区域中每个实例都有各自的区域内根桥。

例：图 9-65 中，区域间链路 SW2-SW4、SW3-SW7 及 SW6-SW8 的链路成本各为 20000，用交换机编号作为网桥 ID。SW1 的桥 ID 最小，SW10 桥 ID 最大。

图 9-65 中 SW1 是所有 IST 中桥 ID 最小的交换机，所以它是 CIST 根桥（CIST Root）。

图 9-65 中有三个区域，在区域 1 中，主桥即是 CIST 根桥，图中 SW1 是主桥；在区域 2 中，主桥是 SW4，区域 3 中主桥是 SW7。（区域内路径不参与计算，区域间的路径成本是选择 Region2 和 Region3 中主桥的依据）具体计算过程参考后面章节。

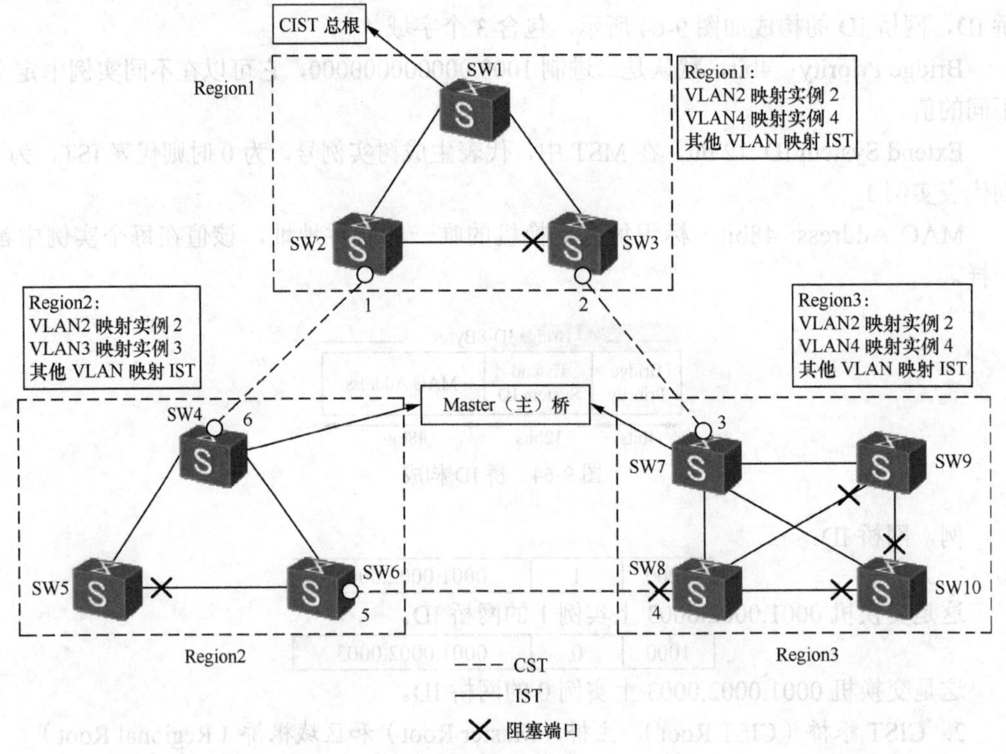

图 9-65　多个区域构成的 MST 交换网络

9.4.2.6　**端口角色**

在 STP/RSTP 中，端口角色分为 RP、DP、AP、BP，但是在 802.1s 中，又在上述基础之上新添加了边缘端口（Boundary Port）和主端口（Master Port）。以下称 CIST 根桥为总根。

1. 域边缘端口（Boundary Port）：位于 MST 域的边缘并连接其他 MST 区域的端口。域边缘端口出现在 CST/CIST 上，是 CST/CIST 的端口状态，主端口也是域边缘端口。

图 9-65 中端口 1～6 都是域边缘端口。

2. 主端口（Master Port）：在非 CIST 根桥所在区域中的主桥交换机上，实例 0 的 RP 端口在其他 MST 实例中被称为主端口（Master Port），它是区域中其他实例到 CIST 根桥的最近端口，也是主桥交换机上的边界端口，它的端口状态和 IST 实例中的 RP 端口一样，其最终状态一定是转发状态的端口，一定是区域内所有其他实例的数据访问 CIST 根桥所要经过的端口。

图 9-65 中，端口 6 是区域 2 中的 Master 端口，端口 3 是区域 3 中的 Master 端口。

说明：

在 CIST 根桥所在的区域，主桥上没有主端口。端口角色的计算参考后面的章节。

9.4.2.7　MST BPDU

1. 报文结构

MST 中可以定义多个实例，但所有自定义的实例和 IST 实例的拓扑都是用一份

BPDU 来传递的。网络中定义的 MST 实例使用 M 记录（M-Record）来承载其拓扑信息。一个 Region 中定义多少 MST 实例，BPDU 中就包含多少 M 记录。MSTP 报文格式如图 9-66 所示。

字段	Octet
Protocol Identifier	1-2
Protocol Version Identifier	3
BPDU Type	4
CIST Flags	5
CIST Root Identifier	6-13
CIST External Path Cost	14-17
CIST Regional Root Identifier	18-25
CIST Port Identifier	26-27
Message Age	28-29
Max Age	30-31
Hello Time	32-33
Forward Delay	34-35
Version 1 Length=0	36
MST special fields: Version 3 Length	37-38
MST special fields: MST Configuration Identifier	39-89
MST special fields: CIST Internal Root Path Cost	90-93
MST special fields: CIST Bridge Identifier	94-101
MST special fields: CIST Remaining Hops	102
MST special fields: MSTI Configuration Messages (may be absent)	103-39+Version 3 Length

图 9-66　MSTP 报文格式

表 9-5　**MST 报文内容说明**

字段内容	字节	说明
Protocol Identifier	2	协议标识符
Protocol Version Identifier	1	协议版本标识符，STP 为 0，RSTP 为 2，MSTP 为 3
BPDU Type	1	BPDU 类型： • 0x00：STP 的 Configuration BPDU • 0x80：STP 的 TCN BPDU (Topology Change Notification BPDU) • 0x02：RST BPDU (Rapid Spanning-Tree BPDU)或者 MST BPDU (Multiple Spanning-Tree BPDU)
CIST Flags	1	CIST 标志字段
CIST Root Identifier	8	CIST 根桥设备 ID
CIST External Path Cost	4	CIST 外部路径开销指从本交换设备所属的 MST 域到 CIST 根交换设备所属的 MST 域的累计路径开销。CIST 外部路径开销根据链路带宽计算

（续表）

字段内容	字节	说明
CIST Regional Root Identifier	8	CIST 的域根交换设备 ID，即 IST Master 的 ID。如果总根在这个域内，那么域根交换设备 ID 就是总根交换设备 ID
CIST Port Identifier	2	本端口在 IST 中的指定端口 ID
Message Age	2	BPDU 报文的生存期
Max Age	2	BPDU 报文的最大生存期，超时则认为到根交换设备的链路故障
Hello Time	2	Hello 定时器，缺省为 2 秒
Forward Delay	2	Forward Delay 定时器，缺省为 15 秒
Version 1 Length	1	Versionl BPDU 的长度，值固定为 0
Version 3 Length	2	Version3 BPDU 的长度
MST Configuration Identifier	51	MST 配置标识，表示 MST 域的标签信息，包含 4 个字段
CIST Internal Root Path Cost	4	CIST 内部路径开销指从本端口到 IST Master 交换设备的累计路径开销。CIST 内部路径开销根据链路带宽计算
CIST Bridge Identifier	8	CIST 的指定交换设备 ID
CIST Remaining Hops	1	BPDU 报文在 CIST 中的剩余跳数
MSTI Configuration Messages (may be absent)	16	MSTI 配置信息。每个 MSTI 的配置信息占 16 Bytes，如果有 *n* 个 MSTI 就占用 *n*×16Bytes

- CIST Root ID：CIST 根桥的桥 ID。

CIST External Path Cost：区域间路径成本，即 CIST 在区域间的路径成本。

CIST Master Root ID：是区域中 IST 实例的主桥 ID。

CIST Port ID：流出 BPDU 的端口 ID。Port ID = Priority（4 位）+ 端口号（12 位）。端口优先级必须是 16 的整数倍。

出现在 BPDU 标准部分中，是 CIST 在区域间的拓扑信息。

- 在 BPDU MST 扩展部分中，CIST Internal Root Path Cost 和 CIST BID 是 CIST 在区域内 IST 实例的拓扑信息。

CIST Internal Root Path Cost：是 Region 内当前交换机到主桥的成本。

- CIST Bridge ID：发送 BPDU 的交换机桥 ID。
- 报文的最后携带区域内的实例的拓扑信息，图中的 MST ID 2 和 MST ID 3 就是实例 2 和实例 3 的内容。

示例：

在每个 Region 内的 MST 实例的拓扑信息仅在 Region 有效且有意义，不在 Region 间通告。

说明：

域边界交换机上，边界端口中 DP 端口在所有的实例中都是 DP 端口，从位置上看端口是边界端口，但该端口并没有收到任何 BPDU，并无法判定自己是边界端口，所以通告的 BPDU 中，Region 内的 MST 实例信息依然出现在 BPDU 内。下游的接收交换机是边界交换机，并不关心其他 Region 中的 MST 实例信息，会忽略该信息，仅需要了解 CIST 实例的信息。

例，图 9-65 中端口 1 是 DP 端口，其通告的 BPDU 中仍包含其他实例的 M-Record。MSTP 报文抓包格式如图 9-67 所示。

```
Spanning Tree Protocol
  Protocol Identifier: Spanning Tree Protocol (0x0000)
  Protocol Version Identifier: Multiple Spanning Tree (3)
  BPDU Type: Rapid/Multiple Spanning Tree (0x02)
⊞ BPDU flags: 0x7c (Agreement, Forwarding, Learning, Port Role: Designated)
⊞ Root Identifier: 0 / 0 / 4c:1f:cc:91:12:80
  Root Path Cost: 20000
⊞ Bridge Identifier: 16384 / 0 / 4c:1f:cc:f4:30:e8
  Port identifier: 0x8006
  Message Age: 1
  Max Age: 20
  Hello Time: 2
  Forward Delay: 15
  Version 1 Length: 0
  Version 3 Length: 96
⊟ MST Extension
    MST Config ID format selector: 0
    MST Config name: CDE
    MST Config revision: 10
    MST Config digest: 02cfb95fcc5bdd54d62f442a98a5bbfb
    CIST Internal Root Path Cost: 0
  ⊞ CIST Bridge Identifier: 16384 / 0 / 4c:1f:cc:f4:30:e8
    CIST Remaining hops: 20
  ⊞ MSTID 2, Regional Root Identifier 32768 / 4c:1f:cc:11:40:22
  ⊞ MSTID 3, Regional Root Identifier 32768 / 4c:1f:cc:11:40:22
```

图 9-67 MSTP 报文抓包格式

2. BPDU 报文格式

MSTP 的 BPDU 报文存在两种格式，一种是 IEEE 802.1s 规定的标准格式，一种是华为私有格式，当和第三方设备互操作时，华为交换机会自动匹配使用的格式。华为的端口收发 MSTP 报文格式可配置（stp compliance）功能，能够实现对 BPDU 报文格式的自适应——auto、dotls、legacy。默认是自适应。

3. MSTI 和 IST 的拓扑信息

MSTI 和 CIST 都是根据“优先级向量”来计算各自的拓扑，这些优先级向量信息都包含在上述 MST BPDU 中。交换机间互相交换 MST BPDU 来计算生成各自实例的拓扑。

优先级向量：

参与 CIST 计算的优先级向量为

{ CIST 根桥 ID，区域外部路径开销，主桥 ID，区域内部路径开销，指定交换机桥 ID，指定端口 ID，接收端口 ID }；

参与 MSTI 计算的优先级向量为

{ 区域根桥 ID，区域内部路径开销，指定交换机桥 ID，指定端口 ID，接收端口 ID }。

4. 区域内和区域间 BPDU 内容分析

示例：

图 9-68 包含 3 个区域，分别是 Region1、Region2 和 Region3。其中，SW1 是 CIST 根桥。分析 BPDU 转发到 SW9 的过程。图中 1，2，…，8 数字是交换机间生成树端口成本。

BPDU 从 CIST 根桥产生，BPDU 在区域内传递时，区域间的 CIST 部分的拓扑信息不变化，仅实例的拓扑信息变化，实例包含 IST 和 MST 实例。BPDU 在区域间传递时，区域内的拓扑信息对邻居区域没有影响。

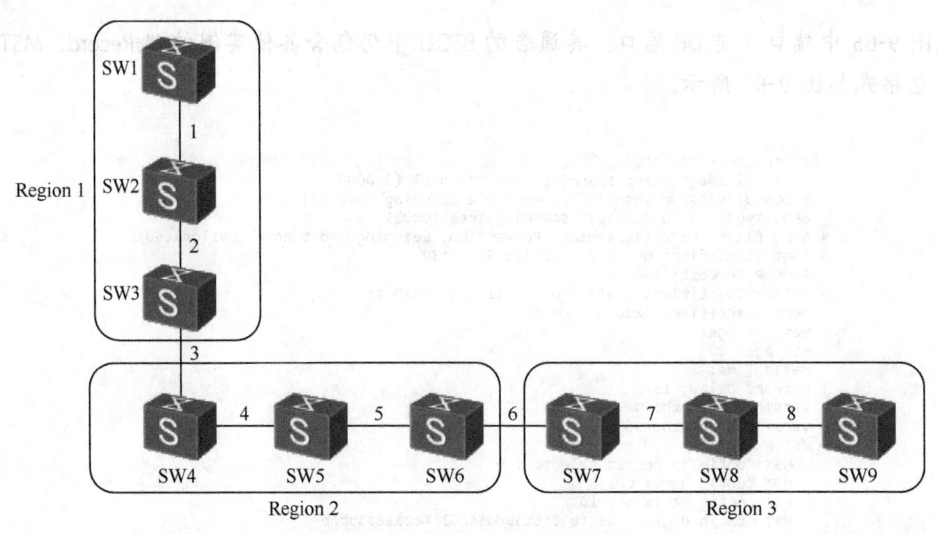

图 9-68 Region 间 BPDU 变化

BPDU

分析过程：以下内容是按照 BPDU 的内容来排列拓扑信息的，并非按优先级向量的比较顺序排列。

1. SW1 是 CIST Root，由 SW1 到 SW2 的 BPDU：

CIST RootID	= SW1
（external）PathCost	= 0
RegionalBID	= SW1
PortID	= SW1 Port ID
InternalPathCost	= 0
BID	= SW1

2. 在 Region1 中，SW2 流给 SW3 的 BPDU

CIST RootID	= SW1
（external）PathCost	= 0
RegionalBID	= SW1
PortID	= SW2 Port ID
InternalPathCost =0+1	
BID	= SW2

3. 从 SW3 流出时

RootID	= SW1
（external）PathCost	= 0
RegionalBID	= SW1
PortID	= SW3 Port ID
InternalPathCost	= 1+2
BID	= SW3

4. SW4 流出时

RootID	= SW1
（external）PathCost	= 3
RegionalBID	= SW4
PortID	= SW4 port id
InternalPathCost	= 0
BID	= SW4

5. SW5 流出时

RootID	= SW1
（external）PathCost	= 3

```
    RegionalBID              = SW4
    PortID                   = SW5 port id
    InternalPathCost         = 4
    BID                      = SW5
 6. SW6 流出时
    RootID                   = SW1
    (external) PathCost      = 3
    RegionalBID              = SW4
    PortID                   = SW6 port id
    InternalPathCost         = 9
    BID                      = SW6
 7. SW7 流出时
    RootID                   = SW1
    (external) PathCost      = 9
    RegionalBID              = SW7
    PortID                   = SW7 port id
    InternalPathCost         = 0
    BID                      = SW7
 8. SW8 流出时
    RootID                   = SW1
    (external) PathCost      = 9
    RegionalBID              = SW7
    PortID                   = SW8 port id
    InternalPathCost         = 7
    BID                      = SW8
#
```

9.4.3 MST 拓扑计算

9.4.3.1 区域间 CIST 和区域内 MST 端口角色计算过程

- 在 CIST 树上计算端口角色使用以下优先级向量。

CIST 计算向量内容及顺序：

{ CIST 根桥 ID，

外部路径开销，

区域主桥 ID，

区域内路径开销，

指定交换设备桥 ID，

指定端口 ID，

接收端口 ID }

- 在区域内的 MST 实例上计算端口角色使用以下向量。

MSTI 计算比较向量：

{ 区域根桥 ID，

区域内部路径开销，

指定交换设备桥 ID，

指定端口 ID，

接收端口 ID }

- 计算及比较原则。

任何实例下的任何交换机在收到 BPDU 后都开始选择收到最好 BPDU 的端口为根

端口。

首先，比较根桥交换机 ID。

如果 CIST 根桥交换机 ID 相同，再比较外部路径开销。

如果外部路径开销相同，再比较区域主桥 ID。

如果区域主桥 ID 仍然相同，再比较内部路径开销。

如果内部路径仍然相同，再比较指定交换设备 ID。

如果指定交换设备 ID 仍然相同，再比较指定端口 ID。

如果指定端口 ID 还相同，再比较接收端口 ID。

9.4.3.2 区域间 CIST 实例拓扑计算

给出图 9-69 的 CIST 拓扑中各端口角色的计算过程，假定所有端口成本为 1，图中数字是端口号，交换机桥 ID 是 SW1<SW2<SW3 <…<SW10，端口 ID 依端口序号而定，如 41 是 SW2 上边界端口的端口 ID。

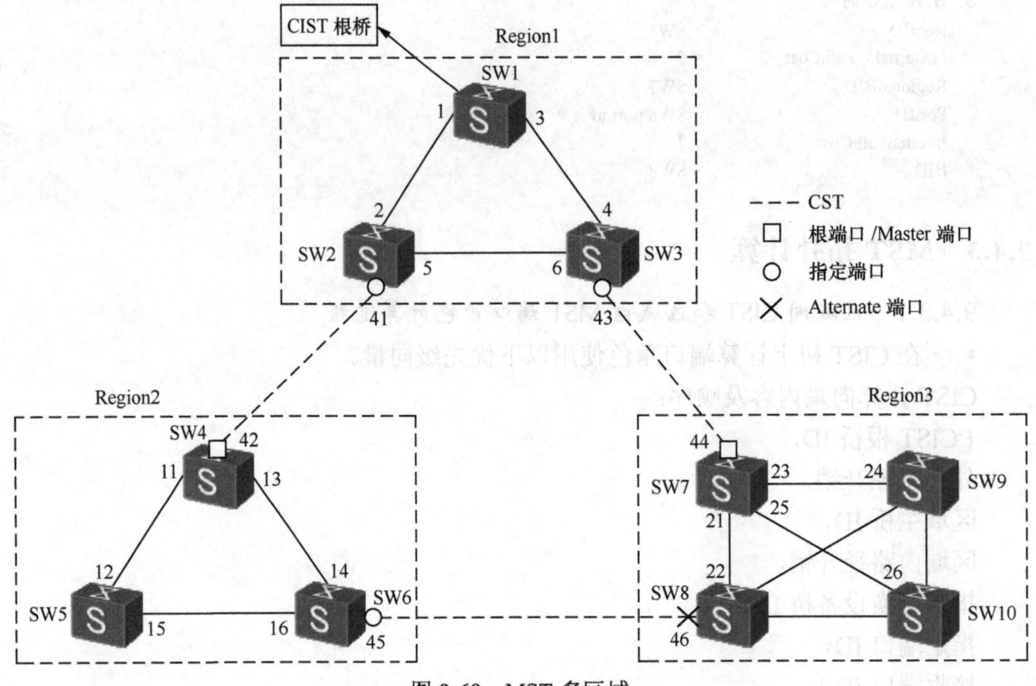

图 9-69 MST 多区域

分析思路：

第 1 步，先选出 CIST 根桥；

第 2 步，在每个区域中选出主桥（Master 交换机）；

第 3 步，在主桥上选出 RP 端口；

第 4 步，在其他区域间链路上计算出 DP 及 AP/BP；

第 5 步，在每个区域中，IST 和 MST 上计算出相应角色的端口。

计算过程如下。

- 第 1 步：选择 CIST 根。

在 MST 交换域中，SW1 因实例 0 中桥 ID 最小而成为区域 1 中的主桥，同时也是 MST 交换域中的 CIST 根桥。

图 9-69 中 10 台交换机启动时都认为自己既是 CIST 根桥，同时也是区域主桥，所有端口都是 DP/Discarding，所以开始向外发送自己的 BPDU。

例如：CIST 向量内容{ SW1，0，SW1，0，SW1，X }。

说明：

上述内容依次代表{CIST 根桥 ID，到 CIST 的外部路径开销，区域主桥 ID，区域内路径开销，指定交换机 ID，端口 ID（此处用 X 来表示）}，所有交换机产生的 BPDU 经过比较后，SW1 流出的 BPDU“最好。”

- 第 2 步：选择区域主桥。先比较区域间成本，如果成本一样，再比较区域边界交换机的桥 ID，值越小越好。

（1）在 Region1 中 CIST 根桥就是该区域主桥。

（2）在 Region2 和 Region3 中主桥一定是边界交换机。计算过程：把三个 Region 看成三台大的“交换机”，选择区域主桥并不关心区域内路径成本，仅关心边界交换机到 CIST 根桥的“区域间路径”成本。所以 3 台“大交换机”间链路依次为：41-42，43-44，及 45-46。而 Region1 是“root”交换机，所以 Region2 经 41-42 及 Region3 经 43-44 链路到 CIST 根桥为最近路径成本，所以 SW4 和 SW7 是各自相应区域的主桥。

（3）而如果 41-42 链路成本改为 2，而 43-44 及 45-46 链路成本都为 1。在此种情况下，在 Region2 中 SW4 和 SW6 边界交换机到 CIST 根桥的区域间成本一致，要继续比较两台边界交换机的（实例 0 中）桥 ID。由于 SW4 优于 SW6，所以 SW4 是 Region2 中主桥。

- 第 3 步：决定 RP 端口。在主桥交换机上选择 RP 端口。它是主桥到 CIST 根桥的最小路径成本端口。比较后，如果成本一样，则继续比较发送 BPDU 的指定交换机的桥 ID，数值越小越好。如果指定桥 ID 仍然一样，则继续比较指定交换机上发送端口的端口 ID。

图 9-70 中，SW4 主桥上端口 42、端口 48 及端口 50，到 CIST 根桥的成本一样是 1，其他区域间链路的成本也是 1。主桥上的 RP 端口是 Region2 中数据访问 CIST 根桥的必经之路。根据 CIST 向量{CIST root，external path cost ，master root，internal path cost ，Bridge ID，port ID} 的内容，先比较每个端口收到的 BPDU，依次比较 CIST Root ID 及 External path cost，值最小者最好。如果一致，再依次比较指定交换机桥 ID 及端口 ID，值最小者好。

图中，SW4 到 CIST 根桥的三条区域间路径上的外部路径成本一样，链路 47-48 和链路 41-42 上指定交换机是 SW2，而链路 49-50 上指定交换机是 SW3，SW2<SW3，且 SW2 交换机上端口 41 的端口 ID 比端口 47 小，所以 SW4 上端口 42 是 RP 端口。同时主桥上其他非 RP 端口则是 AP 端口。

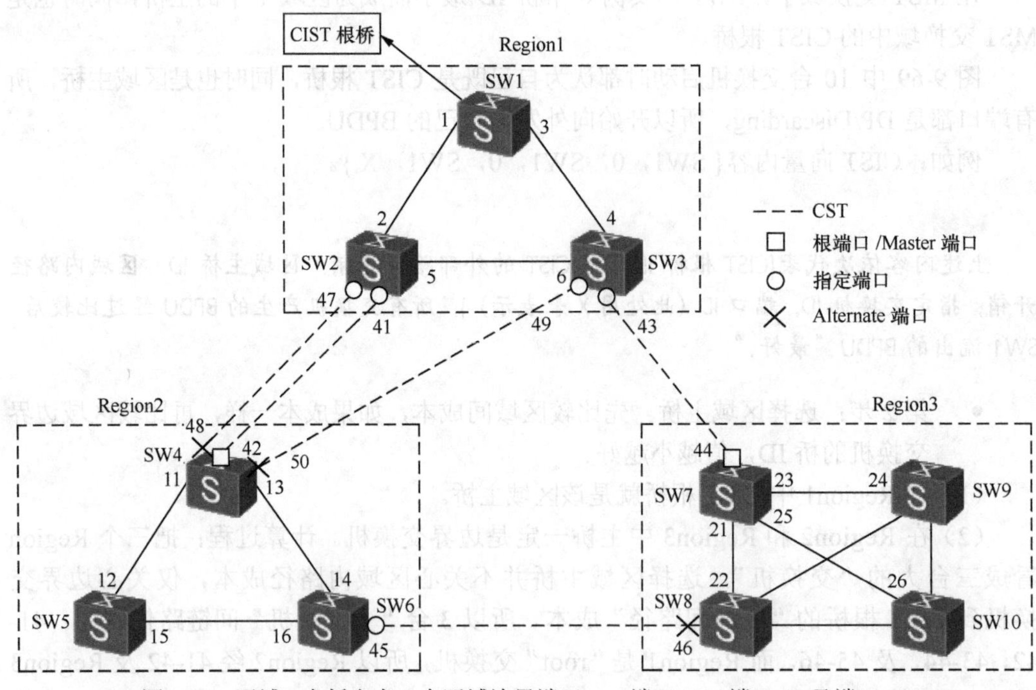

图 9-70 区域 2 主桥上有 3 个区域边界端口——端口 42、端口 48 及端口 50

说明：

在主桥上选择 RP 端口时，主桥 ID 和 Internal path cost 都不需考虑。因为在此时主桥已经是 SW4，且没有区域内部成本，所以不予考虑。

- 第 4 步，Region 中其他边界交换机上的端口可能是 DP/AP 或 BP。

（1）CIST 根桥所在 Region 的边界交换机的端口都是 DP 端口（不考虑自环而致的 BP 端口），所以图 9-70 中 41、43、47、49 端口都是 DP 端口。

（2）端口 45 及 46 分别处在两个 Region 的边界链路上，在该链路上比较两个 Region 的 BPDU，分别是{SW1，1，SW4，1，SW6，端口 45 ID} {SW1，1，SW7，1，SW8，端口 46 ID}。主桥 ID 不同，所以 SW6 通告的 BPDU 优于 SW8 通告的 BPDU，端口 45 是 DP 端口，而端口 46 则是 AP 端口。

- 第 5 步，在每个 Region 内的 IST 或 MST 实例上计算端口。

参考下节。

9.4.3.3 区域内拓扑计算——MST 实例拓扑计算和 IST 拓扑计算

区域内 IST 和 MSTI 都是独立的实例，有各自的树根，IST 实例的树根是本区域中的主桥，计算拓扑也是参考区域内到主桥的路径。计算拓扑根据 BPDU 中相应实例的区域内向量信息计算，IST/MST 实例使用{ 主桥 ID，Internal path cost，BID，Port ID }，如果向量信息一致，则最后可根据自己接收端口的 Port ID 来决定。

图 9-71、图 9-72、图 9-73 分别是 IST 实例及 MST 实例的各自端口角色。

由主桥 RP 端口流入的 BPDU 经过 Region 内路径时，BPDU 中 CIST 根桥及 External

path cost 不变化。

在区域中，主桥上 IST 实例中的 RP 端口（边界端口）同时也是其他 MST 实例中的 Master 端口。如果边界端口在 IST 实例中为转发状态，则在其他实例中也一定为转发状态。如果边界端口在 IST 实例里阻塞，在其他实例里也阻塞。

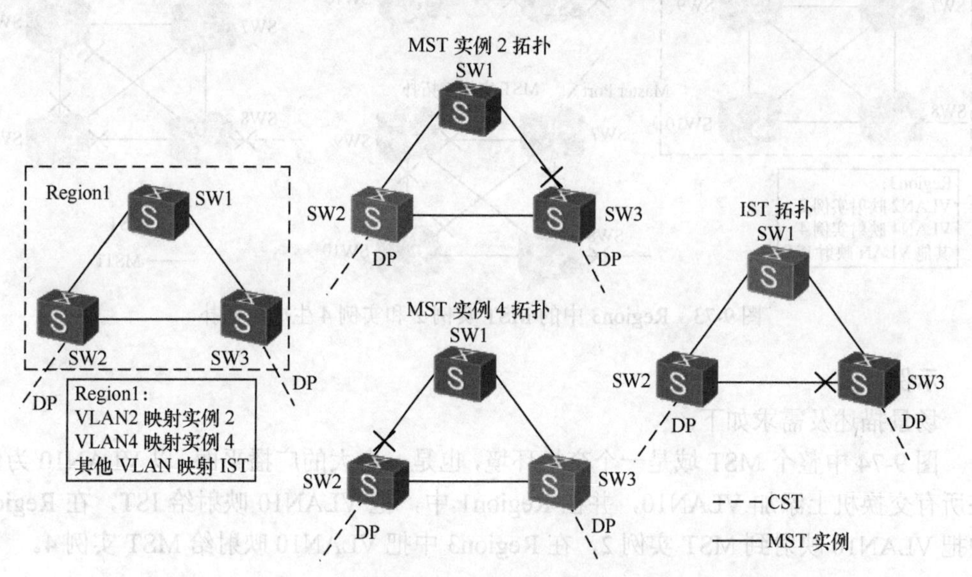

图 9-71　Region1 中 IST、MST 实例 2 和 MST 实例 4 生成树拓扑

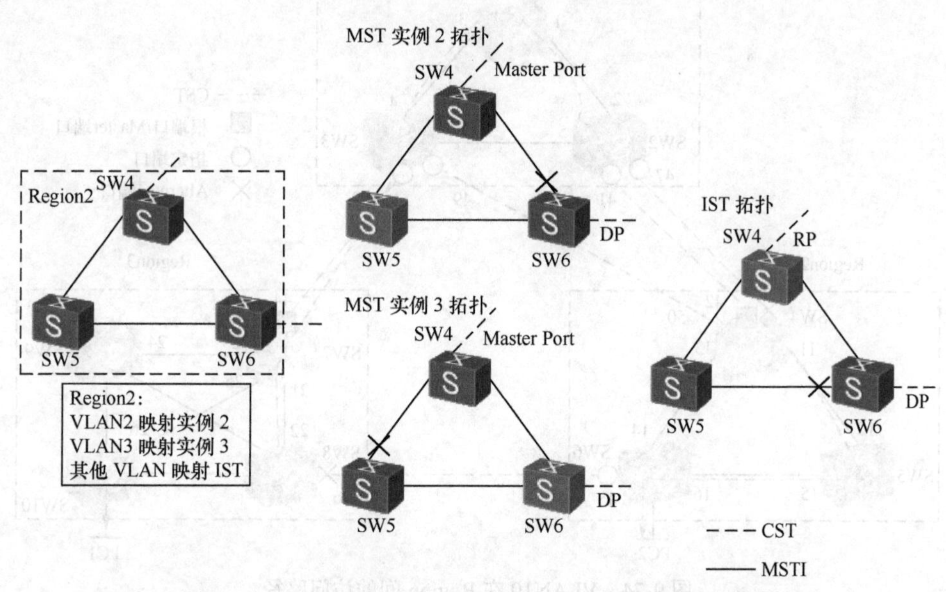

图 9-72　Region2 中 MST 实例 2 和 MST 实例 3 生成树拓扑

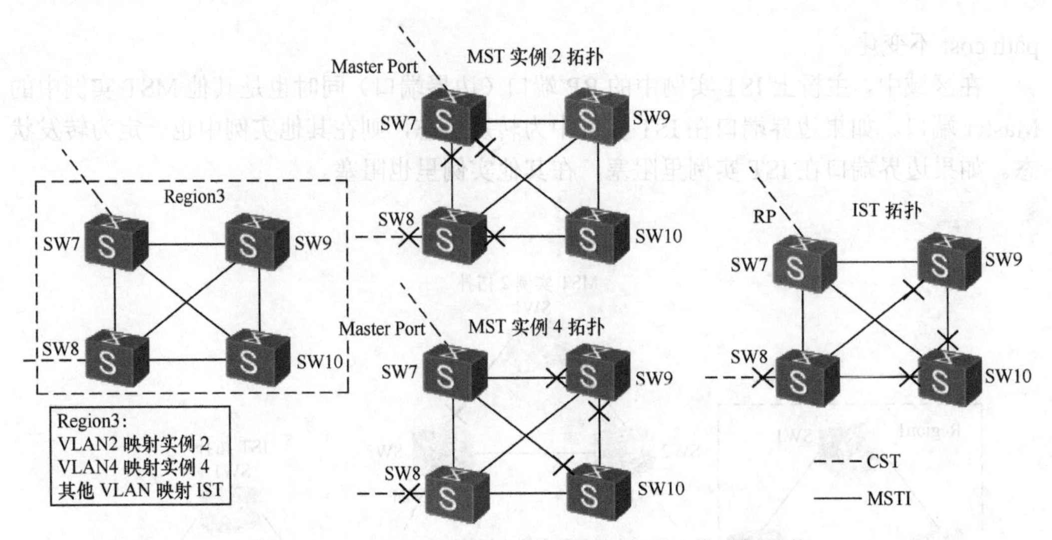

图 9-73 Region3 中的 MST 实例 2 和实例 4 生成树拓扑

示例：

场景描述及需求如下。

图 9-74 中整个 MST 域是一个交换环境，也是一个大的广播平面，以 VLAN10 为例，在所有交换机上添加 VLAN10，并在 Region1 中，把 VLAN10 映射给 IST，在 Region2 中把 VLAN10 映射到 MST 实例 2，在 Region3 中把 VLAN10 映射给 MST 实例 4。

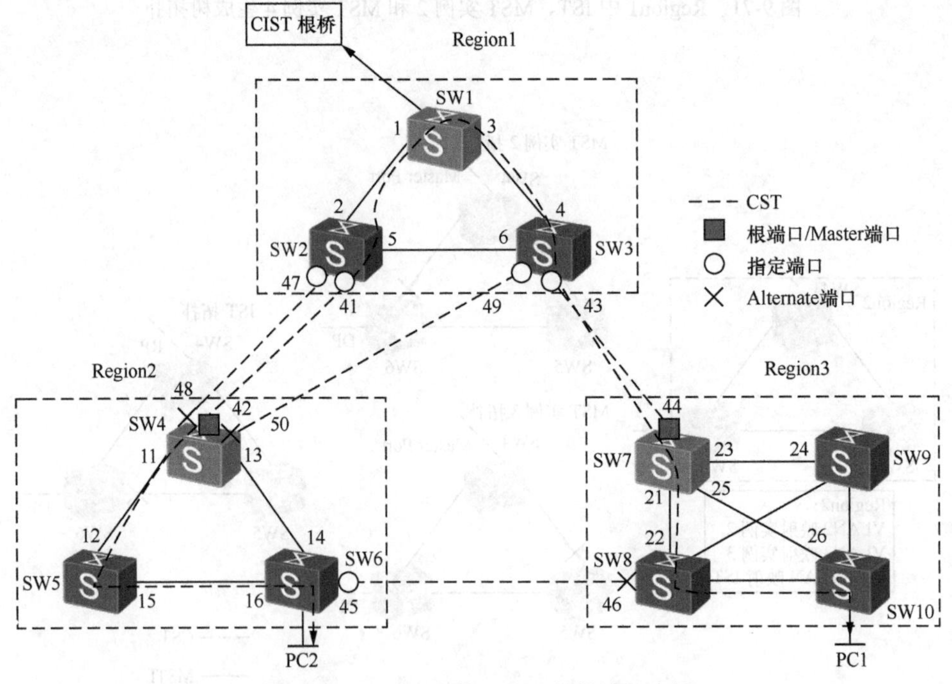

图 9-74 VLAN10 在 Region 间的访问路径

如果 VLAN10 中有主机 PC1，它接在 Region3 中 SW10 交换机上，问：该主机能否访问 Region2 中 SW6 上的 VLAN10 主机 PC2，转发路径是怎么样的？

根据图 9-71、图 9-72、图 9-73 及 VLAN10 在各区域中的映射关系，得出如上的访问路径。

在区域 3 中，源自 PC1 的 VLAN10 数据帧沿 MST4 实例拓扑走到主桥（SW7）上 Master 端口，经 SW3 进入区域 1，并沿 IST 实例拓扑流到边界端口 41，经 SW4 进入区域 2，在区域 2 中经主桥上 Master 端口进来，沿区域 2 中 MST2 的拓扑转发到 PC2。回程路径一致，此处不再分析。

9.4.3.4 区域内拓扑计算——MSTI 及 IST 实例逻辑拓扑计算

示例 1：

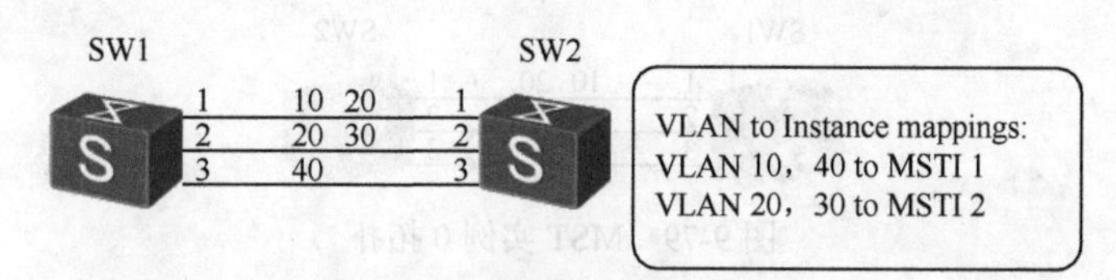

图 9-75 计算实例的逻辑拓扑

图 9-75 中有两台交换机 SW1 及 SW2，SW1 桥 ID<SW2 桥 ID，使用三条链路互联，链路为 Trunk，链路 1 上仅允许 VLAN10 及 20，链路 2 上仅允许 VLAN20 及 30，链路 3 仅允许 VLAN40。请分析图 9-75 SW1、SW2 上 VLAN10、20、30 和 40 的 VLAN 内主机能否互相通信？

分析思路：

分析是否连通，要先分析生成树拓扑，再观察使用的 VLAN 是否允许在指定链路上通行。

实例 0，IST 的逻辑拓扑和物理拓扑一致。

其他 MST 实例，逻辑拓扑和物理拓扑不一致，逻辑拓扑仅包含相应实例的 VLAN 所在的拓扑。

分析过程：

1．实例 1 的逻辑拓扑是仅含有 VLAN10 和 VLAN40 的链路，图 9-76 中，仅链路 1 和 3 出现在逻辑拓扑中，在此基础上进行生成树剪裁后，SW2 端口 3 阻塞。

仅链路 1 可转发数据，且其上仅允许实例 1 中的 VLAN10，所以仅 VLAN10 内的主机间可以互通。

2．实例 2 逻辑拓扑同上，仅包含 VLAN20 和 30 所在链路，所以逻辑拓扑包含图 9-77 所示的链路 1 及链路 2。

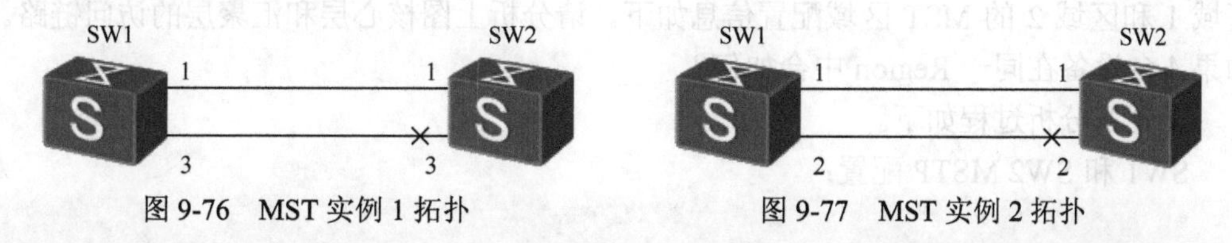

图 9-76 MST 实例 1 拓扑　　图 9-77 MST 实例 2 拓扑

图 9-77 是实例 2 的逻辑拓扑，进行生成树剪裁后，拓扑仅链路 1 可以转发数据，又因为链路上仅允许实例 2 中的 VLAN20 的流量通过，所以使用实例 2 的 VLAN20 可以通，而 VLAN30 不能通。

示例 2：实例 0 的逻辑拓扑

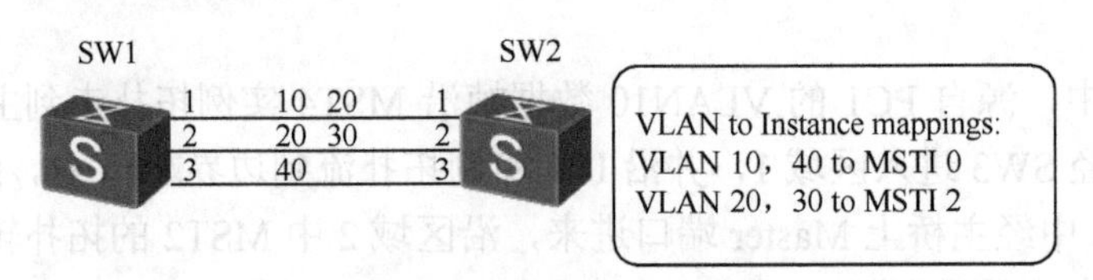

图 9-78　MST 实例 1 拓扑

如果图 9-78 中 VLAN10 和 40 映射到实例 0，则实例 0 的逻辑拓扑如图 9-79 所示。

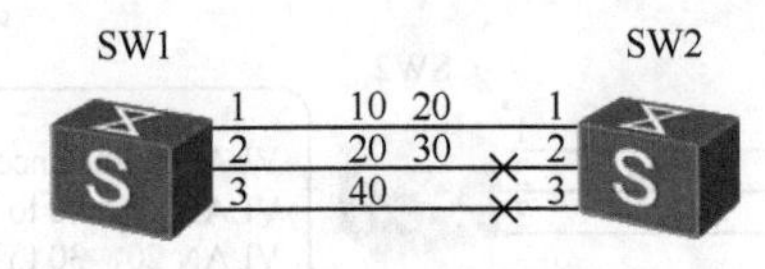

图 9-79　MST 实例 0 拓扑

此处实例 0 的拓扑不同于 MST 的其他实例拓扑，原因是默认所有 VLAN 都映射到实例 0，所以实例 0 逻辑拓扑等同于物理拓扑。

9.4.3.5　场景练习 1

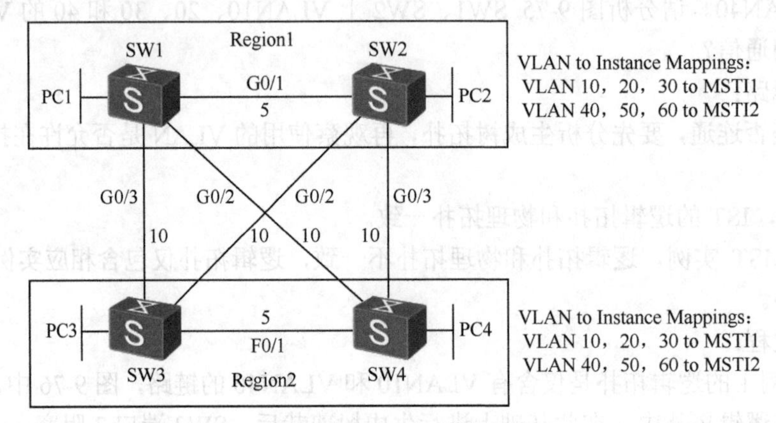

图 9-80　MST 多区域

示例：

公司有 4 台交换设备，核心层设备 SW1 和 SW2 处在区域 1，汇聚层设备 SW3 和 SW4 处在区域 2 中，交换机彼此之间全互联，根据图 9-80 定义 VLAN 和实例的映射，区域 1 和区域 2 的 MST 区域配置信息如下。请分析上图核心层和汇聚层的访问链路。如果 4 台设备在同一 Region 中会如何？

配置及分析过程如下。

SW1 和 SW2 MSTP 配置：

```
#
stp region-configuration
 region-name Region1
 revision-level 10
 instance 1 vlan 10 20 30
 instance 2 vlan 40 50 60
```

```
active region-configuration
#
```

SW3 和 SW4 配置：

```
#
stp region-configuration
 region-name Region2
 revision-level 10
 instance 2 vlan 10 20 30
 instance 3 vlan 40 50 60
 active region-configuration
#区域名字大小写敏感
```

其中，桥 ID 是 SW1<SW2<SW3<SW4。

- 如果把上下 2 个 Region 看成 2 台交换机，中间互联的 4 根线中，必然有 3 根线要阻塞。
- CIST 根桥为 SW1，同时也是区域 1 中主桥。
- 根据 9.4.3.2 节计算主桥的过程。图中 SW3 和 SW4 到 CIST 根桥的区域间路径成本一致为 10，继续比较 Region2 中边界交换机桥 ID。桥 ID 最小的边界交换机就是相应区域主桥，所以区域 2 的主桥是 SW3。
- SW3 交换机上 G0/0/2 和 G0/0/3 端口中一定有一个端口是 RP 端口。G0/0/3 端口收到 BPDU{SW1，0，SW1，0，SW1，SW1 Port ID} ，G0/0/2 端口收到 BPDU {SW1，0，SW1，5，SW2，SW2 Port ID}，主桥收到 BPDU 后，计算后可知，发送交换机桥 ID SW1< SW2，所以端口 G0/0/3 是主桥 RP 端口。

配置单区域和配置多区域相比，区别如下。

1. 配置单区域时，上下两部分互访时，如果 SW1 是根桥，则 PC3 和 PC4 流量可以通过 SW1-SW3 链路和 SW1-SW4 链路，经过根桥实现互访。而一旦配置多区域后，仅 SW1-SW3 链路是 2 个区域间的访问路径，流量集中在单根链路上，会形成瓶颈。

2. PC4 访问 PC2 时，在配置单区域时，访问路径 SW4-SW1-SW2。配置多区域后，流量访问路径是 SW4-SW3-SW1-SW2。图中 SW3 和 SW4 间路径成本大，但区域间互访，流量一定要经过主桥访问 CIST 根桥。存在次优路径问题。

根据以上分析，多区域会造成区域间流量没有负载分担能力，及可能的次优路径。如非必要，尽量使用单区域去设计生成树。

9.4.3.6 场景练习 2

图 9-81 中，SW1 是 CIST 根桥，每条链路成本是 1，桥 ID：SW1<SW4<SW11<SW22<SW33<SW44。

请分析 SW4 访问 SW1 的路径。

分析如下。

1. CIST 根桥是 SW1，区域 1 中主桥是 SW1，区域 2 中主桥是离 SW1 最近的 SW11。同理，区域 3 中主桥是 SW33。区域 4 中主桥是 SW4。

2. 区域 4 中主桥的 SW4 上，RP 端口是 G0/0/5 还是 G/0/0/6？SW4 从 G0/0/5 收到 BPDU{SW1，1，SW11，1，SW44，SW44 Port ID}，SW4 从 G0/0/6 收到 BPDU {SW1，1，SW33，1，SW22，SW22 Port ID}。

根据 9.4.3.2 节计算 RP 端口：SW4 根据收到的 BPDU 计算 G0/0/5 和 G0/0/6 端口到

CIST 根桥的距离为 2；比较发送 BPDU 的指定桥 ID。图 9-81 中 SW4 上游指定交换机分别是 SW44 和 SW22，由于 SW44>SW22，所以 SW4 上 RP 端口是 G0/0/6。

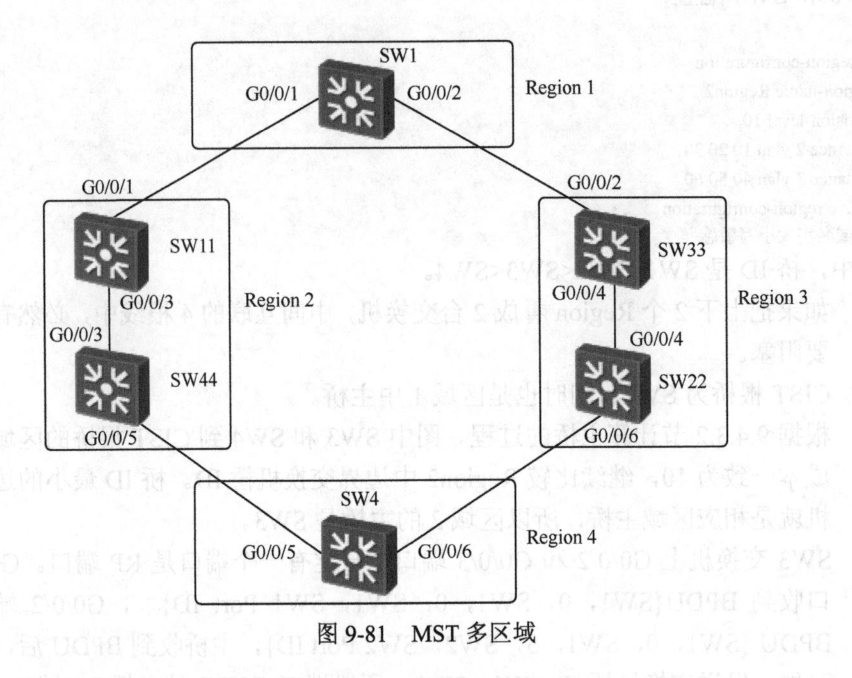

图 9-81 MST 多区域

9.5 STP 其他保护技术

9.5.1 BPDU 保护（BPDU Protection）

在交换设备上，正常情况下，边缘端口不会收到 RST BPDU。如果有人伪造 RST BPDU 恶意攻击交换设备，当边缘端口接收到 RST BPDU 时，交换设备会自动将边缘端口设置为非边缘端口，并重新进行生成树计算，从而引起网络震荡。为加强网络的稳定性，可在接入层交换设备上启动 BPDU 保护功能，这时如果边缘端口收到 RST BPDU，边缘端口将被 error-down，但是该端口仍是边缘端口，属性不变，同时通知网管系统。

为防止攻击者仿造 BPDU 报文导致边缘端口属性变成非边缘端口，可通过执行命令 stp bpdu-protection 配置交换设备的 BPDU 保护功能。

使能交换设备的 BPDU 保护功能。

```
<HUAWEI>system-view
[HUAWEI] stp bpdu-protection
```

在配置了 BPDU 保护功能后，被关闭的端口默认不会自动恢复，只能由网管员先执行 shutdown 命令，再执行 undo shutdown 命令手动恢复，也可以在接口下执行 restart 命令重启端口。

如果用户希望被关闭的端口可以自动恢复，则可以通过在全局执行 error-down

auto-recoverycausebpdu-protection interval interval-value 命令使端口在指定时间后状态自动恢复为 Up，即配置端口自动恢复 Up 所需要的延时时间。

9.5.2 根保护（Root Protection）

由于维护人员的错误配置或网络中的恶意攻击，网络中根桥的位置可能会移动到其他设备上。导致的原因可能是网络收到优先级更高的 BPDU，从而引起网络拓扑结构的错误变动。这种拓扑的变化会导致原来应该通过高速链路的流量被牵引到低速链路上，造成网络拥塞。

Root Protection 多配置在接入层交换机的端口上，防止用户随意接其他交换机进来而改变现有网络。

启用 Root 保护功能的指定端口，其端口角色只能保持为指定端口。一旦启用 Root 保护功能的指定端口收到优先级更高的 BPDU，端口状态将进入 Discarding 状态，不再转发报文。在经过一段时间（通常为两倍的 Forward Delay）后，如果端口一直没有再收到优先级较高的 BPDU，端口会自动恢复到正常的 Forwarding 状态。

结论：

启用 Root 防护的端口阻止端口由 DP 角色变为其他角色。同样，Root 防护仅使能在 DP 角色的端口上。Root 保护功能只能在指定端口上配置生效。（防止端口成为接收 BPDU 的 AP 或 RP 端口）

根防护的主要用途是防止核心网络 ROOT 桥位置变化，继而影响数据包的流动方向。

9.5.3 环路保护（Loop Protection）

图 9-82 中，SW2 和 SW3 交换机间全双工链路 SW2→SW3 方向中断，而 SW3→SW2 方向正常，所以 SW3 的 AP 端口在收不到 BPDU 后，成为 DP 端口，而 SW2 的 DP 端口还存在。SW1、SW2 和 SW3 间的 3 根线、6 个端口间没有阻塞的端口，都转发，所以会形成图上的顺时针的两层转发环路。

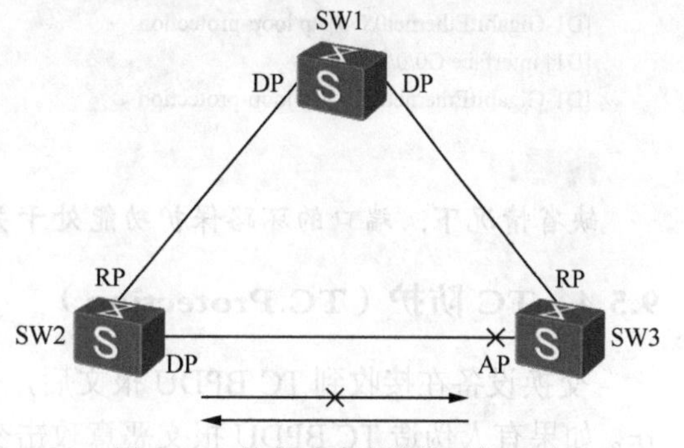

图 9-82 单向链路所致的网络环路

在运行生成树网络中，根端口和其他阻塞端口状态依靠不断接收来自上游交换设备的 BPDU 维持。

当由于链路拥塞或者单向链路故障导致这些端口收不到来自上游交换设备的 BPDU 时，交换设备会重新选择根端口。原先的根端口会转变为指定端口，而原先的阻塞端口会迁移到转发状态，从而造成交换网络中可能产生环路。

在启动了环路保护功能后，如果 RP 端口或 AP 端口长时间收不到来自上游的 RST BPDU 时，则向网管发出通知信息（如果是根端口则进入 Discarding 状态）。而阻塞端口则会一直保持在阻塞状态，不转发报文，从而不会在网络中形成环路。直到 RP 端口或 AP 端口收到 BPDU，端口状态才恢复正常到 Forwarding 状态。

说明：

环路保护功能只能在 RP 端口或 AP 端口上配置生效。防止端口成为 DP 端口，所以环路防护功能不能配置在 DP 端口上。

因为环路防护的端口不能让端口成为 DP 端口，所以开启环路防护的交换机不能成为 Transit 交换机。环路保护多用在网络中的干线端口，以避免干线端口的单向路径所致的环路。图 9-83 中，核心交换机 C1 和 C2 间干线多，冗余能力强，同时断电可能性很低，所以 D1 或 D2 交换机可以在 G0/0/3、G0/0/4、G0/0/5 和 G0/0/6 端口上开启环路防护，以避免单向链路所致的 STP 环路。

场景：

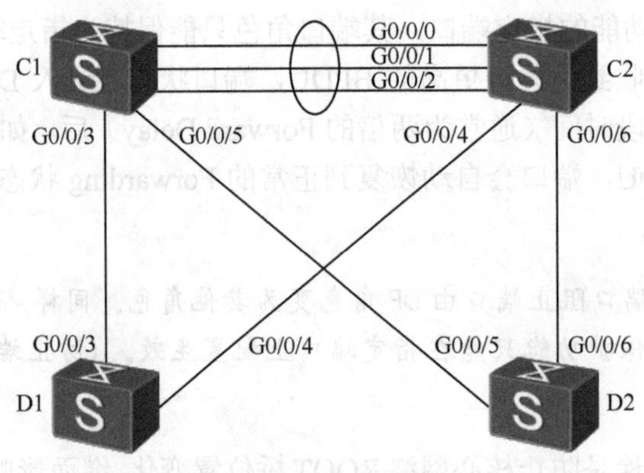

图 9-83　STP 环路防护

例，D1 交换机的 G0/0/3 和 G0/0/4 端口是 RP 和 AP 端口，为之开启环路保护。

```
<D1> system-view
[D1] interface G0/0/3
[D1-GigabitEthernet0/0/3]stp loop-protection
[D1] interface G0/0/4
[D1-GigabitEthernet0/0/4]stp loop-protection
```

说明：

缺省情况下，端口的环路保护功能处于关闭状态。

9.5.4　TC 防护（TC Protection）

交换设备在接收到 TC BPDU 报文后，会执行 MAC 地址表项和 ARP 表项的删除操作。如果有人伪造 TC BPDU 报文恶意攻击交换设备或网络频繁有设备端口状态变化时，交换设备短时间内会收到很多 TC BPDU 报文，频繁的删除操作会给设备造成很大的负担，CPU 或数据泛洪增加很多，致网络不稳定。

TC 防护多用在互联设备的边界端口上，可避免由于一个网络的规划/优化不善，或边缘网络没有防御措施，而致核心网络频受 TC 泛洪的影响。建议在网络的边界或核心/边缘网络的设备上开启 TC 防护，使必要的 TC 变化在控制范围内。

设备默认启用防拓扑变化攻击功能，缺省的单位时间是 2s，缺省的处理次数是 1 次。

缺省的单位时间的取值与 Hello Time 一致，调整单位时间可以通过命令 stp timer

hello 命令来配置。stp tc-protection threshold 命令可用来配置设备在收到拓扑变化报文后，单位时间内处理拓扑变化报文并立即刷新转发表项的阈值。

stp tc-protection interval 命令可用来配置设备处理最大数量的拓扑变化报文所需的时间。

示例：配置交换机在 10s 间隔内处理 TC 报文的数量为 5。

```
<HUAWEI> system-view
[HUAWEI] stp tc-protection interval 10
[HUAWEI] stp tc-protection threshold 5
```

9.5.5 BPDU 过滤（BPDU Filter）

对于运行生成树协议的园区网络，边缘端口不再参与生成树计算，但端口仍然会发送 BPDU 报文，这可能导致 BPDU 报文发送到其他网络，引起其他网络产生震荡。BPDU-filter 特性可使端口不收不发，过滤 BPDU 报文。

实现方式：

1．在该端口上配置命令 stp bpdu-filter enable；

2．如果当前设备上需要配置较多 BPDU filter 端口，可在全局执行命令 stp bpdu-filter default，将当前所有端口配置成 BPDU filter 端口。并在接口下使用命令 stp bpdu-filter disable 去掉相应端口的 BPDU filter 功能。

说明：

BPDU filter 不建议在网络中过多使用，它会抑制端口产生 BPDU，图 9-84 场景无法解决。端口 1 和 2 是边缘端口，如果启用 BPDU 过滤，端口不发 BPDU。彼此会收不到 BPDU，端口会一直处于转发状态，交换机环路出现。

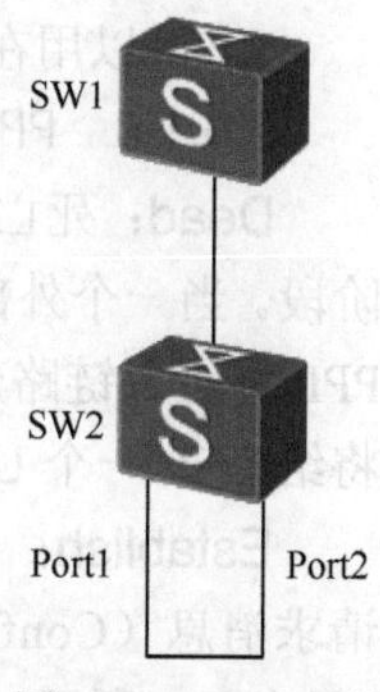

图 9-84 STP 自环

9.6 PPP

9.6.1 PPP 简介

PPP（Point to Point Protocol，点到点协议）是一种点到点链路上的传输协议，工作在数据链路层，这种链路提供全双工操作，并按照顺序传递数据包。PPP 的优势在于能够提供用户认证，易于扩充，并且支持同/异步通信，因而获得广泛应用。PPP 和其他技术结合，可以提供多种业务，包括 PPPoE、PPPoA、PPPoEoA、PPPoFR 和 PPPoISDN。PPP 还可以运用于专线网络，实现企业总部与分支之间通过 DDN 网络进行对接。

PPP 为在点对点连接上传输多协议数据包提供了一个标准方法，最初的设计也是为两个对等节点之间的 IP 流量传输提供一种封装协议。在 TCP-IP 协议集中，它是一种用来同步调制连接的数据链路层协议，替代了原来非标准的第二层协议，即 SLIP。除了 IP 以外，PPP 还可以携带其他协议，包括 DECnet 和 Novell 的 Internet 网包交换（IPX）。

9.6.1.1 PPP 的组成部分

PPP 定义了一整套协议，具体包括：

1. 链路控制协议族 LCP（Link Control Protocol），主要用来建立、拆除和监控 PPP 数据链路；

2. 扩展协议族 CHAP（Challenge-Handshake Authentication Protocol）和 PAP（Password Authentication Protocol），主要用于网络安全方面的认证；

3. 网络层控制协议族 NCP（Network Control Protocol），主要用来协商在该数据链路上所传输的数据包的格式与类型。

9.6.1.2 PPP 的功能

PPP 具备以下几种功能：

1. 支持多种网络层协议，比如 TCP/IP、NetBEUI、NWLINK 等；

2. 具备错误检测及纠错功能，支持数据压缩；

3. 支持身份验证（PAP、CHAP）；

4. 支持动态分配 IP 地址；

5. 可以用在多种物理类型介质上，包括串口线、电话线等，也用于 Internet 接入。

9.6.1.3 PPP 各阶段描述

Dead：死亡阶段，这个阶段表示物理层无连接，但是如果链路一开始就会处于这个阶段。当一个外部事件（例如载波侦听或网络管理员设定）指出物理层已经准备就绪时，PPP 将进入链路建立阶段。在这个阶段，LCP 将处于初始状态，向链路建立阶段的转换将给 LCP 一个 UP 事件信号。

Establish：建立阶段，一旦物理层有连接就立刻进入到该阶段，并且通过交换配置请求消息（Configure-Request）来建立连接。在配置请求消息中包含了需要协商的参数（见表 9-6 所示），如果对方同意此参数，那么会回应配置确认（Configure-Ack）来完成交换。如果对方不同意那么将会回应不同意（Configure-NAK）或者拒绝（Configure-Reject）消息不接受。本端将会再次发送配置请求消息，使用新的参数重新协商。如果协商成功那么最终会进入到 LCP Open 状态，并且开始进入认证阶段；如果失败将进入到 Dead 阶段。

表 9-6　　配置请求消息需要协商的参数

参数	作用
MRU 最大接收单元	用来定义最大能够接收的数据包大小
Authentication-Protocol 认证协议	用来定义认证的方式，有 PAP 和 CHAP 两种
Quality-Protocol 质量协议	用来定义是否使用链路质量监控
Magic-Number 魔术字	用来检测环路和不正常的连接错误
Protocol-Field-Compression 协议压缩	用来定义是否启用 Protocol 字段压缩，将 16bit 压缩成 6bit
Address-and-Control-Field-Compression（ACFC）：地址和控制字段压缩	用来定义是否要压缩地址和控制字段

提示：

如果对方返回 Configure-Nak 消息，一般是由于参数能够识别，但是不能接受；如果对方返回 Configure-Reject 消息，一般是由于该参数根本无法识别，也就是对方不支持该功能。

Authenticate：认证阶段是可选阶段，默认情况下认证不是强制的执行，在允许网络层协议交互报文之前，链路的一端可能需要另外一端去认证它，只有认证通过了才能够交互网络层的报文。如果希望 peer 根据某一特定的认证协议来认证，那么它必须在链路建立阶段要求使用那个认证协议，可以使用 PAP 和 CHAP 两种认证协议。在认证完成之前，禁止从认证阶段迁移到网络层协议阶段，如果认证失败，应该立刻迁移链路终止阶段。在这一阶段里，只有链路控制协议、认证协议和链路质量监视协议的报文是被允许的，在该阶段里接收到的其他报文必须被丢弃掉。认证允许多次的尝试认证，但如果尝试仍然不成功时才进入链路终止阶段。在尝试过程中，如果一端拒绝了另外一端的认证，拒绝的一端就要负责开始链路终止阶段。

Network：网络层协议阶段，一旦 PPP 完成了前面的阶段，每一个网络层协议（例如 IP、IPX 或 AppleTalk）必须被适当的网络控制协议（NCP）分别设定，每个 NCP 可以随时被打开和关闭。当一个 NCP 处于 Opened 状态时，PPP 将携带相应的网络层协议报文。当相应的 NCP 不处于 Opened 状态时，任何接收到的被支持的网络层协议报文都将被丢弃掉。

Terminate：链路终止阶段，PPP 可以在任意时间终止链路。引起链路终止的原因很多，例如载波丢失、认证失败、链路质量失败、空闲周期定时器期满或者管理员关闭链路。LCP 使用交换终止（Terminate）报文的方法来终止链路。交换 Terminate 报文之后，应该通知物理层断开，以便强制链路终止。尤其当认证失败时，通过发送终止请求消息（Terminate-Request），对方用终止确认（Terminate-Ack）来响应，然后断开连接，接着将会进入到 Dead 阶段。

9.6.1.4 PPP 的工作流程

PPP 运行流程图如图 9-85 所示。

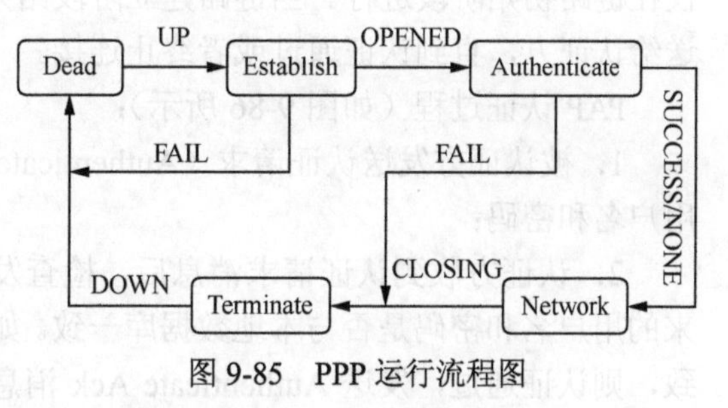

图 9-85 PPP 运行流程图

PPP 运行过程描述如下。

1．通信双方开始建立 PPP 链路时，先进入到 Establish 阶段。

2．在 Establish 阶段，PPP 链路进行 LCP 协商。协商内容包括工作方式是 SP（Single-link PPP）还是 MP（Multilink PPP）、最大接收单元 MRU 和认证方式等选项。LCP 协商成功后进入 Opened 状态，表示底层链路已经建立。

3．如果配置了认证，将进入 Authenticate 阶段，开始 CHAP 或 PAP 认证。如果没有配置认证，则直接进入 Network 阶段。

4．对于 Authenticate 阶段，如果认证失败，进入 Terminate 阶段，拆除链路，LCP 状态转为 Down。如果认证成功，进入 Network 阶段，此时 LCP 状态仍为 Opened。

5．在 Network 阶段，PPP 链路进行 NCP 协商。通过 NCP 协商来选择和配置一个网络层协议并进行网络层参数协商。只有相应的网络层协议协商成功后，该网络层协议才可以通过这条 PPP 链路发送报文。NCP 协商支持 IPCP（IP Control Protocol）、MPLSCP（MPLS Control Protocol）等协商。IPCP 协商内容主要包括双方的 IP 地址。

6．NCP 协商成功后，PPP 链路将一直保持通信。PPP 运行过程中，可以随时中断连接，物理链路断开、认证失败、超时定时器时间到、管理员通过配置关闭连接等动作都可能导致链路进入 Terminate 阶段。

7. 在 Terminate 阶段，如果所有的资源都被释放，通信双方将回到 Dead 阶段，直到通信双方重新建立PPP 连接，开始新的 PPP 链路建立。

9.6.1.5 LCP 是如何检测环路的

PPP 可以利用魔术字来检测链路的环路。每个 Configure-Request 报文都会产生一个魔术字，如果链路另一端收到一个 Configure-Request 报文之后，其包含的魔术字需要和本地产生的魔术字做比较，如果不同，表示链路无环路，则使用 Configure-Ack 报文确认（其他参数也协商成功），表示魔术字协商成功。在后续发送的报文中，如果报文含有魔术字字段，则该字段设置为协商成功的魔术字，LCP 不再产生新的魔术字。

如果收到的 Configure-Request 报文和自身产生的魔术字相同，则发送一个 Configure-Nak 报文，并且携带一个新的魔术字。然后，不管新收到的 Configure-Nak 报文中是否携带相同的魔术字，LCP 都发送一个新的 Configure-Request 报文，携带一个新的魔术字。如果链路有环路，则这个过程会不停地持续下去，如果链路没有环路，则报文交互会很快恢复正常。

9.6.2 PPP 认证

9.6.2.1 PAP 认证

PAP（Password Authentication Protocol）密码认证协议，主要通过使用 2 次握手提供一种对等结点的建立认证的简单方法，密码在传递的过程中采用明文的方式，认证过程仅在链路初始阶段进行。当链路建立阶段结束后，用户名和密码将由被认证方重复地发送给认证方，直到认证通过或者终止连接。

PAP 认证过程（如图 9-86 所示）：

1. 被认证方发送认证请求（Authenticate-Request）消息给认证方，消息当中包含了用户名和密码；

2. 认证方收到认证请求消息后，检查发送过来的用户名和密码是否与本地数据库一致。如果一致，则认证通过，发送 Authenticate-Ack 消息给被认证方；如果不一致，则认证失败，发送 Authenticate-Nak 消息给被认证方。

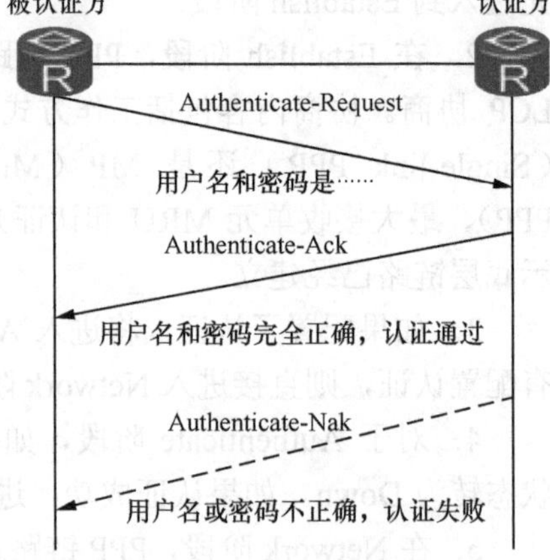

图 9-86 PAP 认证过程图

9.6.2.2 CHAP 认证

CHAP（Challenge Handshake Authentication Protocol）挑战握手认证协议，CHAP 通过三次握手机制来建立认证，因为 CHAP 在链路上不会发送密码，而是发送经过 MD5 计算过的 hash 值，因此 CHAP 比 PAP 具有更高的安全性。

CHAP 认证过程（如图 9-87 所示）如下。

1. 认证方首先发送挑战（Challenge）报文给被认证方，挑战报文中包含有 ID、随机数 Random、认证方的用户名 Name。

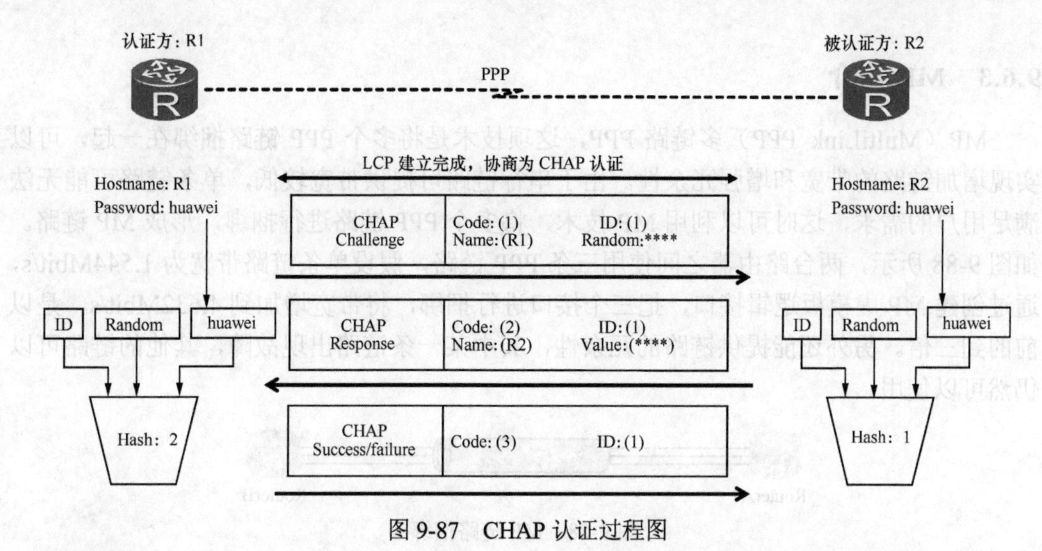

图 9-87 CHAP 认证过程图

说明：

ID 表示认证的识别符，主要是用来区分认证，双向认证时各自的 ID 也不同。随机数是用于 MD5 的 hash 运算。

2．被认证方收到挑战报文后，将根据报文中的用户名查找本地对应的密码，然后再将 ID、随机数、密码一起进行哈希运算，得出 hash-1。然后再将 hash-1 放在响应（Response）报文中，连同 ID、被认证方的用户名一起发送给认证方。

3．认证方收到响应报文后，根据报文中的用户名查找本地对应的密码，接着将之前发送给被认证方的 ID、随机数连同本地的密码一起进行哈希运算，得出 hash-2。此时将比较 hash-1 与 hash-2，如果一致说明认证通过，向被认证方发送 Success，如果不一致说明认证不通过，向被认证方发送 Failure 报文。

9.6.2.3 CHAP 认证的优势

CHAP 相比 PAP 体现出的优势在于安全性，CHAP 认证过程中是不传递密码的，只是传递 hash 值。这样做的好处在于，即使有中间人通过抓取得到数据报文，也无法得知其中的密码。而且利用随机数，每次认证计算出的 hash 值也是不一样的，使中间人得到 hash 值也无法重复地使用。

9.6.2.4 全局下配置接口下的配置区别

配置 PPP 的用户名和密码可以选择在全局下和接口下进行，但是在全局和接口下配置用户名和密码会有所差别，见表 9-7 所示。

表 9-7 **PPP 验证配置**

	用户名	密码
全局	认证方：用来查找全局用户名对应的密码进行 hash 计算（全局必须配置）	认证方：仅使用全局密码； 被认证方：先检查接口密码，如果接口没有配置，再检查全局密码
接口	认证方：发送挑战报文所携带的用户名；（可以不配置，如果不配置则发送的挑战报文用户名为空） 被认证方：发送响应报文所携带的用户名（必须配置）	认证方：不使用； 被认证方：用来进行 hash 计算的参数（如果认证方发送的挑战报文用户名为空，则接口的密码必须配置且不会使用全局密码）

9.6.3 MP 简介

MP（MultiLink PPP）多链路 PPP，这项技术是将多个 PPP 链路捆绑在一起，可以实现增加链路的带宽和增强冗余性。由于串行链路可提供带宽较低，单条链路可能无法满足用户的需求，这时可以利用 MP 技术，将多个 PPP 链路进行捆绑，形成 MP 链路。如图 9-88 所示，两台路由器之间使用三条 PPP 链路，假设单条链路带宽为 1.544Mbit/s，通过创建 MP 虚模板逻辑接口，把三个接口进行捆绑，将带宽增加到 4.632Mbit/s，是以前的到三倍。另外还能提供链路的冗余性，其中某一条链路出现故障，其他的链路可以仍然可以使用。

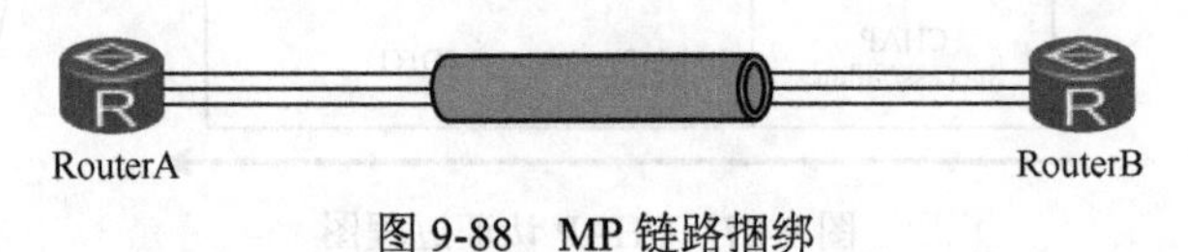

图 9-88 MP 链路捆绑

MP 允许将 IP 等网络层的报文进行碎片处理，将碎片的报文通过多个链路传输，同时抵达同一个目的地，以求汇总所有链路的带宽。

9.6.3.1 MP 方式捆绑过程

（1）检测对端是否工作在 MP 方式，首先和对端进行 LCP 协商，协商过程中，除了协商一般的 LCP 参数外，还验证对端接口是否也工作在 MP 方式下。如果对端不工作在 MP 方式下，则在 LCP 协商成功后在进行 NCP 协商步骤，不进行 MP 捆绑。

（2）将接口捆绑至 MP 虚模板接口，有两种方法可以实现 MP 捆绑，即采用虚拟接口模板实现 MP，采用 MP-Group 来实现 MP。

（3）进行 NCP 协商等操作，PPP 接口被捆绑至虚模板接口之后，将根据虚模板接口的各项 NCP 参数，如 IP 地址等进行 NCP 协商，物理接口配置的 NCP 参数不起作用。NCP 协商通过后，即可建立 MP 链路，用更大的带宽传输数据。

9.6.3.2 MP 实现方式介绍

MP 实现方式具体分为以下几种类别。

1. 采用虚拟接口模板 VT（Virtual-Template）实现 MP

- 将多条 PPP 链路直接绑定到 VT 上实现 MP。

特点：通过多条 PPP 链路和一个虚拟接口模板直接绑定实现 MP，这种方法配置简单，但是安全性不高。

- 按照 PPP 链路用户名查找 VT 实现 MP。

特点：根据验证通过的对端用户名查找对应的虚拟接口模板，相同用户名绑定到一个虚拟接口模板实现 MP。这种方法实现灵活，配置复杂，一般用于灵活性要求较高的场合。

2. 采用 MP-Group 实现 MP

- 将多条 PPP 链路加入 MP-Group 实现 MP。

特点：MP-Group 接口是 MP 的专用接口，不能支持其他应用，将多条 PPP 链路加入 MP-Group 实现 MP。这种方法快速高效，配置简单，容易理解，实际应用中多采用这种方法进行 PPP 绑定。

9.6.3.3 MP 的分片

较大报文在通过链路时，传输的时间也较长，占用链路的时间也长。对于优先级高的报文（例如：语音报文），可能造成延时，影响用户体验。对于此种情况，可以采用以下方法进行解决。

- 配置报文分片的最小报文长度，将超大报文进行分片传输。
- 使能链路分片与交叉 LFI 功能，将超大报文进行分片，并将超大报文的分片和不需要分片的高优先级报文一起发送，从而减少在速度较慢的链路上的延迟和抖动，保证了优先级高的报文优先传输。

说明：

默认情况下，报文分片最小的报文长度为 500Byte，MP 最大链路捆绑数为 16，MP 捆绑条件根据对端用户名和终端标识符进行 MP 捆绑，即捆绑模式为 both。

9.7 PPPoE 简介

PPPoE（Point to Point Protocol over Ethernet）基于以太网上的点到点协议，顾名思义是指在以太网上面承载 PPP 协议，如图 9-89 所示。PPPoE 协议提供了在以太网网络中多台主机连接到远端的宽带接入服务器上的一种标准。人们想通过相同的接入设备来连接到远程站点上的多个主机，同时接入设备能够提供与拨号上网类似的访问控制和计费功能。在众多的接入技术中，把多个主机连接到接入设备的最好的方法就是以太网，但是以太网不能提供链路的认证等功能，而 PPP 协议可以提供良好的访问控制和计费功能，于是产生了在以太网上传输 PPP 的技术，即 PPPoE 协议。PPPoE 利用以太网，将大量主机组成网络通过一个远端接入设备连入因特网，并运用 PPP 协议对接入的每个主机进行控制，具有适用范围广、安全性高、计费方便的特点。

以往 modem 接入技术面临一些相互矛盾的目标，既要通过同一个用户前置接入设备连接远程的多个用户主机，又要提供类似拨号一样的接入控制、计费等功能，而且要尽可能地减少用户的配置操作。PPPoE 将以太网和点对点协议的可扩展性及管理控制功能结合在一起，服务提供商 ISP 可利用可靠和熟悉的技术来加速部署高速互联网业务。它使服务提供商在通过数字用户线、电缆调制解调器或无线连接等方式，提供支持多用户的宽带接入服务时更加简便易行，同时也简化了操作配置。

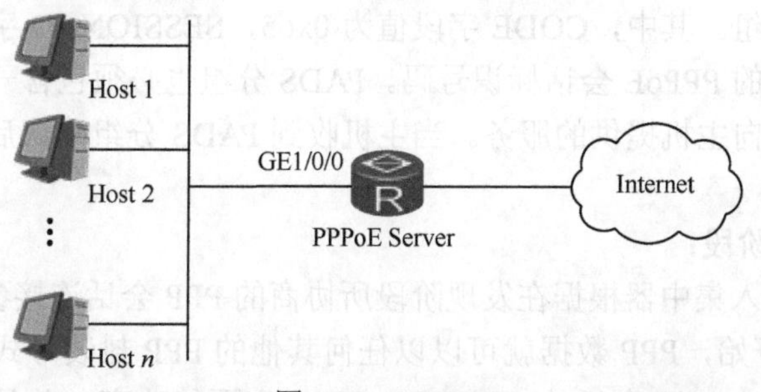

图 9-89　PPPoE

9.7.1 PPPoE 工作原理

PPPoE 协议的工作流程包含发现和会话两个阶段，发现阶段是无状态的，目的是获得 PPPoE 终结端（在局端的 ADSL 设备上）的以太网 MAC 地址，并建立一个唯一的 PPPoE SESSION-ID。发现阶段结束后，就进入标准的 PPP 会话阶段。

当一个主机想开始一个 PPPoE 会话时，它必须首先进行发现阶段，以识别局端的以太网 MAC 地址，并建立一个 PPPoE SESSION-ID。在发现阶段，基于网络的拓扑，主机可以发现多个接入集中器，然后允许用户选择一个。当发现阶段成功完成后，主机和选择的接入集中器都有了它们在以太网上建立 PPP 连接的信息。直到 PPP 会话建立，发现阶段一直保持无状态的 Client/Server（客户/服务器）模式。一旦 PPP 会话建立，主机和接入集中器都必须为 PPP 虚接口分配资源。PPPoE 协议会话的发现和会话两个阶段具体进程如下。

Discovery 发现阶段：

在发现阶段中，用户主机以类似广播的方式寻找所连接的所有接入集中器（或交换机），并获得其以太网 MAC 地址。然后选择需要访问的接入集中器，并确定所要建立的 PPP 会话唯一标识号码。发现阶段有 4 个步骤，当此阶段完成后，通信的两端都知道 PPPoE SESSION-ID 和对端的以太网地址，它们一起唯一定义 PPPoE 会话。这 4 个步骤如下。

1．主机广播发起分组（PADI），分组的目的地址为以太网的广播地址 0xFFFFFFFFFFFF，CODE（代码）字段值为 0x09，SESSION-ID（会话 ID）字段值为 0x0000。PADI 分组必须至少包含一个服务名称类型的标签（标签类型字段值为 0x0101），向接入集中器提出所要求提供的服务。

2．接入集中器收到在服务范围内的 PADI 分组，发送 PPPoE 有效发现提供包（PADO）分组，以响应请求。其中，CODE 字段值为 0x07，SESSION-ID 字段值仍为 0x0000。PADO 分组必须包含一个接入集中器名称类型的标签（标签类型字段值为 0x0102），以及一个或多个服务名称类型标签，表明可向主机提供的服务种类。

3．主机在可能收到的多个 PADO 分组中选择一个合适的 PADO 分组，然后向所选择的接入集中器发送 PPPoE 有效发现请求分组（PADR）。其中，CODE 字段为 0x19，SESSION_ID 字段值仍为 0x0000。PADR 分组必须包含一个服务名称类型标签，确定向接入集线器（或交换机）请求的服务种类。当主机在指定的时间内没有接收到 PADO 时，它应该重新发送它的 PADI 分组，并且加倍等待时间，这个过程会被重复期望的次数。

4．接入集中器收到 PADR 分组后准备开始 PPP 会话，它发送一个 PPPoE 有效发现会话确认 PADS 分组。其中，CODE 字段值为 0x65，SESSION-ID 字段值为接入集中器所产生的一个唯一的 PPPoE 会话标识号码。PADS 分组也必须包含一个接入集中器名称类型的标签以确认向主机提供的服务。当主机收到 PADS 分组确认后，双方就进入 PPP 会话阶段。

Session 会话阶段：

用户主机与接入集中器根据在发现阶段所协商的 PPP 会话连接参数进行 PPP 会话。一旦 PPPoE 会话开始，PPP 数据就可以以任何其他的 PPP 封装形式发送。所有的以太网帧都是单播的。PPPoE 会话的 SESSION-ID 一定不能改变，并且必须是发现阶段分配的值。

PPPoE 还有一个 PADT 分组，它可以在会话建立后的任何时候发送，来终止 PPPoE 会话，也就是会话释放。它可以由主机或者接入集中器发送。当对方接收到一个 PADT 分组，就不再允许使用这个会话来发送 PPP 业务。PADT 分组不需要任何标签，其 CODE 字段值为 0×a7，SESSION-ID 字段值为需要终止的 PPP 会话的会话标识号码。在发送或接收 PADT 后，即使正常的 PPP 终止分组也不必发送。PPP 对端应该使用 PPP 协议自身来终止 PPPoE 会话，但是当 PPP 不能使用时，可以使用 PADT。

9.7.2　PPPoE 验证过程

1．在 STA 和 AP 之间建立好关联之后，客户端向 AC 设备发送一个 PADI 报文，开始 PPPOE 接入的开始。

2．AC 向客户端发送 PADO 报文。

3．客户端根据回应，发起 PADR 请求给 AC。

4．AC 产生一个 Session_ID，通过 PADS 发给客户端。

5．客户端和 AC 之间进行 PPP 的 LCP 协商，建立链路层通信。同时，协商使用 PAP、CHAP 认证方式。

6．AC 通过 Challenge 报文发送给认证客户端，提供一个 128bit 的 Challenge。

7．客户端收到 Challenge 报文后，将密码和 Challenge 做 MD5 算法后的 Challenge-Password，在 Response 回应报文中发送给 AC 设备。

8．AC 将 Challenge、Challenge-Password 和用户名一起送到 RADIUS 用户认证服务器，由 RADIUS 用户认证服务器进行认证。

9．RADIUS 用户认证服务器根据用户信息判断用户是否合法，然后回应认证成功/失败报文到 AC。如果成功，携带协商参数，以及用户的相关业务属性给用户授权。如果认证失败，则流程到此结束。

10．AC 将认证结果返回给客户端。

11．用户进行 NCP（如 IPCP）协商，通过 AC 获取到规划的 IP 地址等参数。

12．认证如果成功，AC 发起计费开始请求给 RADIUS 用户认证服务器。

13．RADIUS 用户认证服务器回应计费开始请求报文。用户上线完毕，开始上网。

假如客户端要通过一个局域网与远程的 PPPoE 服务器进行身份验证，这时，它们会有两个不同的会话阶段，Discovery 阶段和 PPP 会话阶段。当一个客户端想开始一个 PPPoE 会话时，它必须首先进行发现阶段，以识别对端的以太网 MAC 地址，并建立一个 PPPoE Session_ID。在发现阶段，基于网络的拓扑结构，客户端可以发现多个 PPPoE 服务器，然后从中选择一个，不过通常都是选择反应最快的那一个。

Discovery 阶段是一个无状态的阶段，该阶段主要是选择接入服务器，确定所要建立的 PPP 会话标识符 Session_ID，同时获得对方点到点的连接信息；PPP 会话阶段执行标准的 PPP 过程。当此阶段完成，通信的两端都知道 PPPoE Session_ID 和对端的以太网地址，它们一起定义了一个唯一的 PPPoE 会话。这些步骤包括一个客户端广播发起分组（PADI）、一个或多个 PPPoE 服务器发送响应分组（PADO），客户端向选中的服务器发送请求分组（PADR），选中的 PPPoE 服务器发送一个确认分组（PADS）给客户端。当客户端接收到确认分组后，可以开始进行 PPP 会话阶段。当 PPPoE 服务器发送出确认分组，它可以开始 PPP 会话。PPPoE 工作机制如图 9-90 所示。

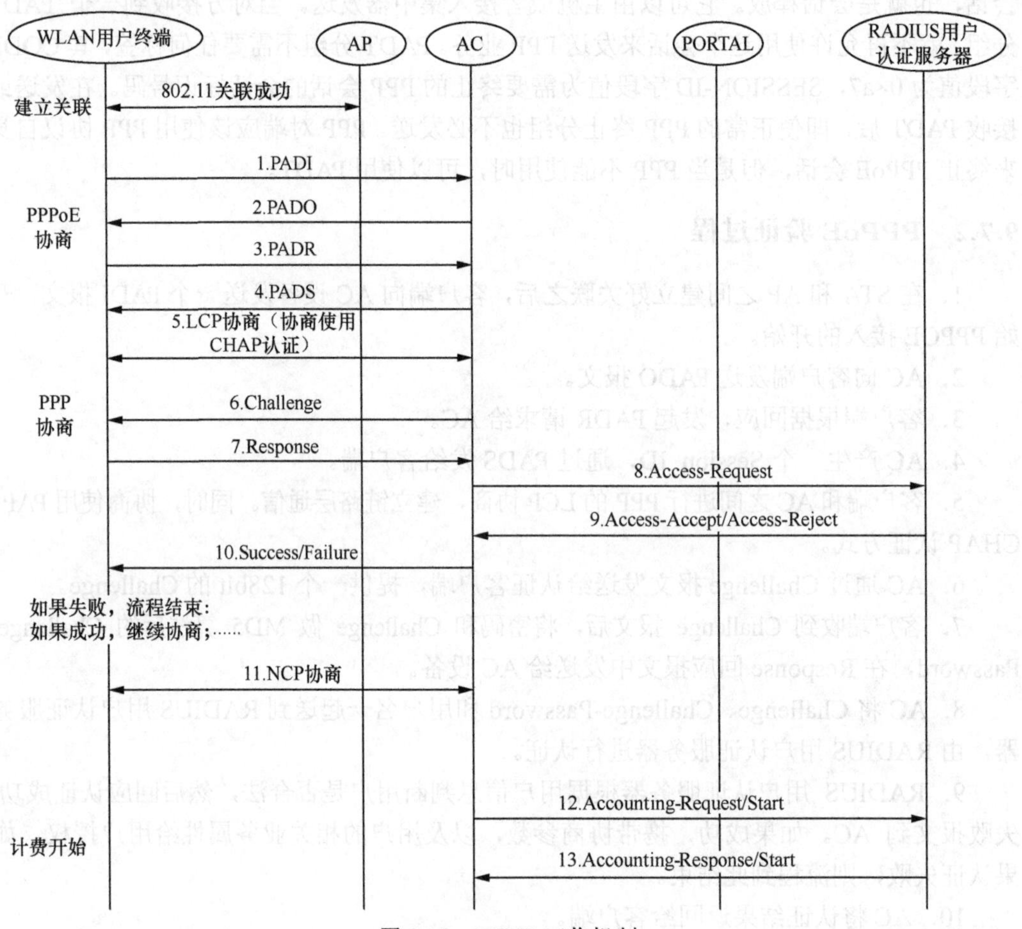

图 9-90　PPPoE 工作机制

当客户端在指定的时间内没有接收到 PADO，应该重新发送它的 PADI 分组，并且加倍等待时间，这个过程会被重复期望的次数。如果客户端正等待接收 PADS，应该使用具有客户端重新发送 PADR 的相似超时机制。在重试指定的次数后，主机应该重新发送 PADI 分组。PPPoE 还有一个 PADT 分组，它可以在会话建立后的任何时候发送，来终止 PPPoE 会话。它可以由客户端或者 PPPoE 服务器发送。当接收到一个 PADT，不再允许使用这个会话来发送 PPP 业务。在发送或接收 PADT 后，即正常的 PPP 不能使用时，可以使用 PADT。一旦 PPPoE 会话开始，PPP 数据就可以以任何其他的 PPP 封装形式发送。所有的以太网帧都是单播的，身份验证是发生在会话阶段的，PPPoE 会话的 Session_ID 一定不能改变，并且必须是发现阶段分配的值。

9.7.3　PPPoE 报文

PPPoE 报文是直接在以太网头部之上的，在以太头部的类型字段中，用 0x8863 表示 PPPoE 发现阶段数据，用 0x8864 表示 PPP 会话阶段数据。

Ver	Type	Code	Session_ID
Length			Payload

Ver 版本号：4 位，必须为 0x01。

Type 类型：4 位，必须为 0x01。

Code 代码：8 位，表示 PPPoE 数据包类型，在发现阶段和会话阶段有不同的定义。

Code 值	数据包类型
0x09	PADI（PPPoE Active Discovery Initiation）
0x07	PADO（PPPoE Active Discovery Offer）
0x19	PADR（PPPoE Active Discovery Request）
0x65	PADS（PPPoE Active Discovery Session-confirmation）
0xa7	PADT（PPPoE Active Discovery Terminate）

Session_ID：16 位，用来定义一个 PPP 会话，在发现过程中定义。

Length 长度：16 位，表示负载长度，不包括以太网报头和 PPPoE 头。

9.8 思考题

1．华为的 VLAN 技术中，MuxVLAN 和 SuperVLAN 的区别在哪里？举例说明。

2．分析 QinQ 发生 VLAN hopping（vlan 跳迁）的原因。

3．VLAN Mapping 应用于什么场合？解决了什么问题？它和 QinQ 有什么区别？

4．VLAN 间的通信有哪些实现方法？各自的优缺点如何？

5．华为 STP 和 RSTP 在拓扑计算时的主要区别是什么？

6．RSTP 在什么场景下发送 Proposal 报文？RP 和 DP 在 P/A 的作用？BP 端口是怎么工作的？

7. 请指出图 9-91 中 SW4 的根端口是哪一个？如果 SW2 和 SW3 之间的链路成本由 2 变为 20，请问结果有什么变化？（图中已经标出链路成本）

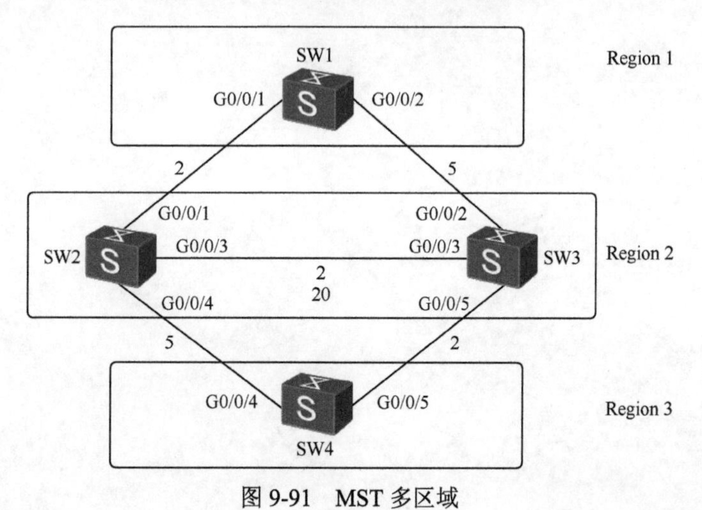

图 9-91　MST 多区域

8. 华为交换机中，RP 端口和 DP 端口快速进入状态有什么不同？

9. 为什么在 RSTP 中一定要使用 P2P 链路？是否可以把共享网段当 P2P 链路看待？

10. PPP 认证过程，并说明在 PPPoE 技术中，PPP 为什么要结合以太网使用？

第十章
QoS

在当前的企业网络中，语音、视频及数据业务对现有的 IP 网络提出了更高的要求，为了保障这些关键业务在网络过载或拥塞时质量不受影响，需要在网络中部署 QoS，以提供更好的服务能力。

本章系统地归纳了华为设备上所用到的 QoS 机制，包含分类、打标记、监管、限速整形及队列管理等常用的 QoS 机制，并分析了其工作原理。

本章包含以下内容：

- 熟悉 QoS 部署工具
- 了解 QoS 分类及标记工具
- 熟悉 QoS 队列技术及拥塞避免
- 熟悉 QoS 监管、整形及限速

10.1 QoS 定义及模型

网络按尽力转发的方式发送数据，这意味着所有的数据享有同等优先级和同样的资源分配情况。而一旦拥塞发生了，所有的数据也享有同等的被丢弃的可能性。传统的数据业务对网络丢包或延迟有较强的“接受能力”和“忍耐力”，而当前的企业网络或数据中心网络对延迟、丢包，乃至于对带宽都有更高的要求。

当今的企业网络或数据中心网络承载着多种业务类型的数据，如语音、视频及存储数据等。要保证不同业务在资源有限的情况下，依然可以保证各自的业务质量，需要在现有的网络中部署 QoS，来尽量保证每种业务的质量要求。

10.1.1 QoS 模型

在现有的网络中部署 QoS，共有三种模型。

- 第一种模型：Best-effort（尽力转发模型），没有 QoS 定义的网络，各种业务报文公平争用有限的资源，无法保证各类业务的服务质量。
- 第二种模型：IntServ（集成模型），是一种基于“流”的 QoS 解决方案，使用资源预留协议 RSVP 沿数据转发路径为业务流申请并预留资源，保证业务流在进入网络的时候有足够的资源可用。该模型的缺点是需要路径上每一跳设备都要支持 RSVP，如果中间一跳设备不支持 RSVP，则无法做到端到端的服务质量，这就使得 RSVP 信令协议驱动下的 QoS 难于大规模部署。目前，使用 RSVP 的集成模型在语音或视频场景下应用较多。
- 第三种模型：DiffServ（差分服务模型），该模型在网络的边界上为各类报文上色（即打标记），在网络的核心根据颜色（即标记）在每一跳设备上分配不同的资源。这种模型是基于类的，需要对每个类单独定义策略，分配资源。该模型部署需要工程师或管理员在网络的每一跳设备上配置 QoS，所以对部署工程师的要求较高，本章重点介绍此种模型。

10.1.2 工作特点

三种模型中，差分服务模型在实际部署中使用得非常多，企业或运营商都在使用，它的工作特点如下：

差分服务通过在网络边界定义策略来对进入网络的业务分类，并做相应的标记，特定场景下，还要对进来的报文做过滤或限速（如 DDoS 攻击报文），网络核心则根据分类的结果定义相应的 QoS。该模型的优点是：

- 扩展性好，不需要像 RSVP 一样在中间设备上维护资源状态或流的信息；
- 性能优越；
- 互操作性强；
- 灵活性高。

缺点：

- 无法像集成模型一样可做到 End-to-End 资源保留；
- 对部署工程师要求较高，要求工程师能熟练使用 QoS。

10.1.3 QoS 工具种类

本文介绍的 QoS 都是基于 DiffServ 服务模型的，基于 DiffServ 模型的 QoS 业务主要分为以下几大类。

- 报文分类和标记

要实现差分服务，需要首先将数据包分为不同的类别或者设置上不同的优先级。报文分类即把数据包分为不同的类别，可以通过 MQC 配置流分类来实现；报文标记是为数据包设置不同的优先级，可以通过优先级映射和重标记优先级实现。

- 流量监管、流量整形和接口限速

流量监管和流量整形可以将业务流量限制在特定的带宽内，当业务流量超过额定带宽时，超过的流量将被丢弃或缓存。其中，将超过的流量丢弃的技术称为流量监管，将超过的流量缓存的技术称为流量整形。

- 拥塞管理和拥塞避免

拥塞管理在网络发生拥塞时，将报文放入队列中缓存，并采取某种调度算法安排报文的转发次序。而拥塞避免可以监督网络资源的使用情况，当发现拥塞有加剧的趋势时采取主动丢弃报文的策略，通过调整流量来解除网络的过载。

其中，报文分类和标记是实现差分服务的前提和基础。

流量监管、流量整形、接口限速、拥塞管理和拥塞避免从不同方面对网络流量及其分配的资源实施控制，是提供差分服务的具体体现。

各种 QoS 技术在网络设备上的处理顺序如图 10-1 所示。

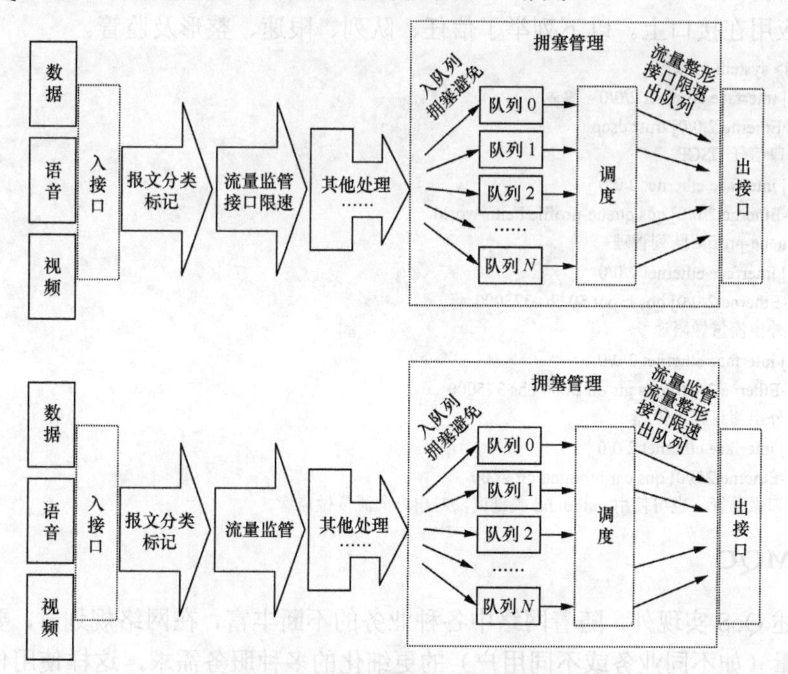

图 10-1 华为 QoS 技术处理流程

图 10-1 列出了各种 QoS 工具可以应用的位置（不同平台略有不同），包括报文分类、标记、拥塞管理及拥塞避免，限速、整形及监管等工具。

说明：

- 华为 QoS 工具可以有多种配置实现，如同样的队列机制，就有 Queue-profile 和 CBQ 两种队列实现。
- 多种 QoS 工具可以同时配置在一个接口上，如接口既配置队列，又配置整形等。
- 当前华为的多种 QoS 工具中，都是基于接口特定方向配置的，有些工具只能应用在接口的出方向，有些只能应用在接口的入方向上。图 10-1 中只有监管既可以应用到接口的入方向，又可以应用到接口的出方向上（限速则在华为交换机和路由器上有所不同，交换机上的限速既可以应用在入方向，又可以应用在出方向，具体内容请参考后面章节）。

10.2 QoS 部署工具

华为的设备可以支持多种 QoS 机制，在配置实现上述 QoS 机制时，华为设备可以使用传统 QoS 命令来实现，也可以使用目前推荐的 MQC（Modular QoS Command-Line Interface 模块化 QoS 命令接口）配置实现。

10.2.1 传统的 QoS 工具

传统的 QoS 配置命令包括如下几种，它们的特点是配置 QoS 不使用 MQC，直接把相关命令应用在接口上。以下列举了信任、队列、限速、整形及监管。

```
<Huawei> system-view
[Huawei] interface ethernet 2/0/0
[Huawei-Ethernet2/0/0] trust dscp
#基于端口信任 DSCP
[Huawei] interface ethernet 2/0/0
[Huawei-Ethernet2/0/0] qos queue-profile hello-world
#调用 Queue-profile 队列管理
[Huawei] interface ethernet 2/0/0
[Huawei-Ethernet2/0/0] qos lr pct 50 cbs 375000
#对接口外出流量做限速
[Huawei] interface ethernet 2/0/0
[Huawei-Ethernet2/0/0] qos gts cir 2000 cbs 375000
#对接口外出流量整形管理
[Huawei] interface ethernet 2/0/0
[Huawei-Ethernet2/0/0] qos car inbound cir 2000
#基于接口做监管，也可使用 outbound 关键词，对出方向流量做监管
```

10.2.2 MQC

除上述 QoS 实现外，随着网络中各种业务的不断丰富，在网络规划时，要实现对不同业务流量（如不同业务或不同用户）的更细化的多种服务需求，这样使用传统的配置

命令将会是一件非常复杂烦琐的事情。

华为统一并简化了 QoS 的配置实现，使用 MQC（Modular QoS Command-Line Interface）配置接口可对进入到现有网络的各种业务实现各种 QoS 机制，更加灵活及简便。

MQC 将有共同特征的报文划分为一类，并为其定义 QoS 动作来提供差分服务。

MQC 配置需要三个要素：流分类（traffic classifier）、流行为（traffic behavior）和流策略（traffic policy）。MQC 结构图如图 10-2 所示。

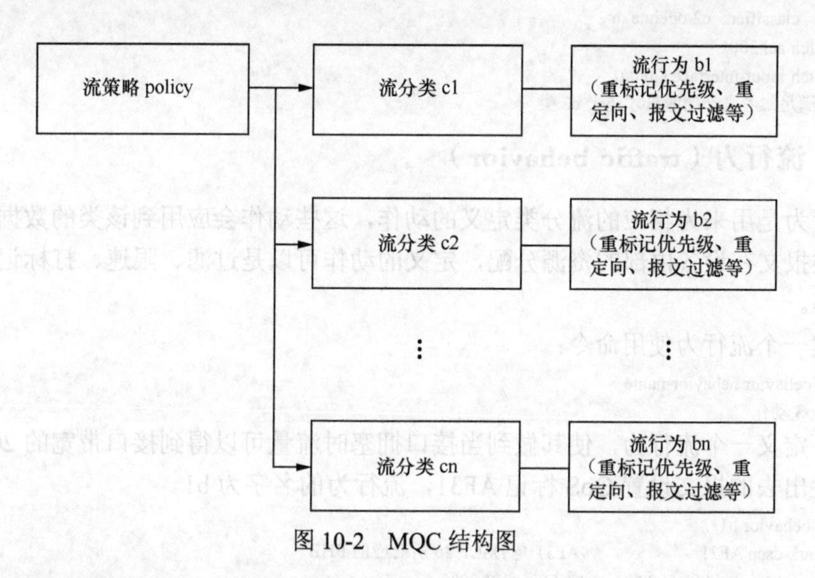

图 10-2 MQC 结构图

MQC 的配置过程：

第 1 步，配置流分类，按照一定规则对报文进行分类，是提供差分服务的基础；

第 2 步，配置流行为，为符合流分类规则的报文指定流量控制或资源分配动作；

第 3 步，配置流策略，将指定的流分类和指定的流行为绑定，形成完整的策略；

第 4 步，应用流策略，将流策略应用到接口或子接口。

10.2.3 流分类（traffic classifer）

分类是 MQC 实现的第一步，进到企业的数据流量都要在网络的边界上通过定义的规则对流量进行分类，分好的每个类再给予不同的 QoS 动作。

创建一个流分类使用如下命令：

```
traffic classifier classifier-name [ operator { and | or } ]
    if-match 匹配规则
```

其中，operator and 或 operator or 是可选操作符，默认是 operator or。

- and 表示流分类中各规则之间关系为“逻辑与”，如果流分类下定义了多个匹配规则，则必须同时满足所有规则的流量才属于该类。
- or 表示流分类各规则之间是“逻辑或”的关系，如果流分类下定义了多个规则，数据报文至少要匹配其中一个规则，该流量才属于该类。
- 未显示定义 operator 时，流分类中各匹配规则之间的关系为“逻辑或”。

例：定义一个流分类 c1，使其可以匹配经接口 G0/0/0 收到的数据，且同时满足 ACL 3001 所匹配到的流量。

```
traffic  classifier  c1 operate and
 if-match acl 3001
 if-match input-interface G0/0/0
#同时满足两个规则的流量才归属于 c1 类
```

例：定义一个流分类 c2，使其可以匹配 ACL 3001 所定义的流量或接口 G0/0/0 流入的报文。

```
traffic  classifier  c2 operate or
 if-match acl 3001
 if-match input-interface G0/0/0
#至少满足二者之一的流量才属于 c2 类
```

10.2.4　流行为（traffic behavior）

流行为是用来为相应的流分类定义的动作，这些动作会应用到该类的数据报文上，影响该类报文在设备内部的资源分配，定义的动作可以是过滤、限速、打标记、分配接口带宽等。

创建一个流行为使用命令：

```
traffic behavior behavior-name
    QoS 动作
```

例：定义一个流行为，使其做到当接口拥塞时流量可以得到接口带宽的 20%，并同时对转发出去的报文设置 QoS 标记 AF31，流行为的名字为 b1。

```
traffic behavior b1
  remark dscp AF31              #AF31 是 DSCP 26 所对应的 PHB
  queue af bandwidth pct 20     #接口带宽的 20%
#同一个 traffic behavior 下定义的动作可以有多个，彼此有相应的工作逻辑
#此处是既打标记，又保证带宽
```

说明：

实际情况下，在 traffic behavior 下定义流行为中的动作，只要各动作不冲突，都可以在同一流行为中配置，流行为下定义的动作可以有多个，可对应不同的 QoS 工具，如打标记、过滤等。

10.2.5　流策略（traffic policy）

流策略用来将流分类和流行为绑定，一个流策略可以绑定多个流分类和流行为，定义好的流策略可应用到接口的入方向和/或出方向上，对流经接口的入方向和/或出方向的流量提供 QoS 服务。

例：定义一个流策略，要求该流策略可以做到 c1 的流量使用行为 b1。同理，c2 使用行为 b2，c3 使用行为 b3，并保证所有未匹配上述分类的流量可以使用流行为 b4。

```
traffic policy p1
  classifier c1 behavior b1
  classifier c2 behavior b2
  classifier c3 behavior b3
 classifier default-class behavior b4
#策略 P1 中用户定义的类 c1、c2、c3 匹配相应的流量，其他流量匹配 default-class 类，并执行相应类所对应的动作
```

说明：

traffic policy 是一个类和行为的列表，每个类都有对应的匹配规则，策略列表中的类是有先后顺序的，报文会先尝试匹配处在上面的类，不匹配的流量会最终和最底下的 default-class 类匹配，它默认能匹配所有流量。

配置时要把严格的分类放在策略列表的上面，宽泛的分类放在下面，类的排列顺序是配置的先后顺序。建议不要在策略列表中定义过多的类，否则会增加配置的复杂性。

10.2.6 应用流策略

定义的流策略一定要和接口关联，每个接口的每个方向只能关联一个 traffic-policy，一旦应用到相应接口后，经过该接口的流量会和策略列表尝试匹配，匹配到相应类的流量可以执行对应的动作。

接口类型可以是物理或子接口，甚至 tunnel 接口等。

调用策略命令：

```
traffic-policy policy-name { inbound | outbound }
```

inbound 在接口的入方向应用流策略，对进入的流量起作用。outbound 在出方向应用策略，对出去的流量起作用。

例：要求将前面定义好的流策略应用到接口 eth2/0/0 的入方向上，使其对进到系统的流量起作用。

```
<Huawei> system-view
[Huawei] interface ethernet 2/0/0
[Huawei-Ethernet2/0/0] traffic-policy p1 inbound
#
```

说明：

1）如果把策略应用到入方向，则对入方向的流量起作用，接口进来的流量会依次匹配到不同的类，如果没有匹配 c1 ~ c3，流量会匹配到 default-class（如果 default-class 没有显示的配置，它依然隐含存在，处在最末的位置匹配所有的流量）；

2）流策略一旦应用后，不允许直接删除该流策略及其包含的流分类或流行为，如果要删除流策略，则必须先在接口下执行 undo traffic-policy 命令取消接口和该策略的关联；

3）MQC 的设计用意是使用一套结构化的 QoS 配置命令完成所有 QoS 机制的配置，所以会在一个 p1 策略中定义多种 QoS 机制，但某些机制只能工作在接口的入方向或接口的出方向。做策略时，应用的方向要和 QoS 机制所支持的方向一致才能配置成功，否则出现类似如下提示。

```
#定义一个保留带宽的队列，并试图应用到接口的入方向
[Huawei]traffic behavior b2
[Huawei-behavior-b2] queue af bandwidth pct 20
[Huawei-behavior-b2] quit
#如果某个 traffic behavior 下含有上面的队列配置
[Huawei-GigabitEthernet0/0/0]traffic-policy p1 inbound
Error: CBQ is not supported in inbound, on interface GigabitEthernet0/0/0.
#包含队列机制的 traffic policy 一定要应用在 outbound 方向上
```

综合示例：

```
#第一步，在 RouterA 上创建流分类 c1～c3，对来自企业的不同业务流按照其 VLAN ID 进行分类
[RouterA] traffic classifier c1
[RouterA-classifier-c1] if-match vlan-id 10
[RouterA-classifier-c1] quit
[RouterA] traffic classifier c2
[RouterA-classifier-c2] if-match vlan-id 20
[RouterA-classifier-c2] quit
[RouterA] traffic classifier c3
[RouterA-classifier-c3] if-match vlan-id 30
[RouterA-classifier-c3] quit
#第二步，配置流量监管行为
#在 RouterA 上创建流行为 b1～b3，对来自企业的不同业务流进行流量监管
[RouterA] traffic behavior b1
[RouterA-behavior-b1] car cir 256 cbs 48128 pbs 80128
[RouterA-behavior-b1] statistic enable
[RouterA-behavior-b1] quit
[RouterA] traffic behavior b2
[RouterA-behavior-b2] car cir 4000 cbs 752000 pbs 1252000
[RouterA-behavior-b2] statistic enable
[RouterA-behavior-b2] quit
[RouterA] traffic behavior b3
[RouterA-behavior-b3] car cir 2000 cbs 376000 pbs 626000
[RouterA-behavior-b3] statistic enable
[RouterA-behavior-b3] quit
#第三步，配置流量监管策略并应用到接口上
# 在 RouterA 上创建流策略 p1，将流分类和对应的流行为进行绑定并将流策略应用到接口 Eth2/0/0 入方向上，对来自企业的不同业务报文进行基于流的流量监管
[RouterA] traffic policy p1
[RouterA-trafficpolicy-p1] classifier c1 behavior b1
[RouterA-trafficpolicy-p1] classifier c2 behavior b2
[RouterA-trafficpolicy-p1] classifier c3 behavior b3
[RouterA-trafficpolicy-p1] quit

#第四步 ，应用流策略在入或出的方向上
[RouterA] interface ethernet 2/0/0
[RouterA-Ethernet2/0/0] traffic-policy p1 inbound
#
```

10.3 分类

大多数的 QoS 工具都能对进来的业务流分类，分类的目的是对进来的不同流量实施不同级别的 QoS 服务。在当前的网络中，分类和打标记在网络的边缘发挥了重要的作用，而在网络的核心根据标记来分类并实施相应的 QoS 动作，这是实现差分服务的前提和基础。分类的工具有多种，可在接口下应用 ACL 或由 MQC 使用 traffic classifier 定义具备复杂匹配能力的流分类。

10.3.1 分类工具 1 接口使用 ACL

这种分类方法多和传统的 QOS 工具，如 Remark（打标记）、CAR（监管）一起使用，它最大的特征是把全局定义的用于匹配数据报文的 ACL 直接在接口下调用，其匹配进入

或离开接口的流量，对 ACL 所允许的报文做限速或过滤等处理。

此种分类方式的特点是实现简单、匹配能力有限，需要和其他传统 QoS 配置工具一起使用。

例：接口对 ACL 2000 及 2001 流量做监管，其他流量则直接转发。

```
acl number 2000
rule 0 permit source 192.168.1.0 0.0.0.255
#acl2000，允许源地址为 192.168.1.0 网段的报文通过
#
acl number 2001
 rule 0 permit source 192.168.2.0 0.0.0.255
#acl2001，允许源地址为 192.168.2.0 网段的报文通过
#
interface GigabitEthernet3/0/0
 ip address 1.2.0.2 255.255.255.0
qos car outbound acl 2000 cir 512 cbs 32000 pbs 432000 green pass yellow pass red discard
#在接口下直接调用 qos car 监管命令，其对在接口出方向对符合 ACL 2000 规则的报文做流量监管，指定承诺信息速率为 512kbit/s
qos car outbound acl 2001 cir 128 cbs 8000 pbs 72000 green pass yellow pass red discard
#同样，接口出方向对符合 ACL 2001 规则的报文做流量监管，指定承诺信息速率为 128kbit/s
```

说明：

ACL 可以是基本 ACL 或高级 ACL，如果在接口下没有定义任何 ACL，则对经过接口的报文都起作用。

例：限制接口 Eth2/0/0 入方向数据的承诺信息速率为 2000kbit/s。

```
<Huawei> system-view
[Huawei] interface ethernet 2/0/0
[Huawei-Ethernet2/0/0] qos car inbound cir 2000
#没有关联 ACL
```

10.3.2 分类工具 2 使用 MQC 流分类

MQC 是灵活性很强的配置工具，其可使用 traffic classifier 定义复杂的匹配规则，可以匹配报文的 L1/L2/L3/L4 甚至 L7。匹配规则通过识别报文头中的一层、二层、三层及高层相应字域的内容，识别报文是分类阶段的职责，命令形式如下：

```
Traffic classifier c1
 If-match 匹配条件
 If-match 匹配条件
```

可定义的匹配规则如下，具体可参考表 10-1 或华为手册。

- 一层是指匹配物理层的接口或子口等。
- 二是指匹配 MAC、DLCI、VLAN ID、802.1p、MPLS EXP、ATM CLP 和 Frame Relay 丢弃位（DE）。
- 三层可匹配的参数包括 IPP、DSCP 及源/目的 IP 地址等。
- 四层可以匹配 TCP 或 UDP 端口。
- 更高层，如第七层，可以匹配出现在应用层协议头中的 URL，或负载中的指定格式的代码等。
- 执行命令 traffic classifier classifier-name [operator { and | or }]，创建一个流分

类。其中，and 表示流分类中各规则之间关系为“逻辑与”，而 or 表示流分类各规则之间是“逻辑或”，即报文只需匹配流分类中的一个或多个规则即属于该类。缺省情况下，流分类中各规则之间的关系为“逻辑或”。

- Default-class 永远处于列表最后面，即使未显示定义，也默认存在。Default-class 是默认存在的匹配所有流量的类，显示定义的目的仅是为了修改其对应的流行为规则见表 10-1 所示。

表 10-1 匹配规则

匹配规则	命令
外层 VLAN ID	if-match vlan-id start-vlan-id [to end-vlan-id]
QinQ 报文内层 VLAN ID	if-match cvlan-id start-vlan-id [to end-vlan-id]
VLAN 报文 802.1p 优先级	if-match 8021p 8021p-value &<1-8>
QinQ 报文内层 VLAN 的 802.1p 优先级	if-match cvlan-8021p 8021p-value &<1-8>
MPLS 报文 EXP 优先级（AR1200 系列、AR2200 系列、AR3200 系列）	if-match mpls-exp exp-value &<1-8>
目的 MAC 地址	if-match destination-mac mac-address [mac-address-mask mac-address-mask]
源 MAC 地址	if-match source-mac mac-address [mac-address-mask mac-address-mask]
FR 报文中的 DLCI 信息	if-match dlci start-dlci-number [to end-dlci-number]
FR 报文中的 DE 标志位	if-match fr-de
以太网帧头中协议类型字段	if-match l2-protocol { arp | ip | mpls | rarp | protocol-value }
所有报文	if-match any
IP 报文的 DSCP 优先级	if-match [ipv6] dscp dscp-value &<1-8>
IP 报文的 IP 优先级	if-match ip-precedence ip-precedence-value &<1-8> 说明： 不能在一个逻辑关系为“与”的流分类中同时配置 if-match dscp 和 if-match ip-precedence
报文三层协议类型	if-match protocol { ip | ipv6 }
ATM 报文中的 PVC 信息	if-match pvc vpi-number/vci-number
RTP 端口号	if-match rtp start-port start-port-number end-port end-port-number
TCP 报文 SYN Flag	if-match tcp syn-flag { ack | fin | psh | rst | syn | urg }*
入接口	if-match inbound-interface interface-type interface-number
ACL 规则	if-match acl { acl-number | acl-name } 说明： 使用 ACL 作为流分类规则，必须先配置相应的 ACL 规则
ACL6 规则	if-match ipv6 acl { acl-number | acl-name } 说明： 使用 ACL 作为流分类规则，必须先配置相应的 ACL 规则
应用协议	if-match app-protocol protocol-name [time-range time-name] 说明： 定义基于应用协议的匹配规则前，必须使能 SAC 功能并加载特征库； 当流分类中包含 if-match app-protocol 时，流分类各规则之间的关系必须是 or

（续表）

匹配规则	命令
SAC 协议组	if-match protocol-group protocol-group [time-range time-name] 说明： 定义基于应用协议的匹配规则前，必须使能 SAC 功能并加载特征库； 可以在 SAC 协议组视图中通过 app-protocol protocol-name 将指定应用协议加入 SAC 协议组； 当流分类中包含 if-match app-protocol 时，流分类各规则之间的关系必须是 or

10.3.3 MQC 可以使用 SAC 做深度识别

除了前面定义的根据报文头中的固定字域的内容来匹配业务流，华为设备允许使用 SAC（Smart Application Control）业务感知技术，对报文中第 4～第 7 层的内容和一些动态协议（如 HTTP、RTP）进行检测和识别，通过对报文进行深度的识别和分类，可用于发现更细化的业务。如使用 SAC 可以识别出 G711 编码的语音业务或 H264 的视频业务等。

SAC 能检查数据包中符合无状态协议，靠和 SAC 特征库进行比较，识别能力高低依赖于系统软件包中自带的 SAC 特征库文件，如果需要可下载新的特征库文件，以增强系统的识别能力。SAC 深度识别仅对报文流的第一个包做深度分析，流的后续报文根据首次分析的结果使用 fib 做快速转发。成熟的做法都是在网络的边缘、靠近数据报文进入网络的源侧对报文做识别和标记，如果标记和信任设置正确，则中间设备不能或不需重复地做深度识别，仅需根据规划好的 QoS 策略去执行动作。

例：企业管理员限制员工使用 qq，在边缘路由器上，若流量是 qq 则拒绝，否则放行。

思路：使用 SAC 对应用协议进行识别、分类，并提供差分服务。

```
<Huawei> system-view
[Huawei] sac protocol-group group1
[Huawei-sac-protocol-group-group1] app-protocol qq
# 定义流分类 class1 的匹配规则为匹配 SAC 协议组 group1
[Huawei] traffic classifier class1
[Huawei-classifier-class1] if-match protocol-group group1
# 查看 SAC 协议列组 group1 的配置信息
<Huawei> display sac protocol-group group1
  SAC Protocol-group
  Name: group1    State: Unbound
  ------------------------------------------------------------
  Index          Protocol Name
  1              fetion
  2              qq
  ------------------------------------------------------------
  Total: 2
[Huawei]traffic behavior b1
[Huawei-behavior-b1]deny
[Huawei-behavior-b1]quit
#定义流行为，拒绝匹配的报文
[Huawei]traffic policy p1
```

```
[Huawei-trafficpolicy-p1]classifier c1 behavior b1
[Huawei-trafficpolicy-p1]quit
[Huawei]int s1/0/0
[Huawei-Serial1/0/0]traffic-policy p1 outbound
#流策略 p1 应用在边界路由器连运营商网络的方向上
```

说明：

重复使用 app-protocol 命令可以为 SAC 协议组添加多个应用协议。每个 SAC 协议组最多可以配置 32 个应用协议。

SAC 的另外一个作用是它支持接口的流量统计功能，可以把接口的流量统计数据上报给网管系统，由网管记录上报的数据，分析业务应用及带宽分布情况，形成统计报表。并由网络管理员根据统计流量分析，做出相应的业务决策，保障关键业务带宽，限制垃圾流量。

例：使用 SAC 统计进出公司路由器的业务流量，上连运营商的接口 G2/0/0。

```
<Huawei> system view
[Huawei] interface gigabitethernet 2/0/0
[Huawei-GigabitEthernet1/0/0] sac protocol-statistic enable
# 查看接口 GE2/0/0 所有 SAC 应用协议的报文统计信息
<Huawei> display sac protocol-statistic all interface gigabitethernet 2/0/0
Protocol    Direction        Packets        Bytes          Rate(bps)
----------------------------------------------------------------------------------
HTTP        Inbound          59,043         24,620,931         0
            Outbound         227,810        94,996,770         0
#
```

说明：

1) 当需要对流量进行重新统计时，可以先清除当前的统计信息。使用命令：reset counters interface 接口编号；

2) 交换设备不支持 SAC。

10.4 标记

10.4.1 本地优先级和报文优先级

标记是对分类的流量打上不同的标签，据此分级别对待不同的数据，称为优先级标记。根据优先级标记的作用，华为设备可分为设备内部优先级（又称为本地优先级）和报文优先级（又称外部优先级）。设备内部优先级是对进到设备内部的数据报文给予的一个内部优先级标记值，根据该值可在设备内部分配或优化资源分配，如选择队列。

- 设备内部优先级和报文优先级的关系：
- 设备内部优先级是用于内部资源分配和调度使用的值，每个进到设备的报文一定都会得到一个值，该值根据入接口配置的信任或 Remark 功能而生成；
- 报文优先级是报文本身所携带的 QoS 标记值。两层报文使用 802.1p 或 EXP，而三层报文多使用 IP Precedence 和 DSCP。报文在离开设备时，报文优先级可能会被重写（rewrite），把内部优先级作为报文优先级携带出去。

10.4.2 优先级映射

优先级映射是在交换机或路由器内部把报文携带的 QoS 优先级与设备内部优先级做转换，从而使设备根据内部优先级提供有差别的 QoS 服务质量的过程。

不同的网络技术，QoS 优先级标记会不同，用户可以根据网络规划在相应网络上使用相应的 QoS 优先级标记。例如，以太网络上（802.1Q 链路）使用 802.1p，IP 网络中使用 IP Precedence 或 DSCP，MPLS 网络中使用 EXP 等。

华为设备在其入口根据接口信任的信任关系配置映射表生成内部优先级。在出口，根据内部优先级或 802.1p 选择出队列，并映射到报文优先级。

当报文经过不同网络时，为了保持报文的优先级，需要在连接不同网络的设备上配置这些优先级字段的映射关系。当数据报文进入设备时，其外部优先级字段（802.1p 或 DSCP 或 MPLS EXP）被映射为内部优先级；报文离开设备时，将内部优先级映射为外部优先级字段。在图 10-3 中，不同的网络使用不同的外部优先级标记字段。

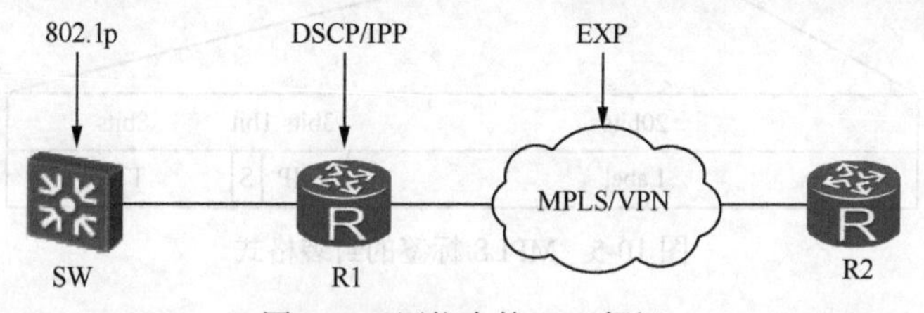

图 10-3 网络中的 QoS 标记

例：在交换换网络中，使用 802.1p 分配资源，在三层路由器上，使用 DSCP 或 IPP，而在 MPLS 网络上使用 EXP 来区分报文，在不同网络的边界要做不同标记的映射。有些映射是自动发生的，有些映射要手工配置实现。

10.4.3 优先级种类

不同的 QoS 标记打在不同的报文上，据此可分级别对待不同的数据，依据报文工作的协议层次，在两层和三层报文头部都含有相应的 QoS 标记。两层的 QoS 标记有以太网上的 802.1p 标记和 MPLS 上标签中的 EXP 标记，三层的标记有 IP Precedence 和 DSCP。

10.4.3.1 802.1p

以太网上两层 QoS 标记是 802.1p（如图 10-4 所示），即 User Priority，根据字域的大小，级别数量为 0~7。数值越大，级别越高。

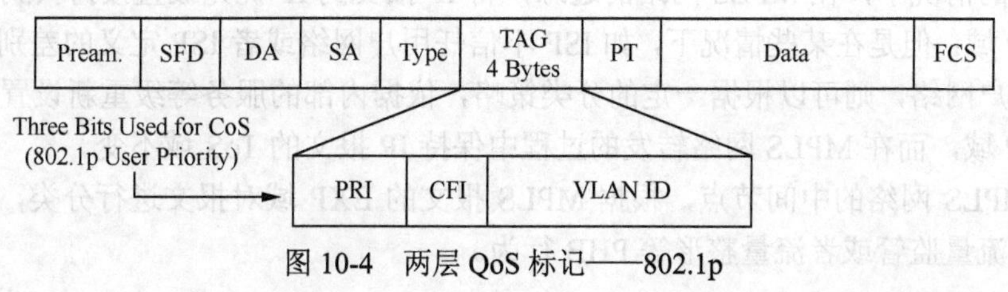

图 10-4 两层 QoS 标记——802.1p

以太网帧上的802.1p标记又常被称为CoS（Classification of Service）。

CoS值多用在两层设备上或/和LAN有连接端口的三层设备上。

说明：

1）只在Trunk或Hybrid链路上出现的tagged帧才携带802.1p优先级；

2）一般使用802.1p的Frame和其三层IPP中优先级别相对应，例，802.1p为5，IPP也为5，这类报文多分配给VoIP语音；

3）在接入层LAN设备中多使用802.1p来分配资源。

10.4.3.2 EXP

MPLS EXP字段：

MPLS报文与普通的IP报文相比增加了标签信息，标签的长度为4个字节，封装结构如图10-5所示。

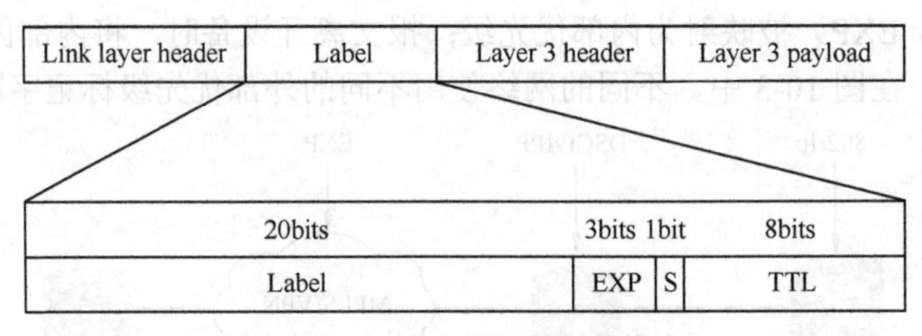

图10-5 MPLS标签的封装格式

标签共有4个字域。

Label：20位，标签值字段，用于转发的标记。

EXP：3位，保留字段，用于扩展，现在通常用作CoS。

S：1位，栈底标识。MPLS支持标签的分层结构，即多重标签，S值为1时表明为最底层标签。

TTL：8位，和IP分组中的TTL（Time To Live）意义相同。

对于MPLS报文，通常将标签信息中的EXP域作为MPLS报文的CoS域，与IP网络的ToS域等效，用来区分数据流量的服务等级，以支持MPLS网络的DiffServ。EXP字段表示8个传输优先级，按照优先级从高到低顺序取值为7、6……1和0。

在IP网络，由IP报文的IP优先级或DSCP标识服务等级。但是对于MPLS网络，由于报文的IP头对LSR（Label Switching Router）设备是不可见的，所以需要在MPLS网络的边缘对MPLS报文的EXP域进行标记。

缺省的情况下，在MPLS网络的边缘，将IP报文的IP优先级直接拷贝到MPLS报文的EXP域；但是在某些情况下，如ISP不信任用户网络或者ISP定义的差别服务类别不同于用户网络，则可以根据一定的分类策略，依据内部的服务等级重新设置MPLS报文的EXP域，而在MPLS网络转发的过程中保持IP报文的ToS域不变。

在MPLS网络的中间节点，根据MPLS报文的EXP域对报文进行分类，并实现拥塞管理，流量监管或者流量整形等PHB行为。

10.4.3.3 IP Precedence

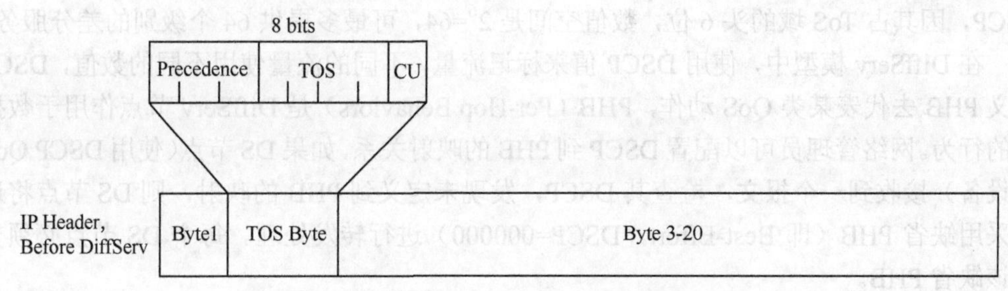

图 10-6 三层 QoS 标记——IP Precedence

IP Precedence 也是 IP 报文上的一个标记，占 ToS 字域的头 3 位，同 CoS 相似，值越大，代表的优先级别就越高，是比较老的一种 QoS 标记，在一些传统的 QoS 工具中使用较多。最高优先级是 6 和 7，经常是为路由选择或更新网络控制通信保留的，用户级应用仅使用 0～5。华为设备的系统协议，如 OSPF、BGP、PIM 等都默认使用 IPP 6 标记，所以多使用 IPP 6 去识别系统报文。IPP 值和名字的对应关系见表 10-2 所示。

表 10-2　　IPP 值和名字的对应关系

Field and Value (Decimal)	Binary Value	Name	Defined by This RFC
Precedence 0	000	routine	791
Precedence 1	001	priority	791
Precedence 2	010	immediate	791
Precedence 3	011	flash	791
Precedence 4	100	flash override	791
Precedence 5	101	critic	791
Precedence 6	110	internetwork control	791
Precedence 7	111	network control	791

ToS 域中还包括 D、T、R、C 四位。

- D 位表示延迟要求（Delay，0 代表正常延迟，1 代表低延迟）。
- T 位表示吞吐量（Throughput，0 代表正常吞吐量，1 代表高吞吐量）。
- R 位表示可靠性（Reliability，0 代表正常可靠性，1 代表高可靠性）。
- C 位表示传输开销（Monetary Cost）。（RFC1349）

说明：

根据 IPP 定义，数值 0～7 可定义 8 个优先级别，级别较少，当前建议使用 DSCP 标记。

10.4.3.4 DSCP 值

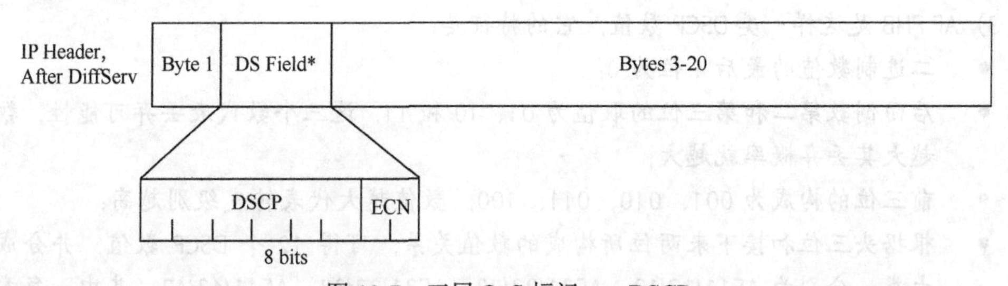

图 10-7 三层 QoS 标记——DSCP

IETF DiffServ 工作组在 RFC2474 中将 IPv4 报文头 ToS 域中的 0～5 位重新定义为 DSCP，因其占 ToS 域的头 6 位，数值空间是 2^6=64，可最多提供 64 个级别的差分服务。

在 DiffServ 模型中，使用 DSCP 值来标记流量，不同的流量使用不同的数值，DSCP 定义 PHB 去代表某类 QoS 动作，PHB（Per-Hop Behaviors）是 DiffServ 节点作用于数据流的行为。网络管理员可以配置 DSCP 到 PHB 的映射关系，如果 DS 节点（使用 DSCP QoS 的设备）接收到一个报文，检查其 DSCP，发现未定义到 PHB 的映射，则 DS 节点将选择采用缺省 PHB（即 Best-Effort，DSCP=000000）进行转发处理。每个 DS 节点必须支持该缺省 PHB。

IETF DiffServ 工作组目前定义了四种 PHB。

- Default PHB：提供 best-effort 服务，数值为 0。
- Class-Selector PHB：后 3 位数值为 0，头三位非 0 的 DSCP，用来和 IPP 兼容。
- Expedited Forwarding PHB：服务于低延迟应用，数值为 46。
- Assured Forwarding PHB：用于提供带宽保证，数值请参见图 10-8。

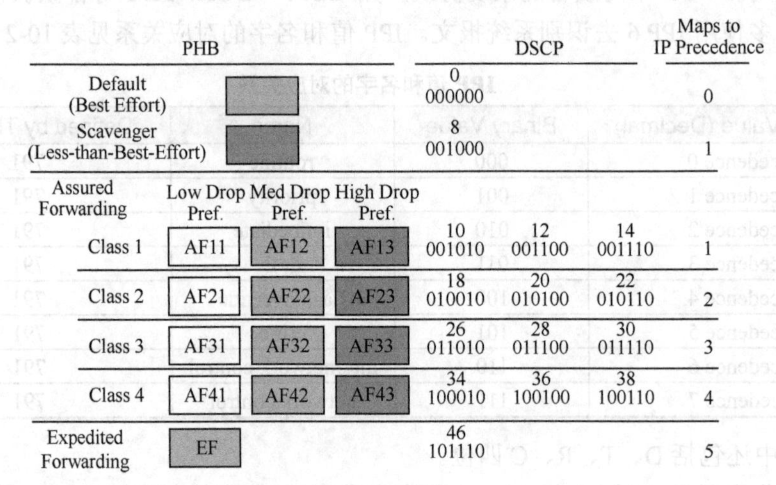

图 10-8　AF/EF/CS/Default PHB

说明：

1）Default PHB 是所有未显示定义的报文所使用的 QoS 标记，数值是 0。

2）ClassSelector，又称为类选择器，可以根据 PHB 的取值把流量分成 7 个级别，它的特征是 DSCP 后三位取值为 0，而头三位为非 0。根据头三位的构成可分成 7 个值，分别为 CS1，CS2，CS3……CS7，这一类值是用来和 IP precedence 相兼容的。例，如果报文的 IPP 值为 5，则其对应的 DSCP 为 CS5，如果 IPP 值为 6，其对应的 DSCP 值为 CS6。

3）AF PHB 是这样一类 DSCP 数值，它的特征是：

- 二进制数值的最后 1 位为 0；
- 后面倒数第二和第三位的取值为 01、10 和 11，这三个数代表丢弃可能性，数值越大其丢弃概率就越大；
- 前三位的构成为 001、010、011、100，数值越大代表转发级别越高；
- 根据头三位和接下来两位所构成的数值关系，可得 12 个 DSCP 数值，并分成四大类，分别为 AF11/12/13、AF21/22/23、AF31/32/33、AF41/42/43。其中，每类里面分成三类，是基于丢弃可能性来划分的。

4) EF 类，这一类数值对应二进制数 101110，对应数值为 46，多分配给时延敏感的 VoIP 流量。

10.4.3.5 生成内部标记（一）信任关系

当报文进入设备内部时，根据接口配置的信任状态决定设备内部的优先级，在报文的入端口上设置信任关系，会影响内部优先级和报文优先级。使用命令：trust { 8021p [override] | dscp [override] | exp }，设备可选择其中一种进行配置。

1. 信任报文的 802.1p 优先级——trust 8021p

- 对于带 VLAN Tag 的报文，设备根据报文携带的 802.1p 优先级查找优先级映射表，生成内部优先级，确定报文进入的队列，并修改报文的优先级值。
- 对于不带 VLAN Tag 的报文，设备将使用端口优先级作为 802.1p 优先级，查找优先级映射表，确定报文进入的队列，并可以修改报文的优先级值。
- 建议 LAN 中使用信任 802.1p 生成内部优先级。

例：企业网内部 LAN 侧的语音、视频和数据业务通过 SwitchA 和 SwitchB 连接到 RouterA 的 Eth2/0/0 和 Eth2/0/1 上，并通过 RouterA 的 GE3/0/0 接口连接到 WAN 侧网络。如图 10-9 所示。

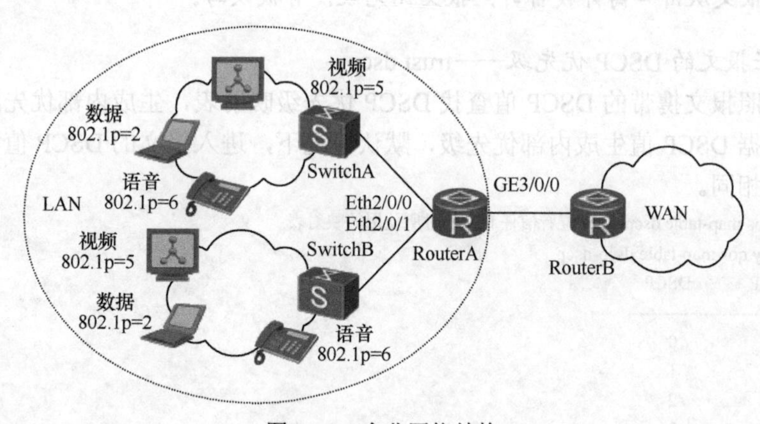

图 10-9 企业网络结构

不同业务的报文在 LAN 侧使用 802.1p 优先级进行标识，在 RouterA 上根据报文的 8021p 优先级选择入队列，要求配置优先级映射表，根据报文的 802.1p 优先级修改报文中的 DSCP 优先级值提供差分服务，使 802.1p 值为 3 的内部优先级是 AF31，802.1p 值为 5 的内部优先级是 EF。

```
# 配置优先级映射在路由器 A 上
# 配置 Eth2/0/0 和 Eth2/0/1 接口信任报文的 802.1p 优先级
[RouterA] interface ethernet 2/0/0
[RouterA-Ethernet2/0/0] trust 8021p
[RouterA-Ethernet2/0/0] quit
[RouterA] interface ethernet 2/0/1
[RouterA-Ethernet2/0/1] trust 8021p
[RouterA-Ethernet2/0/1] quit
# 配置优先级映射关系
[RouterA] qos map-table dot1p-dscp
```

```
[RouterA-maptbl-dot1p-dscp] input 3 output 26
[RouterA-maptbl-dot1p-dscp] input 5 output 46
# 验证配置结果
# 查看 RouterA 上的优先级映射信息
<RouterA> display qos map-table dot1p-dscp
Input Dot1p          DSCP
-------------------------------
 0                    0
 1                    8
 2                    16
 3                    26
 4                    32
 5                    46
 6                    48
 7                    56
#trust 8021p 后，根据 802.1p 生成内部优先级
```

说明：

- 内部优先级使用同 DSCP 一样的取值范围，可以做到同 DSCP 一致的精细化控制。
- 进到设备的 802.1p 为 3 的报文，在设备内部使用内部优先级 AF31。同理，802.1p 为 5 的报文，在设备内部分配内部优先级 EF。
- 当报文从出口离开设备时，报文优先级没有被改写。

2. 信任报文的 DSCP 优先级——trust dscp

设备按照报文携带的 DSCP 值查找 DSCP 优先级映射表，生成内部优先级。

例：根据 DSCP 值生成内部优先级，默认情况下，进入报文的 DSCP 值和生成的内部优先级值相同。

```
#display qos map-table dscp-dscp 查看信任 DSCP 时所使用的映射表
[R2]display qos map-table dscp-dscp
Input DSCP          DSCP
-------------------------------
 0                    0
 1                    1
 2                    2
 3                    3
 4                    4
 5                    5
 6                    6
 7                    7
 8                    8
 9                    9
 10                   10
 11                   11
 12                   12
 13                   13
 14                   14
 15                   15
 16                   16
 17                   17
 18                   18
 19                   19
 20                   20
```

```
21           21
22           22
23           23
24           24
25           25
26           26
27           27
28           28
29           29
30           30
31           31
32           32
33           33
34           34
35           35
36           36
37           37
38           38
39           39
40           40
41           41
42           42
43           43
44           44
45           45
46           46
47           47
48           48
49           49
50           50
51           51
52           52
53           53
54           54
55           55
56           56
57           57
58           58
59           59
60           60
61           61
62           62
63           63
#
# 配置优先级映射关系，修改默认映射表
[RouterA] qos map-table dscp-dscp
[RouterA-maptbl-dot1p-dscp] input 24 output 26
[RouterA-maptbl-dot1p-dscp] input 40 output 46
#配置 Eth2/0/0 和 Eth2/0/1 接口信任报文的 dscp 优先级
[RouterA] interface ethernet 2/0/0
[RouterA-Ethernet2/0/0] trust dscp
[RouterA-Ethernet2/0/0] quit
[RouterA] interface ethernet 2/0/1
[RouterA-Ethernet2/0/1] trust dscp
[RouterA-Ethernet2/0/1] quit
```

3. 设置override与否可影响是否配置报文优先级——trust dscp override和trust 8021p override

配置 override 与否，不影响内部优先级的生成，但会影响经过设备的报文优先级，报文优先级会被改写成内部优先级。

未配置 override 关键词时，进入的报文按照指定优先级映射生成内部优先级，但离开时报文优先级并不修改，报文优先级透传。

配置 override 关键词后，离开设备的报文的 802.1p 值、DSCP 值均被修改成内部优先级。

例：设备在报文入口配置 trust 8021p，报文优先级中 802.1p 为 3，而 DSCP 为 24；内部映射表 802.1p-to-dscp 修改后 802.1p 值 3 所对应的 DSCP 为 26，dscp-to-dscp 映射表中 24 映射为 24，在设备的入口配置 trust 8021p override。则离开设备时，报文优先级 802.1p 值和 DSCP 值分别是多少？

同样的场景，如果在设备入口配置 trust dscp override，则离开设备时，报文优先级中 802.1p 和 dscp 值分别是多少？

答：进入设备后，根据映射表生成内部优先级；

配置 trust 8021p override 后，离开设备的报文优先级为 802.1p=3，dscp=26；

配置 trust dscp override 后，离开设备的报文优先级为 802.1p=3，dscp=24；

802.1p=3 根据 dscp-to-802.1p 映射而生成。内部优先级 DSCP=24，会有对应的内部优先级 802.1p=3。报文离开时用内部优先级 802.1p 和 dscp 修改报文优先级。

说明：

上述实现依设备类型而有差别，上述配置对 AR2201-48FE、AR2202-48FE、AR2220、AR2240 或 AR3200 系列设备有效。其他设备请参考配置手册说明。

4. 端口优先级

每个进入设备的报文都需要内部优先级，如果端口信任 802.1p，但报文本身没有对应的 Vlan Tag，此种情况下，会使用到端口优先级。每个端口的默认端口优先级为 0，使用规则如下。

- 端口处于信任 802.1p 状态时，若收到不带 Vlan Tag 的报文，设备将根据端口优先级生成内部优先级并转发。
- 端口处于不信任状态时，即没有配置任何 Trust 命令，所有报文都将根据端口优先级进入一个队列，无法实现差分服务。

例：端口 G0/0/0 下，使进入的报文（没有 Vlan Tag）离开设备时使用队列 1。同理，使端口 G0/0/1 进来的任何报文都进入队列 2。

```
#G0/0/0 端口修改端口优先级为 1，同理，修改 G0/0/1 端口优先级为 2
[RouterA]interface G0/0/0
[RouterA-Ethernet0/0/0] port priority 1
[RouterA-Ethernet0/0/0] quit
[RouterA]interface G0/0/1
[RouterA-Ethernet0/0/1] port priority 2
[RouterA-Ethernet0/0/1] quit
#G0/0/0 和 G0/0/1 端口默认处于非信任状态
```

5. 信任边界

华为设备可以在接口上设置 4 种信任状态——不信任、信任 802.1p、信任 DSCP、信任 EXP。

如果接口处于不信任状态，设备在报文离开时重写或清除原有报文优先级，重新生成的报文优先级在网络中继续使用。建议在网络边缘设备上对进入的报文不做信任，而在网络中间设备上重新标记报文优先级。我们把信任报文优先级的设备所组成的网络区域称为信任域，而第三方设备或外部网络或终端等设备所代表的区域称为非信任域。服务质量工程师在设计 QoS 时会在接入层交换机或企业边缘设备入口上设置不信任状态。对报文优先级做不信任处理，可在设备内部生成符合企业服务规范的报文优先级，并在企业网络内部信任域中使用。这种不信任设备（或非信任域）和信任域的边界称为信任边界。

图 10-10 中，在企业网络的边缘设备上，如接入层交换机、内外网络的边缘、企业与第三方网络的边界互联设备都是外部业务报文进来的位置，此位置建议重新打标记（上色），信任边界不信任任何外部网络进来的报文优先级。

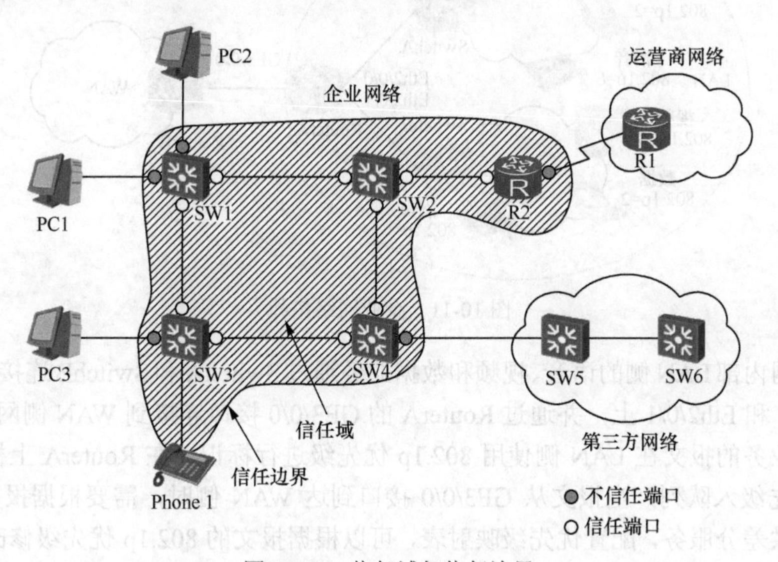

图 10-10 信任域与信任边界

10.4.3.6 生成内部标记（二）MQC 中的 Remark 工具

在报文进入设备时，除配置信任外，接口还有其他方式生成内部优先级，如 MQC 和 CAR 等 Remark 工具，使用这些机制在报文进入设备时生成的 QoS 标记即是内部优先级，同时也是报文离开设备时的报文优先级。

若接口同时配置信任和其他 Remark 工具，Remark 配置优于信任起作用。

例：在企业网络边界，把进入企业网络内部的所有 RTP 报文打上 DSCP EF 标记。

```
[huawei]traffic classifier voip
[huawei-classifier-voip]if-match rtp start-port 16384 end-port 32767
[huawei-classifier-voip]quit
[huawei]traffic behavior b1
[huawei-behavior-b1]remark dscp ef
[huawei-behavior-b1]quit
```

```
[huawei]traffic policy p1
[huawei-trafficpolicy-p1]classifier voip behavior b1
[huawei-trafficpolicy-p1]quit
[huawei]int g0/0/0
[huawei-GigabitEthernet0/0/0]traffic-policy p1 inbound
[huawei-GigabitEthernet0/0/0]quit
#MQC remark 修改报文优先级，该报文优先级也是内部优先级
```

10.4.3.7 **报文离开设备（三）重写报文优先级**

如果设备在报文入口仅配置信任且开启 override，则从出接口出去的报文优先级是内部优先级，下游设备根据报文优先级执行差分服务。

如果使用 MQC 或 CAR Remark 为报文设置优先级，则离开的报文优先级就是在报文入口配置的优先级。图 10-11 为企业网络拓扑图。

示例：

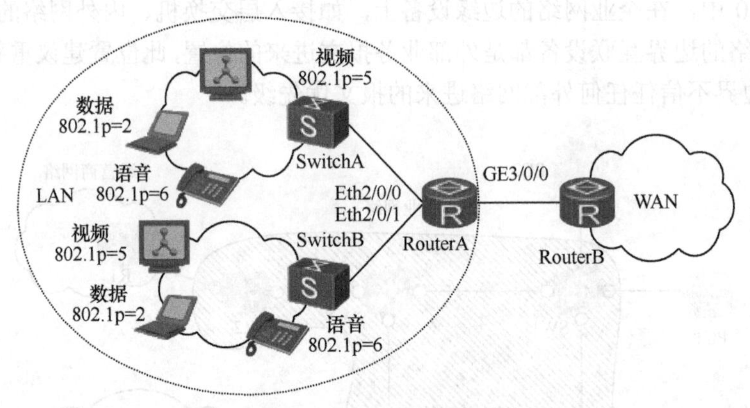

图 10-11 企业网络拓扑

企业网内部LAN侧的语音、视频和数据业务通过SwitchA和SwitchB连接到RouterA的 Eth2/0/0 和 Eth2/0/1 上，并通过 RouterA 的 GE3/0/0 接口连接到 WAN 侧网络。

不同业务的报文在 LAN 侧使用 802.1p 优先级进行标识，在 RouterA 上根据报文的 802.1p 优先级入队列，当报文从 GE3/0/0 接口到达 WAN 侧时，需要根据报文的 DSCP 优先级提供差分服务，配置优先级映射表，可以根据报文的 802.1p 优先级修改报文中的 DSCP 优先级值。

用如下的思路配置优先级映射：

- 在 RouterA 创建 VLAN、VLANIF，并配置各接口，使企业用户能通过 RouterA 访问 WAN 侧网络；
- 在 RouterA 上配置端口信任的报文优先级为信任报文的 802.1p 优先级；
- 在 RouterA 上配置优先级映射表，修改 802.1p 优先级与 DSCP 优先级之间的映射关系，使设备能根据要求，按照报文的 802.1p 优先级为其修改不同的 DSCP 优先级值。

```
配置优先级映射
# 配置 Eth2/0/0 和 Eth2/0/1 接口信任报文的 802.1p 优先级
[RouterA] interface ethernet 2/0/0
[RouterA-Ethernet2/0/0] trust 8021p override
[RouterA-Ethernet2/0/0] quit
```

```
[RouterA] interface ethernet 2/0/1
[RouterA-Ethernet2/0/1] trust 8021p override
[RouterA-Ethernet2/0/1] quit
# 配置优先级映射关系
[RouterA] qos map-table dot1p-dscp
[RouterA-maptbl-dot1p-dscp] input 2 output 14
[RouterA-maptbl-dot1p-dscp] input 5 output 40
[RouterA-maptbl-dot1p-dscp] input 6 output 46
验证配置结果
# 查看 RouterA 上的优先级映射信息
<RouterA> display qos map-table dot1p-dscp
Input Dot1p        DSCP
---------------------------------
 0                  0
 1                  8
 2                  14
 3                  24
 4                  32
 5                  40
 6                  46
 7                  56
# 查看 RouterA 接口的配置信息
<RouterA> system-view
[RouterA] interface ethernet 2/0/0
[RouterA-Ethernet2/0/0] display this
#
interface Ethernet2/0/0
 port link-type trunk
 port trunk allow-pass vlan 20
 trust 8021p override
#
return
[RouterA-Ethernet2/0/0] quit
[RouterA] interface ethernet 2/0/1
[RouterA-Ethernet2/0/1] display this
#
interface Ethernet2/0/1
 port link-type trunk
 port trunk allow-pass vlan 30
 trust 8021p override
#
return
```

10.5 队列技术

随着生活质量的提高、网络业务种类繁多，人们对网络质量的要求也越来越高，有限的带宽与超负荷的网络需求产生冲突，造成网络中时常会出现延迟、信号丢失等情况，这些都是由于设备出口拥塞所导致的。

本节讲述的拥塞管理是指在网络间歇性出现拥塞时，时延敏感业务要求得到比其他业务更高质量的 QoS 服务，它是通过调整报文的调度顺序以满足时延敏感业务服务质量的一种流量控制机制。

“拥塞”是指由于进入设备的报文数量过多过快，而转发报文的速度慢，所以在设备出口处“拥堵”，即接口的硬件转发队列存储空间满了。硬件转发队列是长度有限的FIFO队列，任何数据包离开设备必须经过硬件队列。据此，调整硬件队列长度是否可以提高转发能力?

理论上FIFO越长，接口可存放的数据包数量会更多，这能减少拥塞的程度。但越长的FIFO硬件队列会使时延敏感的数据包在队列中因等待前面的数据被发送出去，而引入过多的等待延时。所以实际中很少去手工调整FIFO硬件队列的大小，更多的都是配置软件队列，并使用不同的调度机制，以实现将不同敏感程度的报文放到不同的队列中，通过调度机制来解决多种业务争用有限的硬件队列资源的情况。其实，软件队列技术是通过保证高级别业务数据所需要的服务，而牺牲低级别队列的数据的一种解决方案。

华为支持两种队列机制。

- 一种是基于队列的拥塞管理机制（queue-profile），其内部调度机制可以是以下任何调度机制，华为设备在LAN接口上可用的调度技术分为PQ、DRR、PQ+DRR、WRR、PQ+WRR，WAN接口上的调度技术分为PQ、WFQ和PQ+WFQ。
- 一种是基于MQC的CBQ队列技术，可以定义BE（即WFQ）、AF、EF和LLQ队列。

不同的队列系统的区别可以从队列系统的报文分类方式、队首的报文调度策略、队尾的丢弃算法等角度加以区分。

本章列举了华为Queue-profile和CBQ这两种队列机制。

10.5.1 软件队列技术（一）Qos Queue-profile

Queue profile最多可以定义8个队列，队列之间可以定义多种调度方式，以下是各种调度方式及其区别。

10.5.1.1 PQ调度

PQ（Priority Queuing）调度，就是严格按照队列优先级的高低顺序进行调度。只有高优先级队列中的报文全部调度完毕后，低优先级队列才有调度机会。

其算法维护一个优先级递减的队列系列，并且只有当更高优先级的所有队列为空时才服务低优先级的队列。可将延迟敏感的关键业务放入高优先级队列，而将非关键业务放入低优先级队列，从而确保关键业务永远被优先发送。

如图10-12所示，Queue7比Queue6具有更高的优先级，Queue6比Queue5具有更高的优先级，依次类推。只要链路能够传输分组，Queue7尽可能快地被服务。只有当Queue7为空，调度器才考虑Queue6。当Queue6有分组等待传输且Queue7为空时，Queue6以链路速率接受类似地服务。当Queue7和Queue6为空时，Queue5以链路速率接收服务，以此类推。图10-12中，8个队列彼此之间有高低级别之分，只要高级别队列里面有包，报文就先转发。

PQ调度的缺点是：拥塞发生时，如果较高优先级队列中长时间有分组存在，那么接口带宽就被高级别队列所抢占，低优先级队列中的报文就会由于得不到服务而“饿死”。

所以此种队列技术因其能保证时延敏感的报文的服务质量但却无法保证其他流量的质量而渐少使用。

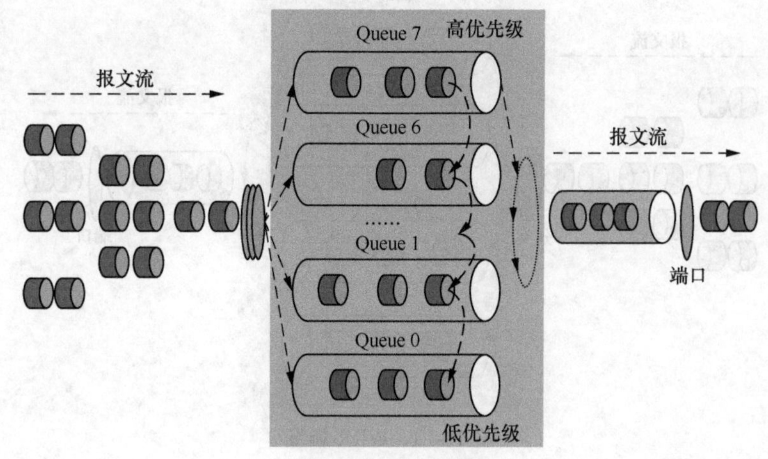

图 10-12 PQ 调度

例如：一个 100M 的端口，如果接口是 8 个级别的队列，则只要 Q7 的队列里面一直有报文，则接口 100M 带宽都被 Q7 队列消耗使用。其他队列则轮不到被服务的机会。故很少在 Queue-profile 中单独使用 PQ 调度的队列，现在比较推荐的方案是高优先级 PQ 队列和其他类型调度机制的队列一起构成队列系统提供服务，如 PQ+WFQ 等。

10.5.1.2 WRR 调度

WRR（Weighted Round Robin）调度即加权轮询调度。WRR 其实是 RR 队列调度技术的一种，RR 调度会依次在不同队列之间提供等量服务，调度在队列间轮流，保证每个队列都得到同等服务机会。所以 RR 不存在某个队列长时间得不到服务的问题。WRR 会根据每个队列的重要程度，为其分配权值（Weight），并根据权值比例提供服务的调度机制。

以端口有 8 个输出队列为例，WRR 可为每个队列配置一个加权值（依次为 w7、w6、w5、w4、w3、w2、w1、w0），加权值表示获取资源的比重。例如：一个 100M 的端口，配置它的 WRR 队列调度算法的加权值为 50、50、30、30、10、10、10、10（依次对应 w7、w6、w5、w4、w3、w2、w1、w0），这样可以保证最低优先级队列至少获得 5Mbit/s 带宽，而避免了 PQ 调度时低优先级队列可能得不到服务的问题。

WRR 根据权值的定义服务每个队列，如果当前队列为空，则继续服务下一个队列，其带宽会按比例分配给其他队列。系统有 8 个队列，如果接口当前权值为 w5、w3、w2 的队列内有报文，则上述三个队列分享接口全部的带宽，分别是 60Mbit/s、20Mbit/s 和 20Mbit/s。任何队列为空，其带宽就自动分给别的队列使用。

WRR 调度机制使用权值来服务每个队列，但权值的定义却有多种形式，可为字节量，或包的个数，或分享的带宽值（或比例）。如图 10-13 所示。

在进行 WRR 调度时，设备根据每个队列的权值进行轮循调度。调度一轮权值减一，权值减到零的队列不参加调度，当所有队列的权限减到 0 时，开始下一轮的调度。例如，用户根据需要为接口上 8 个队列（q7、q6、q5、q4、q3、q2、q1）指定的权值分别为 4、

2、5、3、6、4、2 和 1，按照 WRR 方式进行调度的结果请参见表 10-3。

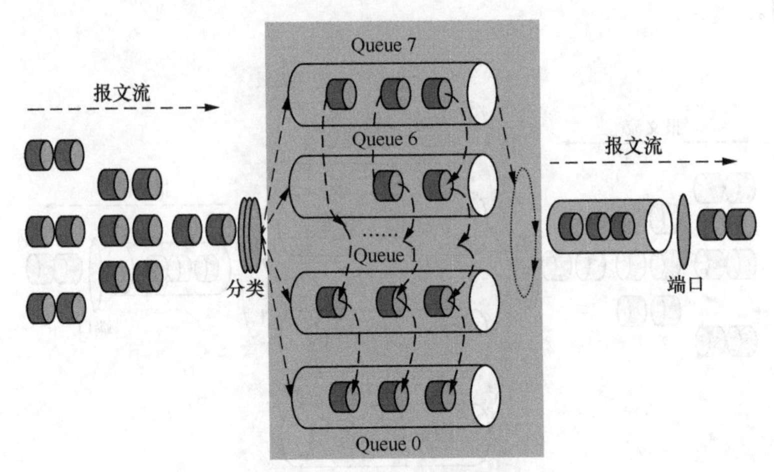

图 10-13 WRR 调度

表 10-3 **WRR 调度结果**

队列索引	Q7	Q6	Q5	Q4	Q3	Q2	Q1	Q0
队列权值	4	2	5	3	6	4	2	1
参加第 1 轮调度的队列	Q7	Q6	Q5	Q4	Q3	Q2	Q1	Q0
参加第 2 轮调度的队列	Q7	Q6	Q5	Q4	Q3	Q2	Q1	-
参加第 3 轮调度的队列	Q7	-	Q5	Q4	Q3	Q2	-	-
参加第 4 轮调度的队列	Q7	-	Q5	-	Q3	Q2	-	-
参加第 5 轮调度的队列	-	-	Q5	-	Q3	-	-	-
参加第 6 轮调度的队列	-	-	-	-	Q3	-	-	-
参加第 7 轮调度的队列	Q7	Q6	Q5	Q4	Q3	Q2	Q1	Q0
参加第 8 轮调度的队列	Q7	Q6	Q5	Q4	Q3	Q2	Q1	-
参加第 9 轮调度的队列	Q7	-	Q5	Q4	Q3	Q2	-	-
参加第 10 轮调度的队列	Q7	-	-	Q4	Q3	Q2	-	-
参加第 11 轮调度的队列	-	-	Q5	-	Q3	-	-	-
参加第 12 轮调度的队列	-	-	-	-	Q3	-	-	-

从统计上看，各队列中的报文流被调度的次数与该队列的权值成正比，权值越大被

调度的次数相对越多。由于 WRR 调度是以报文为单位的，因此每个队列没有固定的带宽，同等调度机会下大尺寸报文获得的实际带宽要大于小尺寸报文获得的带宽。

WRR 避免不了延迟敏感的报文无法及时得到服务的问题，所以语音和视频等业务不能通过 WRR 队列得到服务保证，这是 WRR 的缺点。

10.5.1.3　DRR 调度

DRR（Deficit Round Robin）调度实现原理与 WRR 调度基本相同。

DRR（Deficit Round Robin）调度同样也是 RR 的扩展，相对于 WRR 而言，解决了 WRR 只关心报文并不关心报文大小的问题，所以同等调度机会下，DRR 解决了大尺寸报文获得的实际带宽要大于小尺寸报文获得的带宽的问题，DRR 在调度过程中考虑包长的因素以达到调度的速率公平性。

DRR 调度中，Deficit 表示队列的带宽赤字，初始值为 0。每次调度前，系统按权值为各队列分配带宽，计算 Deficit 值，如果队列的 Deficit 值大于 0，则参与此轮调度，发送一个报文，并根据所发送报文的长度计算调度后的 Deficit 值，作为下一轮调度的依据；如果队列的 Deficit 值小于 0，则不参与此轮调度，当前 Deficit 值作为下一轮调度的依据。

如图 10-14 所示，假设用户配置各队列权值为 40、30、20、10、40、30、20、10（依次对应 Q7、Q6、Q5、Q4、Q3、Q2、Q1、Q0），调度时，队列 Q7、Q6、Q5、Q4、Q3、Q2、Q1、Q0 依次能够获取 20%、15%、10%、5%、20%、15%、10%、5%的带宽。下面以 Q7、Q6 为例，简要描述 DRR 队列调度的实现过程（假设 Q7 队列获取 400Byte/s 的带宽，Q6 队列获取 300Byte/s 的带宽）。

(Q7, 20%)
400 600 900
(Q6, 15%)
500 300 400
(Q5, 10%)
800 400 600
(Q4, 5%)
800 800 400
(Q3, 20%)
500 400 800
(Q2, 15%)
700 700 700
(Q1, 10%)
700 800 600
(Q0.5%)
700 800 600

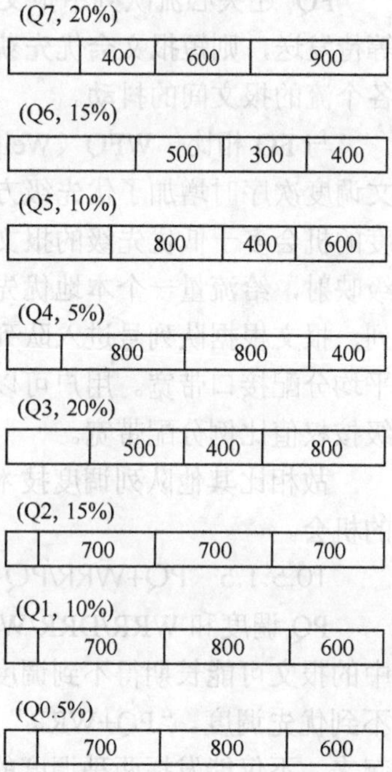

图 10-14　DRR 调度逻辑

- 第 1 轮调度。

先确定 Deficit 初始值：Deficit[7][1] = 0+400 = 400，Deficit[6][1] = 0+300 = 300，都大于 0，参与调度，如图 10-14 所示。从 Q7 队列取出一个 900Byte 的报文发送，从 Q6 队列取出一个 400Byte 的报文发送；发送后，Deficit[7][1] = 400 − 900 = −500，Deficit[6][1] = 300 − 400 = −100。

- 第 2 轮调度。

先判定 Deficit 初始值：Deficit[7][2] = −500+400 = −100，Deficit[6][2] = −100+300 = 200，Q7 队列 Deficit 值小于 0，此轮不参与调度，从 Q6 队列取出一个 300Byte 的报文发送；发送后，Deficit[6][2] = 200−300 = −100。

- 第 3 轮调度。

Deficit[7][3] = −100+400 = 300，Deficit[6][3] = −100+300 = 200，从 Q7 队列取出一个 600Byte 的报文发送，从 Q6 队列取出一个 400Byte 的报文发送；发送后，Deficit[7][3] = 300 − 600 = −300，Deficit[6][3] = 200−500 = −300。

整个调度过程如此反复，每个队列都根据各自的 Deficit 和权值决定服务的量，最终 Q7、Q6 队列获取的带宽将分别占总带宽的 20%、15%，因此，用户能够通过设置权值获取想要的带宽。

但 DRR 调度仍然没有解决 WRR 调度中低延时需求业务得不到及时调度的问题。

10.5.1.4 WFQ（Weighted Fair Queue）调度

WFQ 相较于其他队列技术能提供较好的公平性保证，它具备 FQ 的公平性。

FQ 把进入一个队列的报文称为流，系统对待每个流是均等的，每个流都会平等地分享到当前可用的带宽。例如，接口带宽值为 1M，系统当前有 10 个流，则每个流的带宽为 100kbit/s。而下一时刻，若系统中有 20 个流，则每个流的带宽为 50kbit/s。但这种过度公平并不能让某个流队列持续得到“静态分配”（固定）的带宽，流多了，分享到的带宽就少了，这是这种动态 FQ（Fair Queue）的不足。

FQ 还关心流队列中报文的长度，如果在不同队列间同时存在多个长报文和短报文等待发送，则短报文会优先获得调度，即先调度各队列队首的小报文，这使 FQ 可减缓各个流的报文间的抖动。

与 FQ 相比，WFQ（Weighted Fair Queue）在上述小报文优先的基础上，在计算报文调度次序时增加了优先级方面的考虑。从统计上，WFQ 使高优先级的报文获得优先调度的机会多于低优先级的报文。华为在报文入队列之前，先对流量进行分类，通过优先级映射，给流量一个本地优先级，每个本地优先级对应一个队列号。每个接口有 8 个队列，报文根据队列号进入队列。默认情况下，每个队列的 WFQ 权值相同，队列间流量平均分配接口带宽。用户可以通过配置修改默认权值（值为 10），使高优先级和低优先级按权值比例分配带宽。

故相比其他队列调度技术，WFQ 使高优先级的报文及短小报文更易于获得优先调度的机会。

10.5.1.5 PQ+WRR/PQ+DRR/PQ+WFQ 调度

PQ 调度和 WRR/DRR/WFQ 调度各有优缺点。单纯采用 PQ 调度时，低优先级队列中的报文可能长期得不到调度，而单纯采用 WRR/DRR/WFQ 调度时低延时需求业务得不到优先调度。“PQ+WRR”“PQ+DRR”“PQ+WFQ”调度方式则将两种调度方式结合起来，不仅能发挥两种调度的优势，而且能克服两种调度各自的缺点。

用户可以借助“PQ+WRR”“PQ+DRR”“PQ+WFQ”调度方式，使重要的协议报文和有低延时需求的业务报文进入 PQ 队列中进行调度；而其他报文根据各自的优先级进入采用 WRR/DRR/WFQ 调度的各队列中，并按照相应权值对各队列进行循环调度。PQ 队列的报文永远优于其他队列的报文先被调度。

报文按照优先级映射进入接口的各个队列后，在从接口发送出去时需要按照一定的规则进行调度。设备上不同接口支持不同的调度模式，队列调度时，先调度 PQ 队列，多个 PQ 队列按优先级高低顺序进行调度。PQ 队列调度完成后，再对 DRR、WFQ 或 WRR 队列进行加权轮循调度。

设备上，每个接口出方向都拥有 4 个或 8 个队列，以队列索引号进行标识，队列索引号分别为 0、1、2、3 或 0、1……6、7。设备根据本地优先级和队列之间的映射关系，自动将分类后的报文流送入各队列，然后按照各种队列调度机制进行调度。下面以每个接口 8 个队列对各种调度方式进行说明。

- 设备接口上的 8 个队列被分为两组，用户可以指定其中的某几组队列进行 PQ

调度，其他队列进行 WFQ 调度。只有 WAN 侧接口支持 PQ+WFQ 调度。

- WRR、DRR 及 WFQ 用户根据自己的需要定义权值，默认权值为 10，PQ 不需要权值，因为 PQ 总优先使用接口带宽。其他队列的权值决定彼此之间的带宽划分比例。
- 用户根据不同的业务需要，对各队列中的报文流调度并非是平均的。当调度方式为 DRR、WRR、WFQ 时，通过给各队列设置不同的权值，可以根据权值对队列进行调度，权值越大的队列被调度的次数相对越多。

以下示例是使用混合调度的 queue-profile 配置，队列 0-3 定义为 WRR 队列，4-5 定义为 PQ 类型队列。

```
[huawei] qos queue-profile queue-test
[huawei-qos-queue-profile-queue-test] schedule wrr 0 to 3 pq 4-5
[huawei-qos-queue-profile-queue-test] queue 0 to 1 weight 20
[huawei-qos-queue-profile-queue-test] queue 2 weight 30
#
[huawei]display qos queue-profile queue-test
Queue-profile: queue-test
Queue   Schedule   Weight   Length(Bytes/Packets) GTS(CIR/CBS)
------------------------------------------------------------------------------------------------
0       WFQ        20       -/-          -/-
1       WFQ        20       -/-          -/-
2       WFQ        30       -/-          -/-
3       WFQ        10       -/-          -/-
4       PQ         -/-      -/-          -/-
5       PQ         -/-      -/-          -/-
#
```

10.5.1.6 华为 Queue-Profile 队列实现

华为设备上可以使用 Queue-profile 来全局定义可应用到接口的软件队列，当硬件队列拥塞时，Queue-profile 队列系统开始起作用。

Queue-profile 所定义的队列系统有以下特点。

- 系统最多可定义优先级为 0～7 的 8 个队列。设备上，每个接口出方向都拥有 4 个或 8 个队列（依设备平台而异），以队列索引号进行标识，队列索引号分别为 0、1、2、3 或 0、1……6、7。设备根据内部优先级选择队列，并按调度机制服务。
- 队列系统的调度机制可以是：仅 WFQ、仅 WRR、仅 DRR、仅 PQ 或 PQ+WFQ/DRR/WRR 的混合调度方式。（注：依具体设备类型而有所不同）
- 如果 Queue-profile 中定义了多个 PQ 队列，则多个 PQ 间根据优先级高低顺序进行调度。
- 如果在 Queue-profile 中定义了多个 WFQ/WRR/DRR 的队列，PQ 队列调度完成后，再对 DRR、WFQ 或 WRR 队列进行调度，共同分享剩余的带宽。
- 因为 PQ 队列先调度，所以若 PQ 队列有持续的数据包，则其他队列会面临“饥饿”问题。设计建议是限制能进入 PQ 队列的报文数量，不要过多占用带宽。
- Queue-profile 可以应用到逻辑接口或物理接口上，逻辑接口配置优于物理接口起作用。如果 Queue-profile 应用到逻辑接口所对应的物理接口上，则逻辑接口使用物理接口的队列配置。（注：逻辑接口是 Dialer 接口、MP-Group 接口、VT 接口、VE 接口和 Tunnel）

- 经过设备的报文进入哪个队列，依赖于报文的设备内部优先级选择队列。
- Queue-profile 软件系统可以内嵌拥塞避免和流量整形机制。拥塞避免一定要和队列一起工作，离开队列将没有意义，但拥塞避免机制不和 PQ 队列一起使用。

示例：为设备定义软件队列，要求有两个能为低延迟业务提供服务的优先级队列，同时，对优先级 1～4 的业务，使其在接口按 1：2：3：3 比例分享带宽，并要保证每个队列能保存 64 个包，最大缓存不超过 200000Byte 数据量。

```
[huawei]qos queue-profile q1
[huawei-qos-queue-profile-q1]schedule wfq 1 to 4 pq 5 to 6
[huawei-qos-queue-profile-q1]queue 2 weight 20
[huawei-qos-queue-profile-q1]queue 3 to 4 weight 30
[huawei-qos-queue-profile-q1]queue 1 to 4 length packets 64 bytes 200000
[huawei]display qos queue-profile q1
Queue-profile: q1
Queue   Schedule   Weight   Length(Bytes/Packets) GTS(CIR/CBS)
-----------------------------------------------------------------------------
1       WFQ        10         200000/64          -/-
2       WFQ        20         200000/64          -/-
3       WFQ        30         200000/64          -/-
4       WFQ        30         200000/64          -/-
5       PQ         -             -/-             -/-
6       PQ         -             -/-             -/-
[R2]
#队列默认 weight 为 10
```

10.5.2 软件队列技术（二）Class-Based Queueing

华为的另外一种队列技术——CBQ 是目前在大部分平台上推荐使用的软件队列，区别于 Queue-Profile 的是，CBQ 使用 MQC 来配置。

10.5.2.1 CBQ 调度

基于类的加权公平队列 CBQ（Class-based Queueing）是华为目前推荐使用的队列技术，它基于 WFQ 功能，并对其做了扩展，使用户可以自己定义用户类。CBQ 根据 IP 优先级或者 DSCP 优先级、输入接口、IP 报文的五元组等规则来对进入系统的报文进行分类，每个分类可以使用 EF、LLQ、AF 和 BE 类型的队列。而对于不匹配任何类别的报文，送入系统定义的缺省类，默认队列是 BE 类型。CBQ 是差分服务模型中使用最多的队列技术。

CBQ 为用户定义的类提供如下 4 种类型队列：

确保转发队列（AF）；

加速转发队列（EF）；

尽力而为队列（BE）；

低延时队列（LLQ）。

以下分别介绍各种队列。

EF 队列和 LLQ 队列：满足低时延业务

EF队列是严格优先级的队列，适用于低延时、低丢弃概率、占用带宽不是很大的业务，例如重要业务报文或音频/视频业务。用户定义优先级类来存放延迟敏感的业务，每个类都有一个优先级队列，系统会快速转发该队列里面的数据，但由于严格优先级队列会“过多地优先使用（或用光）接口带宽”，所以CBQ下的EF队列通过“内置的限速器”来限制对带宽的使用。CBQ队列系统如图10-15所示。

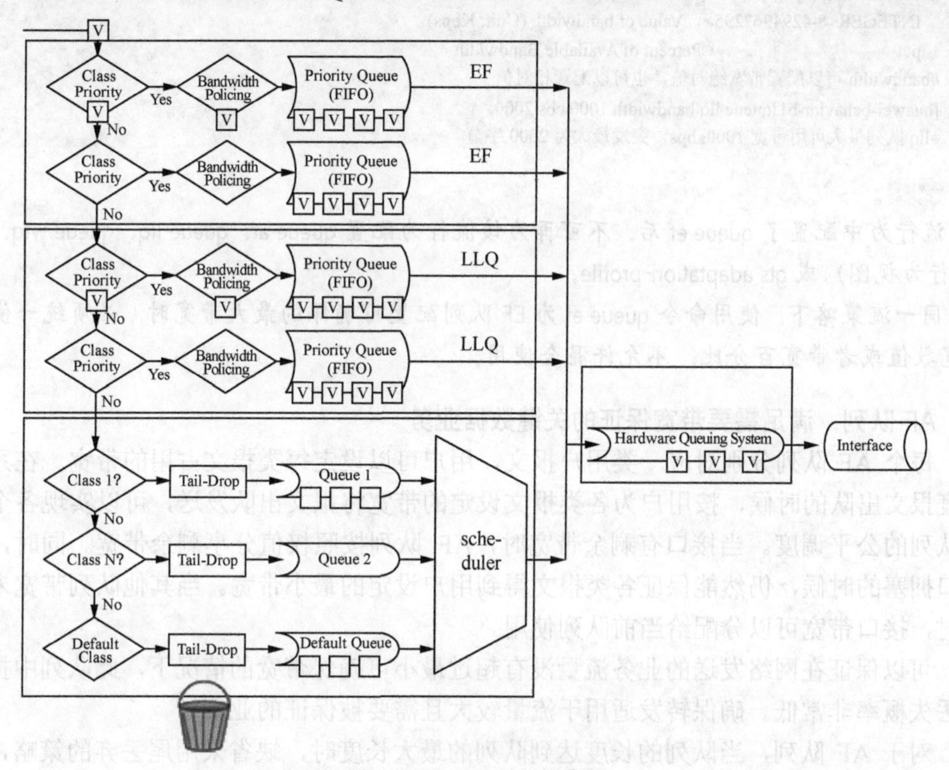

图10-15 CBQ队列系统

华为设备提供的低延迟的队列，除了EF队列，还支持一种特殊的EF队列——LLQ队列，它时延更低。对时延极敏感的应用（如VoIP业务）能提供更好的服务质量保证，它较EF队列有更好的优先级转发能力。

报文一旦进入EF（或LLQ）队列后，先优先调度，仅当EF和/或LLQ队列中的报文调度完毕后，才会调度其他队列中的报文。

CBQ队列中最多只允许为4个用户类定义EF或LLQ队列，即最多可以包含的LLQ队列和EF队列之和为4。每个EF和LLQ队列按照配置的顺序进行绝对优先级调度，先配置的队列优先被调度。

执行命令queue ef bandwidth { bandwidth [cbs cbs-value] | pct percentage [cbs cbs-value] }，配置符合要求的某一类报文进入EF队列，并配置允许的最大带宽。

执行命令queue llq bandwidth { bandwidth [cbs cbs-value] | pct percentage [cbs cbs-value] }，配置符合要求的某一类报文进入LLQ队列，并配置允许的最大带宽。

```
[huawei]traffic behavior b1
[huawei-behavior-b1]queue ef bandwidth ?
  INTEGER<8-4294967295>    Value of bandwidth (Unit: Kbps)
```

```
  pct                    Percent of Available Bandwidth
#bandwidth 可以配置带宽绝对值，也可以配置相对值
[huawei-behavior-b1]queue ef bandwidth pct 30 cbs 2000
#bandwidth 及 cbs 限制 ef 队列所最大使用的带宽（接口带宽的 30%）和最大突发量 2000 字节
#
[huawei]traffic behavior b2
[huawei-behavior-b1]queue llq bandwidth ?
  INTEGER<8-4294967295>    Value of bandwidth (Unit: Kbps)
  pct                    Percent of Available Bandwidth
#bandwidth 可以配置带宽绝对值，也可以配置相对值
[huawei-behavior-b1]queue llq bandwidth 1000 cbs 2000
#llq 队列最大可用带宽 1000kbps，突发最大为 2000 字节
```

说明：

流行为中配置了 queue ef 后，不可再为该流行为配置 queue af、queue llq、queue wfq、gts（流行为视图）或 gts adaptation-profile。

同一流策略下，使用命令 queue ef 为 EF 队列配置可确保的最大带宽时，必须统一使用带宽数值或者带宽百分比，不允许混合使用。

AF 队列：满足需要带宽保证的关键数据业务

每个 AF 队列分别对应一类用户报文，用户可以设定每类报文占用的带宽。在系统调度报文出队的时候，按用户为各类报文设定的带宽将报文出队发送，可以实现各个类的队列的公平调度。当接口有剩余带宽时，AF 队列按照权值分享剩余带宽。同时，在接口拥塞的时候，仍然能保证各类报文得到用户设定的最小带宽。当其他队列带宽未使用时，接口带宽可以分配给当前队列使用。

可以保证在网络发送的业务流量没有超过最小可确保带宽的情况下，此队列中报文的丢失概率非常低。确保转发适用于流量较大且需要被保证的业务。

对于 AF 队列，当队列的长度达到队列的最大长度时，缺省采用尾丢弃的策略，但用户还可以选择用 WRED 丢弃策略。

执行命令 queue af bandwidth { bandwidth | pct percentage }，配置符合要求的某一类报文进入 AF 队列，并配置可确保的最小带宽。

BE 队列：满足不需要严格 QoS 保证的尽力发送业务

对于进入系统的报文，如果报文不匹配用户定义的所有类别，则报文被送入系统定义的缺省类。虽然允许为缺省类配置 AF 队列，并配置带宽，但是更多的情况是为缺省类配置 BE 队列。BE 队列使用 WFQ 调度，进入到 BE 队列的流的数量越多，则每个流分享的带宽就越平均，这种 BE 队列适用于那些对时延和丢包无特殊要求的业务，例如普通上网业务。

WFQ 这种基于流的动态队列技术相较于其他队列技术能提供较好的公平性保证，每个流的报文均匀地进入不同队列中，就可以基于权值在系统的每个流之间分配资源，从而保证系统自动根据流来服务相应队列。

CBQ 中，WFQ 在调度报文入队列之前，先对报文按流进行分类。WFQ 是对“流”定义和处理的，它根据报文的协议类型、源和目的 TCP 或 UDP 端口号、源和目的 IP 地址、ToS 域中的优先级位等自动进行流分类，并尽可能多地提供队列，以将每个流均匀

地放入不同队列中，从而在总体上均衡各个流的延迟。在出队的时候，WFQ 按流的优先级（precedence）来分配每个流应占有的带宽。优先级的数值越小，所得的带宽就越少，优先级的数值越大，所得的带宽就越多。

WFQ 实质是基于权值分配带宽的，权值是自动生成的，基于报文优先级，优先级越高，则权值会越高，分配的带宽资源会相对增加。WFQ 中的权值根据流中报文的 IP precedence 值计算带宽。算法为（IP precedence+1）/Sum（IP precedence+1）。例如有四个流，其 IP precedence 分别为 1、2、3、4，那么每个流占用的带宽分别为 2/14、3/14、4/14、5/14。所以 default-class 中，流按优先级不同可分配到不同带宽，若优先级相同则均匀分配带宽。

流队列具备动态性，流数据被转发尽，则此流队列就消失，新的数据流出现就自动出现新的对应的流队列。由于系统中数据包转发过快，所以动态队列的数量也是瞬息万变的。

BE 队列可以设置给用户自定义的类和 default-class 类，但部分设备不允许为用户定义的类定义 BE 队列，只能关联 EF/AF/LLQ 类型队列。

执行命令 queue wfq [queue-number total-queue-number]配置使用 WFQ 的 BE 队列，它可允许用户配置最多的动态队列的数量。

10.5.2.2 CBQ 实现

1. 用户定义类

Traffic-classifier

- 可以为用户定义的类定义相应的流行为，其内容可以是 AF、EF、LLQ、BE（定义给 default-class）；
- AF 需要显示的定义带宽，这个带宽是最小保证带宽，也是当拥塞发生时最小的可用带宽；
- BE 使用 WFQ 队列机制，不需要显示定义带宽，可使用 BW=Minimum{10%，100-EF-LLQ-AF}，BW 取值至少为接口带宽的 1%。

Default-class 类

Default-class 可以关联的流行为是 BE（推荐）或 AF 队列。当缺省类 default-class 与 BE 队列关联使用时，如果 AF 队列以百分比方式配置，可确保的最小带宽：

- 系统默认为 BE 队列分配的带宽为接口可用带宽的 10%；
- AF 队列和 EF 队列带宽之和不得超过接口可用带宽的 99%；
- 当 AF 队列和 EF 队列带宽之和占接口可用带宽的比列小于 90%时，系统默认为 BE 队列分配的带宽为接口可用带宽的 10%；
- 当 AF 队列和 EF 队列带宽之和占接口可用带宽的比例大于 90%时（如 A%），系统默认为 BE 队列分配的带宽为 100%-A%；
- AF 队列和 BE 队列按照权值分享剩余带宽（可用带宽减去 EF 队列占用带宽后的剩余资源）；
- 如果 AF 队列以带宽值方式配置可确保的最小带宽，则 AF 队列和 BE 队列固定按照 9:1 的比例分享剩余带宽（剩余带宽即可用带宽减去 EF 队列占用带宽后的剩余资源）。

例，traffic policy 配置：

```
traffic classifier c1 operator or
 if-match dscp ef
traffic classifier c2 operator or
 if-match dscp cs4
traffic classifier c3 operator or
 if-match dscp af21
traffic classifier c4 operator or
 if-match dscp cs1
#
traffic behavior b1
 queue af bandwidth pct 30
#定义 af 队列及其最小保证带宽
#
traffic behavior b2
 queue af bandwidth pct 20
 queue-length packets 100
traffic behavior b3
 queue llq bandwidth pct 60
#定义 llq 队列及其最大带宽
#
traffic behavior b4
 queue wfq number 64

traffic policy p1
 classifier c1 behavior b1
 classifier c2 behavior b2
 classifier c3 behavior b3
 classifier default-class behavior b4
#
interface Mp-group0/0/0
 traffic-policy p1 outbound
```

2. 队列技术对比

华为设备的队列机制目前分为 PQ，RR 及 FQ。

- RR 可分为 WRR 及 DRR；
- FQ 可分为 WFQ（Flow-based WFQ）和 CBWFQ（Class-based WFQ）；
- PQ 可分为有上限阀值的 PQ，也可以是无上限阀值的 PQ，或多个类共用同个 PQ，亦或每个类一个 PQ。

说明：

1）PQ 因其优先使用带宽而限制其过量使用带宽，所以往往为 PQ 队列设置可使用带宽的阀值上限。

2）WRR 和 DRR 都按权值来分配带宽，权值决定了带宽比例，但 WRR 无法保证服务精确，会因包大小不同而多服务，而 DRR 可以精确地提供服务所需带宽，保证带宽总量。

表 10-4　CBQ 与 Queue-Profile 的区别

	CBQ	Queue-Profile
系统分类方法	使用 traffic-classifier，结构化的策略定义，队列数量可多个	自动靠内部优先级分类，仅 8 个或 4 个队列
对低延迟业务	可定义 EF 或 LLQ 队列	可以定义多个 PQ 队列

（续表）

	CBQ	Queue-Profile
对普通数据业务	可定义 AF 或 BE* 队列	可定义 WFQ/DRR/WRR
PQ 队列的缺点	通过限制优先级队列使用带宽，避免“饥饿”问题	未对 PQ 队列限制带宽，可能存在“饥饿”问题
和其他技术的关系	通过 MQC 命令可在同一个类动作中定义所有其他技术	通过 Queue-Profile 可定义丢弃策略及 GTS
应用场景	希望统一各种 QoS 工具的场合，如同时定义监管、remark 等	简单地实现队列场景或需要和接口 GTS 整形共存的场合
配置实现	强大，配置稍复杂	简单，功能有限

* BE 队列能否在非系统默认的类下使用依系统而定。

10.6 拥塞避免（Congestion Avoidance）

拥塞避免是指通过监视网络资源（如队列或内存缓冲区）的使用情况，当拥塞发生时，队列在有拥塞加剧的趋势时主动采取丢弃报文以缓解网络过载的一种流控机制。实际中，在企业网络边缘设备的 WAN 侧或网络的上联链路侧，往往都是拥塞发生的位置，这些位置可使用队列技术以保证在拥塞发生时每种业务或应用能够得到应有的带宽。但拥塞加剧时，由于队列满而丢包会导致更多的报文重传或“TCP 全局同步”。而 RED 机制是一种有效的拥塞避免机制，可缓解这种“负面效应”。

10.6.1 拥塞避免——丢弃策略

拥塞避免是在软件队列尾部提供的一种降低拥塞“强度”的解决方案，常用的两种做法都是靠在队列尾部丢掉报文来实现的“流量控制”，一种做法是直接在队列尾部丢弃报文（默认行为），而另外一种是基于权值的 RED 机制。

1. 传统的尾部丢包策略

传统的丢包策略采用尾部丢弃（Tail-Drop）的方法，这也是大多数队列在尾部默认使用的丢包策略。当拥塞发生且队列的长度达到最大值时，所有新入队列的报文（缓存在队列尾部）都将因没有存储空间而被丢弃。

但这种尾丢弃有很多缺点。

- 不加区分地丢包，敏感的和重要的报文也会被丢弃。
- 会引发 TCP 全局同步现象。所谓 TCP 全局同步现象就是多个 TCP 主机在队列中因同时丢弃各自 TCP 连接的报文，而造成多个 TCP 连接同时进入慢启动状态而导致流量降低，之后又会在某个时间同时出现流量高峰，如此反复，使网络流量起伏波动。
- 软件队列中由于 TCP 流量调控而致 TCP 报文数量减少，若队列中也有 UDP 报文进入，则由于 UDP 报文数量不受丢包机制影响，继续以恒定速率进入队列，故会占掉过多的空间，致 TCP 因无空间存储而出现“TCP 饥饿”。

2. WRED（Weight Random Early Detection）

为解决上述问题而引入了 RED 技术，RED“提早”并“随机地”丢弃一些低级别的数据报文。这种不同时丢包行为可使多个 TCP 连接（因流控机制）不会同时降低发送速度，这避免了 TCP 的全局同步现象，并使 TCP 流量都趋于平缓稳定，同时，也实现了有区别的丢弃报文。

图 10-16 中，横坐标为平均队列的深度（平均队列并不是实际队列，它是根据实际队列的大小计算出来的，使用平均队列的原因是它较真实、队列变化平缓，便于策略的应用）。

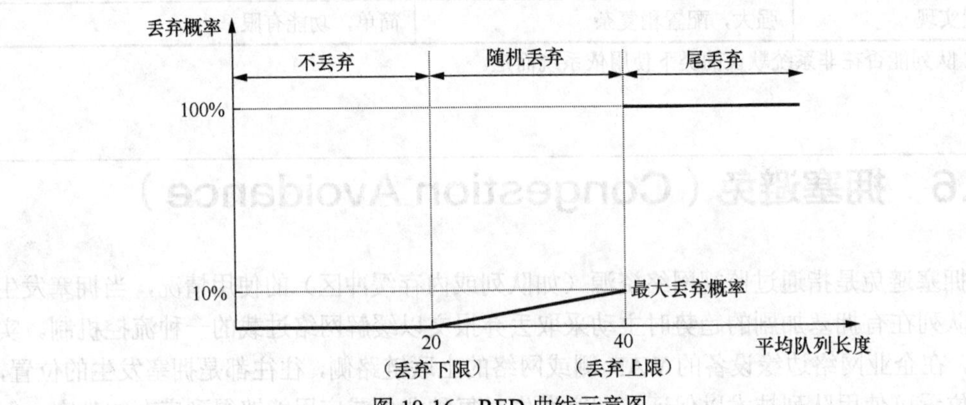

图 10-16 RED 曲线示意图

图中最低阀值以内，不丢相应报文；在最大阀值以外，丢掉所有相应报文；在二者之间，随机丢掉报文。启用了 RED 的队列可在最小和最大阀值间选择性丢弃不重要的包。

实际中现象：报文依次进入队列，当队列的深度到达最小阀值时，开始丢包，随着队列深度的增加，丢包率不断增加。丢包是按线性比例来丢包的，最高丢包率不超过设置的丢包率，直至到达最高阀值（maximum-threshold），报文全部丢弃。

对当前队列启用 RED 机制后，如果队列中含大量 TCP 连接，其 RED 启用前后流量变化的差异。RED 启用前后对比如图 10-17 所示。

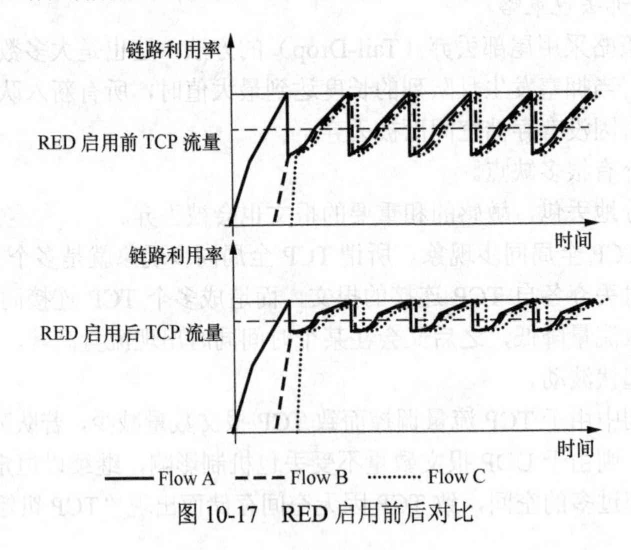

图 10-17 RED 启用前后对比

基于 RED 技术，设备实现了 WRED。队列支持基于 DSCP 或 IP 优先级进行 WRED 丢弃。可使丢包行为和权值相关，可为每个队列定义基于 DSCP 或 IP 优先级的 RED 丢弃行为。WRED 中权值是 IPP 或 DSCP，可针对每一种优先级独立设置丢弃报文的上下门限及丢包率，即每个权值都定义一个独立的丢弃曲线。但华为默认所有权值对应的曲线的形状都一样。这样丢包行为将变为当系统中相应权值的报文达到指定阀值后，开始丢弃该阀值的报文，只要其他权值的报文的丢弃阀值没有达到，就不丢包。

实现 WRED 时要注意以下要点。

- 这种提早主动丢弃队列中报文的行为一定程度上能减缓拥塞带来的问题，但不能从根本上避免拥塞。
- 华为使用的 WRED 权值曲线中，不同的权值或权值类型，其曲线形状是一致的。
- 拥塞避免：在企业和运营商环境中易发生拥塞的地方都可以使用，交换机或路由器在数据包进入网络时打上相应的标记后，拥塞避免可以使用这些标记去定义丢包策略。
- 最小阀值不应过低，以减少不必要的丢包，最大和最小阀值之间的差额不宜过小，使之接近为丢弃的效果。
- 队列技术有 2 种，WRED 也有 2 种配置方式。一种是基于队列 queue-profile 的 WRED，另一种是 CBQ 下的 WRED。

10.6.2 配置基于队列的 WRED

定义每个权值的丢弃曲线，在华为的设备上是通过定义丢弃模板（drop-profile）来实现的。它是队列各优先级 WRED 参数的集合，将定义好的丢弃模板在队列模板中关联后，应用到接口上，当该接口拥塞时，接口上绑定的丢弃模板实现拥塞避免。

华为设备支持基于 DSCP 优先级的 WRED 和基于 IP 优先级的 WRED。

- IP 优先级分为 0～7，共 8 个等级。
- DSCP 优先级分为 0～63，共 64 个等级。

DSCP 的 8 个等级对应 IP 优先级的同一个等级，如 DSCP 优先级 0～7 对应 IP 优先级 0，DSCP 优先级 8～15 对应 IP 优先级 1，依此类推。

可见，基于 DSCP 优先级配置 WRED 参数可以对流量做到更为精细的划分，用户可以根据业务需要选择合适的配置。

说明：

设备仅支持为 WAN 接口的队列模板中调度模式为 WFQ 的队列绑定丢弃模板。

示例：

公司企业网内部有多种业务，含语音和数据业务。分别经 G1 和 G0 接口连接公司的网关路由器，由于数据业务高带宽消耗，voice 业务带宽消耗不高，但要保证语音质量。如图 10-18 所示。由于入口是千兆接口，而上游出口是串行接口，所以出口拥塞严重。企业希望优先发送语音报文，对于视频和数据报文，确保优先级越小，获得发送的机会和获得的带宽越小，且被随机丢弃的概率越大，以调整网络流量，降低拥塞产生的影响。

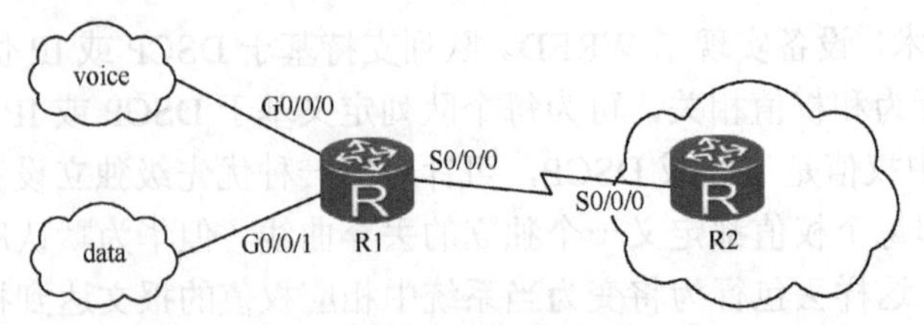

图 10-18 企业网络结构

配置过程：

```
drop-profile data              #数据使用的丢弃模板
wred dscp
    dscp af31 low-limit 40 high-limit 60 discard-percentage 40
    dscp af32 low-limit 50 high-limit 70 discard-percentage 30
#
drop-profile video             #视频使用的丢弃模板
wred dscp
    dscp af43 low-limit 60 high-limit 80 discard-percentage 20
#
qos queue-profile queue-profile1
    queue 3 drop-profile data      #丢弃模板仅适用于 WFQ 的 WAN 链路
    queue 4 drop-profile video
    schedule wfq 3 to 4 pq 5
interface Serial0/0/0
 ip address 192.168.4.1 255.255.255.0
 qos queue-profile queue-profile1
#
```

10.6.3 配置 MQC 实现拥塞避免

丢弃模板是队列各优先级 WRED 参数的集合。丢弃模板在流行为（traffic-behavior）中绑定后，将流行为和对应的流分类在流策略下进行关联，并将此流策略应用到接口上，可以实现对匹配流分类规则的流量的拥塞避免。

设备支持基于 DSCP 优先级的 WRED 和基于 IP 优先级的 WRED。

因此基于 DSCP 优先级配置 WRED 参数可以做到更为精细的划分，用户可以根据业务需要选择合适的配置。

说明：

- 拥塞避免只能配置在设备的 WAN 接口上，LAN 接口不支持此配置。
- 由于丢弃模板只能应用于 AF 队列和 BE 队列，所以配置基于流的拥塞避免前必须先配置 MQC 实现拥塞管理。

场景描述同上，改用 MQC 实现拥塞避免。

```
drop-profile data        #为数据流量定义丢弃模板
wred dscp
    dscp af31 low-limit 40 high-limit 60 discard-percentage 40
    dscp af32 low-limit 50 high-limit 70 discard-percentage 30
#
drop-profile video        #为视频流量定义丢弃模板
wred dscp
    dscp af43 low-limit 60 high-limit 80 discard-percentage 20
#
traffic classifier data
```

```
    if-match dscp cs1
traffic classifer video
    if-match dscp af41
traffic behavior data
    queue wfq
    drop-profile data
traffic behavior video
    queue af bandwidth 2000
    drop-profile video
traffic policy abc
    classifier data behavior data
    classifier video behavior video

interface Serial 0/0/0
  ip address 192.168.4.1 255.255.255.0
  traffic-policy abc outbound
#
```

10.7 监管、整形及限速

流量监管 TP（Traffic Policing）、流量整形 TS（Traffic Shaping）和接口限速（Line Rate）通过监督进入网络的流量速率来限制其对网络资源的使用，要监督进入网络的流量首先需要对流量进行度量，并根据度量的结果实施调控策略。令牌桶（Token Bucket）是常用的度量工具，它能够对流量的“速率（rate）”和“突发（burst）”能力进行限制。

令牌桶对流量做度量的结果是给报文打上红、黄、绿不同颜色的标记，QoS 系统会根据报文的颜色再做相应的处理。

10.7.1 令牌桶技术

1. 概述

令牌桶可以看作一个存放一定数量令牌的容器，系统按设定的速度向桶中注入令牌，当注入的令牌超出桶的容量时，即令牌桶满时，多出的令牌将从桶中溢出丢掉或溢出到另外一个桶中。桶中令牌是每隔一段时间注入的，注入的令牌会随数据包的发送而减少甚至耗光。令牌桶的用途很多，在使用令牌桶对流量进行评估时，是以令牌桶中的令牌数量是否满足报文的转发为依据的。每个令牌对应一个字节数据，依据桶中存有的令牌数量可决定能否转发报文，能转发则称为流量遵守或符合约定值，否则称为流量超标或不符合约定值。

依据令牌桶的令牌注入方式及桶的数量定义了 3 种令牌桶模型：

- 单速单桶双色模型；
- 单速双桶三色模型（RFC 2697）；
- 双速双桶三色模型（RFC2698）。

使用以下术语描述令牌桶。

（1）令牌桶模型中可能有单桶或双桶模型，单桶模型中使用的桶称为 CBS 桶，而双桶模型中使用的桶分别称为 CBS 和 EBS 桶。

- CBS（Committed Bucket Size）：承诺突发尺寸，表示 C 桶的容量，即 C 桶瞬间能够通过的承诺突发流量。

- EBS（Excess Burst Size）：超额突发尺寸，表示 E 桶的容量，即 E 桶瞬间能够通过的超出突发流量。下文为方便描述将两个令牌桶分别称为 C（Committed）桶和 E（Excess）桶。

（2）Tc 和 Te：分别表示 C 桶和 E 桶中的当前令牌数量，单位为个。

（3）CIR（Committed Information Rate）：承诺信息速率，向 C 桶中注入令牌的速率，同时也是 C 桶允许传输或转发数据的平均速率，单位 bit/s。

（4）色（color）：根据桶中当前令牌是否满足数据转发需要而定义的颜色标识，它是模型描述时对分类的数据的颜色定义，将能从桶中取走足量令牌的报文标记为绿色或黄色，而将未能在桶中获得足量令牌的报文，标记为红色。

2. 令牌桶模型 1：单速单桶（两色）

基于单桶模型对流量进行评测，根据评估的结果为报文打上绿色或红色。

桶中令牌以承诺的恒定速率 CIR 注入，桶大小固定，当注入令牌超出桶的容量后，多余的令牌就被丢弃掉。对于到达的报文，图 10-19 中用 B 表示报文的大小。

- 若 B≤Tc，报文被标记为绿色，且 Tc 减少 B。
- 若 B>Tc，报文被标记为红色，且 Tc 不减少 B。

过程描述：若桶中有令牌，数据包转发会消耗桶中的令牌，若令牌足量，满足报文转发需要的数量，则报文被标记为绿色，并在桶中取走等量令牌。若待转发报文在桶中得不到足够令牌则标记为红色，桶中令牌不减。

例：若当前 C 桶中有 2000 个令牌，有 2 份待转发数据报文，大小分别为 1500B 和 800B。假设此期间没有令牌注入，当第一份数据报文和 C 桶内令牌进行比较时，令牌满足，则第一份报文转发出去，桶中令牌剩余为 500 个。而第二份报文需要 800 个令牌，令牌桶中令牌不够，这份报文被标记为红色，不被转发出去，令牌桶中令牌量不变化，单速单桶的模型因其仅以承诺速率 CIR 注入令牌到 C 桶，所以 C 桶中令牌是承诺的令牌。消耗 C 桶令牌的数据报文，其转发速率不会超出 CIR。流量图如图 10-20 所示。

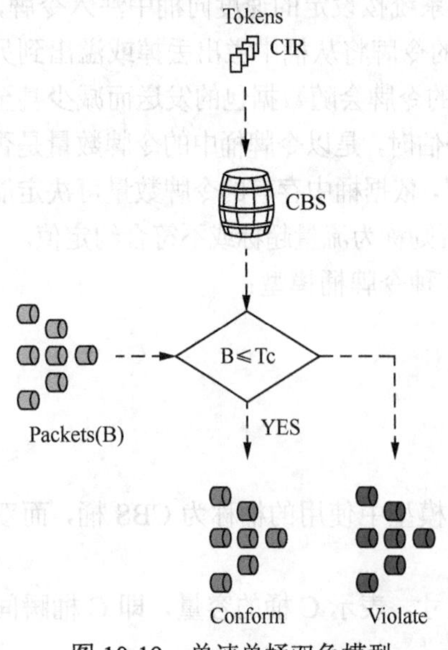

图 10-19　单速单桶双色模型

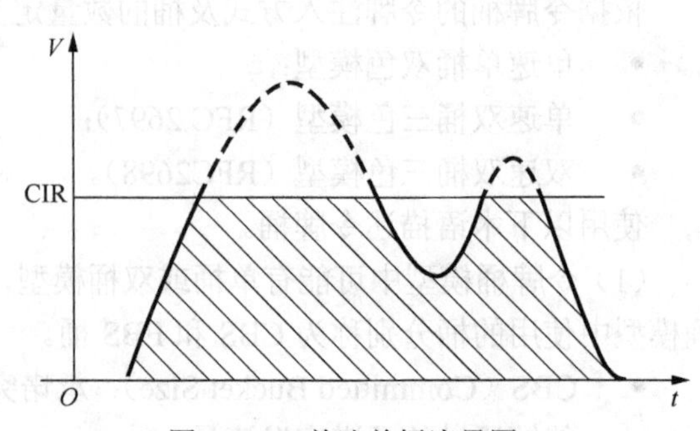

图 10-20　单速单桶流量图

华为设备目前在限速、整形及 CBQ 的优先级队列中都使用到了单速单桶模型（这可从相应配置命令中有 CBS 关键词可看出），在 QoS 机制中，只要有提到流量不超出特定速率，则该机制中必内置令牌桶的速率限制模型。

例：定义流行为，使其能优先转发报文（即优先级队列），最大可占用带宽为 200kbit/s，突发流量为 5000Byte。

```
[Huawei] traffic behavior b1
[Huawei-behavior-b1] queue ef bandwidth 200 cbs 5000
#CIR=200kbps，CBS=5000B
```

说明：

Queue EF 中如果不显示配置 CBS 参数，则 CBS 默认值为带宽的 25 倍。CBQ 中的任何优先级队列（EF 或 LLQ）都内置了一个限速器，流量若超出定义的带宽，报文就被丢弃，所以上述示例中，一定要保证接口拥塞时使用该流行为的流量对带宽的消耗不超过 200k。

3. 令牌桶模型 2：单速双桶（三色）

单速双桶采用 RFC2697 的单速三色标记器 srTCM（A Single Rate Three Color Marker）算法对流量进行评估，根据评估结果为报文打颜色标记，即绿色、黄色和红色。如图 10-21 所示。

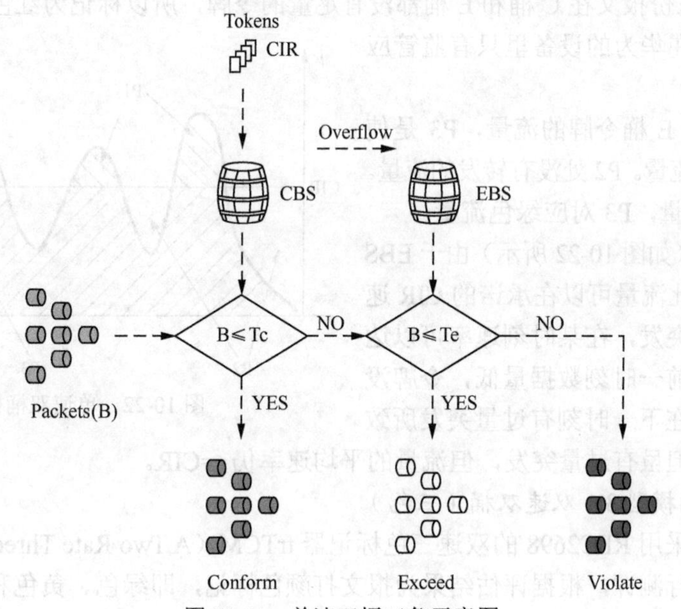

图 10-21 单速双桶三色示意图

系统按照 CIR 速率向桶中投放令牌，向 C 桶注入令牌，若溢出，则 E 桶令牌增加。

若 Tc<CBS，Tc 增加；

若 Tc=CBS，Te<EBS，Te 增加；

若 Tc=CBS，Te=EBS，则都不增加。

对于到达的报文，用 B 表示报文的大小。

若 B≤Tc，报文被标记为绿色，且 Tc 减少 B；

若 Tc<B≤Te，报文被标记为黄色，且 Te 减少 B；

若 Te<B，报文被标记为红色，且 Tc 和 Te 都不减少。

描述过程：

C 桶中令牌是承诺部分，系统始终以速率 CIR 注入令牌，但若前一时刻 C 桶中令牌没有用光或没有使用（因没有数据转发），则下次注入时会致 C 桶溢出，过量的令牌并没有被丢掉，定义的 E 桶就是专门用来装多余的令牌的。所以 E 桶的大小可在实现中定义得稍大些，可使系统保留前面时刻未用令牌的能力相对增强，可减少令牌因溢出而致的损失。

报文转发时，先从承诺的 C 桶中取令牌，如果令牌够，则标记报文为绿色，桶中令牌减少。若 C 桶中令牌不够（Tc<B），则继续比较 E 桶令牌。若 E 桶令牌够，则标记报文为黄色，否则为红色。

例：若 C 桶当前令牌为 2000，E 桶令牌为 1000，待转发数据报文有 3 份，大小分别为 1500B、800B、700B，假设 3 份报文在转发过程中没有令牌注入。根据上面的逻辑，第一份报文同 C 桶比较，令牌满足，标记为绿色，此时令牌桶 C 剩余令牌为 500，令牌桶 E 令牌依然为 1000。第二份报文需要 800 个令牌，C 桶承诺部分不够，则使用 E 桶令牌，E 桶部分是累积起来的令牌，第二份报文使用 E 桶令牌，并标记为黄色，E 桶剩余令牌 200。第三份报文在 C 桶和 E 桶都没有足量的令牌，所以标记为红色。

双桶模型在华为的设备里只有监管应用才使用。

P1 是使用 E 桶令牌的流量，P3 是使用 C 桶令牌的流量。P2 处没有转发的流量。P1 对应黄色流量，P3 对应绿色流量。

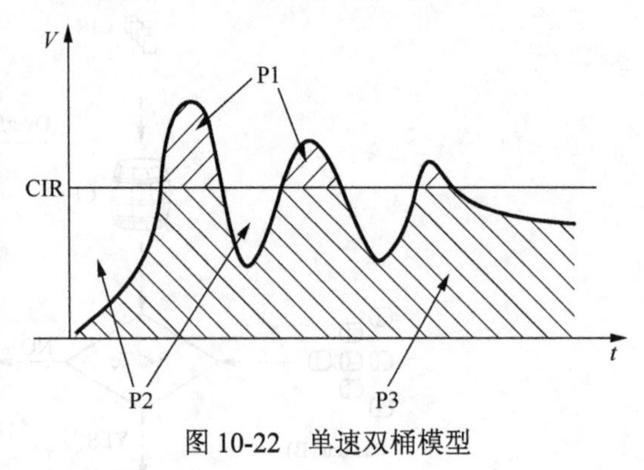

图 10-22 单速双桶模型

双桶模型（如图 10-22 所示）由于 EBS 桶的存在，因此流量可以在承诺的 CIR 速率基础上过量突发，在某时刻速率可以达到很高。由于前一时刻数据量低，令牌没有使用，因此在下一时刻有过量突发所致的流量过高。但虽有过量突发，但流量的平均速率仍<=CIR。

4. 令牌桶模型 3：双速双桶（三色）

双速双桶采用 RFC2698 的双速三色标记器 trTCM（A Two Rate Three Color Marker）算法对流量进行测评，根据评估结果为报文打颜色标记，即绿色、黄色和红色。

如图 10-23 所示，为方便描述，将两个令牌桶称为 P 桶和 C 桶，用 Tp 和 Tc 表示桶中的令牌数量。双速双桶有 4 个参数。

PIR（Peak Information Rate）：峰值信息速率，表示向 P 桶中投放令牌的速率，即 P 桶允许传输或转发报文的峰值速率，PIR 大于 CIR。

CIR：承诺信息速率，向 C 桶中注入令牌的速率，即 C 桶允许传输或转发报文的平均速率。

PBS（Peak Burst Size）：峰值突发尺寸，表示 P 桶的容量，即 P 桶瞬间能够通过的峰值突发流量。

CBS：承诺突发尺寸，表示 C 桶的容量，即 C 桶瞬间能够通过的承诺突发流量。

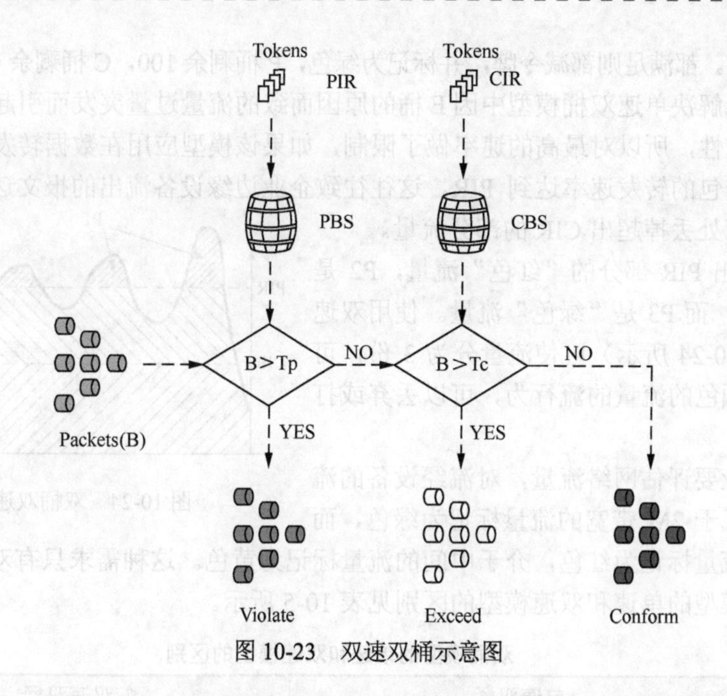

图 10-23 双速双桶示意图

系统按照 PIR 速率向 P 桶中投放令牌，按照 CIR 速率向 C 桶中投放令牌：

当 Tp<PBS 时，P 桶中令牌数增加，否则不增加；

当 Tc<CBS 时，C 桶中令牌数增加，否则不增加。

对于到达的报文，用 B 表示报文的大小：

若 Tp<B，报文被标记为红色；

若 Tc<B≤Tp，报文被标记为黄色，且 Tp 减少 B；

若 B≤Tc，报文被标记为绿色，且 Tp 和 Tc 都减少 B。

任何一种模型都做到把流量同令牌桶中的令牌量比对，而打上不同的颜色，并代表不同的分类。如果按令牌量是否足量来决定报文转发，红色代表该类数据没有对应的令牌，而不能被系统转发。黄色代表有对应的令牌，但该令牌不是承诺的令牌（仅取自 P 桶）。绿色代表该类数据使用的令牌是承诺速率所注入的令牌。

双速模型并没有像单速模型在实际中应用那么广，它一定程度上解决了单速双桶模型的不足，双速模型引入了 PIR，PIR 一定要大于 CIR。

描述：

P 桶和 C 桶都是独立注入令牌的，如果桶中令牌溢出，并不会装入到另一个桶里。PIR 是峰值速率，CIR 是承诺速率，此模型可保证当输入数据的速率超出 PIR 时，超出部分将被丢弃，而低于 PIR 部分的报文，高于 CIR 的部分被标记为黄色，低于 CIR 部分被标记为绿色。所以待转发的报文先和 P 桶比较，若 P 桶令牌不够，则标记为红色，令牌不减。而若 P 桶令牌够，则继续比较 C 桶令牌，仅当二者令牌都够时，都做等量相减。

例：P 桶令牌为 2000，C 桶令牌为 1000，待转发报文有 3 份，大小分别为 1500B、800B、400B，第一份报文和 P 桶比较，令牌够，继续和 C 桶比较，C 桶不够。第一份转发出去，P 桶剩余令牌 500，C 桶令牌没变化，为 1000 且报文被标记为黄色。第二份报文大小为 800，先和 P 桶比较，因 P 桶令牌不够而标记为红色，桶内令牌不变。第三份报文先和 P 桶比较，再和C桶比较。都满足则都减令牌，并标记为绿色，P桶剩余100，C桶剩余600。

此模型能解决单速双桶模型中因E桶的原因而致的流量过量突发而引起的速率波动幅度的不确定性，所以对最高的速率做了限制，如果该模型应用在数据转发的场景下，它使实际数据包的转发速率达到 PIR，这往往致企业边缘设备流出的报文速率过高，而在上游运营商处丢掉超出CIR的部分流量。

P1是超出PIR部分的“红色”流量，P2是“黄色”流量，而P3是“绿色”流量。使用双速模型（如图10-24所示）可使流量分为3份，可自定义不同颜色的流量的流行为，可以丢弃或打标记。

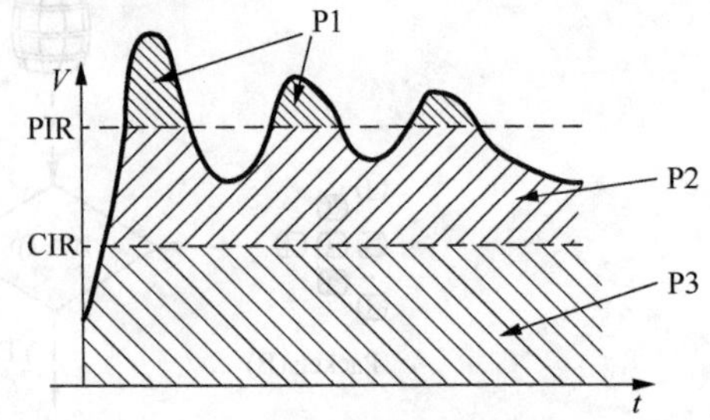

图10-24 双桶双速流量

例如企业要评估网络流量，对流经设备的流量做评估，低于2M带宽的流量标记为绿色，而超出5M的流量标记为红色，介于中间的流量标记为黄色。这种需求只有双速模型才能实现。双桶模型的单速和双速模型的区别见表10-5所示。

表10-5 双桶模型的单速和双速模型的区别

选项	单速双桶	双速双桶
双桶	CBS桶、EBS桶、桶之间相关，CBS溢出的令牌会进入EBS	CBS桶、PBS桶各自独立，没有关系
桶大小	基于速率会自动生成，配置时都大于1500B CBS越大，波动性越强 CBS越小，波动平缓 EBS越大，峰值突发就越高 EBS越小，峰值突发能力就弱	基于速率会自动生成，配置时都大于1500B CBS和PBS建议PBS大于CBS 桶越大，流量波动性越强 桶越小，流量变化平缓
注入速率	单速CIR	双速各自注入到各自的桶 可看成两个单速单桶模型的叠加
评估速率	如果前一时刻没有数据，下一时刻速率可超出承诺速率而致突发，但平均速率不会高于CIR	根据两个单桶模型，P桶把流量分成高于PIR和低于PIR部分 C桶则在此基础上继续把低于PIR的速率部分流量根据C桶再分成高于CIR和低于CIR部分
突发能力	如果称CBS提供正常突发，则EBS会在某些时刻提供过量突发	在CBS提供正常突发的基础上，可持续提供过量突发
三色	每个色可自定义动作，共三个动作，转发、丢弃或打标记后再转发	每个色可自定义动作，共三个动作，转发、丢弃或打标记后再转发
应用建议	多用在限速或上色等应用场景下	多用在基于速率分类上色的场景下或希望以峰值速率转发的场景下

10.7.2 监管

监管使用双桶模型的令牌桶来评估网络流量，监督进入网络的流量速率，对超出部分的流量进行“惩罚”。而惩罚行为可以自定义为丢包或重新标记该报文，若动作为丢包则监管实现限速的功能；若重新标记，则监管可实现Remark的功能。

监管机制保证进入网络的流量都是承诺可信的，不可信的流量会惩罚而丢弃或给予低级别标记以区分对待。监管可定义在网络的任何位置的进或者出的方向上，但更多的是应用到网络的边界设备上，对进入网络的流量标记为绿色、黄色或红色。

1. 流量监管由三部分组成

（1）Meter：通过令牌桶机制对网络流量进行度量，向 Marker 输出度量结果。

（2）Marker：根据 Meter 的度量结果对报文进行染色，报文会被染成绿色、黄色、红色三种颜色。

（3）Action：根据 Marker 对报文的染色结果，为报文定义一些动作，动作包括：

- pass：对度量结果为“符合”的报文继续转发；
- remark + pass：修改报文内部优先级后再转发；
- discard：对度量结果为“不符合”的报文进行丢弃。

默认情况下，若不为监管定义动作，则染上相应颜色的报文的默认动作是对 green 报文、yellow 报文进行转发，red 报文被丢弃。

监管的命令是 QoS CAR（Committed Access Rate）。目前华为实现中，可以定义基于接口的 CAR 和基于类的 CAR，区别在于是对接口的流量做监管，还是对符合类规则的流量做监管。

2. 监管的配置实现

场景 1：基于接口的监管

图 10-25 中，企业业务数据有语音、视频及数据，分别有各自的业务要求。要求在路由器 A 上通过监管实现流量控制，其中语音限制在 256kbit/s，视频限制在 4000kbit/s，数据限制在 2000kbit/s。其中，对视频流要求做到对其每个流都实现监管控制，并且对数据速率在 1000kbit/s 范围内的流量打上 AF21 标记，而高于 1000kbit/s 部分则标记为 AF23。语音流源自 192.168.10.1～192.168.10.100 地址范围。数据流源自 192.168.20.1～192.168.20.100，视频流源自 192.168.30.1～192.168.30.100 地址范围。

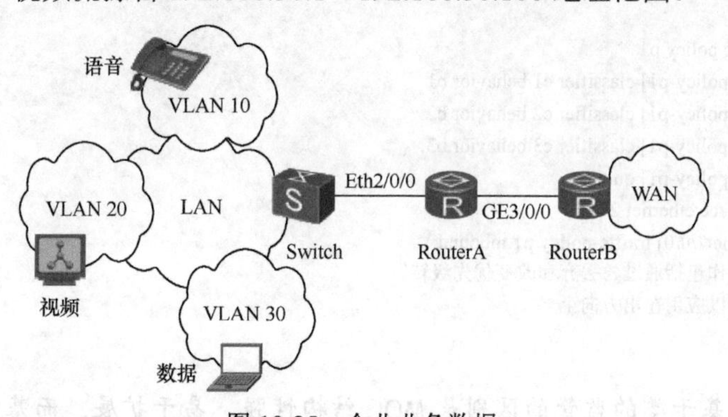

图 10-25 企业业务数据

实现：

```
[RouterA] interface ethernet 2/0/0
[RouterA-Ethernet2/0/0] qos car inbound source-ip-address range 192.168.10.1 to 192.168.10.100 cir 256
[RouterA-Ethernet2/0/0] qos car inbound source-ip-address range 192.168.20.1 to 192.168.20.100 per-address cir 4000
[RouterA-Ethernet2/0/0] qos car inbound source-ip-address range 192.168.30.1 to 192.168.30.100 cir 1000 pir 2000 green pass remark-dscp af21 yellow pass remark-dscp af23 red discard
[RouterA-Ethernet2/0/0] quit
```

场景 2：基于类的监管

图 10-25 中，企业业务数据有语音、视频及数据，分别有各自的业务要求，要求在路由器 A 上通过监管实现流量控制。其中，语音限制在 256kbit/s，视频限制在 4000kbit/s，数据限制在 2000kbit/s。其中对视频流要求做到对其每个流都实现监管控制，并且对数据速率在 1000kbit/s 范围内的流量打上 AF21 标记，而高于 1000kbit/s 部分则标记为 AF23。

实现：

```
#在 RouterA 上定义用户类 c1、c2 及 c3，分别对应图中的 vlan10、vlan20 及 vlan30
[RouterA] traffic classifier c1
[RouterA-classifier-c1] if-match vlan-id 10
[RouterA-classifier-c1] quit
[RouterA] traffic classifier c2
[RouterA-classifier-c2] if-match vlan-id 20
[RouterA-classifier-c2] quit
[RouterA] traffic classifier c3
[RouterA-classifier-c3] if-match vlan-id 30
[RouterA-classifier-c3] quit

# 在 RouterA 上创建流行为 b1～b3，对进入企业的不同业务流进行流量监管
[RouterA] traffic behavior b1
[RouterA-behavior-b1] car cir 256 cbs 48128 pbs 80128
[RouterA-behavior-b1] statistic enable
[RouterA-behavior-b1] quit
#没有定义 car 的颜色行为，则缺省情况下，绿色、黄色报文被允许通过，红色报文被丢弃
[RouterA] traffic behavior b2
[RouterA-behavior-b2] car cir 1000 pir 4000 green pass yellow pass remark-dscp af21 red pass remark-dscp af23
[RouterA-behavior-b2] statistic enable
[RouterA-behavior-b2] quit
[RouterA] traffic behavior b3
[RouterA-behavior-b3] car cir 2000 cbs 376000 pbs 626000
[RouterA-behavior-b3] statistic enable
[RouterA-behavior-b3] quit
#
[RouterA] traffic policy p1
[RouterA-trafficpolicy-p1] classifier c1 behavior b1
[RouterA-trafficpolicy-p1] classifier c2 behavior b2
[RouterA-trafficpolicy-p1] classifier c3 behavior b3
[RouterA-trafficpolicy-p1] quit
[RouterA] interface ethernet 2/0/0
[RouterA-Ethernet2/0/0] traffic-policy p1 inbound
#流量监管的动作包括通过、丢弃和改变优先级转发
#流量监管也可以应用在出方向上
```

说明：

基于接口和基于类的监管的区别是 MQC 结构性强、易于扩展，而基于接口的 CAR 则实现容易，配置简单。如果仅为了实现监管机制，则在接口上调用 CAR 更容易实现。若同时在设备上配置其他 QoS 机制，如队列等，则 MQC 较易。

3. 混合基于接口和基于类的监管

图 10-26 中，企业在边界网关 A 上对下载的数据流量做带宽限制，使其不高于 10Mbit/s，并给这部分流量 AF21 标记；在流入的 10Mbit/s 流量中，如果发现有语音类型

的流量，则要限制其流量不使用超过 2Mbit/s 的带宽。同理，若有视频流量，则限制其速率不超过 4Mbit/s，除此以外，其他流量中超过 4Mbit/s 的部分标记为 Default。

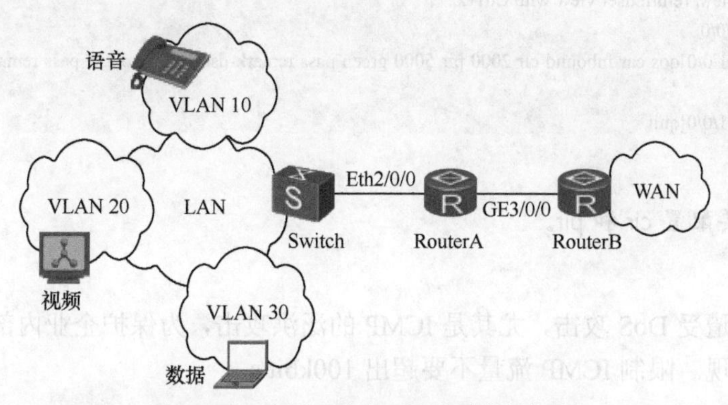

图 10-26　边界网关上配置多种监管机制

```
#类 C1 代表语音流量，类 C2 代表视频流量，此处省略类 C1 和 C2 的定义
[RouterA]traffic behavior b1
[RouterA-behavior-b1]car cir 2000 cbs 376000 pbs 626000
[RouterA-behavior-b1]statistic enable
[RouterA-behavior-b1]quit
[RouterA]traffic behavior b2
[RouterA-behavior-b2]car cir 4000 cbs 752000 pbs 1252000
[RouterA-behavior-b2]statistic enable
[RouterA-behavior-b2]quit
[RouterA]traffic behavior b3
[RouterA-behavior-b3]car cir 4000 cbs 752000 pbs 1252000 green pass yellow pass red pass remark-dscp Default
[RouterA-behavior-b3]statistic enable
[RouterA-behavior-b3]quit
#
[RouterA]traffic policy p1
[RouterA-trafficpolicy-p1]classifier c1 behavior b1
[RouterA-trafficpolicy-p1]classifier c2 behavior b2
[RouterA-trafficpolicy-p1]classifier class-default behavior b3
#
[RouterA]interface Ethernet3/0/0
[RouterA-Ethernet3/0/0] qos car inbound cir 10000
[RouterA-Ethernet3/0/0] traffic-policy p1 inbound
#
#基于接口的 CAR 限制总流量带宽，而 traffic-policy 则在此基础之上做了颗粒度更细化的限制
#class-default 可以匹配所有其他流量
```

练习 1：

企业边缘设备从上游运营商收到访问的数据流量，实现差分服务，企业管理员根据速率划分流量，高于 5Mbit/s 的流量打上 QoS 标记 AF11，低于 2Mbit/s 的流量打上 QoS 标记 AF31，而处于 2Mbit/s 和 5Mbit/s 之间的流量则标记为 AF21。

分析思路：设备对收到的流量划分 3 个等级，低于 2Mbit/s、高于 5Mbit/s 及二者之间，分别对其打标记。我们要选择的是基于速率打标记的 QoS 机制，这可通过使用监管的双速模型来实现。

配置：

```
<huawei>system-view
Enter system view, return user view with Ctrl+Z.
[huawei]int s1/0/0
[huawei-Serial1/0/0]qos car inbound cir 2000 pir 5000 green pass remark-dscp af31 yellow pass remark-dscp af21 red pass remark-dscp af11
[huawei-Serial1/0/0]quit
```

说明：

双桶模型要配置 cir 和 pir。

练习 2：

企业经常遭受 DoS 攻击，尤其是 ICMP 的泛洪攻击，为保护企业内部网络，采用必要的措施来实现。限制 ICMP 流量不要超出 100kbit/s。

分析思路：

任何企业都不可避免受到 flooding 攻击，过量的泛洪对内网造成过大负担或消耗过多资源，所以在设备的入口做限速，超出部分可以丢弃掉。限速到 100kbit/s，仅保证流量平均速率不超出 100kbit/s，命令中的 CIR 也是指令牌以恒定 100kbit/s 速率注入 C 桶，但数据流量并不一定是持续流动的，它可能在某时刻少来些，某时刻多来些。流量是波动的，必然有超出平均速率的部分，而低于平均速率 100kbit/s 的流量则是承诺转发部分，超出部分则是由于多使用了 EBS 桶的令牌，所以属于不承诺的过量突发部分，此部分往往给予更低的 QoS 标记。

```
<huawei>system-view
Enter system view, return user view with Ctrl+Z.
[huawei]acl 3001
[huawei-acl-adv-3001]rule permit icmp source any destination any
[huawei-acl-adv-3001]quit

[huawei]traffic classifier icmp
[huawei-classifier-icmp]if-match acl 3001
[huawei-classifier-icmp]quit
[huawei]traffic behavior b1
[huawei-behavior-b1]car cir 100 green pass yellow pass red discard
[huawei-behavior-b1]quit
[huawei]traffic policy p1
[huawei-trafficpolicy-p1]classifier icmp behavior b1
[huawei-trafficpolicy-p1]quit
[huawei]int s1/0/0
[huawei-Serial1/0/0]traffic-policy p1 inbound
[huawei-Serial1/0/0]quit
#
[huawei]display traffic policy user-defined p1 classifier icmp
  User Defined Traffic Policy Information:
   Classifier: icmp
    Operator: OR
     Behavior: b1
      Committed Access Rate:
        CIR 100 (Kbps), PIR 0 (Kbps), CBS 18800 (byte), PBS 31300 (byte)
        Color Mode: color Blind
        Conform Action: pass
```

```
Yellow    Action: pass
Exceed    Action: discard
```

练习 3:

运营商分配带宽给企业用户，使用 E1 线路互联。在运营商侧限制用户带宽为上行和下行分别是 256kbit/s。同时，设置 burst，使过量突发能力可保证接口以 E1 速率持续转发 30s 的流量。

分析思路：

限速可以在设备接口的入和出两个方向同时配置，对进/出的流量进行限制。接口速率是 2Mbit/s，burst 能力是指在令牌桶没有注入令牌的情况下，EBS 桶能保证流量持续转发的能力为 7680000（30×2048000/8），即接口按线速消耗令牌（接口的时钟转发能力是 2Mbit/s），而系统仅按 256kbit/s 注入令牌。要能使接口 30s 间持续以 E1 速率转发数据，则 EBS 桶里要装 7680000 个令牌，需要接口“安静”4 分钟，使令牌以 256k 注入 EBS 桶。

```
interface Serial1/0/0
 link-protocol ppp
 qos car inbound cir 256 cbs 2000 pbs 7680000 green pass yellow pass red discard
 qos car outbound cir 256 cbs 2000 pbs 7680000 green pass yellow pass red discard
```

说明：

CBS 大小至少为 1500，此处的关键词 PBS 即是 EBS 桶大小，大小是 E1 速率转发 30s 所需的令牌量。

10.7.3 流量整形

1. 流量整形

流量整形是一种主动调整流量输出速率的措施，其作用是限制流量与突发，使这类报文以比较均匀的速率向外发送。流量整形通常使用缓冲区和令牌桶来完成，当报文的发送速度过快时，首先在缓冲区进行缓存，在令牌桶的控制下，再均匀地发送这些被缓冲的报文，经过控制的报文在流出时形状更趋于平滑。

整形多应用于当远端设备的接口速率小于本地设备的出口速率或本地发生流量突发时，为避免在远端设备接口处可能出现的流量拥塞的情况，用户可以通过在本地设备出口方向配置流量整形，将流出的流量修整得比较平滑，把流量进行削峰填谷，即输出平整的流量，又解决远端的拥塞问题。

在实际中，整形因其要缓存报文，而对设备的内存要求较高，故更多应用在保护出口流量，避免在远端（上游）拥塞点丢包的场合。如上游运行商为下游企业客户分配 2M 专线时使用光纤以太网接入，此种场景下，本地使用限速则会丢弃客户自己的流量，而整形则会保护客户的流量涌出过多给上游而致的丢包。

2. 整形工作过程

流量整形是一种应用于接口、子接口或队列的流量控制技术，可以对从接口上流出的所有报文或某类报文进行速率的限制。

下面以接口或子接口下采用单速单桶技术的基于流的队列整形为例，介绍流量整形的处理流程，其处理流程如图 10-27 所示。

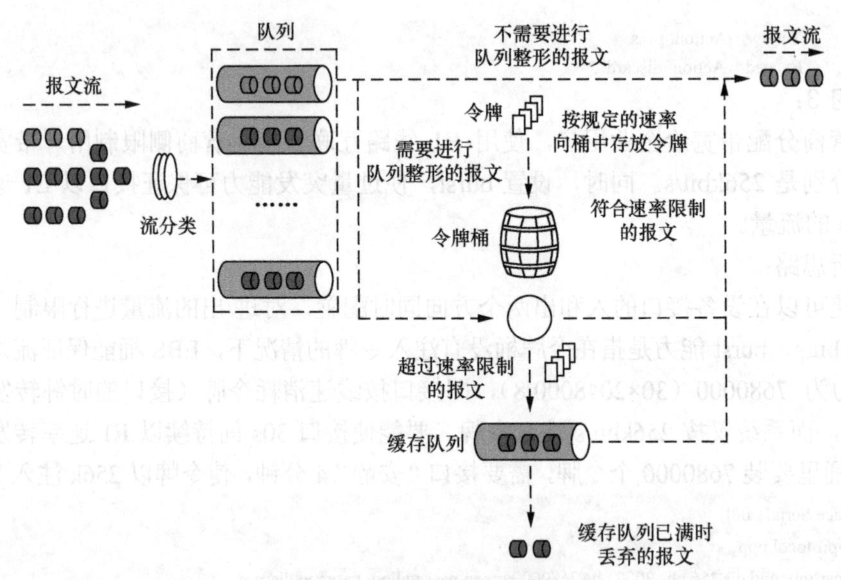

图 10-27 流量整形处理流程图

具体处理流程如下。

（1）当报文到来的时候，首先对报文进行分类，使报文进入不同的队列。

（2）若报文进入的队列没有配置队列整形功能，则直接发送该队列的报文；否则，进入下一步处理。

（3）按用户设定的队列整形速率向令牌桶中放置令牌。

- 如果令牌桶中有足够的令牌可以用来发送报文，则报文直接被发送，在报文被发送的同时，令牌做相应的减少。
- 如果令牌桶中没有足够的令牌，则将报文放入缓存队列，如果报文放入缓存队列时，缓存队列已满，则丢弃报文。
- 缓存队列中有报文的时候，系统按一定的周期从缓存队列中取出报文进行发送，每次发送都会与令牌桶中的令牌数作比较，直到令牌桶中的令牌数减少到缓存队列中的报文不能再发送，或缓存队列中的报文全部发送完毕为止。

（4）队列整形后，如果该接口和子接口同时配置了接口整形，则系统还要逐级按照子接口整形速率、接口整形速率对报文流进行速率控制。其处理流程与队列整形相似，但不需要（1）和（2）。

3. 整形的分类

依据实现方式可分为基于接口的流量管整形、基于接口的自适应流量整形、基于队列的流量整形、基于 MQC 的流量整形、基于 MQC 的自适应流量整形。

以下逐一对各种整形加以说明。

第一种，基于接口的流量整形。

若需要对接口出方向所有流量进行控制时，可在接口下直接配置流量整形。当报文的发送速率超过限制速率时，超出的那部分报文先进入缓存队列；当令牌桶有足够的令牌时，再均匀地向外发送这些被缓存的报文；当缓存队列已满时，报文将被丢弃。

在接口和/或子接口下，执行命令 qos gts cir cir-value [cbs cbs-value]，配置接口整形。

cir 是整形所需限制到的速率。cbs 是整形模型中使用的令牌桶的大小，cbs 不是越大越好，越大则流量波动就越大：反之，流量波动就较小，但 cbs 一定要大于 1500。

```
#配置基于接口的流量整形
#在 RouterA 上配置基于接口的流量整形，将接口 G1/0/0 速率限制在 8000kbit/s
[RouterA] interface gigabitethernet 1/0/0
[RouterA-GigabitEthernet3/0/0] qos gts cir 8000
```

第二种，基于队列的流量整形。

在队列模板（qos queue-profile）中，对各队列的流量做整形。接口收到的报文根据设备内部优先级映射进入不同的队列，不同的队列可分别设置不同的流量整形参数，实现对不同业务的差分服务。

示例：

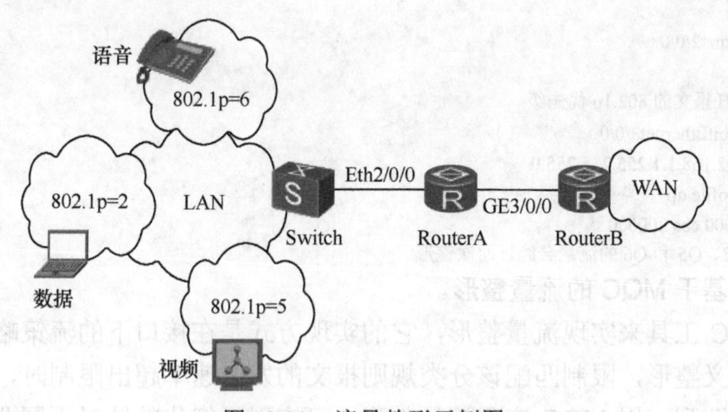

图 10-28　流量整形示例图

企业边缘路由器 A 对接口 E2/0/0 进来的报文根据 802.1p 选择出队列，出队列 0~5 使用 wfq 调度，6~7 使用 pq 调度；图 10-28 中语音流量使用队列 6，视频流量使用队列 5，数据流量使用队列 2，流量分别限制到 256kbit/s、4000kbit/s 及 2000kbit/s。

```
[RouterA] interface gigabitethernet 2/0/0
[RouterA-GigabitEthernet3/0/0] trust 8021p
#经 2/0/0 接口进来的报文基于 802.1p 生成内部优先级，选择出队列
[RouterA] qos queue-profile qp1
[RouterA-qos-queue-profile-qp1]schedule wfq 0 to 5 pq 6 to 7
[RouterA-qos-queue-profile-qp1]queue 6 gts cir 256 cbs 6400
[RouterA-qos-queue-profile-qp1]queue 5 gts cir 4000 cbs 100000
[RouterA-qos-queue-profile-qp1]queue 2 gts cir 2000 cbs 50000
#配置队列 6 的承诺信息速率为 256kbit/s，承诺突发尺寸为 6400Byte
#配置队列 5 的承诺信息速率为 4000kbit/s，承诺突发尺寸为 100000Byte
#配置队列 2 的承诺信息速率为 2000kbit/s，承诺突发尺寸为 50000Byte
[RouterA] interface gigabitethernet 3/0/0
[RouterA-GigabitEthernet3/0/0] qos queue-profile qp1
#队列 2/5/6 超出承诺带宽的流量会缓存起来
```

说明：

qos gts 命令配置接口整形，对经过接口的所有流量进行整形；queue gts 命令配置的队列整形是对接口下某个队列的流量进行整形。如果同一接口下既配置接口的队列整形，又配置接口整形，则接口整形的 cir-value 必须大于等于接口上所有队列整形的 cir-value 之

和；否则，流量整形会出现异常现象，可能会造成某些高优先级队列得不到及时调度，其整形过程是流量先经过队列整形，之后再经过接口整形。

例：图 10-28 中，对离开接口的 G3/0/0 同时应用队列整形和接口整形。

```
qos queue-profile qp1    #创建队列模板 qp1
  queue 2 gts cir 2000 cbs 50000
  queue 5 gts cir 4000 cbs 100000
  queue 6 gts cir 256 cbs 6400
#配置队列 2 的承诺信息速率为 2000kbit/s，承诺突发尺寸为 50000Byte
#配置队列 5 的承诺信息速率为 4000kbit/s，承诺突发尺寸为 100000Byte
#配置队列 6 的承诺信息速率为 256kbit/s，承诺突发尺寸为 6400Byte
  schedule wfq 0 to 5 pq 6 to 7
#配置队列 0～5 的调度方式为 WFQ，队列 6～7 的调度方式为 PQ
#
interface Ethernet2/0/0
trust 8021p
#配置接口信任报文的 802.1p 优先级
interface GigabitEthernet3/0/0
 ip address 192.168.1.1 255.255.255.0
 qos queue-profile qp1
 qos gts cir 8000 cbs 200000
#进入队列 Q2、Q5 和 Q6 的流量会经过两次整形
```

第三种，基于 MQC 的流量整形。

使用 MQC 工具来实现流量整形，它的实现方式是在接口下的流策略中，针对流分类中的流量定义整形，限制匹配该分类规则报文的发送速率超出限制时，超出的那部分报文进入缓存队列。用 MQC 实现流量整形，可实现更细化的针对不同业务的更精细的差分服务。

包含整形功能的流策略（traffic policy）只能应用在设备接口的出方向上。

MQC 流策略示例：

图 10-28 中，企业中有多种业务，在边界路由器上，要做到限制语音流量不超出 256kbit/s，视频流量不超出 4000kbit/s，数据流量不超出 2000kbit/s，超过的流量能缓存起来，不丢包，但最多能缓存 100 个包。

```
#c1 是 voip，c2 是视频流量，c3 是数量流量，此处分类定义的配置省略
[RouterA] traffic behavior b1
[RouterA-behavior-b1] qos cir 256 cbs 48128 queue-length 100
[RouterA-behavior-b1] statistic enable
[RouterA-behavior-b1] quit
[RouterA] traffic behavior b2
[RouterA-behavior-b2] qos cir 4000 cbs 752000 queue-length 100
[RouterA-behavior-b2] statistic enable
[RouterA-behavior-b2] quit
[RouterA] traffic behavior b3
[RouterA-behavior-b2] qos cir 2000 cbs 376000 queue-length 100
[RouterA-behavior-b2] statistic enable
[RouterA-behavior-b2] quit
#
[RouterA] traffic policy p1
[RouterA-trafficpolicy-p1] classifier c1 behavior b1
[RouterA-trafficpolicy-p1] classifier c2 behavior b2
[RouterA-trafficpolicy-p1] classifier c3 behavior b3
```

```
[RouterA-trafficpolicy-p1] quit
#
[RouterA] interface ethernet 2/0/0
[RouterA-Ethernet2/0/0] traffic-policy p1 outbound
#整形仅能应用在流量外出的方向上
```

说明：

在 RouterA 上使用整形动作，保护离开企业的数据，以避免在上游运营商侧因被限速而丢包。本地配置整形虽消耗资源，但换来的是对流量的保护。

10.7.4 限速

限速是对流经设备接口的报文速度做限制，使流量超出指定阀值的那部分直接被丢弃，而低于阀值的部分则进入或离开设备。限速正如名字所示，对流量起到速率限制的目的，限速机制更多地应用到网络边界，如在接入层交换机端口上或企业网络的边缘网关上。例如，企业网络内，用户主机可能受 DoS 病毒的影响而产生大量报文，经交换机接口而涌入网络，可在接口入方向对流量限速，超出的部分直接丢掉。接口无法判定流量是合法还是非法流量，所以只能采用限速而非过滤的方案。

路由器上 LR 实现：

物理接口支持限速功能，通过配置接口发送报文速率所占接口带宽的百分比，实现对接口发送报文速率的限制。

```
interface interface-type interface-number
  qos lr pct pct-value [ cbs cbs-value ]
```

限速定义了接口带宽的百分比来限制接口的速率，超过指定速率的报文直接被丢弃，所以限速机制使用了“单速单桶”的模型，这点通过命令也可看出，qos lr 命令后面跟随的 cbs 关键词用来定义令牌桶模型中的 C 桶大小，也用来定义流量的突发大小。pct 是以百分比形式定义的限速阀值。

交换机上 LR 实现：

值得注意一点的是，lr 命令可以在交换机上端口的入和出方向都起作用。

```
interface interface-type interface-number
  qos lr inbound cir cir-value [ cbs cbs-value ] #配置入方向的接口限速
  qos lr outbound cir cir-value [ cbs cbs-value ] #配置出方向的接口限速
#缺省情况下，接口限速速率为接口的最大带宽。出方向当令牌不够时，缓存报文。入方向令牌不够，则丢包
```

如果不限制用户发送的流量，大量用户不断突发的数据会使网络更拥挤。通过配置入方向的接口限速，可以将通过某个接口进入网络的流量限制在一个合理的范围内。

若需要对接口出方向所有流量进行控制时，可以配置出方向的接口限速。当报文的发送速率超过限制速率时，超出的那部分报文先进入缓存队列；当令牌桶有足够的令牌时，再均匀向外发送这些被缓存的报文；当缓存队列已满时，新到达的报文将被丢弃。

10.7.5 对比

监管（qos car)、限速（qos lr）和整形之间的区别见表 10-6 所示。

表 10-6 3 种机制对比

	限速	整形	监管
使用令牌桶模型	单速单桶双色（绿和红）	单速单桶双色（绿和红）	单速双桶或双速双桶模型三色（绿，黄，红）

（续表）

	限速	整形	监管
默认动作或行为	绿色标记的报文转发，而红色标记的报文被丢弃	绿色标记的报文转发，红色标记的报文被缓存	绿色、黄色和红色标记的报文都可以在三者 pass、remark、discard 中选择一种动作来配置
实现机制	1．实现简单 2．Router 上仅用在物理接口外出方向 3．交换机上，接口的入或出方向都可以（但出方向可以缓存报文）	1．多种整形，可基于接口或 queue 或用 MQC 来实现 2．仅应用在接口外出方向上	可应用在接口的入或出方向上，可对流量基于速率来分类
应用场景	企业或运营商设备上流量流入的接口	企业上联运营商的设备的出口	需要基于速率来打标记或需要限速的场景下

说明如下。

（1）监管和限速。

- 监管可以定义不同的动作，如转发、丢包、打标记等，而限速仅转发和丢包这两种动作。
- 监管使用双桶模型，所以可以把流量分成三个类——green，yellow 和 red，而限速使用单桶模型，最多也就能分成两个结果。
- 监管因其可使用单速和双速模型而复杂，但灵活性强，限速仅使用一个速率的模型，高于速率就丢包，机制简单。
- 限速能实现的功能，监管也可以做到。但监管可调的参数较多（CBS、PBS），可实现更复杂的流量波动要求。

（2）整形和监管/限速在工作行为上的区别可以用图 10-29 体现。

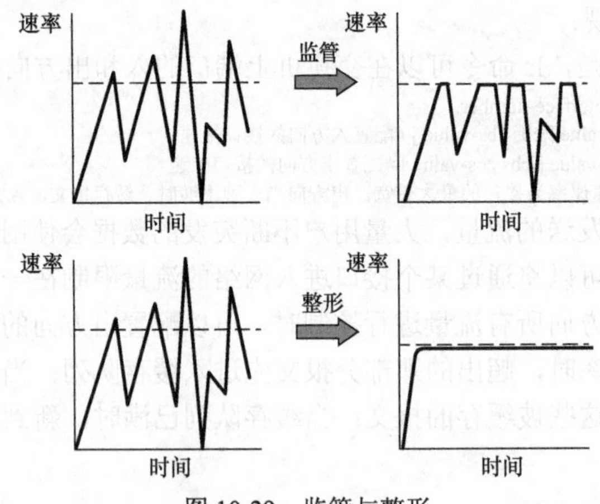

图 10-29　监管与整形

- 当令牌不够时，流量整形对原本要被丢弃的报文进行缓存，当令牌充裕时，再均匀地向外发送这些被缓存的报文。而当令牌不够时监管会丢掉报文。流量整形与流量监管的另一区别是，整形因可能引入缓存而增加延迟，监管则只做上色、传输和丢包等几种操作，几乎不引入额外的延迟。

- 监管和整形都可以基于接口定义动作，或使用 MQC 对分类出的流量定义动作。监管的动作包括上色、传输和丢包，可自定义。而整形则无法定义动作，它仅当令牌不够时，报文在（整形）队列中缓存（当然缓存队列满时也会丢包），并等待下一时刻令牌注入后，重新发送。

10.8 诊断命令

命令：display traffic policy user-defined p1

```
[Switch] display traffic policy user-defined p1
  User Defined Traffic Policy Information:
    Policy: p1
      Classifier: c1
        Operator: AND
          Behavior: b1
            Committed Access Rate:
              CIR 2000 (Kbps), CBS 250000 (Byte)
              PIR 10000 (Kbps), PBS 1250000 (Byte)
              Green Action      : pass
              Yellow Action     : pass
              Red Action        : discard
            Remark:
              Remark DSCP ef
            Statistic: enable
      Classifier: c2
        Operator: AND
          Behavior: b2
            Committed Access Rate:
              CIR 4000 (Kbps), CBS 500000 (Byte)
              PIR 10000 (Kbps), PBS 1250000 (Byte)
              Green Action      : pass
              Yellow Action     : pass
              Red Action        : discard
            Remark:
              Remark DSCP af33
            Statistic: enable
      Classifier: c3
        Operator: AND
          Behavior: b3
            Committed Access Rate:
              CIR 4000 (Kbps), CBS 500000 (Byte)
              PIR 10000 (Kbps), PBS 1250000 (Byte)
              Green Action      : pass
              Yellow Action     : pass
              Red Action        : discard
            Remark:
              Remark DSCP af13
Statistic: enable
```

本命令用来查看指定流策略 P1 的配置信息，该输出信息可以帮助用户了解流策略各参数当前的配置情况并核对是否正确，据此也可以进行相关的故障诊断与排查。上面的输出定义了三个类及流行为。

命令：display traffic policy statistics interface gig0/0/1 inbound

```
[Switch] display traffic policy statistics interface    gigabitethernet 0/0/1 inbound

  Interface:   GigabitEthernet0/0/1
  Traffic policy inbound: p1
  Rule number: 3
  Current status: OK!
  Statistics interval: 300
 ---------------------------------------------------------------------------------
  Board : 0
 ---------------------------------------------------------------------------------
  Matched              |          Packets:                              0
                       |          Bytes:                                0
                       |          Rate(pps):                            0
                       |          Rate(bps):                            0
 ---------------------------------------------------------------------------------
    Passed             |          Packets:                              0
                       |          Bytes:                                0
                       |          Rate(pps):                            0
                       |          Rate(bps):                            0
 ---------------------------------------------------------------------------------
    Dropped            |          Packets:                              0
                       |          Bytes:                                0
                       |          Rate(pps):                            0
                       |          Rate(bps):                            0
 ---------------------------------------------------------------------------------
      Filter           |          Packets:                              0
                       |          Bytes:                                0
 ---------------------------------------------------------------------------------
      Car              |          Packets:                              0
                       |          Bytes:                                0
 ----------------------------------------------------------------
```

本命令用来查看指定接口下入方向应用流策略后的报文统计信息，该信息可以帮助用户了解应用流策略后报文通过和被丢弃的统计情况，由此分析和判断流策略的应用是否合理，也有助于进行相关的故障诊断与排查，也可以查看出方向统计信息。

说明：

执行上述命令前需要在流策略包含的流行为下执行命令使能流策略统计功能，否则执行 display traffic policy statistics 命令时，系统会提示“Info: Statistic has not been enabled!”。

10.9 思考题

1. 使用 QoS 机制是否会增加带宽？
2. 交换机的 QoS 机制和路由器相比有什么不同？
3. 为什么 policing 要使用比 Lr 和 Shaping 更复杂的模型？
4. 令牌桶 Be 的作用是什么？

5. 什么是设备内部优先级？

6. 华为的 WRED 实现不同权值的报文是否使用不同的丢弃策略？

7. Queue-Profile 和 CBQ 的区别是什么？

附录一
参考答案

第一章

1．答：RIB 表是路由表，FIB 是快速转发表。数据报文根据 FIB 查表转发，FIB 工作在数据平面，RIB 是控制平面的内容。只有 FIB 无法路由的报文会转发给 RIB 继续查表，如有 ACL 应用的场合。如果是查路由表，就是基于进程的处理，即我们常说的基于 CPU 的处理，比较耗时。是因为要拆/封一次数据。而基于 FIB 表转发，则直接用 FIB 表中的 MAC 直接封装后转发。

2．答：矢量路由协议的路由学习是从邻居学到的，学来的路由中没有拓扑信息，所以路由器容易相信任何有问题的路由并把它当成合理的路由放到路由表中，易于出现环路。链路状态路由协议通过泛洪链路状态使每台路由器了解全网的拓扑信息，继而执行 SPF 计算，所以在泛洪的区域中是不会有环的，但是链路状态路由协议在边界的位置，如区域或路由域的边界是矢量行为，可能出现像矢量路由协议一样的环路问题，这可参考 OSPF 部分。

3．答：矢量路由协议直接接收的是路由，可以从多个方向收到等成本的路由。而链路状态路由协议则通过 SPF 计算出多条路由。

4．答：在 IPv6 网络中，DAD 用来检测是否存在冲突的地址；在 IPv4 网络中，类似的功能是通过免费 ARP 机制来完成的。IPv4 网络中的设备在手工或自动配置 IP 地址后，立刻针对本地 IP 发一个 ARP 请求，如果接收到 ARP 应答，那么就存在地址冲突的问题，该 IP 是不可使用的；反之，如果没有收到任何 ARP 回应，那么该 IP 是可以使用的。

5．答：在 IPv4 网络中，地址的自动配置只能通过 DHCP 服务器来完成，而在 IPv6

网络中，地址的自动配置可分为无状态自动配置和有状态自动配置，利用普通的 IPv6 路由器就可以实现无状态自动配置，网络中可以没有 DHCPv6 服务器；另外，利用 DHCPv6 服务器可以实现地址的无状态自动配置和有状态自动配置。

6．答：ICMPv6 是 IPv6 网络中最重要的基础协议。在 IPv6 网络中，邻居发现、DAD、无状态自动配置、Path MTU 发现、MLD 等功能都是使用 ICMPv6 报文来实现的。

7．答：IPv6 协议相对于 IPv4 协议具有以下优点：

更大的地址空间；

更简洁的报头；

地址配置和重新编址更方便灵活；

可以更方便地进行层次网络部署，从而更好地进行路由聚合，提高了路由转发效率；

更好地支持端到端的安全；

更好地支持 QoS；

IP 移动特性更加优化。

8．答：IPv6 中，使用组播地址来替代广播地址做原广播地址的工作行为，但 DAD 和地址解析这两类行为是目前请求节点组播地址的唯一用途。请求节点组播地址 ff02::1:ff00:0000/104 根据单播地址而生成，其所有成员是后 24 位地址一样的节点集合，其工作范围是本网段。

第二章

1．答：RIP 的失效时间为 180s，如果在该时间内没有接收到新的路由条目，将进入垃圾收集时间，等待垃圾收集定时器 120s 到期后，才从 RIP 数据库中清除该路由，总共收敛时间需要 300s。

2．答：RIP 协议在发送路由时会检查发送的路由与该接口是否为同一主类网络，如果相同，则不会自动汇总，如果不同，则会做有类的汇总。RIPv1 为有类协议，不带子网掩码发送路由更新；RIPv2 为无类协议，携带子网掩码发送更新。RIPv2 可以关闭自动汇总，而 RIPv1 不能。

3．答：可以配置 RIP 的接收或者发送的版本来保证路由可以正常接收。

4．答：由于 RIPv1 是有类协议，传递路由更新时也不会携带子网掩码，因此收到一条划分了子网的路由，不能准确判断，如一条路由为 192.168.1.32，而掩码为 27 位，由于是 C 类，自然掩码应该为 255.255.255.0，由于最后一个字节为非 0，因此判断该路由为 32 位的主机地址。

5．答：RIPng 使用 UDP 的 521 端口（RIP 使用 520 端口）发送和接收路由信息。

RIPng 通告和接收的是 128bit 的 IPv6 前缀长度（掩码长度）。

RIPng 是工作在 link-local 地址之上的路由协议。

RIPng 的路由在路由表中下一跳地址一定是 IPv6 Link-local 地址。

RIPng 使用组播方式周期性地发送路由信息，使用 FF02::9 作为链路本地范围内的路由器组播地址。

RIPng 报文由头部（Header）和多个路由表项（RTE，Route Table Entry）组成。在同一个 RIPng 报文中，RTE 的最大数目根据接口的 MTU 值来确定，没有 RIP 的 25 条路由的限制。

RIPng 协议本身没有提供验证功能。若需要做路由器间的验证，使用 IPv6 协议的验证。

使用 **display ipv6 routing-table** 等命令去查看 IPv6 的路由信息。

6．答：R3 的路由表中下一跳地址是 10.1.1.2。

第三章

1．答：OSPF 报文工作在 IP 层上，使用 OSPF 协议自身的可靠确认机制传递 LSA。Master 产生的 DD 报文使用 Slave 的 DD 报文做确认。LSR 使用 LSU 做确认，LSU 使用 LSAck 做确认。收不到相应的协议确认报文，则 5s 后触发重传机制。重传 30 次后，仍未收到确认报文，则重置邻居。

OSPF 泛洪有水平分割规则，收到 LSA 后判断是否 LSDB 中已存在，如果存在就终止泛洪。否则会继续向除入口外的其他接口继续泛洪，最终全网 LSDB 一致，LSA 泛洪就停止了。一份 LSA 不会无休止地循环泛洪。

2．答：从 LSA1 和 LSA2 的内容可知其既含描述网络拓扑的信息，也含有网段信息。根据 LSA1 和 LSA2 中的拓扑信息，可以画出全网的逻辑拓扑。从当前路由器作为初始节点，从 Router LSA 开始画，扫描所有节点，根据拓扑信息链上每个节点，直至所有节点都链在拓扑图上，至此完成画图过程。

3．答：LSA3 和 LSA4 都是 ABR 产生的，这是由于区域内的网络信息出现在 LSA1 和 LSA2 中，这种 LSA 不能直接泛洪到邻居区域（邻居区域不需要 LSA1/2 中的拓扑信息），处在边界上的 ABR 了解区域内的网络，由其负责把出现在路由表中的网络以 LSA3 通告到邻居区域。LSA3 在区域间传递网络。外部网络由 LSA5 通告，为计量当前路由器到 ASBR 的距离，ABR 把其他区域中 ASBR 到 ABR 的距离成本用 LSA4 通告到当前区域。

4．答：Vlink 配置在 ABR 上，Vlink 所在的区域 LSDB 中有整个区域的 LSA，根据这个 LSA 可以画出 2 台 ABR 节点间的拓扑。Vlink 选择区域内两个 ABR 间最小的路径成本作为 Vlink 的虚链路成本，单播地址取最小成本链路的 IP 地址当作源地址和目的地址。

5．答：观察 LSA5 中 FA 地址，如果 FA=0，则骨干区域根据 LSA4 计算到 ASBR 的路由，并把计算所得的下一跳作为外部路由的下一跳，把当前路由器到 ASBR 的距离当作 OSPF 路由域内的成本，在此基础上加上 LSA5 中的外部成本即是到外部网络的端到端路径成本。如果 FA！=0，则 FA 路由的下一跳即是当前路由器到外部网络的下一跳。FA 路由的成本加上 LSA5 中的外部成本之和就是当前路由器到外部网络的路径成本。

6．答：骨干区域路由器不知道区域 1 中的路由器消失了，也不需要知道，区域间只需要知道网络是否可达。倒是路由器的消失会导致 ABR 向骨干区域通告年龄为 Maxage 的 LSA3 路由，用作撤销区域间路由。同理，某条链路的消失，骨干区域也不知道，可能的变化就是路由消失或路由的成本变大。

7．答：（1）需要优化泛洪对网络的影响时，在区域内可考虑在链路下过滤 LSA，在区域间可考虑在 ABR 上过滤区域间路由。

（2）区域内，为降低 stub 路由器的 LSDB 的大小或路由表条目数量时可采取在上游路由器向下游路由器通告 LSA 时过来 LSA，以减少 LSA 的数量。

（3）过滤路由仅在路由进路由表或在边界上，如 ABR 或 ASBR 的场景下。华为使用 filter-policy import 过滤进路由表路由。使用 filter-policy export 过滤 LSA5/7 路由。使用 filter 命令过滤区域间通告的 LSA3 路由。

8．答：NSSA 边界路由器是 ABR，同时也是 ASBR，一台边界路由器产生的默认路由不可能进入另外一台 ABR 的路由表，产生默认路由，就不再接收默认路由，这是防环的规定。

9．答：R2 和 R3 都产生 LSA5，其中在翻译时，没有修改其 FA，所以 R1 上看到任何一个 LSA5，其内容都一样，仅通告路由器不同而已。R1 选路参考 FA 的路由，所以 R1 如何访问 100.1.1.0/24 的问题转变为 R1 如何访问 FA 地址的区域间选路问题。如果 FA 地址是 R4 的回环地址 10.1.4.4，图中 R1 到 10.1.4.4/32 负载分担，则访问使用 FA10.1.4.4 的外部路由 100.1.1.0/24，其下一跳是 R2 和 R3。

10．答：（1）LSA8 仅在 link 上泛洪，R2 有两个 link，G0/0/0 接口有两份 Link8，一份是 R1 的，一份是 R2 的。同理，S1/0/0 接口也有两份 LSA8。一份是 R2 Link8，一份是 R3 Link8。

（2）如果每台路由器上没有回环接口，LSA9 仅有三份。上述图中，如果是 IPv4 的场景，R1、R2、R3 各有一份 LSA1。同时，如果 R2 是 DR，它还会产生一份 LSA2。R1 的 LSA1 中没有网络信息。R2 和 R3 中各有一个 stub 类型 link，这是网络信息。

LSA9 负责携带原 OSPFv2 中 LSA1 和 LSA2 中网络信息。所以 OSPFv3 中 LSA9 有三份，一份对应 R2 的 LSA1，一份对应 R3 的 LSA1，一份对应 R2（DR）的 LSA2。

如果 R1、R2 和 R3 各有一个回环接口并发布到 OSPF 中，则 LSA9 有四份，三份分别对应 R1、R2 和 R3 的 LSA1，一份对应 R2 的 LSA2。

11．答：spoke 间没有 PVC，如果手工指单播邻居，但 OSPF 报文的 IP 头中 TTL 值为 1，报文只能传一跳远，经过 Hub 时，TTL 就减为 0，所以 spoke 间无法建立邻居。

第四章

1．答：DR 和 DIS 都是只存在于 MA 的网络类型中。

（1）OSPF 在 MA 网络中，为了减少 LSA 泛洪，DROTHER 只有 DR/BDR 建立 FULL 的邻接关系，只和 DR/BDR 交换 LSA，所以在 OSPF 中没有 DR/BDR 将无法同步数据库。

（2）IS-IS 在 MA 网络中没有 LSP 的确认机制，需要依靠 DIS 每 10s 发送一次 CSNP 起到间接确认的效果，如果没有 DIS，可以交换 LSP，但不能保证所有路由器的 LSDB 是同步的。

（3）DR 和 DIS 在 MA 网络中构造伪节点，用于简化拓扑的描述。

2．答：在 IS-IS 的广播网络中，所有的路由器之间都是形成邻接关系的，不像 OSPF 的 DR 被抢占需要重新建立邻接关系，会导致路由重新计算；DIS 只是广播网络中的数据库同步中保证广播网络中数据库的一致性，DIS 被抢占了，只是换一台设备保证数据库的一致，对网络拓扑并不会造成影响。

3．答：CSNP：描述 LSDB 中所有 LSP 的摘要信息（LSPid 序列号、checksum、remaining

lifetime<剩余生存时间>)，包含一个 LSP 范围（如果 LSDB 过大，一个 CSNP 无法描述 LSDB 所有的 LSP 时，会用这个范围来指明本 CSNP 携带了哪些 LSP 摘要信息）。

相似性：二者都在数据库同步过程中保证同步，且都是传输各自 LSDB 中 LSA 或 LSP 头的列表。

不同之处如下。

（1）CSNP 在 P2P link 上仅初始发一次，在广播网络上 DIS 周期发送。而 DBD 不存在周期发送行为，OSPF 节点间进入到 loading 状态后就不再需要 DBD 了。

（2）CSNP 不论是在 P2P 还是 MA link 上，在任何时刻都是传送当前 LSDB 里面的内容的。而 OSPF DBD 在 ExStart 阶段，DBD 中不含 LSA 头信息，在此阶段，DBD 报文用来比较 MTU，选举 Master，并由 Master 决定初始序列号。在 Exchange 阶段，传输含 LSA 头的 DBD 报文。

（3）OSPF DBD 是需要确认的，Master 发送 DBD（即使是空 DBD），slave 一定要响应，用作确认，否则 5s 后重传。而 CSNP 是不需要确认的。

4．答：IS-IS 仅工作在 P2P 或广播类型的网络上。在帧中继环境中，如果 FR 多点网络采用全互联的连接方式，IS-IS 会按广播型网络来工作。如果 FR 是 P2P 的子接口，IS-IS 会按 P2P 链路上的工作方式来建立邻居及数据库同步。如果 FR 使用的是部分网络互联的方式，则 IS-IS 不能工作得很好，无法学全路由。所以建议启用子接口，子接口改成 P2P 网络类型，以使 IS-IS 可以正常工作。

5．答：LSP 是需要被确认的，而 P2P 链路和广播网络有不同的确认方式。

（1）在点到点链路上，仅存在 2 个节点，任一发送方发送 LSP 都要等待接收方的 PSNP 确认，如果没有收到 PSNP 确认，发送方会重新发送该 LSP，直至收到确认。

（2）在广播网络上，由于有更多的节点，且其使用全网状的数据库同步方式（全网状邻接），所以任一 IS-IS 发送的 LSP，如果要被所有节点（除发送方）所确认，机制复杂且低效；如果由一台 DIS 代表所有其他节点做确认，效率高，实现机制简单。

在广播网络上 DIS 确实在周期性发送 CSNP，但需要强调一点的是，CSNP 并不是 LSP 的确认报文；LSP 发送方发送完 LSP 后，是不需要被确认的，也不需要重传，除非在听到的周期性的 CSNP 消息中发现本地有，而 DIS 的 CSNP 里面少的 LSP ID，则本地泛洪这些缺失的 LSP，发完之后同样不需要等待确认。

6．答：无法定量哪种协议支持的路由多与少，如果处理器能力及内存尽可能的高，任何协议都能支持尽可能多的路由。但从以下几个方面能看出 IS-IS 较 OSPF 更适于及有能力支持更多路由。

（1）报文结构：

报文的结构直接决定了承载能力。在 OSPF 中，每条路由都会使用相应的 LSA。LSA 种类多，传递及表达各种路由需要的 LSA 的开销偏大。而在 IS-IS 中，任何路由信息都使用 TLV 传递，不论内部还是外部，结构简单，易于扩充，在改进支持更多的路由时对协议改变不大。LSP 报文可以使用分片支持更多的 LSP，以实现 LSP 能传递更多的路由。

（2）aArea 结构及路由器数量：

OSPF 的设计建议使用多区域、层次结构设计、中间 aArea0、周边非 aArea0，以减少 LSDB 大小，每个 aArea 对路由器数量限制在最多 200 台（曾经建议 50 台）。

IS-IS 对 aArea 连接关系没限制，唯一要求就是 Level 2 要连续。实际中更多采用扁平结构设计、单区域、level 2 邻接。backbone 支持的路由器数量可不低于 400 台。

（3）收敛及计算开销：

OSPF 在每个区域内，初次进行 Full SPF 计算，以后区域中的任何变化都使用 iSPF 计算（即使 aArea 内叶子路由的变化也是 iSPF）。区域间及外部路由则采用 PRC。

作为 IS-IS，level 2 backbone 中或 level 1 区域中，初次进行 Full SPF 计算，之后也是 iSPF 计算，即所有路由变化都是 PRC 计算。故 IS-IS 相比 OSPF 当路由变化时，收敛相对快，计算开销较小；再多的路由，由于路由的抖动而引起的网络的震荡影响就小。

7．答：在 OSPF 中，描述不同的路由以及不同的链路会使用不同类型的 LSA，LSA 种类多，传递及表达各种路由需要的 LSA 的开销偏大。而在 IS-IS 中，报文是基于 TLV 结构的，任何路由信息以及不同链路都使用不同类型的 TLV 传递，结构简单，易于扩充，在改进支持更多的路由时对协议改变不大。

8．答：从 5 个方面介绍 OSPF 和 IS-IS 的区别。

（1）基本点比较

OSPF 只支持 IP 环境，IS-IS 支持 IP 环境和 CLNP 环境。

OSPF 报文封装在 IP 报文中，协议号 89；IS-IS 报文直接封装在链路层数据帧中。所以安全性相对高些。

OSPF 基于接口划分区域、多区域设计、层次设计，aArea0 为中心；IS-IS 基于路由器划分区域。

OSPF 支持 P2P、BMA、NBMA、P2MP、虚链路网络类型，IS-IS 支持广播和 P2P 网络类型。

（2）邻接关系比较

OSPF 邻接关系只有一种，IS-IS 邻接关系分成 level-1 和 level-2 邻接关系。

OSPF 的 DR 和 IS-IS 的 DIS 选举方式不同（IS-IS 支持抢占、优先级 0 也可以成为 DIS、没有备份 DIS）。

OSPF 的 MA 网络中普通路由器之间不能形成邻接关系，IS-IS 的 MA 网络中所有路由器之间都能形成邻接关系。

（3）链路状态数据库同步过程比较

OSPF 的 LSA 种类很多，IS-IS 的 LSP 只有路由器 LSP 和伪节点 LSP。

OSPF 的 LSA 的生存周期从 0 递增，IS-IS 从最大值递减。

（4）路由计算过程比较

OSPF 将前缀作为 SPT 的节点，IS-IS 将前缀作为叶子（叶子发生变化时可以用 PRC 来更新叶子，而不需要进行 SPF 计算）。

OSPF 的接口开销根据接口带宽变化（0～65535），IS-IS 的接口开销值缺省相同（所有接口默认为 10，最大可达 4 Byte，即 2^{32}-1）。

（5）性能及扩展能力比较

OSPF 支持按需拨号链路，IS-IS 不支持。

IS-IS 采用 TLV 结构，扩展性更好。

9．答：IS-IS MTR 扩展功能能够将支持 IPv4 的路由器和支持 IPv6 的路由器划入不同拓扑，IPv4 和 IPv6 报文分别根据相应拓扑的路由表转发。

在使用 IS-IS 实现 IPv6 扩展时，IPv6 路由拓扑信息与 IPv4 相同，也就是说，IPv6 和 IPv4 使用同样的最短路径，这就要求所有的 IPv6 和 IPv4 拓扑信息必须一致。这种情况也许不会一直有令人满意的效果。在网络中，一些路由器或者链路不支持 IPv6，从而引起 IPv6 和 IPv4 拓扑的不同，但是，对于支持 IPv4 和 IPv6 双协议栈的路由器是感知不到拓扑中有哪些路由器是不支持 IPv6 的。（由于 IS-IS 路由协议中同时实现 IPv4 路由和 IPv6 路由，其邻居 TLV 中不能区分 V4 邻居或 V6 邻居，在多拓扑路由方案提出之前，若一个网络中 IPv4 和 IPv6 共存，IS-IS 可能出现路由计算错误的现象）但 IPv6 数据流仍会被转发到这些不支持 IPv6 的路由器或链路，从而被丢弃处理。

提高 IS-IS 支持多拓扑的能力，能够无冲突地独立处理 IPv4 和 IPv6 数据，并兼容老版本，解决 IS-IS 链路不区分协议造成的路由黑洞问题。

10．答：扁平组网一般是指分层次较少，网络结构比较单一，设备性能，网络资源分配比较均匀的网络。从以下几点说明 IS-IS 为什么更加适合于扁平组网。

（1）路由收敛：IS-IS 一般把大量的设备放在一个 L2 区域中，单个区域承载的路由条目比较多，IS-IS 对区域内路由计算变化是采用 PRC 算法，收敛比较快，适合这种单个区域承载路由条目比较多的扁平组网方式。

（2）区域设计：IS-IS 的区域类型只有 L1 和 L2 两种，适用于分层次较少的组网结构，IS-IS 对骨干区域支持的路由器数量可不低于 400 台，非常适用于扁平结构设计。

（3）网络类型：扁平组网的网络结构比较单一，而 IS-IS 的网络类型也只有两种，满足扁平组网需求。

第五章

1．答：ACL 可以用于匹配数据报文和路由，而 ip-prefix 仅用来匹配路由。ACL 可以匹配连续或不连续的路由，仅匹配路由前缀，无法匹配掩码。ip-prefix 可以根据路由前缀和掩码长度来匹配路由，在 BGP 中也可以基于前缀列表来过滤路由。

2．答：rule 10 permit source 10.1.128.0 0.0.20.0。ACL 不能用来匹配掩码，所以并没有考虑路由掩码的不同。

3．答：filter-policy import 用来允许或阻止生成路由，filter-policy export 用来控制路由的引入。

4．答：ip ip-prefix tech permit 172.16.16.0 22 greater-equal-value 24 less-equal-value 26。

5．答：在配置默认路由和聚合路由时，要重点注意避免产生环路，尤其是在一个路由域中有两个设备点互相通告默认路由，或聚合路由时。华为设备默认在各 IGP 协议中都有解决方案避免通告路由（默认或聚合）时，又接收同样的路由而引起环路问题。但网络部署工程师需要避免不同网络互指而引起的环路问题。

6．答：两种方式从最终的结果上是一致的，但 route-policy 在过滤路由的同时，还可以对其他路由进行设置或修改属性。而 filter-policy export 仅过滤路由，无法设置相应的属性。filter-policy export 后面需要写明协议进程，它对已引入的外部路由做过滤或控制。而 import-route route-policy 命令仅把 route-policy 允许的路由引入进来。

7．答：A 类的私有地址：ip ip-prefix TECH permit 10.0.0.0 8 less-equal 32；

B 类的私有地址：ip ip-prefix TECH permit 172.16.0.0 12 less-equal 32；

C 类的私有地址：ip ip-prefix TECH permit 192.168.0.0 16 less-equal 32。

第六章

1．答：BGP 的 Update 消息在 Established 阶段后发送。BGP Update 是基于属性来通告路由的，相同属性的路由放在一份 Update 中去传，所以一份 TCP 报文中可能有多份 Update。它不像 IGP 协议一样有相应的确认报文，通告或撤销路由直接发 Update。

2．答：BGP 的邻居状态处于 Active 代表 TCP 建立失败，如 TTL 值过小、地址不可达、更新源不正确、某一端配置错误。

3．答：建立 eBGP 邻居时，两台路由器彼此需要物理直连。如果非直连，中间路由器会出现路由黑洞。所以一定要在物理直连的场景下，使用直连接口或回环接口来建立邻居关系。可以修改 eBGP 多跳以使用回环接口来建立邻居关系。

4．答：iBGP 邻居上传递任何属性都不修改，如果没有规则限制，路由将会形成环路，为避免环路，引入 iBGP 水平分割原理，即从 iBGP 邻居收到的路由不会传递给其他 iBGP 邻居，阻止通告出来的路由通告回去。

5．答：BGP 的可选参数用于通告 BGP 支持的能力在邻居之间协商，如多协议扩展能力、路由刷新能力、四字节 AS 号等能力。

6．答：Local_Pref 为公认任意属性，不能传递到其他的 AS，该属性一般用于影响出 AS 的流量。MED 为可选非过渡属性，在邻居 AS 之间传递，该属性一般用于影响入 AS 的流量。

7．答：IETF 定义不同的属性分类的目的是为了统一不同厂商 BGP 设备对属性的处理。

8．答：BGP 的防环措施：AS 之间根据 AS_PATH 来防环，AS 之内利用 iBGP 的水平分割原理来防环，配置路由反射器可以根据 Originator_ID 和 Cluster_List 属性来防环。

9．答：可以利用 as-path-filter 过滤工具，将穿越 AS 的路由匹配到待发布给其他 AS 时进行过滤，从而阻止其他 AS 选择该 AS 作为转发路径。

10．答：Local_Pref 可以在整个联盟当中传递，包括联盟的 eBGP 邻居之间，联盟内的 eBGP 不同于联盟外部的 eBGP 邻居关系。

第七章

1．答：v1 和 v2 的加入机制一样。v1 没有离开机制，离开延迟为 130s；v2 加入了 leave-group/group-specific query 机制，离开延迟为 2s；IGMPv3 的加入和离开使用特定的 group-record，使用不同的过滤模式来实现。

2．答：若交换机开启 Proxy 功能，交换机在隔离用户的加入/离开请求，交换机负担会加重，接在交换机上的路由器，只会从交换机收到 Proxy 自己的加入/离开报文，路由器没有太多的资源消耗。而若没有开启 Proxy，所有用户的加入/离开报文被交换机转发给路由器使其负荷加重。

3．答：DM 在 SR 未开启时，只要组播源活跃，被剪枝的接口在 210 后，恢复转发，组播数据重新被泛洪到下游接口。DR 开启 SR 后，剪枝了的接口会每 60s 被 SR 泛洪所重置，一直保持在剪枝状态，所以只要下游没有接收者出现，被剪枝的接口是不会重新恢复转发的。SR 机制，用控制平面的 SR 周期扩散取代数据平面的泛洪。控制报文的开销相比于数据报文，开销小，节省资源。

4．答：SM 下，SPT 切换有 2 处。一处是 RP 向组播源建 SPT，发生在 RP 收到注册报文后；一处是最后一跳路由器向组播源建 SPT 树，发生在最后一跳 DR 由 RPT 树收到组播数据后。两处 SPT 触发条件都是收到组播数据。第一处 SPT 切换的目的是为了降低头一跳 DR 和 RP 上的组播数据的封装和解封装开销。第二处 SPT 切换是为降低 RP 开销及经 RPT 树转发数据的延迟。

5．答：BSR 的泛洪方式如同 OSPF 一样是逐跳泛洪。OSPF 在泛洪 LSA 时，只要 LSDB 中已存在该 LSA 即终止泛洪。而 BSR 则没有这么做，它采用 RPF 机制，使用类似 PIM DM 的泛洪机制将 BSR 报文泛洪出去，每个接收路由器都对 BSR 报文做源地址的 RPF 检查，通过检查，继续泛洪，否则终止泛洪。二者都能避免报文无休止地泛洪下去。

6．答：DM 下的 Assert 机制对（S,G）中 S 做 RPF 检查。选择转发者是比较路由器到组播源的路由的成本和协议优先级。SM 下的断言机制，若未发生 SPT 切换，断言机制对（*,G）中 RP 做 RPF 检查，比较路由器到 RP 的路由成本及协议优先级来选举转发者。若 SM 下，路由器已经发生 SPT 切换，断言机制的转发者选举则比较到组播源成本和协议优先级。

7．答：SSM 开启下，在最后一跳 DR 开启 SSM mapping。SSM mapping 配置请参考前面章节。

8．答：MSDP 只要源还活跃，只要起源 RP 收到注册包，起源 RP 就会产生 SA。SA 在 MSDP 对等体之间通告，只要满足 RPF 检查，中间 MSDP 设备会转发 SA。若组播源不再活跃，起源 RP 不再收到注册包，MSDP 就不再产生 SA。

9．答：空注册报文会一直发给 RP，用来通知 RP，源还活跃。头一跳 DR 不使用包含数据的注册报文的原因是为了降低系统开销。如果 RP 没有回应注册终止报文，5s 后，DR 会开始用包含数据的注册报文回应，组播源的数据开始通过隧道发送到 RP。

10．答：如下图所示。

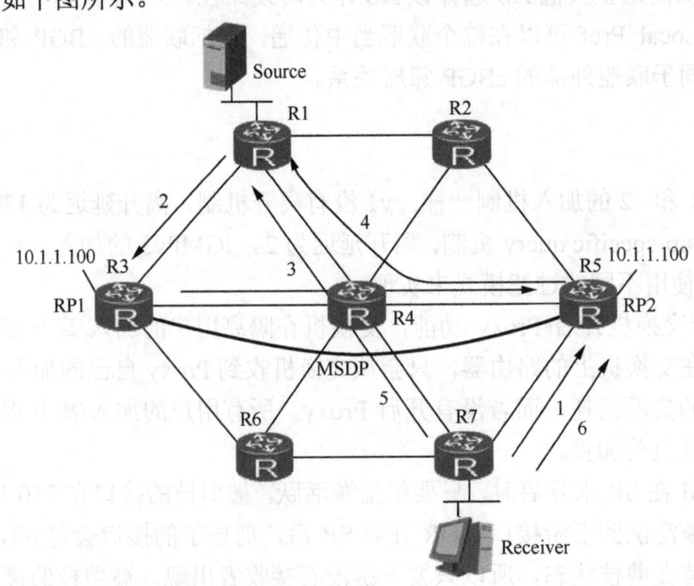

（1）最后一跳路由器向 RP 建 RPT 树；

（2）源向最近的 RP 注册；
（3）MSDP 间通告 SA；
（4）R5 知道 S 及 G 后向组播源建 SPT；
（5）最后一跳 R7 发生 SPT 切换；
（6）R7 沿共享树发生 RPT 上（S,G）剪枝。

最终组播数据沿 R1-R4-R7 流给接收者。

第八章

1．答：华为 VRP 默认只为/32 位的主机映射标签，可以通过 lsp-trigger 命令进行修改。

2．答：LDP 分发标签的方式有：下游自主方式和下游按需的方式。

LDP 控制标签的方式有：独立控制和有序控制。

LDP 保存标签的方式有：自由保存和保守保存。

3．答：MPLS LDP-IGP 同步解决的是当 LDP 信息和 IGP 不同步时，带标签的报文将会被丢弃的问题。

4．答：当 LER 从 IP 网络中收到报文时，查找 IP 转发表（FIB 表），转发表中会显示该报文是以 IP 报文的方式还是带标签的报文。每个转发表项的 flag 都有 tunnelid 值，tunnel id 值为 0 时，表示 IP 转发；tunnel id 值为非 0 时，表示以标签的方式转发，非 0 的 tunnel id 指向了标签转发表中的一个转发表项。为报文压入标签时，有两种方法处理 TTL，一种是将 IP 报头中的 TTL 值复制到标签中的 TTL 字段；另一种是不复制 TTL，也就是标签中的 TTL 使用初始值 255。

当 LER 从 MPLS 域中收到带标签的报文时，查找标签转发表，根据标签转发表中的标签操作类型，将标签移除后，再查找 IP 转发表将报文转发到 IP 网络中；如果标签中的 TTL 值小于 IP 报头的 TTL，移除标签前，还会将标签中的 TTL 复制到 IP 报头中。

5．答：RD 是作为 VPNv4 路由前缀的一部分，用来在骨干网络中唯一标识一条客户的 VPN 路由，这样在出现不同客户有重叠的 IP 地址时，不会导致部分客户的路由无法传送的情况；而 RT 是 BGP 的一个扩展团体属性，用来表示一个 VPN-Instance 对路由的“喜好”，一条 VPN 路由只能携带一个 RD，但能携带多个 RT 值，这可以灵活控制 VPN 内或不同 VPN 之间的访问。

6．答：MPLS VPN 业务通过骨干网传送时，需要使用到公网标签；业务到达边界时，PE 需要根据私有标签来判断流量该转发到哪个 VPN，这里使用的公网标签和私有标签是由不同协议和设备通告的，两层标签缺一不可，除非通信的两个站点是属于同一 PE 的。

7．答：通过设置两个 VPN 的 RT 值可以实现单向互访，比如将一个 VPN 的导出 RT 值配置和另一个 VPN 的导入 RT 值相同。

8．答：（1）通过全局路由表访问 Internet：在 PE 上使用两个接口连接 CE，一个接口放在 VPN 实例中，另一个接口放在全局。PE 通过 VPN 实例中的接口跟 CE 交换 VPN 路由，通过全局的接口向 CE 通告全局的路由。

（2）PE-CE 之间单链路访问 Internet：该方案在 VPN 实例中配置静态路由时，在下一跳后面加上 Public 关键字。这样，在 VPN 实例中的接口收到数据时，会去查找全局路由表进行转发。

（3）使用一个中心站点作为到 Internet 的连接：这种方法是将用户 VPN 中所有站点的 Internet 流量先转发给一个中心站点，然后由中心站点转发到 Internet，这样做的好处在于，可以通过集中部署防火墙，统一管控所有站点访问 Internet 的流量，NAT 和其他安全防护策略只需要部署一次就行了，从而减少了其他站点的配置和维护任务，比较适用于 Hub-and-spoke 场景。

9．答：RFC4364 中提出了三种跨域 VPN 解决方案，分别如下。

（1）跨域 VPN-OptionA（Inter-Provider Backbones Option A）方式：需要跨域的 VPN 在 ASBR 间通过专用的接口管理自己的 VPN 路由，也称为 VRF-to-VRF；跨域 VPN-OptionA 是基本 BGP/MPLS IP VPN 在跨域环境下的应用，ASBR 之间不需要运行 MPLS，也不需要为跨域进行特殊配置。这种方式下，两个 AS 的边界 ASBR 直接相连，ASBR 同时也是各自所在自治系统的 PE。两个 ASBR 都把对端 ASBR 看作自己的 CE 设备，将会为每一个 VPN 创建 VPN 实例，使用 eBGP 方式向对端发布 IPv4 路由。

（2）跨域 VPN-OptionB（Inter-Provider Backbones Option B）方式：ASBR 间通过 MP-eBGP 发布标签 VPN-IPv4 路由，也称为 eBGP Redistribution of Labeled VPN-IPv4 Routes；跨域 VPN-OptionB 方案中，ASBR 接收本域内和域外传过来的所有跨域 VPN-IPv4 路由，再把 VPN-IPv4 路由发布出去。但 MPLS VPN 的基本实现中，PE 上只保存与本地 VPN 实例的 VPN Target 相匹配的 VPN 路由。通过对标签 VPN-IPv4 路由进行特殊处理，让 ASBR 不进行 VPN Target 匹配把收到的 VPN 路由全部保存下来，而不管本地是否有和它匹配的 VPN 实例。

这种方案的优点是所有的流量都经过 ASBR 转发，使流量具有良好的可控性，但 ASBR 的负担重。可以同时使用 BGP 路由策略（如对 RT 的过滤），使 ASBR 上只保存部分 VPN-IPv4 路由。

（3）跨域 VPN-OptionC（Inter-Provider Backbones Option C）方式：PE 间通过 Multi-hop MP-eBGP 发布标签 VPN-IPv4 路由，也称为 Multihop eBGP Redistribution of Labeled VPN-IPv4 Routes。前面介绍的两种方式都能够满足跨域 VPN 的组网需求，但这两种方式也都需要 ASBR 参与 VPN-IPv4 路由的维护和发布。当每个 AS 都有大量的 VPN 路由需要交换时，ASBR 就很可能阻碍网络进一步的扩展。

10．答：在 MPLS L3 VPN 中主要使用到以下几个 BGP 扩展团体属性。

RT：路由目标，也称为 VPN-Target，在 BGP/MPLS IP VPN 网络中，通过 VPN Target 属性来控制 VPN 路由信息在各 Site 之间的发布和接收。VPN Export Target 和 Import Target 的设置相互独立，并且都可以设置多个值，能够实现灵活的 VPN 访问控制，从而实现多种 VPN 组网方案。

SoO：起源站点，用来标识一条 VPN 路由的始发站点，避免 VPN 路由再发回到始发站点。

另外，当 PE-CE 之间运行 OSPF 协议时，为了让 OSPF 路由的特性能够穿过 MPLS VPN 骨干网络，额外定义一些 BGP 扩展团体属性，可以通过 MP BGP 传递的 OSPF 属性包括 OSPF 的路由类型、Router-ID、Domain-ID。

第九章

1．答：参考手册 MuxVLAN 和 SuperVLAN 部分。

2．答：QinQ 是一种隧道技术，隧道内部是客户 vlan tag，外层隧道是运营商 tag，如果外层的运营商 tag 在运营商的干线上被剥离掉了，客户的内层 tag 露出来后，被其他中间设备误读为运营商 tag 而转发到其他客户。解决上述问题的原因要做到 trunk 上 PVID 不要等于运营商分配给客户的 vlan tag。

3．答：在某些场景中，两个 VLAN 相同的二层用户网络通过骨干网络互联，为了实现用户之间的二层互通，以及二层协议（例如 MSTP 等）的统一部署，需要实现两个用户网络的无缝连接，此时就需要骨干网传输来自用户网络的带有 VLAN Tag 的二层报文。而在通常情况下，骨干网的 VLAN 规划和用户网络的 VLAN 规划是不一致的，所以在骨干网中无法直接传输用户网络的带有 VLAN Tag 的二层报文。

通过 VLAN Mapping 技术，一侧用户网络的带有 VLAN Tag 的二层报文进入骨干网后，骨干网边缘设备将用户网络的 VLAN（C-VLAN）修改为骨干网中可以识别和承载的 VLAN（S-VLAN），传输到另一侧之后，边缘设备再将 S-VLAN 修改为 C-VLAN。这样就可以很好地实现两个用户网络二层无缝连接。

相同点：两者都可以解决两个 VLAN 相同的二层用户网络通过骨干网络互联，实现用户之间的二层互通。

不同点：QinQ 是二层隧道技术，将用户带有 VLAN Tag 的二层报文封装在骨干网报文中进行传输，可以实现用户带有 VLAN Tag 的二层报文的透传，这种方法需要增加额外的报文开销（增加一层封装）。而使用 VLAN Mapping 不需要增加额外的报文开销（增加一层封装），直接通过转换报文中 VLAN Tag 实现。

4．答：实现不同 VLAN 间通性，首先是了解处于不同 VLAN 间的设备是否处于相同的网段。

（1）不同网段的 VLAN 间互访技术

VLANIF 接口：

VLANIF 接口是一种三层的逻辑接口。在 VLANIF 接口上配置 IP 地址后，交换机会在 MAC 地址表中添加 VLANIF 接口的 MAC 地址+VID 表项，并且为表项的三层转发标志位置位。当报文的目的 MAC 地址匹配该表项后，会进行三层转发，进而实现 VLAN 间的三层互通。

VANIF 配置简单，是实现 VLAN 间互访最常用的一种技术。但每个 VLAN 需要配置一个 VLANIF，并在接口上指定一个 IP 子网网段，比较浪费 IP 地址。

Dot1q 终结子接口：

子接口也是一种三层的逻辑接口。跟 VLANIF 接口一样，在子接口上配置 Dot1q 终结功能和 IP 地址后，交换机也会添加相应的 MAC 表项并置位三层转发标志位，进而实现 VLAN 间的三层互通。

Dot1q 终结子接口适用于通过一个三层以太网接口下接多个 VLAN 网络的环境。由于不同 VLAN 的数据流会争用同一个以太网主接口的带宽，网络繁忙时，会导致通信瓶颈。

（2）相同网段的 VLAN 间互访技术

通过 VLANIF 接口实现 VLAN 间互访，必须要求 VLAN 间的用户都只能处于不同的网段（因为相同网段，主机会封装目的主机的 MAC 地址，交换机判断进行二层交换，二层交换只在同VLAN内，广播报文无法到达不同的VLAN，获取不到目的主机的MAC地址，也就无法实现互通）。现网中，也存在不同VLAN相同网段的组网需求，此时可通过VLAN聚合实现。

VLAN聚合（又称Super VLAN）通过引入Super-VLAN和Sub-VLAN，将一个Super-VLAN和多个Sub-VLAN关联，多个Sub-VLAN共享Super-VLAN的IP地址作为其网关IP，实现与外部网络的三层互通；并通过在Sub-VLAN间启用Proxy ARP，实现Sub-VLAN间的三层互通，进而节约IP地址资源，实现VLAN间的三层互通。

VLAN聚合通常用于多个VLAN共用一个网关的组网场景。

5．答：STP和RSTP在计算端口角色时没有任何区别。甚至当拓扑发生变化时，端口角色的迁移过程及时间也一致。唯一的不同是，当端口是DP或RP端口时，进入转发状态所需要的时间不同。STP中一定要等待30s。

6．答：当端口状态是Learning或Discarding时发送proposal报文，用来触发P/A的快速协商。在P/A机制中，DP端口是主动方，RP端口是从属方。RP端口进入转发状态不需要P/A协商。仅DP进入转发状态时一定要通过P/A协商，边缘端口是例外。BP端口是DP的备份端口，当收不到DP的BPDU，在超时时间后角色转换到DP。

7．答：SW1是CIST Root。

SW1是Region1中主桥；SW2是Region2中主桥；SW4是Region3中的主桥。

G0/0/1是SW2上的RP端口；G0/0/5是SW4上的RP端口。

G0/0/4是SW4上AP端口；G0/0/2是SW3上AP端口。

所以Region3访问Region1，流量的路径是SW4-SW3-SW2-SW1。据此可知，如果SW2和SW3间链路带宽变小及成本变大，流量依然走中间链路，不会调整为SW4-SW3-SW1。

下图是最终访问路径。经过区域2时，明显有次优路径。

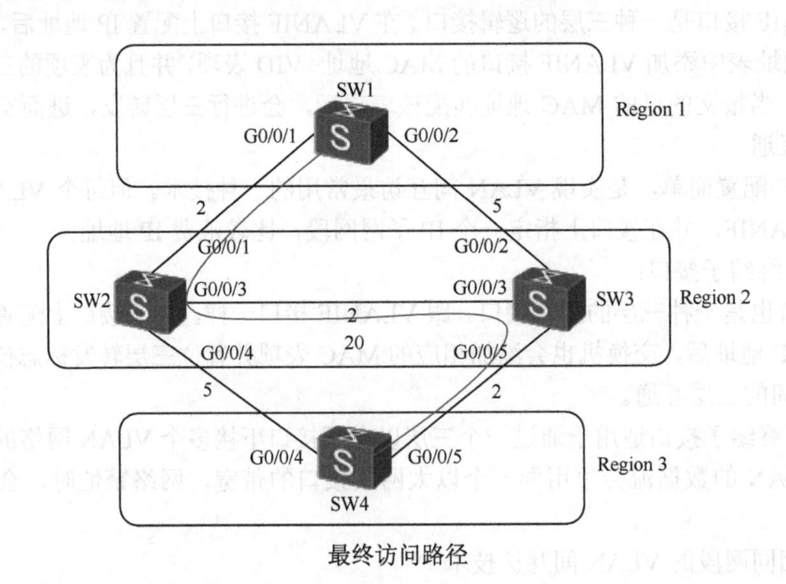

最终访问路径

8．答：在华为交换机上，DP端口快速进入转发状态仅发生在边缘端口和有P/A协商的场合。边缘端口因下游非交换机而不需要协商，而 P/A 机制发生的链路因其对方是交换机而必须可靠进入转发状态。

RP 端口不同于 DP，如果交换机有 AP 端口，但 RP 消失，可立即置 AP 为 RP，并立即进入转发状态而无需等待。或 RP 确定上游是 DP 端口时，可立即置端口为快速。

9．答：为了避免半双工链路上不能同时收发而引入的协商延迟，也为了避免冲突所致的丢包，所以设计 RSTP 在全双工链路上可快速收敛。

生成树协议发现链路是半双工，自动认定该链路不是 P2P 链路。P/A 协商不会发生。可通过命令修改 RSTP 的非点到点链路为 Point-to-Point 链路，命令：stp point-to-point。

10．答：PPP 认证过程使用 CHAP/PAP 机制。PPP 是一种点到点技术，为实现以太网用户和局端的以太网聚合设备间的 PPP 会话，用户需要有一种发现局端设备的机制，此时需要以太网的广播机制来发现目标设备，并使用彼此的 MAC 地址实现用户和局端设备间的单播会话来模拟点到点的链路。PPP 在 PPPoE 的隧道里工作同在串行链路上的工作方式一样，有认证，LCP、认证及 NCP 的协商过程。

第十章

1．答：QoS 机制不会增加带宽。它是把有限的带宽优先分配给重要的业务，不重要的业务少分配带宽或后使用带宽。

2．答：Switch 的 QoS 机制很多是用硬件实现的，而路由器的 QoS 机制是使用软件做的。

3．答：Lr 和 Shaping 使用单速单桶模型，它们处理报文更简单。令牌不够就丢弃或缓存，没有设计复杂的实现机制。Policing 可以使用更多的配置选项，使其可以适用于较复杂的场景，满足更复杂需求的场合。

4．答：Be 在单速模型中用来累积前时刻剩余的过量令牌。增加使某时刻的流量超过 CIR 而引入过量 burst。双速模型中的 Be 桶用来装 PIR 注入的令牌。这个 BE 的令牌用来控制最大峰值。

5．答：设备内部优先级可以定义报文在设备内部分配的资源。在报文离开设备时，报文会把内部优先级携带出设备。

6．答：WRED 是基于权值的，从定义上说每个权值可以使用不同的丢弃曲线，但华为在实现时，所有权值的丢弃曲线一致，所以当达到最小丢弃阀值时，队列中所有权值的报文同时开始选择性的丢弃。

7．答：Queue-profile 使用接口的 8 个 default 队列，可手工定义队列类型，但报文进入队列的方式不灵活，可用性、可控性差。CBQ 使用 MQC，可以自定义类，并定义相应的队列，更灵活。

附录二 参考资料

- 华为 AR150&200&1200&2200&3200 用户手册
- 华为 S2750&S5700&S6700 系列以太网交换机手册
- Routing TCP/IP, Volume I
- Routing TCP/IP, Volume II
- MPLS Fundamentals
- BGP Design and Implementation
- Internet Routing Architectures, Second Edition
- Interconnections (Bridges, Routers, Switches and Internetworking Protocols) 2nd Edition
- RFC 4861 Neighbor Discovery for IP version 6
- RFC 2453 RIP Version 2
- RFC 2328 OSPF Version 2
- RFC 5340 OSPF for IP version 6
- RFC 5036 LDP Specification
- RFC 4364 BGP/MPLS IP VPNs
- RFC 4577 OSPF as the Provider/Customer Edge Protocol for BGP/MPLS IP Virtual Private Networks
- RFC 4271 A Border Gateway Protocol 4 (BGP-4)
- RFC 3373 Three-Way Handshake for IS-IS Point-to-Point Adjacencies
- RFC 4601 Protocol Independent Multicast - Sparse Mode
- RFC 3973 Protocol Independent Multicast - Dense Mode

- RFC 2236 Internet Group Management Protocol, Version 2
- RFC 3376 Internet Group Management Protocol, Version 3
- IEEE 802.1w-2001
- IEEE 802.1D-1998
- IEEE 802.1D-2004
- IEEE 802.1s-2002